男士圆领T恤

男士V领T恤

男士翻领T恤

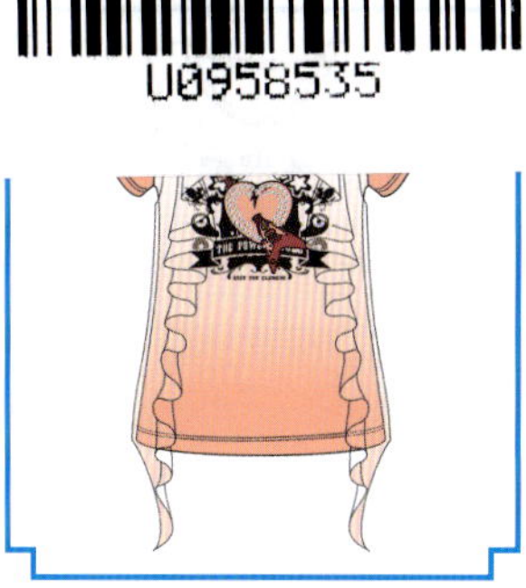

女士圆领T恤

女士彼得潘领T恤

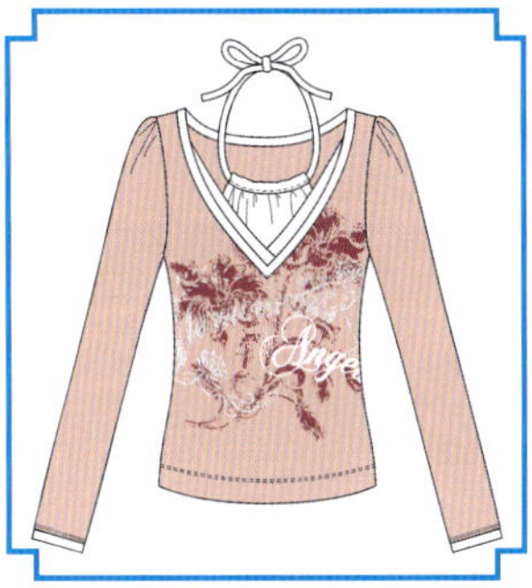

女士吊带假两件T恤

男童圆领T恤

女童方领T恤

男童翻领T恤

基础A形裙

百褶裙

蕾丝裙

高腰铅笔裙

牛仔喇叭裙

连衣裙

吊带蛋糕裙

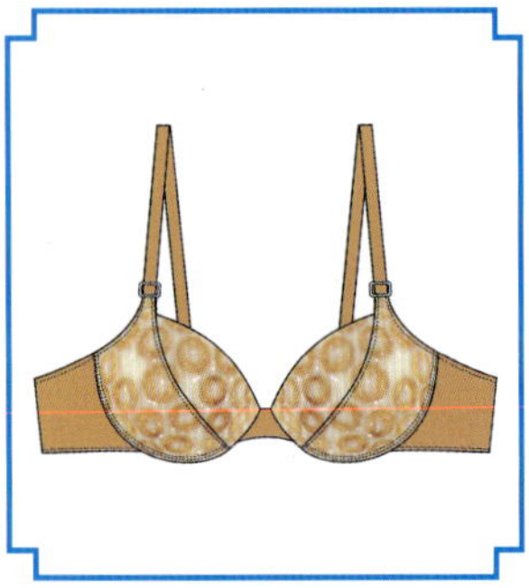
女式文胸

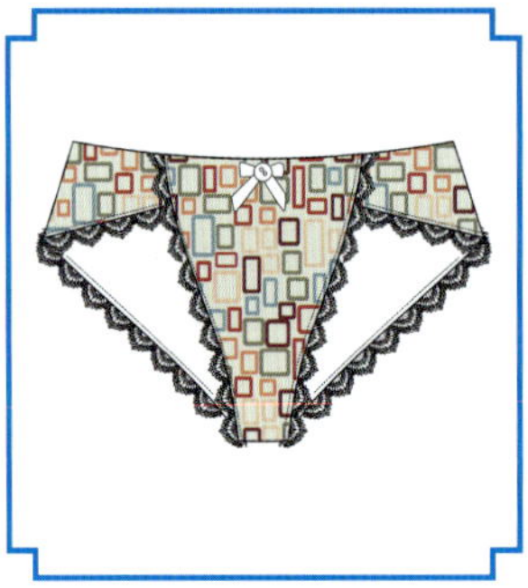
女式内裤

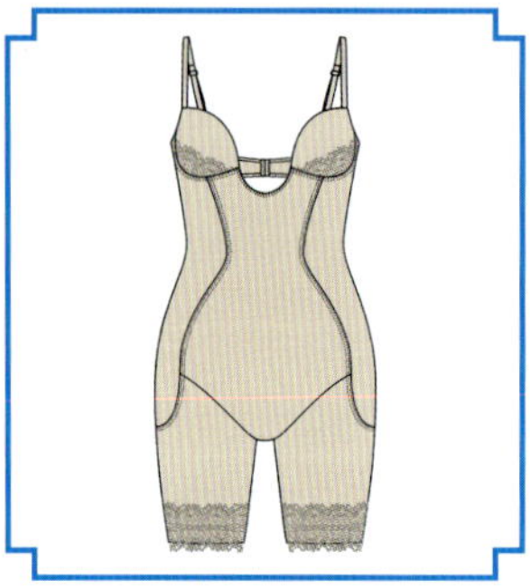
女式束身内衣

男式平角内裤

男式三角内裤

男式立领衬衫

男式翻领衬衫

女式蝴蝶结领衬衫

女式荷叶边装饰领衬衫

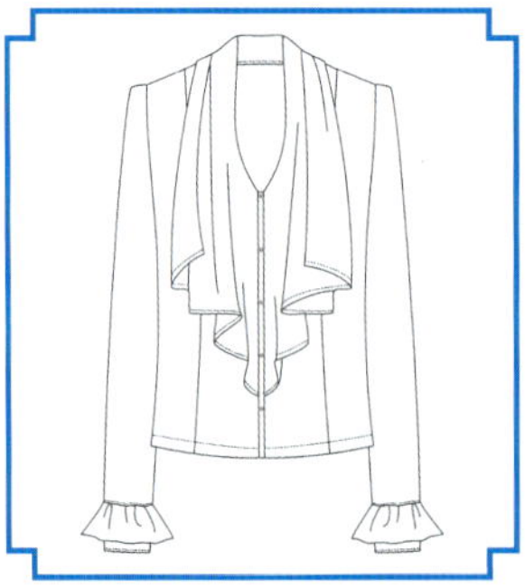
女式罗马领衬衫

女式翻领衬衫

女式牛仔裤

男式牛仔裤

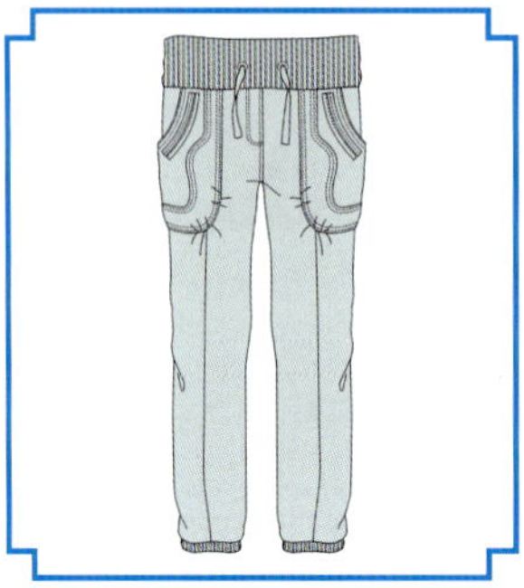
女式运动裤

男式运动短裤

西装裤

休闲裤

靴裤

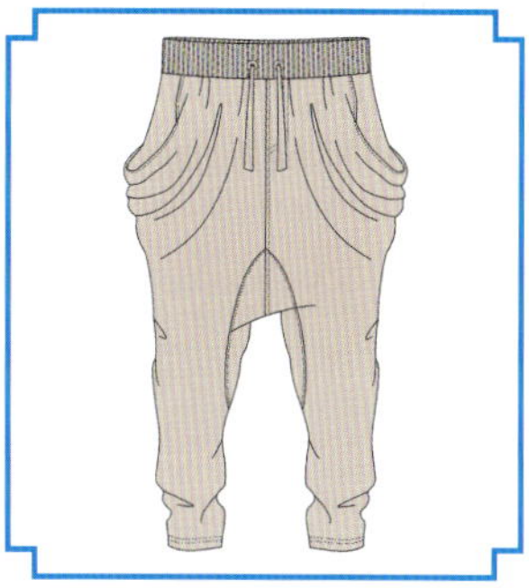
哈伦裤

男式圆领毛衫

男式V领毛衫

男式针织开衫

女式高领插肩袖毛衫

女式针织背心

女式连帽卫衣

女式拉链开衫卫衣

男式连帽卫衣

男式西服

女式西服

男式双排扣大衣

女式大衣

女装耸肩夹克

男装机车夹克

羽绒服

婚纱

中式婚礼服

燕尾服

中式礼服

CorelDRAW现代服装款式设计从入门到精通 第3版

丁雯——编著

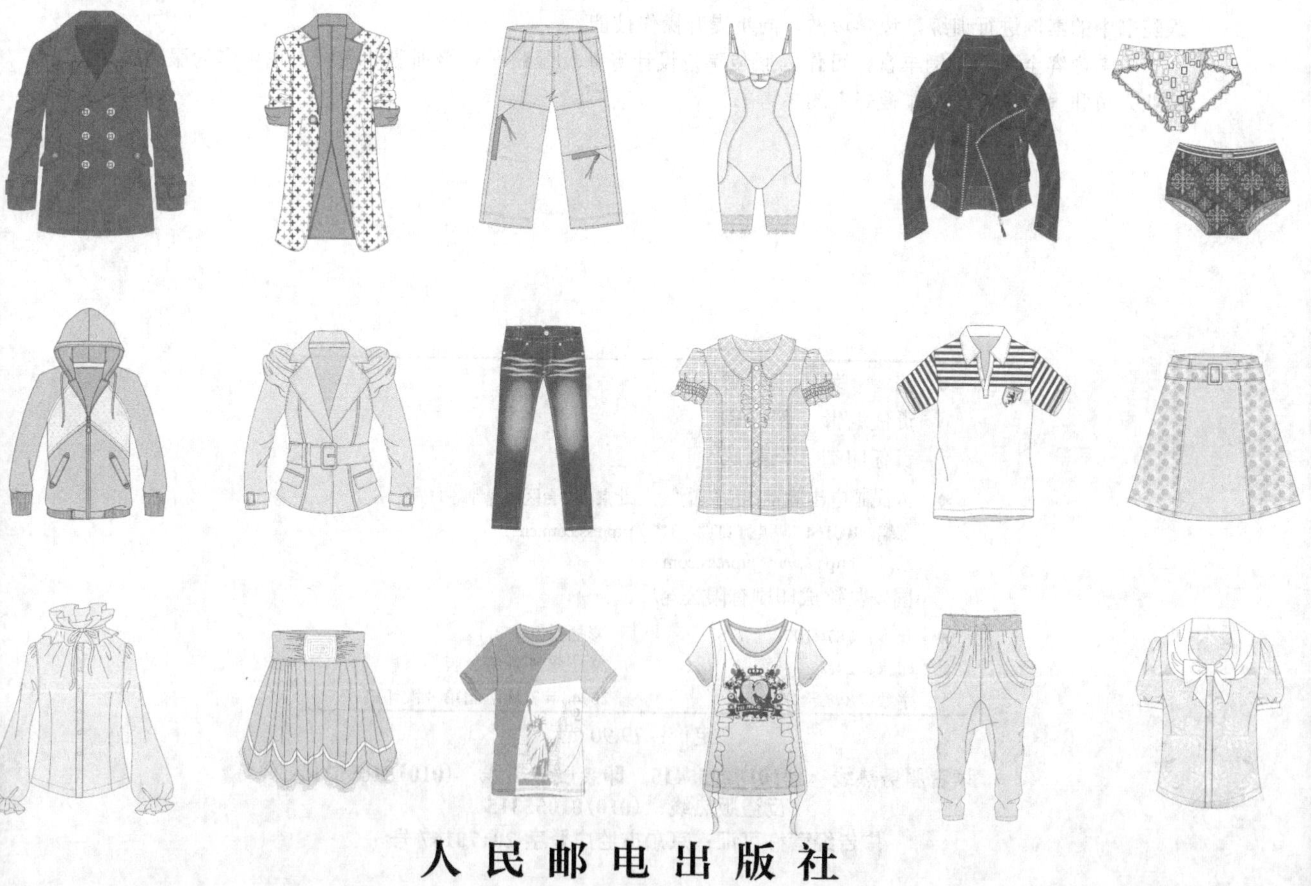

人民邮电出版社
北京

图书在版编目（CIP）数据

CorelDRAW现代服装款式设计从入门到精通 / 丁雯编著. -- 3版. -- 北京 : 人民邮电出版社, 2021.5（2024.7重印）
ISBN 978-7-115-55876-3

Ⅰ. ①C… Ⅱ. ①丁… Ⅲ. ①服装设计－图形软件
Ⅳ. ①TS941.26

中国版本图书馆CIP数据核字(2021)第052511号

内容提要

本书由从事服装设计教育工作的一线教师、设计师撰写，采用服装款式设计及绘制的重要软件CorelDRAW X8中文版，从讲解CorelDRAW的核心工具、命令与功能开始，从提升服装款式设计技能的角度出发，层层深入，以完整案例的形式讲解了服装款式设计的构思、整体与局部设计及分类设计。全书包括T恤、裙子、内衣、衬衫、裤子、针织毛衫、卫衣、西服、大衣、夹克和婚纱礼服等11类共55个款式案例，涵盖常见款式类型及其变化款，可帮助读者迅速掌握软件，并将设计思路和创意运用到款式设计效果中。

随书附赠的资源收录了所有案例的矢量效果图文件、服饰配件文件和印花图案素材文件，便于读者跟随书中的案例进行训练，边学边做，同步提升操作技能。

本书内容全面，实例丰富，可作为服装院校设计专业及服装职业培训班的教材，也可作为服装设计从业人员和服装设计与制作爱好者的参考书。

◆ 编　　著　丁　雯
　责任编辑　杨　璐
　责任印制　马振武
◆ 人民邮电出版社出版发行　　北京市丰台区成寿寺路11号
　邮编　100164　　电子邮件　315@ptpress.com.cn
　网址　https://www.ptpress.com.cn
　固安县铭成印刷有限公司印刷
◆ 开本：787×1092　1/16　　　彩插：2
　印张：24.75　　　　　　　2021年5月第3版
　字数：847千字　　　　　　2024年7月河北第8次印刷

定价：79.90元

读者服务热线：(010)81055410　印装质量热线：(010)81055316
反盗版热线：(010)81055315
广告经营许可证：京东市监广登字20170147号

前言

PREFACE

服装款式设计是服装设计专业必修的课程。本书以服装款式设计及绘制的重要软件CorelDRAW X8中文版为讲解基础，从提升服装款式设计技能的角度出发，层层深入，以完整案例的形式介绍了T恤、裙子、内衣、衬衫、裤子、针织毛衫、卫衣、西服、大衣、夹克、羽绒服和礼服等12类服装款式的设计思想及方法，帮助读者在最短的时间内迅速掌握CorelDRAW在服装款式设计中的应用。

本书作者具有多年的丰富教学经验与实际工作经验，将自己在实际授课和作品设计制作过程中积累下来的宝贵经验与技巧展现给读者。希望读者能够在体会软件强大功能的同时，把设计思想和方法通过软件运用到服装款式设计中。

内容特点

- 完善的学习模式

“设计重点+操作练习+专家提示”三大环节保障了可学习性。设计重点明确每一阶段的学习目的，做到有的放矢。操作练习详细讲解操作步骤，力求让读者即学即会。专家提示讲解延伸知识、方法与技巧，提高读者的操作水平。

- 进阶式讲解模式

“基础款+变化款”的案例设置，让读者夯实基础，并掌握设计与制作的变化技巧。12类共55个款式案例，全面呈现服装款式设计与制作的方法与技巧，提高读者的实际应用能力。

- 注重职业技能培训

设计与绘制重点的总结和专家总结应用方法与技巧保证所学软件功能和设计知识的可操作性，可提升读者的实际工作水平，适合作为相关院校的专业课和职业技能培训班的培训教材。

配套资源

附赠所有案例的矢量效果图文件、服饰配件文件和印花图案素材文件，便于读者跟随书中的案例进行同步训练，边学边做，提升操作技能。

本书读者对象

本书内容详尽，涵盖服装款式类型全面，适合学习服装设计与制作的初学者阅读，同时也适合高等院校相关专业的学生和各类培训班的学员阅读。

由于编者编写水平有限，书中难免有疏漏之处，恳请广大读者批评指正。

编者

目录

CONTENTS

第 01 章

初识CorelDRAW X8

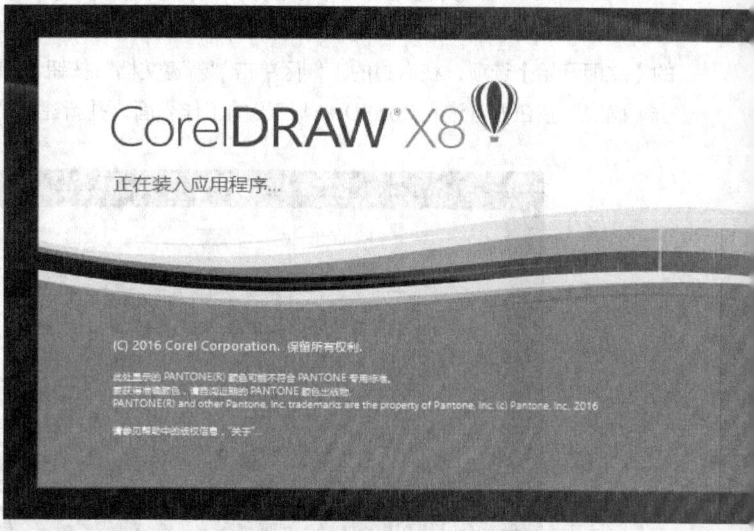

本章重点

- 认识工作界面
- 文件的保存及文件导入、导出命令
- 常用的对话框及泊坞窗
- 常用快捷键

1.1 CorelDRAW X8软件简介

CorelDRAW是加拿大Corel公司研制开发的矢量图形制作工具软件，是目前较流行的矢量绘图软件之一，在平面设计领域占据着主导地位。从简单的几何图形绘制到标志、卡通、漫画、图案、各种效果图及专业平面作品的设计，都可以利用该软件快速高效地绘制出来。CorelDRAW主要应用于平面广告设计、工业设计、企业形象设计、产品包装设计、产品造型设计、网页设计、商业插画设计、建筑施工图与各种效果图绘制、服装纺织品设计和印刷制版等领域。无论你是有抱负的艺术家还是有经验的设计师，CorelDRAW丰富的内容环境和专业的平面设计、照片编辑和网页设计功能可以表达你的设计风格和无限的创意可能性。本书以CorelDRAW X8为应用环境。

在服装设计行业中，CorelDRAW X8的应用较为广泛，它对款式设计、图案设计、面料设计以及时装效果图的表现等都能发挥重要的作用。它不但可以让设计师快速制作出设计方案，还可以创造出很多手工无法表现、只有借助计算机才能精彩表现的设计内容，是设计师的得力助手。通过本章的学习，读者能够对CorelDRAW X8软件有一个初步的认识。

1.2 CorelDRAW X8初步认识

1. 启动CorelDRAW X8

CorelDRAW X8安装完成后即可运行。执行【开始】/【CorelDRAW X8】命令，即可启动CorelDRAW X8，并显示图1-1所示的CorelDRAW X8启动界面。打开软件后，读者可以根据需要选择不同的标签选项。单击左边的【立即开始】选项，在右边的工作区单击“新建文档”按钮，弹出“创建新文档”对话框，如图1-2所示，再单击“确定”按钮即可进入CorelDRAW X8的工作界面，并新建一个图形文件，如图1-3所示。

图1-1

专家提示

除了上述启动CorelDRAW X8的方法外，还可以在桌面上双击CorelDRAW X8快捷方式图标，或双击计算机中已经存储的任意一个CDR格式的文件。

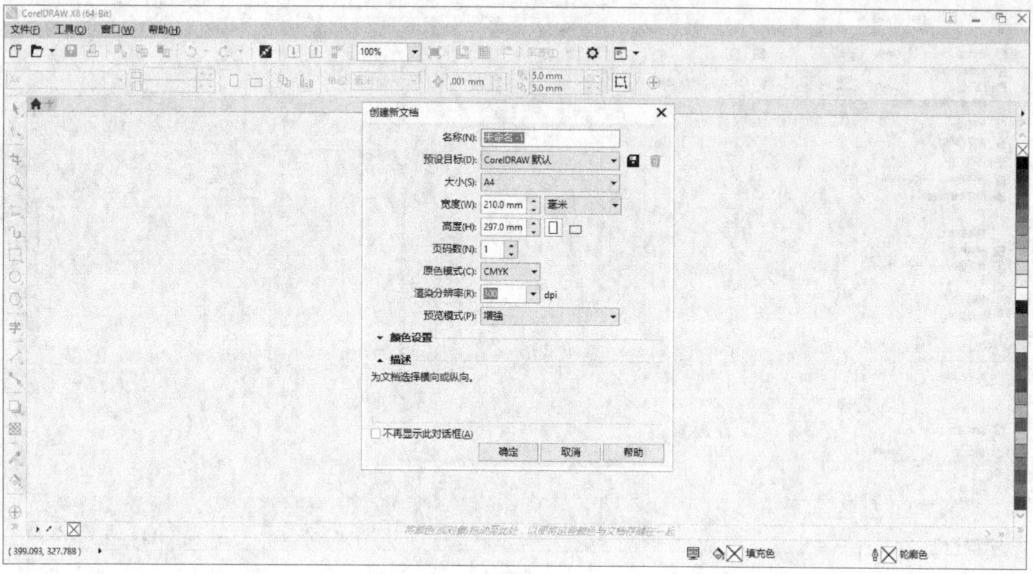

图1-2

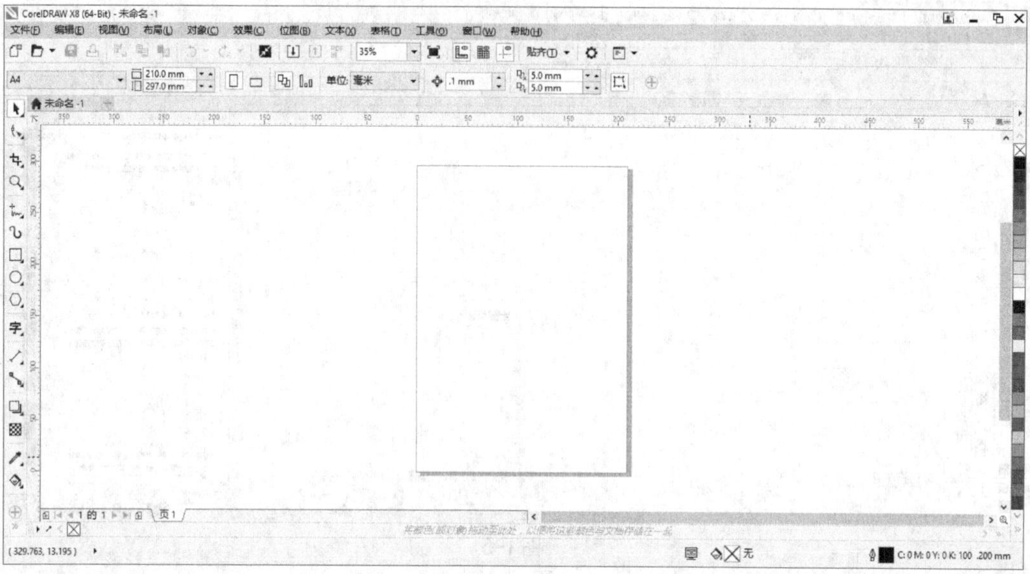

图1-3

2. 关闭CorelDRAW X8

要关闭CorelDRAW X8，可以执行菜单栏中的【文件】/【退出】命令，如图1-4所示。还可以直接单击窗口右上角的☒按钮退出软件。

专家提示

还可以按Alt+F4快捷键退出。

1.2.1 CorelDRAW X8工作界面

启动CorelDRAW X8后，可以进入CorelDRAW X8的工作界面，如图1-5所示。

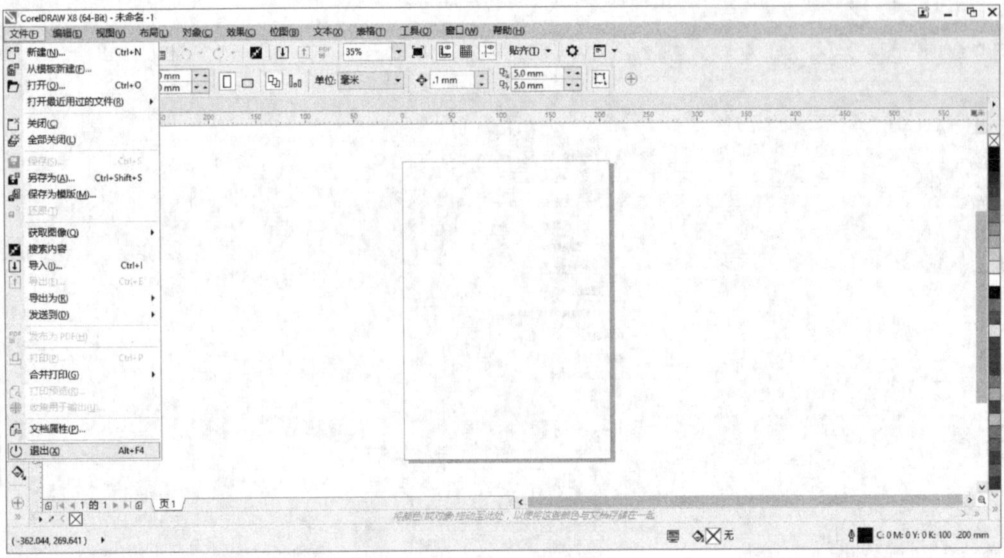

图1-4

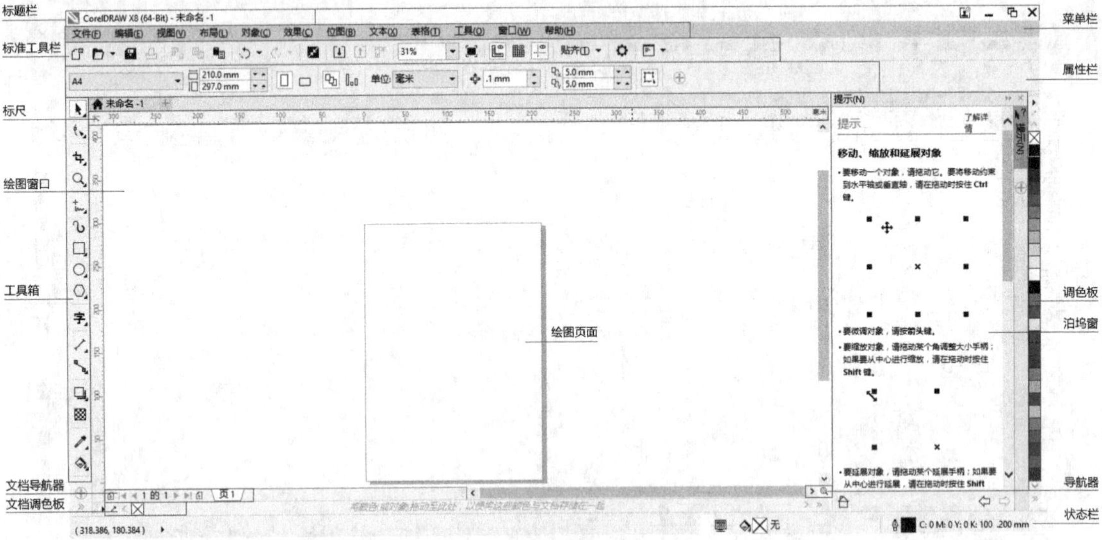

图1-5

1. 标题栏

标题栏默认位于界面的顶端，主要显示当前软件的名称、版本号以及编辑或处理图形文件的名称，其右侧有3个按钮，主要用来控制工作界面的大小切换及关闭操作，如图1-6所示。

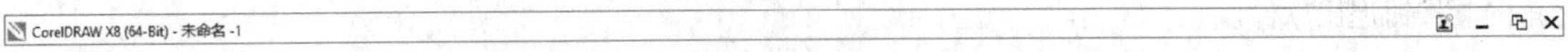

图1-6

2. 菜单栏

菜单栏位于标题栏的下方，主要包括【文件】【编辑】【视图】【布局】【对象】【效果】【位图】【文本】【表格】【工具】【窗口】【帮助】12个菜单，如图1-7所示。每个菜单下又有若干个子菜单，用户单击任意一个菜单项都会弹出其包含的命令，CorelDRAW X8中的绝大部分功能都可以利用菜单栏中的命令来调用。

图1-7

专家提示

若菜单中的命令呈灰色，则表示该命令在当前编辑状态下不可用；若菜单命令右侧有一个三角符号，则表示此菜单包含子菜单，将鼠标指针移至该菜单上，即可打开其子菜单。

3. 标准工具栏

标准工具栏位于菜单栏的下方，是菜单栏中常用菜单命令的快捷工具按钮，如图1-8所示。单击这些按钮，就可执行相应的菜单命令。

图1-8

4. 属性栏

属性栏位于工具栏的下方，是一个上下相关的命令栏，选择不同的工具按钮或对象，将显示不同的按钮和属性设置选项。图1-9所示为【选择工具】属性栏。

图1-9

5. 工具箱

工具箱位于CorelDRAW X8工作界面的左侧，它是CorelDRAW常用工具的集合，含有16种工具（组），包括各种绘图工具、编辑工具、文字工具和效果工具等，如图1-10所示。单击任意工具按钮，可以选择相应的工具进行操作。若工具按钮的右下角有一个小三角形，表示该工具组中还有其他工具，在工具按钮上单击鼠标右键，即可弹出所隐藏的工具，如图1-11所示。

图1-10

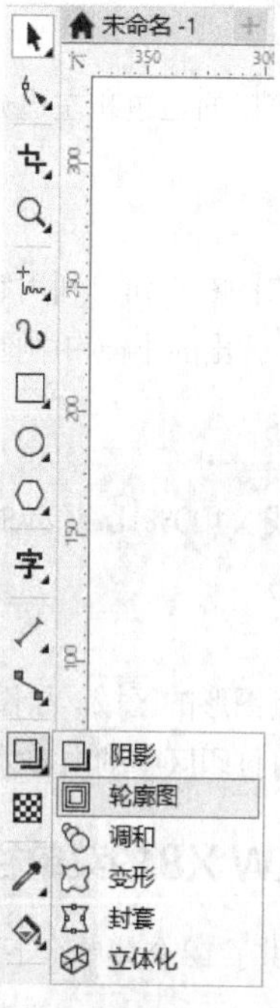

图1-11

6. 状态栏

状态栏位于工作界面的底部，提示当前鼠标所在的位置、图形操作的简要帮助和对象的有关信息等，如图

1-12所示。在状态栏中单击鼠标右键，在弹出的快捷菜单中选择【自定义】/【状态栏】/【位置】命令或【自定义】/【状态栏】/【大小】命令，可以设置状态栏的位置及信息显示行数。

图1-12

7. 文档导航器

文档导航器位于绘图窗口左下角，用来控制当前文件的页面添加、删除、切换方向和跳页等操作，如图1-13所示。

图1-13

> **专家提示**
>
> 单击文档导航器中的按钮，可以在页面的前后添加新的页面。

8. 调色板

调色板位于工作界面的右侧，如图1-14所示，是给图形添加颜色的最快途径。单击调色板中的任意一种颜色，可以将其添加到选中的图形上。

> **专家提示**
>
> 单击调色板中的任意颜色，可以给选中的图形填充色彩。用鼠标右键单击选中的图形，可以为其填充轮廓色。

9. 标尺

默认状态下，绘图窗口的上边和左边分别有一条水平和垂直标尺，其作用是帮助用户准确地绘制或对齐对象。

10. 导航器

导航器位于绘图窗口的右下角，利用它可以显示绘图窗口中的不同区域。在【导航器】按钮上按住鼠标左键不放，在弹出的小窗口中拖曳鼠标，即可显示绘图窗口中的不同区域。

> **专家提示**
>
> 只有在页面放大显示或以100%比例显示时，即页面可打印区域不在绘图窗口的中心位置时才可用。

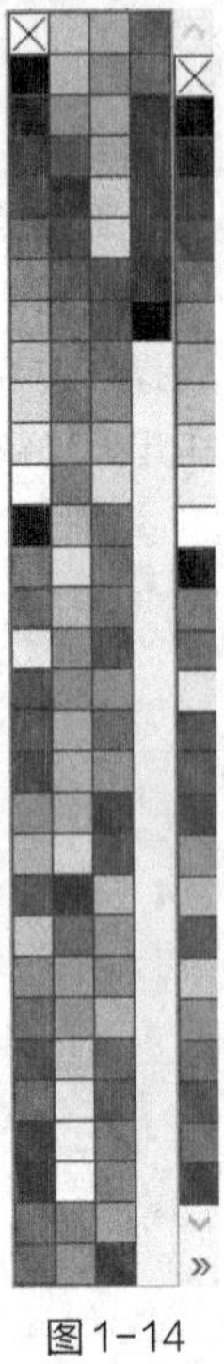

图1-14

11. 绘图窗口与绘图页面

绘图页面是用于绘制图形的区域。绘图窗口是指工作界面中的白色区域，在此区域中也可以绘制图形或编辑文本，但是只有位于页面可打印区中的内容才可以打印输出。

1.2.2 CorelDRAW X8的菜单栏

CorelDRAW X8提供了12个菜单，下面分别介绍各个菜单的主要功能。

1.【文件】菜单

【文件】菜单是CorelDRAW X8中最常用的，如【新建】【打开】【保存】【导入】【导出】【打印】【退出】等。【文件】菜单如图1-15所示。

2.【编辑】菜单

【编辑】菜单提供如【复制】【剪切】【粘贴】【删除】【撤消】【重做】【重复】【再制】【克隆】等命令，如图1-16所示。

3.【视图】菜单

【视图】菜单提供多种视图显示模式，如【简单线框】【线框】【草稿】【普通】【增强】【像素】【模拟叠印】【标尺】【网格】【辅助线】等，如图1-17所示。

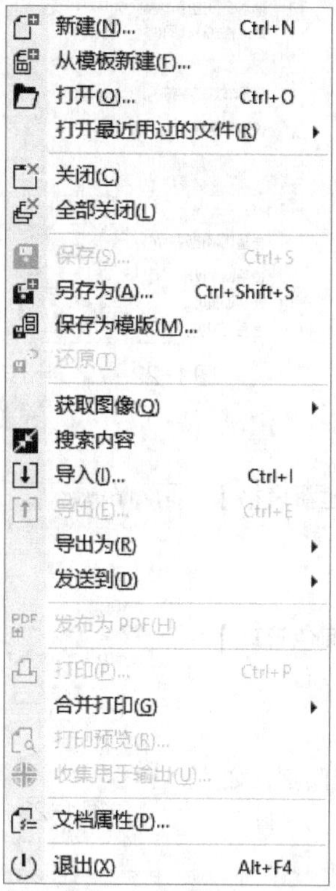

图1-15

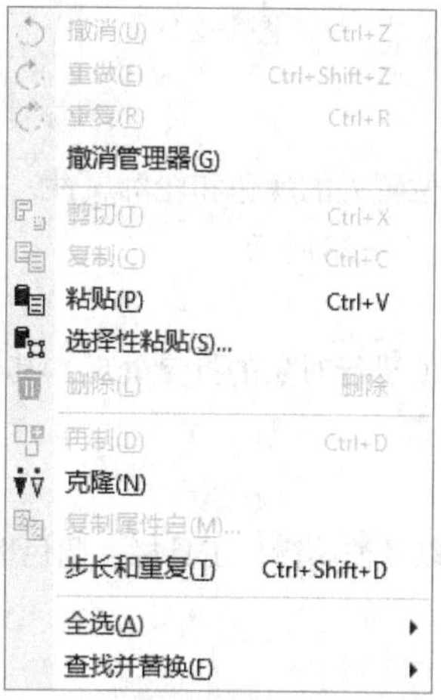

图1-16

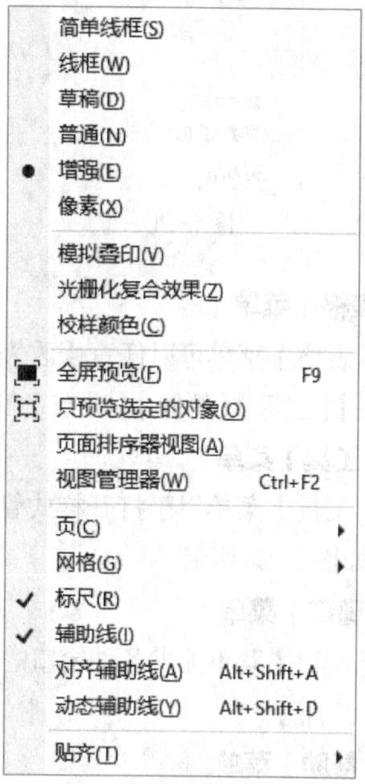

图1-17

4.【布局】菜单

【布局】菜单用来设置页面大小、页面背景、插入页面和删除页面等，如图1-18所示。

5.【对象】菜单

【对象】菜单提供对象的各种排列功能，如【变换】【对齐和分布】【顺序】【组合】【合并】【造形】等，如图1-19所示。

6.【效果】菜单

【效果】菜单提供【调整】【变换】【艺术笔】【调和】【封套】【复制效果】【克隆效果】等功能，如图1-20所示。

7.【位图】菜单

【位图】菜单可以进行简单的图片处理，提供了如【三维效果】【艺术笔触】【模糊】【相机】【创造性】等位图处理功能，如图1-21所示。

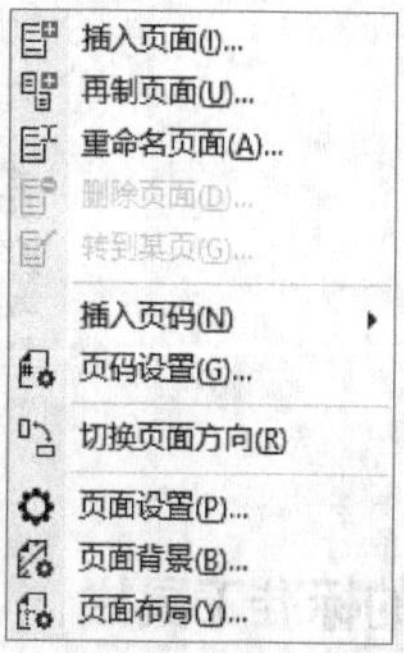

图1-18

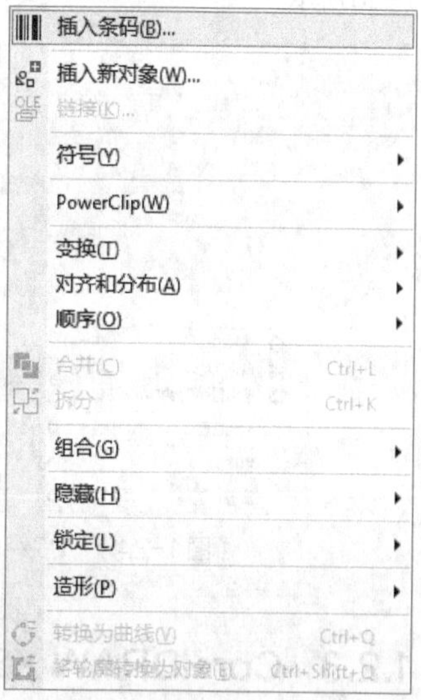

图1-19

8.【文本】菜单

【文本】菜单可以创建任何形式的美术字文本或段落文本，如图1-22所示。

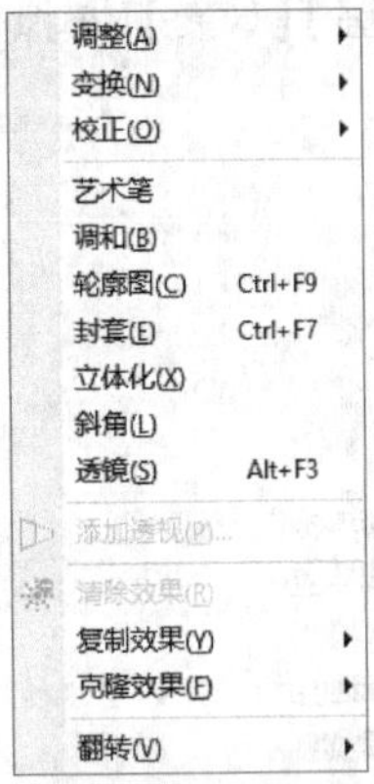

图1-20

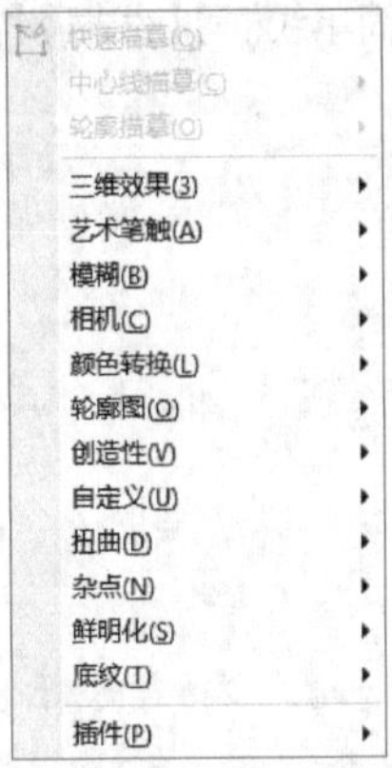

图1-21

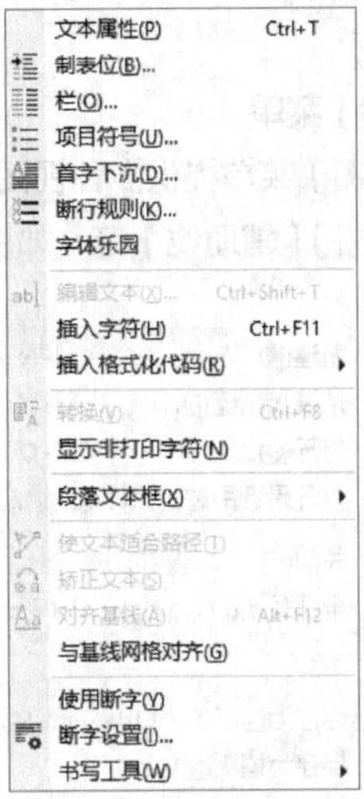

图1-22

9.【表格】菜单

【表格】菜单可以任意修改表格中指定位置处的颜色和轮廓属性，提供【创建新表格】【插入】【选择】【删除】【分布】等功能，如图1-23所示。

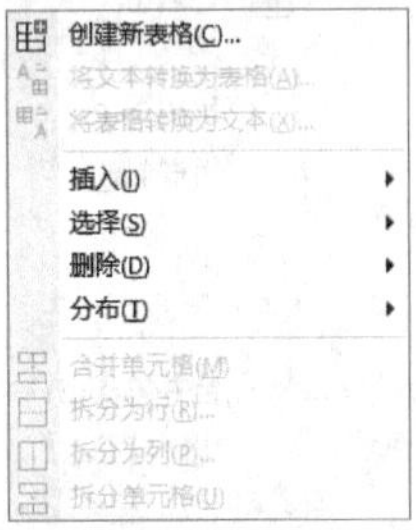

图1-23

10.【工具】菜单

【工具】菜单用于打开样式管理器，以便进行对象的批量处理，其中包括【颜色管理】等，如图1-24所示。

11.【窗口】菜单

【窗口】菜单提供各种窗口的排列方式以及泊坞窗、工具栏、调色板的显示或隐藏，如图1-25所示。

12.【帮助】菜单

【帮助】菜单提供CorelDRAW的视频教程、帮助主题、新增功能及链接CorelDRAW网站进行更新等，如图1-26所示。

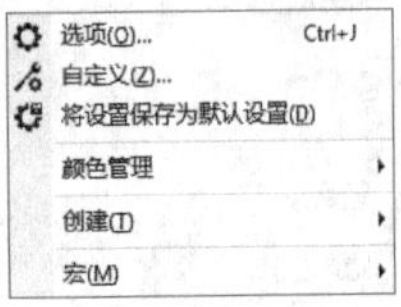

图1-24

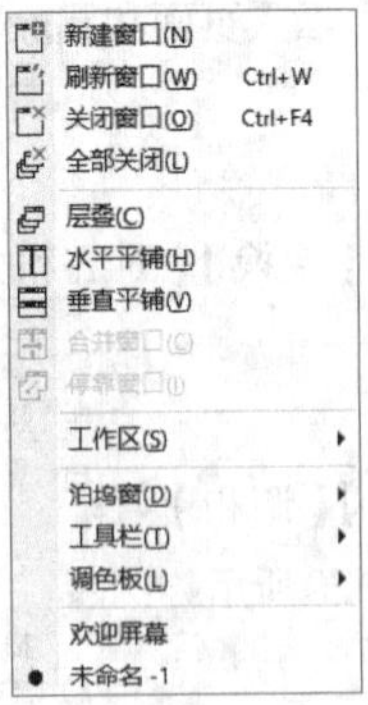

图1-25

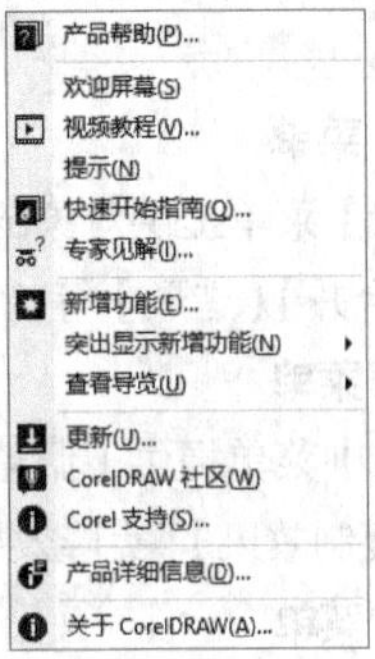

图1-26

1.2.3 CorelDRAW X8的标准工具栏

标准工具栏包含了一些常用的命令按钮，为用户省去了从菜单中选择命令的步骤，使操作过程一步完成，方便快捷。下面分别介绍标准工具栏中各种按钮的功能。

- 【新建】按钮：新建一个文件。
- 【打开】按钮：打开文件。
- 【保存】按钮：保存文件。
- 【打印】按钮：打印文件。
- 【剪切】按钮：剪切图形，并将图形放到剪贴板上。
- 【复制】按钮：复制图形，并将图形复制到剪贴板上。
- 【粘贴】按钮：粘贴图形。
- 【撤销】按钮：撤销一步操作。
- 【重做】按钮：恢复撤销的一步操作。
- 【搜索内容】按钮：使用Corel Connect泊坞窗搜索剪贴画、照片和字体。
- 【导入】按钮：导入文件。
- 【导出】按钮：导出文件。
- 【发布为PDF】按钮：将文档导出为PDF文件格式。
- 【缩放级别】下拉列表50%：控制页面视图的显示比例。
- 【全屏预览】按钮：显示文档的全屏预览。
- 【显示标尺】按钮：显示或隐藏标尺。
- 【显示网格】按钮：显示或隐藏文档网格。
- 【显示辅助线】按钮：显示或隐藏辅助线。
- 【贴齐】按钮贴齐：用于贴齐网格、辅助线、对象，或打开动态导线功能。
- 【选项】按钮：单击该按钮，可以打开“选项”对话框。
- 【应用程序启动器】按钮：打开菜单选择其他的Corel应用程序。

1.2.4 CorelDRAW X8的工具箱

CorelDRAW X8中的工具箱包含有18种工具（组），下面分别介绍各种工具的用途。

1. 选择工具组

选择工具组如图1-27所示。

- 【选择】工具：用来选择和设置对象大小，以及倾斜和旋转对象。选择时可以点选，也可以拖曳鼠标框选多个对象。
- 【手绘选择】工具：用来框选对象，定位并变换对象。
- 【自由变换】工具：用来旋转、倾斜、镜像和缩放对象。

2. 形状工具组

形状工具组如图1-28所示。

- 【形状】工具：选择、编辑对象的形状、节点，以及调整文本的字、行间距。
- 【平滑】工具：沿对象轮廓拖曳使对象变得平滑。
- 【涂抹】工具：沿矢量对象的轮廓拖曳使其变形，并通过将位图拖出其路径而使位图变形。
- 【转动】工具：通过沿对象轮廓拖曳添加转动效果。
- 【吸引】工具：通过将节点吸引到鼠标指针处调整对象的形状。
- 【排斥】工具：通过将节点推离鼠标指针处调整对象的形状。
- 【沾染】工具：沿对象轮廓拖曳以更改对象的形状。
- 【粗糙】工具：沿对象轮廓拖曳以扭曲对象边缘。

3. 裁剪工具组

裁剪工具组如图1-29所示。

- 【裁剪】工具：剪切图形对象，移除选定内容外的区域。
- 【刻刀】工具：可以将对象分割成多个部分，但不会使对象的任何一部分消失。
- 【虚拟段删除】工具：移除对象中重叠的段。
- 【橡皮擦】工具：移除绘图中不需要的区域。

4. 缩放工具组

缩放工具组如图1-30所示。

- 【缩放】工具：缩小和放大图形。
- 【平移】工具：不更改缩放级别，将绘图的隐藏区域拖到视图中。

5. 路径工具组

路径工具组如图1-31所示。

- 【手绘】工具：绘制单条直线或曲线线段，配合压感笔绘制的效果更好。
- 【2点线】工具：连接起点和终点绘制一条直线。
- 【贝塞尔】工具：通过调整曲线、节点的位置、方向及切线来绘制精确光滑的曲线。
- 【钢笔】工具：将曲线绘制成多条线段，每画一条线段时都可以进行预览。
- 【B样条】工具：通过设置构成曲线形状的控制点来绘制曲线，而无须将其分割成多个线段。
- 【折线】工具：一步绘制连接的曲线和直线。
- 【3点曲线】工具：将鼠标从起点拖曳到终点，然后定位在中点处来绘制一条曲线。
- 【智能绘图】工具：将手绘笔触转换为基本形状或平滑的曲线。

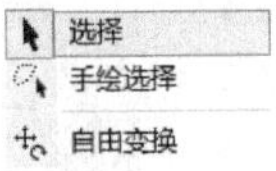

图1-27

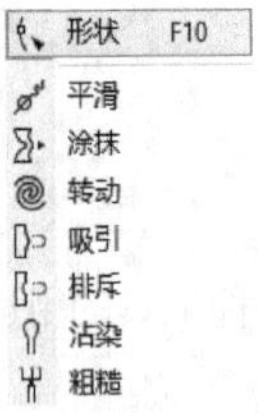

图1-28

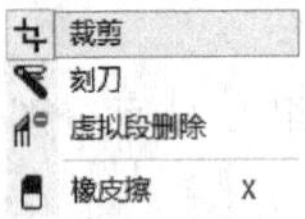

图1-29

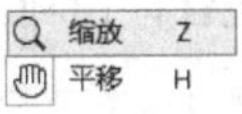

图1-30

图1-31

6.【艺术笔】工具

【艺术笔】工具：使用手绘笔触添加艺术笔刷、喷射和书法效果。

7. 矩形工具组

矩形工具组如图1-32所示。

- 【矩形】工具：在绘图窗口拖曳工具绘制矩形和正方形。
- 【3点矩形】工具：以一定的角度绘制矩形。

8. 椭圆形工具组

椭圆形工具组如图1-33所示。

- 【椭圆形】工具：在绘图窗口拖曳工具绘制圆形和椭圆形。
- 【3点椭圆形】工具：以一定的角度绘制椭圆形。

9. 多边形工具组

多边形工具组如图1-34所示。

- 【多边形】工具：在绘图窗口拖曳工具绘制多边形。
- 【星形】工具：绘制规则的、带轮廓的星形。
- 【复杂星形】工具：绘制带有交叉边的星形。

- 【图纸】工具：绘制网格。
- 【螺纹】工具：绘制对称式和对数式螺纹。
- 【基本形状】工具：绘制三角形、圆形、圆柱体、心形和其他形状。
- 【箭头形状】工具：绘制各种形状和方向的箭头。
- 【流程图形状】工具：绘制流程图符号。
- 【标题形状】工具：绘制丝带对象和爆发形状。
- 【标注形状】工具：绘制标签和对话气泡。

10. 文本工具组

文本工具组如图1-35所示。

- 【文本】工具：选择【文字】工具之后单击工作区，然后进行输入可以生成美术字。选择【文字】工具之后用鼠标在工作区内画文本框，然后进行输入，可以生成段落文本。
- 【表格】工具：绘制、选择和编辑表格。可以创建新表格，可以将文本转换为表格，还可以直接插入表格。

11. 平行度量工具组

平行度量工具组如图1-36所示。

- 【平行度量】工具：绘制倾斜度量线。
- 【水平或垂直度量】工具：绘制水平或垂直度量线。
- 【角度量】工具：绘制角度量线。
- 【线段度量】工具：显示单条或多条线段上结束节点间的距离。
- 【3点标注】工具：使用两段导航线绘制标注。

12. 直线连接器工具组

直线连接器工具组如图1-37所示。

- 【直线连接器】工具：在两个对象之间画一条直线连接两者。
- 【直角连接器】工具：画一个直角连接两个对象。
- 【圆直角连接符】工具：绘制一个圆直角以连接两个对象。
- 【编辑锚点】工具：修改对象的连线锚点。

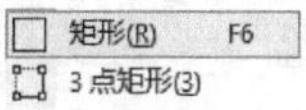

图1-32

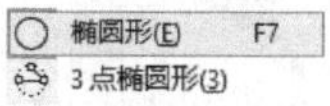

图1-33

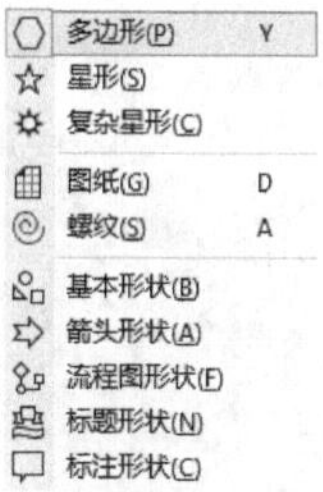

图1-34

图1-35

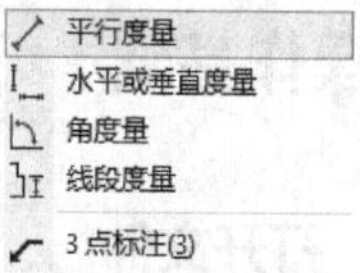

图1-36

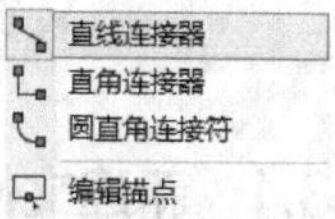

图1-37

13. 阴影工具组

阴影工具组如图1-38所示。

- 【阴影】工具：在对象应用阴影。
- 【轮廓图】工具：应用一系列向对象内部或外部辐射的同心形状。
- 【调和】工具：通过创建渐变的中间对象和颜色调和对象。
- 【变形】工具：通过推拉、拉链或扭曲效果变换对象。
- 【封套】工具：通过应用封套并拖动封套节点更改对象的形状。
- 【立体化】工具：向对象应用3D效果以创建深度错觉。

14.【透明度】工具

【透明度】工具：部分显示对象下层的图像区域。

15. 滴管工具组

滴管工具组如图1-39所示。

- 【颜色滴管】工具：对颜色进行抽样，并将其应用到对象。
- 【属性滴管】工具：复制对象属性，如填充、轮廓、大小和效果，并将其应用到其他对象。

16. 交互式填充工具组

交互式填充工具组如图1-40所示。

- 【交互式填充】工具：在绘图窗口中，向对象动态应用当前填充。
- 【网状填充】工具：通过调和网状网格中的多种颜色或阴影来填充对象。

17.【智能填充】工具

【智能填充】工具：在边缘重叠区域创建对象，并将填充应用到那些对象上。

18. 轮廓工具组

轮廓工具组如图1-41所示。

- 【轮廓笔】工具：设置轮廓属性，如线条宽度、角形状和箭头类型。
- 【轮廓色】工具：使用颜色查看器和调色板选择轮廓色。
- 【无轮廓】工具：移除所选对象中的轮廓。
- 【细线轮廓】工具：将最细的轮廓应用到所选的对象。
- ：轮廓线设置的不同宽度值，0.1mm~2.5mm。
- 【彩色】工具：设置所选对象的详细颜色选项。

图1-38

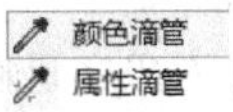

图1-39

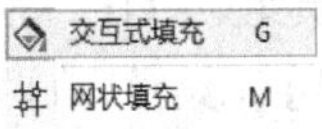

图1-40

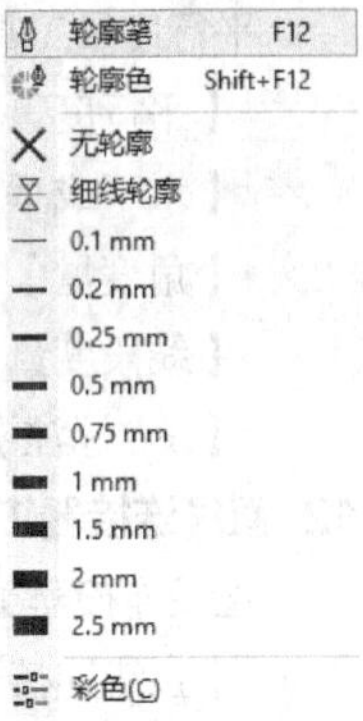

图1-41

1.3 文件操作基础

1.3.1 新建文件、打开文件

操作步骤

01 启动CorelDRAW X8应用程序，执行【文件】/【新建】命令，如图1-42所示。

02 弹出【创建新文档】对话框，设置名称、文档大小、原色模式和分辨率，如图1-43所示。

> **专家提示**
>
> 除了直接选择【新建】命令外，也可以按Ctrl+N组合键，或者单击标准工具栏中的【新建文档】按钮，即可弹出【创建新文档】对话框。

03 设置完毕单击【确定】按钮，即可新建一个空白文档，如图1-44所示。

04 执行【文件】/【打开】命令，如图1-45所示。

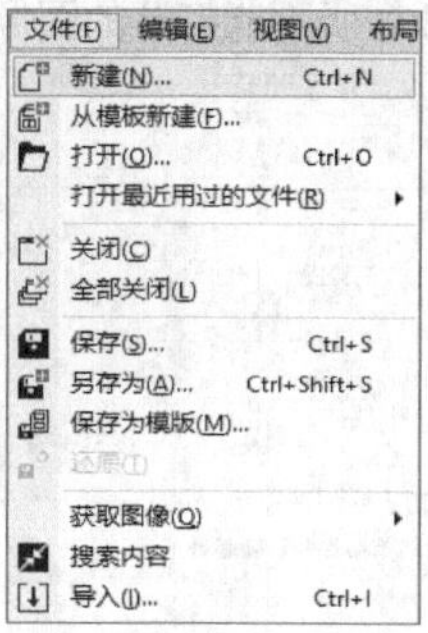

图1-42

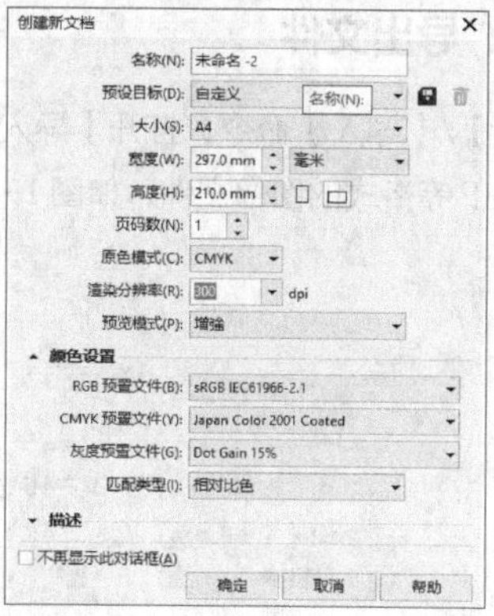

图1-43

图1-44

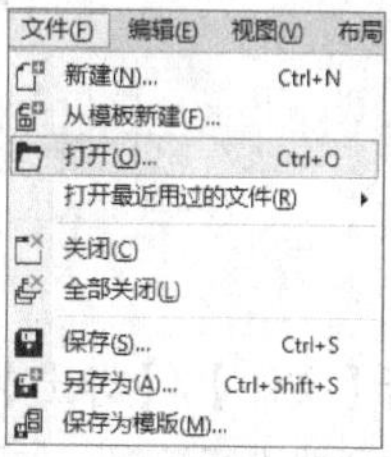

图1-45

05 弹出【打开绘图】对话框，查找需要打开的文件路径，并选择绘图文件，如图1-46所示。

06 单击【打开】按钮，即可打开所选择的绘图文件，效果如图1-47所示。

> **专家提示**
>
> 除了直接执行【打开】命令外，也可以按【Ctrl】+【O】组合键。

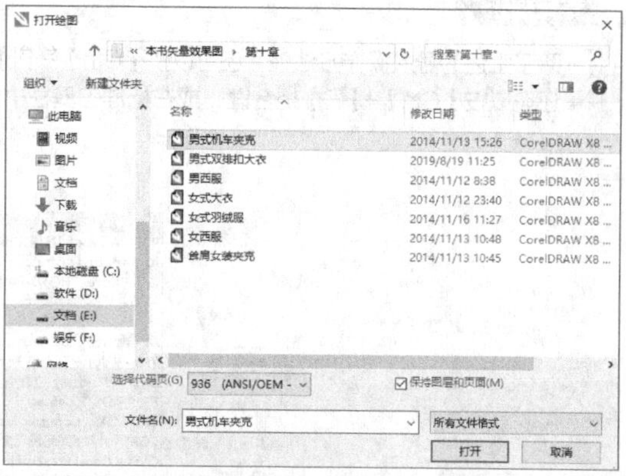

图1-46

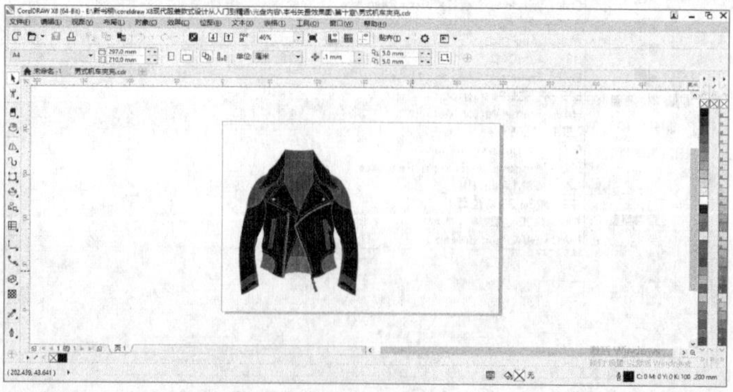

图1-47

1.3.2 导入、导出文件

执行【文件】/【导入】命令，打开【导入】对话框，可以导入【打开】命令所不能打开的图像文件，如PSD、TIF、JPG和BMP等格式的图像文件，如图1-48所示。

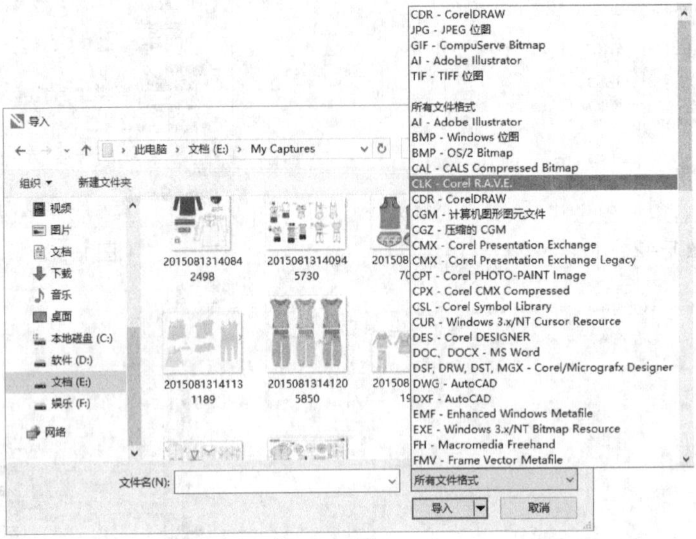

图1-48

执行【文件】/【导出】命令，打开【导出】对话框，可以将图形导出为其他软件所支持的格式，以便在其他软件中顺利地进行编辑，如图1-49所示，包括AI、PSD、TIF、JPG和BMP等多种格式。

专家提示

除了上述的导入操作方法外，还可以按【Ctrl】+【I】组合键，或在标准工具栏中单击【导入】按钮。执行【导出】命令还可以按【Ctrl】+【E】组合键，或在标准工具栏中单击【导出】按钮。

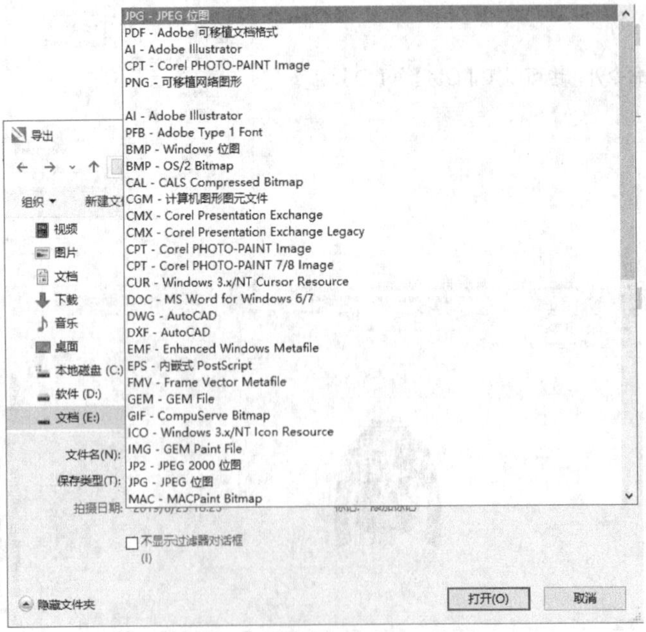

图1-49

1.3.3 文件保存与另存为

执行【文件】/【保存】命令，或按【Ctrl】+【S】组合键，绘图文件默认保存为CDR格式，也可执行【文件】/【另存为】命令，或按【Ctrl】+【Shift】+【S】组合键。

专家提示

对打开的文件进行编辑修改后，执行【文件】/【保存】命令，可将文件直接保存，且新的文件将覆盖原有的文件。如果保存时不想覆盖原文件，可执行【文件】/【另存为】命令，将修改后的文件另存，同时保留原文件。

1.4 常用对话框与泊坞窗

1.4.1 常用对话框

1.【轮廓笔】对话框

选择图形，单击工具箱中的【轮廓画笔】工具或者按【F12】键，弹出【轮廓笔】对话框，如图1-50所示。

2.【选择颜色】对话框

选择图形，单击工具箱中的【轮廓颜色】工具或者按【Shift】+【F12】组合键，弹出【选择颜色】对话框，如图1-51所示。

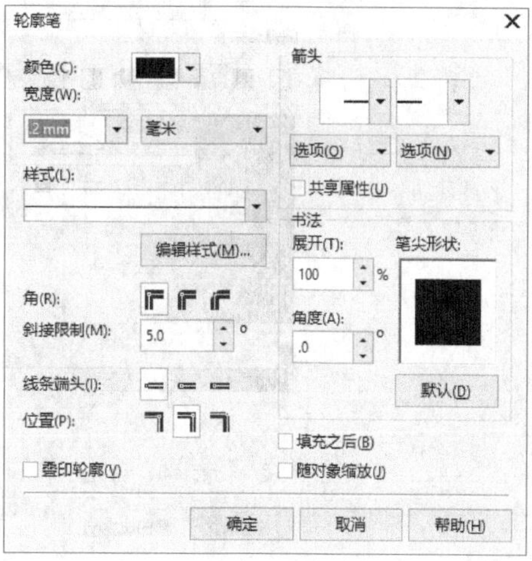

图1-50

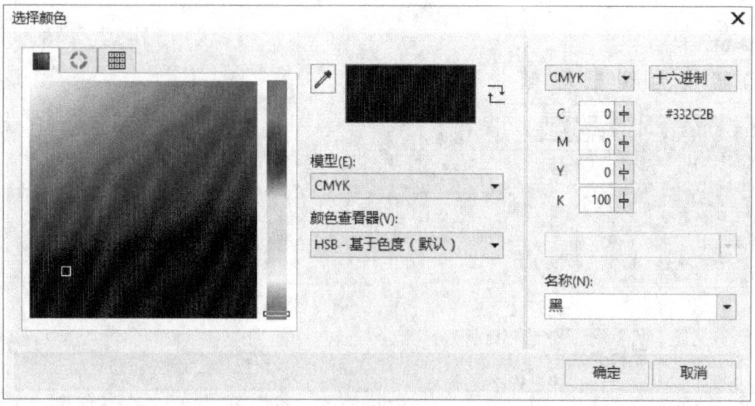

图1-51

3.【编辑填充】对话框

选择图形，单击工具箱中的【交互式填充】工具，再单击属性栏中的【编辑填充】按钮，弹出【编辑填充】对话框，其中包含【均匀填充】【渐变填充】【向量图样填充】【位图图样填充】【双色图样填充】【底纹填充】【PostScript填充】等样式，如图1-52~图1-58所示。

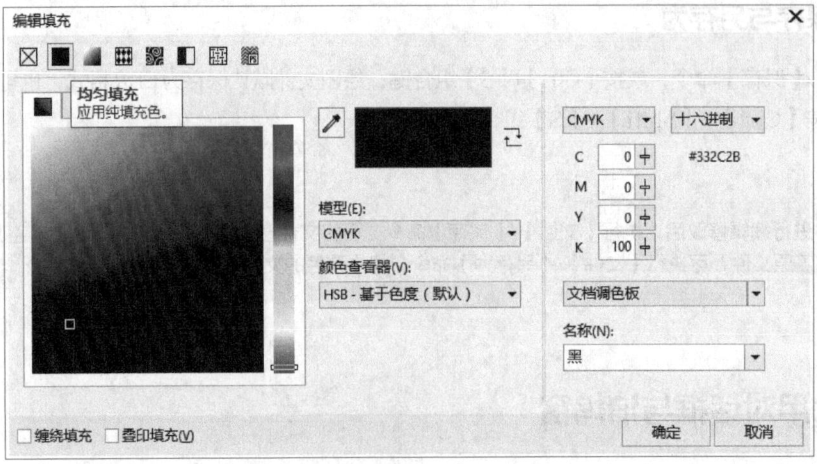

图1-52

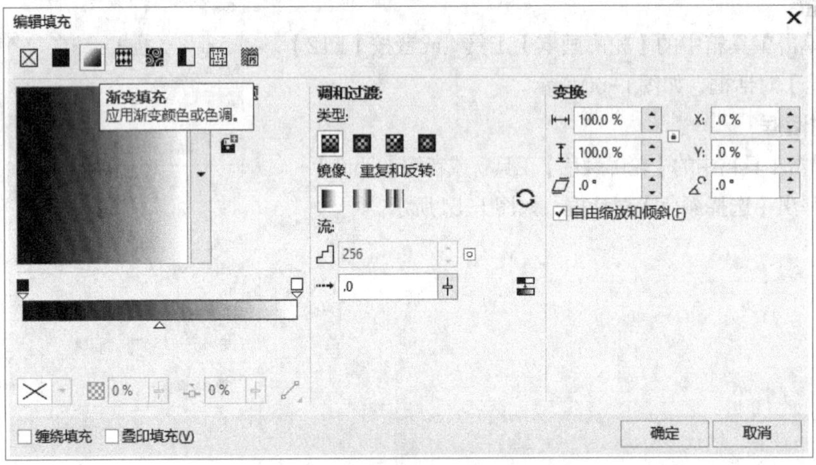

图1-53

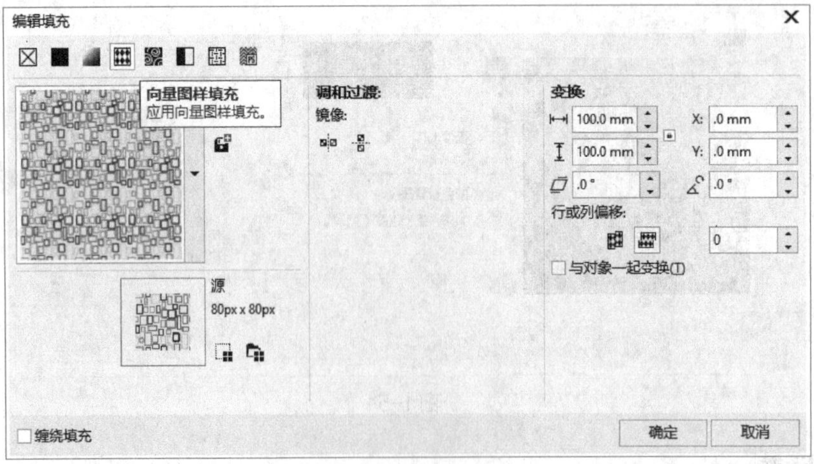

图1-54

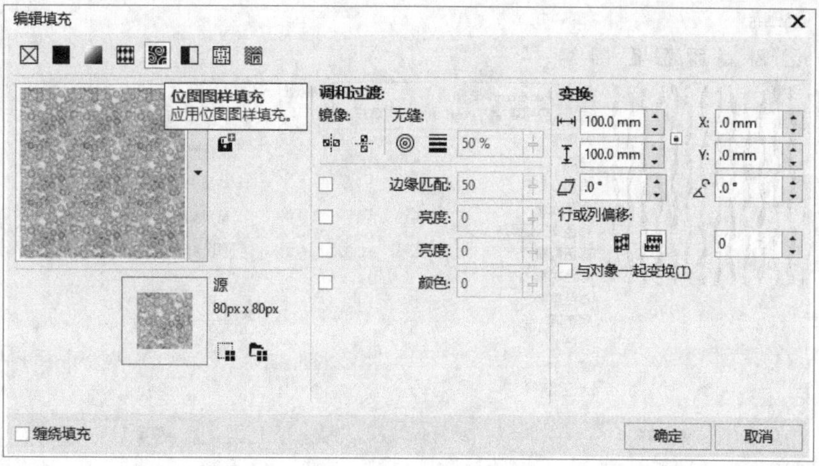

图1-55

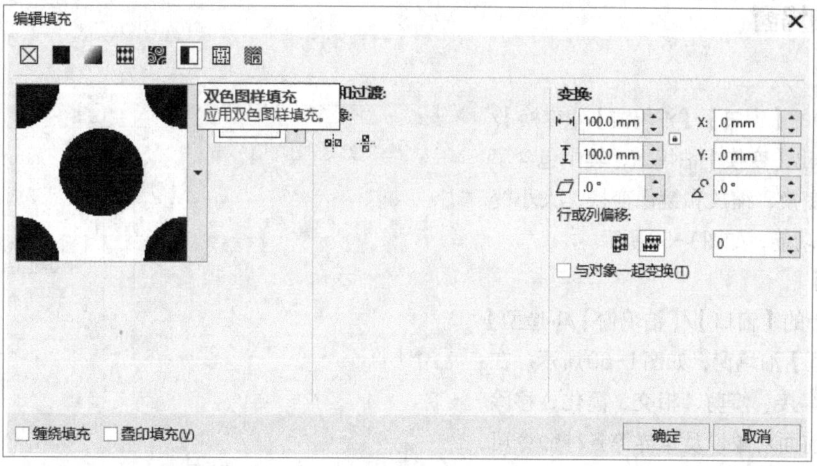

图1-56

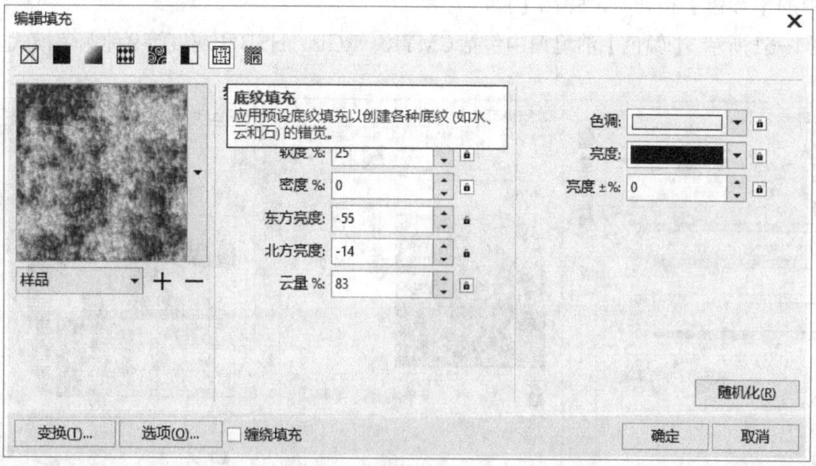

图1-57

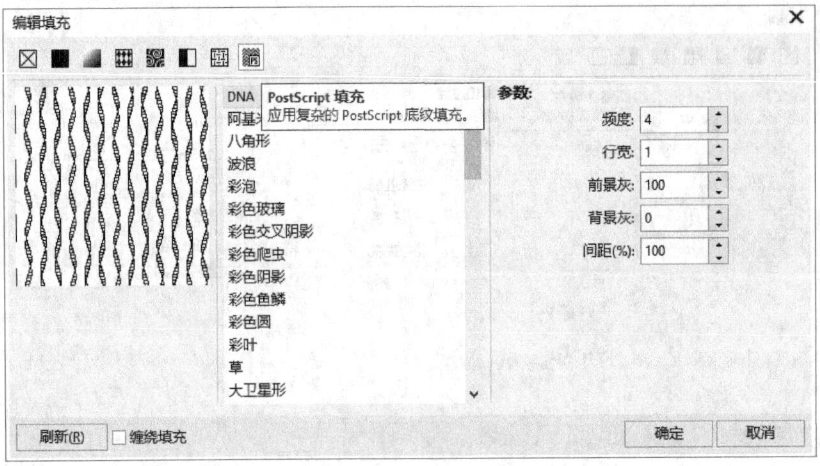

图1-58

1.4.2 常用泊坞窗

1.【变换】泊坞窗

执行菜单栏中的【窗口】/【泊坞窗】/【变换】/【倾斜】命令，弹出【变换】泊坞窗，其中包含了位置变换、旋转变换、缩放和镜像变换、大小变换、倾斜变换5个功能，如图1-59所示。

2.【造型】泊坞窗

执行菜单栏中的【窗口】/【泊坞窗】/【造型】命令，弹出【造型】泊坞窗，如图1-60所示。在该泊坞窗里通过焊接、修剪、相交、简化、移除后面对象、移除前面对象以及边界等各种命令可绘制具有复杂轮廓的图形对象。

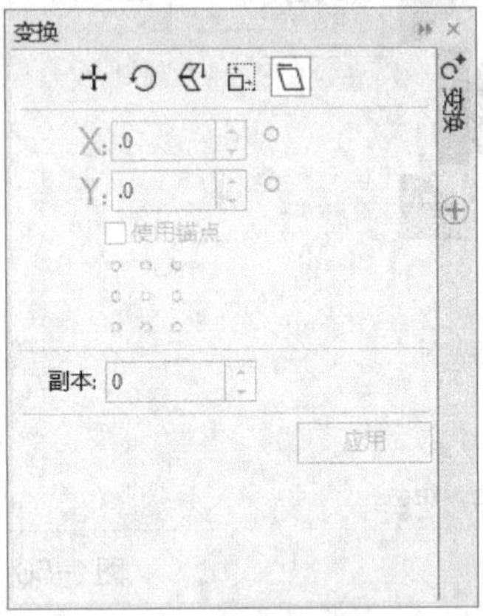

图1-59

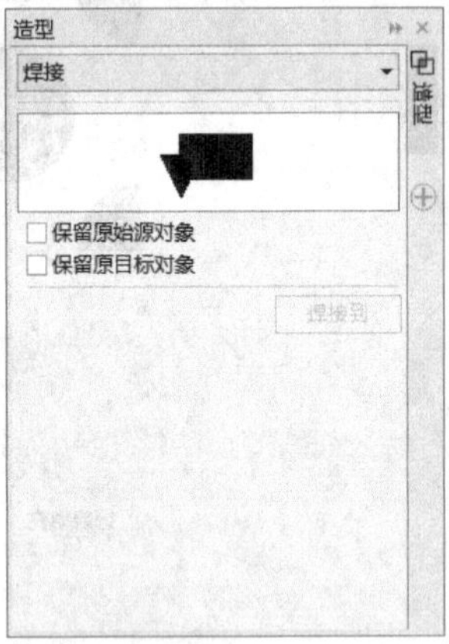

图1-60

3.【颜色】泊坞窗

单击工具箱中的【彩色】按钮，弹出【颜色】泊坞窗，如图1-61所示。【颜色】泊坞窗中包括CMYK、RGB、HSB和灰度等9种颜色模式。

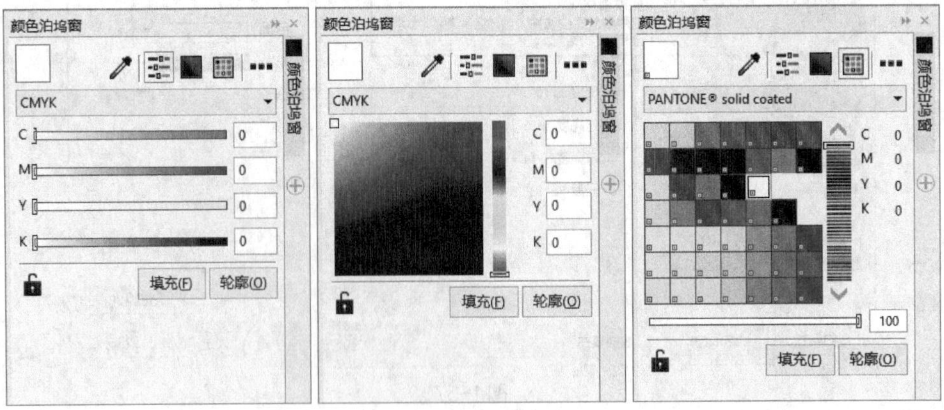

图1-61

1.5 常用快捷键

快速复制移动【Ctrl】+【D】
快速复制旋转【Ctrl】+【R】
保存当前的图形【Ctrl】+【S】
打开编辑文本对话框【Ctrl】+【Shift】+【T】
擦除图形的一部分或将一个对象分为两个封闭路径【X】
撤销上一次的操作【Ctrl】+【Z】
撤销上一次的操作【Alt】+【Backspase】
垂直定距对齐选择对象的中心【Shift】+【A】
垂直分散对齐选择对象的中心【Shift】+【C】
垂直对齐选择对象的中心【C】
将文本更改为垂直排布（切换式）【Ctrl】+【.】
打开一个已有绘图文档【Ctrl】+【O】
打印当前的图形【Ctrl】+【P】
打开“大小工具卷帘”【Alt】+【F10】
运行缩放动作然后返回前一个工具【F2】
运行缩放动作然后返回前一个工具【Z】
导出文本或对象到另一种格式【Ctrl】+【E】
导入文本或对象【Ctrl】+【I】
发送选择的对象到后面【Shift】+【B】
将选择的对象放置到后面【Shift】+【Page Down】
发送选择的对象到前面【Shift】+【T】
将选择的对象放置到前面【Shift】+【Page Up】
发送选择的对象到右面【Shift】+【R】
发送选择的对象到左面【Shift】+【L】
将文本对齐基线【Alt】+【F12】
将对象与网格对齐（切换）【Ctrl】+【Y】
对齐选择对象的中心到页中心【P】
绘制对称多边形【Y】
拆分选择的对象【Ctrl】+【K】
将选择的对象分散对齐舞台水平中心【Shift】+【P】
将选择的对象分散对齐页面水平中心【Shift】+【E】
打开封套工具卷帘【Ctrl】+【F7】
打开符号和特殊字符工具卷帘【Ctrl】+【F11】
复制选定的项目到剪贴板【Ctrl】+【C】
设置文本属性的格式【Ctrl】+【T】
恢复上一次的撤销操作【Ctrl】+【Shift】+【Z】
剪切选定对象并将它放置在“剪贴板”中【Ctrl】+【X】
剪切选定对象并将它放置在“剪贴板”中【Shift】+【Delete】
将字体大小减小为上一个字体大小设置【Ctrl】+小键盘【2】
将渐变填充应用到对象【F11】

结合选择的对象【Ctrl】+【L】
绘制矩形【F6】
打开【轮廓笔】对话框【F12】
打开轮廓图工具卷帘【Ctrl】+【F9】
绘制螺旋形【A】
启动拼写检查器【Ctrl】+【F12】
取消选择对象或对象群组所组成的群组【Ctrl】+【U】
显示绘图的全屏预览【F9】
将选择的对象组成群组【Ctrl】+【G】
删除选定的对象【Del】
将选择对象上对齐【T】
将字体大小减小为字体大小列表中上一个可用设置【Ctrl】+小键盘【4】
转到上一页【Page Up】
将镜头相对于绘画上移【Alt】+【↑】
生成“属性栏”并对准可被标记的第一个可视项【Ctrl】+【Backspase】
打开“视图管理器工具卷帘”【Ctrl】+【F2】
在最近使用的两种视图质量间进行切换【Shift】+【F9】
用手绘模式绘制线条和曲线【F5】
使用该工具通过单击及拖动来平移绘图【H】
按当前选项或工具显示对象或工具的属性【Alt】+【Backspase】
刷新当前的绘图窗口【Ctrl】+【W】
水平对齐选择对象的中心【E】
将文本排列改为水平方向【Ctrl】+【,】
打开缩放工具卷帘【Alt】+【F9】
缩放全部的对象到最大【F4】
缩放选定的对象到最大【Shift】+【F2】
缩小绘图中的图形【F3】
将填充添加到对象【G】
打开透镜工具卷帘【Alt】+【F3】
打开图形和文本样式工具卷帘【Ctrl】+【F5】
退出 CorelDRAW 并提示保存活动绘图【Alt】+【F4】
绘制椭圆形和圆形【F7】
绘制矩形组【D】
将对象转换成网状填充对象【M】
打开位置工具卷帘【Alt】+【F7】
添加文本（单击添加美术字，拖动添加段落文本）【F8】
将选择对象下对齐【B】
将字体大小增加为字体大小列表中的下一个设置【Ctrl】+小键盘【6】
转到下一页【Page Down】
将镜头相对于绘画下移【Alt】+【↓】
包含指定线性标注线属性的功能【Alt】+【F2】
添加/移除文本对象的项目符号（切换）【Ctrl】+【M】
将选定对象按照对象的堆栈顺序放置到向后一个位置【Ctrl】+【Page Down】

将选定对象按照对象的堆栈顺序放置到向前一个位置【Ctrl】+【Page Up】
使用“超微调”因子向上微调对象【Shift】+【↑】
向上微调对象【↑】
使用“细微调”因子向上微调对象【Ctrl】+【↑】
使用“超微调”因子向下微调对象【Shift】+【↓】
向下微调对象【↓】
使用“细微调”因子向下微调对象【Ctrl】+【↓】
使用“超微调”因子向右微调对象【Shift】+【←】
向右微调对象【←】
使用“细微调”因子向右微调对象【Ctrl】+【←】
使用“超微调”因子向左微调对象【Shift】+【→】
向左微调对象【→】
使用“细微调”因子向左微调对象【Ctrl】+【→】
创建新绘图文档【Ctrl】+【N】
编辑对象的节点；双击该工具打开“节点编辑卷帘”【F10】
打开“旋转工具卷帘”【Alt】+【F8】
打开设置 CorelDRAW 选项的对话框【Ctrl】+【J】
全选【Ctrl】+【A】
打开【轮廓颜色】对话框【Shift】+【F12】
给对象应用均匀填充【Shift】+【F11】
显示整个可打印页面【Shift】+【F4】
将选择对象右对齐【R】
将镜头相对于绘画右移【Alt】+【←】
再制选定对象并以指定的距离偏移【Ctrl】+【D】
将字体大小增加为下一个字体大小设置【Ctrl】+小键盘【8】
将“剪贴板”的内容粘贴到绘图中【Ctrl】+【V】
启动“这是什么？”帮助【Shift】+【F1】
重复上一次操作【Ctrl】+【R】
转换美术字为段落文本或反过来转换【Ctrl】+【F8】
将选择的对象转换成曲线【Ctrl】+【Q】
将轮廓转换成对象【Ctrl】+【Shift】+【Q】
使用固定宽度、压力感应、书法式或预置的“自然笔”样式来绘制曲线【I】
左对齐选定的对象【L】
将镜头相对于绘画左移【Alt】+【→】
显示所有可用/活动的 HTML 字体大小的列表【Ctrl】+【Shift】+【H】
将文本对齐方式更改为不对齐【Ctrl】+【N】
在绘画中查找指定的文本【Alt】+【F3】
更改文本样式为粗体【Ctrl】+【B】
将文本对齐方式更改为行宽的范围内分散文字【Ctrl】+【H】
更改选择文本的大小写【Shift】+【F3】
将字体大小减小为上一个字体大小设置【Ctrl】+小键盘【2】
将文本对齐方式更改为居中对齐【Ctrl】+【E】
将文本对齐方式更改为两端对齐【Ctrl】+【J】

将所有文本字符更改为小型大写字符【Ctrl】+【Shift】+【K】
删除文本插入记号右边的字【Ctrl】+【Delete】
删除文本插入记号右边的字符【Delete】
将字体大小减小为字体大小列表中上一个可用设置【Ctrl】+小键盘【4】
将文本插入记号向上移动一个段落【Ctrl】+【↑】
将文本插入记号向上移动一个文本框【Page Up】
将文本插入记号向上移动一行【↑】
添加/移除文本对象的首字下沉格式（切换）【Ctrl】+【Shift】+【D】
选定【文本】标签，打开【选项】对话框【Ctrl】+【F10】
更改文本样式为带下划线样式【Ctrl】+【U】
将字体大小增加为字体大小列表中的下一个设置【Ctrl】+小键盘【6】
将文本插入记号向下移动一个段落【Ctrl】+【↓】
将文本插入记号向下移动一个文本框【Page Down】
将文本插入记号向下移动一行【↓】
显示非打印字符【Ctrl】+【Shift】+【C】
向上选择一段文本【Ctrl】+【Shift】+【↑】
向上选择一个文本框【Shift】+【Page Up】
向上选择一行文本【Shift】+【↑】
向上选择一段文本【Ctrl】+【Shift】+【↑】
向上选择一个文本框【Shift】+【Page Up】
向上选择一行文本【Shift】+【↑】
向下选择一段文本【Ctrl】+【Shift】+【↓】
向下选择一个文本框【Shift】+【Page Down】
向下选择一行文本【Shift】+【↓】
更改文本样式为斜体【Ctrl】+【I】
选择文本结尾的文本【Ctrl】+【Shift】+【Page Down】
选择文本开始的文本【Ctrl】+【Shift】+【Page Up】
选择文本框开始的文本【Ctrl】+【Shift】+【Home】
选择文本框结尾的文本【Ctrl】+【Shift】+【End】
选择行首的文本【Shift】+【Home】
选择行尾的文本【Shift】+【End】
选择文本插入记号右边的字【Ctrl】+【Shift】+【←】
选择文本插入记号右边的字符【Shift】+【←】
选择文本插入记号左边的字【Ctrl】+【Shift】+【→】
选择文本插入记号左边的字符【Shift】+【→】
显示所有绘画样式的列表【Ctrl】+【Shift】+【S】
将文本插入记号移动到文本开头【Ctrl】+【Page Up】
将文本插入记号移动到文本框结尾【Ctrl】+【End】
将文本插入记号移动到文本框开头【Ctrl】+【Home】
将文本插入记号移动到行首【Home】
将文本插入记号移动到行尾【End】
移动文本插入记号到文本结尾【Ctrl】+【Page Down】
将文本对齐方式更改为右对齐【Ctrl】+【R】

将文本插入记号向右移动一个字【Ctrl】+【←】
将文本插入记号向右移动一个字符【←】
将字体大小增加为下一个字体大小设置【Ctrl】+小键盘【8】
显示所有可用/活动字体粗细的列表【Ctrl】+【Shift】+【W】
显示一包含所有可用/活动字体尺寸的列表【Ctrl】+【Shift】+【P】
显示一包含所有可用/活动字体的列表【Ctrl】+【Shift】+【F】
将文本对齐方式更改为左对齐【Ctrl】+【L】
将文本插入记号向左移动一个字【Ctrl】+【→】
将文本插入记号向左移动一个字符【→】

专家提示

查看CorelDRAW X8快捷键的方法：在【工具】/【选项】/【自定义】命令右边，【快捷键】选项卡下单击【查看全部】按钮。

1.6 CorelDRAW X8服装款式设计简介

服装款式设计是服装诸多设计环节的一个部分，是服装设计的基础部分或者说是服装样式设计。它包括款式造型、材质选择、色彩搭配、纹样确定和款式表现等几方面的内容。服装款式图可以更直观地表达服装款式，更接近成衣的效果。在服装行业中的服装款式设计、图案设计和面料设计等方面，CorelDRAW是一款常用绘图设计软件，用CorelDRAW绘制款式图比手绘更容易表达服装结构、比例、图案和色彩等要素。

随着计算机技术的发展，用CorelDRAW进行服装设计已经较为常见，这款软件可以完全表达款式的结果、线迹、面料和图案等细节，更接近成衣效果，便于版型师和工人了解和制作服装。CorelDRAW软件对于从事服装设计工作的专业设计人员来说有很大的用处。利用CorelDRAW软件可以设计绘制出现代服装企业中专门用于服装生产的工业款式图、服装工艺单和生产流程图。作为矢量绘图软件，CorelDRAW绘制的图形非常小，并且具有可以任意缩放和以最高分辨率输出的特性，可以完美再现服装设计当中的面料、图案、文字说明和服饰配件等细节部分，如图1-62和图1-63所示。

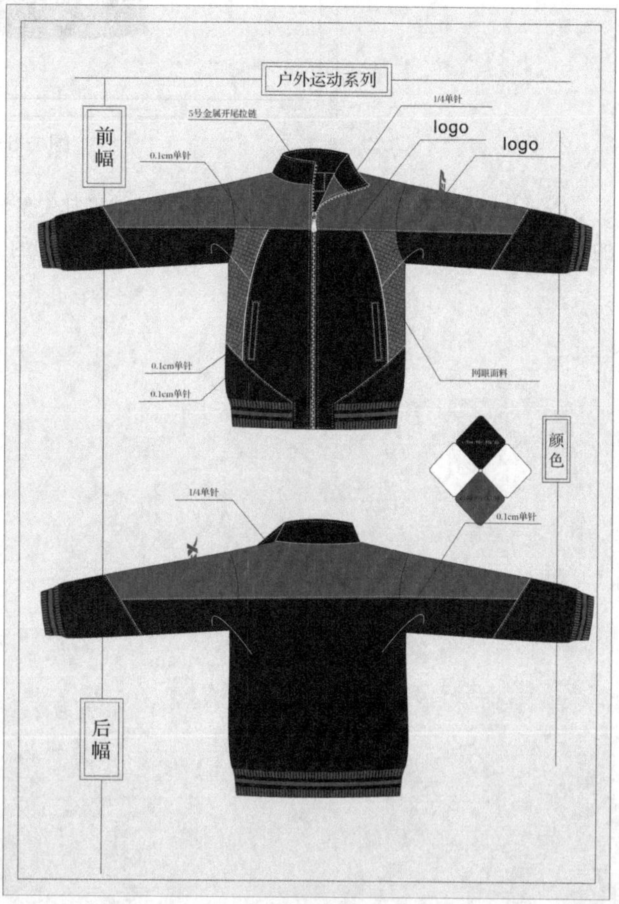

图1-62

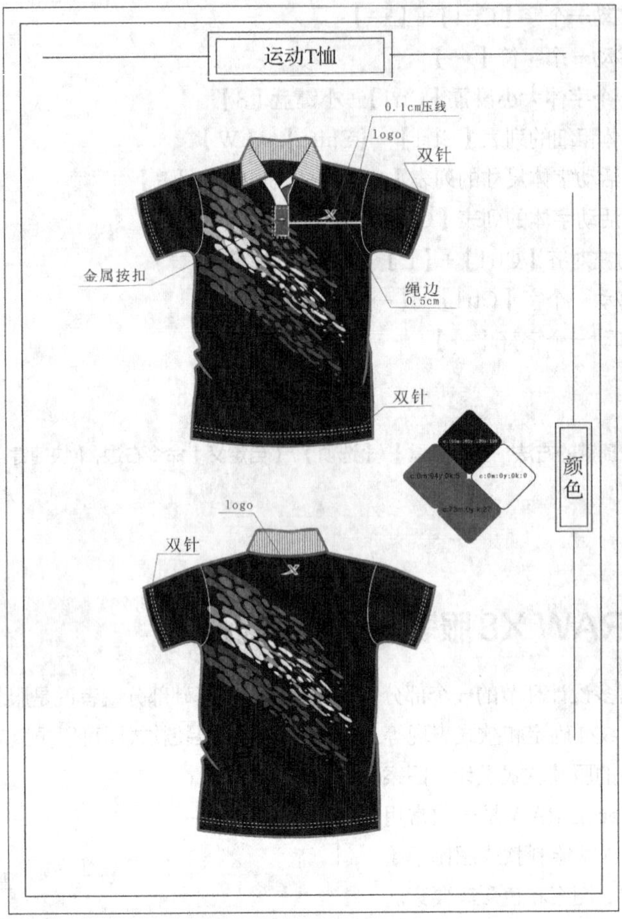

图1-63

CorelDRAW简单易学、严谨规范的特性造就了其矢量绘图软件的工业化典范地位，也可以说它是目前市场上的计算机设计软件中更具工业化特点、与产业结合最紧密的矢量绘图软件。

第 02 章

服装款式设计基础

本章重点

- 了解服装款式设计的美学原理
- 了解服装廓形设计——5种基本廓形
- 掌握服装零部件设计

2.1 服装款式设计概述

服装款式设计也可称服装造型设计，是服装设计中非常重要的部分，也是服装设计的基础部分，同时，这也是服装设计专业人员必须掌握的基本专业知识。款式、面料和色彩是服装造型的三要素，其中款式又是构成造型设计的主体，包括整体和局部两部分，即服装的廓形、内结构线以及领、袖、口袋等零部件的配置。

2.2 服装款式设计的美学原理

2.2.1 对称

对称是最基本的构成形式。

- 左右对称：缺少动感。
- 局部对称：指服装上的一部分采用对称的形式，如胸部、袖子和肩部等。
- 回转对称：以一点为基准，将两个图形进行方向相反的对称配置，利用面料的图案或装饰点缀来完成。图2-1所示为对称的服装款式。

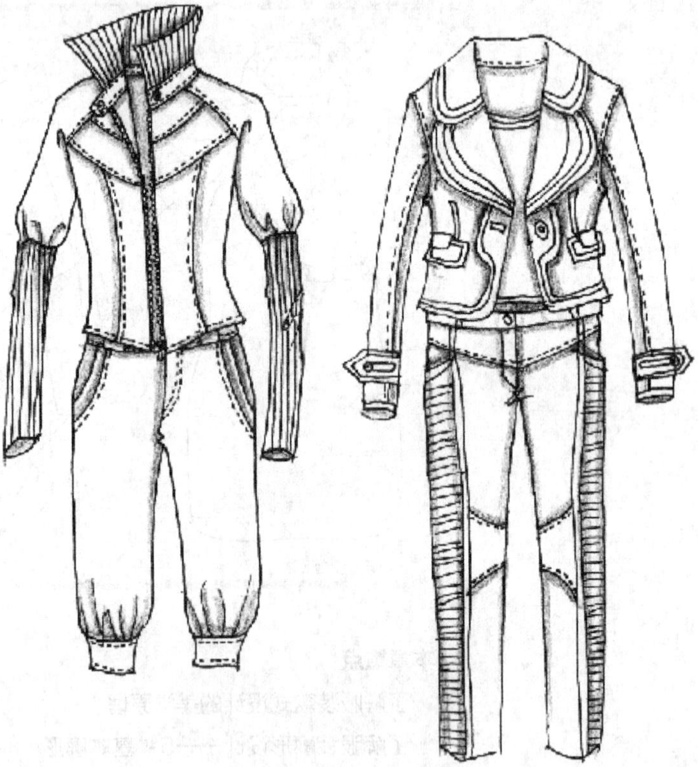

图2-1

2.2.2 均衡

指元素在空间距离和数量上没有等量关系，而要依靠元素的大小、长短等要素在视觉上达到平衡。在服装款式中体现在门襟、纽扣和口袋等装饰手法上，如图2-2所示。

图2-2

2.2.3 比例（对比）

比例是指设计中不同大小的部位之间的相互配比关系。如上衣与下装的面积比；连衣裙腰线的上下长度比；肩宽与衣摆的宽度比；色彩、材料和装饰的分配面积比；服装各部位所占的体积比等，如图2-3所示。黄金比例是设计中经常用到的配比。

图2-3

2.2.4 旋律（节奏）

在服装设计上的表现为元素反复出现。例如，在造型上，裙子的荷叶边或荷叶领的曲线重复出现；在色彩上，色彩强弱的层次和反复；在图案上，同一面料上有不同图案的组合，如图2-4所示。

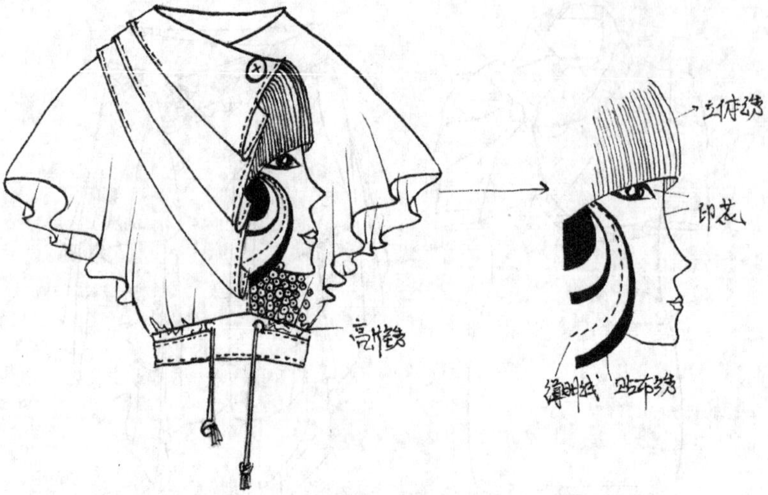

图2-4

2.2.5 强调

强调是指在服装设计中重点突出某一方面，吸引人的视线，增加艺术感染力，以取得最佳的设计效果。

- 强调功能：实用性，如工作服，特别强调服装的面料、造型和工艺。
- 强调色彩：如节日庆服装的色彩，童装鲜亮、明快的色彩。
- 强调工艺：如旗袍的刺绣、盘扣和镶边等。
- 强调造型：重点是强调胸部、腰部、领部和肩部的造型，如图2-5所示。

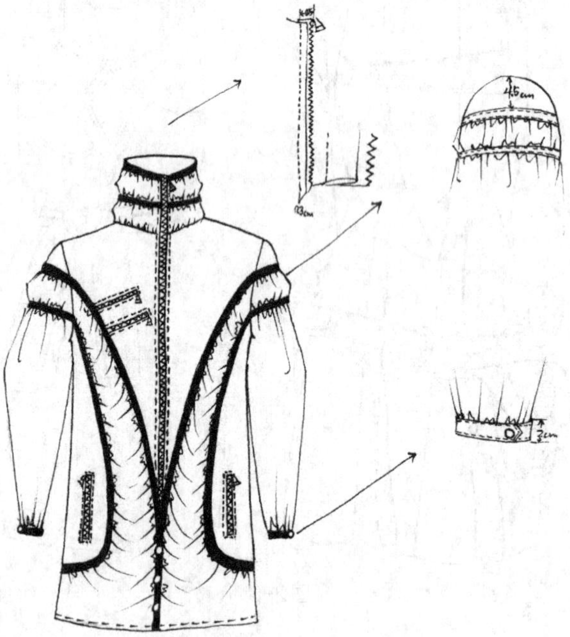

图2-5

2.2.6 夸张

主要体现在造型上的夸张。夸张的部位往往是款式的重点，如肩、领、袖和下摆等处，如图2-6所示。

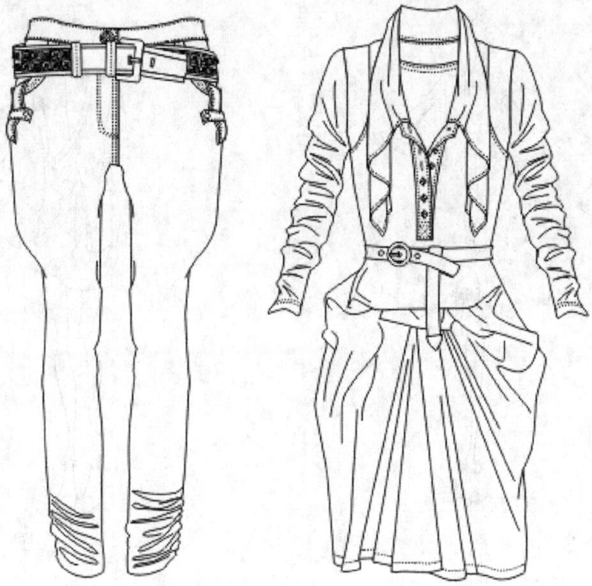

图2-6

2.3 服装的廓形设计

服装的廓形是指服装穿着在人体上表现出的外在形状，也就是服装的外部造型轮廓线，它的变化对服装的款式变化起决定性的作用。服装流行演变的最明显特征就是外轮廓的变化。

根据人体特点，可以把服装外形概括为H形、A形、T形、X形和O形5种。以此为基础，几乎所有的服装都可以用字母形态来描述。服装的外形设计的主要决定因素是各关键部位的尺寸，具体细分为肩部、胸部、腰部、臀部和下摆。

1. H形

H形也称矩形、箱形或直筒形。其特点是平肩、不收腰，下摆呈筒形，形似字母H。肩、腰、臀和下摆的围度无大的区别，衣身呈直筒状。具有简练、随意，中性化的特征。因此，在休闲装、运动装及男装款式设计中经常采用，如图2-7所示。

2. A形

A形也称正三角形或梯形。指上小、下大呈三角形造型的服装，不收腰宽下摆，或收腰宽下摆。具有洒脱、流动和活泼的感觉。因而广泛地应用在大衣、连衣裙和礼服等设计中，如图2-8所示。

3. T形

T形也称倒梯形或倒三角形。其特点是夸张肩部，收紧下摆，形成上宽下窄的效果，类似字母T。T廓形具有精干、洒脱、较男性化的性格特点，因而广泛运用于男装、中性服装的设计中，如图2-9所示。

图2-7

图2-8

图2-9

4. X形

X形是最具有女性体态特征的廓形，其特点是夸大肩部和衣、裙下摆，收紧腰部，形成上下部分宽大、中间收小的效果，类似字母X的形状。X廓形易于突出女性窈窕的身材，优美、典雅，因此在礼服设计中常被采用，如图2-10所示。

5. O形

O形也称椭圆形。其特点是肩部和下摆向内收，无明显棱角，腰部宽松，呈椭圆形，类似字母O的形状。O廓形具有休闲、舒适、宽松、柔和的特点，夸张、适用于创意性服装的设计，在日常服装设计中适合作为服装的一个组成部分来设计，如领、袖，也可以用于裙、上衣等单品的设计。在休闲装、运动装及家居服的设计中常采用O形廓形，如图2-11所示。

图2-10

图2-11

2.4 服装的结构设计

服装的结构设计是指除服装廓形以外的结构形状和零部件的边缘形状，如衣片上的分割线、省道和褶裥等结构以及领子、口袋和门襟等零部件。

1. 基本结构线的设计

服装的结构线指的是服装中的分割线，有应用性结构线和装饰性结构线两种。应用性结构线是指使服装符合人体曲线而必须裁剪的结构线，如胸省、腰省等；装饰性结构线是指不以塑形为目的，纯粹考虑美观效果的线条，其表现形式多样，如绗缝、波浪线、缉线和镶嵌等。

2. 工艺变化设计

服装的加工工艺多种多样，相同的服装款式，因为不同的工艺手法的变化，而呈现不同的整体表现效果。常见的服装加工工艺有刺绣、镶嵌、滚边、缉线、贴布、盘花、包梗、印染、编织、抽褶、手绘和剪切等。

3. 零部件的组合设计

服装的零部件也是服装结构设计的一部分，其种类繁多兼具功能性与装饰性。零部件的组合设计就是利用零部件自身的形态特点来进行服装内部结构的变化设计，如领子的重叠、口袋的重叠、大小口袋的组合等，如图2-12所示。

图2-12

2.5 服装的部件设计

服装的整体造型是由各个局部的部件造型设计组合而成的。服装的部件包括领、袖、口袋和门襟等，服装的部件设计除了要有特定的功能外，还应具有一定的装饰性。

1. 领子的分类与设计

（1）无领

■ 领线领　领线领是最基础、最简单的领型，是只有领线，没有领面的领型。常见的领线领包括一字领、圆领、V字领、U形领和方领等，主要用于夏季T恤、内衣、针织衫和连衣裙等的设计。领线领在造型设计上变化丰富，还可以用各种装饰手法进行设计，例如滚边、镶嵌、镂空和捆条等，如图2-13所示。

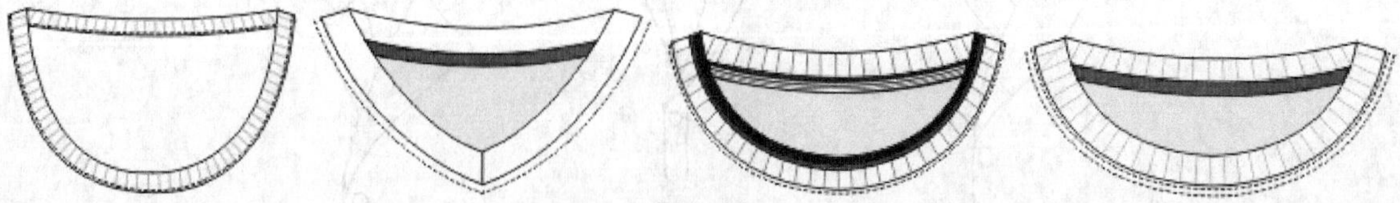

图2-13

■ 连衣领　连衣领是指从衣身上延伸连裁出领子的造型，衣领与衣身之间没有分割线。连衣领多用于女装大衣、外套和连衣裙的设计。连衣领的变化范围较小，领口不能过高，可以用缉线、滚边和绣花等进行装饰设计，如图2-14所示。

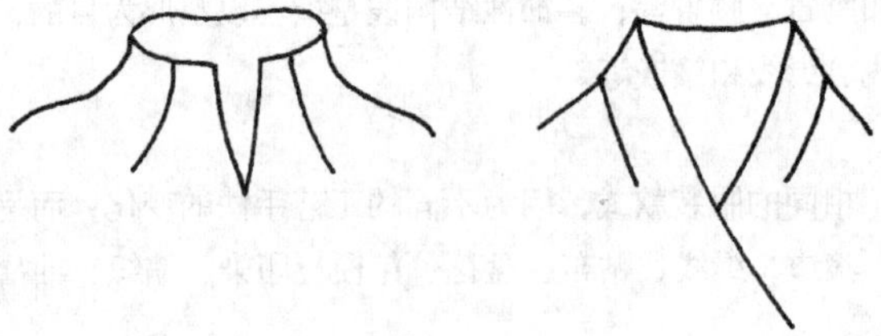

图2-14

（2）装领

■ 立领　立领是一种领面围绕颈部的领型。立领的结构较为简单，具有端庄、典雅的东方情趣，多应用在传统的中式旗袍及学生装上。现代服装中立领的造型已脱离了以往的模式，不断出现新颖、流行的造型，如图2-15所示。

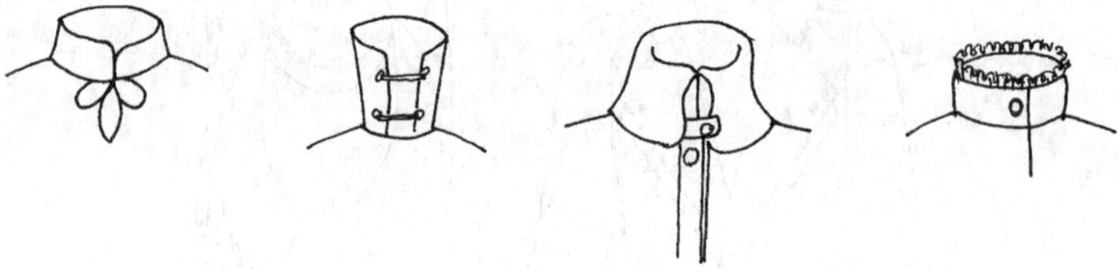

图2-15

■ 翻领　翻领是领面向外翻折的领型。根据其结构特征可分为单翻领和连座翻领，根据领面的翻折形态可分为小翻领和大翻领。翻领的变化较为丰富，如衬衣、中山装、茄克衫、运动衫等的领型均不同。如图2-16所示。

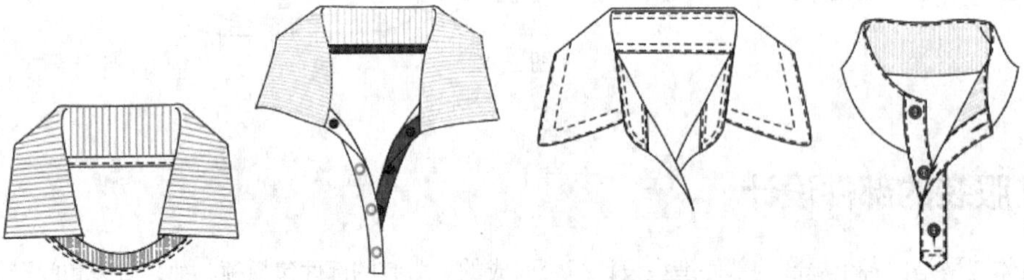

图2-16

■ 翻驳领　翻驳领是领面与驳头一起向外翻折的领型，一般指西式服装外装、上装的翻领，适用于西式男装上装、西式女装上装、男士大衣、女士大衣，以及男士大、小礼服等，如图2-17所示。

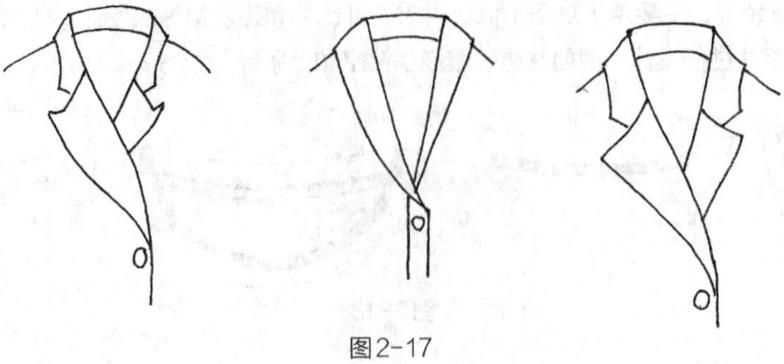

图2-17

2. 袖子的分类与设计

■ 无袖：无袖又称为袖窿，英文为arm-hole，一般是指使手臂通过的衣服洞的形状，不包括袖片和袖克夫（cuff），所以无袖的设计其实是单纯的袖窿线的设计，多用于背心、马甲和连衣裙等。

■ 连衣袖：指袖子和衣身相连，没有袖窿线的造型，也称中式袖。一般用于中式服装、运动装及家居服装等。

■ 装袖：指袖片和衣身分别裁剪，然后缝合的袖型，从造型上分为平袖、圆袖、插肩袖和泡泡袖。

如图2-18所示分别为无袖、连衣袖和装袖。

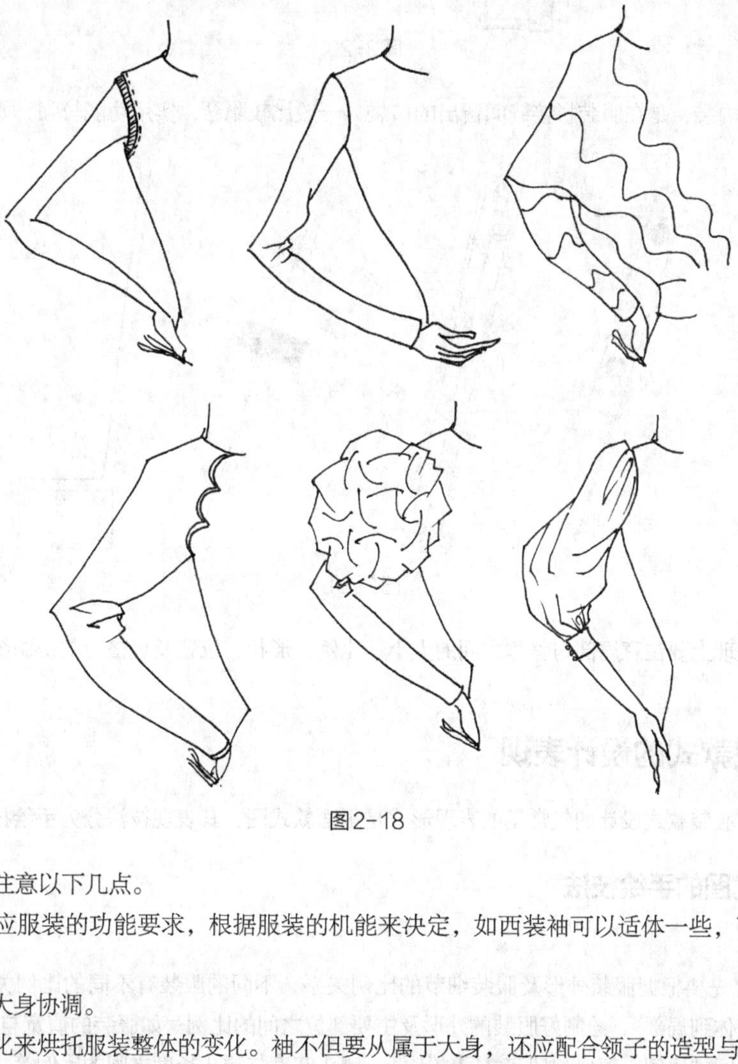

图2-18

袖的造型表现应注意以下几点。

■ 袖的造型要适应服装的功能要求，根据服装的机能来决定，如西装袖可以适体一些，而休闲装袖要稍宽松一些。

■ 袖身造型应与大身协调。

■ 运用袖子的变化来烘托服装整体的变化。袖不但要从属于大身，还应配合领子的造型与衣身共同达到高度协调与统一。

3. 口袋的分类与设计

■ 贴袋：即贴缝在衣片表面的袋型，具有制作简单，变化丰富的特点，多为压明线，如图2-19所示。

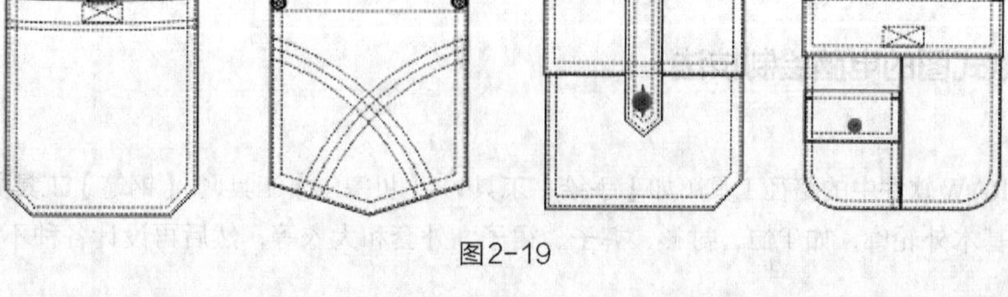

图2-19

■ 挖袋：挖袋的袋口开在衣片上，袋身则在衣身里，挖袋有袋唇（或袋线），也可用袋盖掩饰，如图2-20所示。

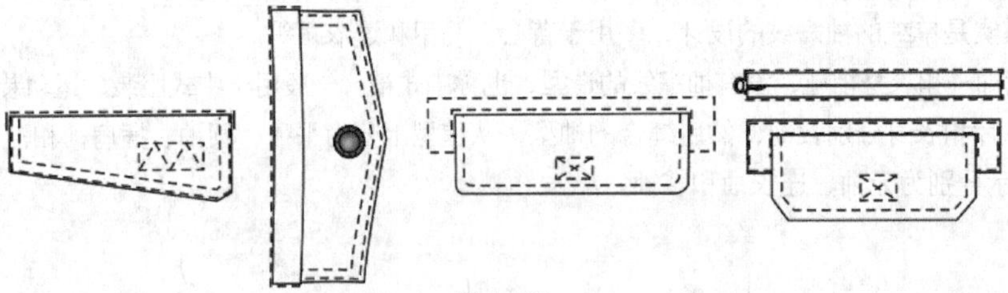

图2-20

■ 插袋：也称缝内袋，是在服装拼接缝间留出的口袋，一般比较隐蔽，实用功能较强，如图2-21所示。

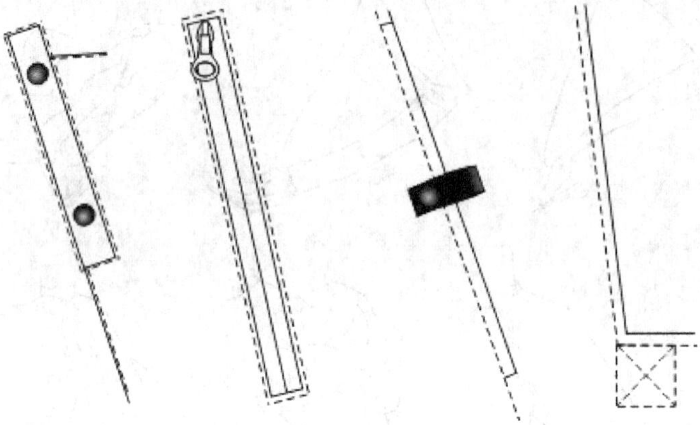

图2-21

在口袋的造型表现上要注意局部与整体之间的大小、比例、形状、位置及风格上的协调统一。

2.6 服装款式的设计表现

在服装企业中，服装款式设计的较常见的表现形式是平面款式图，其表现技法分为手绘技法和电脑绘制技法。

2.6.1 服装款式图的手绘技法

1. 比例法

手绘款式图时首先要把握服装外形及服装细节的比例关系，不同的服装有不同的比例关系。在绘制服装的比例时，应注意“从整体到局部”，绘制好服装的外形及主要部位之间的比例。如服装的肩宽与衣身长度之间的比例，裤子的腰宽和裤长之间的比例，领口和肩宽之间的比例，腰头宽度与腰头长度之间的比例等。

2. 对称法

人体的左右两部分是对称的，所以服装的主体结构必然呈现出对称的结构。因此在款式图的绘制过程中，一定要注意服装的对称规律。在手绘款式图时可以使用“对称法”来绘制服装款式图，这是一种先画好服装的一半（左或右），再沿中线对折，描画另一半的方法，这种方法可以轻易地画出左右对称的服装款式图。

2.6.2 服装款式图的电脑绘制技法

1. 黑白线描技法

运用CorelDRAW软件中的路径工具（如【手绘】工具、【贝塞尔】工具、【钢笔】工具）可以快速地勾勒出服装款式的基本外轮廓，如T恤、衬衫、裤子、裙子、外套和大衣等，然后再设计各种不同的细节，如领、袖、门襟、口袋等，如图2-22所示。在用电脑软件绘制服装款式图的过程中，只需要画出服装款式的一半，然后再对这一半进行复制，把方向旋转一下就可以完成左右对称的服装款式图了。

图2-22

2. 面料图案填充技法

在CorelDRAW软件中可以扫描现有的面料、图片或手绘稿来设计各种不同的面料图案，并将其填充到绘制好的服装款式中。使用电脑软件的最大优势在于可以快速地进行面料花型的复制、剪切、合成及色彩的更换，设计师可以在很短的时间内设计出各种不同的配色方案，如图2-23所示。

图2-23

第 03 章

T恤款式设计

本章重点

- 用【贝塞尔】工具、【形状】工具绘制T恤基本廓形
- T恤罗纹领的表现
- 用【艺术笔】工具表现针织T恤坎针缉线
- T恤款式细节变化设计

T恤是一种平民化、大众化，却又充满时尚元素的服装。T恤的款式变化非常丰富，只要在色彩、图案、领口、袖口下摆的造型加上创意性变化，就能紧随最新潮流指标。使用CorelDRAW软件设计T恤，其表现重点主要是外轮廓造型；领、袖等的细节设计以及图案的表现。服装根据性别和年龄来分类可以分为男装、女装和童装。下面分别介绍男装、女装及童装的T恤款式设计。

3.1 男装T恤款式设计

3.1.1 圆领T恤（基础款）

男式圆领T恤的整体效果如图3-1所示。

设计重点

罗纹领表现、后领口及下摆人字纹棉织带表现、色彩填充、图案填充。

图3-1

操作步骤

01 打开CorelDRAW软件，执行菜单栏中的【文件】/【新建】命令，或使用【Ctrl】+【N】组合键，弹出【创建新文档】对话框，文件命名为“男式圆领T恤”，设定纸张大小为A4，横向摆放，如图3-2所示。

02 单击上方和左方的标尺栏，分别从上往下、从左往右拖曳鼠标添加5条辅助线，确定衣长、袖窿深、领口和肩宽等，如图3-3所示。

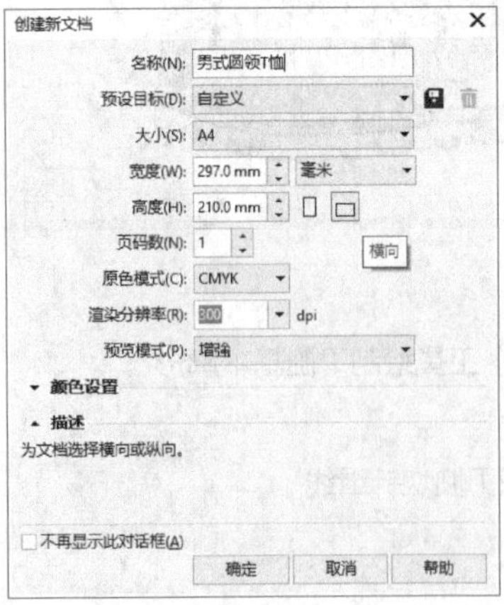

图3-2

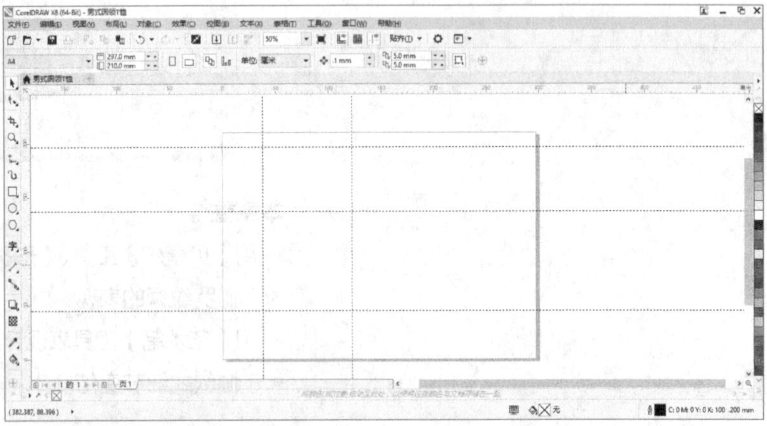

图3-3

03 使用【贝塞尔】工具和【形状】工具绘制图3-4所示的T恤衫前片，在属性栏中设置轮廓宽度 .35 mm。

04 单击工具箱中的【交互式填充】工具，在属性栏中单击【均匀填充】按钮，再单击【填充色】按钮，弹出【均匀填充】对话框，设置【CMYK】值为（89，42，47，0），即蓝绿色，如图3-5所示，按【Enter】键，得到的效果如图3-6所示。

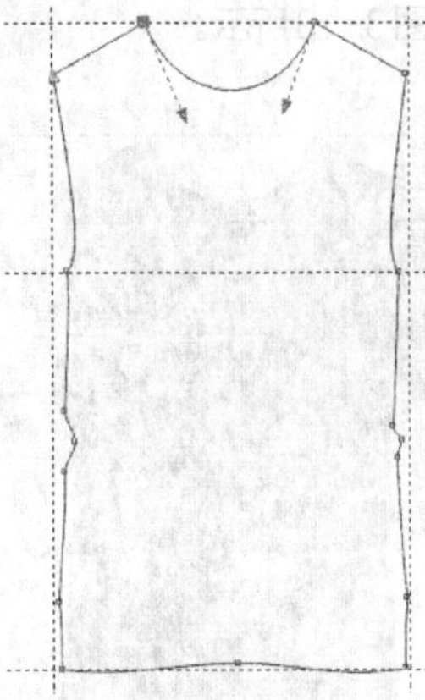

图3-4

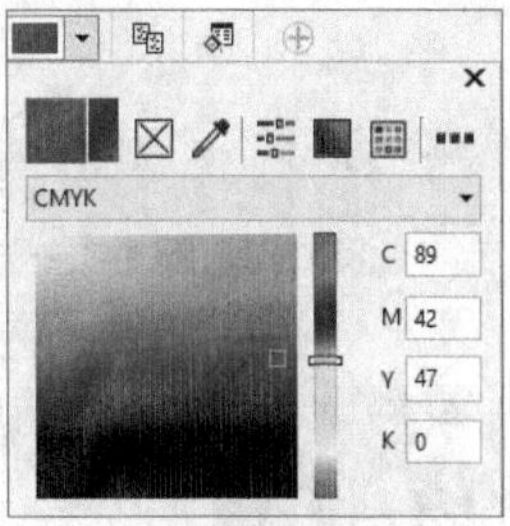

图3-5

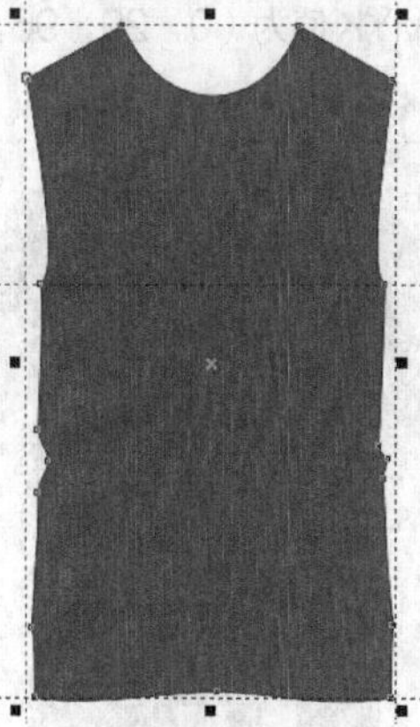

图3-6

专家提示

使用【贝塞尔】工具和【形状】工具绘制衣身前片造型时要注意服装长度与肩宽的比例（一般5：3的效果最佳）。为避免款式图过于死板，可以适当在腰部和下摆处添加一些曲线弧度。

05 使用【贝塞尔】工具和【形状】工具绘制图3-7所示的左袖前面部分，在属性栏中设置轮廓宽度，并填充蓝绿色，其CMYK值为（89，42，47，0）。

06 执行菜单栏中的【对象】/【顺序】/【向后一层】命令，得到的效果如图3-8所示。

07 使用【贝塞尔】工具和【形状】工具绘制图3-9所示的左袖后面部分，在属性栏中设置轮廓宽度，并填充蓝绿色，其CMYK值为（89，42，47，0）。

08 执行菜单栏中的【对象】/【顺序】/【到图层后面】命令，得到的效果如图3-10所示。

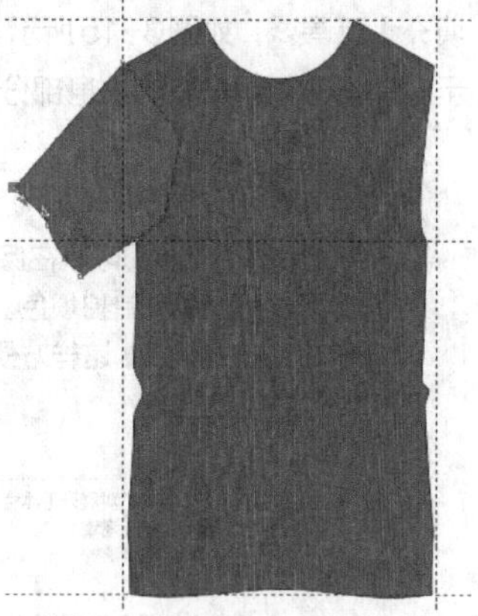

图3-7

专家提示

袖子和衣身都分为前后两个闭合路径来绘制，使服装平面款式图有立体感，更生动。

图3-8

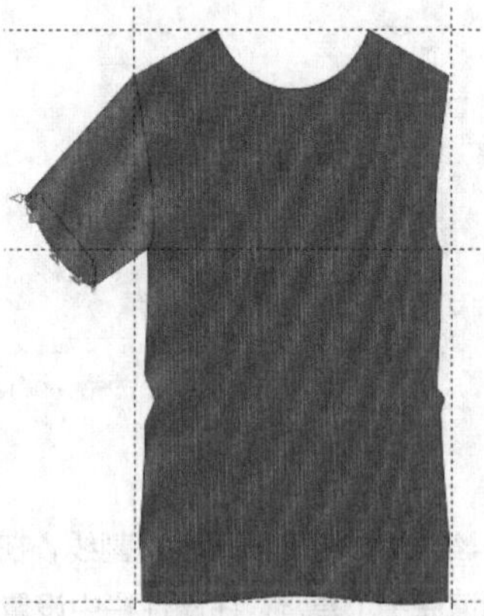

图3-9

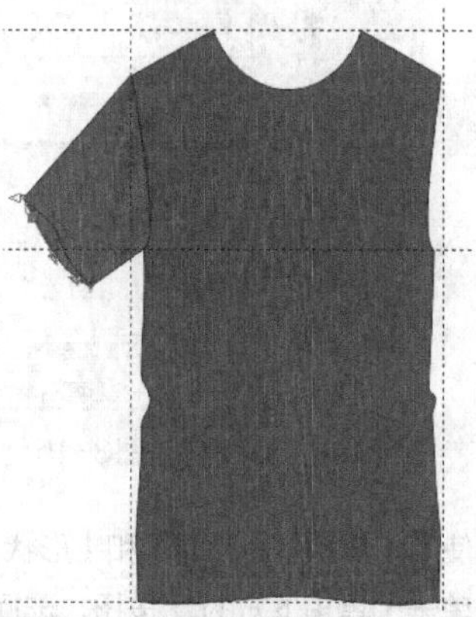

图3-10

09 使用【选择】工具框选整个左袖，按小键盘上的【+】键复制图形，单击属性栏中的【水平镜像】按钮，然后把复制的袖子向右平移到合适的位置，得到的效果如图3-11所示。

10 单击工具箱中的【交互式填充】工具，在属性栏中单击【均匀填充】按钮，再单击填充色按钮，填充中黄色，CMYK值为（0，29，96，0），如图3-12所示，按【Enter】键，得到的效果如图3-13所示。

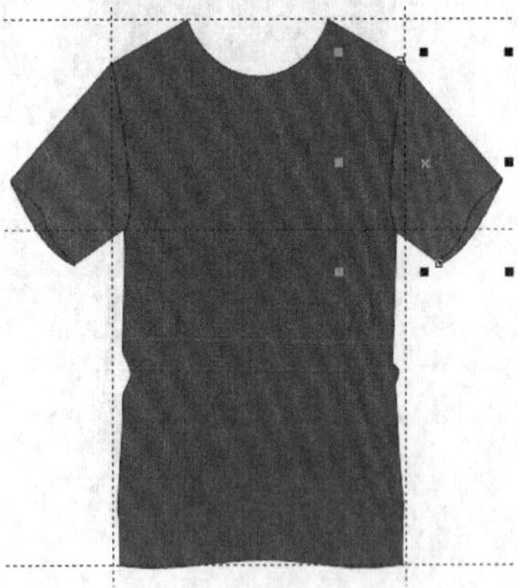

图3-11

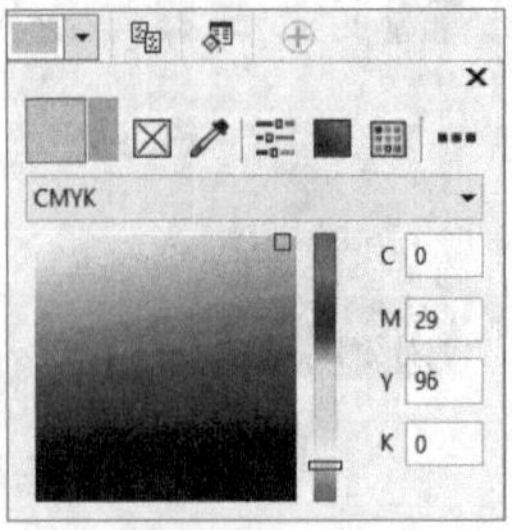

图3-12

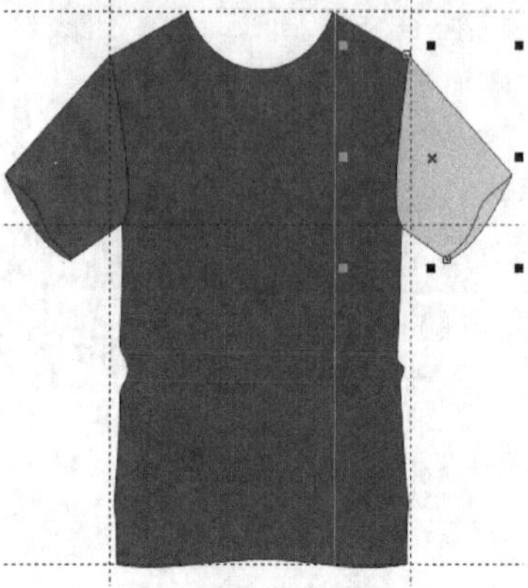

图3-13

11 使用【贝塞尔】工具和【形状】工具绘制图3-14所示的分割线，在属性栏中设置轮廓宽度 .35 mm 。

12 单击工具箱下方的【快速自定义】按钮⊕，弹出自定义工具栏，勾选【智能填充】工具，如图3-15所示。在属性栏中设置填充色为白色，如图3-16所示。单击分割线右边的衣身部分，得到的效果如图3-17所示。

专家提示

【智能填充】工具可以在保留原图形的基础上复制并填色，尤其是在一些交叉的区域可以做到单独填色。但要注意的是在绘制分割线时可以适当的把线条延伸超过衣身一点，这样方便填色。

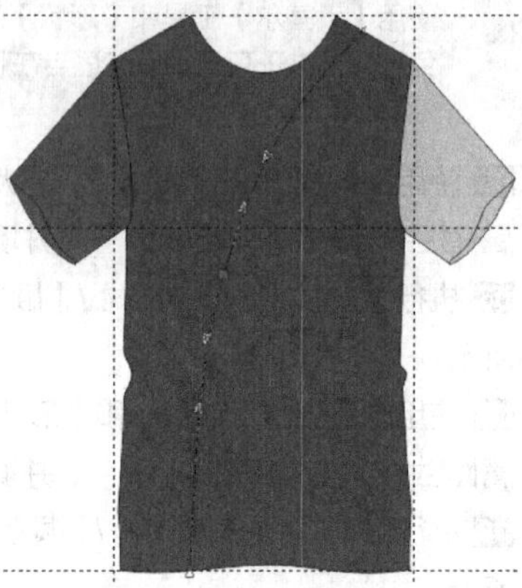

图3-14

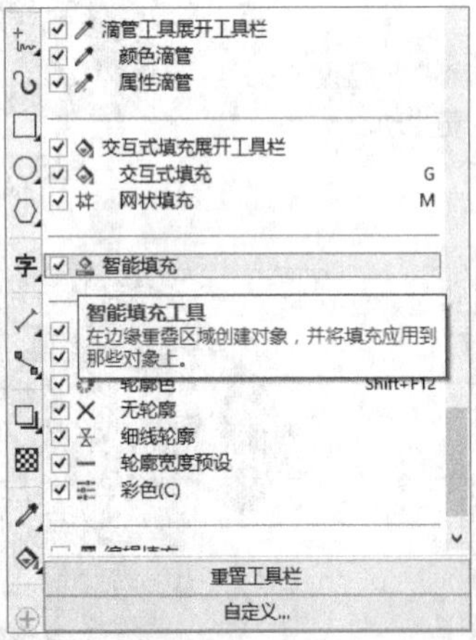

图3-15

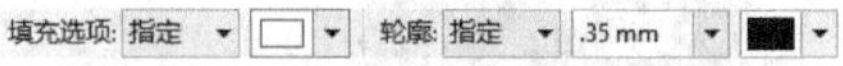

图3-16

13 使用【贝塞尔】工具和【形状】工具绘制图3-18所示的分割线，在属性栏中设置轮廓宽度 .35 mm 。

14 单击工具箱下方的»按钮，选择【智能填充】工具，在属性栏中设置填充色为中黄色，其CMYK值为（0，29，96，0），鼠标单击分割线上半部分的衣身部分，得到的效果如图3-19所示。

15 使用【贝塞尔】工具和【形状】工具在领口处绘制一条路径，在属性栏中设置轮廓宽度 4.0 mm ，如图3-20所示。执行菜单栏中的【对象】/【将轮廓转换为对象】命令，把路径转换为图形并填充中黄色，其CMYK值为（0，29，96，0），设置轮廓宽度 .35 mm ，得到的效果如图3-21所示。

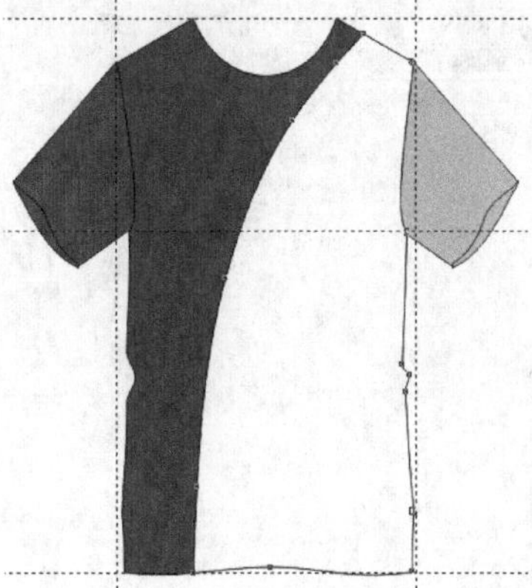
图3-17

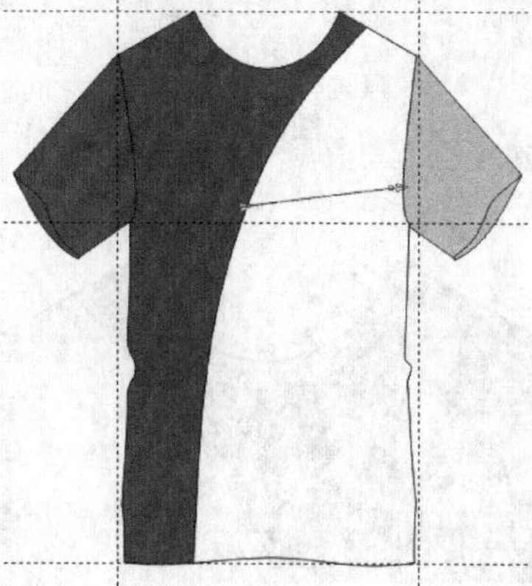
图3-18

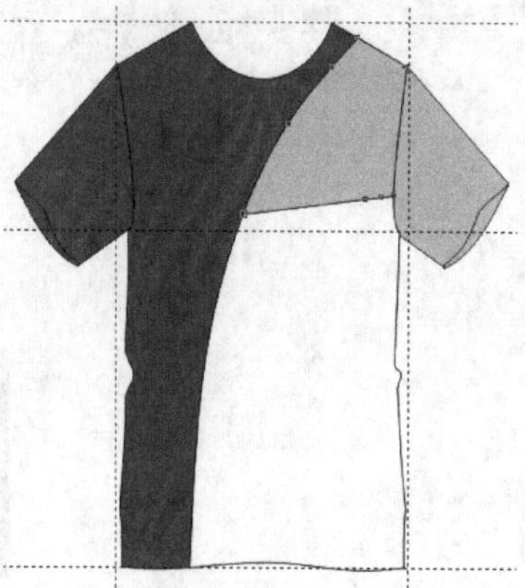
图3-19

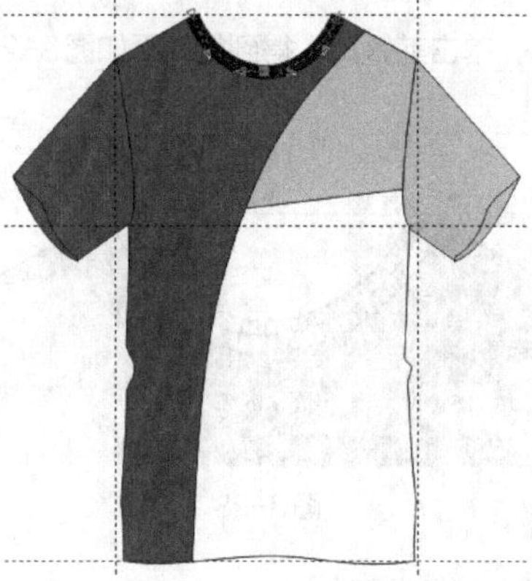
图3-20

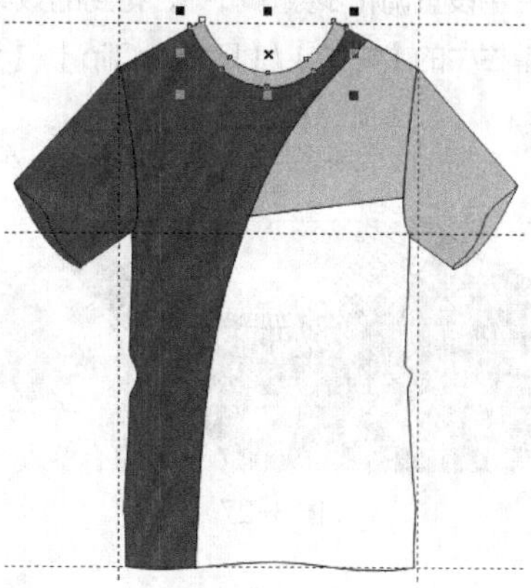
图3-21

16 使用【手绘】工具在领口上绘制两条直线，设置轮廓宽度 2 mm，如图3-22所示。

17 选择工具箱中的【调和】工具，单击左边的直线往右拖曳鼠标至右边的直线执行调和效果，如图3-23所示。

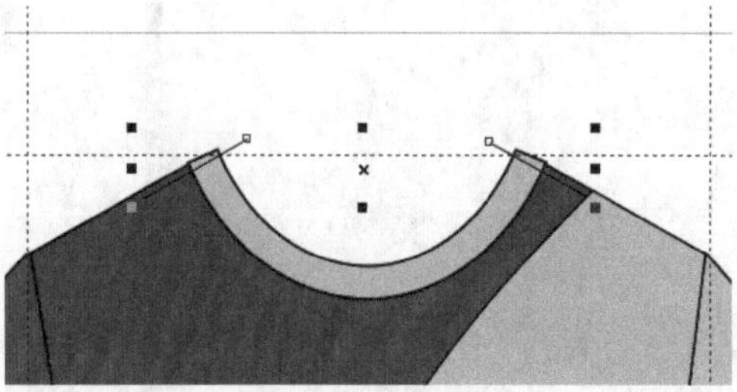
图3-22

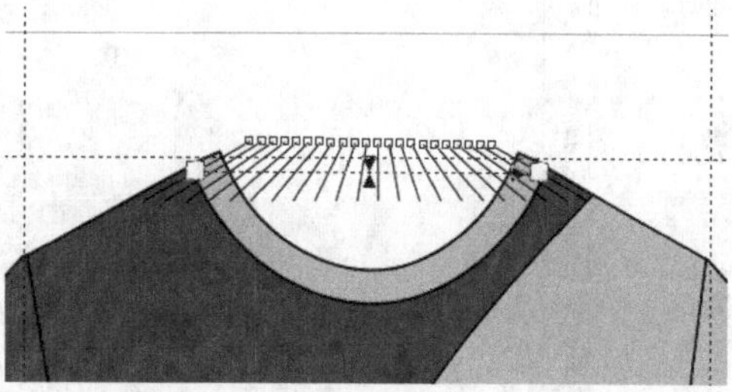
图3-23

18 使用【贝塞尔】工具和【形状】工具在前领口处绘制一条路径，如图3-24所示。

19 使用【选择】工具选择绘制好的调和群组，在属性栏中单击【路径属性】/【新路径】按钮，如图3-25所示。鼠标单击前领口上的路径，得到的效果如图3-26所示。

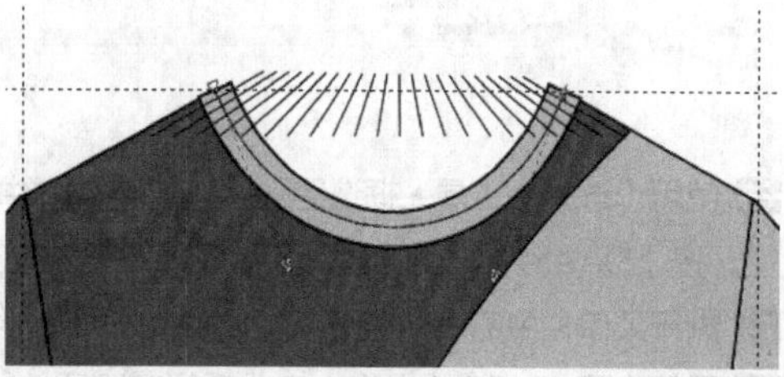
图3-24

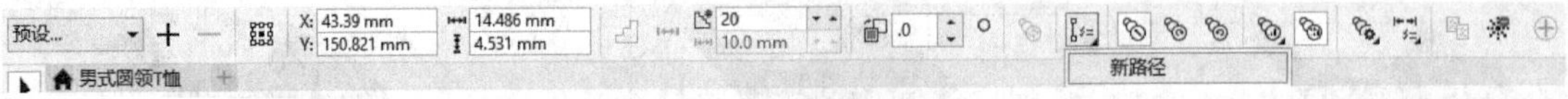

图3-25

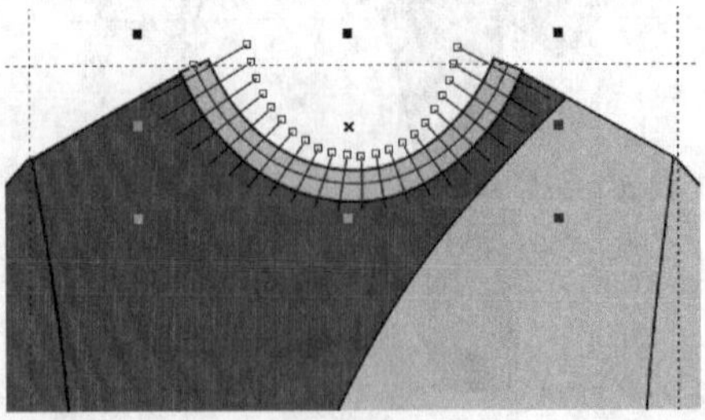

图3-26

20 在属性栏中设置调和步数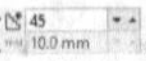，得到的效果如图3-27所示。

21 执行菜单栏中的【对象】/【PowerClip】/【置于图文框内部】命令，单击前领口，得到的效果如图3-28所示。

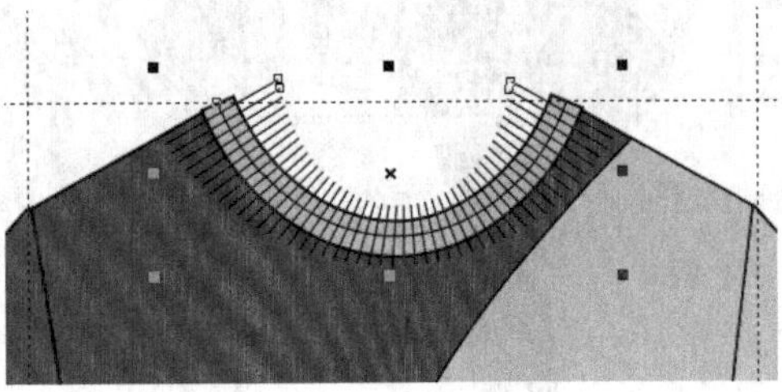

图3-27

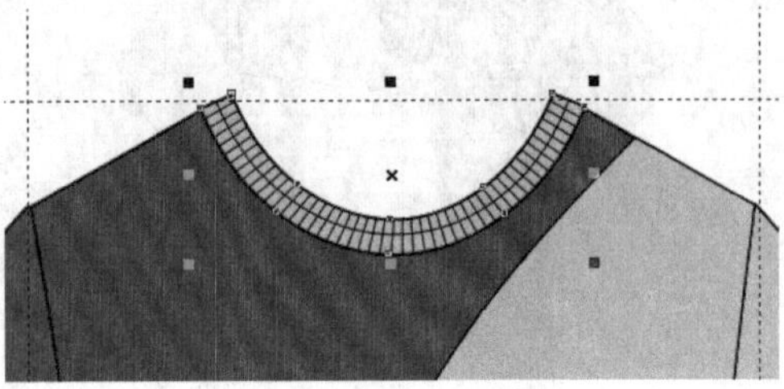

图3-28

22 执行菜单栏中的【对象】/【编辑PowerClip】命令，得到的效果如图3-29所示。

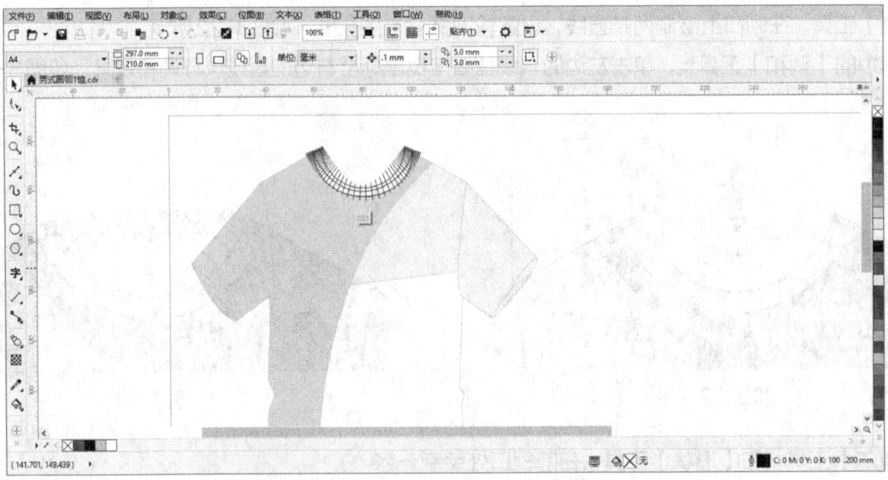

图3-29

23 使用【选择】工具框选图形，执行菜单栏中的【对象】/【拆分路径群组上的混合】命令，再单击领口上的弧形路径，按【Delete】键删除，得到的效果如图3-30所示。

24 执行菜单栏中的【对象】/【PowerClip】/【结束编辑】命令，得到的效果如图3-31所示。

25 重复步骤15~24的操作，完成后领口及罗纹的绘制，得到的效果如图3-32所示。

26 执行菜单栏中的【对象】/【顺序】/【向后一层】命令，得到的效果如图3-33所示。

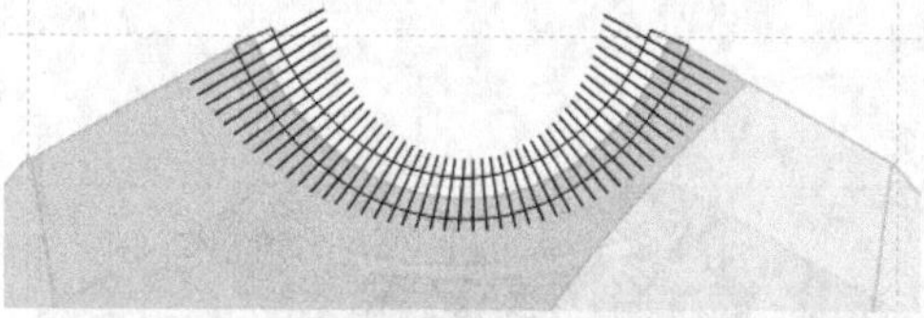

图3-30

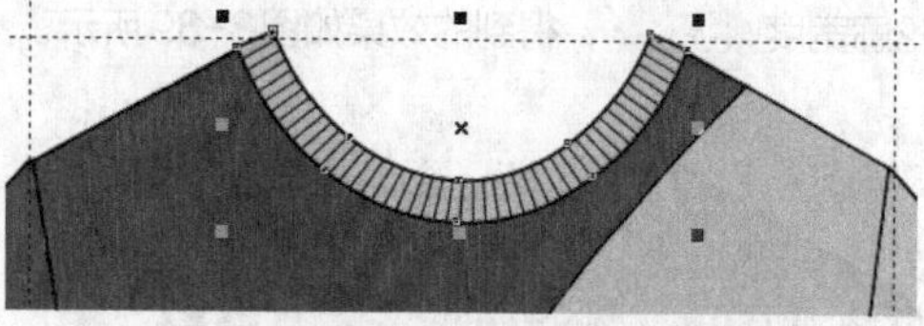

图3-31

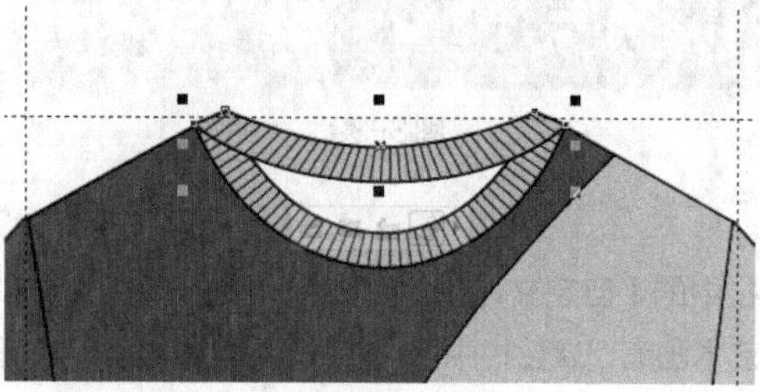

图3-32

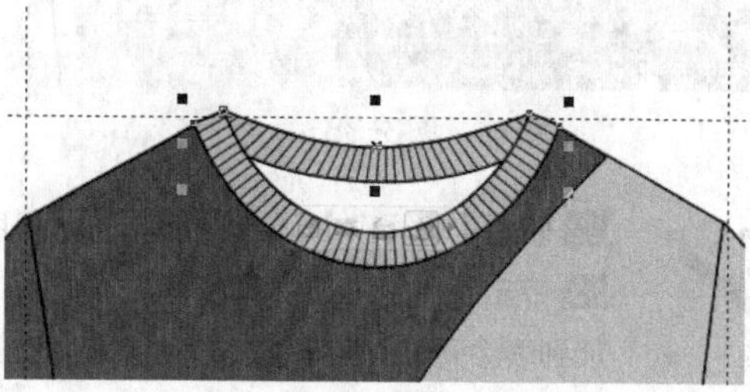

图3-33

27 使用【贝塞尔】工具和【形状】工具绘制图3-34所示衣身后片部分，在属性栏中设置轮廓宽度，并填充蓝绿色，其CMYK值为（89，42，47，0）。

28 执行菜单栏中的【对象】/【顺序】/【到图层后面】命令，得到的效果如图3-35所示。

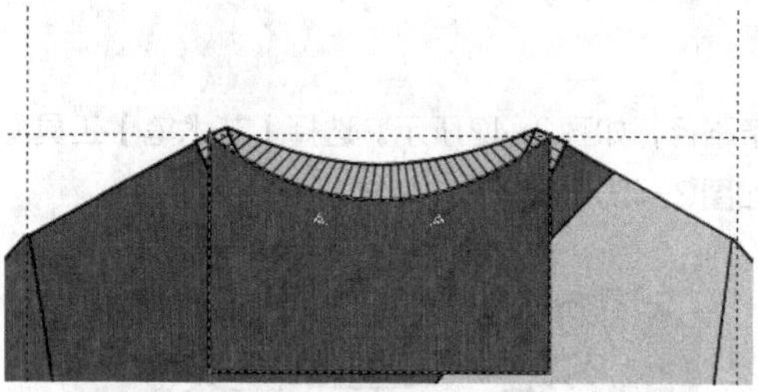

图3-34

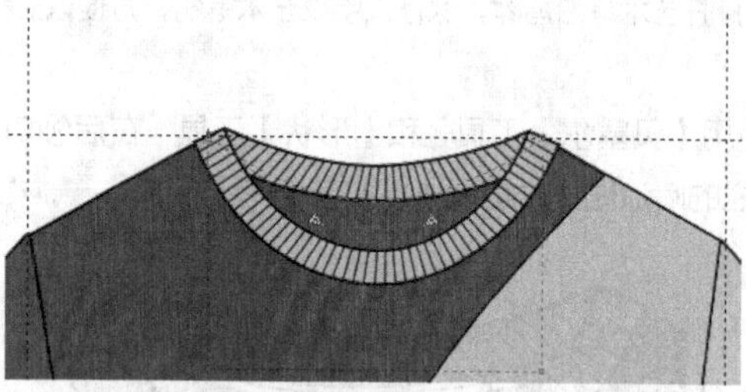

图3-35

29 使用【贝塞尔】工具和【形状】工具绘制图3-36所示的衣身后面部分，在属性栏中设置轮廓宽度，并填充蓝绿色，其CMYK值为（89，42，47，0）。

30 执行菜单栏中的【对象】/【顺序】/【到页面背面】命令，得到的效果如图3-37所示。

图3-36

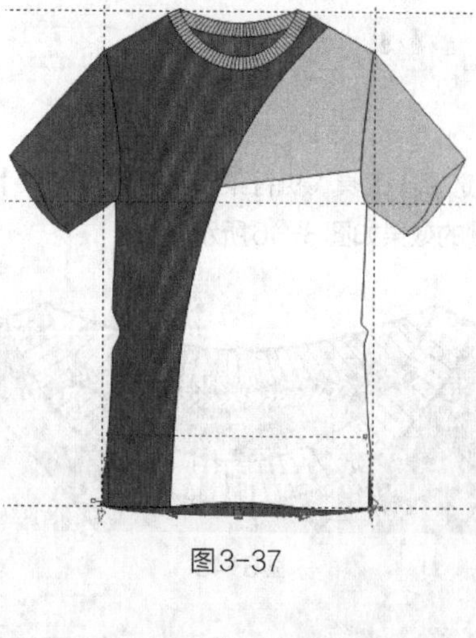

图3-37

资源验证码：02659

31 使用【贝塞尔】工具和【形状】工具在后领口处绘制一条路径，在属性栏中设置轮廓宽度 .2 mm，如图3-38所示。单击【选择】工具，执行菜单栏中的【排列】/【将轮廓转换为对象】命令，把路径转换为图形并填充中白色，设置轮廓宽度 .2 mm，得到的效果如图3-39所示。

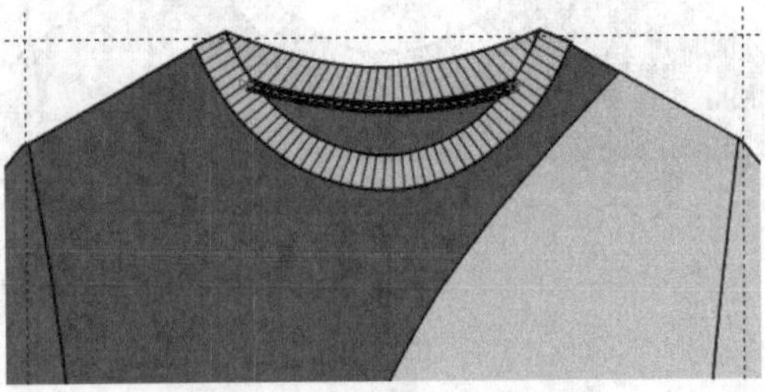

图3-38

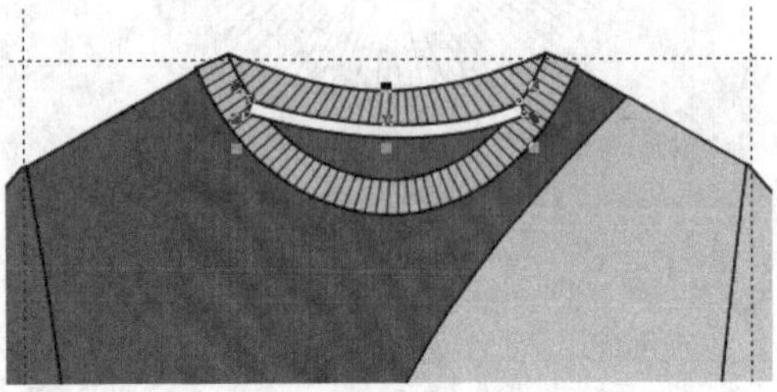

图3-39

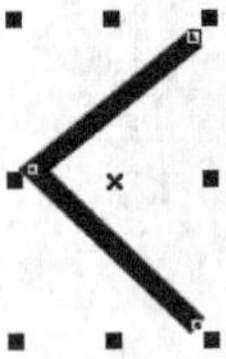

图3-40

32 使用【贝塞尔】工具绘制图3-40所示的图形。

33 单击工具箱中的【艺术笔】工具，选择属性栏中的【自定义/新喷涂列表】，单击属性栏中的【添加到喷涂列表】按钮，把绘制好的直线自定义为艺术画笔，属性栏中各项参数的设置如图3-41所示。

图3-41

专家提示

打开艺术笔泊坞窗，保存人字纹艺术笔刷，方便以后绘图。

34 使用【贝塞尔】工具和【形状】工具在后领口处绘制一条路径，如图3-42所示。选择【艺术笔】工具，在属性栏的喷涂图样中选择人字纹艺术笔，得到的效果如图3-43所示。

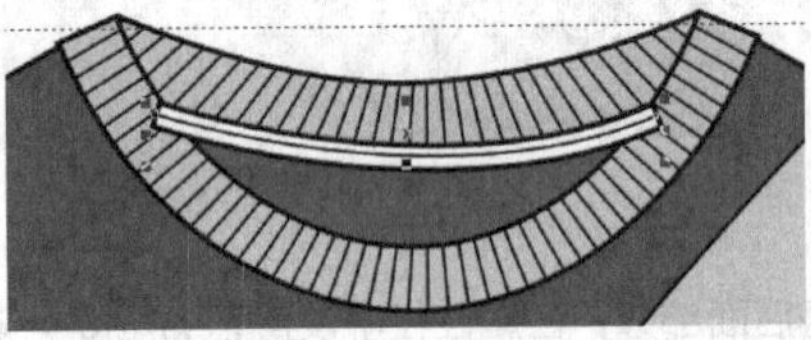

图3-42

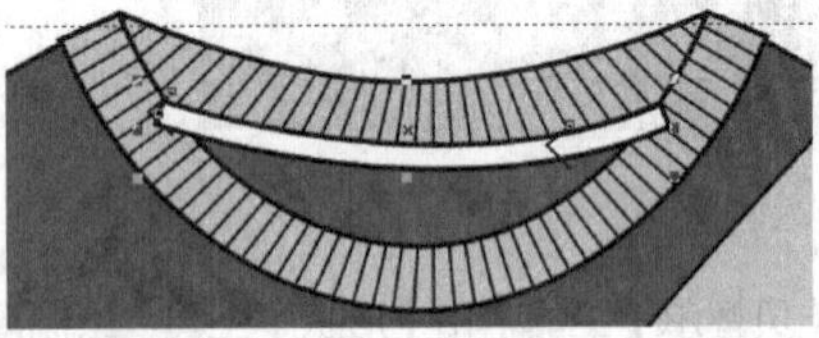

图3-43

35 在属性栏中设置的各项参数如图3-44所示，得到的效果如图3-45所示。

图3-44

36 单击【选择】工具执行菜单栏中的【对象】/【PowerClip】/【置于图文框内部】命令，把图形放置在后领口织带中，得到的效果如图3-46所示。

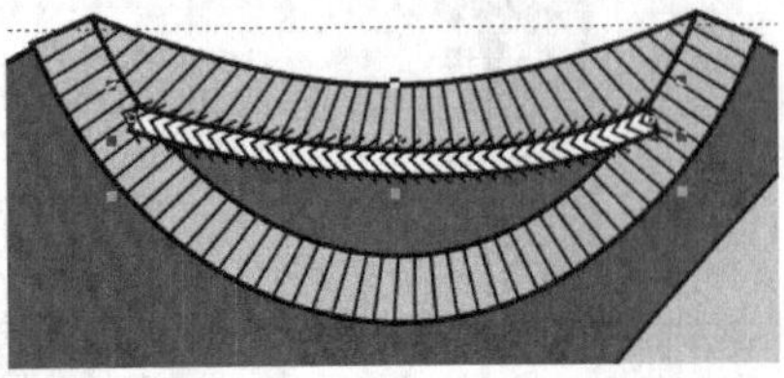

图3-45

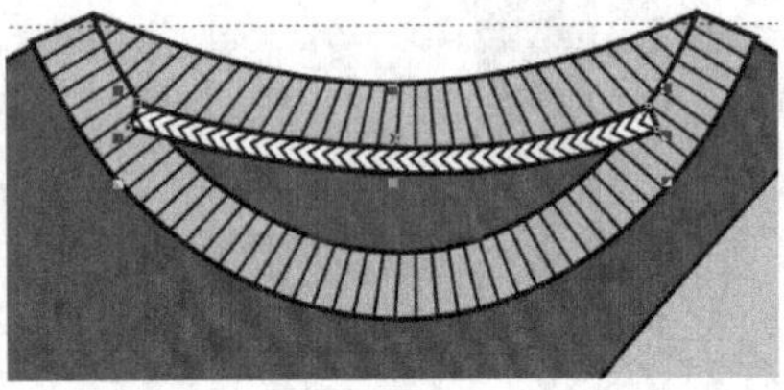

图3-46

37 执行菜单栏中的【对象】/【顺序】/【向后一层】命令，得到的效果如图3-47所示。

38 重复步骤31~37的操作，完成衣身下摆开衩处的人字纹棉织带的绘制，得到的效果如图3-48所示。

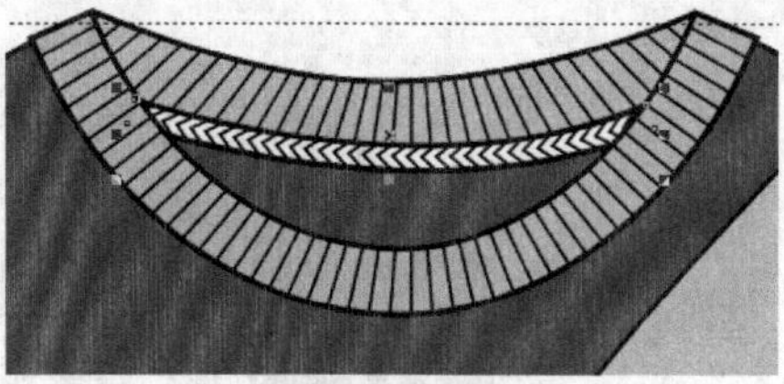

图3-47

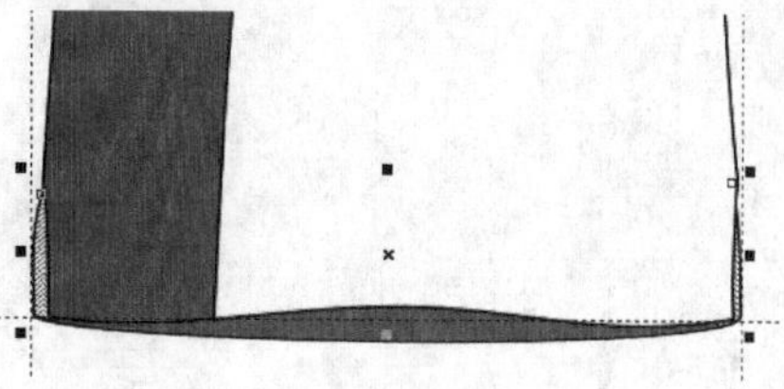

图3-48

39 使用【贝塞尔】工具和【形状】工具在图3-49所示的前后领口、袖口和衣身下摆处绘制缉明线，按【F12】键，弹出【轮廓笔】对话框，选项及参数设置如图3-50所示。

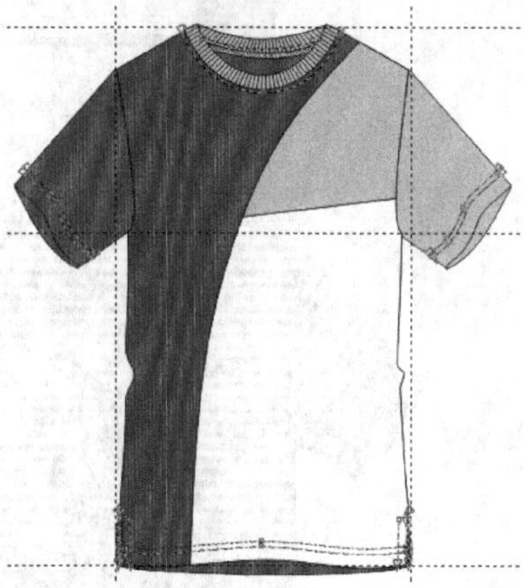

图3-49

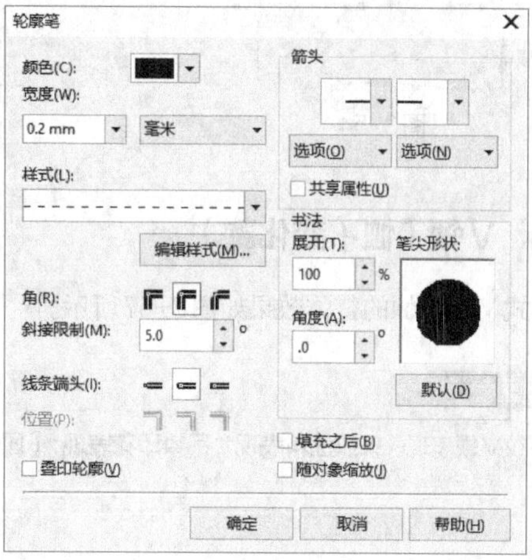

图3-50

40 单击【确定】按钮，得到的效果如图3-51所示。

41 执行菜单栏中的【文件】/【导入】命令，导入图3-52所示的“印花图案、面料素材/第3章/男式圆领T恤印花图案”文件。

42 执行菜单栏中的【对象】/【PowerClip】/【置于文本框内部】命令，单击白色衣身部分，得到的整体效果如图3-53所示。

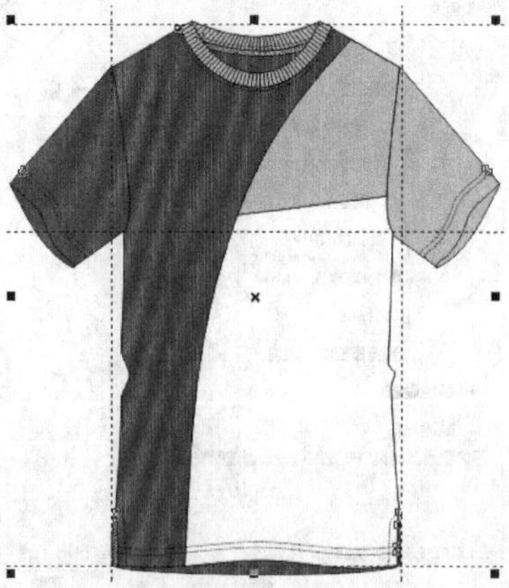

图3-51

图3-52

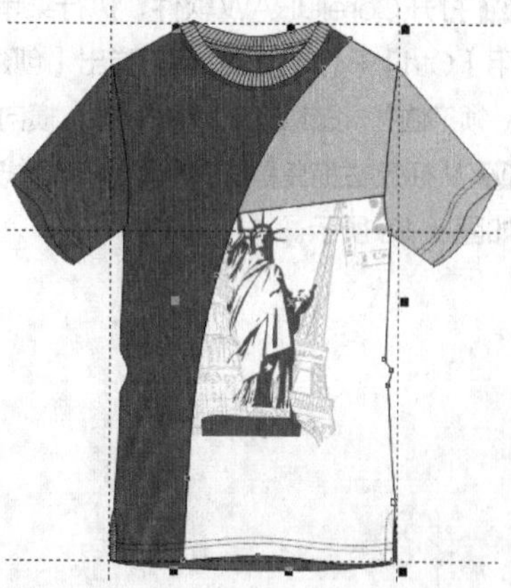

图3-53

43 执行菜单栏中的【对象】/【PowerClip】/【编辑PowerClip】命令，得到的效果如图3-54所示。

44 使用【选择】工具把印花图案移动到图3-55所示的位置，执行菜单栏中的【对象】/【PowerClip】/【结束编辑】命令，得到的圆领T恤的最终效果如图3-56所示。

图3-54

图3-55

图3-56

3.1.2 V领T恤（变化款）

男式V领T恤的整体效果如图3-57所示。

设计重点

罗纹V领表现、条纹面料表现、吊染印花表现；【属性滴管】工具的用法。

图3-57

操作步骤

01 打开CorelDRAW软件，执行菜单栏中的【文件】/【新建】命令，或使用【Ctrl】+【N】组合键，弹出【创建新文档】对话框，文件命名为“男式V领T恤”，设定纸张大小为A4，横向摆放，如图3-58所示。

02 从标尺栏拖曳鼠标添加6条辅助线，确定衣长、袖窿深、领口和肩宽等，如图3-59所示。

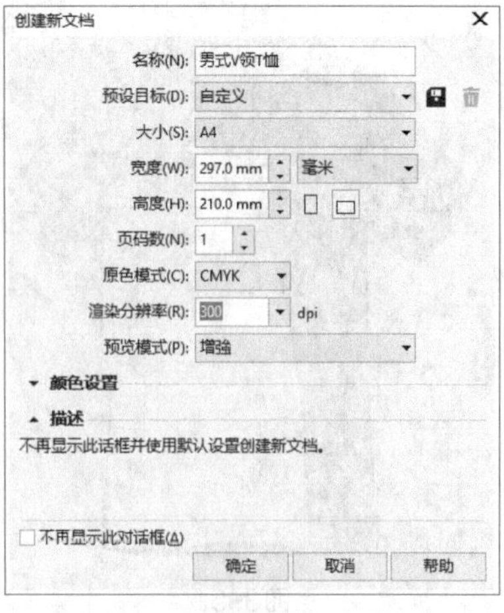

图3-58

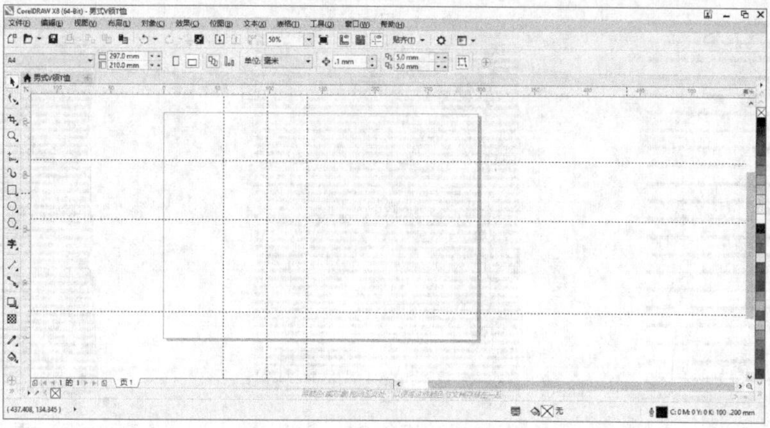

图3-59

03 使用【贝塞尔】工具和【形状】工具，绘制图3-60所示的T恤衫前片，在属性栏中设置轮廓宽度，并填充白色。

专家提示

也可以在圆领T恤基础外形上修改领口造型，使用【形状】工具调整领型时尽量保证左右对称。

04 使用【矩形】工具在衣身上绘制一个长方形，填充咖啡色，其CMYK值为（0，60，60，40），用鼠标右键单击调色板中的去除边框，得到的效果如图3-61所示。

05 单击【选择】工具，按小键盘上的【+】键复制长方形，按住【Ctrl】键把复制的长方形向下移动到如图3-62所示的位置。

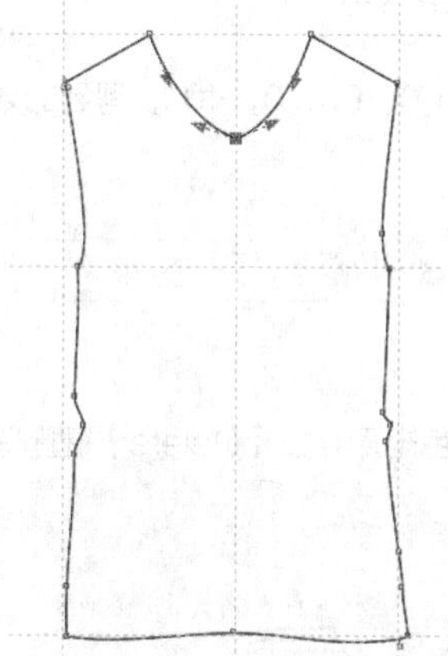

图3-60

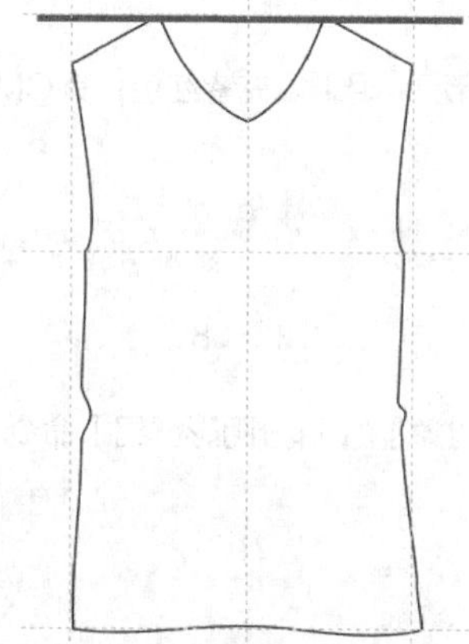

图3-61

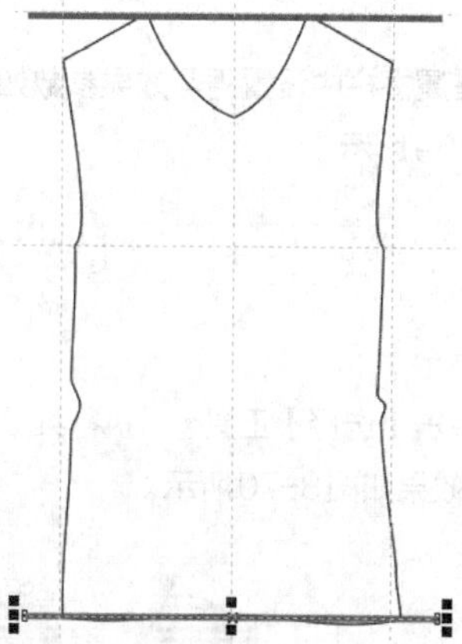

图3-62

06 选择工具箱中的【调和】工具，单击上方的长方形往下拖曳鼠标至下方的长方形执行调和功能，如图3-63所示。

07 在属性栏中设置调和步数，得到的效果如图3-64所示。

08 单击【选择】工具执行菜单栏中的【对象】/【PowerClip】/【置于图文框内部】命令，把图形放置在衣身中，得到的效果如图3-65所示。

09 使用【矩形】工具在衣身下摆绘制一个长方形，填充白色，得到的效果如图3-66所示。

10 使用【阴影】工具单击长方形，往下拖曳鼠标给矩形添加阴影效果，如图3-67所示。

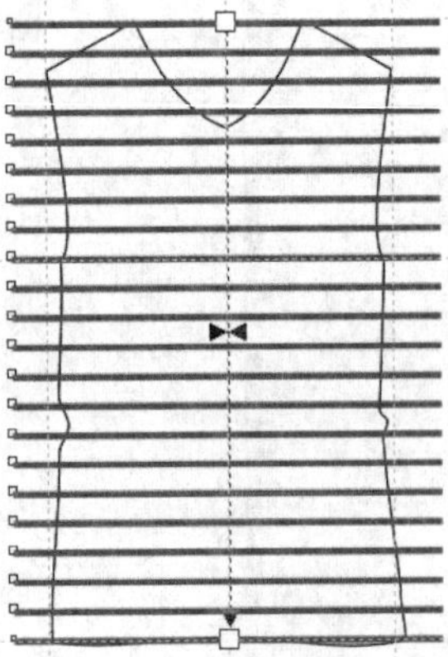

图3-63

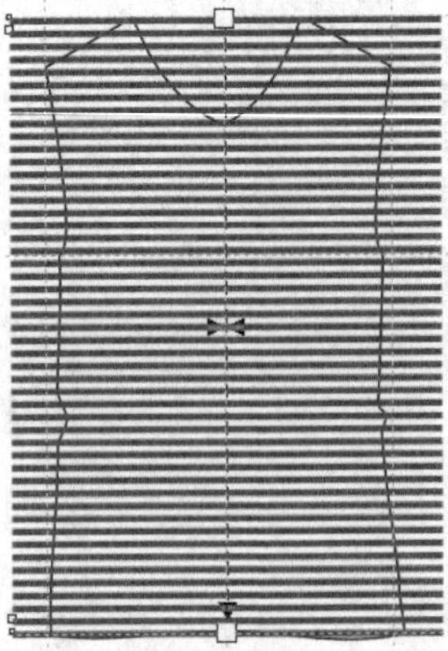

图3-64

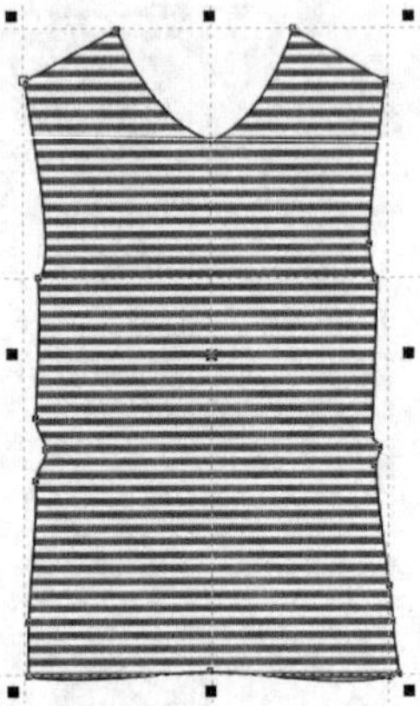

图3-65

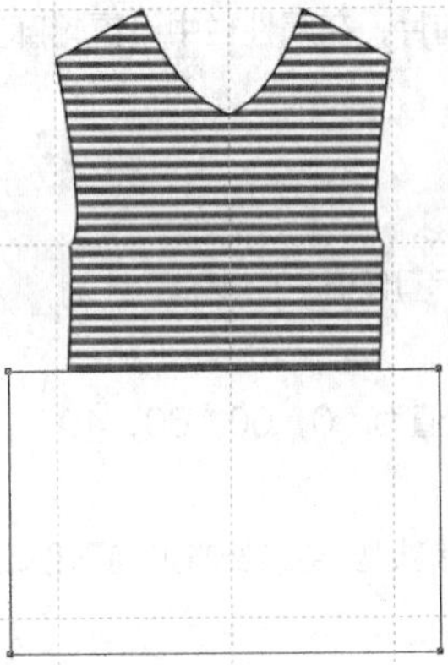

图3-66

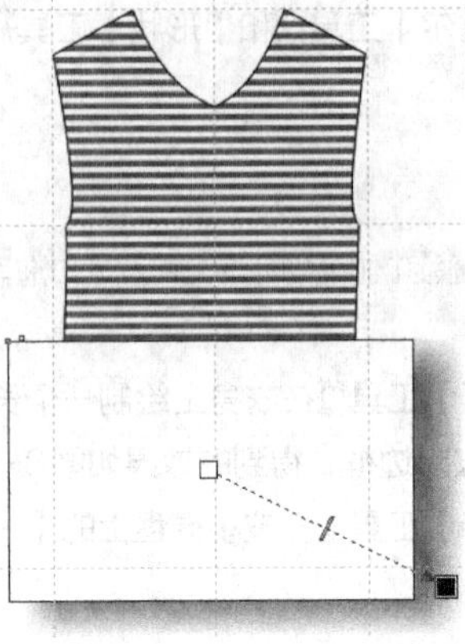

图3-67

11 在属性栏中设置阴影效果参数如图3-68所示，阴影填充紫红色，其CMYK值为（0，60，0，40），得到的效果如图3-69所示。

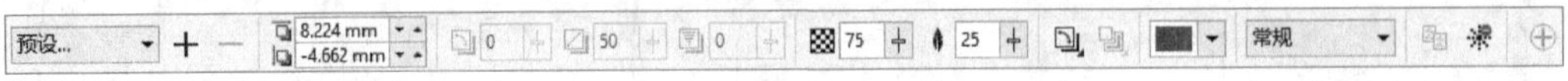

图3-68

12 单击【选择】工具，执行菜单栏中的【对象】/【拆分阴影群组】命令，选择白色矩形，按【Delete】键删除，得到的效果如图3-70所示。

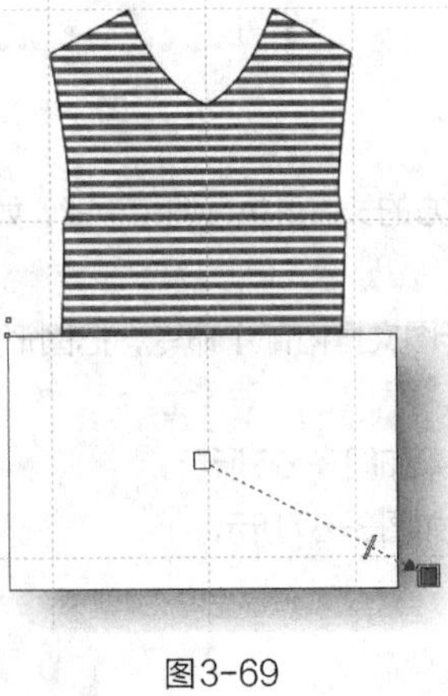

图3-69

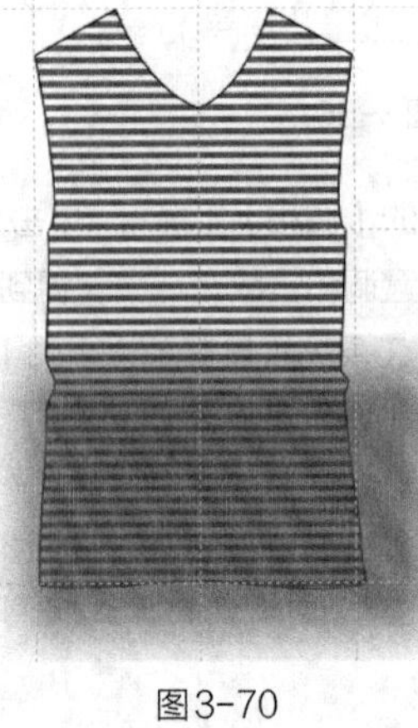

图3-70

13 使用【选择】工具单击阴影图形，执行菜单栏中的【对象】/【PowerClip】/【置于图文框内部】命令，把图形放置在衣身中，得到的效果如图3-71所示。

14 执行菜单栏中的【对象】/【PowerClip】/【编辑PowerClip】命令，得到的效果如图3-72所示。

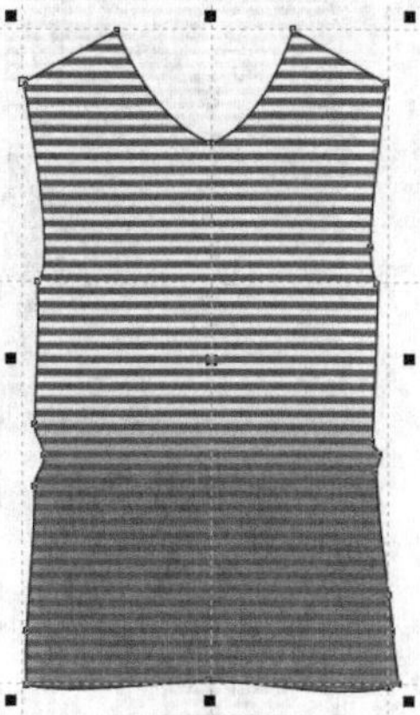

图3-71

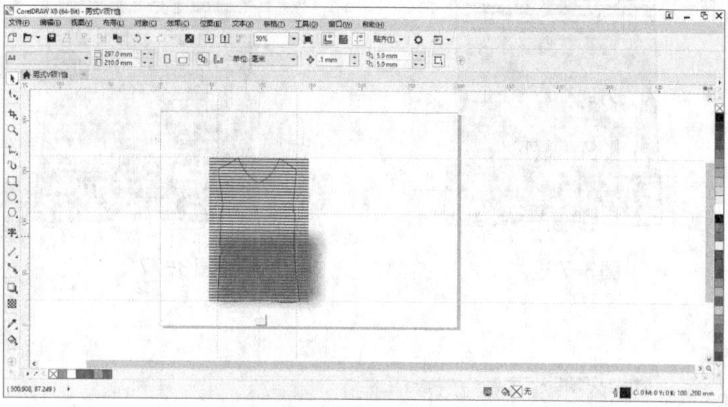

图3-72

专家提示

可以直接单击鼠标右键，在弹出菜单中选择【编辑PowerClip】命令。

15 使用【选择】工具选择阴影图形，把它移动到图3-73所示的位置。

16 单击鼠标右键，在弹出菜单中选择【结束编辑】命令，得到的效果如图3-74所示。

17 使用【贝塞尔】工具和【形状】工具绘制图3-75所示的左袖前面部分，在属性栏中设置轮廓宽度，并填充白色。

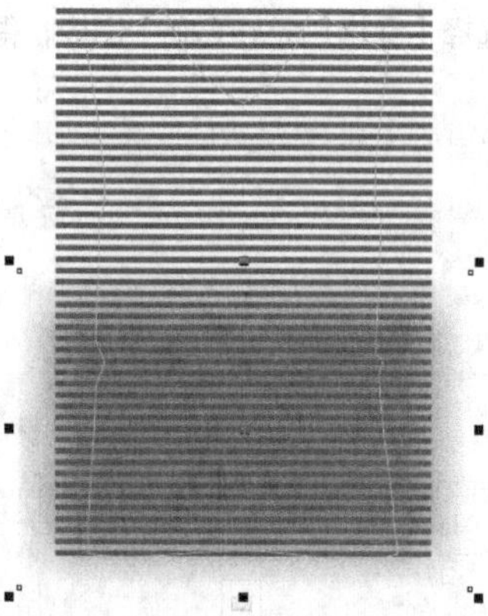

图3-73

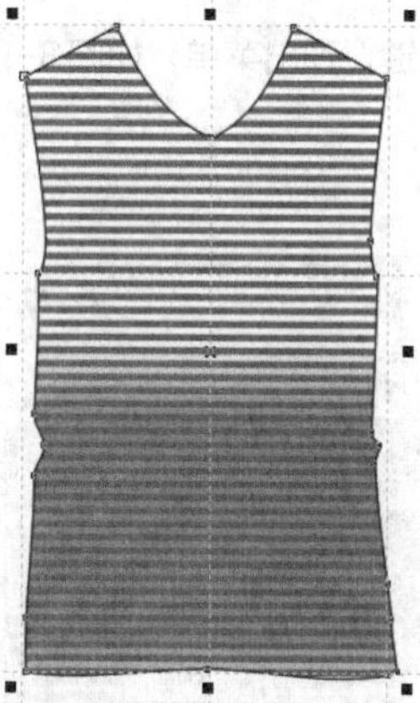

图3-74

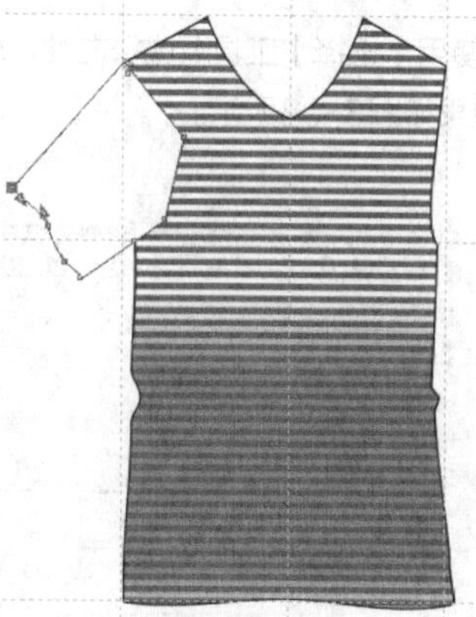

图3-75

18 执行菜单栏中的【对象】/【顺序】/【向后一层】命令，得到的效果如图3-76所示。

19 使用【贝塞尔】工具和【形状】工具绘制图3-77所示的左袖后面部分，在属性栏中设置轮廓宽度，并填充白色。

20 执行菜单栏中的【对象】/【顺序】/【到图层后面】命令，得到的效果如图3-78所示。

21 选择【属性滴管】工具，在属性栏的【效果】中勾选【PowerClip】，如图3-79所示。

22 使用【属性滴管】工具选择衣身属性，鼠标转换成应用对象属性，然后单击左袖的前面部分，把条纹图案复制到衣袖中，得到的效果如图3-80所示。

图3-76

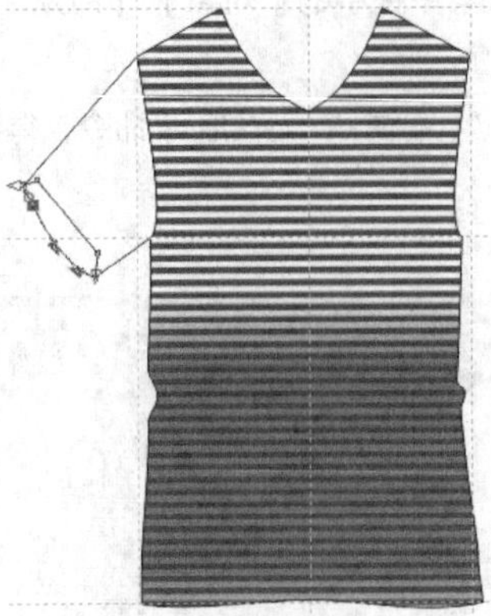

图3-77

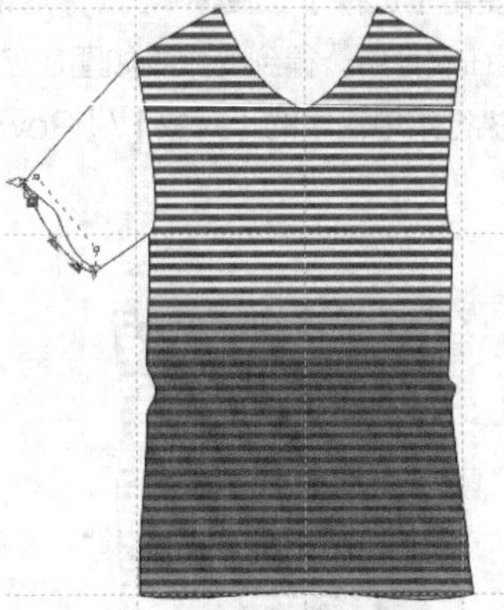

图3-78

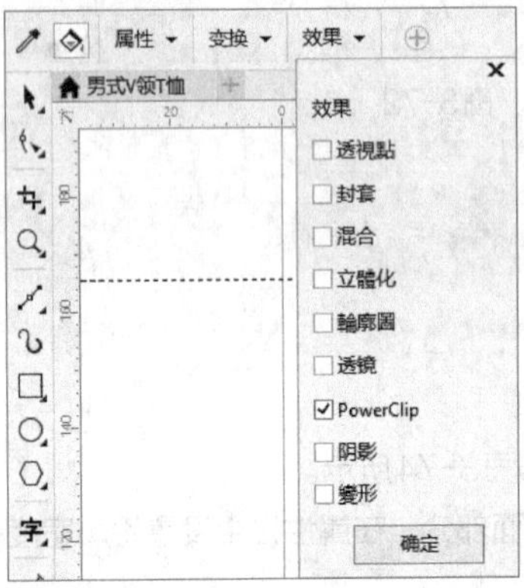

图3-79

图3-80

23 使用【选择】工具选择左袖，单击鼠标右键，弹出菜单，如图3-81所示，选择【编辑PowerClip】命令，得到的效果如图3-82所示。

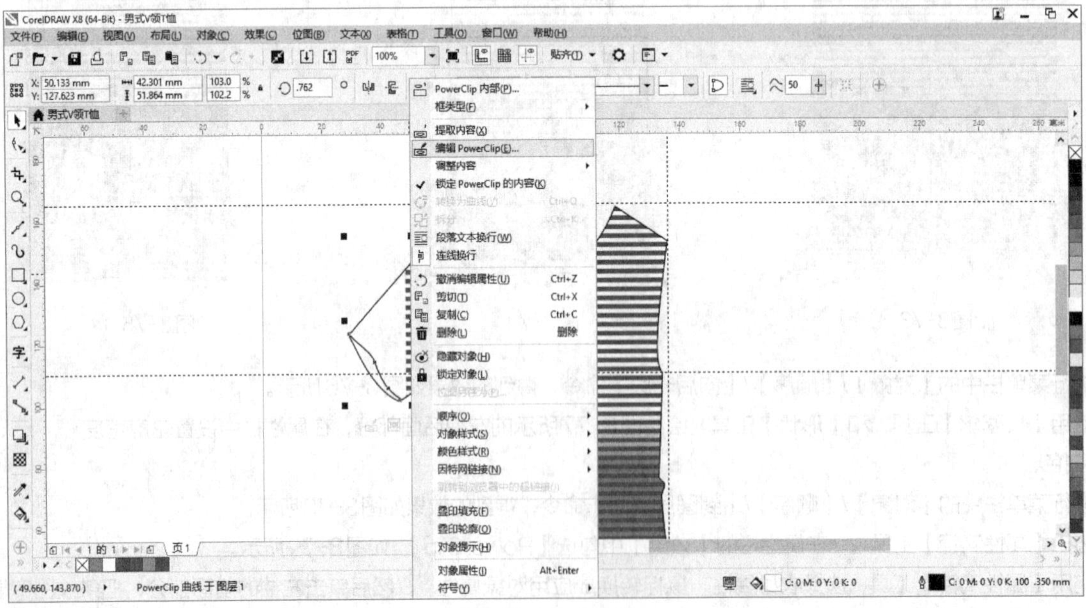

图3-81

24 使用【选择】工具框选图形，把阴影和条纹图案移动到图3-83所示的位置。在属性栏中设置旋转角度 310.0，得到的效果如图3-84所示。

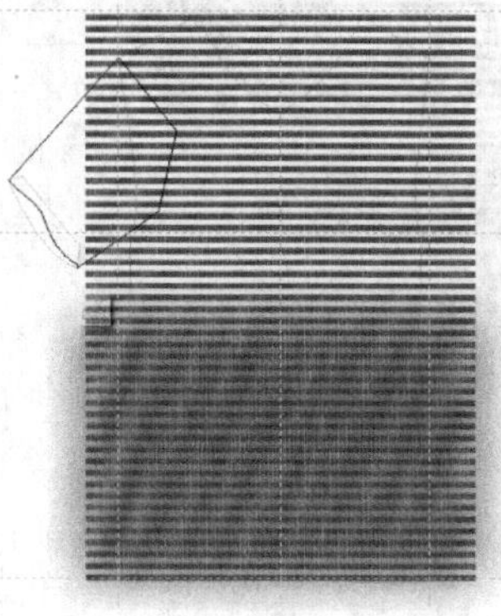
图3-82

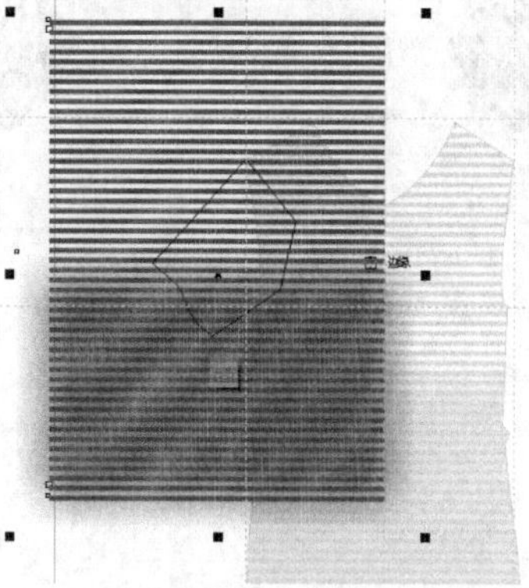
图3-83

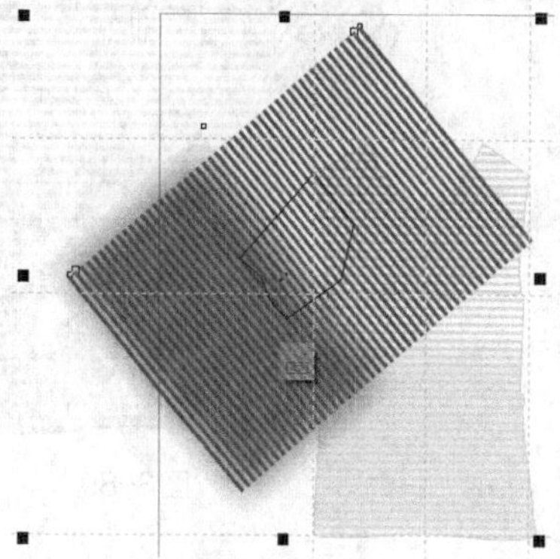
图3-84

25 单击鼠标右键，在弹出菜单中选择【结束编辑】命令，得到的效果如图3-85所示。

26 使用【选择】工具单击左袖后面部分，使用【属性滴管】工具选择左袖前面部分的属性，鼠标转换成应用对象属性，然后单击左袖后面部分，把阴影条纹图案复制到衣袖后片中，得到的效果如图3-86所示。

27 使用【选择】工具框选整个左袖，按小键盘上的【+】键复制图形，单击属性栏中的【水平镜像】按钮，然后把复制的袖子向右平移到合适的位置，得到的效果如图3-87所示。

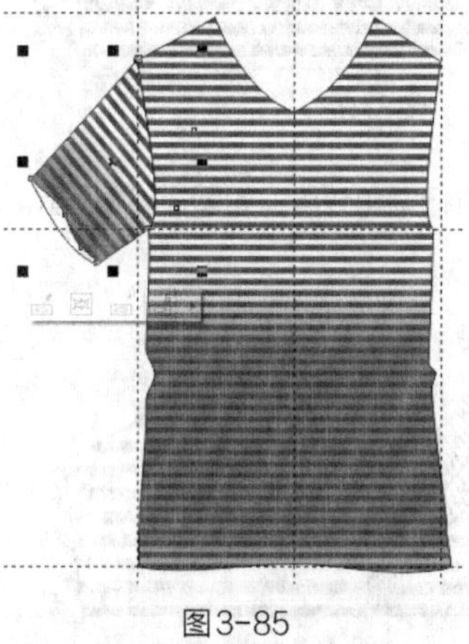
图3-85

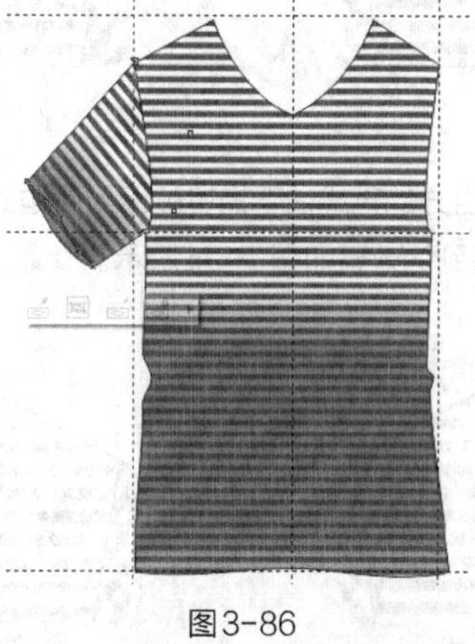
图3-86

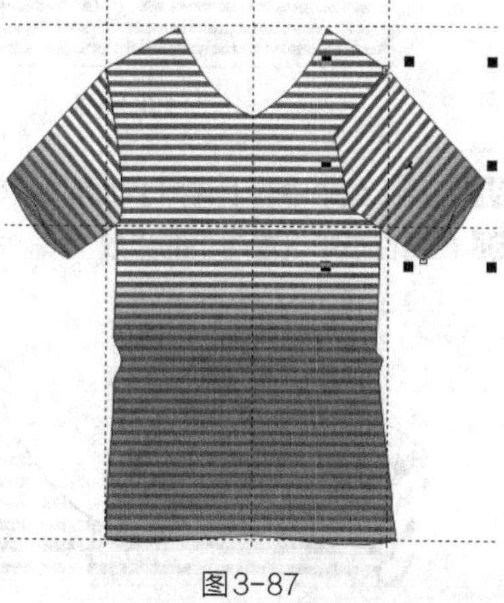
图3-87

28 执行菜单栏中的【对象】/【顺序】/【到图层后面】命令，得到的效果如图3-88所示。

29 使用【贝塞尔】工具和【形状】工具在前领口处绘制一条路径（造型与衣身相贴合），在属性栏中设置轮廓宽度 .35 mm，如图3-89所示。单击【选择】工具，执行菜单栏中的【排列】/【将轮廓转换为对象】命令，把路径转换为图形并填充中白色，设置轮廓宽度 .35 mm，得到的效果如图3-90所示。

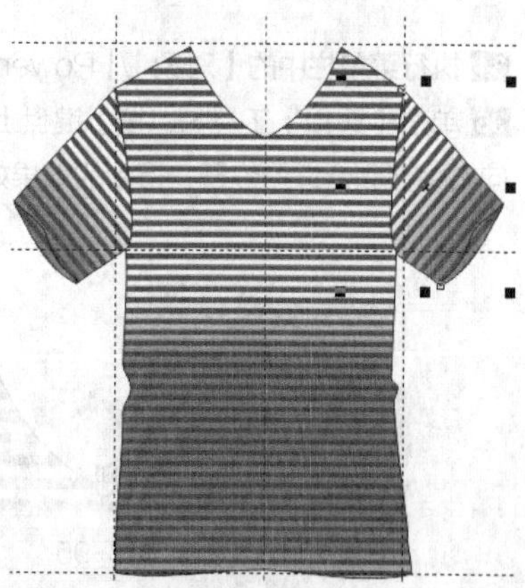
图3-88

图3-89

图3-90

30 使用【形状】工具调整V领造型，使其和肩部造型及辅助线相贴合，如图3-91所示。

31 使用【手绘】工具在V领上绘制两条直线，单击【选择】工具，在属性栏中设置轮廓宽度 2 mm，得到的效果如图3-92所示。

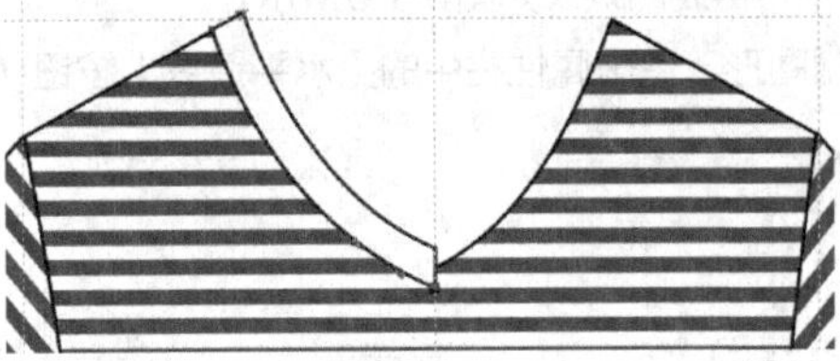

图3-91

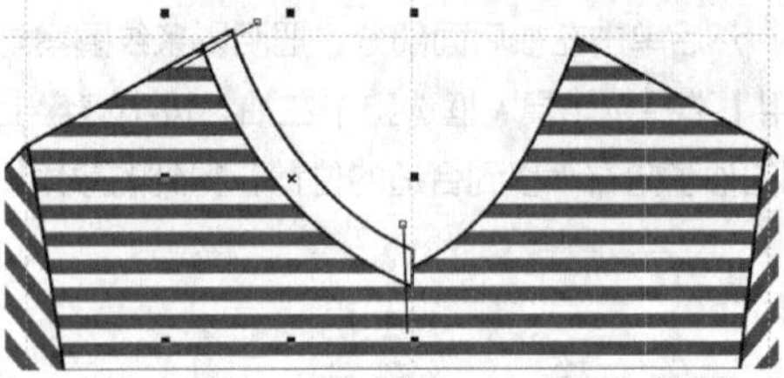

图3-92

32 选择工具箱中的【调和】工具，单击上方的直线往下拖曳鼠标至下边的直线执行调和效果，如图3-93所示。

33 在属性栏中设置调和的步数 32，得到的效果如图3-94所示。

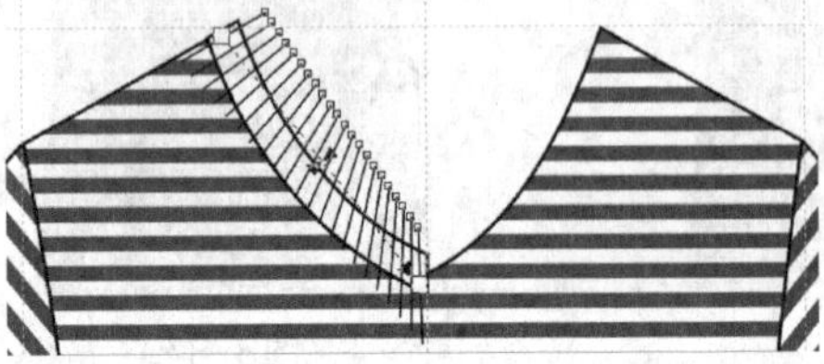

图3-93

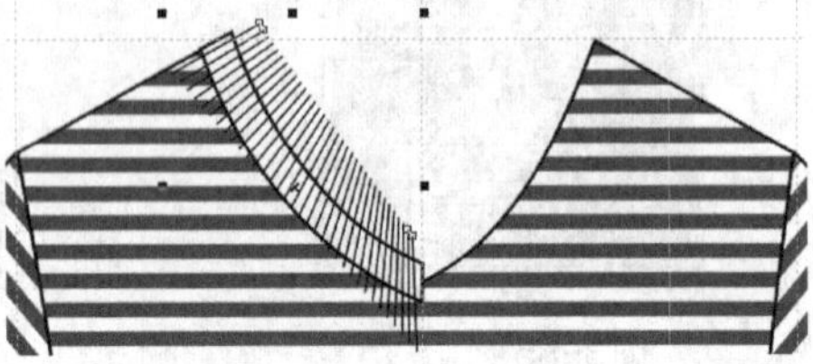

图3-94

34 执行菜单栏中的【对象】/【PowerClip】/【置于图文框内部】命令，把图形放置在领口，得到的效果如图3-95所示。

35 单击【选择】工具，按小键盘上的【+】键复制图形，单击属性栏中的【水平镜像】按钮，然后把复制的领子向右平移到合适的位置，得到的效果如图3-96所示。

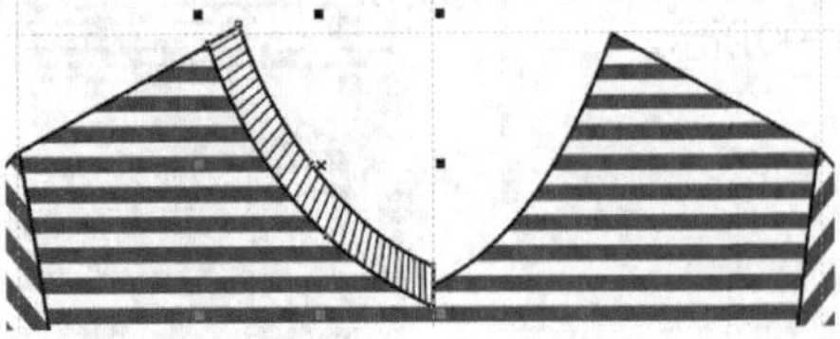

图3-95

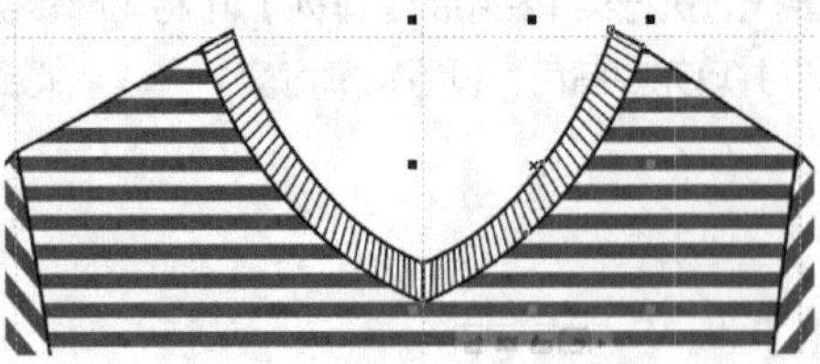

图3-96

36 重复步骤30~35的操作，绘制后领口及罗纹，得到的效果如图3-97所示。

37 使用【贝塞尔】工具和【形状】工具绘制图3-98所示的衣身后面部分，在属性栏中设置轮廓宽度.35 mm，并填充白色。

38 执行菜单栏中的【对象】/【顺序】/【到图层后面】命令，得到的效果如图3-99所示。

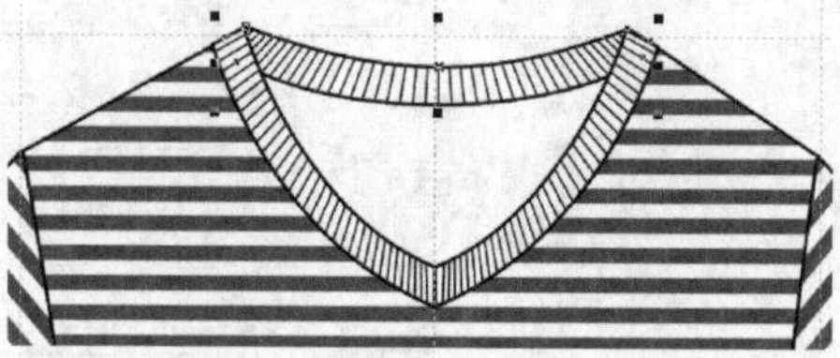
图3-97

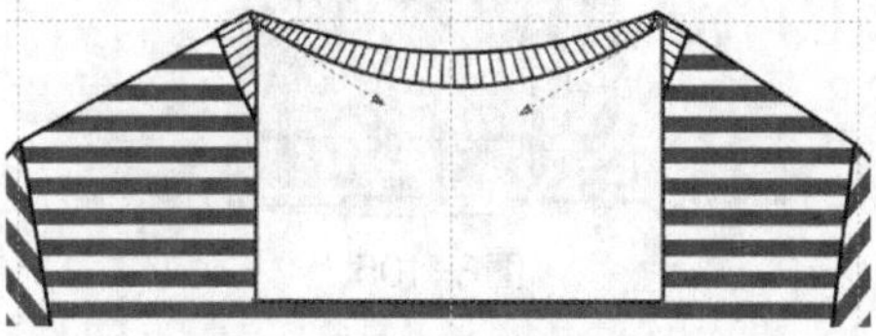
图3-98

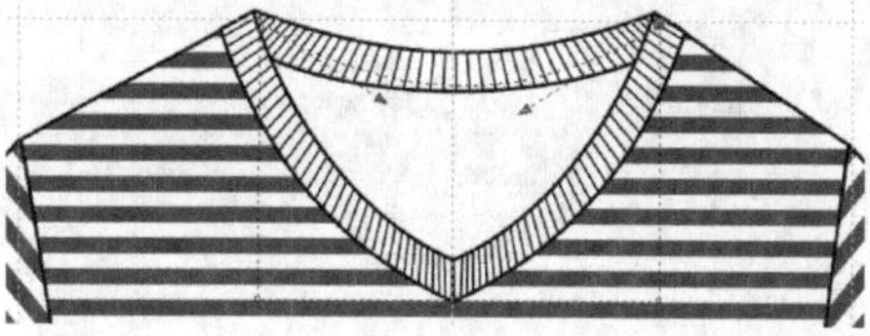
图3-99

39 使用【贝塞尔】工具和【形状】工具绘制图3-100所示的衣身下摆后面部分，在属性栏中设置轮廓宽度.35 mm，并填充白色。

40 执行菜单栏中的【对象】/【顺序】/【到图层后面】命令，得到的效果如图3-101所示。

41 使用【属性滴管】工具选择衣身前片部分属性，鼠标转换成应用对象属性，然后单击衣身后面、下摆部分，把阴影条纹图案复制到衣身后片中，得到的效果如图3-102所示。

图3-100

图3-101

图3-102

42 使用【贝塞尔】工具和【形状】工具在图3-103所示的前后领口、袖口和衣身下摆处绘制缉明线，按【F12】键，弹出【轮廓笔】对话框，选项及参数设置如图3-104所示。

43 单击【确定】按钮，得到的效果如图3-105所示。

44 使用【贝塞尔】工具和【形状】工具在衣身上绘制3条褶裥线，在属性栏中设置轮廓宽度.35 mm，如图3-106所示。

45 执行菜单栏中的【文件】/【导入】命令，导入图3-107所示的“印花图案、面料素材/第3章/男式V领T恤印花图案”。

46 使用【选择】工具把印花图案摆放在图3-108所示的位置，这样就完成了V领T恤的绘制。

图3-103

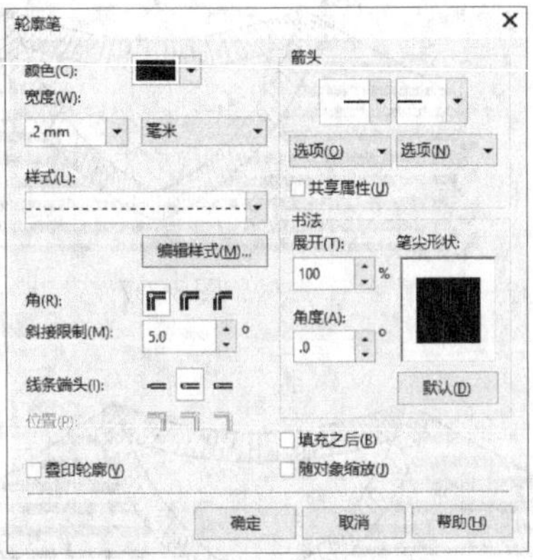

图3-104

图3-105

图3-106

图3-107

图3-108

3.1.3 翻领T恤（变化款）

男式翻领T恤的整体效果如图3-109所示。

设计重点

翻领、领口贴边表现、纽扣设计、条纹面料表现、【属性滴管】工具的用法。

图3-109

操作步骤

01 打开CorelDRAW软件，执行菜单栏中的【文件】/【新建】命令，或使用【Ctrl】+【N】组合键，弹出【创建新文档】对话框，文件命名为“男式翻领T恤”，设定纸张大小为A4，横向摆放，如图3-110所示。

02 从标尺栏向页面拖曳鼠标添加6条辅助线，确定衣长、袖窿深、领口和肩宽等，如图3-111所示。

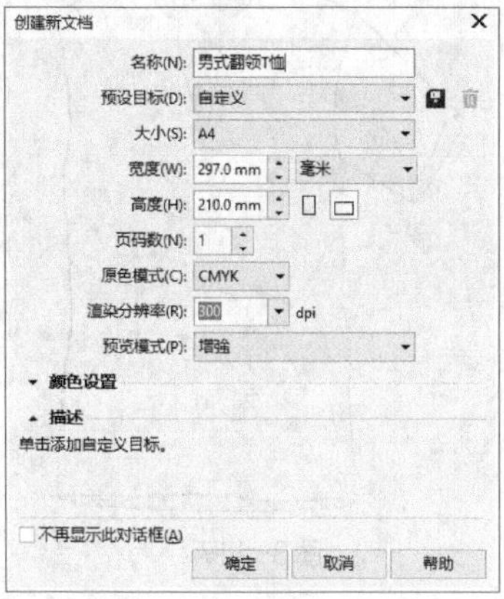

图3-110

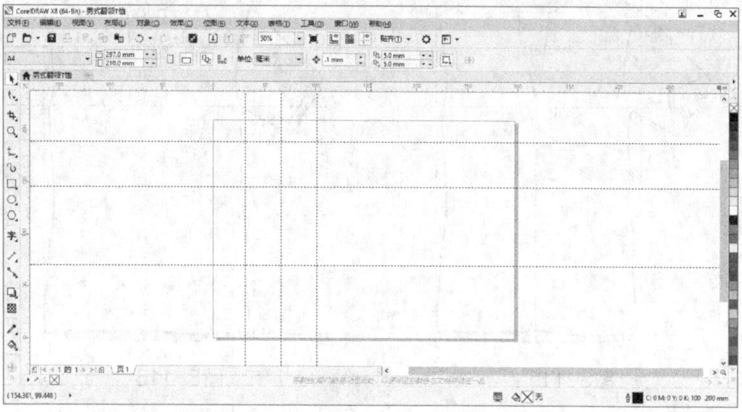

图3-111

03 使用【贝塞尔】工具和【形状】工具绘制图3-112所示的T恤衣身后片，单击【选择】工具，在属性栏中设置轮廓宽度，并填充灰色，其CMYK值为（0，0，0，20）。

04 使用【贝塞尔】工具和【形状】工具绘制图3-113所示的T恤衣身前片，单击【选择】工具，在属性栏中设置轮廓宽度，并填充白色。在绘制衣身时，要注意衣长和肩宽的比例。

05 使用【贝塞尔】工具和【形状】工具绘制图3-114所示的左袖前面部分，单击【选择】工具，在属性栏中设置轮廓宽度，并填充白色。

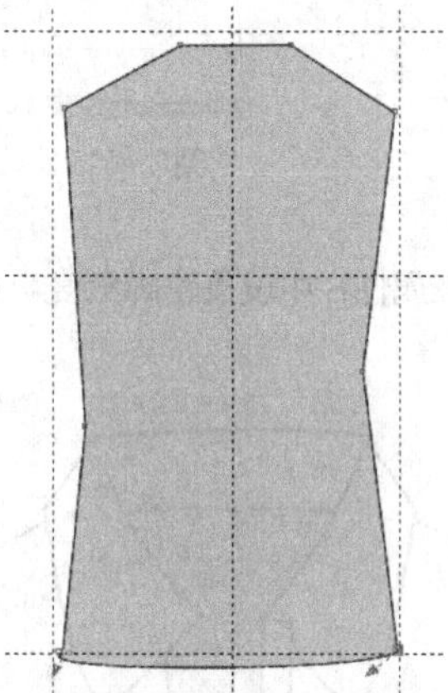

图3-112

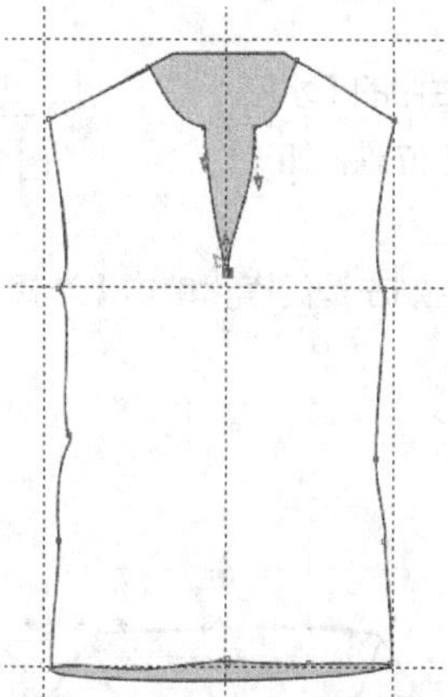

图3-113

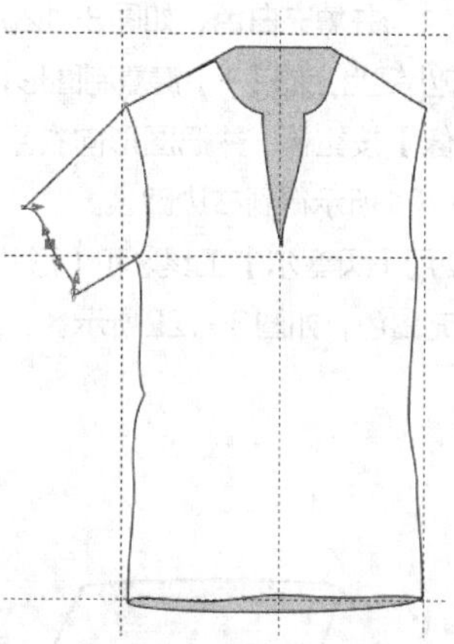

图3-114

06 使用【贝塞尔】工具和【形状】工具绘制图3-115所示的左袖后面部分，单击【选择】工具，在属性栏中设置轮廓宽度，并填充灰色，其CMYK值为（0，0，0，20）。

07 执行菜单栏中的【对象】/【顺序】/【到图层后面】命令，得到的效果如图3-116所示。

08 执行菜单栏中的【编辑】/【全选】/【辅助线】命令，选择所有的辅助线，按【Delete】键删除，得到的效果如图3-117所示。

专家提示

CorelDRAW软件默认最后绘制的图形在最上方。绘制款式图时应时刻遵循一个简单的原则，即从后往前绘制，例如可先画衣身后片再画前片。辅助线在绘图中有助于确定款式图的比例，当款式图的基本型确定后可删除辅助线。

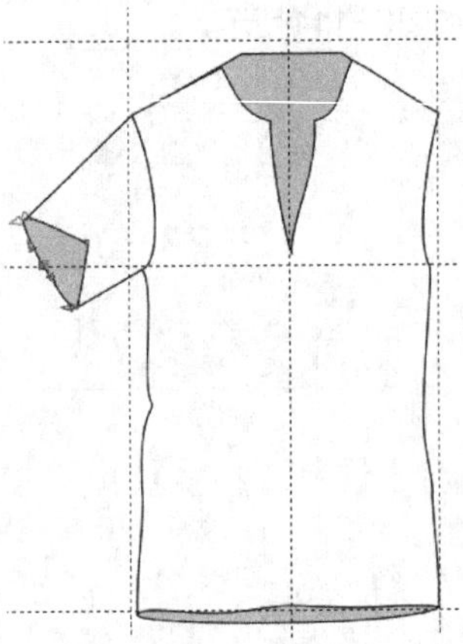
图3-115

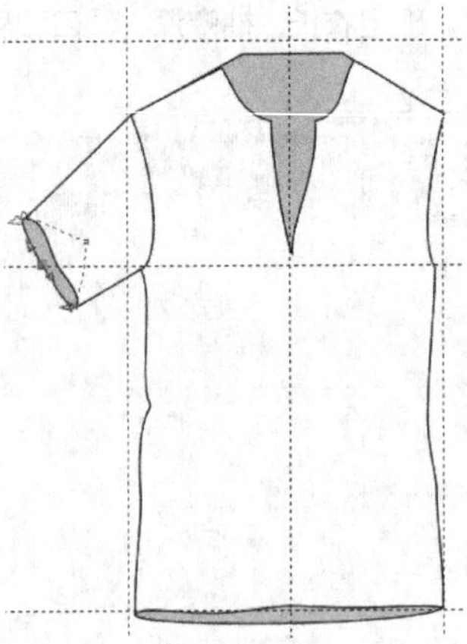
图3-116

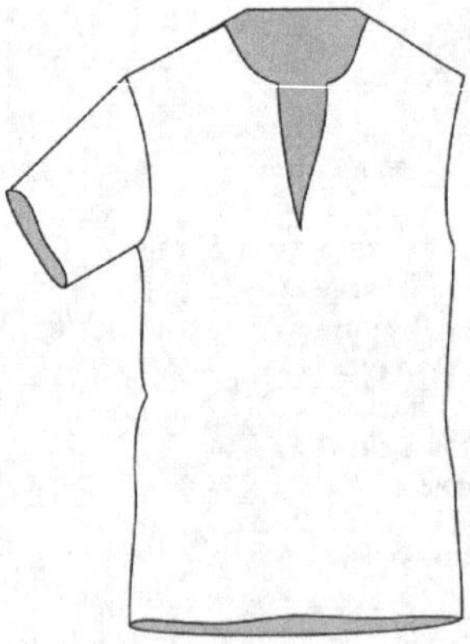
图3-117

09 使用【选择】工具框选整个左袖，执行菜单栏中的【对象】/【顺序】/【置于此对象后】命令，把它放置到衣身后面，得到的效果如图3-118所示。

10 使用【贝塞尔】工具和【形状】工具绘制后领座，单击【选择】工具，在属性栏中设置轮廓宽度，并填充白色，如图3-119所示。

11 使用【贝塞尔】工具和【形状】工具绘制左边翻领，单击【选择】工具，在属性栏中设置轮廓宽度，并填充白色，如图3-120所示。

12 按小键盘上的【+】键复制图形，单击属性栏中的【水平镜像】按钮，并把图形向右平移到合适的位置，如图3-121所示得到右边翻领。

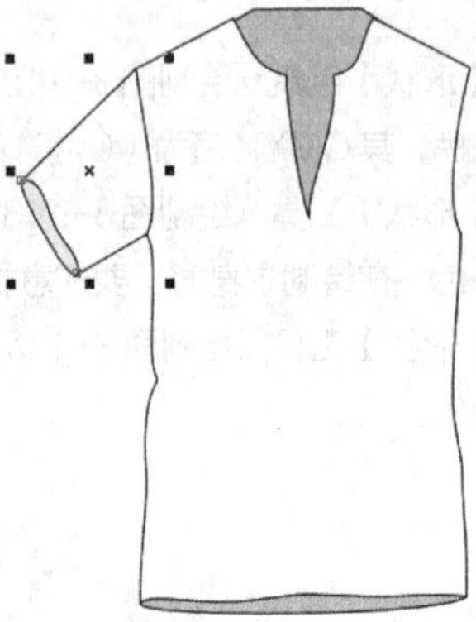
图3-118

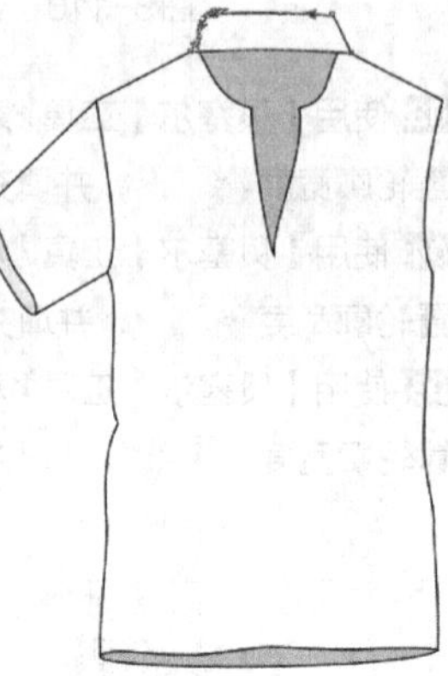
图3-119

13 使用【贝塞尔】工具和【形状】工具绘制左边门襟，单击【选择】工具，在属性栏中设置轮廓宽度，并填充白色，如图3-122所示。

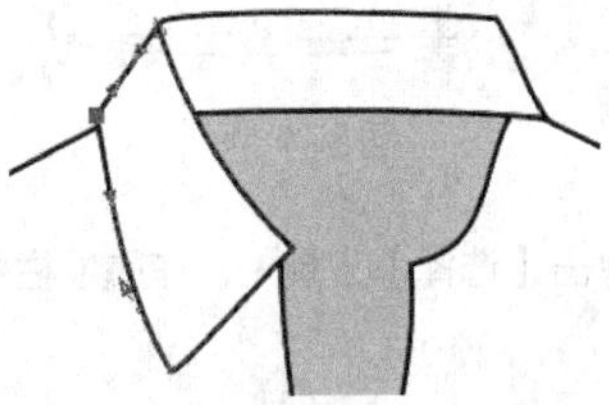
图3-120

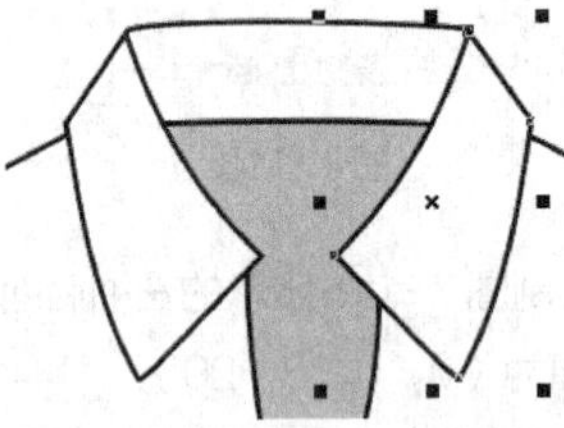
图3-121

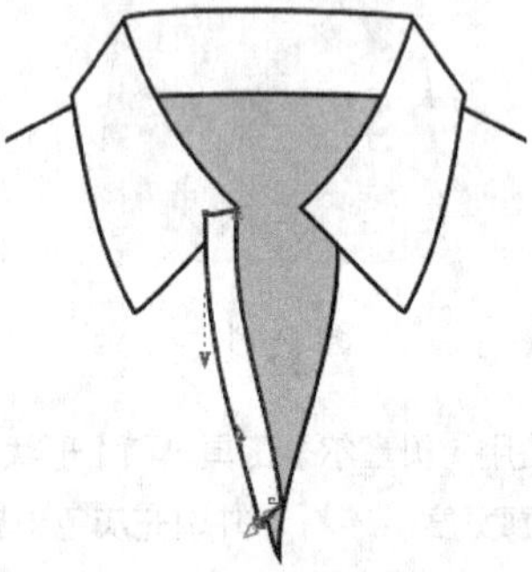
图3-122

14 使用【贝塞尔】工具和【形状】工具绘制右边门襟，单击【选择】工具，在属性栏中设置轮廓宽度，并填充白色，如图3-123所示。

15 使用【选择】工具框选左右门襟，执行菜单栏中的【对象】/【顺序】/【置于此对象后】命令，把它放置到翻领后面，得到的效果如图3-124所示。

16 使用【矩形】工具在衣身上绘制一个长方形，填充黑色如图3-125所示。

17 按小键盘上的【+】键复制图形，按住【Ctrl】键把复制的图形往下移动到一定的位置，如图3-126所示。

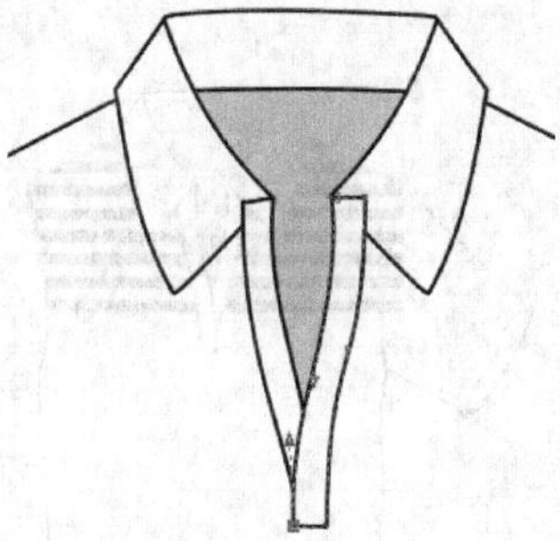

图3-123

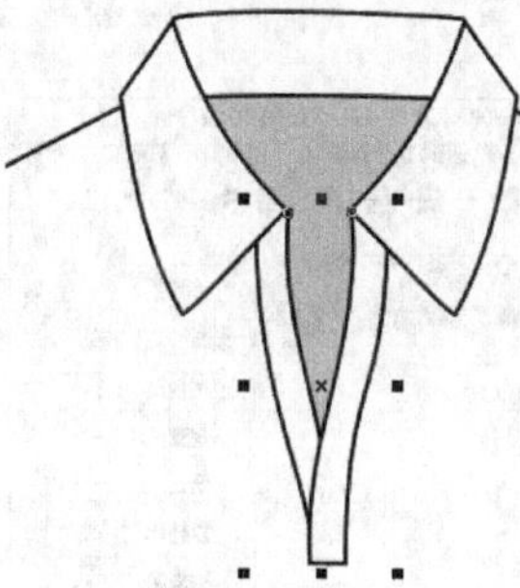

图3-124

图3-125

专家提示

条纹图案的绘制，长度与肩宽相等，宽度、色彩可以根据流行的变化自行设计。在这里设计的是单色细条纹图案。

18 选择工具箱中的【调和】工具，单击上方的长方形往右拖曳鼠标至下方的图形执行调和效果，如图3-127所示。

19 在属性栏中设置调和的步数，得到的效果如图3-128所示。

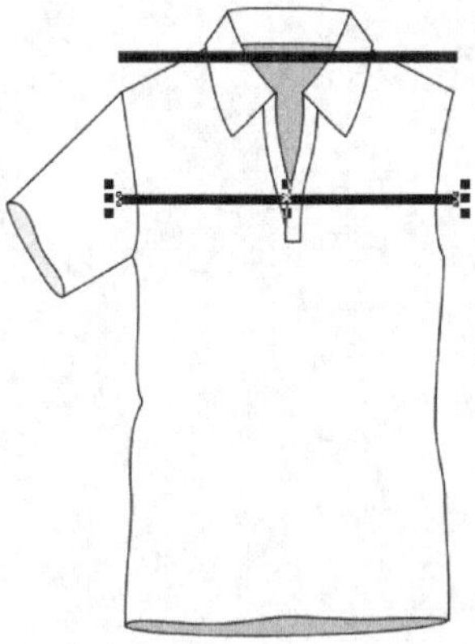

图3-126

图3-127

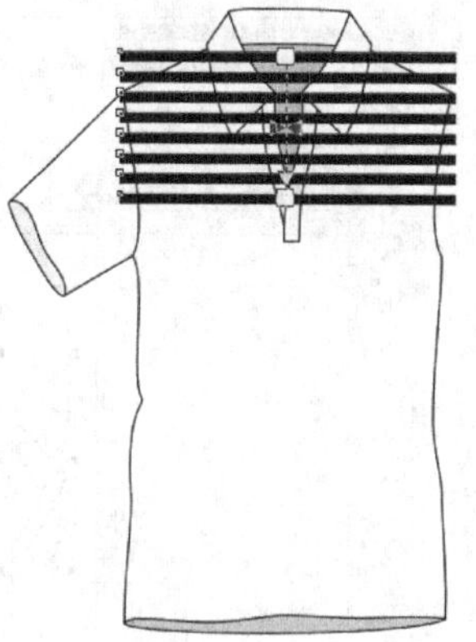

图3-128

20 按住【Ctrl】+【G】组合键群组图形，执行菜单栏中的【对象】/【PowerClip】/【置于图文框内部】命令，如图3-129所示，把图形放置在衣身前片中，得到的效果如图3-130所示。

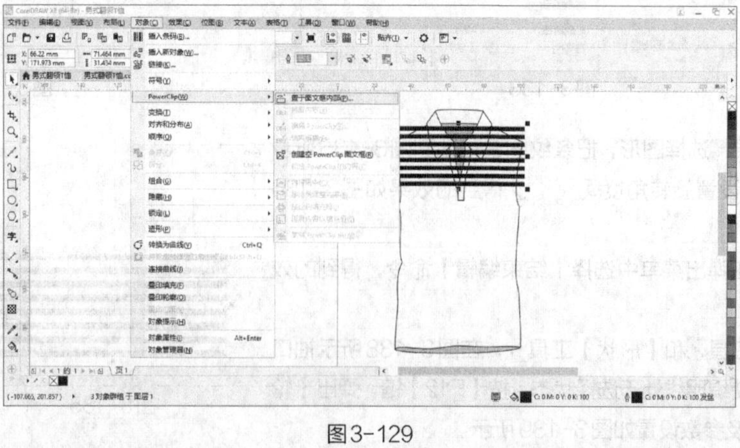

图3-129

21 选择【属性滴管】工具，在属性栏的【效果】中勾选【图框精确剪裁】，如图3-131所示。

22 使用【属性滴管】工具选择衣身属性，鼠标转换成应用对象属性，然后单击左袖的前面部分，把条纹图案复制到衣袖中，得到的效果如图3-132所示。

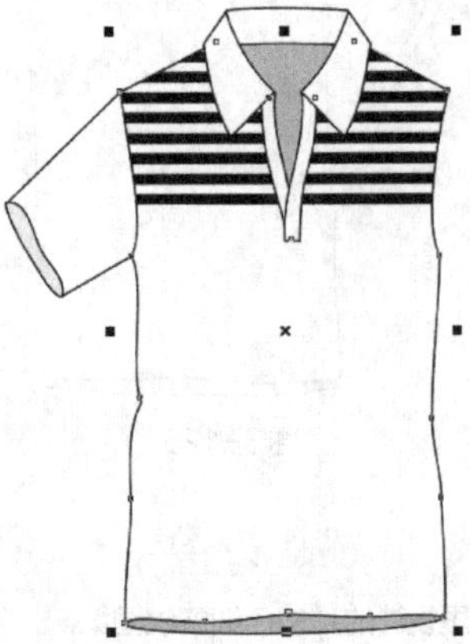
图3-130

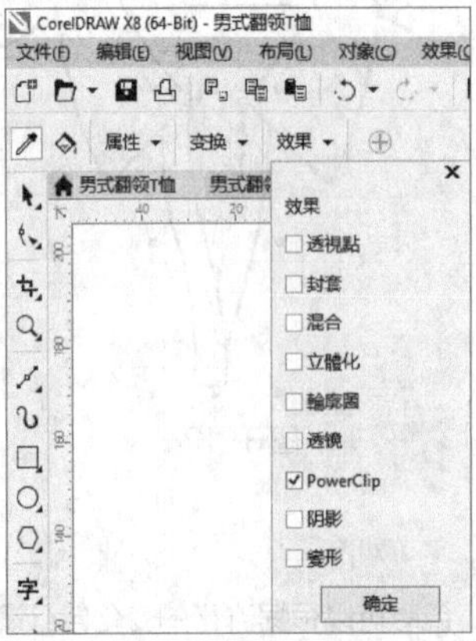

图3-131

图3-132

23 使用【选择】工具选择左袖，单击鼠标右键，弹出菜单，如图3-133所示，选择【编辑PowerCliip】命令，得到的效果如图3-134所示。

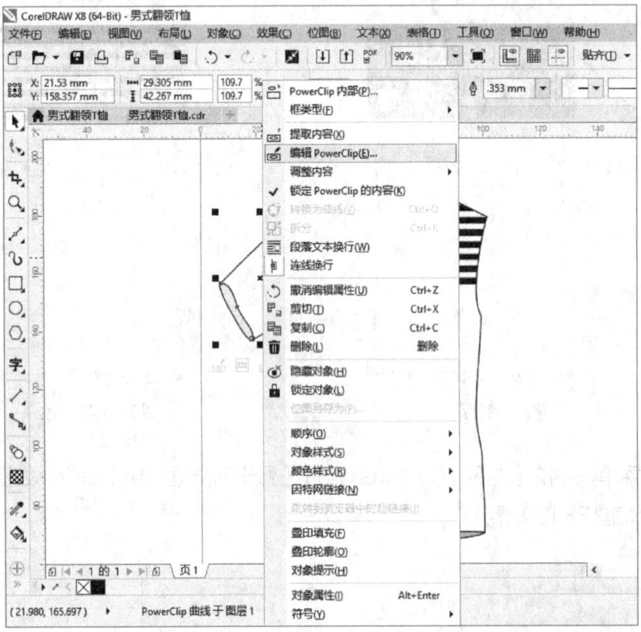

图3-133

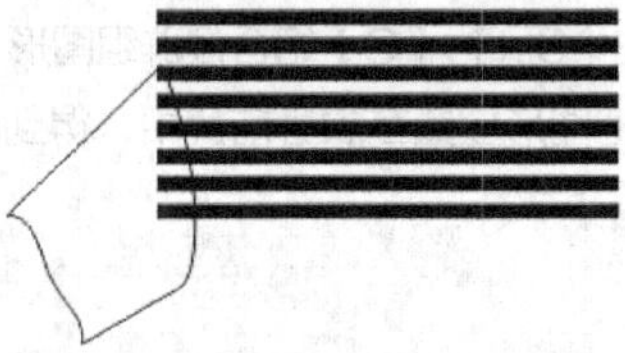
图3-134

24 使用【选择】工具选择图形，把条纹图案移动到图3-135所示的位置。在属性栏中设置旋转角度 300.0 °，得到的效果如图3-136所示。

25 单击鼠标右键，在弹出菜单中选择【结束编辑】命令，得到的效果如图3-137所示。

26 选择【贝塞尔】工具和【形状】工具，在图3-138所示袖口处绘制两条缉明线，使缉明线处于选择状态，按【F12】键，弹出【轮廓笔】对话框，选项及参数设置如图3-139所示。

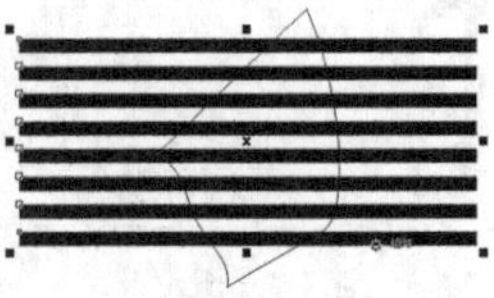
图3-135

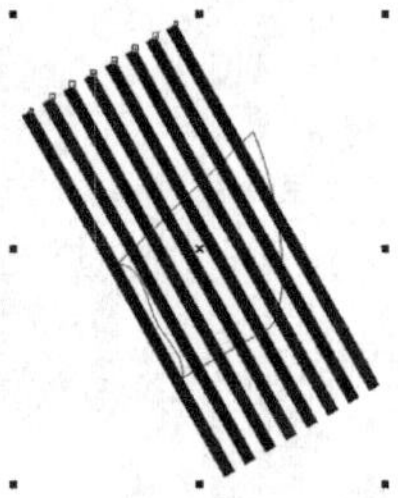
图3-136

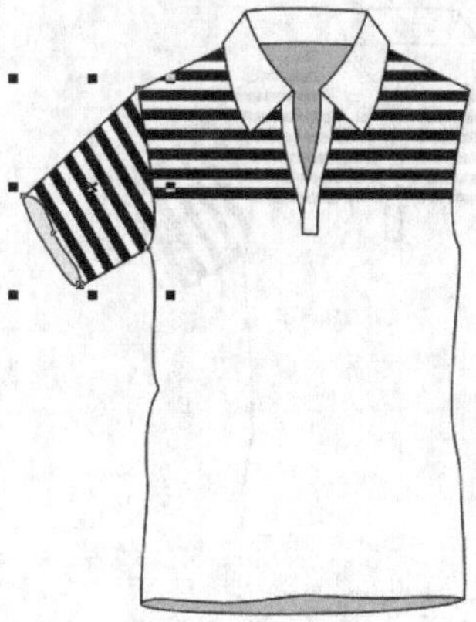

图3-137

图3-138

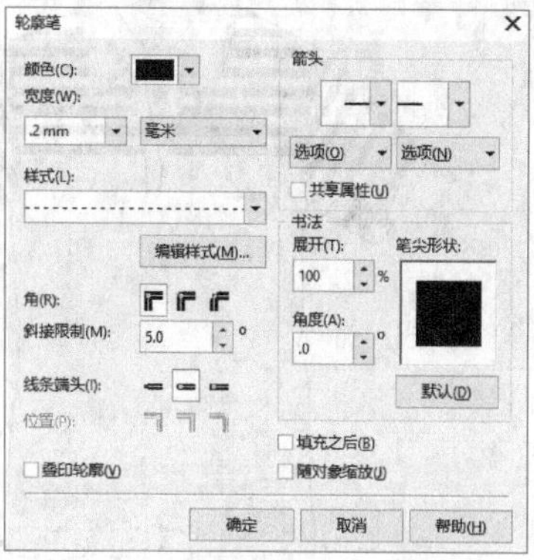

图3-139

27 单击【确定】按钮，得到的效果如图3-140所示。

28 使用【选择】工具框选整个左袖，按【+】键复制图形，单击属性栏中的【水平镜像】按钮，把复制的图形向右平移到合适的位置，得到的效果如图3-141所示。

29 执行菜单栏中的【对象】/【顺序】/【置于此对象后】命令，把右袖放置到衣身后面，得到的效果如图3-142所示。

30 选择【贝塞尔】工具和【形状】工具，在图3-143所示的翻领、门襟及衣服下摆处绘制6条缉明线，使缉明线处于选择状态，按【F12】键，弹出【轮廓笔】对话框，选项及参数设置如图3-144所示。

图3-140

图3-141

图3-142

图3-143

31 单击【确定】按钮，得到的效果如图3-145所示。

32 选择【贝塞尔】工具和【形状】工具，在图3-146所示的位置绘制一条衣褶线，在属性栏中设置轮廓宽度 .35 mm 。

图3-144

图3-145

图3-146

33 选择【椭圆形】工具，按住【Ctrl】键在门襟上绘制一个圆形并填充灰色，其CMYK值为（0，0，0，20），如图3-147所示。

34 按【+】键复制两个圆形，再按【Shift】键等比例缩小图形，把复制的小圆形摆放在图3-148所示的位置。

35 使用【选择】工具框选图形，单击属性栏中的【合并】按钮，得到的效果如图3-149所示。

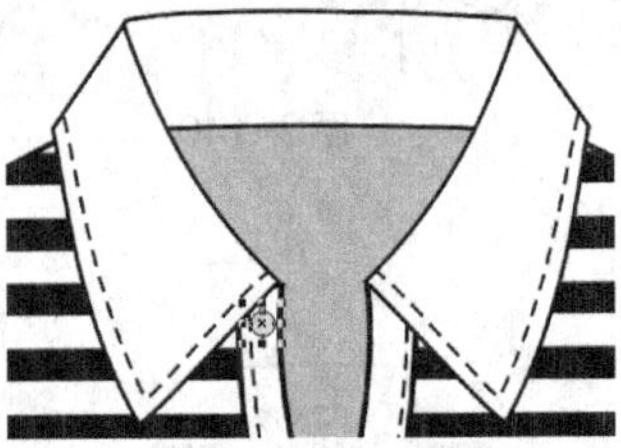

图3-147

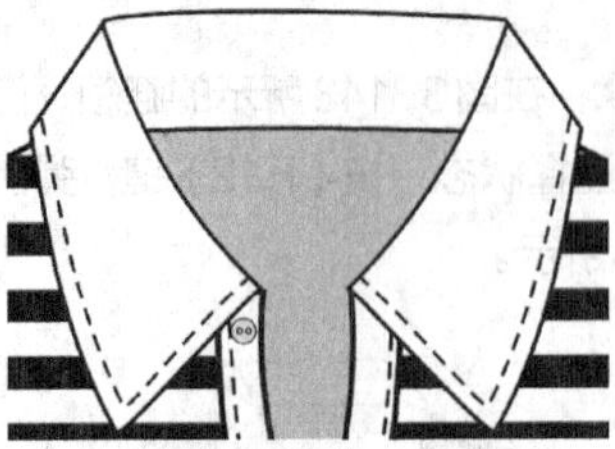

图3-148

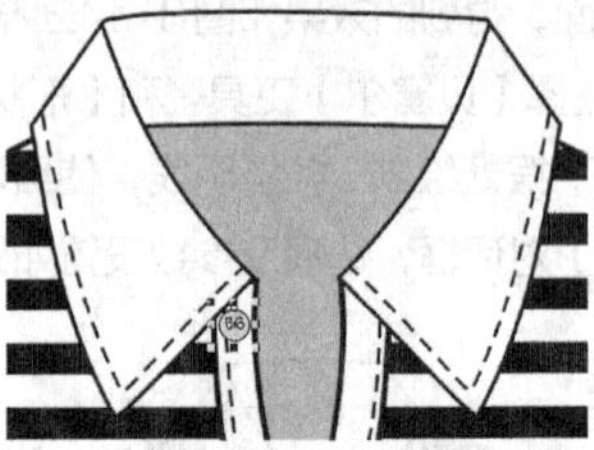

图3-149

36 按【+】键复制两个纽扣，把复制的纽扣摆放在图3-150所示的位置。

37 执行菜单栏中的【文件】/【导入】命令，导入图3-151所示的绣章图案。

38 使用【选择】工具，把绣章图案摆放在胸前，在属性栏中设置旋转角度 341.0 °，得到的男式翻领T恤的最终效果如图3-152所示。

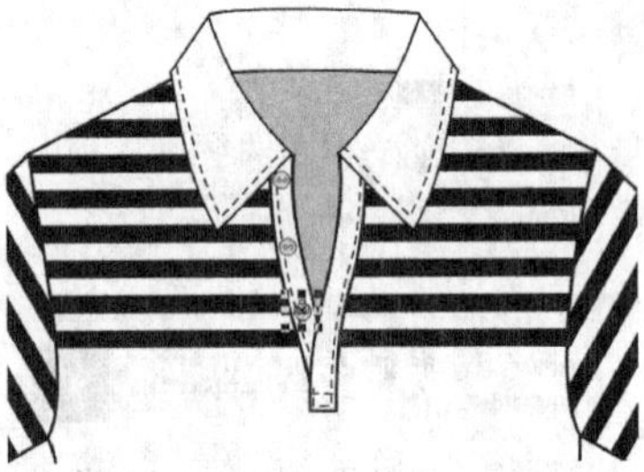

图3-150

图3-151

图3-152

3.2 女装T恤款式设计

3.2.1 圆领T恤（基础款）

女式圆领T恤的整体效果如图3-153所示。

设计重点

圆领表现、渐变色表现、雪纺透明荷叶边；印花、烫钻图案表现。

图3-153

操作步骤

01 打开CorelDRAW软件，执行菜单栏中的【文件】/【新建】命令，或使用【Ctrl】+【N】组合键，弹出【创建新文档】对话框，文件命名为“女式圆领T恤”，设定纸张大小为A4，横向摆放，如图3-154所示。

02 从标尺栏向页面拖曳鼠标添加7条辅助线，确定衣长、袖窿深、领口和肩宽等位置，如图3-155所示。

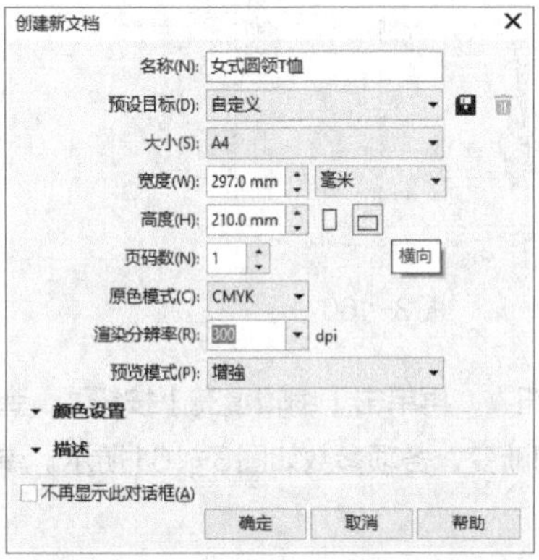

图3-154

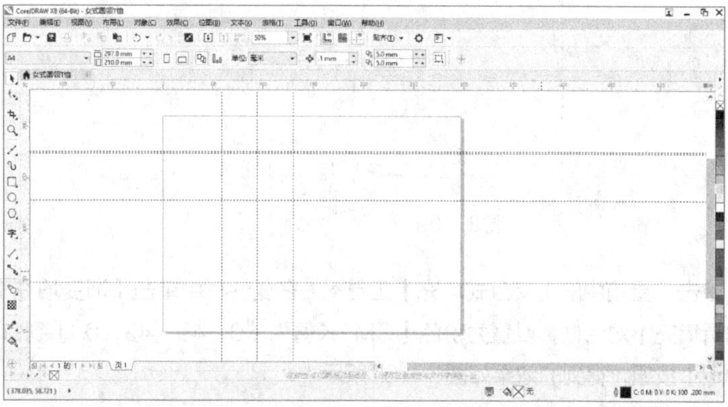

图3-155

03 使用【贝塞尔】工具和【形状】工具在辅助线的基础上绘制图3-156所示的T恤1/2衣身左前片路径，单击【选择】工具，在属性栏中设置轮廓宽度 .35 mm 。

04 按小键盘上的【+】键复制图形，单击属性栏中的【水平镜像】按钮，然后把复制的路径向右平移到合适的位置，如图3-157所示。

05 使用【选择】工具框选两条路径，单击属性栏中的【合并】按钮，得到的效果如图3-158所示。

专家提示

使用【贝塞尔】工具和【形状】工具绘制女装T恤衣身造型时要注意调整腰部曲线，但收腰造型不能过于夸张（针织T恤腰部不收省道），其次要注意服装长度与宽度的比例。

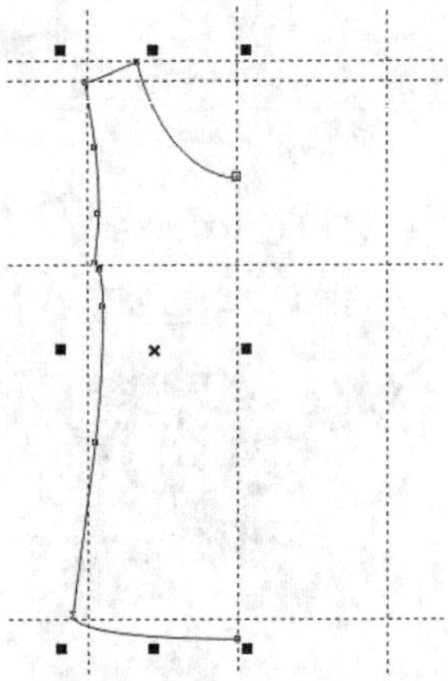

图3-156

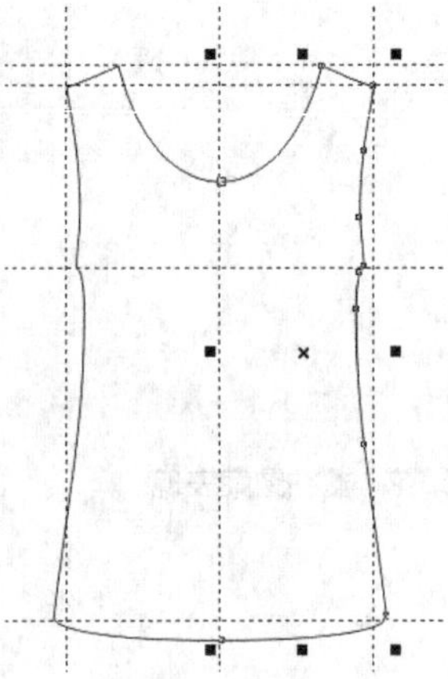

图3-157

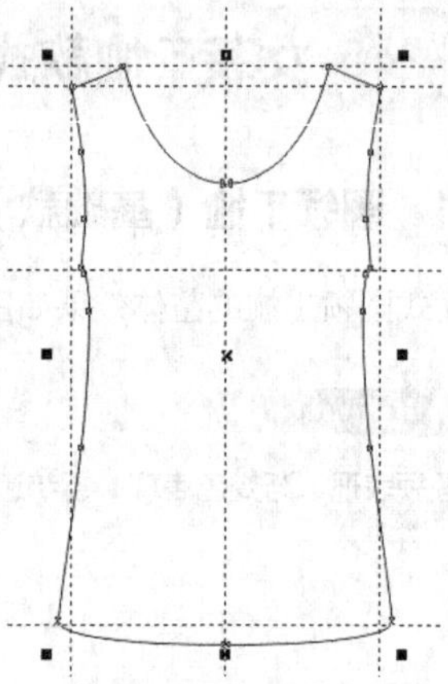

图3-158

06 使用【形状】工具，选择领口位置的两个节点。单击属性栏中的【连接两个节点】按钮，得到的效果如图3-159所示。

07 重复上一步的操作，连接下摆处的两个节点，得到的效果如图3-160所示。

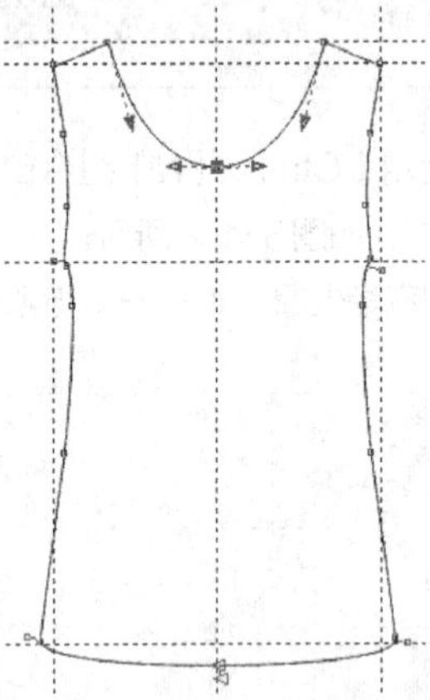

图3-159

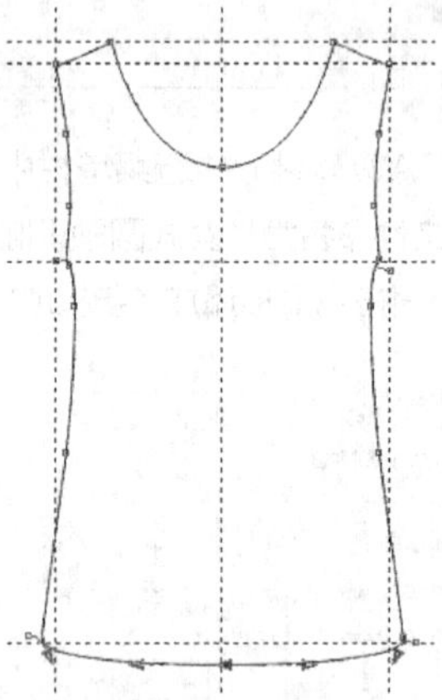

图3-160

08 单击工具箱中的【交互式填充】工具，在属性栏中单击【渐变填充】按钮，再单击【编辑填充】按钮，弹出【编辑填充】对话框，设置为粉色［CMYK值为（0，49，42，0）］到白色的渐变，各项参数如图3-161所示。单击【确定】按钮，得到的效果如图3-162所示。

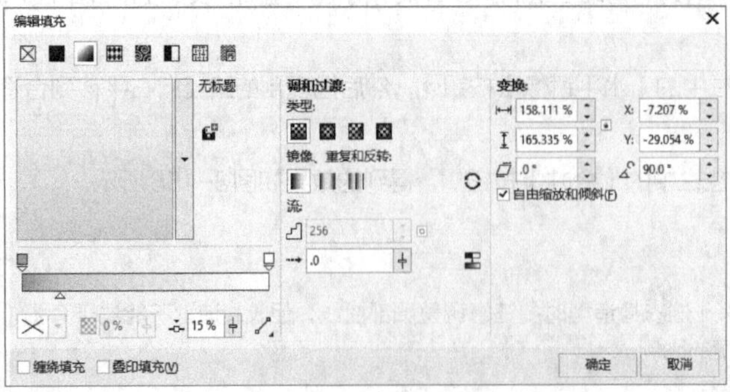

图3-161

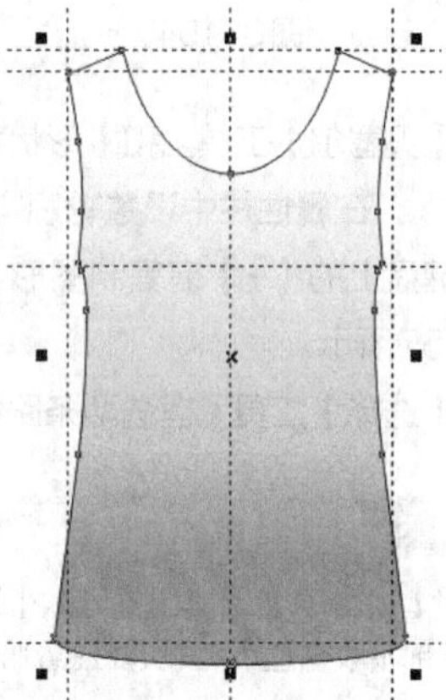

图3-162

09 使用【贝塞尔】工具和【形状】工具绘制图3-163所示的左袖，在属性栏中设置轮廓宽度。执行菜单栏中的【对象】/【顺序】/【到页面后面】命令，把它放置到前片后面，得到的效果如图3-164所示。

10 使用【属性滴管】工具选择衣身属性，鼠标转换成应用对象属性，然后单击左袖，把渐变色复制到衣袖中，得到的效果如图3-165所示。

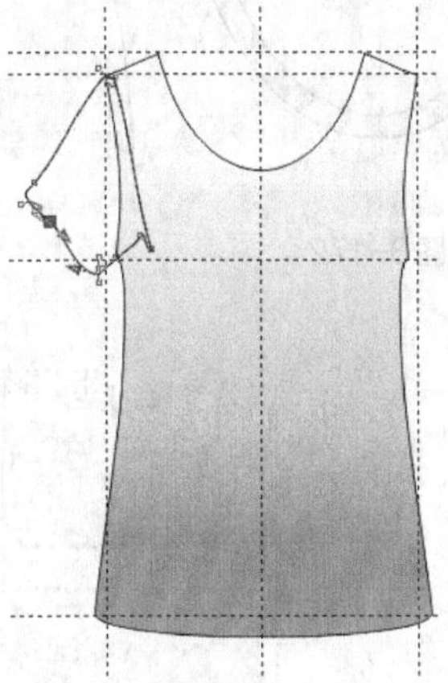
图3-163

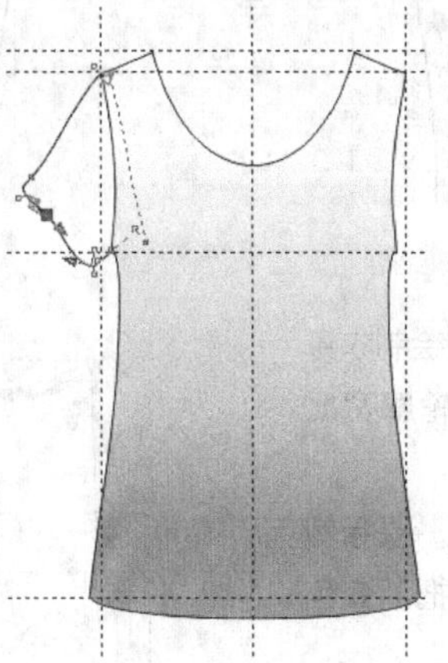
图3-164

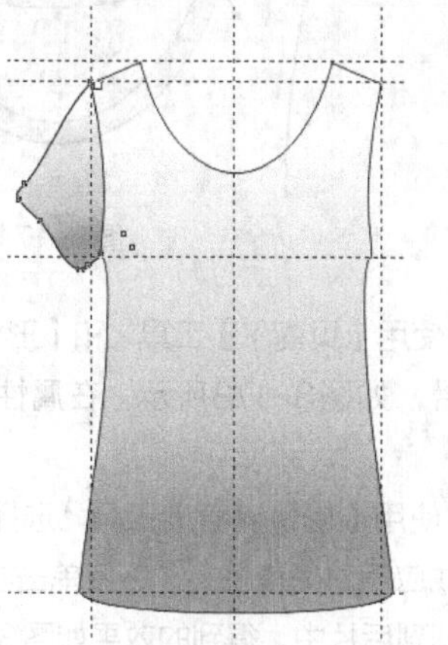
图3-165

11 使用【贝塞尔】工具和【形状】工具在前领口处绘制一条路径，在属性栏中设置轮廓宽度，如图3-166所示。执行菜单栏中的【对象】/【将轮廓转换为对象】命令，把路径转换为图形并填充粉色，其CMYK值为（0，49，42，0），设置轮廓宽度，得到的效果如图3-167所示。

12 使用【形状】工具调整领口造型，使之与肩部相贴合，如图3-168所示。

13 使用【贝塞尔】工具和【形状】工具在图3-169所示的位置绘制一条路径，在属性栏中设置轮廓宽度。执行菜单栏中的【对象】/【将轮廓转换为对象】命令，把路径转换为图形并填充粉色，其CMYK值为（0，49，42，0），设置轮廓宽度，得到的效果如图3-170所示。

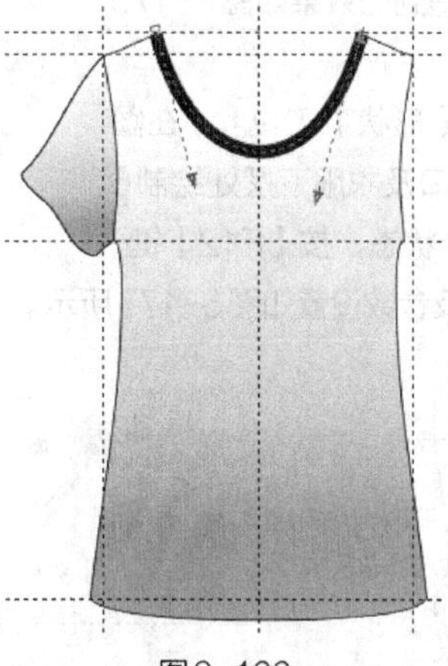
图3-166

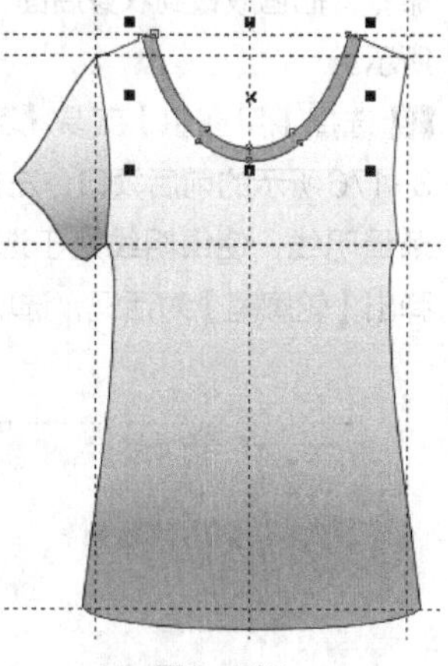
图3-167

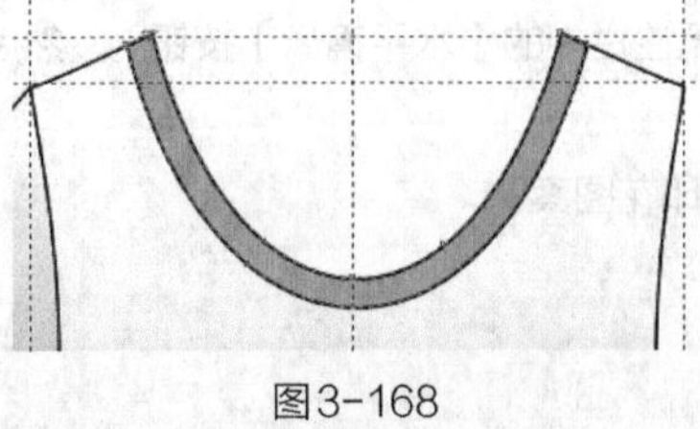
图3-168

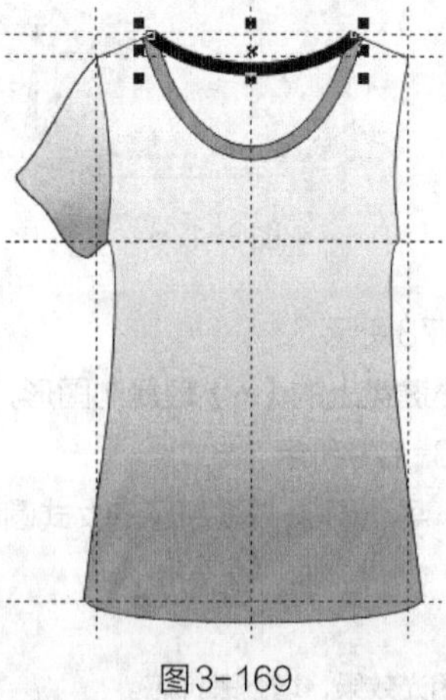
图3-169

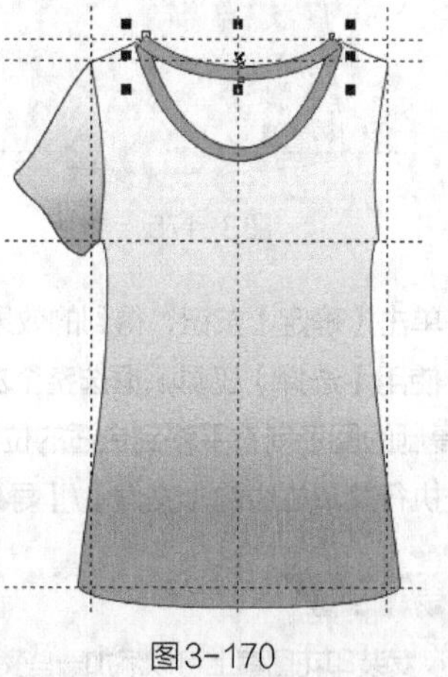
图3-170

14 执行菜单栏中的【对象】/【顺序】/【到图层后面】命令，把它放置到衣身后面，得到的效果如图3-171所示。

15 使用【形状】工具调整领口造型，使之与前领口相贴合，如图3-172所示。

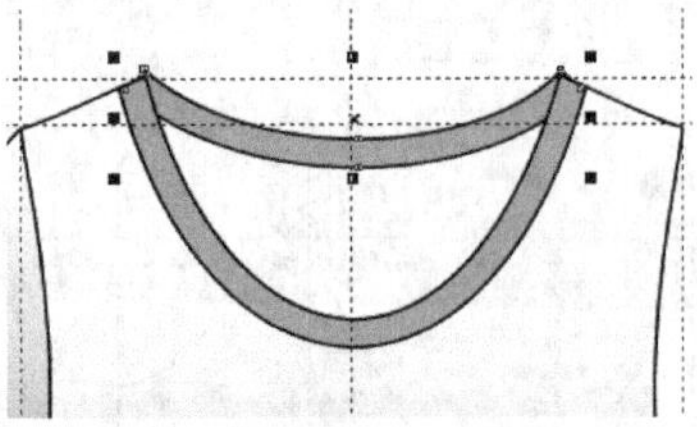

图3-171

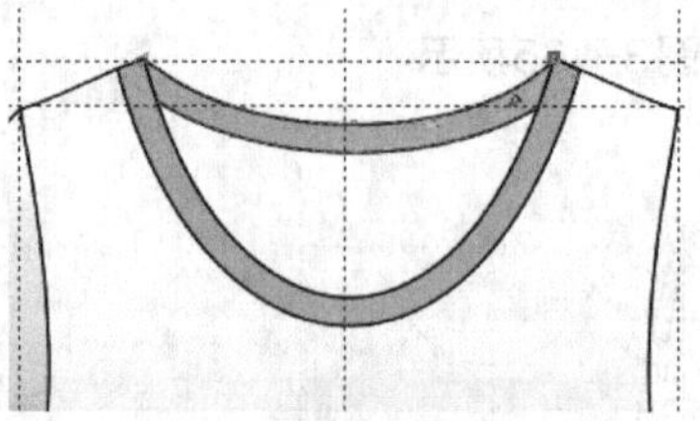

图3-172

16 使用【贝塞尔】工具和【形状】工具绘制衣身后片，如图3-173所示，在属性栏中设置轮廓宽度 .35 mm 。

17 使用【属性滴管】工具选择衣身属性，鼠标转换成应用对象属性，然后单击衣身后片，把渐变色复制到后片中，得到的效果如图3-174所示。

18 执行菜单栏中的【对象】/【顺序】/【到图层后面】命令，把它放置到衣身后面，得到的效果如图3-175所示。

19 选择【贝塞尔】工具和【形状】工具，在图3-176所示的前后领口、左袖口及衣服下摆处绘制6条缉明线，使缉明线处于选择状态，按【F12】键，弹出【轮廓笔】对话框，选项及参数设置如图3-177所示。

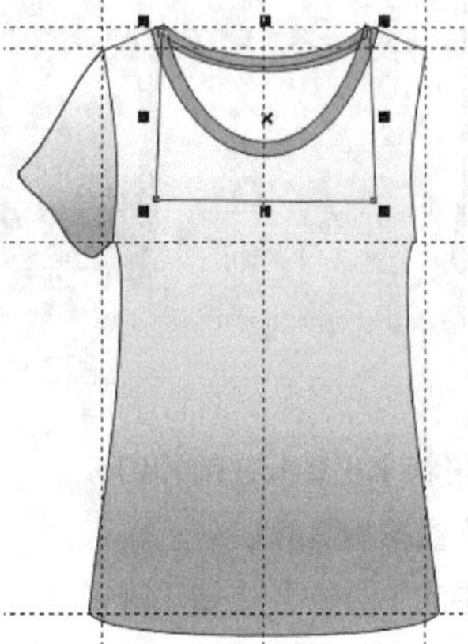

图3-173

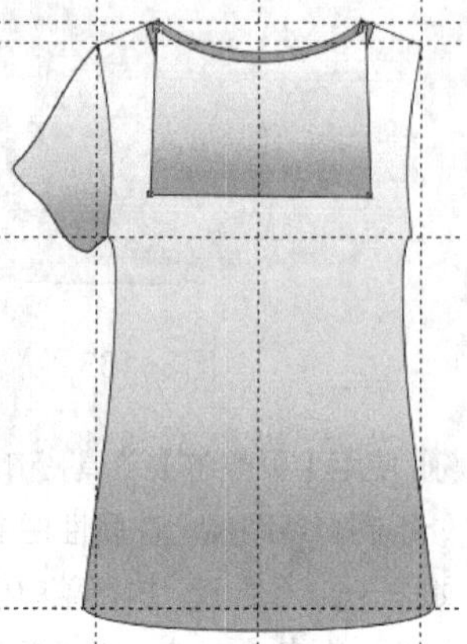

图3-174

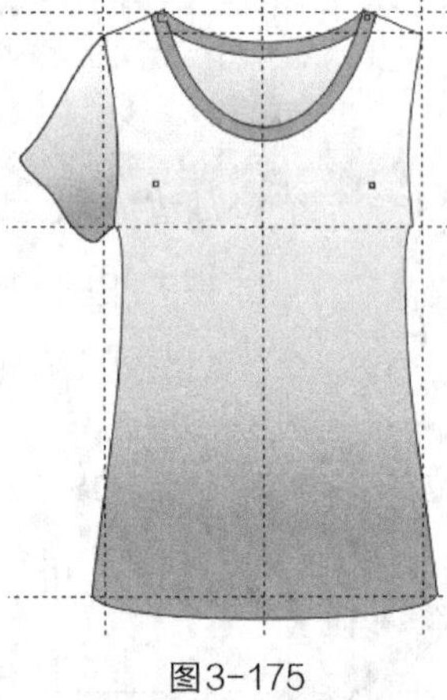

图3-175

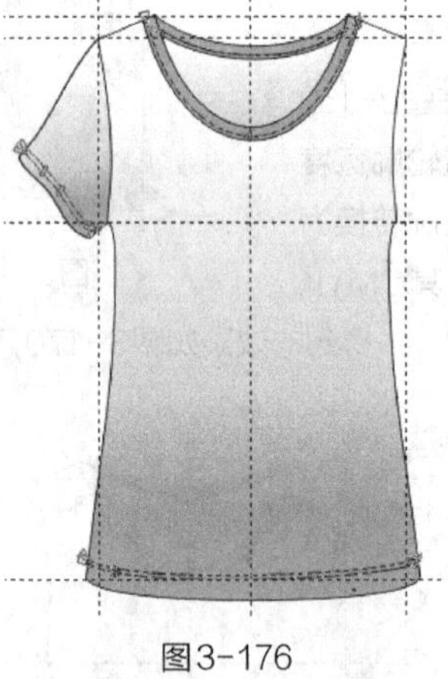

图3-176

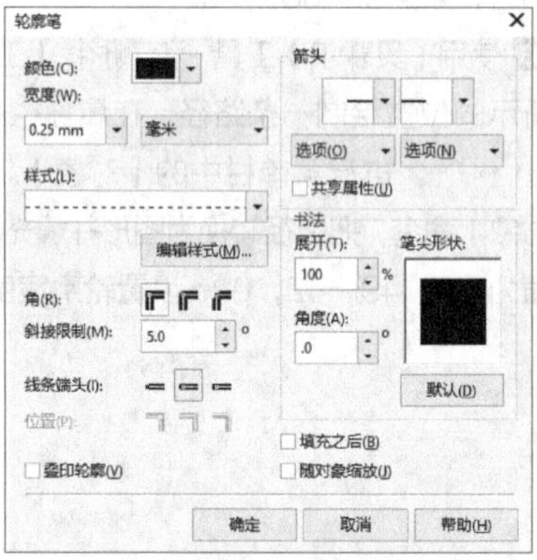

图3-177

20 单击【确定】按钮，得到的效果如图3-178所示。

21 使用【选择】工具框选整个左袖，按小键盘上的【+】键复制图形，单击属性栏中的【水平镜像】按钮，然后把复制的图形向右平移到合适的位置，如图3-179所示。

22 执行菜单栏中的【文件】/【导入】命令，导入图3-180所示的女式圆领T恤印花图案。

专家提示

女装印花图案上可以添加一些烫钻图案，闪光效果，增强装饰感。

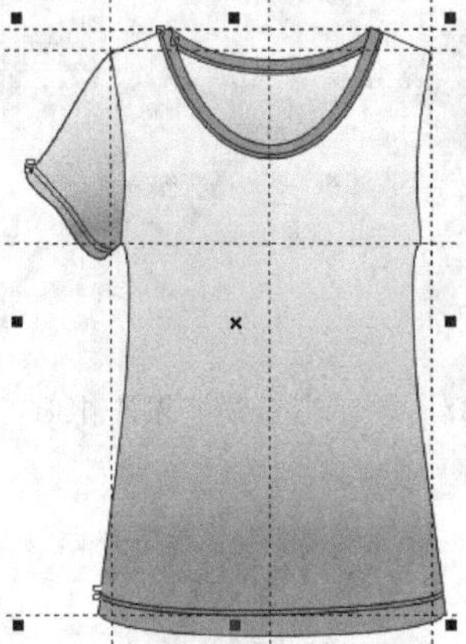
图3-178

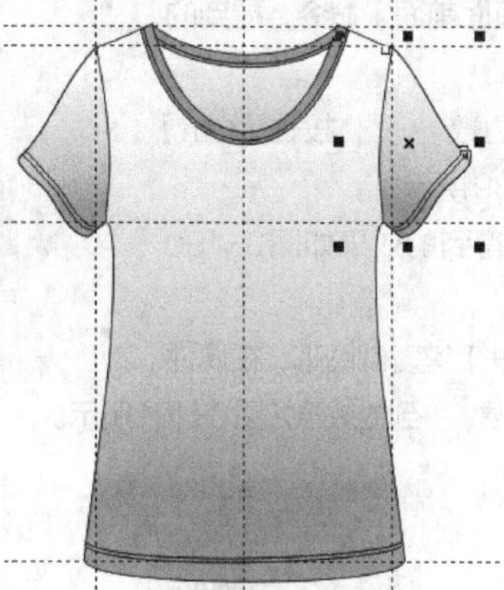
图3-179

图3-180

23 选择【椭圆形】工具并按住【Ctrl】键绘制一个圆形，无轮廓，填充浅灰色，其CMYK值为（0，0，0，10），如图3-181所示。

24 选择【多边形】工具，在属性栏中设置边数，以圆形的圆心为中心点按住【Ctrl】+【Shift】组合键绘制一个九边形，得到的效果如图3-182所示。

25 使用【手绘】工具绘制9条直线，如图3-183所示。

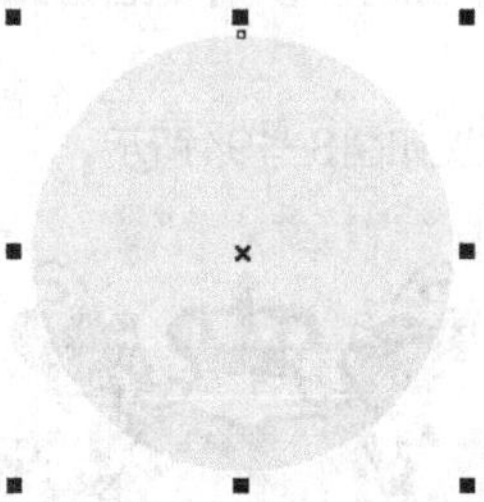
图3-181

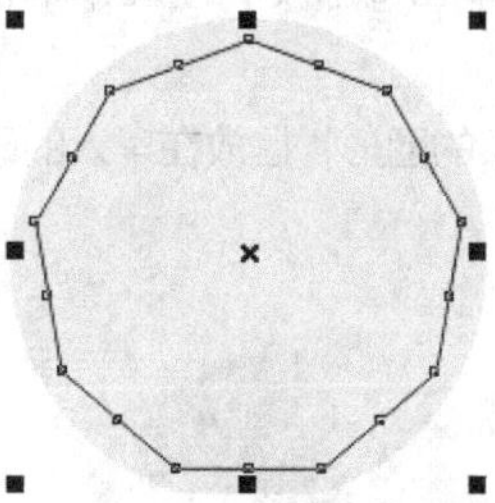
图3-182

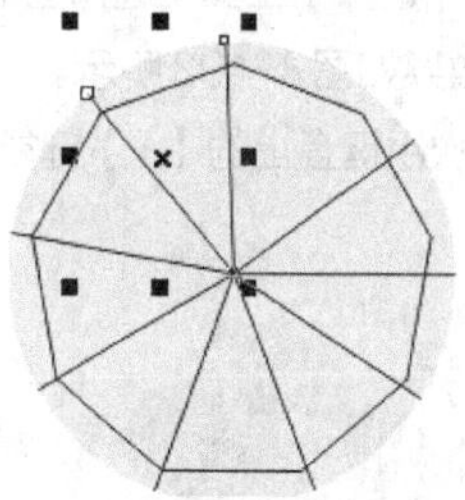
图3-183

26 使用【选择】工具选择九边形，按【Delete】键删除，得到的效果如图3-184所示。

27 使用【选择】工具选择圆形，按小键盘上的【+】键复制图形并填充深灰色，其CMYK值为（0，0，0，40），再按【Shift】键等比例缩小复制的圆形，得到的效果如图3-185所示。

28 单击工具箱下方的按钮，选择【智能填充】工具，在圆形上分别填充白色、浅灰色［CMYK值为（0，0，0，10）］、20%灰色［CMYK值为（0，0，0，20）］、30%灰色［CMYK值为（0，0，0，30）］、50%灰色［CMYK值为（0，0，0，50）］，得到的效果如图3-186所示。

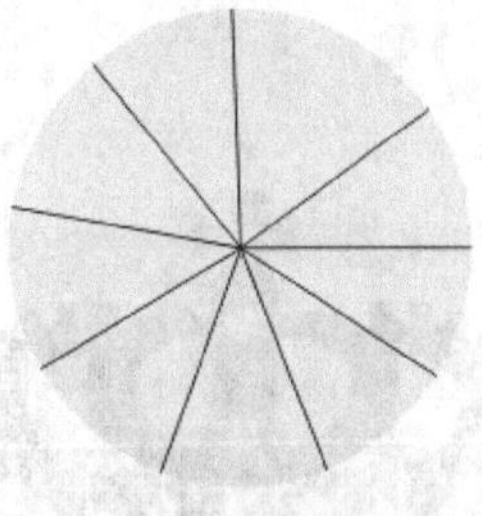
图3-184

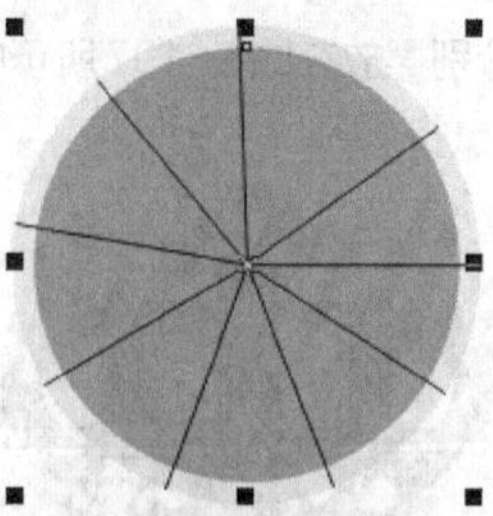
图3-185

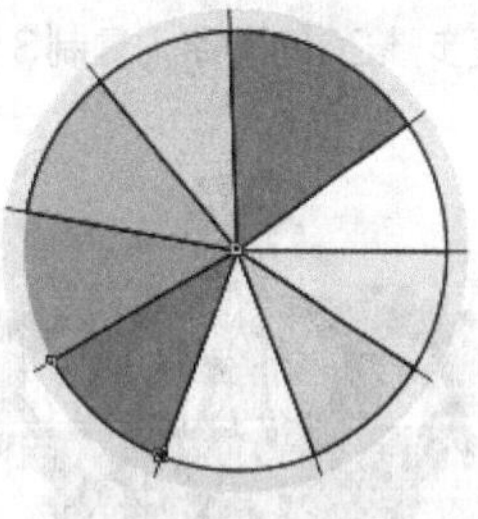
图3-186

29 使用【选择】工具框选图形，用鼠标右键单击调色板中的去除图形的边框，得到的效果如图3-187所示。

30 使用【选择】工具选择圆形，按小键盘上的【+】键复制图形并填充深灰色，其CMYK值为（0，0，0，50），执行菜单栏中的【排列】/【顺序】/【到页面前面】命令，得到的效果如图3-188所示。

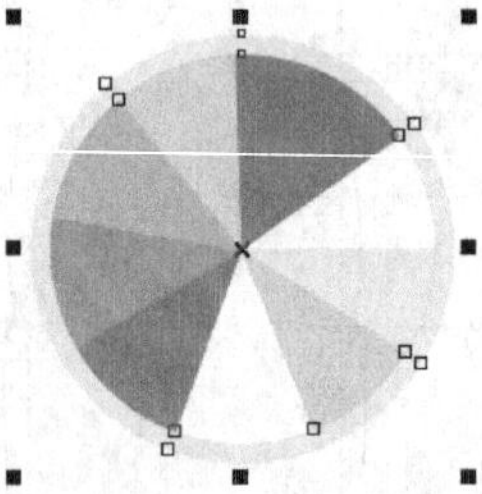

图3-187

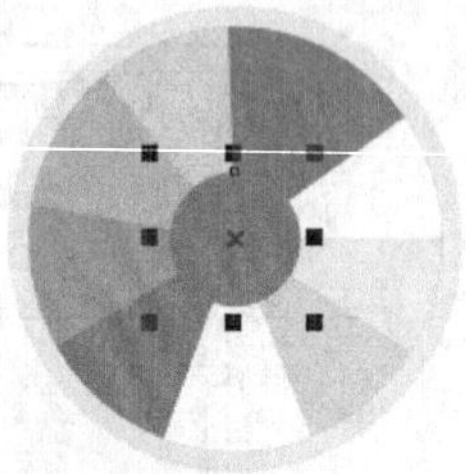

图3-188

31 选择【星形】工具在属性栏中设置边数4，按住【Ctrl】键绘制一个四角形并填充白色，如图3-189所示。

32 使用【形状】工具调整星形节点，得到的效果如图3-190所示。

33 单击【选择】工具，按小键盘上的【+】键复制图形，在属性栏中设置旋转角度315.0°，再按【Enter】键，得到的效果如图3-191所示。

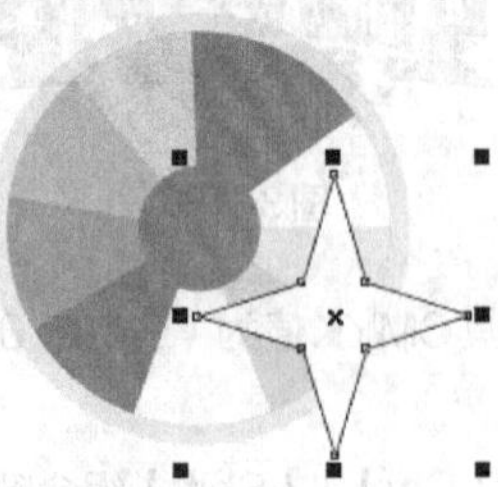

图3-189

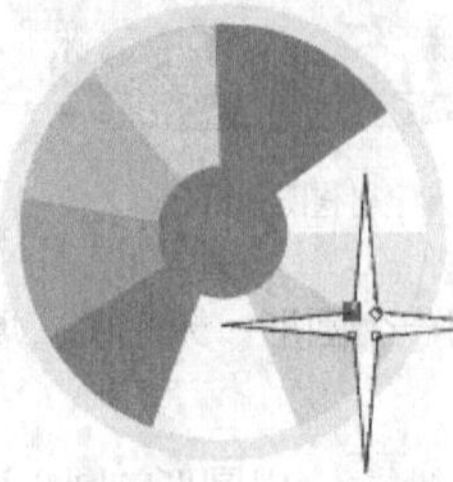

图3-190

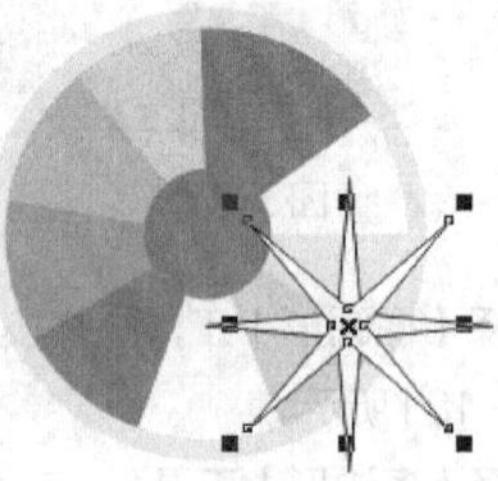

图3-191

34 单击【选择】工具按住【Shift】键等比例缩小图形，得到的效果如图3-192所示。

35 使用【选择】工具选择图形，用鼠标右键单击调色板中的去除图形的边框。按【Ctrl】+【G】组合键群组图形，得到的效果如图3-193所示。

36 按3次小键盘上的【+】键复制3个闪光效果的图形，摆放在导入的印花图案上，位置如图3-194所示。

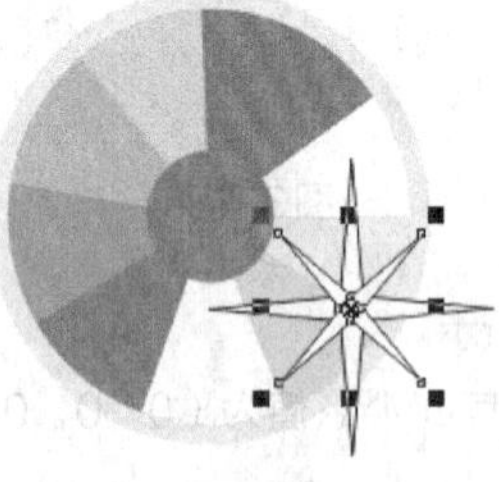

图3-192

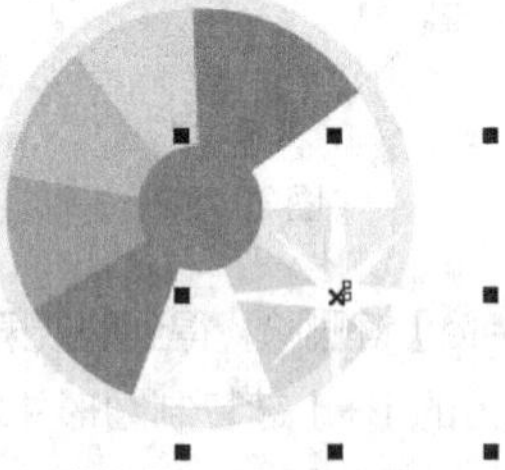

图3-193

图3-194

37 使用【选择】工具框选烫钻及闪光效果，按【Ctrl】+【G】组合键群组图形。按住【Shift】键等比例缩小图形，把它摆放在印花图案的皇冠上，位置如图3-195所示。

38 按7次小键盘上的【+】键复制7个图形，分别摆放在图3-196所示的位置。

39 重复步骤36的操作，复制3个闪光效果，分别摆放在图3-197所示的位置。

图3-195

图3-196

图3-197

40 使用【选择】工具选择一个烫钻，单击【艺术笔】工具，选择属性栏中的【自定义/新喷涂列表】，单击【添加到喷涂列表】按钮把绘制好的烫钻自定义为艺术画笔，属性栏中设置各项参数如图3-198所示。

图3-198

41 使用【贝塞尔】工具和【形状】工具在心形图案上绘制一条路径，如图3-199所示。

42 选择【艺术笔】工具，在属性栏的喷涂列表中单击烫钻艺术画笔，得到的效果如图3-200所示。

图3-199

图3-200

43 在属性栏中设置各项参数如图3-201所示，得到的效果如图3-202所示。

图3-201

44 重复上两步的操作，完成第2组烫钻图案的绘制，效果如图3-203所示。

45 使用【选择】工具选择所有图形，按【Ctrl】+【G】组合键群组图形。把群组后的图案摆放在图3-204所示的衣身位置。

46 执行菜单栏中的【编辑】/【全选】/【辅助线】命令，选择所有的辅助线，按【Delete】键删除，得到的效果如图3-205所示。

图3-202

图3-203

47 使用【贝塞尔】工具和【形状】工具在衣身上绘制荷叶边，单击【选择】工具在属性栏中设置轮廓宽度 .35 mm，如图3-206所示。

图3-204

图3-205

图3-206

48 使用【贝塞尔】工具和【形状】工具绘制褶裥线，如图3-207所示。

49 使用【属性滴管】工具选择衣身属性，鼠标转换成应用对象属性，然后单击左袖，把渐变色复制到荷叶边中，得到的效果如图3-208所示。

50 使用【选择】工具框选荷叶边和褶裥线，按【Ctrl】+【G】组合键群组图形。选择【透明度】工具，在属性栏中设置各项参数如图3-209所示，得到的效果如图3-210所示。

图3-207

图3-208

图3-210

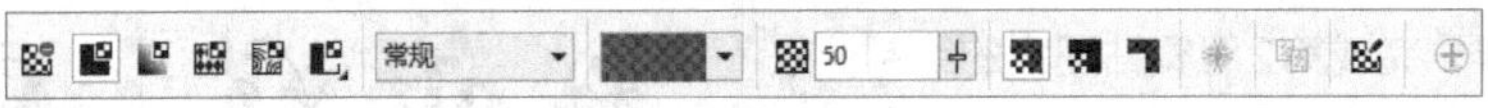

图3-209

51 单击【选择】工具选中荷叶边，并按【+】键复制图形，单击属性栏中的【水平镜像】按钮，然后把复制的荷叶边向右平移到合适的位置，完成女式圆领T恤的最终效果如图3-211所示。

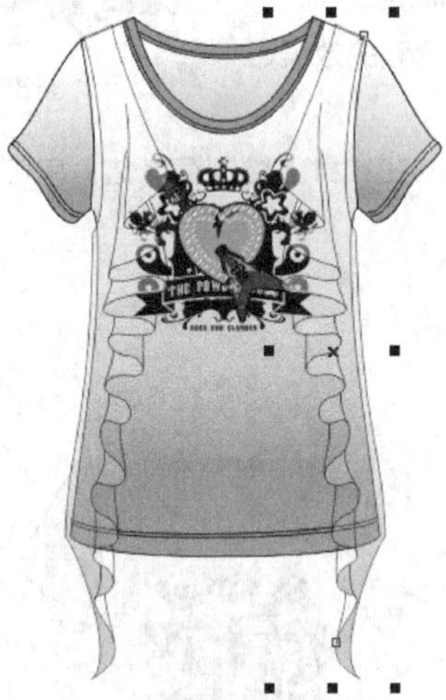

图3-211

3.2.2 彼得潘领T恤（变化款）

女式彼得潘领T恤的整体效果如图3-212所示。

设计重点

彼得潘花边领、泡泡袖、松紧袖口；水滴形后领口包边、条纹印花面料。

操作步骤

01 打开CorelDRAW软件，执行菜单栏中的【文件】/【新建】命令，或使用【Ctrl】+【N】组合键，打开【创建新文档】对话框，文件命名为“女式彼得潘领T恤”，设定纸张大小为A4，横向摆放，如图3-213所示。

图3-212

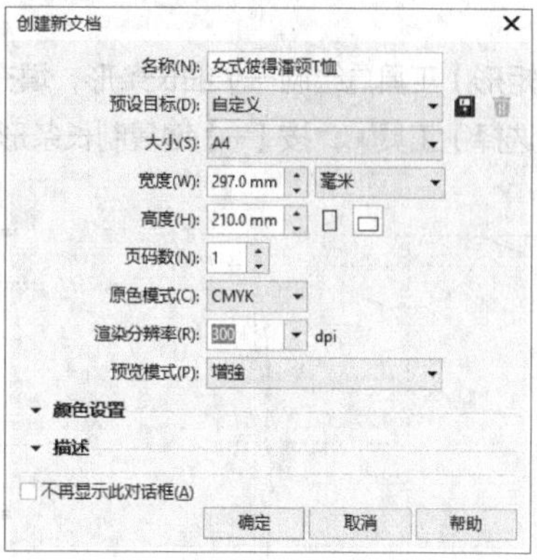

图3-213

02 从标尺栏向页面拖曳鼠标添加7条辅助线，确定衣长、袖窿深、领口和肩宽等，如图3-214所示。

03 使用【贝塞尔】工具和【形状】工具在辅助线的基础上绘制图3-215所示的衣身前片路径，单击【选择】工具在属性栏中设置轮廓宽度。

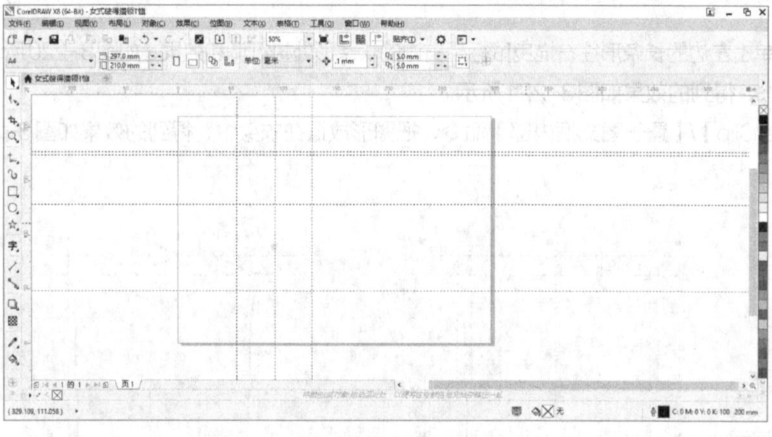

图3-214

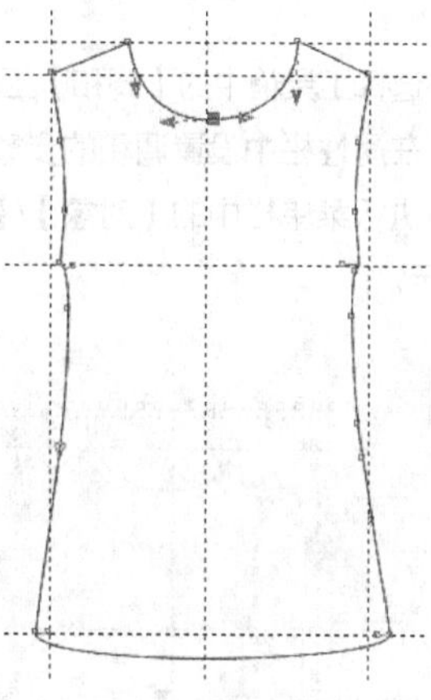

图3-215

专家提示

也可以在圆领T恤衣身的基础上修改领口造型，使用【形状】工具调整领型时尽量保证左右对称。

04 单击工具箱中的【交互式填充】工具，在属性栏中单击【渐变填充】按钮，再单击【编辑填充】按钮，弹出【编辑填充】对话框，设置绿色［CMYK值为（20，0，30，10）］到白色的渐变，各项参数如图3-216所示。单击【确定】按钮，得到的效果如图3-217所示。

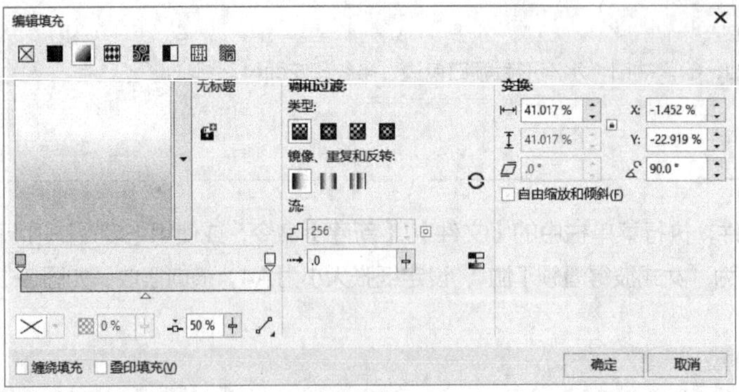

图3-216

05 使用【矩形】工具□绘制一个细长条形，填充浅绿色，其CMYK值为（11，4，23，6），无边框，如图3-218所示。

06 单击【选择】工具，按【+】键复制长条形，然后把复制的长条形向右平移到图3-219所示的位置。

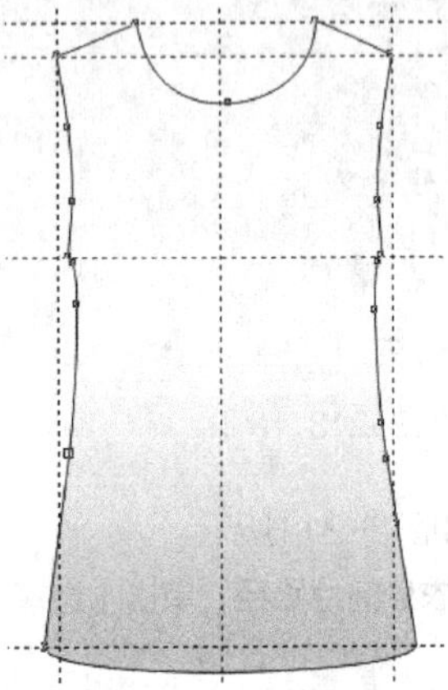

图3-217

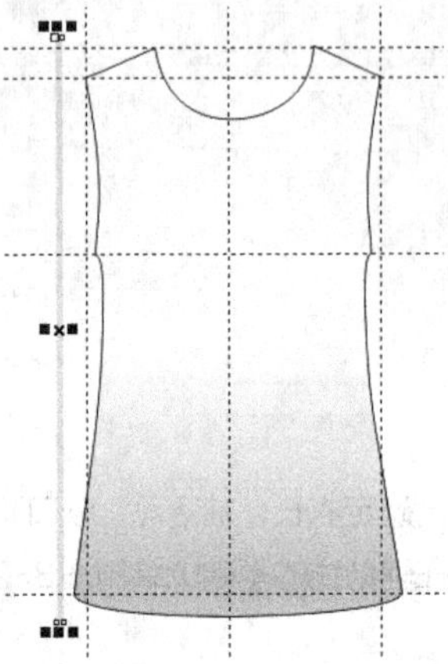

图3-218

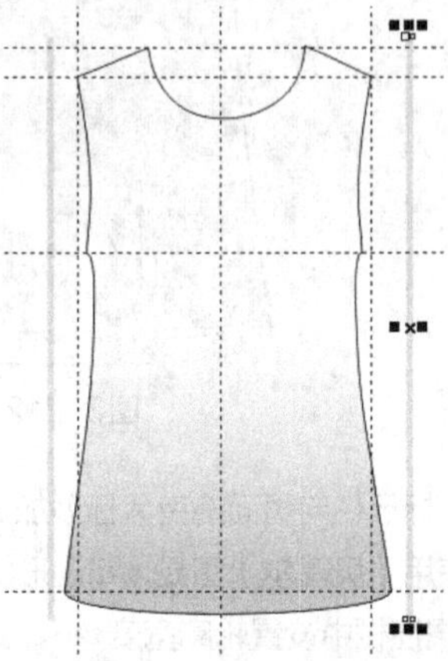

图3-219

07 选择工具箱中的【调和】工具，单击左边的长条形往右拖曳鼠标至右边的长条形处执行调和效果，如图3-220所示。

08 在属性栏中设置调和的步数，得到的效果如图3-221所示。

09 执行菜单栏中的【对象】/【PowerClip】/【置于图文框内部】命令，把图形放置在衣身中，得到的效果如图3-222所示。

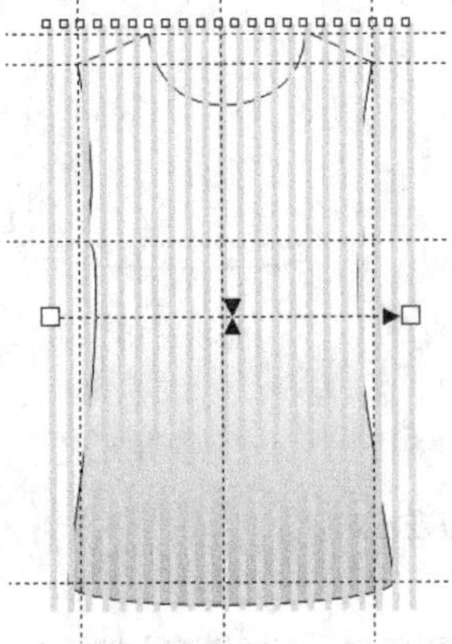

图3-220

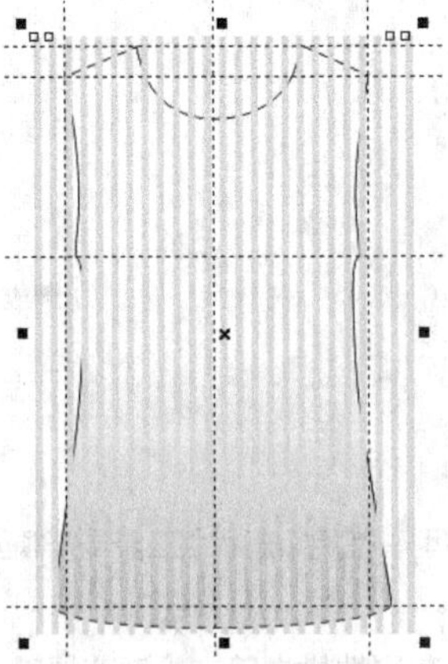

图3-221

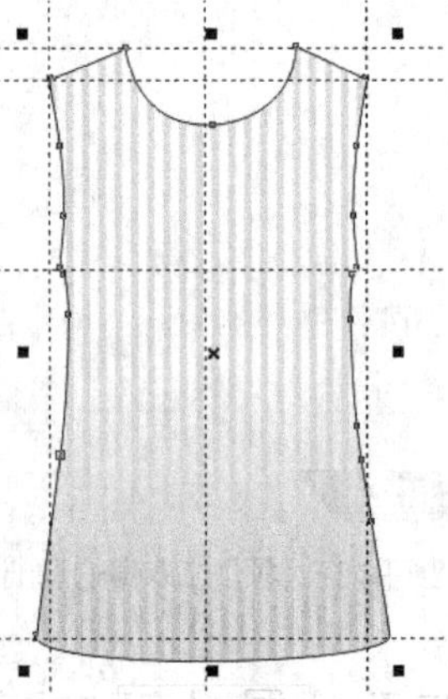

图3-222

10 使用【贝塞尔】工具和【形状】工具绘制图3-223所示的左袖，单击【选择】工具，在属性栏中设置轮廓宽

度 .35 mm 。

11 执行菜单栏中的【对象】/【顺序】/【到图层后面】命令，把左袖放置到衣身后面，得到的效果如图3-224所示。

12 使用【属性滴管】工具选择衣身属性，鼠标转换成应用对象属性，然后单击左袖，把渐变色及条纹图案复制到衣袖中，得到的效果如图3-225所示。

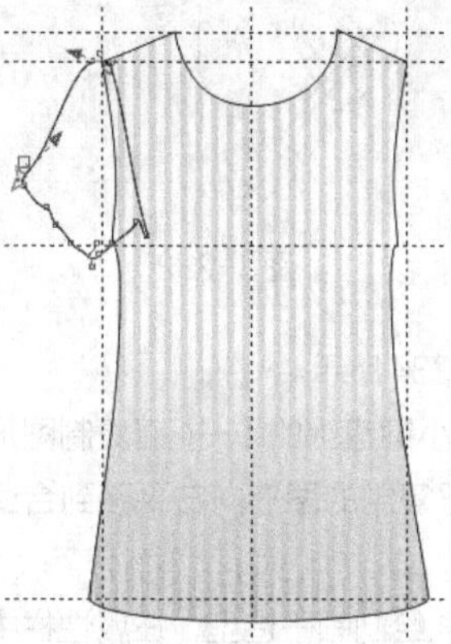
图3-223

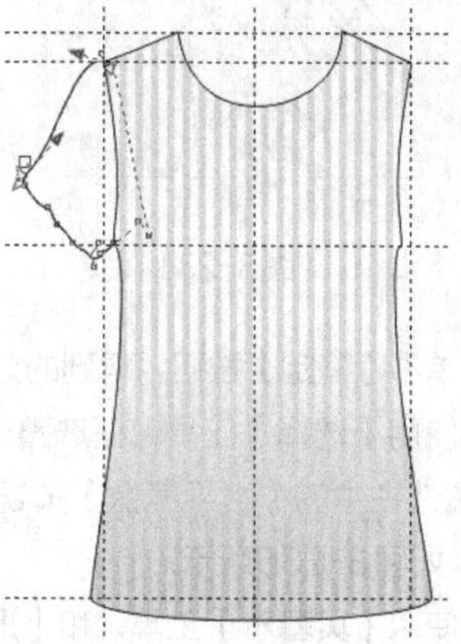
图3-224

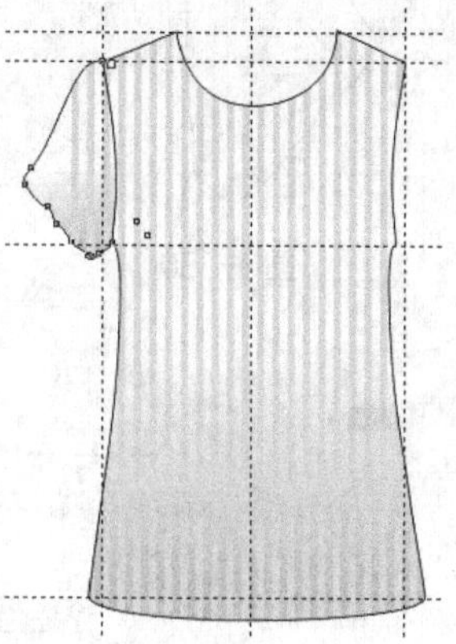
图3-225

13 在复制的图案上单击鼠标右键，在弹出菜单中选择【编辑PowerClip】命令，得到的效果如图3-226所示。

14 使用【选择】工具框选图形，把条纹图案移动到图3-227所示的位置。在属性栏中设置旋转角度 325.0 ，得到的效果如图3-228所示。

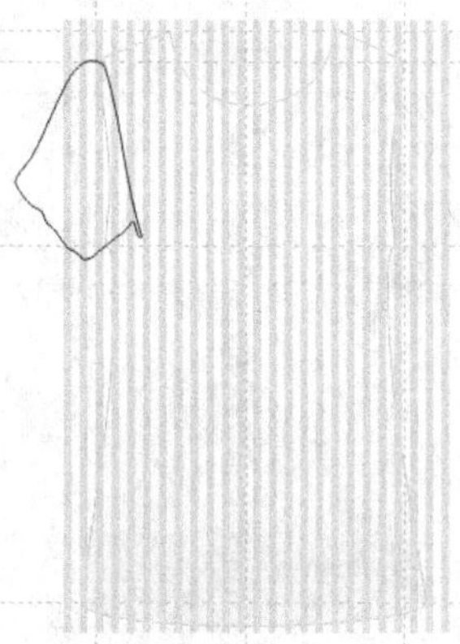
图3-226

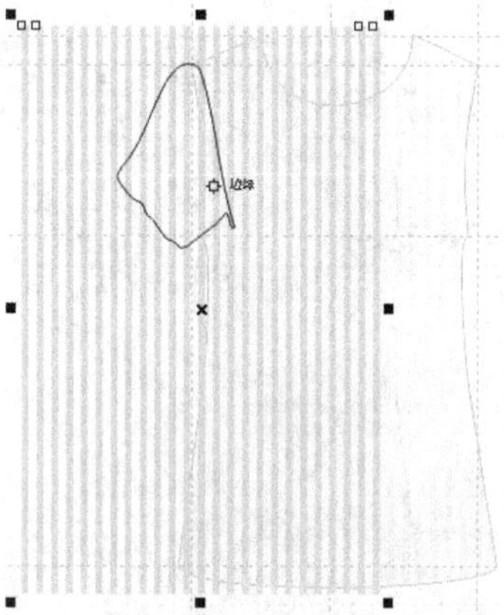
图3-227

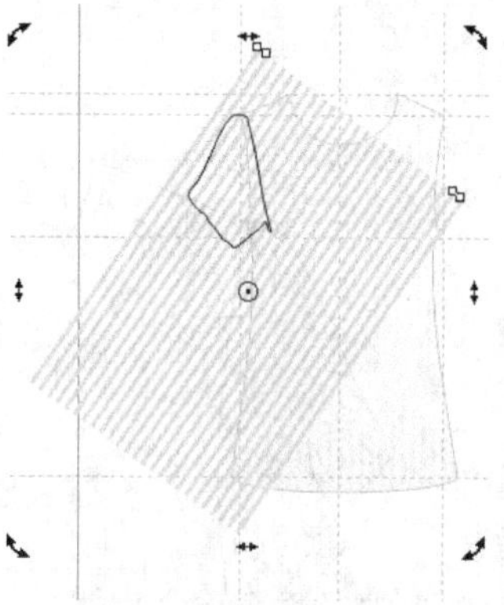
图3-228

15 单击鼠标右键，在弹出菜单中选择【结束编辑】命令，得到的效果如图3-229所示。

16 使用【贝塞尔】工具和【形状】工具绘制泡泡袖褶裥线，在属性栏中设置轮廓宽度 .2 mm ，如图3-230所示。

17 使用【贝塞尔】工具和【形状】工具绘制袖口褶裥线，在属性栏中设置轮廓宽度 .2 mm ，如图3-231所示。

18 选择【贝塞尔】工具和【形状】工具，在图3-232所示的左袖口绘制两条缉明线，使缉明线处于选择状态，按【F12】键，弹出【轮廓笔】对话框，选项及参数设置如图3-233所示。

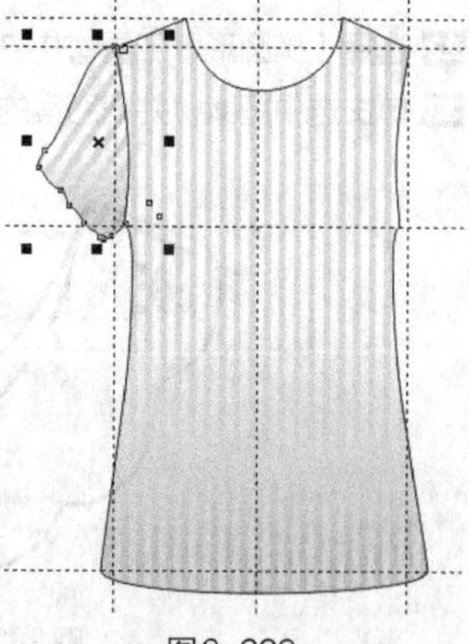
图3-229

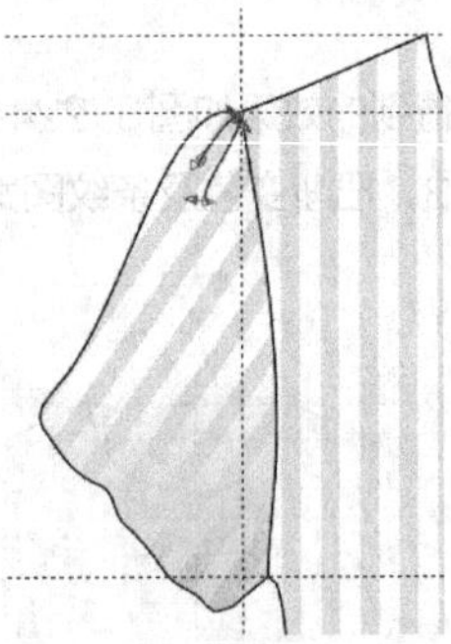

图3-230

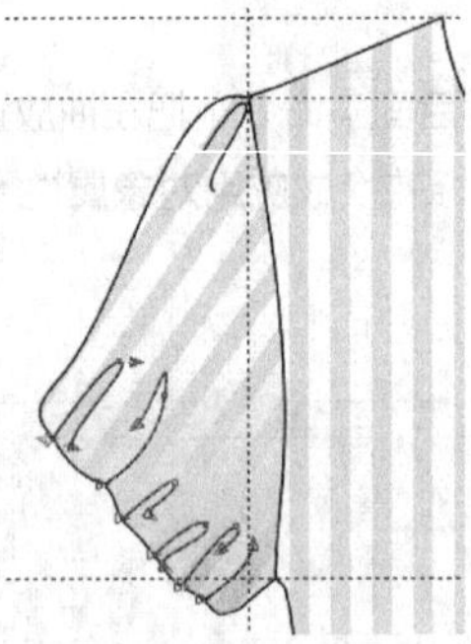

图3-231

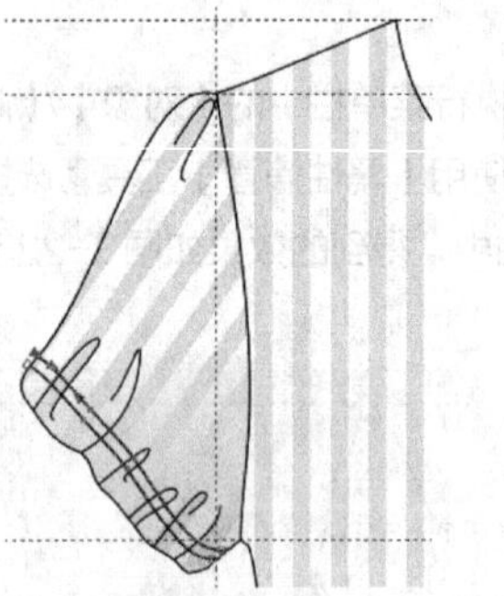

图3-232

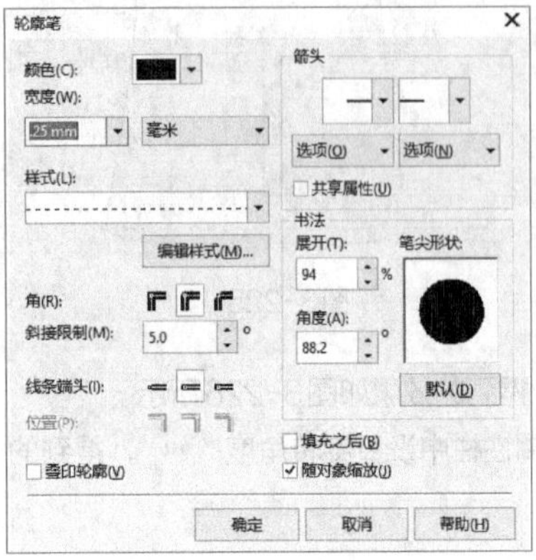

图3-233

19 单击【确定】按钮，得到的效果如图3-234所示。

20 使用【选择】工具框选整个左袖，按小键盘上的【+】键复制图形，单击属性栏中的【水平镜像】按钮，然后把复制的图形向右平移到合适的位置，如图3-235所示。

21 使用【贝塞尔】工具和【形状】工具绘制领子造型，在属性栏中设置轮廓宽度 .35 mm ，如图3-236所示。

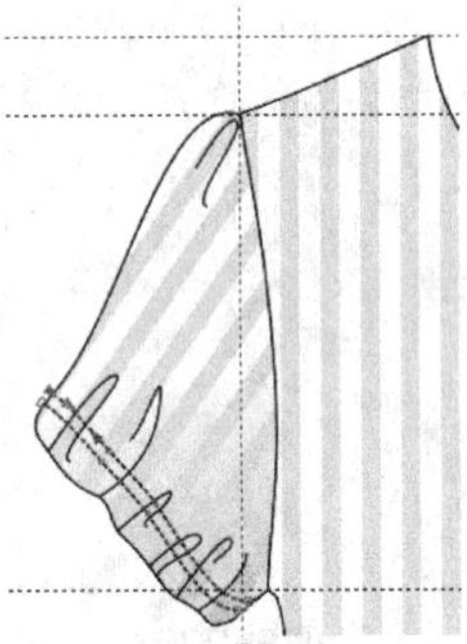

图3-234

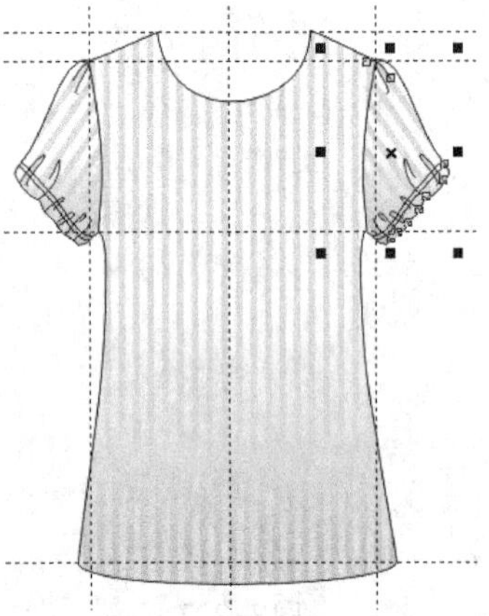

图3-235

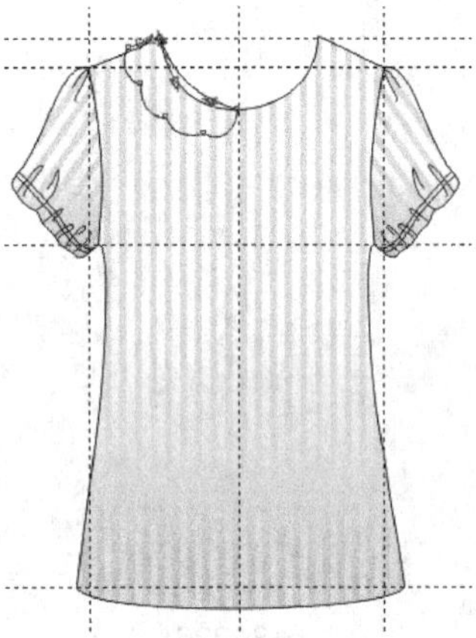

图3-236

22 选择【椭圆形】工具并按住【Ctrl】键在翻领上绘制一个小圆形，如图3-237所示。

23 单击选中图案，并把图案的中心点向下移动到图3-238所示的位置。

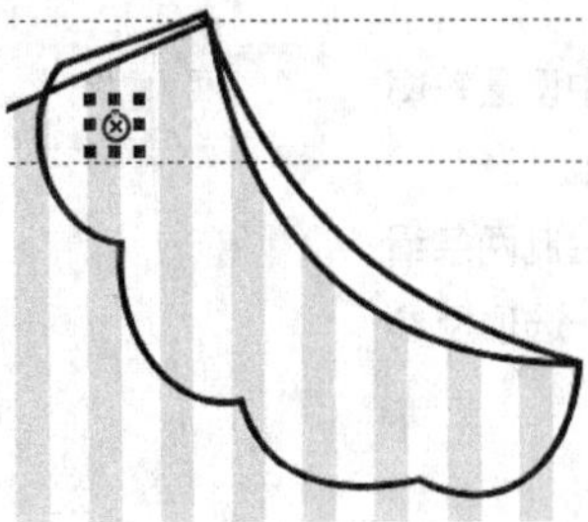

图3-237

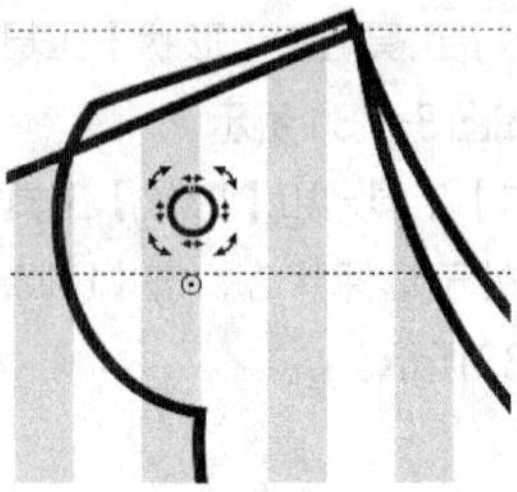

图3-238

24 按【+】键复制圆形，在属性栏中设置旋转角度 60.0 °，按下【Enter】键得到的效果如图3-239所示。

25 重复按4次【Ctrl】+【D】组合键，复制4个圆形，得到的效果如图3-240所示。

26 使用【选择】工具框选6个小圆形，按住【Shift】键将圆形等比例缩小，摆放在图3-241所示的位置。

27 重复按3次按【+】键复制图形，把复制的图形摆放在如图3-242所示的位置。

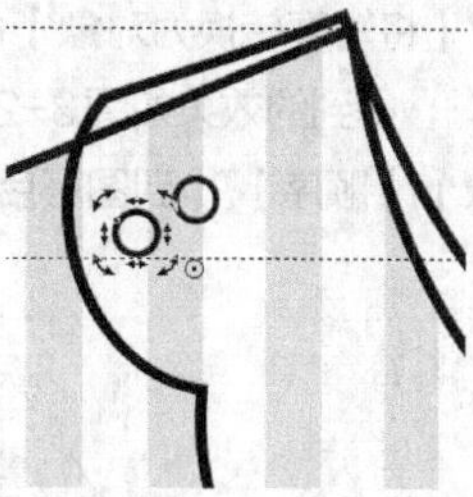

图3-239

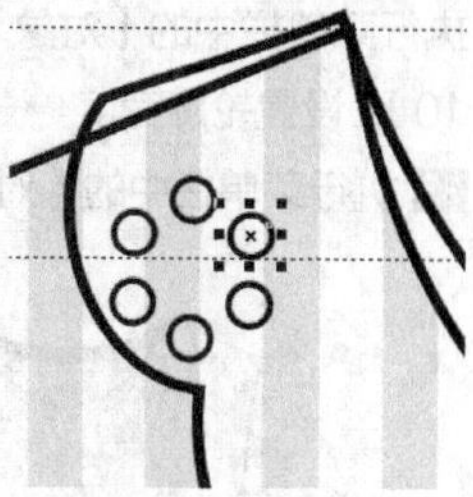

图3-240

28 使用【选择】工具框选整个领子部分，单击属性栏中的【合并】按钮，得到的效果如图3-243所示。

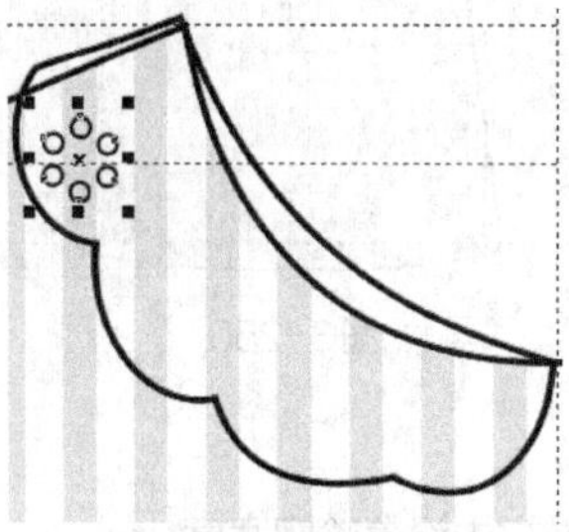

图3-241

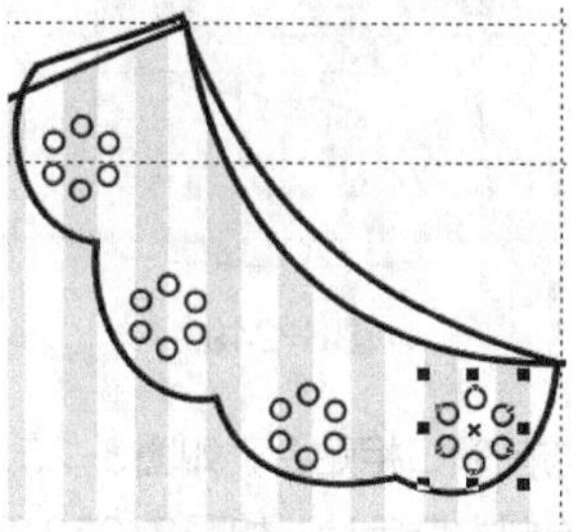

图3-242

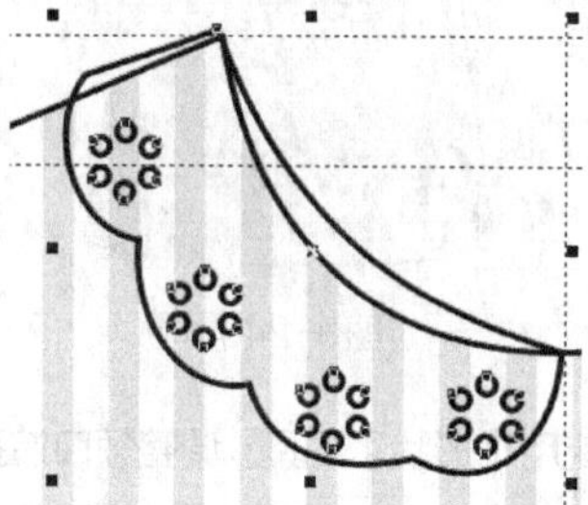

图3-243

专家提示

在绘制花边领镂空图案时，执行合并命令之前，所有的图形不能群组。

29 为花边领填充白色，选择工具箱中的【透明度】工具，在属性栏中各项参数的设置如图3-244所示，得到的效果如图3-245所示。

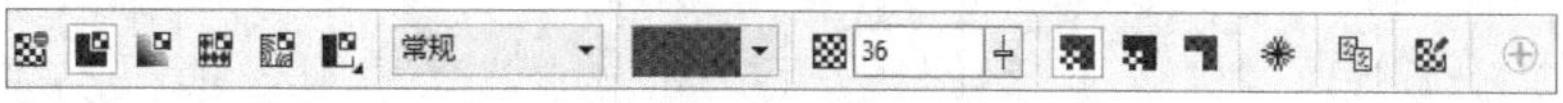

图3-244

30 单击【选择】工具，按小键盘上的【+】键复制图形，单击属性栏中的【水平镜像】按钮，然后把复制的图形向右平移到合适的位置，如图3-246所示。

31 使用【形状】工具调整衣身领口造型，使之与花边领相贴合，得到的效果如图3-247所示。

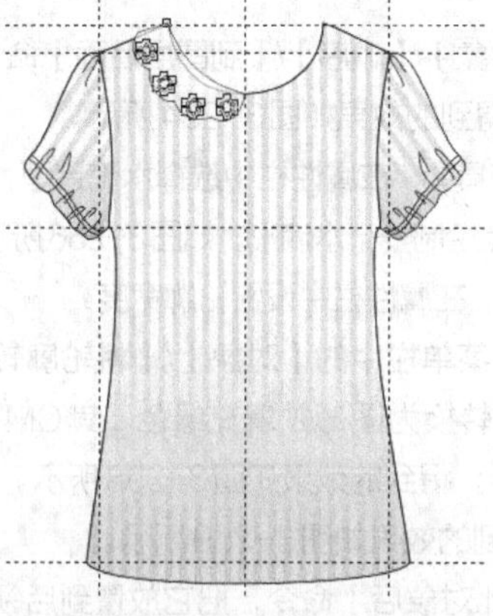

图3-245

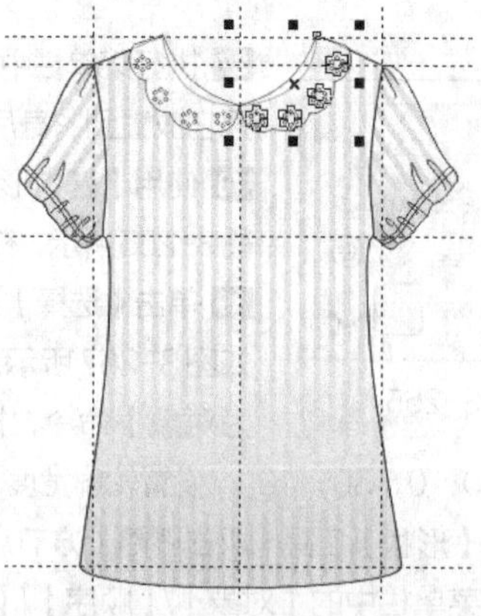

图3-246

图3-247

32 使用【贝塞尔】工具和【形状】工具在图3-248所示的位置绘制一条路径，在属性栏中设置轮廓宽度 3.0 mm。

执行菜单栏中的【对象】/【将轮廓转换为对象】命令，把路径转换为图形并填充绿色，其CMYK值为（20，0，30，10），设置轮廓宽度 .35 mm，得到的效果如图3-249所示。

33 执行菜单栏中的【对象】/【顺序】/【到图层后面】命令，把它放置到衣身后面，得到的效果如图3-250所示。

图3-248

图3-249

图3-250

34 使用【形状】工具调整领口造型，使之与前领口相贴合，如图3-251所示。

35 使用【贝塞尔】工具和【形状】工具绘制衣身后片，如图3-252所示，在属性栏中设置轮廓宽度 .35 mm。

36 使用【属性滴管】工具选择衣身属性，鼠标转换成应用对象属性，然后单击衣身后片，把渐变色复制到后片中，得到的效果如图3-253所示。

图3-251

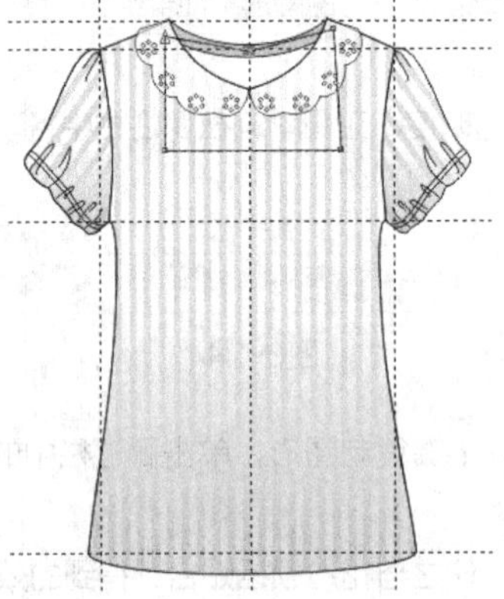

图3-252

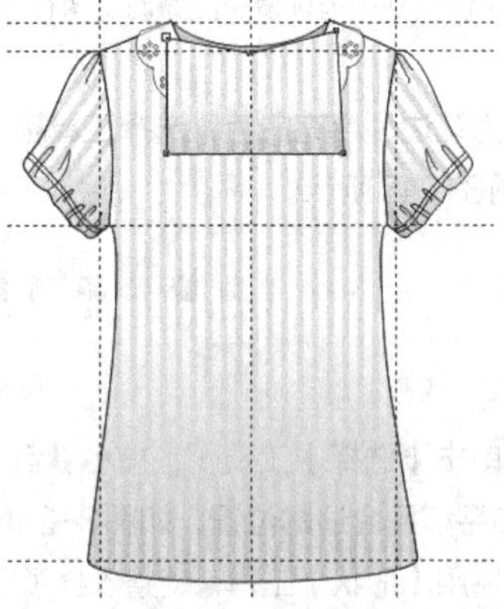

图3-253

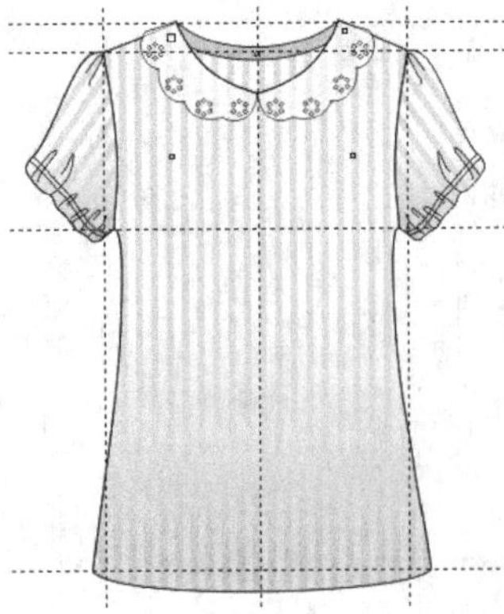

图3-254

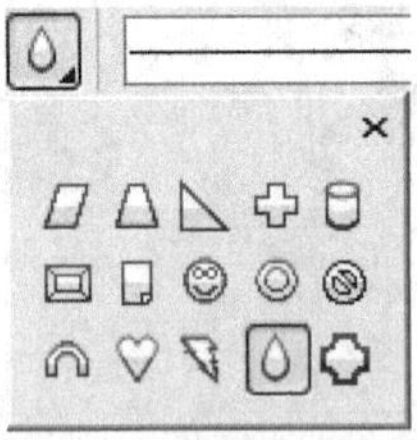

图3-255

37 执行菜单栏中的【对象】/【顺序】/【到图层后面】命令，把它放置到衣身后面，得到的效果如图3-254所示。

38 使用【基本形状】工具，在属性栏中选择水滴造型，如图3-255所示，在领子上绘制一个水滴形，如图3-256所示。

39 单击【选择】工具，在属性栏中设置轮廓宽度 1.5 mm，如图3-257所示。执行菜单栏中的【对象】/【将轮廓转换为对象】命令，把路径转换为图形并填充绿色，其CMYK值为（20，0，30，10），设置轮廓宽度 .35 mm，得到的效果如图3-258所示。

40 使用【形状】工具双击删除上方节点，得到的效果如图3-259所示。

41 执行菜单栏中的【对象】/【顺序】/【置于此对象后】命令，把它放置到后领口后面，得到的效果如图3-260所示。

42 使用【贝塞尔】工具和【形状】工具绘制图3-261所示的闭合路径，填充白色。

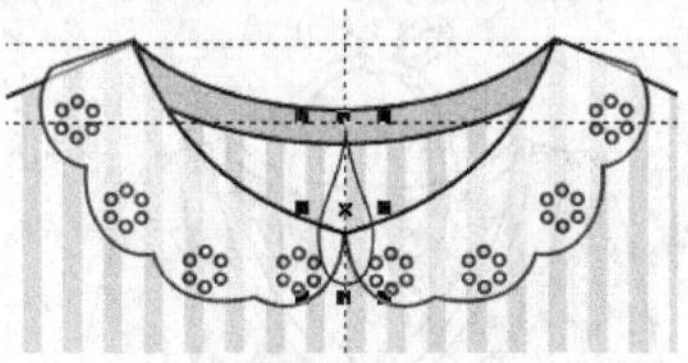

图3-256

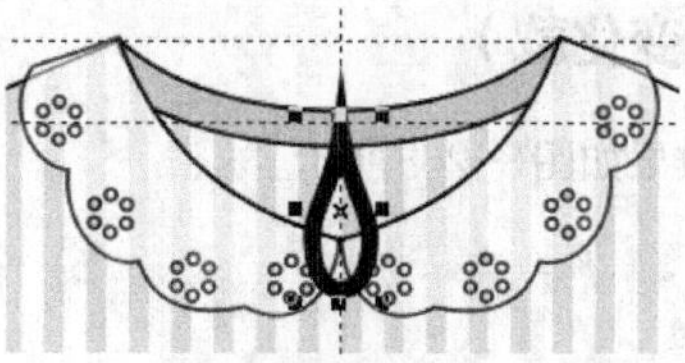

图3-257

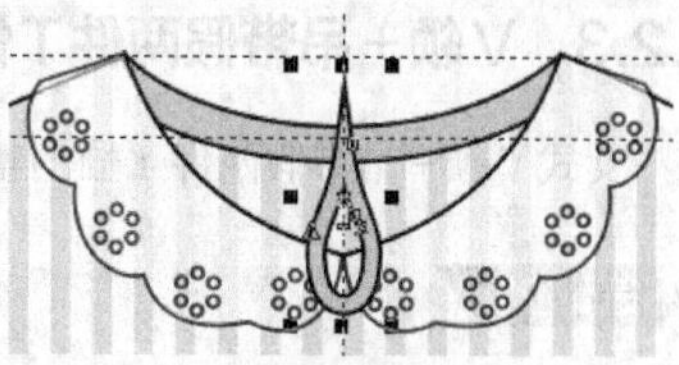

图3-258

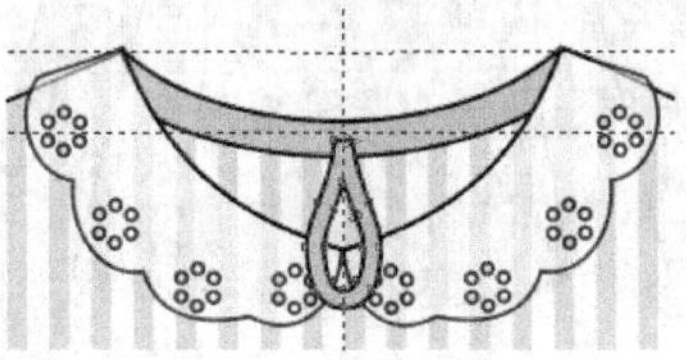

图3-259

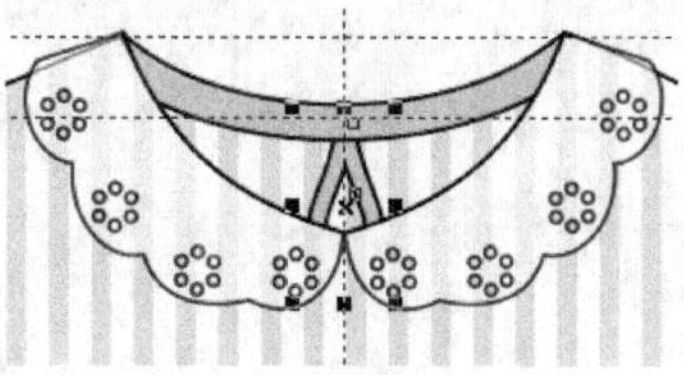

图3-260

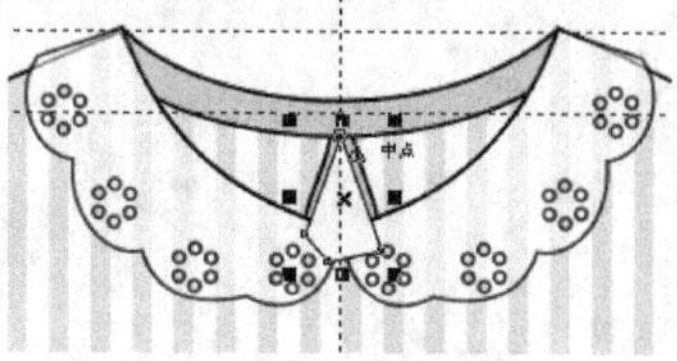

图3-261

43 执行菜单栏中的【对象】/【顺序】/【置于此对象前】命令，把它放置到后片上方，得到的效果如图3-262所示。

44 选择【贝塞尔】工具和【形状】工具，在图3-263所示的后领口、衣服下摆处绘制4条缉明线，使缉明线处于选择状态，按【F12】键，弹出【轮廓笔】对话框，选项及参数设置如图3-264所示。

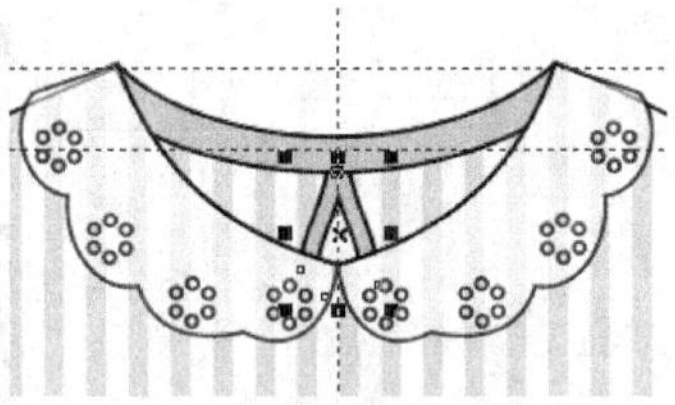

图3-262

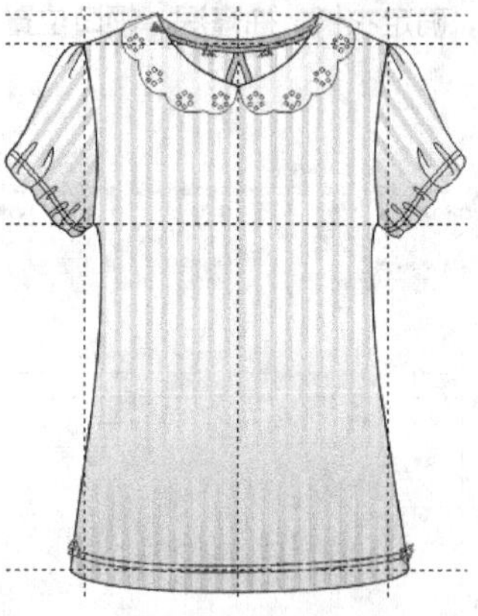

图3-263

图3-264

45 单击【确定】按钮，得到的效果如图3-265所示。

46 执行菜单栏中的【文件】/【导入】命令，导入图3-266所示的女式彼得潘领T恤印花图案。

47 使用【选择】工具把印花图案摆放在胸前，得到的女式彼得潘T恤的最终效果如图3-267所示。

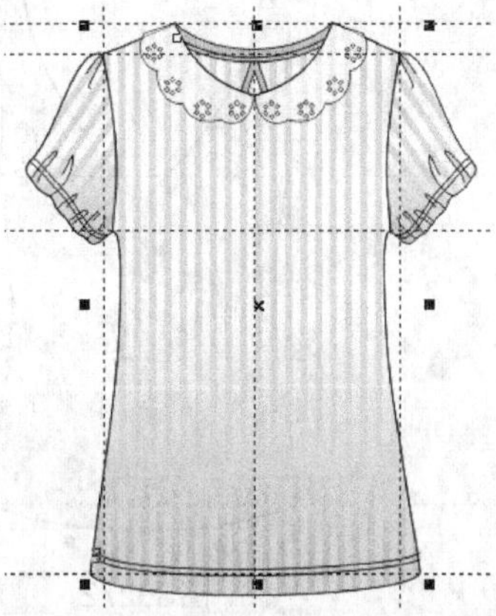

图3-265

图3-266

图3-267

3.2.3 V领+吊带假两件T恤（变化款）

女式V领+吊带假两件T恤的整体效果如图3-268所示。

设计重点

衣身造型、长袖造型、领口贴边、吊带衫的表现。

图3-268

操作步骤

01 打开CorelDRAW软件，执行菜单栏中的【文件】/【新建】命令，或使用【Ctrl】+【N】组合键，打开【创建新文档】对话框，文件命名为“女式V领+吊带假两件T恤”，设定纸张大小为A4，横向摆放，如图3-269所示。

02 从标尺栏向页面拖曳鼠标添加8条辅助线，确定衣长、袖窿深、领口位置、肩宽、吊带位置及袖长等，如图3-270所示。

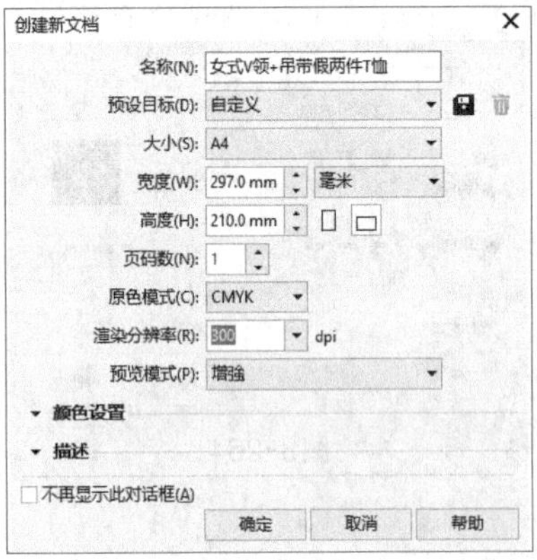

图3-269

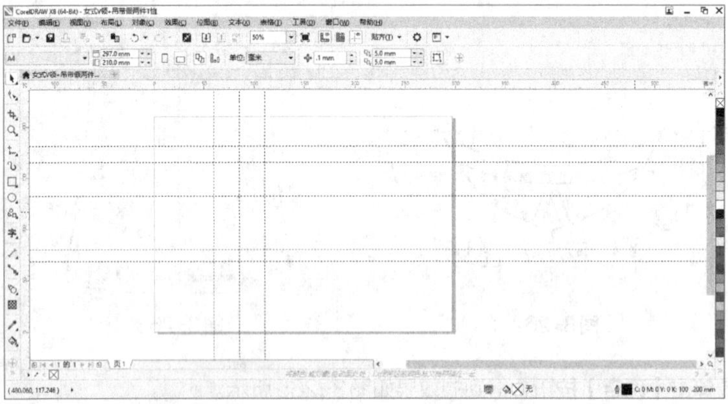

图3-270

03 使用【贝塞尔】工具和【形状】工具在辅助线的基础上绘制图3-271所示的T恤的1/2衣身左前片，在属性栏中设置轮廓宽度，并填充粉色，其CMYK值为（5，35，24，0）。

04 单击【选择】工具按【+】键复制，单击属性栏中的【水平镜像】按钮，并把图形向右平移到合适的位置，得到的1/2衣身右前片如图3-272所示。

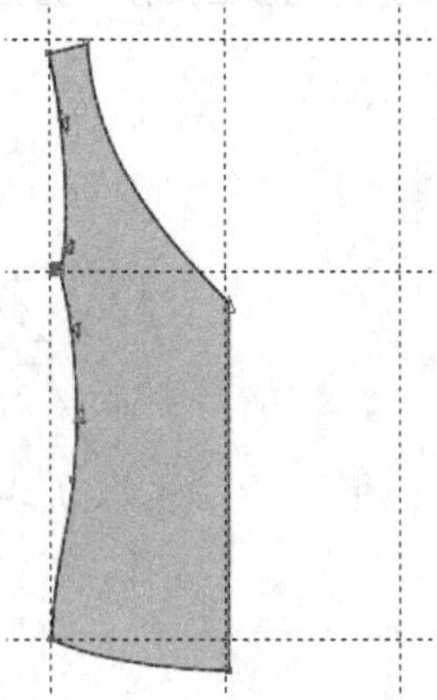

图3-271

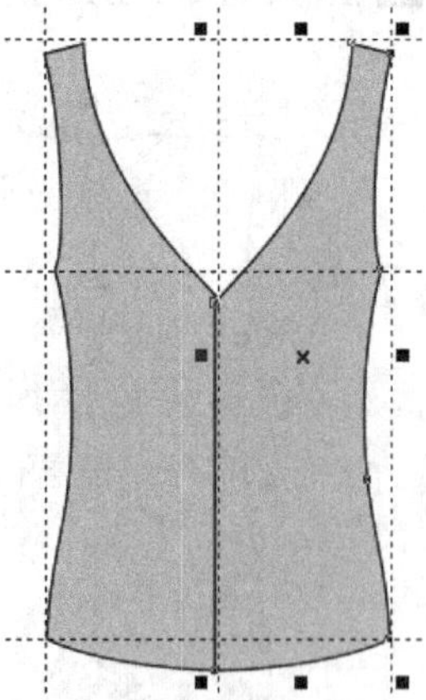

图3-272

05 使用【选择】工具框选图形，单击属性栏中的【合并】按钮，得到的效果如图3-273所示。

专家提示

使用【形状】工具调整衣身造型时要注意表现领口及腰围的曲线，但收腰造型不能过于夸张。绘图时1/2左前片与1/2右前片最好有一些重叠的部分，这样方便图形的合并。

06 使用【贝塞尔】工具和【形状】工具绘制图3-274所示的衣身后片，单击【选择】工具，在属性栏中设置轮廓宽度，并填充粉色，其CMYK值为（5，35，24，0）。

07 执行菜单栏中的【对象】/【顺序】/【向后一层】命令，把它放置到前片的后面，得到的效果如图3-275所示。

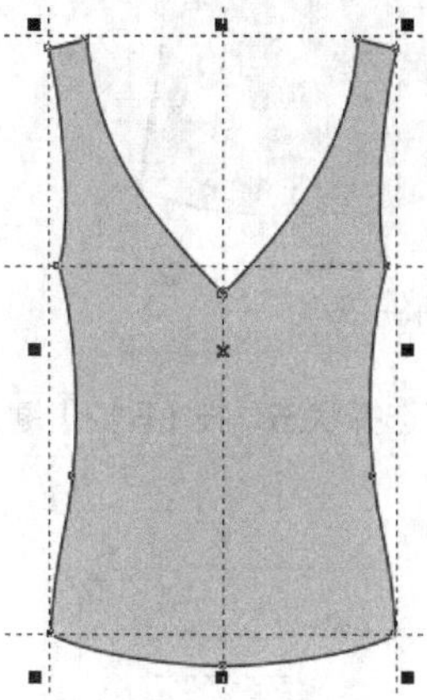

图3-273

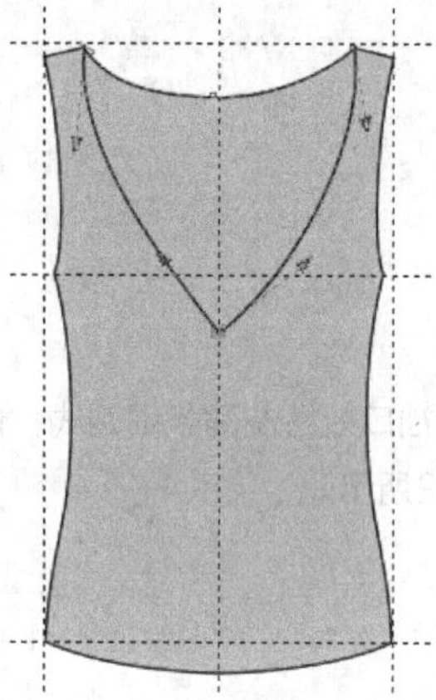

图3-274

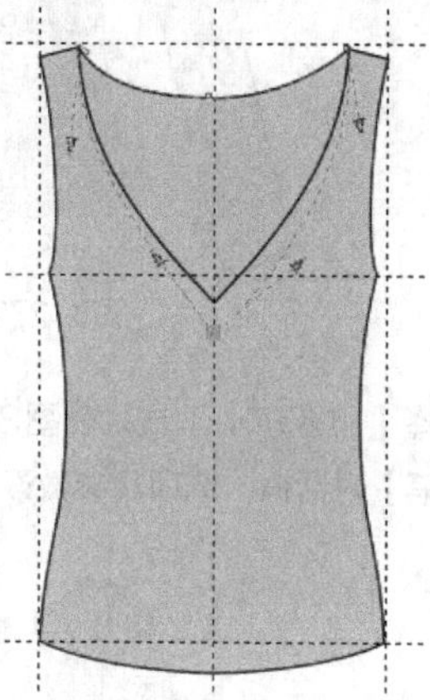

图3-275

08 使用【贝塞尔】工具和【形状】工具绘制图3-276所示的左袖，单击【选择】工具，在属性栏中设置轮廓宽度，并填充粉色，其CMYK值为（5，35，24，0）。

09 使用【选择】工具选择左袖，执行菜单栏中的【对象】/【顺序】/【向后一层】命令，把它放置到衣身后面，得到的效果如图3-277所示。

10 使用【贝塞尔】工具绘制图3-278所示的袖口贴边，在属性栏中设置轮廓宽度，并填充白色。

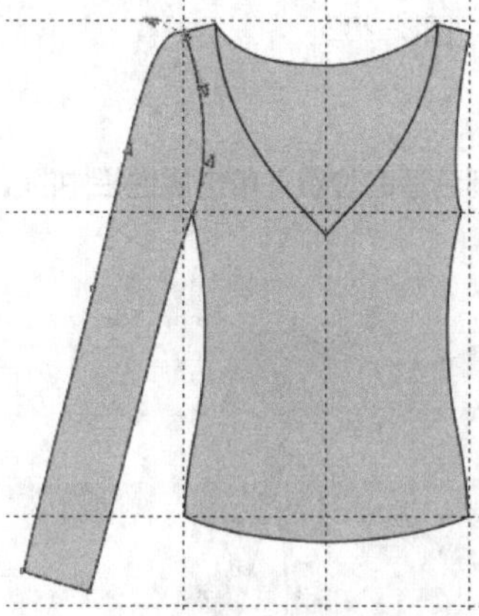

图3-276

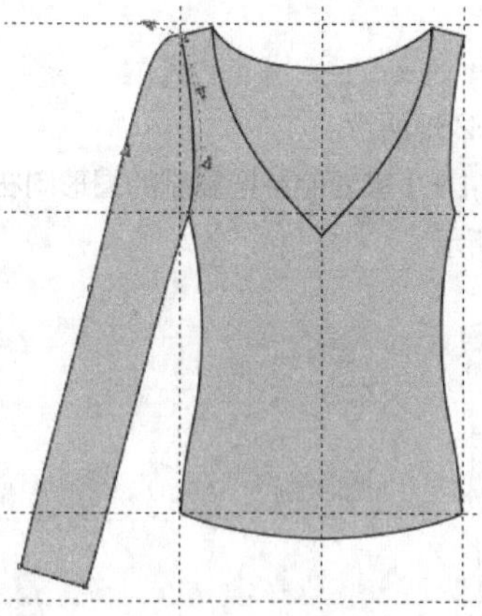

图3-277

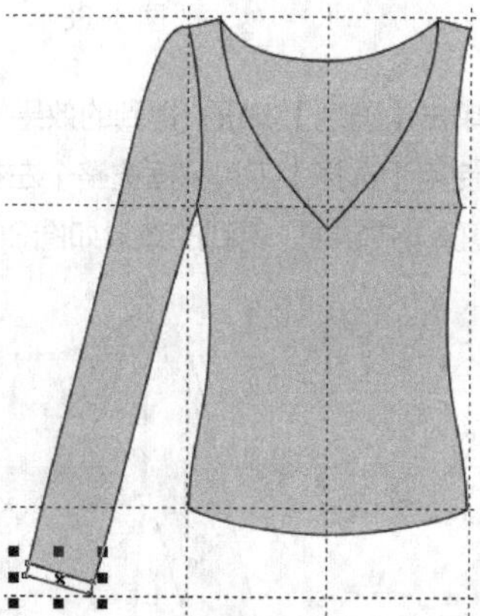

图3-278

专家提示

长袖T恤的袖子的长度要超过衣身。

11 执行菜单栏中的【编辑】/【全选】/【辅助线】命令，选择所有的辅助线，按【Delete】键删除，得到的效果如图3-279所示。

12 使用【贝塞尔】工具和【形状】工具绘制图3-280所示的袖山处的衣褶，单击【选择】工具，在属性栏中设置轮廓宽度 .2 mm。

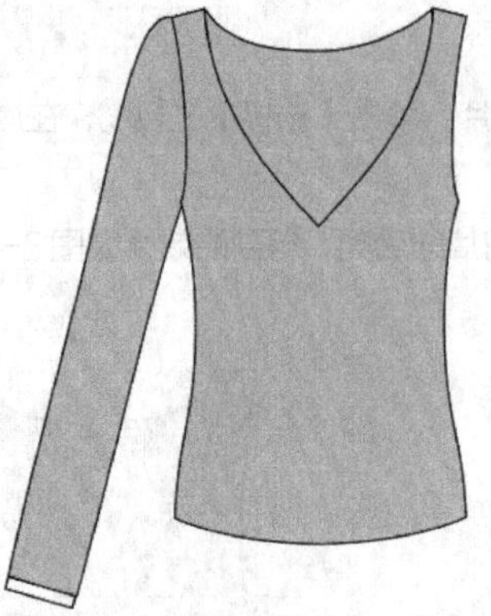

图3-279

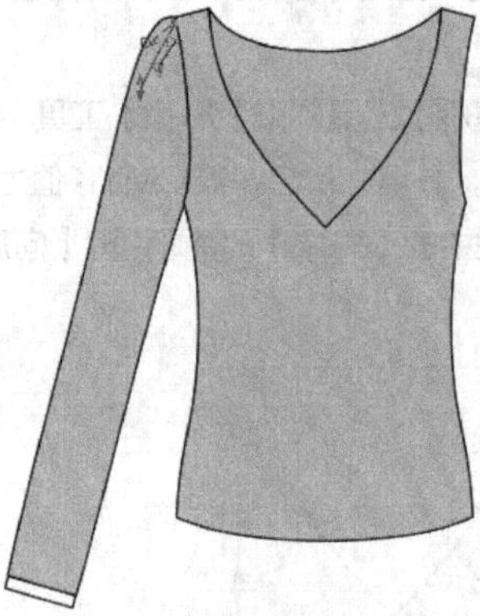

图3-280

13 选择【贝塞尔】工具在图3-281所示的袖口处绘制两条缉明线，使缉明线处于选择状态，按【F12】键，弹出【轮廓笔】对话框，选项及参数设置如图3-282所示。

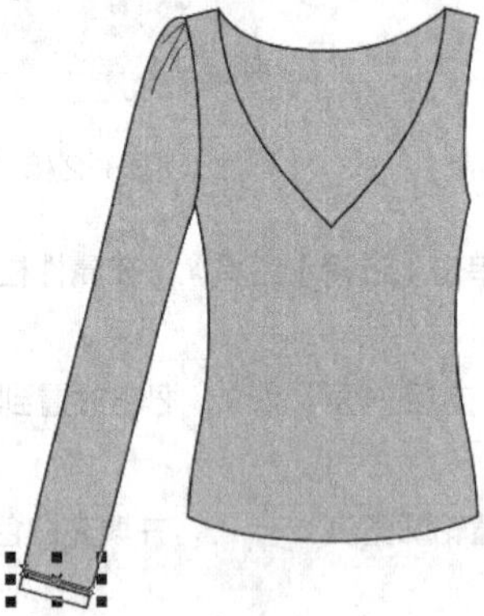

图3-281

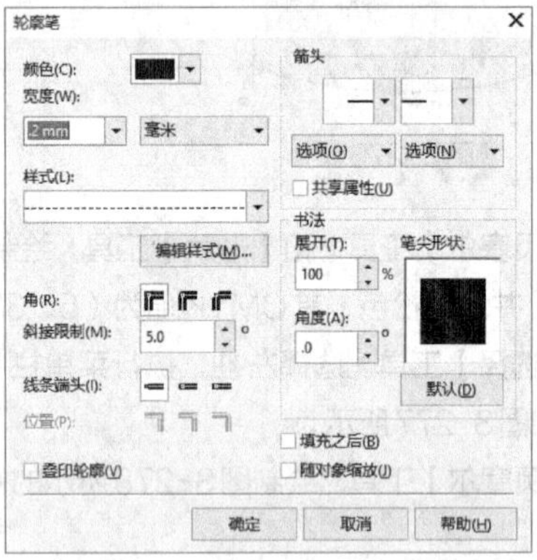

图3-282

14 单击【确定】按钮，得到的效果如图3-283所示。

15 使用【选择】工具框选整个左袖，按［+］键复制并把复制的图形向右平移到合适的位置，单击属性栏中的【水平镜像】按钮，得到的效果如图3-284所示。

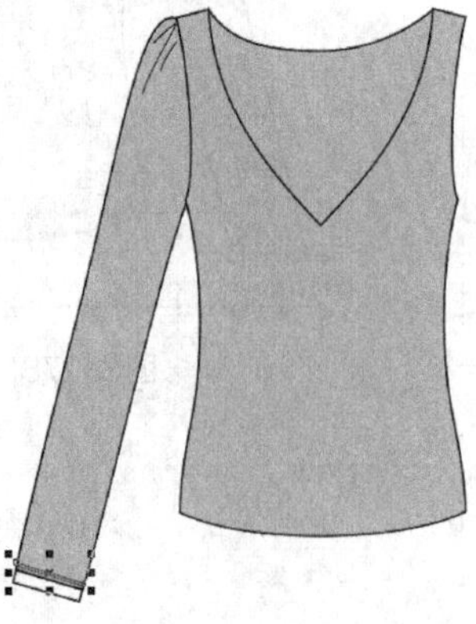

图3-283

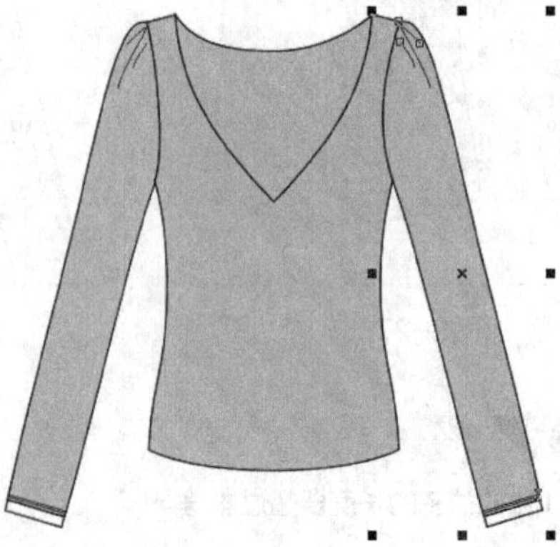

图3-284

16 执行菜单栏中的【对象】/【顺序】/【置于此对象后】命令，把右袖放置到衣身后面，得到的效果如图3-285所示。

17 使用【贝塞尔】工具和【形状】工具在后领口处绘制一条路径，在属性栏中设置轮廓宽度 .2 mm，如图3-286所示。

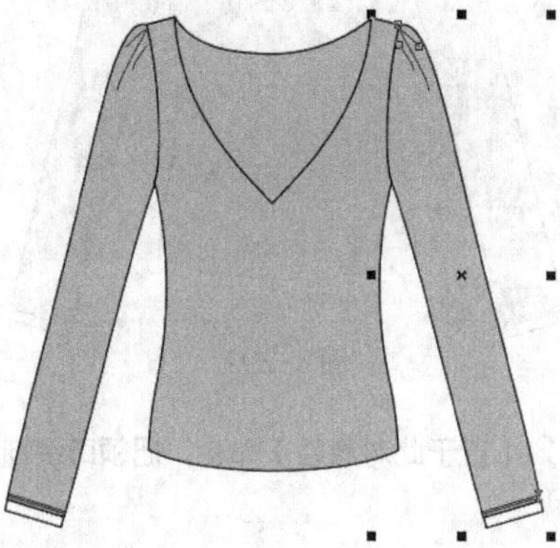
图3-285

图3-286

18 执行菜单栏中的【对象】/【将轮廓转换为对象】命令，把路径转换为图形并填充白色，得到的效果如图3-287所示。

19 使用【选择】工具选择图形，在属性栏中设置轮廓宽度 .35 mm，得到的效果如图3-288所示。

图3-287

图3-288

20 重复步骤17~19的操作，绘制前领口贴边，得到的效果如图3-289所示。

21 使用【形状】工具调整前后领口贴边，使其与肩部造型相贴合，得到效果如图3-290所示。

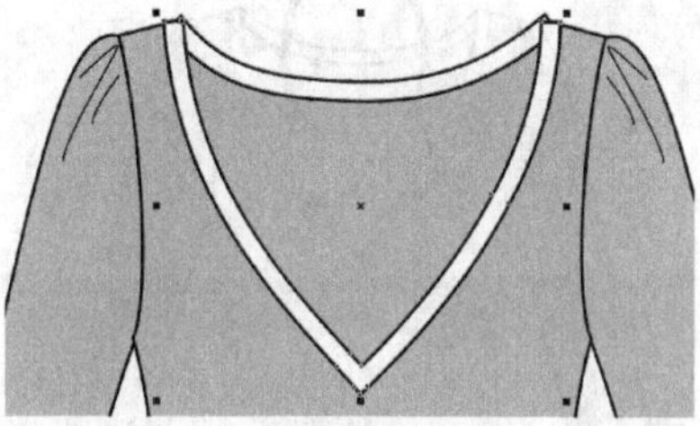
图3-289

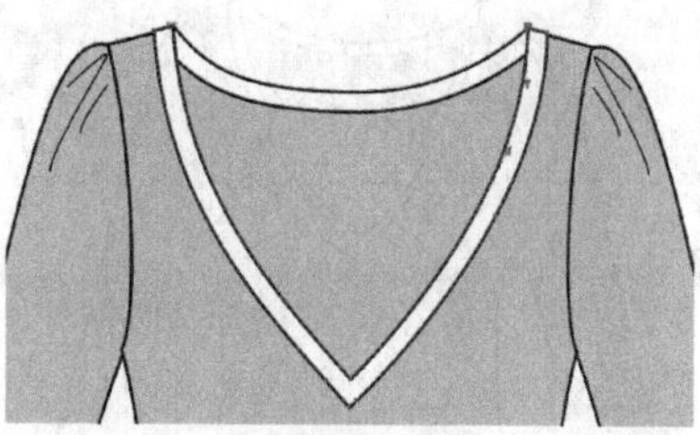
图3-290

22 使用【贝塞尔】工具和【形状】工具绘制右边领口的装饰，单击【选择】工具，设置轮廓宽度 .35 mm，并填充白色，如图3-291所示。

23 选择图形按【+】键复制，单击属性栏中的【水平镜像】按钮，并把图形向左平移到合适的位置，得到图3-292所示的左边领口装饰。

图3-291

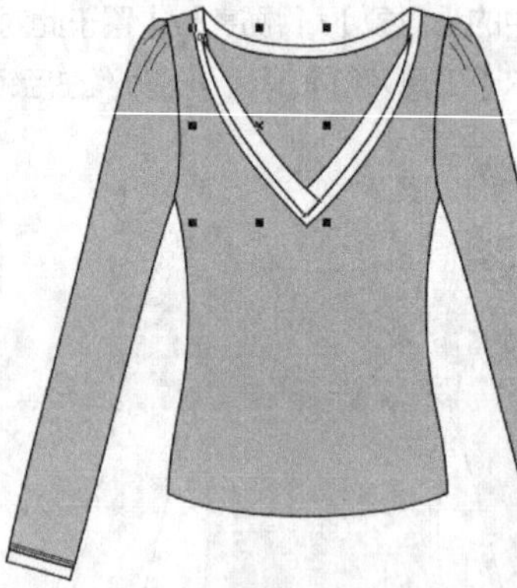

图3-292

24 使用【选择】工具框选图形，执行菜单栏中的【对象】/【顺序】/【置于此对象后】命令，把领口装饰置于领口贴边后面，得到的效果如图3-293所示。

25 使用【贝塞尔】工具和【形状】工具绘制一闭合路径，单击【选择】工具，在属性栏中设置轮廓宽度 .35 mm，并填充白色，如图3-294所示。

图3-293

图3-294

26 使用【贝塞尔】工具和【形状】工具绘制图3-295所示的衣褶，单击【选择】工具，在属性栏中设置轮廓宽度 .2 mm。

27 使用【贝塞尔】工具和【形状】工具绘制吊带，单击【选择】工具，在属性栏中设置轮廓宽度 1.5 mm，如图3-296所示。

图3-295

图3-296

28 执行菜单栏中的【对象】/【将轮廓转换为对象】命令，把路径转换为图形并填充白色，得到的效果如图3-297所示。

29 使用【选择】工具选择图形，在属性栏中设置轮廓宽度，得到的效果如图3-298所示。

图3-297

图3-298

30 执行菜单栏中的【对象】/【顺序】/【置于此对象后】命令，把吊带置于衣领后面，得到的效果如图3-299所示。

31 重复步骤27~29的操作，绘制吊带衫上的蝴蝶绳结，得到的效果如图3-300所示。

图3-299

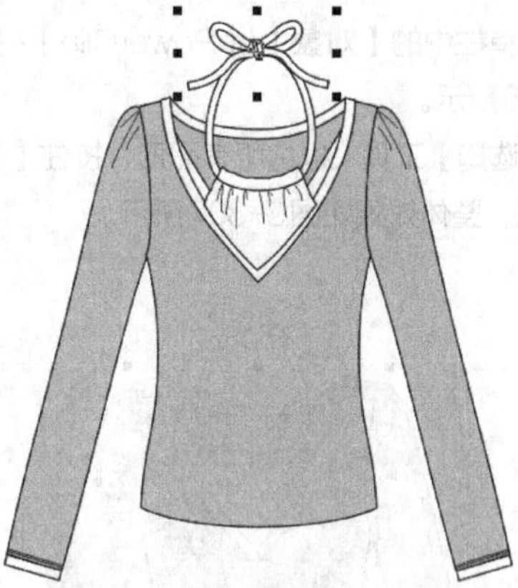

图3-300

32 选择【贝塞尔】工具和【形状】工具，在图3-301所示的领口及衣服下摆处绘制3条缉明线，使缉明线处于选择状态，按【F12】键，弹出【轮廓笔】对话框，选项及参数设置如图3-302所示。

图3-301

图3-302

33 单击【确定】按钮，得到的效果如图3-303所示。

34 使用【选择】工具框选图形，执行菜单栏中的【对象】/【顺序】/【置于此对象后】命令，把吊带衫置于衣身后面，得到的效果如图3-304所示。

35 执行菜单栏中的【文件】/【导入】命令，导入如图3-305所示的印花图案。

图3-303

图3-304

图3-305

36 执行菜单栏中的【对象】/【PowerClip】/【置于图文框内部】命令，把印花图案放置在衣身前片中，得到的效果如图3-306所示。

37 使用【选择】工具框选所有图形，按住【Ctrl】+【G】组合键，群组图形，这样就完成了女装V领+吊带假两件T恤的绘制，整体效果如图3-307所示。

图3-306

图3-307

3.3 童装T恤款式设计

3.3.1 男童圆领T恤（基础款）

男童圆领T恤的整体效果如图3-308所示。

设计重点

衣身造型，长袖造型、罗纹领的表现。

操作步骤

01 打开CorelDRAW软件，执行菜单栏中的【文件】/【新建】命令，或使用【Ctrl】+【N】组合键，打开【创建新文档】对话框，文件命名为“男童圆领T恤”，设定纸张大小为A4，横向摆放，如图3-309所示。

图3-308

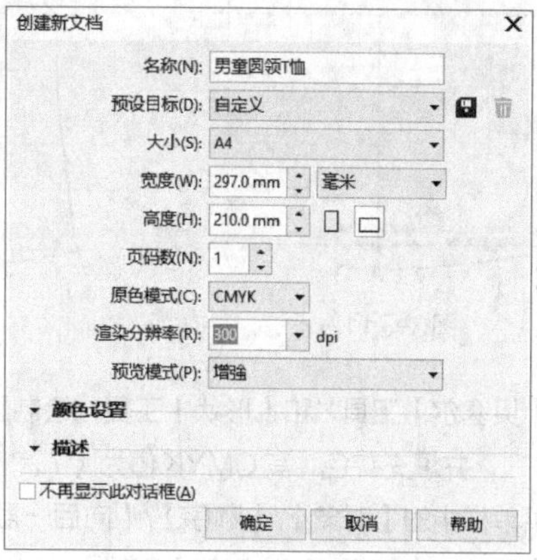

图3-309

02 从标尺栏向页面拖曳鼠标添加7条辅助线，确定衣长、袖窿深、领口位置和肩宽等，如图3-310所示。

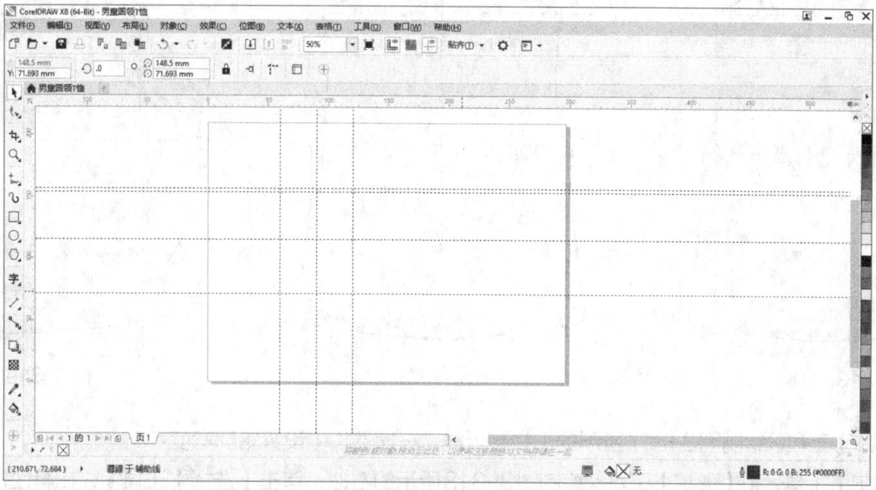

图3-310

03 使用【贝塞尔】工具和【形状】工具在辅助线的基础上绘制图3-311所示的T恤的1/2衣身左前片，单击【选择】工具，在属性栏中设置轮廓宽度，并填充灰色，其CMYk值为（7，10，13，0）。

专家提示

调整衣身造型时要符合儿童的生理特点，不收腰衣摆成A型，注意服装长度与肩宽的比例。

04 使用【选择】工具选择图形按【+】键复制，单击属性栏中的【水平镜像】按钮，并把图形向右平移到合适的位置，得到图3-312所示的1/2衣身右前片。

05 使用【选择】工具框选图形，单击属性栏中的【合并】按钮，得到的效果如图3-313所示。

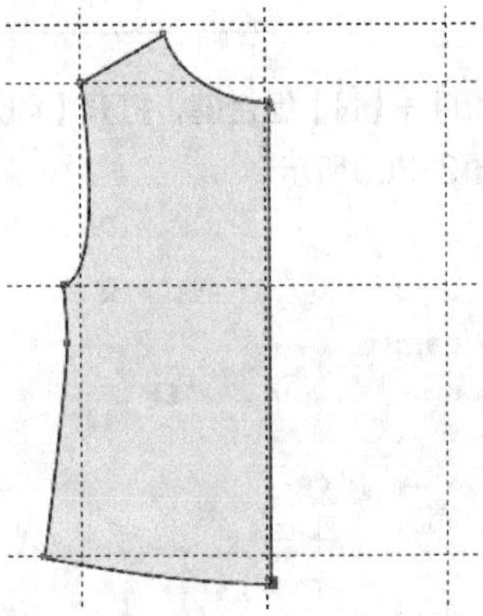
图3-311

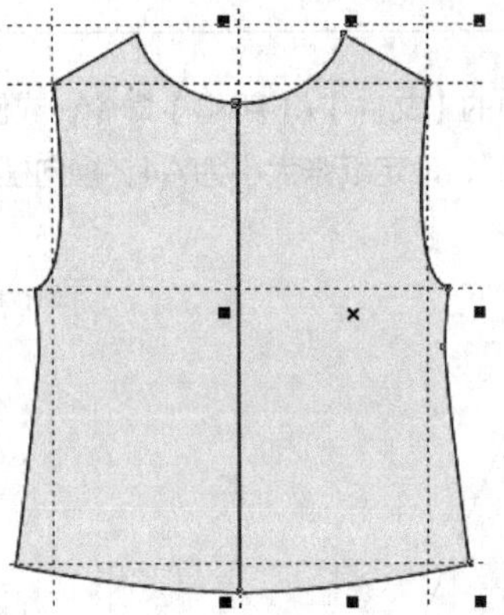
图3-312

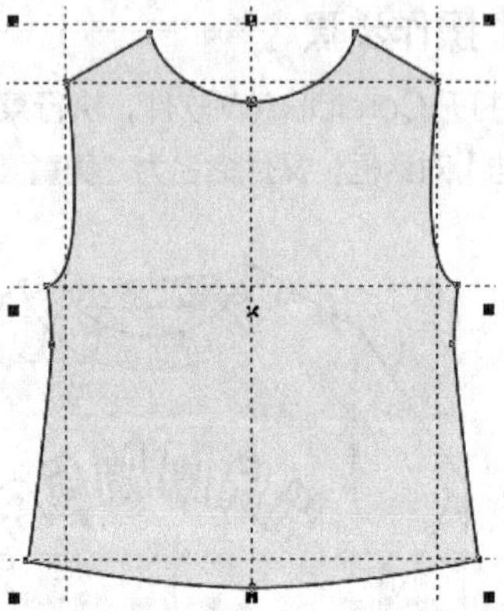
图3-313

06 使用【贝塞尔】工具和【形状】工具绘制图3-314所示的衣身后片，单击【选择】工具在属性栏中设置轮廓宽度，并填充灰色，其CMYK值为（7，10，13，0）。

07 执行菜单栏中的【对象】/【顺序】/【向后一层】命令，把它放置到前片的后面，得到的效果如图3-315所示。

08 使用【贝塞尔】工具和【形状】工具绘制图3-316所示的左袖，单击【选择】工具，在属性栏中设置轮廓宽度，并填充灰色，其CMYK值为（7，10，13，0）。

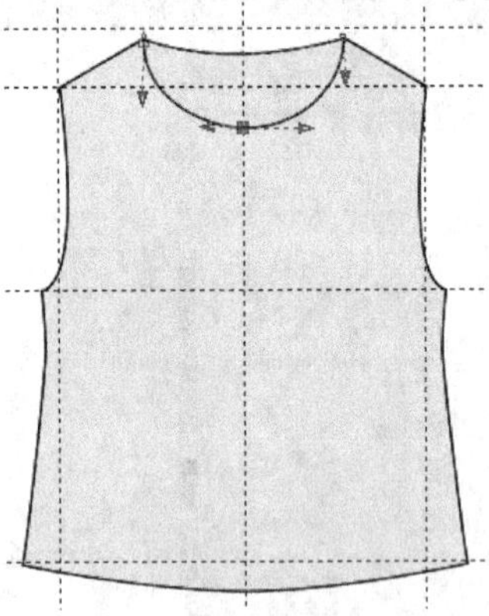
图3-314

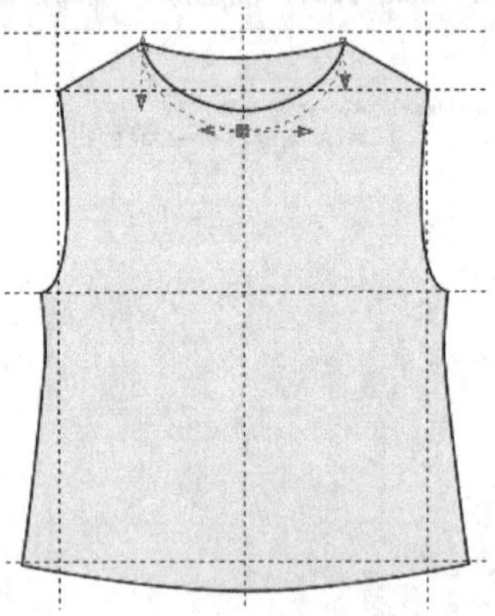
图3-315

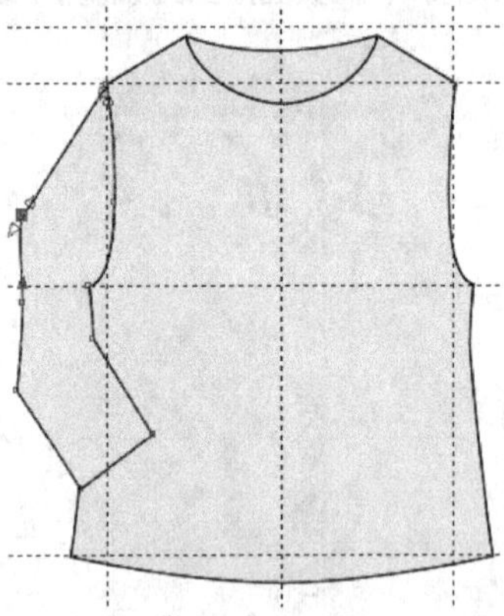
图3-316

09 使用【贝塞尔】工具绘制图3-317所示的左袖翻折线，在属性栏中设置轮廓宽度。

10 使用【贝塞尔】工具和【形状】工具绘制图3-318所示的右袖，单击【选择】工具，在属性栏中设置轮廓宽度，并填充灰色，其CMYK值为（7，10，13，0）。

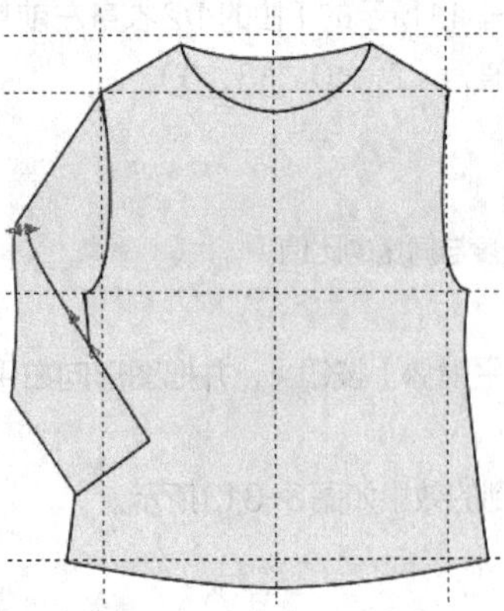
图3-317

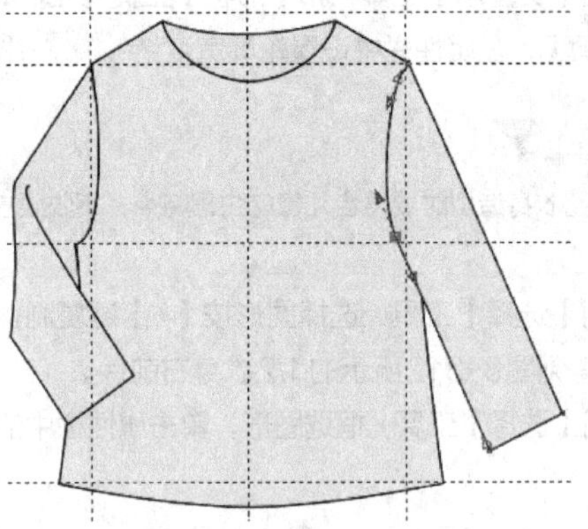
图3-318

11 使用【选择】工具选择右袖，执行菜单栏中的【对象】/【顺序】/【置于此对象后】命令，把它放置到衣身后面，得到的效果如图3-319所示。

12 执行菜单栏中的【编辑】/【全选】/【辅助线】命令，选择所有的辅助线，按【Delete】键删除，得到的效果如图3-320所示。

13 使用【贝塞尔】工具和【形状】工具绘制图3-321所示的前领口，单击【选择】工具，在属性栏中设置轮廓宽度.35mm，并填充灰色，其CMYK值为（7，10，13，0）。

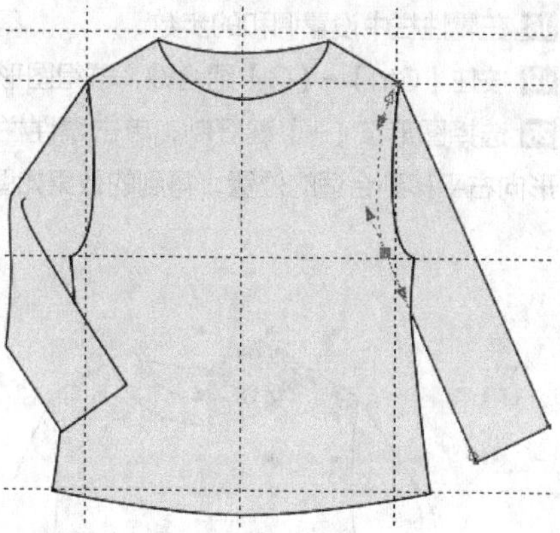

图3-319

图3-320

图3-321

14 使用【手绘】工具在前领口上绘制两条直线，设置轮廓宽度.2mm，效果如图3-322所示。

15 使用【选择】工具选择两条直线，单击属性栏中的【合并】按钮，得到的效果如图3-323所示。

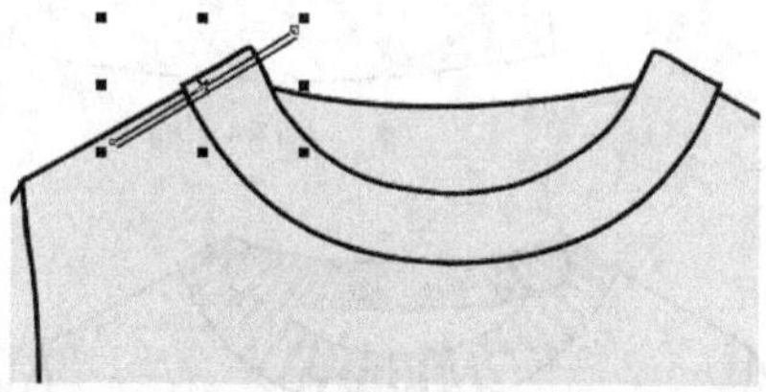

图3-322

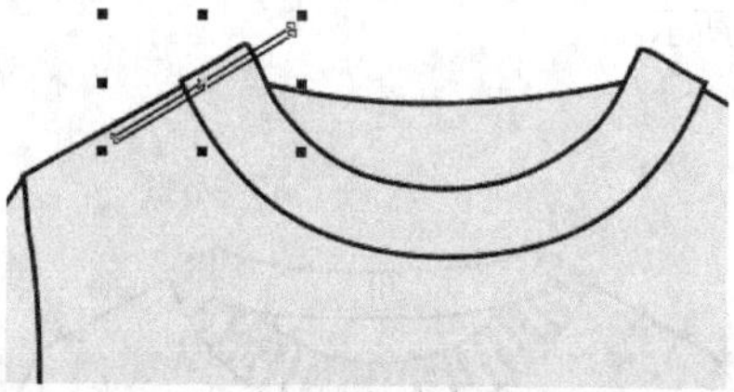

图3-323

16 按【+】键复制图形，按住【Ctrl】键把复制的图形往右移动到合适的位置，在属性栏中设置旋转角度58.7°，得到的效果如图3-324所示。

17 选择工具箱中的【调和】工具，单击左边的直线往右拖曳鼠标至右边的图形处执行调和功能，如图3-325所示。

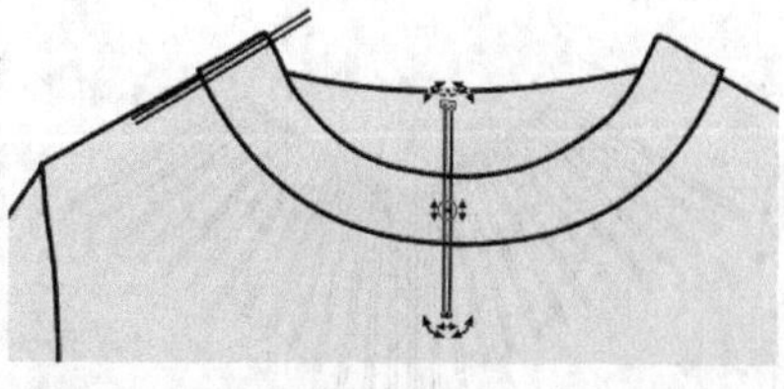

图3-324

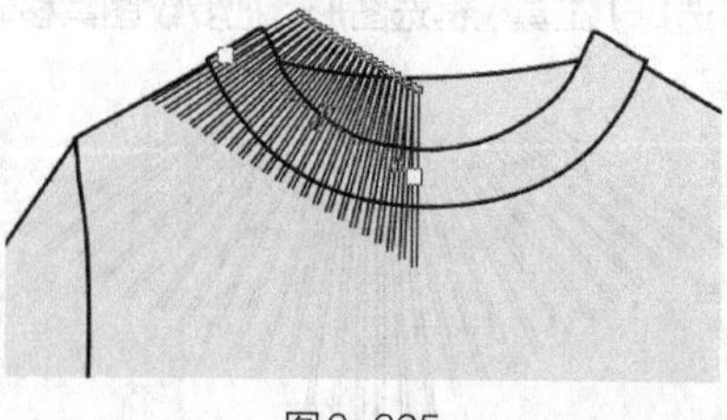

图3-325

18 在属性栏中设置调和的步数，得到的效果如图3-326所示。

19 按住【Ctrl】+【G】组合键，群组图形，得到的效果如图3-327所示。

20 选择图形按【+】键复制，单击属性栏中的【水平镜像】按钮，并把图形向右平移到合适的位置，得到的效果如图3-328所示。

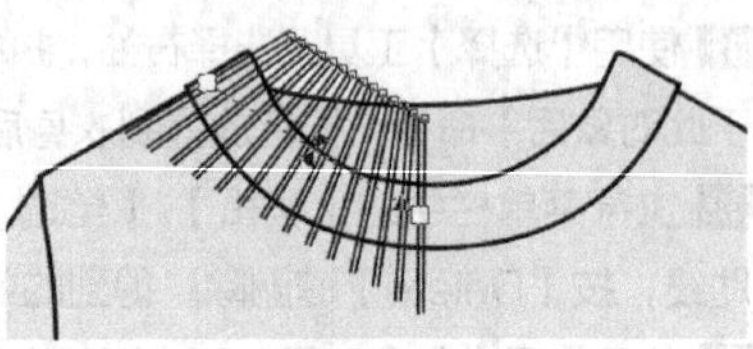

图3-326

图3-327

图3-328

21 使用【选择】工具框选所有调和图形，执行菜单栏中的【对象】/【PowerClip】/【置于图文框内部】命令把图形放置在前领口中，得到的效果如图3-329所示。

22 使用【贝塞尔】工具和【形状】工具绘制图3-330所示的后领口，单击【选择】工具，在属性栏中设置轮廓宽度，并填充灰色，其CMYK值为（7，10，13，0）。

23 使用【属性滴管】工具选择前领口属性，鼠标转换成应用对象属性，然后单击后领口部分，把罗纹图案复制到后领口中，得到的效果如图3-331所示。

图3-329

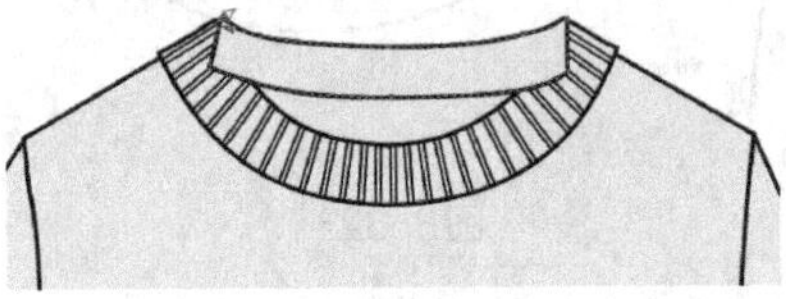

图3-330

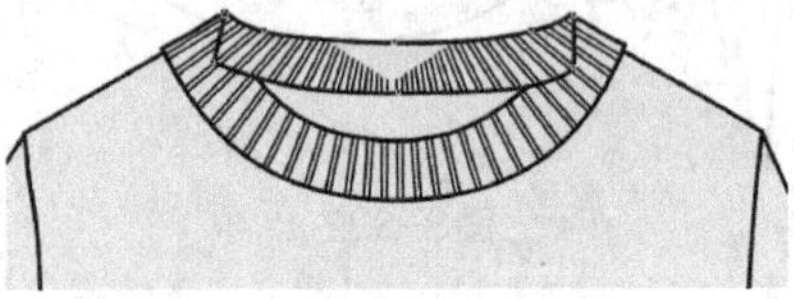

图3-331

24 使用【选择】工具选择后领口，单击鼠标右键，在弹出菜单中选择【编辑PowerClip】命令，得到的效果如图3-332所示。

25 使用【选择】工具框选图形，把罗纹图案移动到图3-333所示的位置。

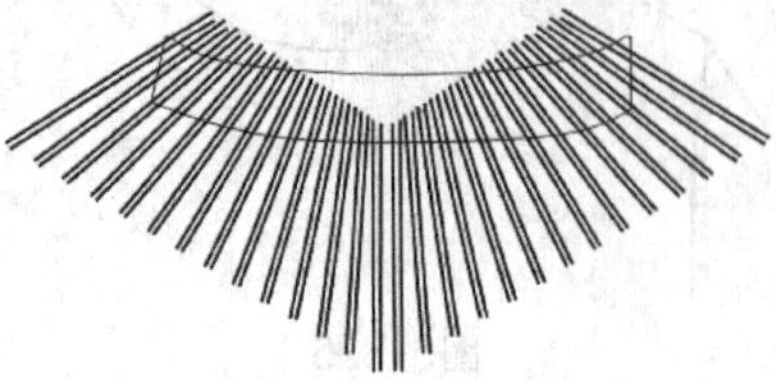

图3-332

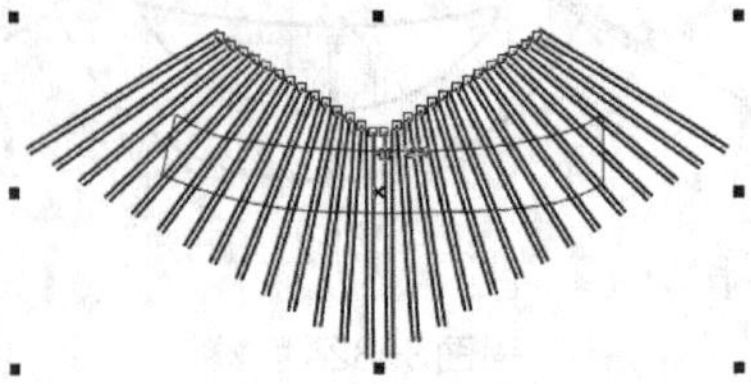

图3-333

26 单击鼠标右键，在弹出菜单中选择【结束编辑】命令，得到的效果如图3-334所示。

27 执行菜单栏中的【对象】/【顺序】/【置于此对象后】命令，把它放置到前领口后面，得到的效果如图3-335所示。

图3-334

图3-335

28 选择【贝塞尔】工具和【形状】工具，在图3-336所示的领口、袖口及衣服下摆处绘制5条缉明线。使缉明线处于选择状态，按【F12】键，弹出【轮廓笔】对话框，选项及参数设置如图3-337所示。

图3-336

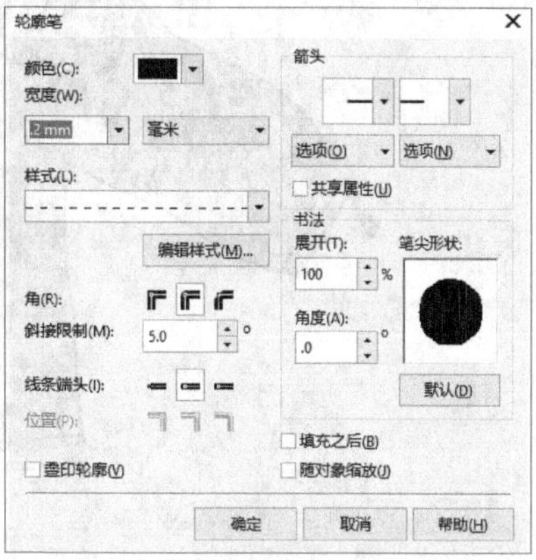

图3-337

29 单击【确定】按钮，得到的效果如图3-338所示。

30 执行菜单栏中的【文件】/【导入】命令，导入图3-339所示的印花图案。

图3-338

图3-339

31 使用【选择】工具选择印花图案，把它摆放在图3-340所示的位置，这样就完成了圆领T恤的绘制。

图3-340

3.3.2 女童方领T恤（变化款）

女童方领T恤的整体效果如图3-341所示。

图3-341

设计重点

方领造型表现、蕾丝花边表现、纽扣、扣眼表现。

操作步骤

01 打开CorelDRAW软件，执行菜单栏中的【文件】/【新建】命令，或使用【Ctrl】+【N】组合键，打开【创建新文档】对话框，文件命名为“女童方领T恤”，设定纸张大小为A4，横向摆放，如图3-342所示。

02 从标尺栏向页面拖曳鼠标添加9条辅助线，确定衣长、袖窿深、领口位置、肩宽和袖长等，如图3-343所示。

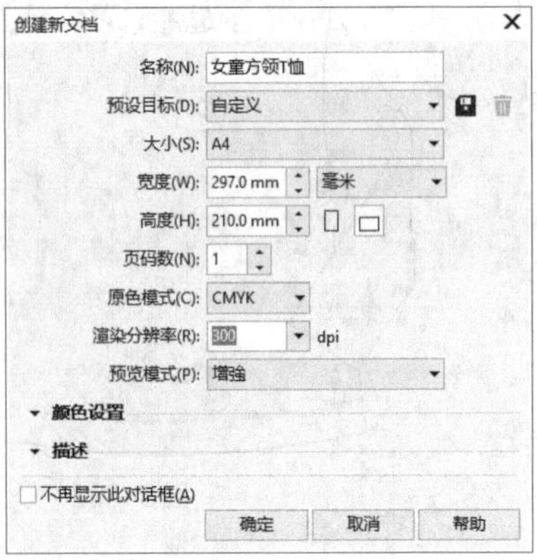

图3-342

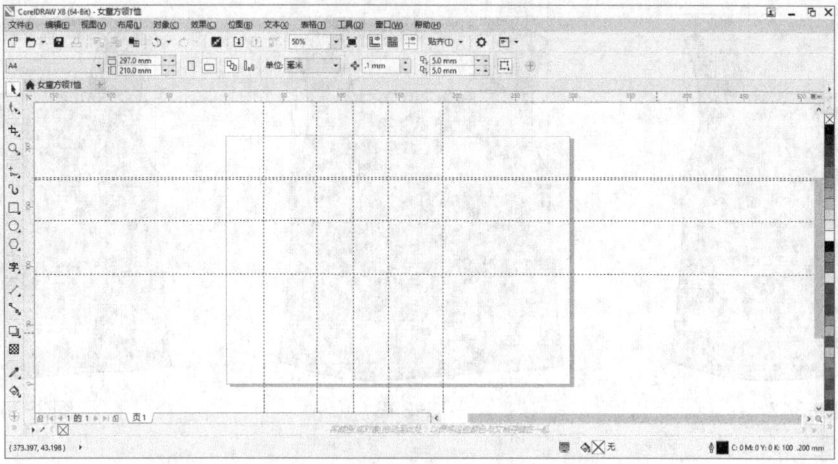

图3-343

03 使用【贝塞尔】工具和【形状】工具绘制图3-344所示的T恤衫前片，在属性栏中设置轮廓宽度，并填充红色，其CMYK值为（0，80，40，0）。

04 使用【贝塞尔】工具和【形状】工具贴合领部造型绘制方领贴边，在属性栏中设置轮廓宽度，如图3-345所示。

专家提示

调整衣身造型时要符合儿童的生理特点，不收腰衣摆成A型，方领造型尽量做到左右对称。

05 执行菜单栏中的【对象】/【将轮廓转换为对象】命令，把路径转换为图形并填充红色，其CMYK值为（0，80，40，0），设置轮廓宽度，得到的效果如图3-346所示。

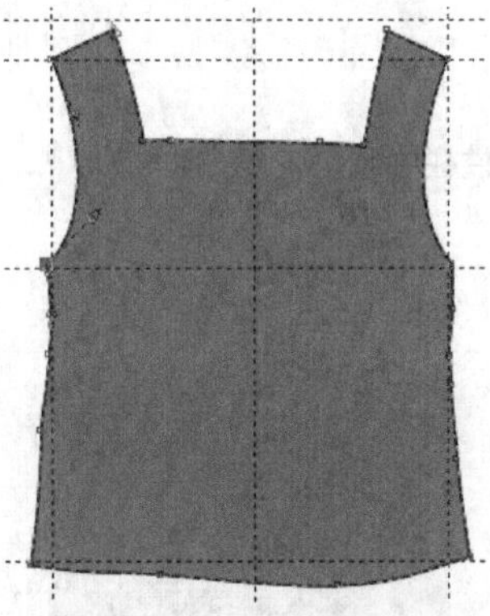

图3-344

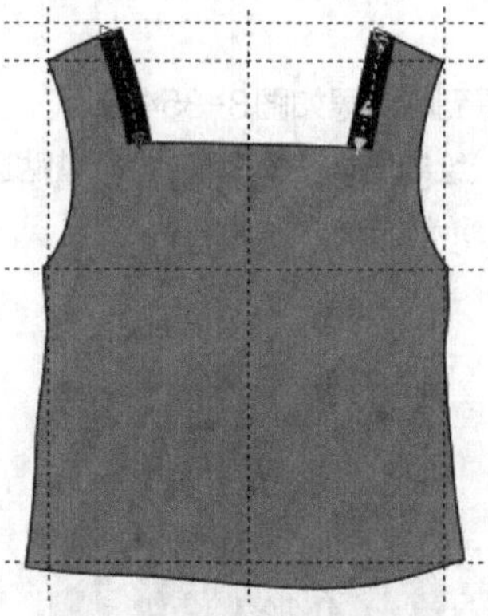

图3-345

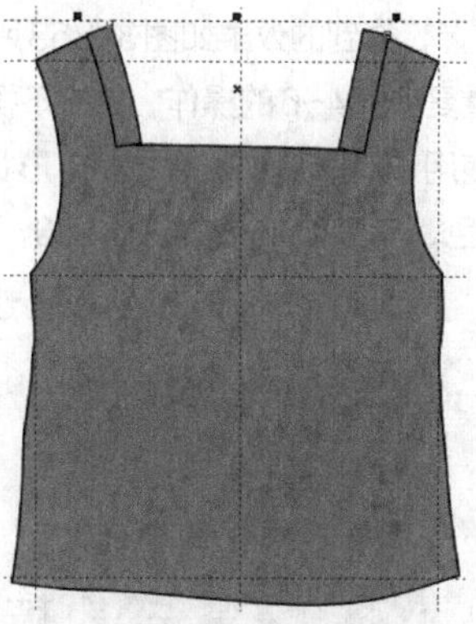

图3-346

06 使用【形状】工具调整领口造型，使之与衣身肩部相贴合，如图3-347所示。

07 重复步骤4~6的操作，绘制后领口贴边，得到的效果如图3-348所示。

08 执行菜单栏中的【对象】/【顺序】/【置于此对象后】命令，把它放置到衣身后面，得到的效果如图3-349所示。

09 使用【贝塞尔】工具和【形状】工具绘制图3-350所示的T恤衫后片，在属性栏中设置轮廓宽度，并填充红色，其CMYK值为（0，80，40，0）。

10 执行菜单栏中的【对象】/【顺序】/【置于此对象后】命令，把它放置到衣身后面，得到的效果如图3-351所示。

11 重复步骤4~6的操作，绘制胸前贴边，得到的效果如图3-352所示。

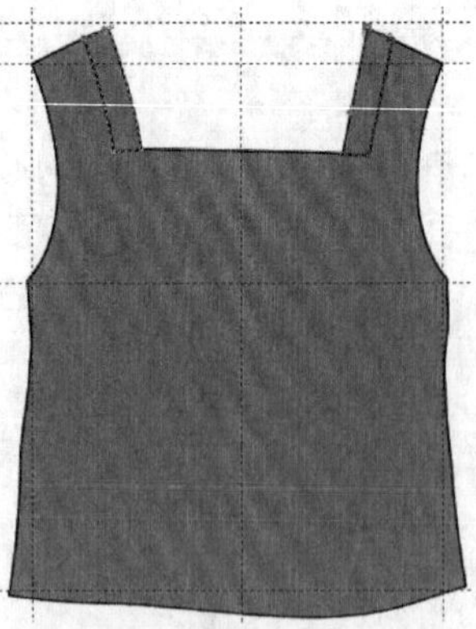

图3-347

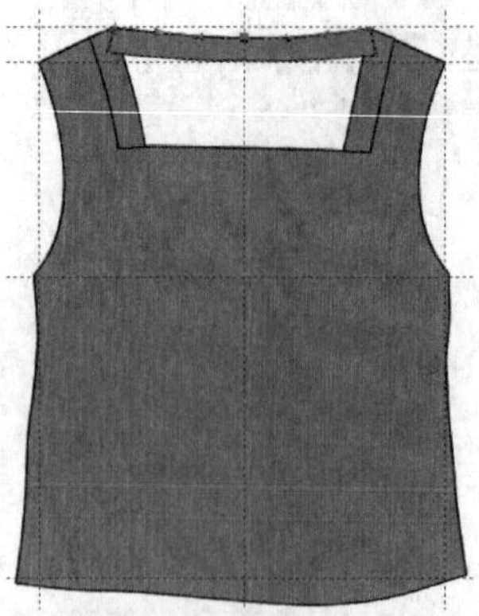

图3-348

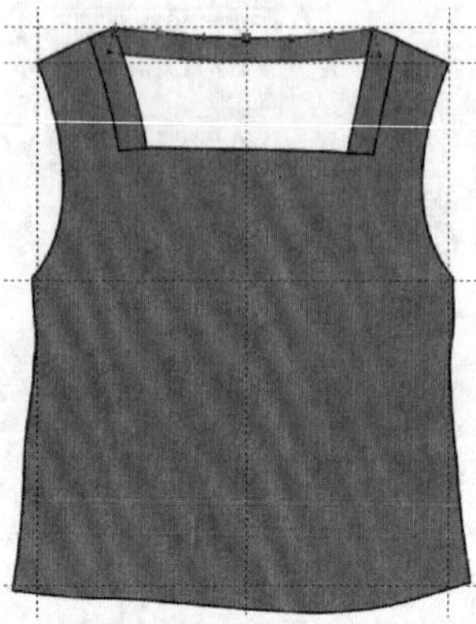

图3-349

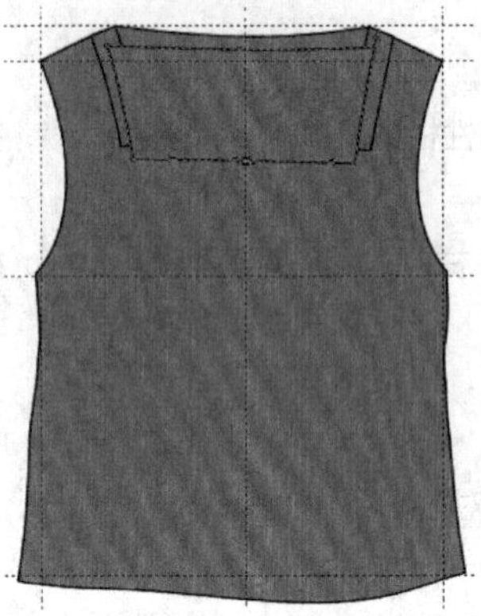

图3-350

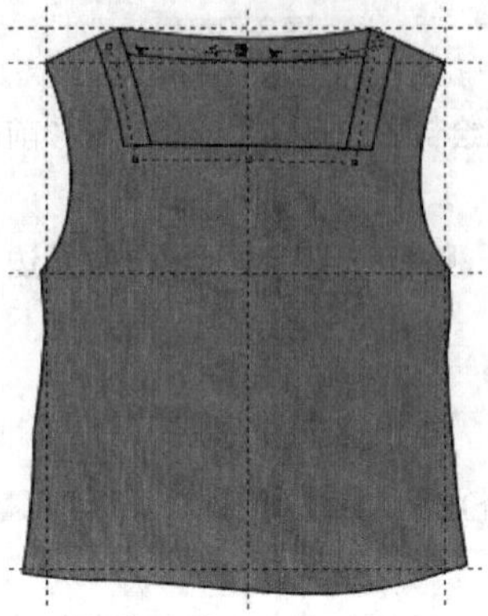

图3-351

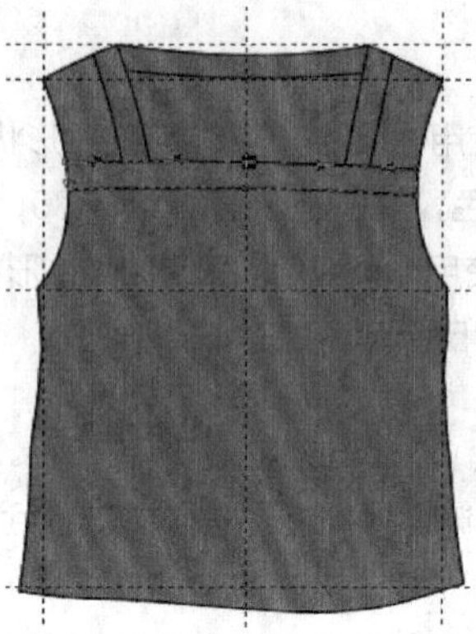

图3-352

12 使用【贝塞尔】工具和【形状】工具绘制衣身上的褶裥线，单击【选择】工具，在属性栏中设置轮廓宽度，得到的效果如图3-353所示。

13 重复步骤4~6的操作，绘制下摆贴边，得到的效果如图3-354所示。

14 使用【贝塞尔】工具和【形状】工具绘制图3-355所示的门襟贴边，在属性栏中设置轮廓宽度，并填充红色，其CMYK值为（0，80，40，0）。

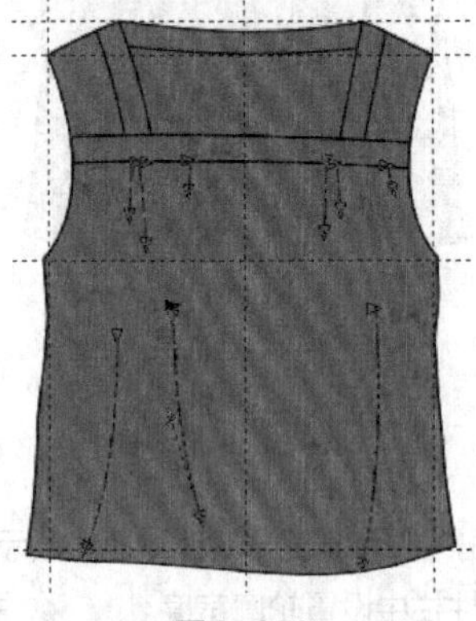

图3-353

图3-354

图3-355

15 使用【贝塞尔】工具和【形状】工具绘制左袖，单击【选择】工具，在属性栏中设置轮廓宽度，并填充红色，其CMYK值为（0，80，40，0），得到的效果如图3-356所示。

16 使用【选择】工具选择所有褶裥线，执行菜单栏中的【对象】/【顺序】/【到页面前面】命令，把它放置到最上方，得到的效果如图3-357所示。

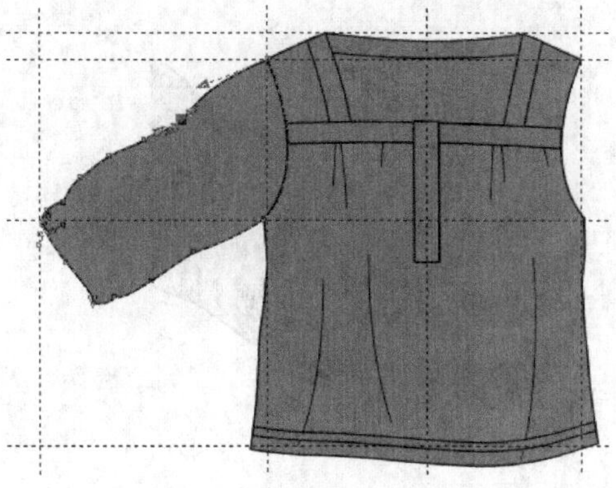

图3-356

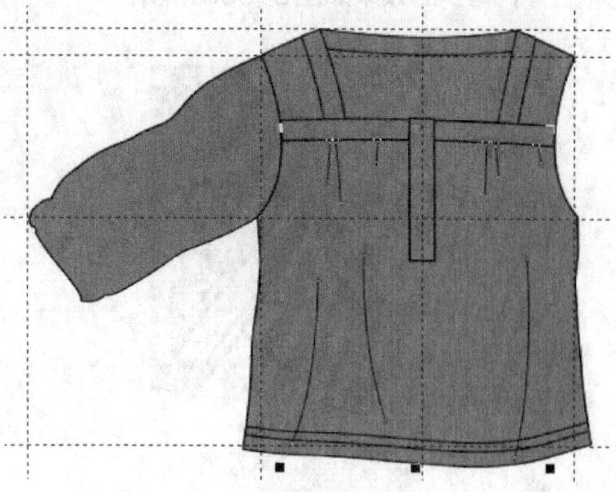

图3-357

专家提示

可以使用【选择】工具按住【Shift】键选择所有褶裥线，单击属性栏中的【合并】按钮把所有的褶裥线结合成一个图形，方便对所有褶裥线的图层调整顺序。

17 使用【贝塞尔】工具和【形状】工具绘制左袖口贴边，单击【选择】工具，在属性栏中设置轮廓宽度.35 mm，并填充红色，其CMYK值为（0，80，40，0），得到的效果如图3-358所示。

18 使用【贝塞尔】工具和【形状】工具绘制左袖口贴边后面部分，单击【选择】工具，在属性栏中设置轮廓宽度.35 mm，并填充红色，其CMYK值为（0,80,40,0），得到的效果如图3-359所示。

19 执行菜单栏中的【对象】/【顺序】/【向后一层】命令，得到的效果如图3-360所示。

20 使用【贝塞尔】工具和【形状】工具绘制左袖口蝴蝶结绑带，单击【选择】工具，在属性栏中设置轮廓宽度.35 mm，并填充红色，其CMYK值为（0，80，40，0），得到的效果如图3-361所示。

图3-358

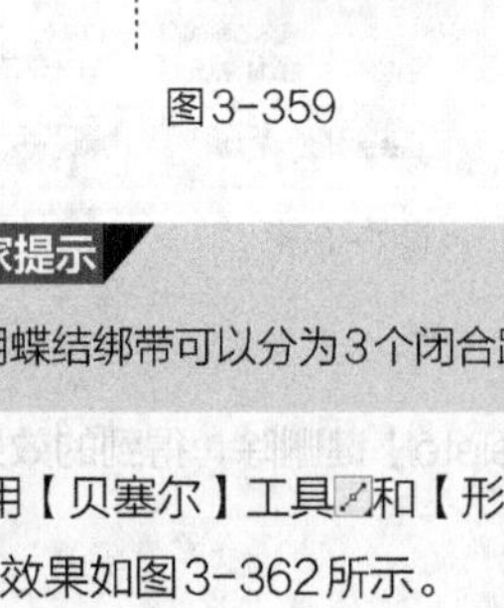

图3-359

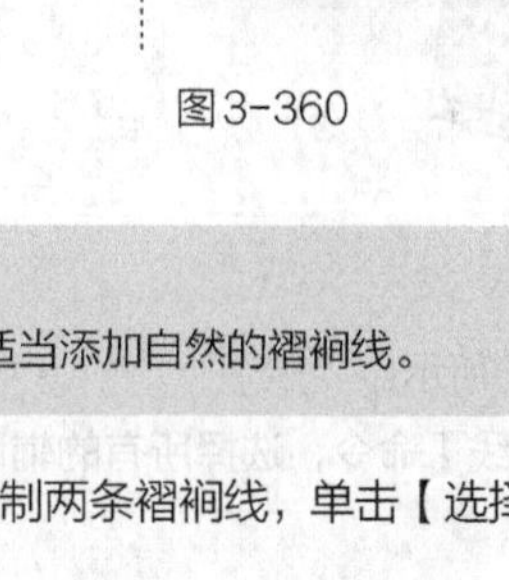

图3-360

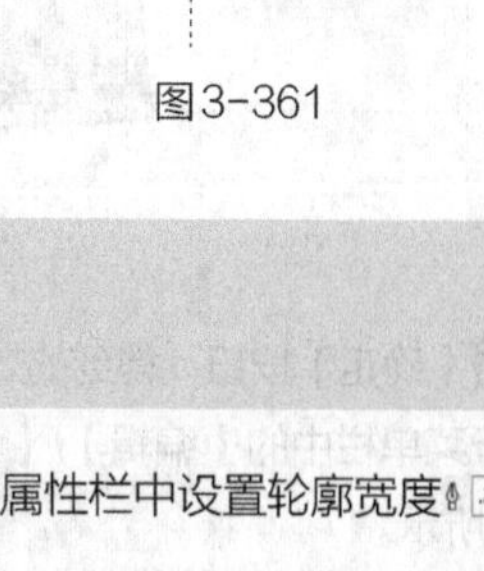

图3-361

专家提示

蝴蝶结绑带可以分为3个闭合路径来绘制，适当添加自然的褶裥线。

21 使用【贝塞尔】工具和【形状】工具绘制两条褶裥线，单击【选择】工具，在属性栏中设置轮廓宽度.25 mm，得到的效果如图3-362所示。

22 使用【贝塞尔】工具和【形状】工具绘制袖口和袖身上的褶裥线，单击【选择】工具，在属性栏中设置轮廓宽度 .25 mm，得到的效果如图3-363所示。

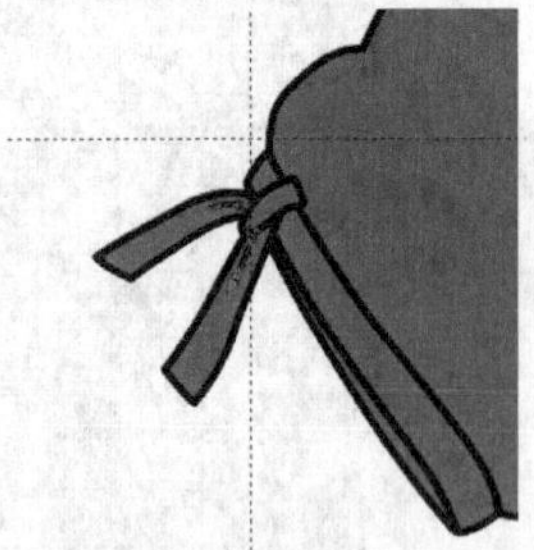

图3-362

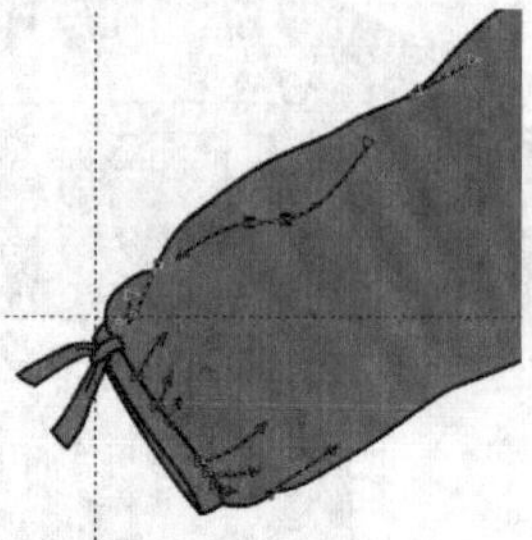

图3-363

23 使用【选择】工具框选整个左袖，执行菜单栏中的【对象】/【顺序】/【到页面后面】命令。按小键盘上的【+】键复制图形，单击属性栏中的【水平镜像】按钮，然后把复制的袖子向右平移到合适的位置，得到的效果如图3-364所示。

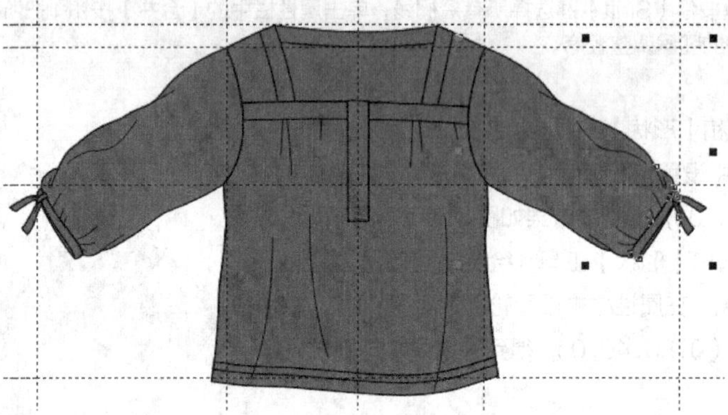

图3-364

24 使用【贝塞尔】工具和【形状】工具在图3-365所示的前后领口、门襟和衣身下摆处绘制缉明线，按【F12】键，弹出【轮廓笔】对话框，选项及参数设置如图3-366所示。

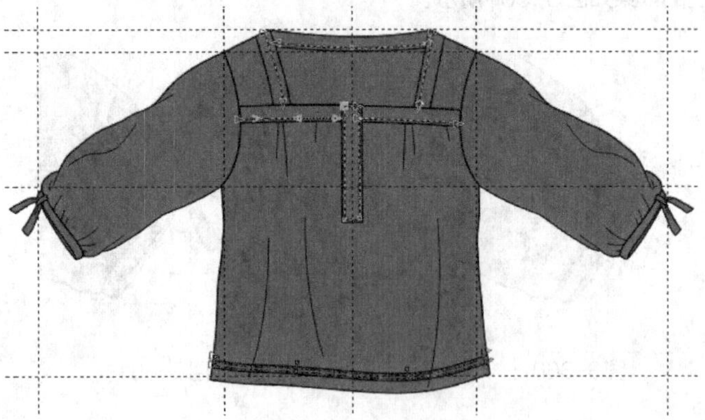

图3-365

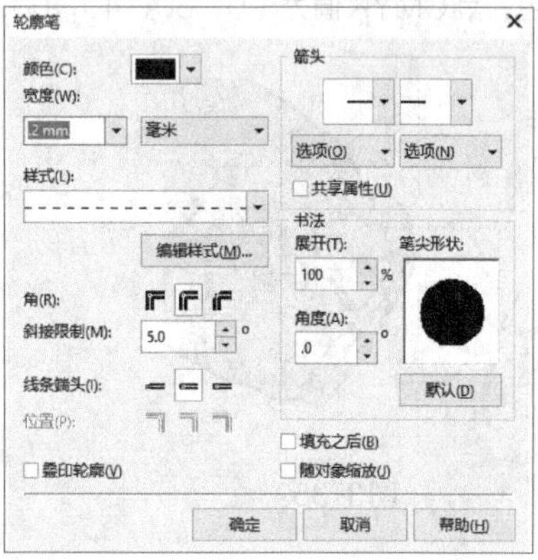

图3-366

25 单击【确定】按钮，得到的效果如图3-367所示。

26 执行菜单栏中的【编辑】/【全选】/【辅助线】命令，选择所有的辅助线，按【Delete】键删除，得到的效果如图3-368所示。

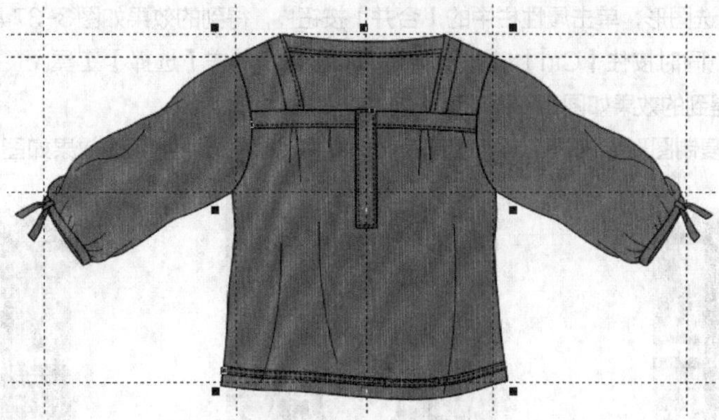

图3-367

图3-368

27 使用【贝塞尔】工具和【形状】工具在门襟上绘制一个扣眼，单击【选择】工具，在属性栏中设置轮廓宽度 .2 mm，用鼠标右键单击调色板中的白色填充轮廓色，得到的效果如图3-369所示。

28 按小键盘上的【+】键复制图形，按住【Shift】键等比例放大调整图形，得到的效果如图3-370所示。

29 使用【形状】工具在路径上双击，添加12个节点，如图3-371所示。

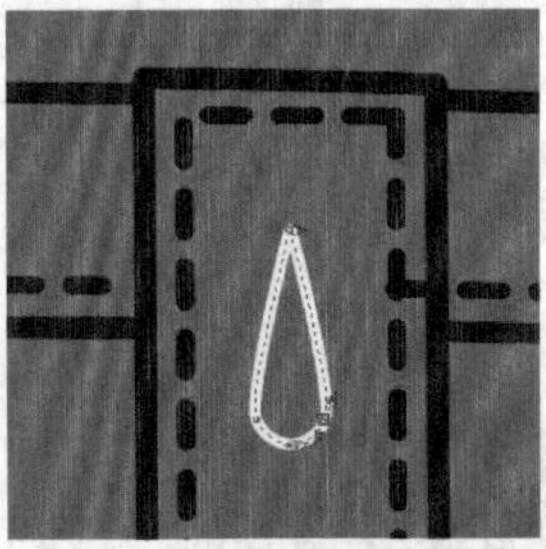

图3-369

图3-370

图3-371

30 选中所有节点，使用【变形】工具，在属性栏中设置拉链变形的各项数值，如图3-372所示，得到的效果如图3-373所示。

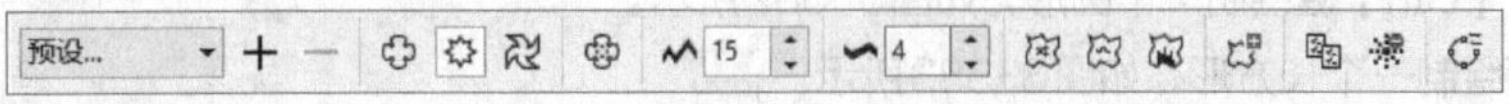

图3-372

图3-373

31 单击【选择】工具框选图形，单击属性栏中的【合并】按钮，得到的效果如图3-374所示。

32 使用【椭圆形】工具同时按住【Ctrl】键在扣眼上绘制纽扣，单击【选择】工具，在属性栏中设置轮廓宽度 2 mm，并填充白色，得到的效果如图3-375所示。

33 按小键盘上的【+】键复制图形，按住【Shift】键等比例缩小调整图形，得到的效果如图3-376所示。

图3-374

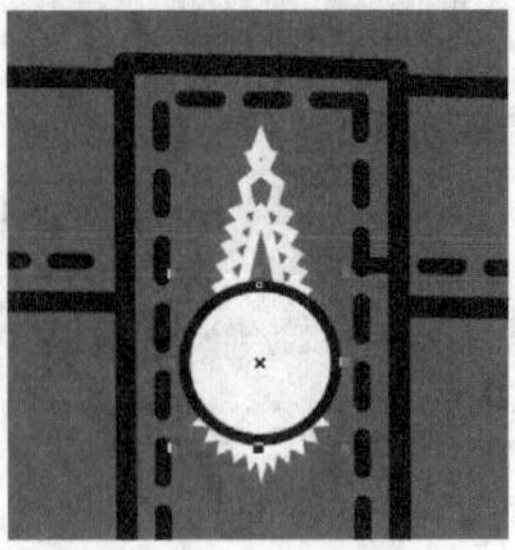
图3-375

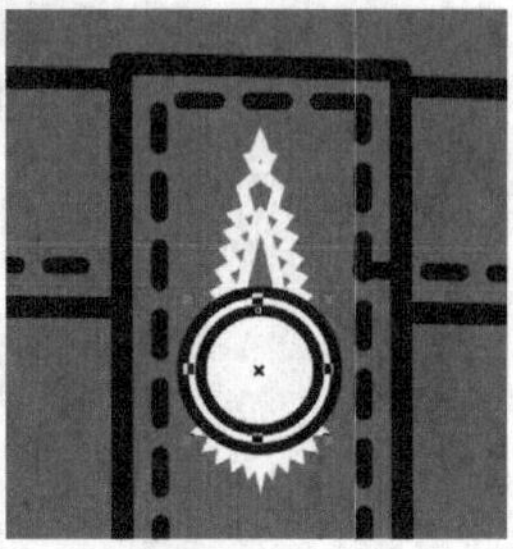
图3-376

34 重复上一步的操作，复制两个小的圆形，分别摆放在图3-377所示的位置。

35 使用【贝塞尔】工具和【形状】工具绘制一条路径，得到的效果如图3-378所示。

36 按【F12】键弹出【轮廓笔】对话框，设置各项参数如图3-379所示。单击【确定】按钮，得到的效果如图3-380所示。

图3-377

图3-378

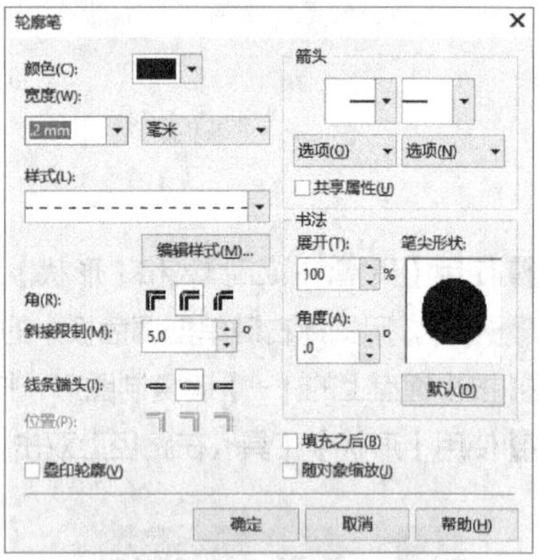

图3-379

37 使用【选择】工具框选纽扣和扣眼部分，按【Ctrl】+【G】组合键群组图形。按两次小键盘上的【+】键复制图形，把复制的图形分别摆放在图3-381所示的位置。

图3-380

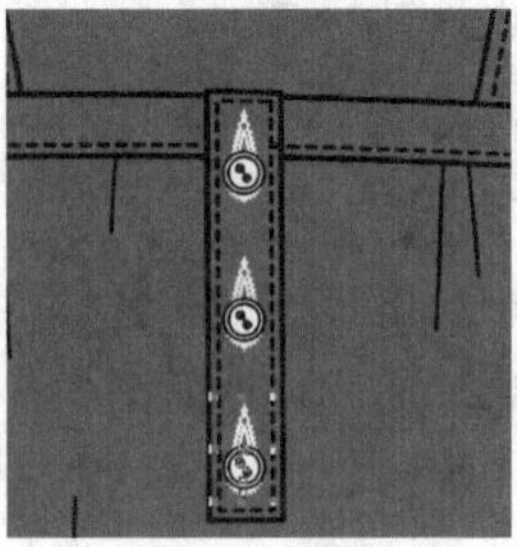
图3-381

38 使用【椭圆形】工具同时按住【Ctrl】键绘制一个圆形，如图3-382所示。

39 选择【矩形】工具在圆形上面绘制一个长方形，如图3-383所示。

40 使用【选择】工具框选两个图形，单击属性栏中的【移除前面对象】按钮，得到的效果如图3-384所示。

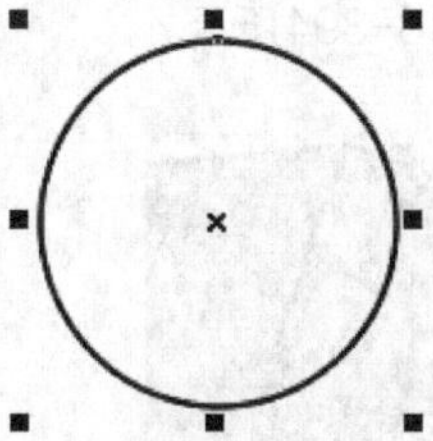

图3-382

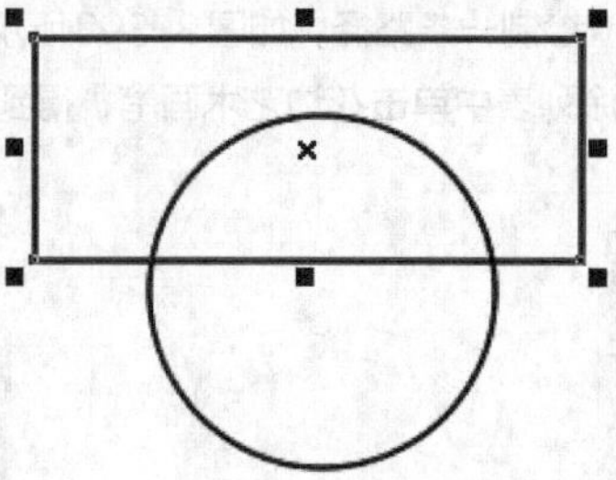

图3-383

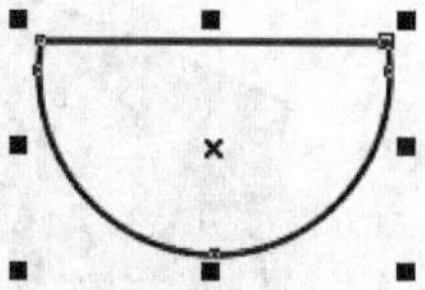

图3-384

41 使用【椭圆形】工具◯并按住【Ctrl】键绘制两个圆形，如图3-385所示。

42 使用【椭圆形】工具◯并绘制一个椭圆形，如图3-386所示。

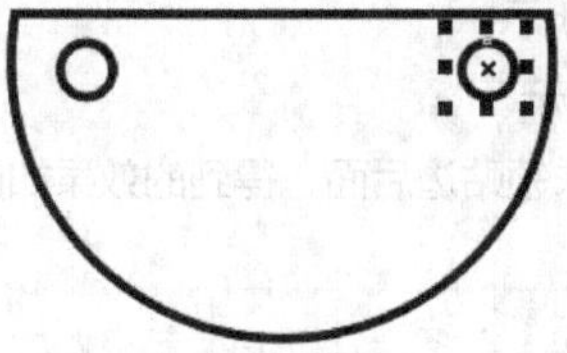

图3-385

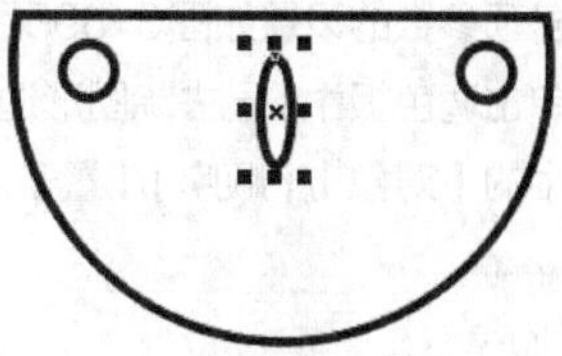

图3-386

43 单击【选择】工具把椭圆形的中线点移动到图3-387所示的位置。按【+】键复制图案，在属性栏中设置旋转角度 75.0 °，按下【Enter】键得到的效果如图3-388所示。

44 重复按3次【Ctrl】+【D】组合键，得到的效果如图3-389所示。

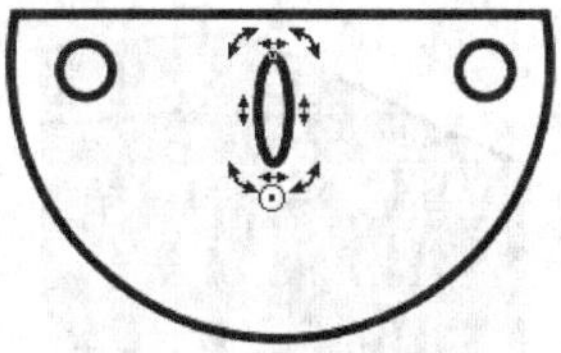

图3-387

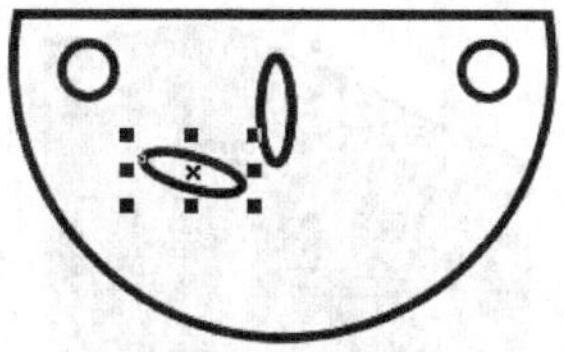

图3-388

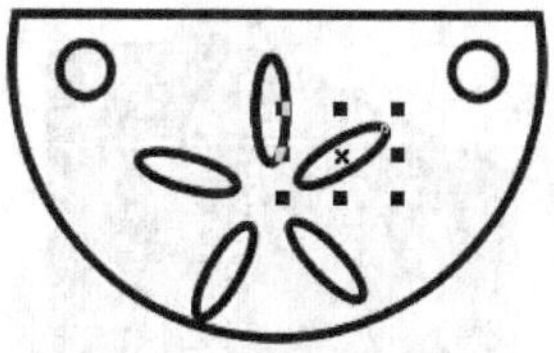

图3-389

45 使用【选择】工具框选图形，把图形移动到图3-390所示的位置。

46 使用【选择】工具框选所有图形，单击属性栏中的【合并】按钮，得到的效果如图3-391所示。

图3-390

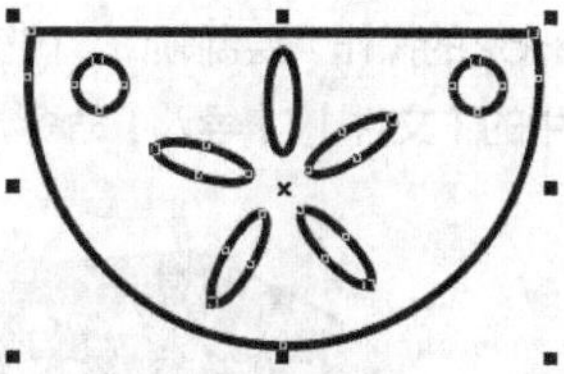

图3-391

47 单击调色板中的白色给花边图案填充颜色。使用【选择】工具选择图形，单击【艺术笔】工具，选择属性栏中的【自定义/新喷涂列表】，单击属性栏中的添加到喷涂列表按钮把绘制好的花边图案自定义为艺术画笔，属性栏中各项参数的设置如图3-392所示。

图3-392

48 使用【贝塞尔】工具和【形状】工具绘制一条路径，如图3-393所示。

49 选择【艺术笔】工具，在属性栏的喷涂列表中单击花边艺术画笔，得到的效果如图3-394所示。

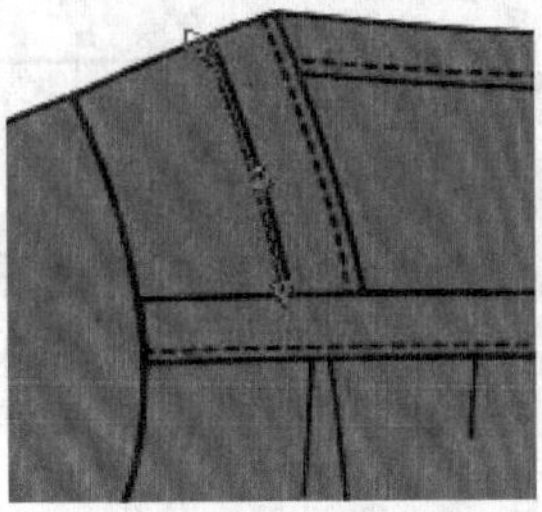

图3-393

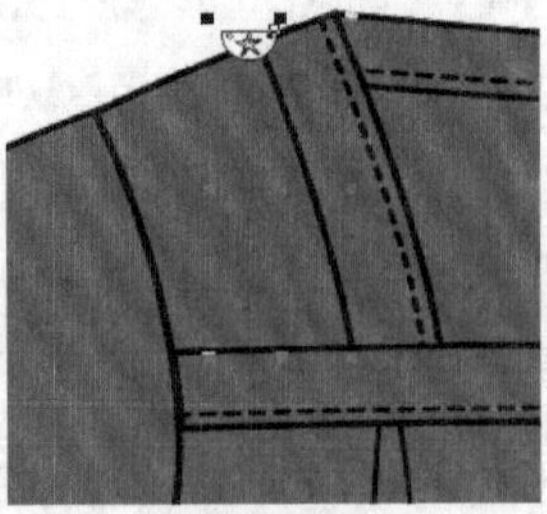

图3-394

50 在属性栏中各项参数的设置如图3-395所示，得到的效果如图3-396所示。

51 用鼠标右键单击调色板中的去除图形边框，得到的效果如图3-397所示。

52 执行菜单栏中的【对象】/【顺序】/【置于此对象后】命令，把它放置到衣领贴边后面，得到的效果如图3-398所示。

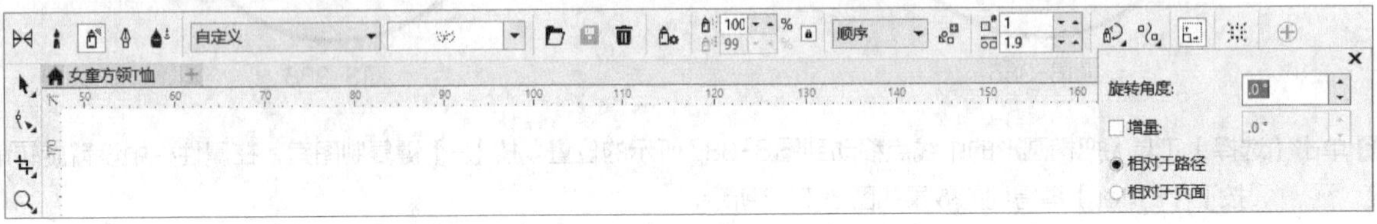

图3-395

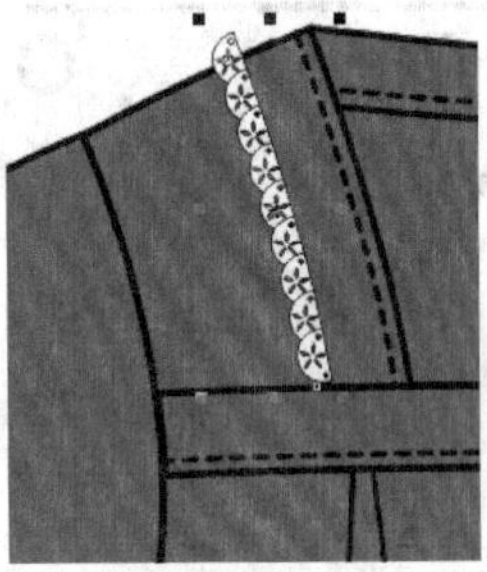

图3-396

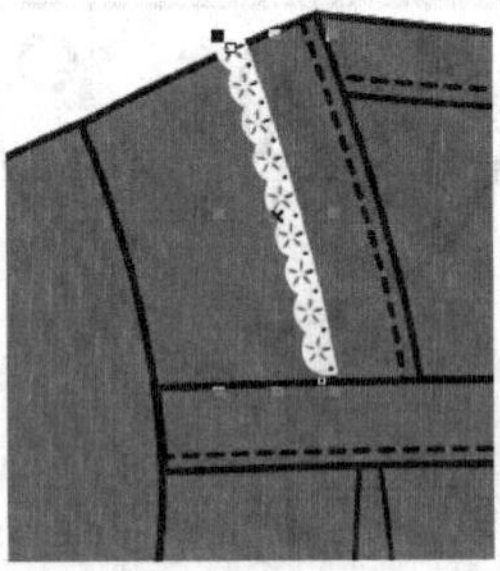

图3-397

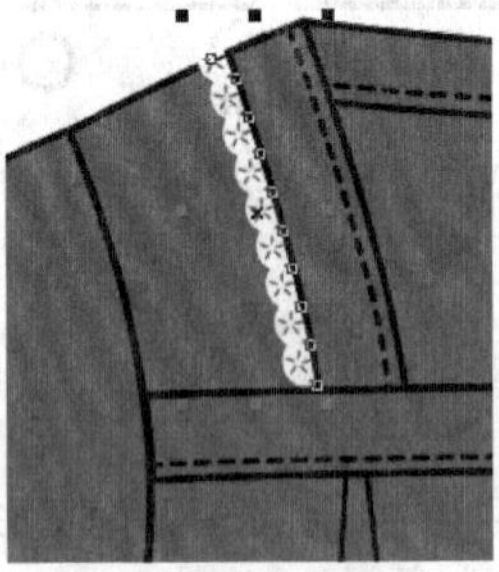

图3-398

53 重复步骤48~52的操作，绘制领口、门襟和下摆的花边，得到的效果如图3-399所示。

54 执行菜单栏中的【文件】/【导入】命令，导入图3-400所示的印花图案。

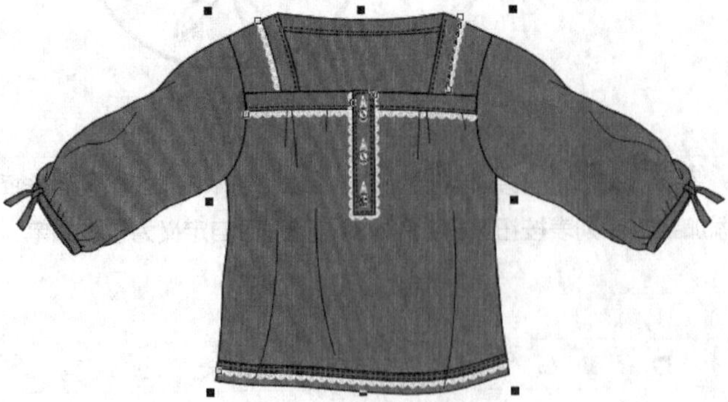

图3-399

图3-400

55 使用【选择】工具选择印花图案，把它摆放在图3-401所示的位置，这样就完成了方领T恤的绘制。

图3-401

3.3.3　男童翻领T恤（变化款）

男童翻领T恤的整体效果如图3-402所示。

图3-402

设计重点

双层翻领表现、条纹图案表现、口袋表现、金属扣表现。

操作步骤

01 打开CorelDRAW软件，执行菜单栏中的【文件】/【新建】命令，或使用【Ctrl】+【N】组合键，打开【创建新文档】对话框，文件命名为“男童翻领T恤”，设定纸张大小为A4，横向摆放，如图3-403所示。

02 从标尺栏向页面拖曳鼠标添加10条辅助线，确定衣长、袖窿深、领口位置、肩宽和袖长等，如图3-404所示。

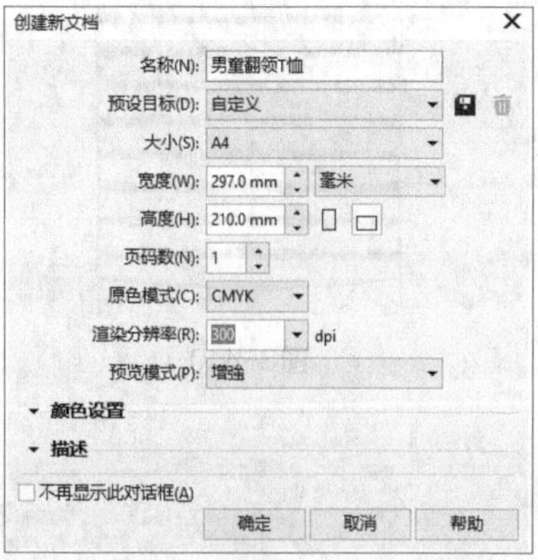

图3-403

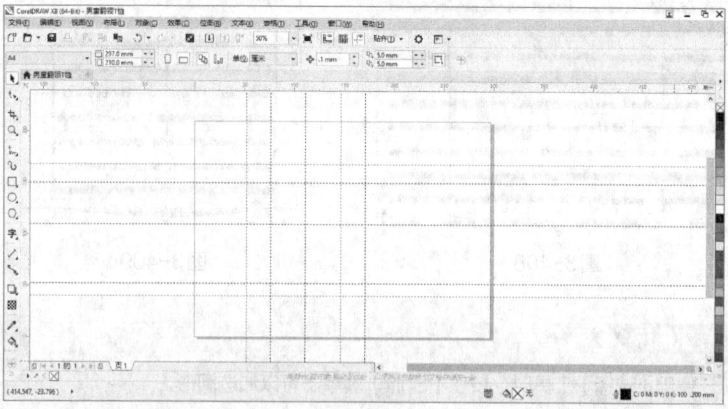

图3-404

03 使用【贝塞尔】工具和【形状】工具在辅助线的基础上绘制图3-405所示的T恤衫前片，在属性栏中设置轮廓宽度 .35 mm，并填充白色。

专家提示

调整衣身造型时要符合儿童的生理特点，不收腰衣摆成直筒型，圆领口造型尽量做到左右对称。

04 使用【矩形】工具在T恤上方绘制一个长条形，图形填充深咖啡色，其CMYK值为（63，60，74，10），轮廓填充中黄色，其CMYK值为（10，32，76，0），在属性栏中设置轮廓宽度 .35 mm，得到的效果如图3-406所示。

05 按小键盘上的【+】键复制图形，然后把复制的长条形向下平移到合适的位置，得到的效果如图3-407所示。

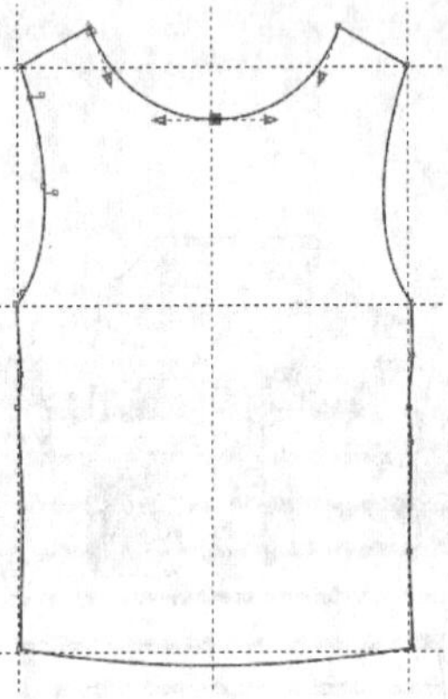

图3-405

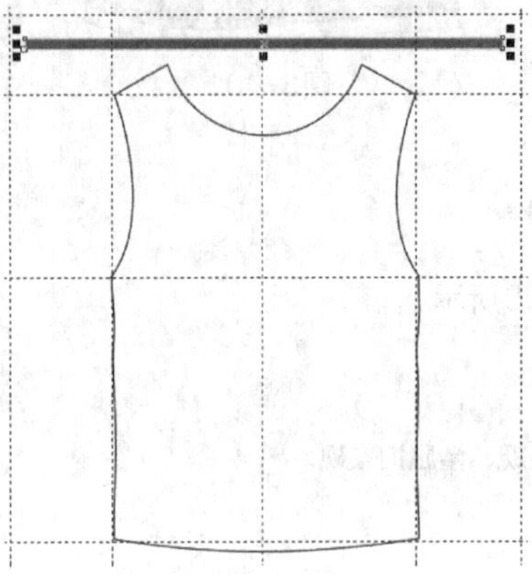

图3-406

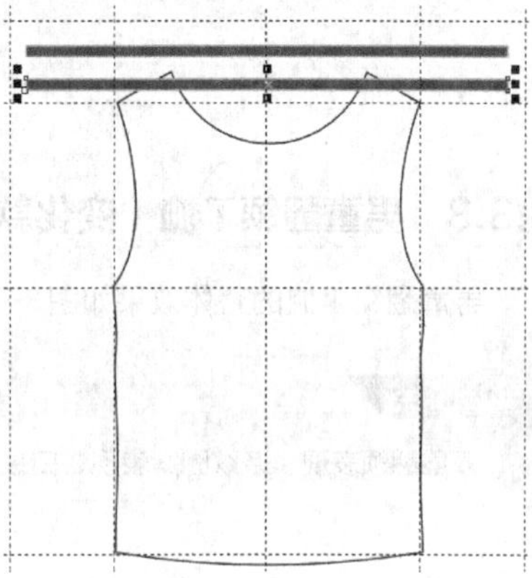

图3-407

06 重复按【Ctrl】+【D】组合键，复制长条形直至把T恤填满，得到的效果如图3-408所示。

07 使用【选择】工具挑选所有的长条形，执行菜单栏中的【对象】/【PowerClip】/【置于图文框内部】命令把图形放置在T恤前片中，得到的效果如图3-409所示。

08 使用【贝塞尔】工具和【形状】工具绘制衣身上的褶裥线，单击【选择】工具，在属性栏中设置轮廓宽度 .35 mm，得到的效果如图3-410所示。

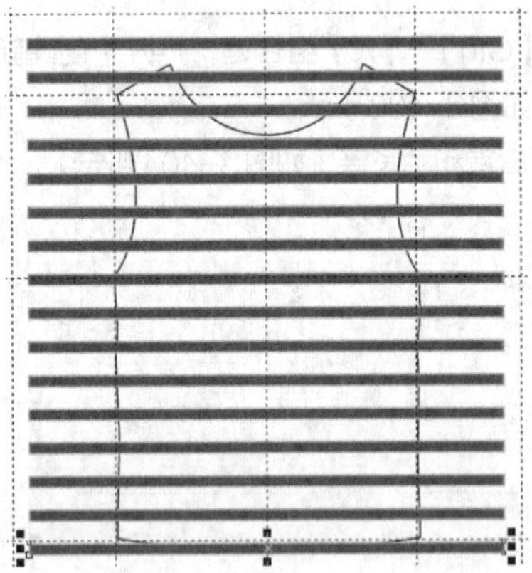

图3-408

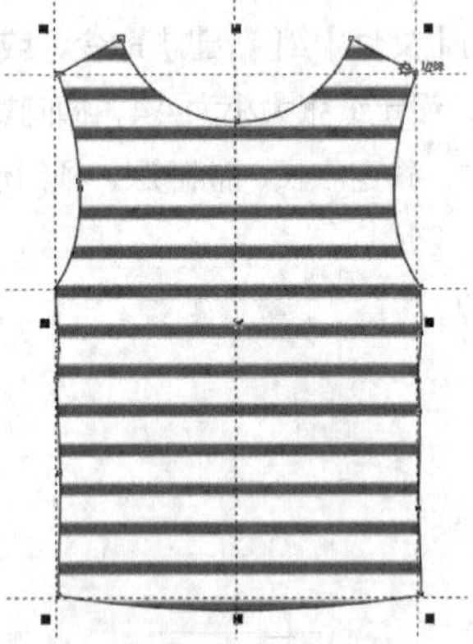

图3-409

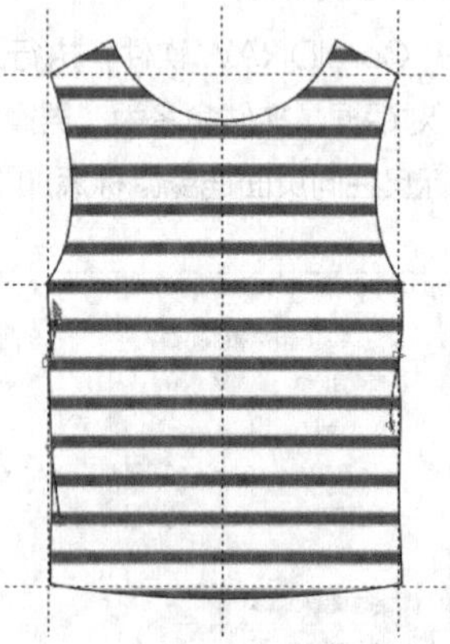

图3-410

专家提示

使用【选择】工具时，按住【Shift】键单击可以加选图形。

09 使用【贝塞尔】工具和【形状】工具绘制左袖，单击【选择】工具，在属性栏中设置轮廓宽度，并填充中黄色，其CMYK值为（10，32，76，0），得到的效果如图3-411所示。

10 使用【贝塞尔】工具和【形状】工具绘制左袖口翻折部分，单击【选择】工具，在属性栏中设置轮廓宽度，并填充中黄色，其CMYK值为（10，32，76，0），得到的效果如图3-412所示。

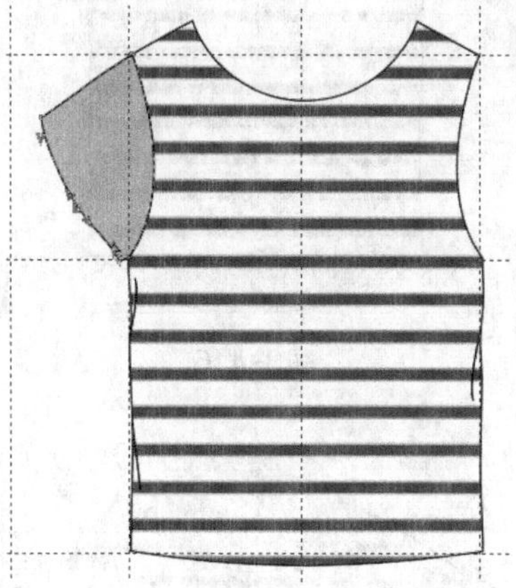

图3-411

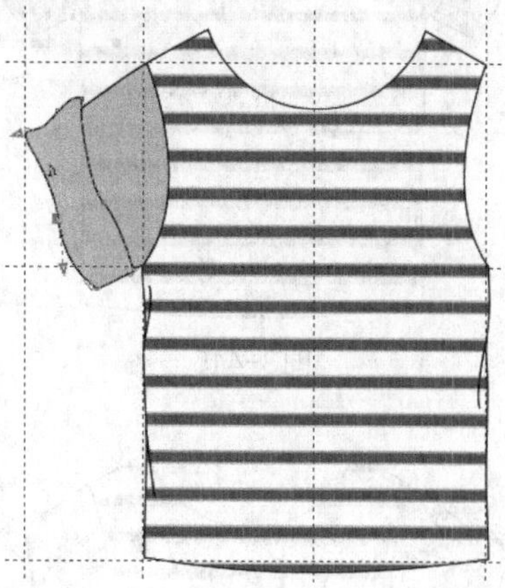

图3-412

11 使用【贝塞尔】工具和【形状】工具绘制袖口的褶裥线，单击【选择】工具，在属性栏中设置轮廓宽度，得到的效果如图3-413所示。

12 使用【选择】工具框选整个左袖，执行菜单栏中的【对象】/【顺序】/【置于此对象后】命令，把它放置到衣身后面，得到的效果如图3-414所示。

图3-413

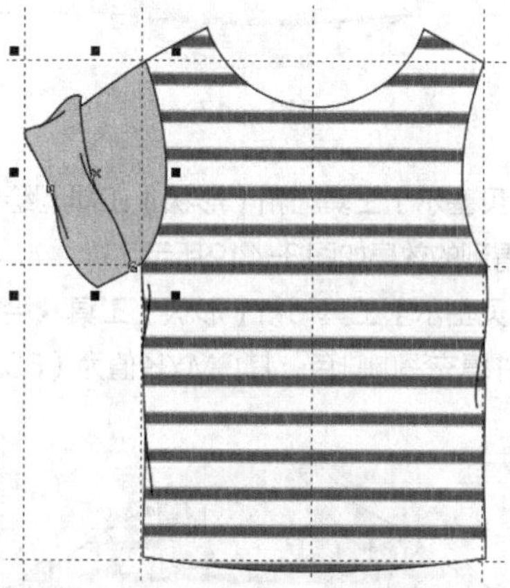

图3-414

13 按小键盘上的【+】键复制图形，单击属性栏中的【水平镜像】按钮，然后把复制的袖子向右平移到合适的位置，得到的效果如图3-415所示。

14 使用【贝塞尔】工具和【形状】工具绘制后片下摆，单击【选择】工具，在属性栏中设置轮廓宽度，并填充中黄色，其CMYK值为（10，32，76，0），得到的效果如图3-416所示。

15 执行菜单栏中的【对象】/【顺序】/【置于此对象后】命令，把它放置到衣身前片的后面，得到的效果如图3-417所示。

16 使用【贝塞尔】工具和【形状】工具绘制翻领，单击【选择】工具，在属性栏中设置轮廓宽度，并填充中黄色，其CMYK值为（10，32，76，0），得到的效果如图3-418所示。

图3-415

图3-416

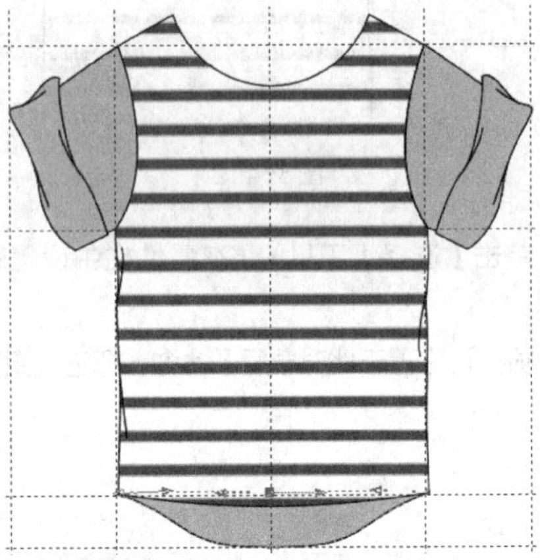

图3-417

图3-418

17 使用【贝塞尔】工具和【形状】工具绘制翻领上的褶裥线，单击【选择】工具，在属性栏中设置轮廓宽度 .35 mm，得到的效果如图3-419所示。

18 使用【贝塞尔】工具和【形状】工具绘制左边第二层翻领，单击【选择】工具，在属性栏中设置轮廓宽度 .35 mm，并填充深咖啡色，其CMYK值为（63，60，74，10），得到的效果如图3-420所示。

图3-419

图3-420

19 单击【选择】工具，并按小键盘上的【+】键复制图形，单击属性栏中的【水平镜像】按钮，然后把复制的翻领向右平移到合适的位置，得到的效果如图3-421所示。

20 使用【选择】工具选择咖啡色翻领，执行菜单栏中的【对象】/【顺序】/【置于此对象后】命令，把它放置到第1层翻领后面，得到的效果如图3-422所示。

21 使用【贝塞尔】工具和【形状】工具绘制衣身后片，单击【选择】工具，在属性栏中设置轮廓宽度，并填充中黄色，其CMYK值为（10，32，76，0），得到的效果如图3-423所示。

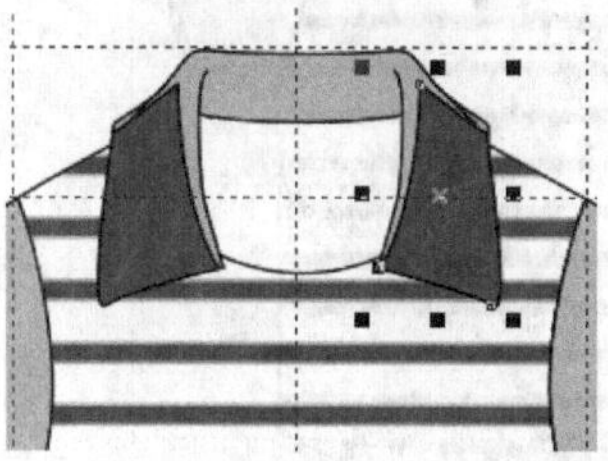

图3-421

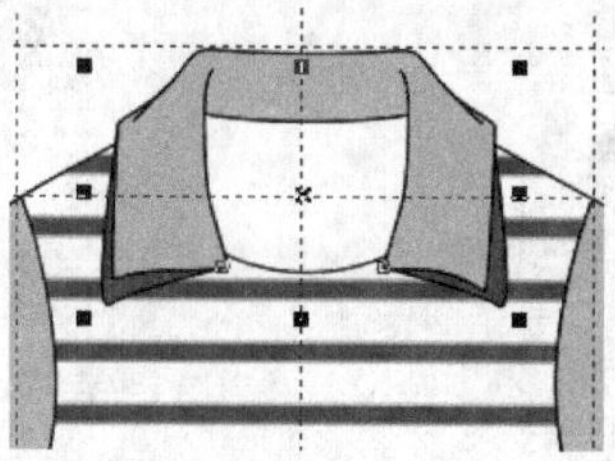

图3-422

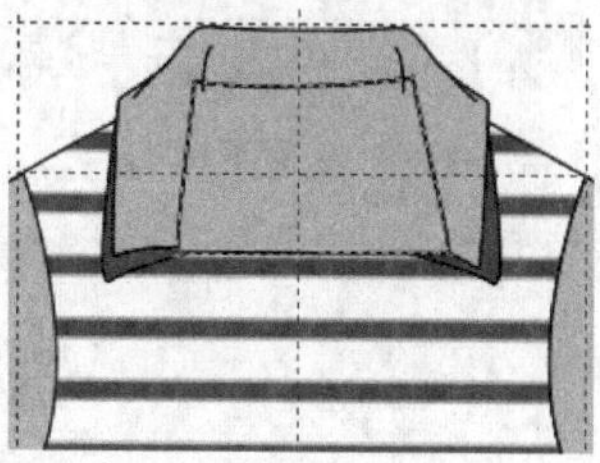

图3-423

22 执行菜单栏中的【对象】/【顺序】/【到页面后面】命令，得到的效果如图3-424所示。

23 使用【贝塞尔】工具和【形状】工具绘制后领口织带，单击【选择】工具，在属性栏中设置轮廓宽度，并填充白色，得到的效果如图3-425所示。

24 使用【贝塞尔】工具和【形状】工具绘制门襟贴边，单击【选择】工具，在属性栏中设置轮廓宽度，并填充中黄色，其CMYK值为（10，32，76，0），得到的效果如图3-426所示。

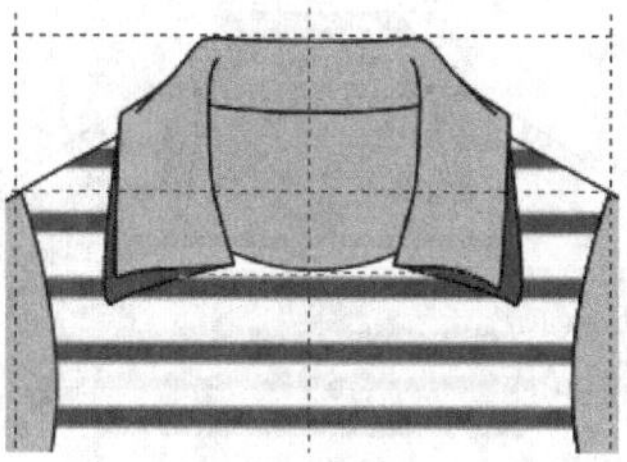

图3-424

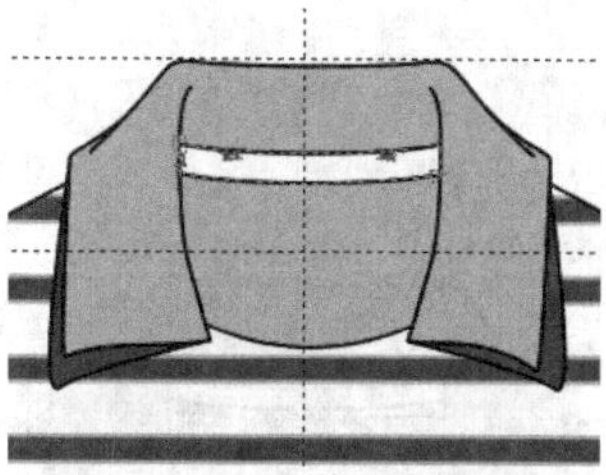

图3-425

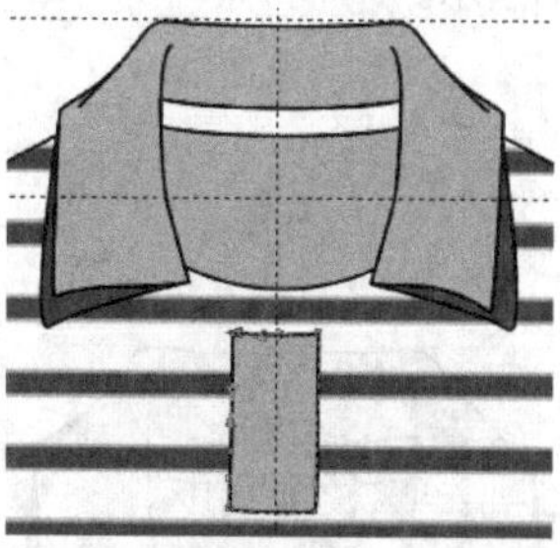

图3-426

25 使用【贝塞尔】工具和【形状】工具绘制领口翻折部分，单击【选择】工具，在属性栏中设置轮廓宽度，并填充中黄色，其CMYK值为（10，32，76，0），得到的效果如图3-427所示。

26 使用【贝塞尔】工具和【形状】工具在图3-428所示的前后领口、门襟、袖窿和衣身下摆处绘制缉明线，按【F12】键，弹出【轮廓笔】对话框，选项及参数设置如图3-429所示。

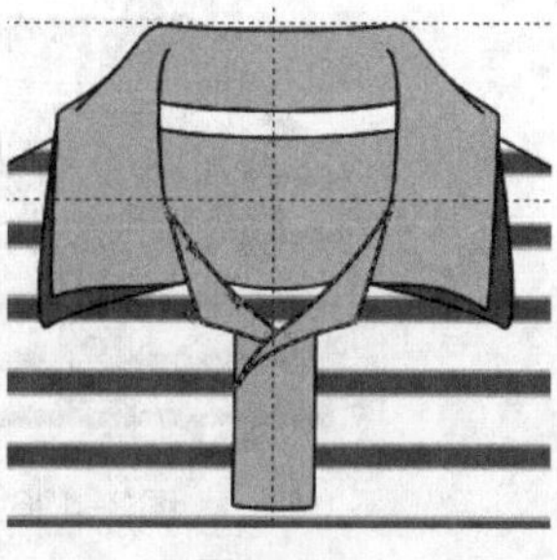

图3-427

图3-428

27 单击【确定】按钮，得到的效果如图3-430所示。

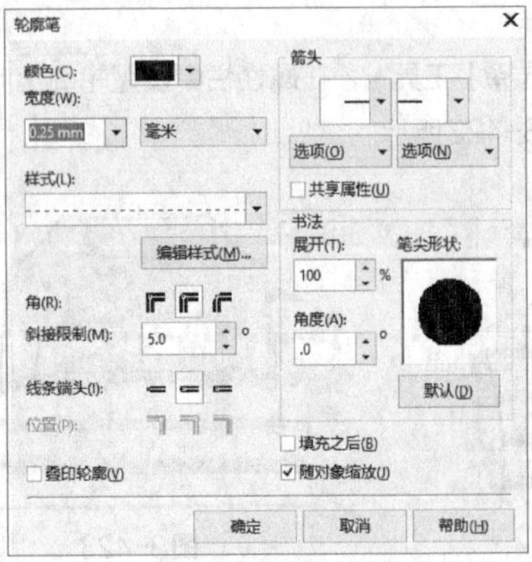

图3-429

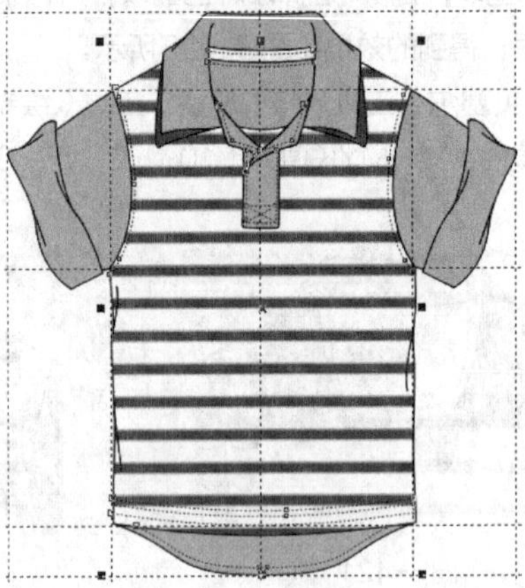

图3-430

28 重复3.3.2节的女童方领T恤案例中步骤27~37的操作，完成纽扣和扣眼的绘制，得到的效果如图3-431所示。

29 执行菜单栏中的【对象】/【顺序】/【置于此对象后】命令，把纽扣放置到领口翻折部分的下方，得到的效果如图3-432所示。

30 执行菜单栏中的【编辑】/【全选】/【辅助线】命令，选择所有的辅助线，按【Delete】键删除，得到的效果如图3-433所示。

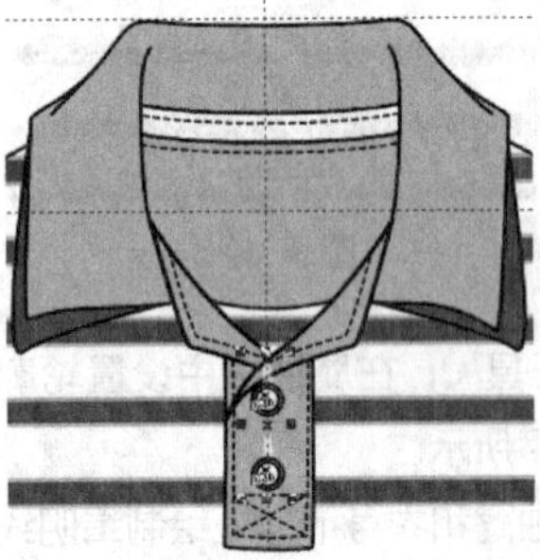

图3-431

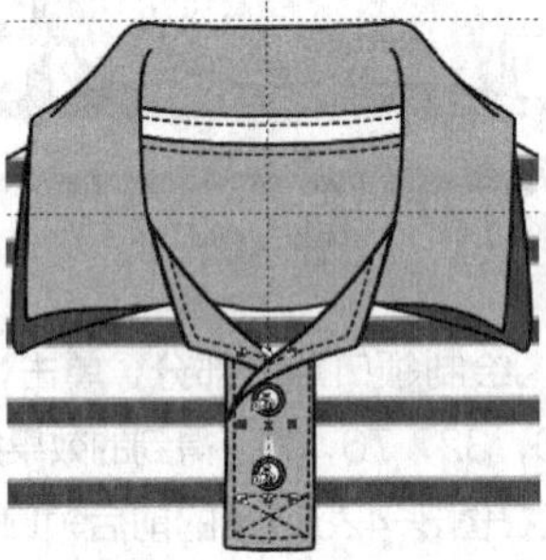

图3-432

图3-433

31 使用【形状】工具双击领口位置，添加两个节点，调整衣身领口造型，如图3-434所示。

32 使用【形状】工具调整衣身后片，得到的效果如图3-435所示。

33 执行菜单栏中的【对象】/【顺序】/【到页面背面】命令，得到的效果如图3-436所示。

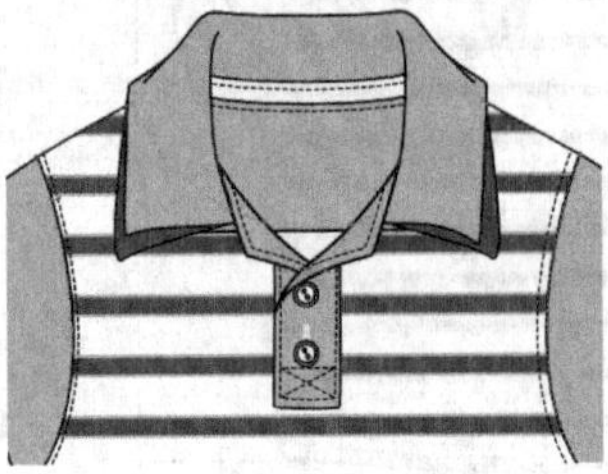

图3-434

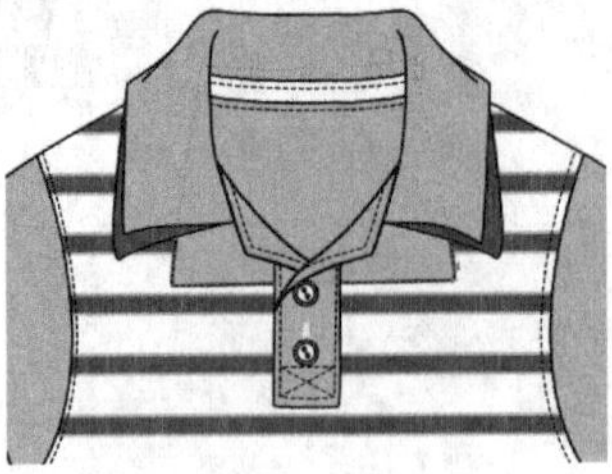

图3-435

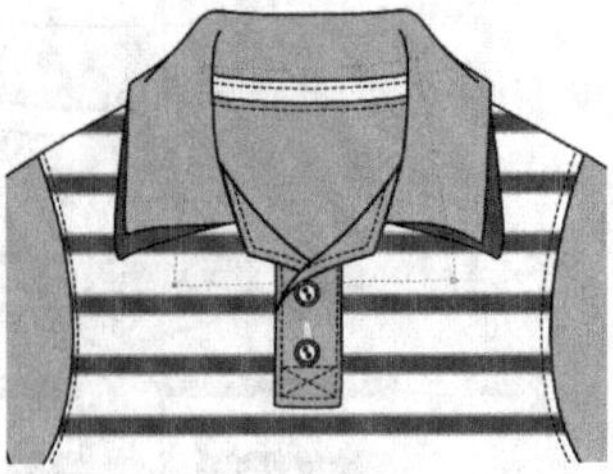

图3-436

34 使用【矩形】工具在胸前绘制圆角矩形，在属性栏中设置圆角弧度，并填充中黄色，其CMYK值为（10，32，76，0），得到的效果如图3-437所示。

35 使用【矩形】工具在胸前绘制贴袋，在属性栏中设置圆角弧度，并填充深咖啡色，其CMYK值为（63，60，74，10），得到的效果如图3-438所示。

36 使用【贝塞尔】工具和【形状】工具绘制口袋盖，单击【选择】工具，在属性栏中设置轮廓宽度，并填充深咖啡色，其CMYK值为（63，60，74，10），得到的效果如图3-439所示。

图3-437

图3-438

图3-439

37 使用【贝塞尔】工具和【形状】工具在图3-440所示的口袋和袋盖上绘制缉明线，按【F12】键，弹出【轮廓笔】对话框，选项及参数设置如图3-441所示。

38 单击【确定】按钮，得到的效果如图3-442所示。

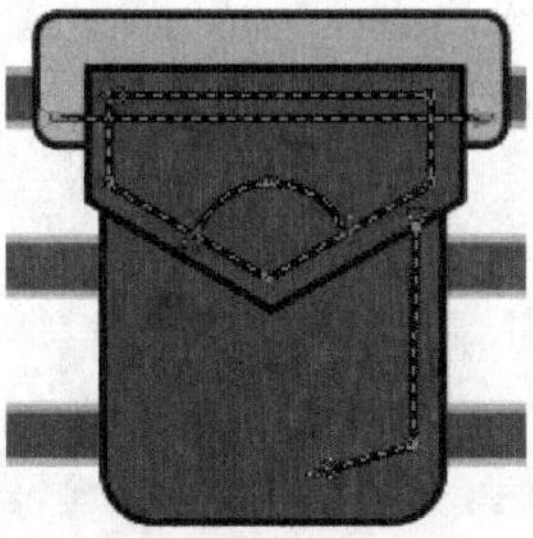

图3-440

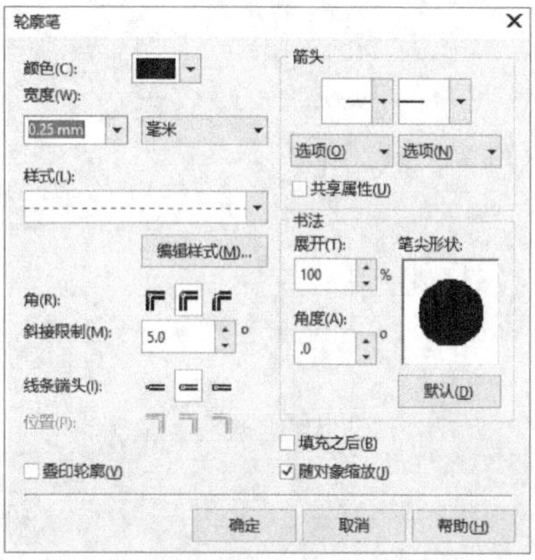

图3-441

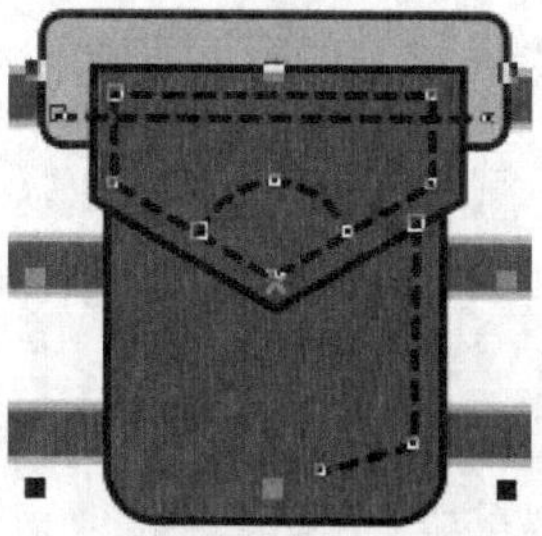

图3-442

39 使用【椭圆形】工具并按住【Ctrl】键在口袋上绘制金属扣，单击【选择】工具，在属性栏中设置轮廓宽度，并填充10%灰色，得到的效果如图3-443所示。

40 使用【椭圆形】工具并按住【Ctrl】键在金属扣上绘制一个小圆形，设置为无边框并填充20%灰色，得到的效果如图3-444所示。

41 使用【椭圆形】工具并按住【Ctrl】键再绘制两个小圆形，设置为无边框并填充白色，得到的效果如图3-445所示。

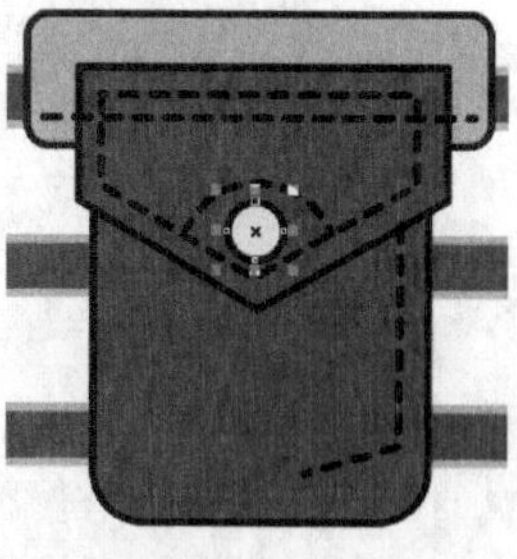

图3-443

专家提示

表现金属扣的光泽感可以通过不同程度的灰色、白色表现高光部分的反光效果（类似于素描的表现方法）。

42 使用【选择】工具框选所有图形，按【Ctrl】+【G】组合键群组图形。这样就完成了男童翻领T恤的绘制，效果如图3-446所示。

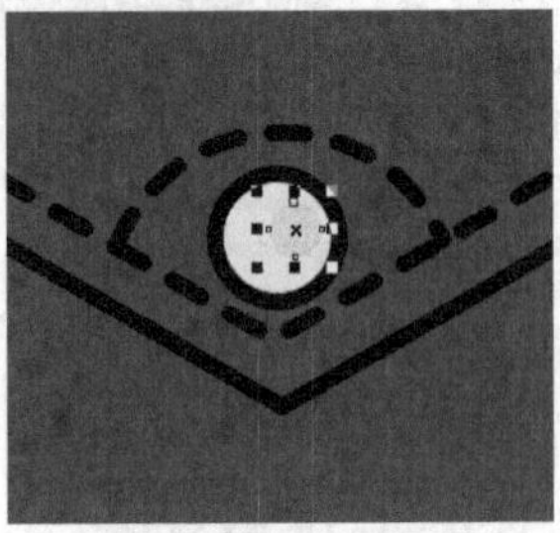

图3-444

图3-445

图3-446

第 04 章

裙子款式设计

本章重点

- 用【贝塞尔】工具、【形状】工具绘制裙子基本造型
- 用【图样填充】工具进行图案填充
- 用【艺术笔】工具表现钉珠图案和蕾丝花边
- 裙子款式细节变化设计、色彩填充

裙子是一种围在腰部以下的服装，它是下装的两种基本形式之一（另一种是裤装）。裙子是人类最早的服装。因其通风散热性能好，穿着方便，行动自如，样式变化多样等诸多优点而为人们所广泛接受，其中以妇女和儿童穿着较多。裙子的分类有很多，按裙腰在腰节线的位置区分，有中腰裙、低腰裙、高腰裙；按裙长分类，有长裙（裙摆至胫中以下）、中裙（裙摆至膝以下、胫中以上）、短裙（裙摆至膝以上）和超短裙（裙摆仅及大腿中部）；按裙体外形轮廓区分，大致可分为直统裙、斜裙（由腰部至下摆斜向展开呈A字形的裙）、缠绕裙3大类。常见的品种有A字裙、喇叭裙、铅笔裙、褶裙和塔裙等。下面介绍几种经典的裙子款式设计。

4.1 基础A形裙款式设计

基础A形裙的整体效果如图4-1所示。

设计重点

造型设计、腰带设计、图案填充、金属日字扣表现。

图4-1

操作步骤

01 打开CorelDRAW软件，执行菜单栏中的【文件】/【新建】命令，或使用【Ctrl】+【N】组合键，打开【创建新文档】对话框，文件命名为“基础A形裙”，设定纸张大小为A4，横向摆放，如图4-2所示。

02 从标尺栏向页面拖曳鼠标添加10条辅助线，确定腰线、裙长、裙摆宽和腰带位置等，如图4-3所示。

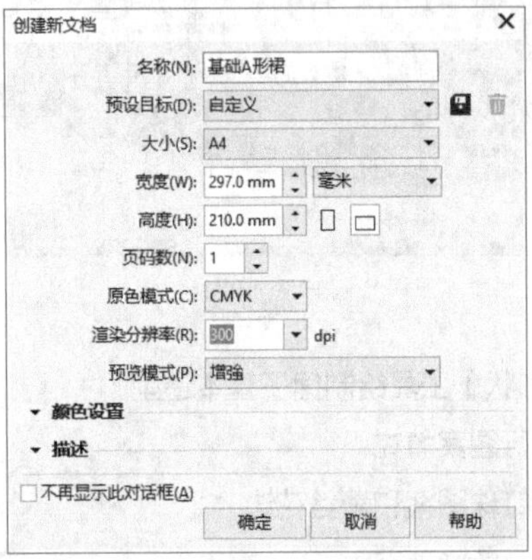

图4-2

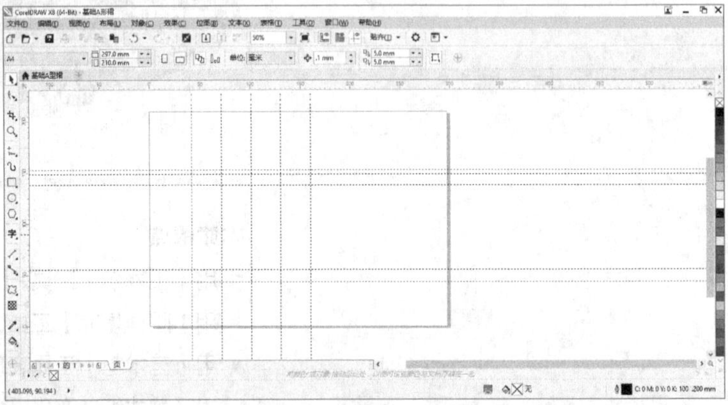

图4-3

03 使用【贝塞尔】工具和【形状】工具绘制图4-4所示的路径，单击【选择】工具，在属性栏中设置轮廓宽度 .35 mm 。

04 单击【选择】工具并按【+】键复制路径，单击属性栏中的【水平镜像】按钮，并把图形向右平移到合适的位置，得到的效果如图4-5所示。

05 使用【选择】工具框选两条路径，单击属性栏中的【合并】按钮，得到的效果如图4-6所示。

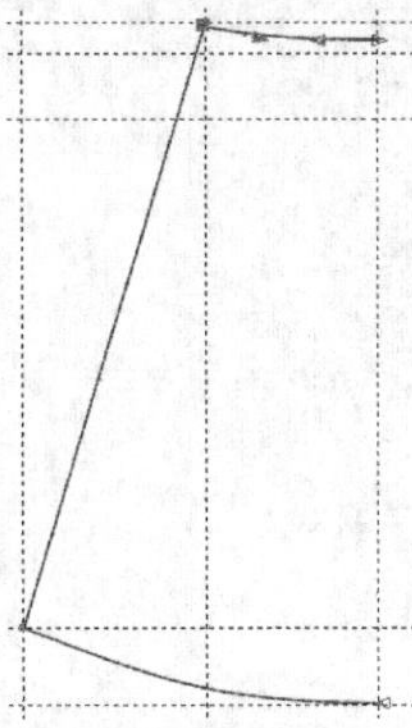

图4-4

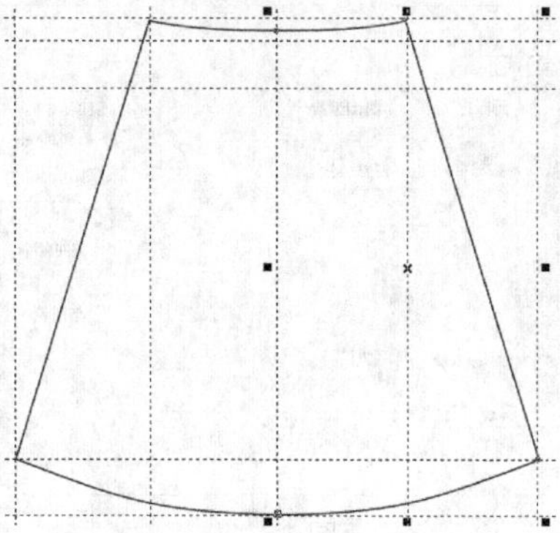

图4-5

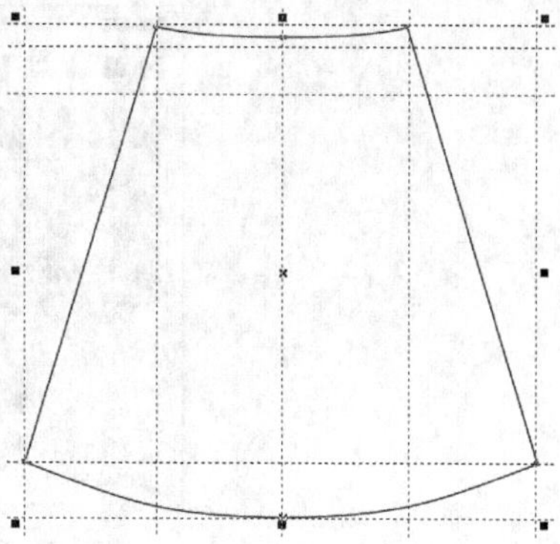

图4-6

专家提示

绘制A形裙要注意裙摆与裙长的比例，裙摆的弧度与侧缝尽量保证直角造型。

06 使用【形状】工具，选择图4-7所示的两个节点。

07 单击属性栏中的【连接两个节点】按钮，得到的效果如图4-8所示。

08 重复步骤6和步骤7的操作，连接下方两个节点，得到的效果如图4-9所示。

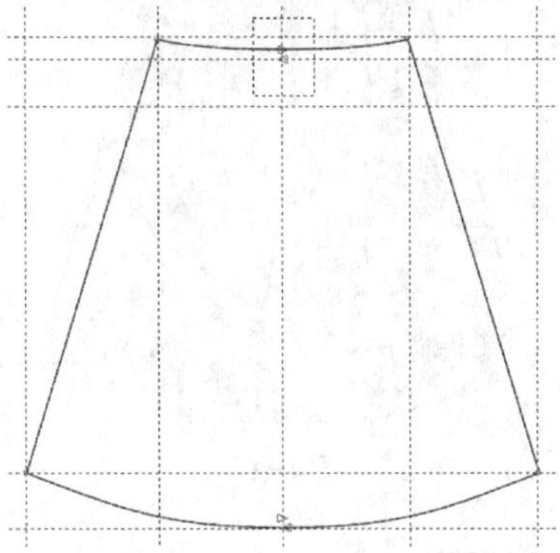

图4-7

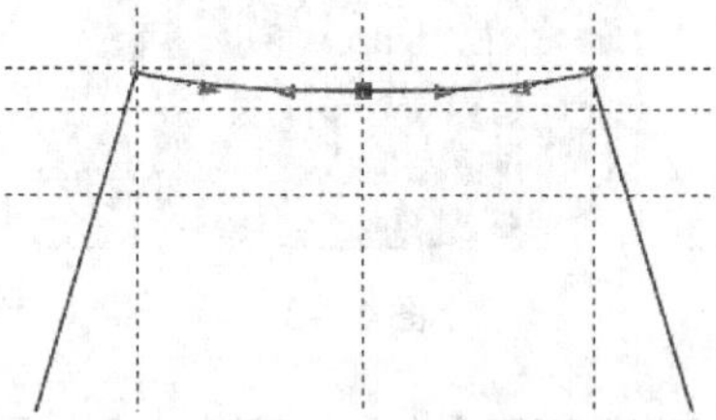

图4-8

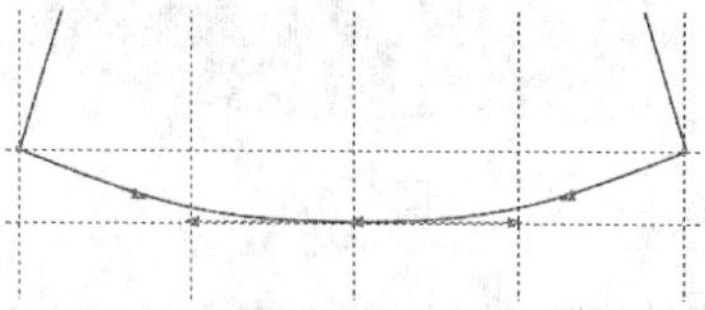

图4-9

09 选择工具箱中的【交互式填充】工具，在属性栏中单击【向量图样填充】按钮，选项及参数设置如图4-10所示。

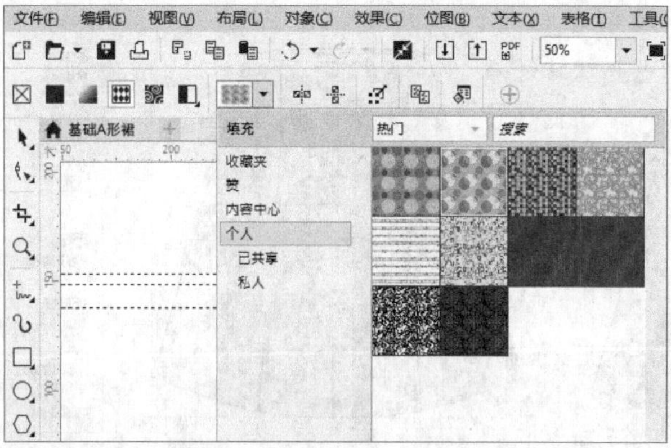

图4-10

10 再单击属性栏中的【编辑填充】按钮，弹出【编辑填充】对话框，各项参数的设置如图4-11所示。

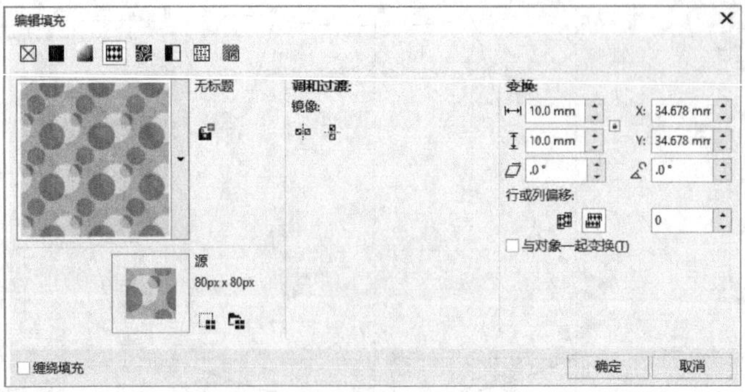

图4-11

11 单击【确定】按钮，得到的效果如图4-12所示。

12 使用【贝塞尔】工具和【形状】工具绘制图4-13所示的图形，单击【选择】工具，在属性栏中设置轮廓宽度 .35 mm，并填充蓝色，其CMYK值为（44，5，22，0）。

13 使用【贝塞尔】工具和【形状】工具绘制图4-14所示的后腰头，单击【选择】工具，在属性栏中设置轮廓宽度 .35 mm，并填充蓝色，其CMYK值为（44，5，22，0）。

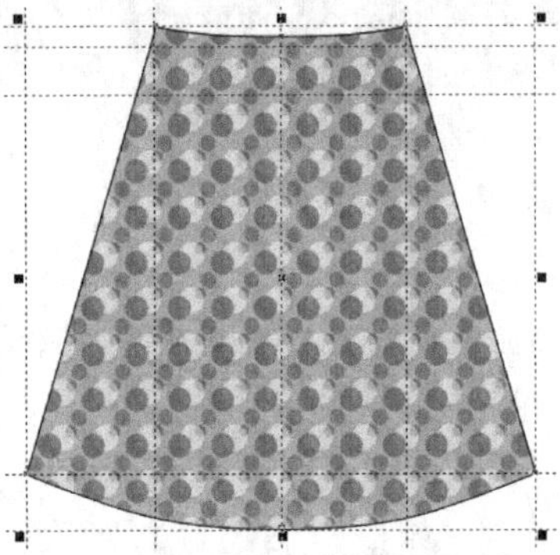

图4-12

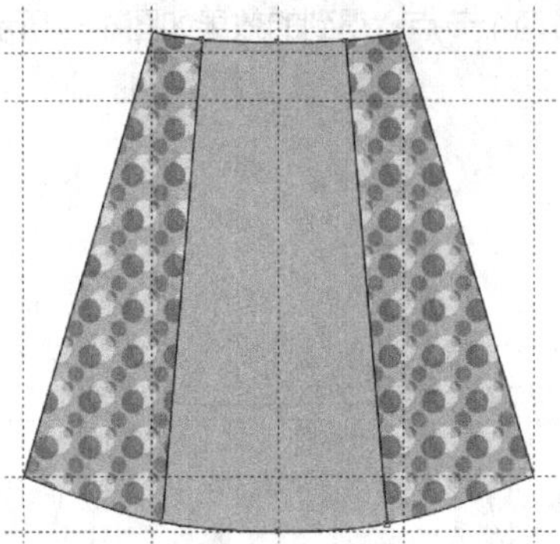

图4-13

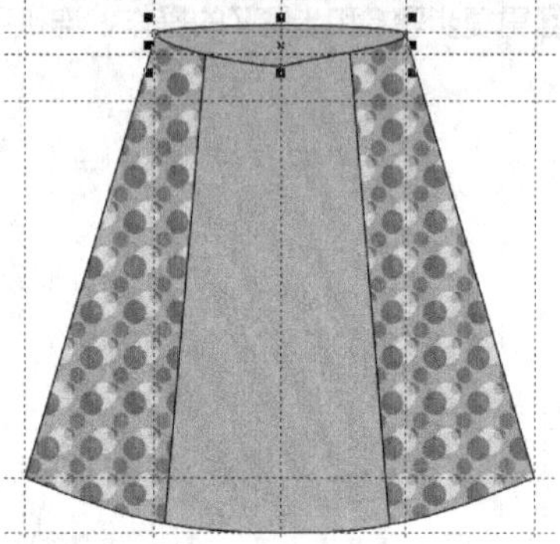

图4-14

14 执行菜单栏中的【对象】/【顺序】/【到页面后面】命令，得到的效果如图4-15所示。

15 选择【贝塞尔】工具和【形状】工具，在图4-16所示的后腰头、前片分割线和裙摆处绘制4条缉明线，使缉明线处于选择状态，按【F12】键，弹出【轮廓笔】对话框，选项及参数设置如图4-17所示。

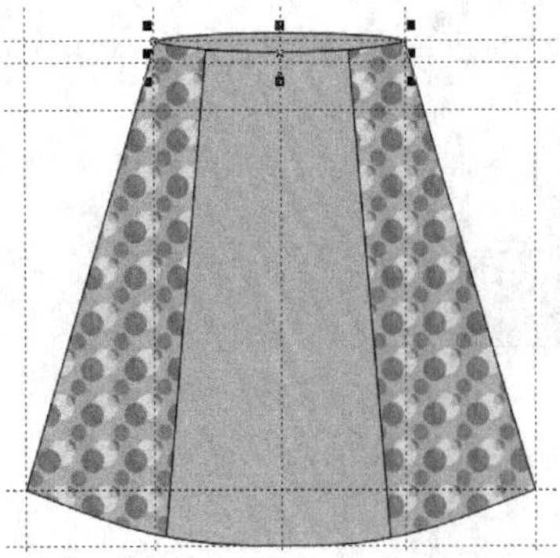

图4-15

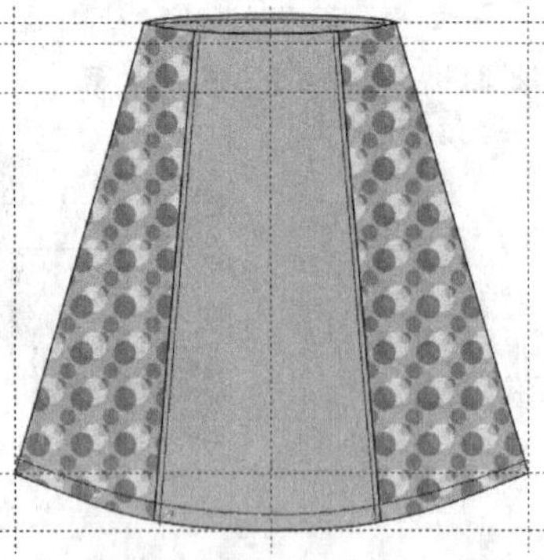

图4-16

图4-17

16 单击【确定】按钮，得到的效果如图4-18所示。

17 用【贝塞尔】工具和【形状】工具绘制图4-19所示的腰带，单击【选择】工具，在属性栏中设置轮廓宽度 .35 mm 。

18 使用【属性滴管】工具选择衣身属性，鼠标转换成应用对象属性，然后单击裙身部分，把图案复制到腰带中，得到的效果如图4-20所示。

19 执行菜单栏中的【编辑】/【全选】/【辅助线】命令，选择所有的辅助线，按【Delete】键删除，得到的效果如图4-21所示。

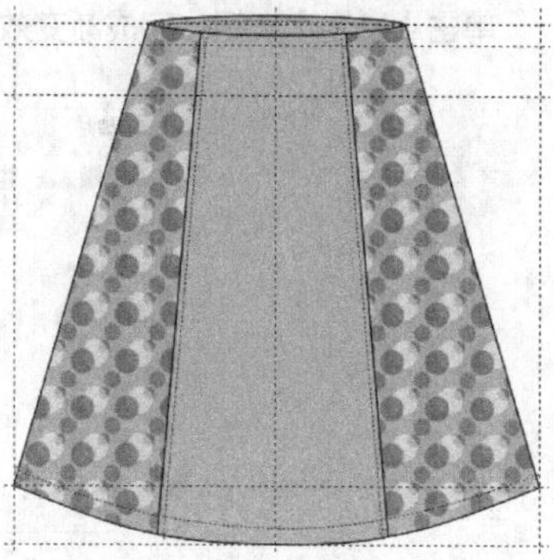

图4-18

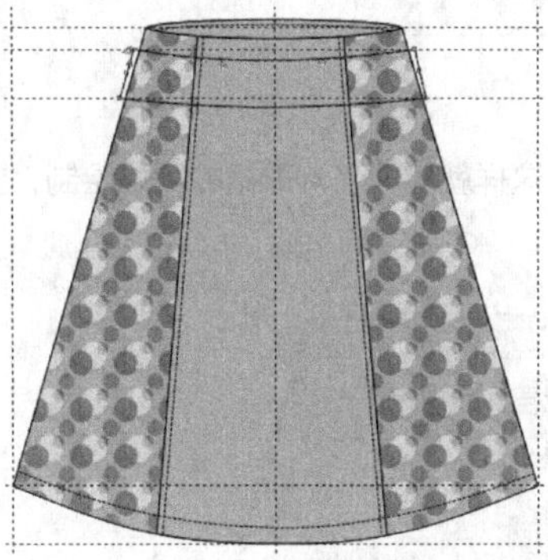

图4-19

图4-20

图4-21

20 重复步骤15和步骤16的操作，绘制腰带上的缉明线，得到效果如图4-22所示。

21 使用【矩形】工具在腰带上绘制一个矩形，在属性栏中设置圆角弧度 .8 mm .8 mm .8 mm .8 mm ，在属性栏中设置轮廓宽度 .35 mm ，得到的效果如图4-23所示。

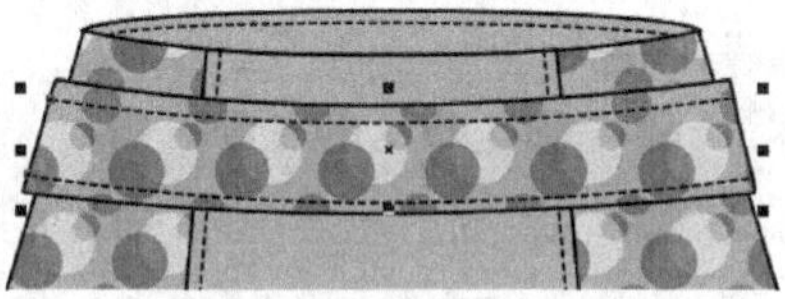

图4-22

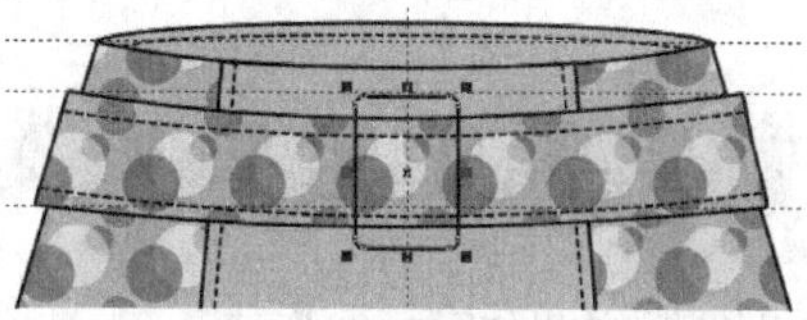

图4-23

22 单击【选择】工具，按【+】键复制图形，再按住【Shift】键等比例缩小图形，得到的效果如图4-24所示。

23 使用【选择】工具框选两个矩形，单击属性栏中的【合并】按钮结合图形，得到的效果如图4-25所示。

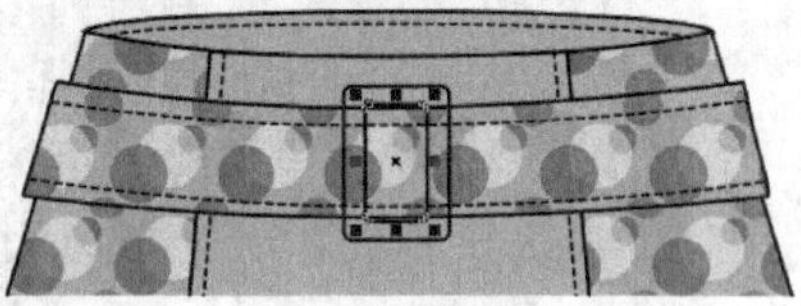

图4-24

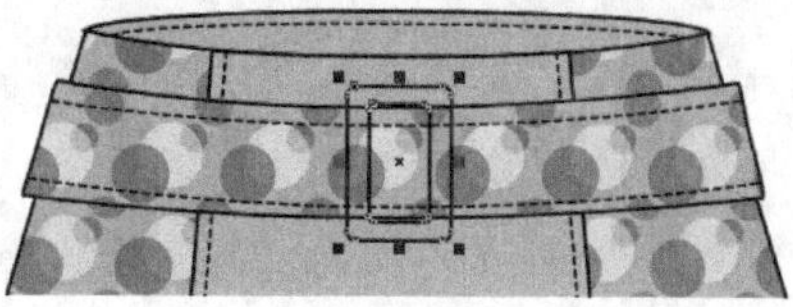

图4-25

24 单击工具箱中的【交互式填充】工具，在属性栏中单击【渐变填充】按钮，再单击【编辑填充】按钮，弹出【编辑填充】对话框，设置各项参数如图4-26所示，其中主要控制点的位置和颜色参数分别如下：

位置：0　　颜色：40%黑色

位置：54　　颜色：白色

位置：100　　颜色：40%黑色

单击【确定】按钮，完成渐变效果如图4-27所示。

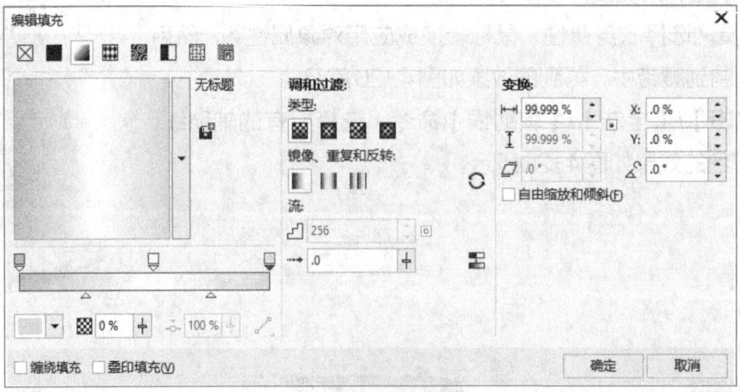

图4-26

25 使用【选择】工具框选所有图形，按住【Ctrl】+【G】组合键，群组图形。这样就完成了A形裙的款式绘制，整体效果如图4-28所示。

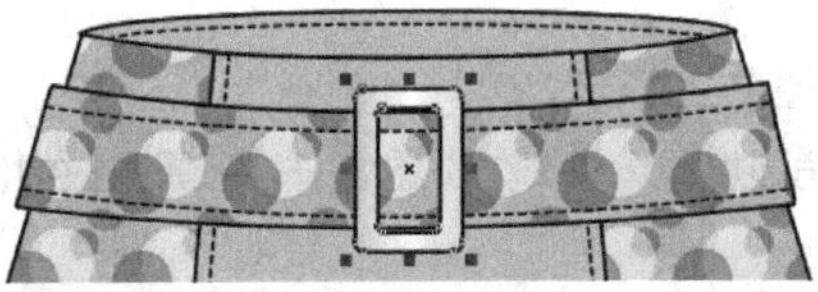

图4-27

图4-28

4.2 百褶裙款式设计

百褶裙的整体效果如图4-29所示。

图4-29

设计重点

造型设计，罗纹领口、袖口表现，色彩填充，雪花针织图案表现。

操作步骤

01 打开CorelDRAW软件，执行菜单栏中的【文件】/【新建】命令，或使用【Ctrl】+【N】组合键，打开【创建新文档】对话框，文件命名为“百褶裙”，设定纸张大小为A4，横向摆放，如图4-30所示。

02 使用【贝塞尔】工具和【形状】工具绘制图4-31所示的路径，单击【选择】工具，在属性栏中设置轮廓宽度.35 mm。

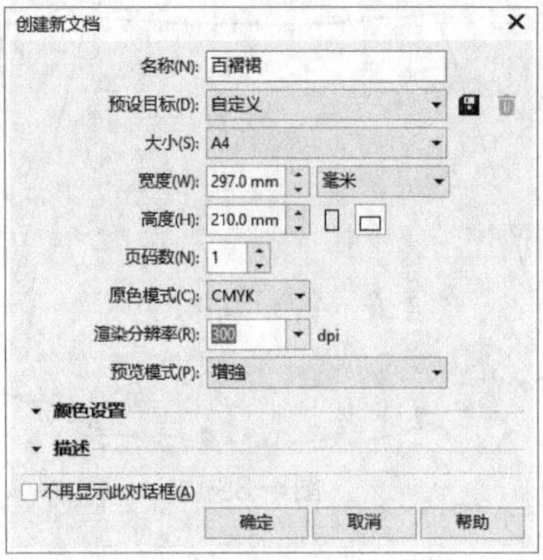

图4-30

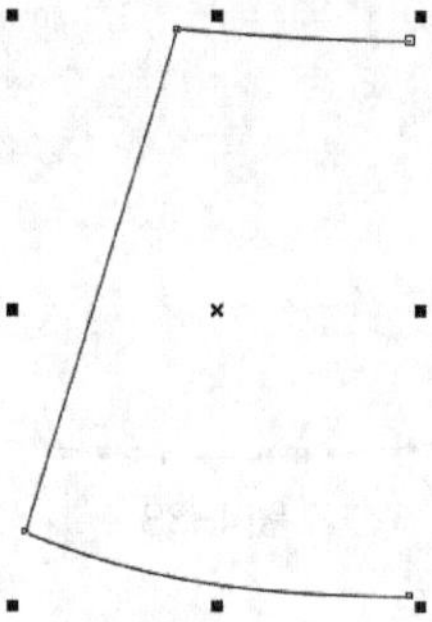

图4-31

03 按【+】键复制路径，单击属性栏中的【水平镜像】按钮，并把图形向右平移到合适的位置，得到的效果如图4-32所示。

04 使用【选择】工具框选两条路径，单击属性栏中的【合并】按钮，得到的效果如图4-33所示。

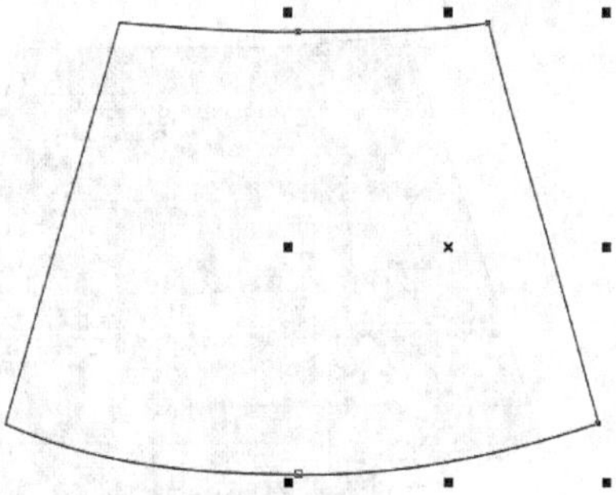

图4-32

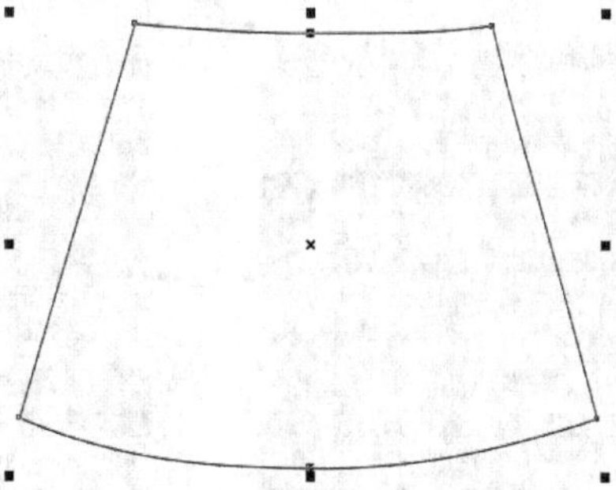

图4-33

05 使用【形状】工具选择图4-34所示的两个节点。

06 单击属性栏中的【连接两个节点】按钮，得到的效果如图4-35所示。

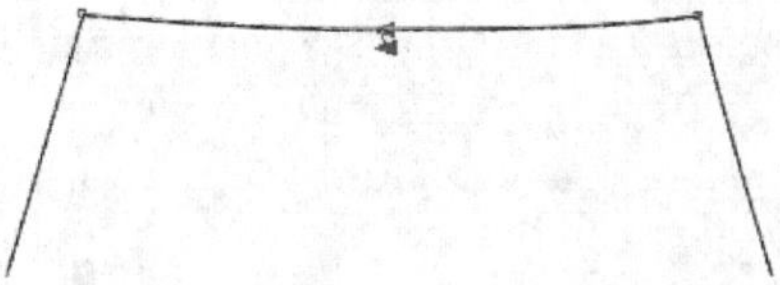

图4-34

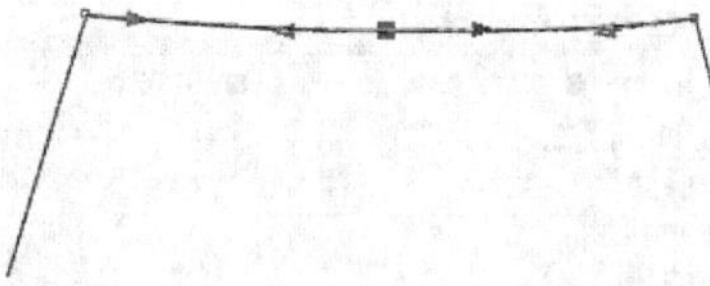

图4-35

07 重复步骤5和步骤6的操作，连接下方两个节点，得到的效果如图4-36所示。

08 使用【形状】工具在裙下摆处双击鼠标添加节点，得到的效果如图4-37所示。

图4-36

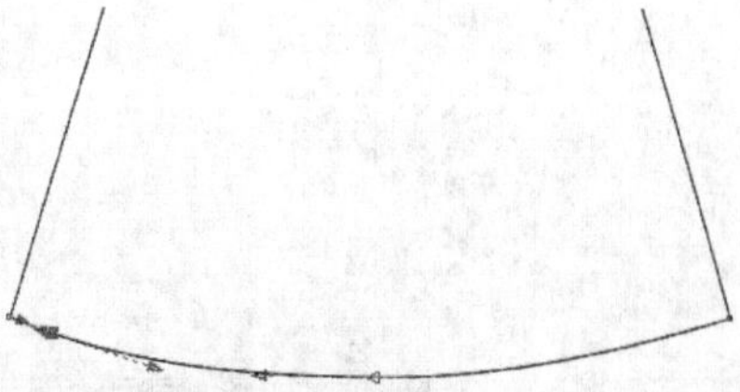

图4-37

09 重复上一步操作，在裙下摆处不规则地添加17个节点，得到的效果如图4-38所示。

10 使用【形状】工具分别调整18个节点的位置，形成不规则的裙摆，得到的效果如图4-39所示。

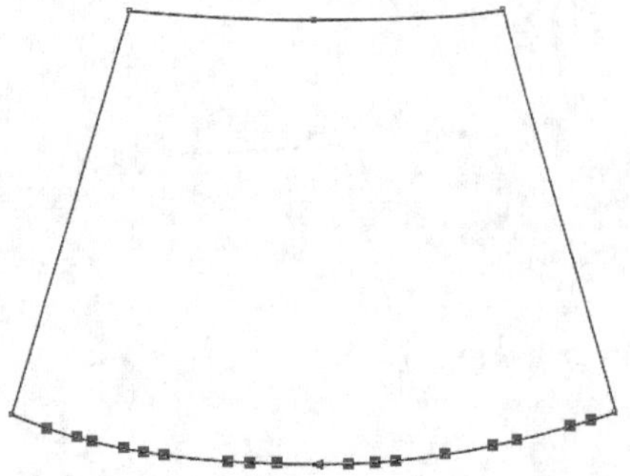

图4-38

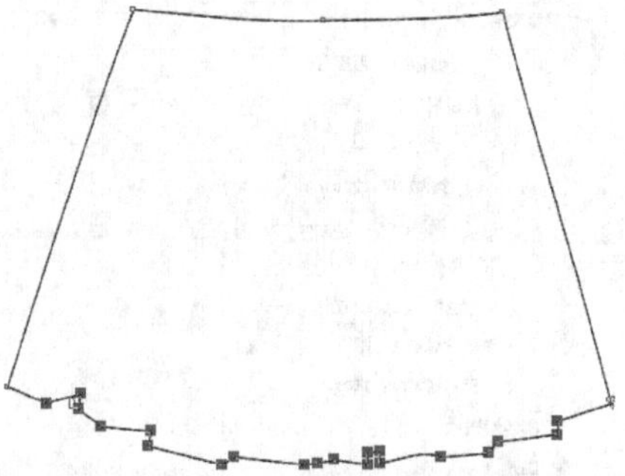

图4-39

11 执行菜单栏中的【文件】/【导入】命令，导入图4-40所示的格子布面料。

12 执行菜单栏中的【对象】/【顺序】/【到页面后面】命令，使用【选择】工具把它放置到裙子造型下方，得到的效果如图4-41所示。

13 执行菜单栏中的【对象】/【PowerClip】/【置于图文框内部】命令，把格子布面料放置在裙子造型中，得到的效果如图4-42所示。

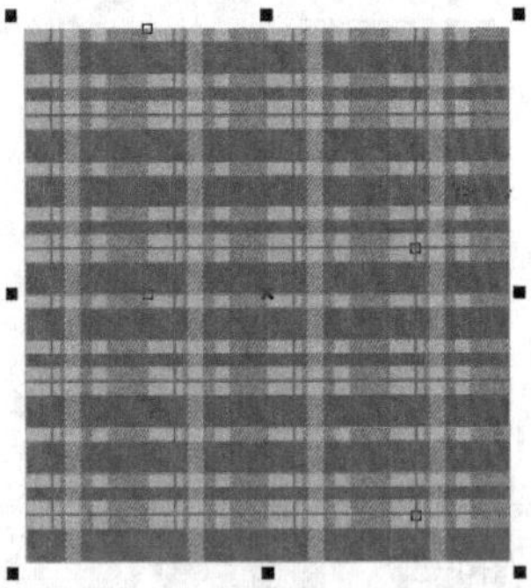

图4-40

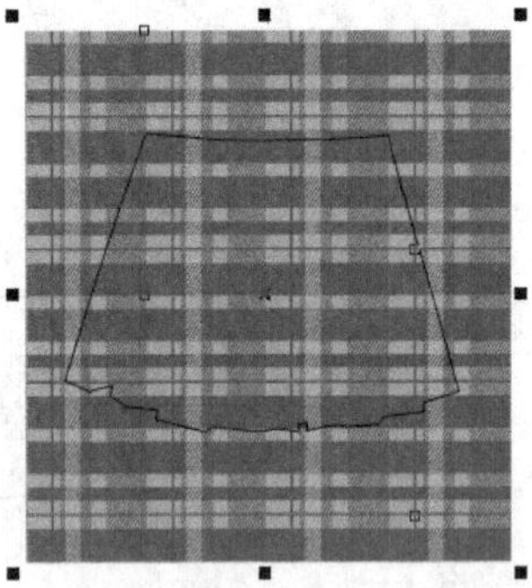

图4-41

图4-42

14 单击鼠标右键，弹出菜单，如图4-43所示。选择【编辑PowerClip】命令，得到的效果如图4-44所示。

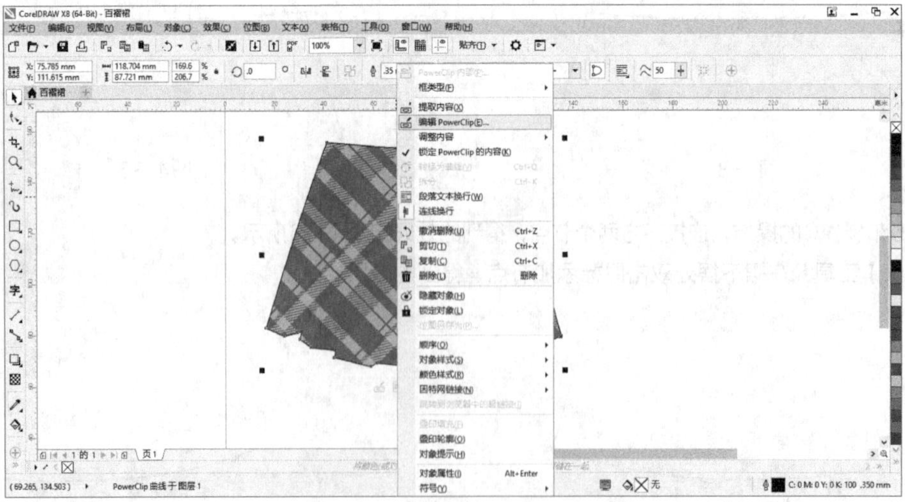

图4-43

15 使用【选择】工具选择格子面料，在属性栏中设置旋转角度 315.0 °，得到的效果如图4-45所示。

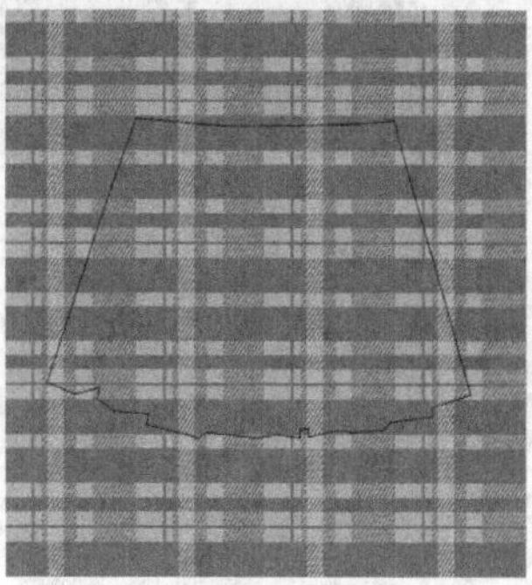

图4-44

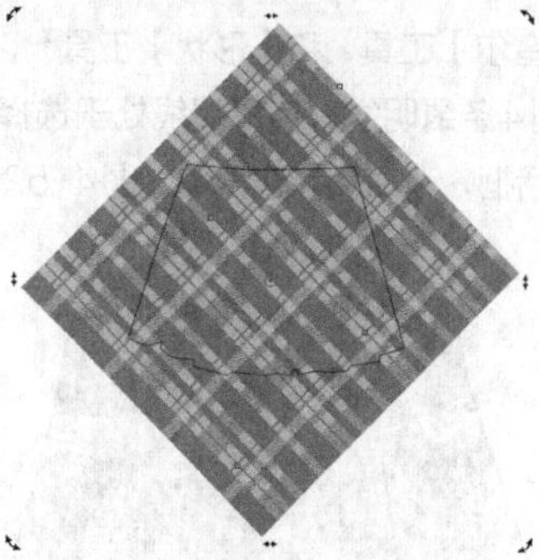

图4-45

16 单击鼠标右键，在弹出菜单中选择【结束编辑】命令，得到的效果如图4-46所示。

17 使用【贝塞尔】工具分别绘制裙子上的12条褶裥线，在属性栏中设置轮廓宽度 .35 mm ，得到的效果如图4-47所示。

图4-46

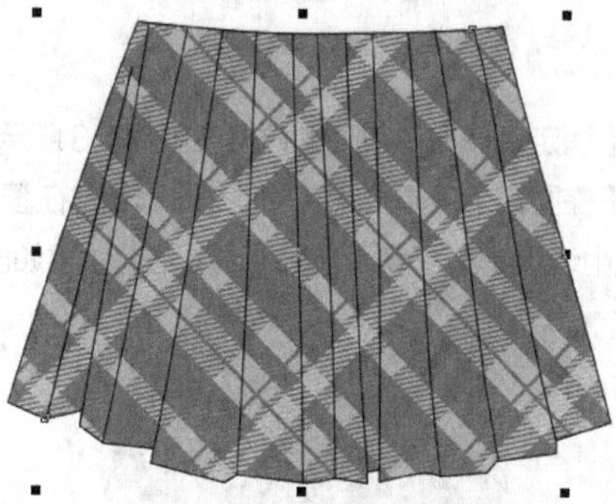

图4-47

专家提示

绘制褶裥线时，线条的一端必须和裙下摆的节点相吻合。

18 使用【贝塞尔】工具和【形状】工具绘制图4-48所示的裙子腰头部分，单击【选择】工具，在属性栏中设置轮廓宽度 .35 mm 。

19 重复步骤11~13的操作给腰头部分填充格子面料，得到的效果如图4-49所示。

图4-48

图4-49

20 使用【贝塞尔】工具绘制腰头上的分割线，在属性栏中设置轮廓宽度 .35 mm，如图4-50所示。

21 选择【贝塞尔】工具和【形状】工具，在图4-51所示的腰头及裙子下摆处绘制4条缉明线，使缉明线处于选择状态，按【F12】键，弹出【轮廓笔】对话框，选项及参数设置如图4-52所示。

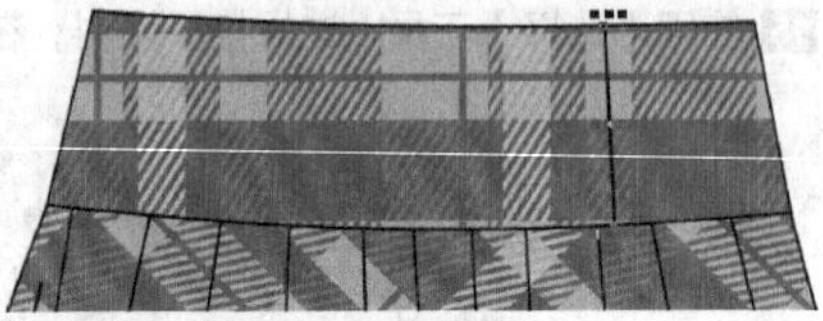

图4-50

图4-51

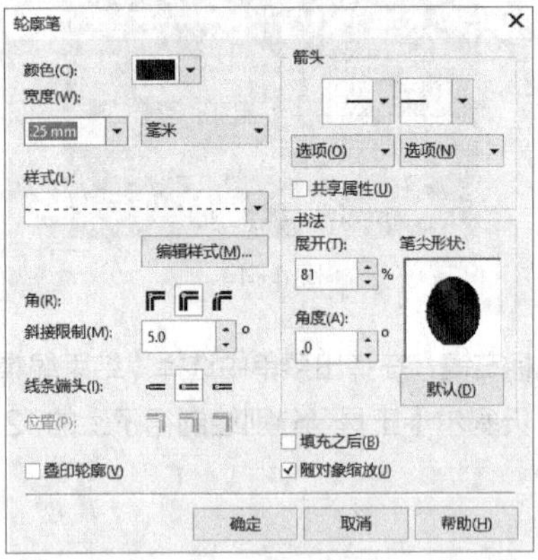

图4-52

22 单击【确定】按钮，得到的效果如图4-53所示。

23 选择【椭圆形】工具，并按住【Ctrl】键在腰头绘制一个圆形，并填充粉红色，其CMYK值为（3，40，25，0），在属性栏中设置轮廓宽度 .2 mm，得到的效果如图4-54所示。

图4-53

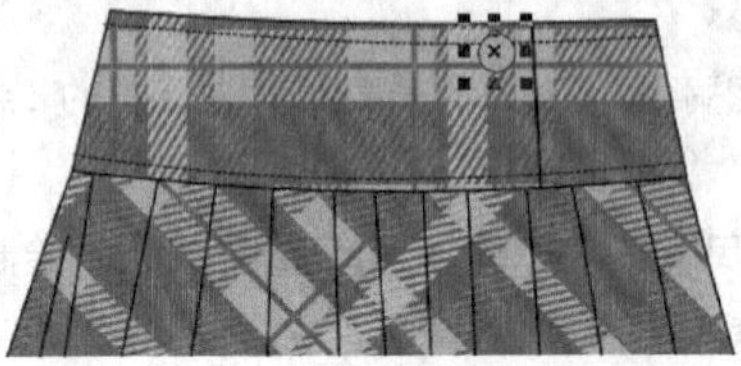

图4-54

24 按【+】键复制一个圆形，把复制的圆形摆放在图4-55所示的位置。

25 使用【选择】工具框选所有图形，按住【Ctrl】+【G】组合键，群组图形。这样就完成了百褶裙的绘制，整体效果如图4-56所示。

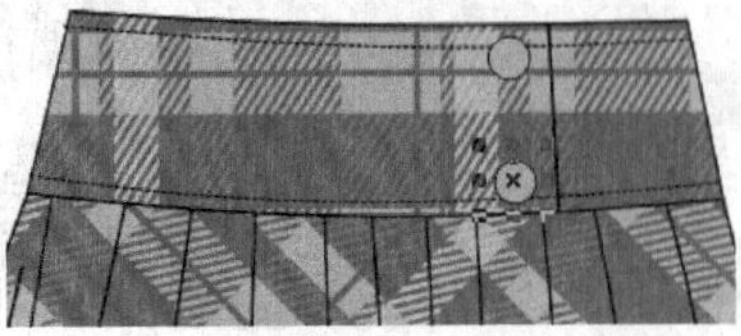

图4-55

图4-56

4.3 蕾丝裙款式设计

蕾丝裙的整体效果如图4-57所示。

设计重点

造型设计、蕾丝花边表现、织带表现、装饰线的表现。

图4-57

操作步骤

01 打开CorelDRAW软件，执行菜单栏中的【文件】/【新建】命令，或使用【Ctrl】+【N】组合键，打开【创建新文档】对话框，文件命名为“蕾丝裙”，设定纸张大小为A4，横向摆放，如图4-58所示。

02 从标尺栏向页面拖曳鼠标添加7条辅助线，确定腰线、腰头宽、裙长和裙摆宽等，如图4-59所示。

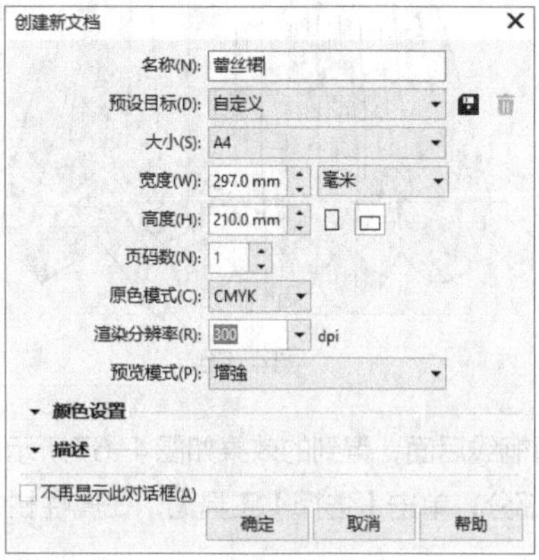

图4-58

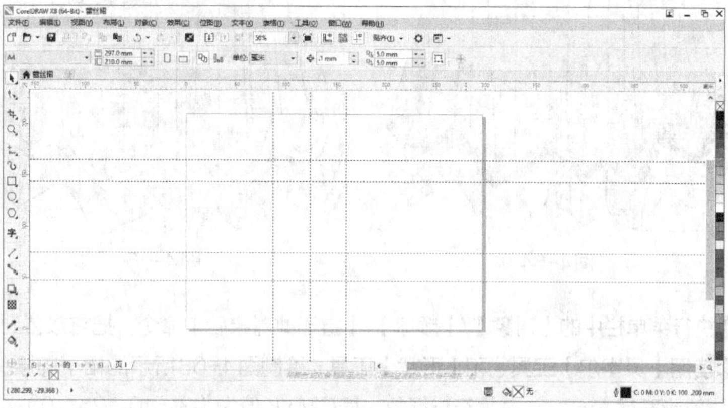

图4-59

03 使用【贝塞尔】工具和【形状】工具在辅助线基础上绘制图4-60所示的裙子造型。

04 使用【选择】工具，在属性栏中设置轮廓宽度，单击工具箱中的【交互式填充】工具，在属性栏中单击【均匀填充】按钮，再单击【填充色】按钮，弹出【均匀填充】对话框，设置CMYK值为（3，40，25，0）的粉红色，如图4-61所示，按【Enter】键，得到的效果如图4-62所示。

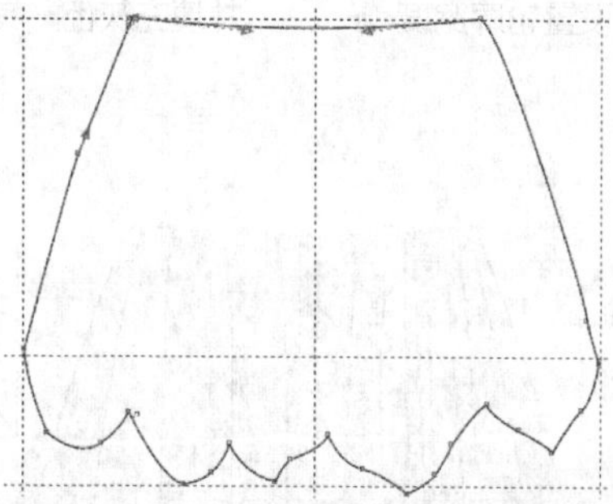

图4-60

专家提示

绘制裙子时要注意表现裙摆的不规则花瓣造型，通过【形状】工具双击路径添加节点，修改造型。

05 使用【贝塞尔】工具和【形状】工具分别绘制裙子上的16条褶裥线，在属性栏中设置轮廓宽度，得到的效果如图4-63所示。

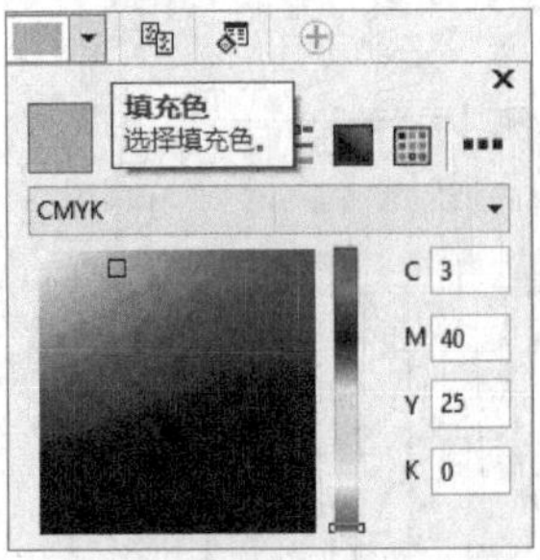

图4-61

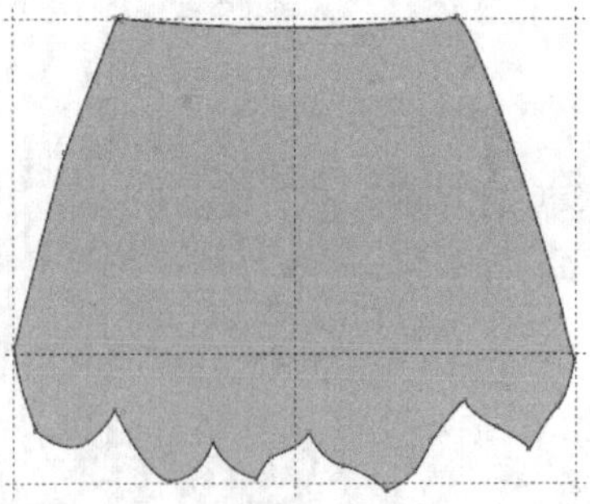

图4-62

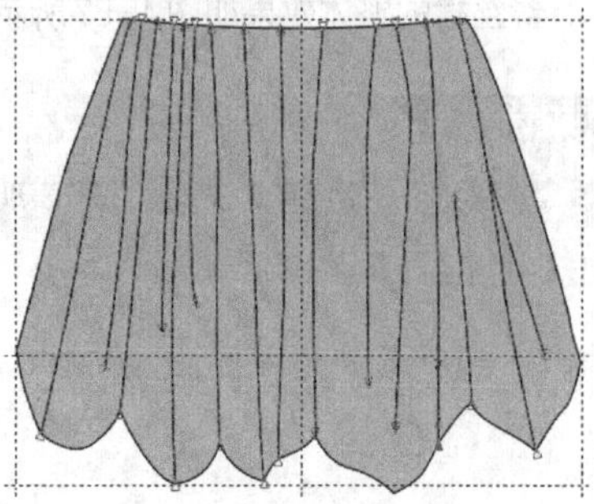

图4-63

06 使用【贝塞尔】工具和【形状】工具绘制裙子上的织带，在属性栏中设置轮廓宽度，得到的效果如图4-64所示。

07 执行菜单栏中的【对象】/【将轮廓转换为对象】命令，把路径转换为图形并填充白色，在属性栏中设置轮廓宽度，得到的效果如图4-65所示。

08 使用【形状】工具调整织带两边的造型，使其和裙摆造型相贴合，得到的效果如图4-66所示。

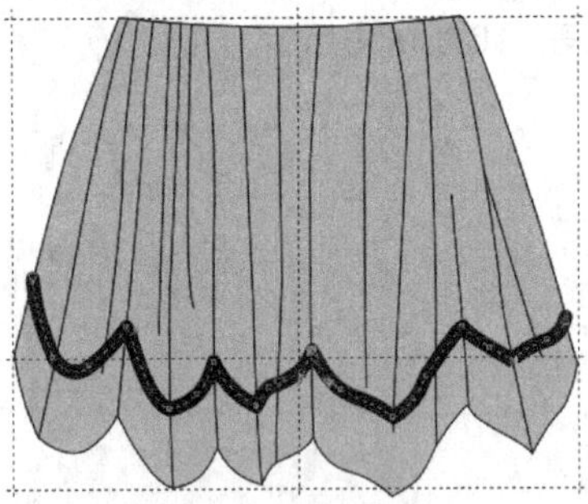

图4-64

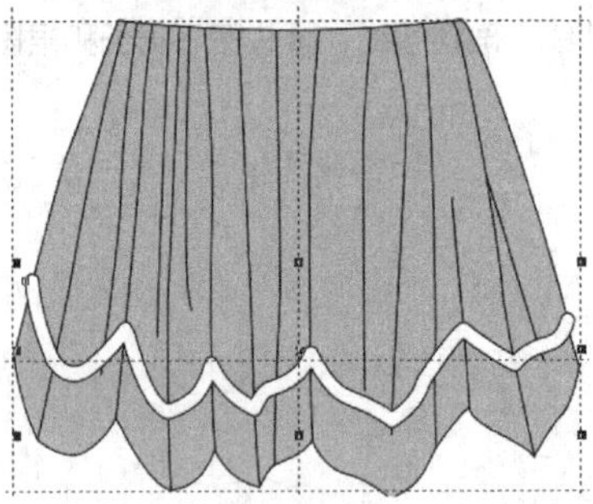

图4-65

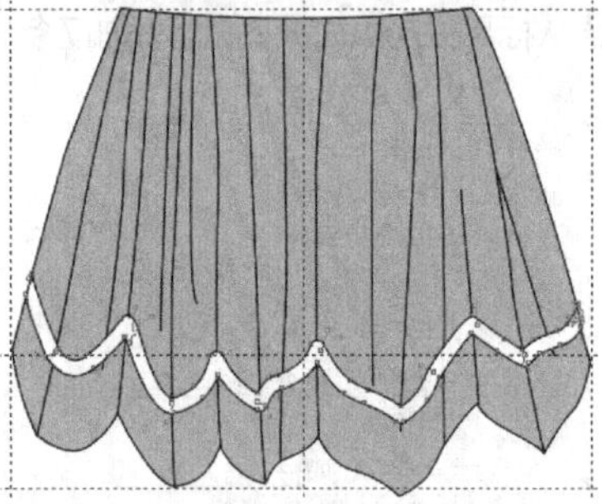

图4-66

09 执行菜单栏中的【对象】/【顺序】/【置于此对象后】命令，把它放置到褶裥线后面，得到的效果如图4-67所示。

10 使用【贝塞尔】工具和【形状】工具绘制图4-68所示的裙子前腰头部分，单击【选择】工具，在属性栏中设置轮廓宽度，并填充粉红色，其CMYK值为（3，40，25，0）。

11 使用【贝塞尔】工具和【形状】工具绘制图4-69所示的裙子后腰头部分，单击【选择】工具，在属性栏中设置轮廓宽度，并填充灰色，其CMYK值为（33，40，33，0）。

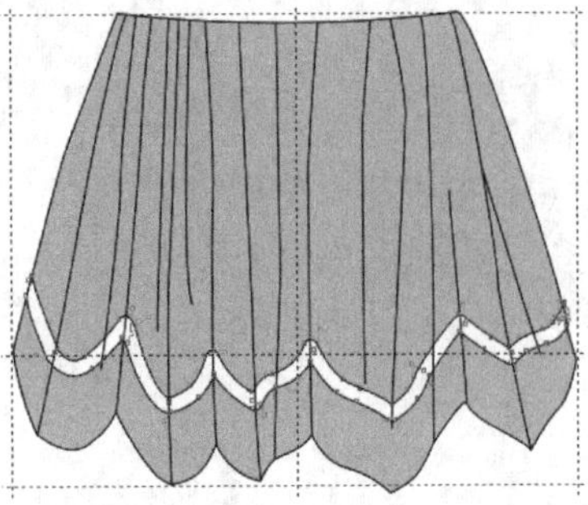

图4-67

图4-68

图4-69

12 执行菜单栏中的【对象】/【顺序】/【到页面后面】命令，得到的效果如图4-70所示。

13 执行菜单栏中的【编辑】/【全选】/【辅助线】命令，选择所有的辅助线，按【Delete】键删除，得到的效果如图4-71所示。

14 使用【贝塞尔】工具和【形状】工具绘制图4-72所示的腰部装饰，单击【选择】工具，在属性栏中设置轮廓宽度 .35 mm，并填充白色。

图4-70

图4-71

图4-72

15 使用【贝塞尔】工具和【形状】工具绘制腰部的褶裥线，设置轮廓宽度 .35 mm，如图4-73所示。

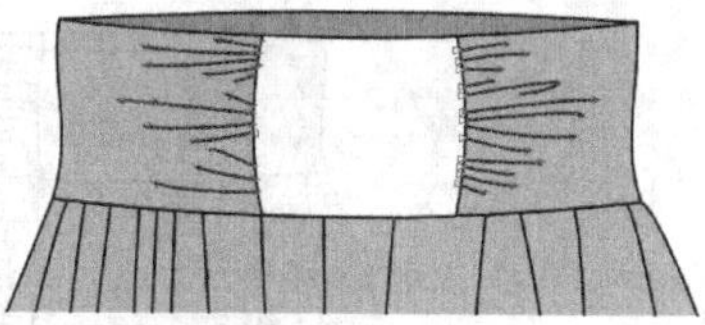
图4-73

16 选择【贝塞尔】工具和【形状】工具，在图4-74所示的腰头、腰部装饰及裙子下摆处绘制7条缉明线，使缉明线处于选择状态，按【F12】键，弹出【轮廓笔】对话框，选项及参数设置如图4-75所示。

17 单击【确定】按钮，得到的效果如图4-76所示。

图4-74

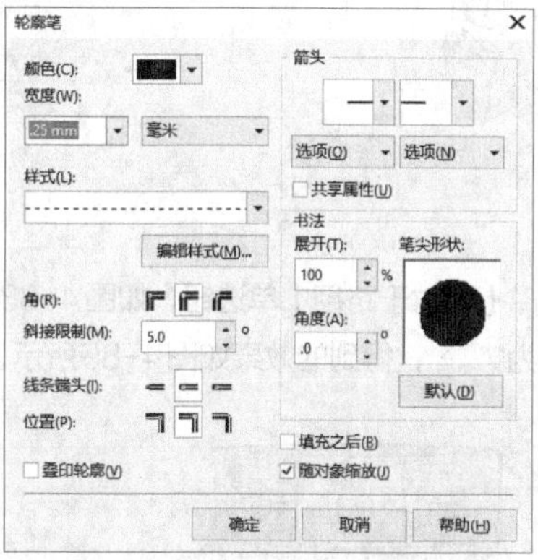

图4-75

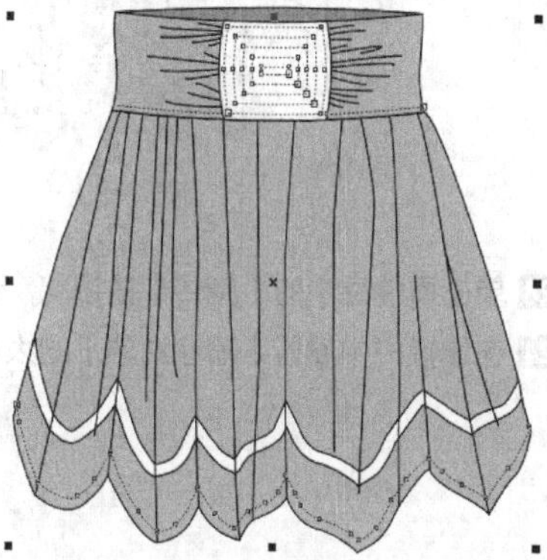
图4-76

18 执行菜单栏中的【文件】/【导入】命令，导入图4-77所示的蕾丝花边图案。

19 单击工具箱中的【交互式填充】工具，在属性栏中单击【均匀填充】按钮，再单击【填充色】按钮，弹出【均匀填充】对话框，设置CMYK值为（3，40，25，0）的粉红色，如图4-78所示，按【Enter】键，得到的效果如图4-79所示。

图4-77

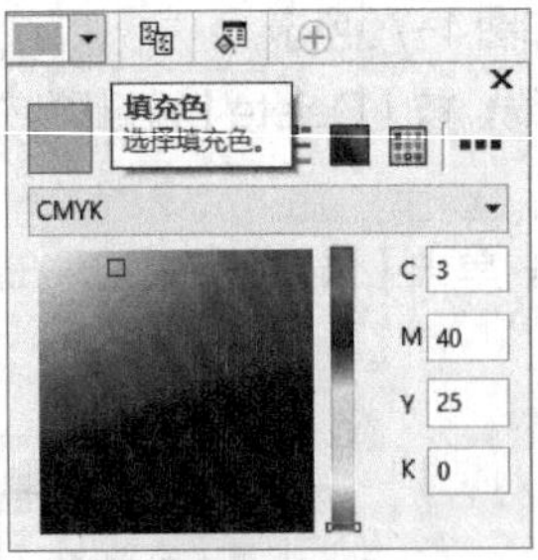

图4-78

图4-79

20 单击工具箱中的【艺术笔】工具，选择属性栏中的【自定义/新喷涂列表】，单击属性栏中的【添加到喷涂列表】按钮，把绘制好的蕾丝花边图案自定义为艺术画笔，属性栏中各项参数的设置如图4-80所示。

图4-80

21 使用【贝塞尔】工具和【形状】工具绘制一条和裙摆相重合的路径，如图4-81所示。

22 选择【艺术笔】工具，在属性栏的喷涂列表中单击蕾丝花边艺术笔，得到的效果如图4-82所示。

图4-81

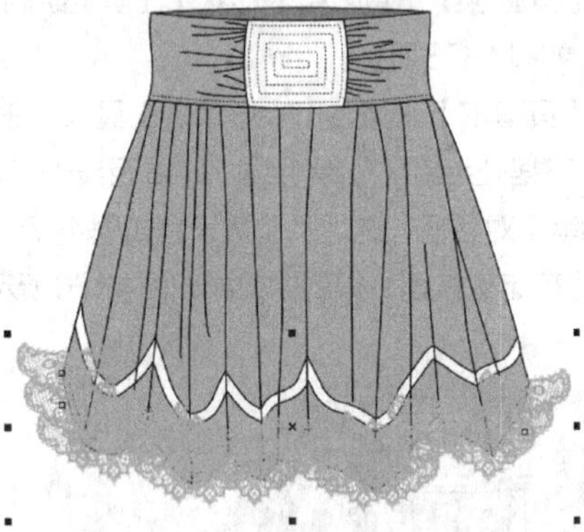

图4-82

23 单击属性栏中的【旋转】按钮，选择【相对于路径】单选钮，如图4-83所示，得到的效果如图4-84所示。

24 在属性栏中设置【喷涂对象】的大小为，得到的效果如图4-85所示。

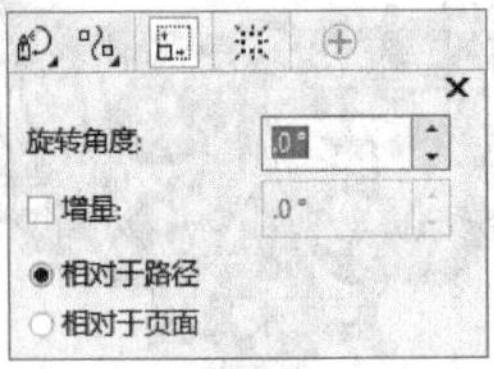

图4-83

图4-84

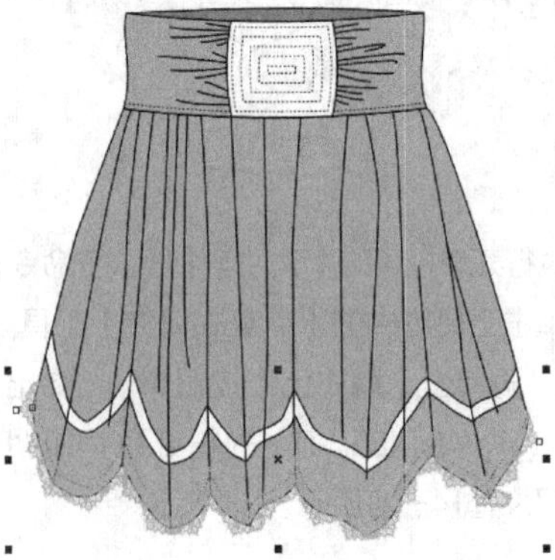

图4-85

25 执行菜单栏中的【对象】/【顺序】/【到页面后面】命令，得到的效果如图4-86所示。

26 单击【选择】工具把绘制好的蕾丝花边往下移动到合适的位置，得到的效果如图4-87所示。

27 使用【选择】工具框选所有图形，按住【Ctrl】+【G】组合键，群组图形。这样就完成了蕾丝裙的绘制，整体效果如图4-88所示。

图4-86

图4-87

图4-88

专家提示

完成自定义蕾丝图案艺术笔之后，要把艺术笔保存，方便在以后的绘图过程中直接使用。

4.4 高腰铅笔裙款式设计

高腰铅笔裙的整体效果如图4-89所示。

设计重点

造型设计、腰带设计、两孔扣表现。

操作步骤

01 打开CorelDRAW软件，执行菜单栏中的【文件】/【新建】命令，或使用【Ctrl】+【N】组合键，打开【创建新文档】对话框，文件命名为"高腰铅笔裙"，设定纸张大小为A4，横向摆放，如图4-90所示。

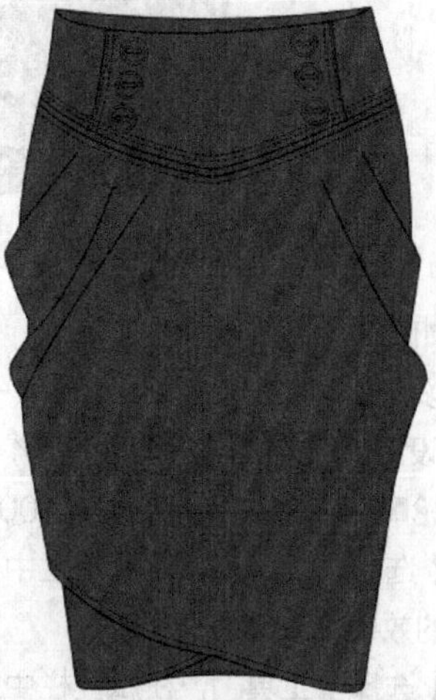

图4-89

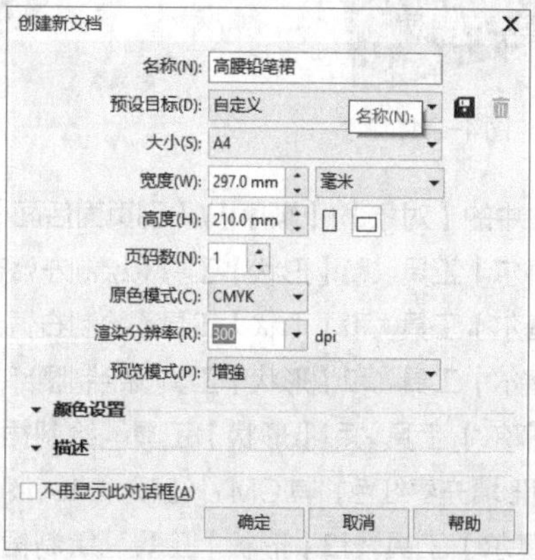

图4-90

02 使用【贝塞尔】工具和【形状】工具绘制图4-91所示的裙子造型。

03 单击【选择】工具，在属性栏中设置轮廓宽度.35 mm，单击工具箱中的【交互式填充】工具，在属性栏中单击【均匀填充】按钮，再单击【填充色】按钮，弹出【均匀填充】对话框，设置CMYK值为（49，93，89，23）的枣红色，如图4-92所示，按【Enter】键，得到的效果如图4-93所示。

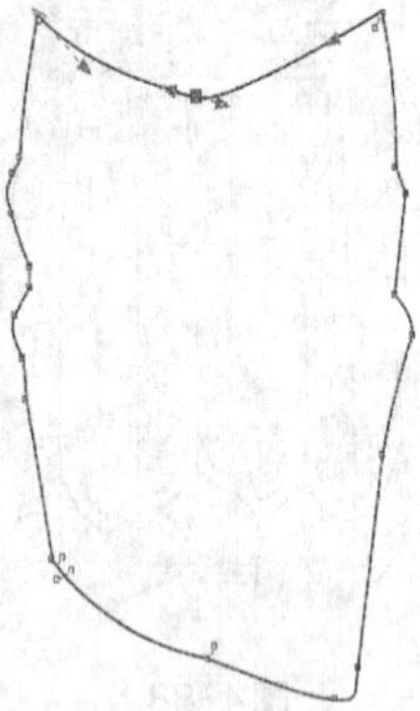

图4-91

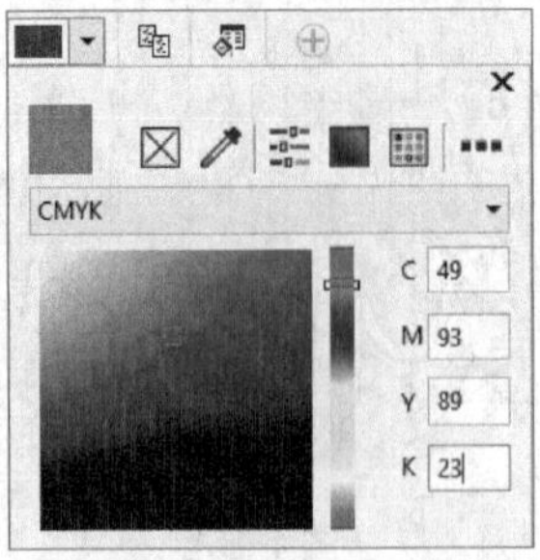

图4-92

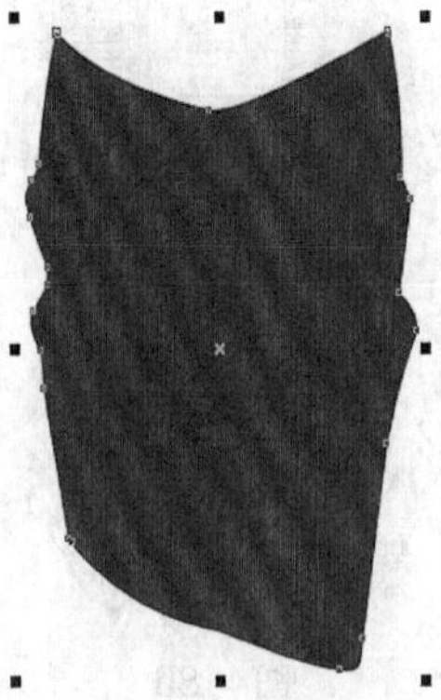

图4-93

专家提示

使用【形状】工具调整裙子造型时，注意臀部的曲线造型处理，此款为合体包臀裙。

04 使用【贝塞尔】工具和【形状】工具绘制图4-94所示的裙子前腰头造型。

05 单击【选择】工具，在属性栏中设置轮廓宽度.35 mm，给图形填充枣红色，其CMYK值为（49，93，89，23），得到的效果如图4-95所示。

06 使用【贝塞尔】工具和【形状】工具绘制裙子后腰头造型，单击【选择】工具，在属性栏中设置轮廓宽度.35 mm，给图形填充枣红色，其CMYK值为（49，93，89，23），得到的效果如图4-96所示。

图4-94

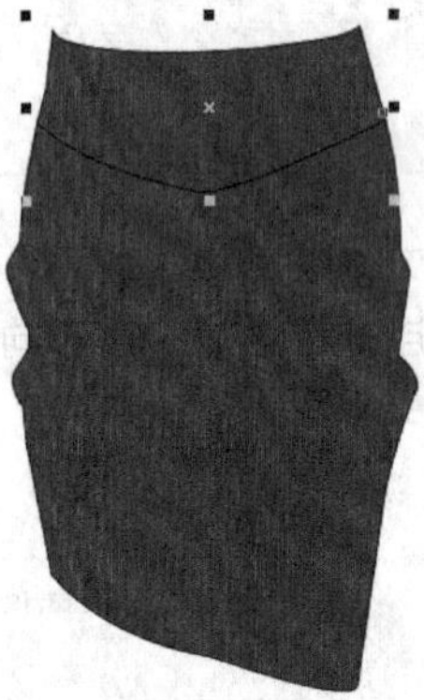

图4-95

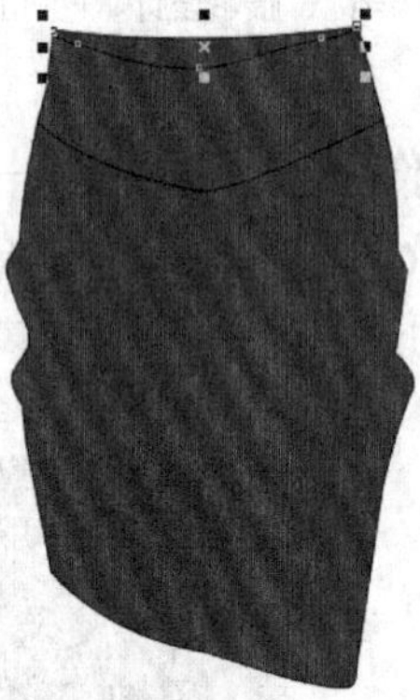

图4-96

07 执行菜单栏中的【对象】/【顺序】/【到页面后面】命令，得到的效果如图4-97所示。

08 使用【贝塞尔】工具和【形状】工具绘制左臀部位的3条褶裥线，设置轮廓宽度.35 mm，如图4-98所示。

09 使用【贝塞尔】工具和【形状】工具绘制右臀部位的两条褶裥线，设置轮廓宽度.35 mm，如图4-99所示。

10 使用【贝塞尔】工具和【形状】工具绘制腰部的3条分割线，设置轮廓宽度.35 mm，如图4-100所示。

11 使用【贝塞尔】工具和【形状】工具绘制裙子下摆造型，单击【选择】工具，在属性栏中设置轮廓宽度.35 mm，给图形填充枣红色，其CMYK值为（49，93，89，23），得到的效果如图4-101所示。

12 使用【贝塞尔】工具和【形状】工具绘制裙子下摆里布，单击【选择】工具，在属性栏中设置轮廓宽度.35 mm，给图形填充枣红色，其CMYK值为（49，93，89，23），得到的效果如图4-102所示。

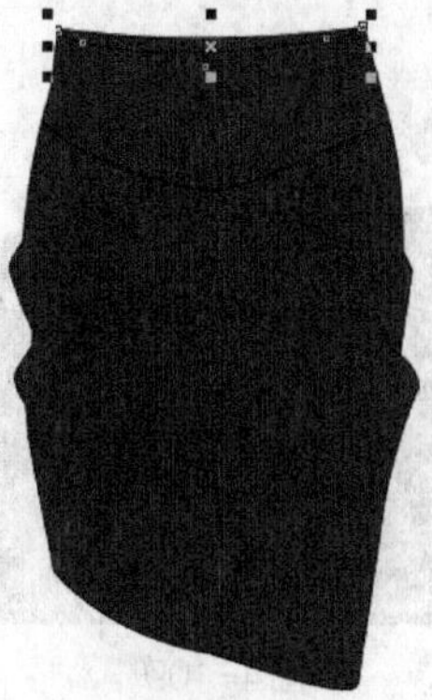
图4-97

图4-98

图4-99

图4-100

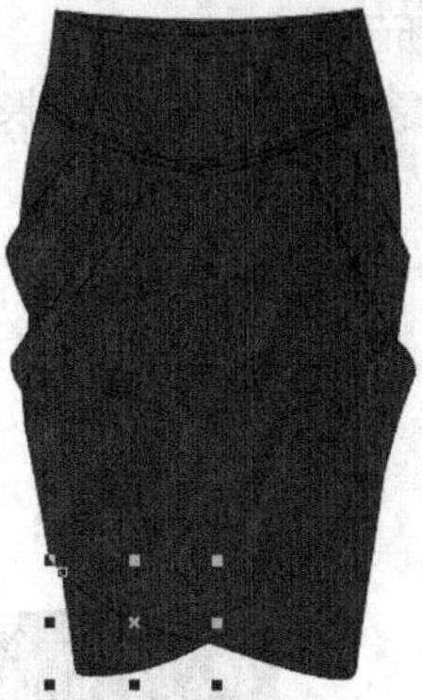
图4-101

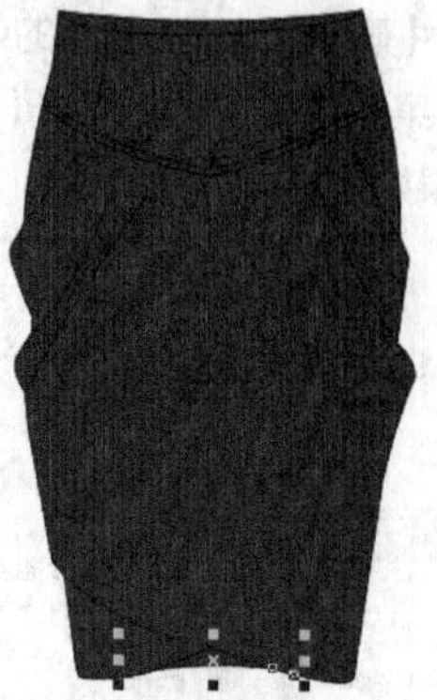
图4-102

13 选择【贝塞尔】工具和【形状】工具，在图4-103所示的腰头分割线及裙子下摆处绘制10条缉明线，使缉明线处于选择状态，按【F12】键，弹出【轮廓笔】对话框，选项及参数设置如图4-104所示。

14 单击【确定】按钮，得到的效果如图4-105所示。

图4-103

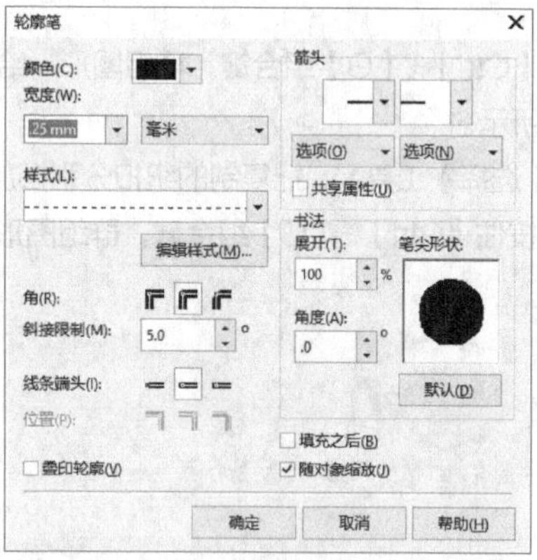

图4-104

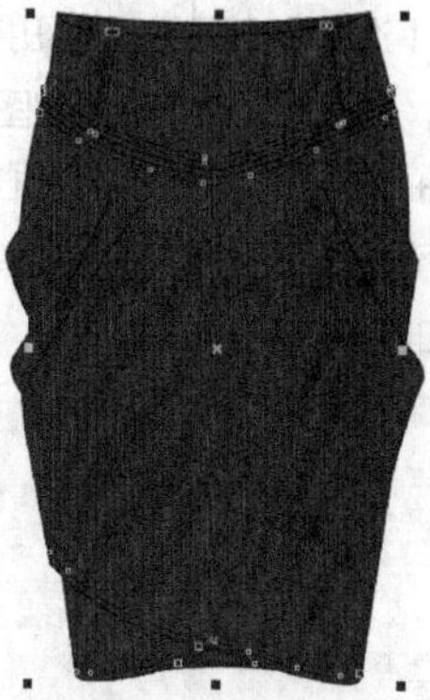
图4-105

15 选择【椭圆形】工具，按住【Ctrl】键在腰头绘制一个圆形，在属性栏中设置轮廓宽度 .2 mm，得到的效果如图4-106所示。

16 按【+】键复制圆形，再按【Shift】键等比例缩小圆形，得到的效果如图4-107所示。

17 按【+】键复制两个小圆形，再按【Shift】键等比例缩小图形，把复制的小

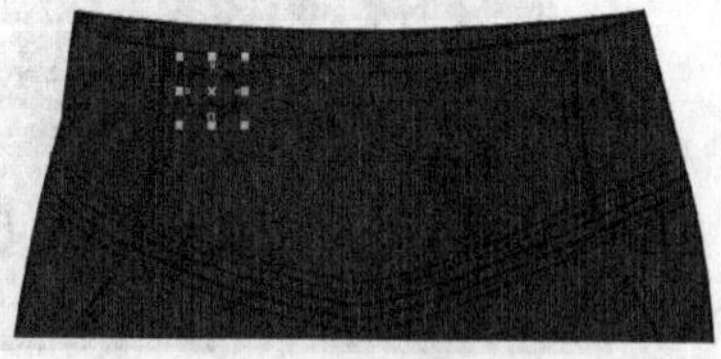
图4-106

圆形摆放在图4-108所示的位置。

18 使用【形状】工具在扣子上绘制一条线段，如图4-109所示。

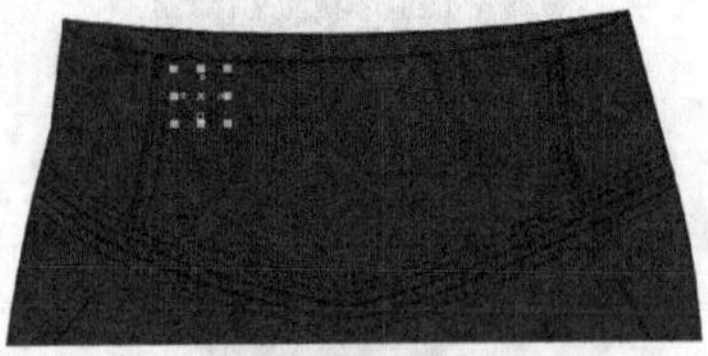

图4-107

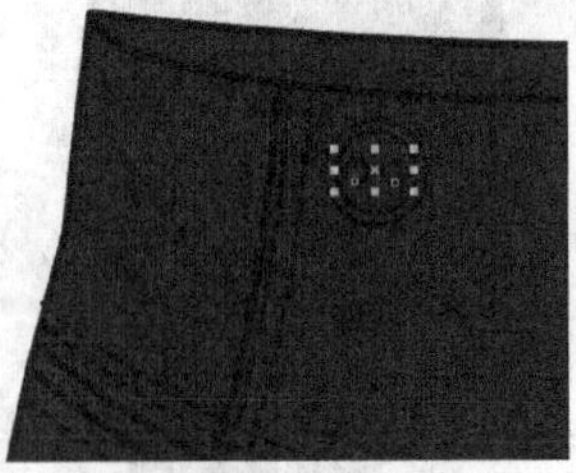

图4-108

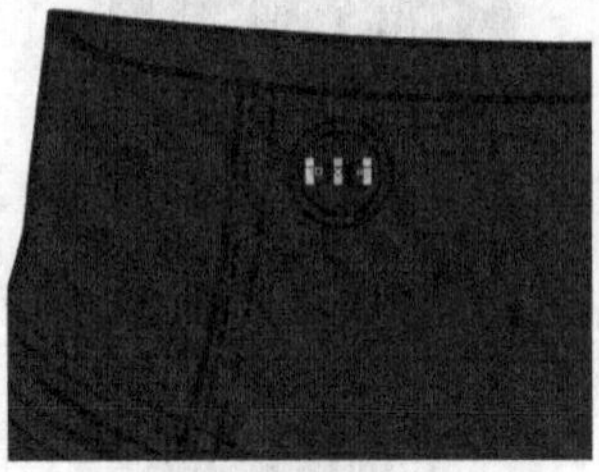

图4-109

19 使用【选择】工具选择线段，按【F12】键弹出【轮廓笔】对话框，各项参数的设置如图4-110所示。

20 单击【确定】按钮，得到的效果如图4-111所示。

21 执行菜单栏中的【对象】/【将轮廓转换为对象】命令，把路径转换为图形，在属性栏中设置轮廓宽度 .1 mm，得到的效果如图4-112所示。

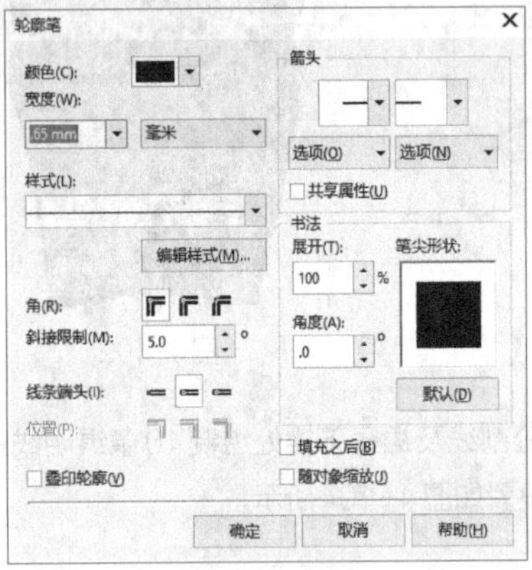

图4-110

图4-111

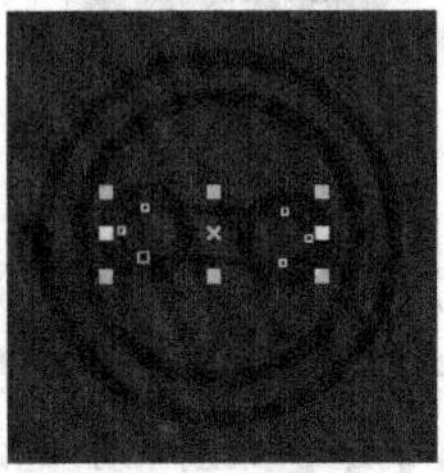

图4-112

22 使用【选择】工具框选纽扣，按住【Ctrl】+【G】组合键，群组图形。给纽扣填充枣红色，其CMYK值为（49，93，89，23），得到的效果如图4-113所示。

23 按【+】键复制另外5个纽扣，使用【选择】工具，把复制的纽扣分别摆放在图4-114所示的位置。

24 使用【选择】工具框选所有图形，按住【Ctrl】+【G】组合键，群组图形。这样就完成了高腰铅笔裙的绘制，整体效果如图4-115所示。

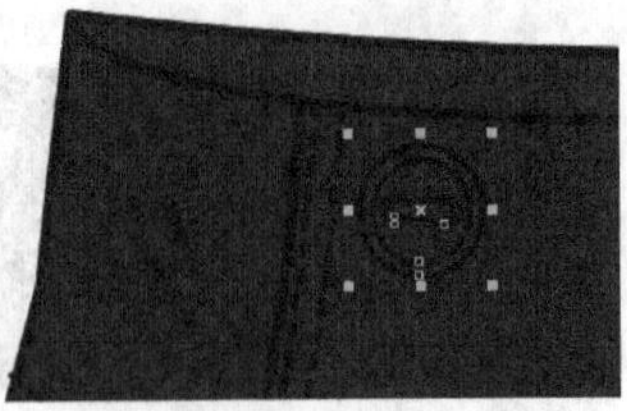

图4-113

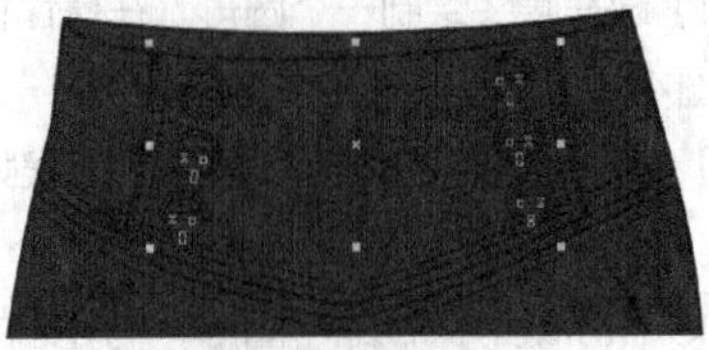

图4-114

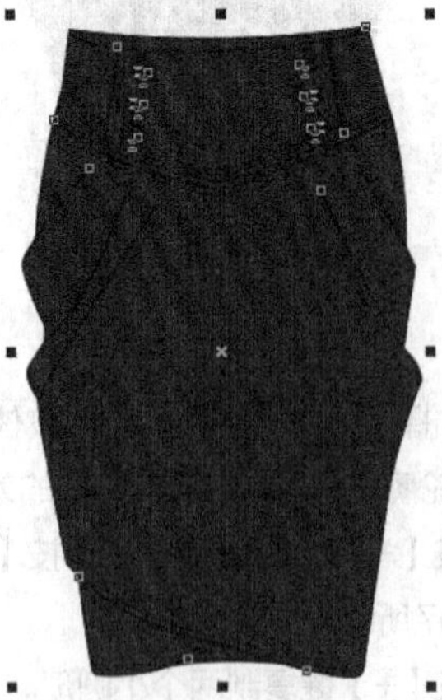

图4-115

4.5 牛仔喇叭裙款式设计

喇叭裙的整体效果如图4-116所示。

图4-116

设计重点

造型设计、雪纺印花面料表现、松紧带的表现、珠片花边的表现。

操作步骤

01 打开CorelDRAW软件，执行菜单栏中的【文件】/【新建】命令，或使用【Ctrl】+【N】组合键，打开【创建新文档】对话框，文件命名为“牛仔喇叭裙”，设定纸张大小为A4，横向摆放，如图4-117所示。

02 从标尺栏向页面拖曳鼠标添加8条辅助线，确定腰线、裙长、裙摆宽和围度等，如图4-118所示。

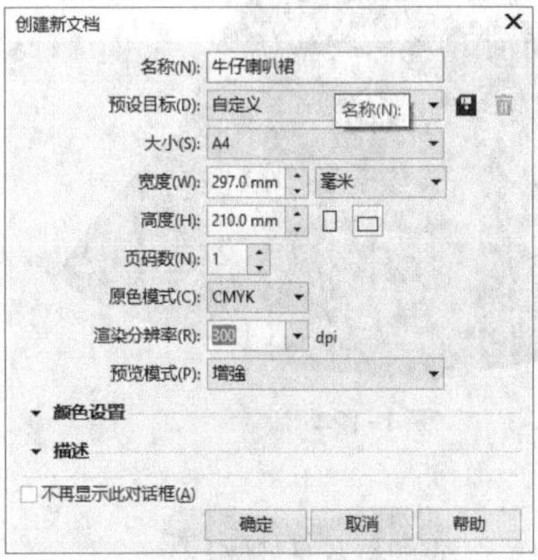

图4-117

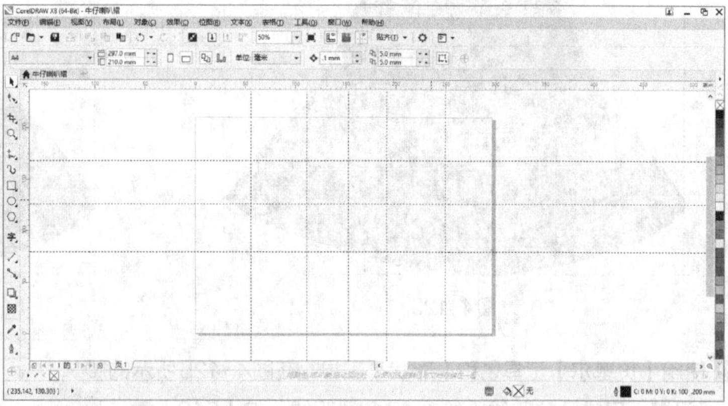

图4-118

03 使用【贝塞尔】工具和【形状】工具在辅助线的基础上绘制图4-119所示的裙子造型，单击【选择】工具，在属性栏中设置轮廓宽度，并填充深蓝色，其CMYK值为（60，40，0，40）。

04 使用【贝塞尔】工具和【形状】工具在辅助线的基础上绘制图4-120所示的裙子后片造型，单击【选择】工具，在属性栏中设置轮廓宽度，并填充深蓝色，其CMYK值为（60，40，0，40）。

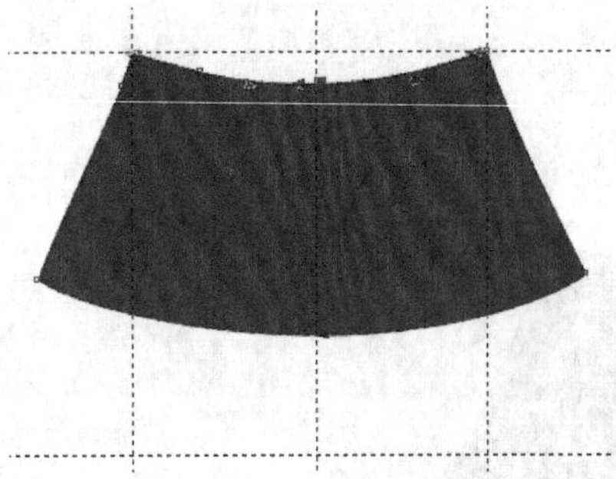

图4-119

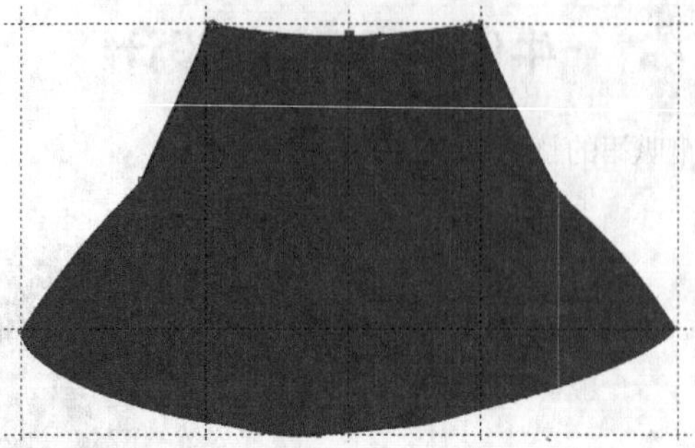

图4-120

05 执行菜单栏中的【对象】/【顺序】/【向后一层】命令，得到的效果如图4-121所示。

06 使用【贝塞尔】工具和【形状】工具绘制腰部分割线，在属性栏中设置轮廓宽度，如图4-122所示。

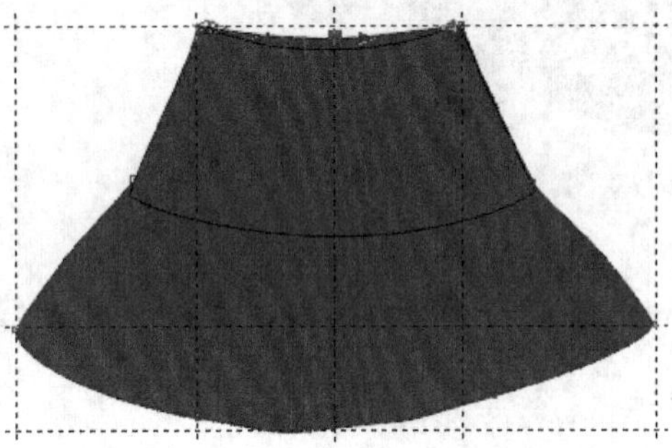

图4-121

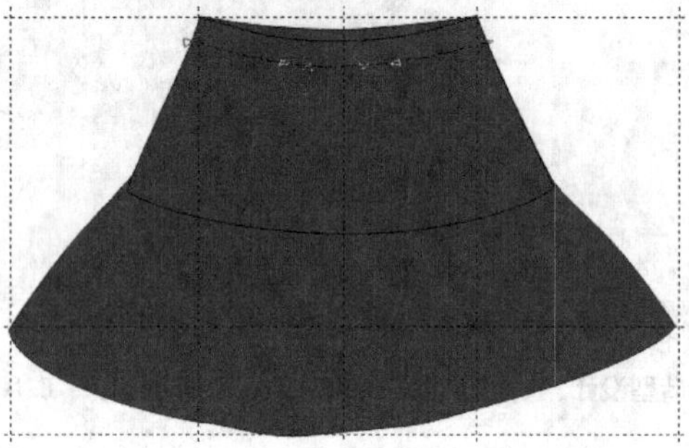

图4-122

07 使用【贝塞尔】工具绘制门襟分割线，在属性栏中设置轮廓宽度，如图4-123所示。

08 使用【贝塞尔】工具和【形状】工具绘制口袋及分割线，在属性栏中设置轮廓宽度，得到的效果如图4-124所示。

图4-123

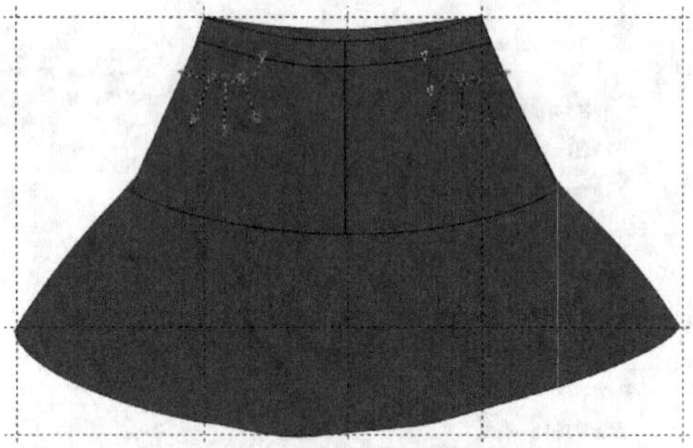

图4-124

09 使用【贝塞尔】工具和【形状】工具在图4-125所示的腰头、门襟、口袋及分割线上绘制17条缉明线，按【F12】键，弹出【轮廓笔】对话框，选项及参数设置如图4-126所示。

10 单击【确定】按钮，得到的效果如图4-127所示。

图4-125

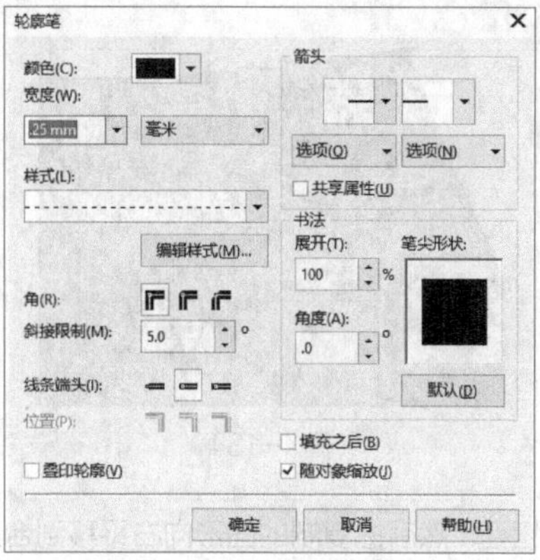

图4-126

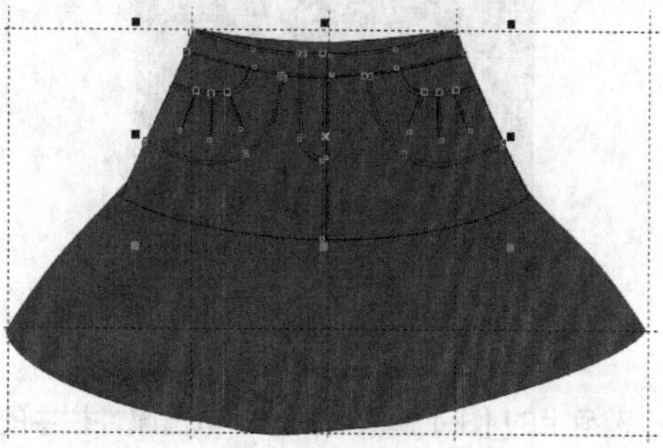
图4-127

11 使用【贝塞尔】工具和【形状】工具在腰头绘制波浪线表现松紧带，在属性栏中设置轮廓宽度，得到的效果如图4-128所示。

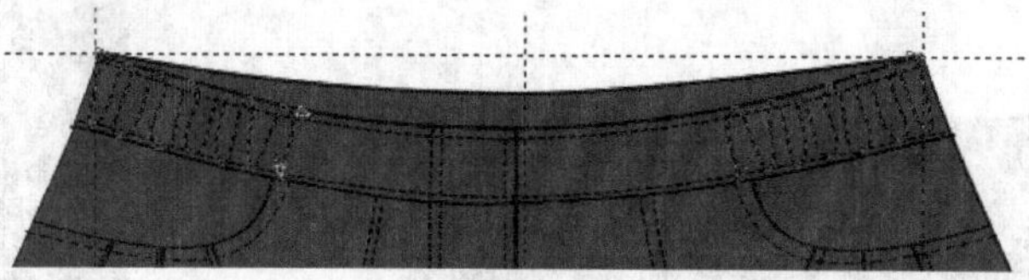
图4-128

12 使用【矩形】工具在腰部绘制腰带袢，在属性栏中设置轮廓宽度，并填充深蓝色，其CMYK值为（60，40，0，40），得到的效果如图4-129所示。

13 重复步骤9和步骤10的操作绘制腰带袢上的缉明线，得到的效果如图4-130所示。

14 使用【椭圆形】工具并按住【Ctrl】键绘制撞钉，在属性栏中设置轮廓宽度，得到的效果如图4-131所示。

图4-129

图4-130

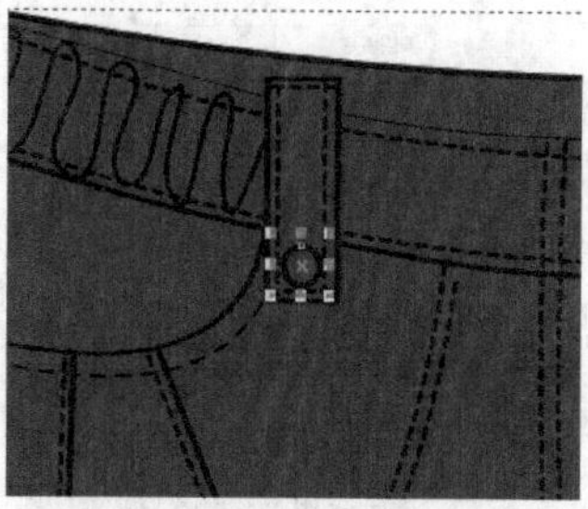
图4-131

15 单击工具箱中的【交互式填充】工具，在属性栏中单击【渐变填充】按钮和【椭圆形渐变填充】按钮，再单击属性栏中的【编辑填充】按钮，弹出【编辑填充】对话框，设置黑色（CMYK值为（0，0，0，100）到白色的渐变，各项参数如图4-132所示。单击【确定】按钮，得到的效果如图4-133所示。

16 使用【选择】工具框选图形，在属性栏中设置旋转角度 349.6 °，得到的效果如图4-134所示。

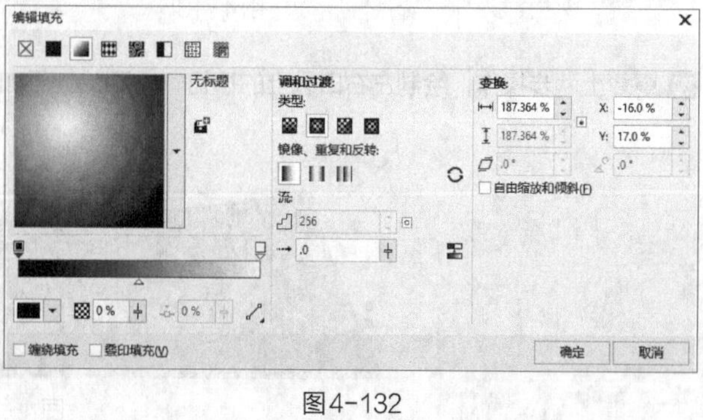

图4-132

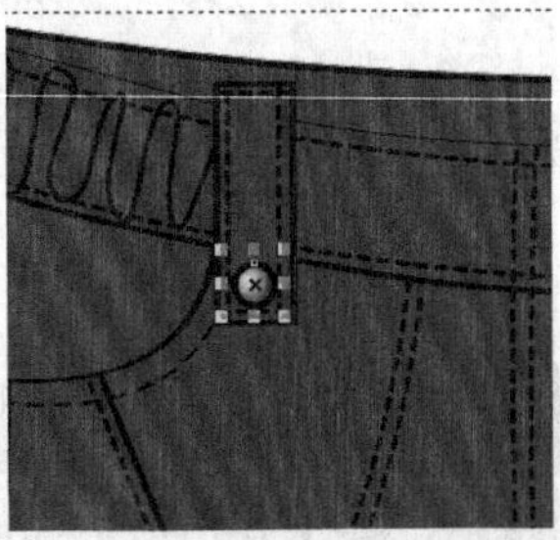

图4-133

图4-134

17 按小键盘上的【+】键复制图形，单击属性栏中的【水平镜像】按钮，然后把复制的图形向右平移到合适的位置，得到的效果如图4-135所示。

18 使用【椭圆形】工具在门襟上绘制纽扣，在属性栏中设置轮廓宽度，得到的效果如图4-136所示。

图4-135

图4-136

19 单击工具箱中的【交互式填充】工具，在属性栏中单击【渐变填充】按钮和【椭圆形渐变填充】按钮，再单击属性栏中的【编辑填充】按钮，弹出【编辑填充】对话框，设置黑色［CMYK值为（0，0，0，100）］到白色的渐变色，各项参数如图4-137所示。单击【确定】按钮，得到的效果如图4-138所示。

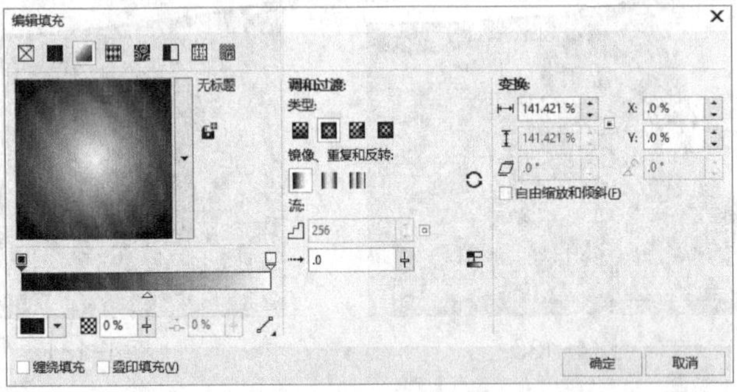

图4-137

图4-138

20 重复上两步操作，绘制左右口袋上的撞钉，得到的效果如图4-139所示。

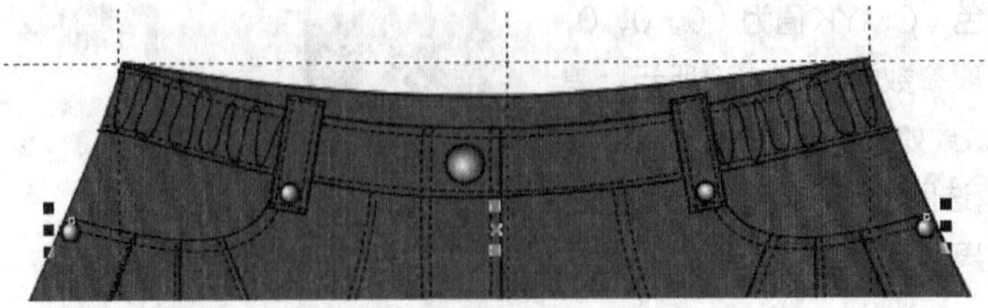

图4-139

21 使用【贝塞尔】工具和【形状】工具绘制第一层裙摆，在属性栏中设置轮廓宽度.5mm，并填充灰色，其CMYK值为（20，20，0，0），得到的效果如图4-140所示。

专家提示

使用【贝塞尔】工具和【形状】工具绘制衣裙摆造型时要注意下摆的不规则波浪处理，尽量保证曲线变化丰富，有动感。

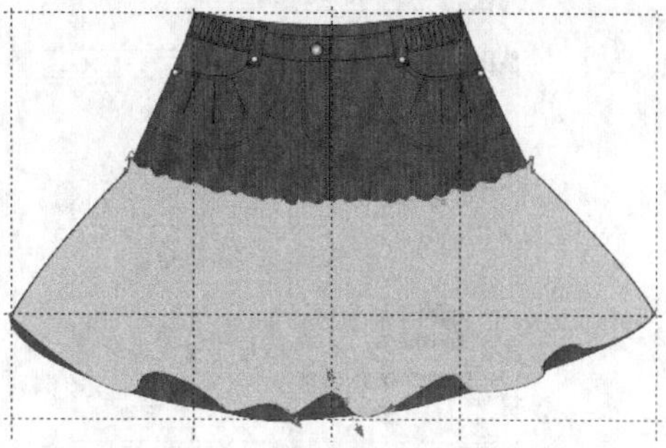

图4-140

22 使用【椭圆形】工具并按住【Ctrl】键绘制图4-141所示的21个大小不一的圆形。

23 单击工具箱中的【交互式填充】工具，在属性栏中单击【均匀填充】按钮，再单击【填充色】按钮，弹出【均匀填充】对话框，给21个圆形分别填充玫红色［CMYK值为（0，92，36，0）］、浅绿色［CMYK值为（20，0，60，0）］和蓝色［CMYK值为（60，40，0，40）］，单击调色板中的☒，得到的效果如图4-142所示。

24 使用【选择】工具框选所有圆形，按住【Ctrl】+【G】组合键，群组图形。把图形摆放在裙子上，得到的效果如图4-143所示。

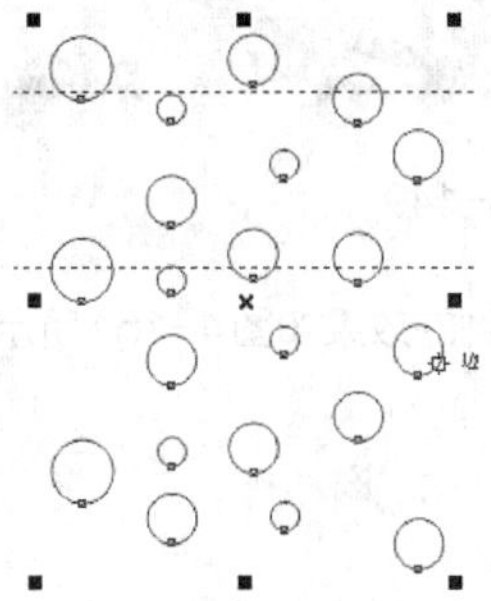

图4-141

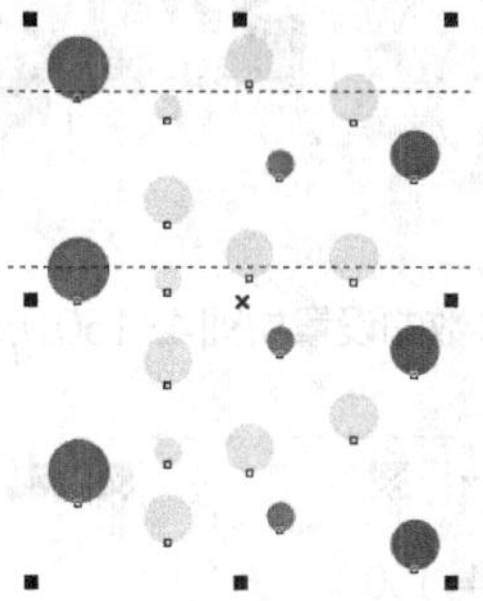

图4-142

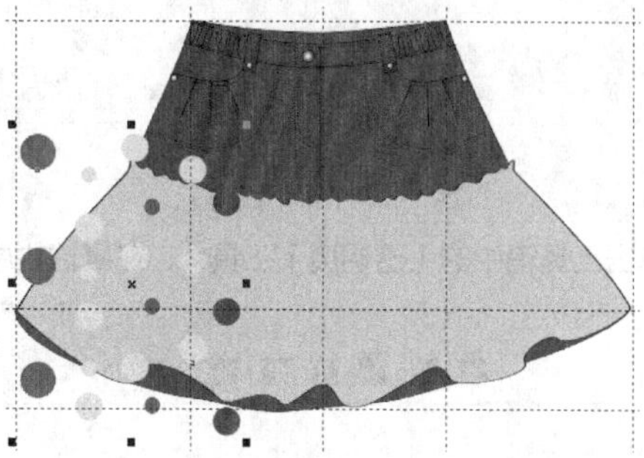

图4-143

25 按【+】键复制两组图案，并把复制的图案分别摆放在图4-144所示的位置。

26 使用【选择】工具框选所有圆形图案，按住【Ctrl】+【G】组合键，群组图形，得到的效果如图4-145所示。

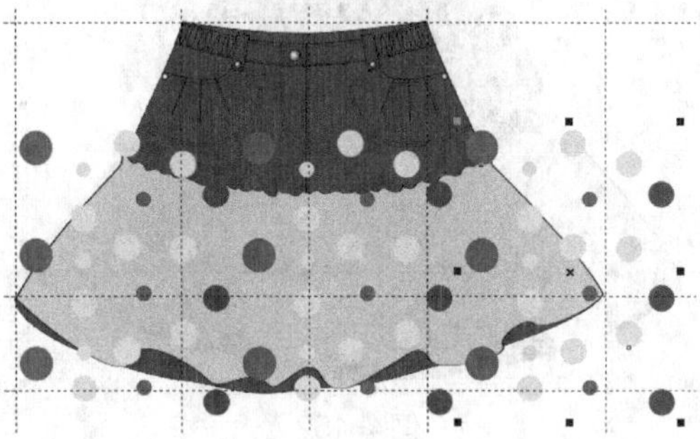

图4-144

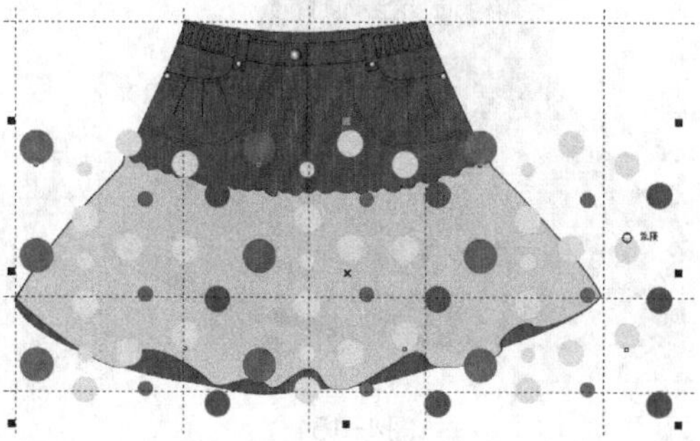

图4-145

27 执行菜单栏中的【位图】/【转换为位图】命令，打开【转换为位图】对话框，各项参数的设置如图4-146所示。

28 单击【确定】按钮，得到的效果如图4-147所示。

29 执行菜单栏中的【位图】/【创造性】/【散开】命令，打开【散开】对话框，参数设置如图4-148所示。单击【确定】按钮，得到的效果如图4-149所示。

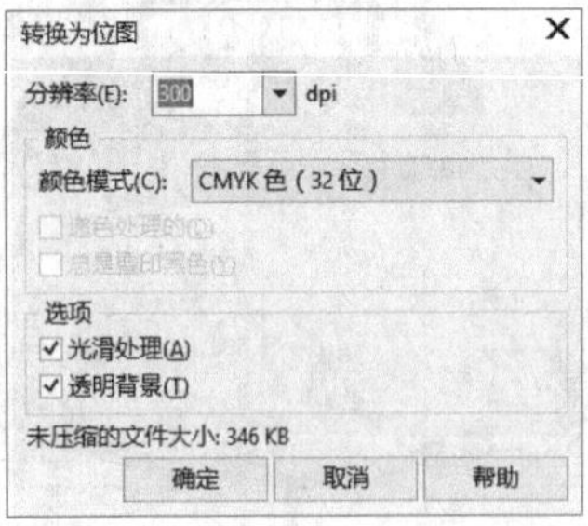

图4-146

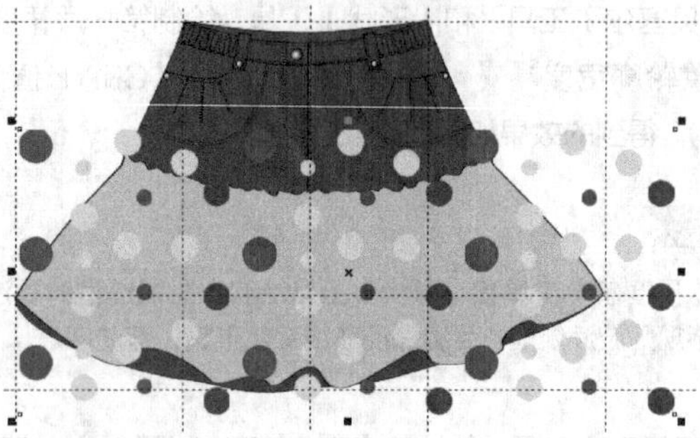

图4-147

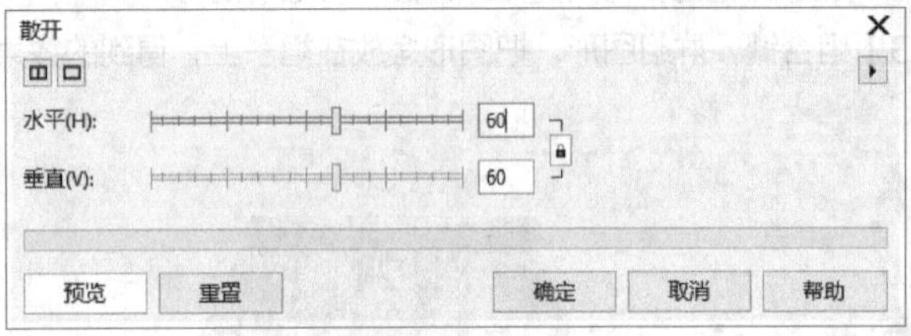

图4-148

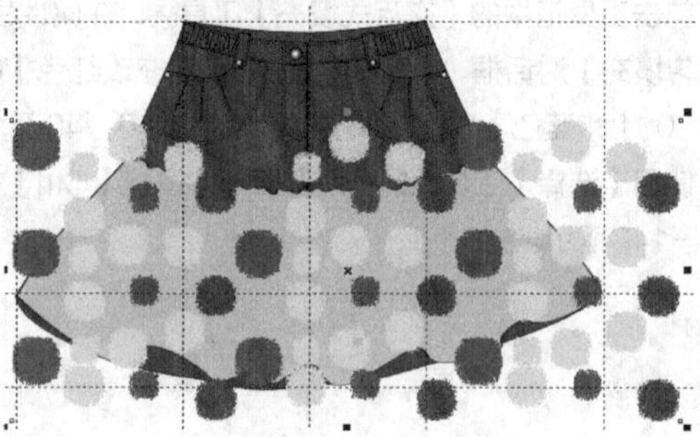

图4-149

30 单击工具箱中的【透明度】工具，在属性栏中各项参数的设置如图4-150所示，得到的效果如图4-151所示。

图4-150

31 执行菜单栏中的【对象】/【PowerClip】/【置于图文框内部】命令，把图案放置在裙身中，得到的效果如图4-152所示。

图4-151

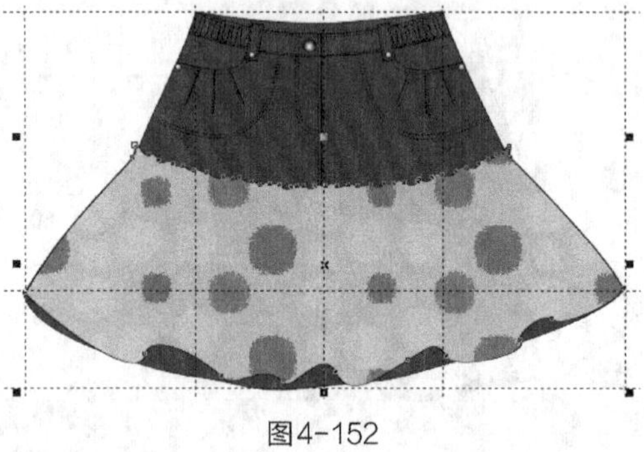

图4-152

32 单击工具箱中的【透明度】工具，在属性栏中各项参数的设置如图4-153所示，得到的效果如图4-154所示。

图4-153

33 单击【选择】工具，按小键盘上的【+】键复制图形，得到的效果如图4-155所示。

图4-154

图4-155

34 使用【形状】工具调整第2层裙摆的造型，得到的效果如图4-156所示。

35 使用【贝塞尔】工具和【形状】工具绘制褶裥线，在属性栏中设置轮廓宽度 .05 mm，得到的效果如图4-157所示。

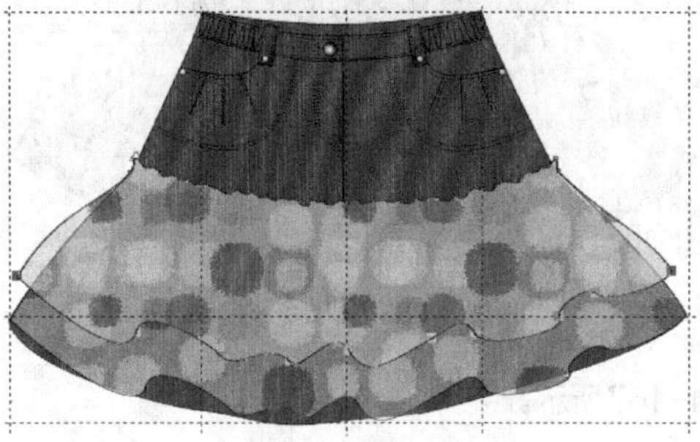

图4-156

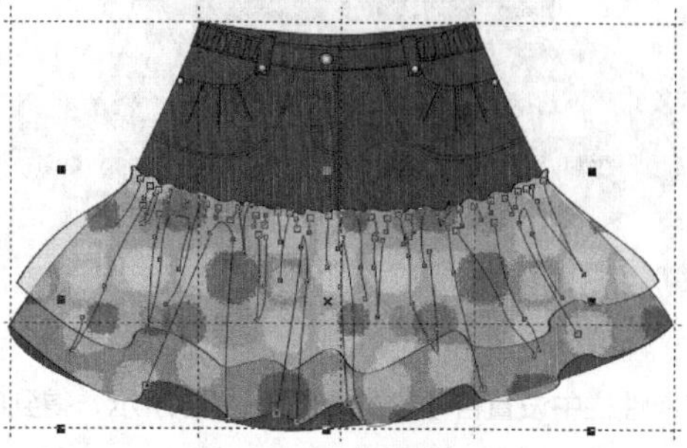

图4-157

36 重复步骤9和步骤10的操作，绘制裙摆的两条缉明线，得到的效果如图4-158所示。

37 使用【椭圆形】工具绘制图4-159所示的两个圆形。

38 使用【选择】工具框选图形，单击属性栏中的【合并】按钮，得到的效果如图4-160所示。

图4-158

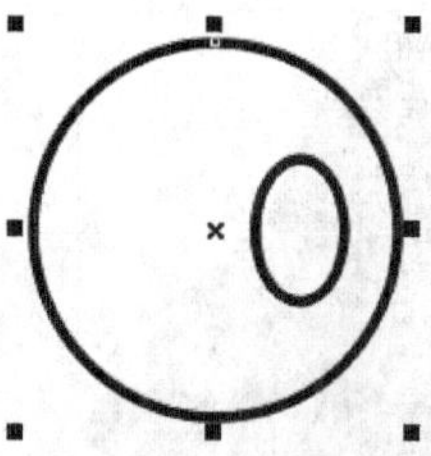

图4-159

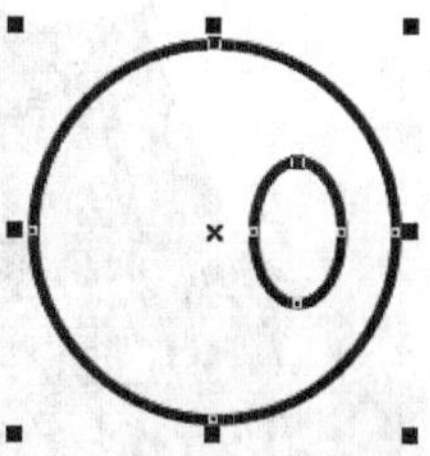

图4-160

39 单击工具箱中的【交互式填充】工具，在属性栏中单击【渐变填充】按钮和【椭圆形渐变填充】按钮，再单击属性栏中的【编辑填充】按钮，弹出【编辑填充】对话框，设置灰色［CMYK值为（0，0，0，30）］到白色的渐变，各项参数如图4-161所示。单击【确定】按钮，再单击调色板中的☒，得到的效果如图4-162所示。

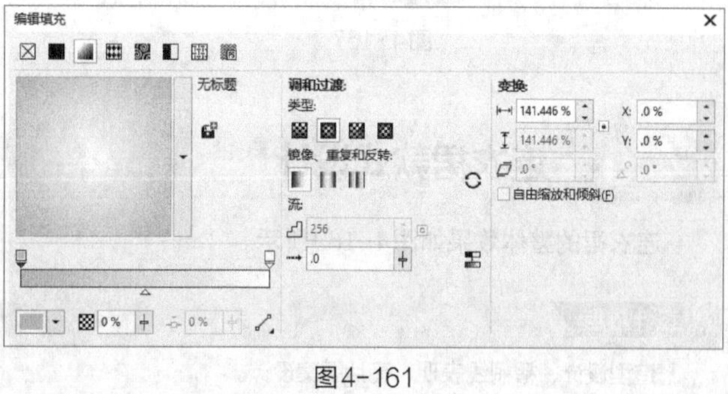

图4-161

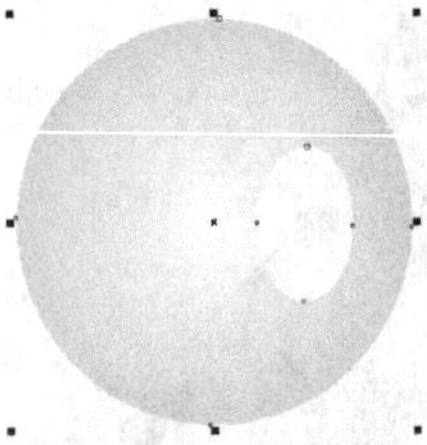

图4-162

40 单击工具箱中的【艺术笔】工具，选择属性栏中的【自定义/新喷涂列表】，单击属性栏中的【添加到喷涂列表】按钮，把绘制好的珠片自定义为艺术画笔，属性栏中各项参数的设置如图4-163所示。

图4-163

41 使用【贝塞尔】工具和【形状】工具在裙身上绘制一条路径，如图4-164所示。选择【艺术笔】工具，在属性栏的喷涂列表中选择珠片艺术笔，得到的效果如图4-165所示。

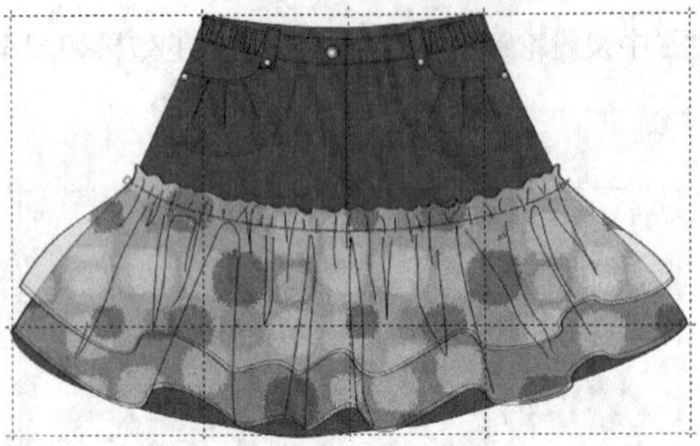

图4-164

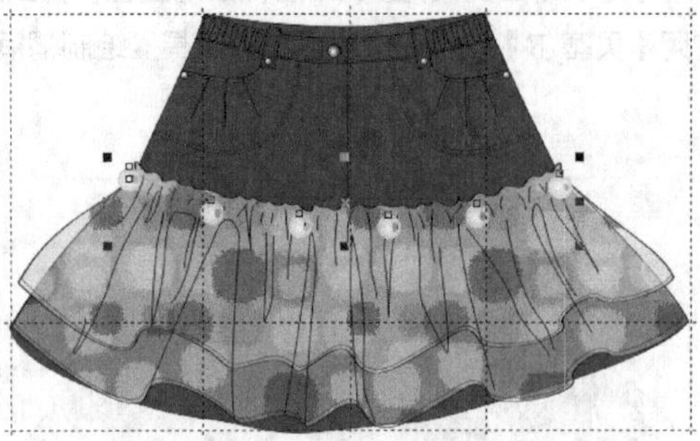

图4-165

42 在属性栏中设置各项参数如图4-166所示，得到的效果如图4-167所示。

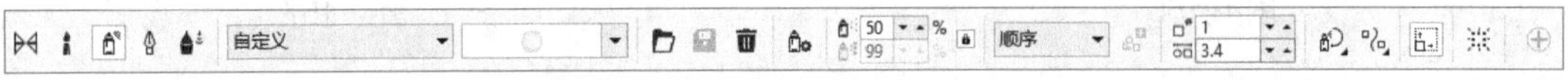

图4-166

43 执行菜单栏中的【编辑】/【全选】/【辅助线】命令，选择所有的辅助线，按【Delete】键删除。使用【选择】工具框选所有图形，按住【Ctrl】+【G】组合键，群组图形。这样就完成了牛仔喇叭裙的绘制，整体效果如图4-168所示。

图4-167

图4-168

4.6 连衣裙款式设计

连衣裙的整体效果如图4-169所示。

设计重点

造型设计、褶裥线表现、亮片图案设计。

操作步骤

01 打开CorelDRAW软件，执行菜单栏中的【文件】/【新建】命令，或使用【Ctrl】+【N】组合键，打开【创建新文档】对话框，文件命名为“连衣裙”，设定纸张大小为A4，横向摆放，如图4-170所示。

图4-169

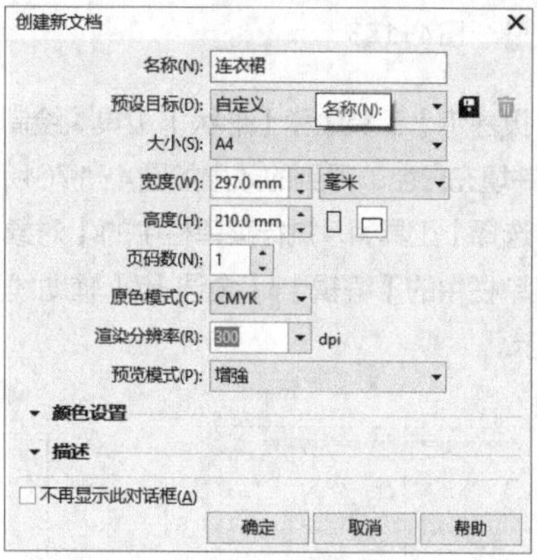

图4-170

02 从标尺栏向页面拖曳鼠标添加9条辅助线，确定裙长、袖窿深、领口位置、肩宽、腰线和裙摆宽等，如图4-171所示。

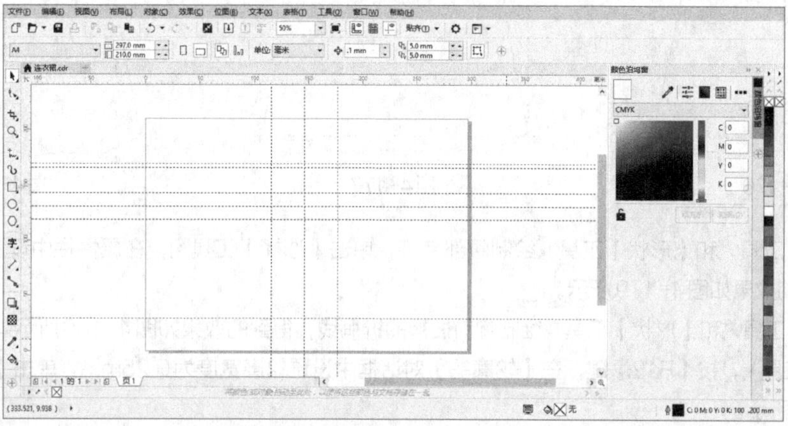

图4-171

03 使用【贝塞尔】工具和【形状】工具绘制图4-172所示的闭合路径，单击【选择】工具，在属性栏中设置轮廓宽度，并填充白色。

04 按【+】键复制图形，单击属性栏中的【水平镜像】按钮，并把图形向右平移到合适的位置，得到的效果如图4-173所示。

05 使用【贝塞尔】工具和【形状】工具绘制后片部分，单击【选择】工具，在属性栏中设置轮廓宽度，并填充白色，得到的效果如图4-174所示。

06 单击【选择】工具，执行菜单栏中的【对象】/【顺序】/【到页面后面】命令，得到的效果如图4-175所示。

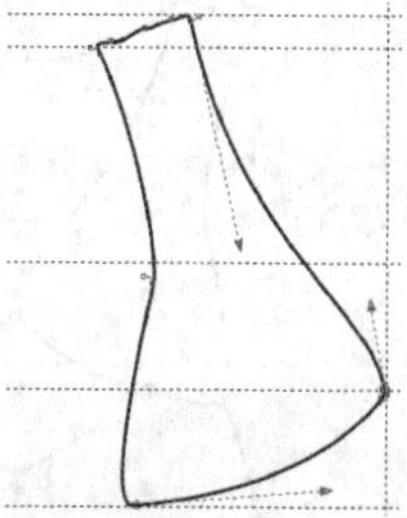

图4-172

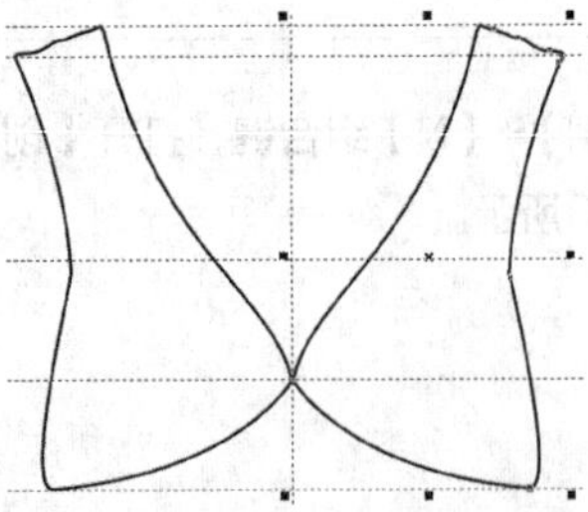

图4-173

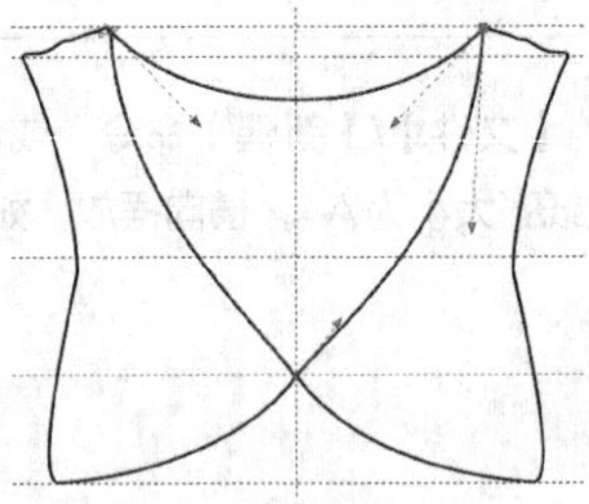

图4-174

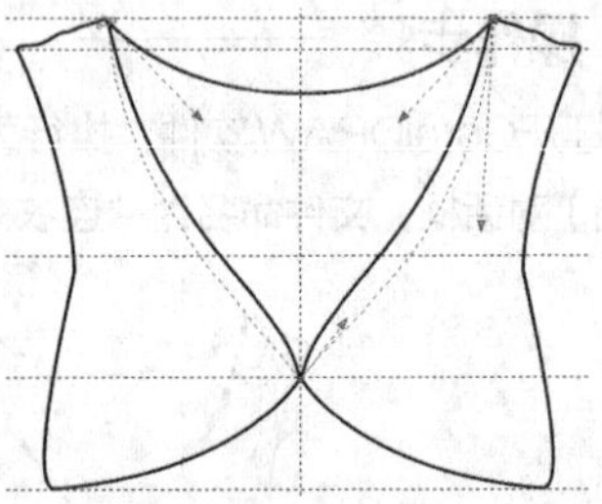

图4-175

07 使用【贝塞尔】工具和【形状】工具绘制连衣裙的下半部分，单击【选择】工具，在属性栏中设置轮廓宽度，并填充白色，得到的效果如图4-176所示。

08 单击【选择】工具，执行菜单栏中的【对象】/【顺序】/【到页面后面】命令，得到的效果如图4-177所示。

09 执行菜单栏中的【编辑】/【全选】/【辅助线】命令，选择所有的辅助线，按【Delete】键删除，得到的效果如图4-178所示。

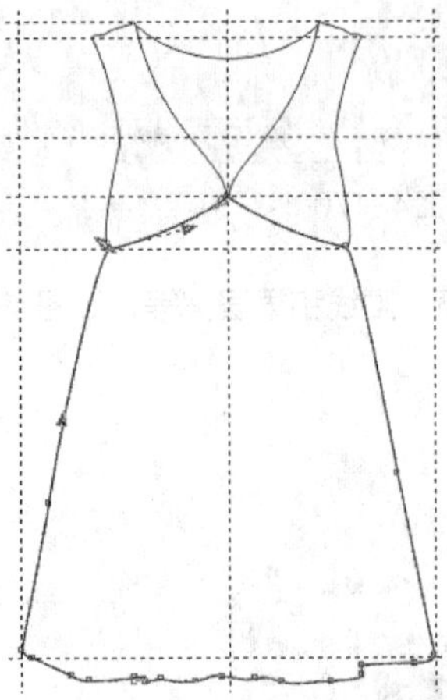

图4-176

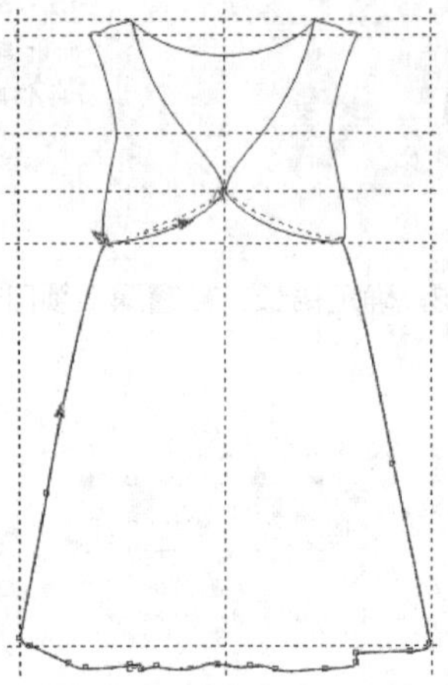

图4-177

图4-178

10 使用【贝塞尔】工具和【形状】工具绘制腰部装饰，单击【选择】工具，在属性栏中设置轮廓宽度，并填充白色，得到的效果如图4-179所示。

11 使用【贝塞尔】工具和【形状】工具绘制胸前抽褶的折裥线，得到的效果如图4-180所示。

12 单击【选择】工具，按【F12】键，在【轮廓笔】对话框中设置轮廓宽度为0.25mm，单击【确定】按钮，得到的效果如图4-181所示。

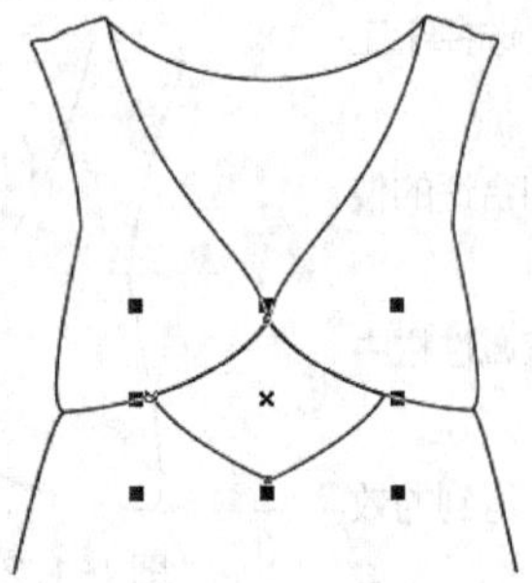

图4-179

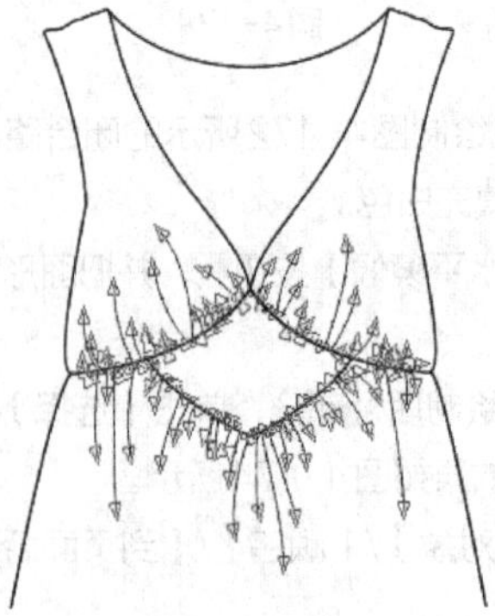

图4-180

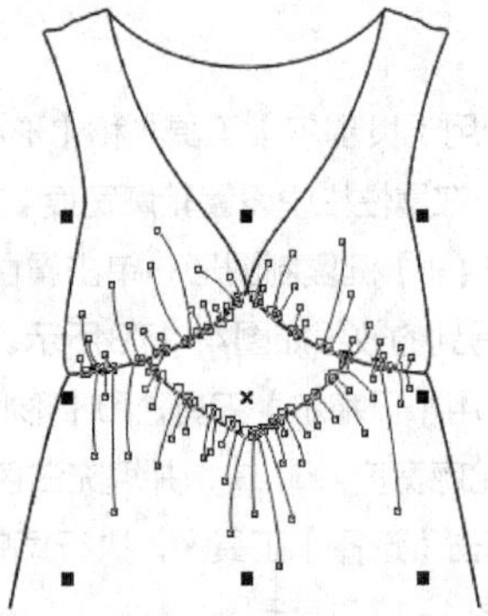

图4-181

13 使用【贝塞尔】工具和【形状】工具绘制肩部的4条褶裥线，单击【选择】工具，在属性栏中设置轮廓宽度，如图4-182所示。

14 使用【贝塞尔】工具分别绘制裙摆上的5条褶裥线，在属性栏中设置轮廓宽度 .25 mm ，得到的效果如图4-183所示。

15 选择【贝塞尔】工具和【形状】工具，在图4-184所示的前后领口、袖窿、装饰部位及裙子下摆处绘制7条缉明线，使缉明线处于选择状态，按【F12】键，弹出【轮廓笔】对话框，选项及参数设置如图4-185所示。

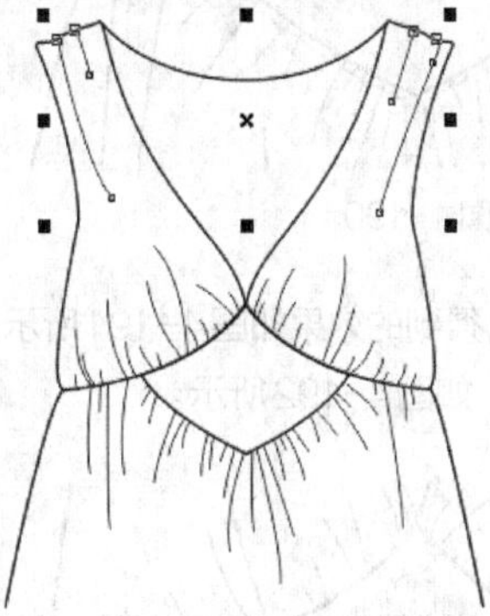

图4-182

图4-183

图4-184

专家提示

使用【贝塞尔】工具绘制褶裥线时，线条端点必须和裙子下摆的节点相吻合。

16 单击【确定】按钮，得到的效果如图4-186所示。

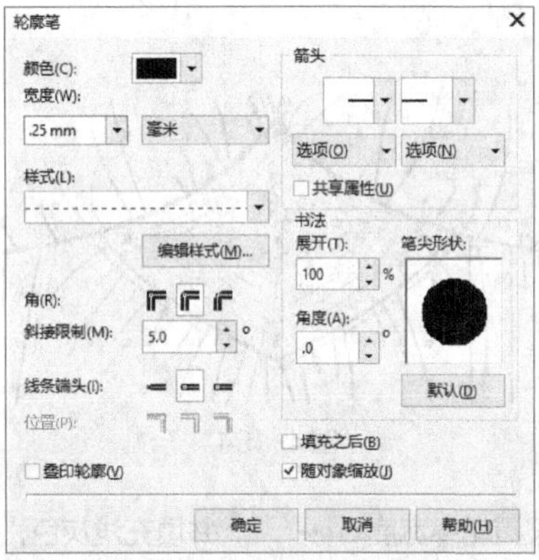

图4-185

图4-186

17 使用【贝塞尔】工具和【形状】工具在裙摆处绘制织带，如图4-187所示。

18 单击【选择】工具，在属性栏中设置轮廓宽度 .35 mm ，并填充白色，得到的效果如图4-188所示。

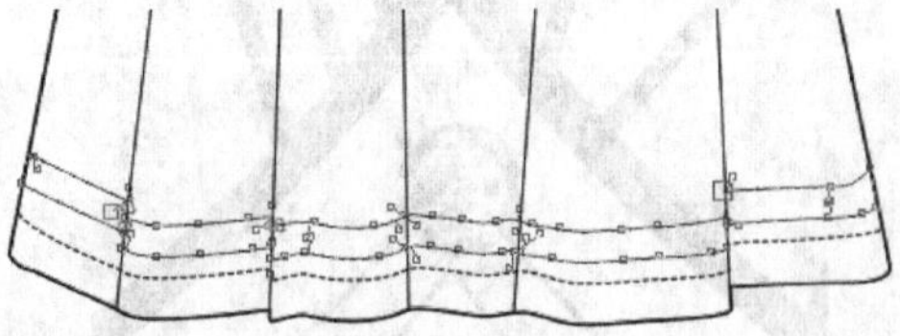

图4-187

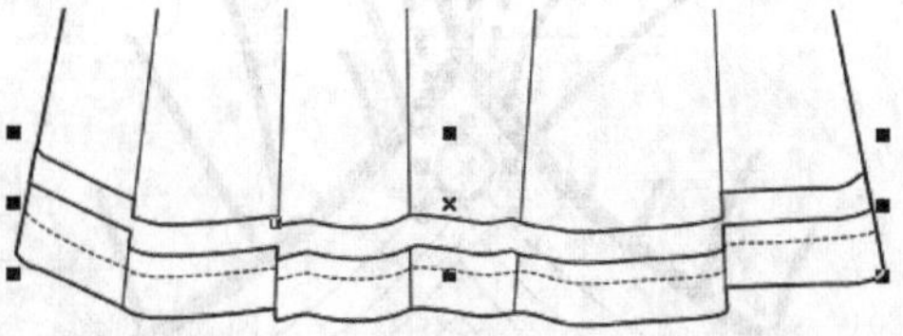

图4-188

19 执行菜单栏中的【对象】/【顺序】/【置于此对象后】命令，把织带摆放在裙摆的5条褶裥线下方得到的效果如图4-189所示。

20 使用【贝塞尔】工具和【形状】工具在胸前绘制图4-190所示的图形。

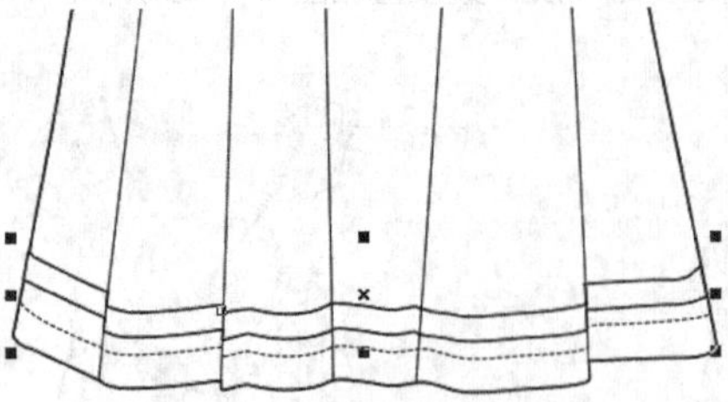
图4-189

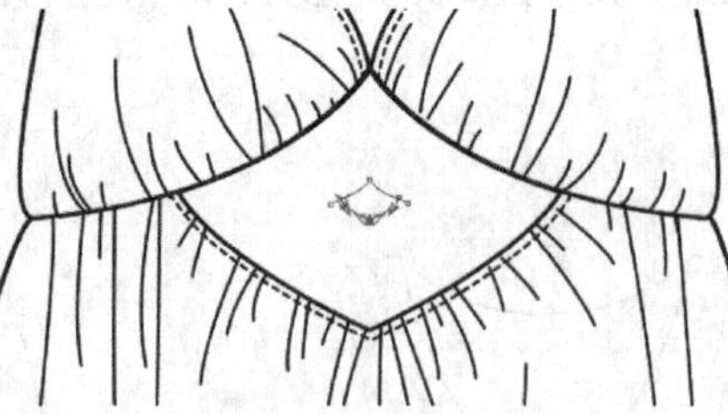
图4-190

21 单击【选择】工具，并按【+】键复制图形，再按【Shift】键等比例放大图形，得到的效果如图4-191所示。

22 选择工具箱中的【调和】工具，单击里面的图形并往外拖曳鼠标执行调和功能，如图4-192所示。

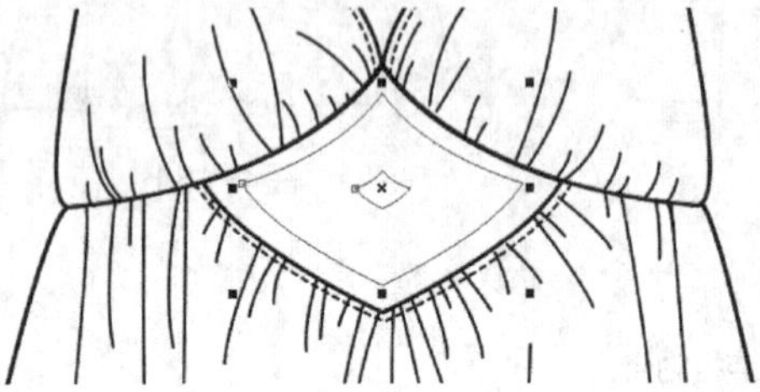
图4-191

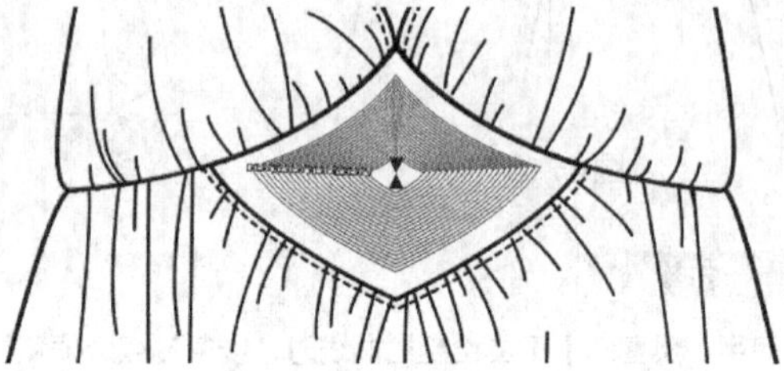
图4-192

23 在属性栏中设置调和的步数，得到的效果如图4-193所示。

24 执行菜单栏中的【对象】/【拆分调和群组】命令，单击属性栏中的【取消组合所有对象】按钮，得到的效果如图4-194所示。

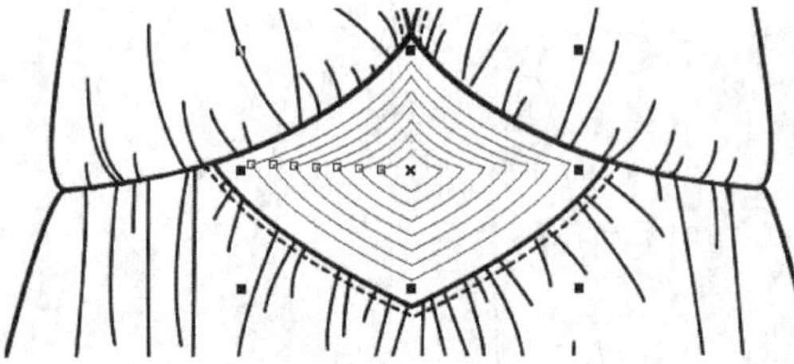
图4-193

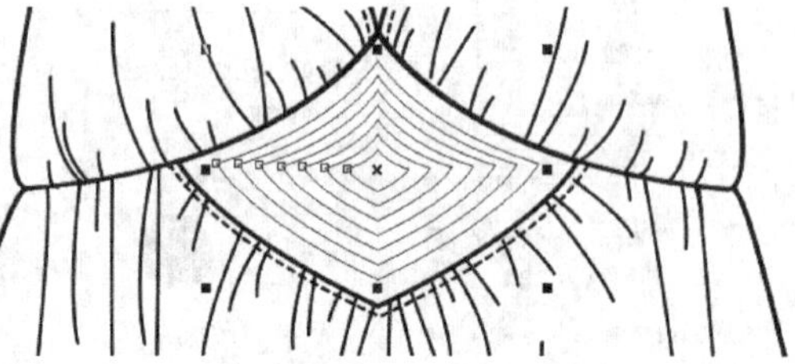
图4-194

25 选择【椭圆形】工具，按住【Ctrl】键绘制一个圆形，在属性栏中设置轮廓宽度，并填充浅灰色，其CMYK值为（0，0，0，20），如图4-195所示。

26 选择【椭圆形】工具，按住【Ctrl】键绘制一个小圆形，填充灰色，其CMYK值为（0，0，0，40），用鼠标右键单击调色板中的☒，得到的效果如图4-196所示。

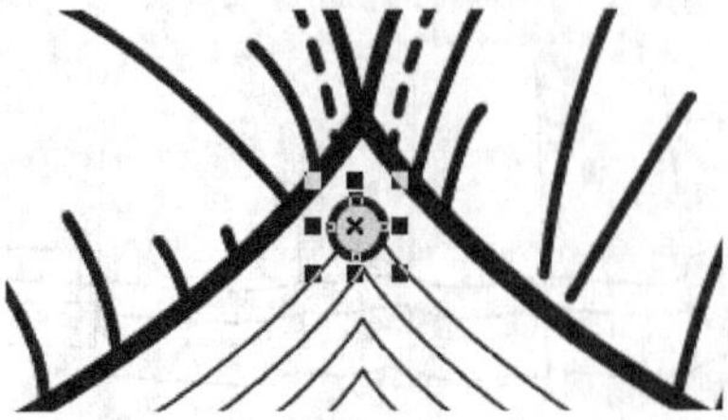
图4-195

图4-196

27 重复上一步操作，再绘制两个小圆形填充白色，用鼠标右键单击调色板中的☒，得到的效果如图4-197所示。

28 单击【选择】工具框选所有圆形，按住【Ctrl】+【G】组合键，群组图形，完成亮片的绘制，效果如图4-198所示。

图4-197

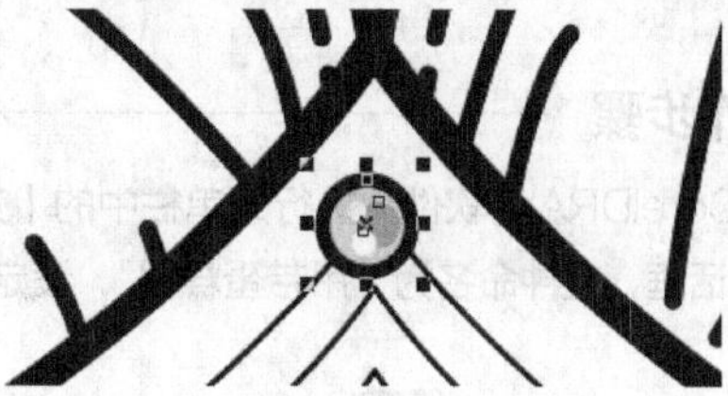

图4-198

29 单击工具箱中的【艺术笔】工具，选择属性栏中的【自定义/新喷涂列表】，单击属性栏中的【添加到喷涂列表】按钮把绘制好的钉珠图案自定义为艺术画笔，属性栏中各项参数的设置如图4-199所示。

图4-199

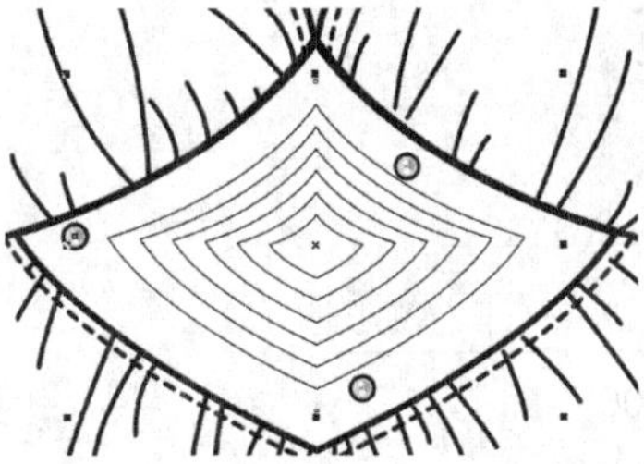

图4-200

30 单击【选择】工具选择图形，使用【艺术笔】工具，在属性栏的喷涂列表中选择钉珠艺术笔，得到的效果如图4-200所示。

31 在属性栏中设置参数如图4-201所示，得到的效果如图4-202所示。

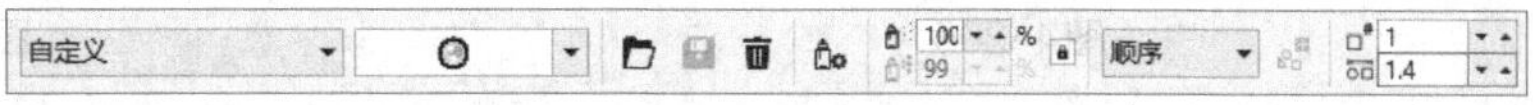

图4-201

32 重复步骤29和步骤30的操作，完成整个亮片图案的绘制，得到的效果如图4-203所示。

33 使用【选择】工具框选所有图形，按住【Ctrl】+【G】组合键，群组图形。这样就完成了连衣裙的绘制，整体效果如图4-204所示。

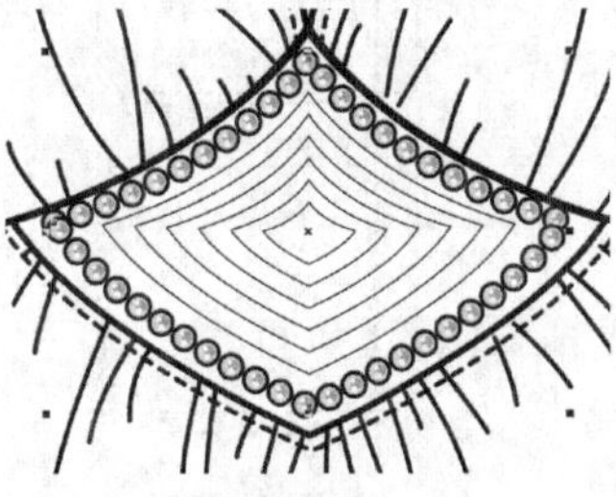

图4-202

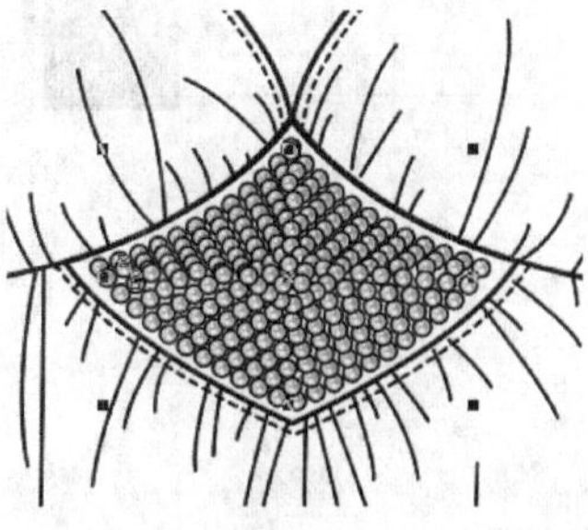

图4-203

图4-204

4.7 吊带蛋糕裙款式设计

吊带蛋糕裙的整体效果如图4-205所示。

设计重点

造型设计、图案填充、图案渐变层次表现。

操作步骤

01 打开CorelDRAW软件，执行菜单栏中的【文件】/【新建】命令，或使用【Ctrl】+【N】组合键，打开【创建新文档】对话框，文件命名为“吊带蛋糕裙”，设定纸张大小为A4，横向摆放，如图4-206所示。

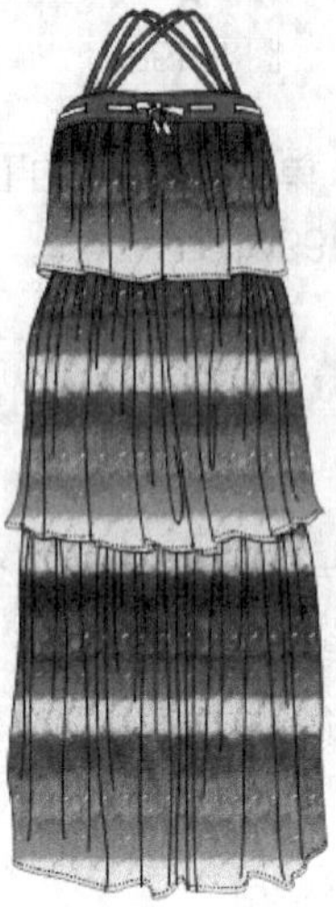

图4-205

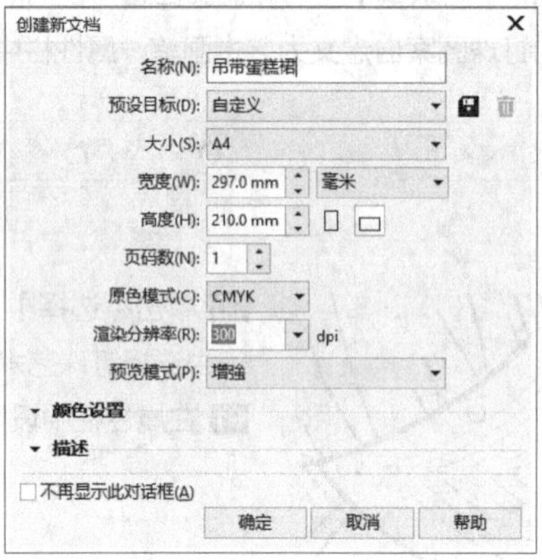

图4-206

02 从标尺栏向页面拖曳鼠标添加7条辅助线，确定裙长、吊带高、3层裙的长度、胸围线和腰线位置等，如图4-207所示。

03 使用【贝塞尔】工具和【形状】工具在辅助线的基础上绘制图4-208所示的蛋糕裙的第3层，在属性栏中设置轮廓宽度为.35mm。

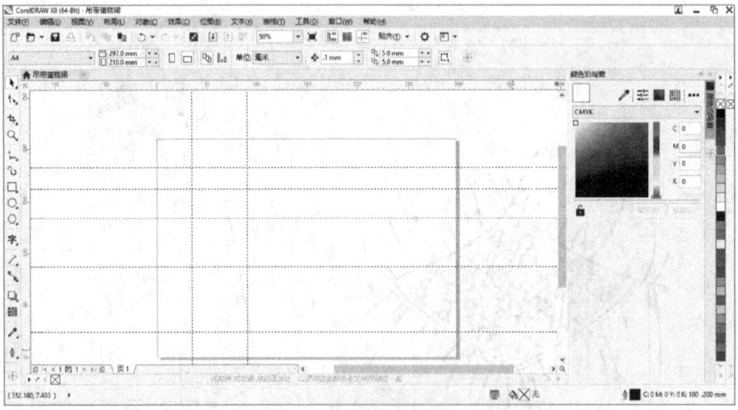

图4-207

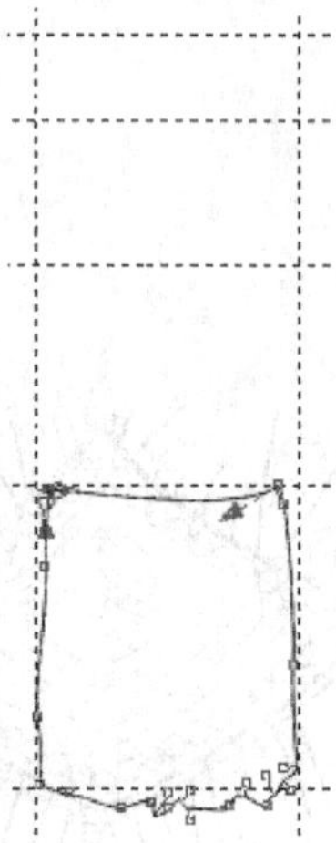

图4-208

04 使用【贝塞尔】工具和【形状】工具在辅助线的基础上绘制图4-209所示的蛋糕裙的第2层，在属性栏中设置轮廓宽度.35mm。

05 使用【贝塞尔】工具和【形状】工具在辅助线的基础上绘制图4-210所示的蛋糕裙的第1层，在属性栏中设置轮廓宽度.35mm。

图4-209

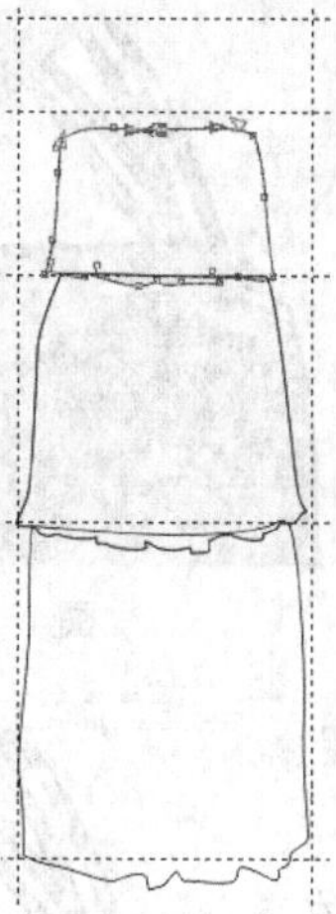

图4-210

06 使用【选择】工具框选图形，选择工具箱中的【交互式填充】工具，在属性栏中单击【位图图样填充】按钮，再单击【编辑填充】按钮，弹出【编辑填充】对话框，在填充挑选器中选择“印花图案、面料素材/条纹印花”图片，各项参数的设置如图4-211所示。单击【确定】按钮，得到的效果如图4-212所示。

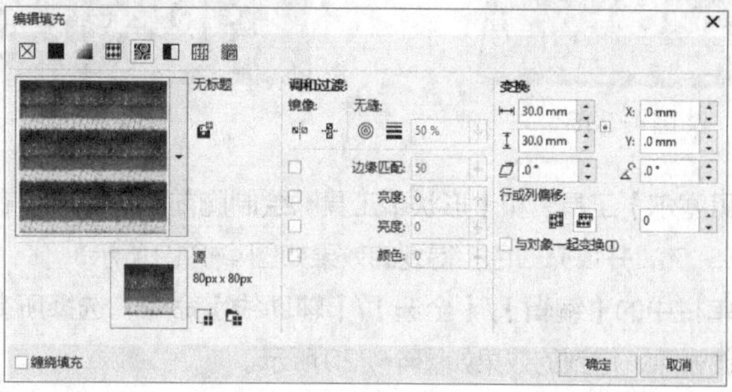

图4-211

07 使用【贝塞尔】工具和【形状】工具绘制图4-213所示的胸前造型，在属性栏中设置轮廓宽度，并填充红色，其CMYK值为（2，93，77，0）。

08 使用【贝塞尔】工具和【形状】工具绘制图4-214所示的4根肩带，在属性栏中设置轮廓宽度，并填充红色，其CMYK值为（2，93，77，0）。

09 使用【贝塞尔】工具和【形状】工具绘制图4-215所示的4根后肩带，在属性栏中设置轮廓宽度，并填充红色，其CMYK值为（2，93，77，0）。

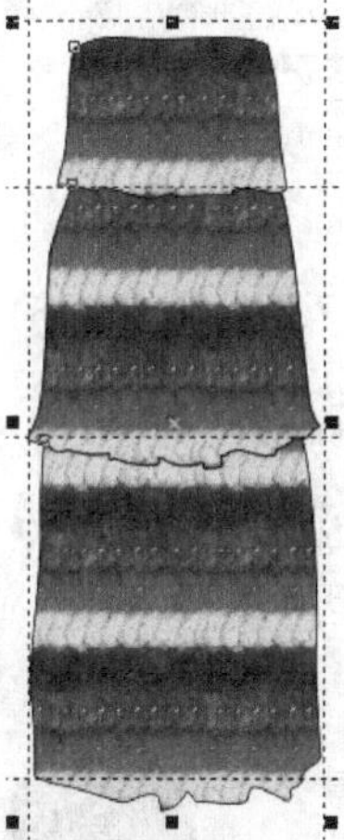

图4-212

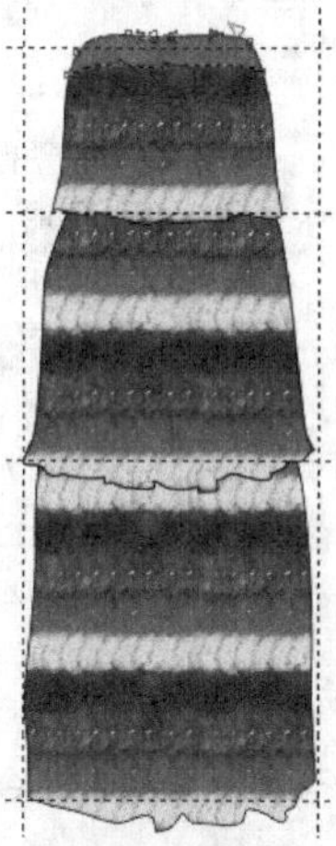

图4-213

图4-214

图4-215

10 执行菜单栏中【对象】/【顺序】/【到页面后面】命令，得到的效果如图4-216所示。

11 使用【贝塞尔】工具和【形状】工具绘制胸前的缎带，在属性栏中设置轮廓宽度，并填充白色，得到的效果如图4-217所示。

专家提示

为了表现缎带穿插的效果，可以把缎带分成4个部分来绘制，使服装平面款式图有立体感，更生动。

12 使用【贝塞尔】工具在缎带上绘制4条直线，表现缎带的穿插效果，如图4-218所示。

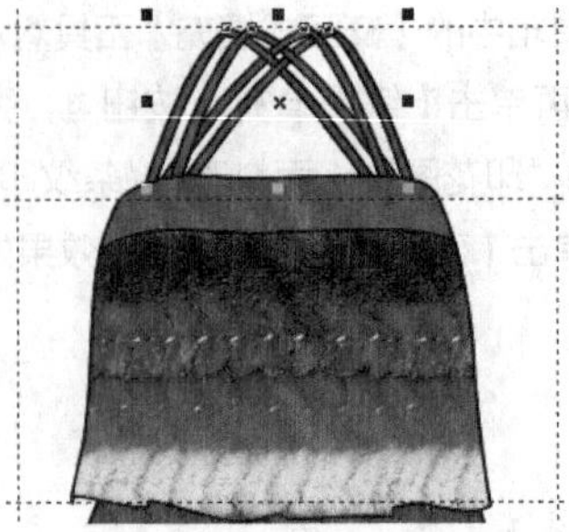

图4-216

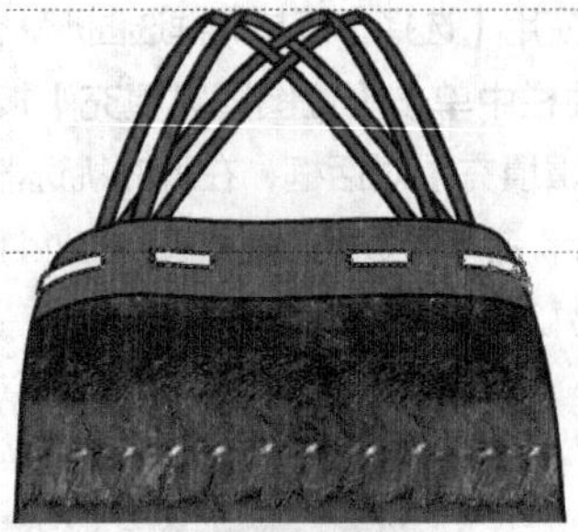

图4-217

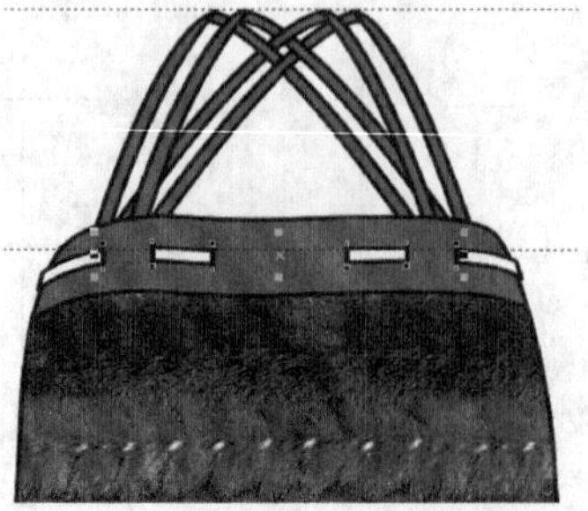

图4-218

13 使用【贝塞尔】工具和【形状】工具绘制胸前的蝴蝶结，在属性栏中设置轮廓宽度 .35 mm，并填充白色，得到的效果如图4-219所示。

14 执行菜单栏中的【编辑】/【全选】/【辅助线】命令，选择所有的辅助线，按【Delete】键删除，得到的效果如图4-220所示。

15 使用【贝塞尔】工具和【形状】工具绘制裙身上的褶裥线，在属性栏中设置轮廓宽度 .2 mm，得到的效果如图4-221所示。

16 使用【贝塞尔】工具和【形状】工具在图4-222所示的胸前、裙下摆处绘制缉明线，按【F12】键，弹出【轮廓笔】对话框，选项及参数设置如图4-223所示。

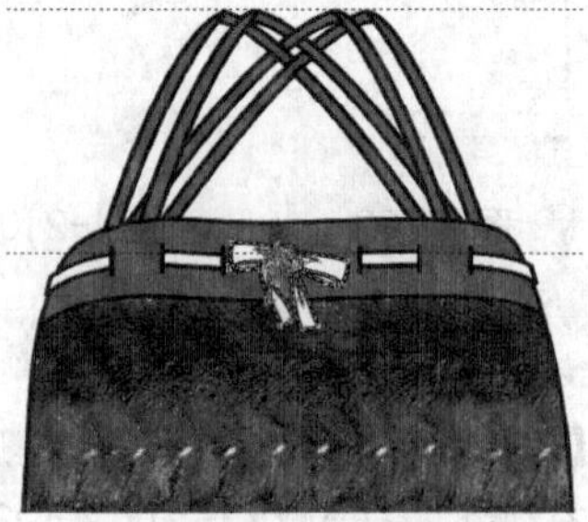

图4-219

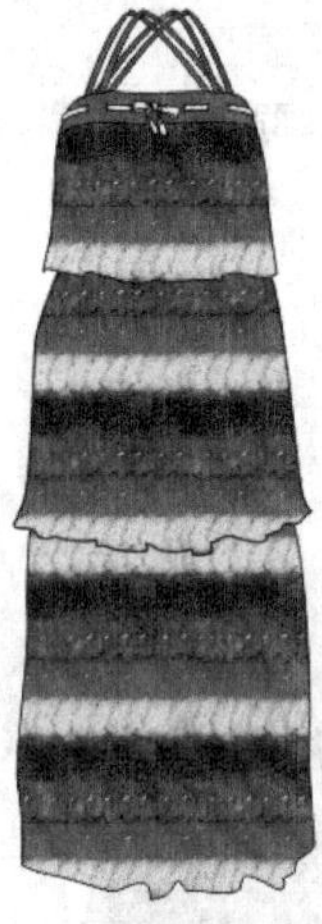

图4-220

图4-221

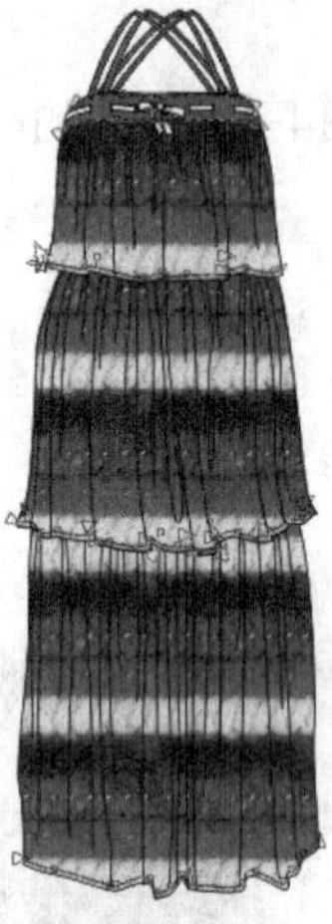

图4-222

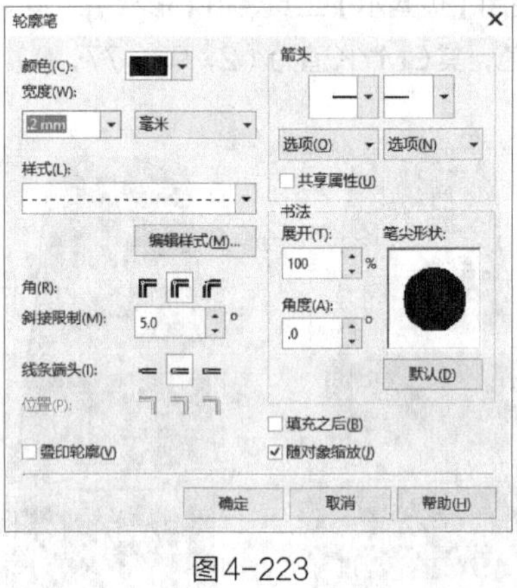

图4-223

17 单击【确定】按钮，得到的效果如图4-224所示。

18 使用【选择】工具框选蝴蝶结，执行菜单栏中【对象】/【顺序】/【到页面前面】命令，得到的效果如图4-225所示。

19 使用【贝塞尔】工具和【形状】工具绘制图4-226所示的第一层裙的后片部分，在属性栏中设置轮廓宽度 .35 mm，并填充黄色，其CMYK值为（3，16，92，0）。

20 单击【选择】工具，执行菜单栏中【对象】/【顺序】/【到页面后面】命令，得到的效果如图4-227所示。

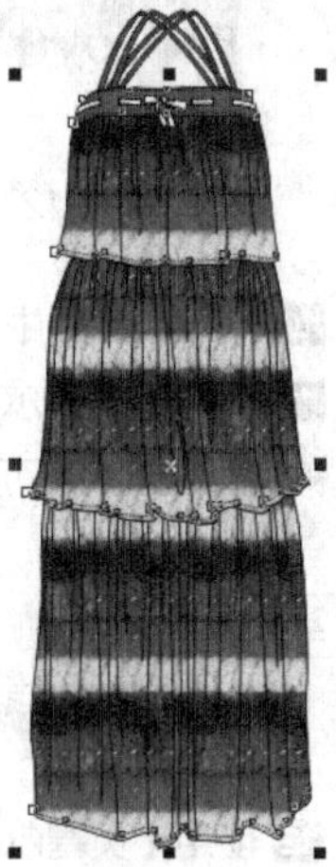

图4-224

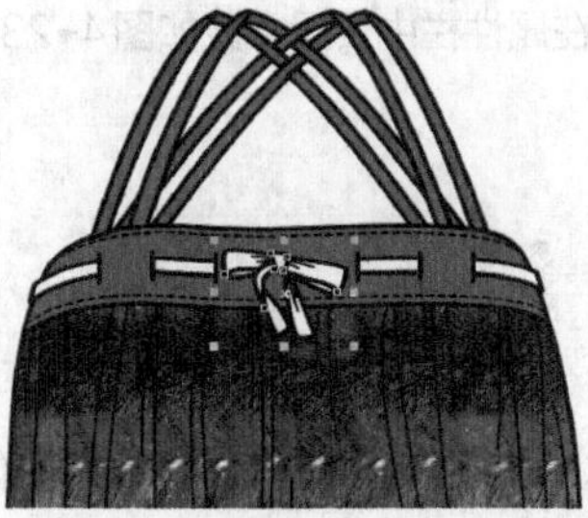

图4-225

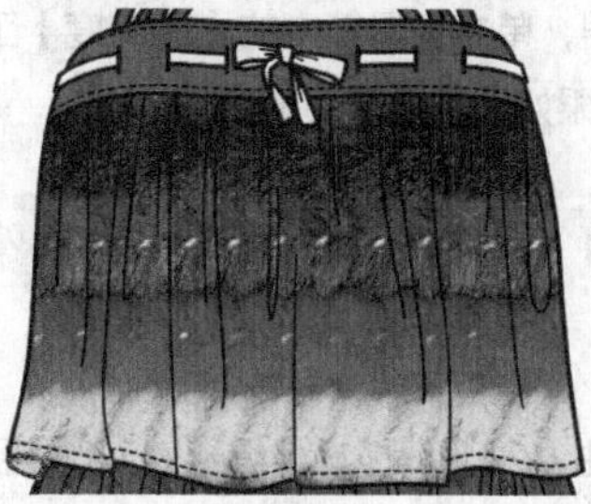

图4-226

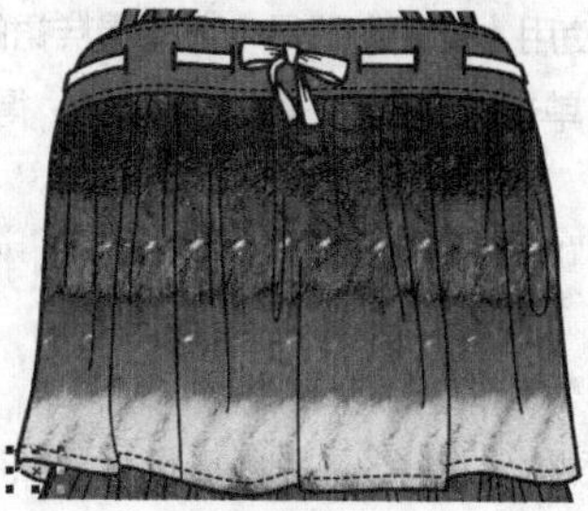

图4-227

21 使用【选择】工具选择蛋糕裙的第1层，单击工具箱中的【透明度】工具，在属性栏中设置参数如图4-228所示。单击裙身，并往下拖曳鼠标，得到的效果如图4-229所示。

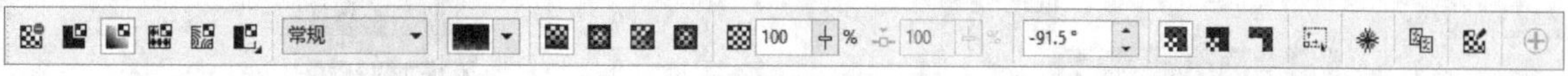

图4-228

22 使用【形状】工具修改第2层裙子造型，使之与第1层裙摆边缘相贴合，得到的效果如图4-230所示。

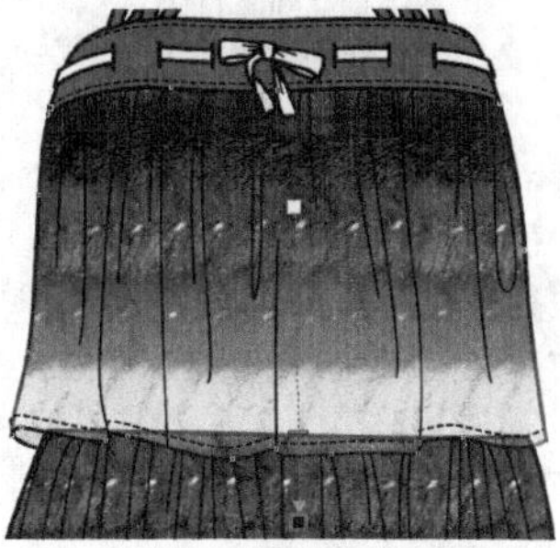

图4-229

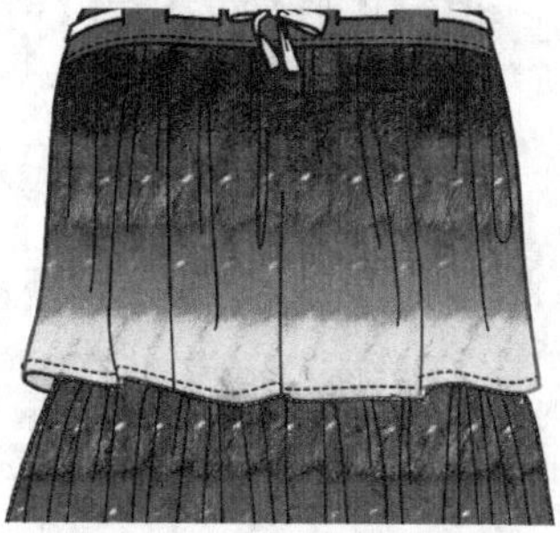

图4-230

23 使用【选择】工具选择蛋糕裙的第2层，单击工具箱中的【透明度】工具，在属性栏中设置参数如图4-231所示。单击裙身，并往下拖曳鼠标，得到的效果如图4-232所示。

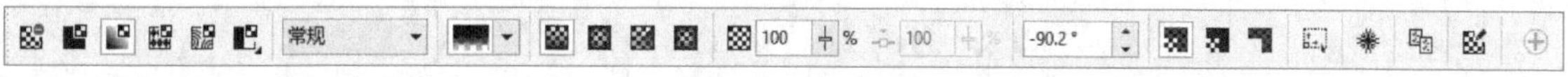

图4-231

24 使用【形状】工具修改第3层裙子的造型，使之与第2层裙摆的边缘相贴合，得到的效果如图4-233所示。

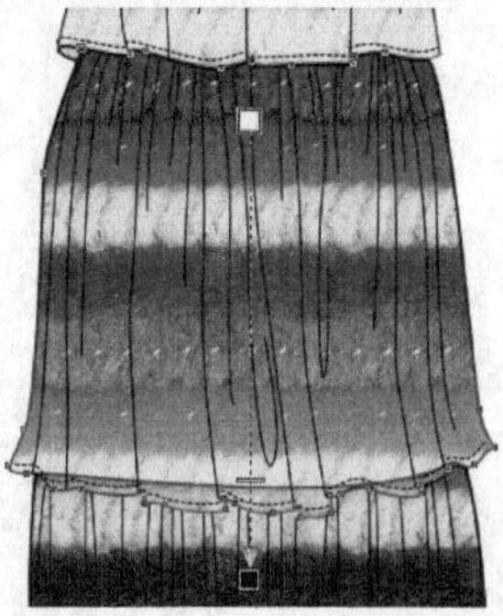

图4-232

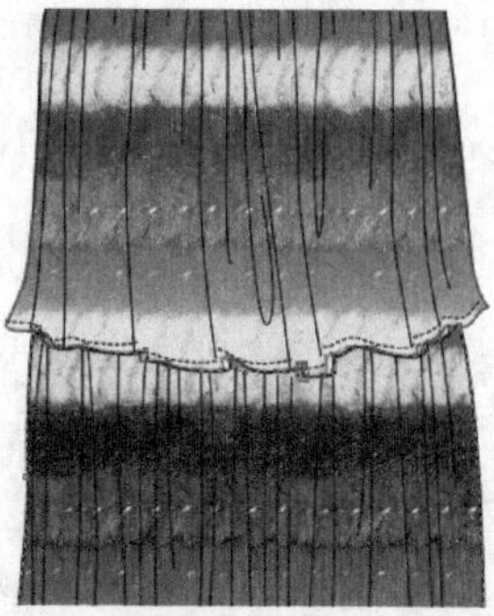

图4-233

25 使用【选择】工具选择蛋糕裙的第3层，单击工具箱中的【透明度】工具，在属性栏中设置参数如图4-234所示。单击裙身，并往下拖曳鼠标，得到的效果如图4-235所示。

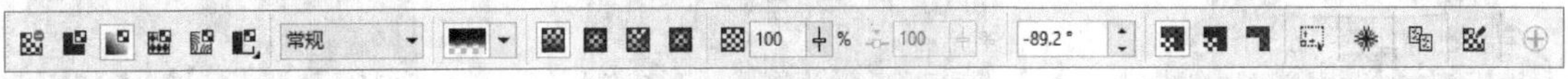

图4-234

26 使用【选择】工具框选所有图形，按住【Ctrl】+【G】组合键，群组图形。这样就完成了连衣裙的绘制，整体效果如图4-236所示。

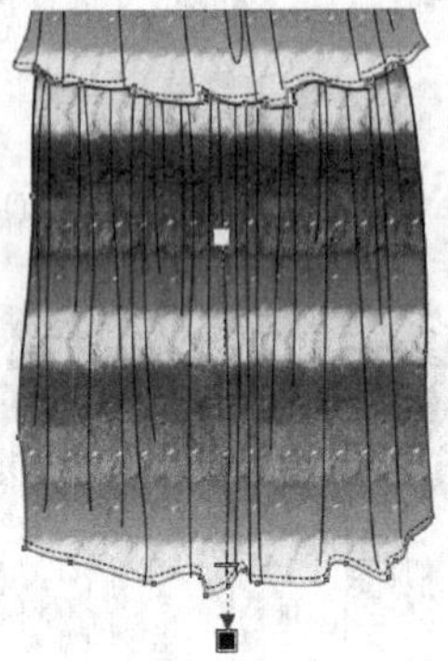

图4-235

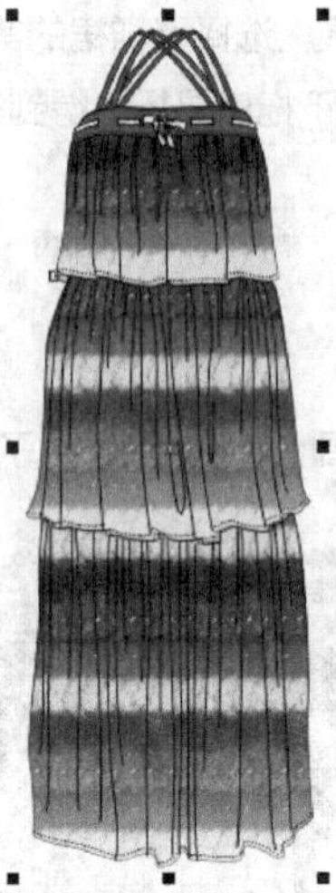

图4-236

第 05 章

内衣款式设计

本章重点

- 用【贝塞尔】工具、【形状】工具绘制内衣基本造型
- 用【图样填充】工具填充花型、图案
- 用【艺术笔】工具表现蕾丝花边
- 文胸立体罩杯的表现

内衣指穿在其他衣物内的衣服，通常是直接接触皮肤的，是现代人不可少的服饰之一，包括背心、汗衫、短裤和胸罩等。内衣有吸汗、矫型、衬托身体、保暖及不受来自身体的污秽的危害的作用。现代的女性内衣包括遮蔽及保护乳房的文胸及保护下体的内裤；男性内衣则指内裤，下面分别介绍男性、女性内衣款式设计。

5.1 女式文胸款式设计

女式文胸的整体效果如图5-1所示。

设计重点

造型设计、图案填充、日字调节扣、立体罩杯的表现。

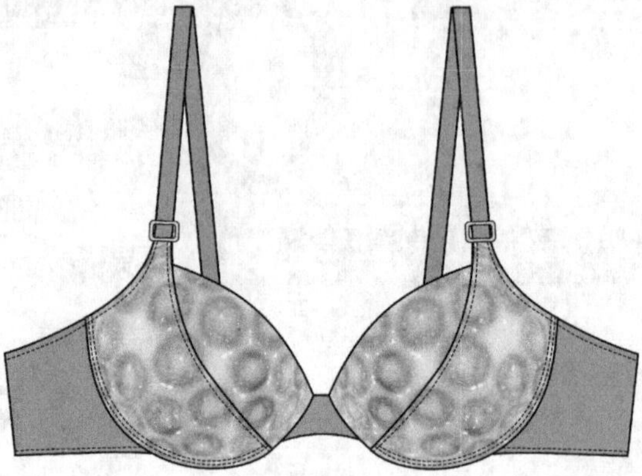

图5-1

操作步骤

01 打开CorelDRAW软件，执行菜单栏中的【文件】/【新建】命令，或使用【Ctrl】+【N】组合键，打开【创建新文档】对话框，文件命名为“女式文胸”，设定纸张大小为A4，横向摆放，如图5-2所示。

02 从标尺栏向页面拖曳鼠标添加11条辅助线，确定肩带长、罩杯宽度和围度等，如图5-3所示。

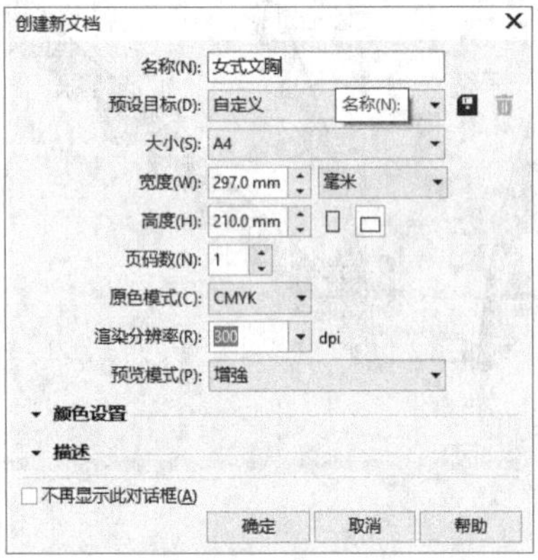

图5-2

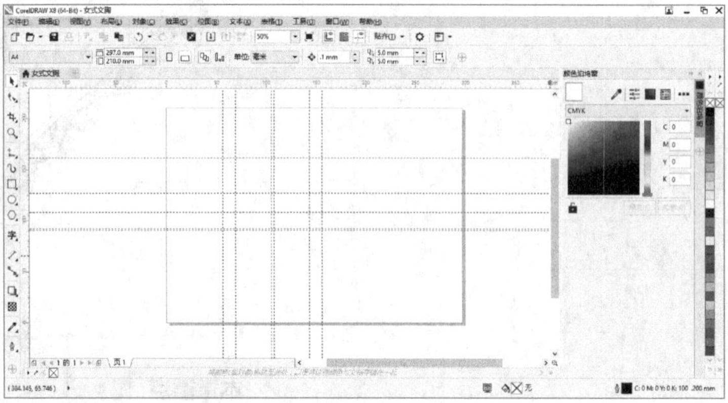

图5-3

03 使用【贝塞尔】工具和【形状】工具绘制图5-4所示的内衣罩杯，单击【选择】工具，在属性栏中设置轮廓宽度 .35 mm。

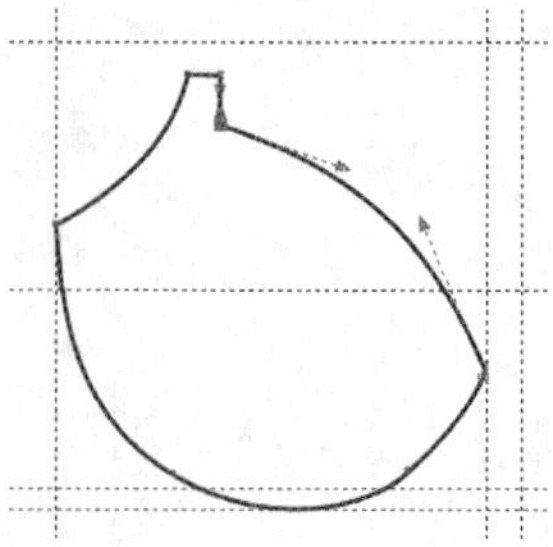

图5-4

专家提示

使用【形状】工具调整内衣造型时，要注意罩杯曲线圆顺。

04 单击【选择】工具，按小键盘的【+】键复制图形，选择工具箱中的【交互式填充】工具，在属性栏中单击【位图图样填充】按钮，选项及参数设置如图5-5所示。

05 再单击属性栏中的【编辑填充】按钮，弹出【编辑填充】对话框，各项参数的设置如图5-6所示。

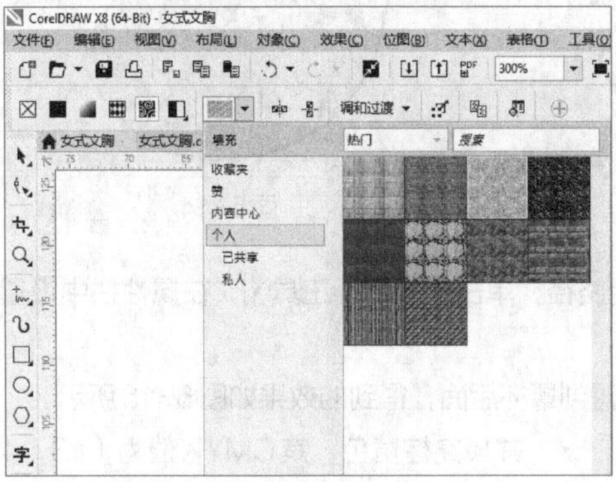

图5-5

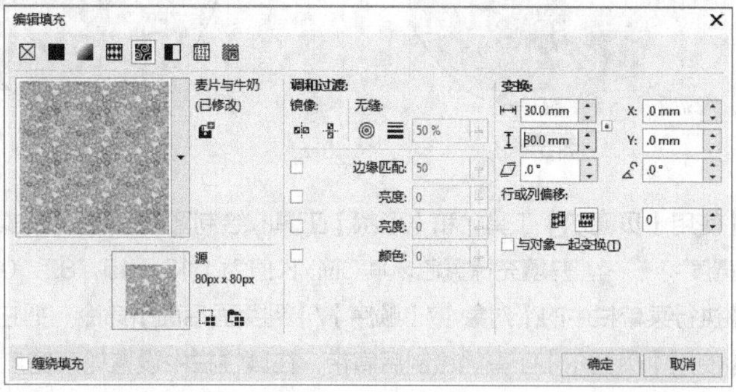

图5-6

06 单击【确定】按钮，得到的效果如图5-7所示。

07 鼠标右键单击调色板中的☒去除边框，得到的效果如图5-8所示。

08 执行菜单栏中的【位图】/【转换为位图】命令，打开【转换为位图】对话框，各项参数的设置如图5-9所示。

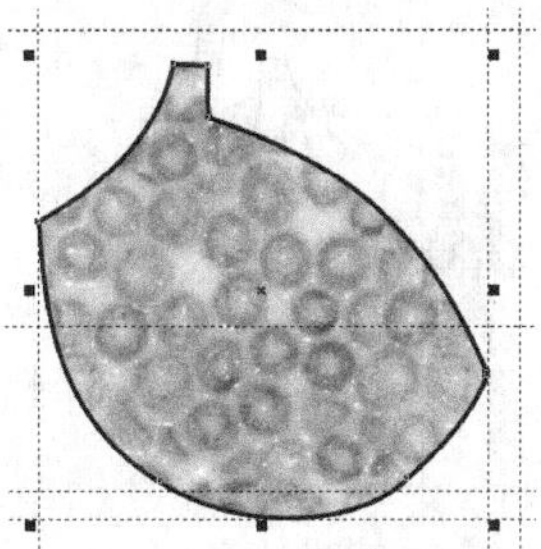

图5-7

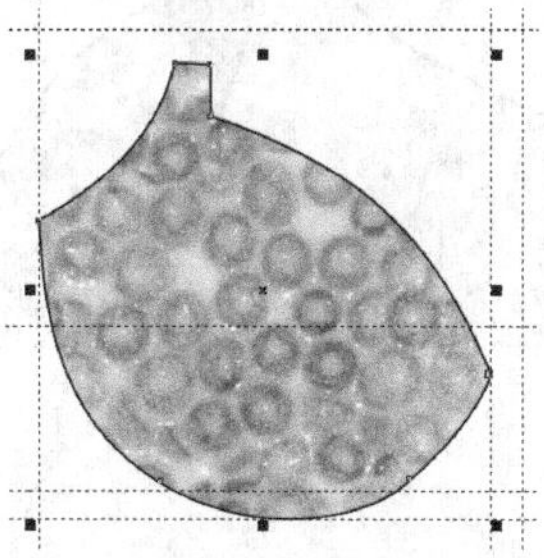

图5-8

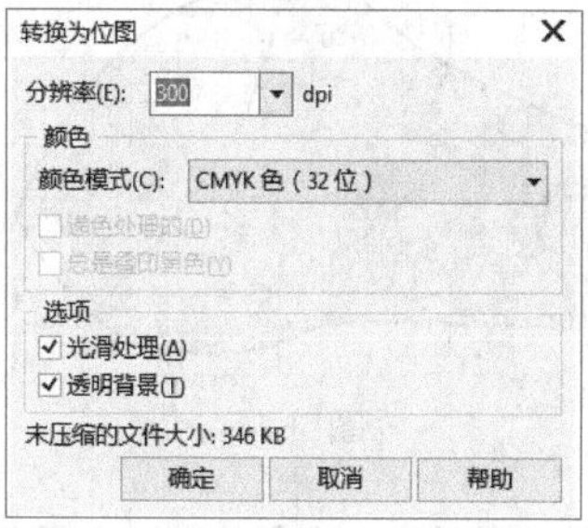

图5-9

09 单击【确定】按钮，原来的矢量图变成了位图，得到的效果如图5-10所示。

10 执行菜单栏中的【位图】/【三维效果】/【球面】命令，打开【球面】对话框，各项参数的设置如图5-11所示。

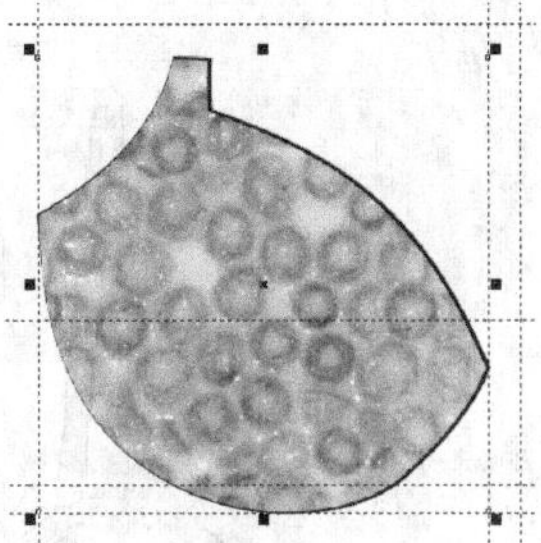

图5-10

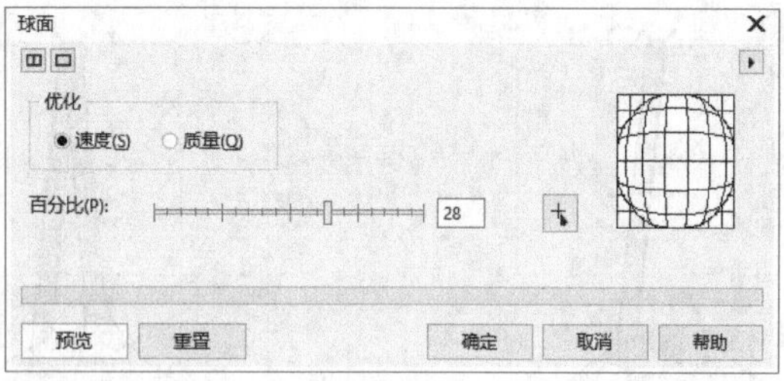

图5-11

11 单击【确定】按钮，得到的效果如图5-12所示。

12 执行菜单栏中的【对象】/【顺序】/【向后一层】命令，得到的效果如图5-13所示。

13 使用【贝塞尔】工具和【形状】工具在内衣罩杯上绘制一条分割线，在属性栏中设置轮廓宽度，如图5-14所示。

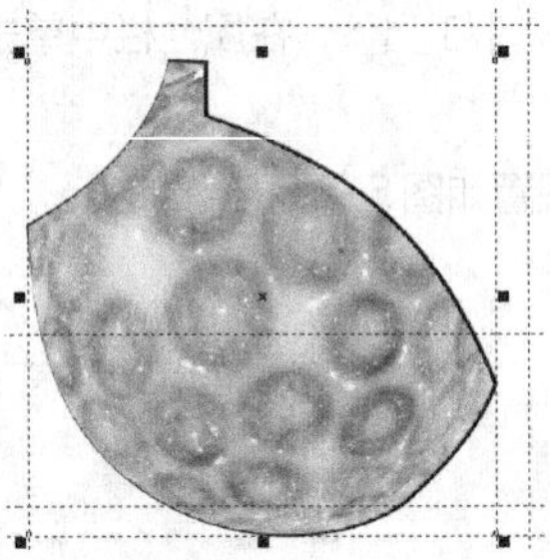

图5-12

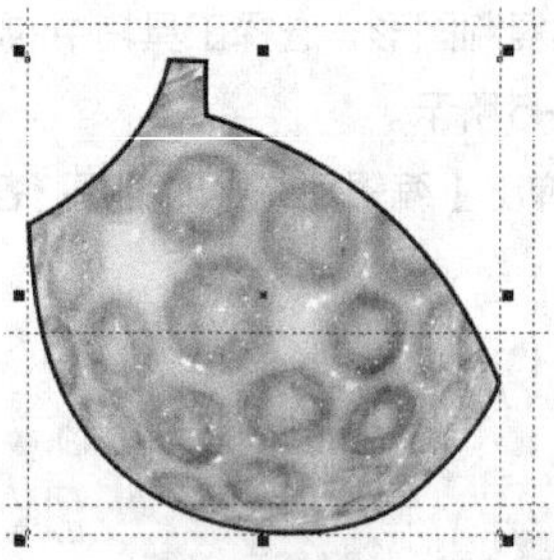

图5-13

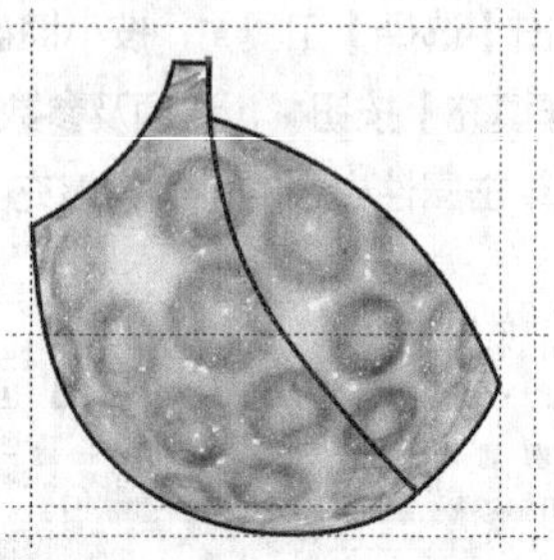

图5-14

14 使用【贝塞尔】工具和【形状】工具绘制图5-15所示的闭合路径，单击【选择】工具，在属性栏中设置轮廓宽度.35 mm，并填充棕黄色，其CMYK值为（13，45，82，0）。

15 执行菜单栏中的【对象】/【顺序】/【到页面后面】命令，把它放置到罩杯后面，得到的效果如图5-16所示。

16 使用【贝塞尔】工具绘制后肩带，在属性栏中设置轮廓宽度.35 mm，并填充棕黄色，其CMYK值为（13，45，82，0），如图5-17所示。

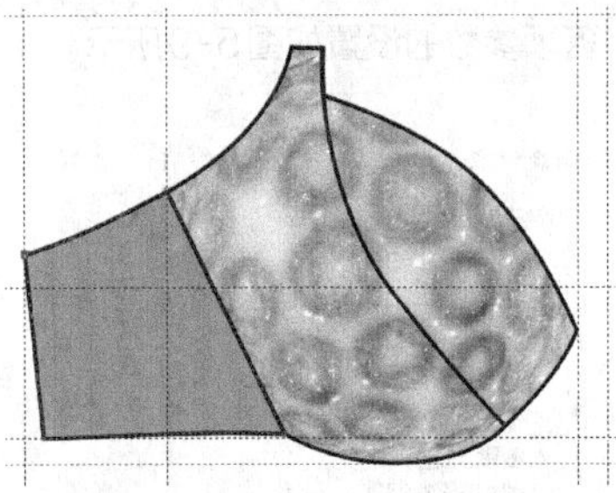

图5-15

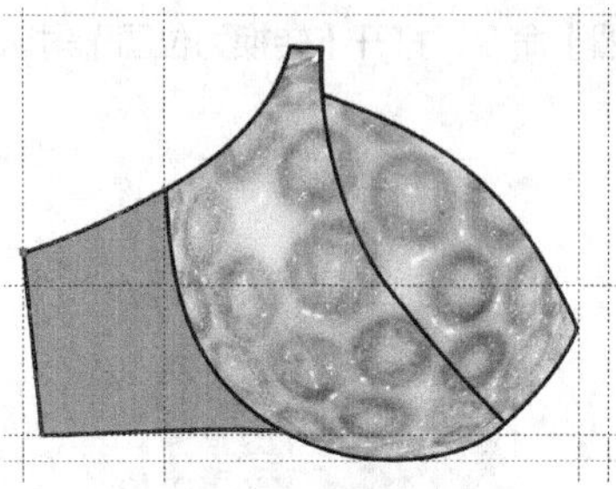

图5-16

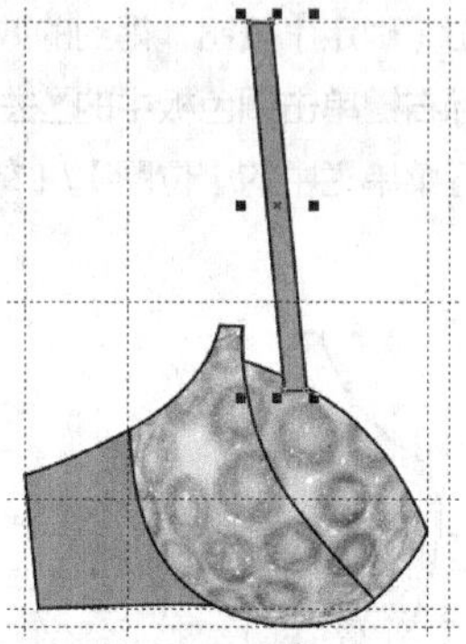

图5-17

17 执行菜单栏中的【对象】/【顺序】/【到页面后面】命令，把它放置到罩杯后面，得到的效果如图5-18所示。

18 使用【贝塞尔】工具绘制前肩带（前后肩带一定要重合），在属性栏中设置轮廓宽度.35 mm，并填充棕黄色，其CMYK值为（13，45，82，0），如图5-19所示。

19 执行菜单栏中的【编辑】/【全选】/【辅助线】命令，选择所有的辅助线，按【Delete】键删除，得到的效果如图5-20所示。

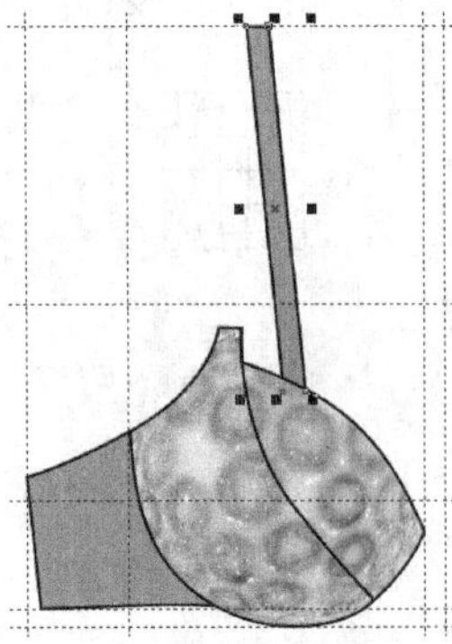

图5-18

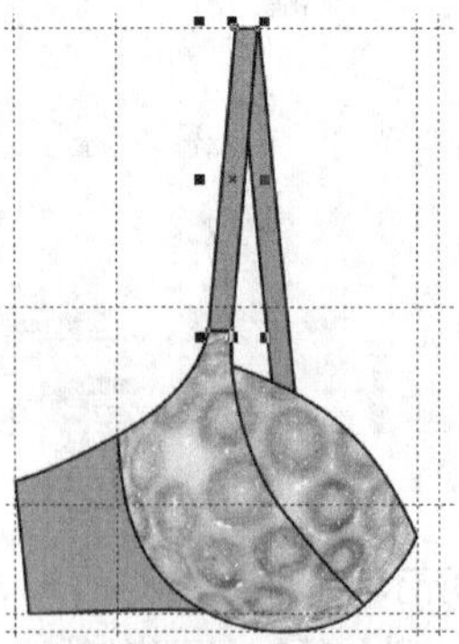

图5-19

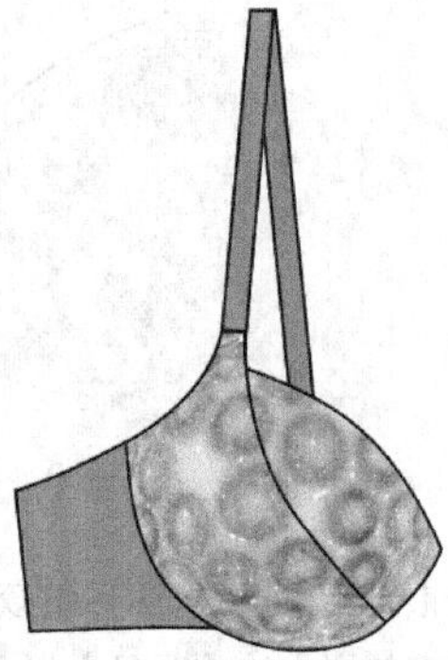

图5-20

20 使用【矩形】工具在肩带上绘制一个圆角矩形，在属性栏中设置圆角半径.6 mm，设置轮廓宽度2 mm，得到的效果如图5-21所示。

21 按【+】键复制矩形，按住【Shift】键等比例缩小圆形，得到的效果如图5-22所示。

22 使用【选择】工具框选两个矩形，单击属性栏中的【合并】按钮，效果如图5-23所示。

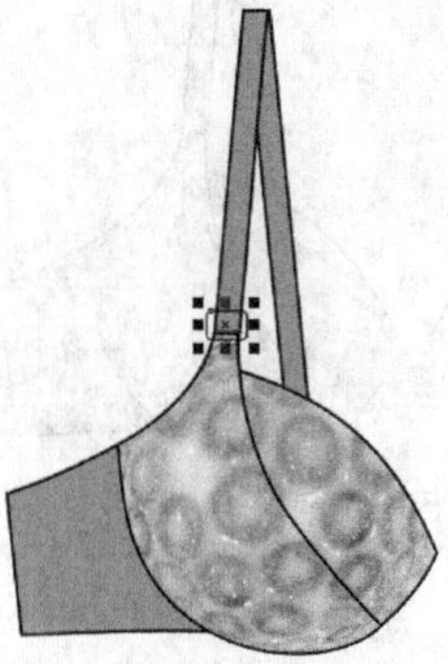

图5-21

图5-22

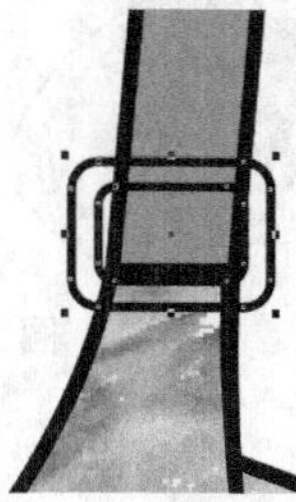

图5-23

23 单击调色板中的20%黑色，在属性栏中设置旋转角度 357.7 °，完成日字调节扣的效果如图5-24所示。

24 选择【贝塞尔】工具和【形状】工具，在图5-25所示的罩杯上绘制5条缉明线。使缉明线处于选择状态，按【F12】键，打开【轮廓笔】对话框，选项及参数设置如图5-26所示。

25 单击【确定】按钮，得到的效果如图5-27所示。

26 执行菜单栏中的【对象】/【顺序】/【置于此对象后】命令，把缉明线放置到日字扣后面，得到的效果如图5-28所示。

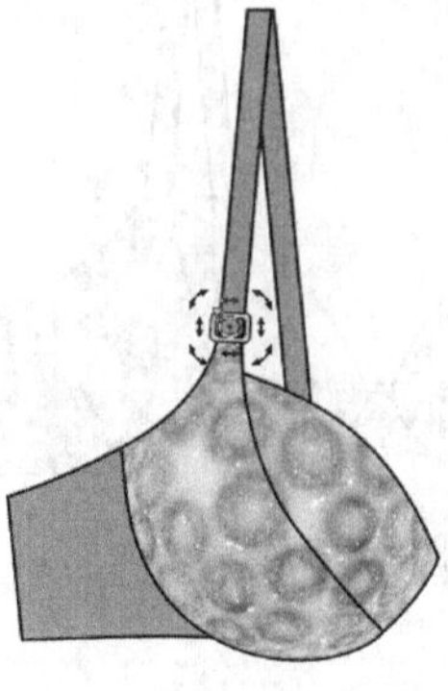

图5-24

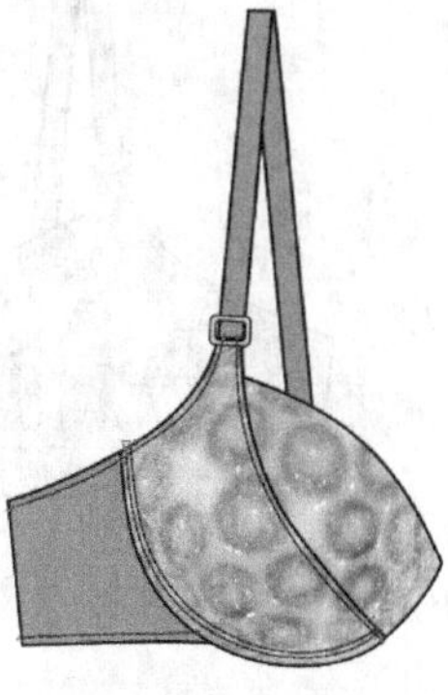

图5-25

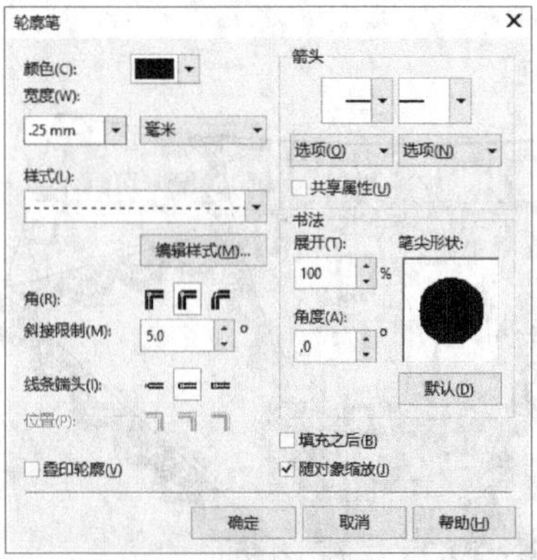

图5-26

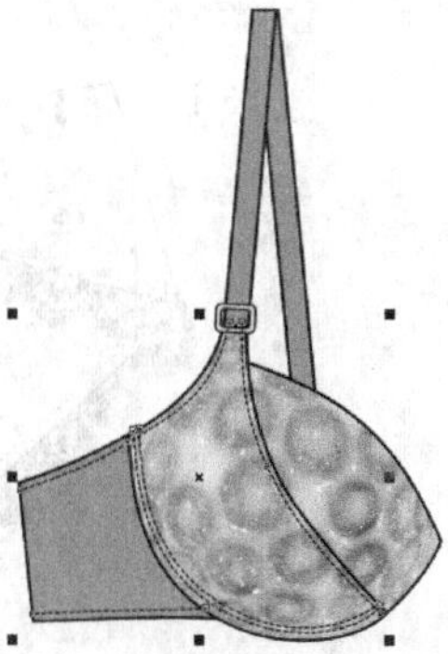

图5-27

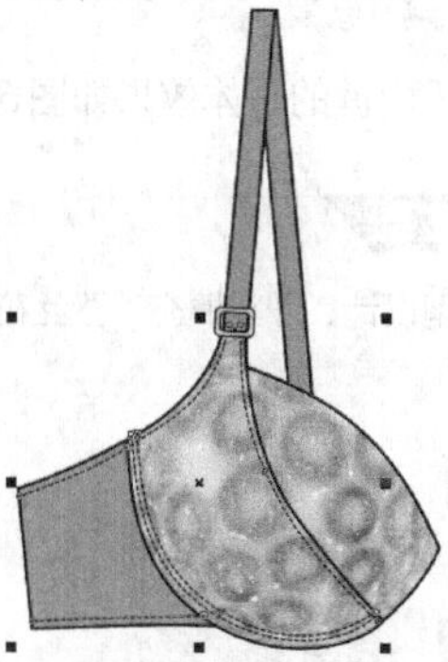

图5-28

27 使用【选择】工具框选图形，按【+】键复制，单击属性栏中的【水平镜像】按钮，并把图形向右平移到合适的位置，得到的效果如图5-29所示。

28 使用【贝塞尔】工具和【形状】工具绘制图5-30所示的闭合路径连接左右罩杯，单击【选择】工具，在属性栏中设置轮廓宽度 .35 mm ，并填充棕黄色，其CMYK值为（13，45，82，0）。

29 单击【选择】工具，执行菜单栏中的【对象】/【顺序】/【到页面后面】命令，把它放置到罩杯后面，得到的效果如图5-31所示。

30 使用【选择】工具框选所有图形，按住【Ctrl】+【G】组合键，群组图形。这样就完成了文胸的绘制，整体效果如图5-32所示。

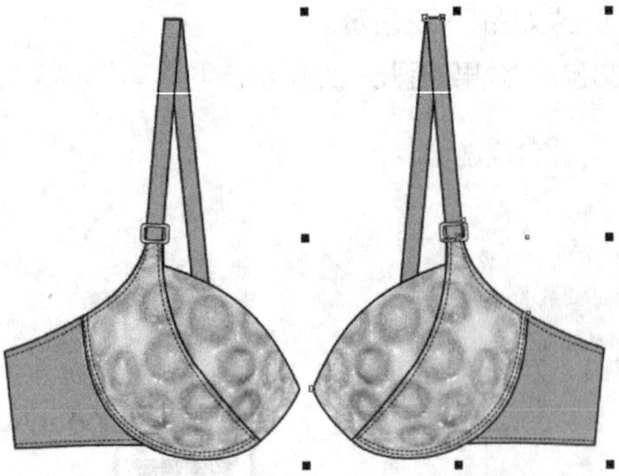

图5-29

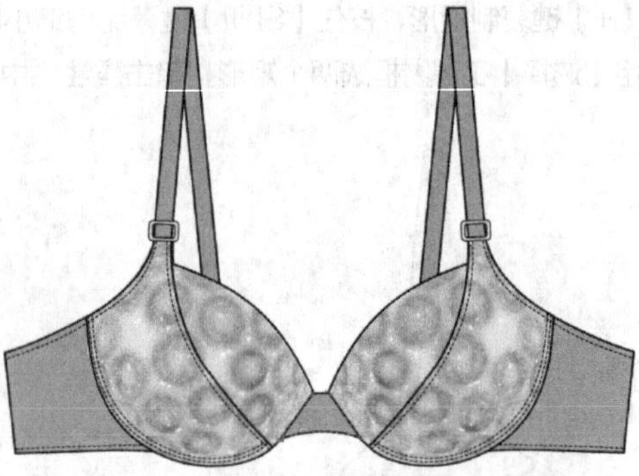

图5-30

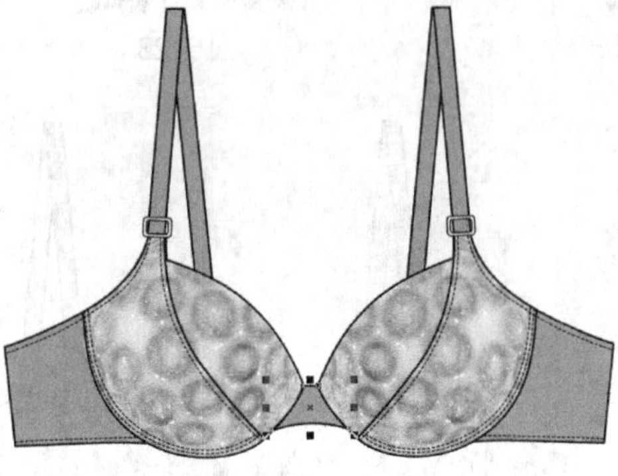

图5-31

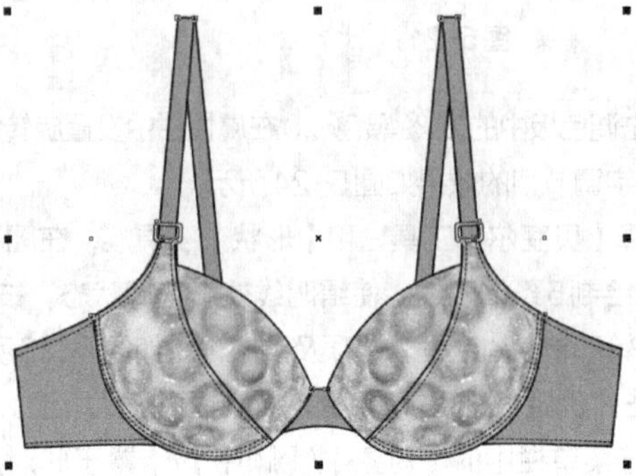

图5-32

5.2 女式内裤款式设计

女式内裤的整体效果如图5-33所示。

设计重点

造型设计、图案填充、蕾丝花边的表现。

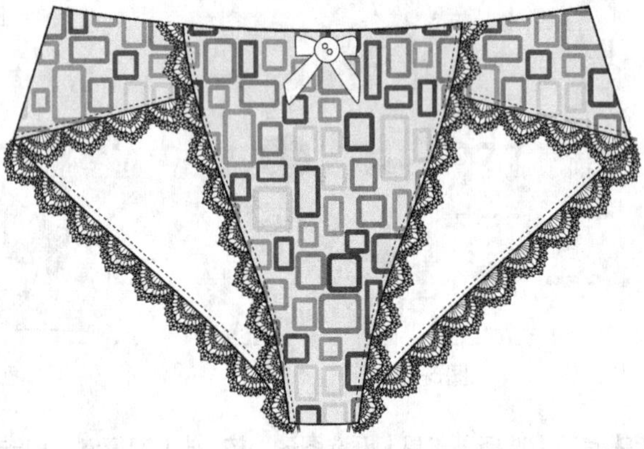

图5-33

操作步骤

01 打开CorelDRAW软件，执行菜单栏中的【文件】/【新建】命令，或使用【Ctrl】+【N】组合键，打开【创建新文档】对话框，文件命名为“女式蕾丝内裤”，设定纸张大小为A4，横向摆放，如图5-34所示。

02 从标尺栏向页面拖曳鼠标添加6条辅助线，确定腰线、裆深和臀围等，如图5-35所示。

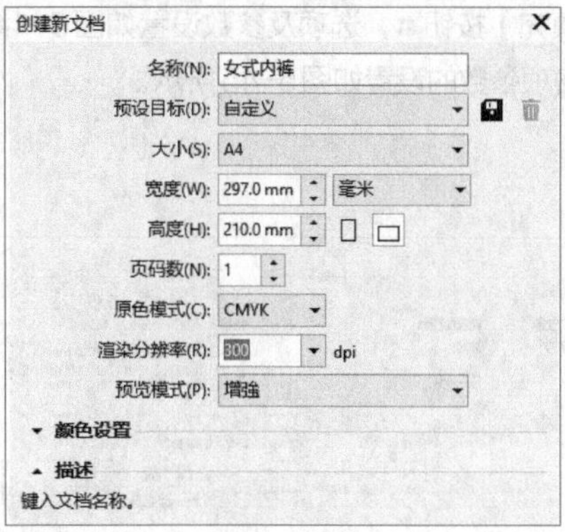

图5-34

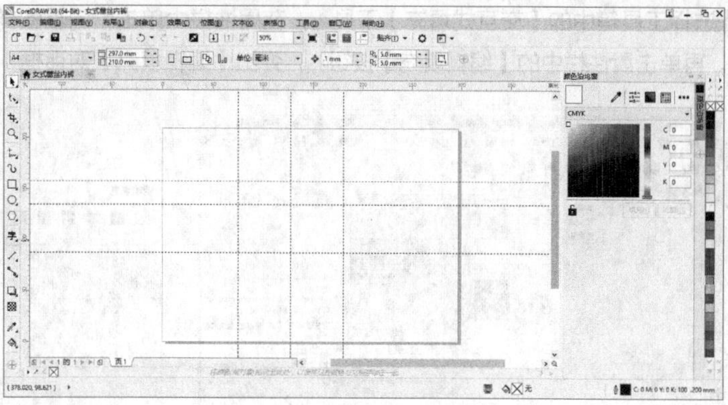

图5-35

03 使用【贝塞尔】工具和【形状】工具绘制图5-36所示的路径，单击【选择】工具，在属性栏中设置轮廓宽度。

04 单击【选择】工具并按【+】键复制，单击属性栏中的【水平镜像】按钮，然后把复制的路径向右平移到合适的位置，如图5-37所示。

05 使用【选择】工具框选两条路径，单击属性栏中的【合并】按钮，得到的效果如图5-38所示。

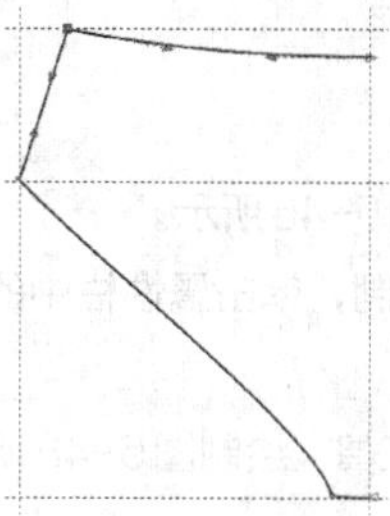

图5-36

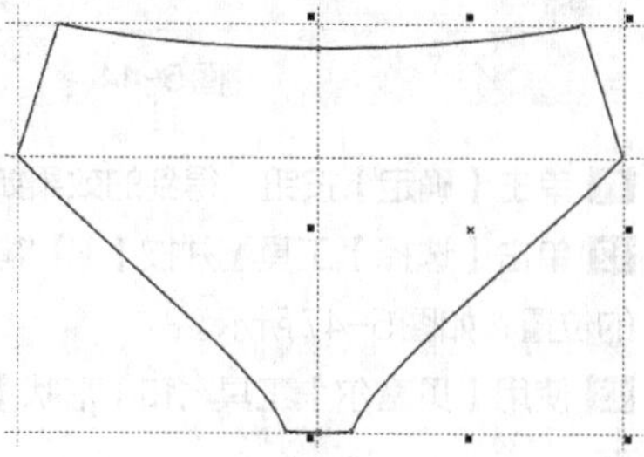

图5-37

06 使用【形状】工具，选择图5-39所示的两个节点。单击属性栏中的【连接两个节点】按钮，得到的效果如图5-40所示。

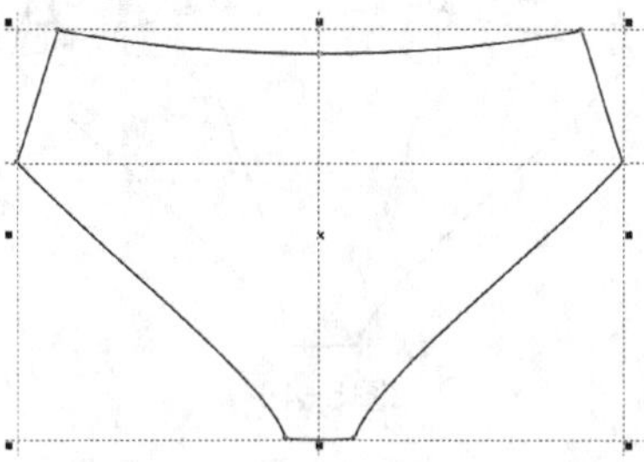

图5-38

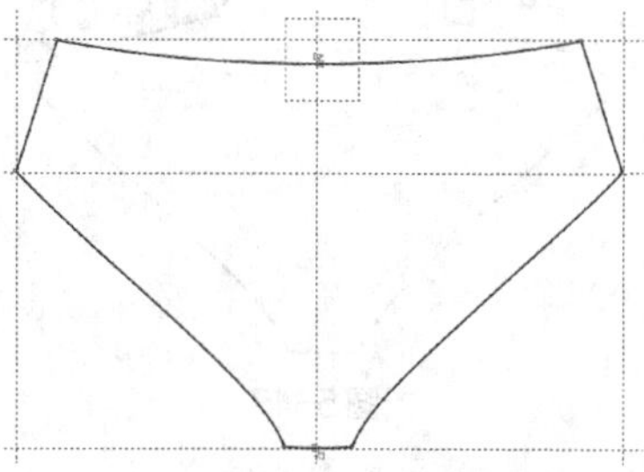

图5-39

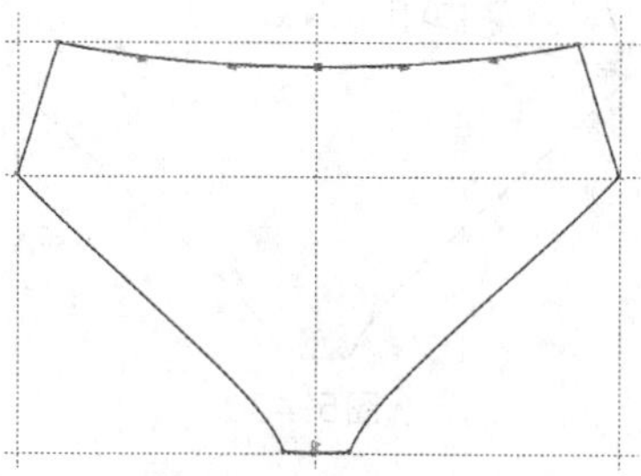

图5-40

07 重复上一步的操作，连接下方两个节点，填充白色，得到的效果如图5-41所示。

08 执行菜单栏中的【编辑】/【全选】/【辅助线】命令，选择所有的辅助线，按【Delete】键删除，得到的效果如图5-42所示。

09 使用【贝塞尔】工具和【形状】工具绘制图5-43所示的图形，单击【选择】工具，在属性栏中设置轮廓宽度。

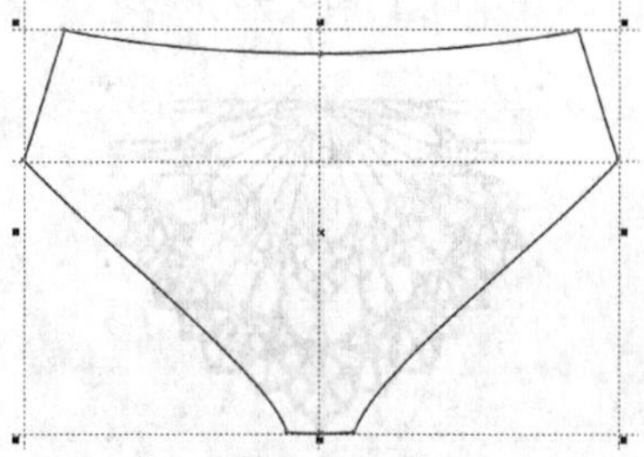

图5-41

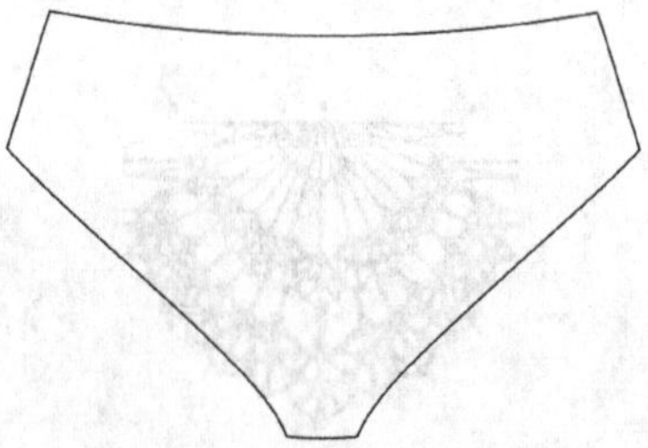

图5-42

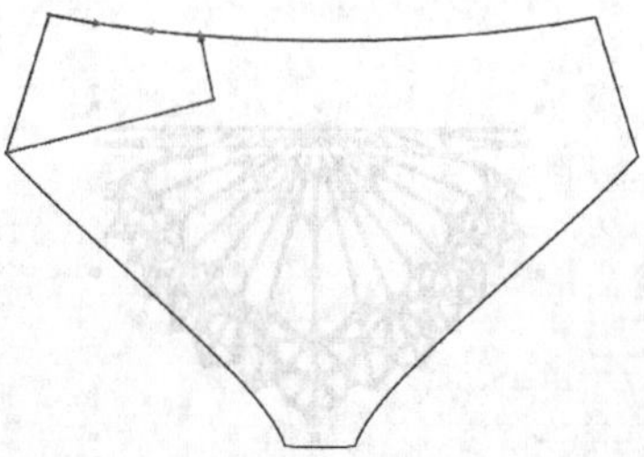

图5-43

10 选择工具箱中的【交互式填充】工具，在属性栏中单击【向量图样填充】按钮，选项及参数设置如图5-44所示。再单击属性栏中的【编辑填充】按钮，弹出【编辑填充】对话框，各项参数的设置如图5-45所示。

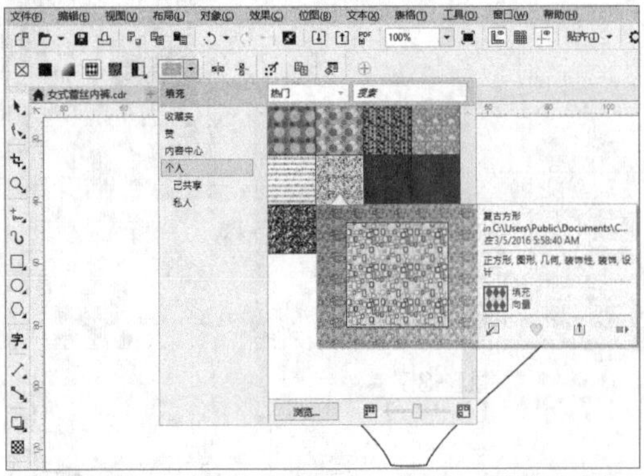

图5-44

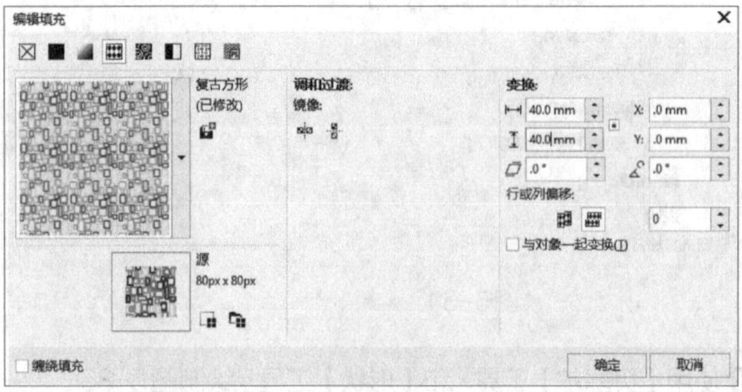

图5-45

11 单击【确定】按钮，得到的效果如图5-46所示。

12 单击【选择】工具并按【+】键复制，单击属性栏中的【水平镜像】按钮，然后把复制的图形向右平移到合适的位置，如图5-47所示。

13 使用【贝塞尔】工具和【形状】工具绘制图5-48所示的图形，单击【选择】工具，在属性栏中设置轮廓宽度 .35 mm。

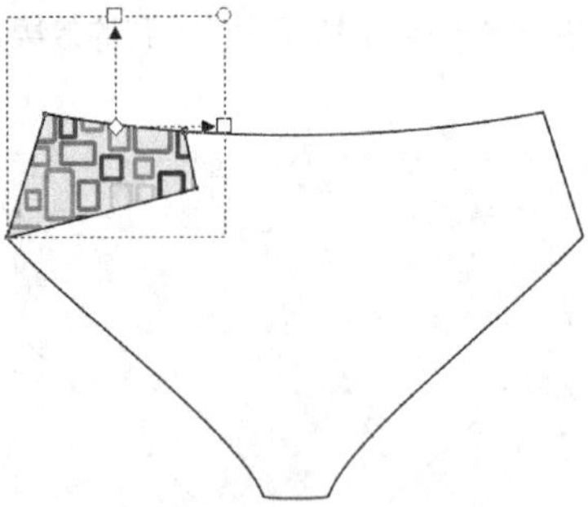

图5-46

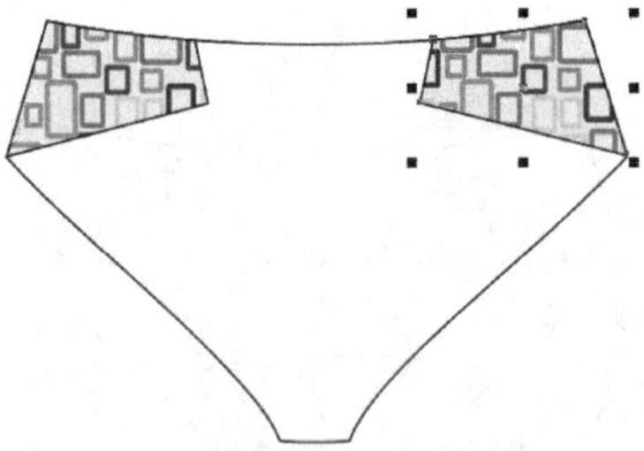

图5-47

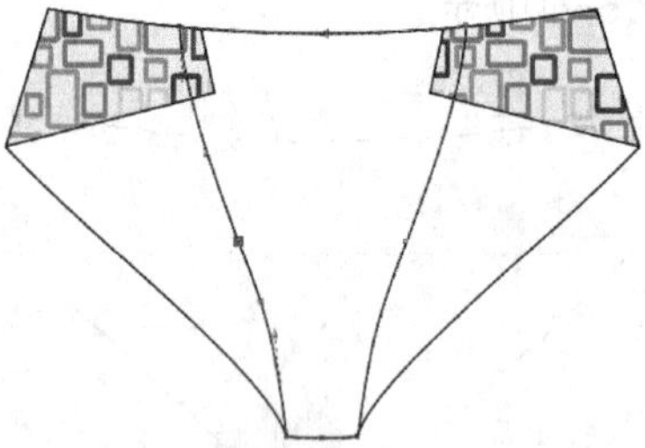

图5-48

14 重复步骤10和步骤11的操作给图形填充图案，这样就完成了内裤的基本造型，如图5-49所示。

15 执行菜单栏中的【文件】/【导入】命令，导入图5-50所示的花边图案。

16 按【+】键复制图案，再按住【Shift】键用鼠标等比例缩小图形，把复制的图案摆放在图5-51所示的位置。

17 使用【选择】工具框选两个图案，按住【Ctrl】+【G】组合键，群组图形，如图5-52所示。

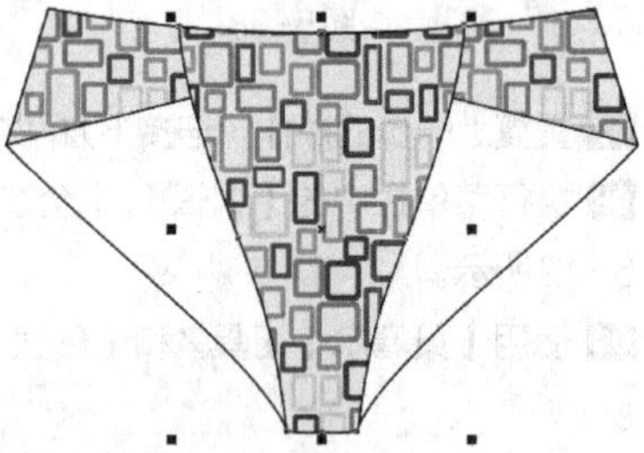

图5-49

图5-50

图5-51

图5-52

18 单击工具箱中的【艺术笔】工具，选择属性栏中的【自定义/新喷涂列表】，单击属性栏中的【添加到喷涂列表】按钮把绘制好的花边图案自定义为艺术画笔，在属性栏中设置各项参数如图5-53所示。

图5-53

19 使用【贝塞尔】工具和【形状】工具绘制一条路径，如图5-54所示。

20 选择【艺术笔】工具，在属性栏的喷涂列表中选择花边艺术笔，得到的效果如图5-55所示。

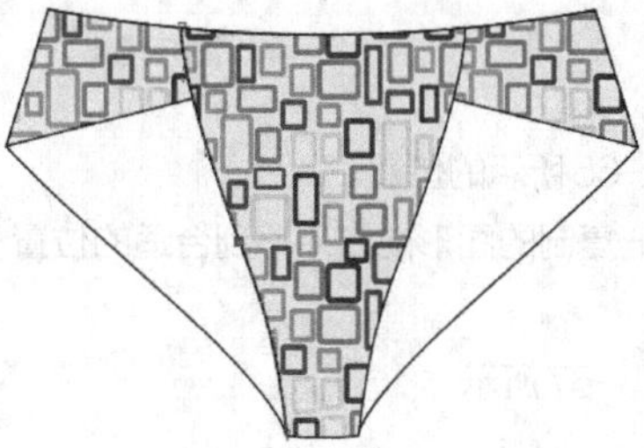

图5-54

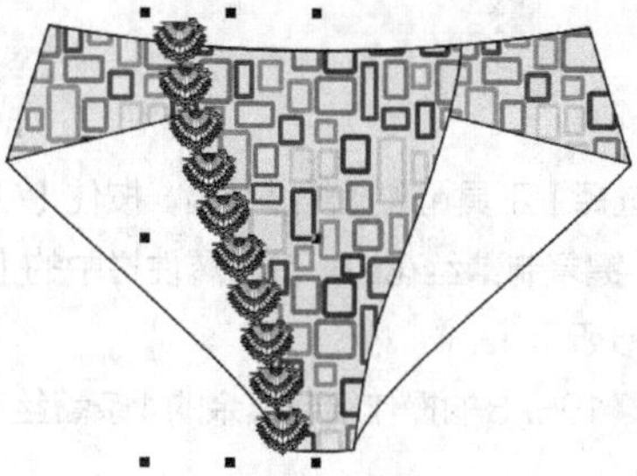

图5-55

21 单击属性栏中的【旋转】按钮，选择【相对于路径】单选钮，如图5-56所示，得到的效果如图5-57所示。

22 单击【选择】工具，执行菜单栏中的【对象】/【拆分艺术笔组】命令，得到的蕾丝花边效果如图5-58所示。

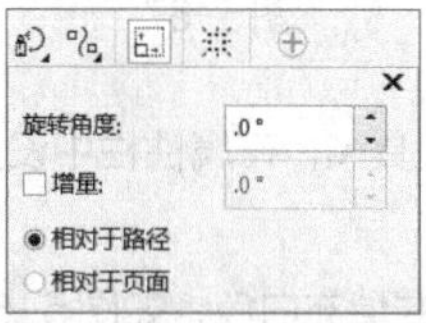

图5-56

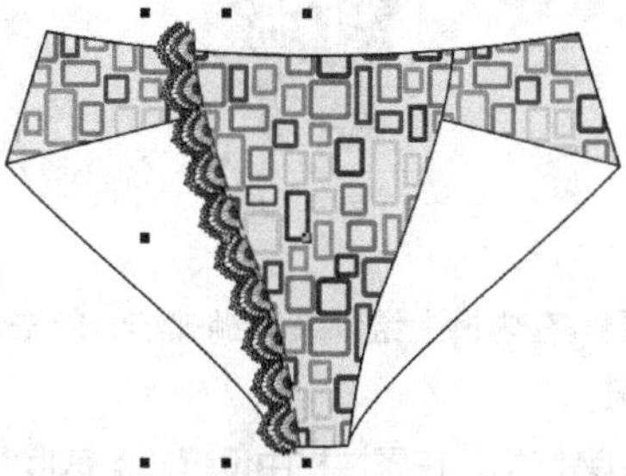

图5-57

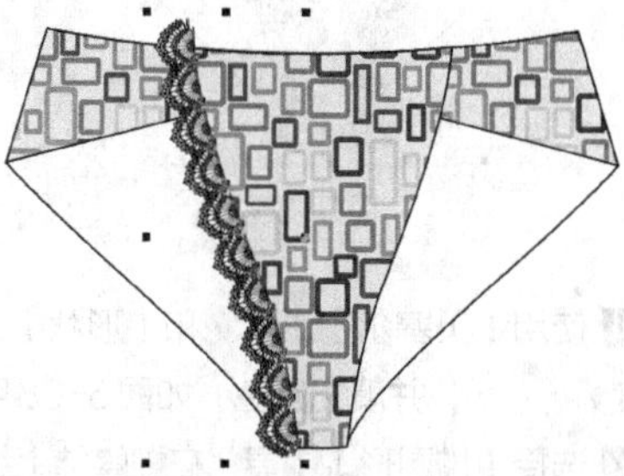

图5-58

23 使用【选择】工具选择蕾丝花边中的路径，按【Delete】键删除，得到的效果如图5-59所示。

24 使用【贝塞尔】工具和【形状】工具在花边上绘制图5-60所示的图形。

25 使用【选择】工具并按住【Shift】键加选蕾丝花边，如图5-61所示。

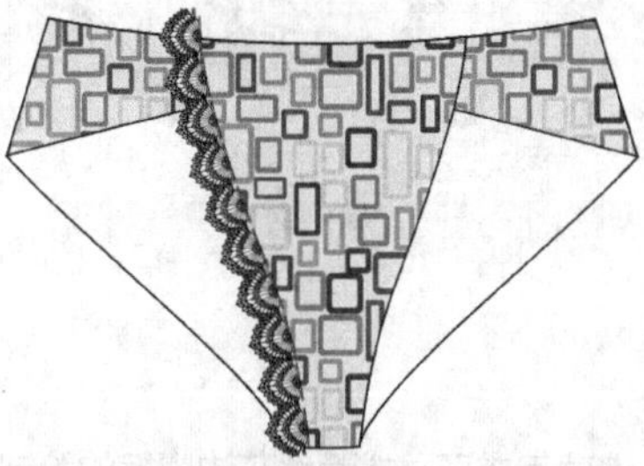

图5-59

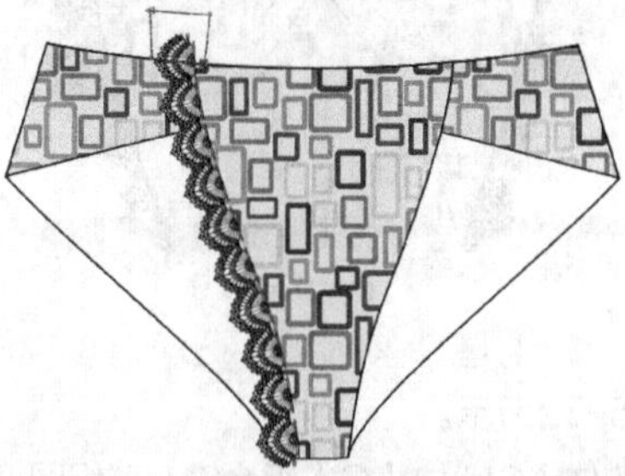

图5-60

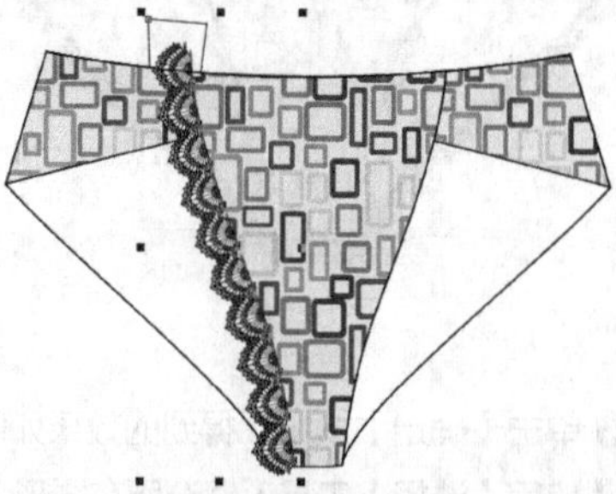

图5-61

26 单击属性栏中的【简化】按钮，得到的效果如图5-62所示。使用【选择】工具选择图形，按【Delete】键删除，得到的效果如图5-63所示。

27 执行菜单栏中的【对象】/【顺序】/【置于此对象后】命令，把蕾丝花边放置到裤片后面，得到的效果如图5-64所示。

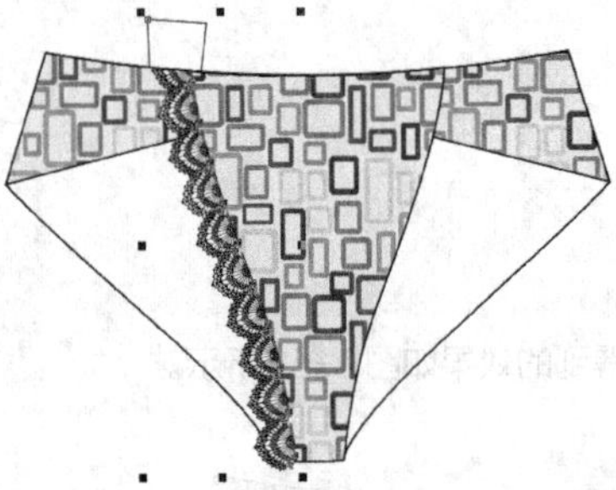
图5-62

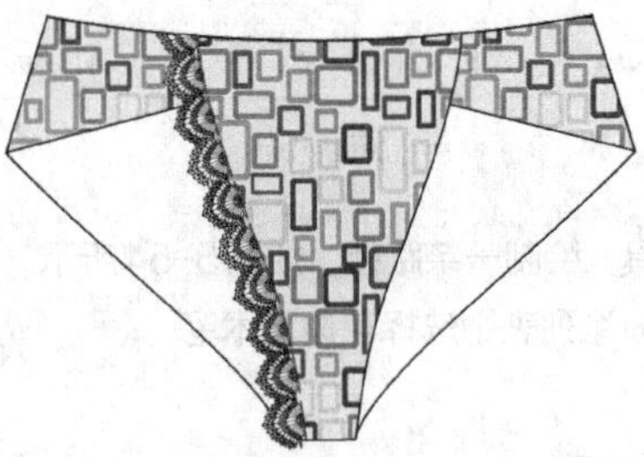
图5-63

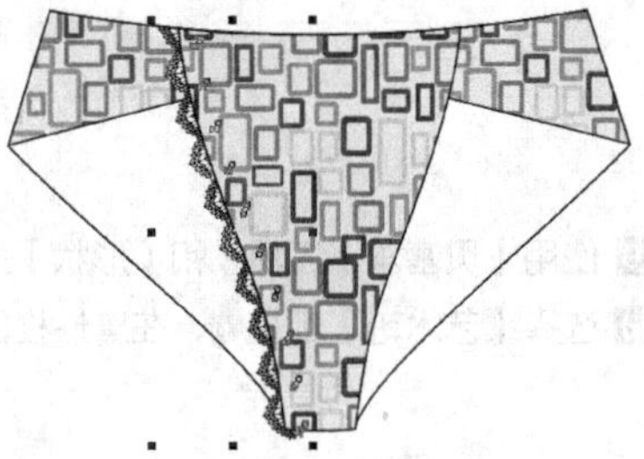
图5-64

28 使用【选择】工具选择蕾丝花边，按住【Ctrl】键向左平移到图5-65所示的位置。

29 按【+】键复制蕾丝花边，单击属性栏中的【水平镜像】按钮，把复制的图形向右平移到合适的位置，得到的效果如图5-66所示。

30 重复步骤19~28的操作绘制其余的4条蕾丝花边，得到的效果如图5-67所示。

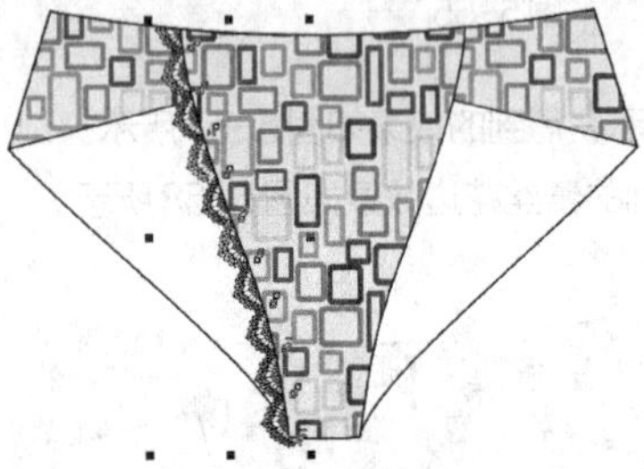
图5-65

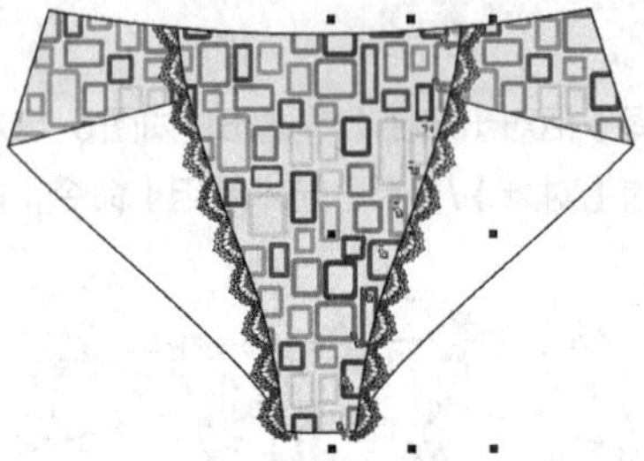
图5-66

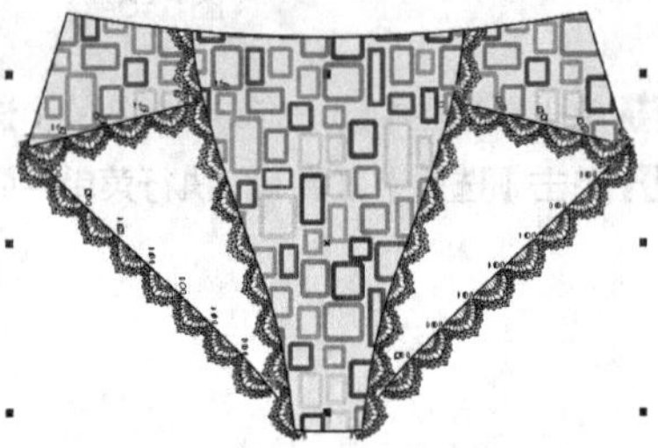
图5-67

31 使用【贝塞尔】工具和【形状】工具在内裤上绘制装饰蝴蝶结，单击【选择】工具，在属性栏中设置轮廓宽度 .2 mm，并填充白色，如图5-68所示。

32 选择【椭圆形】工具在蝴蝶结上绘制装饰扣，在属性栏中设置轮廓宽度 .2 mm，并填充白色，如图5-69所示。

33 选择【贝塞尔】工具和【形状】工具，在图5-70所示的内裤边缘处绘制6条缉明线，使缉明线处于选择状态，按【F12】键，弹出【轮廓笔】对话框，选项及参数设置如图5-71所示。

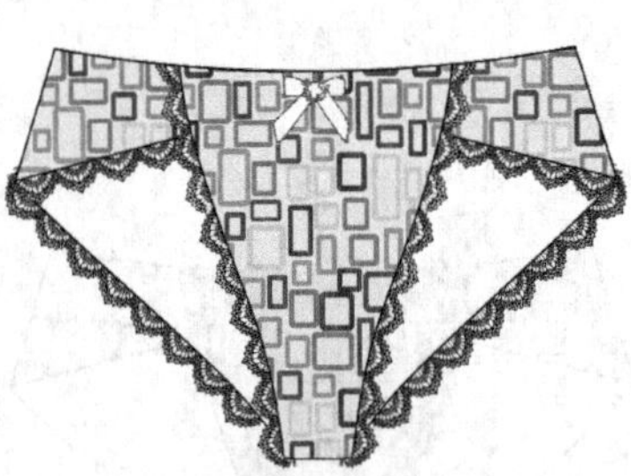
图5-68

图5-69

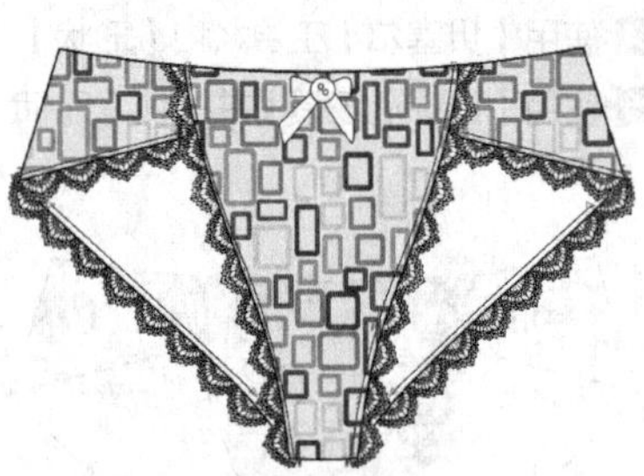
图5-70

34 单击【确定】按钮，得到的效果如图5-72所示。

35 使用【选择】工具框选所有图形，按住【Ctrl】+【G】组合键，群组图形。这就完成了女式蕾丝花边内裤的绘制，整体效果如图5-73所示。

图5-71

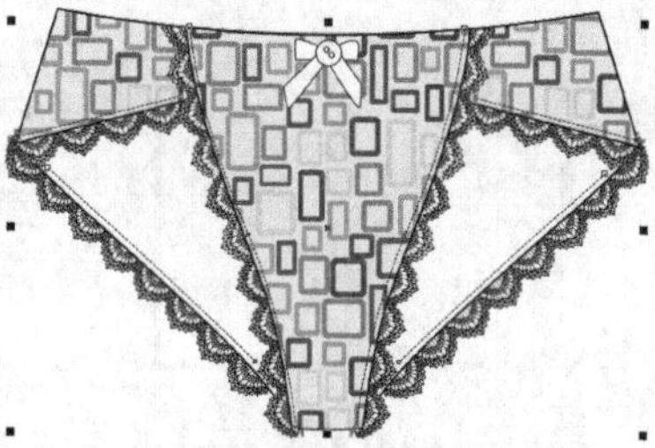

图5-72

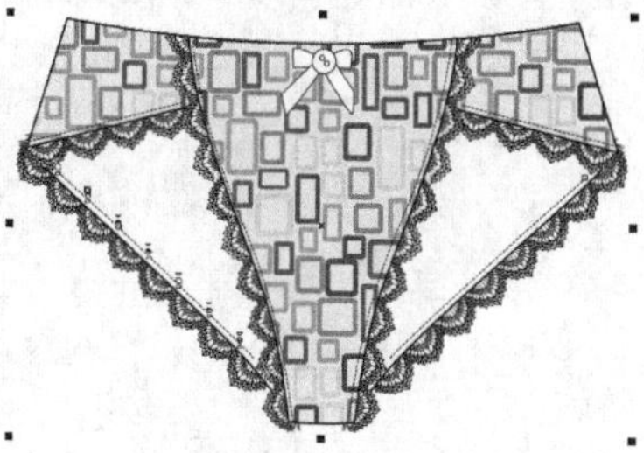

图5-73

5.3 女式束身内衣款式设计

女式束身内衣的整体效果如图5-74所示。

设计重点

造型设计；三角针、锁链针线迹表现；调节扣、蕾丝花边表现。

操作步骤

01 打开CorelDRAW软件，执行菜单栏中的【文件】/【新建】命令，或使用【Ctrl】+【N】组合键，打开【创建新文档】对话框，文件命名为“女式束身内衣”，设定纸张大小为A4，横向摆放，如图5-75所示。

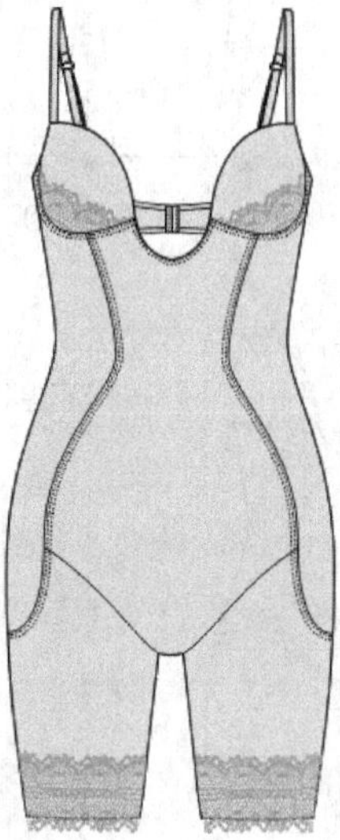

图5-74

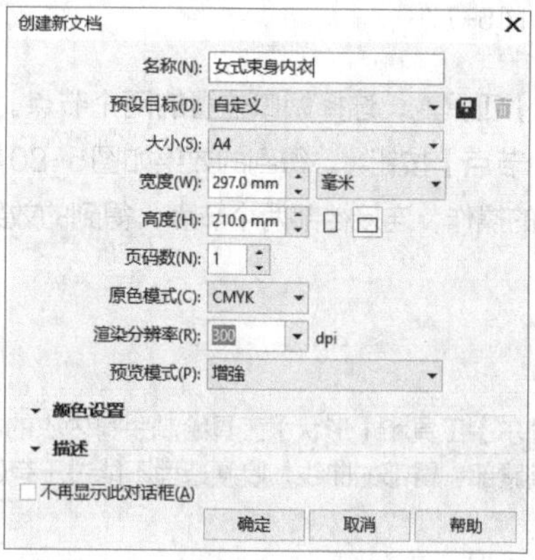

图5-75

02 从标尺栏向页面拖曳鼠标添加8条辅助线，确定衣长、肩带长、罩杯宽度、腰线和臀线等，如图5-76所示。

03 使用【贝塞尔】工具和【形状】工具，在辅助线的基础上绘制图5-77所示的路径，在属性栏中设置轮廓宽度 .35 mm 。

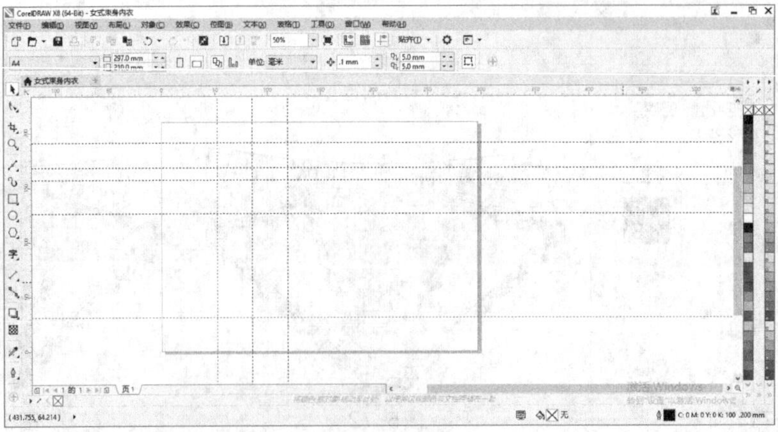

图5-76

04 单击【选择】工具并按小键盘上的【+】键复制图形，单击属性栏中的【水平镜像】按钮，然后把复制的路径向右平移到合适的位置，得到的效果如图5-78所示。

05 使用【选择】工具框选两条路径，单击属性栏中的【合并】按钮，得到的效果如图5-79所示。

图5-77

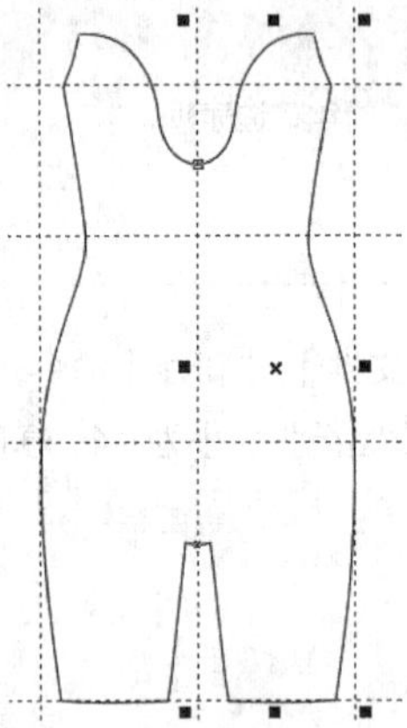

图5-78

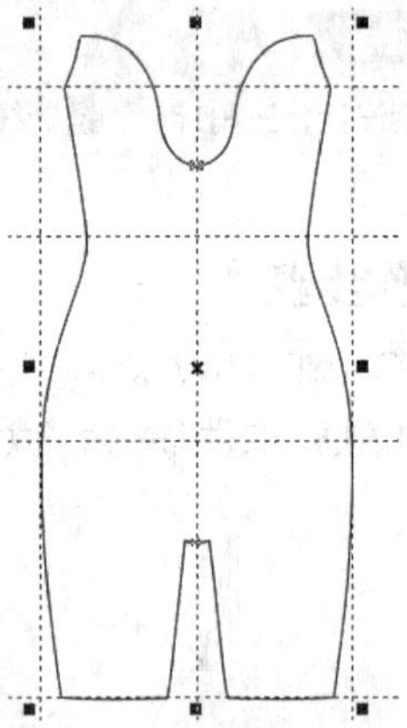

图5-79

06 使用【形状】工具，选择领口位置的两个节点。单击属性栏中的【连接两个节点】按钮，得到的效果如图5-80所示。

07 重复上一步的操作，连接裆部两个节点，得到的效果如图5-81所示。

专家提示

使用【贝塞尔】工具和【形状】工具绘制束身内衣的衣身造型时要注意调整腰部、臀部的曲线，收腰造型不能过于夸张。

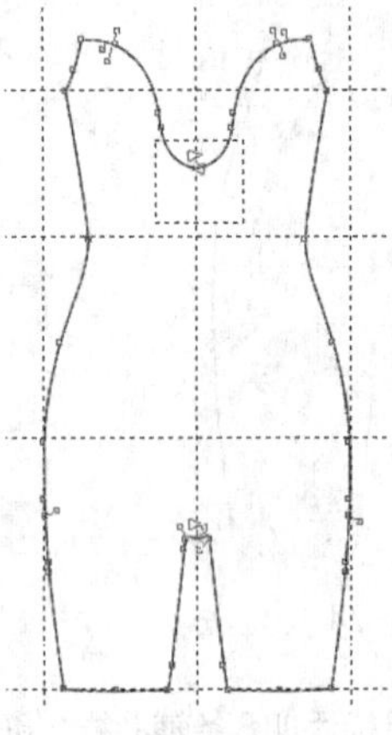

图5-80

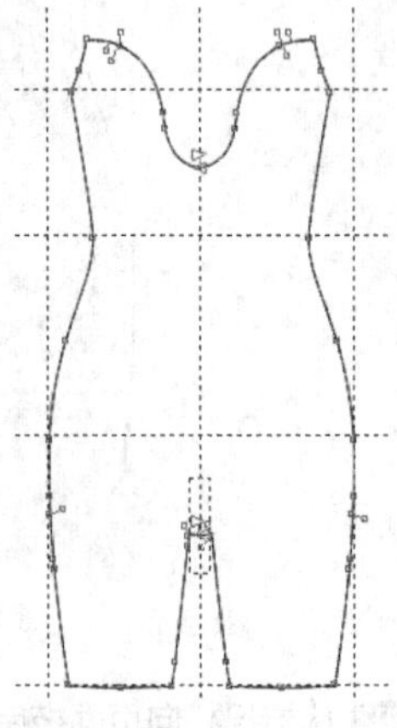

图5-81

08 单击工具箱中的【交互式填充】工具，在属性栏中单击【均匀填充】按钮，再单击【填充色】按钮，弹出【均匀填充】对话框，设置CMYK值为（7，15，27，0）的皮肤色，如图5-82所示，按【Enter】键，得到的效果如图5-83所示。

09 使用【贝塞尔】工具和【形状】工具在衣身上绘制图5-84所示的分割线，在属性栏中设置轮廓宽度。

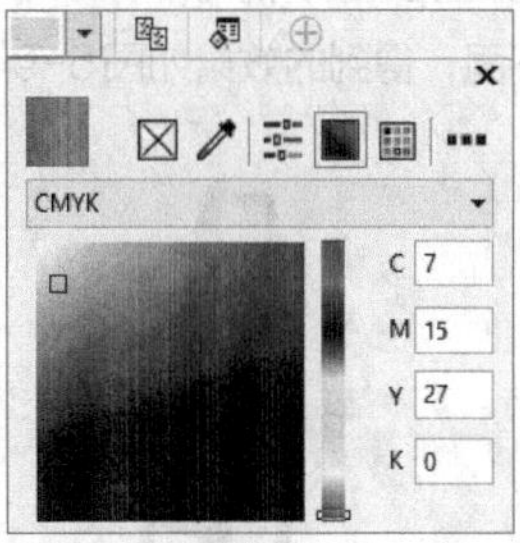

图5-82

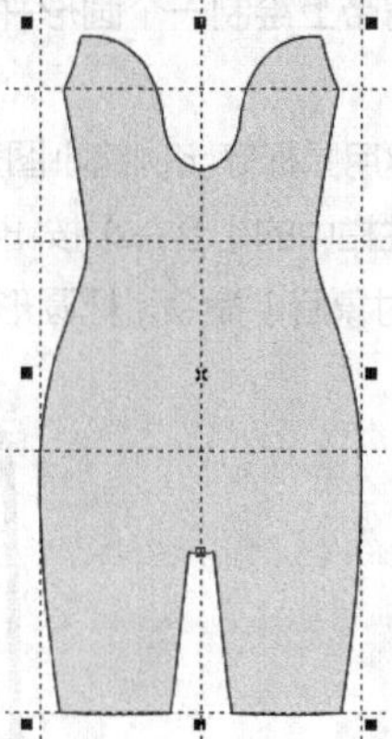
图5-83

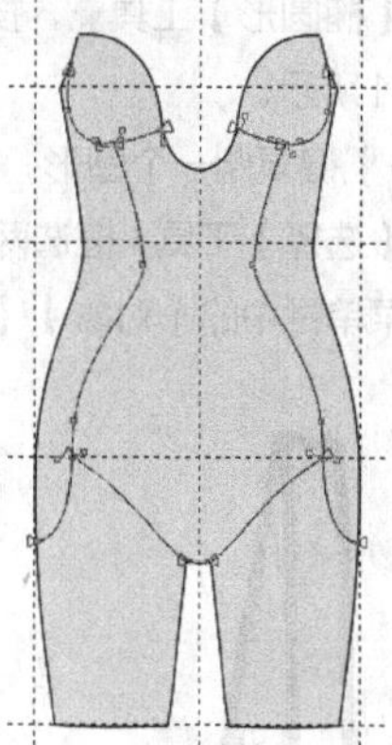
图5-84

10 使用【贝塞尔】工具和【形状】工具在图5-85所示的分割线附近绘制缉明线，按【F12】键，弹出【轮廓笔】对话框，选项及参数设置如图5-86所示。

11 单击【确定】按钮，得到的效果如图5-87所示。

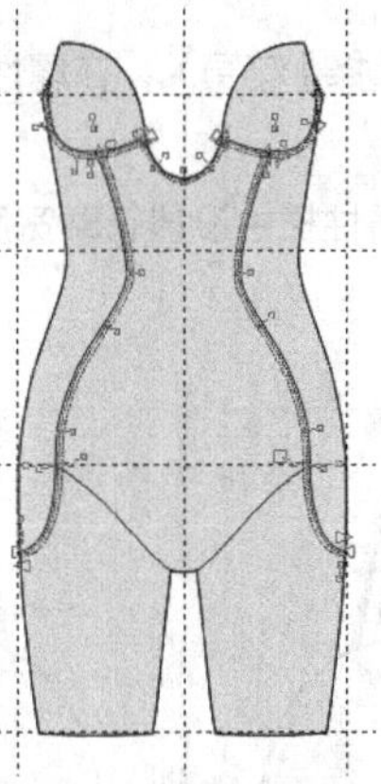
图5-85

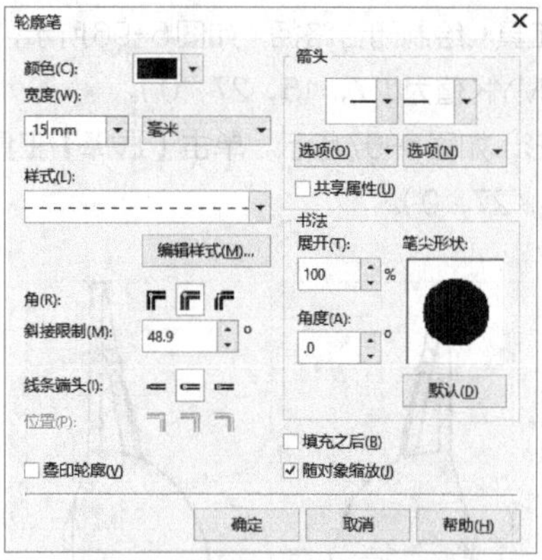

图5-86

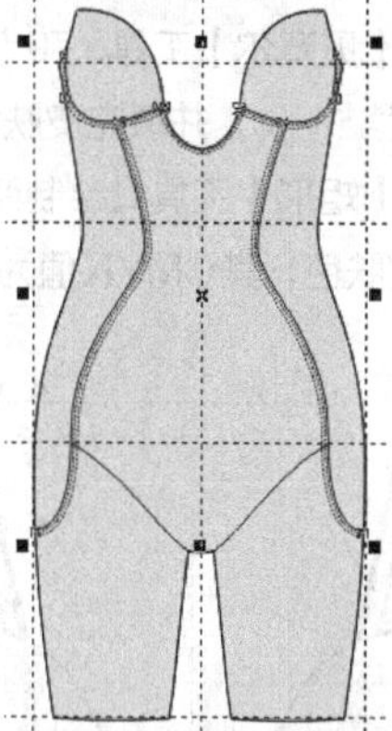
图5-87

12 使用【贝塞尔】工具和【形状】工具绘制左侧前肩带，如图5-88所示，单击【选择】工具，在属性栏中设置轮廓宽度 .35 mm，并填充皮肤色，其CMYK值为（7，15，27，0）。

13 使用【贝塞尔】工具和【形状】工具绘制左侧后肩带，如图5-89所示，单击【选择】工具，在属性栏中设置轮廓宽度 .35 mm，并填充皮肤色，其CMYK值为（7，15，27，0）。

14 单击【选择】工具，执行菜单栏中的【对象】/【顺序】/【置于此对象后】命令，把后肩带放置到前肩带后面，得到的效果如图5-90所示。

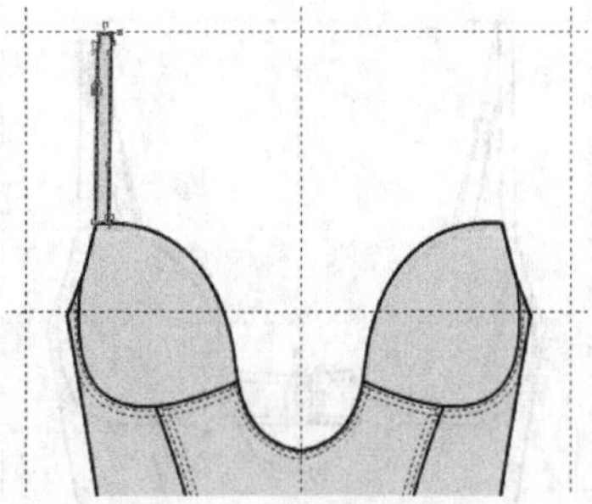
图5-88

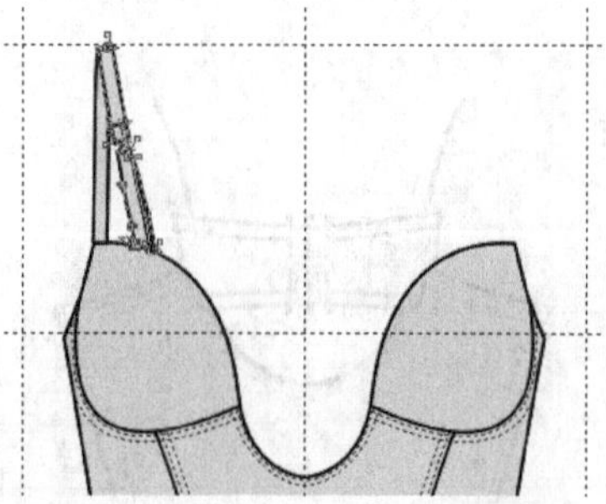
图5-89

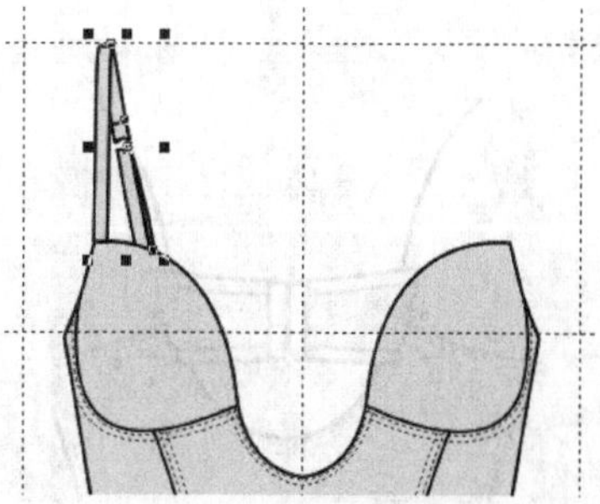
图5-90

15 选择【椭圆形】工具，按住【Ctrl】键在肩带上绘制一个圆形并填充皮肤色，其CMYK值为（7，15，27，0），如图5-91所示。

16 按【+】键复制一个圆形，再按住【Shift】键用鼠标等比例缩小图形，得到的效果如图5-92所示。

17 使用【选择】工具框选两个圆形，单击属性栏中的【合并】按钮，得到的效果如图5-93所示。

18 执行菜单栏中的【对象】/【顺序】/【置于此对象后】命令，把圆形放置到后肩带下面，得到的效果如图5-94所示。

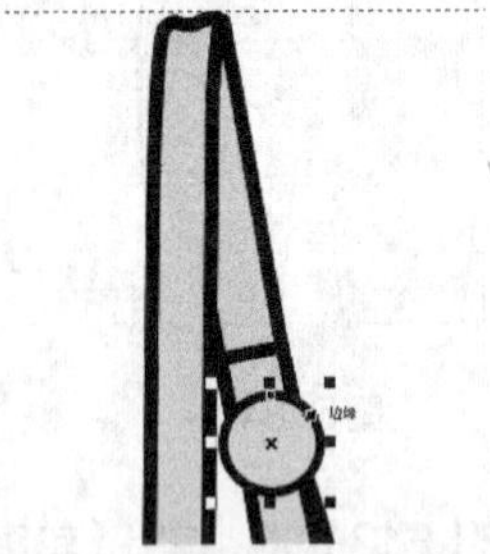

图5-91

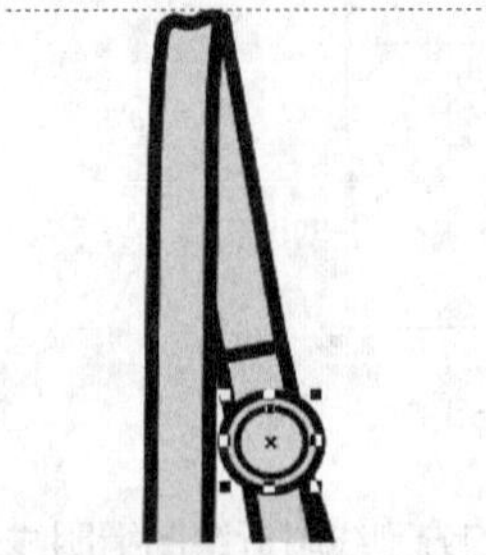

图5-92

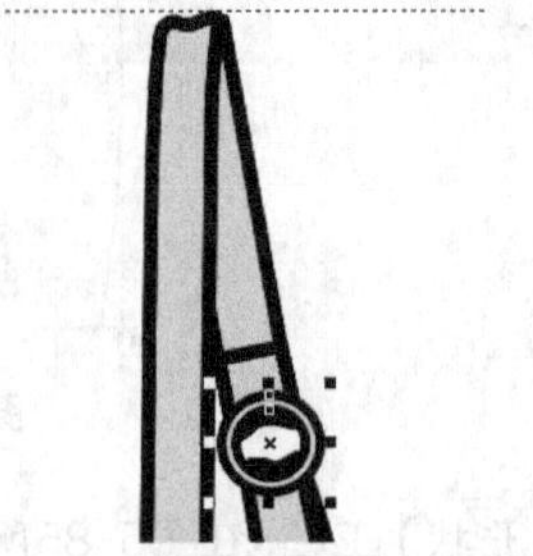

图5-93

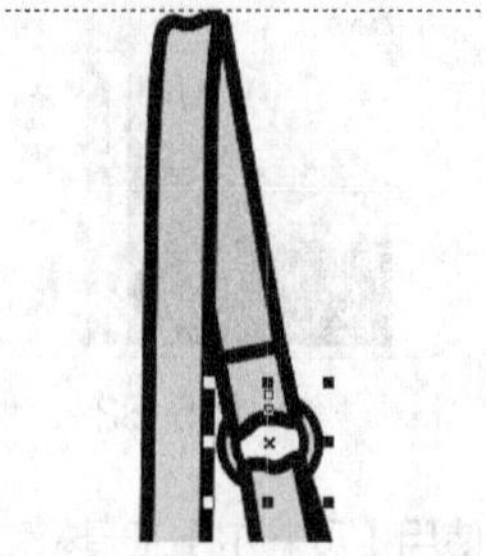

图5-94

19 使用【选择】工具框选整个肩带造型，按【+】键复制，单击属性栏中的【水平镜像】按钮，并把图形向右平移到合适的位置，得到的效果如图5-95所示。

20 使用【贝塞尔】工具和【形状】工具绘制闭合路径，如图5-96所示，单击【选择】工具，在属性栏中设置轮廓宽度 .35 mm，并填充皮肤色，其CMYK值为（7，15，27，0）。

21 使用【矩形】工具绘制两个长方形，如图5-97所示，单击【选择】工具，在属性栏中设置轮廓宽度 .35 mm，并填充皮肤色，其CMYK值为（7，15，27，0）。

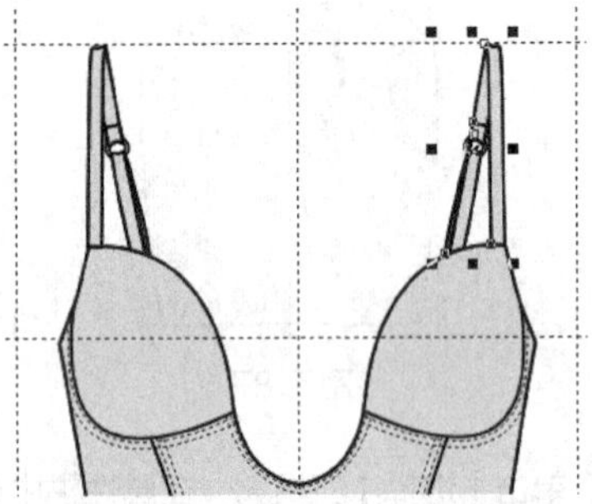

图5-95

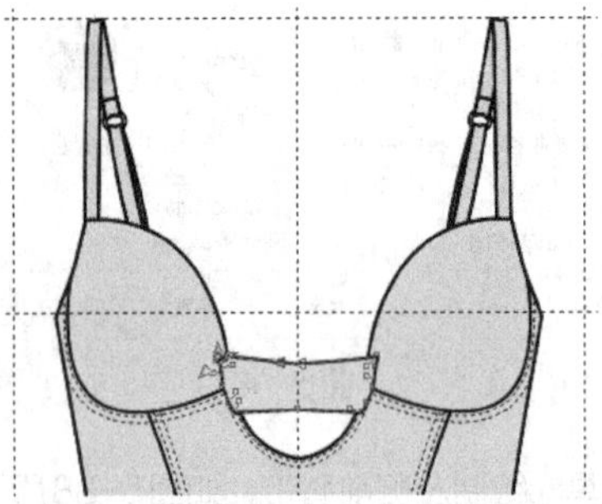

图5-96

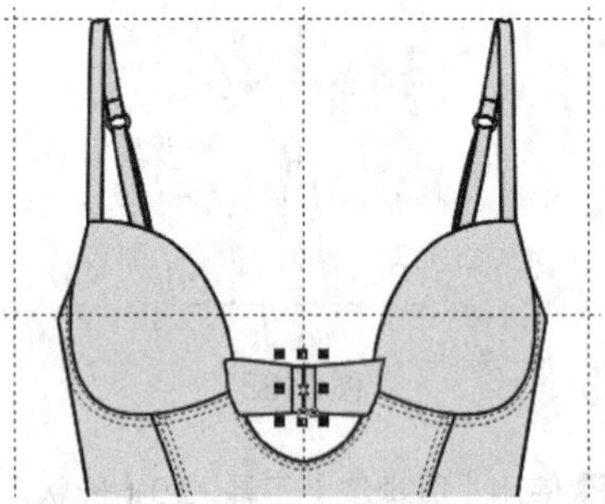

图5-97

22 使用【贝塞尔】工具和【形状】工具在衣身上绘制图5-98所示的4条分割线，在属性栏中设置轮廓宽度 .35 mm。

23 重复步骤10和步骤11的操作绘制两条缉明线，得到的效果如图5-99所示。

24 使用【选择】工具框选图形，执行菜单栏中的【对象】/【顺序】/【置于此对象后】命令，把它放置到衣身后面，得到的效果如图5-100所示。

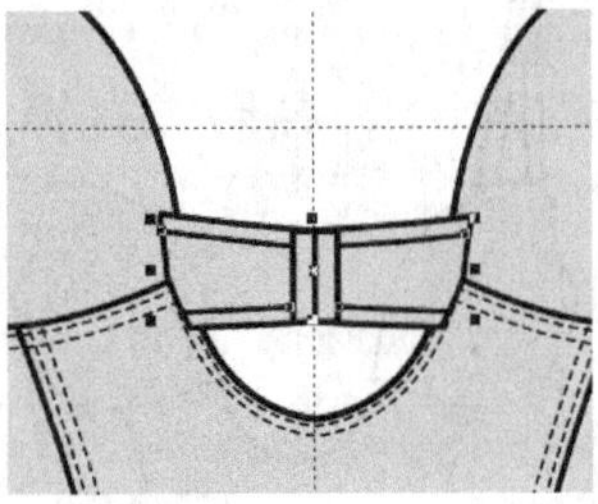

图5-98

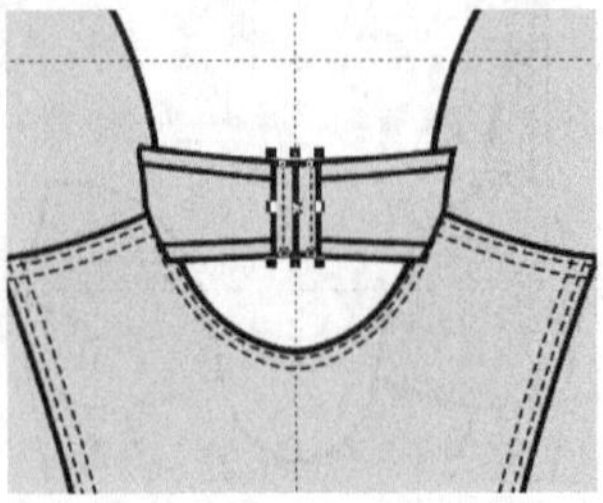

图5-99

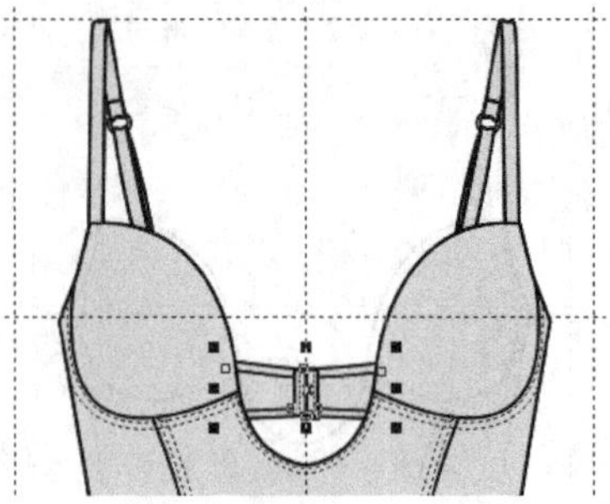

图5-100

25 执行菜单栏中的【文件】/【导入】命令，导入图5-101所示的花边图案。

26 单击工具箱中的【交互式填充】工具，在属性栏中单击【均匀填充】按钮，给花边填充浅灰色，其CMYK值为（7，15，27，30），得到的效果如图5-102所示。

27 单击工具箱中的【艺术笔】工具，选择属性栏中的【新喷涂列表】，单击属性栏中的【添加到喷涂列表】按钮把绘制好的花边图案自定义为艺术画笔，属性栏中各项参数的设置如图5-103所示。

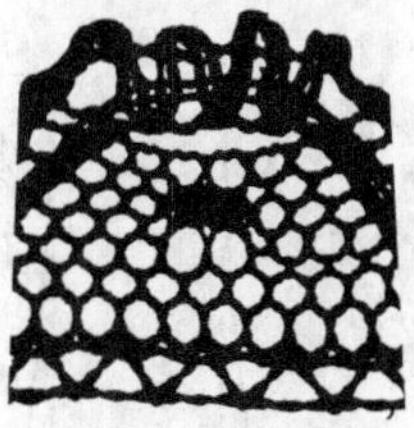

图5-101

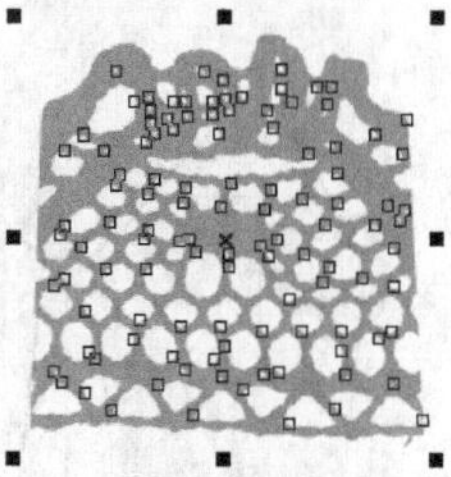

图5-102

图5-103

28 使用【贝塞尔】工具和【形状】工具在裤腿上绘制一条路径，如图5-104所示。

29 选择【艺术笔】工具，在属性栏的喷涂列表中选择花边艺术笔，得到的效果如图5-105所示。

30 单击【选择】工具，执行菜单栏中的【对象】/【拆分艺术笔组】命令，得到的蕾丝花边效果如图5-106所示。

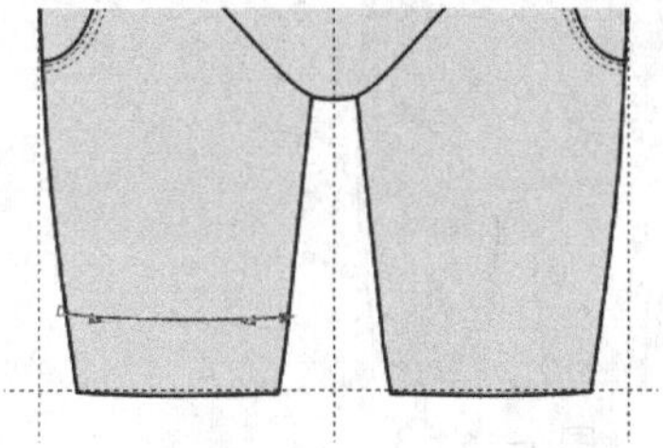

图5-104

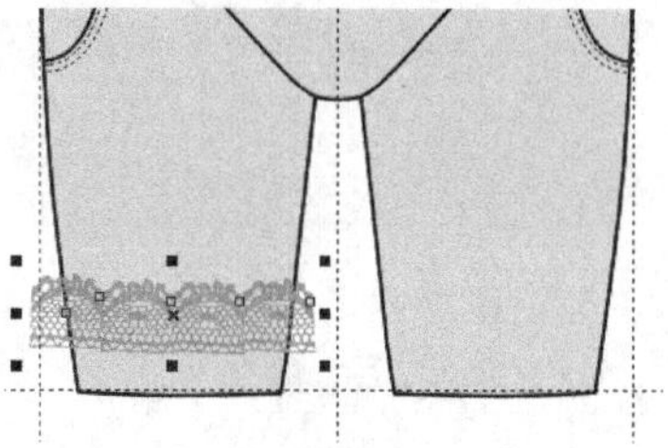

图5-105

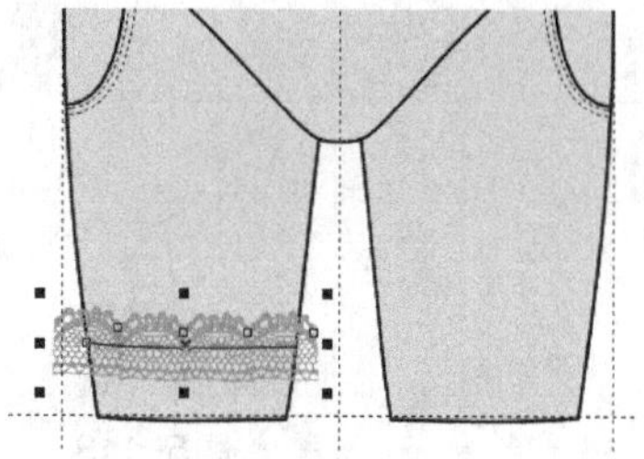

图5-106

31 使用【选择】工具选择蕾丝花边中的路径，按【Delete】键删除，得到的效果如图5-107所示。

32 使用【贝塞尔】工具和【形状】工具在花边上绘制图5-108所示的两个图形。

33 单击属性栏中的【简化】按钮，得到的效果如图5-109所示。

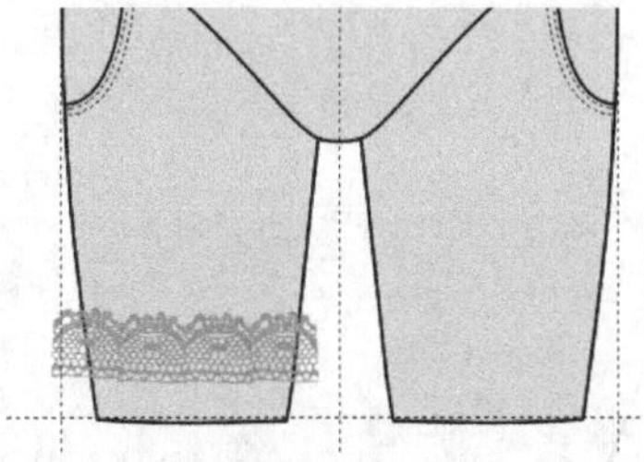

图5-107

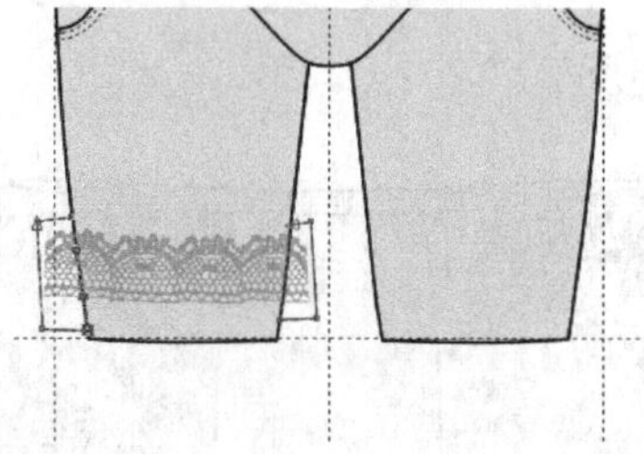

图5-108

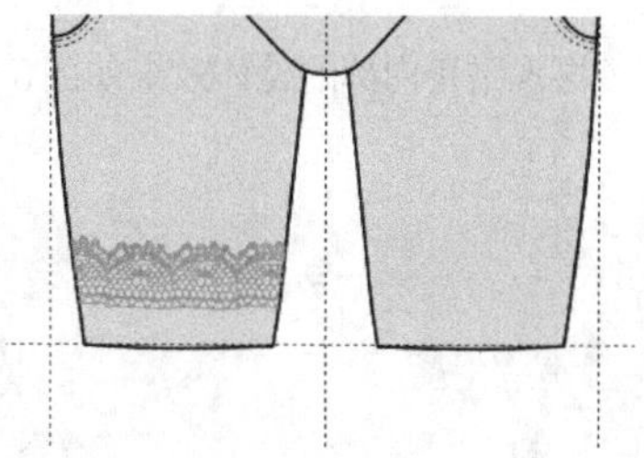

图5-109

34 重复步骤26~31的操作，绘制第2层蕾丝花边，得到的效果如图5-110所示。

35 使用【选择】工具框选蕾丝花边图案，按小键盘上的【+】键复制图形，单击属性栏中的【水平镜像】按钮，然后把复制的图形向右平移到合适的位置，得到的效果如图5-111所示。

36 重复步骤26~31的操作，绘制胸部的蕾丝花边，得到的效果如图5-112所示。

37 执行菜单栏中的【编辑】/【全选】/【辅助线】命令，选择所有的辅助线，按【Delete】键删除，得到的效果如图5-113所示。

38 使用【选择】工具框选所有图形，按【Ctrl】+【G】组合键群组图形。这样就完成了女式束身内衣的绘制，效果如图5-114所示。

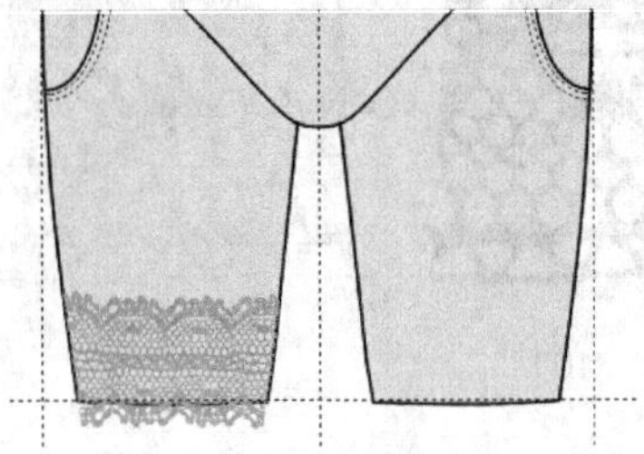

图5-110

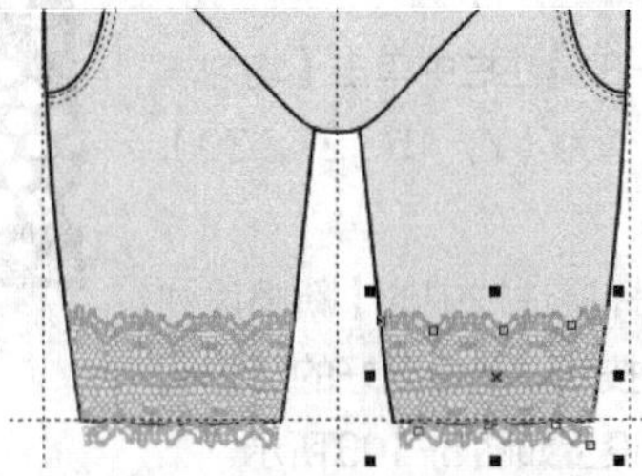

图5-111

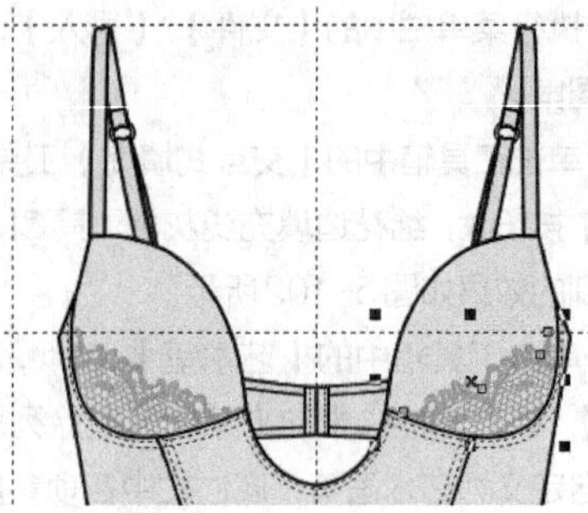

图5-112

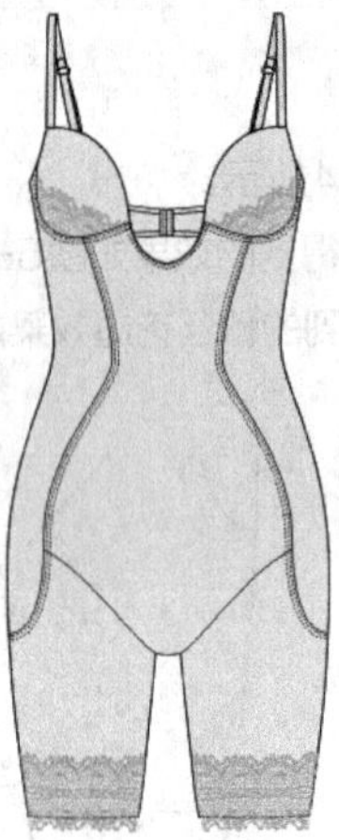

图5-113

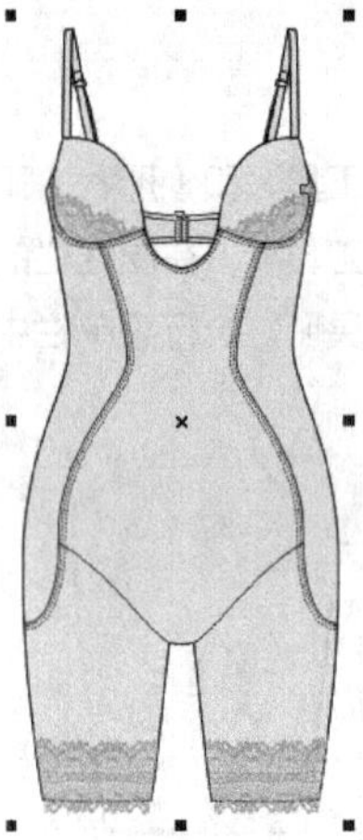

图5-114

5.4 男式内裤款式设计

5.4.1 男式平角内裤

男式平角内裤的整体效果如图5-115所示。

图5-115

设计重点

造型设计、图案填充、松紧带腰头的表现。

操作步骤

01 打开CorelDRAW软件，执行菜单栏中的【文件】/【新建】命令，或使用【Ctrl】+【N】组合键，打开【创建新文档】对话框，文件命名为“男式平角内裤”，设定纸张大小为A4，横向摆放，如图5-116所示。

02 从标尺栏向页面拖曳鼠标添加6条辅助线，确定腰线、裆深、臀围和裤肥等，如图5-117所示。

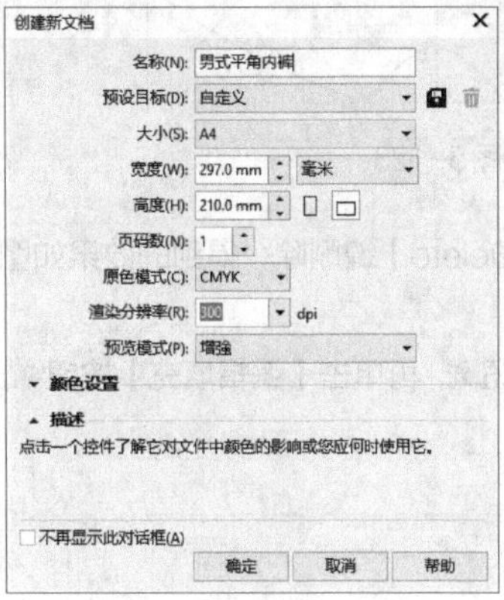

图5-116

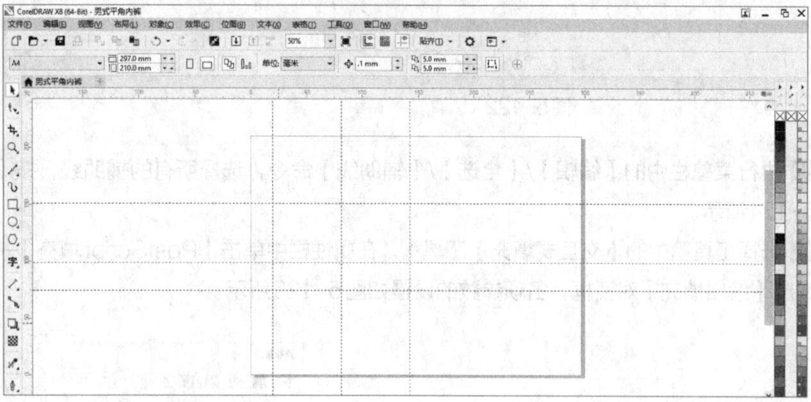

图5-117

03 使用【贝塞尔】工具和【形状】工具绘制图5-118所示的内裤左边轮廓，单击【选择】工具，在属性栏中设置轮廓宽度 .35 mm。

04 选择图形并按【+】键复制，单击属性栏中的【水平镜像】按钮，然后把复制的轮廓图形向右平移到合适的位置，如图5-119所示。

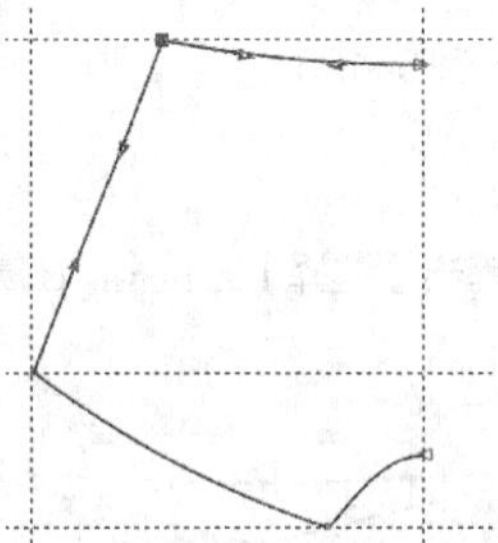

图5-118

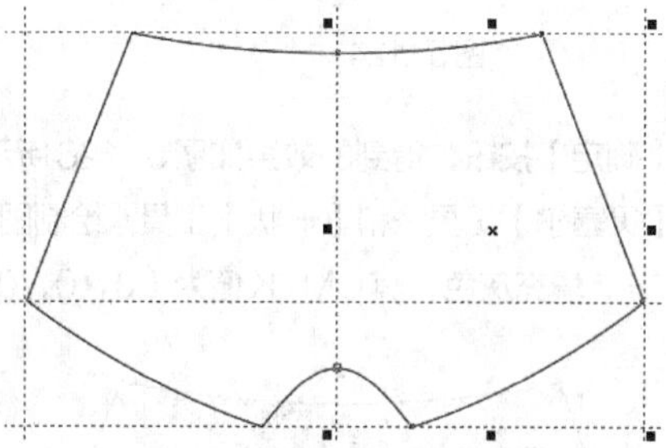

图5-119

05 使用【选择】工具框选两个图形，单击属性栏中的【合并】按钮，得到的效果如图5-120所示。

06 使用【形状】工具，挑选图5-121所示的两个节点。

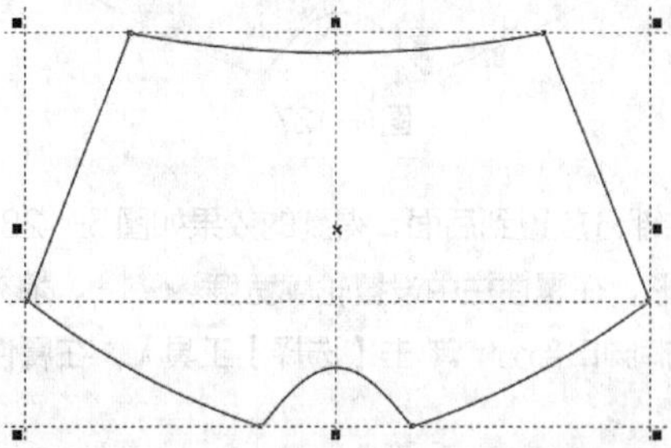

图5-120

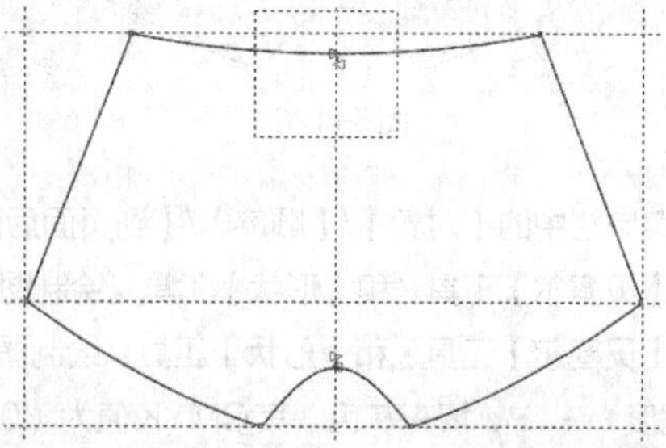

图5-121

07 单击属性栏中的【连接两个节点】按钮，得到的效果如图5-122所示。

08 重复步骤6和步骤7的操作，连接下方两个节点，得到的效果如图5-123所示。

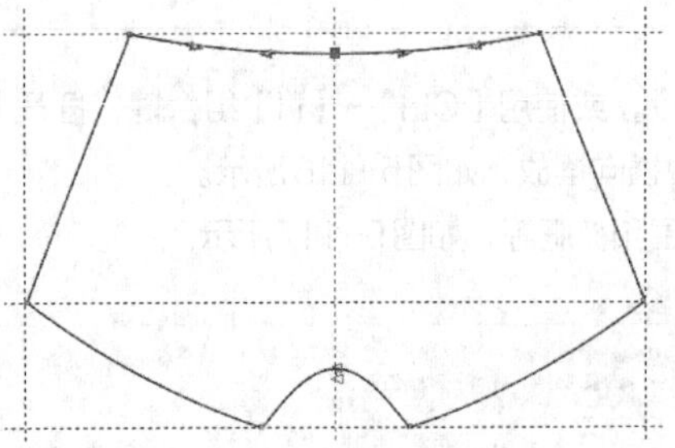

图5-122

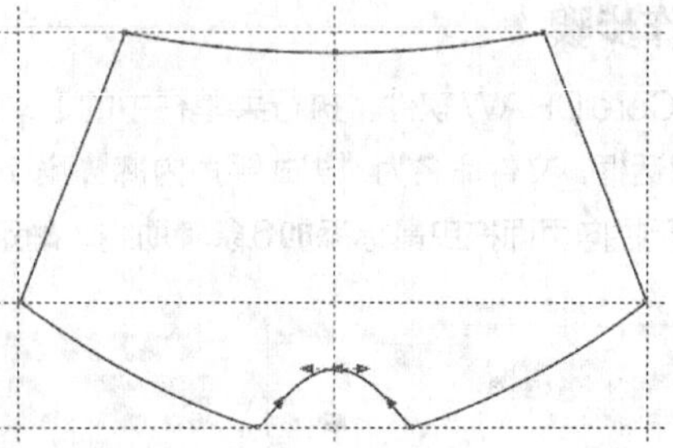

图5-123

09 执行菜单栏中的【编辑】/【全选】/【辅助线】命令，选择所有的辅助线，按【Delete】键删除，得到的效果如图5-124所示。

10 选择工具箱中的【交互式填充】工具，在属性栏中单击【PostScript填充】按钮，再单击【编辑填充】按钮，弹出【编辑填充】对话框，各项参数的设置如图5-125所示。

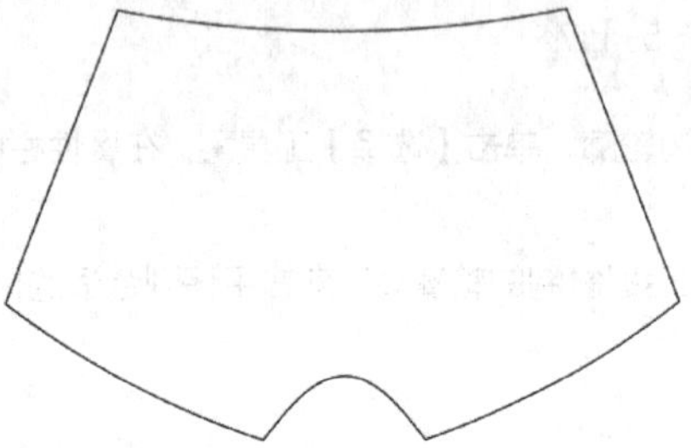

图5-124

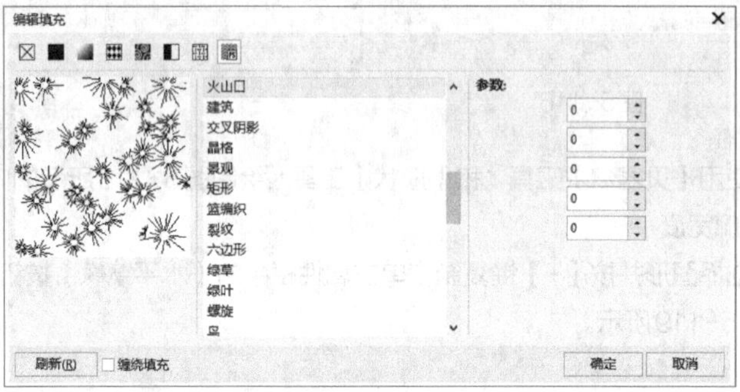

图5-125

11 单击【确定】按钮，得到的效果如图5-126所示。

12 使用【贝塞尔】工具和【形状】工具绘制图5-127所示的腰头部分，单击【选择】工具，在属性栏中设置轮廓宽度，填充灰色，其CMYK值为（0，0，0，10）。

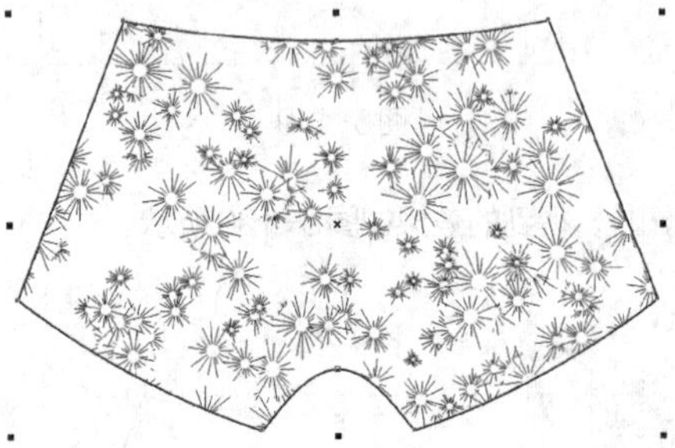

图5-126

图5-127

13 执行菜单栏中的【对象】/【顺序】/【到页面后面】命令，把腰头部分放置到后面，得到的效果如图5-128所示。

14 使用【贝塞尔】工具和【形状】工具绘制图5-129所示的图形，在属性栏中设置轮廓宽度，填充白色。

15 使用【贝塞尔】工具和【形状】工具绘制图5-130所示的左裤脚口部分，单击【选择】工具，在属性栏中设置轮廓宽度，填充灰色，其CMYK值为（0，0，0，10）。

16 选择左裤脚口部分按【+】键复制，单击属性栏中的【水平镜像】按钮，然后把复制的图形向右平移到合适的位置，如图5-131所示。

图5-128

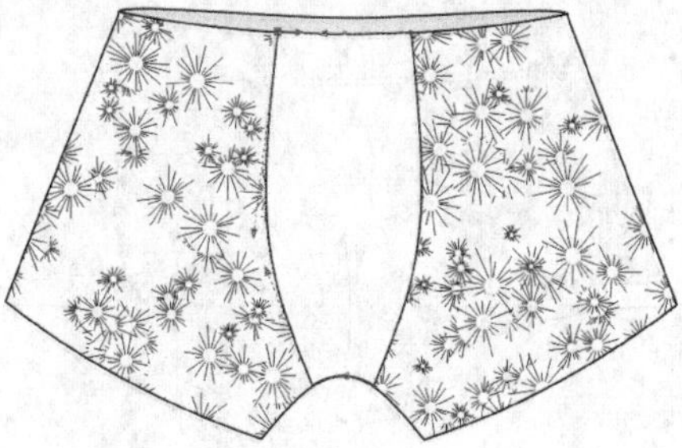

图5-129

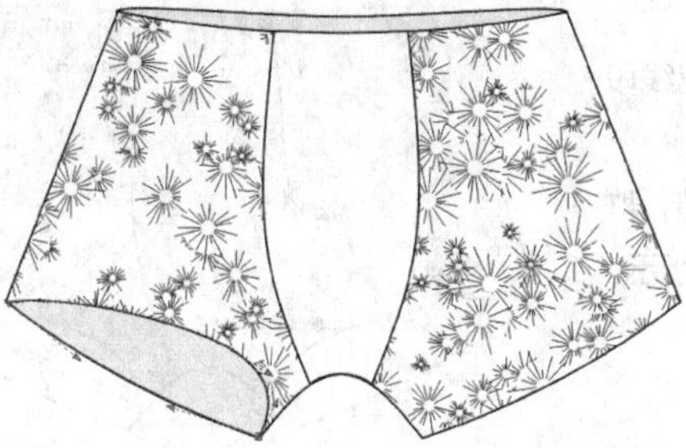

图5-130

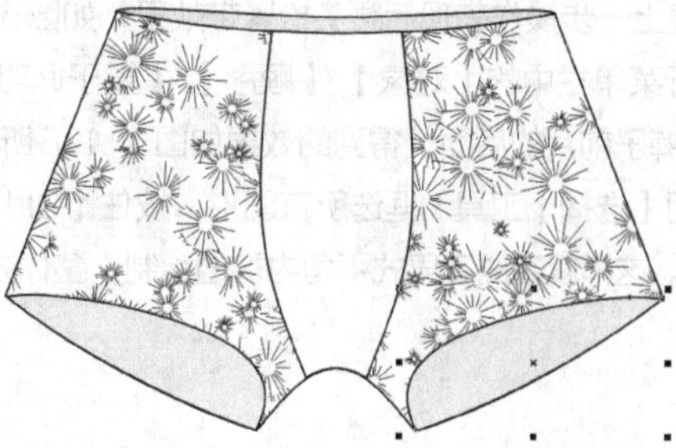

图5-131

17 使用【贝塞尔】工具绘制裤褶线，在属性栏中设置轮廓宽度 .35 mm，如图5-132所示。

18 选择【贝塞尔】工具和【形状】工具，在图5-133所示的裤腰及裤脚口处绘制6条缉明线，使缉明线处于选择状态，按【F12】键，弹出【轮廓笔】对话框，选项及参数设置如图5-134所示。

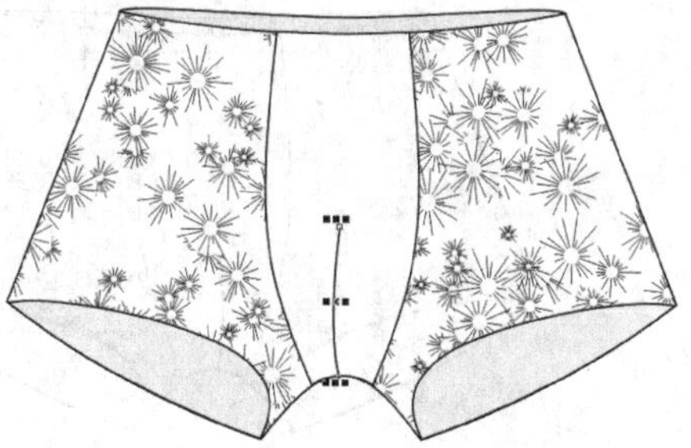

图5-132

图5-133

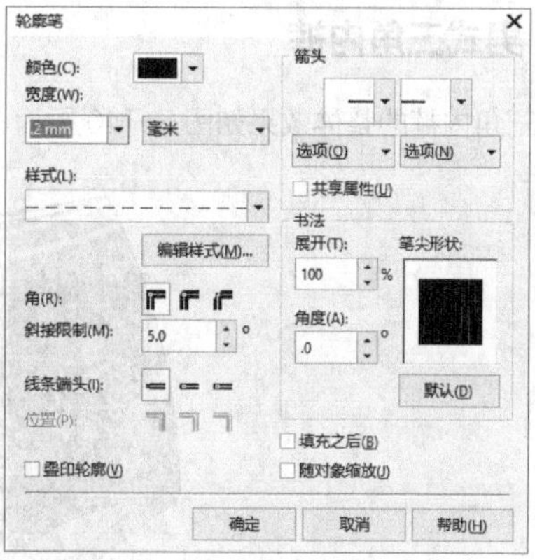

图5-134

19 单击【确定】按钮，得到的效果如图5-135所示。

20 使用【贝塞尔】工具和【形状】工具在前腰头上绘制图5-136所示的线段，单击【选择】工具，在属性栏中设置轮廓宽度 .2 mm，通过这些线段来表现松紧带的抽褶效果。

图5-135

图5-136

21 重复上一步操作表现后腰头松紧带效果，如图5-137所示。

22 执行菜单栏中的【对象】/【顺序】/【置于此对象后】命令，把线段摆放在裤子前片的后面，得到的效果如图5-138所示。

23 使用【选择】工具框选所有图形，按住【Ctrl】+【G】组合键，群组图形。这样就完成了男式平角内裤的绘制，整体效果如图5-139所示。

图5-137

图5-138

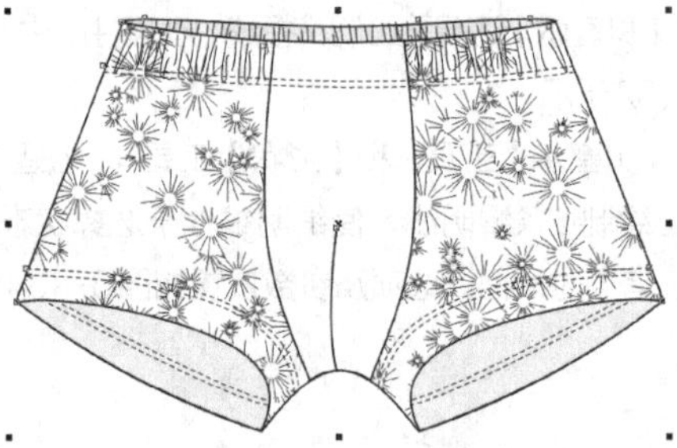

图5-139

5.4.2 男式三角内裤

男式三角内裤的整体效果如图5-140所示。

图5-140

设计重点

造型设计、三角针线迹表现、图案填充、松紧腰头表现。

操作步骤

01 打开CorelDRAW软件，执行菜单栏中的【文件】/【新建】命令，或使用【Ctrl】+【N】组合键，打开【创建新文档】对话框，文件命名为“男式三角内裤”，设定纸张大小为A4，横向摆放，如图5-141所示。

02 从标尺栏向页面拖曳鼠标添加8条辅助线，确定腰线、裆深、裆宽、臀围和裤肥等，如图5-142所示。

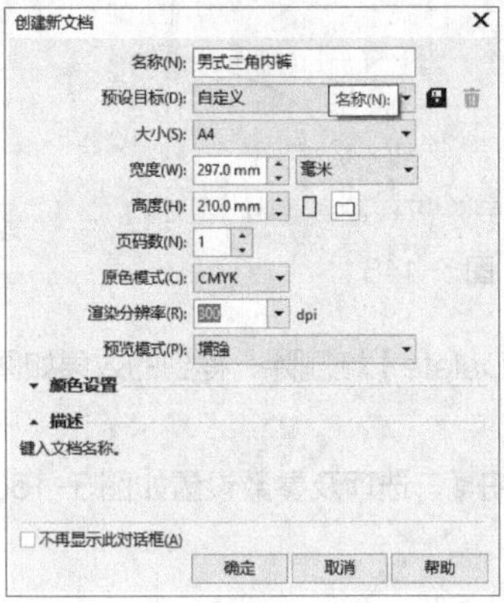

图5-141

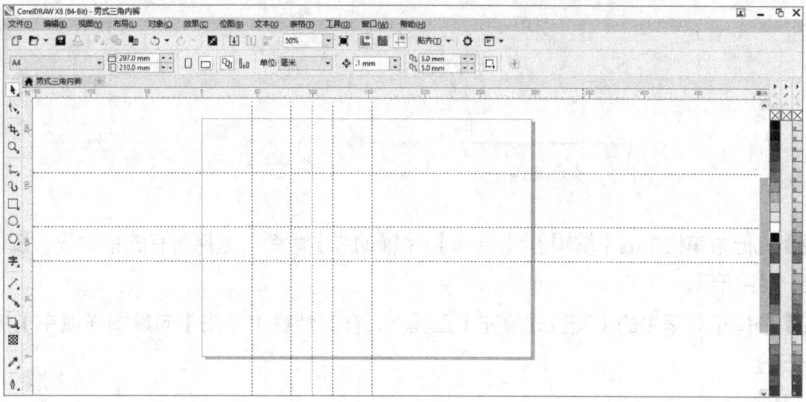

图5-142

03 使用【贝塞尔】工具和【形状】工具在辅助线的基础上绘制图5-143所示的内裤左边轮廓，单击【选择】工具，在属性栏中设置轮廓宽度。

04 选择图形并按【+】键复制，单击属性栏中的【水平镜像】按钮，然后把复制的轮廓图形向右平移到合适的位置，如图5-144所示。

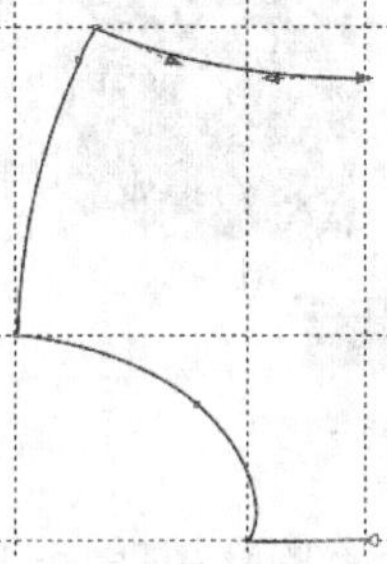

图5-143

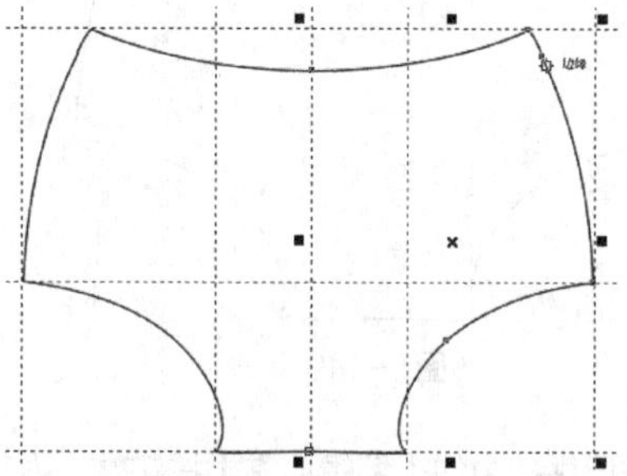

图5-144

05 使用【选择】工具框选两个图形，单击属性栏中的【合并】按钮，得到的效果如图5-145所示。

06 使用【形状】工具，选择图5-146所示的两个节点。

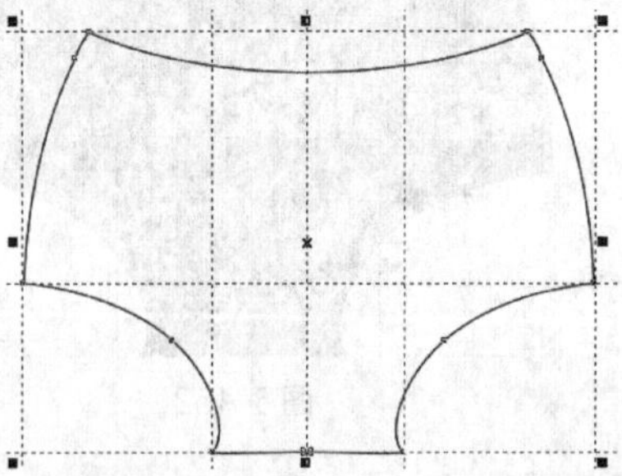

图5-145

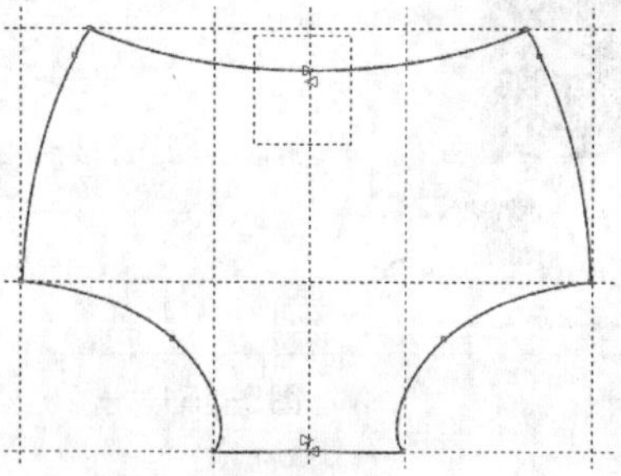

图5-146

07 单击属性栏中的【连接两个节点】按钮，得到的效果如图5-147所示。

08 重复步骤6和步骤7的操作，连接下方两个节点，得到的效果如图5-148所示。

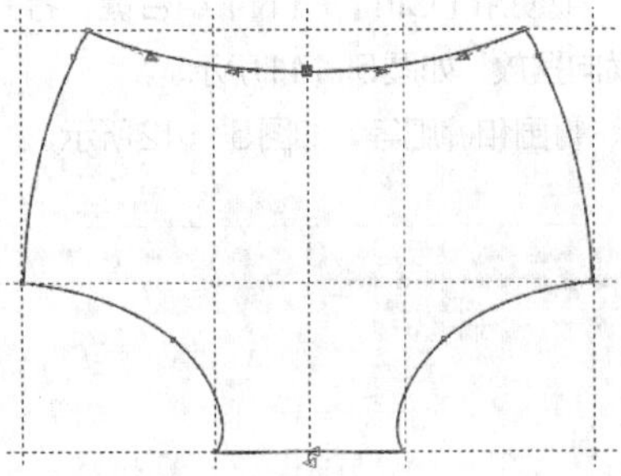

图5-147

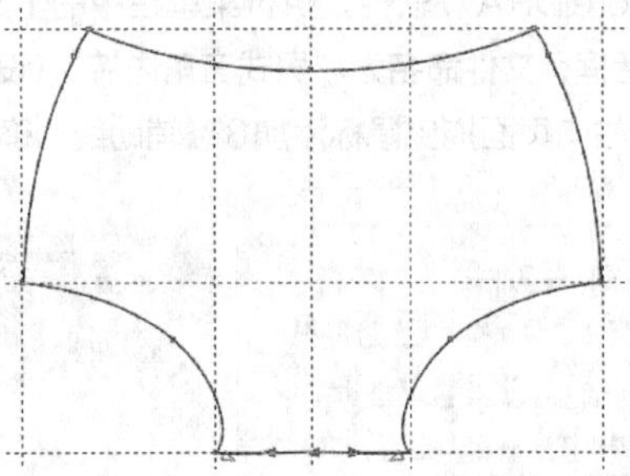

图5-148

09 执行菜单栏中的【编辑】/【全选】/【辅助线】命令，选择所有的辅助线，按【Delete】键删除，得到的效果如图5-149所示。

10 选择工具箱中的【交互式填充】工具，在属性栏中单击【向量图样填充】按钮，选项及参数设置如图5-150所示。

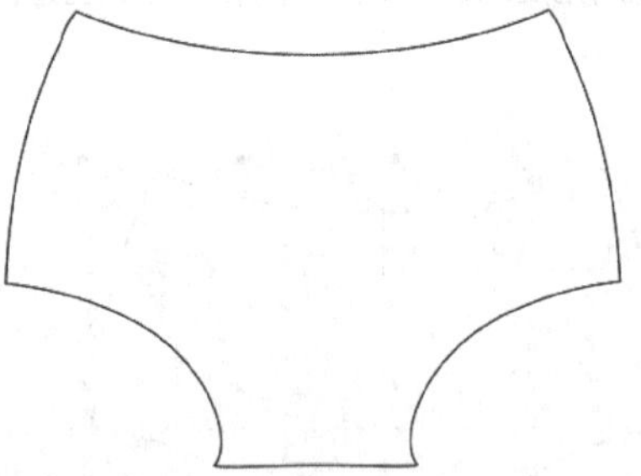

图5-149

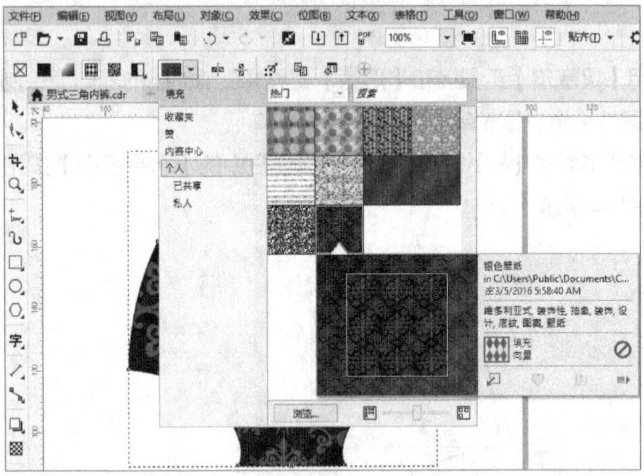

图5-150

11 再单击属性栏中的【编辑填充】按钮，弹出【编辑填充】对话框，各项参数的设置如图5-151所示。单击【确定】按钮，得到的效果如图5-152所示。

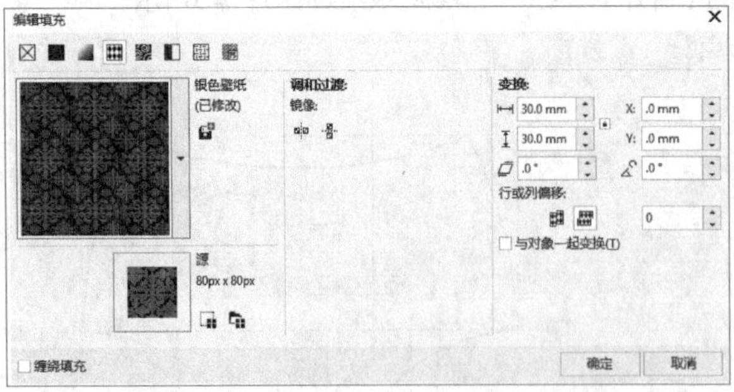

图5-151

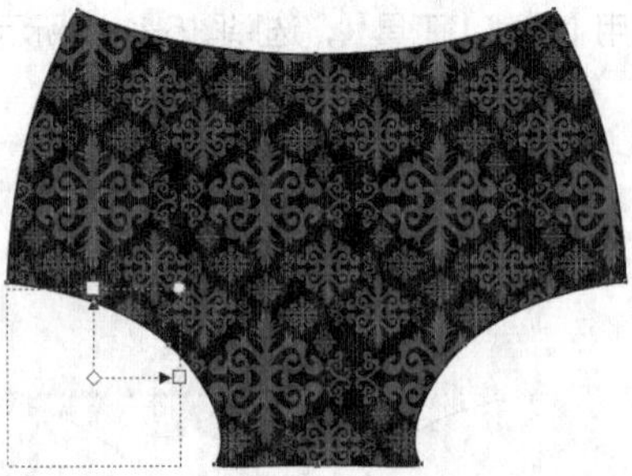

图5-152

12 使用【贝塞尔】工具和【形状】工具绘制图5-153所示的左裤脚口部分，单击【选择】工具，在属性栏中设置轮廓宽度 .35 mm。

13 使用【属性滴管】工具选择前片属性，鼠标转换成应用对象属性，然后单击左裤脚口部分，把图案复制到脚口中，得到的效果如图5-154所示。

图5-153

图5-154

14 选择工具箱中的【透明度】工具，在属性栏中设置各项参数，如图5-155所示，得到的效果如图5-156所示。

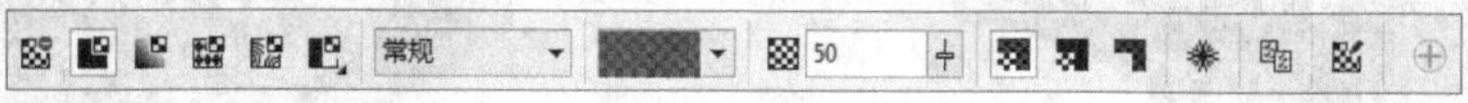

图5-155

15 执行菜单栏中的【对象】/【顺序】/【向后一层】命令，得到的效果如图5-157所示。

图5-156

图5-157

16 使用【手绘】工具并按住【Ctrl】键绘制3条直线，设置轮廓宽度 .2 mm，如图5-158所示，用【贝塞尔】工具在直线上绘制一条路径，设置轮廓宽度 .2 mm，如图5-159所示。

17 使用【选择】工具框选图形，按住【Ctrl】+【G】组合键群组图形，得到的效果如图5-160所示。按【F12】键弹出【轮廓笔】对话框，选项及参数设置如图5-161所示。

18 单击【确定】按钮，得到的效果如图5-162所示。

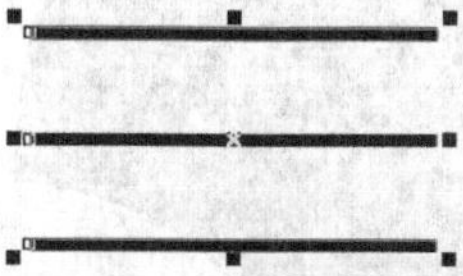
图5-158

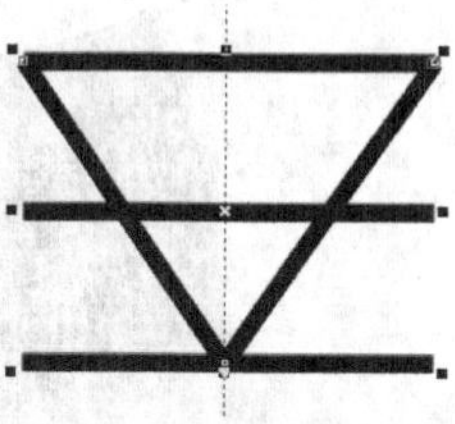
图5-159

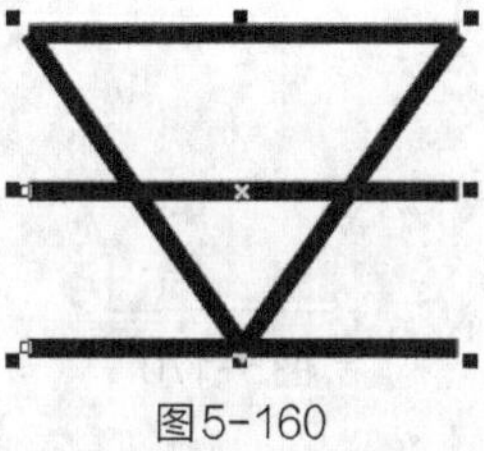
图5-160

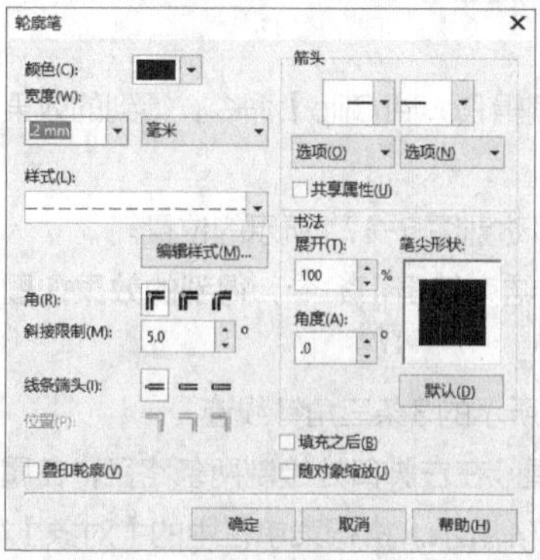

图5-161

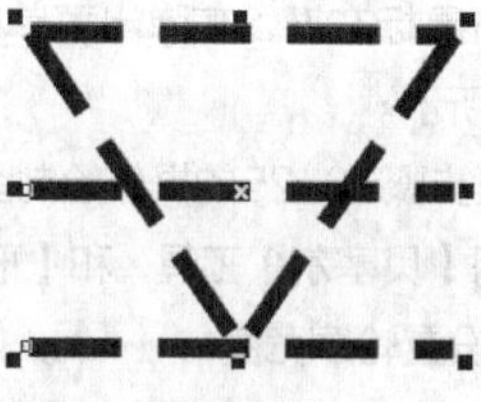
图5-162

19 单击工具箱中的【艺术笔】工具，选择属性栏中的【自定义/新喷涂列表】，单击属性栏中的【添加到喷涂列表】按钮把图形自定义为“三角针”艺术画笔，属性栏中各项参数的设置如图5-163所示。

图5-163

20 使用【贝塞尔】工具和【形状】工具在左侧缝处绘制一条路径，如图5-164所示。选择【艺术笔】工具，在属性栏的喷涂列表中选择“三角针”艺术笔，得到的效果如图5-165所示。

图5-164

图5-165

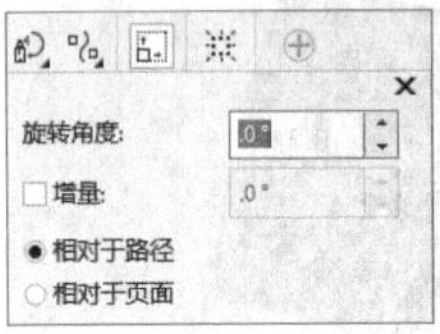

图5-166

21 在属性栏中选择【旋转/相对于路径】，如图5-166所示。各项参数的设置如图5-167所示，得到的效果如图5-168所示。

图5-167

22 选择图形，执行菜单栏中的【对象】/【PowerClip】/【置于图文框内部】命令，把图形放置在前片中，得到的效果如图5-169所示。

图5-168

图5-169

23 单击鼠标右键，在弹出菜单中选择【编辑PowerCliip】命令，得到的效果如图5-170所示。

24 使用【选择】工具选择图形并将其移动到图5-171所示的位置。

25 单击鼠标右键，在弹出菜单中选择【结束编辑】命令，得到的效果如图5-172所示。

26 重复步骤20~25的操作绘制图5-173所示的3条三角针线迹。

27 使用【贝塞尔】工具和【形状】工具在左脚口处绘制两条路径，在属性栏中设置轮廓宽度 4.0 mm，如图5-174所示。执行菜单栏中的【对象】/【将轮廓转换为对象】命令，把路径转换为图形并填充深灰色，其CMYK值为

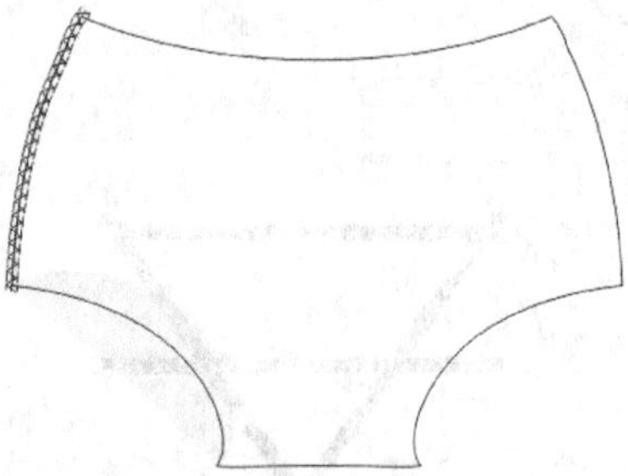
图5-170

（61，53，51，0），设置轮廓宽度 ，得到的效果如图5-175所示。

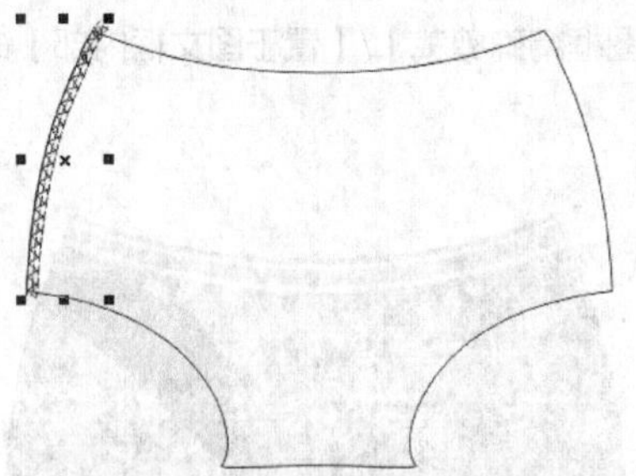
图5-171

图5-172

图5-173

图5-174

28 使用【形状】工具调整图形边缘，得到的效果如图5-176所示。

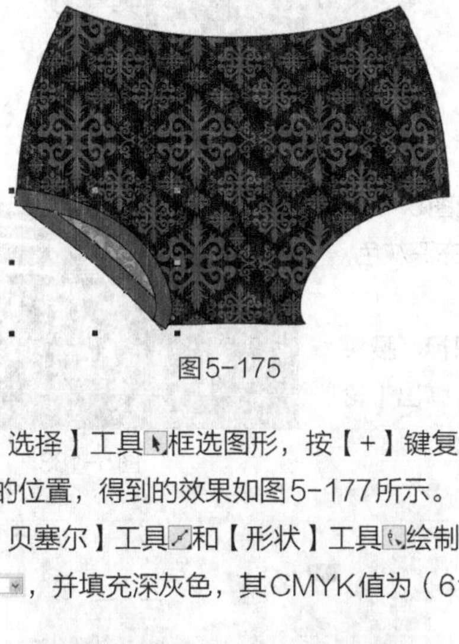
图5-175

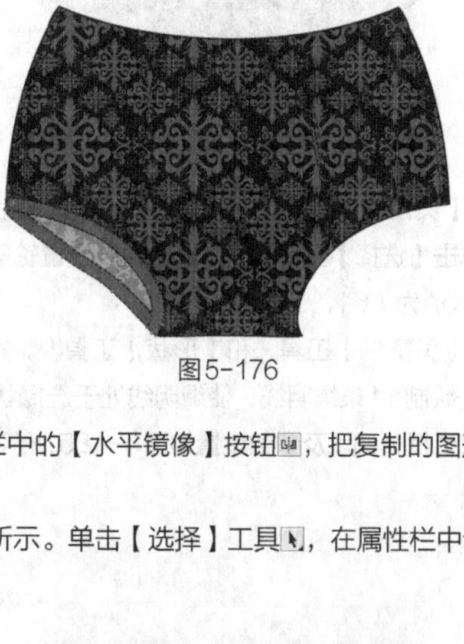
图5-176

29 使用【选择】工具框选图形，按【+】键复制图形，单击属性栏中的【水平镜像】按钮，把复制的图形向右平移到合适的位置，得到的效果如图5-177所示。

30 使用【贝塞尔】工具和【形状】工具绘制腰头，如图5-178所示。单击【选择】工具，在属性栏中设置轮廓宽度 ，并填充深灰色，其CMYK值为（61，53，51，0）。

图5-177

图5-178

31 使用【贝塞尔】工具和【形状】工具在腰头上绘制两条曲线，在属性栏中分别设置轮廓宽度 .75 mm 和 1.0 mm，并填充白色，如图5-179所示。

32 使用【选择】工具选择两条曲线，执行菜单栏中的【效果】/【图框精确剪裁】/【置于图文框内部】命令，把图形放置在腰头内，得到的效果如图5-180所示。

图5-179

图5-180

33 重复步骤30~32的操作，绘制后腰头部分，得到的效果如图5-181所示。

34 执行菜单栏中的【对象】/【顺序】/【到页面后面】命令，得到的效果如图5-182所示。

图5-181

图5-182

35 使用【贝塞尔】工具和【形状】工具在腰头上绘制织标，如图5-183所示。单击【选择】工具，在属性栏中设置轮廓宽度 .35 mm，并填充深灰色，其CMYK值为（61，53，51，0）。

36 选择【贝塞尔】工具和【形状】工具，在图5-184所示的织标、腰头和脚口处绘制11条缉明线，使缉明线处于选择状态，按【F12】键，弹出【轮廓笔】对话框，选项及参数设置如图5-185所示。

图5-183

图5-184

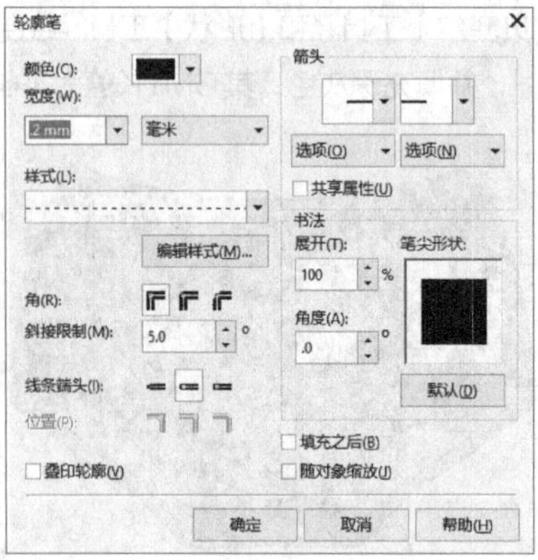

图5-185

37 单击【确定】按钮，得到的效果如图5-186所示。

38 重复步骤20~25的操作在裆部绘制图5-187所示的三角针线迹。

图5-186

图5-187

39 使用【星形】工具，按住【Ctrl】键在织标上绘制一个五角星，使其无轮廓并填充白色，得到的效果如图5-188所示。

40 按【+】键复制五角星，按住【Shift】键用鼠标等比例放大图形，轮廓填充白色图形无色彩，得到的效果如图5-189所示。

图5-188

图5-189

41 选择【文本】工具在织标上输入“star”，单击【选择】工具，在属性栏中设置字体和大小 Arial 6 pt，并填充白色，得到的效果如图5-190所示。

42 使用【选择】工具框选图形，按住【Ctrl】+【G】组合键群组图形，这样就完成了男式三角内裤的绘制，整体效果如图5-191所示。

图5-190

图5-191

第 06 章

衬衫款式设计

本章重点

- 用【贝塞尔】工具、【形状】工具进行衬衫造型表现
- 纽扣设计、领子细节表现
- 格子图案表现
- 用【属性滴管】工具进行图案、色彩填充

衬衫是穿在内外上衣之间或单独穿用的薄衣。按照穿着对象的不同分为男式衬衫和女式衬衫。按照用途的不同可分为配西装的传统衬衫和外穿的休闲衬衫，前者是穿在内衣与外衣之间的款式，其袖窿较小便于穿着外套；后者因为单独穿用，所以袖窿可大一些，便于活动，且花色繁多。衬衫的领子讲究而多变，按领子分类有立领衬衫、翻领衬衫和装饰领衬衫等。下面介绍几种经典的衬衫款式设计。

6.1 男式立领衬衫款式设计

男式立领衬衫的整体效果如图6-1所示。

设计重点

造型设计、立领表现、口袋设计、立领细节变化设计。

操作步骤

01 打开CorelDRAW软件，执行菜单栏中的【文件】/【新建】命令，或使用【Ctrl】+【N】组合键，打开【创建新文档】对话框，文件命名为“男式立领衬衫”，设定纸张大小为A4，横向摆放，如图6-2所示。

图6-1

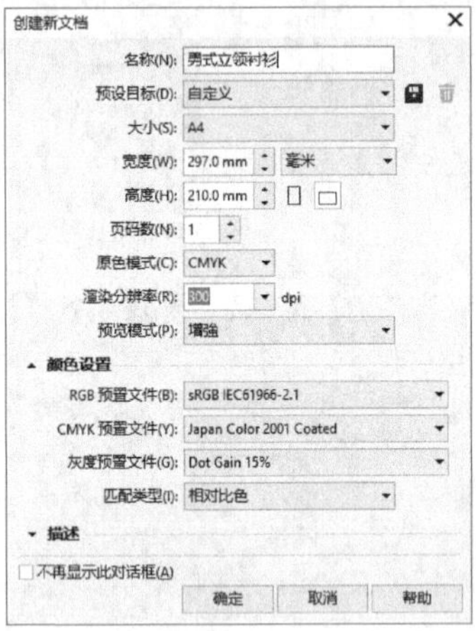

图6-2

02 从标尺栏向页面拖曳鼠标添加10条辅助线，确定衣长、袖长、领高、肩线和袖窿深等，如图6-3所示。

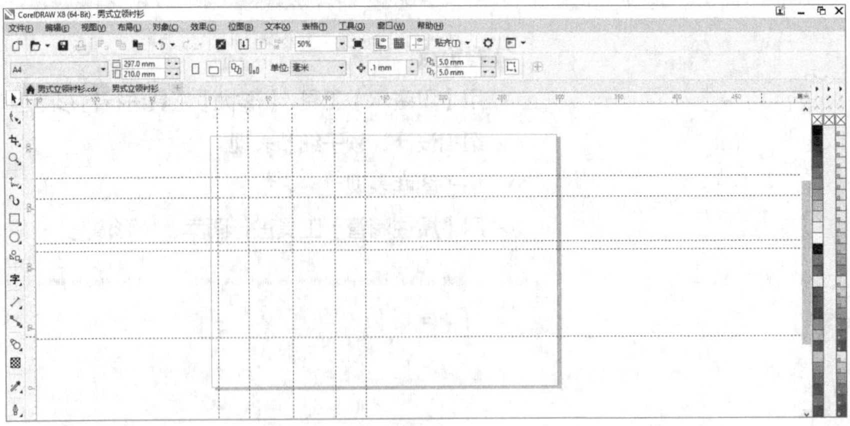

图6-3

03 使用【贝塞尔】工具和【形状】工具绘制图6-4所示的衬衫前片造型（注意腰部曲线的处理）。

专家提示

使用【贝塞尔】工具和【形状】工具绘制衣身前片造型时要注意腰部曲线的处理，此款为男式衬衫，以直身为主要造型。

04 单击【选择】工具，在属性栏中设置轮廓宽度，单击工具箱中的【交互式填充】工具，在属性栏中单击【均匀填充】按钮，给图形填充卡其色，其CMYK值为（9，10，22，0），得到的效果如图6-5所示。

05 使用【贝塞尔】工具和【形状】工具绘制图6-6所示的左袖。

06 单击【选择】工具在属性栏中设置轮廓宽度，给袖子填充卡其色，其CMYK值为（9，10，22，0），得到的效果如图6-7所示。

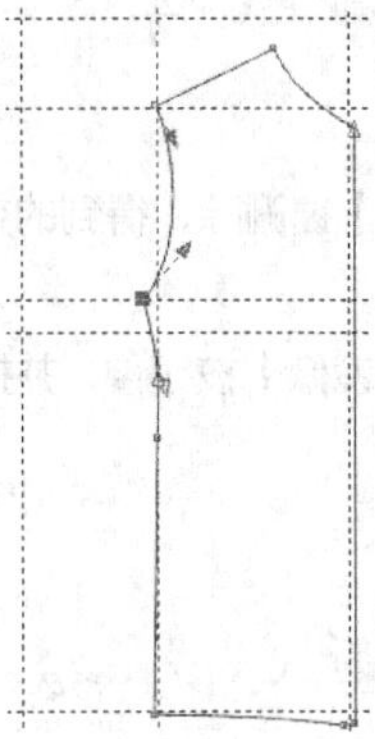

图6-4

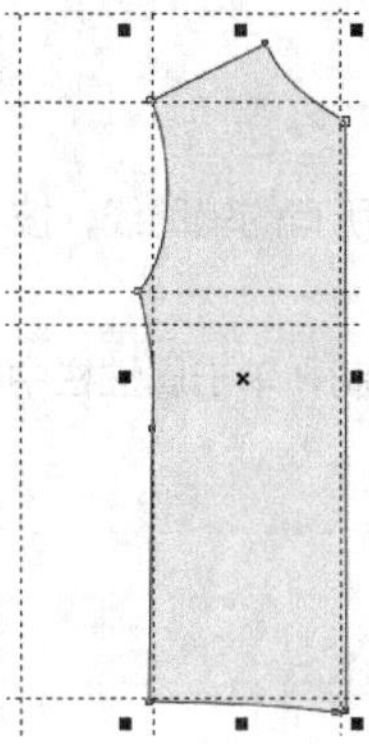

图6-5

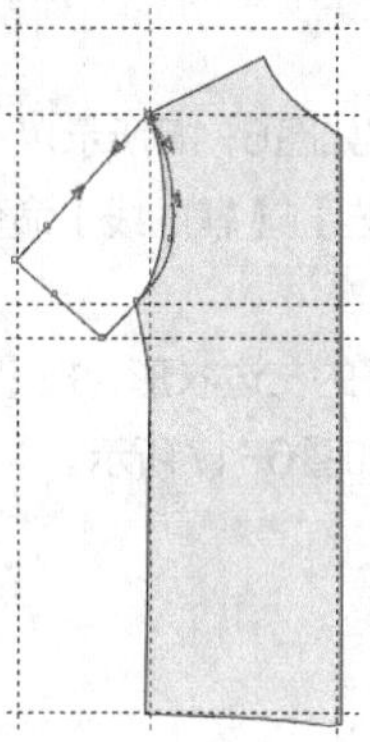

图6-6

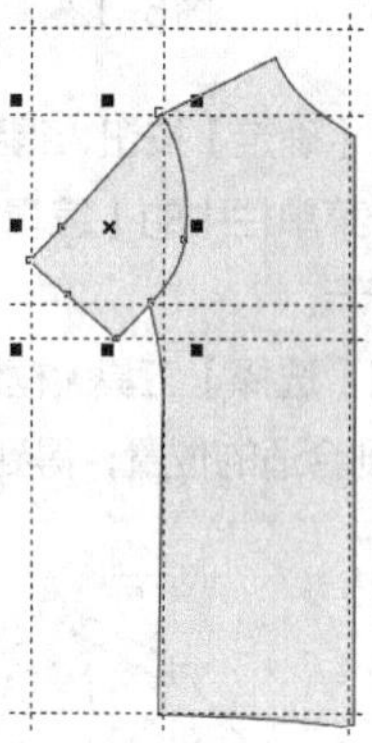

图6-7

07 使用【贝塞尔】工具绘制肩部的分割线，在属性栏中设置轮廓宽度，如图6-8所示。

08 使用【贝塞尔】工具和【形状】工具在袖口绘制线条，单击【选择】工具，在属性栏中设置轮廓宽度，得到的效果如图6-9所示。

09 使用【贝塞尔】工具和【形状】工具在图6-10所示的位置绘制一条衣褶，单击【选择】工具，在属性栏中设置轮廓宽度。

10 使用【贝塞尔】工具和【形状】工具绘制图6-11所示的左侧立领。

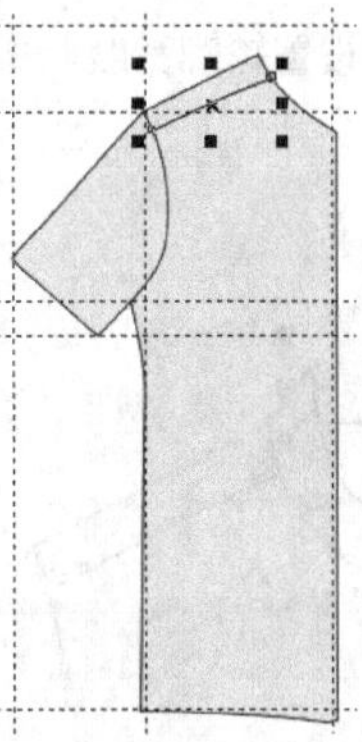

图6-8

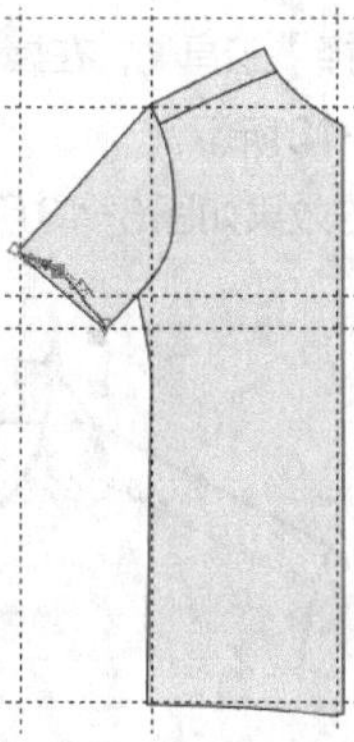

图6-9

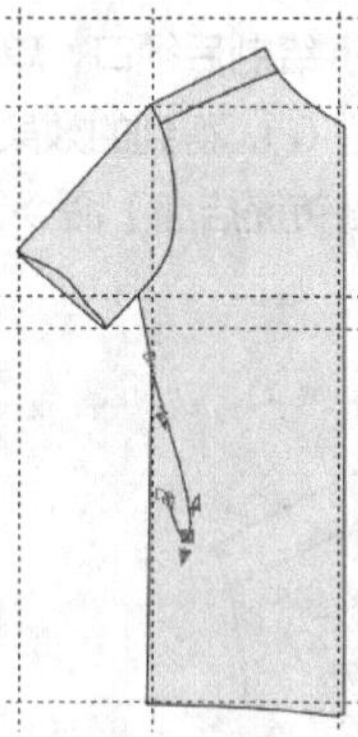

图6-10

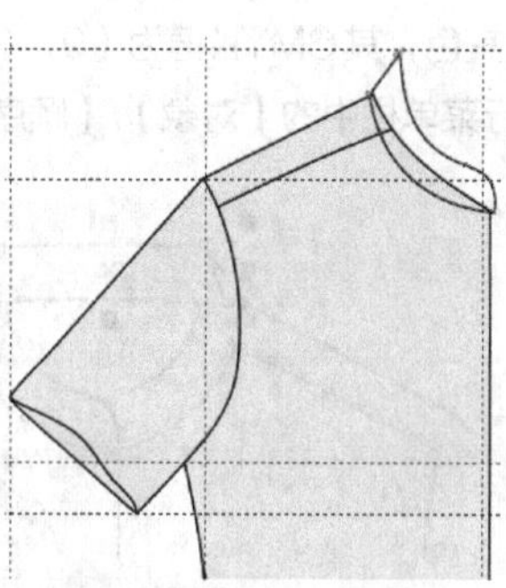

图6-11

11 单击【选择】工具，在属性栏中设置轮廓宽度，给立领填充卡其色，其CMYK值为（9，10，22，0），得到的效果如图6-12所示。

12 选择【贝塞尔】工具和【形状】工具，在图6-13所示的立领、肩部、袖口和衬衫下摆处绘制4条缉明线，使缉明线处于选择状态，按【F12】键，弹出【轮廓笔】对话框，选项及参数设置如图6-14所示。

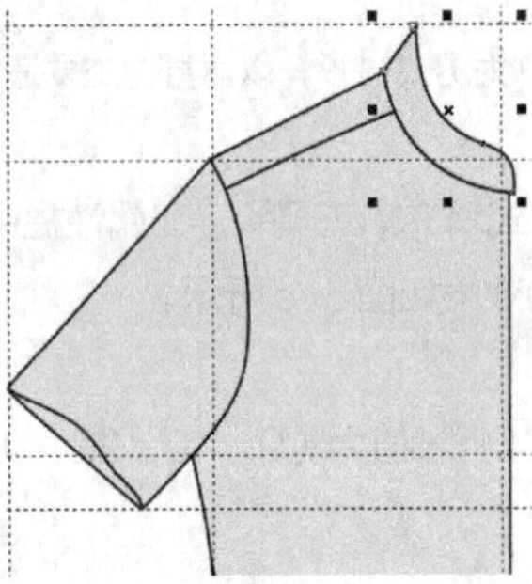
图6-12

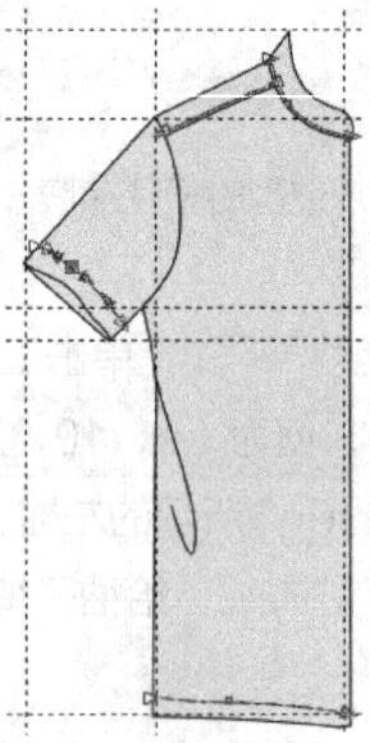
图6-13

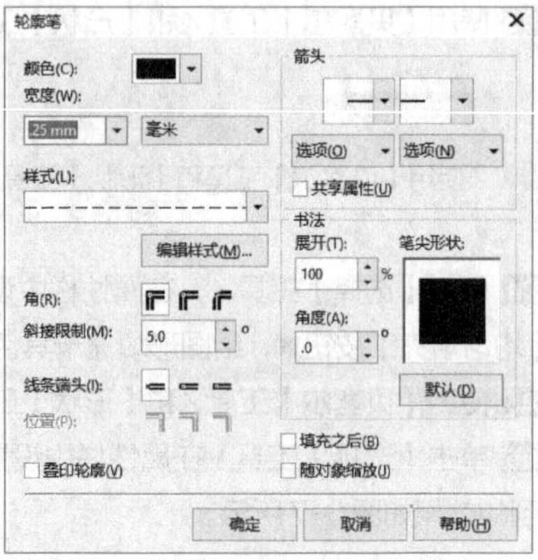

图6-14

13 单击【确定】按钮，得到的效果如图6-15所示。

14 执行菜单栏中的【编辑】/【全选】/【辅助线】命令，选择所有的辅助线，按【Delete】键删除，得到的效果如图6-16所示。

15 使用【选择】工具框选绘制好的左边衣形，按【+】键复制，单击属性栏中的【水平镜像】按钮，并把图形向右平移到合适的位置，得到的效果如图6-17所示。

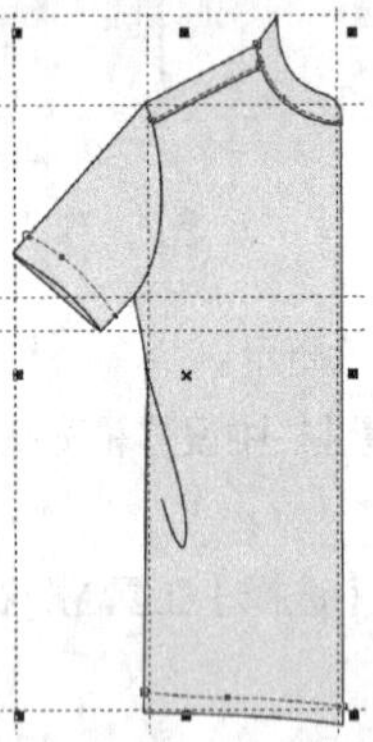
图6-15

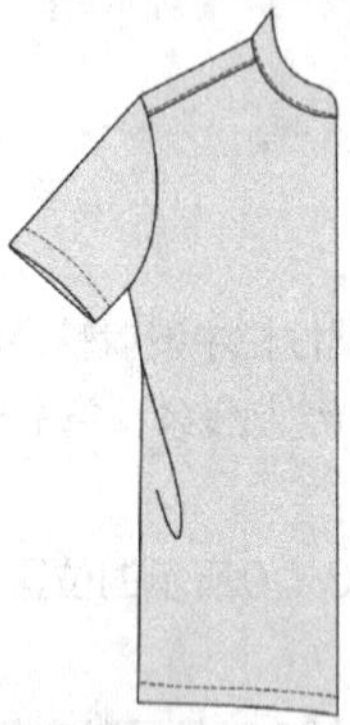
图6-16

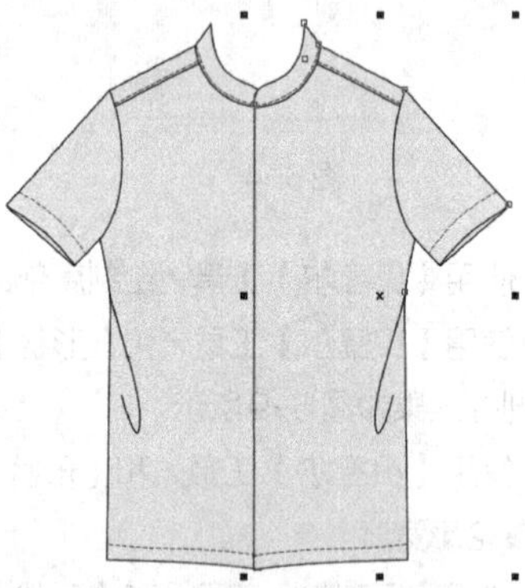
图6-17

16 使用【贝塞尔】工具和【形状】工具绘制后领口，单击【选择】工具，在属性栏中设置轮廓宽度，并填充卡其色，其CMYK值为（9，10，22，0），得到的效果如图6-18所示。

17 执行菜单栏中的【对象】/【顺序】/【到页面后面】命令，得到的效果如图6-19所示。

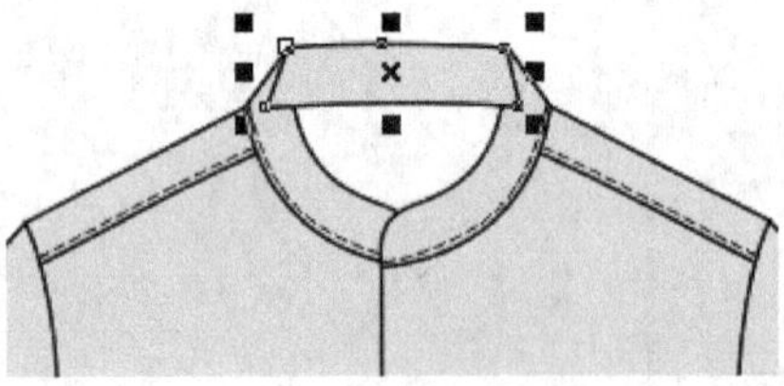
图6-18

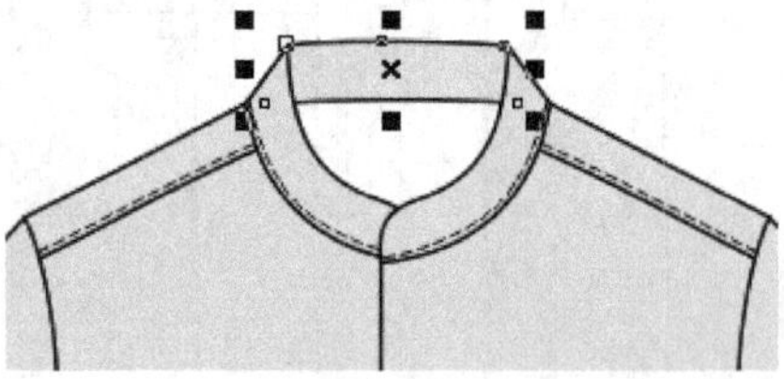
图6-19

18 使用【贝塞尔】工具和【形状】工具绘制图6-20所示的图形，并填充卡其色，其CMYK值为（9,10,22,0）。

19 执行菜单栏中的【对象】/【顺序】/【到页面后面】命令，得到的效果如图6-21所示。

20 使用【贝塞尔】工具在左胸前绘制一条缉明线，在属性栏中设置参数如图6-22所示，得到的效果如图6-23所示。

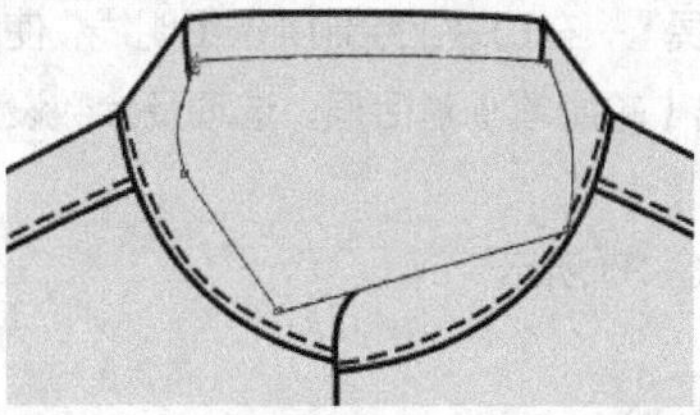

图6-20

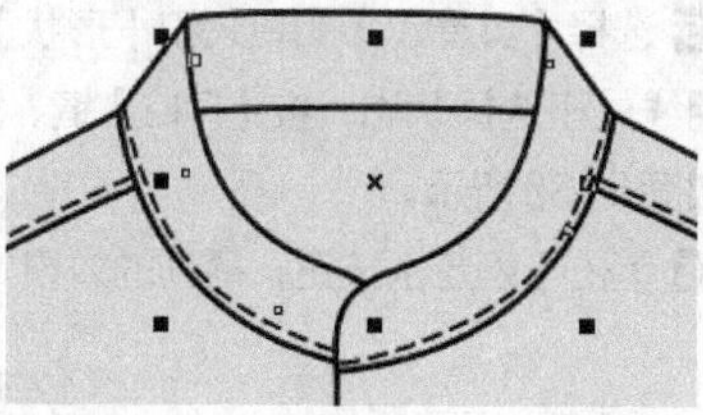

图6-21

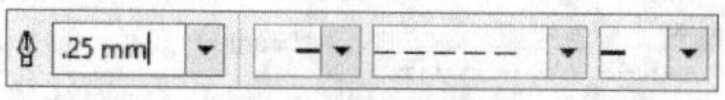

图6-22

21 使用【贝塞尔】工具在缉明线上绘制一条线段，在属性栏中设置轮廓宽度，如图6-24所示。

图6-23

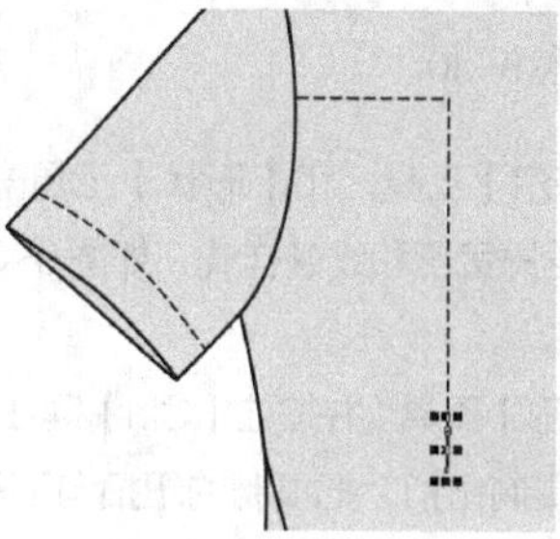

图6-24

22 选择【变形】工具，在属性栏中设置拉链变形的各项数值如图6-25所示，完成的工艺效果如图6-26所示。

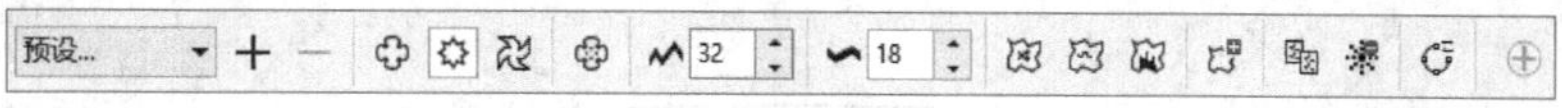

图6-25

23 选择【矩形】工具在左胸前绘制一个矩形，单击属性栏中的【同时编辑所有角】按钮，对矩形进行圆角设置，如图6-27所示，得到的效果如图6-28所示。

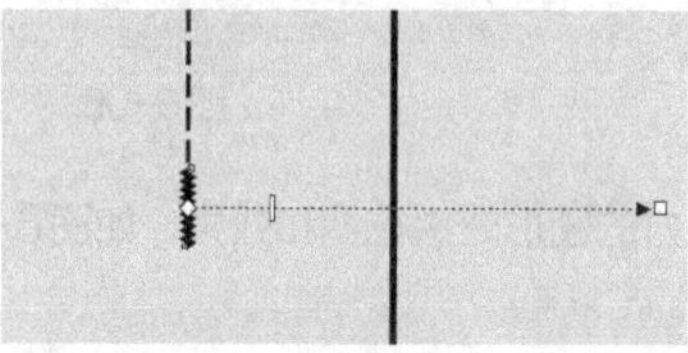

图6-26

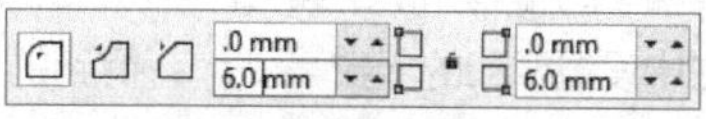

图6-27

24 单击【选择】工具，在属性栏中设置轮廓宽度，并给口袋填充卡其色，其CMYK值为（9，10，22，0），得到的效果如图6-29所示。

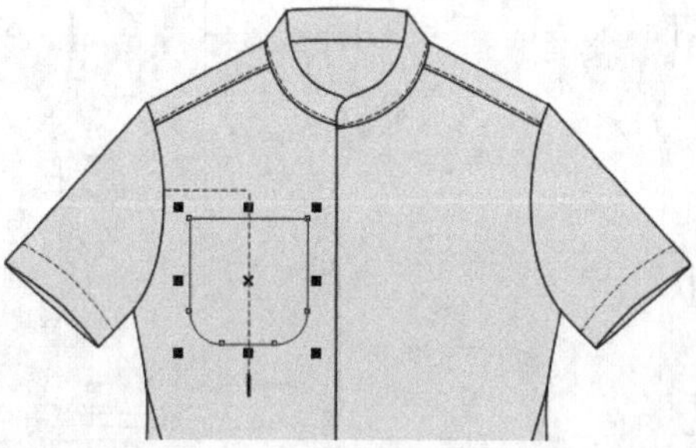

图6-28

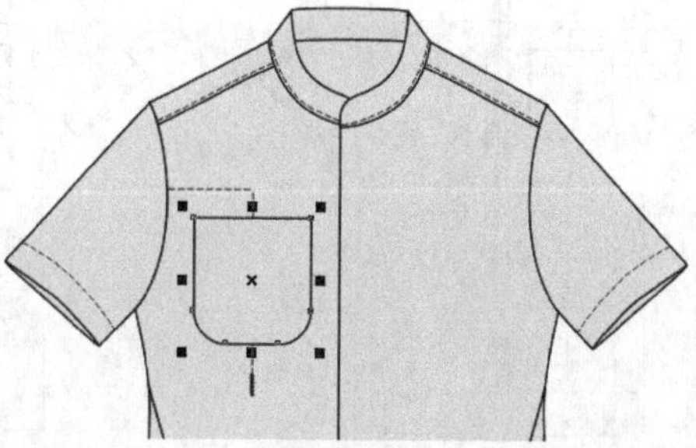

图6-29

25 选择【贝塞尔】工具和【形状】工具，在口袋上绘制4条缉明线，使缉明线处于选择状态，按【F12】键，弹出【轮廓笔】对话框，选项及参数设置如图6-30所示。

26 单击【确定】按钮，得到的效果如图6-31所示。

图6-30

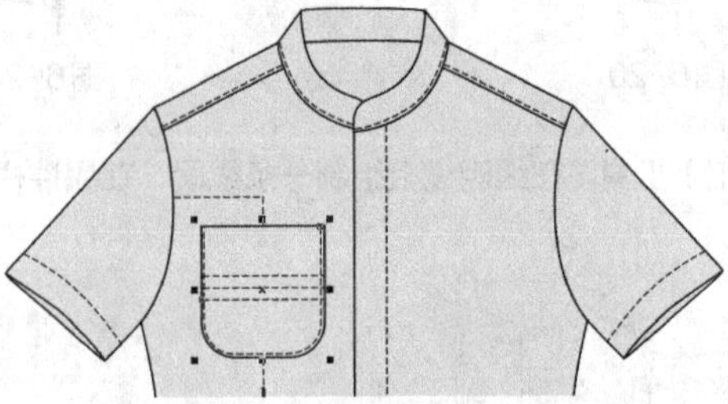

图6-31

27 使用【贝塞尔】工具和【形状】工具在门襟上绘制一条缉明线，在属性栏中设置轮廓宽度和线条样式，如图6-32所示，得到的效果如图6-33所示。

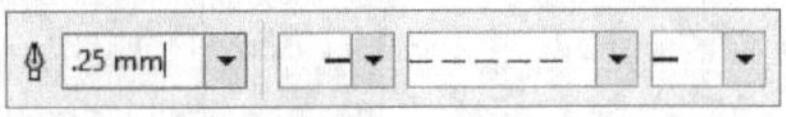

图6-32

28 使用【椭圆形】工具并按住【Ctrl】键在立领上绘制一个圆形，在属性栏中设置轮廓宽度 .2 mm，如图6-34所示。

29 按【+】键复制纽扣，把复制的纽扣向下垂直移动到图6-35所示的位置。

图6-33

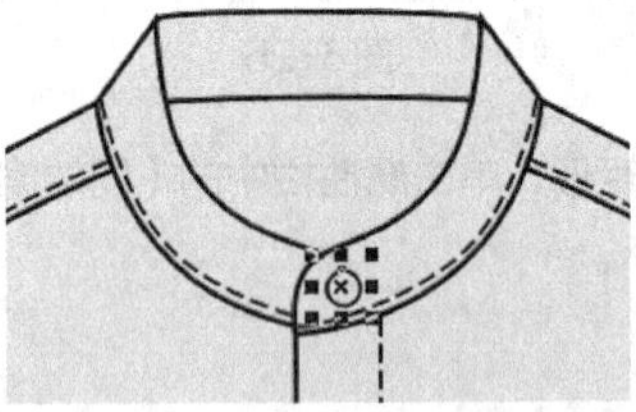

图6-34

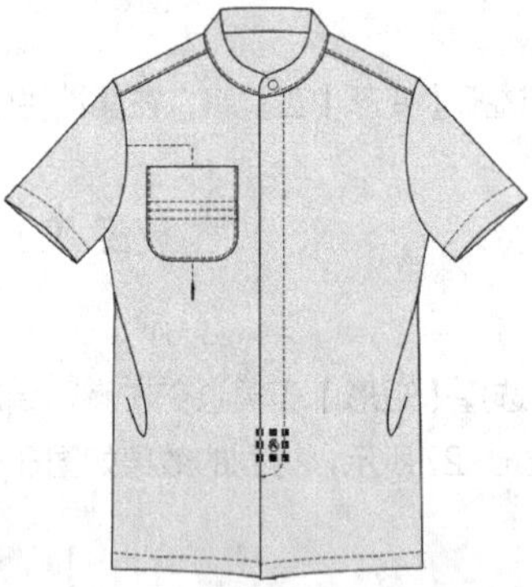

图6-35

30 选择工具箱中的【调和】工具，单击上方的纽扣往下拖曳鼠标至下方的图形处执行调和效果，如图6-36所示。

31 在属性栏中设置调和的步数，得到的效果如图6-37所示。

32 使用【选择】工具框选所有图形，按住【Ctrl】+【G】组合键，群组图形。这样就完成了立领衬衫的绘制，整体效果如图6-38所示。

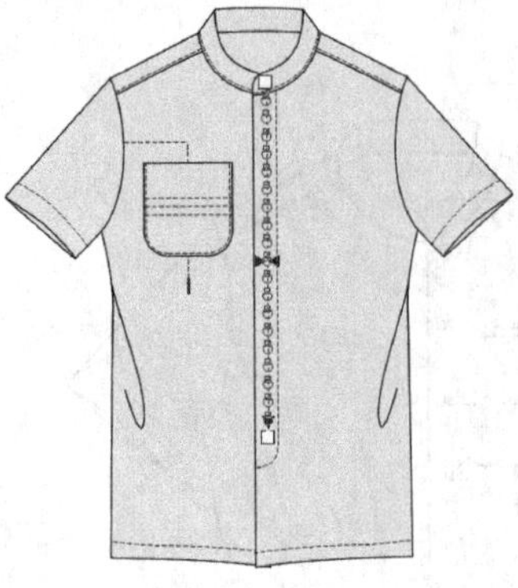

图6-36

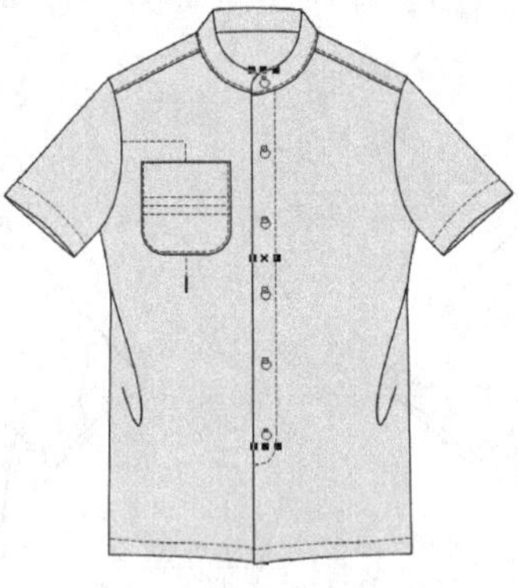

图6-37

图6-38

33 使用【贝塞尔】工具和【形状】工具在立领上绘制镶拼部分，如图6-39所示。

34 单击【选择】工具，在属性栏中设置轮廓宽度 .35 mm，并填充灰色，其CMYK值为（0，0，0，10），得到的效果如图6-40所示。

35 按【+】键复制图形，单击属性栏中的【水平镜像】按钮，并把图形向右平移到合适的位置，得到的效果如图6-41所示。

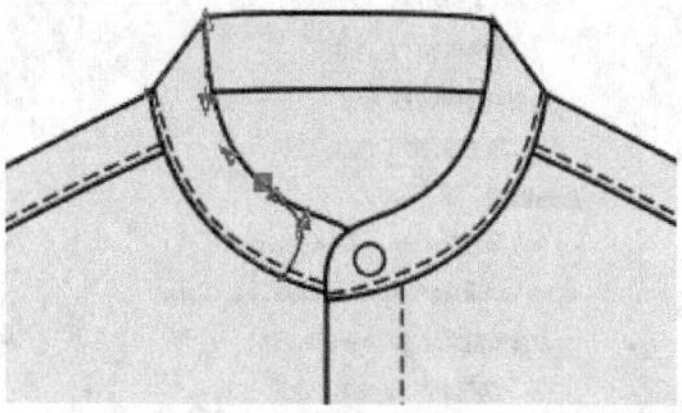
图6-39

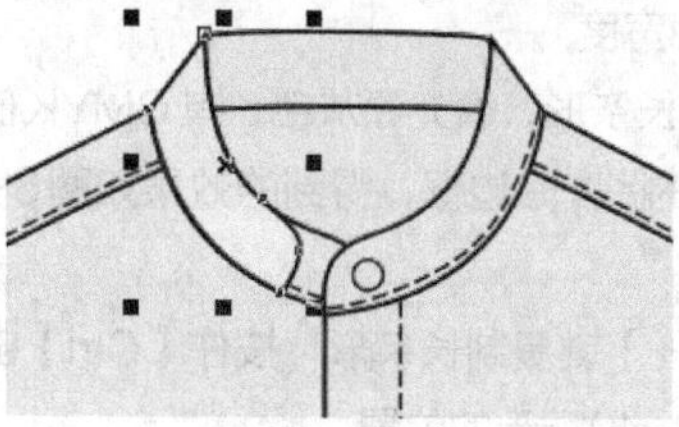
图6-40

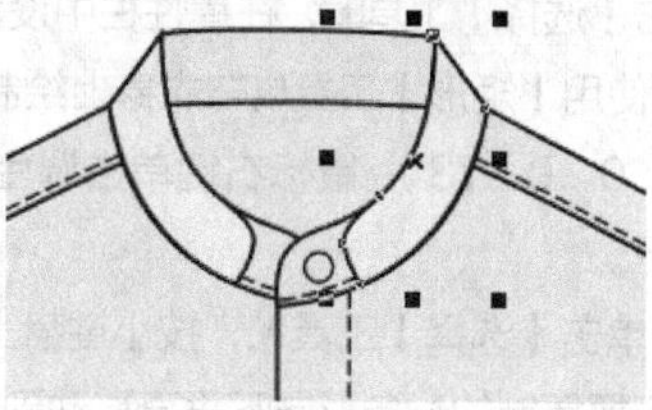
图6-41

36 使用【贝塞尔】工具和【形状】工具在领子上再绘制一条曲线，如图6-42所示。

37 单击【选择】工具，在属性栏中设置轮廓宽度 .75 mm，得到的效果如图6-43所示。

38 按【+】键复制图形，单击属性栏中的【水平镜像】按钮，并把图形向右平移到合适的位置，得到的效果如图6-44所示。

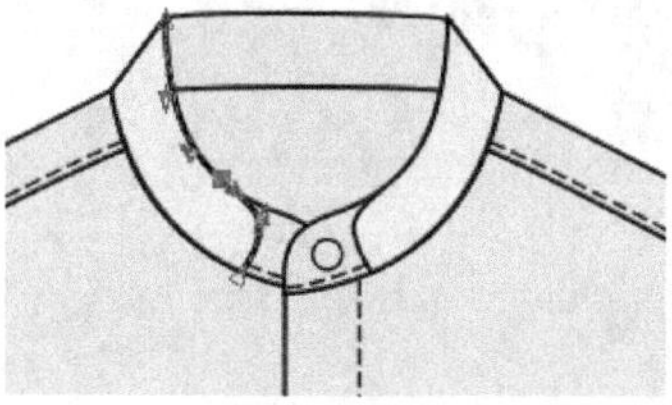
图6-42

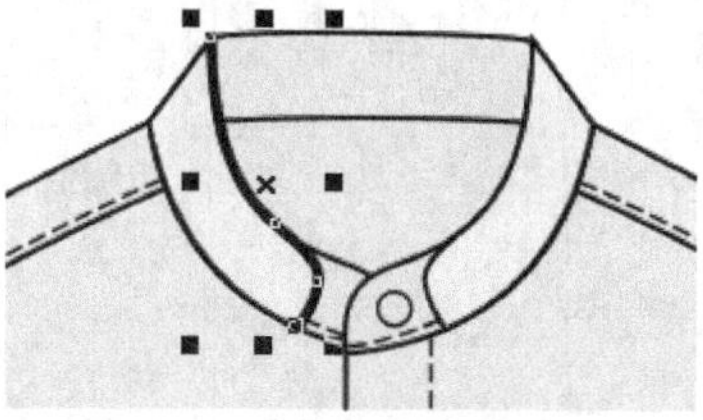
图6-43

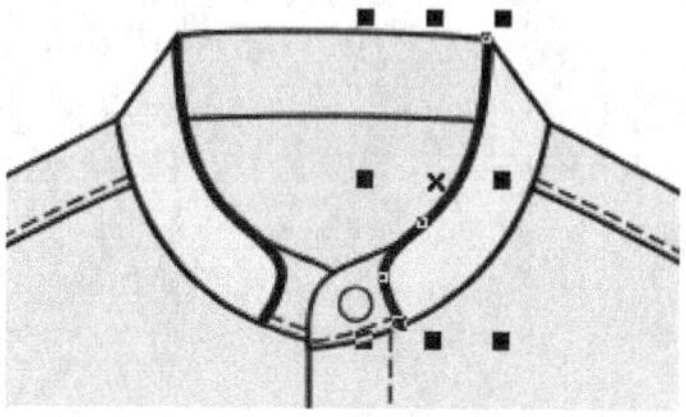
图6-44

专家提示

男式立领衬衫的领子变化丰富。我们可以通过添加分割线、撞色、镶拼和滚边等工艺手法来表现。步骤33~38的操作添加了镶拼和滚条工艺，改变了之前单调的立领设计。读者也可以根据自己的想法设计各种变化的领型。

6.2 男式翻领衬衫款式设计

男式翻领衬衫的整体效果如图6-45所示。

设计重点

造型设计、翻领表现、格子面料设计、翻领设计变化。

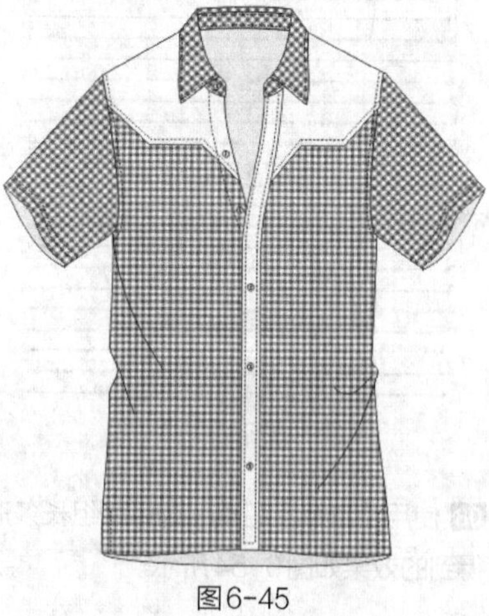
图6-45

操作步骤

01 打开CorelDRAW软件，执行菜单栏中的【文件】/【新建】命令，或使用【Ctrl】+【N】组合键，打开【创建新文档】对话框，文件命名为“男式翻领衬衫”，设定纸张大小为A4，横向摆放，如图6-46所示。

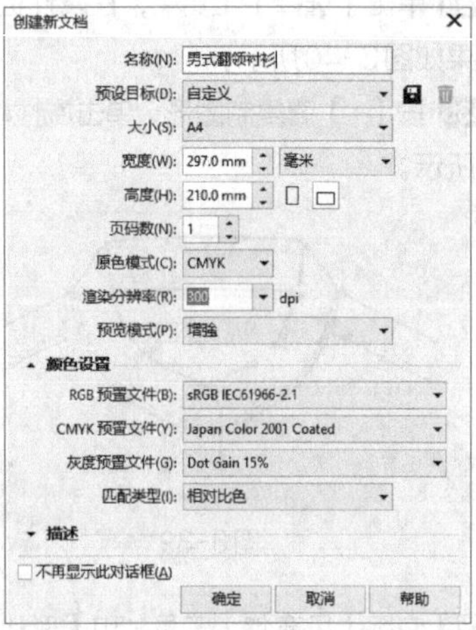

图6-46

02 使用【贝塞尔】工具和【形状】工具绘制图6-47所示的衬衫前片造型，单击【选择】工具，在属性栏中设置轮廓宽度.35mm。

03 使用【矩形】工具在衣身上绘制一个长条形，填充深灰色，其CMYK值为（0，0，0，73），鼠标右键单击调色板中的☒去除边框，得到的效果如图6-48所示。

04 单击【选择】工具，按小键盘上的【+】键复制长条形，按住【Ctrl】键用鼠标把复制的长条形向下垂直移动到如图6-49所示的位置。

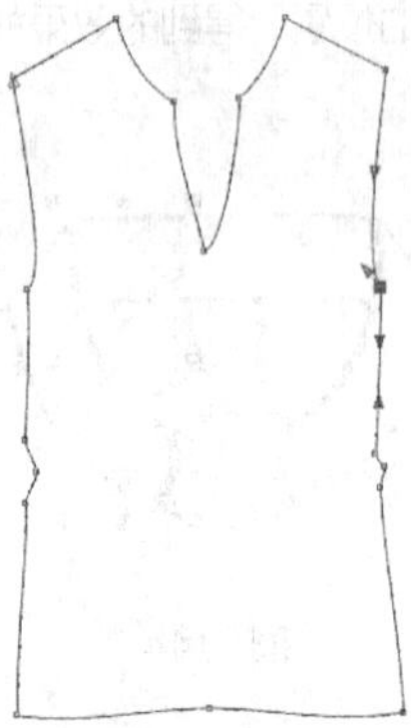

图6-47

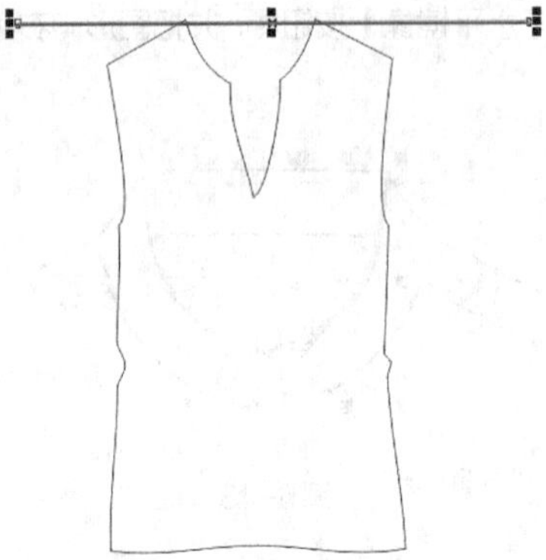

图6-48

图6-49

05 选择工具箱中的【调和】工具，单击上方的长条形往下拖曳鼠标至下方的长条形处执行调和效果，如图6-50所示。

06 在属性栏中设置调和步数70，得到的效果如图6-51所示。

07 单击【选择】工具，按住【Ctrl】+【G】组合键群组图形。单击小键盘上的【+】键复制长条形组，在属性栏中设置旋转角度90°，得到的效果如图6-52所示。

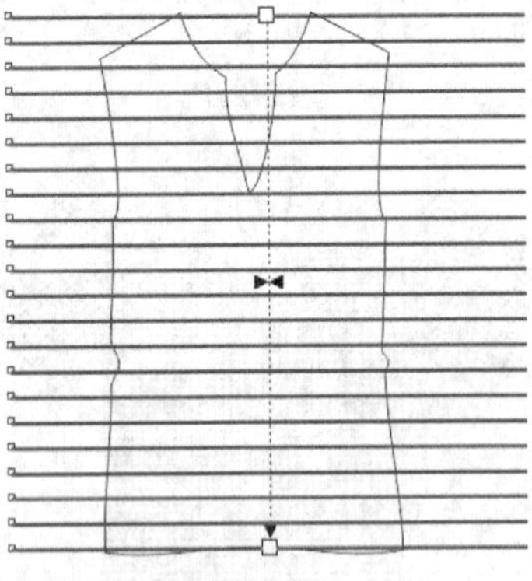

图6-50

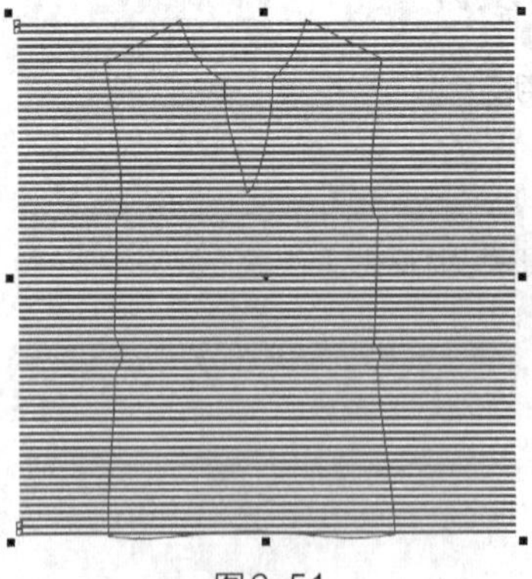

图6-51

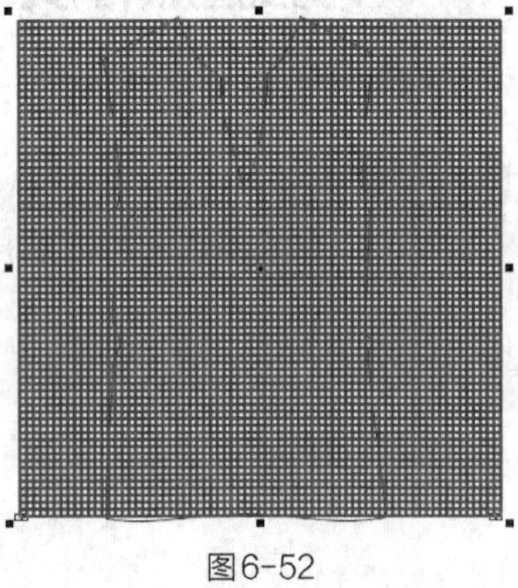

图6-52

08 使用【选择】工具选择两组长条形，单击工具箱中的【透明度】工具，在属性栏中设置的参数如图6-53所示，得到的效果如图6-54所示。

33 使用【贝塞尔】工具和【形状】工具在立领上绘制镶拼部分，如图6-39所示。

34 单击【选择】工具，在属性栏中设置轮廓宽度.35 mm，并填充灰色，其CMYK值为（0，0，0，10），得到的效果如图6-40所示。

35 按【+】键复制图形，单击属性栏中的【水平镜像】按钮，并把图形向右平移到合适的位置，得到的效果如图6-41所示。

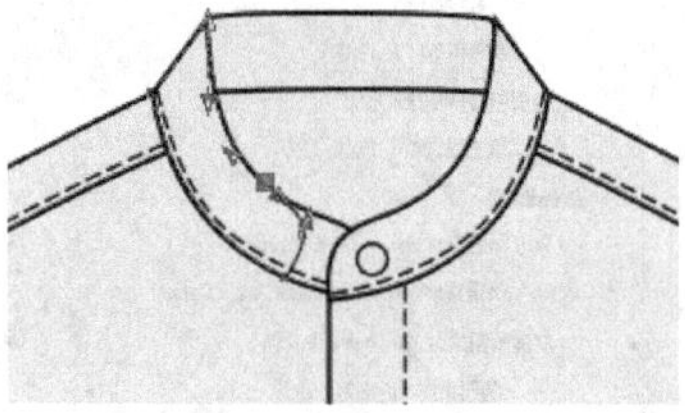
图6-39

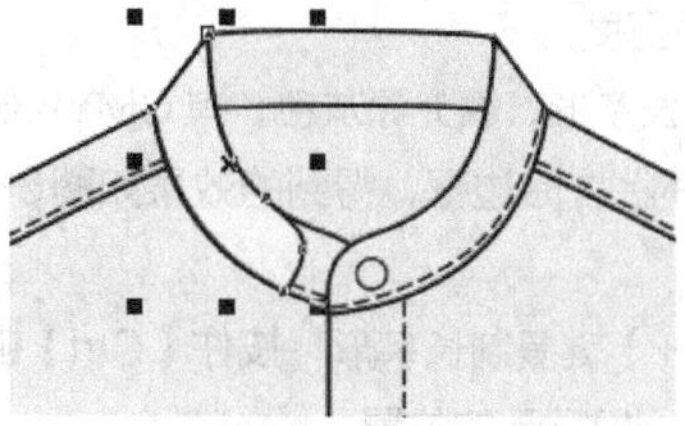
图6-40

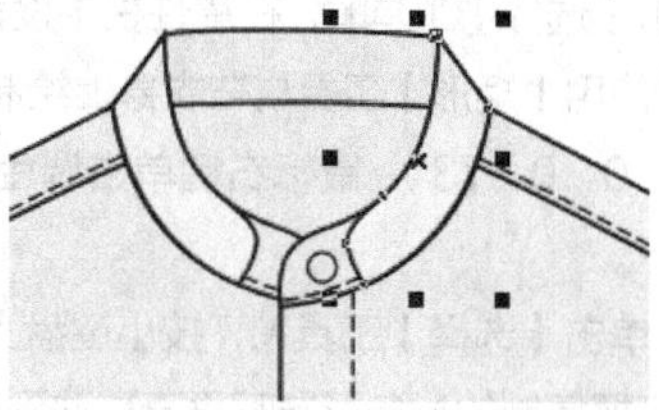
图6-41

36 使用【贝塞尔】工具和【形状】工具在领子上再绘制一条曲线，如图6-42所示。

37 单击【选择】工具，在属性栏中设置轮廓宽度.75 mm，得到的效果如图6-43所示。

38 按【+】键复制图形，单击属性栏中的【水平镜像】按钮，并把图形向右平移到合适的位置，得到的效果如图6-44所示。

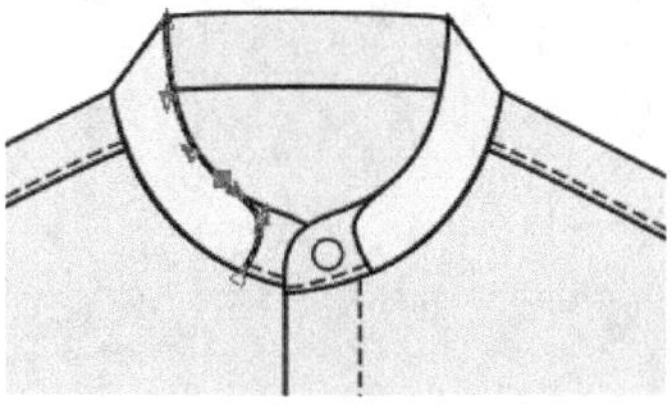
图6-42

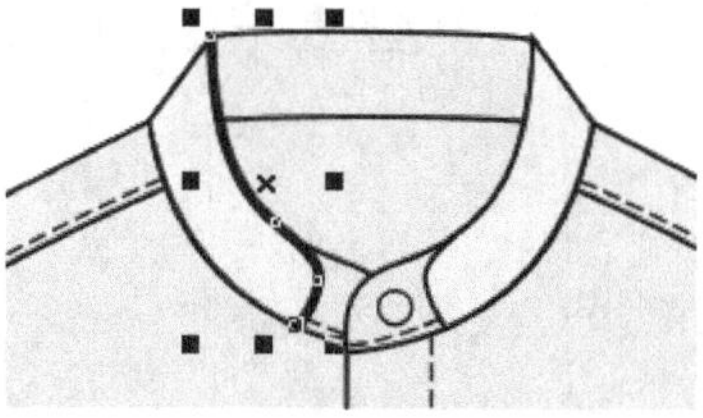
图6-43

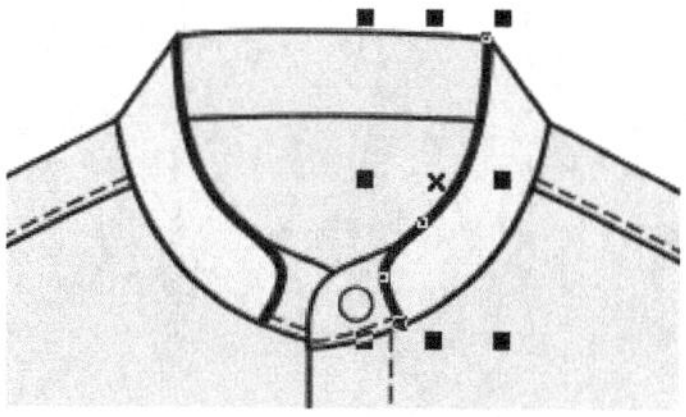
图6-44

专家提示

男式立领衬衫的领子变化丰富。我们可以通过添加分割线、撞色、镶拼和滚边等工艺手法来表现。步骤33~38的操作添加了镶拼和滚条工艺，改变了之前单调的立领设计。读者也可以根据自己的想法设计各种变化的领型。

6.2 男式翻领衬衫款式设计

男式翻领衬衫的整体效果如图6-45所示。

设计重点

造型设计、翻领表现、格子面料设计、翻领设计变化。

图6-45

操作步骤

01 打开CorelDRAW软件，执行菜单栏中的【文件】/【新建】命令，或使用【Ctrl】+【N】组合键，打开【创建新文档】对话框，文件命名为“男式翻领衬衫”，设定纸张大小为A4，横向摆放，如图6-46所示。

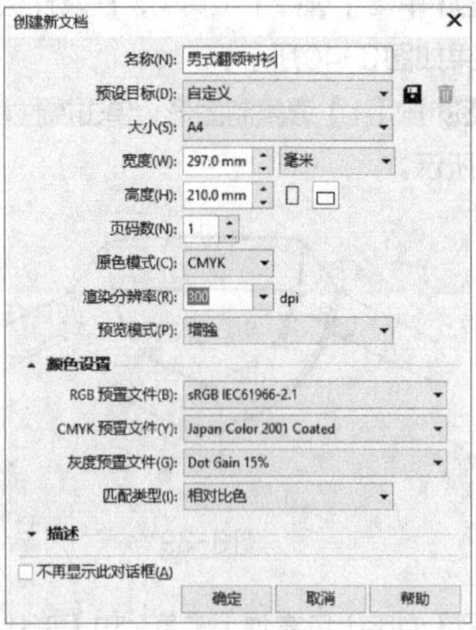

图6-46

02 使用【贝塞尔】工具和【形状】工具绘制图6-47所示的衬衫前片造型，单击【选择】工具，在属性栏中设置轮廓宽度.35mm。

03 使用【矩形】工具在衣身上绘制一个长条形，填充深灰色，其CMYK值为（0，0，0，73），鼠标右键单击调色板中的☒去除边框，得到的效果如图6-48所示。

04 单击【选择】工具，按小键盘上的【+】键复制长条形，按住【Ctrl】键用鼠标把复制的长条形向下垂直移动到如图6-49所示的位置。

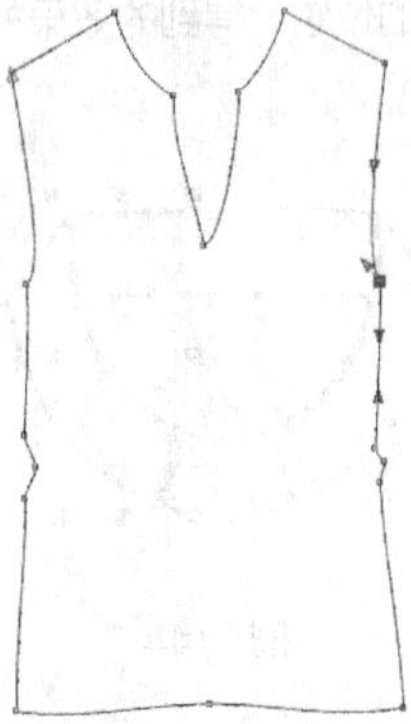
图6-47

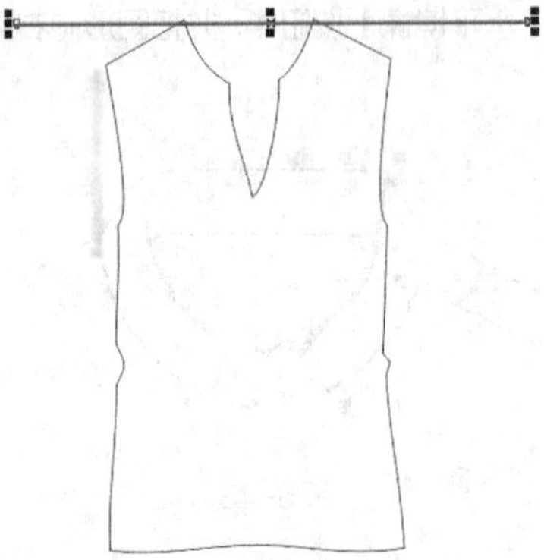
图6-48

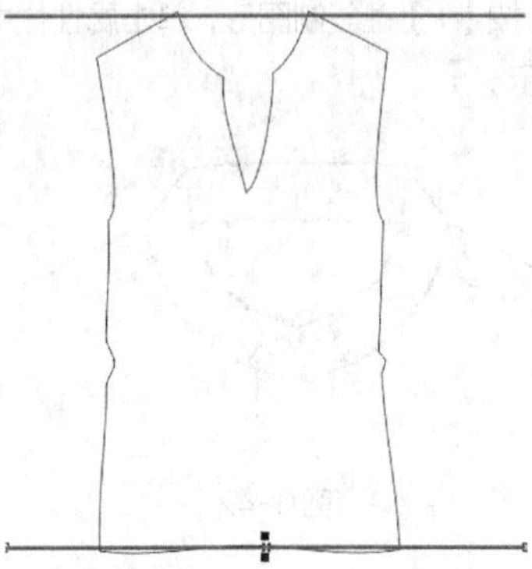
图6-49

05 选择工具箱中的【调和】工具，单击上方的长条形往下拖曳鼠标至下方的长条形处执行调和效果，如图6-50所示。

06 在属性栏中设置调和步数70，得到的效果如图6-51所示。

07 单击【选择】工具，按住【Ctrl】+【G】组合键群组图形。单击小键盘上的【+】键复制长条形组，在属性栏中设置旋转角度90°，得到的效果如图6-52所示。

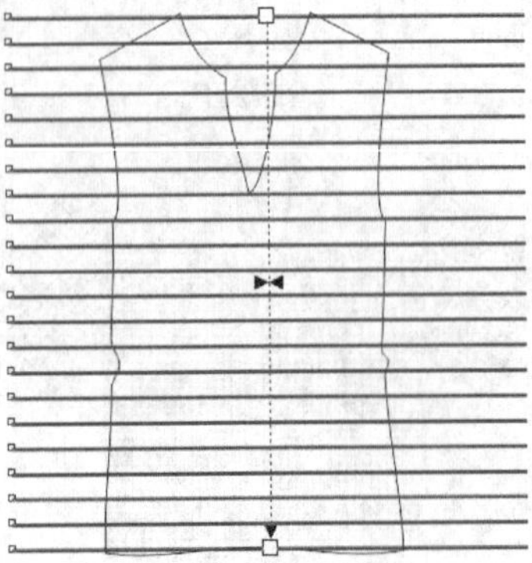
图6-50

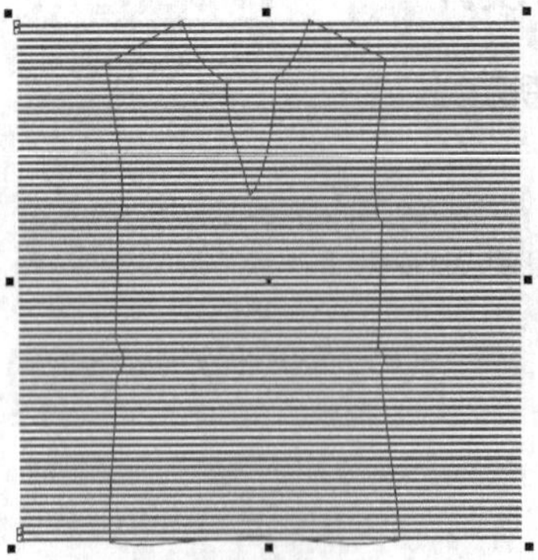
图6-51

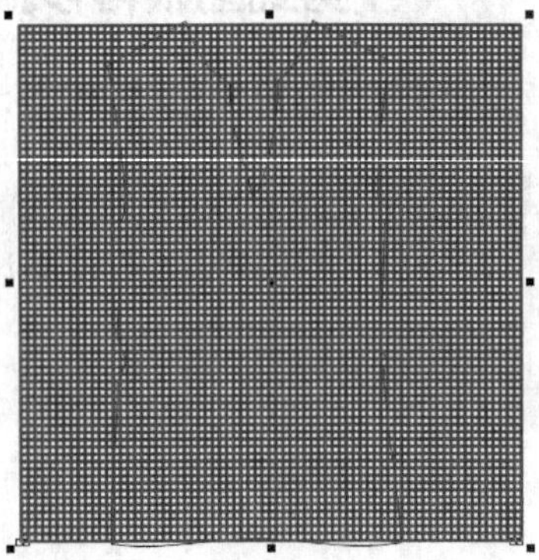
图6-52

08 使用【选择】工具选择两组长条形，单击工具箱中的【透明度】工具，在属性栏中设置的参数如图6-53所示，得到的效果如图6-54所示。

图6-53

09 单击【选择】工具，执行菜单栏中的【对象】/【PowerClip】/【置于图文框内部】命令，把图案放置在衣身中，得到的效果如图6-55所示。

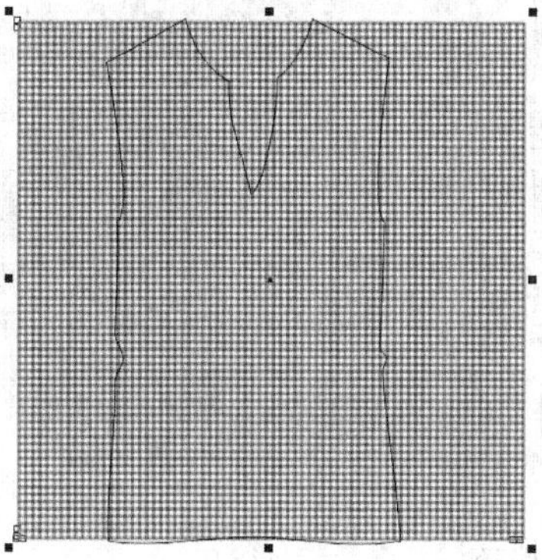

图6-54

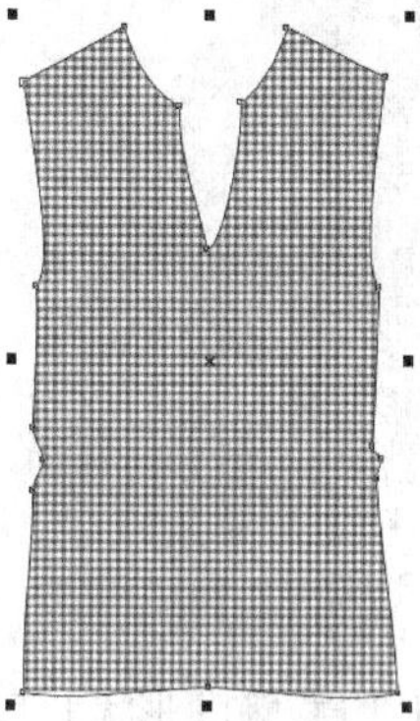

图6-55

10 使用【贝塞尔】工具和【形状】工具绘制图6-56所示的左肩部造型。

11 单击【选择】工具，在属性栏中设置轮廓宽度，给图形填充白色，得到的效果如图6-57所示。

12 重复步骤10和步骤11的操作绘制右边肩部造型，得到的效果如图6-58所示。

图6-56

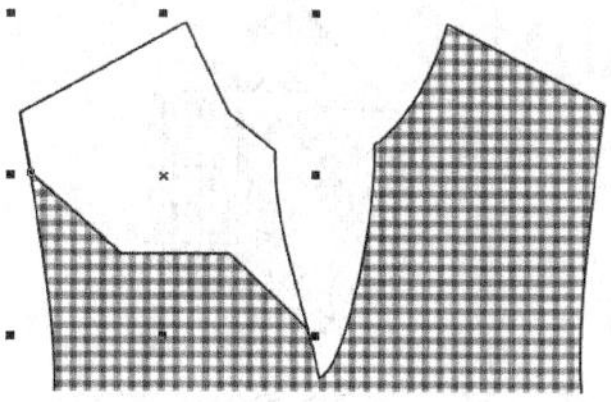

图6-57

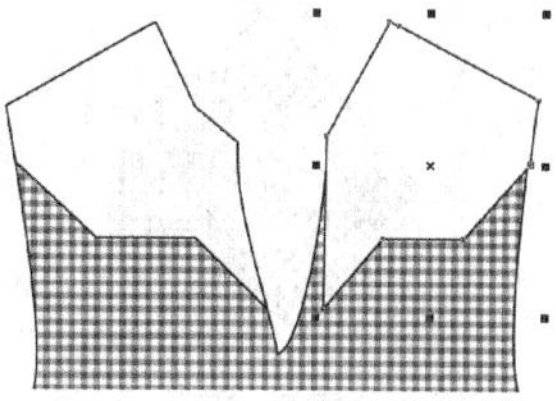

图6-58

13 使用【贝塞尔】工具和【形状】工具绘制左袖，如图6-59所示。

14 使用【属性滴管】工具选择衣身属性，鼠标转换成应用对象属性，然后单击左袖的前面部分，把格子图案复制到衣袖中，得到的效果如图6-60所示。

15 单击鼠标右键，在弹出菜单中选择【编辑PowerClip】命令，得到的效果如图6-61所示。

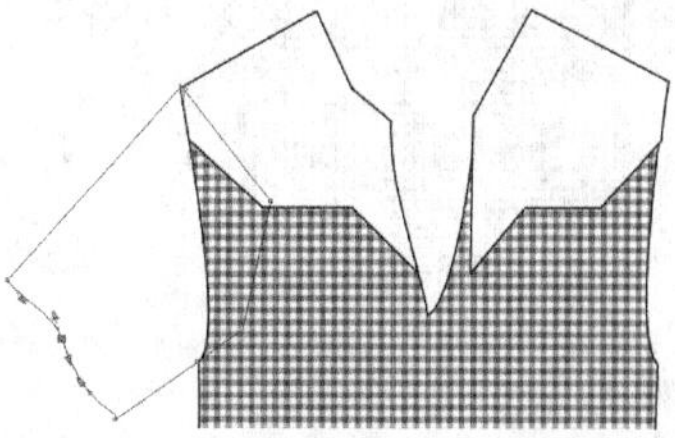

图6-59

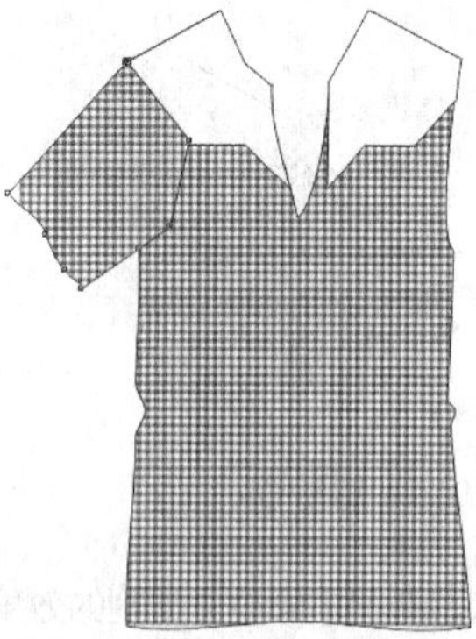

图6-60

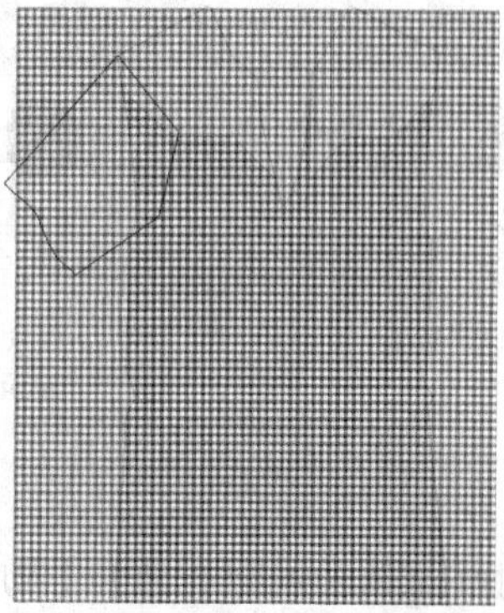

图6-61

16 使用【选择】工具框选图形，在属性栏中设置旋转角度45.0°，得到的效果如图6-62所示。

17 单击鼠标右键，在弹出菜单中选择【结束编辑】命令，得到的效果如图6-63所示。

18 执行菜单栏中【对象】/【顺序】/【到页面后面】命令，得到的效果如图6-64所示。

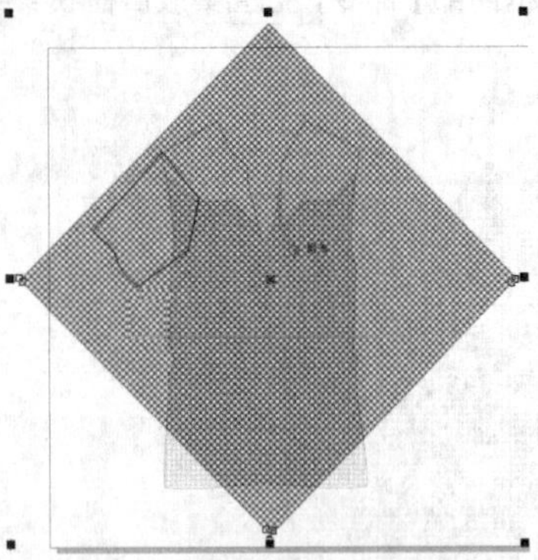
图6-62

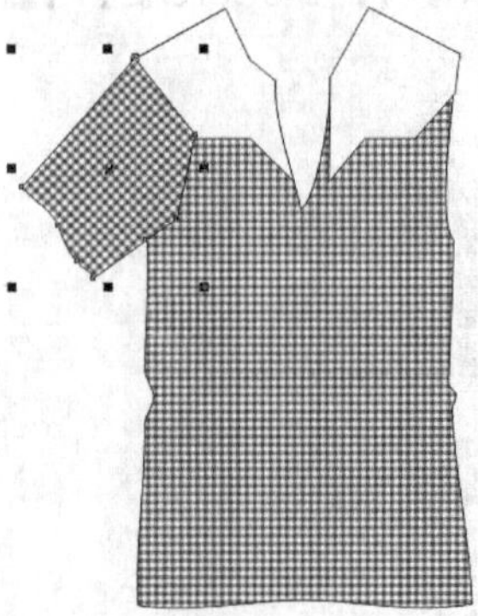
图6-63

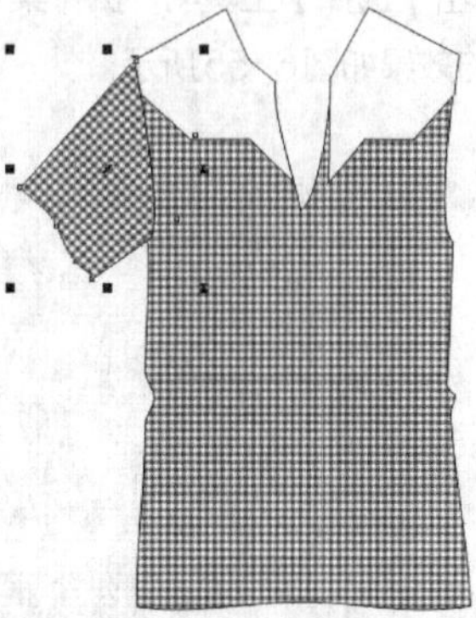
图6-64

19 使用【贝塞尔】工具和【形状】工具绘制左袖后片，如图6-65所示。

20 单击【选择】工具，在属性栏中设置轮廓宽度.35 mm，给图形填充灰色，其CMYK值为（0，0，0，10），得到的效果如图6-66所示。

21 执行菜单栏中的【对象】/【顺序】/【到页面后面】命令，得到的效果如图6-67所示。

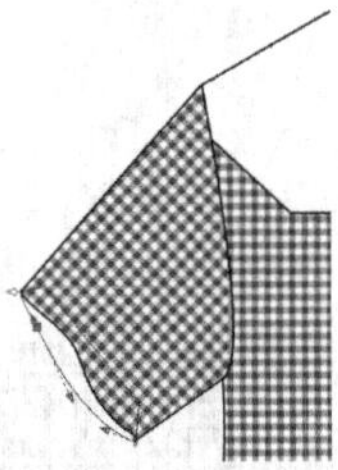
图6-65

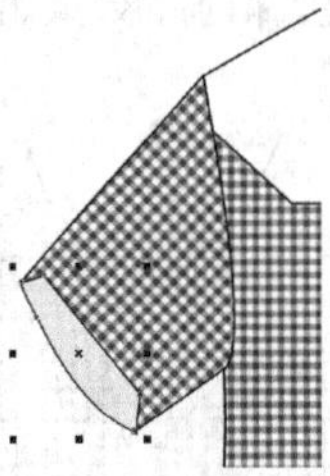
图6-66

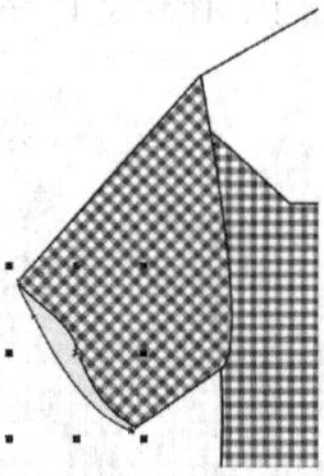
图6-67

22 使用【贝塞尔】工具和【形状】工具在袖口绘制两条缉明线，使缉明线处于选择状态，按【F12】键，弹出【轮廓笔】对话框，选项及参数设置如图6-68所示。

23 单击【确定】按钮，得到的效果如图6-69所示。

24 使用【选择】工具框选整个左袖，按【+】键复制，单击属性栏中的【水平镜像】按钮，并把图形向右平移到合适的位置，得到的效果如图6-70所示。

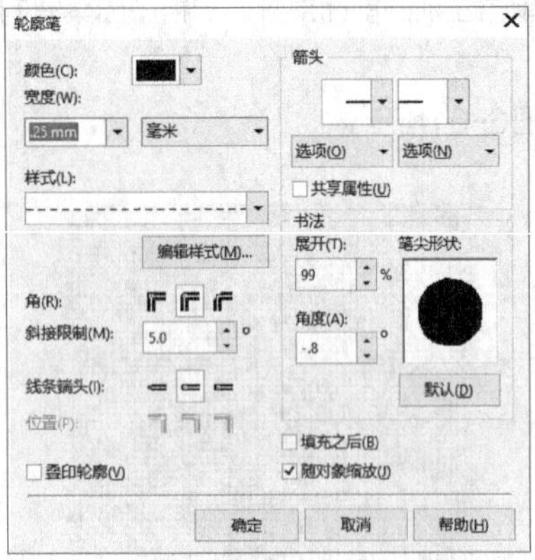

图6-68

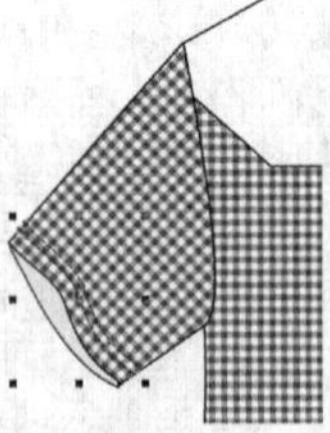
图6-69

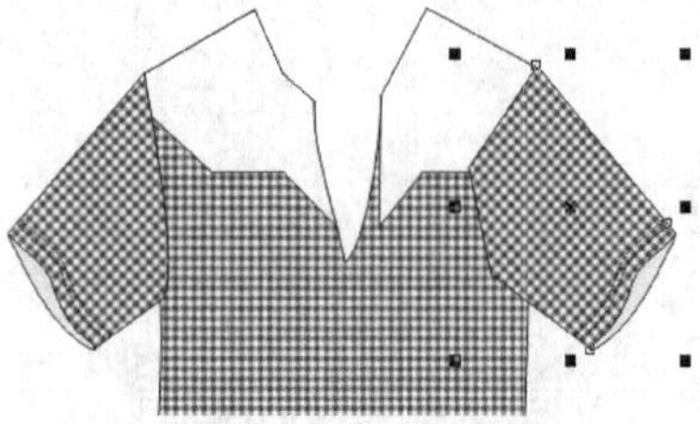
图6-70

25 执行菜单栏中的【对象】/【顺序】/【到页面后面】命令，得到的效果如图6-71所示。

26 使用【贝塞尔】工具和【形状】工具绘制衣身后片，如图6-72所示。

27 单击【选择】工具，在属性栏中设置轮廓宽度.35 mm，给图形填充灰色，其CMYK值为（0，0，0，10），得到的效果如图6-73所示。

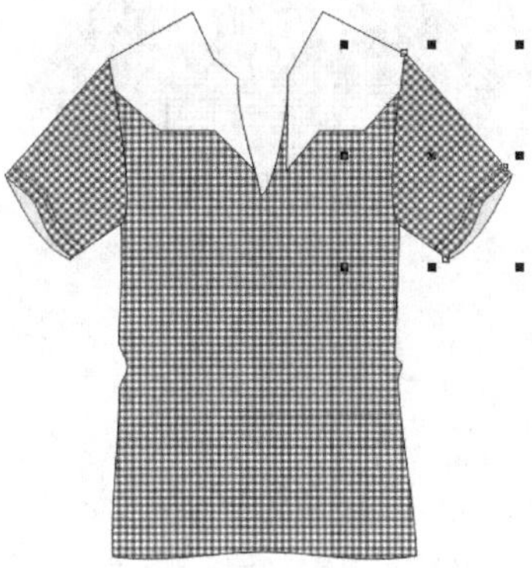

图6-71

图6-72

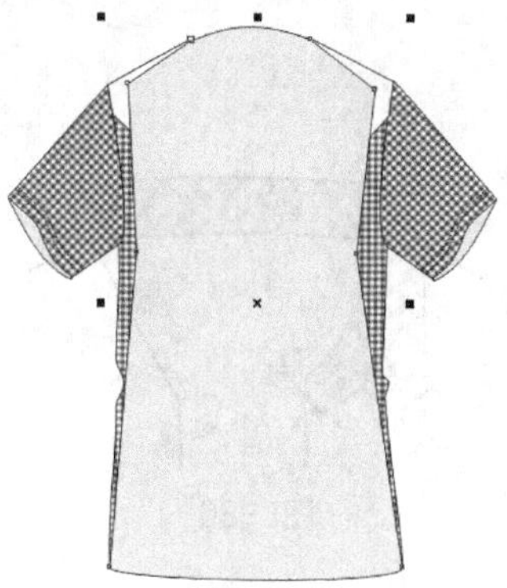

图6-73

28 执行菜单栏中的【对象】/【顺序】/【到页面后面】命令，得到的效果如图6-74所示。

29 使用【贝塞尔】工具和【形状】工具绘制后领口，如图6-75所示。

30 重复步骤14~17的操作给后领口填充斜纹格子面料，得到的效果如图6-76所示。

31 使用【贝塞尔】工具和【形状】工具绘制左边翻领，如图6-77所示。

32 重复步骤14~17的操作给翻领填充斜纹格子面料，得到的效果如图6-78所示。

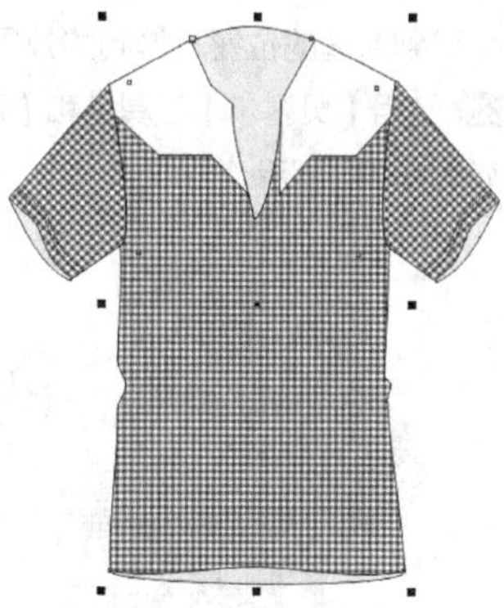

图6-74

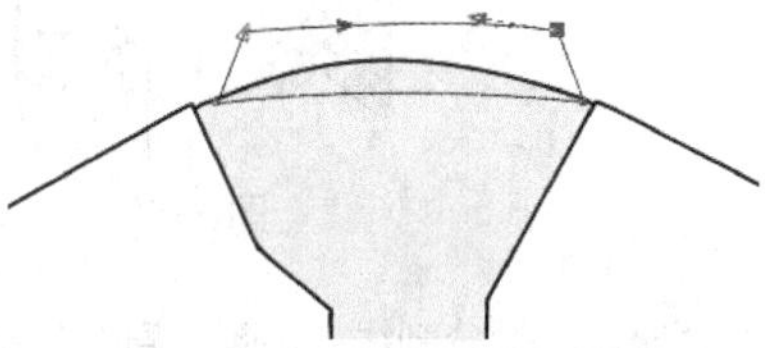

图6-75

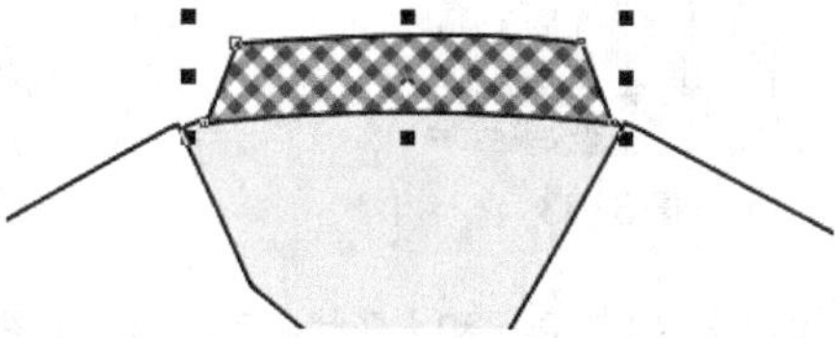

图6-76

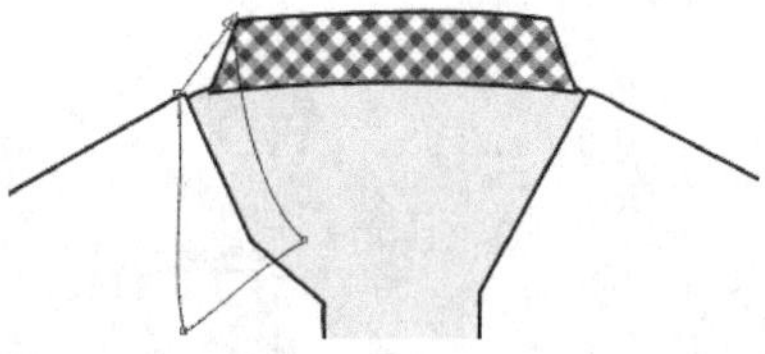

图6-77

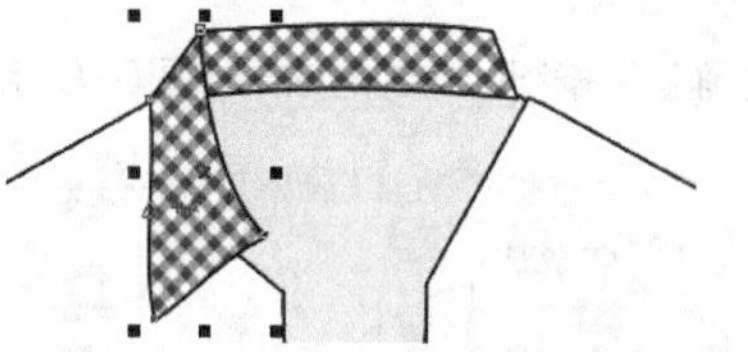

图6-78

33 使用【贝塞尔】工具和【形状】工具绘制领座，如图6-79所示。

34 重复步骤14~17的操作给领座填充斜纹格子面料，得到的效果如图6-80所示。

35 执行菜单栏中的【对象】/【顺序】/【置于此对象后】命令，把领座放置于翻领后面，得到的效果如图6-81所示。

36 使用【贝塞尔】工具和【形状】工具绘制右门襟，如图6-82所示。

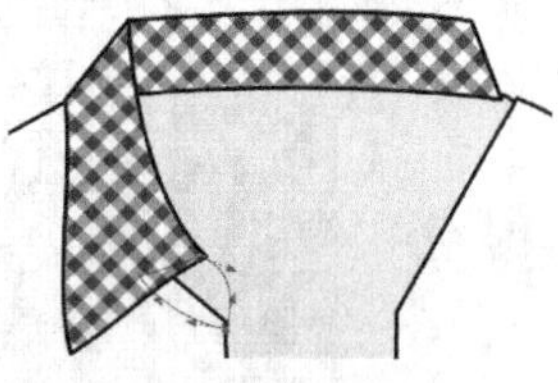

图6-79

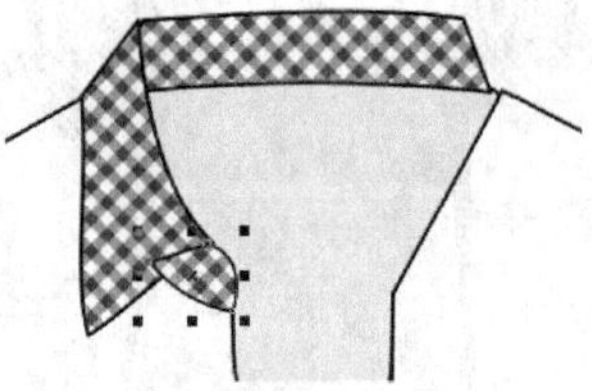

图6-80

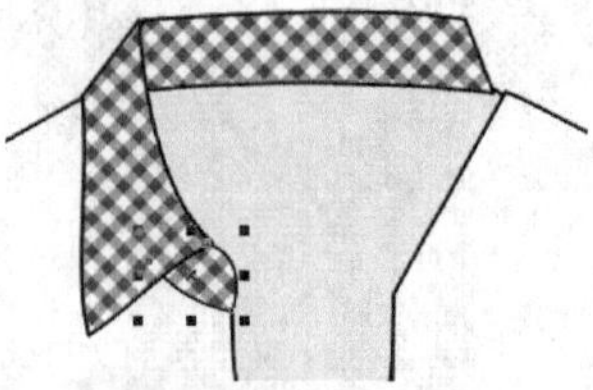

图6-81

图6-82

37 单击【选择】工具，在属性栏中设置轮廓宽度，给门襟填充白色，得到的效果如图6-83所示。

38 使用【选择】工具框选左边翻领和领座，按【+】键复制，单击属性栏中的【水平镜像】按钮，并把图形向右平移到合适的位置，得到的效果如图6-84所示。

39 使用【贝塞尔】工具和【形状】工具绘制后领分割线，单击【选择】工具，在属性栏中设置轮廓宽度，如图6-85所示。

图6-83

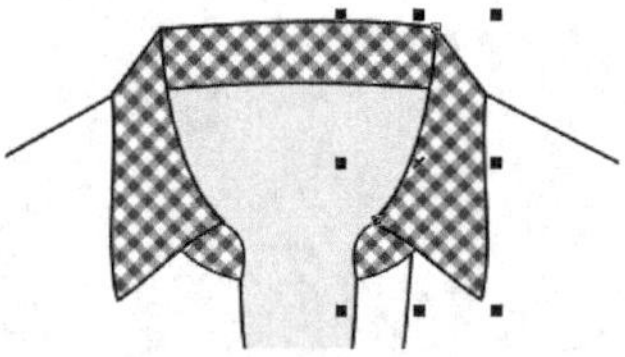

图6-84

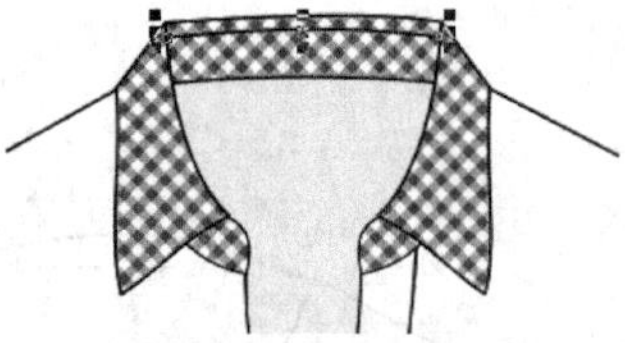

图6-85

40 选择【贝塞尔】工具和【形状】工具，在图6-86所示的翻领、领座、后领分割线、袖窿、肩部分割处、门襟和衬衫下摆开衩处绘制14条缉明线，使缉明线处于选择状态，按【F12】键，弹出【轮廓笔】对话框，选项及参数设置如图6-87所示。

41 单击【确定】按钮，得到的效果如图6-88所示。

图6-86

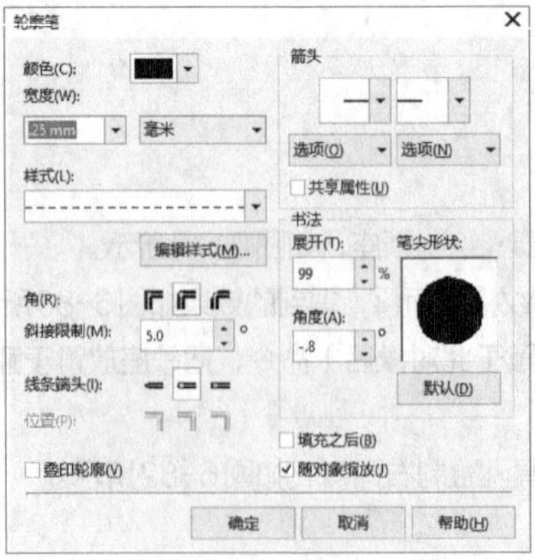

图6-87

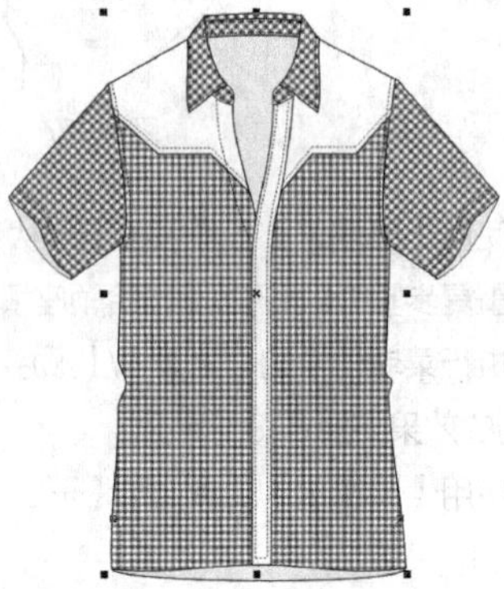

图6-88

42 使用【贝塞尔】工具和【形状】工具绘制衣身上的4条衣褶，单击【选择】工具，在属性栏中设置轮廓宽度 .35 mm，得到的效果如图6-89所示。

43 选择【椭圆形】工具，按住【Ctrl】键在领座上绘制一个圆形，在属性栏中设置轮廓宽度 .1 mm，并填充白色，如图6-90所示。

44 按【+】键复制两个圆形，再按住【Shift】键用鼠标等比例缩小图形，把复制的小圆形摆放在图6-91所示的位置。

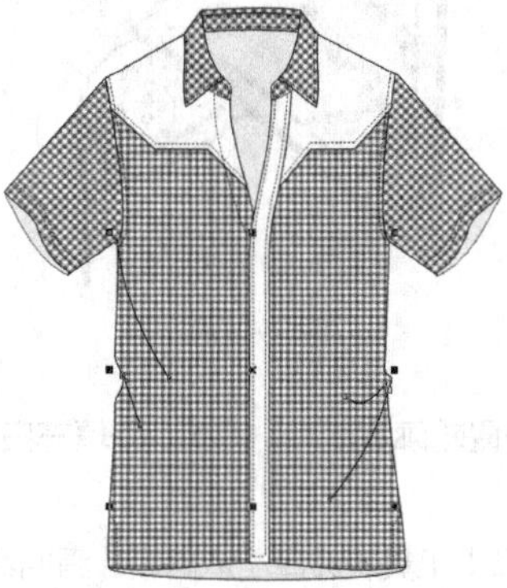
图6-89

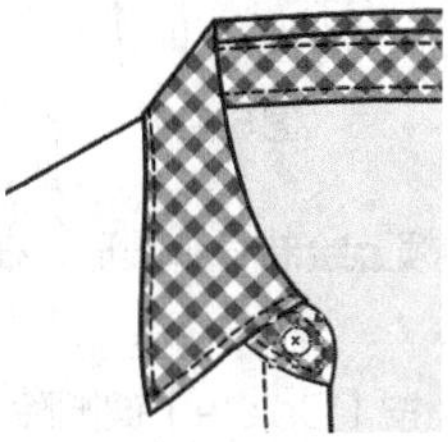
图6-90

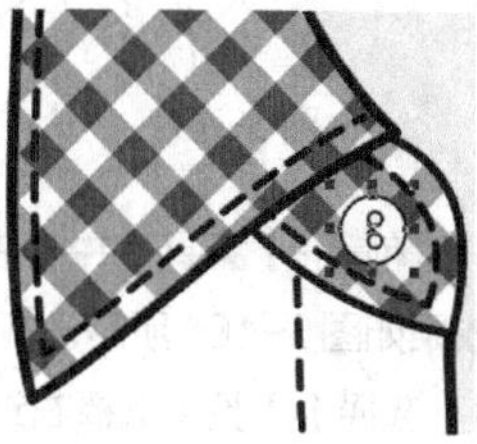
图6-91

45 使用【选择】工具框选3个圆形，单击属性栏中的【合并】按钮，得到的效果如图6-92所示。

46 使用【选择】工具选择纽扣，按【+】键复制5个纽扣，并把复制的纽扣分别摆放在图6-93所示的门襟位置。这样就完成了翻领男衬衫的绘制，整体效果如图6-94所示。

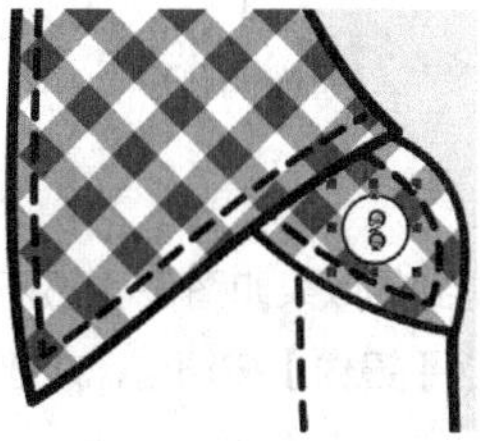
图6-92

图6-93

图6-94

47 使用【形状】工具修改左边翻领的造型，得到的效果如图6-95所示。

48 使用【形状】工具修改左边翻领上的缉明线的造型，得到的效果如图6-96所示。

49 使用【选择】工具选择右边翻领和缉明线，按【Delete】键删除。使用【选择】工具选择左边翻领和缉明线，按【+】键复制，单击属性栏中的【水平镜像】按钮，并把图形向右平移到合适的位置，得到的温莎领效果如图6-97所示。

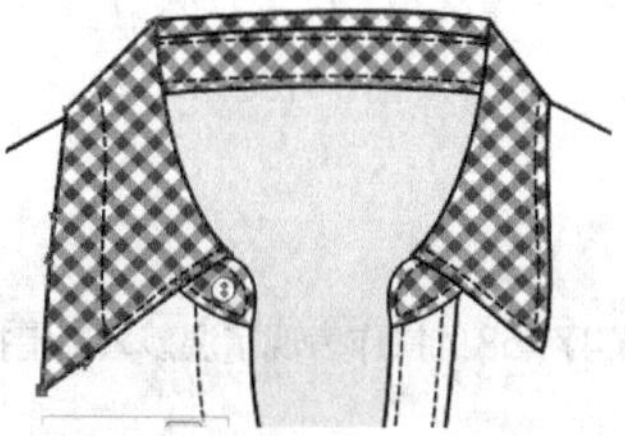
图6-95

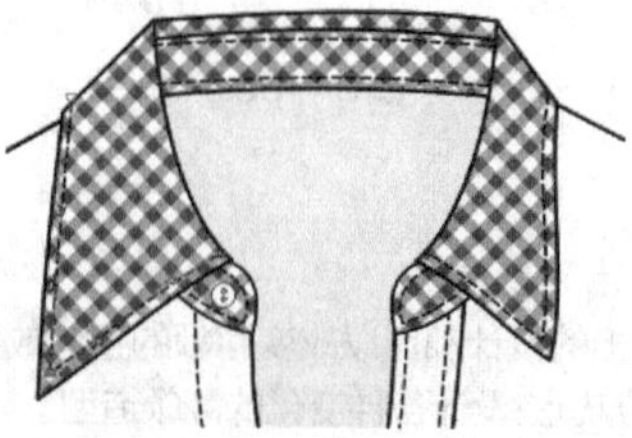
图6-96

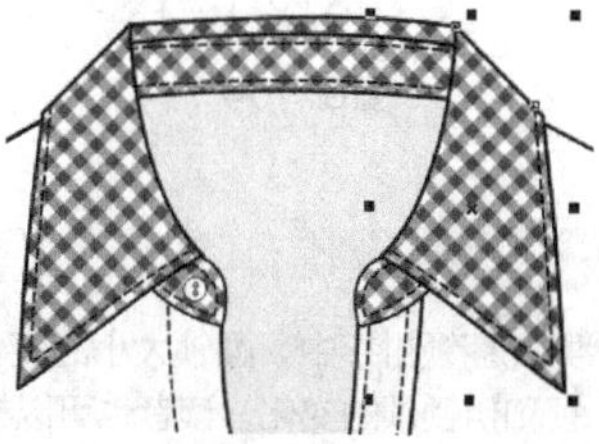
图6-97

50 使用【形状】工具修改左边翻领的造型，得到的效果如图6-98所示。

51 使用【形状】工具修改左边翻领上的缉明线的造型，得到的效果如图6-99所示。

52 使用【椭圆形】工具，在翻领上绘制一个椭圆形，在属性栏中设置轮廓宽度，并填充白色，设置旋转角度°，得到的效果如图6-100所示。

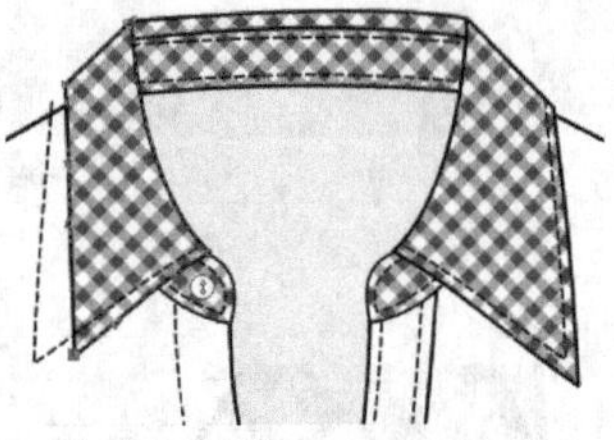
图6-98

图6-99

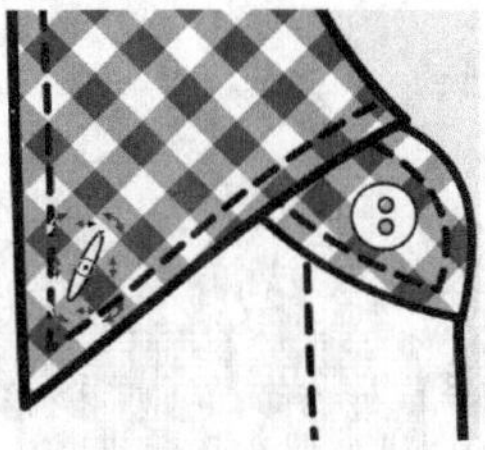
图6-100

53 使用【椭圆形】工具并按住【Ctrl】键在翻领上绘制一个圆形，在属性栏中设置轮廓宽度，并填充白色，得到的效果如图6-101所示。

54 使用【选择】工具选择右边翻领和缉明线，按【Delete】键删除。使用【选择】工具选择左边翻领、缉明线和纽扣、扣眼，按【+】键复制，单击属性栏中的【水平镜像】按钮，并把图形向右平移到合适的位置，得到的暗扣领效果如图6-102所示。

55 使用【形状】工具修改左边翻领的造型，得到的效果如图6-103所示。

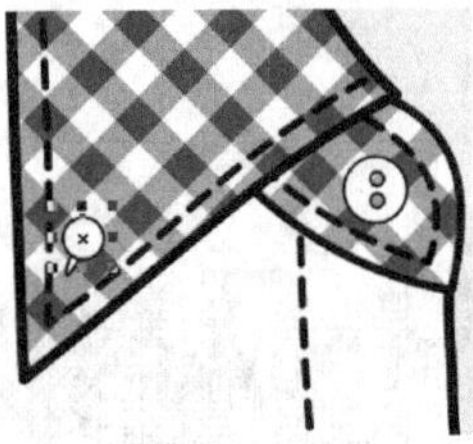
图6-101

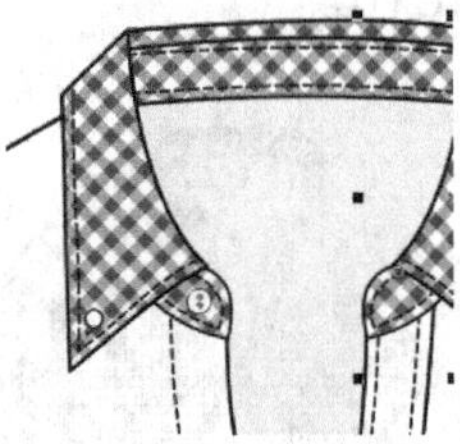
图6-102

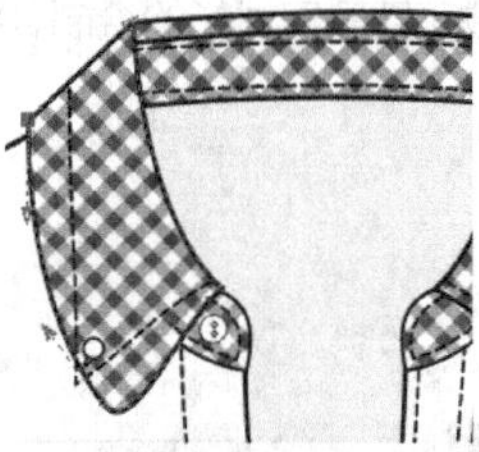
图6-103

56 使用【形状】工具修改左边翻领上的缉明线的造型，得到的效果如图6-104所示。

57 使用【选择】工具选择右边翻领和缉明线，纽扣和扣眼，按【Delete】键删除，得到的效果如图6-105所示。

58 使用【选择】工具选择左边翻领和缉明线，按【+】键复制，单击属性栏中的【水平镜像】按钮，并把图形向右平移到合适的位置，得到的伊顿领效果如图6-106所示。

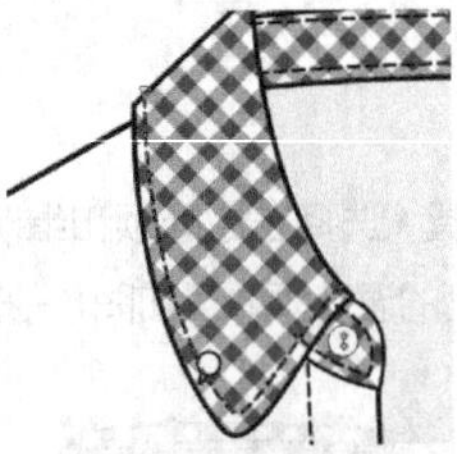
图6-104

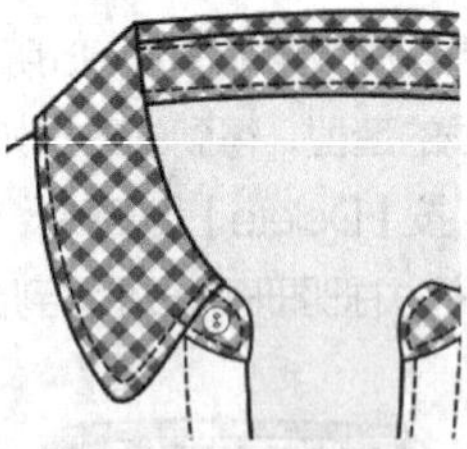
图6-105

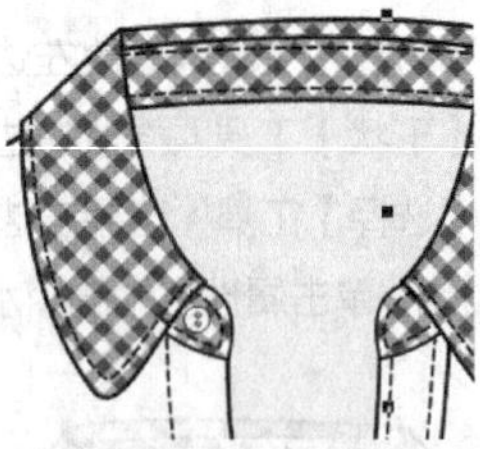
图6-106

专家提示

男式翻领衬衫中，翻领大小的变化和装饰扣的设计都可以改变翻领的整体效果。步骤47~58的操作表现了温莎领、暗扣领和伊顿领的变化，读者也可以根据自己的想法设计各种变化的翻领造型。

6.3 女式蝴蝶结领衬衫款式设计

蝴蝶结领衬衫的整体效果如图6-107所示。

设计重点

造型设计、蝴蝶结领表现、印花面料填充。

操作步骤

01 打开CorelDRAW软件，执行菜单栏中的【文件】/【新建】命令，或使用【Ctrl】+【N】组合键，打开【创建新文档】对话框，文件命名为“女式蝴蝶结领衬衫”，设定纸张大小为A4，横向摆放，如图6-108所示。

图6-107

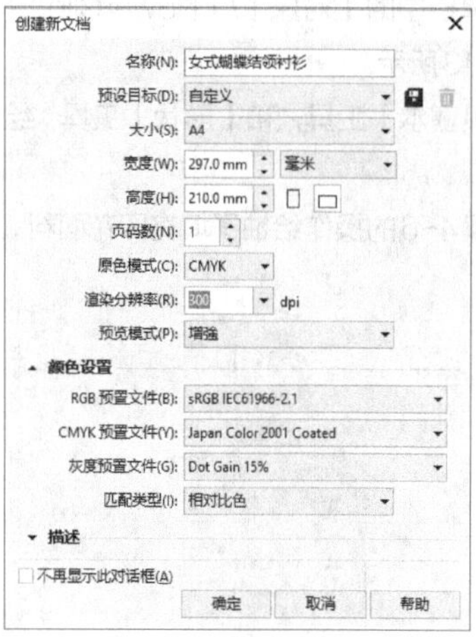

图6-108

02 从标尺栏向页面拖曳鼠标添加9条辅助线，确定衣长、袖长、肩线线和袖窿深等，如图6-109所示。

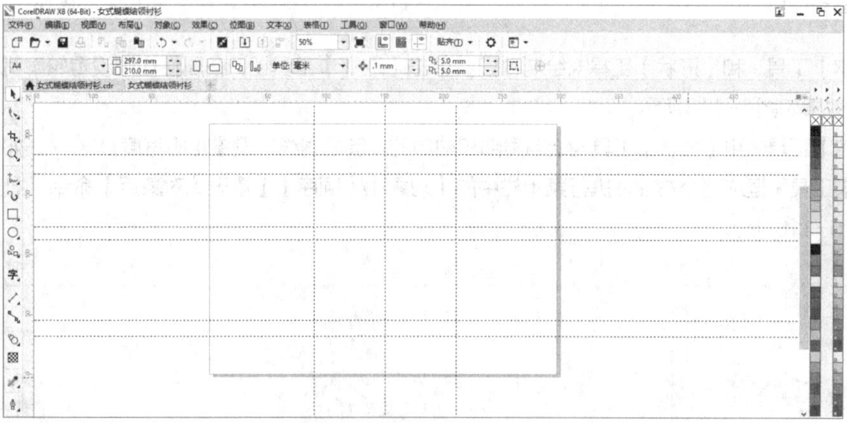

图6-109

03 使用【贝塞尔】工具和【形状】工具绘制图6-110所示的衬衫右前片造型（注意腰部曲线的处理），单击【选择】工具，在属性栏中设置轮廓宽度。

04 执行菜单栏中的【文件】/【导入】命令，导入图6-111所示的印花面料素材。

05 执行菜单栏中的【对象】/【顺序】/【到页面后面】命令，把印花面料置于衣身后面，得到的效果如图6-112所示。

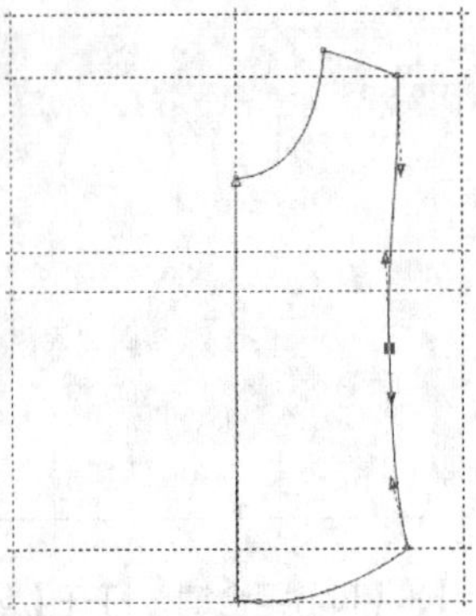

图6-110

图6-111

图6-112

06 执行菜单栏中的【对象】/【PowerClip】/【置于图文框内部】命令，把印花面料放置在衬衫右前片中，得到的效果如图6-113所示。

07 使用【贝塞尔】工具和【形状】工具绘制图6-114所示的右袖造型，单击【选择】工具，在属性栏中设置轮廓宽度。

08 重复步骤4~6的操作给袖子填充印花面料，得到的效果如图6-115所示。

图6-113

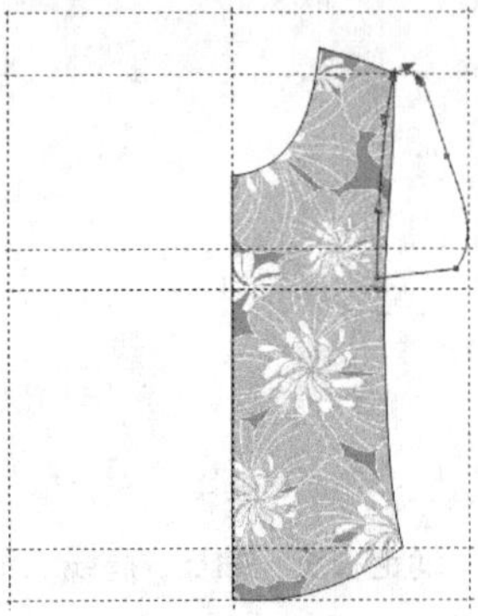

图6-114

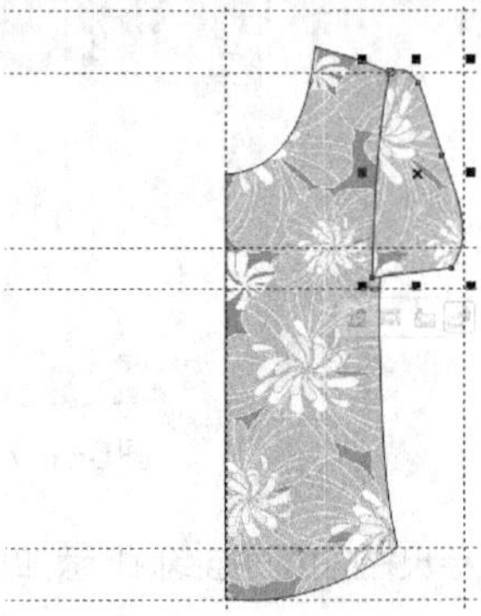

图6-115

09 使用【贝塞尔】工具和【形状】工具绘制袖口，单击【选择】工具，在属性栏中设置轮廓宽度，并填充白色，得到的效果如图6-116所示。

10 使用【贝塞尔】工具和【形状】工具绘制肩部和袖口的4条褶裥线，设置轮廓宽度，如图6-117所示。

11 单击【选择】工具框选整个右袖，执行菜单栏中的【对象】/【顺序】/【置于此对象后】命令，把其置于衣身后面，得到的效果如图6-118所示。

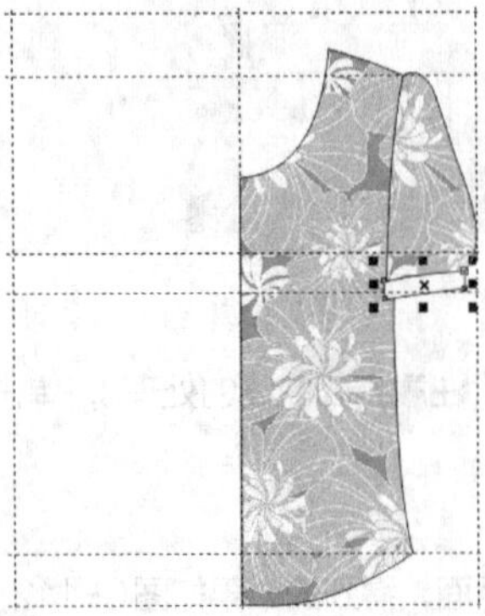

图6-116

图6-117

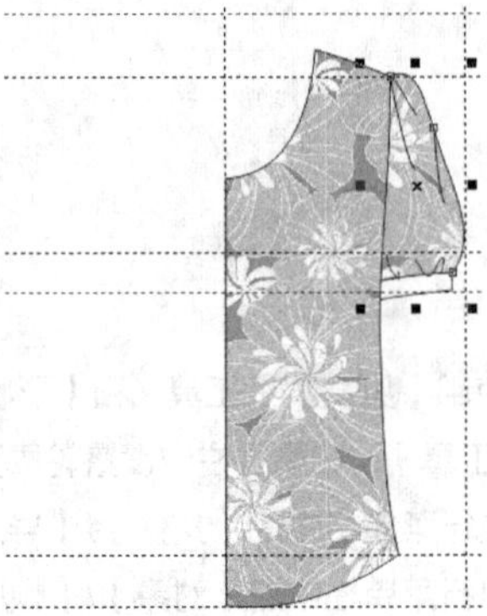

图6-118

12 使用【贝塞尔】工具和【形状】工具绘制右边的翻领，单击【选择】工具，在属性栏中设置轮廓宽度，并填充白色，得到的效果如图6-119所示。

13 执行菜单栏中的【编辑】/【全选】/【辅助线】命令，选择所有的辅助线，按【Delete】键删除，得到的效果如图6-120所示。

14 使用【贝塞尔】工具和【形状】工具在图6-121所示的位置绘制衣褶，单击【选择】工具，在属性栏中设置轮廓宽度。

15 选择【贝塞尔】工具和【形状】工具，在图6-122所示的袖口及衣服下摆处绘制两条缉明线，使缉明线处于选择状态，按【F12】键，弹出【轮廓笔】对话框，选项及参数设置如图6-123所示。

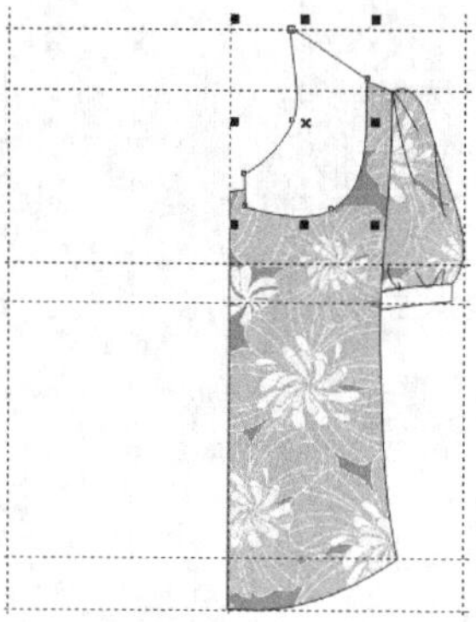

图6-119

图6-120

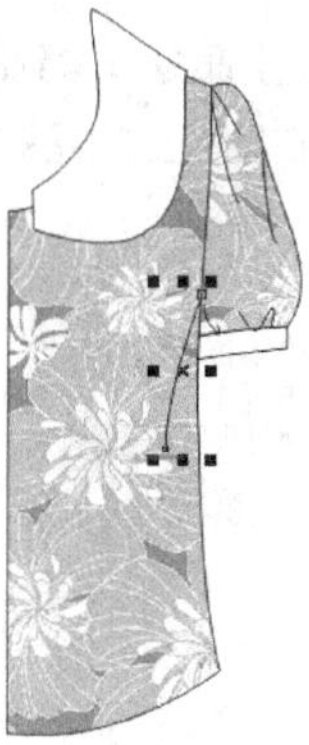

图6-121

图6-122

16 单击【确定】按钮，得到的效果如图6-124所示。

17 使用【选择】工具框选绘制好的右边衣形，按【+】键复制，单击属性栏中的【水平镜像】按钮，并把图形向左平移到合适的位置，得到的效果如图6-125所示。

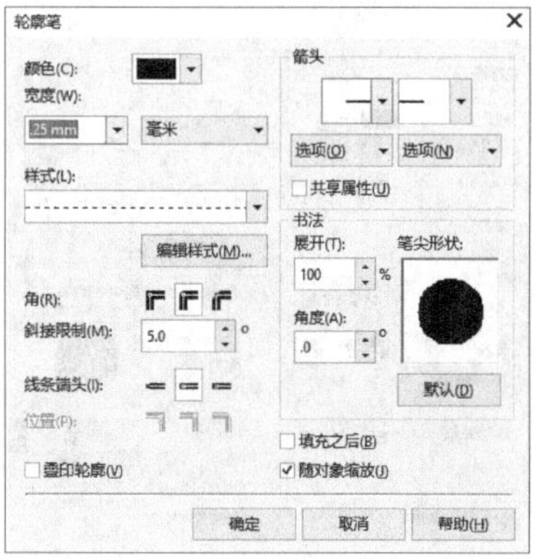

图6-123

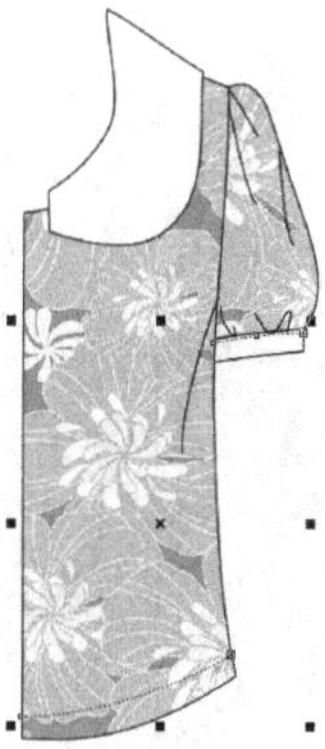

图6-124

图6-125

18 使用【贝塞尔】工具和【形状】工具绘制衬衫后片，在属性栏中设置轮廓宽度，得到的效果如图6-126所示。

19 重复步骤4~6的操作给衬衫后片填充印花面料，得到的效果如图6-127所示。

20 执行菜单栏中的【对象】/【顺序】/【到页面后面】命令，得到的效果如图6-128所示。

21 使用【贝塞尔】工具和【形状】工具绘制后领口，在属性栏中设置轮廓宽度，并填充白色，得到的效果如图6-129所示。

图6-126

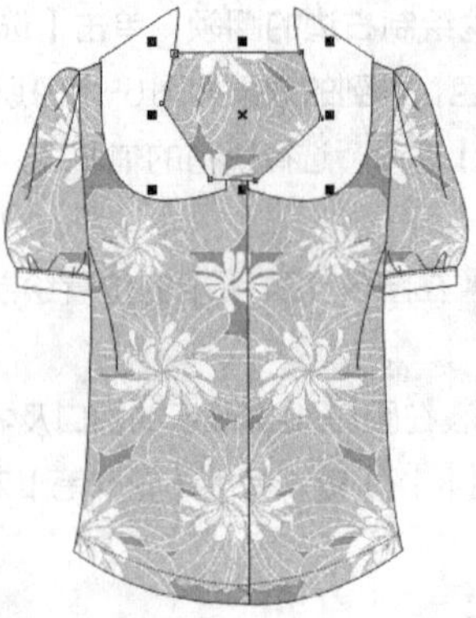

图6-127

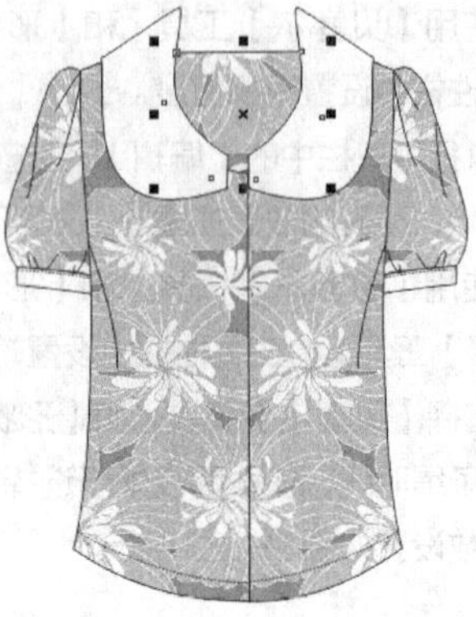

图6-128

22 执行菜单栏中的【对象】/【顺序】/【到页面后面】命令，得到的效果如图6-130所示。

23 使用【贝塞尔】工具和【形状】工具绘制左右翻领上的褶裥线，设置轮廓宽度，并填充白色，得到的效果如图6-131所示。

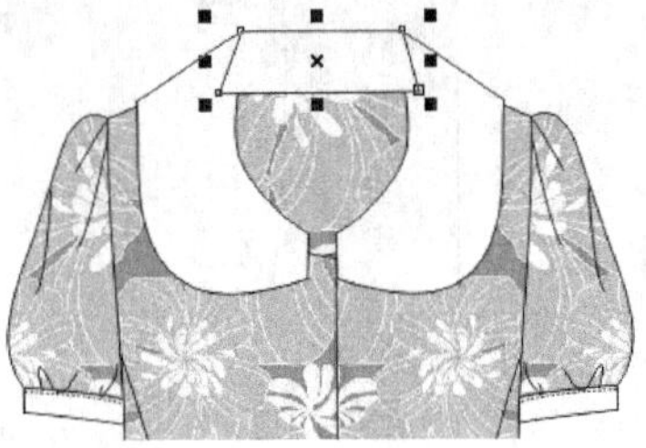

图6-129

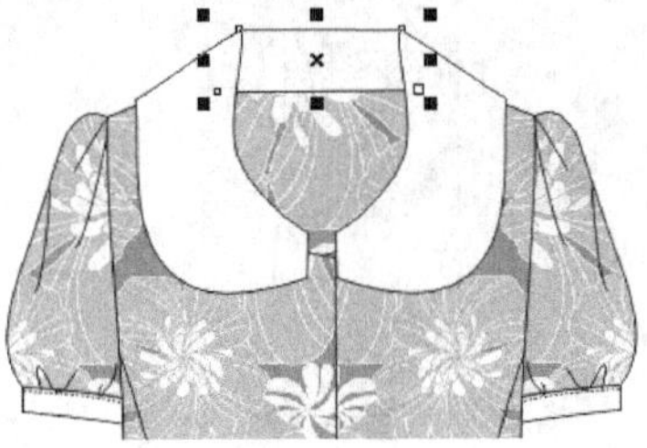

图6-130

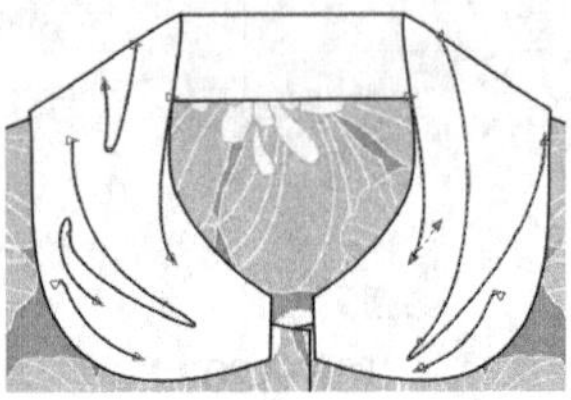

图6-131

24 使用【手绘】工具绘制门襟线，在属性栏中设置轮廓宽度，如图6-132所示。

25 选择【手绘】工具，在图6-133所示的后领口及门襟处绘制3条缉明线，使缉明线处于选择状态，按【F12】键，弹出【轮廓笔】对话框，选项及参数设置如图6-134所示。

图6-132

图6-133

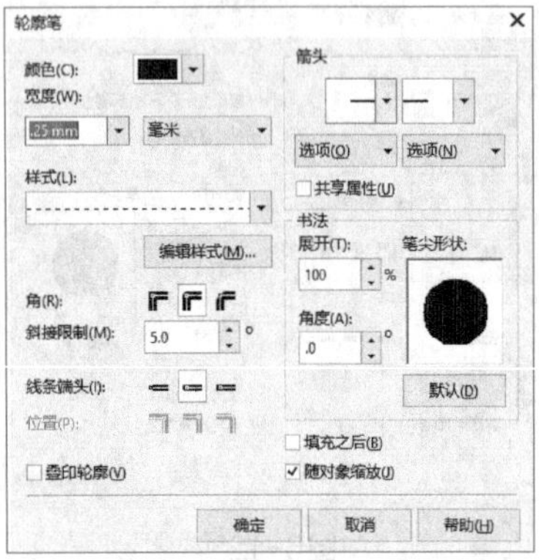

图6-134

26 单击【确定】按钮，得到的效果如图6-135所示。

27 使用【贝塞尔】工具和【形状】工具绘制蝴蝶结造型，如图6-136所示。

28 单击【选择】工具给蝴蝶结填充白色，设置轮廓宽度，得到的效果如图6-137所示。

29 使用【贝塞尔】工具和【形状】工具绘制蝴蝶结上的褶裥线造型，设置轮廓宽度，得到的效果如图6-138所示。

图6-135

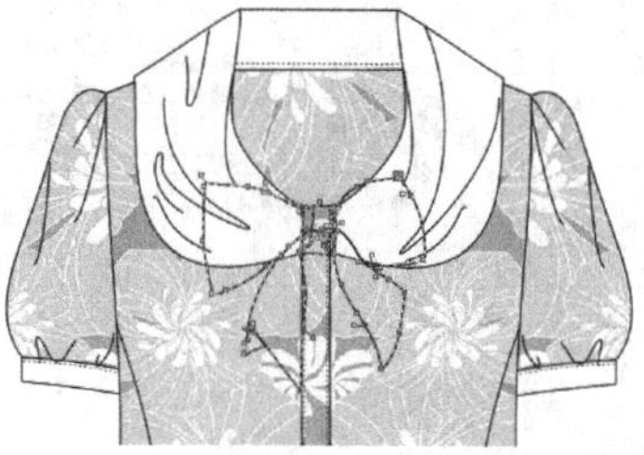
图6-136

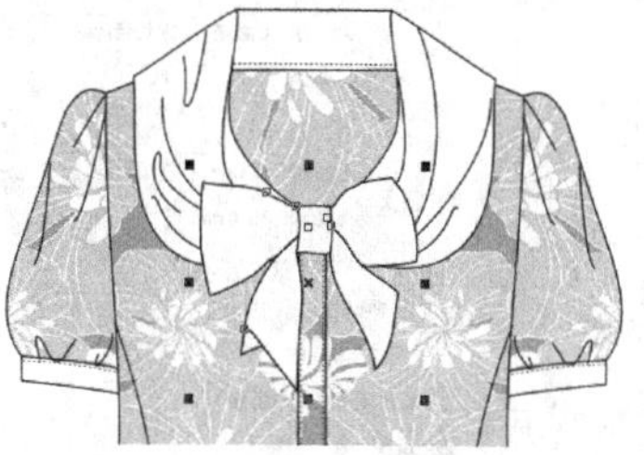
图6-137

30 使用【选择】工具框选所有图形，按住【Ctrl】+【G】组合键，群组图形。这样就完成了蝴蝶结领衬衫的绘制，整体效果如图6-139所示。

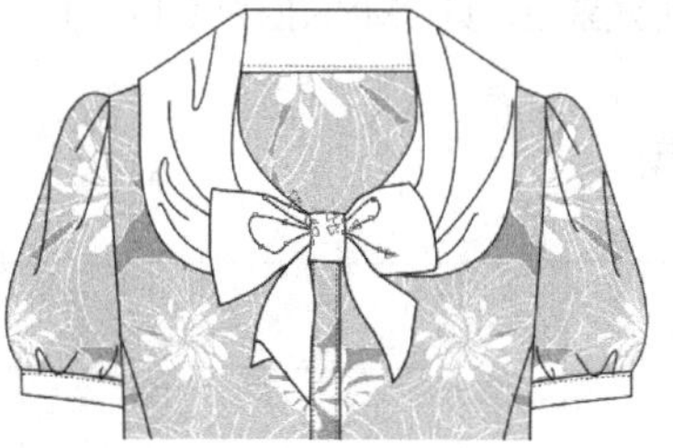
图6-138

图6-139

6.4 女式荷叶边装饰领衬衫款式设计

女式荷叶边装饰领衬衫的整体效果如图6-140所示。

设计重点

造型设计、荷叶边装饰领的表现、泡泡袖的表现。

图6-140

操作步骤

01 打开CorelDRAW软件，执行菜单栏中的【文件】/【新建】命令，或使用【Ctrl】+【N】组合键，打开【创建新

文档】对话框，文件命名为“女式荷叶边装饰领衬衫”，设定纸张大小为A4，横向摆放，如图6-141所示。

02 从标尺栏向页面拖曳鼠标添加8条辅助线，确定衣长、袖长、肩线和袖窿深等，如图6-142所示。

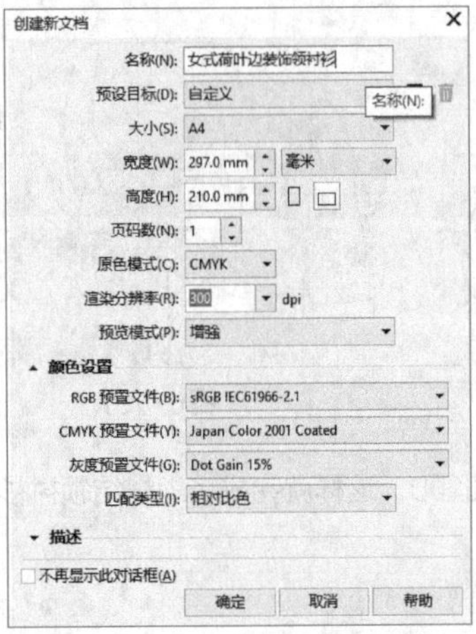

图6-141

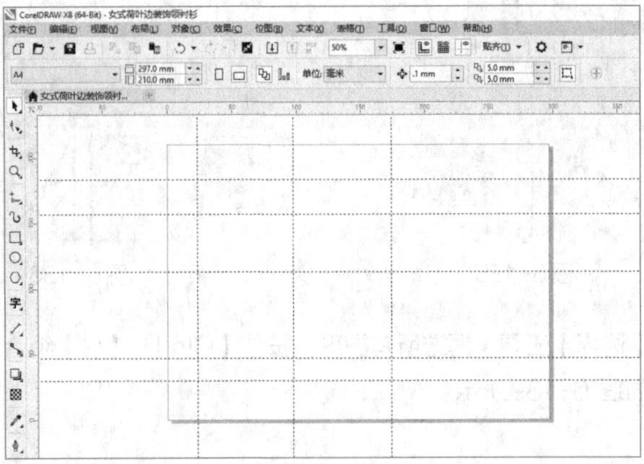

图6-142

03 使用【贝塞尔】工具和【形状】工具绘制图6-143所示的衬衫右前片造型（注意腰部曲线的处理）。

04 单击【选择】工具，在属性栏中设置轮廓宽度，给图形填充浅紫色，其CMYK值为（11，15，9，0），得到的效果如图6-144所示。

05 用【贝塞尔】工具和【形状】工具绘制图6-145所示的右袖造型。

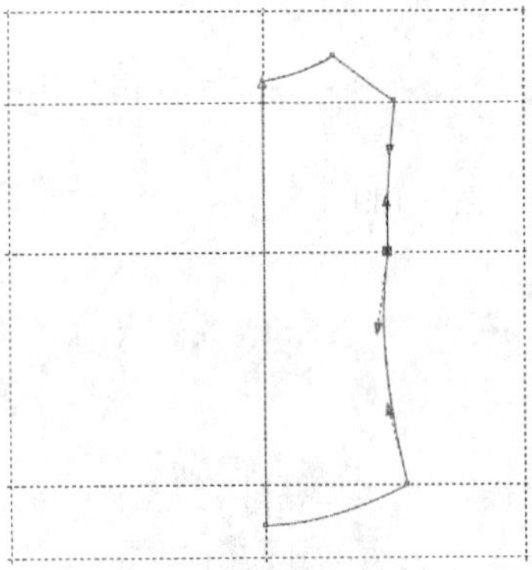

图6-143

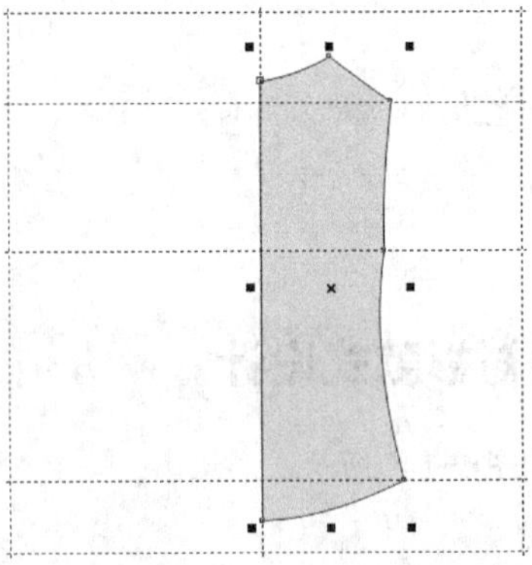

图6-144

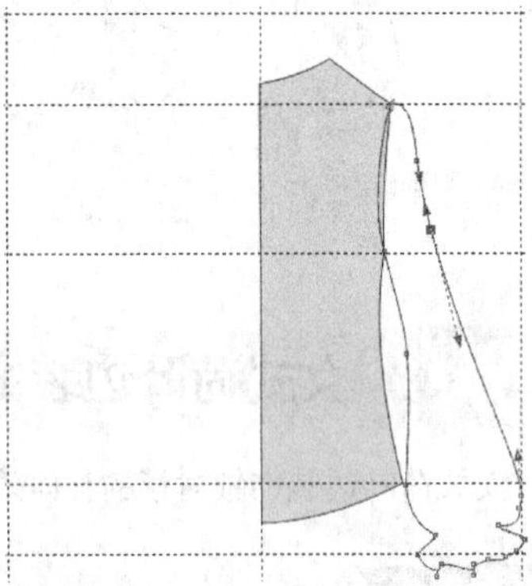

图6-145

06 单击【选择】工具，在属性栏中设置轮廓宽度，给袖子填充浅紫色，其CMYK值为（11，15，9，0），得到的效果如图6-146所示。

07 执行菜单栏中的【对象】/【顺序】/【置于此对象后】命令，把袖子置于衣身后面，得到的效果如图6-147所示。

08 使用【贝塞尔】工具和【形状】工具绘制肩部、袖身及袖口的15条褶裥线，设置轮廓宽度，如图6-148所示。

09 使用【贝塞尔】工具和【形状】工具绘制腰省线，设置轮廓宽度，如图6-149所示。

10 选择【贝塞尔】工具和【形状】工具，在图6-150所示的袖窿及衣服下摆处绘制两条缉明线，使缉明线处于选择状态，按【F12】键，弹出【轮廓笔】对话框，选项及参数设置如图6-151所示。

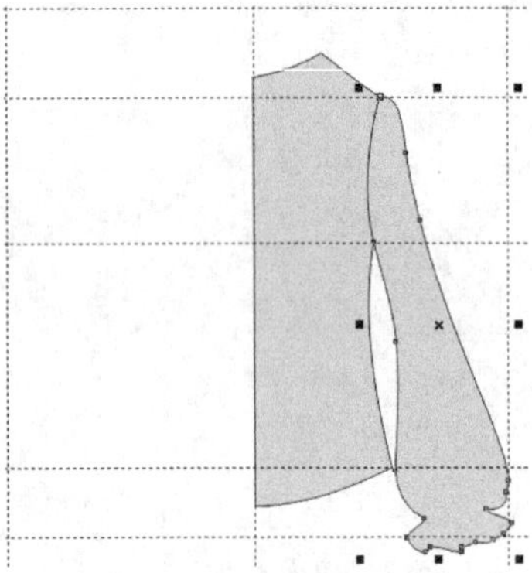

图6-146

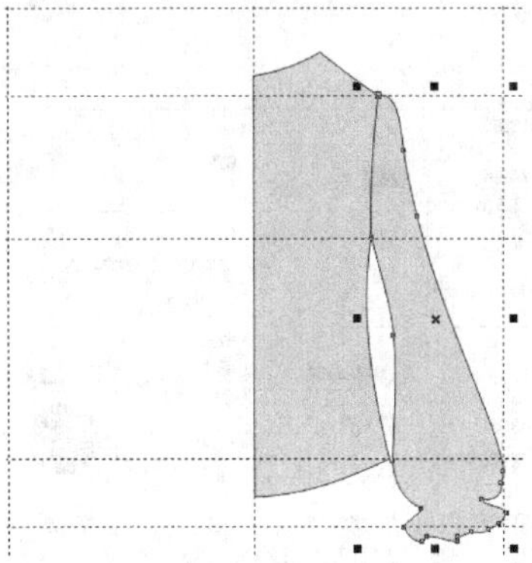
图6-147

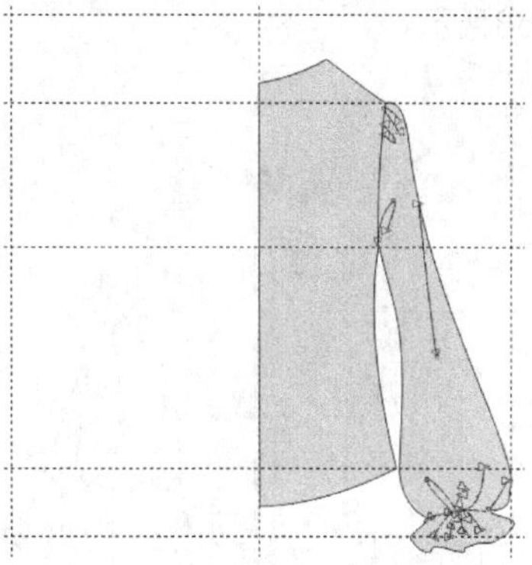
图6-148

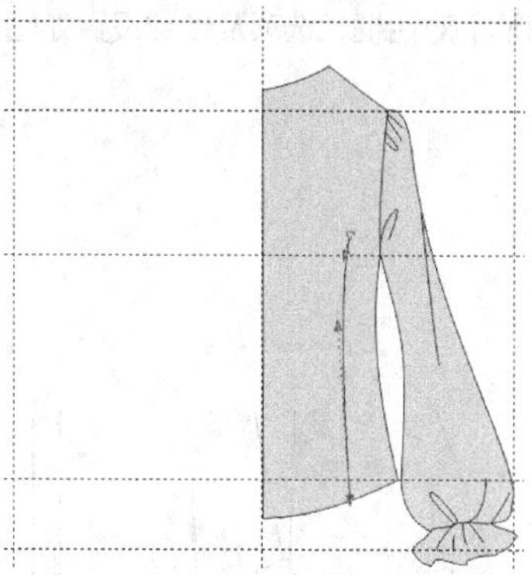
图6-149

11 单击【确定】按钮，得到的效果如图6-152所示。

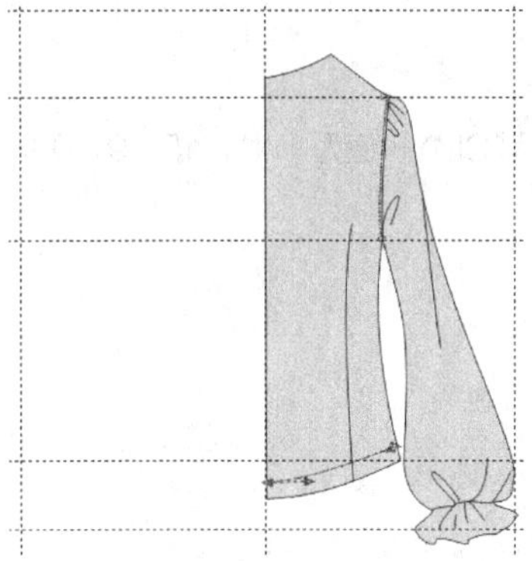
图6-150

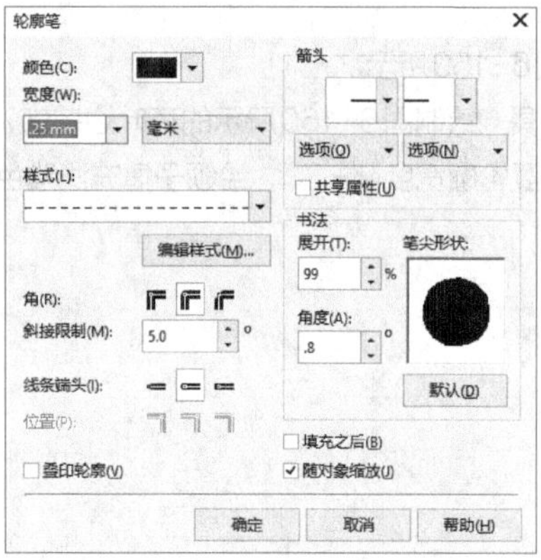

图6-151

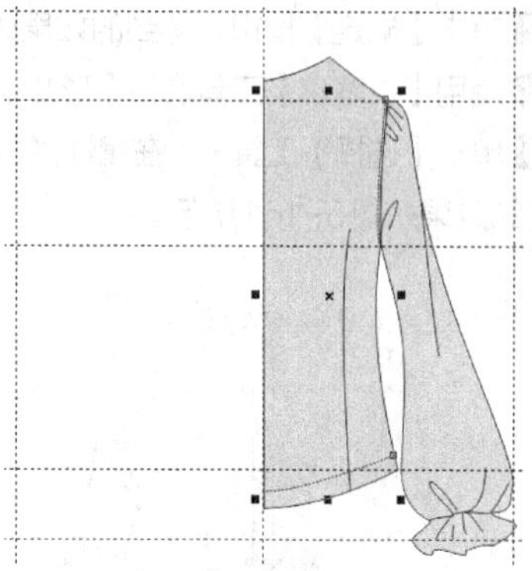
图6-152

12 使用【选择】工具框选绘制好的右边衣形，按【+】键复制，单击属性栏中的【水平镜像】按钮，并把图形向左平移到合适的位置，得到的效果如图6-153所示。

13 使用【手绘】工具绘制门襟线，在属性栏中设置轮廓宽度 .35 mm，如图6-154所示。

14 执行菜单栏中的【编辑】/【全选】/【辅助线】命令，选择所有的辅助线，按【Delete】键删除，得到的效果如图6-155所示。

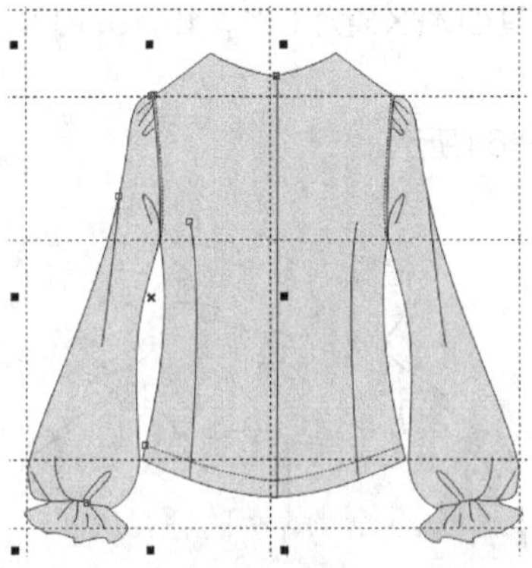
图6-153

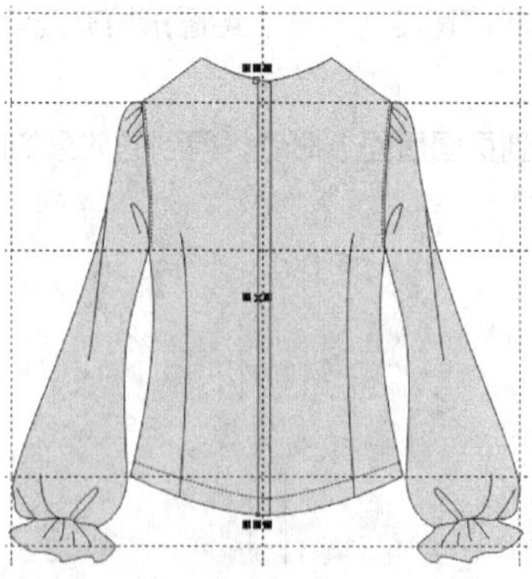
图6-154

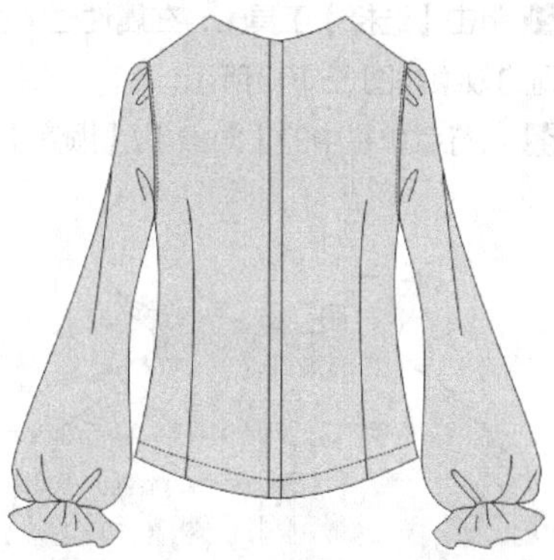
图6-155

15 使用【形状】工具调整左前片下摆的缉明线，得到的效果如图6-156所示。

16 选择【手绘】工具，在图6-157所示的门襟处绘制两条缉明线，使缉明线处于选择状态，按【F12】键，弹出【轮廓笔】对话框，选项及参数设置如图6-158所示。

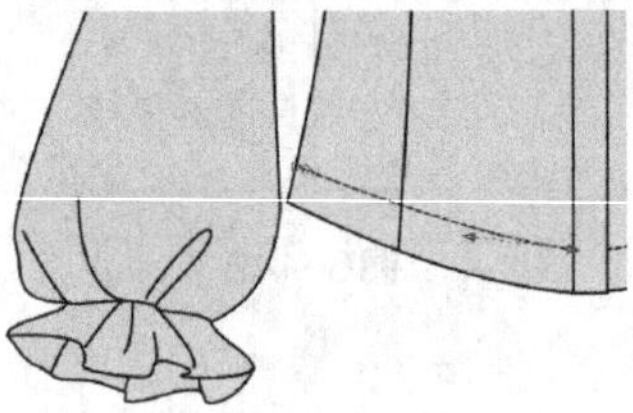

图6-156

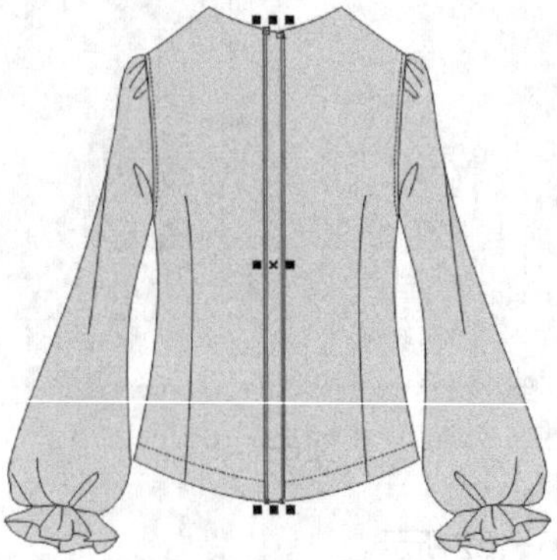

图6-157

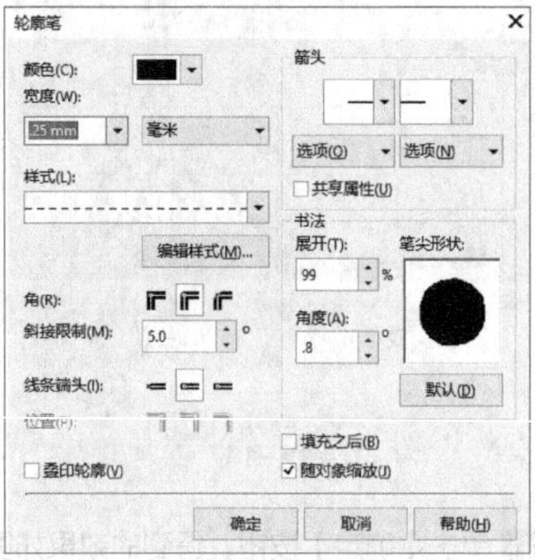

图6-158

17 单击【确定】按钮，得到的效果如图6-159所示。

18 使用【贝塞尔】工具和【形状】工具绘制图6-160所示的荷叶边装饰领。

19 单击【选择】工具，在属性栏中设置轮廓宽度 .35 mm，给领子填充浅紫色，其CMYK值为（11，15，9，0），得到的效果如图6-161所示。

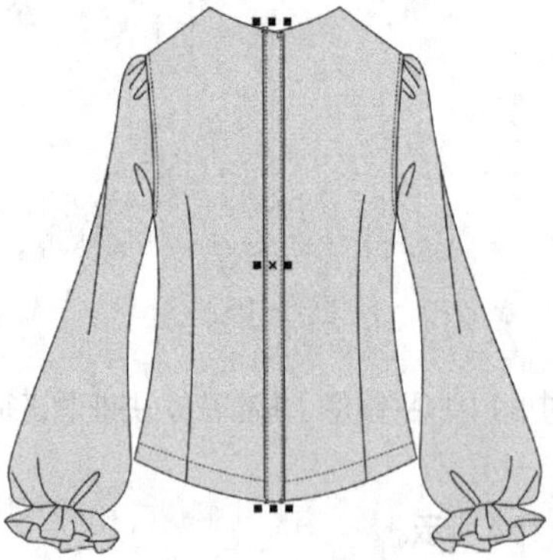

图6-159

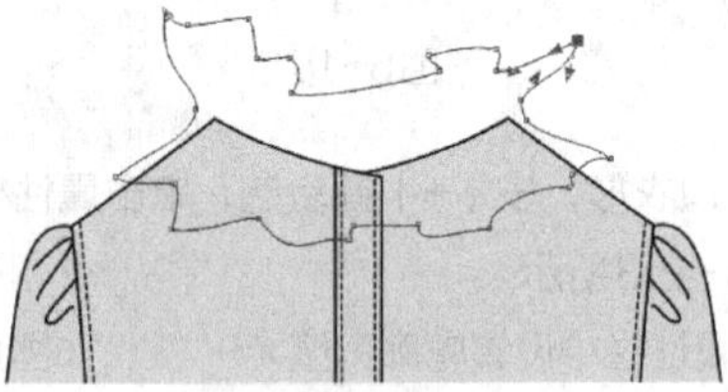

图6-160

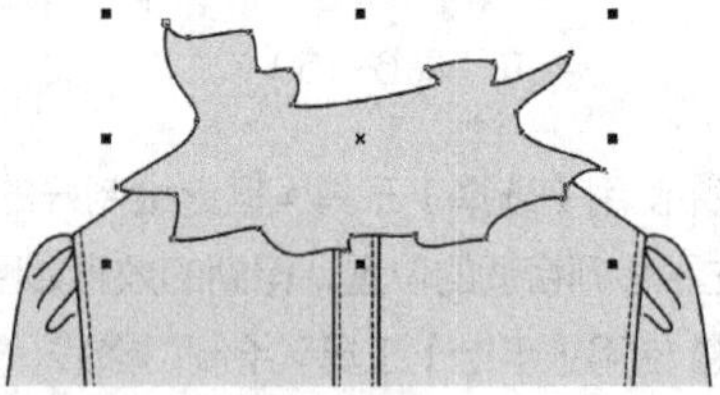

图6-161

20 使用【贝塞尔】工具和【形状】工具绘制图6-162所示的荷叶边装饰领后片。

21 单击【选择】工具，在属性栏中设置轮廓宽度 .35 mm，给图形填充浅紫色，其CMYK值为（11，15，9，0），得到的效果如图6-163所示。

22 执行菜单栏中的【对象】/【顺序】/【到页面后面】命令，得到的效果如图6-164所示。

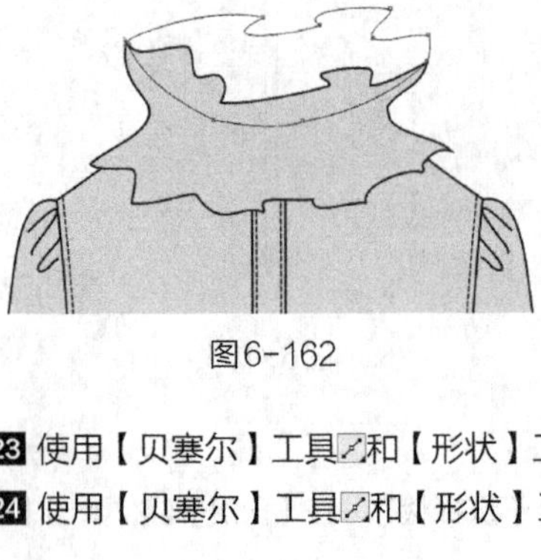

图6-162

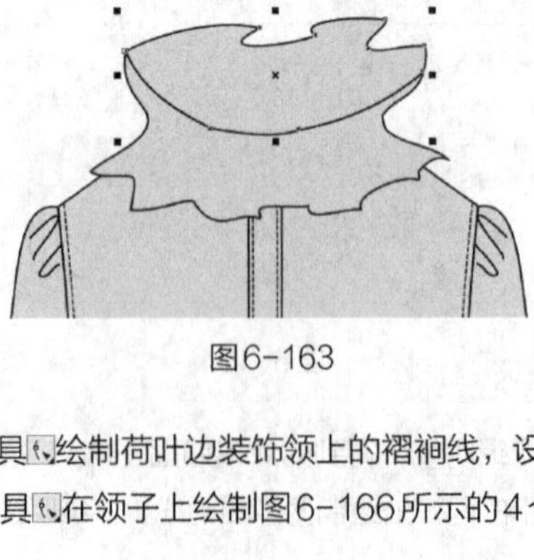

图6-163

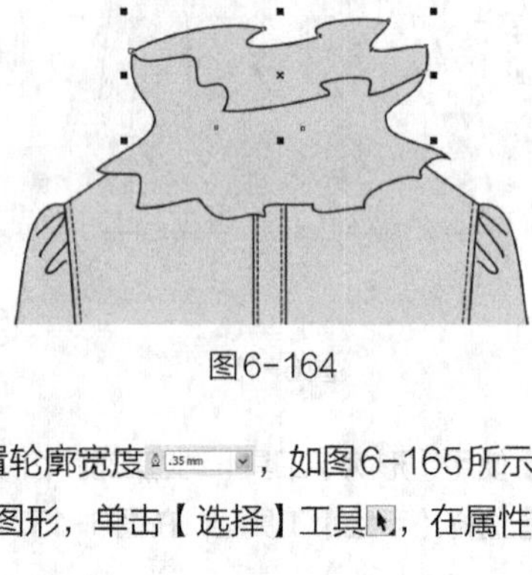

图6-164

23 使用【贝塞尔】工具和【形状】工具绘制荷叶边装饰领上的褶裥线，设置轮廓宽度 .35 mm，如图6-165所示。

24 使用【贝塞尔】工具和【形状】工具在领子上绘制图6-166所示的4个图形，单击【选择】工具，在属性栏中设置轮廓宽度，给图形填充浅紫色，其CMYK值为（11，15，9，0），得到的效果如图6-167所示。

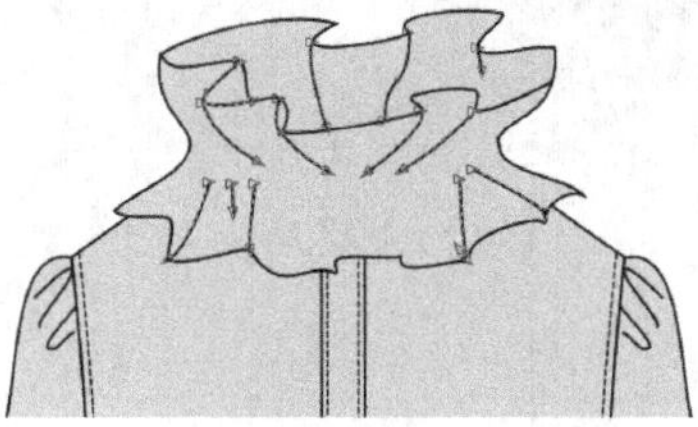
图6-165

图6-166

图6-167

25 执行菜单栏中的【对象】/【顺序】/【到页面后面】命令，得到的效果如图6-168所示。

26 使用【贝塞尔】工具和【形状】工具绘制衣身上的6条褶裥线，设置轮廓宽度，如图6-169所示。

27 使用【贝塞尔】工具和【形状】工具绘制图6-170所示的领部装饰带。

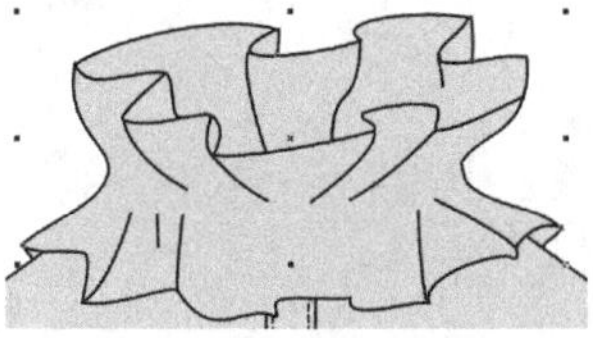
图6-168

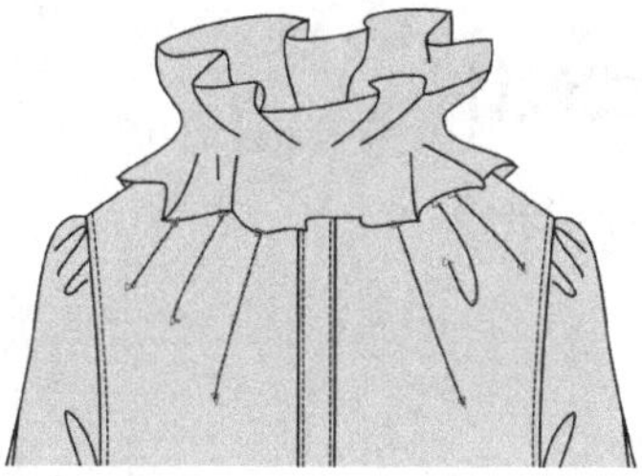
图6-169

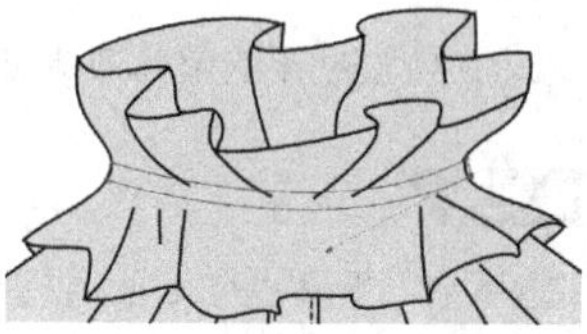
图6-170

28 单击【选择】工具，在属性栏中设置轮廓宽度，给装饰带填充浅紫色，其CMYK值为（11，15，9，0），得到的效果如图6-171所示。

29 使用【贝塞尔】工具和【形状】工具绘制图6-172所示的领部装饰蝴蝶结。

30 单击【选择】工具，在属性栏中设置轮廓宽度，给蝴蝶结填充浅紫色，其CMYK值为（11，15，9，0），得到的效果如图6-173所示。

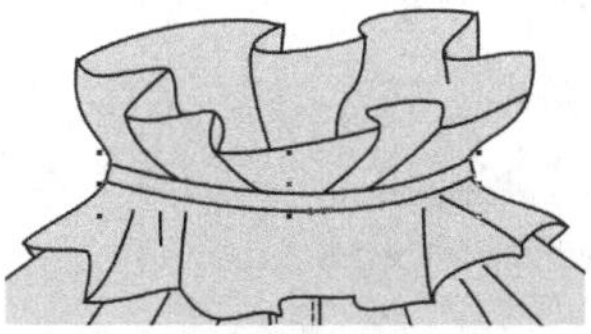
图6-171

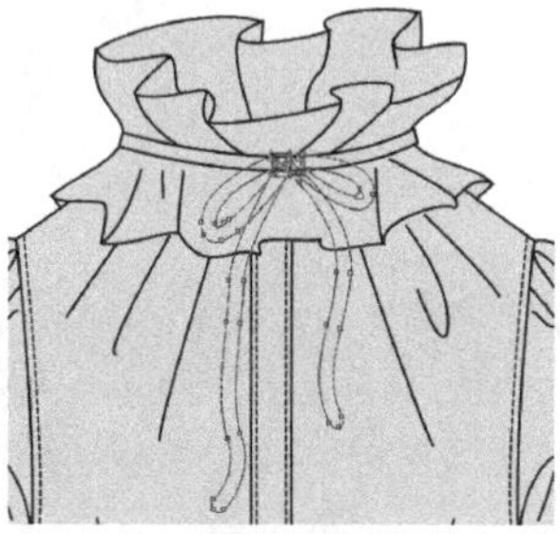
图6-172

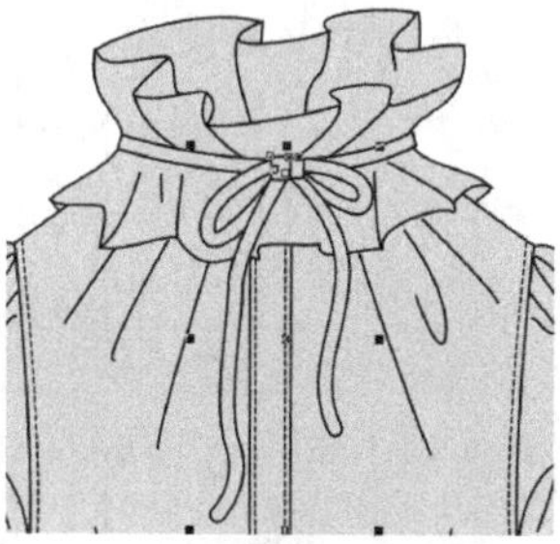
图6-173

31 选择【椭圆形】工具并按住【Ctrl】键，在门襟上绘制一个圆形，在属性栏中设置轮廓宽度，如图6-174所示。

32 使用【选择】工具选择纽扣，按【+】键复制5个纽扣，并把复制的纽扣分别摆放在图6-175所示的门襟位置。

33 使用【选择】工具框选所有图形，按住【Ctrl】+【G】组合键，群组图形。这样就完成了荷叶边装饰领衬衫的绘制，整体效果如图6-176所示。

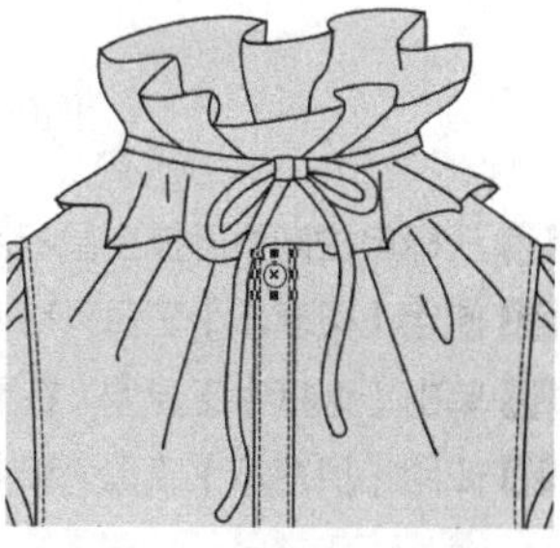
图6-174

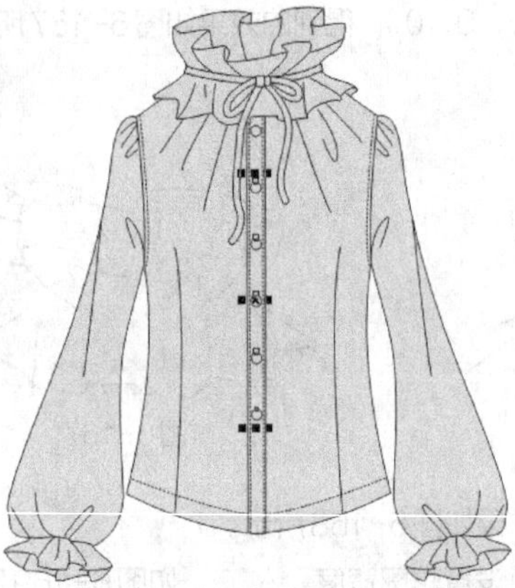

图6-175

图6-176

6.5 女式罗马领衬衫款式设计

女式罗马领衬衫的整体效果如图6-177所示。

设计重点

造型设计、罗马领的表现，袖型设计。

操作步骤

01 打开CorelDRAW软件，执行菜单栏中的【文件】/【新建】命令，或使用【Ctrl】+【N】组合键，打开【创建新文档】对话框，文件命名为“女式罗马领衬衫”，设定纸张大小为A4，横向摆放，如图6-178所示。

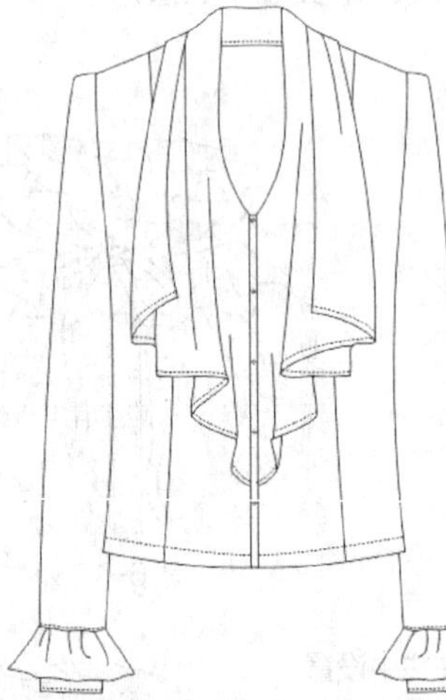

图6-177

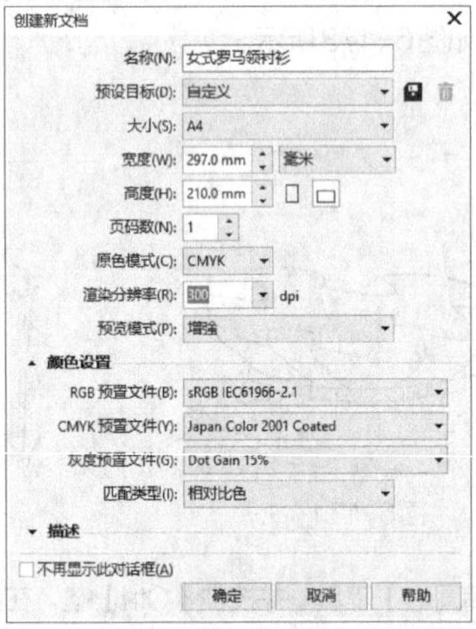

图6-178

02 从标尺栏向页面拖曳鼠标添加10条辅助线，确定衣长、袖长、肩线和袖窿深等，如图6-179所示。

03 使用【贝塞尔】工具和【形状】工具绘制图6-180所示的衬衫右前片造型（注意腰部曲线的处理）。

04 单击【选择】工具，在属性栏中设置轮廓宽度 .35 mm ，并填充白色，得到的效果如图6-181所示。

05 使用【贝塞尔】工具和【形状】工具绘制图6-182所示的右袖造型。

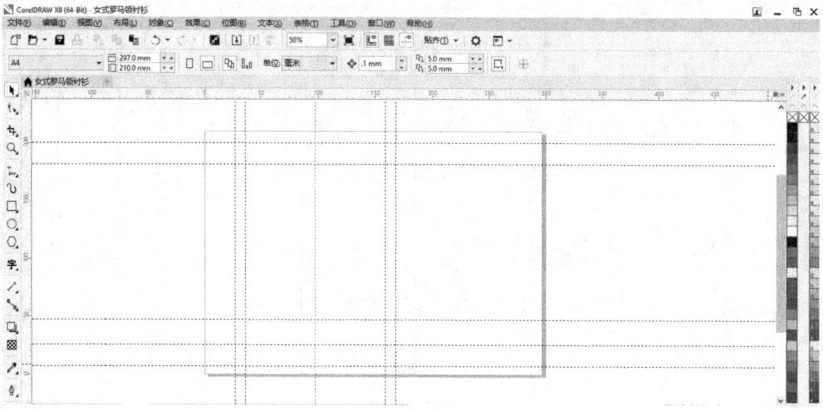

图6-179

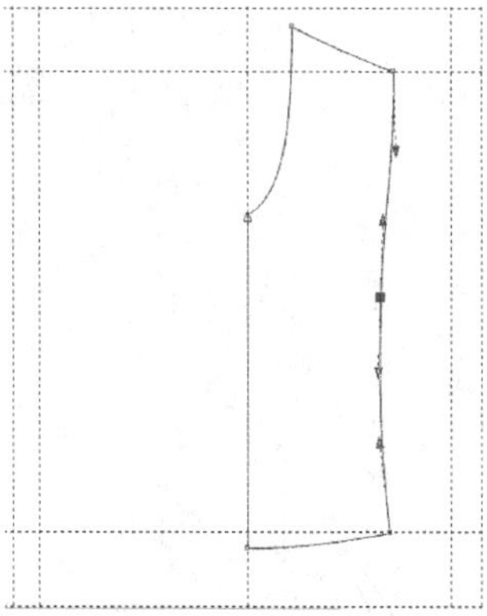

图6-180

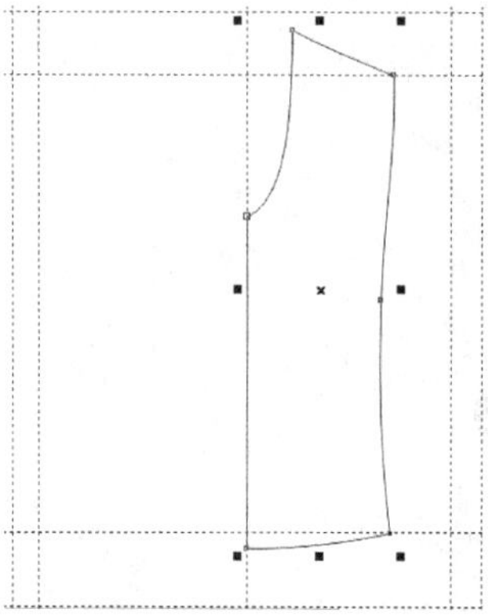

图6-181

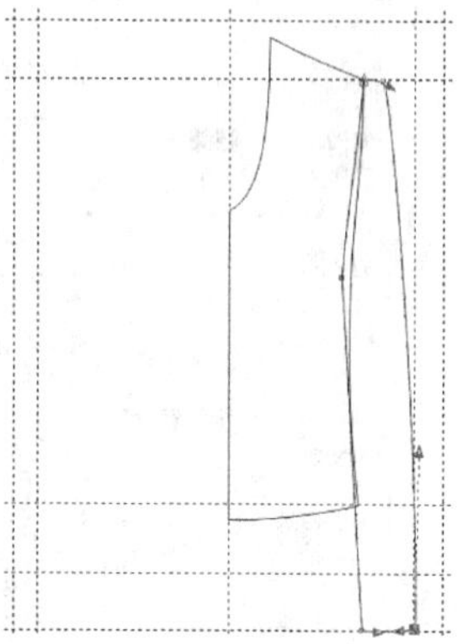

图6-182

06 单击【选择】工具，在属性栏中设置轮廓宽度，给袖子填充白色，得到的效果如图6-183所示。

07 执行菜单栏中的【对象】/【顺序】/【置于此对象后】命令，把袖子置于衣身后面，得到的效果如图6-184所示。

08 使用【贝塞尔】工具和【形状】工具在袖口绘制图形，设置轮廓宽度，并填充白色，如图6-185所示。

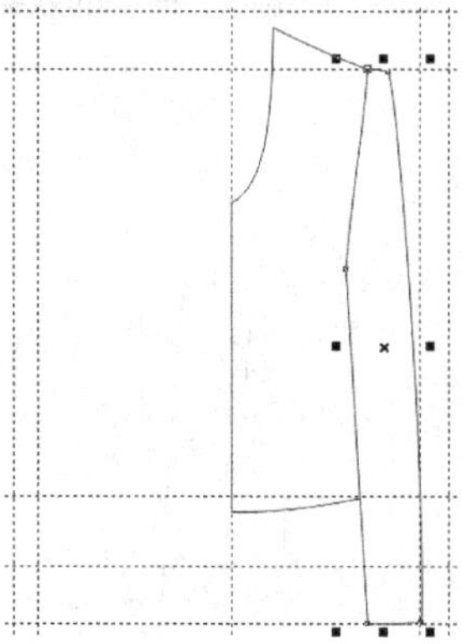

图6-183

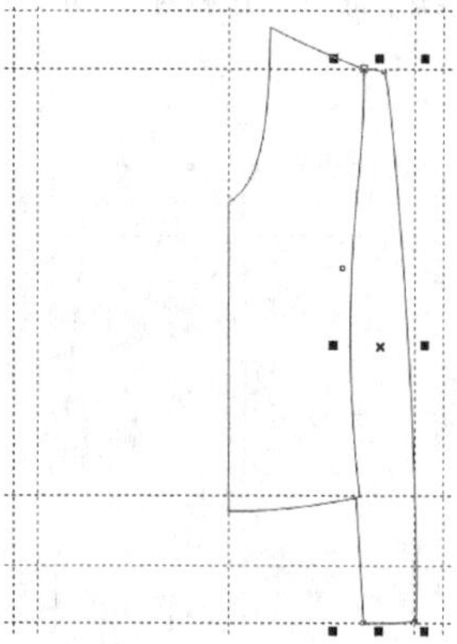

图6-184

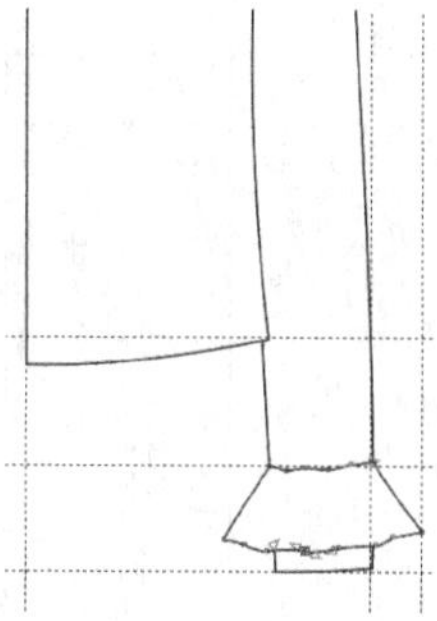

图6-185

09 使用【贝塞尔】工具和【形状】工具绘制袖口4条褶裥线，设置轮廓宽度，如图6-186所示。

10 使用【贝塞尔】工具和【形状】工具绘制腰省线，设置轮廓宽度，如图6-187所示。

11 选择【贝塞尔】工具和【形状】工具，在图6-188所示的袖口及衣服下摆处绘制3条缉明线，使缉明线处于选择状态，按【F12】键，弹出【轮廓笔】对话框，选项及参数设置如图6-189所示。

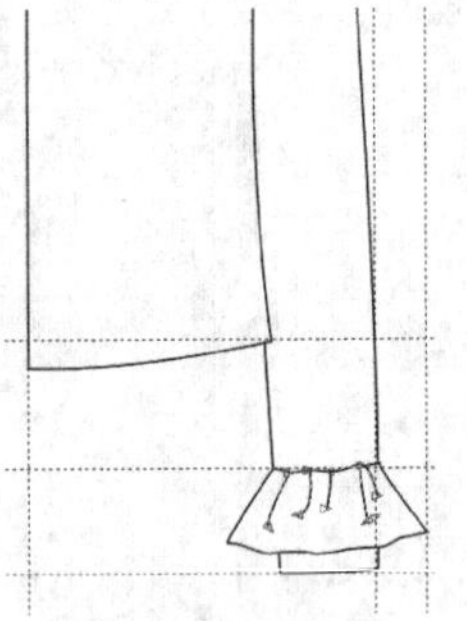

图6-186

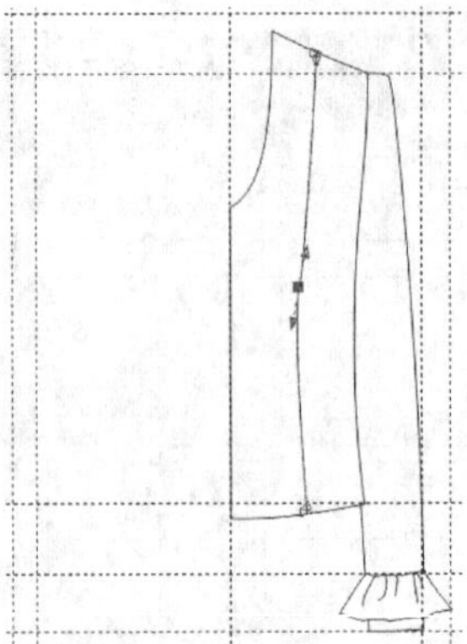

图6-187

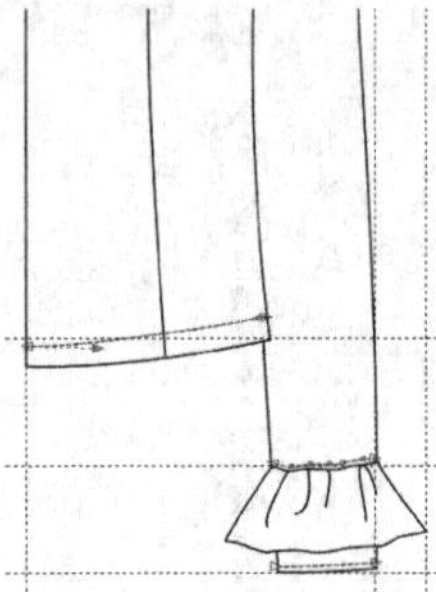

图6-188

12 单击【确定】按钮，得到的效果如图6-190所示。

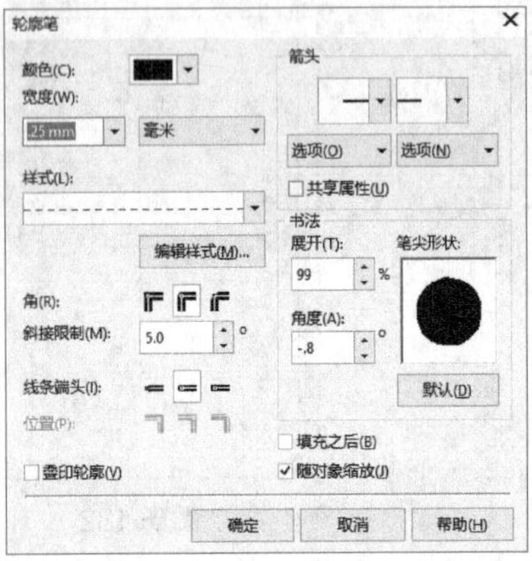

图6-189

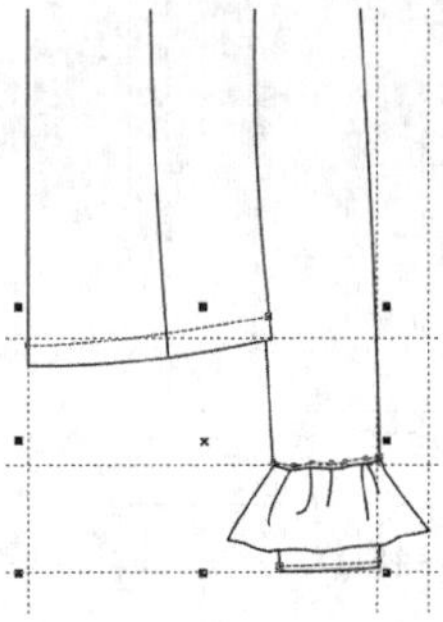

图6-190

13 使用【贝塞尔】工具和【形状】工具绘制右边的罗马领造型，如图6-191所示。

14 单击【选择】工具，在属性栏中设置轮廓宽度，给领子填充白色，得到的效果如图6-192所示。

15 执行菜单栏中的【编辑】/【全选】/【辅助线】命令，选择所有的辅助线，按【Delete】键删除，得到的效果如图6-193所示。

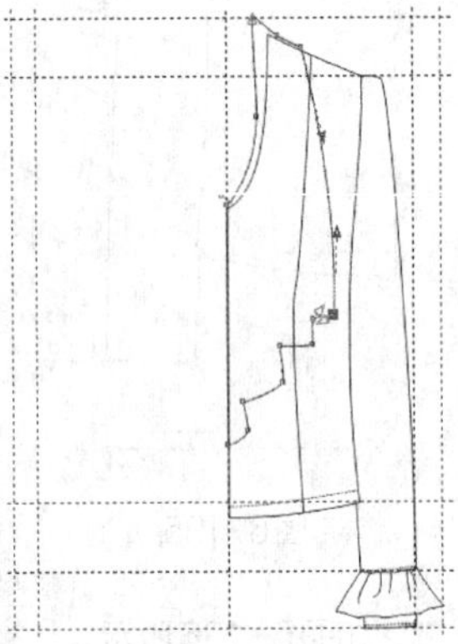

图6-191

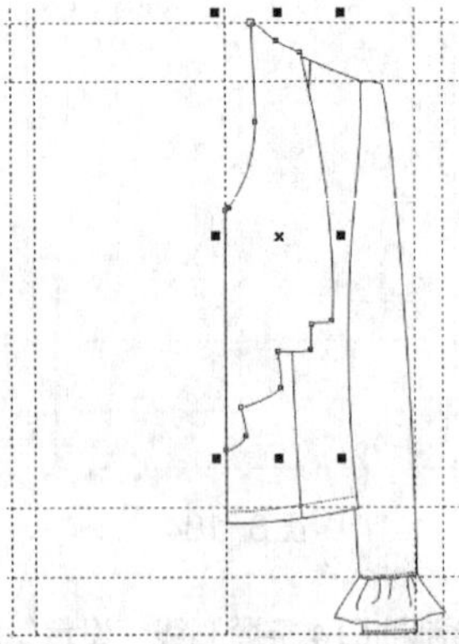

图6-192

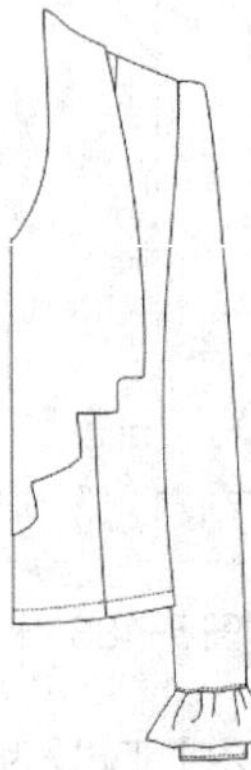

图6-193

16 使用【选择】工具框选绘制好的右边衣形，按【+】键复制，单击属性栏中的【水平镜像】按钮，并把图形向左平移到合适的位置，得到的效果如图6-194所示。

17 使用【矩形】工具绘制门襟，在属性栏中设置轮廓宽度.35mm，并填充白色，如图6-195所示。
18 使用【贝塞尔】工具和【形状】工具绘制领子上的褶裥线，设置轮廓宽度.35mm，如图6-196所示。

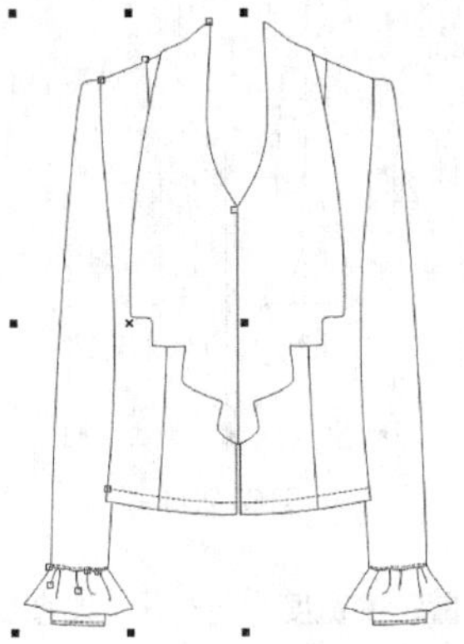
图6-194

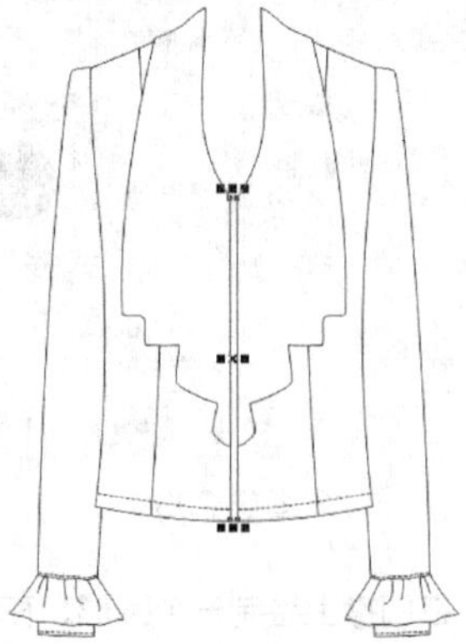
图6-195

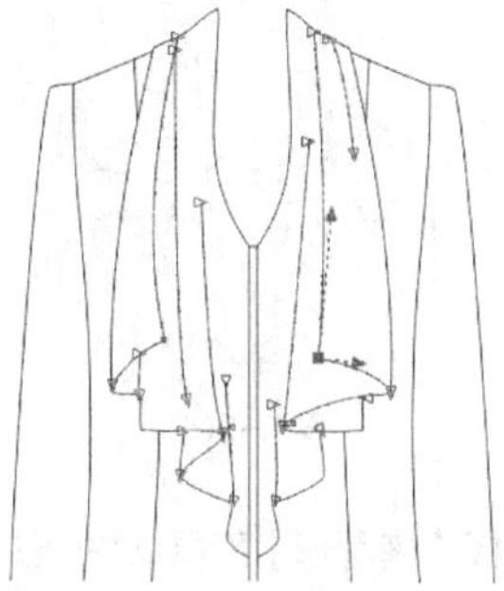
图6-196

19 使用【贝塞尔】工具和【形状】工具绘制图6-197所示的后领口。
20 单击【选择】工具，在属性栏中设置轮廓宽度.35mm，给图形填充白色，得到的效果如图6-198所示。

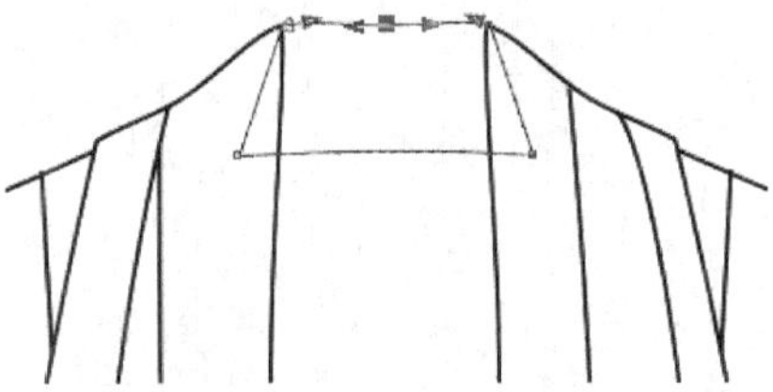
图6-197

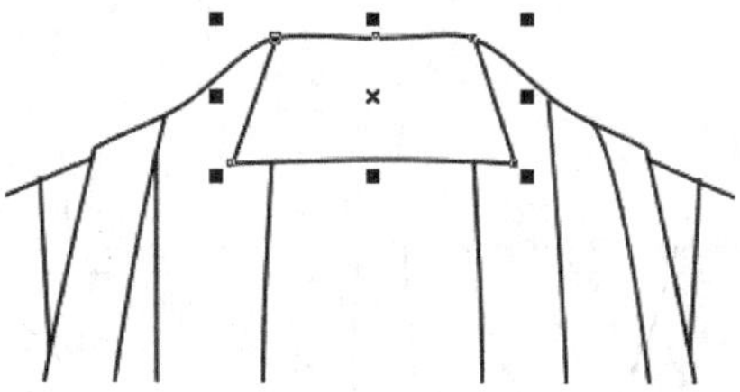
图6-198

21 执行菜单栏中的【对象】/【顺序】/【到页面后面】命令，得到的效果如图6-199所示。
22 使用【贝塞尔】工具绘制衬衫后片，在属性栏中设置轮廓宽度.35mm，给图形填充白色，得到的效果如图6-200所示。

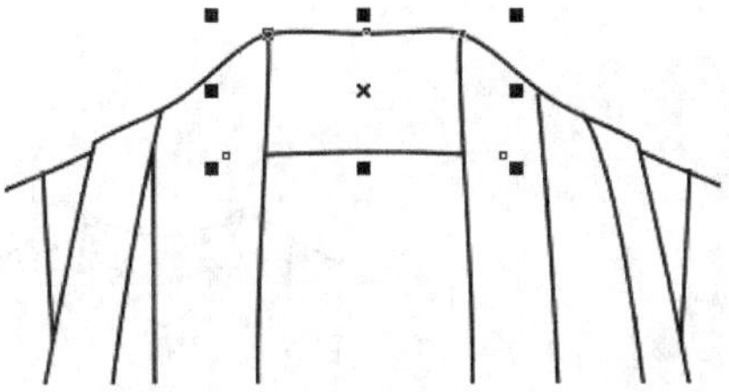
图6-199

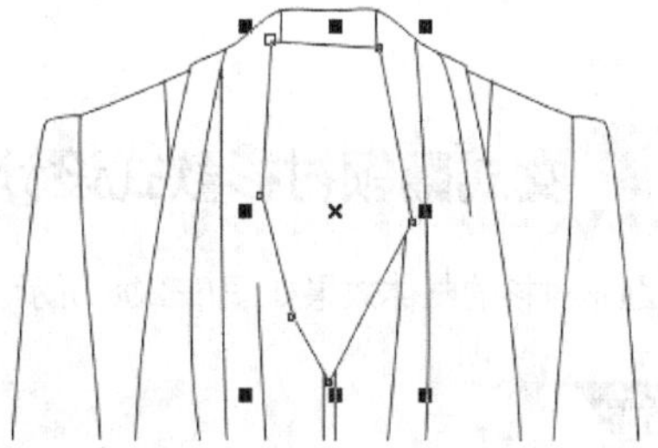
图6-200

23 执行菜单栏中【对象】/【顺序】/【到页面后面】命令，得到的效果如图6-201所示。
24 选择【贝塞尔】工具和【形状】工具，在图6-202所示的后领口及罗马领下摆处绘制12条缉明线，使缉明线处于选择状态，按【F12】键，弹出【轮廓笔】对话框，选项及参数设置如图6-203所示。
25 单击【确定】按钮，得到的效果如图6-204所示。

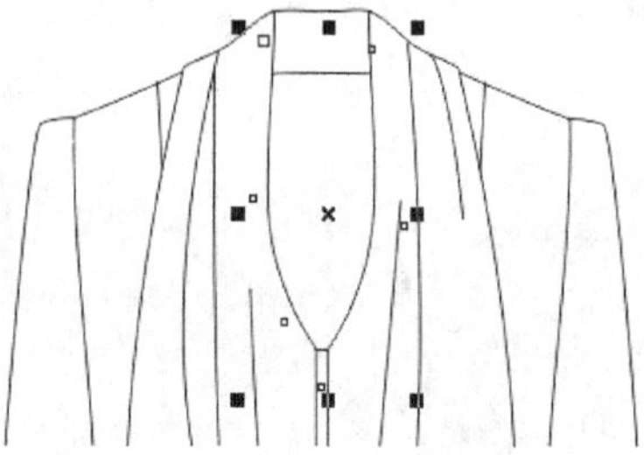
图6-201

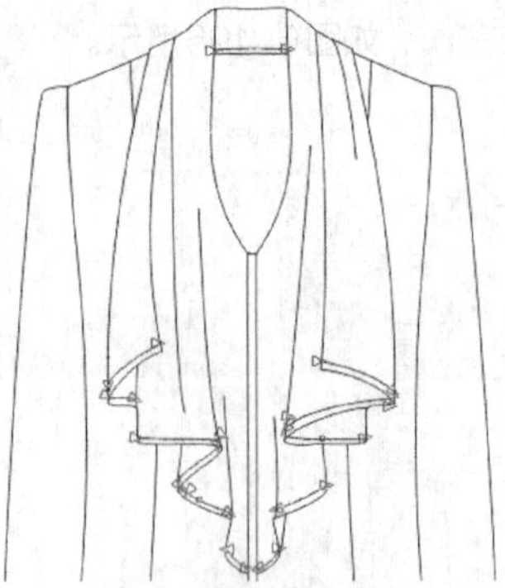

图6-202

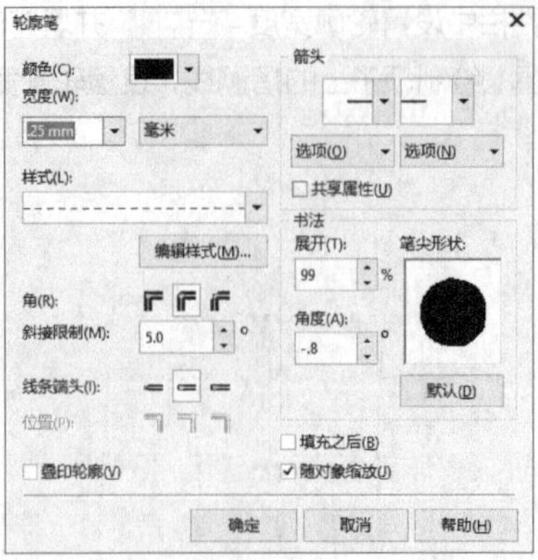

图6-203

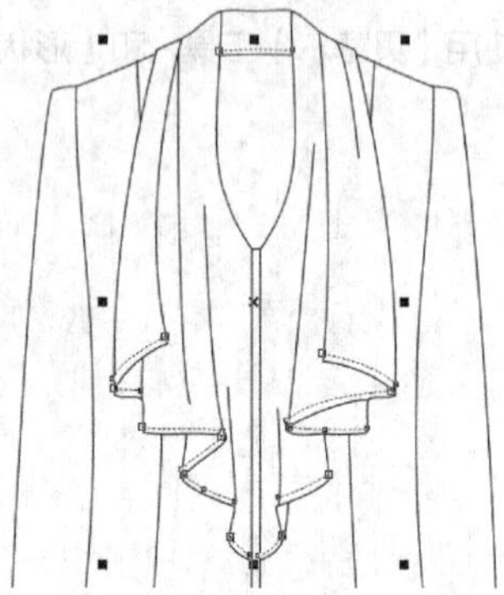

图6-204

26 选择【椭圆形】工具并按住【Ctrl】键，在门襟上绘制一个圆形，在属性栏中设置轮廓宽度 .2 mm，如图6-205所示。

27 使用【选择】工具选择纽扣，按【+】键复制4个纽扣，并把复制的纽扣分别摆放在图6-206所示的门襟位置。

28 使用【选择】工具框选所有图形，按住【Ctrl】+【G】组合键，群组图形。这样就完成了罗马领衬衫的绘制，整体效果如图6-207所示。

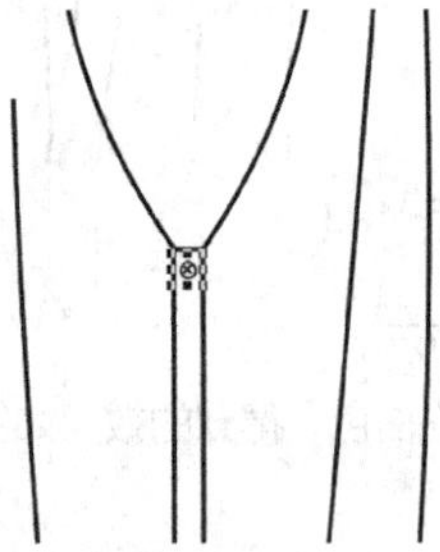

图6-205

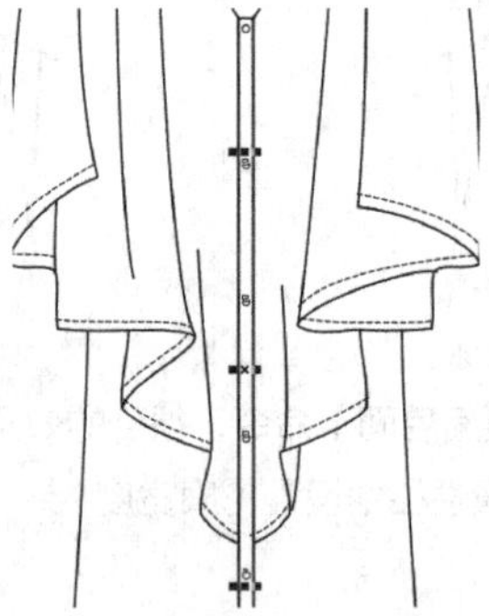

图6-206

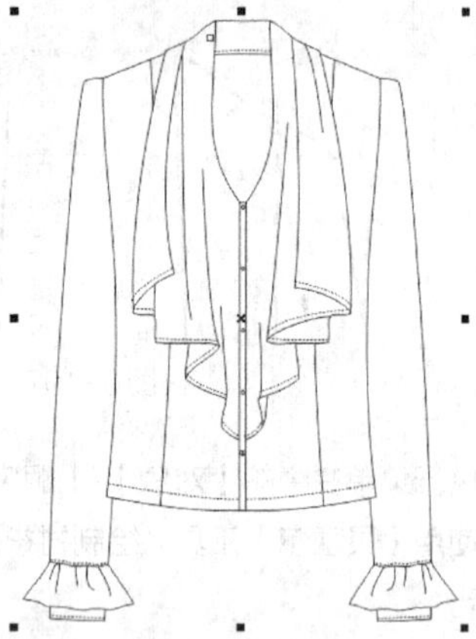

图6-207

6.6 女式翻领衬衫款式设计

女式翻领衬衫的整体效果如图6-208所示。

设计重点

造型设计、格子图案表现、袖口松紧抽褶工艺的表现，荷叶边的表现。

图6-208

操作步骤

01 打开CorelDRAW软件，执行菜单栏中的【文件】/【新建】命令，或使用【Ctrl】+【N】组合键，打开【创建新文档】对话框，文件命名为“女式翻领衬衫”，设定纸张大小为A4，横向摆放，如图6-209所示。

02 从标尺栏向页面拖曳鼠标添加10条辅助线，确定裤长、腰线、臀围线和裤腿肥度等，如图6-210所示。

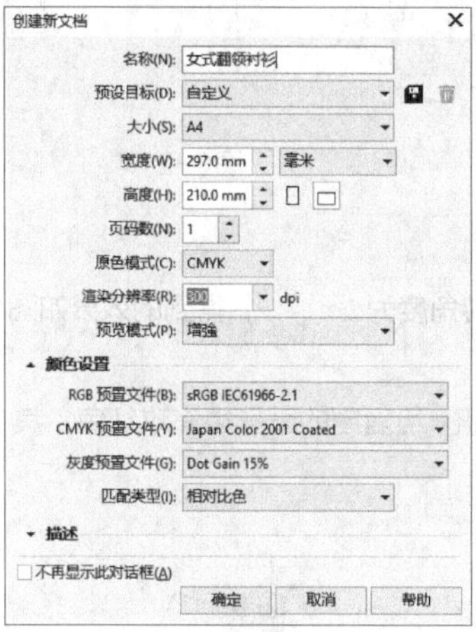

图6-209

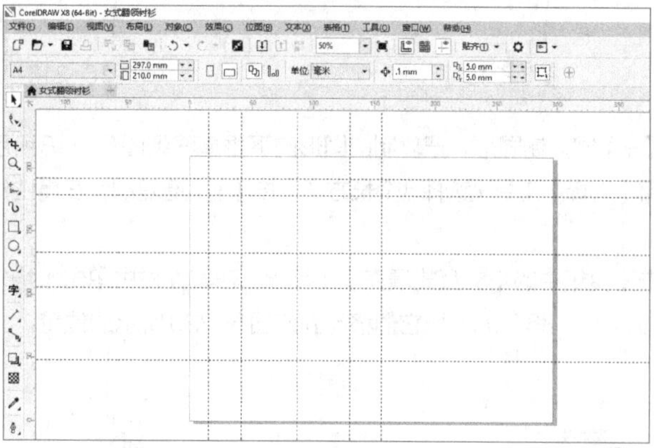

图6-210

03 使用【贝塞尔】工具和【形状】工具在辅助线的基础上绘制图6-211所示的衣身造型。

04 单击【选择】工具，在属性栏中设置轮廓宽度，并填充白色，得到的效果如图6-212所示。

05 使用【矩形】工具并按住【Ctrl】键，在衣身上绘制一个正方形，如图6-213所示。

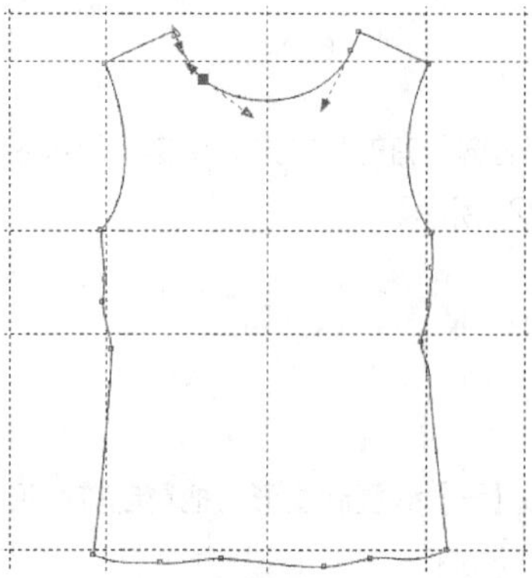

图6-211

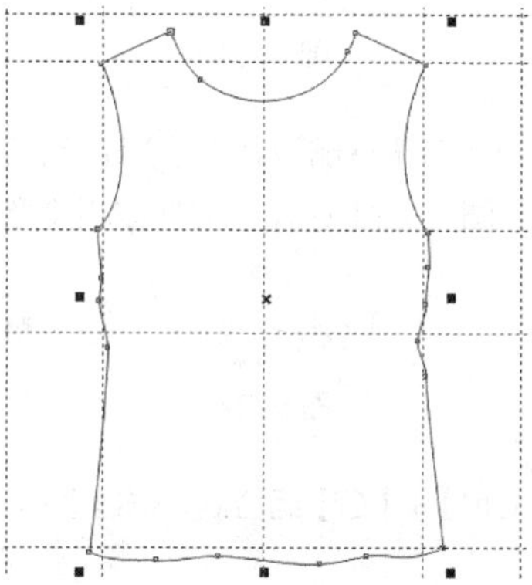

图6-212

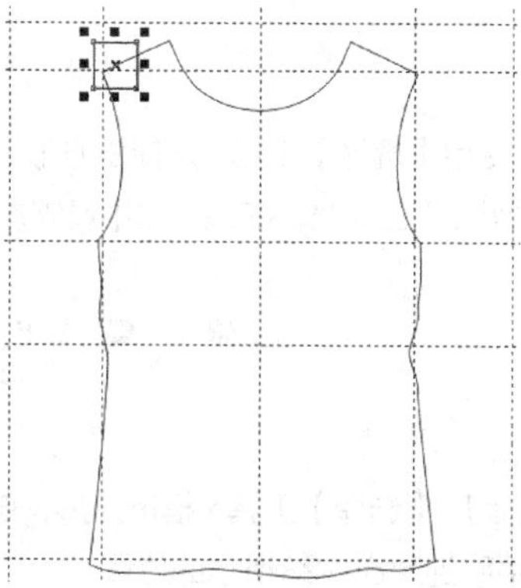

图6-213

06 单击【选择】工具，按【+】键复制图形。使用【选择】工具，拖曳鼠标把复制的正方形变成图6-214所示的长方形。

07 按【+】键复制图形，把复制的图形向下垂直移动到图6-215所示的位置。

08 按【Ctrl】+【D】组合键重复上一步操作，得到的效果如图6-216所示。

09 使用【选择】工具选择3个长方形，单击工具箱中的【交互式填充】工具，在属性栏中单击【均匀填充】按钮给长方形填充紫色，其CMYK值为（42，100，12，0），无轮廓，得到的效果如图6-217所示。

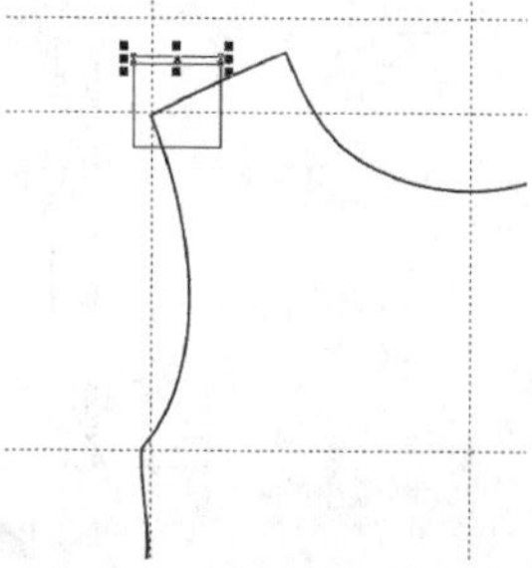

图6-214

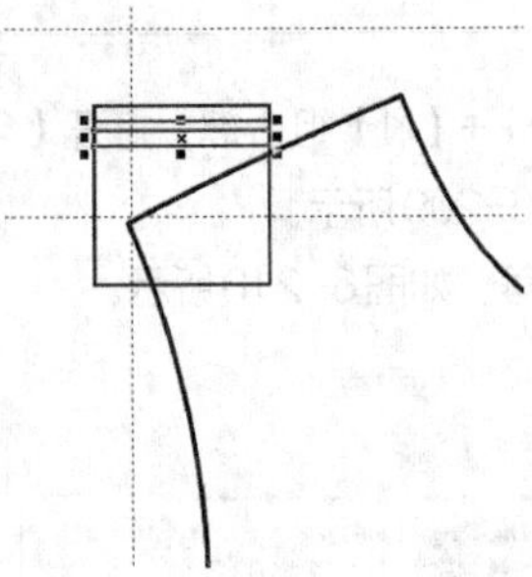

图6-215

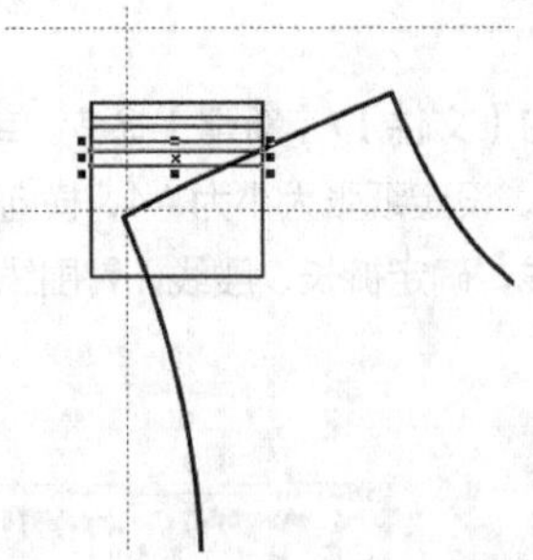

图6-216

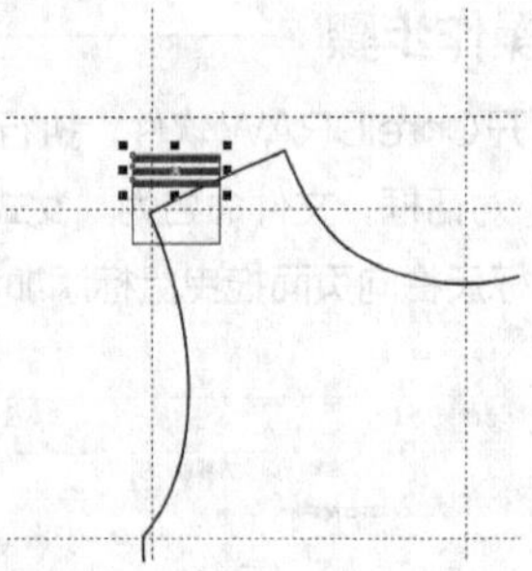

图6-217

10 按【+】键复制图形，把复制的图形向下垂直移到图6-218所示的位置。

11 使用【选择】工具选择6个长方形，按【+】键复制，在属性栏中设置旋转角度为90°，得到的效果如图6-219所示。

12 单击工具箱中的【交互式填充】工具，在属性栏中单击【均匀填充】按钮给复制的图形填充玫红色，其CMYK值为（0，92，36，0），把它们移动到如图6-220所示的位置。

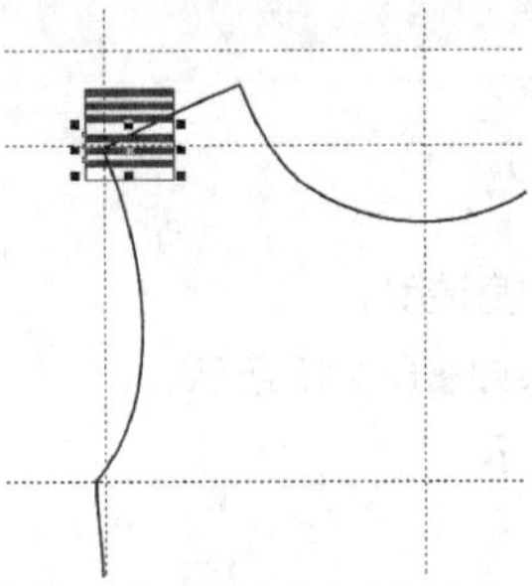

图6-218

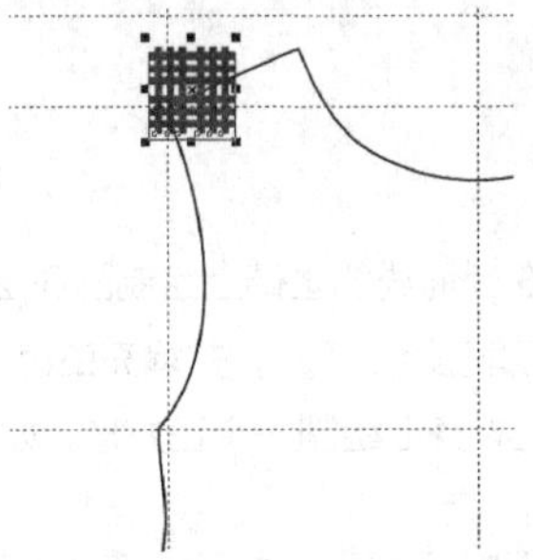

图6-219

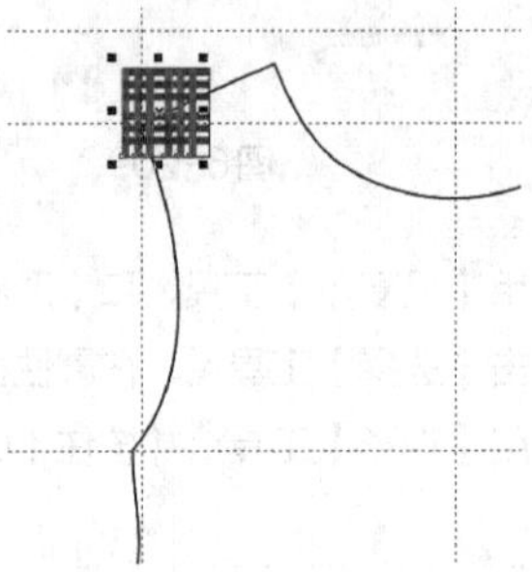

图6-220

13 使用【选择】工具选择正方形，按【Delete】键删除。使用【选择】工具框选所有的长方形，单击工具箱中的【透明度】工具，在属性栏中设置参数，如图6-221所示，得到的效果如图6-222所示。

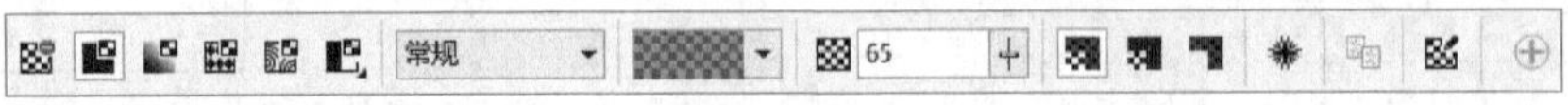

图6-221

14 使用【选择】工具框选图形，按住【Ctrl】+【G】组合键，群组图形。再按【+】键复制图形，把复制的图形向左平移到图6-223所示的位置。

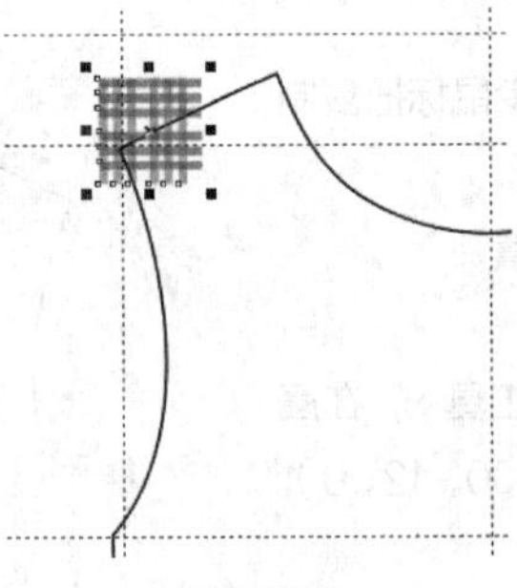

图6-222

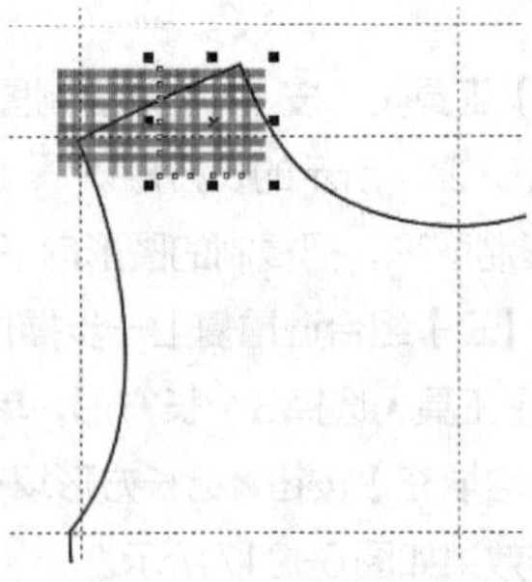

图6-223

15 反复按【Ctrl】+【D】组合键重复上一步操作，复制图形，直至把衣身横向填满，得到的效果如图6-224所示。

16 使用【选择】工具框选图形，按【+】键复制，把复制的图案向下垂直移动到图6-225所示的位置。

17 反复按【Ctrl】+【D】组合键重复上一步操作，复制图形，直至把衣身纵向填满，得到的效果如图6-226所示。

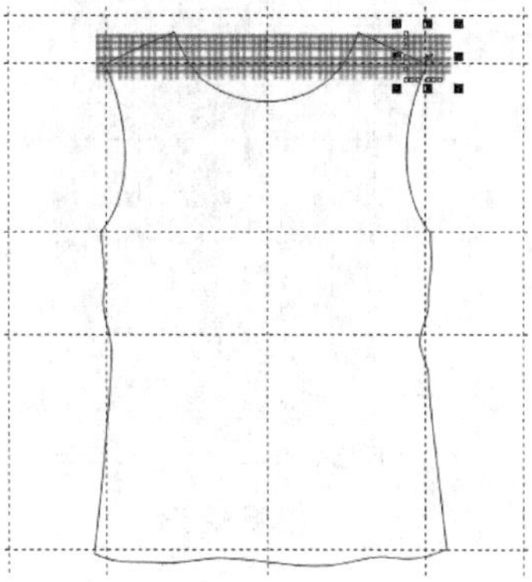
图6-224

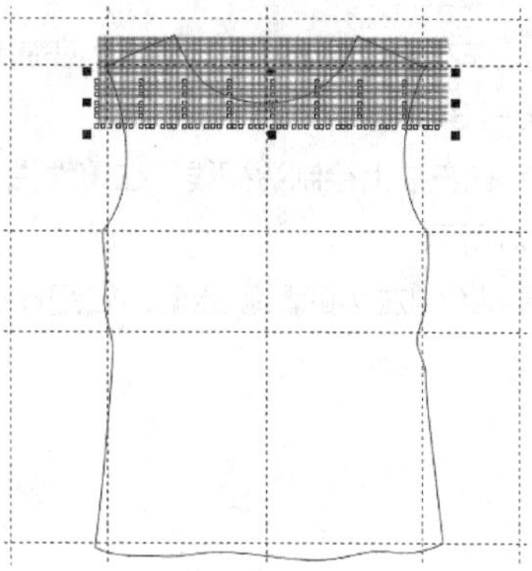
图6-225

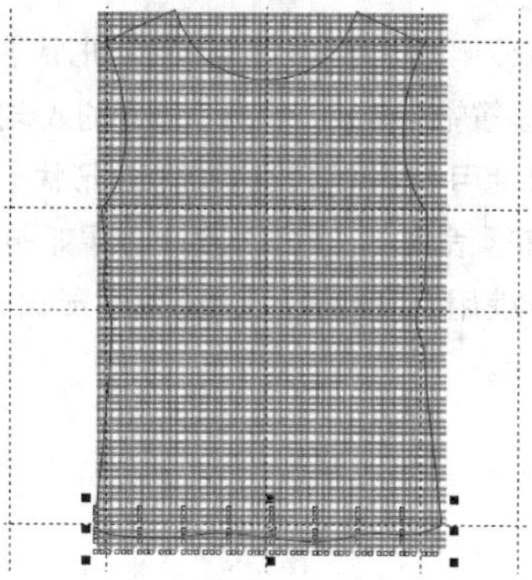
图6-226

18 使用【选择】工具选择所有条格图案，执行菜单栏中的【对象】/【PowerClip】/【置于图文框内部】命令把图案放置在衣身造型中，得到的效果如图6-227所示。

19 使用【贝塞尔】工具和【形状】工具绘制图6-228所示的分割线，在属性栏中设置轮廓宽度.35 mm。

20 使用【贝塞尔】工具和【形状】工具绘制图6-229所示的左袖，在属性栏中设置轮廓宽度.35 mm。

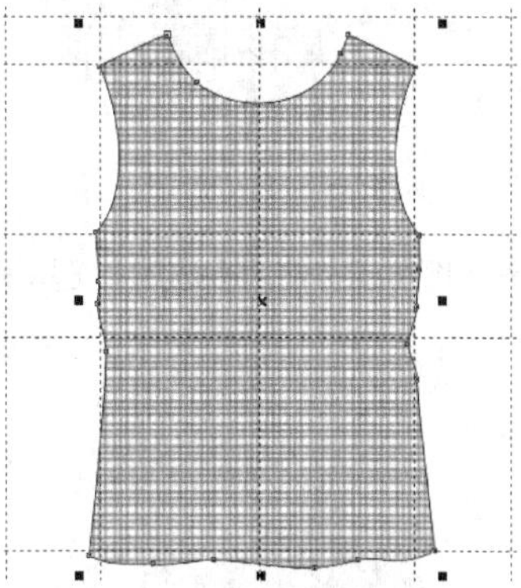
图6-227

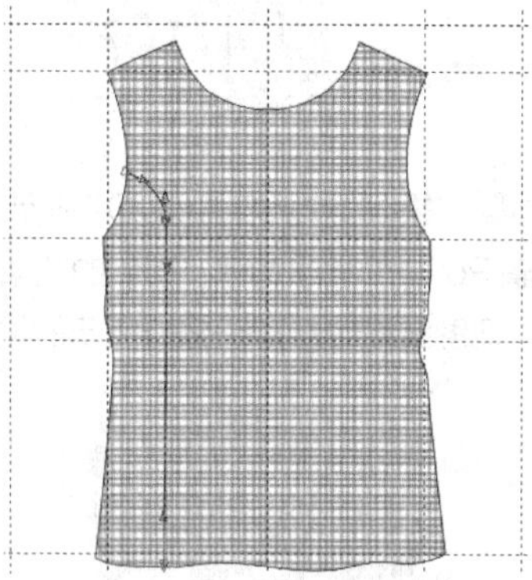
图6-228

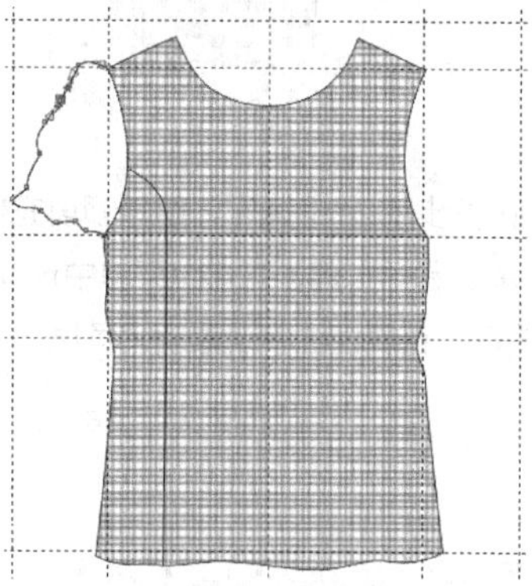
图6-229

21 使用【属性滴管】工具选择衣身属性，鼠标转换成应用对象属性，然后单击左袖，把格子图案复制到衣袖中，得到的效果如图6-230所示。

22 单击鼠标右键，在弹出菜单中选择【编辑PowerClip】命令，得到的效果如图6-231所示。使用【选择】工具框选图形，把图案移动到图6-232所示的位置。

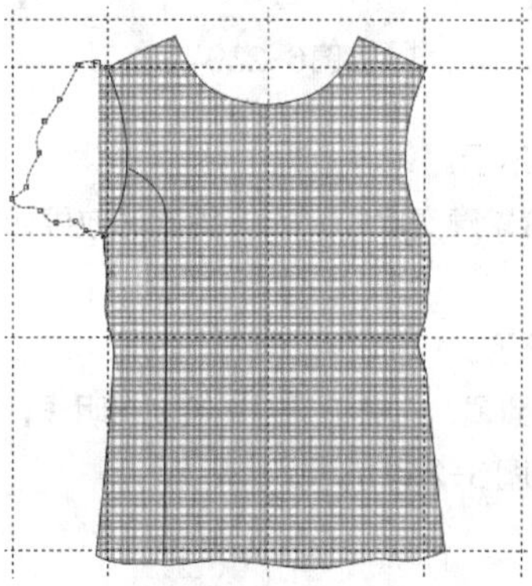
图6-230

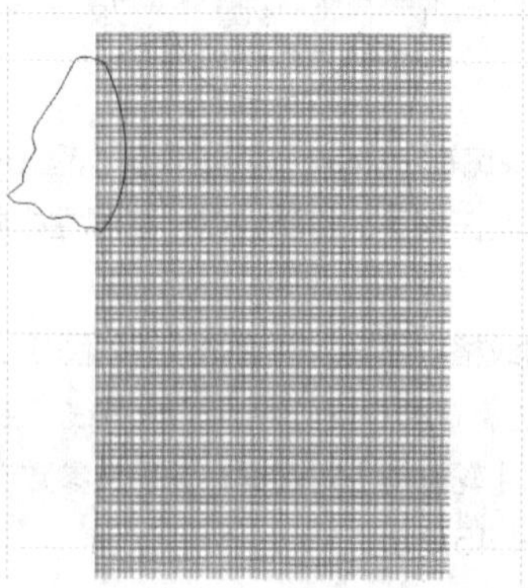
图6-231

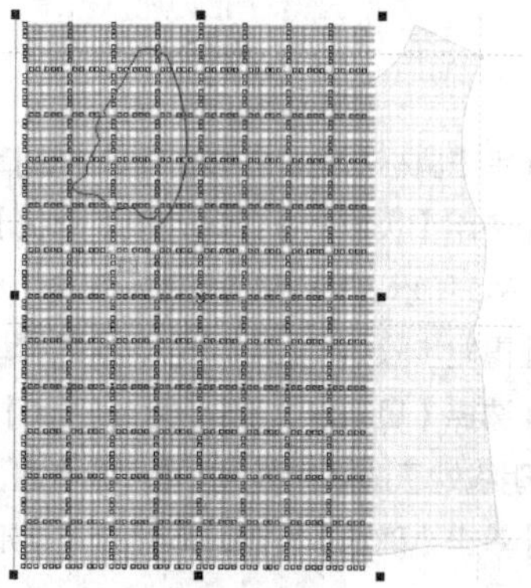
图6-232

23 单击鼠标右键，在弹出菜单中选择【结束编辑】命令，得到的效果如图6-233所示。

24 使用【贝塞尔】工具和【形状】工具在左袖上绘制4条分割线，在属性栏中设置轮廓宽度.35 mm，得到的效果如图6-234所示。

25 使用【贝塞尔】工具和【形状】工具在左袖上绘制褶裥线，在属性栏中设置轮廓宽度.35 mm，得到的效果如图6-235所示。

26 使用【贝塞尔】工具和【形状】工具绘制左边的翻领造型，如图6-236所示。

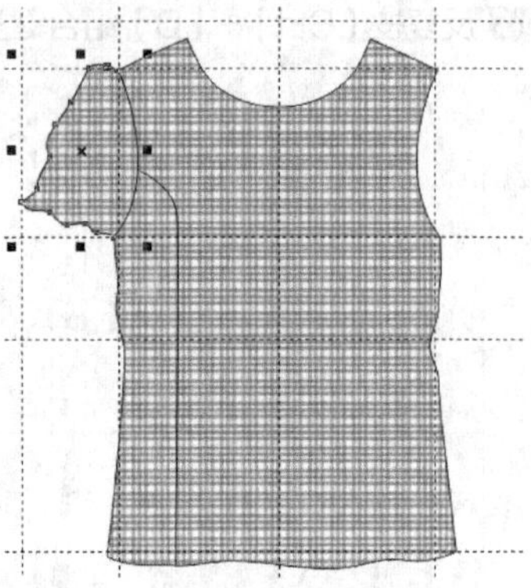

图6-233

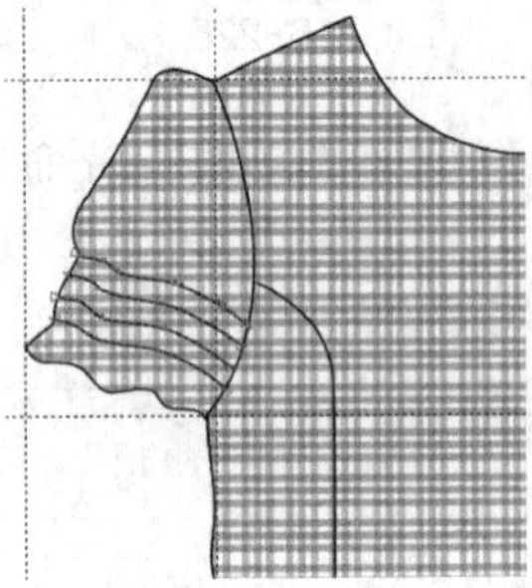

图6-234

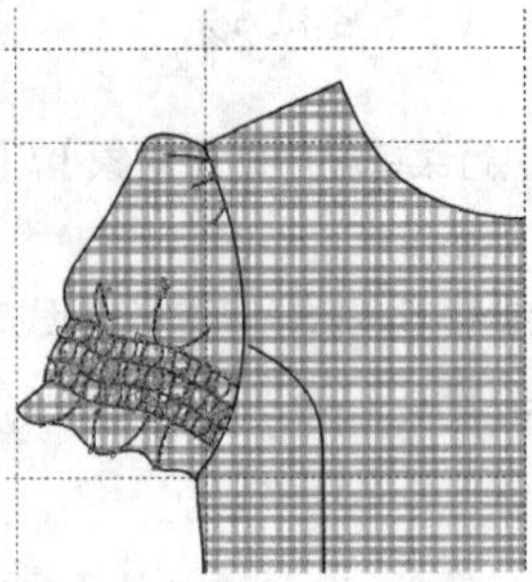

图6-235

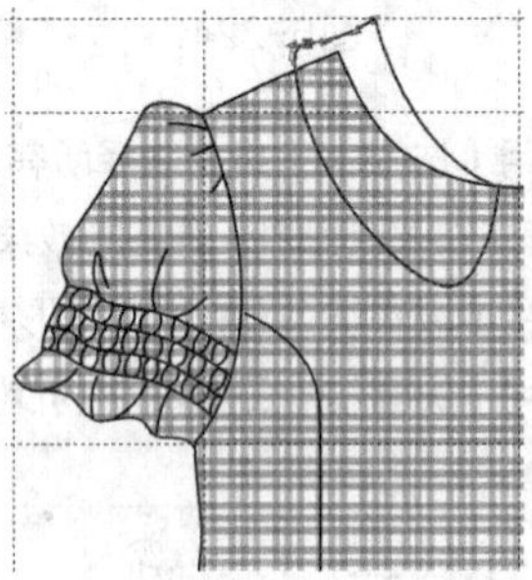

图6-236

27 重复步骤21的操作，给翻领填充格子图案，得到的效果如图6-237所示。

28 单击鼠标右键，在弹出菜单中选择【编辑PowerClip】命令，得到的效果如图6-238所示。使用【选择】工具框选图形，在属性栏中设置旋转角度45.0°，把图案移动到图6-239所示的位置。

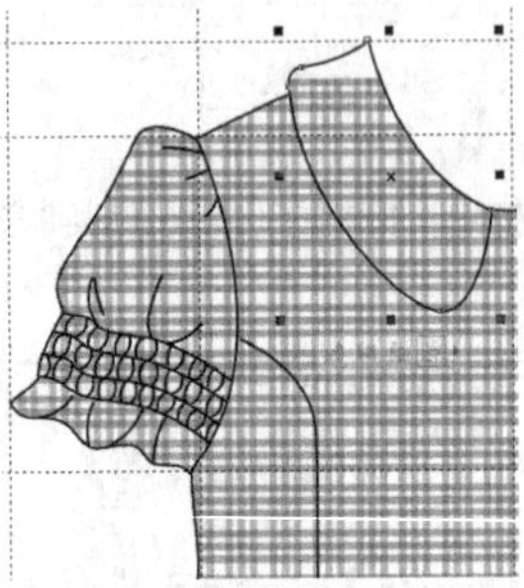

图6-237

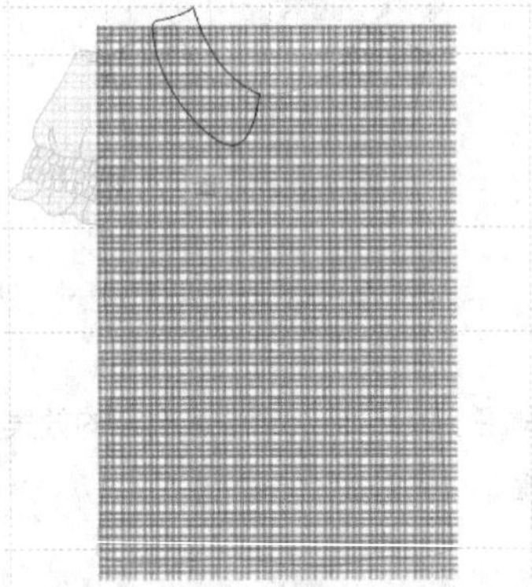

图6-238

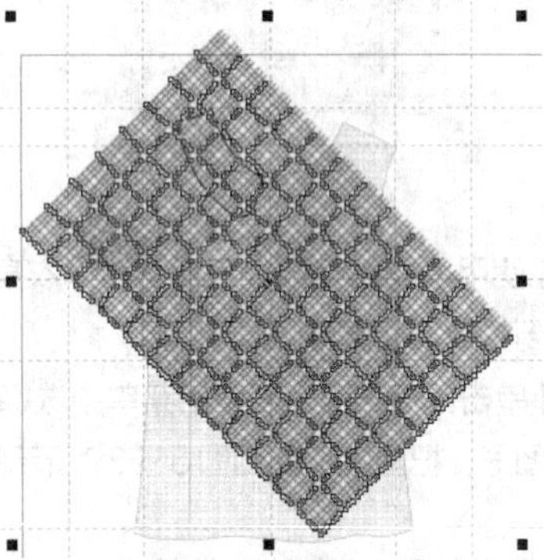

图6-239

29 单击鼠标右键，在弹出菜单中选择【结束编辑】命令，得到的效果如图6-240所示。

30 使用【贝塞尔】工具和【形状】工具在衣身上绘制门襟，在属性栏中设置轮廓宽度.35 mm，得到的效果如图6-241所示。

31 重复步骤27~29的操作，给门襟填充斜纹格子图案，得到的效果如图6-242所示。

32 选择【贝塞尔】工具和【形状】工具，在图6-243所示的分割线、袖口、翻领、门襟和下摆处绘制缉明线，使缉明线处于选择状态，按【F12】键，弹出【轮廓笔】对话框，选项及参数设置如图6-244所示。

33 单击【确定】按钮，得到的效果如图6-245所示。

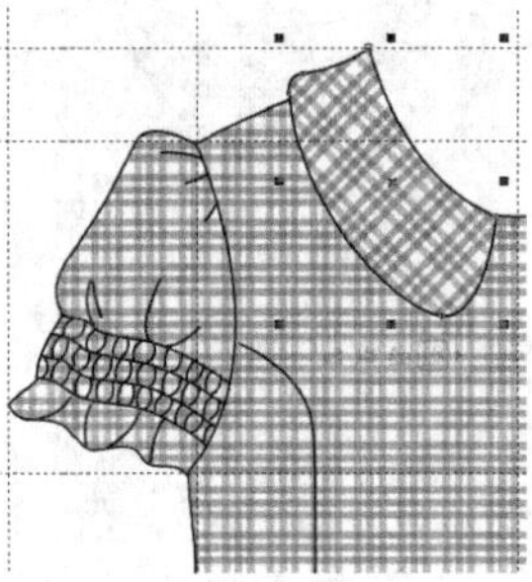

图6-240

图6-241

图6-242

图6-243

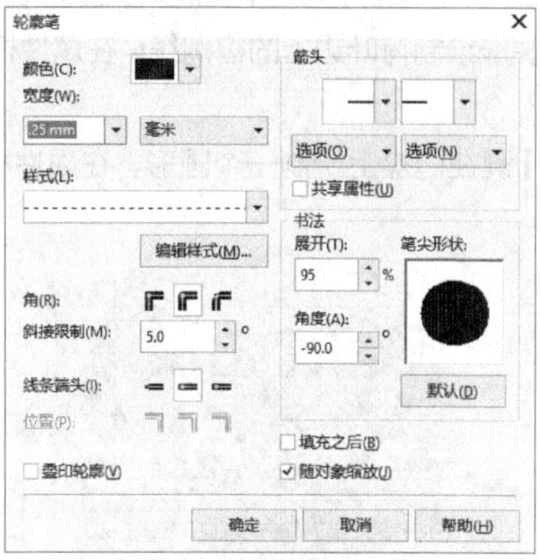

图6-244

图6-245

34 使用【选择】工具框选整个右袖、翻领、分割线和缉明线，按【+】键复制，单击属性栏中的【水平镜像】按钮，并把图形向右平移到合适的位置，得到的效果如图6-246所示。

35 使用【贝塞尔】工具和【形状】工具绘制后领口和后片的造型，在属性栏中设置轮廓宽度，得到的效果如图6-247所示。

36 重复步骤27~29的操作，给后领口和后片填充斜纹格子图案，得到的效果如图6-248所示。

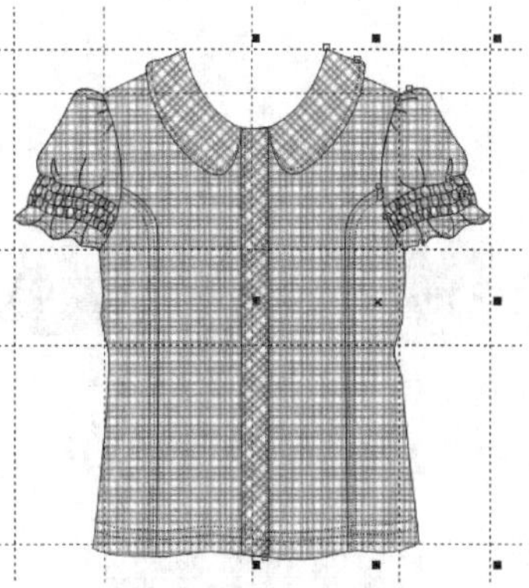

图6-246

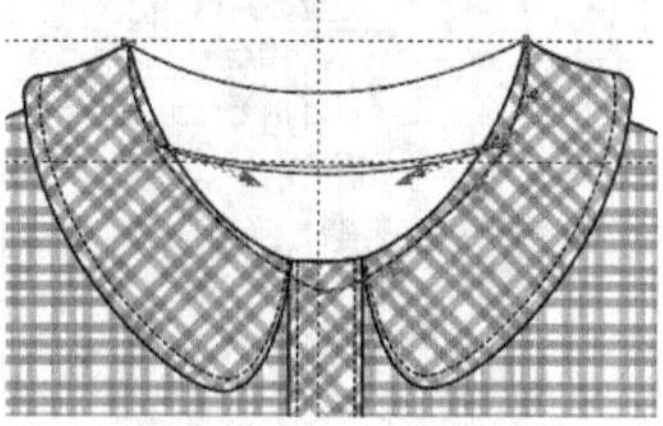

图6-247

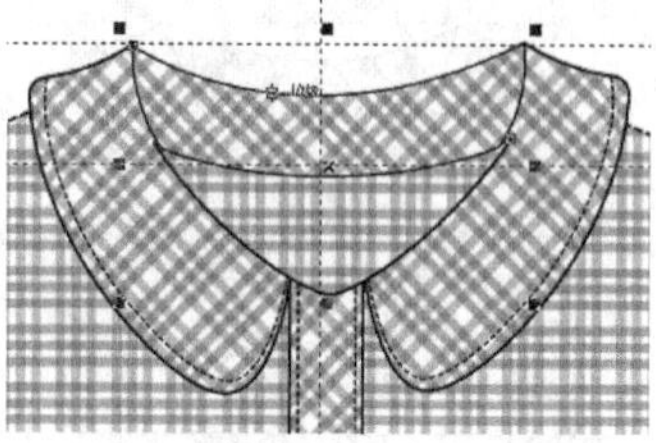

图6-248

37 执行菜单栏中的【对象】/【顺序】/【到页面后面】命令，得到的效果如图6-249所示。

38 使用【贝塞尔】工具和【形状】工具绘制门襟上的荷叶边造型，在属性栏中设置轮廓宽度，得到的效果如图6-250所示。

39 重复步骤27~29的操作，给荷叶边填充斜纹格子图案，得到的效果如图6-251所示。

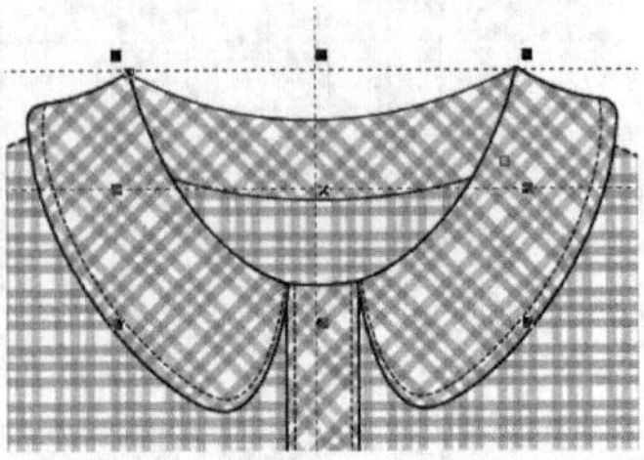
图6-249

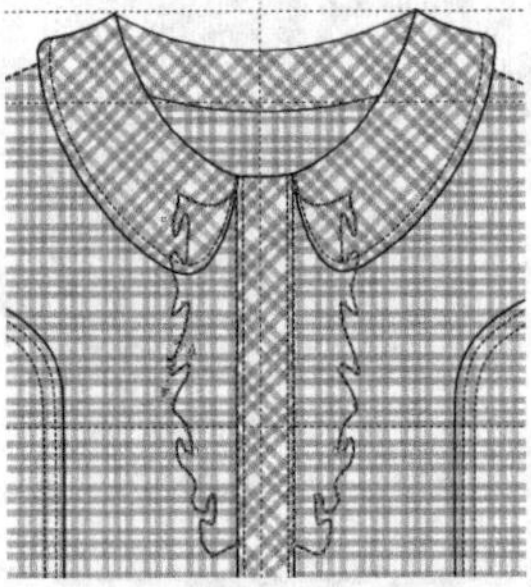
图6-250

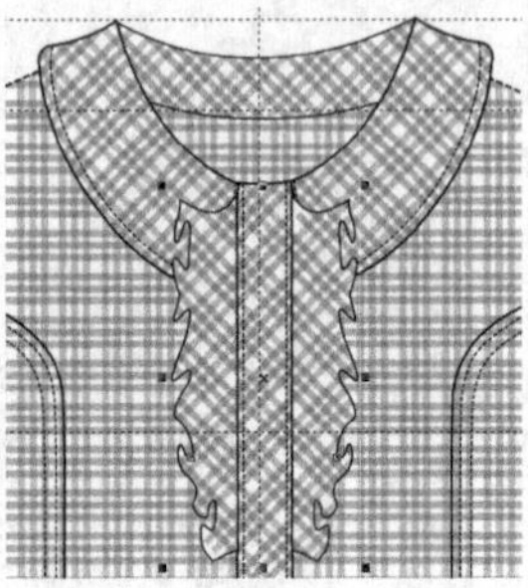
图6-251

40 执行菜单栏中的【对象】/【顺序】/【置于此对象后】命令，把荷叶边摆放在翻领后面，得到的效果如图6-252所示。

41 使用【贝塞尔】工具和【形状】工具绘制荷叶边上的褶裥线，在属性栏中设置轮廓宽度.35 mm，得到的效果如图6-253所示。

42 使用【椭圆形】工具并按住【Ctrl】键在门襟上绘制一个圆形，在属性栏中设置轮廓宽度.35 mm，并填充白色，得到的效果如图6-254所示。

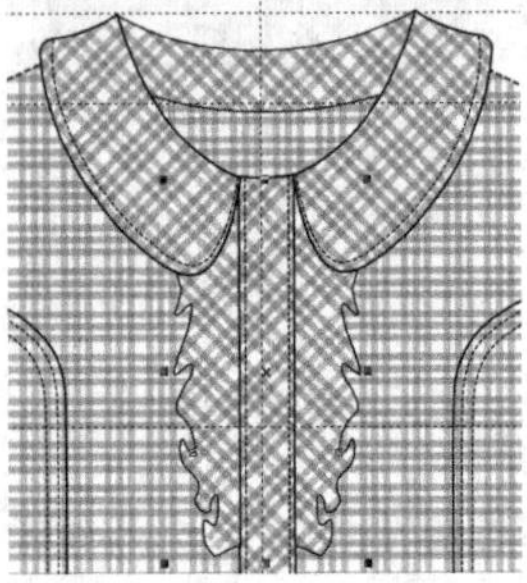
图6-252

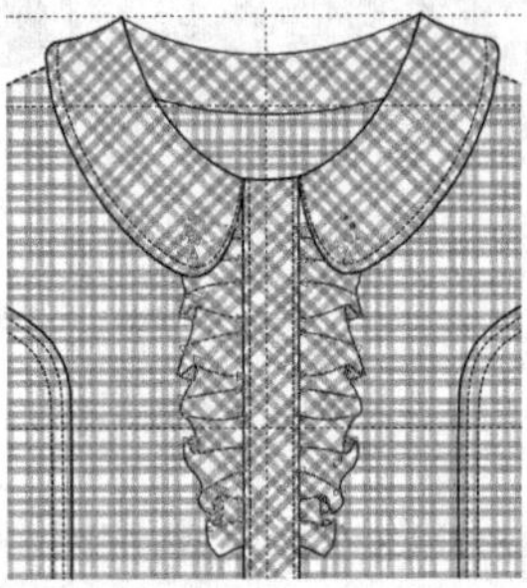
图6-253

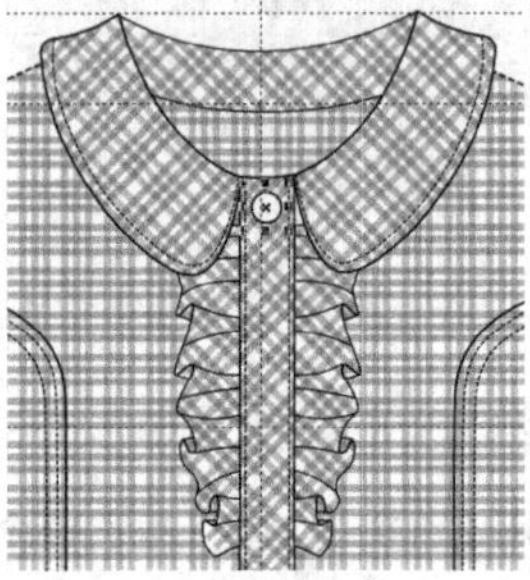
图6-254

43 按【+】键复制圆形，把复制的圆形向下垂直移动到图6-255所示的位置。

44 按4次【Ctrl】+【D】组合键重复上一步操作，复制圆形，得到的效果如图6-256所示。

45 执行菜单栏中的【编辑】/【全选】/【辅助线】命令，选择所有的辅助线，按【Delete】键删除，完成女式翻领衬衫的绘制，整体的效果如图6-257所示。

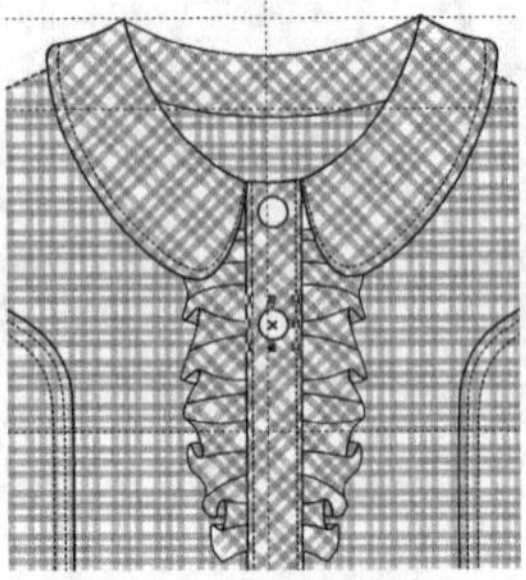
图6-255

图6-256

图6-257

第 07 章

裤子款式设计

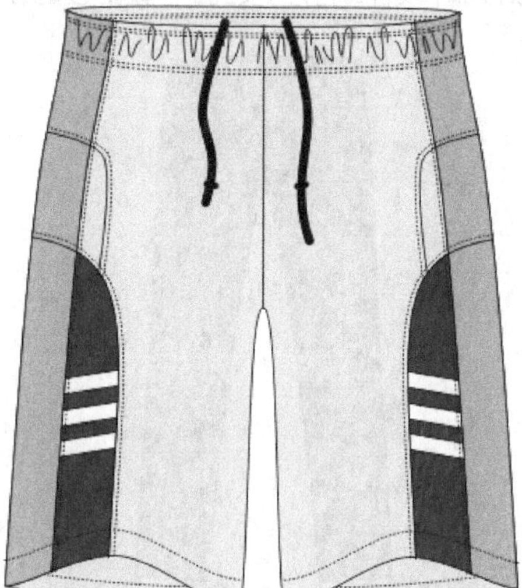

本章重点

- 用【贝塞尔】工具、【形状】工具绘制裤子基本造型
- 用【智能填充】工具进行色块填充
- 牛仔洗水、猫须效果的表现；打枣工艺的表现
- 金属腰带、工字扣和鸡眼扣辅料的表现

裤子即裤，泛指（人）穿在腰部以下的服装。裤的名称很多，从形状上可以分为筒裤、喇叭裤、锥子裤和宽松裤等4种。裤子的种类有牛仔裤、西裤、打底裤、裙裤、直筒裤、灯笼裤、阔腿裤、喇叭裤、铅笔裤、工装裤和哈伦裤等。裤子以时装的姿态出现时，距今已有30年的历史。由于裤子的轻快与活动性，因此，诱惑力极强，现在已成为我们生活中不可缺少的服饰之一。下面分别介绍6种典型裤子的款式设计。

7.1 牛仔裤款式设计

7.1.1 女式牛仔裤款式设计

女式牛仔裤的整体效果如图7-1所示。

设计重点

造型设计、牛仔洗水、猫须效果的表现，打枣工艺的表现。

操作步骤

01 打开CorelDRAW软件，执行菜单栏中的【文件】/【新建】命令，或使用【Ctrl】+【N】组合键，打开【创建新文档】对话框，文件命名为“女式牛仔裤”，设定纸张大小为A4，横向摆放，如图7-2所示。

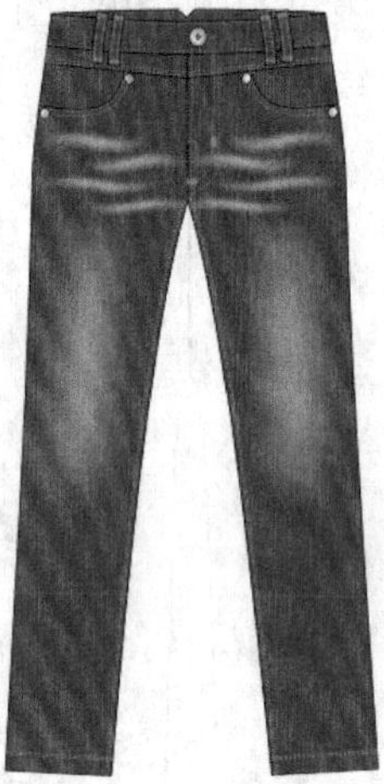

图7-1

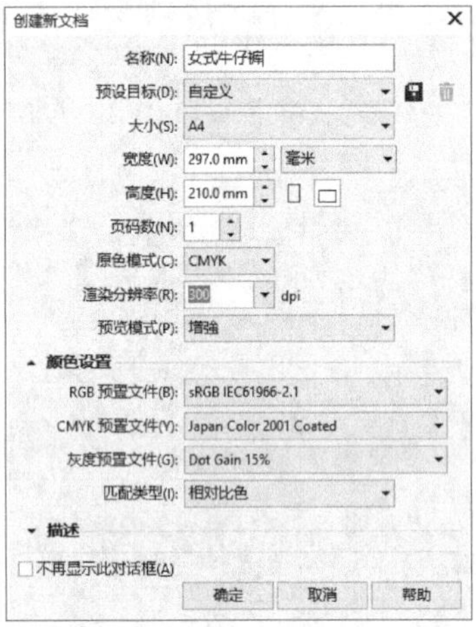

图7-2

02 从标尺栏向页面拖曳鼠标添加8条辅助线，确定裤长、腰线、臀围线和裤腿肥度等，如图7-3所示。

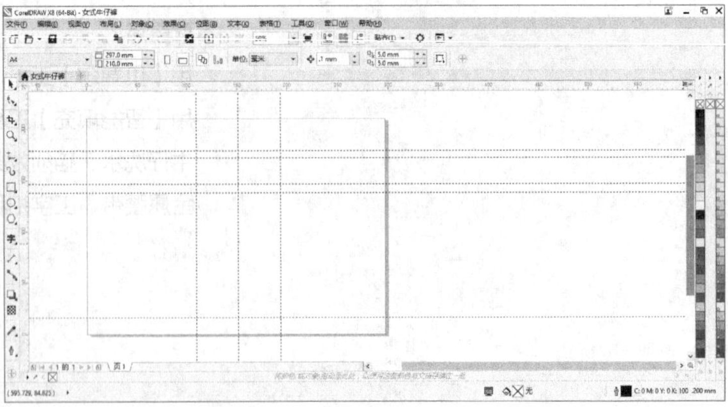

图7-3

03 使用【贝塞尔】工具和【形状】工具在辅助线的基础上绘制图7-4所示的裤子造型。

专家提示

使用【贝塞尔】工具和【形状】工具绘制裤子造型时要注意腰臀部分曲线的处理，以及裤长与裤肥的比例（一般5：3的效果最佳）；裆深决定了裤子的类型是属于高腰还是低腰裤。

04 单击【选择】工具，在属性栏中设置轮廓宽度，单击工具箱中的【交互式填充】工具，在属性栏中单击【均匀填充】按钮■给图形填充牛仔蓝色，其CMYK数值为（60，40，0，40），得到的效果如图7-5所示。

05 选择【椭圆形】工具在裤身上绘制一个椭圆形，给椭圆填充淡蓝色，其CMYK值为（14，8，1，0），用鼠标右键单击调色板中的☒使其无轮廓，得到的效果如图7-6所示。

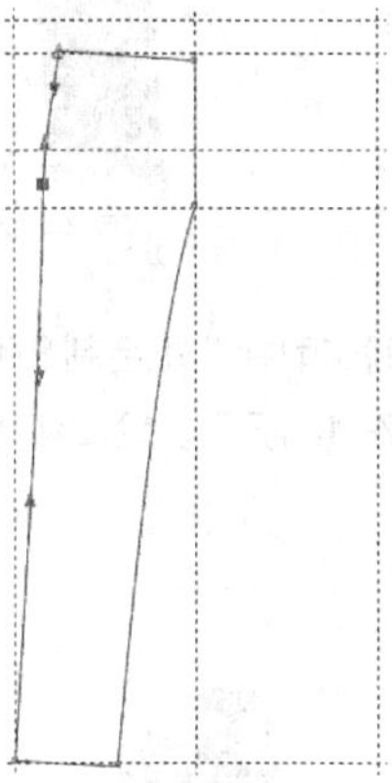

图7-4

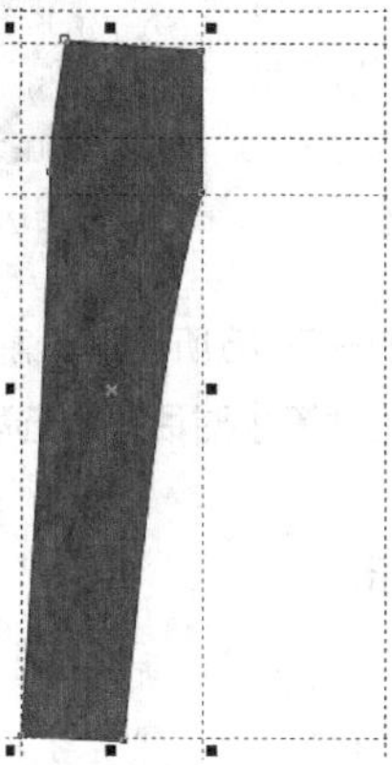

图7-5

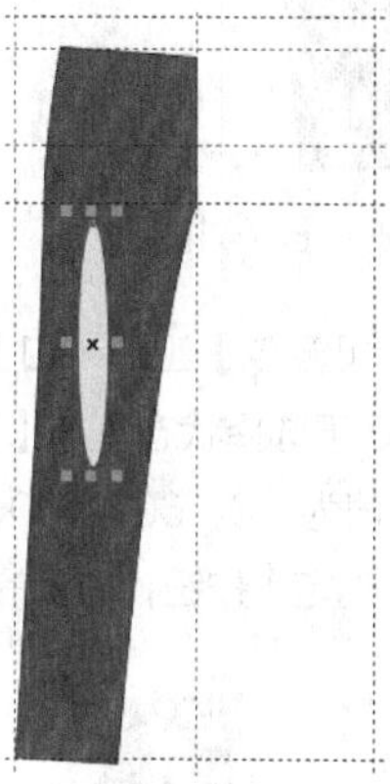

图7-6

06 执行菜单栏中的【位图】/【转换为位图】命令，弹出【转换为位图】对话框，各项参数的设置如图7-7所示。

07 单击【确定】按钮，得到的效果如图7-8所示。

08 执行菜单栏中的【位图】/【模糊】/【高斯式模糊】命令，弹出【高斯式模糊】对话框，各项参数的设置如图7-9所示。

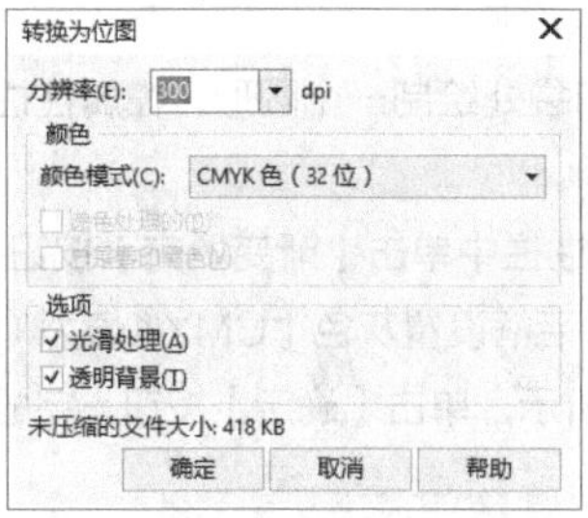

图7-7

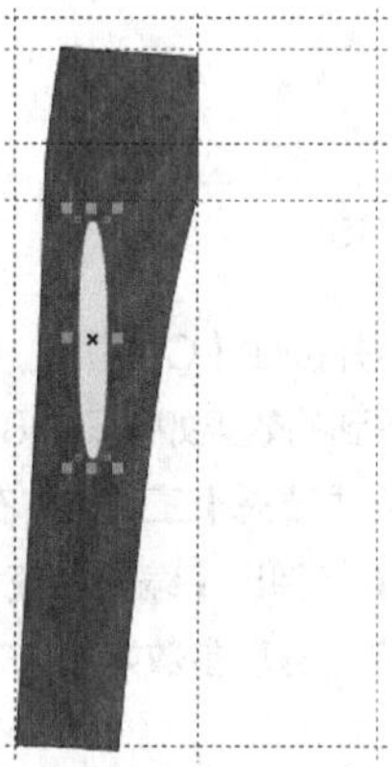

图7-8

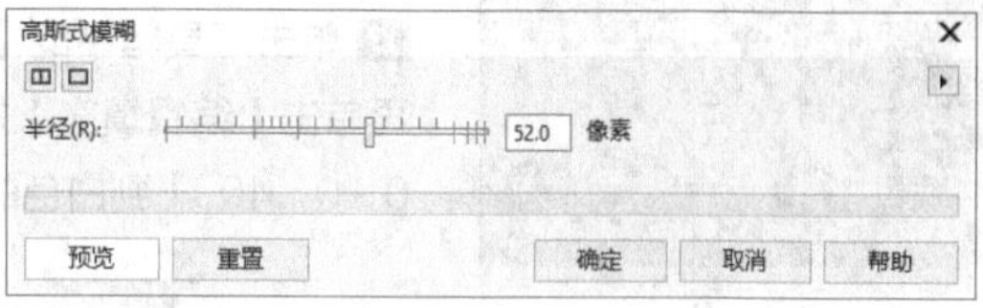

图7-9

09 单击【确定】按钮，在属性栏中设置旋转角度355.5°，得到的效果如图7-10所示。

10 执行菜单栏中的【对象】/【PowerClip】/【置于图文框内部】命令把图形放置在裤子造型中，完成牛仔裤的洗水效果如图7-11所示。

11 执行菜单栏中的【编辑】/【全选】/【辅助线】命令，选择所有的辅助线，按【Delete】键删除，得到的效果如图7-12所示。

12 使用【贝塞尔】工具绘制图7-13所示的分割线，单击【选择】工具，在属性栏中设置轮廓宽度。

13 使用【贝塞尔】工具和【形状】工具绘制图7-14所示的口袋线，单击【选择】工具，在属性栏中设置轮廓宽度 .35 mm。

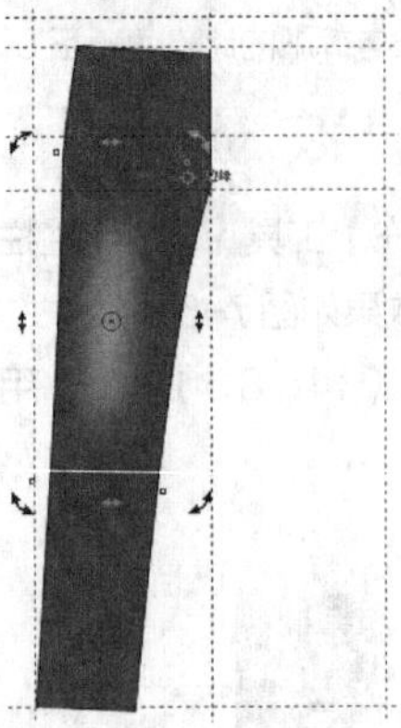
图7-10

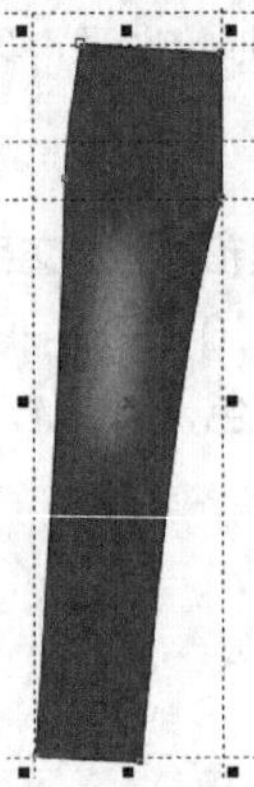
图7-11

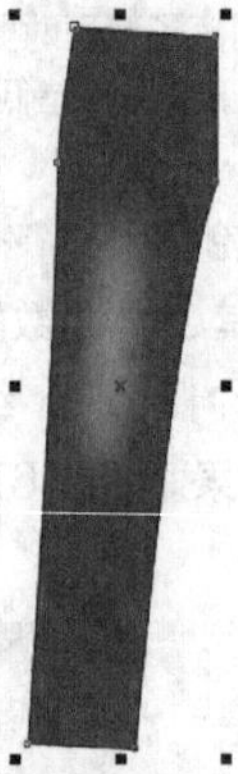
图7-12

图7-13

图7-14

14 选择【贝塞尔】工具和【形状】工具，在图7-15所示的分割线、口袋、裤脚口和裤中线处绘制8条缉明线，使缉明线处于选择状态，按【F12】键，弹出【轮廓笔】对话框，选项及参数设置如图7-16所示。轮廓线填充桔色，其CMYK值为（0，60，100，0）。

15 单击【确定】按钮，得到的效果如图7-17所示。

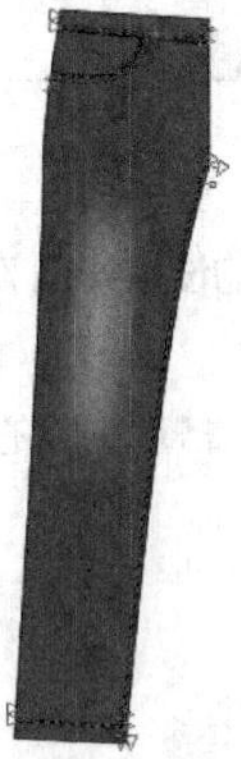
图7-15

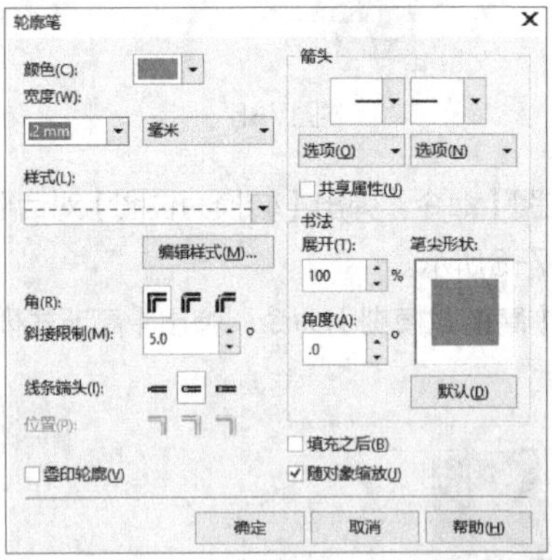

图7-16

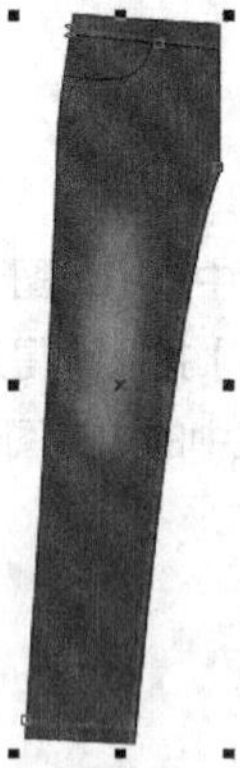
图7-17

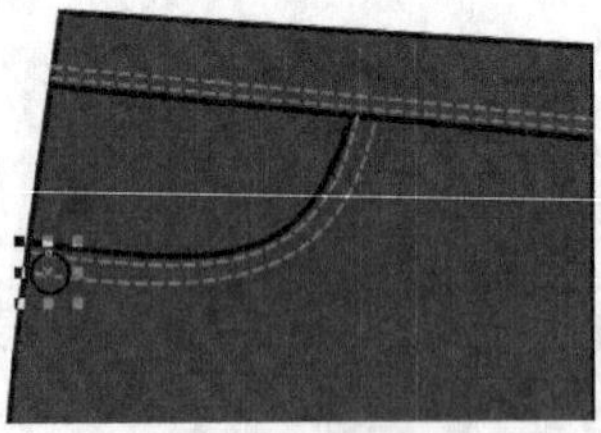
图7-18

16 使用【椭圆形】工具并按住【Ctrl】键，在口袋处绘制一个圆形，在属性栏中设置轮廓宽度 2 mm，得到的效果如图7-18所示。

17 单击工具箱中的【交互式填充】工具，在属性栏中单击【渐变填充】按钮，再单击【编辑填充】按钮，弹出【编辑填充】对话框设置灰色［CMYK值为（0，0，0，40）］到白色的渐变，各项参数如图7-19所示。单击【确定】按钮，完成渐

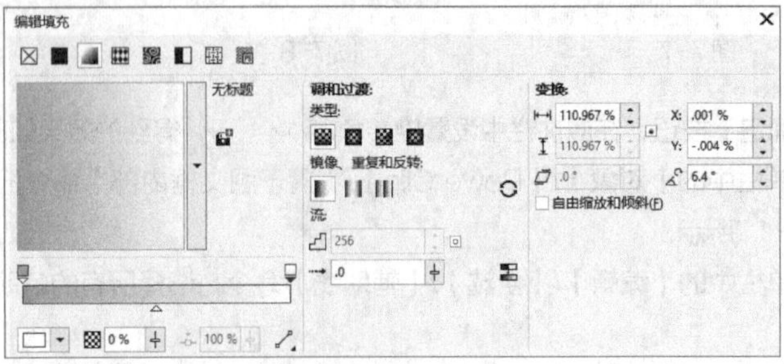

图7-19

变效果如图7-20所示。

18 按【+】键复制一个绘制好的撞钉，把复制的图形向右上方移动到合适的位置，得到的效果如图7-21所示。

图7-20

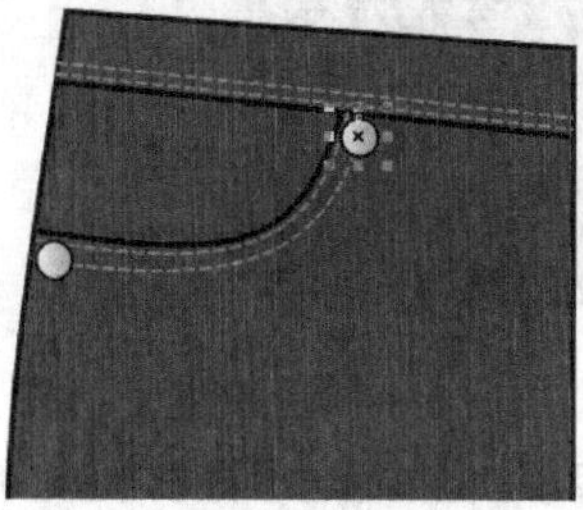

图7-21

19 选择工具箱中的【艺术笔】工具，在牛仔裤上绘制猫须效果，在属性栏中设置艺术笔的各项参数，如图7-22所示，得到的效果如图7-23所示。

图7-22

20 单击工具箱中的【交互式填充】工具，在属性栏中单击【均匀填充】按钮■给图形填充淡蓝色，其CMYK数值为（14，8，1，0），得到的效果如图7-24所示。

21 执行菜单栏中的【对象】/【拆分艺术笔群组】命令，再执行菜单栏中的【位图】/【转换为位图】命令，弹出【转换为位图】对话框，各项参数的设置如图7-25所示。

图7-23

图7-24

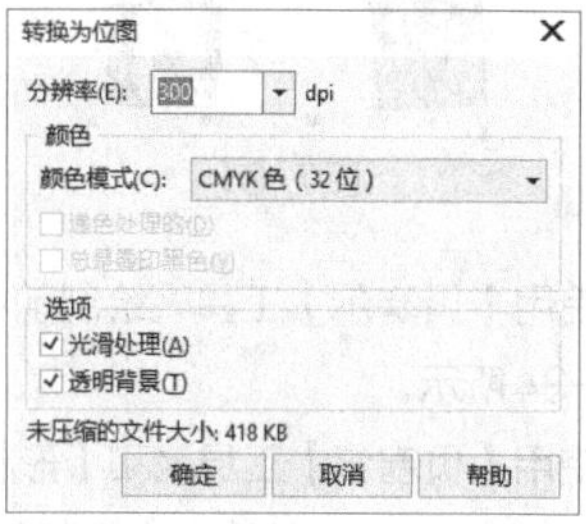

图7-25

22 单击【确定】按钮，得到的效果如图7-26所示。

23 执行菜单栏中的【位图】/【模糊】/【高斯式模糊】命令，弹出【高斯式模糊】对话框，各项参数的设置如图7-27所示。

图7-26

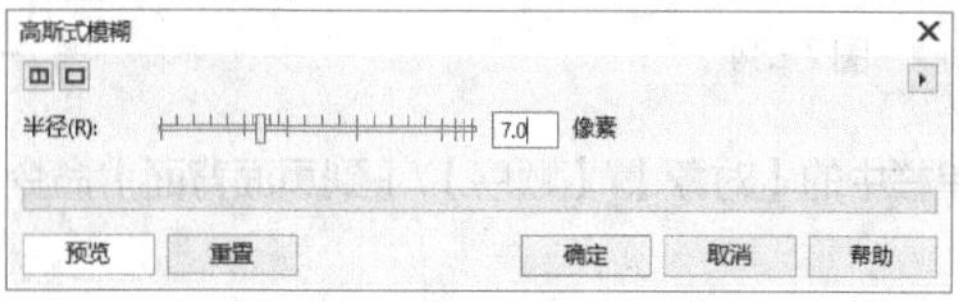

图7-27

24 单击【确定】按钮，得到的效果如图7-28所示。

25 按【+】键复制图形，单击属性栏中的【垂直镜像】按钮，并把复制的图形往下移动到图7-29所示的位置。

26 重复上一步的操作，复制另外两组猫须效果，得到的效果如图7-30所示。

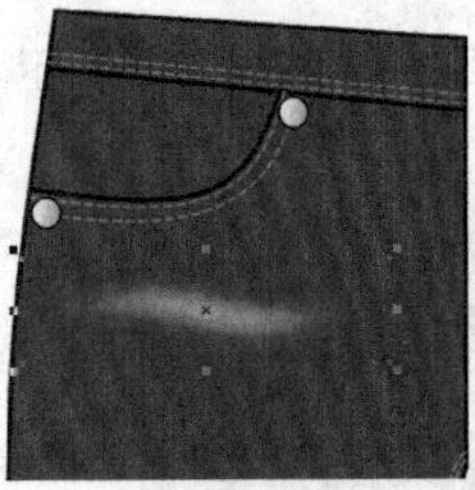

图7-28

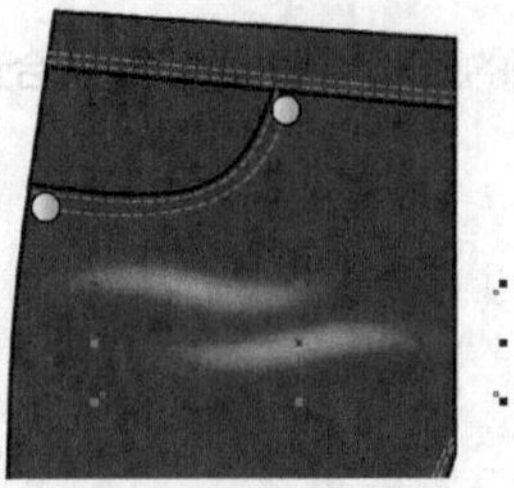

图7-29

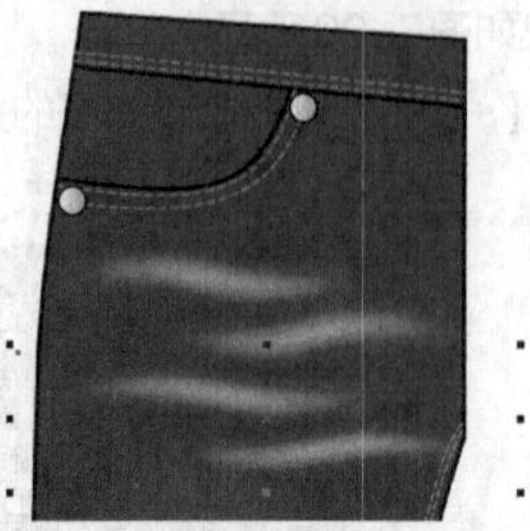

图7-30

27 使用【选择】工具框选绘制好的左边裤形，按【+】键复制，单击属性栏中的【水平镜像】按钮，并把图形向右平移到合适的位置，得到的效果如图7-31所示。

28 使用【贝塞尔】工具和【形状】工具绘制图7-32所示的腰头部分。单击【选择】工具，在属性栏中设置轮廓宽度.35 mm，并填充牛仔蓝色，其CMYK值为（60，40，0，40），得到的效果如图7-33所示。

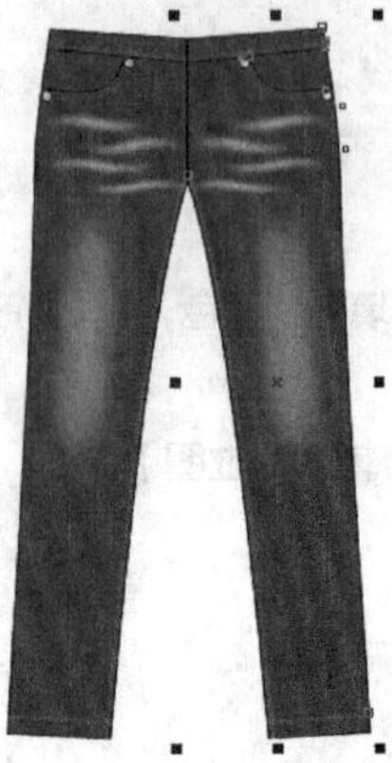

图7-31

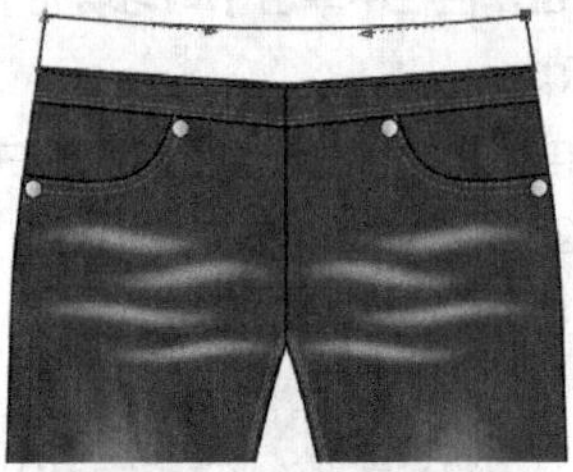

图7-32

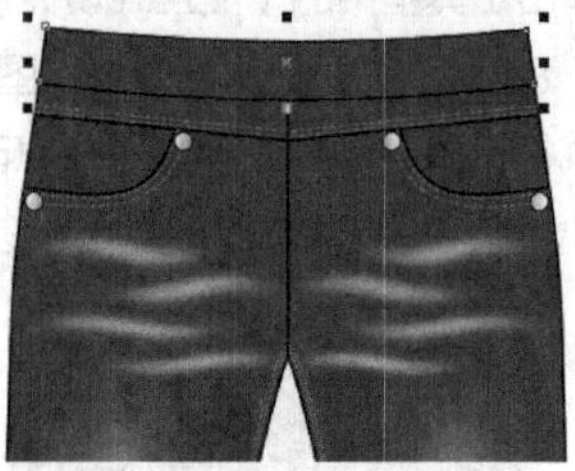

图7-33

29 使用【贝塞尔】工具绘制前中分割线，单击【选择】工具，在属性栏中设置轮廓宽度.35 mm，得到的效果如图7-34所示。

30 使用【贝塞尔】工具和【形状】工具绘制图7-35所示的后腰头部分。单击【选择】工具，在属性栏中设置轮廓宽度.35 mm，并填充牛仔蓝色，其CMYK值为（60，40，0，40），得到的效果如图7-36所示。

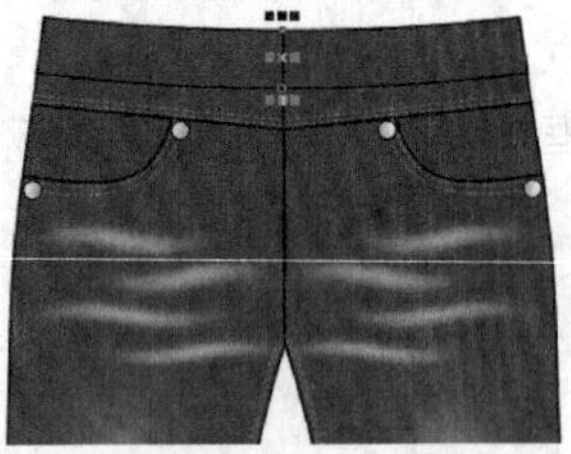

图7-34

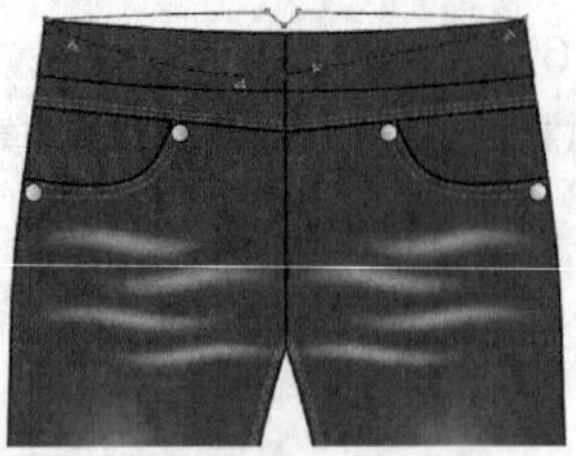

图7-35

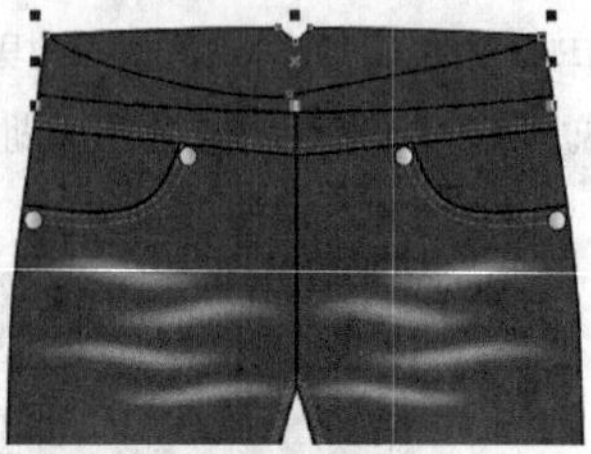

图7-36

31 执行菜单栏中的【对象】/【顺序】/【到页面背面】命令，得到的效果如图7-37所示。

32 选择【贝塞尔】工具和【形状】工具，在图7-38所示的前后腰头及门襟处绘制7条缉明线，使缉明线处于选择状态，按【F12】键，弹出【轮廓笔】对话框，选项及参数设置如图7-39所示。轮廓填充桔色，其CMYK值为（0，60，100，0）。

33 单击【确定】按钮，得到的效果如图7-40所示。

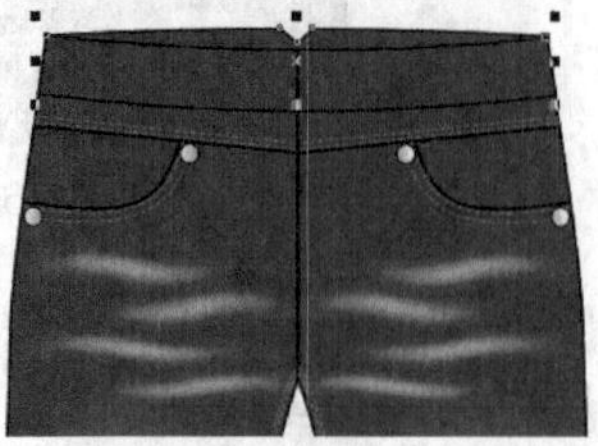

图7-37

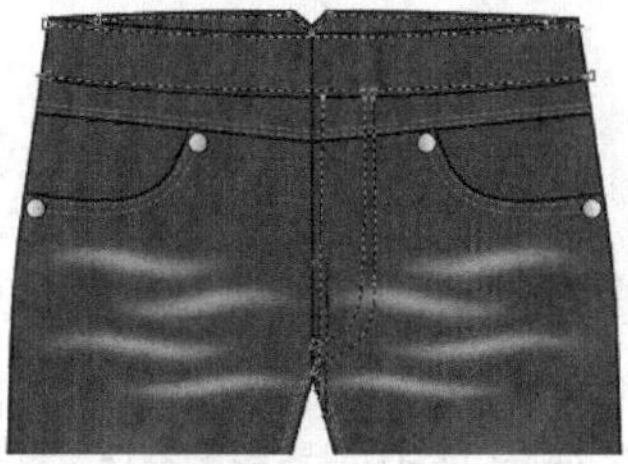

图7-38

图7-39

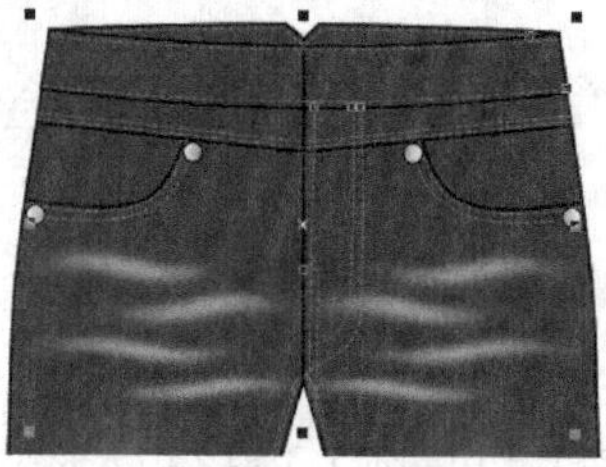

图7-40

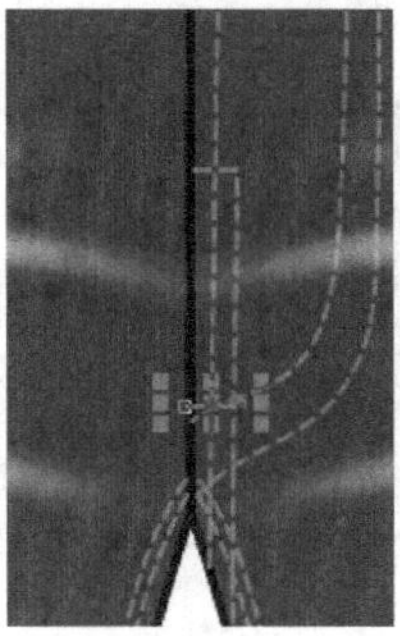

图7-41

34 使用【贝塞尔】工具在门襟上绘制一条线段，用鼠标右键单击调色板中的桔色，给线段填充轮廓色，其CMYK值为（0，60，100，0），在属性栏中设置轮廓宽度 .2 mm，如图7-41所示。

35 选择【变形】工具，在属性栏中设置拉链变形的各项数值如图7-42所示，完成的打枣工艺效果如图7-43所示。

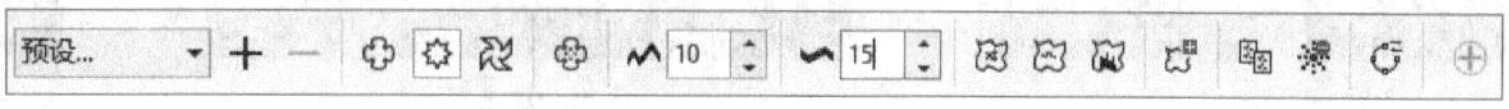

图7-42

36 单击【选择】工具，按【+】键复制图形，在属性栏中设置旋转角度 90 °，把复制的图形摆放在图7-44所示的位置。

37 使用【贝塞尔】工具和【形状】工具绘制扣眼，在属性栏中设置轮廓宽度 .2 mm，如图7-45所示。

38 用鼠标右键单击调色板中的桔色给扣眼填充轮廓色，其CMYK值为（0,60,100,0），得到的效果如图7-46所示。

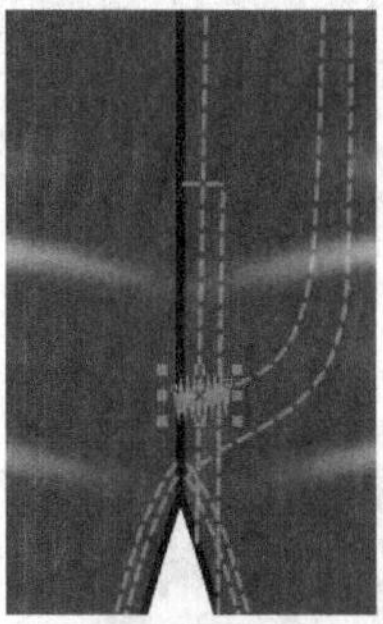

图7-43

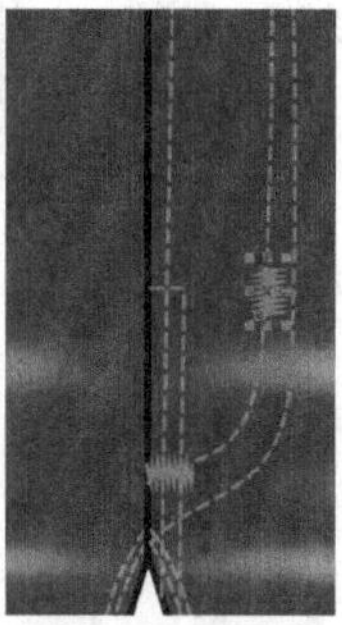

图7-44

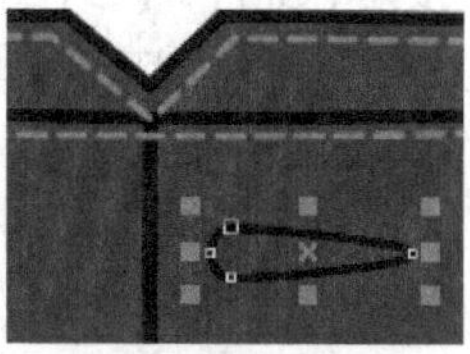

图7-45

图7-46

39 使用【椭圆形】工具，并按住【Ctrl】键，绘制工字扣，在属性栏中设置轮廓宽度 .2 mm，得到的效果如图7-47所示。

40 单击工具箱中的【交互式填充】工具，在属性栏中单击【渐变填充】按钮，再单击【编辑填充】按钮，弹出【编辑填充】对话框，设置灰色［CMYK值为（0，0，0，50）］到白色的渐变，各项参数如图7-48所示。单击【确定】按钮，完成的渐变效果如图7-49所示。

41 按【+】键复制圆形，再按住【Shift】键用鼠标等比例缩小图形，得到的效果如图7-50所示。

图7-47

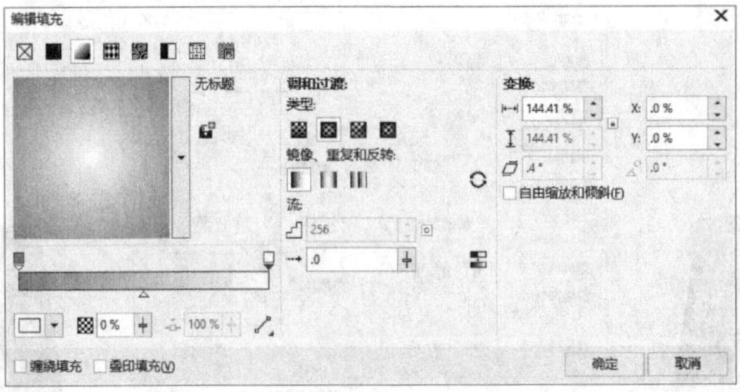

图7-48

42 使用【贝塞尔】工具和【形状】工具在腰部绘制裤袢，单击【选择】工具，在属性栏中设置轮廓宽度，并填充牛仔蓝色，其CMYK值为（60，40，0，40），如图7-51所示。

图7-49

图7-50

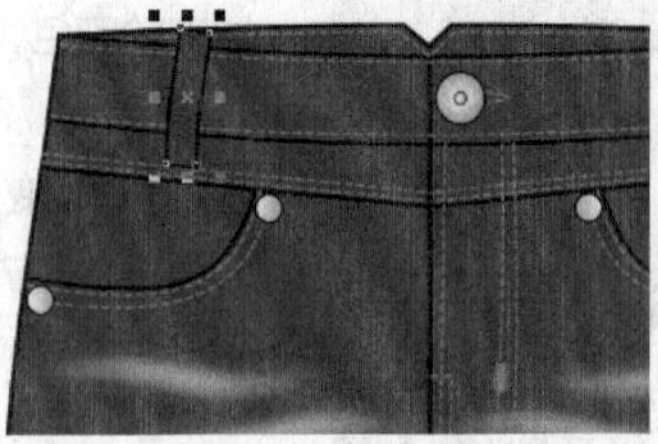

图7-51

43 使用【贝塞尔】工具和【形状】工具在裤袢上绘制两条缉明线，单击【选择】工具，在属性栏中设置轮廓样式与宽度，如图7-52所示。用鼠标右键单击调色板中的桔色给缉明线填充轮廓色，其CMYK值为（0，60，100，0），得到的效果如图7-53所示。

44 重复步骤34~36的操作绘制裤袢上的打枣工艺，得到的效果如图7-54所示。

45 使用【选择】工具框选整个裤袢造型，按住【Ctrl】+【G】组合键，群组图形。按【+】键复制3个裤袢，单击属性栏中的【水平镜像】按钮，并把复制的裤袢摆放在图7-55所示的位置。

46 使用【选择】工具框选所有图形，按住【Ctrl】+【G】组合键，群组图形。这样就完成了女式牛仔裤的绘制，整体效果如图7-56所示。

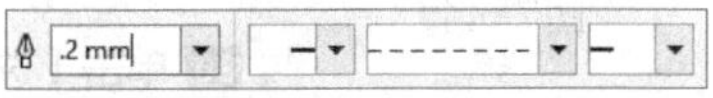

图7-52

图7-53

图7-54

图7-55

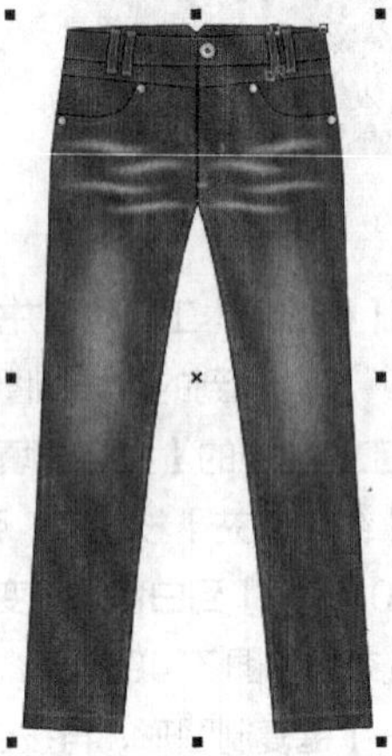

图7-56

7.1.2 男式牛仔裤款式设计

男式牛仔裤的整体效果如图7-57所示。

设计重点

造型设计、牛仔洗水、猫须效果的表现，工字扣的表现。

操作步骤

01 打开CorelDRAW软件，执行菜单栏中的【文件】/【新建】命令，或使用【Ctrl】+【N】组合键，打开【创建新文档】对话框，文件命名为“男式牛仔裤”，设定纸张大小为A4，横向摆放，如图7-58所示。

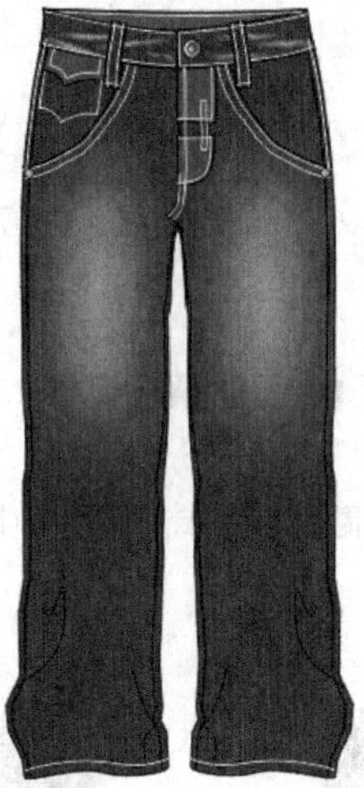

图7-57

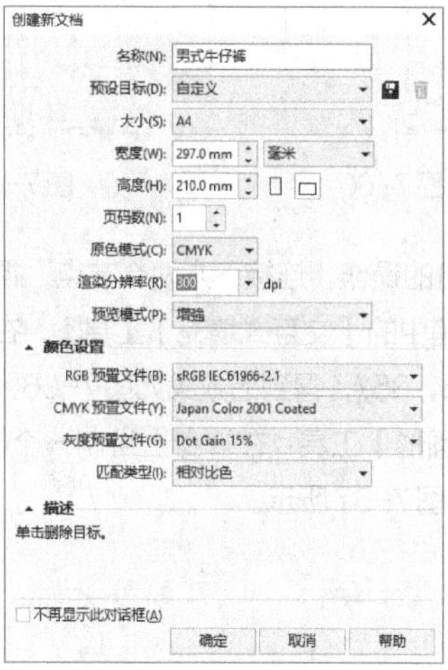

图7-58

02 从标尺栏向页面拖曳鼠标添加7条辅助线，确定裤长、腰线、臀围线和裤腿肥度等，如图7-59所示。

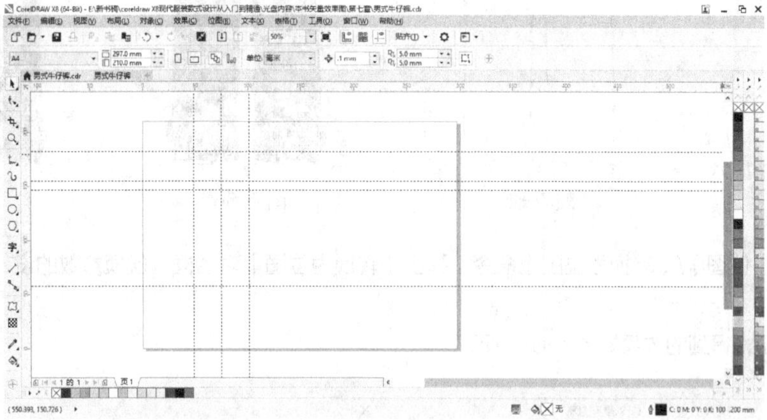

图7-59

03 使用【贝塞尔】工具和【形状】工具在辅助线的基础上绘制图7-60所示的路径，单击【选择】工具，在属性栏中设置轮廓宽度。

04 单击【选择】工具并按【+】键复制路径，单击属性栏中的【水平镜像】按钮，并把图形向右平移到合适的位置，得到的效果如图7-61所示。

05 使用【选择】工具框选两条路径，单击属性栏中的【合并】按钮，得到的效果如图7-62所示。

06 使用【形状】工具，选择图7-63所示的两个节点。单击属性栏中的【连接两个节点】按钮，得到的效果如图7-64所示。

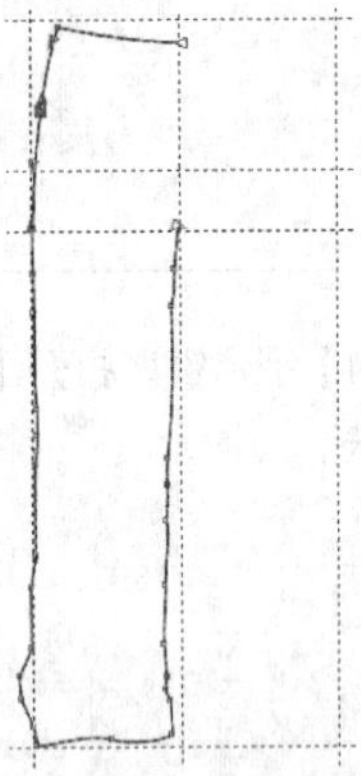

图7-60

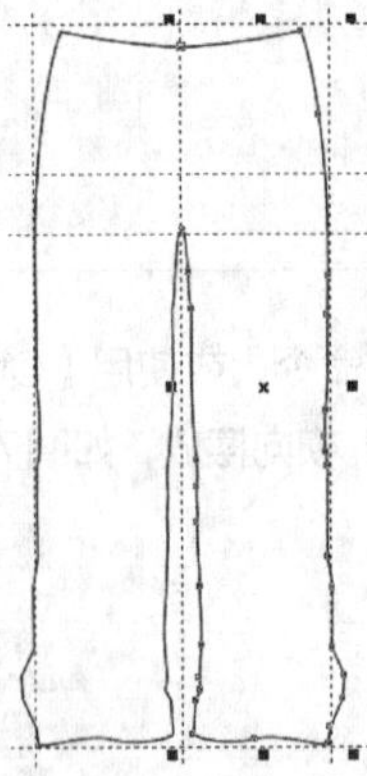

图7-61

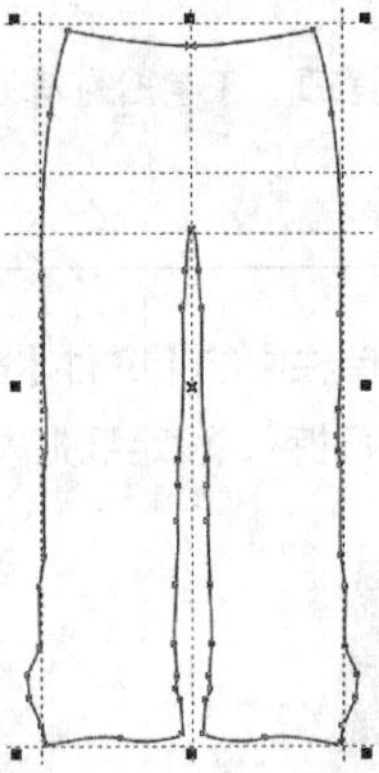

图7-62

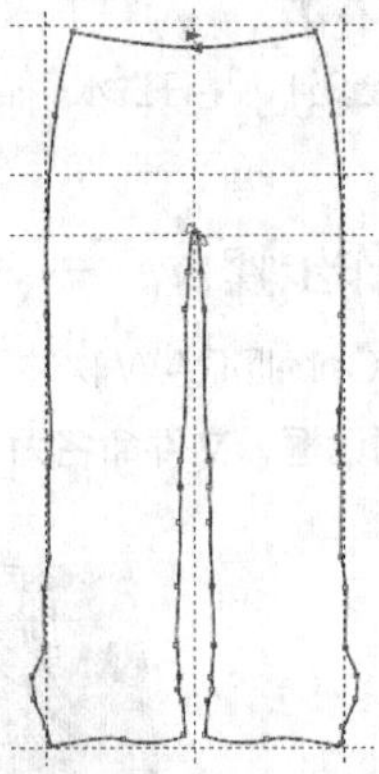

图7-63

07 重复步骤6的操作，连接下方两个节点，得到的效果如图7-65所示。

08 单击工具箱中的【交互式填充】工具，在属性栏中单击【均匀填充】按钮■给图形填充藏青色，其CMYK数值为（82，67，65，35），得到的效果如图7-66所示。

09 选择【椭圆形】工具在裤身上绘制一个椭圆形，给椭圆形填充白色，用鼠标右键单击调色板中的☒使其无轮廓，得到的效果如图7-67所示。

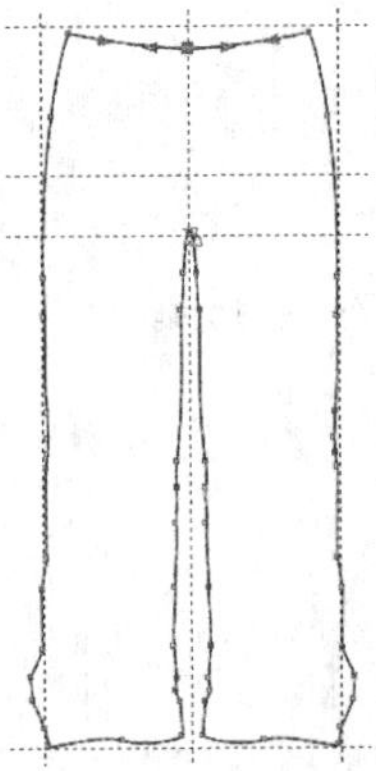

图7-64

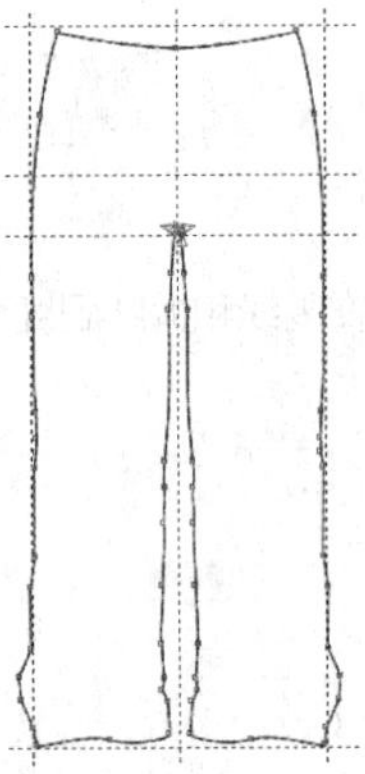

图7-65

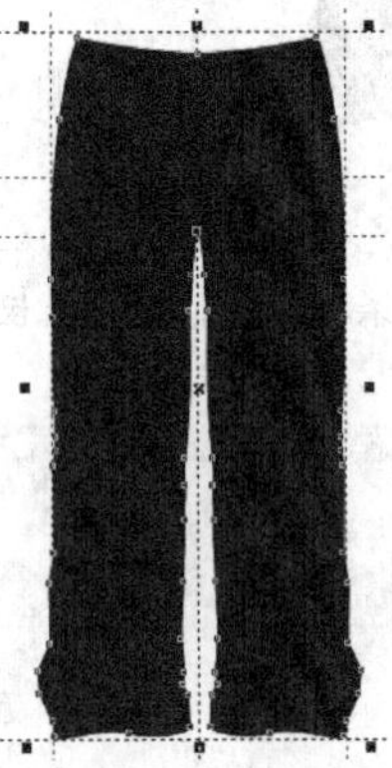

图7-66

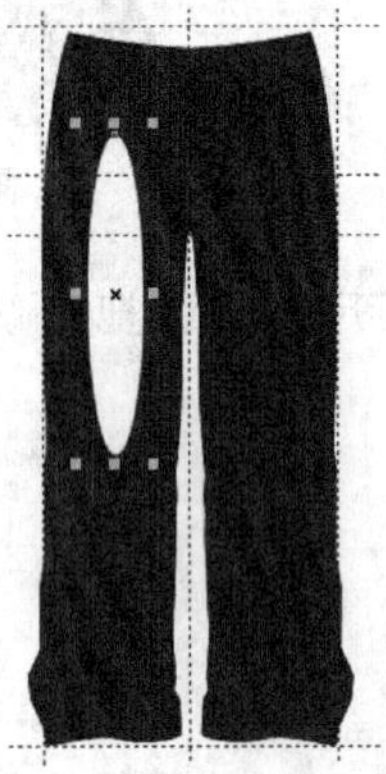

图7-67

10 执行菜单栏中的【位图】/【转换为位图】命令，弹出【转换为位图】对话框，各项参数的设置如图7-68所示。

11 单击【确定】按钮，得到的效果如图7-69所示。

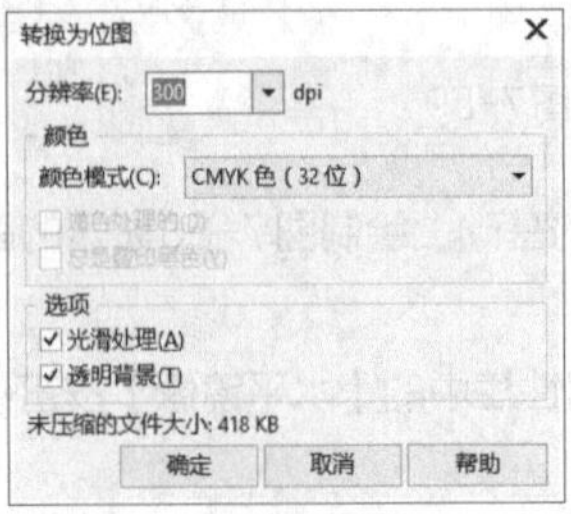

图7-68

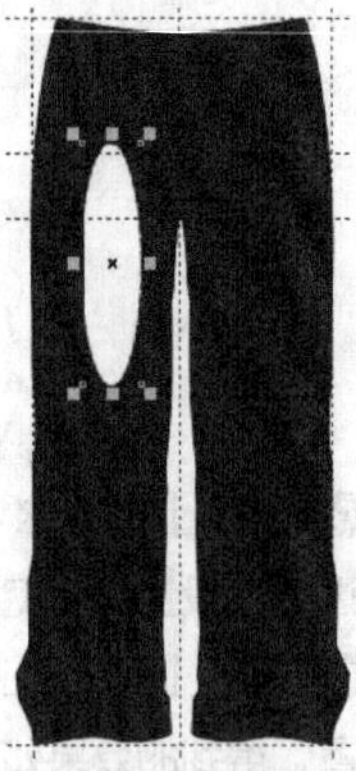

图7-69

12 执行菜单栏中的【位图】/【模糊】/【高斯式模糊】命令，弹出【高斯式模糊】对话框，各项参数的设置如图7-70所示，单击【确定】按钮，得到的效果如图7-71所示。

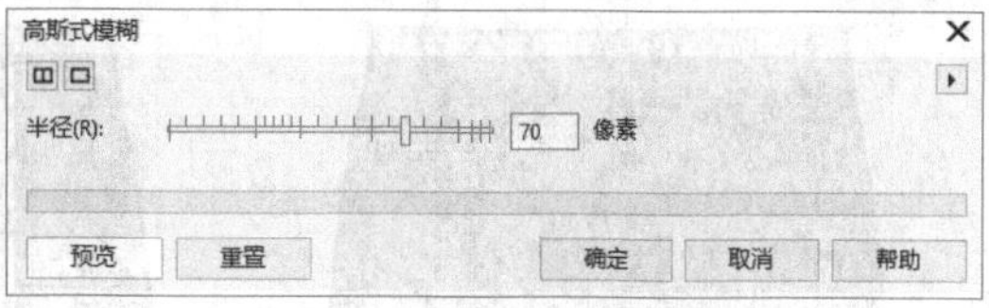

图7-70

13 按【+】键复制图形，使用【选择】工具把复制的图形移动到图7-72所示的位置。

14 使用【选择】工具框选两个图形，执行菜单栏中的【对象】/【PowerClip】/【置于图文框内部】命令把图形放置在裤子造型中，完成牛仔裤的洗水效果，如图7-73所示。

15 使用【贝塞尔】工具和【形状】工具在裤缝两侧绘制4条分割线，单击【选择】工具，在属性栏中设置轮廓宽度，如图7-74所示。

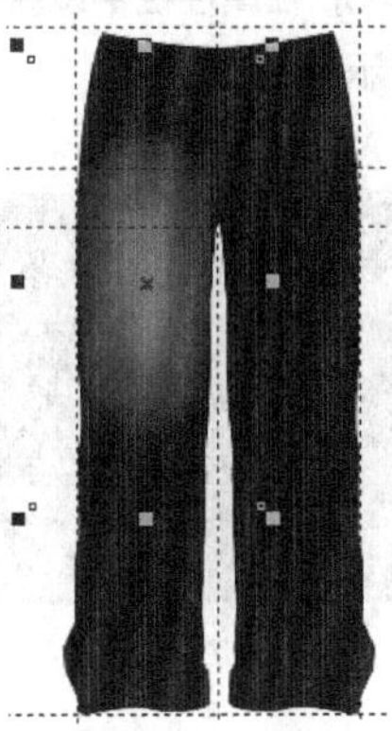

图7-71

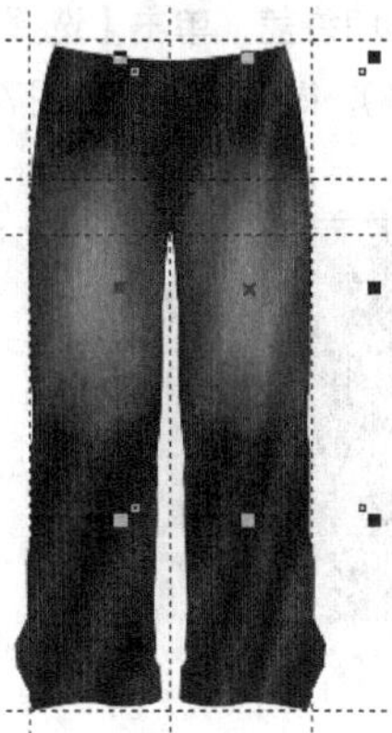

图7-72

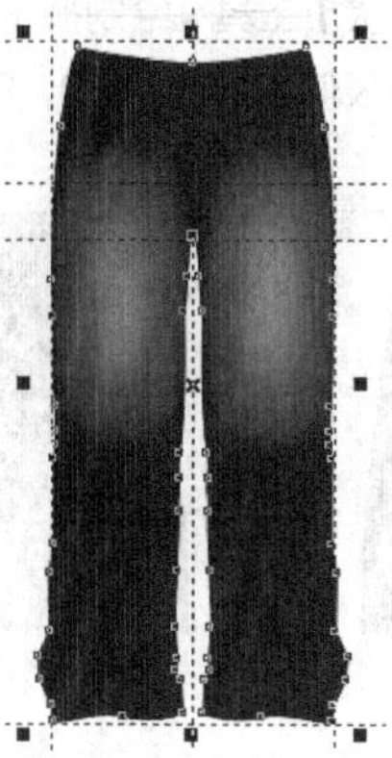

图7-73

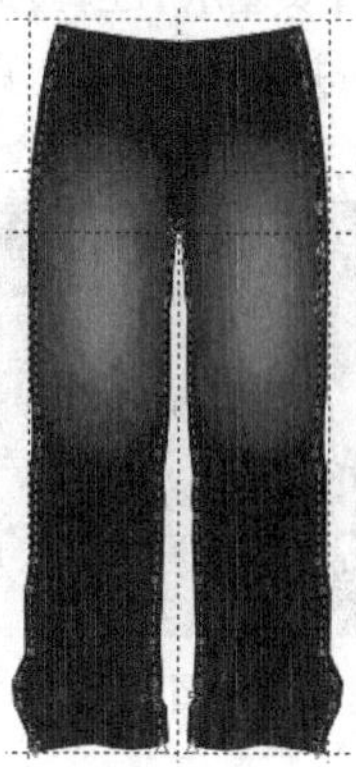

图7-74

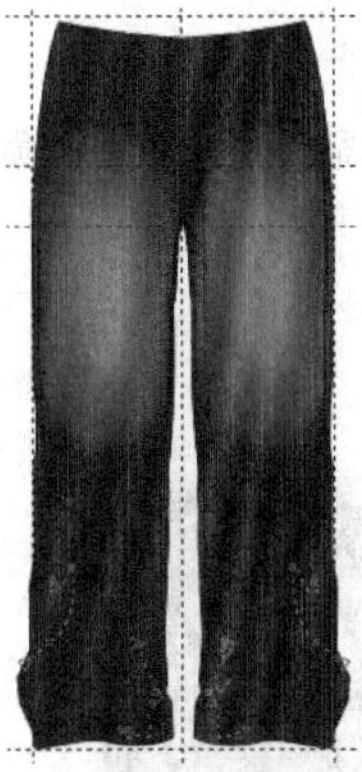

图7-75

16 使用【贝塞尔】工具和【形状】工具在裤脚口绘制褶裥线，单击【选择】工具，在属性栏中设置轮廓宽度，如图7-75所示。

17 使用【贝塞尔】工具和【形状】工具绘制图7-76所示的裤中线，单击【选择】工具，在属性栏中设置轮廓宽度。

18 使用【贝塞尔】工具和【形状】工具绘制腰头，单击【选择】工具，在属性栏中设置轮廓宽度，并填充藏青色，其CMYK值为（82，67，65，35），得到的效果如图7-77所示。

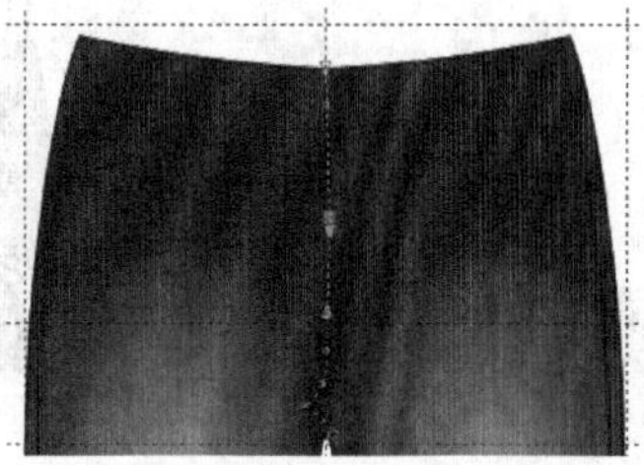

图7-76

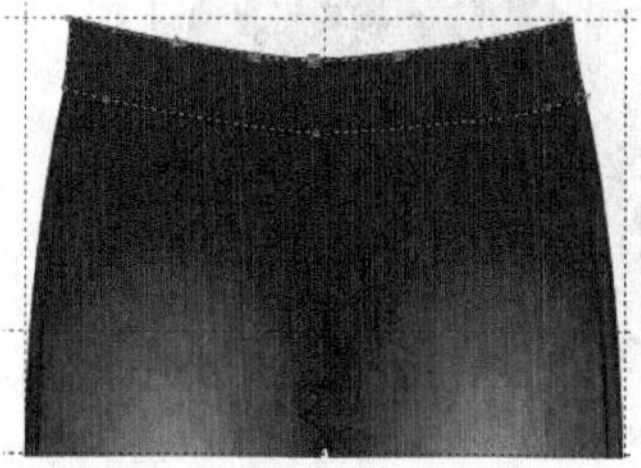

图7-77

19 使用【贝塞尔】工具和【形状】工具绘制后片，单击【选择】工具，在属性栏中设置轮廓宽度，并填充军绿色，其CMYK值为（66，59，81，16），得到的效果如图7-78所示。

20 执行菜单栏中的【对象】/【顺序】/【到页面后面】命令，得到的效果如图7-79所示。

21 使用【贝塞尔】工具和【形状】工具绘制门襟上的镶拼部分，单击【选择】工具，在属性栏中设置轮廓宽度，并填充军绿色，其CMYK值为（66，59，81，16），得到的效果如图7-80所示。

22 使用【贝塞尔】工具和【形状】工具绘制图7-81所示的分割线，单击【选择】工具，在属性栏中设置轮廓宽度。

图7-78

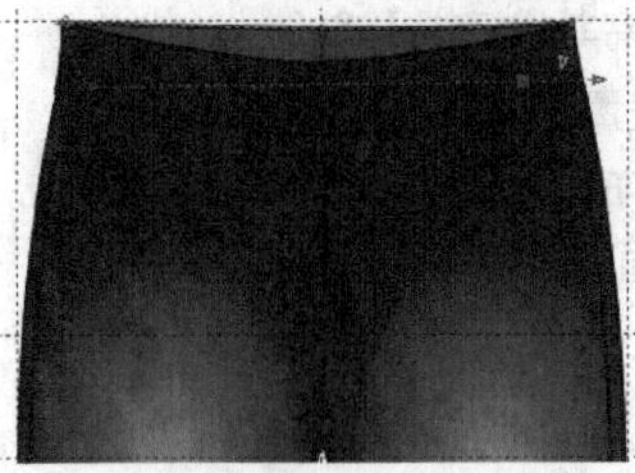
图7-79

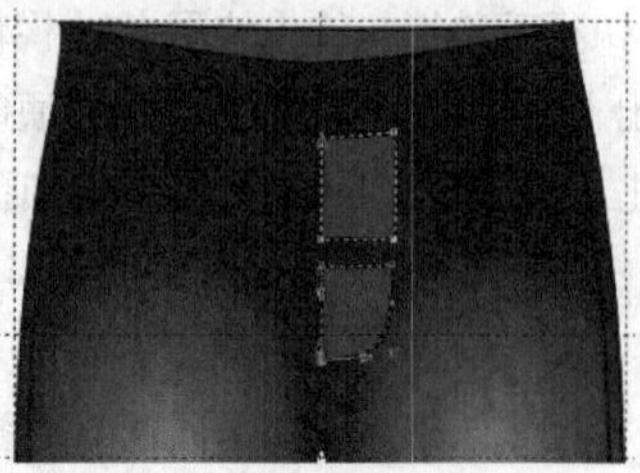
图7-80

23 使用【贝塞尔】工具和【形状】工具绘制图7-82所示的口袋分割线，单击【选择】工具，在属性栏中设置轮廓宽度。

24 使用【贝塞尔】工具和【形状】工具绘制裤子左侧的口袋盖，单击【选择】工具，在属性栏中设置轮廓宽度，并填充军绿色，其CMYK值为（66，59，81，16），得到的效果如图7-83所示。

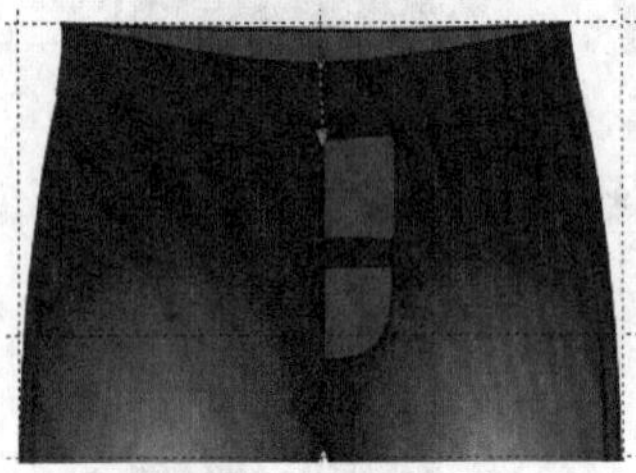
图7-81

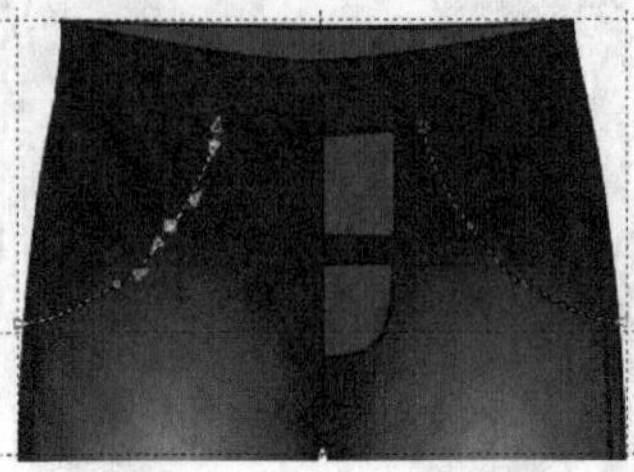
图7-82

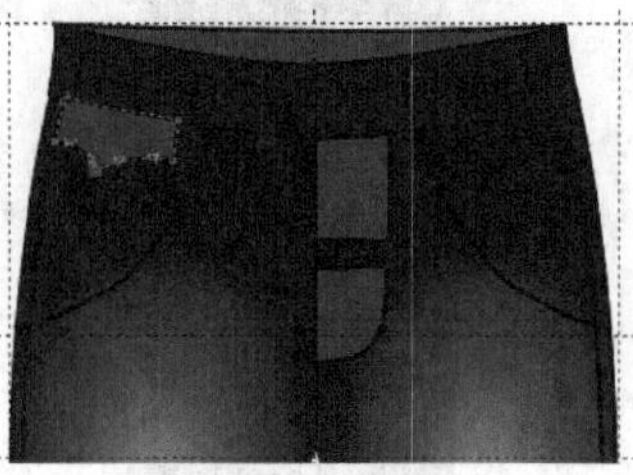
图7-83

25 选择工具箱中的【艺术笔】工具，在牛仔裤腰头上绘制猫须效果，在属性栏中设置艺术笔各项参数，如图7-84所示。给图形填充白色，得到的效果如图7-85所示。

图7-84

26 执行菜单栏中的【对象】/【拆分艺术笔组】命令，再执行菜单栏中的【位图】/【转换为位图】命令，弹出【转换为位图】对话框，设置各项参数如图7-86所示。

27 单击【确定】按钮，得到的效果如图7-87所示。

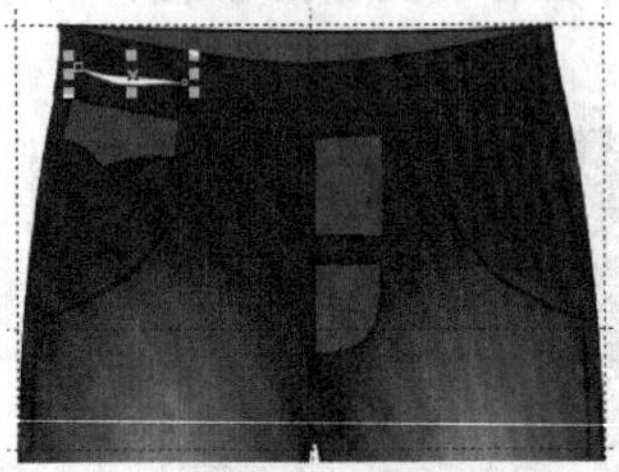
图7-85

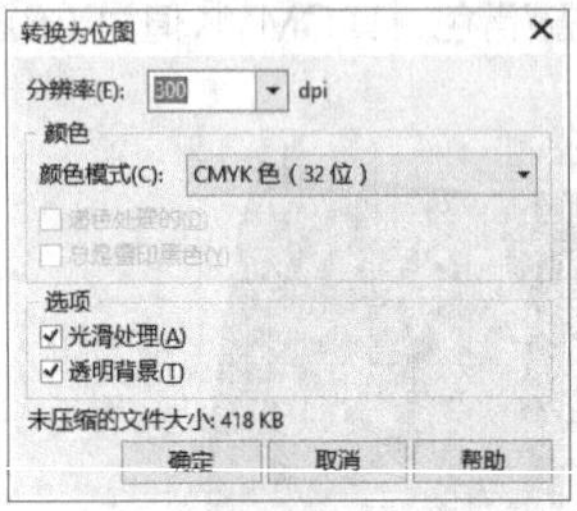

图7-86

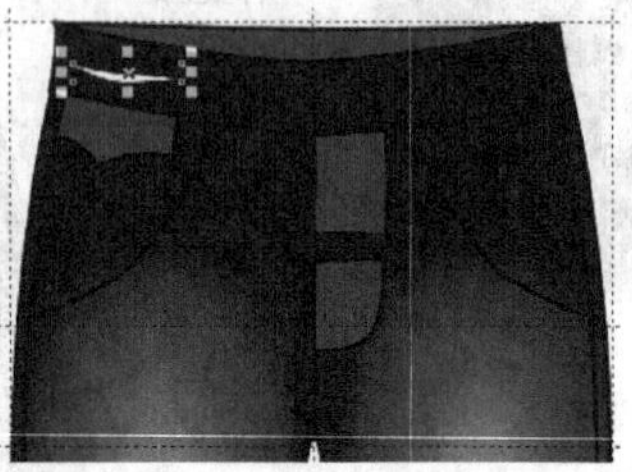
图7-87

28 执行菜单栏中的【位图】/【模糊】/【高斯式模糊】命令，弹出【高斯式模糊】对话框，各项参数的设置如图7-88所示。

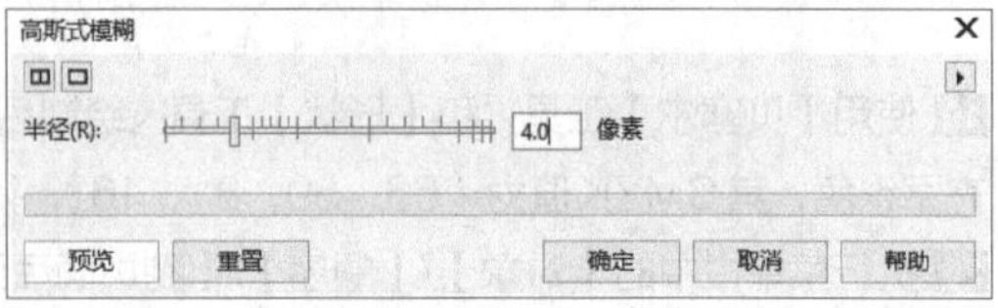

图7-88

29 单击【确定】按钮，得到的效果如图7-89所示。

30 使用【选择】工具，拖曳鼠标调整猫须工艺的大小，得到的效果如图7-90所示。

31 重复步骤26~30的操作，在牛仔裤腰头上绘制猫须工艺表现，得到的效果如图7-91所示。

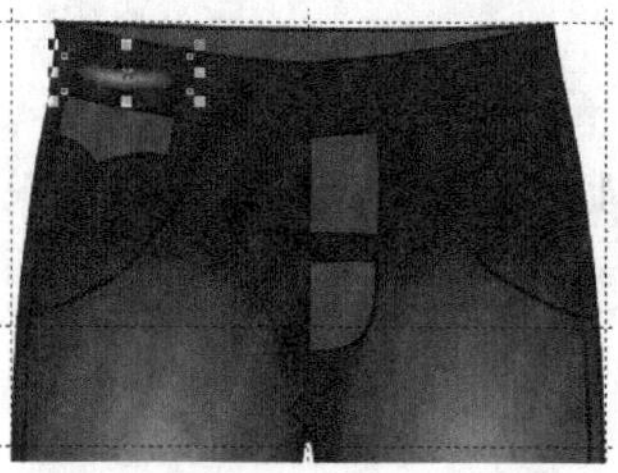

图7-89

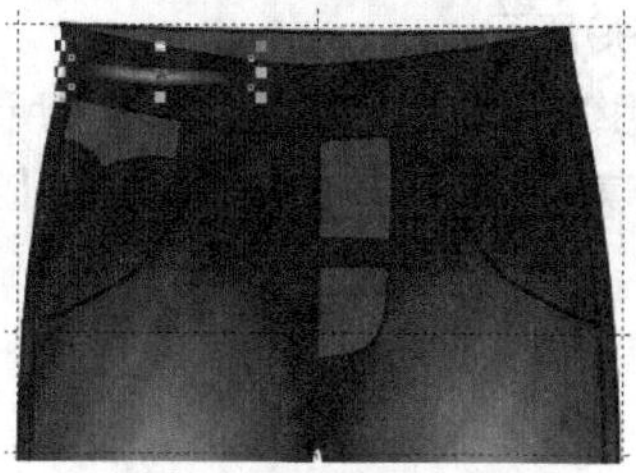

图7-90

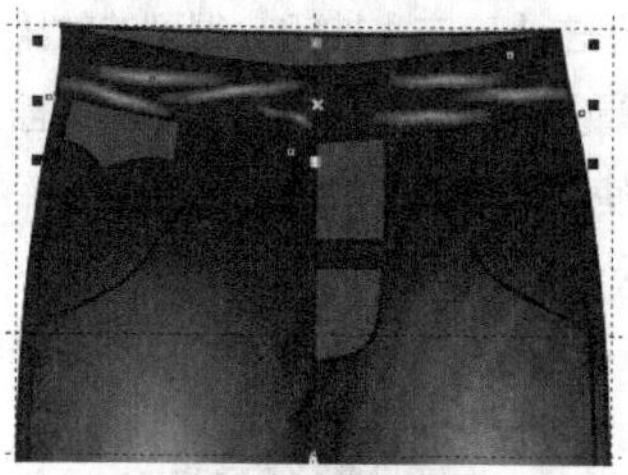

图7-91

32 使用【贝塞尔】工具和【形状】工具在腰头上绘制裤袢，单击【选择】工具，在属性栏中设置轮廓宽度，并填充藏青色，其CMYK值为（82，67，65，35），得到的效果如图7-92所示。

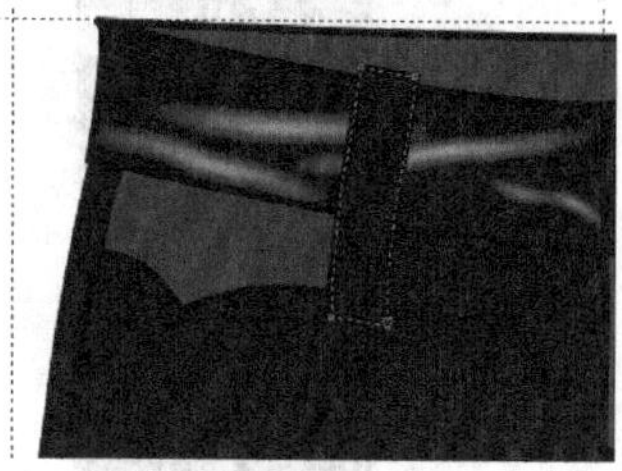

图7-92

33 使用【贝塞尔】工具和【形状】工具在图7-93所示的裤袢上绘制4条缉明线，使缉明线处于选择状态，按【F12】键，弹出【轮廓笔】对话框，选项及参数设置如图7-94所示。

34 单击【确定】按钮，得到的效果如图7-95所示。

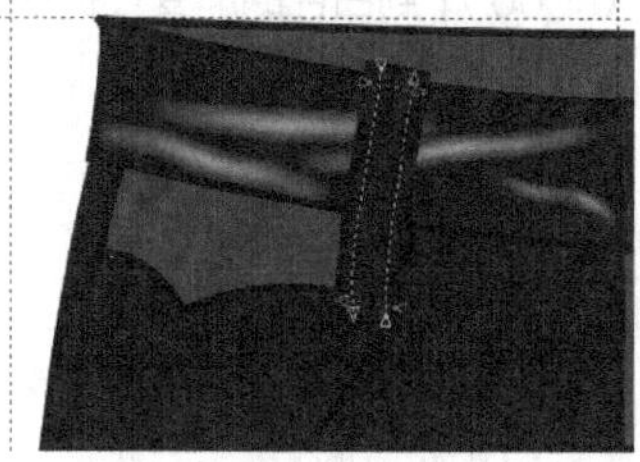

图7-93

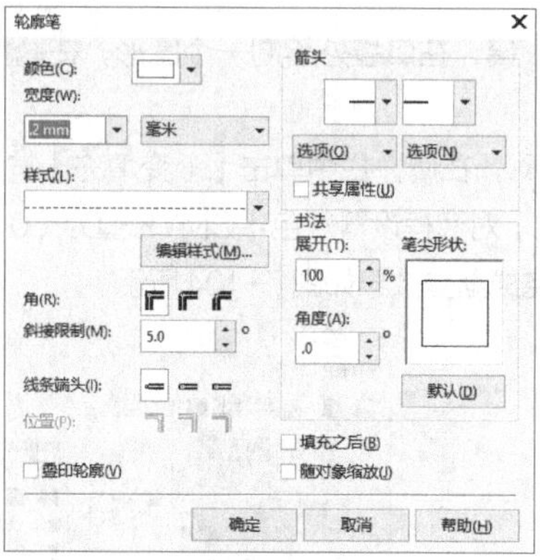

图7-94

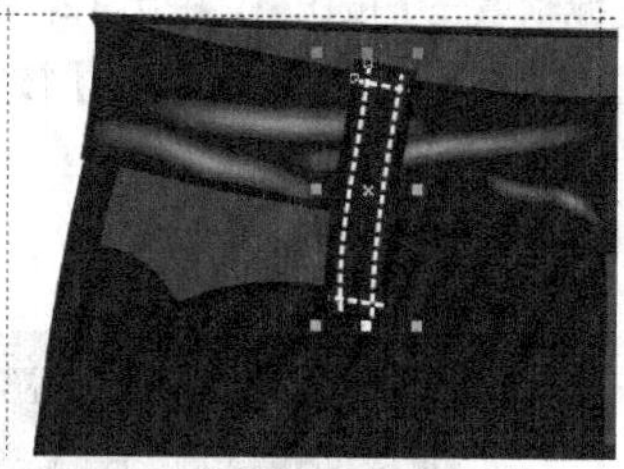

图7-95

35 用【选择】工具框选整个裤袢造型，按住【Ctrl】+【G】组合键群组图形。按【+】键复制裤袢，单击属性栏中的【水平镜像】按钮，并把复制的裤袢摆放在图7-96所示的位置。

36 选择【贝塞尔】工具和【形状】工具，在图7-97所示的腰头、门襟、口袋、裤中线、侧缝和裤脚口等处绘制缉明线，使缉明线处于选择状态，按【F12】键，弹出【轮廓笔】对话框，选项及参数设置如图7-98所示。

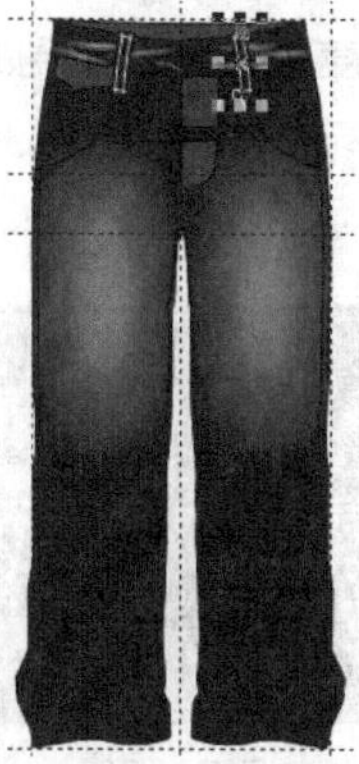

图7-96

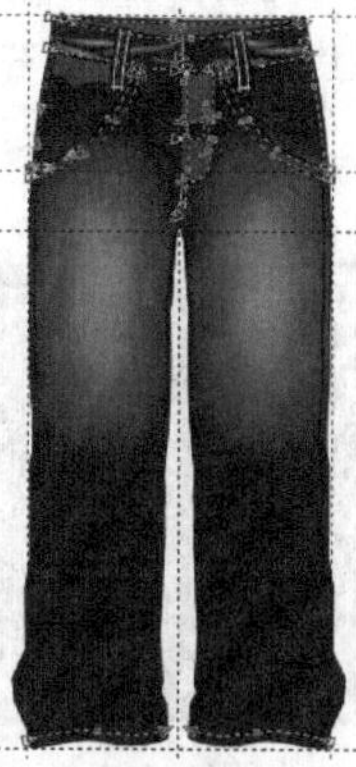

图7-97

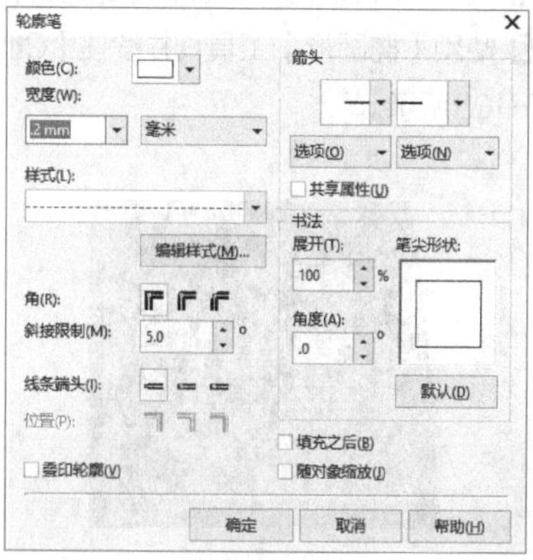

图7-98

37 单击【确定】按钮，得到的效果如图7-99所示。

38 重复上两步的操作绘制左侧袋盖上的缉明线，得到的效果如图7-100所示。

39 使用【选择】工具选择两个裤袢，执行菜单栏中的【对象】/【顺序】/【到页面前面】命令，得到的效果如图7-101所示。

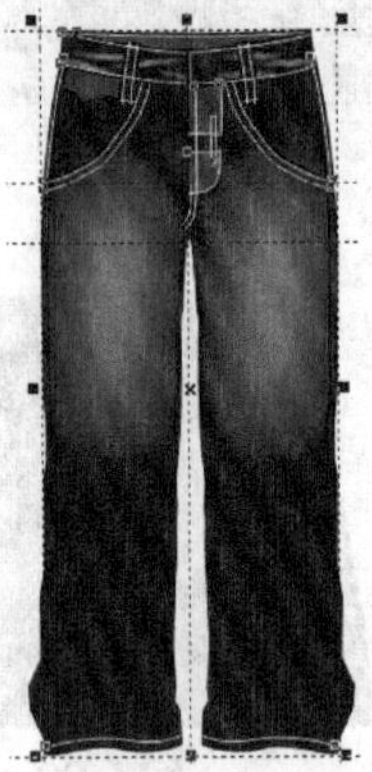
图7-99

图7-100

图7-101

40 使用【椭圆形】工具并按住【Ctrl】键，在口袋处绘制一个圆形，在属性栏中设置轮廓宽度 .2 mm，得到的效果如图7-102所示。

41 单击工具箱中的【交互式填充】工具，在属性栏中单击【渐变填充】按钮/【椭圆形渐变填充】按钮，再单击【编辑填充】按钮，弹出【编辑填充】对话框设置灰色［CMYK值为（0，0，0，60）］到白色的渐变，各项参数如图7-103所示。单击【确定】按钮，完成渐变效果如图7-104所示。

图7-102

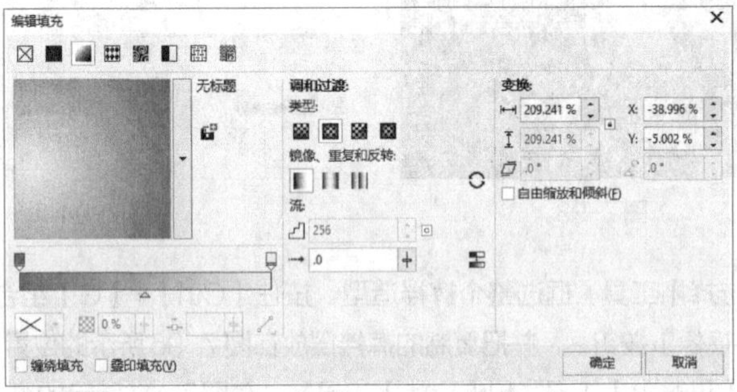

图7-103

42 按【+】键复制一个绘制好的撞钉，把复制的图形向右移动到合适的位置，得到的效果如图7-105所示。

43 使用【椭圆形】工具并按住【Ctrl】键在腰头上绘制工字扣，在属性栏中设置轮廓宽度 .2 mm，得到的效果如图7-106所示。

图7-104

图7-105

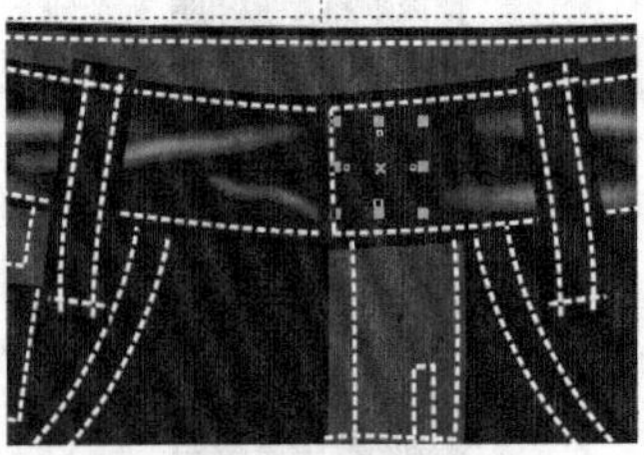
图7-106

44 单击工具箱中的【交互式填充】工具，在属性栏中单击【渐变填充】按钮/【椭圆形渐变填充】按钮，再单击属性栏中的【编辑填充】按钮，弹出【编辑填充】对话框，设置灰色[CMYK值为（0，0，0，60）]到白色的渐变，各项参数如图7-107所示。单击【确定】按钮，完成渐变效果如图7-108所示。

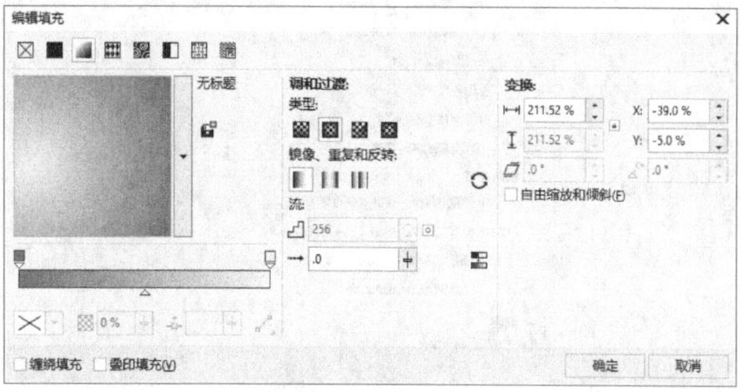

图7-107

图7-108

45 按【+】键复制圆形，再按住【Shift】键用鼠标等比例缩小图形，得到工字扣的效果如图7-109所示。

46 执行菜单栏中的【编辑】/【全选】/【辅助线】命令，选择所有的辅助线，按【Delete】键删除，得到的效果如图7-110所示。

47 使用【选择】工具框选所有图形，按【Ctrl】+【G】组合键群组图形。这样就完成了男式牛仔裤的绘制，效果如图7-111所示。

图7-109

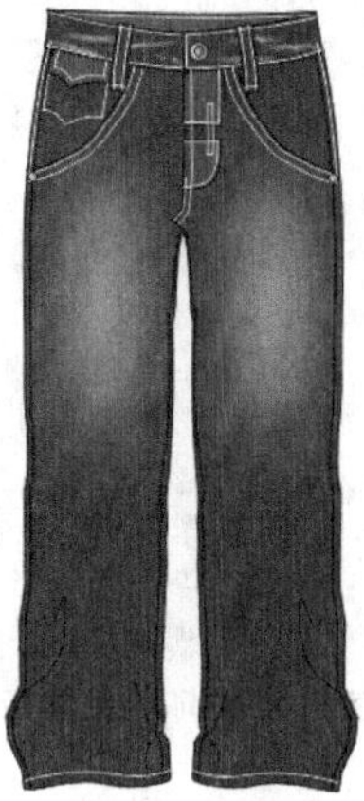

图7-110

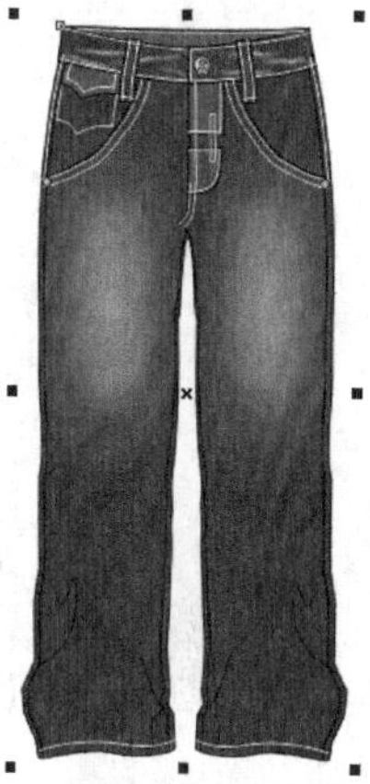

图7-111

7.2 运动裤款式设计

7.2.1 女式运动裤款式设计

女式运动裤的整体效果如图7-112所示。

设计重点

造型设计、罗纹腰头、裤脚口的表现；抽绳、鸡眼扣表现。

操作步骤

01 打开CorelDRAW软件，执行菜单栏中的【文件】/【新建】命令，或使用【Ctrl】+【N】组合键，打开【创建新文档】对话框，文件命名为“女式运动裤”，设定纸张大小为A4，横向摆放，如图7-113所示。

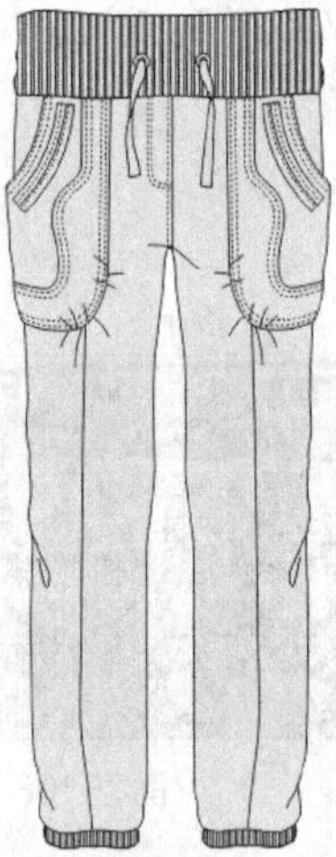
图7-112

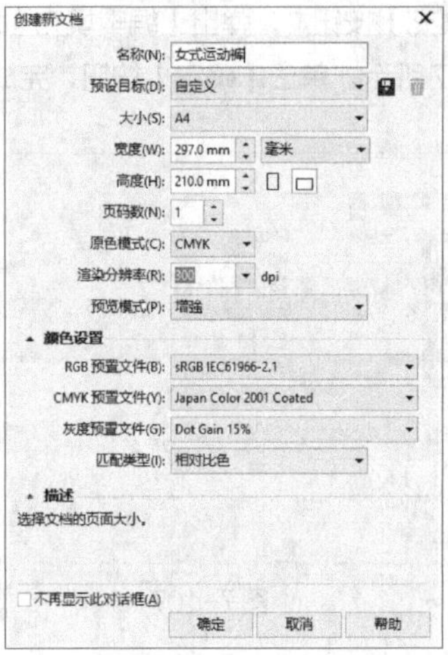

图7-113

02 从标尺栏向页面拖曳鼠标添加8条辅助线，确定裤长、裆深和脚口宽等，如图7-114所示。

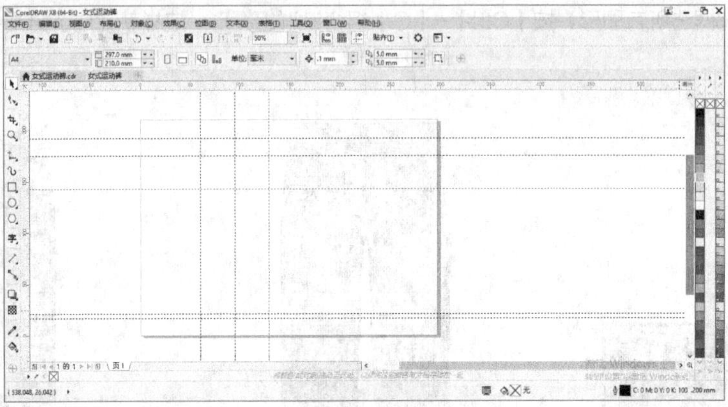
图7-114

03 使用【贝塞尔】工具和【形状】工具绘制图7-115所示的裤子造型。

专家提示

使用【贝塞尔】工具和【形状】工具绘制裤子造型时要注意腰臀部分曲线的处理，运动裤比较宽松，以直身为主要造型。

04 单击【选择】工具，在属性栏中设置轮廓宽度 .35 mm ，单击工具箱中的【交互式填充】工具，在属性栏中单击【均匀填充】按钮■给图形填充灰色，其CMYK数值为（82，67，65，35），得到的效果如图7-116所示。

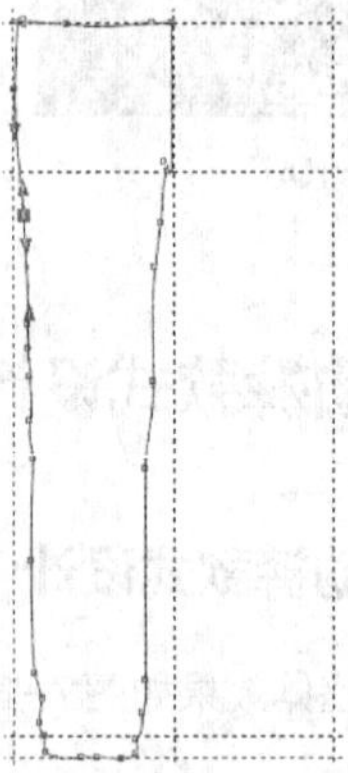
图7-115

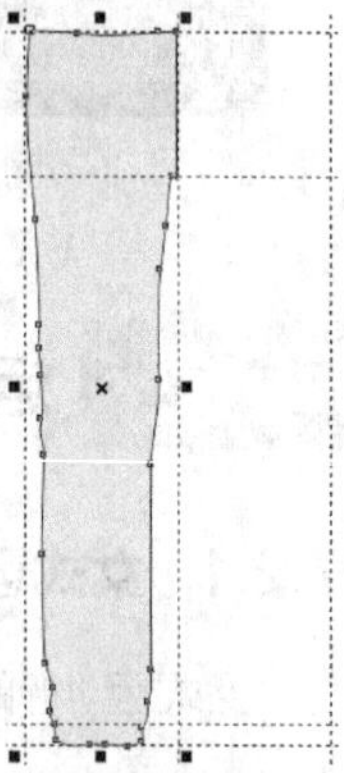
图7-116

05 使用【贝塞尔】工具和【形状】工具绘制图7-117所示的口袋。单击【选择】工具，在属性栏中设置轮廓宽度 .35 mm ，并填充灰色，其CMYK值为（5，0，5，10），得到的效果如图7-118所示。

06 使用【贝塞尔】工具和【形状】工具绘制口袋上的分割线，单击【选择】工具，在属性栏中设置轮廓宽度 .35 mm ，得到的效果如图7-119所示。

07 使用【贝塞尔】工具和【形状】工具在裤子上绘制两条裤褶，单击【选择】工具，在属性栏中设置轮廓宽度 .35 mm ，得到的效果如图7-120所示。

08 使用【贝塞尔】工具和【形状】工具在裤身上绘制分割线，单击【选择】工具，在属性栏中设置轮廓宽度，得到的效果如图7-121所示。

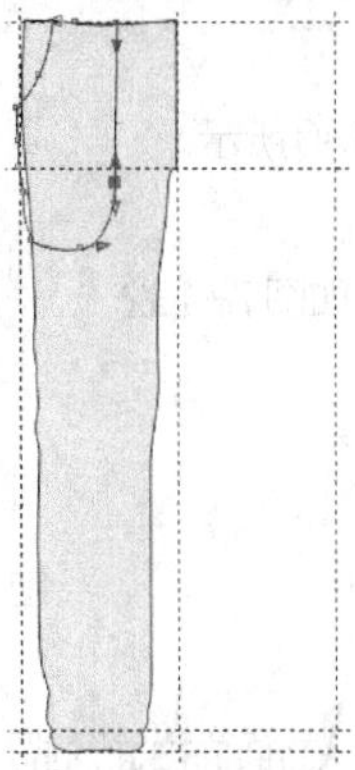
图7-117

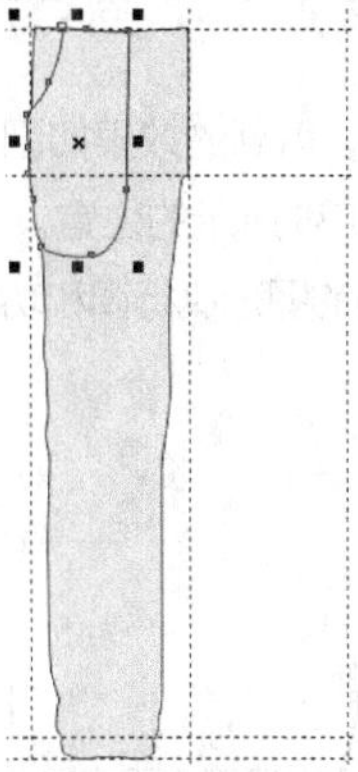
图7-118

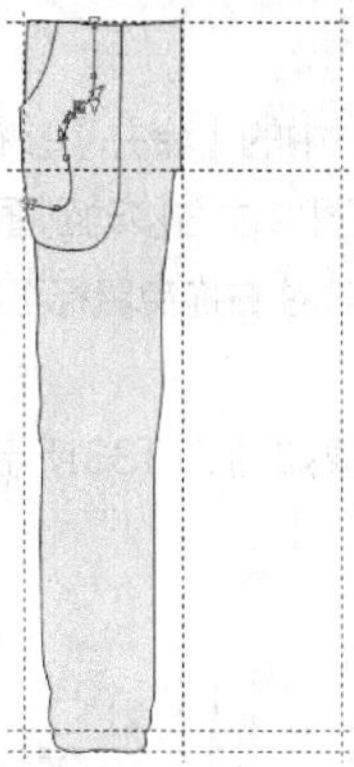
图7-119

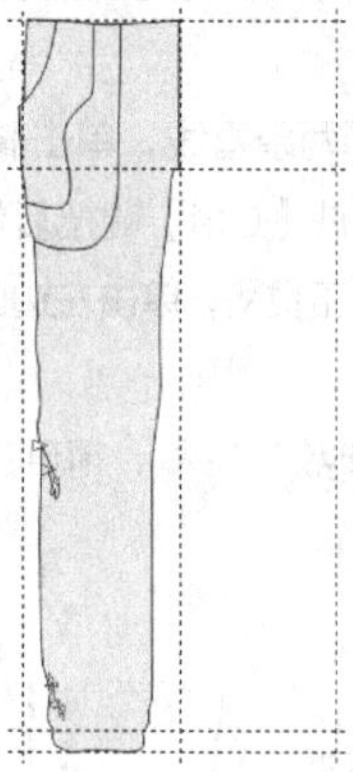
图7-120

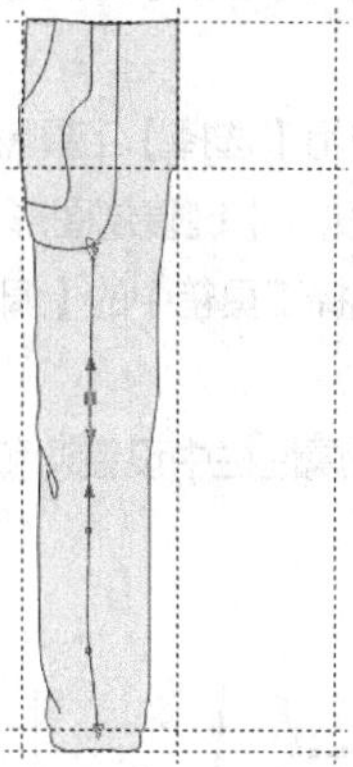
图7-121

09 使用【贝塞尔】工具和【形状】工具绘制图7-122所示的裤脚口。

10 使用【贝塞尔】工具和【形状】工具绘制口袋上的斜插袋。单击【选择】工具，在属性栏中设置轮廓宽度，得到的效果如图7-123所示。

11 使用【贝塞尔】工具和【形状】工具绘制口袋上的褶裥线，单击【选择】工具，在属性栏中设置轮廓宽度，得到的效果如图7-124所示。

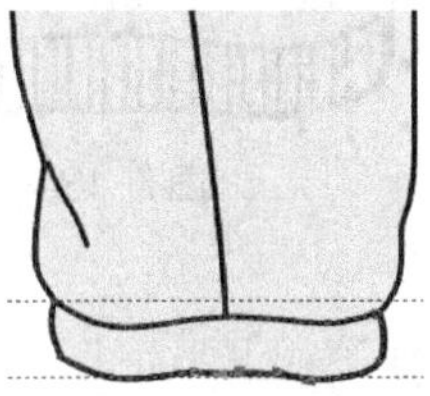
图7-122

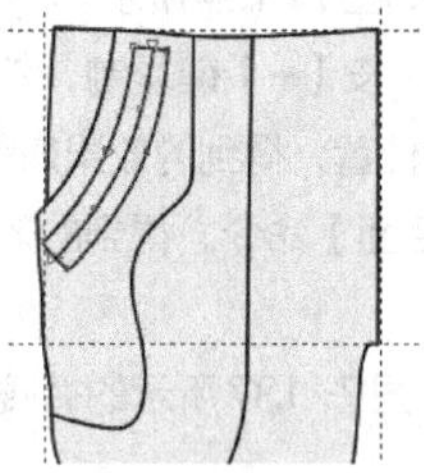
图7-123

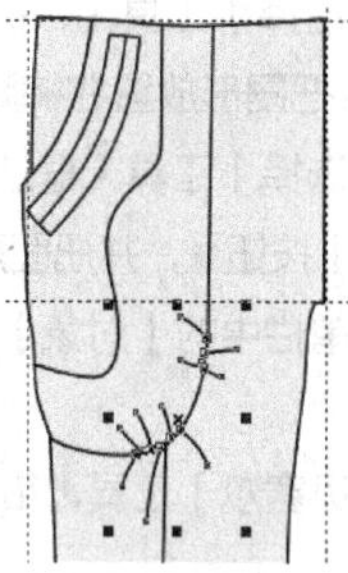
图7-124

12 选择【贝塞尔】工具和【形状】工具，在图7-125所示的口袋处绘制8条缉明线，使缉明线处于选择状态，按【F12】键，弹出【轮廓笔】对话框，选项及参数设置如图7-126所示。

13 单击【确定】按钮，得到的效果如图7-127所示。

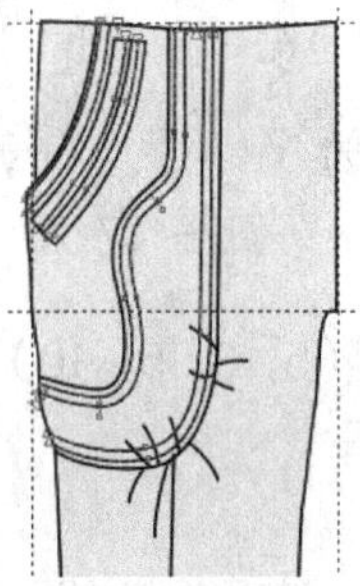
图7-125

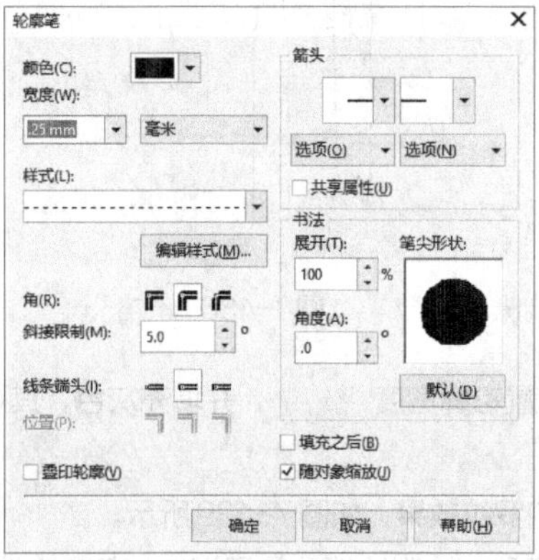

图7-126

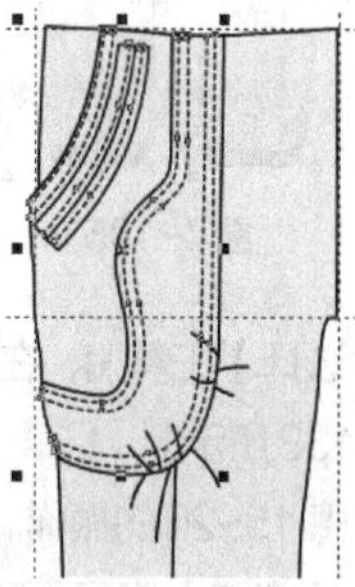
图7-127

14 执行菜单栏中的【编辑】/【全选】/【辅助线】命令，选择所有的辅助线，按【Delete】键删除，得到的效果如图7-128所示。

15 使用【手绘】工具在裤脚口绘制两条直线，在属性栏中设置轮廓宽度，得到的效果如图7-129所示。

16 使用【选择】工具选择两条直线，单击属性栏中的【合并】按钮，得到的效果如图7-130所示。

17 按【+】键复制图形，按住【Ctrl】键把复制的图形往右移动到图7-131所示的位置。

18 选择工具箱中的【调和】工具，单击左边的直线往右拖曳鼠标至右边的图形执行调和功能，如图7-132所示。

19 在属性栏中设置调和的步数，得到的效果如图7-133所示。

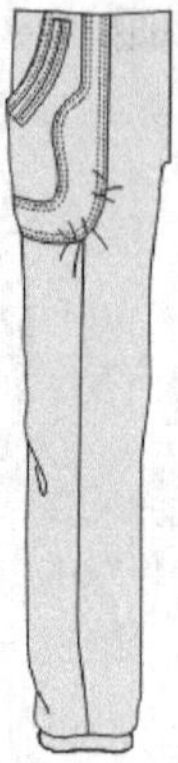
图7-128

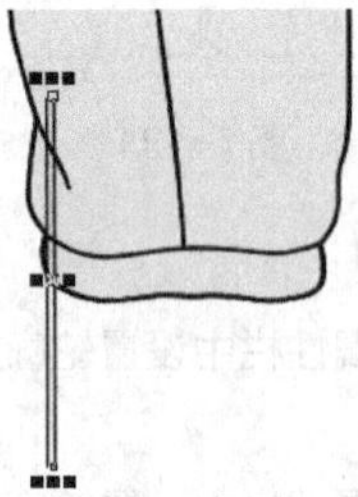
图7-129

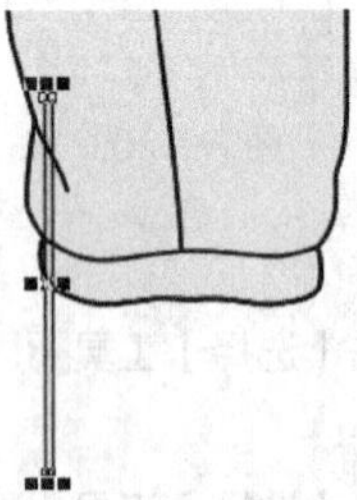
图7-130

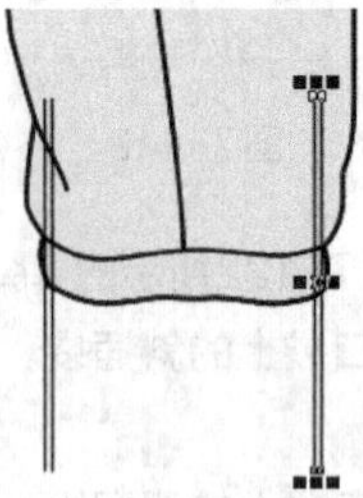
图7-131

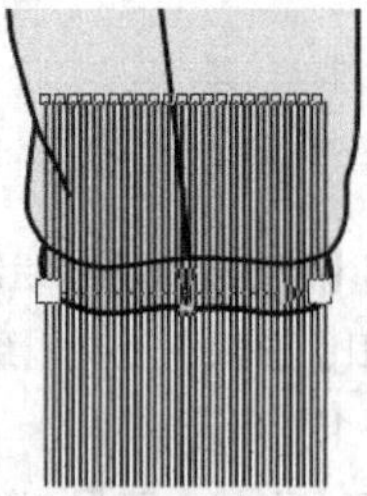
图7-132

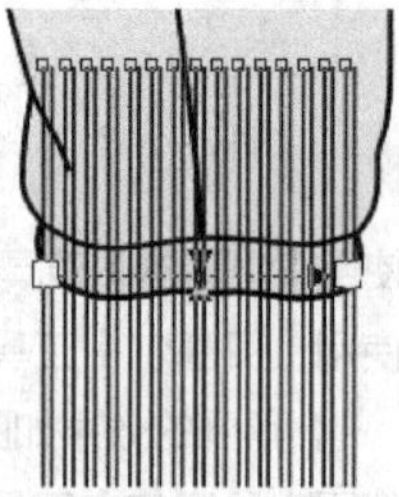
图7-133

20 单击【选择】工具，执行菜单栏中的【对象】/【PowerClip】/【置于图文框内部】命令把图形放置在裤脚口内，得到的效果如图7-134所示。

21 使用【选择】工具框选绘制好的左边裤形，按【+】键复制，单击属性栏中的【水平镜像】按钮，并把图形向右平移到合适的位置，得到的效果如图7-135所示。

22 执行菜单栏中的【对象】/【顺序】/【到页面后面】命令，得到的效果如图7-136所示。

23 使用【贝塞尔】工具和【形状】工具绘制图7-137所示的裤腰部分。

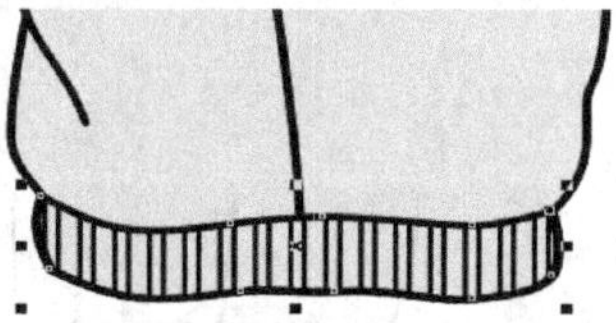
图7-134

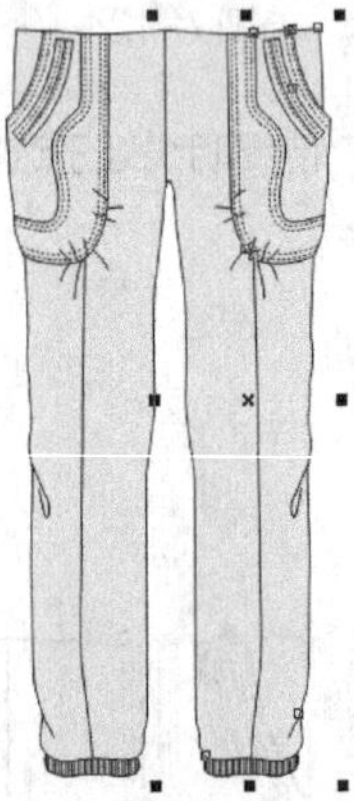
图7-135

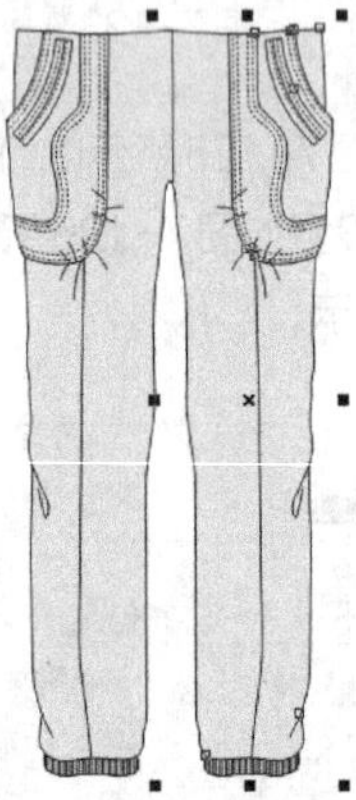
图7-136

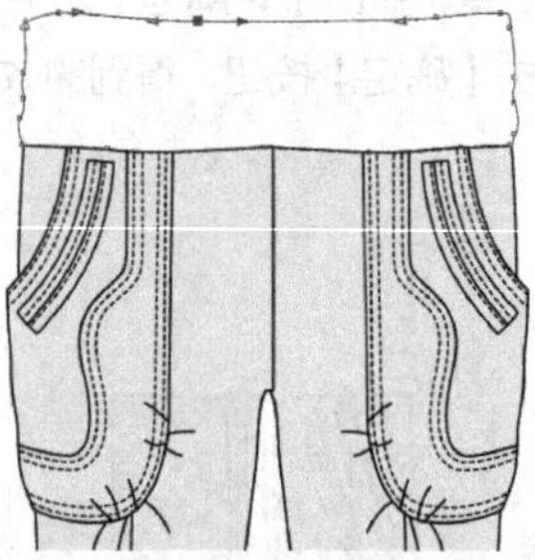
图7-137

24 单击【选择】工具，在属性栏中设置轮廓宽度，并填充灰色，其CMYK值为（5，0，5，10），得到的效果如图7-138所示。

25 重复步骤15~20的操作，完成腰头的罗纹效果，如图7-139所示。

26 使用【贝塞尔】工具和【形状】工具绘制裤裆处的褶裥线，单击【选择】工具，在属性栏中设置轮廓宽度，得到的效果如图7-140所示。

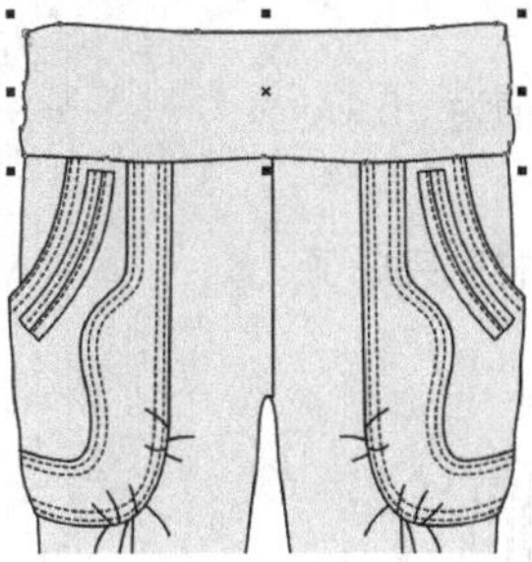
图7-138

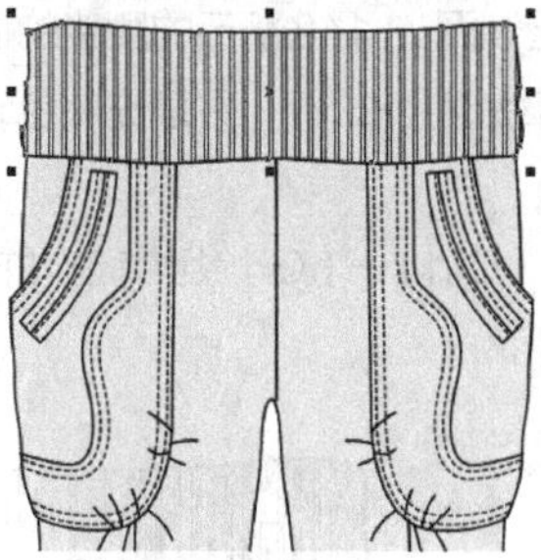
图7-139

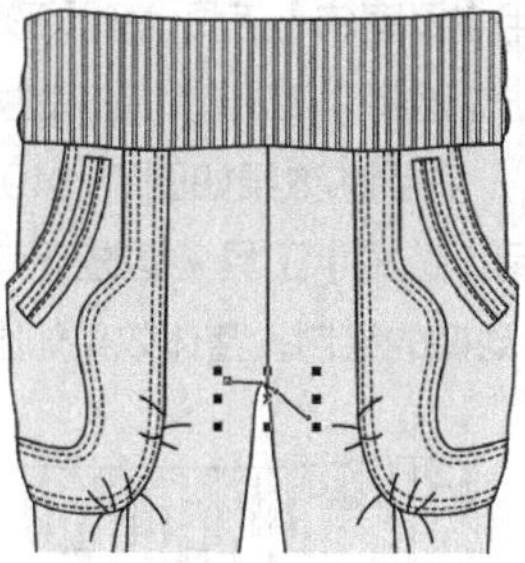
图7-140

27 选择【贝塞尔】工具和【形状】工具，在图7-141所示的门襟处绘制3条缉明线，使缉明线处于选择状态，按【F12】键，弹出【轮廓笔】对话框，选项及参数设置如图7-142所示。

28 单击【确定】按钮，得到的效果如图7-143所示。

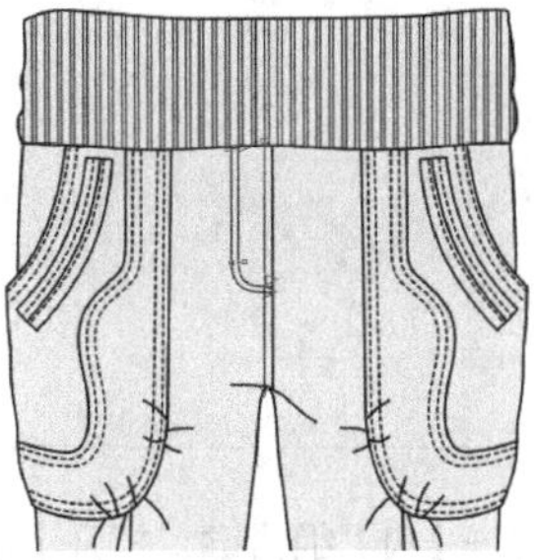
图7-141

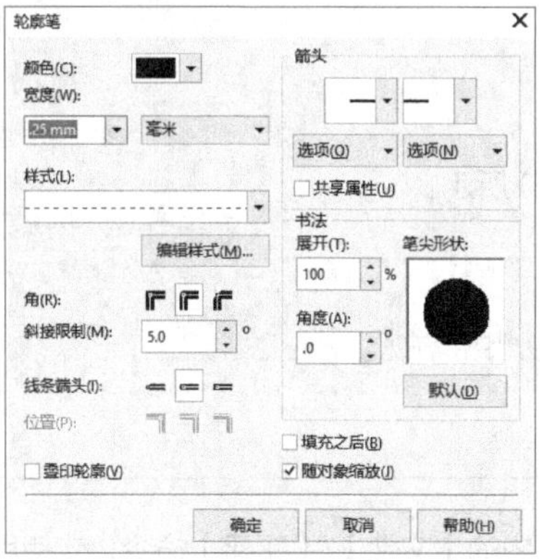

图7-142

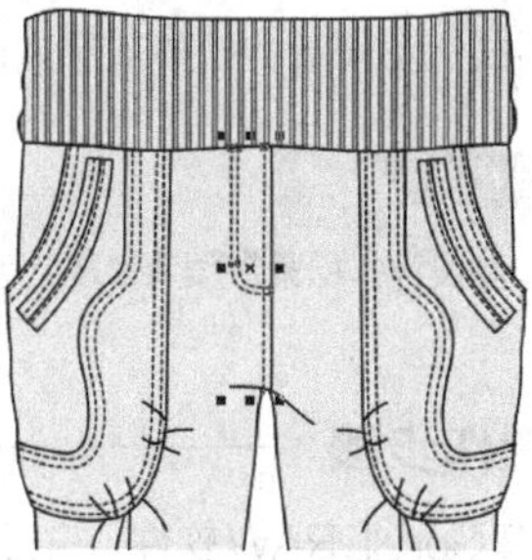
图7-143

29 选择【椭圆形】工具，并按住【Ctrl】键，在腰头部分绘制一个圆形，在属性栏中设置轮廓宽度 .2 mm，并填充灰色，其CMYK值为（5，0，5，10），如图7-144所示。

30 按【+】键复制圆形，再按住【Shift】键用鼠标等比例缩小图形，得到的效果如图7-145所示。

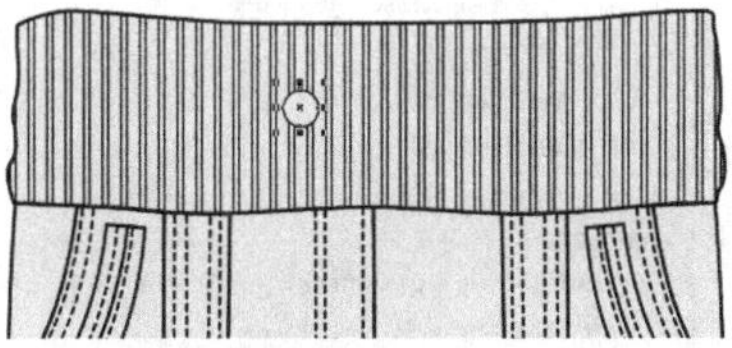
图7-144

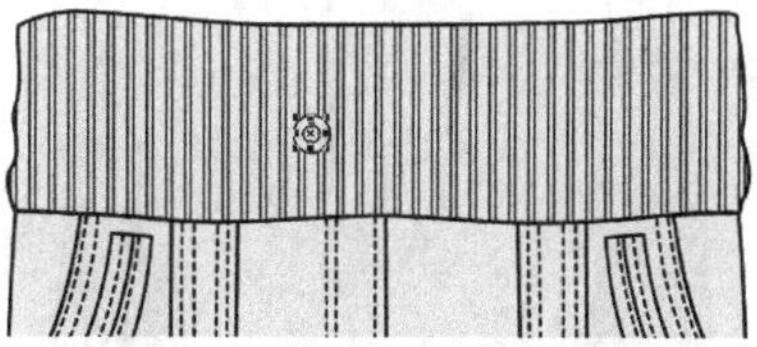
图7-145

31 使用【选择】工具框选两个圆形，单击属性栏中的【合并】按钮，得到的效果如图7-146所示。

32 使用【选择】工具选择图形，按【+】键复制，并把图形向右平移到合适的位置，得到的效果如图7-147所示。

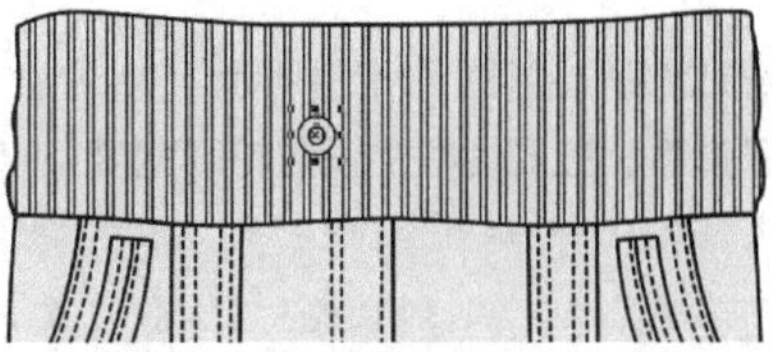
图7-146

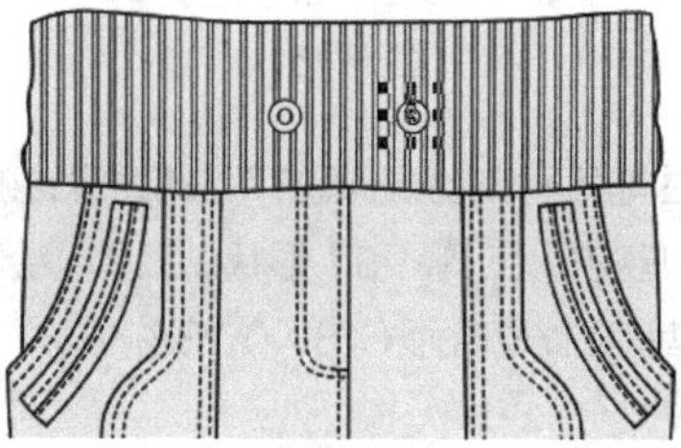
图7-147

33 使用【贝塞尔】工具和【形状】工具绘制图7-148所示的腰头的抽绳。

34 单击【选择】工具，在属性栏中设置轮廓宽度，并填充灰色，其CMYK值为（5,0,5，10），得到的效果如图7-149所示。

35 使用【选择】工具框选所有图形，按住【Ctrl】+【G】组合键，群组图形。这样就完成了女式运动裤的绘制，整体效果如图7-150所示。

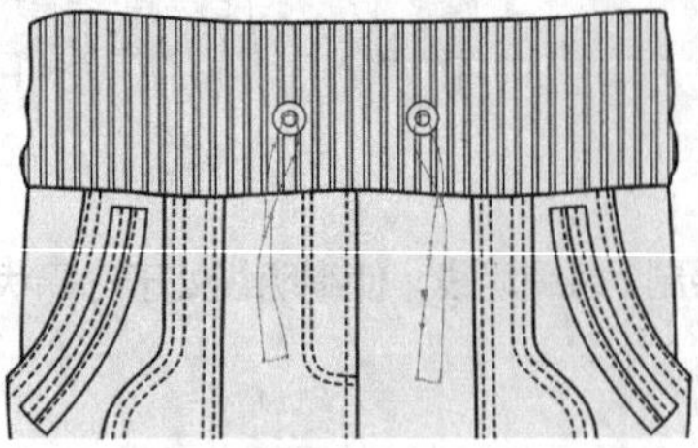

图7-148

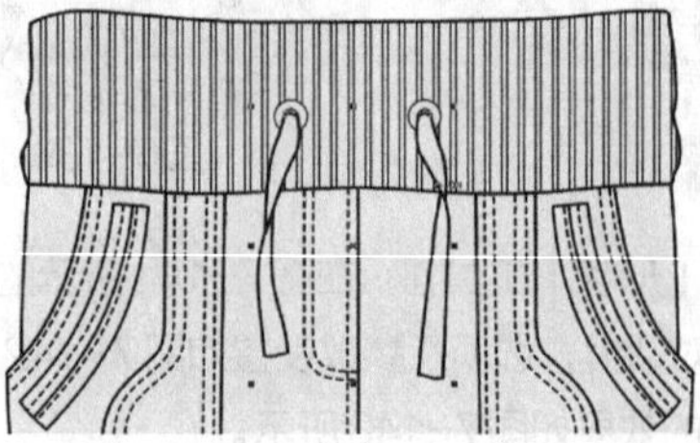

图7-149

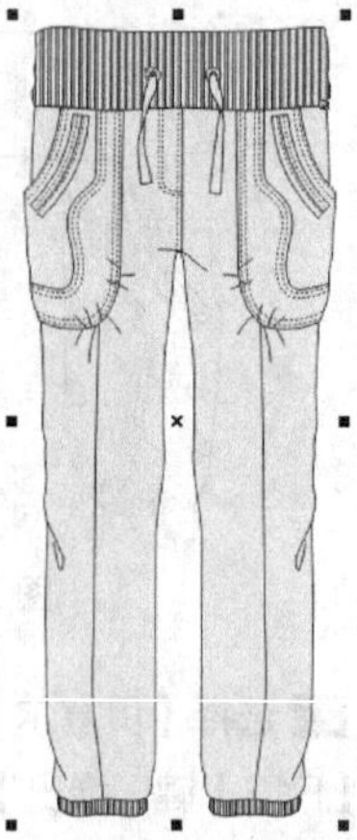

图7-150

7.2.2 男式运动短裤款式设计

男式运动短裤的整体效果如图7-151所示。

设计重点

造型设计、松紧带腰头表现、色彩填充、织带表现。

操作步骤

01 打开CorelDRAW软件，执行菜单栏中的【文件】/【新建】命令，或使用【Ctrl】+【N】组合键，打开【创建新文档】对话框，文件命名为“男式运动短裤”，设定纸张大小为A4，横向摆放，如图7-152所示。

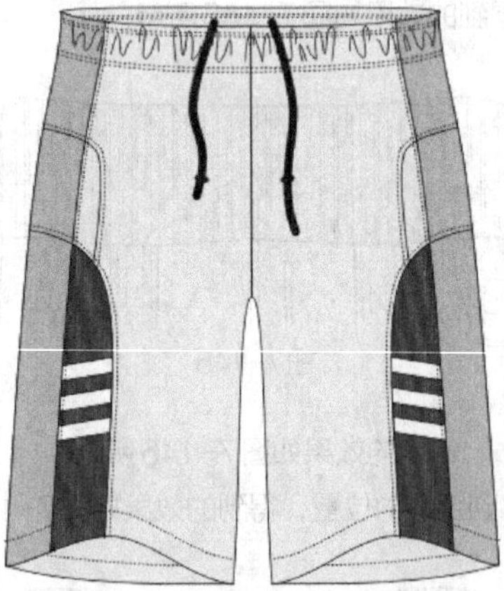

图7-151

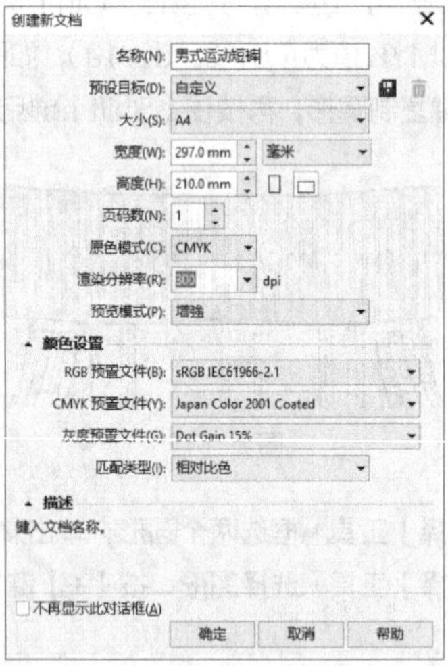

图7-152

02 从标尺栏向页面拖曳鼠标添加7条辅助线，确定裤长、裆深和分割线位置等，如图7-153所示。

03 使用【贝塞尔】工具和【形状】工具绘制图7-154所示的裤子造型，在属性栏中设置轮廓宽度，并填充浅绿色，其CMYK值为（18，0，35，0）。

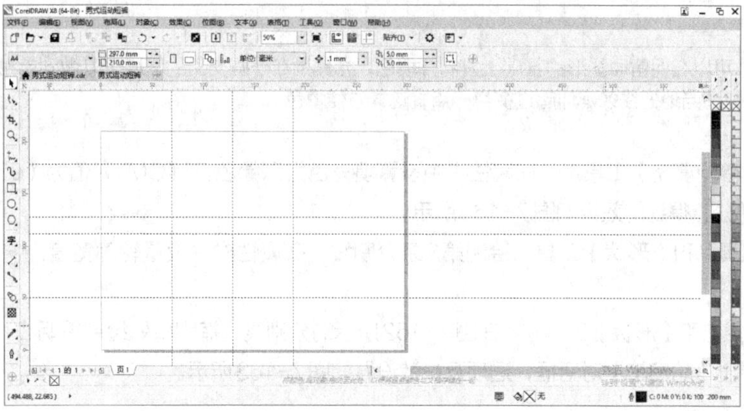

图7-153

04 使用【贝塞尔】工具和【形状】工具绘制图7-155所示的裤子后片，在属性栏中设置轮廓宽度，并填充浅绿色，其CMYK值为（18，0，35，0）。

05 执行菜单栏中的【对象】/【顺序】/【到页面后面】命令，得到的效果如图7-156所示。

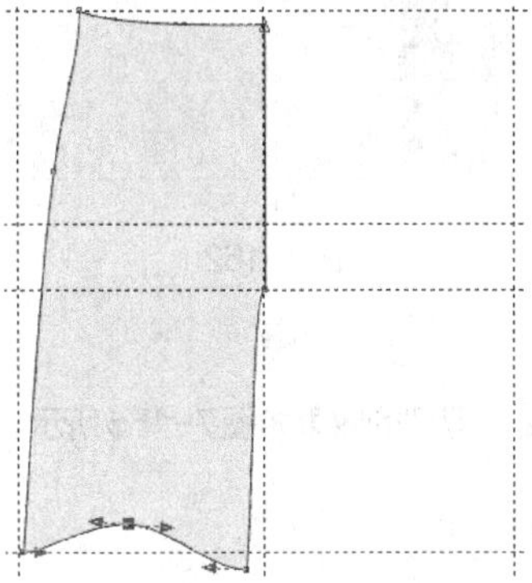

图7-154

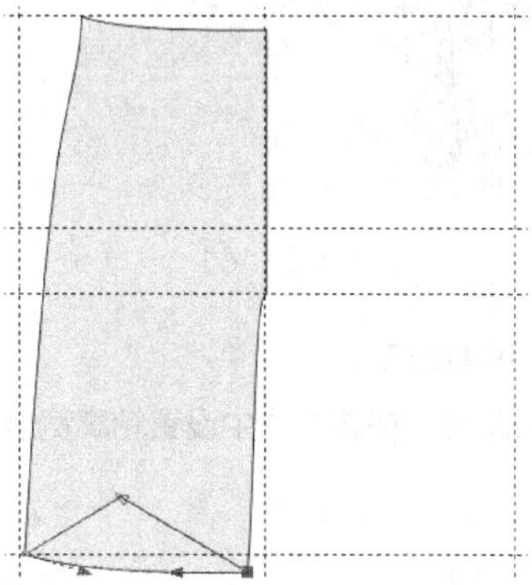

图7-155

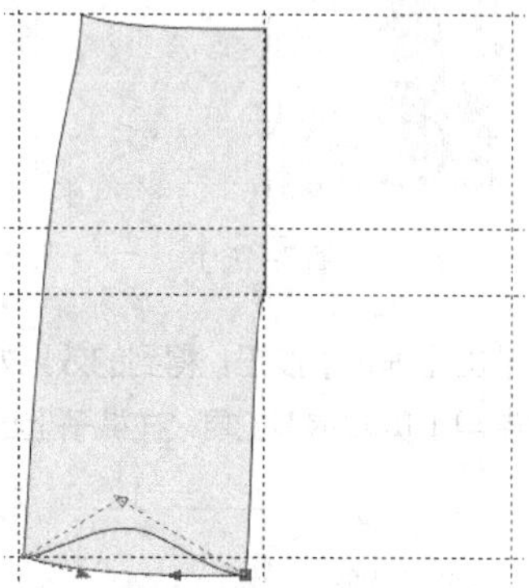

图7-156

06 使用【贝塞尔】工具和【形状】工具在裤身上绘制一条分割线，在属性栏中设置轮廓宽度，得到的效果如图7-157所示。

07 选择工具箱中的【智能填充】工具，在属性栏中设置填充色为草绿色，其CMYK值为（39，0，98，0），单击分割线左侧的裤身部分，得到的效果如图7-158所示。

08 使用【贝塞尔】工具和【形状】工具绘制分割线，在属性栏中设置轮廓宽度，得到的效果如图7-159所示。

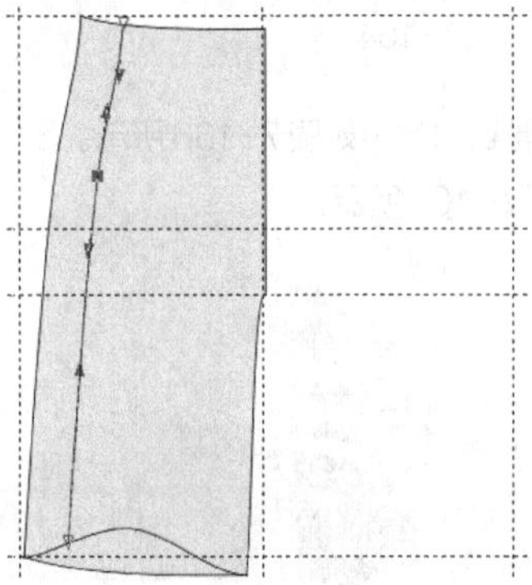

图7-157

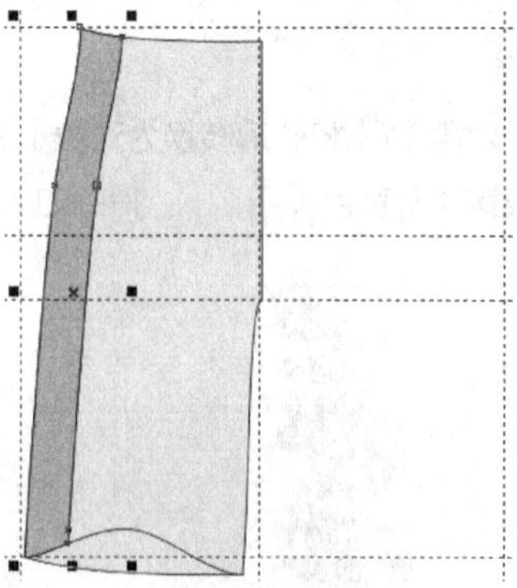

图7-158

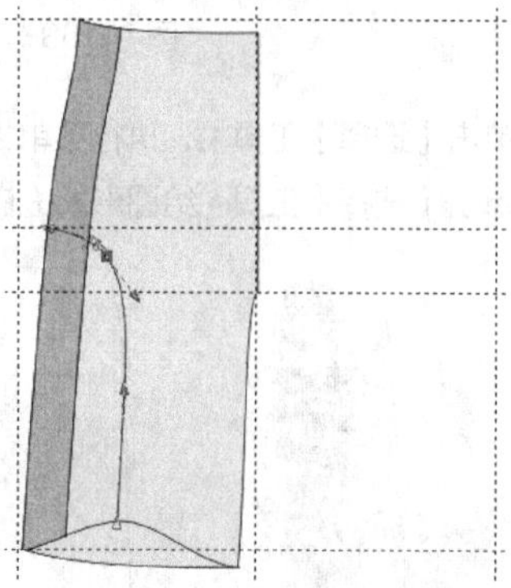

图7-159

专家提示

【智能填充】工具可以在保留原图形的基础上复制并填色，尤其是在一些交叉的区域可以做到单独填色。但要注意的是在绘制分割线时可以适当地把线条延伸超过裤身一点，这样方便填色。

09 选择工具箱中的【智能填充】工具，在属性栏中设置填充色为深绿色，其CMYK值为（93，47，91，11），单击分割线左侧的裤身部分，得到的效果如图7-160所示。

10 使用【贝塞尔】工具和【形状】工具绘制第3条分割线，在属性栏中设置轮廓宽度 .35 mm，得到的效果如图7-161所示。

11 选择【贝塞尔】工具和【形状】工具，在图7-162所示的分割线、裤脚口处绘制缉明线，使缉明线处于选择状态，按【F12】键，弹出【轮廓笔】对话框，选项及参数设置如图7-163所示。

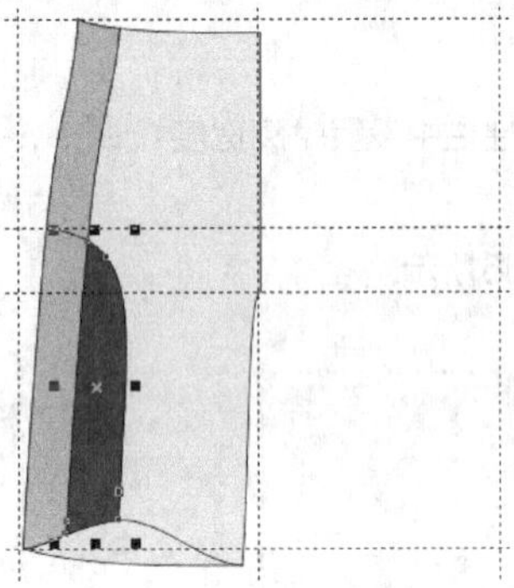

图7-160

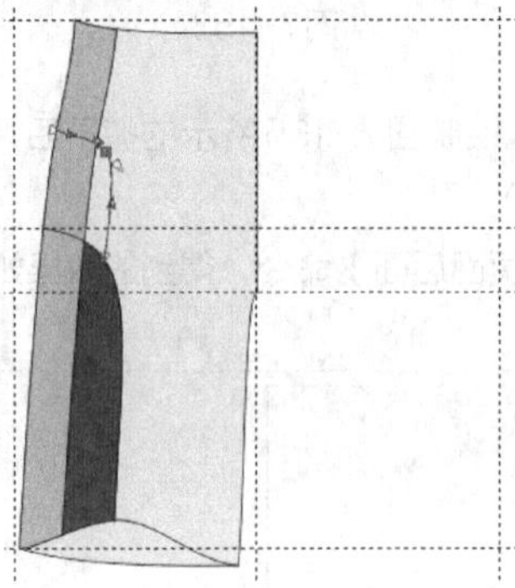

图7-161

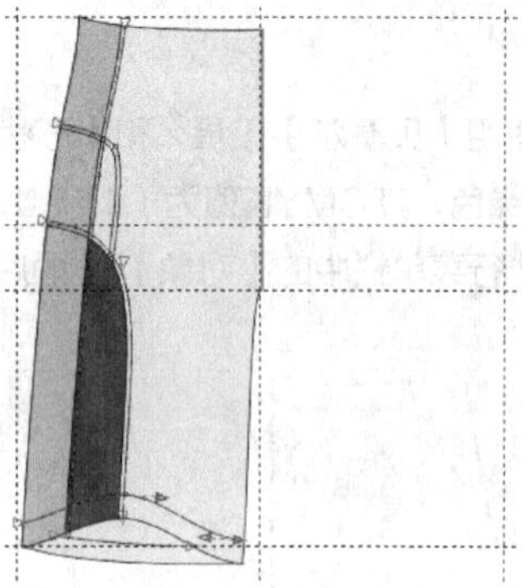

图7-162

12 单击【确定】按钮，得到的效果如图7-164所示。

13 使用【贝塞尔】工具在裤子上绘制3条路径，在属性栏中设置轮廓宽度 .35 mm，得到的效果如图7-165所示。

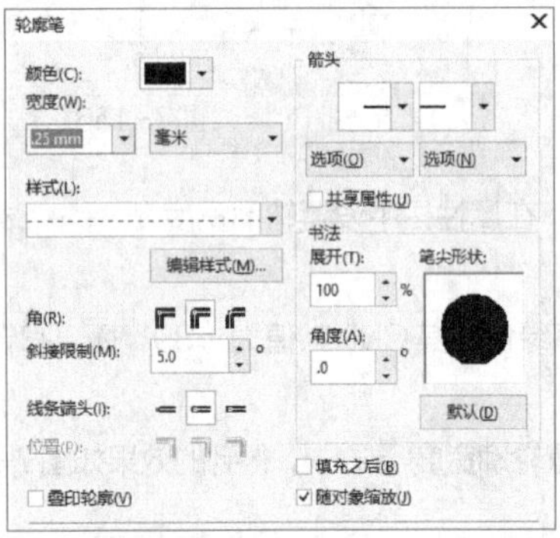

图7-163

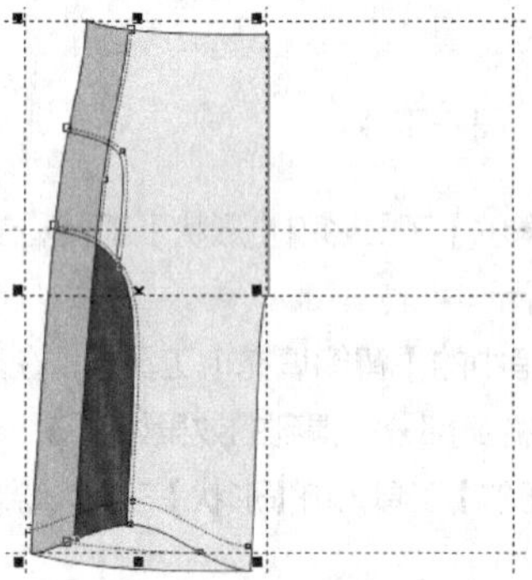

图7-164

14 单击【选择】工具，执行菜单栏中的【对象】/【将轮廓转换为对象】命令，得到的效果如图7-166所示。

15 单击【选择】工具给图形填充白色，设置轮廓宽度 .2 mm，得到的效果如图7-167所示。

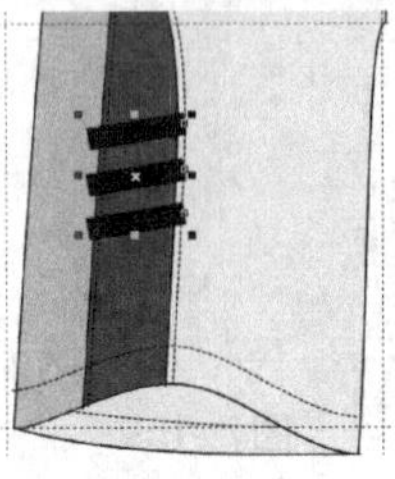

图7-165

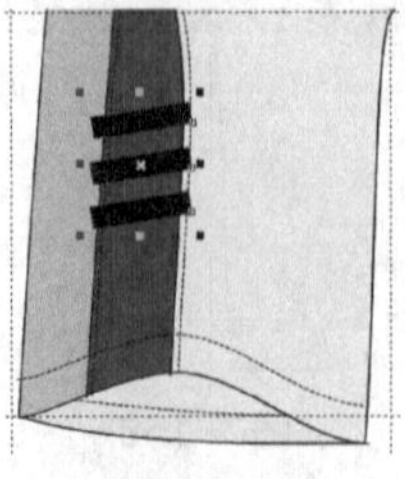

图7-166

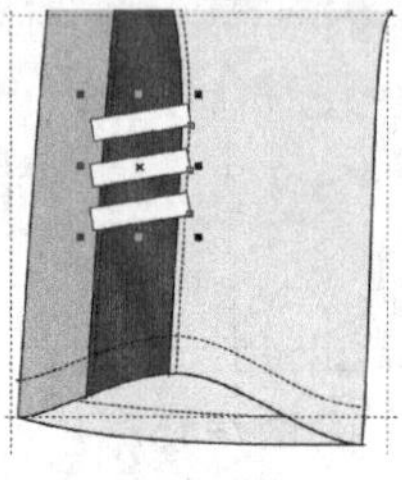

图7-167

16 执行菜单栏中的【对象】/【PowerClip】/【置于图文框内部】命令把图形放置在填充深绿色的图形中，得到的效果如图7-168所示。

17 执行菜单栏中的【编辑】/【全选】/【辅助线】命令，选择所有的辅助线，按【Delete】键删除，得到的效果如图7-169所示。

18 使用【选择】工具框选绘制好的左边裤形，按【+】键复制，单击属性栏中的【水平镜像】按钮，并把图形向右平移到合适的位置，得到的效果如图7-170所示。

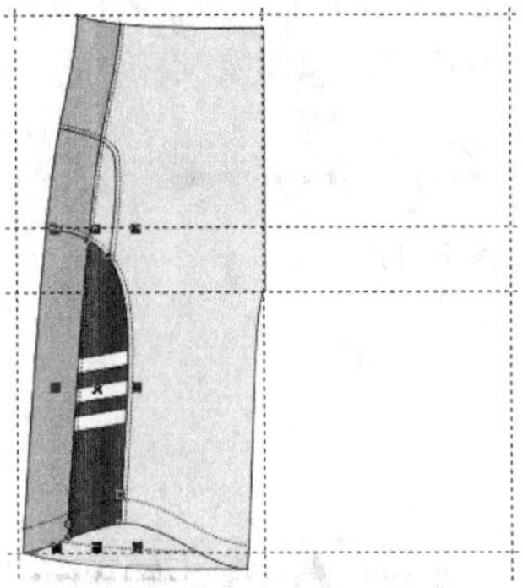

图7-168

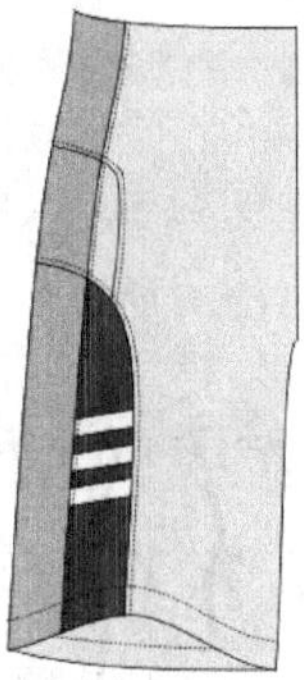

图7-169

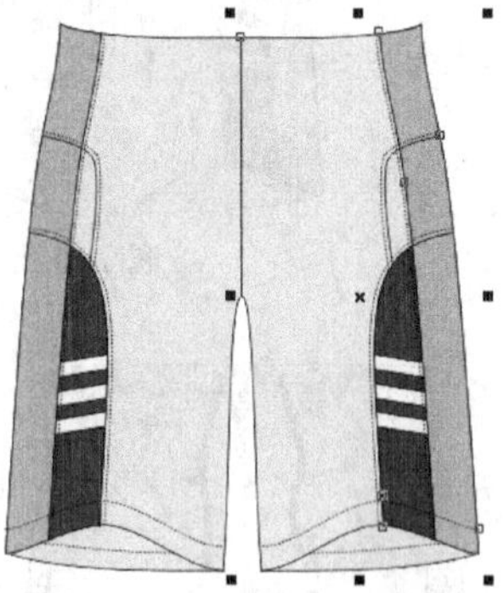

图7-170

19 使用【贝塞尔】工具和【形状】工具绘制图7-171所示的裤子后片造型，在属性栏中设置轮廓宽度，并填充浅绿色，其CMYK值为（18，0，35，0）。

20 执行菜单栏中的【对象】/【顺序】/【到页面背面】命令，得到的效果如图7-172所示。

21 重复步骤11和步骤12的操作，绘制前后腰头的缉明线，得到的效果如图7-173所示。

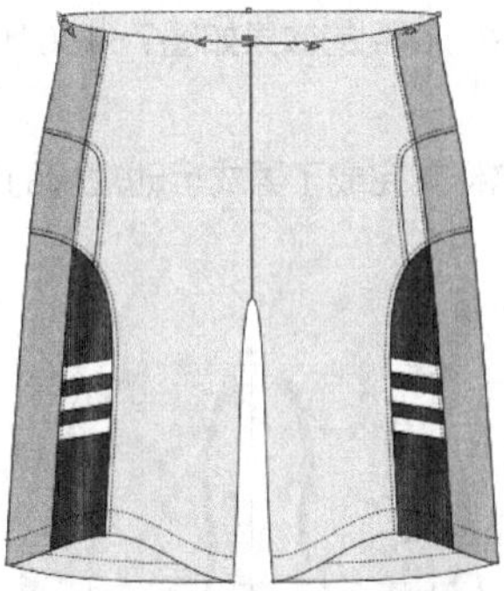

图7-171

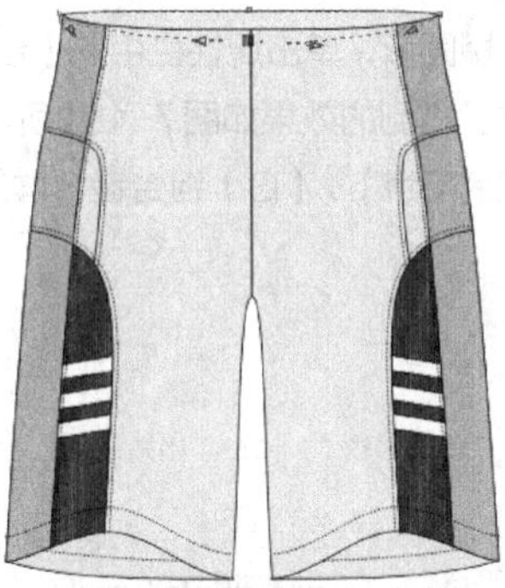

图7-172

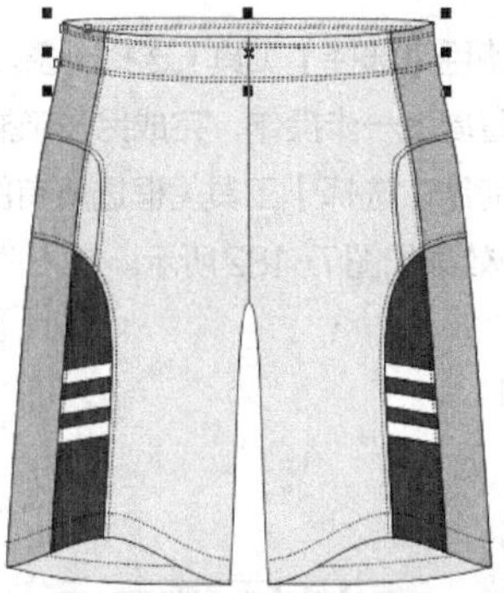

图7-173

22 使用【贝塞尔】工具和【形状】工具，在腰头带上绘制褶裥线表现松紧，在属性栏中设置轮廓宽度，得到的效果如图7-174所示。

23 使用【贝塞尔】工具和【形状】工具在腰头绘制两条曲线，如图7-175所示。

24 按【F12】键弹出【轮廓笔】对话框，各项参数的设置如图7-176所示。

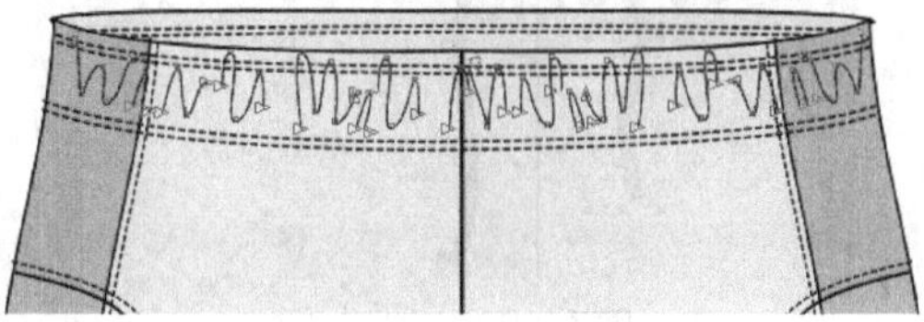

图7-174

25 单击【确定】按钮，得到的效果如图7-177所示。

26 执行菜单栏中的【对象】/【将轮廓转换为对象】命令，得到的效果如图7-178所示。

27 使用【椭圆形】工具在抽绳上分别绘制两个椭圆形，如图7-179所示。

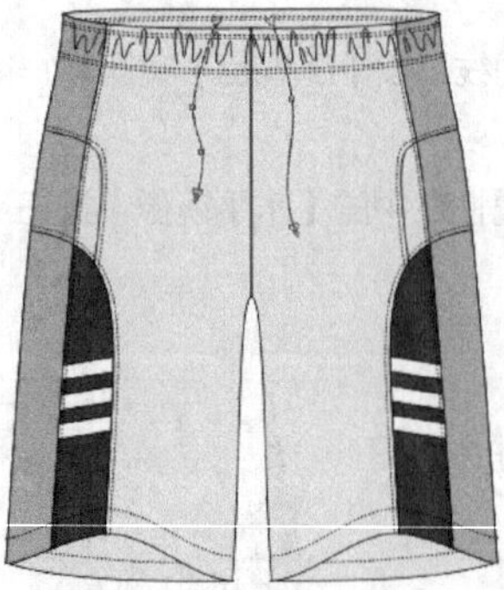

图7-175

图7-176

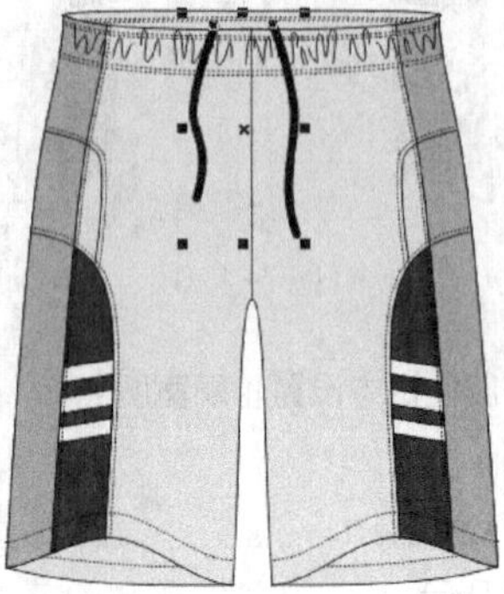

图7-177

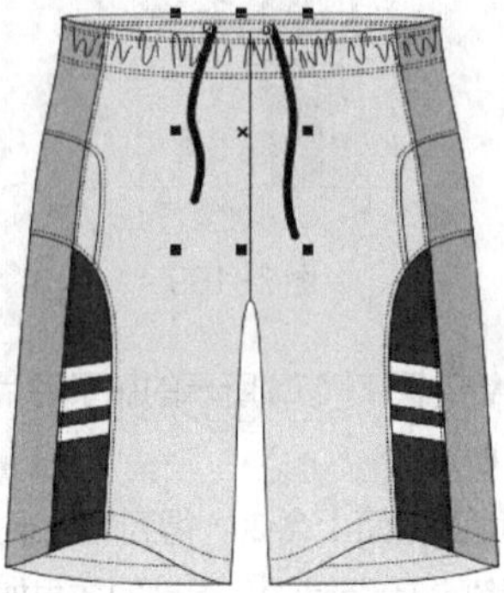

图7-178

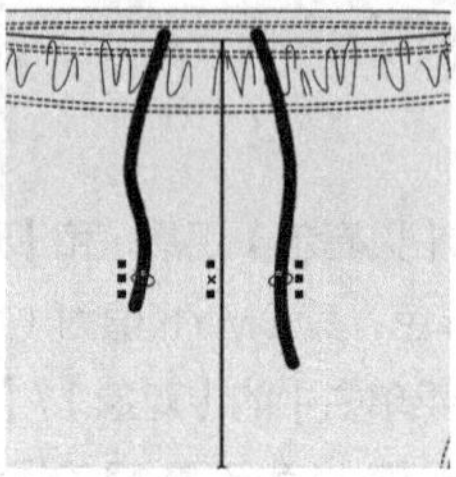

图7-179

28 使用【选择】工具选择一条抽绳和一个椭圆形，单击属性栏中的【合并】按钮，得到的效果如图7-180所示。

29 重复上一步操作，完成另一条抽绳的合并，得到的效果如图7-181所示。

30 使用【选择】工具框选所有图形，按住【Ctrl】+【G】组合键，群组图形。这样就完成了男式运动短裤的绘制，整体效果如图7-182所示。

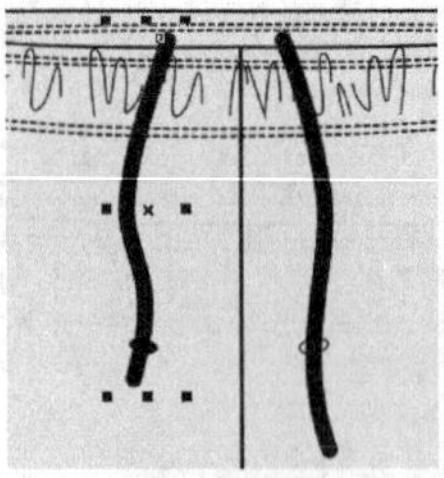

图7-180

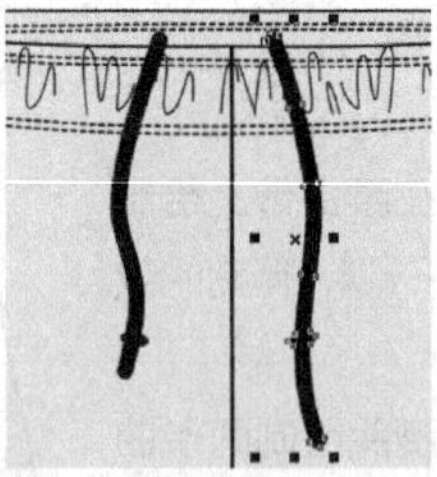

图7-181

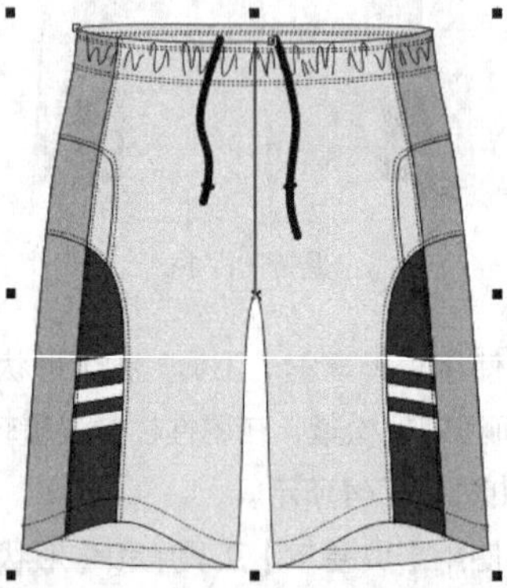

图7-182

7.3 西装裤款式设计

西装裤的整体效果如图7-183所示。

设计重点

造型设计、腰带、皮带扣的表现。

操作步骤

01 打开CorelDRAW软件，执行菜单栏中的【文件】/【新建】命令，或使用【Ctrl】+【N】组合键，打开【创建新文档】对话框，文件命名为“西装裤”，设定纸张大小为A4，横向摆放，如图7-184所示。

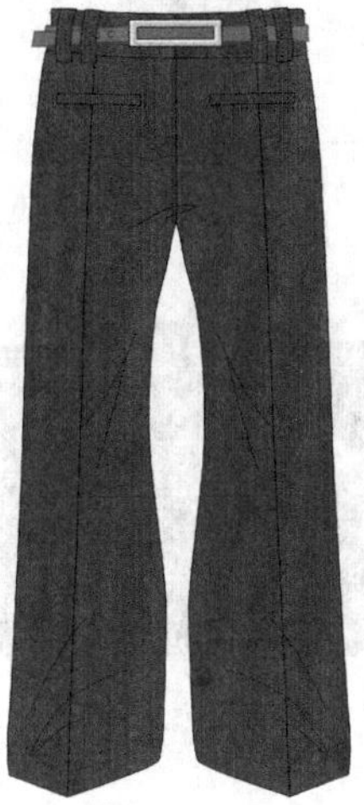

图7-183

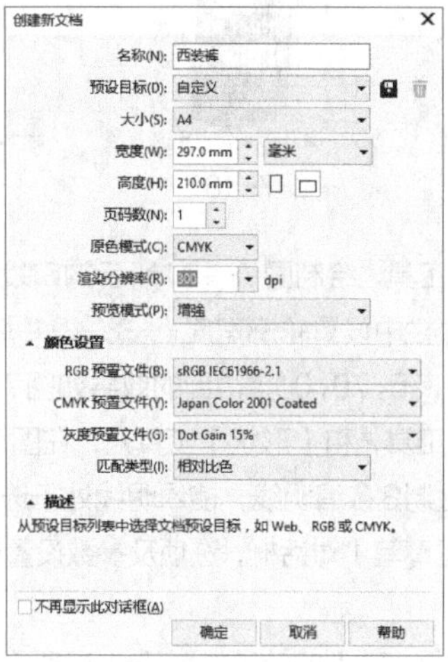

图7-184

02 从标尺栏向页面拖曳鼠标添加8条辅助线，确定裤长、裆深、腰头位置和裤脚口位置等，如图7-185所示。

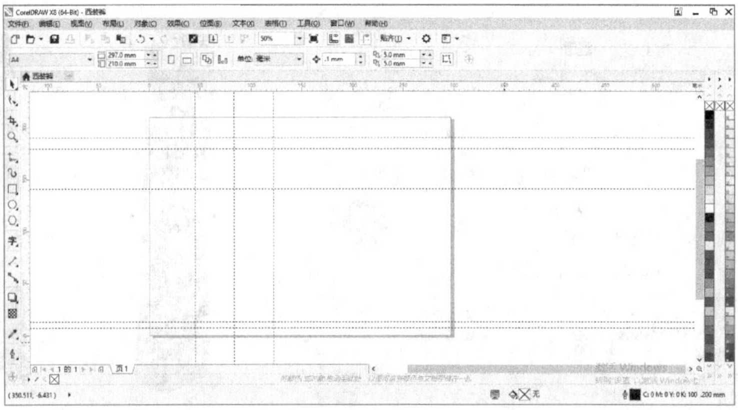

图7-185

03 使用【贝塞尔】工具和【形状】工具绘制图7-186所示的裤子造型。

04 单击【选择】工具，在属性栏中设置轮廓宽度 .35 mm，单击工具箱中的【交互式填充】工具，在属性栏中单击【均匀填充】按钮■，给图形填充紫灰色，其CMYK数值为（70，75，70，0），得到的效果如图7-187所示。

05 使用【贝塞尔】工具和【形状】工具在裤子上绘制分割线，单击【选择】工具，在属性栏中设置轮廓宽度 .35 mm，得到的效果如图7-188所示。

06 使用【贝塞尔】工具和【形状】工具在裤子上绘制4条裤褶，单击【选择】工具，在属性栏中设置轮廓宽度 .25 mm，得到的效果如图7-189所示。

07 执行菜单栏中的【编辑】/【全选】/【辅助线】命令，选择所有的辅助线，按【Delete】键删除，得到的效果如图7-190所示。

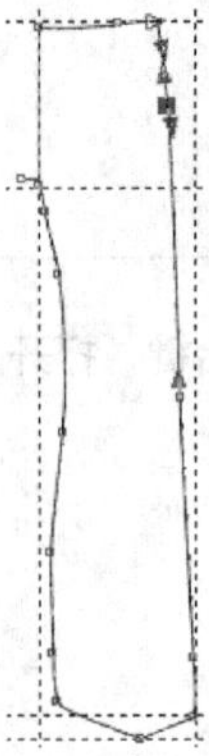
图7-186

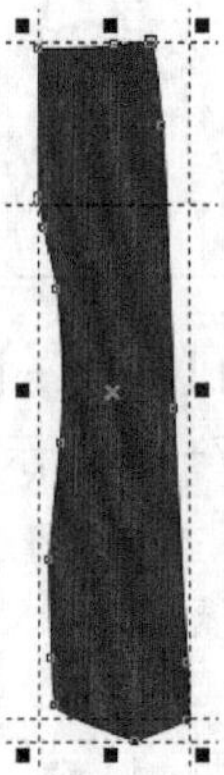
图7-187

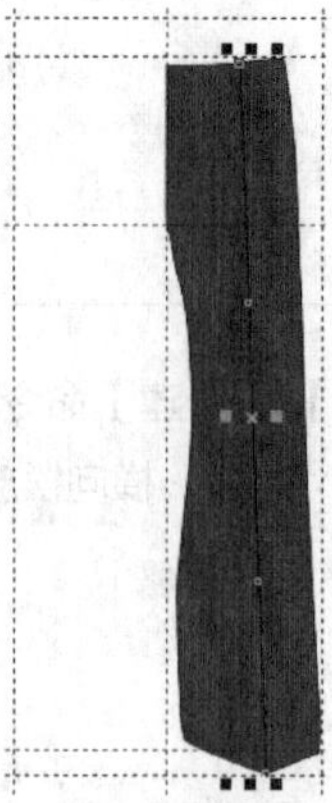
图7-188

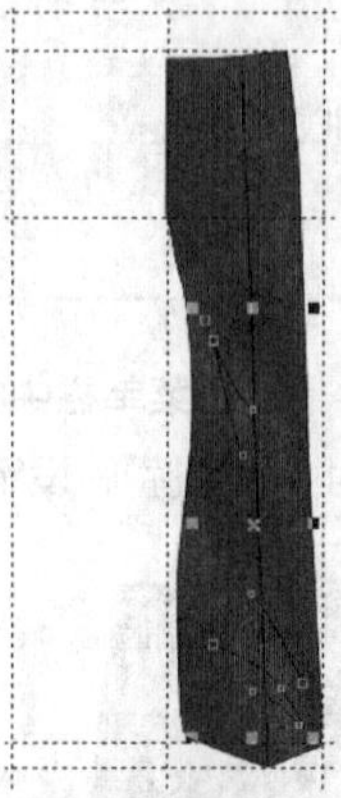
图7-189

图7-190

08 使用【贝塞尔】工具绘制图7-191所示的口袋。单击【选择】工具，在属性栏中设置轮廓宽度，并填充紫灰色，其CMYK值为（70,75,70,0），得到的效果如图7-192所示。

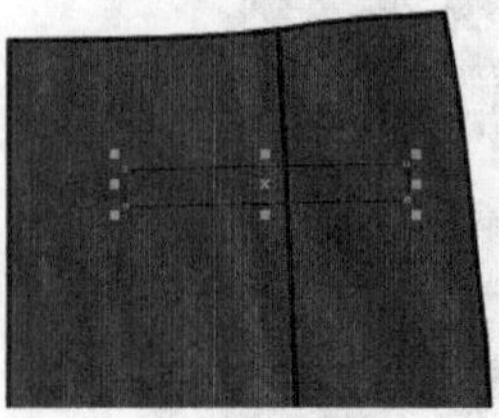
图7-191

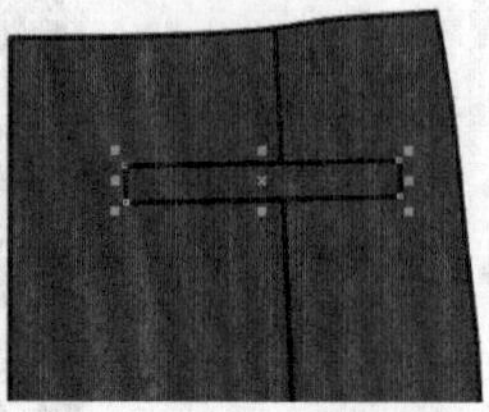
图7-192

09 选择【贝塞尔】工具和【形状】工具，在图7-193所示的口袋、裤脚口处绘制3条缉明线，使缉明线处于选择状态，按【F12】键，弹出【轮廓笔】对话框，选项及参数设置如图7-194所示。

10 单击【确定】按钮，得到的效果如图7-195所示。

11 使用【选择】工具框选绘制好的右边裤形，按【+】键复制，单击属性栏中的【水平镜像】按钮，并把图形向左平移到合适的位置，得到的效果如图7-196所示。

图7-193

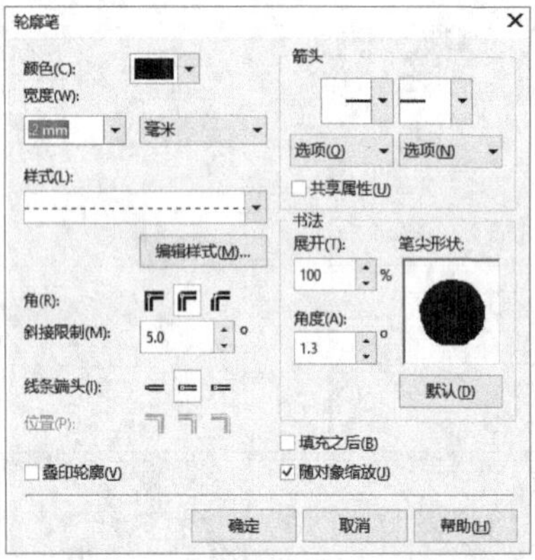

图7-194

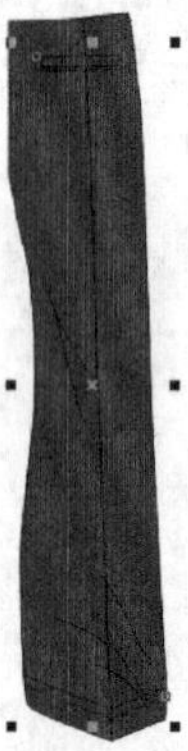
图7-195

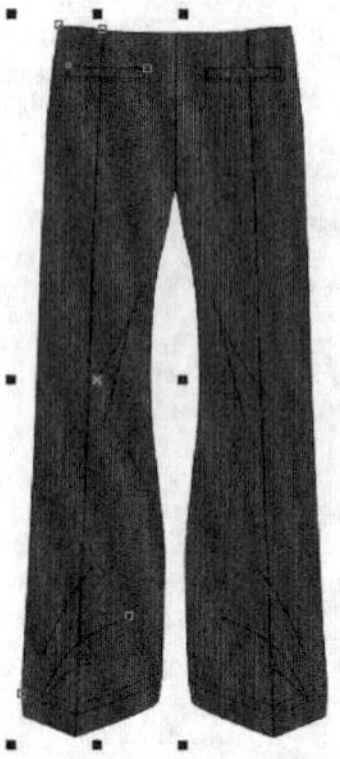
图7-196

12 使用【贝塞尔】工具和【形状】工具绘制裤裆处的褶裥线，单击【选择】工具，在属性栏中设置轮廓宽度，得到的效果如图7-197所示。

13 选择【贝塞尔】工具和【形状】工具，在图7-198所示的门襟处绘制3条缉明线，使缉明线处于选择状态，按【F12】键，弹出【轮廓笔】对话框，选项及参数设置如图7-199所示。

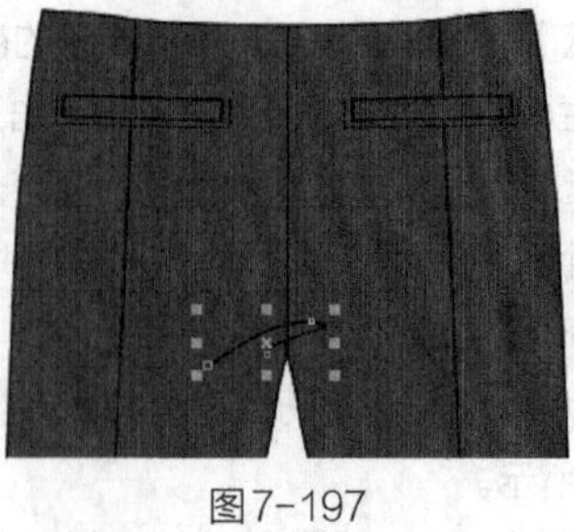
图7-197

图7-198

14 单击【确定】按钮，得到的效果如图7-200所示。

15 使用【贝塞尔】工具和【形状】工具绘制图7-201所示的裤腰部分。

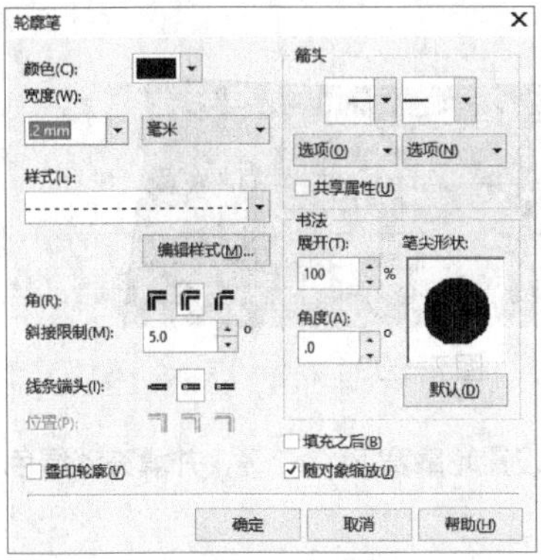

图7-199

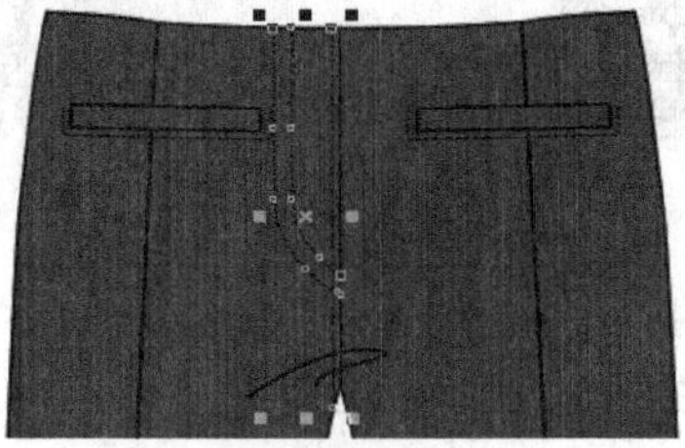

图7-200

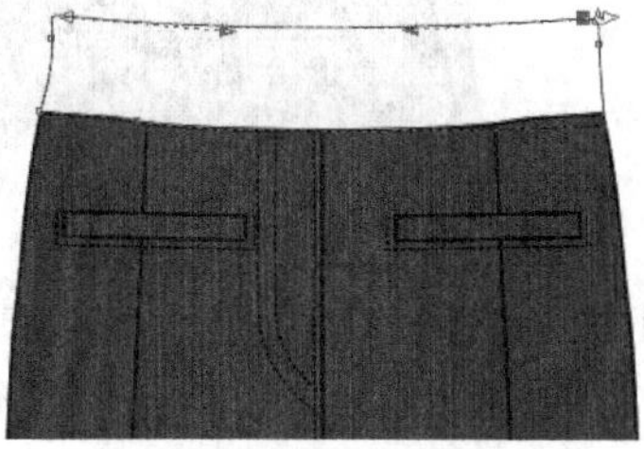

图7-201

16 单击【选择】工具，在属性栏中设置轮廓宽度，并填充紫灰色，其CMYK值为（70，75，70，0），得到的效果如图7-202所示。

17 选择【贝塞尔】工具和【形状】工具，在图7-203所示的腰头处绘制两条缉明线，使缉明线处于选择状态，按【F12】键，弹出【轮廓笔】对话框，选项及参数设置如图7-204所示。

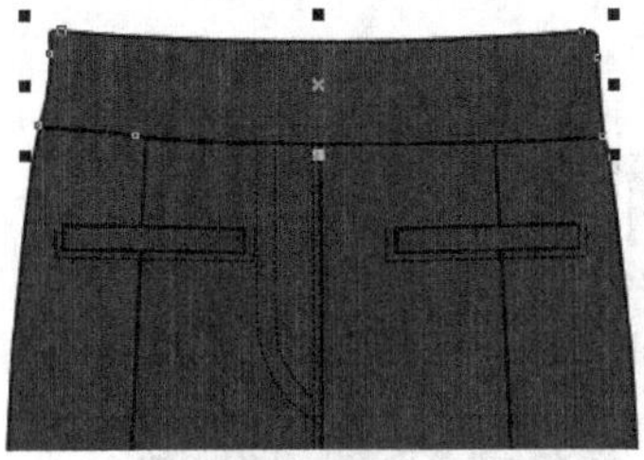

图7-202

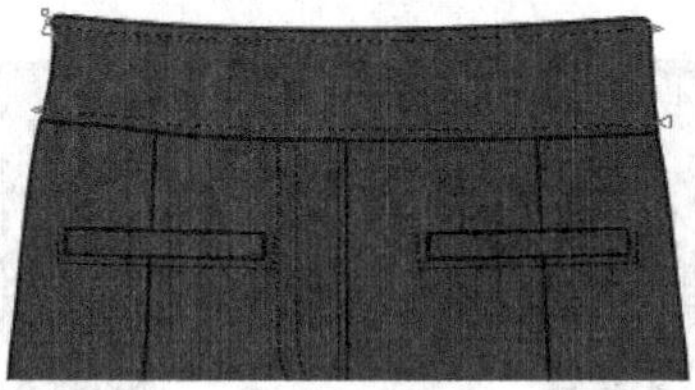

图7-203

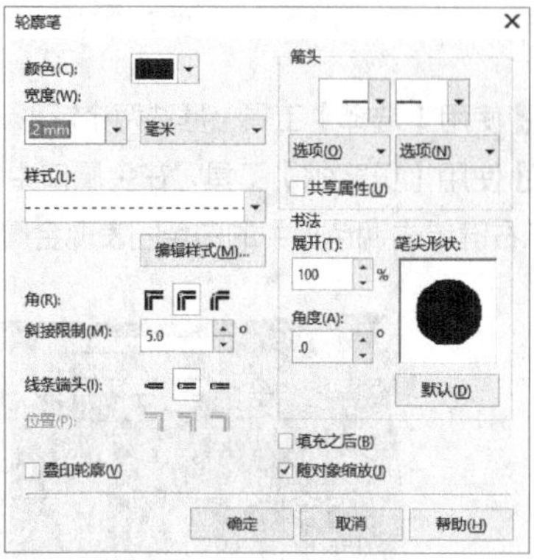

图7-204

18 单击【确定】按钮，得到的效果如图7-205所示。

19 使用【贝塞尔】工具绘制裤腰上的分割线，单击【选择】工具，在属性栏中设置轮廓宽度，得到的效果如图7-206所示。

20 使用【贝塞尔】工具和【形状】工具绘制图7-207所示的腰带。

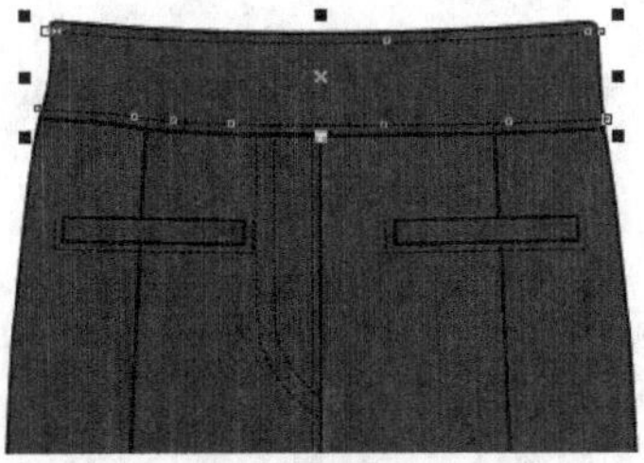

图7-205

图7-206

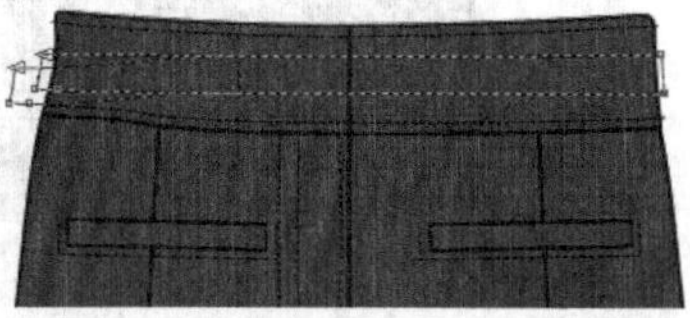

图7-207

21 单击【选择】工具，在属性栏中设置轮廓宽度，并填充紫红色，其CMYK值为（30，60，40，10），得到的效果如图7-208所示。

22 使用【椭圆形】工具并按住【Ctrl】键，用鼠标在腰带上绘制两个圆形，在属性栏中设置轮廓宽度，得到的效果如图7-209所示。

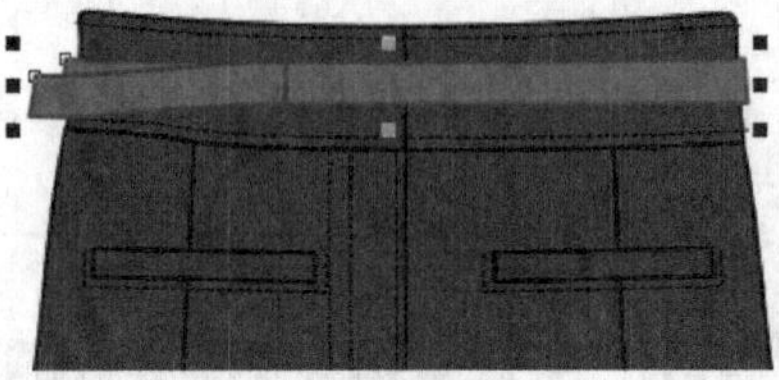

图7-208

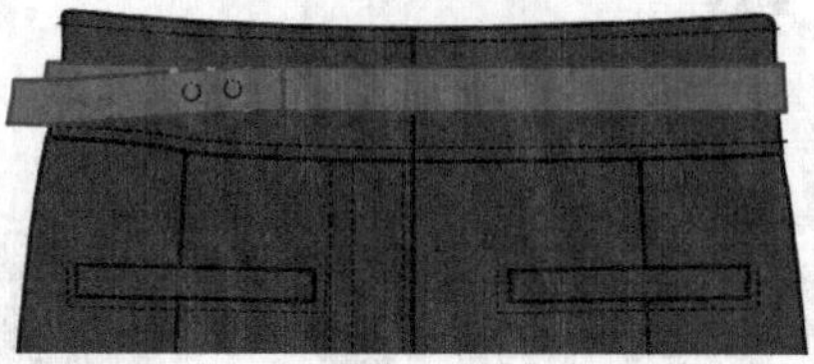

图7-209

23 使用【矩形】工具绘制腰带上的金属扣，单击【选择】工具，在属性栏中设置轮廓宽度，并填充淡绿色，其CMYK值为（25，10，20，0），得到的效果如图7-210所示。

24 按【+】键复制矩形，再按住【Shift】键用鼠标等比例缩小图形，得到的效果如图7-211所示。

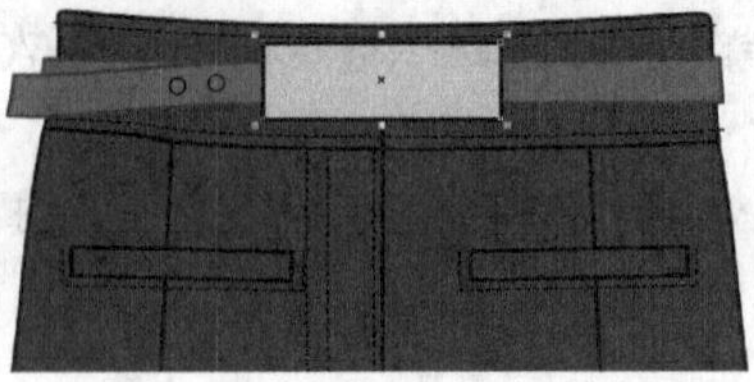

图7-210

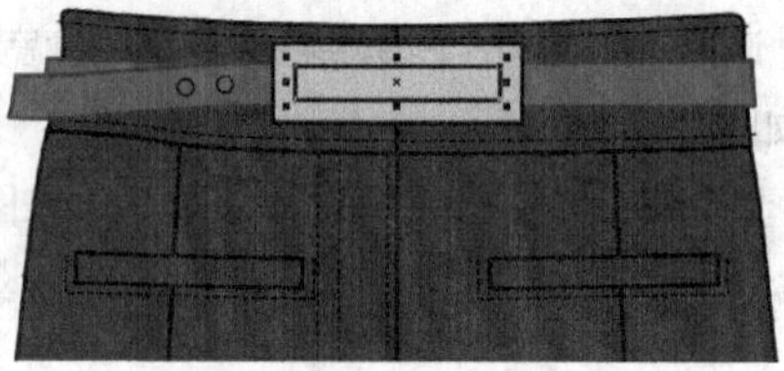

图7-211

25 使用【选择】工具框选两个矩形，单击属性栏中的【合并】按钮，得到的效果如图7-212所示。

26 使用【贝塞尔】工具在金属口中绘制两条线段，单击【选择】工具，在属性栏中设置轮廓宽度，用鼠标右键单击调色板中的白色表现金属扣的高光部分，得到的效果如图7-213所示。

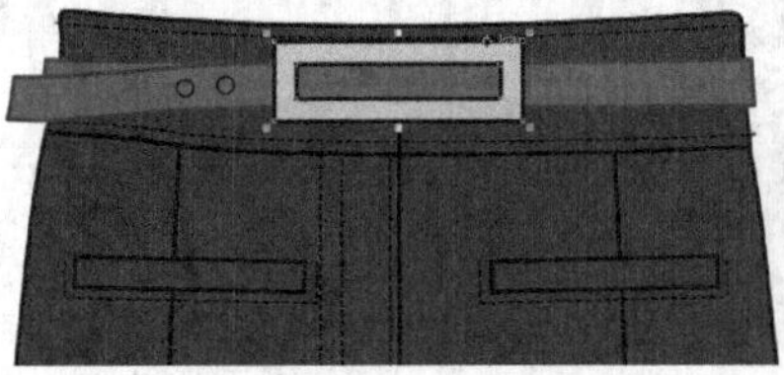

图7-212

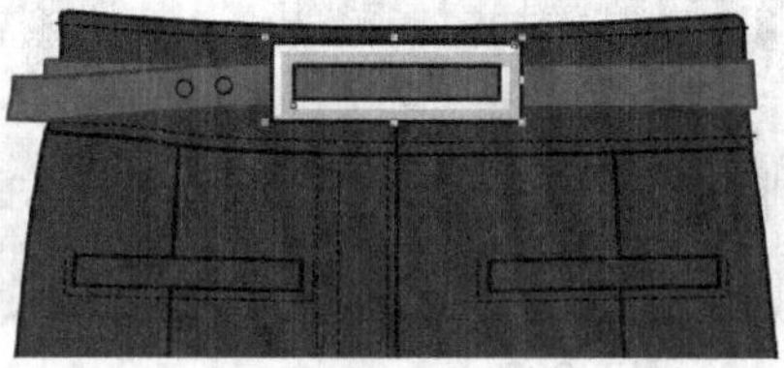

图7-213

27 使用【贝塞尔】工具和【形状】工具在腰部绘制裤袢，单击【选择】工具，在属性栏中设置轮廓宽度，并填充紫灰色，其CMYK值为（70，75，70，0），如图7-214所示。

28 使用【贝塞尔】工具和【形状】工具在裤袢上绘制两条缉明线，单击【选择】工具，在属性栏中设置轮廓样式与宽度，如图7-215所示，得到的效果如图7-216所示。

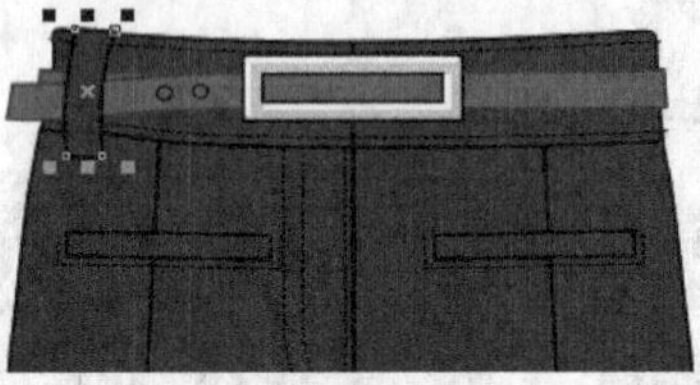

图7-214

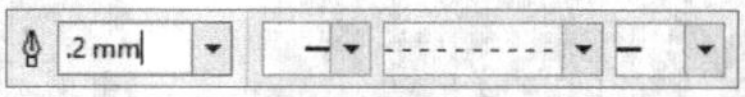

图7-215

29 使用【选择】工具框选整个裤袢造型，按住【Ctrl】+【G】组合键，群组图形。按【+】键复制3个裤袢,并把复制的裤袢摆放在图7-217所示的位置。

30 使用【选择】工具框选所有图形，按住【Ctrl】+【G】组合键，群组图形。这样就完成了西装裤的绘制，整体效果如图7-218所示。

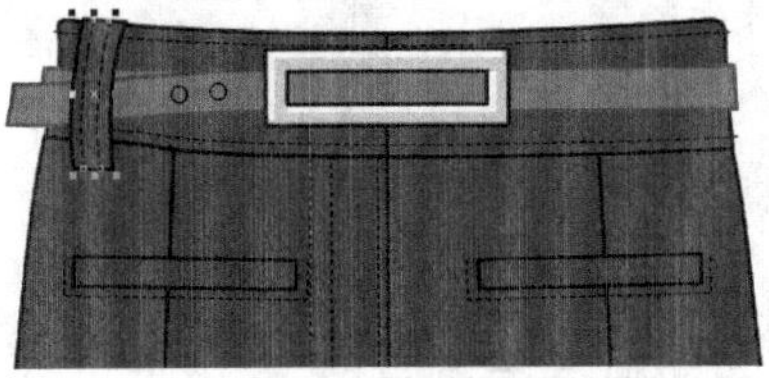

图7-216

图7-217

图7-218

7.4 休闲裤款式设计

休闲裤的整体效果如图7-219所示。

设计重点

造型设计、多口袋设计、拉链头设计。

操作步骤

01 打开CorelDRAW软件，执行菜单栏中的【文件】/【新建】命令，或使用【Ctrl】+【N】组合键，打开【创建新文档】对话框，文件命名为“休闲裤”，设定纸张大小为A4，横向摆放，如图7-220所示。

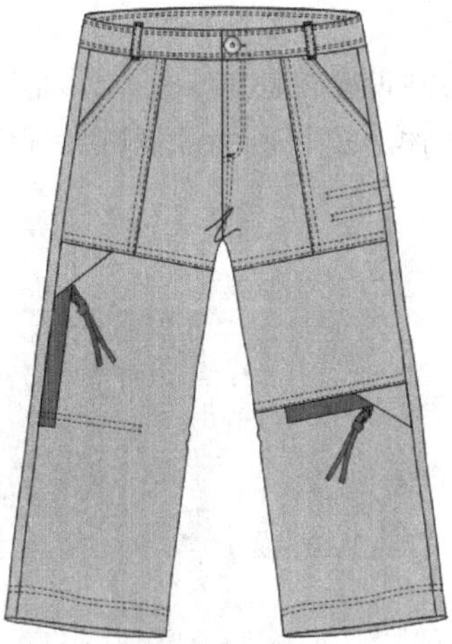

图7-219

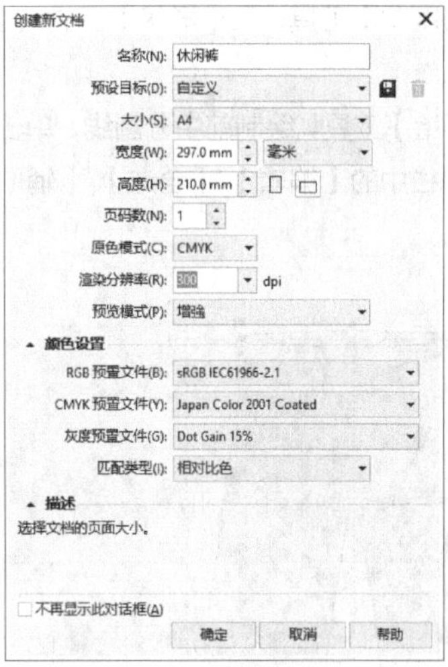

图7-220

02 从标尺栏向页面拖曳鼠标添加9条辅助线，确定裤长、裆深、腰头位置和裤脚口位置等，如图7-221所示。

03 使用【贝塞尔】工具和【形状】工具绘制图7-222所示的裤子外轮廓造型。

04 单击【选择】工具，在属性栏中设置轮廓宽度，单击工具箱中的【交互式填充】工具，在属性栏中单击【均匀填充】按钮■，给图形填充灰绿色，其CMYK数值为（28，21，36，0），得到的效果如图7-223所示。

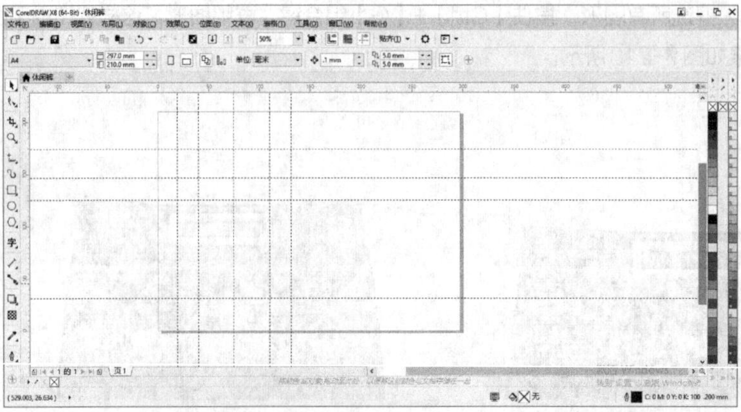

图7-221

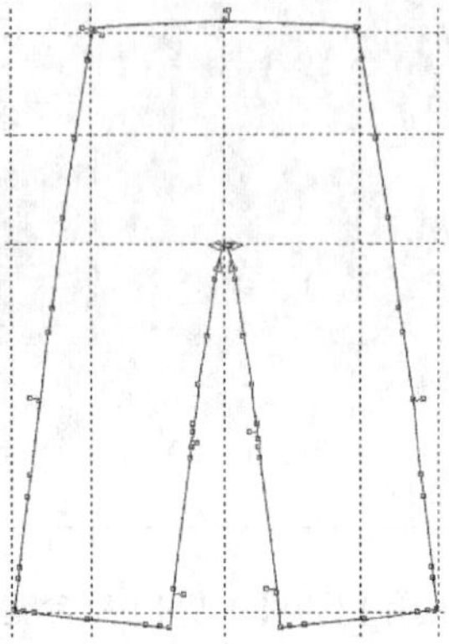

图7-222

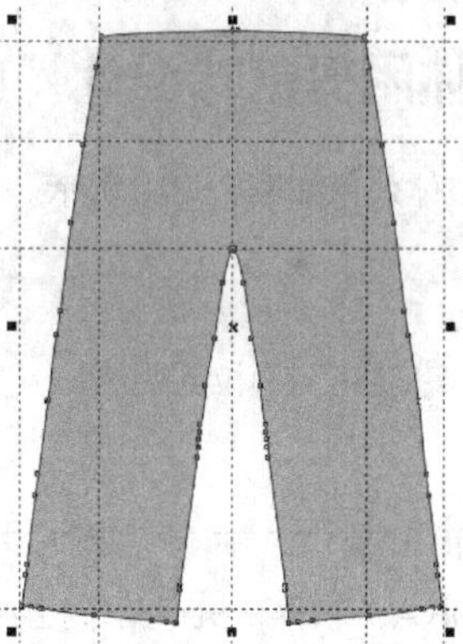

图7-223

05 使用【贝塞尔】工具和【形状】工具绘制图7-224所示的后腰头，单击【选择】工具，在属性栏中设置轮廓宽度 .35 mm 。

06 使用【手绘】工具绘制前中分割线，单击【选择】工具，在属性栏中设置轮廓宽度 .35 mm ，如图7-225所示。

07 执行菜单栏中的【编辑】/【全选】/【辅助线】命令，选择所有的辅助线，按【Delete】键删除，得到的效果如图7-226所示。

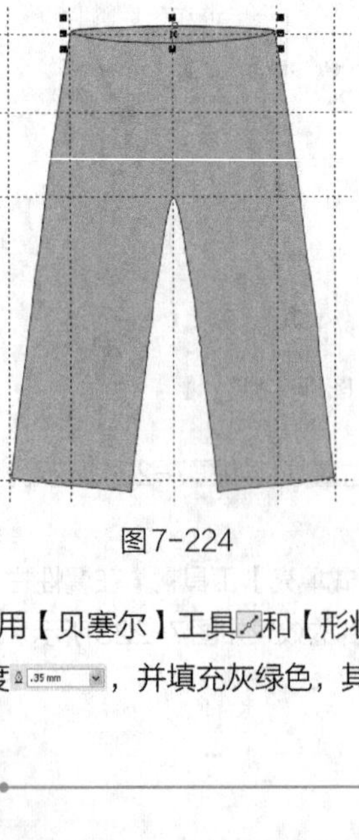

图7-224

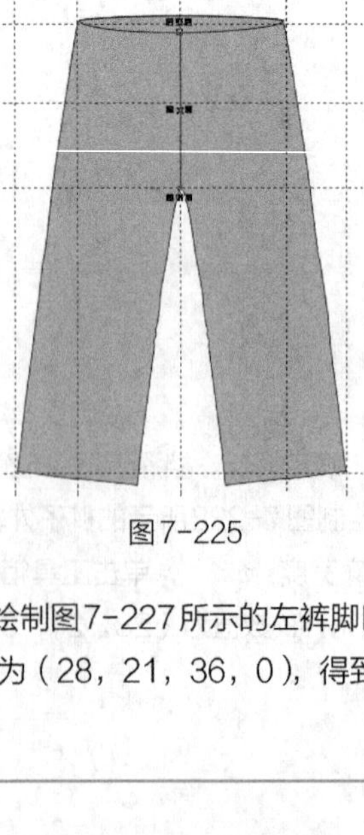

图7-225

图7-226

08 使用【贝塞尔】工具和【形状】工具绘制图7-227所示的左裤脚口。单击【选择】工具，在属性栏中设置轮廓宽度 .35 mm ，并填充灰绿色，其CMYK值为（28，21，36，0），得到的效果如图7-228所示。

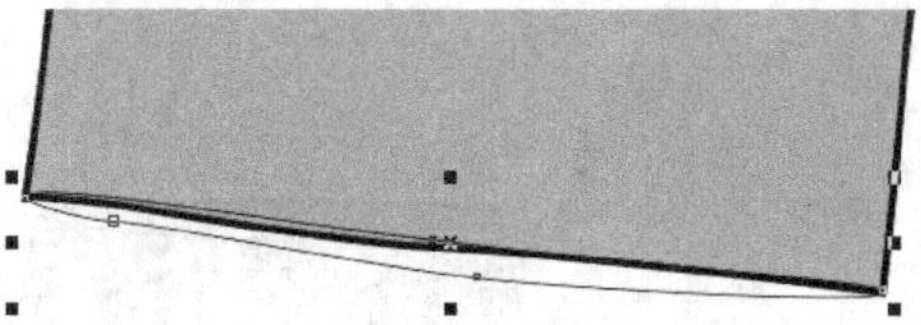

图7-227

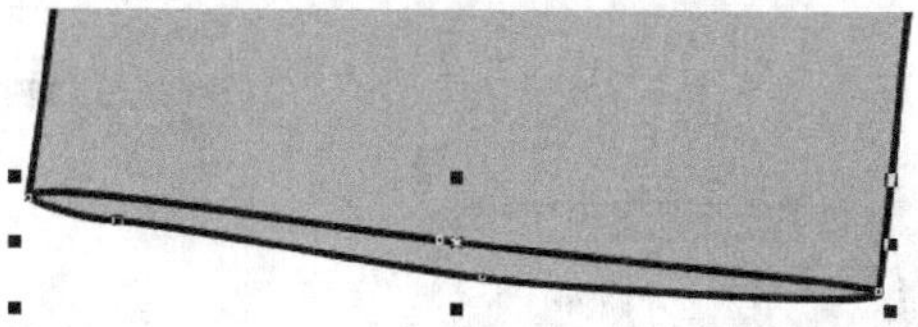

图7-228

09 使用【选择】工具框选绘制好的左裤脚口，按【+】键复制，单击属性栏中的【水平镜像】按钮，把复制的图形向右平移到合适的位置，得到的效果如图7-229所示。

10 使用【贝塞尔】工具和【形状】工具绘制分割线，单击【选择】工具，在属性栏中设置轮廓宽度，如图7-230所示。

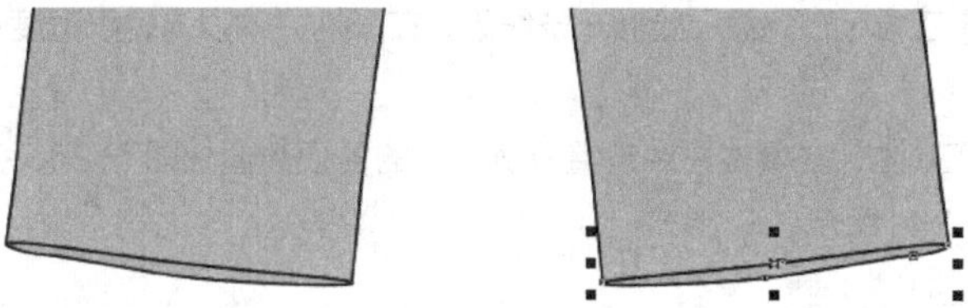

图7-229

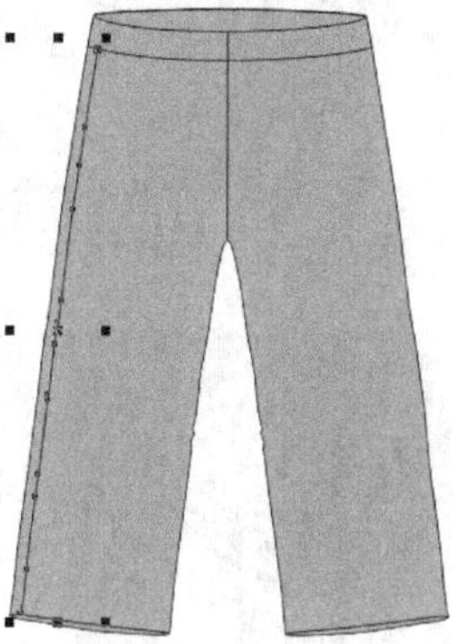

图7-230

11 使用【手绘】工具绘制口袋线，单击【选择】工具，在属性栏中设置轮廓宽度，如图7-231所示。

12 选择【贝塞尔】工具和【形状】工具，在图7-232所示的口袋、分割线及裤脚口处绘制8条缉明线，使缉明线处于选择状态，按【F12】键，弹出【轮廓笔】对话框，选项及参数设置如图7-233所示。

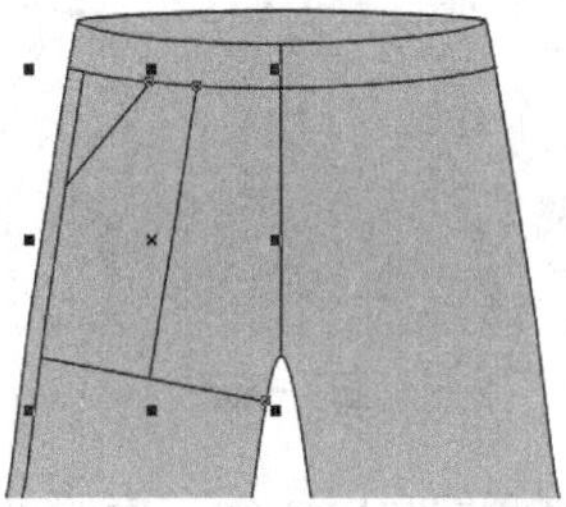

图7-231

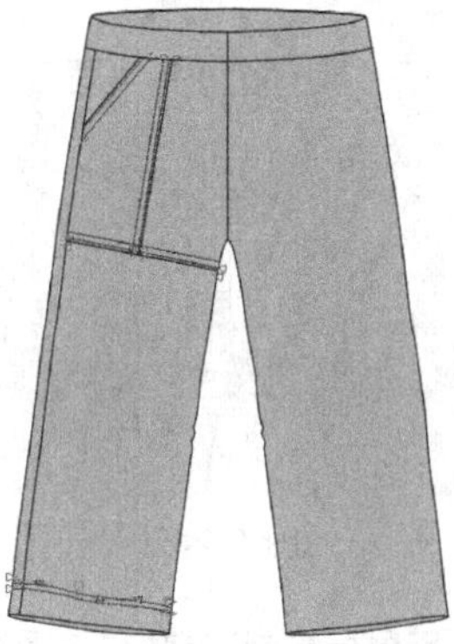

图7-232

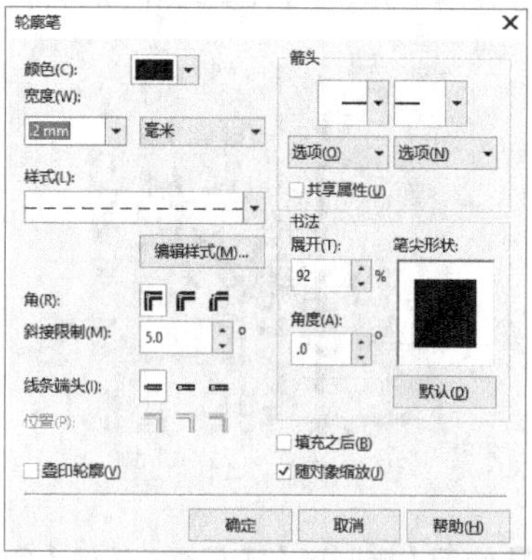

图7-233

13 单击【确定】按钮，得到的效果如图7-234所示。

14 使用【选择】工具框选绘制好的左边口袋、分割线和缉明线，按【+】键复制，单击属性栏中的【水平镜像】按钮，并把图形向右平移到合适的位置，得到的效果如图7-235所示。

15 选择【贝塞尔】工具和【形状】工具，在图7-236所示的门襟处绘制4条缉明线，使缉明线处于选择状态，按【F12】键，弹出【轮廓笔】对话框，选项及参数设置如图7-237所示。

16 单击【确定】按钮，得到的效果如图7-238所示。

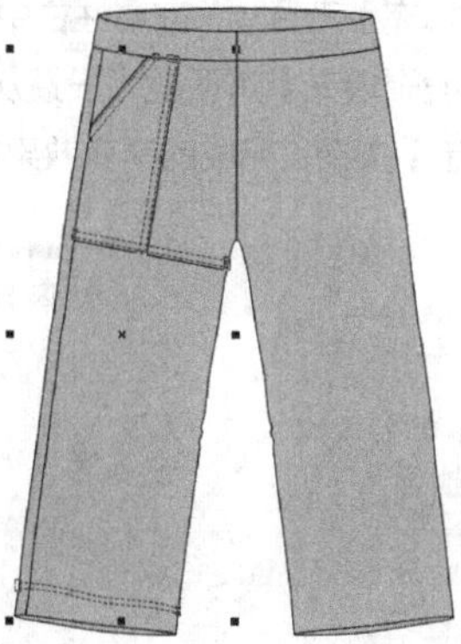

图7-234

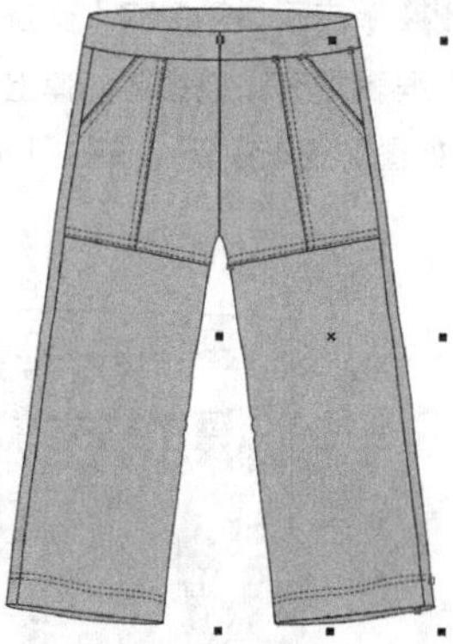

图7-235

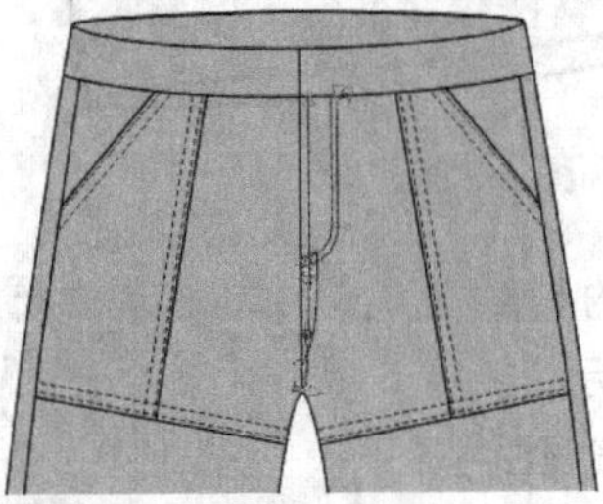

图7-236

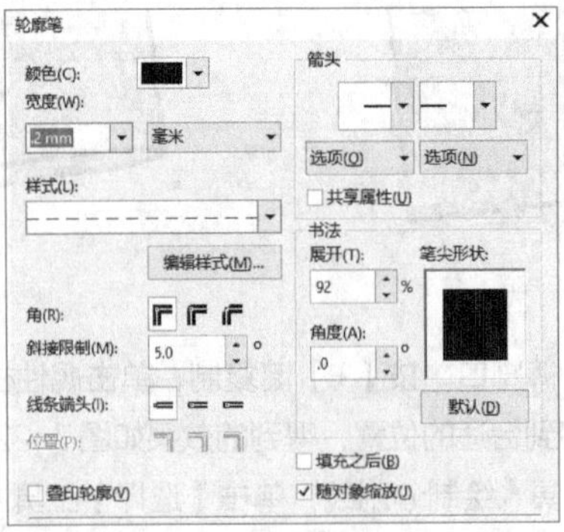

图7-237

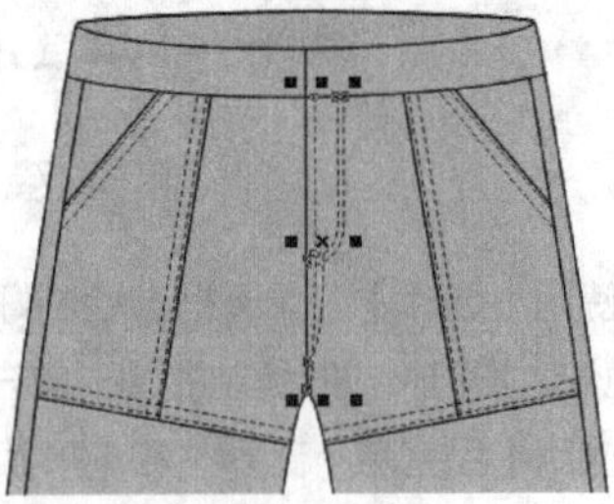

图7-238

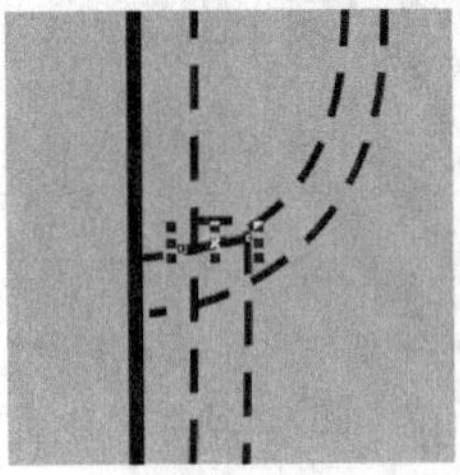

图7-239

17 使用【贝塞尔】工具在门襟上绘制一条线段，在属性栏中设置轮廓宽度 .2 mm，如图7-239所示。

18 选择【变形】工具，在属性栏中设置拉链变形的各项数值如图7-240所示，完成的打枣工艺效果如图7-241所示。

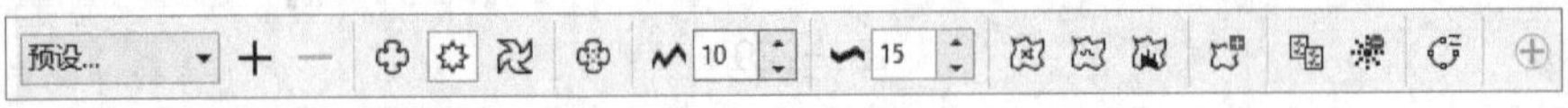

图7-240

19 使用【贝塞尔】工具和【形状】工具绘制裤裆处的褶裥线，单击【选择】工具，在属性栏中设置轮廓宽度 .35 mm，得到的效果如图7-242所示。

20 使用【贝塞尔】工具和【形状】工具绘制扣眼，在属性栏中设置轮廓宽度 .2 mm，效果如图7-243所示。

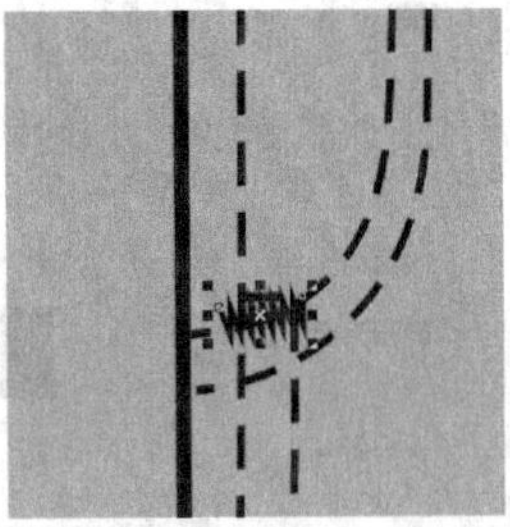

图7-241

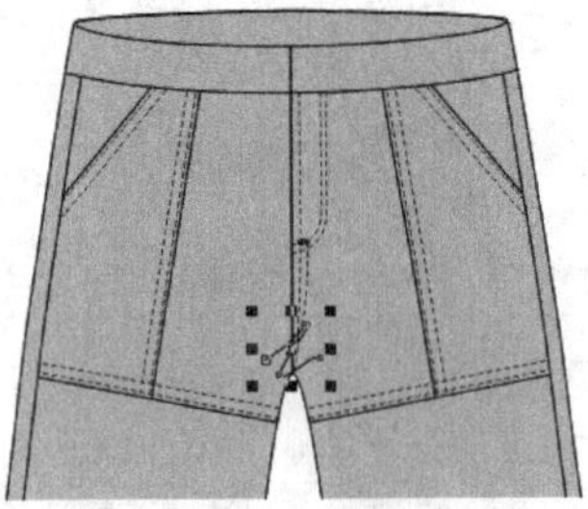

图7-242

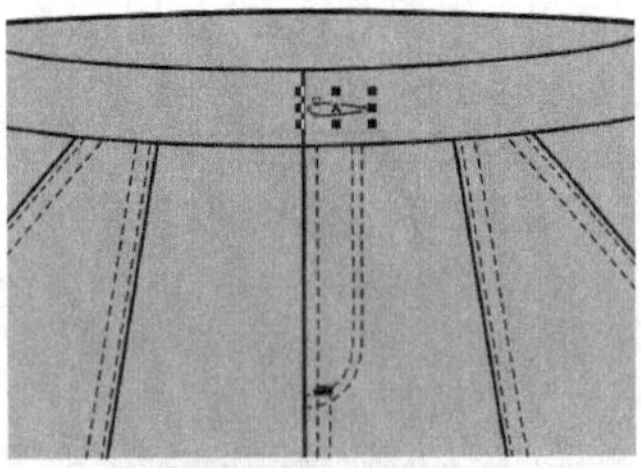

图7-243

21 使用【椭圆形】工具并按住【Ctrl】键，用鼠标绘制工字扣，在属性栏中设置轮廓宽度 .2 mm，得到的效果如图7-244所示。

22 单击工具箱中的【交互式填充】工具，在属性栏中单击【渐变填充】按钮/【椭圆形渐变填充】按钮，再单击【编辑填充】按钮，弹出【编辑填充】对话框，设置灰色［CMYK值为（0，0，0，50）］到白色的渐变，各项参数如图7-245所示。单击【确定】按钮，完成的渐变效果如图7-246所示。

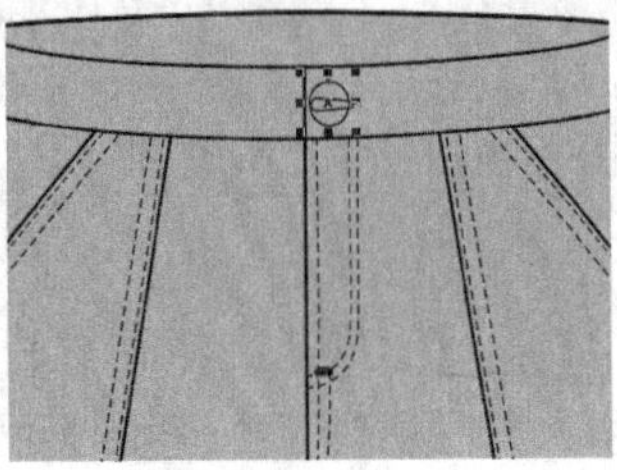

图7-244

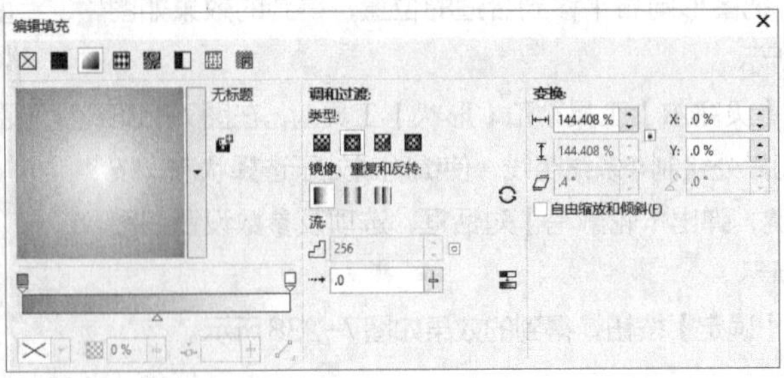

图7-245

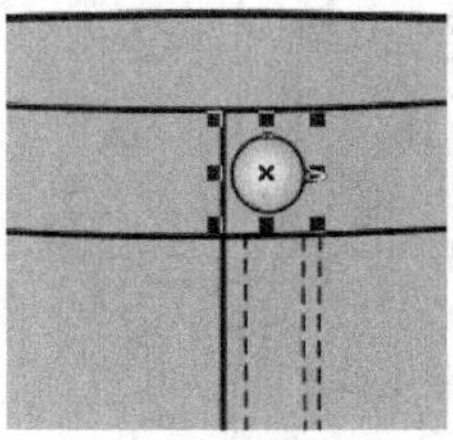

图7-246

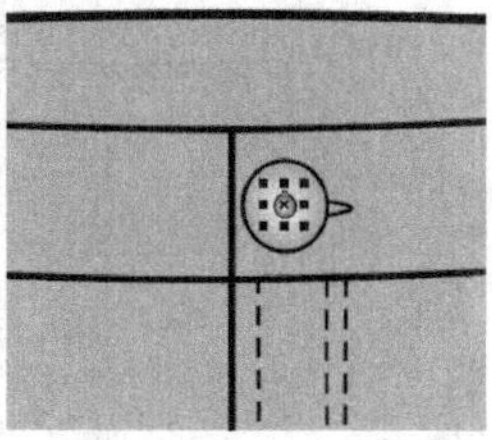

图7-247

23 按【+】键复制圆形，再按住【Shift】键用鼠标等比例缩小图形，得到的效果如图7-247所示。

24 选择【贝塞尔】工具和【形状】工具，在图7-248所示的前后腰头处绘制6条缉明线，使缉明线处于选择状态，按【F12】键，弹出【轮廓笔】对话框，选项及参数设置如图7-249所示。

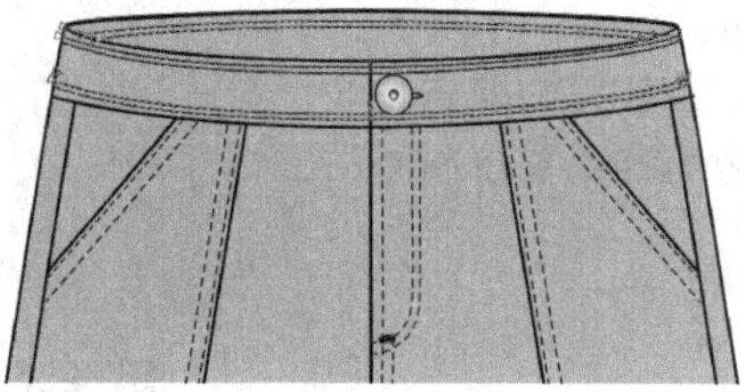

图7-248

图7-249

25 单击【确定】按钮，得到的效果如图7-250所示。

26 使用【贝塞尔】工具和【形状】工具在腰部绘制裤袢，单击【选择】工具，在属性栏中设置轮廓宽度，并填充灰绿色，其CMYK值为（28，21，36，0），如图7-251所示。

图7-250

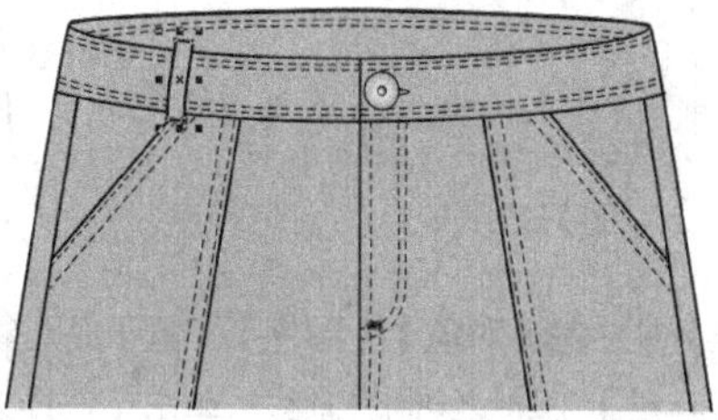

图7-251

27 使用【贝塞尔】工具和【形状】工具在裤袢上绘制两条缉明线，单击【选择】工具，在属性栏中设置轮廓样式与宽度，如图7-252所示，得到的效果如图7-253所示。

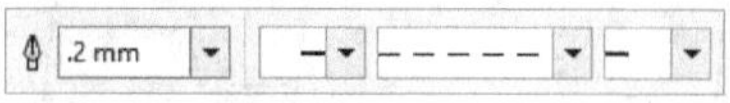

图7-252

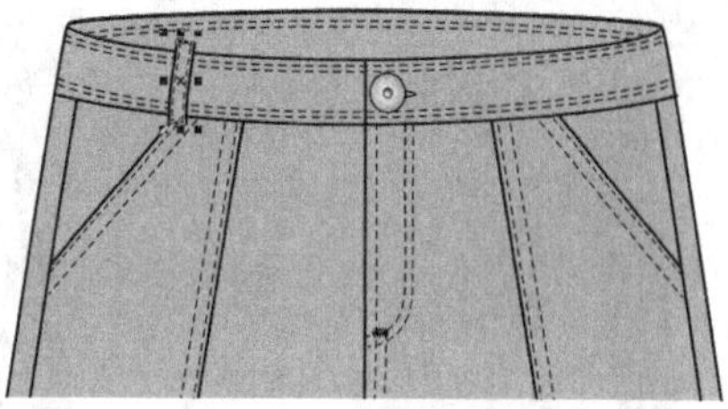

图7-253

28 重复步骤17和步骤18的操作绘制裤袢上的打枣工艺，得到的效果如图7-254所示。

29 使用【选择】工具框选整个裤袢造型，按住【Ctrl】+【G】组合键，群组图形。按【+】键复制裤袢，单击属性栏中的【水平镜像】按钮，并把复制的裤袢摆放在图7-255所示的位置。

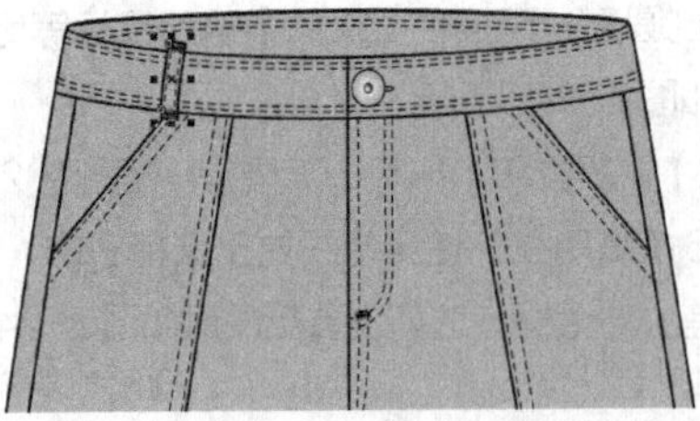

图7-254

图7-255

30 使用【贝塞尔】工具在左边裤腿处绘制插袋，在属性栏中设置轮廓宽度，并填充橄榄绿色，其CMYK值为（58，50，77，6），如图7-256所示。

31 使用【贝塞尔】工具在插袋上绘制一个三角形，在属性栏中设置轮廓宽度，并填充灰绿色，其CMYK值为（28，21，36，0），如图7-257所示。

32 使用【贝塞尔】工具和【形状】工具在插袋上绘制拉链头造型，如图7-258所示。

33 单击【选择】工具，在属性栏中设置轮廓宽度，并填充橄榄绿色，其CMYK值为（58，50，77，6），得到的效果如图7-259所示。

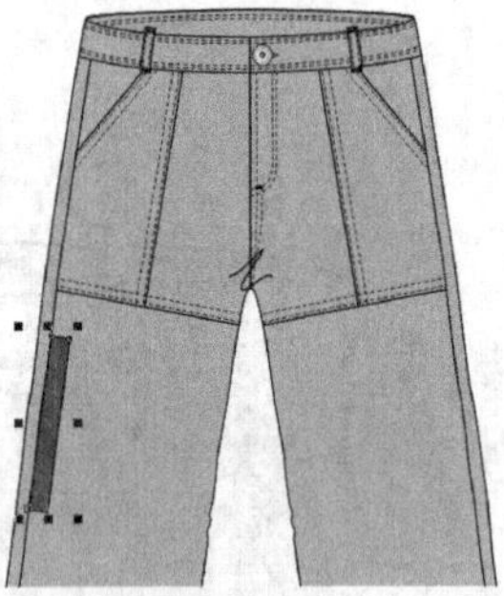

图7-256

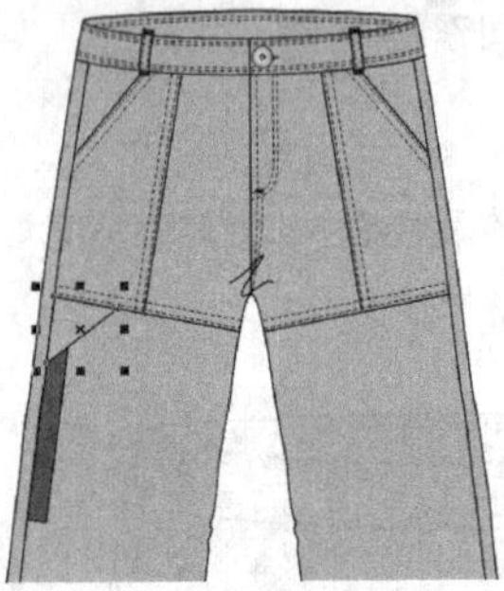

图7-257

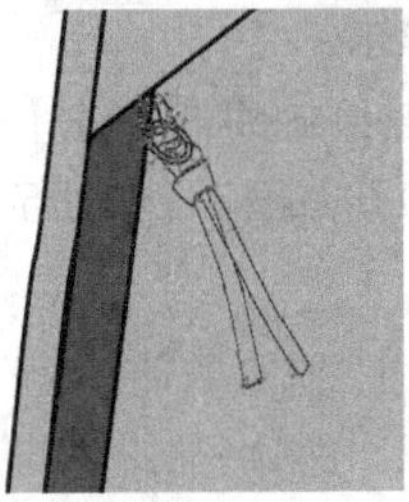

图7-258

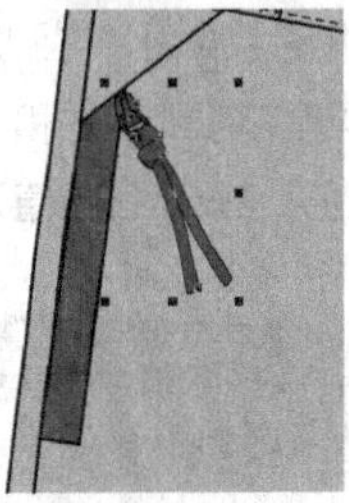

图7-259

34 执行菜单栏中的【对象】/【顺序】/【置于此对象后】命令，把拉链头摆放到插袋下面，得到的效果如图7-260所示。

35 使用【手绘】工具绘制分割线，单击【选择】工具，在属性栏中设置轮廓宽度，如图7-261所示。

36 重复步骤27的操作绘制分割线上的缉明线，得到的效果如图7-262所示。

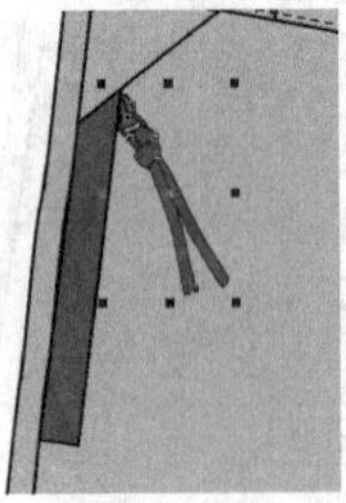

图7-260

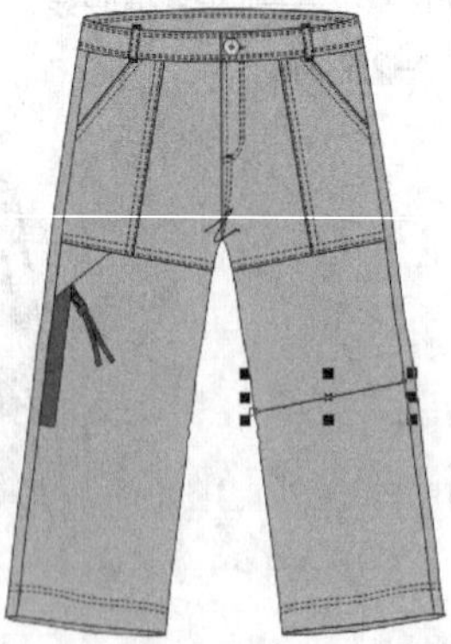

图7-261

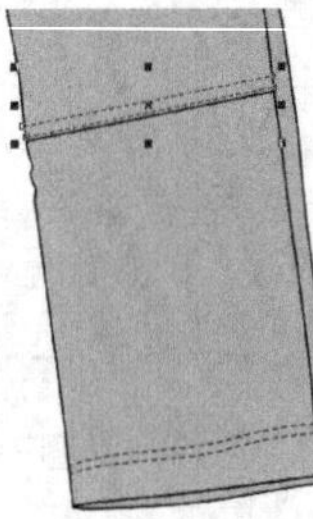

图7-262

37 重复步骤30和步骤31的操作绘制右边裤腿上的插袋和三角形，得到的效果如图7-263所示。

38 使用【选择】工具框选左边的整个拉链头造型，按住【Ctrl】+【G】组合键，群组图形。按【+】键复制图形，单击属性栏中的【水平镜像】按钮，并把复制的拉链头摆放在图7-264所示的位置。

39 执行菜单栏中的【对象】/【顺序】/【置于此对象后】命令，把拉链头摆放到右边插袋下面，得到的效果如图7-265所示。

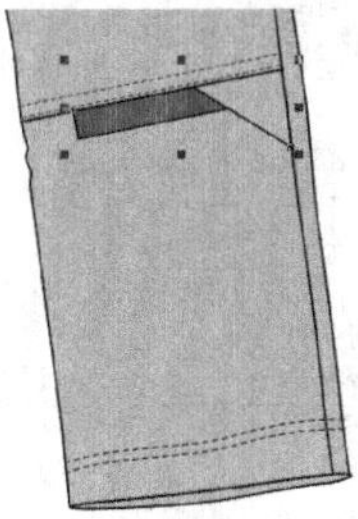
图7-263

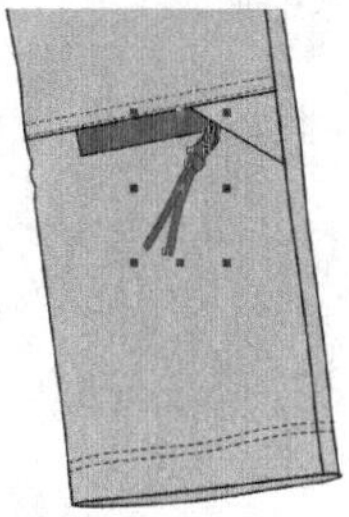
图7-264

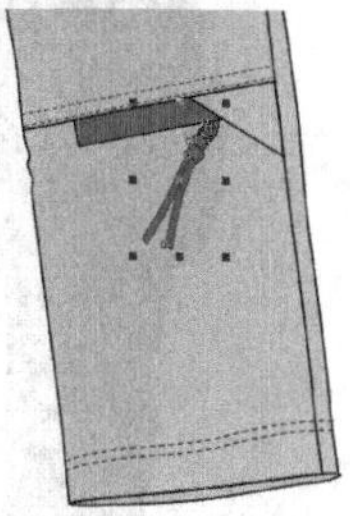
图7-265

40 使用【贝塞尔】工具和【形状】工具在裤子口袋上绘制3条装饰缉明线，单击【选择】工具，在属性栏中设置轮廓样式与宽度，如图7-266所示，得到的效果如图7-267所示。

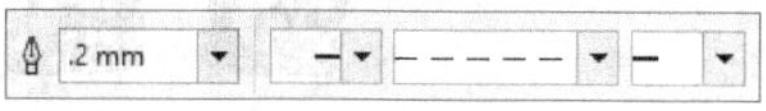

图7-266

41 使用【选择】工具框选所有图形，按住【Ctrl】+【G】组合键，群组图形。这样就完成了休闲裤的绘制，整体效果如图7-268所示。

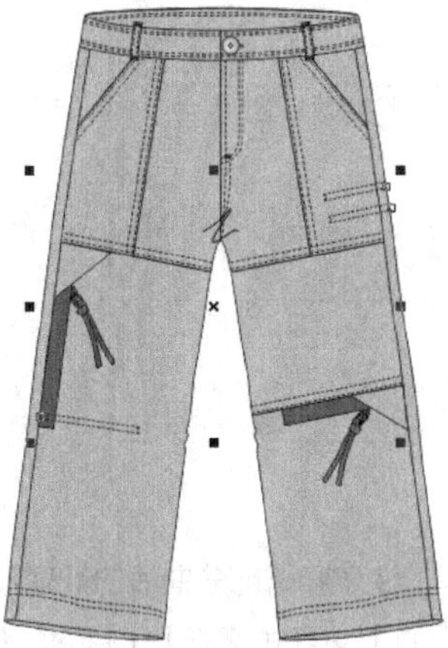
图7-267

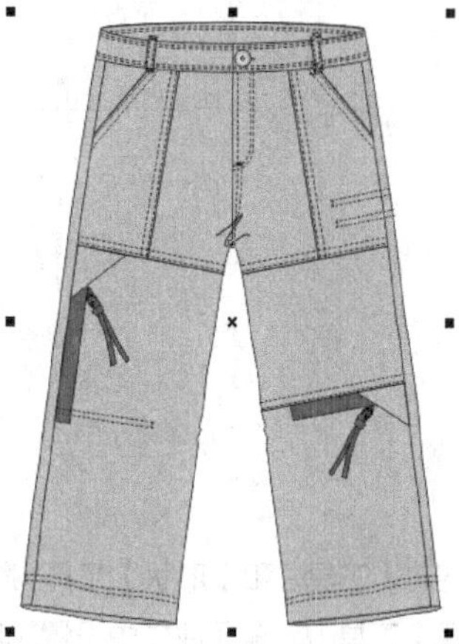
图7-268

7.5 靴裤款式设计

靴裤的整体效果如图7-269所示。

设计重点

造型设计、罗纹脚口的表现、立体口袋。

操作步骤

01 打开CorelDRAW软件，执行菜单栏中的【文件】/【新建】命令，或使用【Ctrl】+【N】组合键，打开【创建新文档】对话框，文件命名为“靴裤”，设定纸张大小为A4，横向摆放，如图7-270所示。

02 从标尺栏向页面拖曳鼠标添加10条辅助线，确定裤长、腰线、臀围线、分割线和口袋位置等，如图7-271所示。

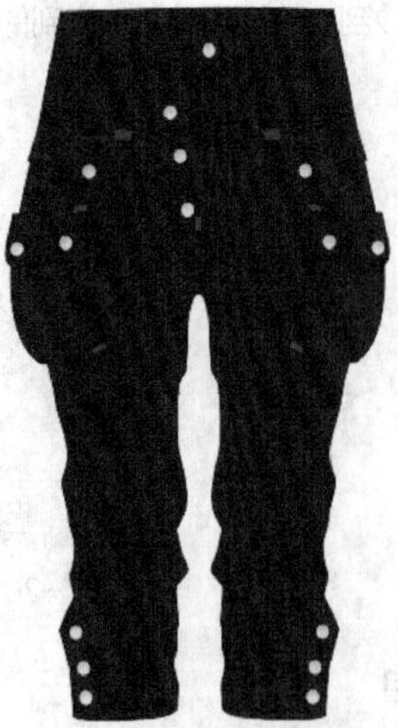

图7-269

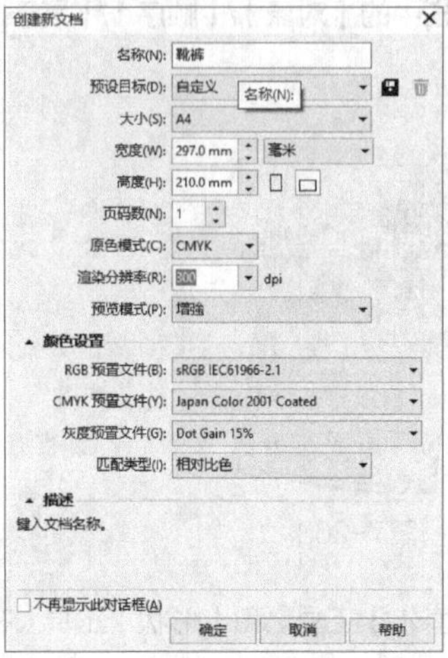

图7-270

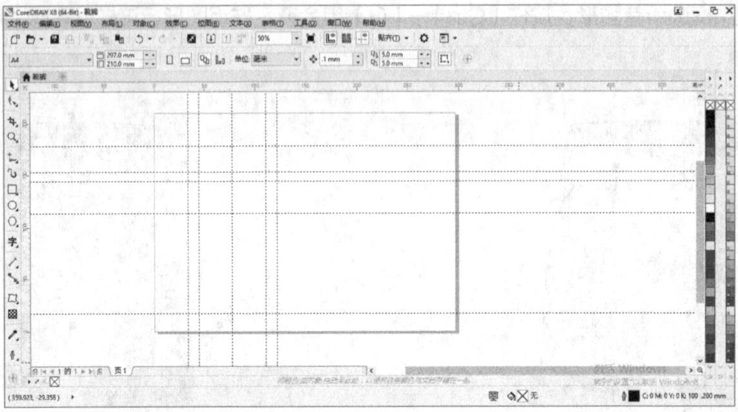

图7-271

03 使用【贝塞尔】工具和【形状】工具绘制图7-272所示的裤子造型（注意腰臀部分曲线的处理及裤长的比例）。

04 单击【选择】工具，在属性栏中设置轮廓宽度，单击工具箱中的【交互式填充】工具，在属性栏中单击【均匀填充】按钮给图形填充枣红色，其CMYK数值为（63，90，89，21），得到的效果如图7-273所示。

05 使用【贝塞尔】工具绘制图7-274所示的分割线，单击【选择】工具，在属性栏中设置轮廓宽度。

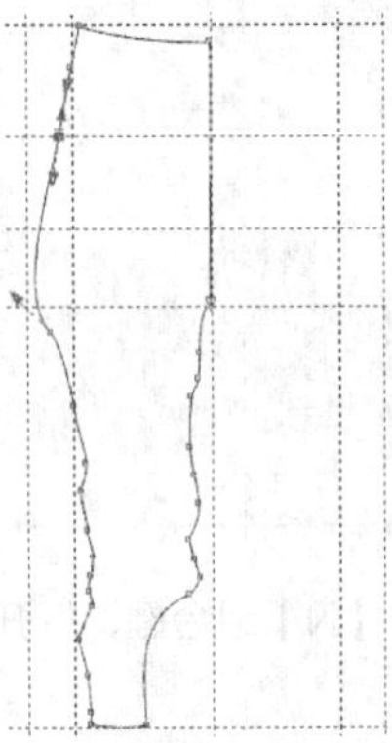

图7-272

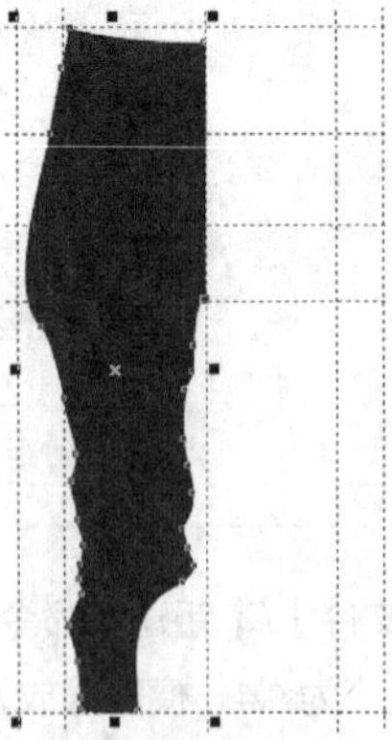

图7-273

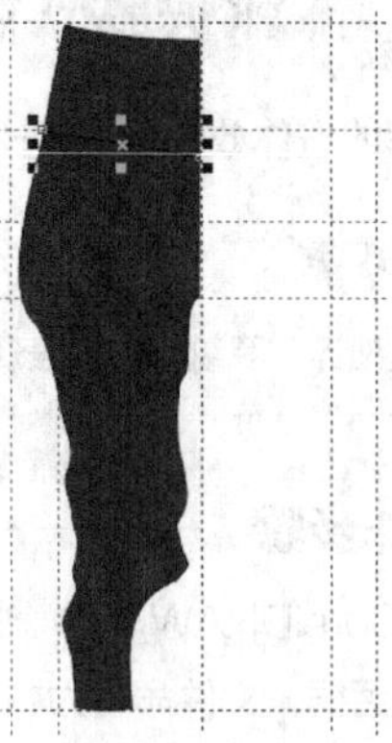

图7-274

06 执行菜单栏中的【编辑】/【全选】/【辅助线】命令，选择所有的辅助线，按【Delete】键删除，得到的效果如图

图7-275

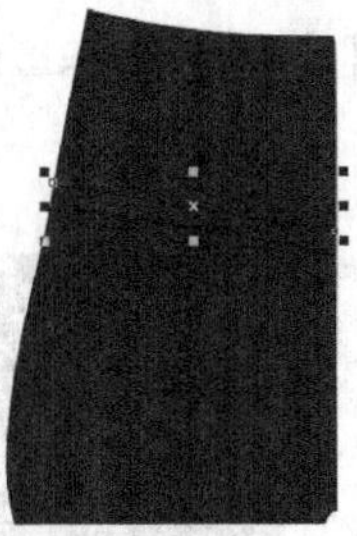
图7-276

7-275所示。

07 使用【贝塞尔】工具在分割线上绘制一条线段，单击【选择】工具，在属性栏中设置轮廓宽度 .25 mm ，如图7-276所示。

08 选择【变形】工具，在属性栏中设置拉链变形的各项数值，如图7-277所示，完成的三角针工艺效果如图7-278所示。

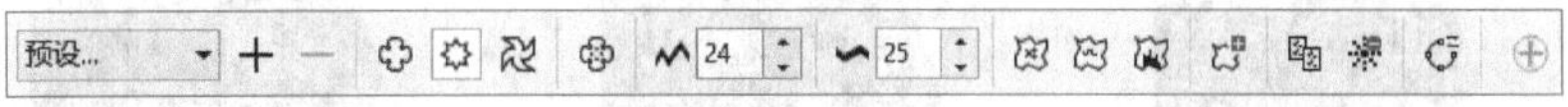

图7-277

09 使用【贝塞尔】工具在裤腿上绘制图7-279所示的两条分割线，单击【选择】工具，在属性栏中设置轮廓宽度 .35 mm 。

10 选择【贝塞尔】工具和【形状】工具，在图7-280所示的3条分割线处绘制6条缉明线，使缉明线处于选择状态，按【F12】键，弹出【轮廓笔】对话框，选项及参数设置如图7-281所示。

11 单击【确定】按钮，得到的效果如图7-282所示。

12 使用【贝塞尔】工具和【形状】工具在图7-283所示的膝关节处绘制5条衣褶，单击【选择】工具，在属性栏中设置轮廓宽度 .35 mm 。

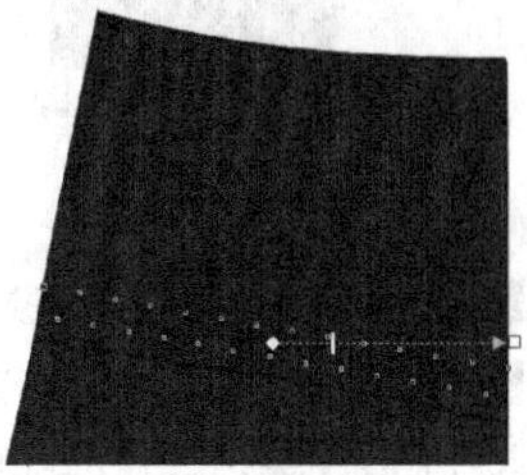
图7-278

图7-279

图7-280

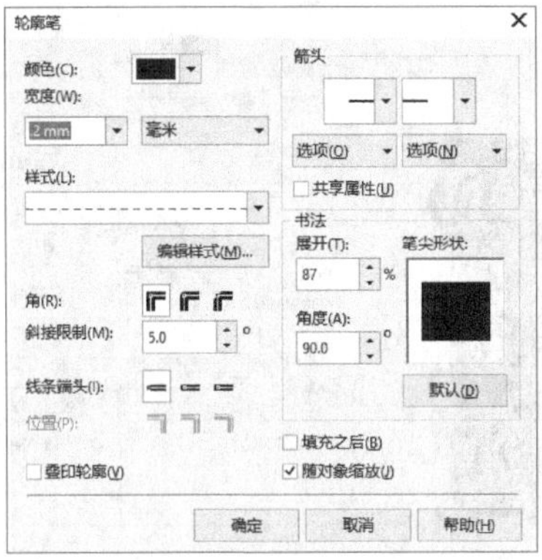

图7-281

图7-282

图7-283

13 使用【贝塞尔】工具和【形状】工具在裤脚口绘制图形，给图形填充枣红色，其CMYK值为（63，90，89，21），单击【选择】工具，在属性栏中设置轮廓宽度 .35 mm ，得到的效果如图7-284所示。

14 使用【手绘】工具在裤脚口绘制两条直线，在属性栏中设置轮廓宽度 .4 mm ，得到的效果如图7-285所示。

15 使用【选择】工具选择两条直线，单击属性栏中的【合并】按钮，得到的效果如图7-286所示。

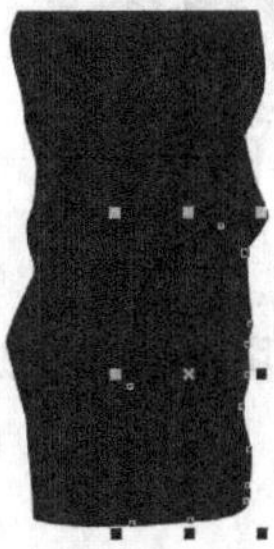
图7-284

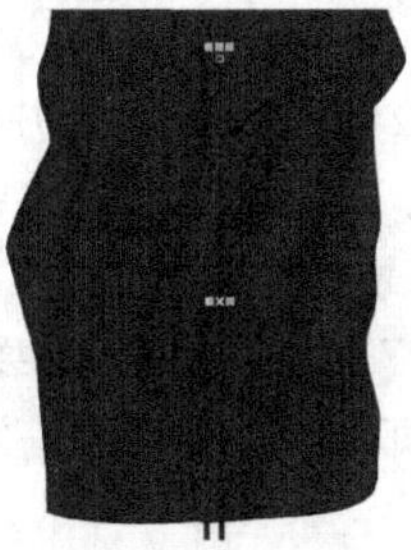
图7-285

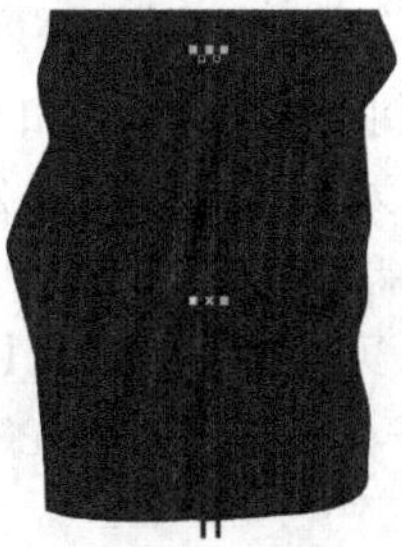
图7-286

16 按【+】键复制图形，按住【Ctrl】键把复制的图形往右移动到图7-287所示的位置。

17 选择工具箱中的【调和】工具，单击左边的直线往右拖曳鼠标至右边的图形执行调和功能，如图7-288所示。

18 在属性栏中设置调和的步数，得到的效果如图7-289所示。

19 单击【选择】工具，执行菜单栏中的【对象】/【PowerClip】/【置于图文框内部】命令把图形放置在裤脚口内，得到的效果如图7-290所示。

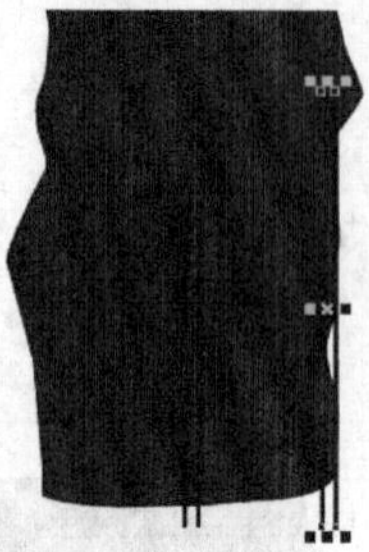
图7-287

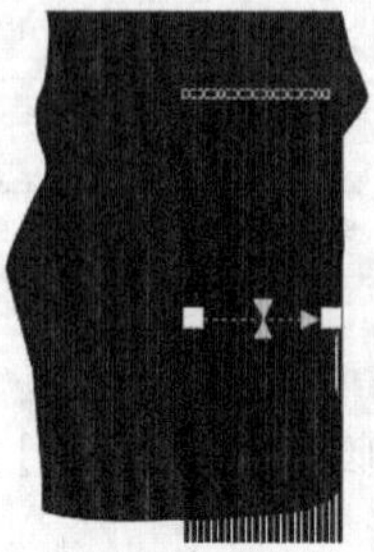
图7-288

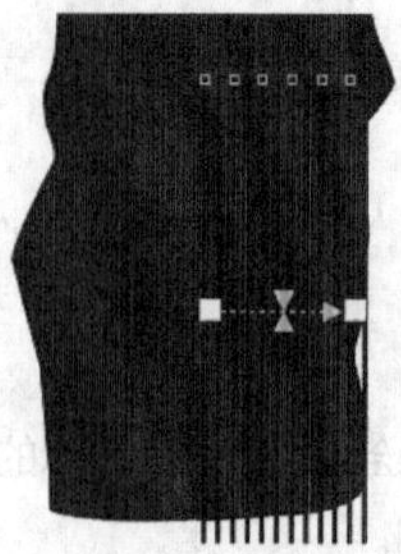
图7-289

图7-290

20 执行菜单栏中的【对象】/【顺序】/【到页面背面】命令，得到的效果如图7-291所示。

21 选择【贝塞尔】工具和【形状】工具，在图7-292所示的裤脚口处绘制5条缉明线，使缉明线处于选择状态，按【F12】键，弹出【轮廓笔】对话框，选项及参数设置如图7-293所示。

22 单击【确定】按钮，得到的效果如图7-294所示。

图7-291

图7-292

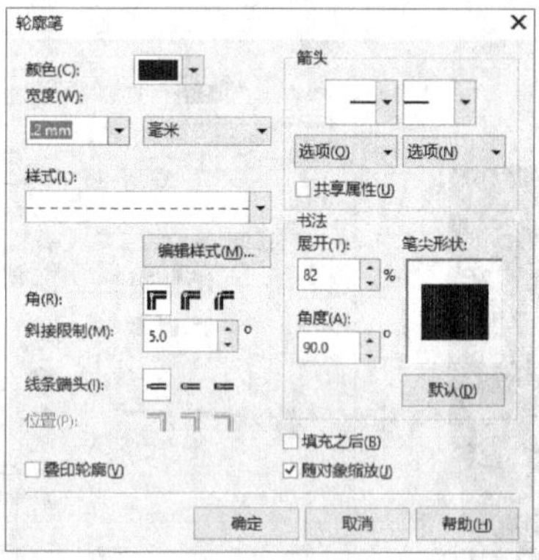

图7-293

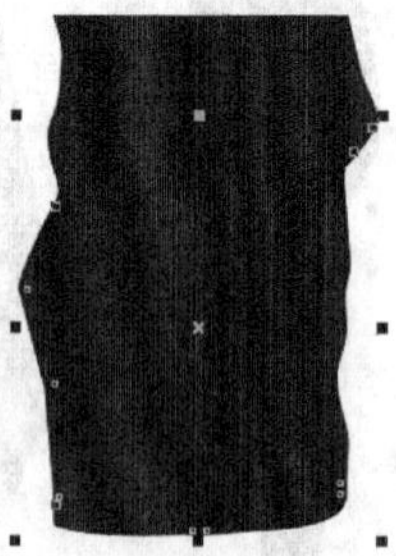
图7-294

23 使用【贝塞尔】工具和【形状】工具在裤腿上绘制袋盖并填充枣红色，其CMYK值为（63，90，89，21），单击【选择】工具，在属性栏中设置轮廓宽度，得到的效果如图7-295所示。

24 使用【贝塞尔】工具和【形状】工具在裤腿上绘制立体袋并填充枣红色，其CMYK值为（63，90，89，21），单击【选择】工具，在属性栏中设置轮廓宽度，得到的效果如图7-296所示。

图7-295

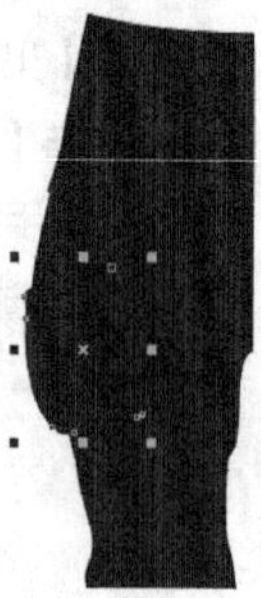
图7-296

25 使用【贝塞尔】工具和【形状】工具在立体袋上绘制袋盖并填充枣红色，其CMYK值为（63，90，89，21），单击【选择】工具，在属性栏中设置轮廓宽度，得到的效果如图7-297所示。

26 使用【贝塞尔】工具和【形状】工具在图7-298所示的立体袋和袋盖上绘制6条缉明线，使缉明线处于选择状态，按【F12】键，弹出【轮廓笔】对话框，选项及参数设置如图7-299所示。

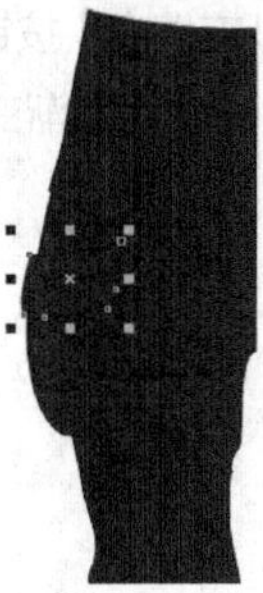
图7-297

图7-298

图7-299

27 单击【确定】按钮，得到的效果如图7-300所示。

28 使用【贝塞尔】工具在袋盖上绘制一条线段，给线段填充轮廓色，其CMYK值为（40，74，80，2），在属性栏中设置轮廓宽度 .2 mm，如图7-301所示。

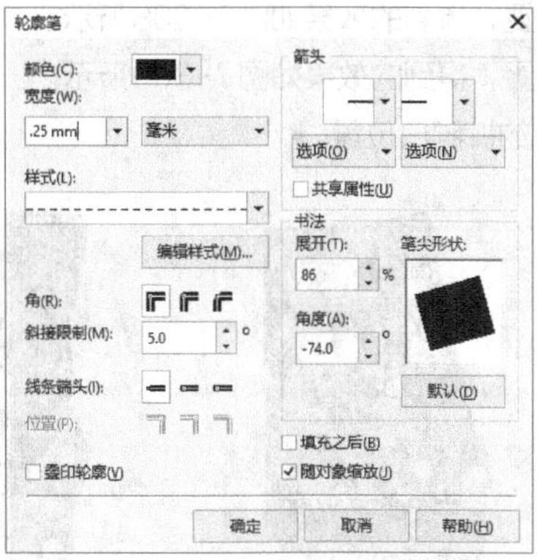

图7-300

图7-301

29 选择【变形】工具，在属性栏中设置拉链变形的各项数值，如图7-302所示，完成的打枣工艺效果如图7-303所示。

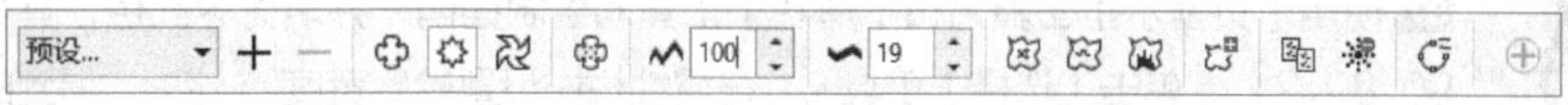

图7-302

30 重复步骤28和步骤29的操作分别绘制立体袋和袋盖处的打枣工艺，得到的效果如图7-304所示。

31 使用【椭圆形】工具并按住【Ctrl】键在口袋盖处绘制一个圆形，在属性栏中设置轮廓宽度 .2 mm，得到的效果如图7-305所示。

图7-303

图7-304

图7-305

32 单击工具箱中的【交互式填充】工具，在属性栏中单击【渐变填充】按钮/【椭圆形渐变填充】按钮，再单击【编辑填充】按钮，弹出【编辑填充】对话框，设置灰色［CMYK值为（0，0，0，30）］到白色的渐变，各项参数如图7-306所示。单击【确定】按钮，完成的渐变效果如图7-307所示。

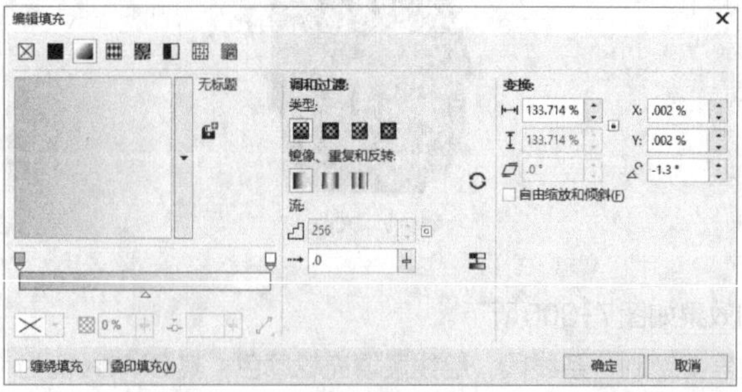

图7-306

33 按【+】键复制一个撞钉，把复制的图形向右移动到合适的位置，得到的效果如图7-308所示。
34 按【+】键复制一个撞钉，把复制的图形向上移动到合适的位置，得到的效果如图7-309所示。
35 按【+】键复制3个撞钉，把复制的图形摆放在图7-310所示的裤脚口位置。

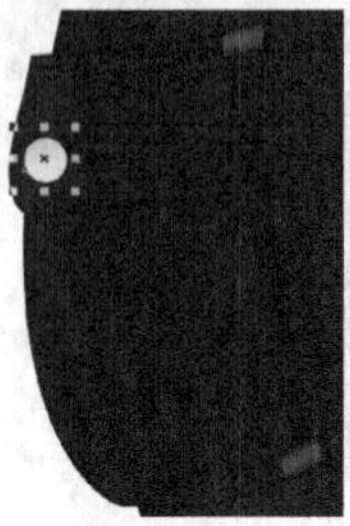
图7-307

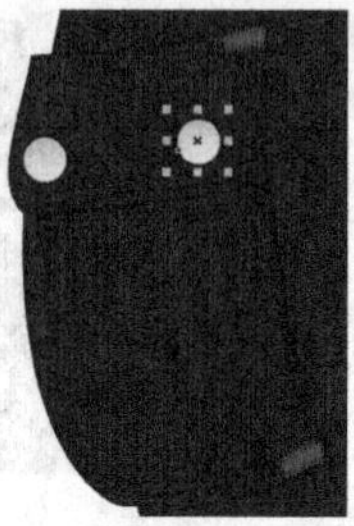
图7-308

图7-309

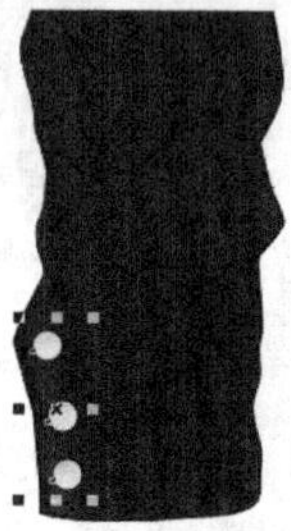
图7-310

图7-311

36 使用【选择】工具框选绘制好的左边裤形，按【+】键复制，单击属性栏中的【水平镜像】按钮，并把图形向右平移到合适的位置，得到的效果如图7-311所示。
37 使用【贝塞尔】工具和【形状】工具绘制搭门，并填充枣红色，其CMYK值为（63，90,89,21），单击【选择】工具，在属性栏中设置轮廓宽度，得到的效果如图7-312所示。
38 使用【贝塞尔】工具和【形状】工具绘制后腰头部分，并填充枣红色，其CMYK值为（63，90，89，21），单击【选择】工具，在属性栏中设置轮廓宽度，得到的效果如图7-313所示。
39 执行菜单栏中的【对象】/【顺序】/【到页面背面】命令，得到的效果如图7-314所示。

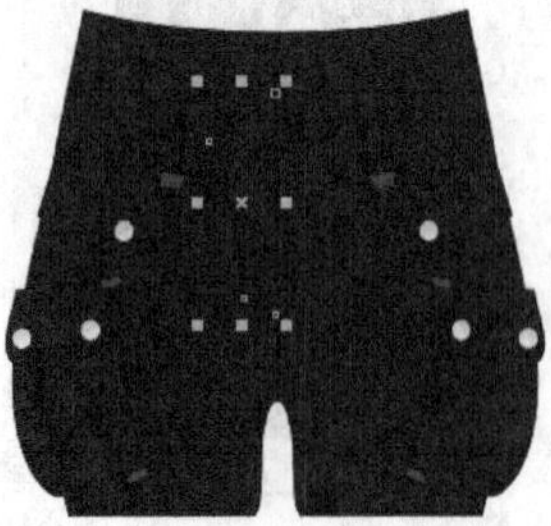
图7-312

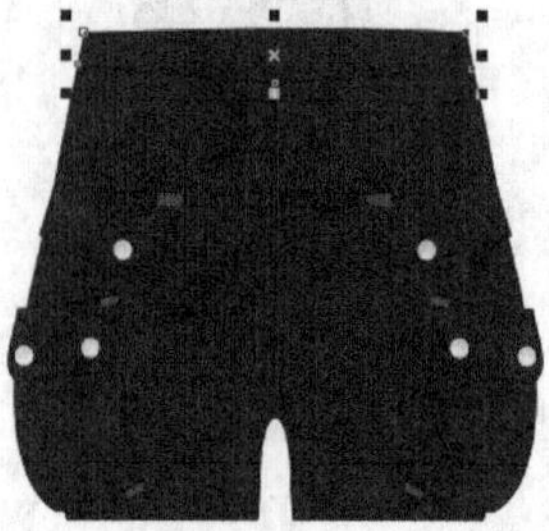
图7-313

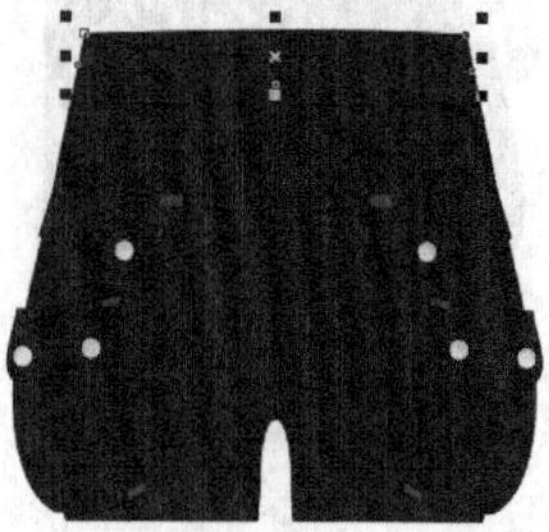
图7-314

40 选择【贝塞尔】工具和【形状】工具，在图7-315所示的搭门和前中线处绘制4条缉明线，使缉明线处于选择状态，按【F12】键，弹出【轮廓笔】对话框，选项及参数设置如图7-316所示。

41 单击【确定】按钮，得到的效果如图7-317所示。

图7-315

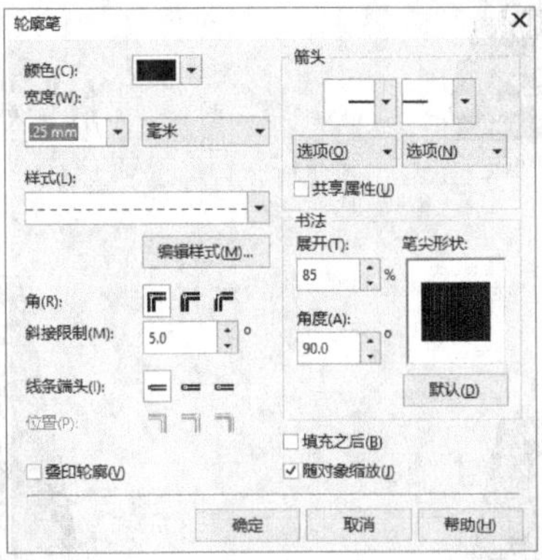

图7-316

图7-317

42 重复步骤28和步骤29的操作绘制搭门处的打枣工艺，得到的效果如图7-318所示。

43 使用【贝塞尔】工具和【形状】工具绘制腰头的分割线，单击【选择】工具，在属性栏中设置轮廓宽度，得到的效果如图7-319所示。

44 选择【贝塞尔】工具和【形状】工具，在图7-320所示的前后腰头处绘制3条缉明线，使缉明线处于选择状态，按【F12】键，弹出【轮廓笔】对话框，选项及参数设置如图7-321所示。

45 单击【确定】按钮，得到的效果如图7-322所示。

图7-318

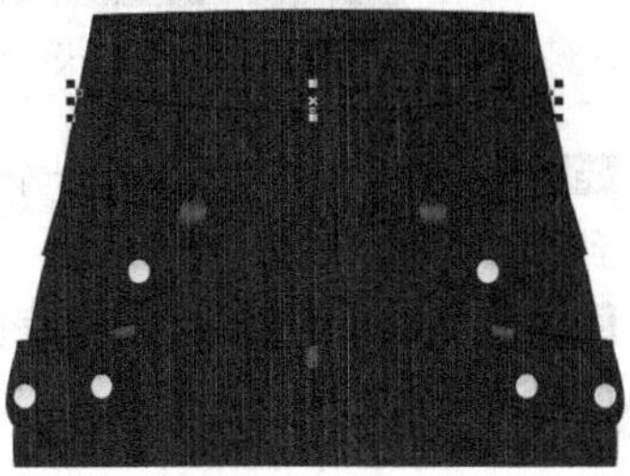

图7-319

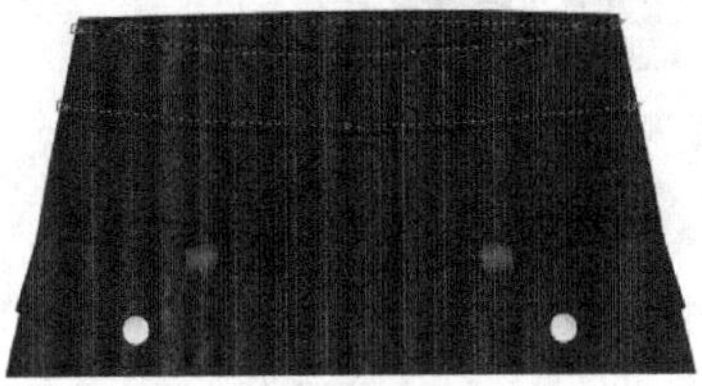

图7-320

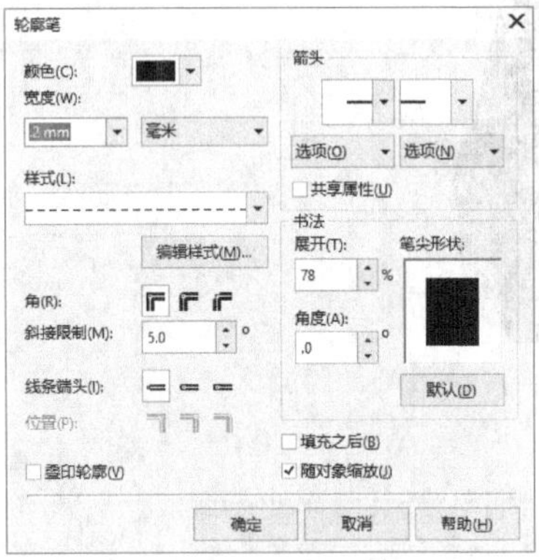

图7-321

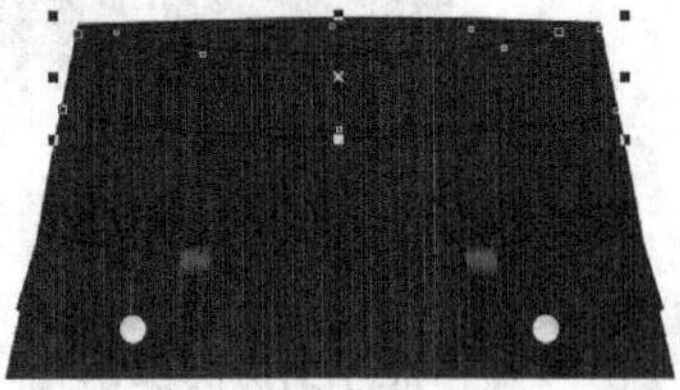

图7-322

46 使用【贝塞尔】工具在腰部绘制裤袢，单击【选择】工具，在属性栏中设置轮廓宽度，并填充枣红色，其CMYK值为（63，90，89，21），如图7-323所示。

47 使用【贝塞尔】工具和【形状】工具在裤袢上绘制两条缉明线，单击【选择】工具，在属性栏中设置轮廓样式与宽度，如图7-324所示，得到的效果如图7-325所示。

48 使用【选择】工具框选整个裤袢造型，按住【Ctrl】+【G】组合键，群组图形。按【+】键复制3个裤袢，单击属性栏中的【水平镜像】按钮并把复制的裤袢摆放在图7-326所示的位置。

图7-323

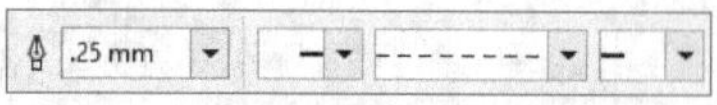

图7-324

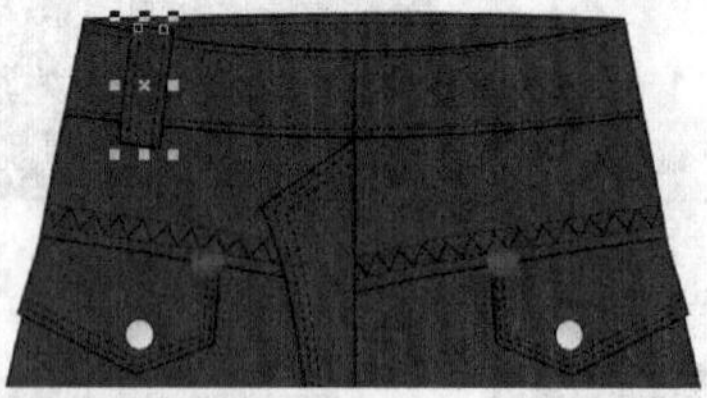

图7-325

图7-326

49 使用【选择】工具选择一个绘制好的撞钉，按【+】键复制4个撞钉，把复制的图形摆放在搭门及腰头位置，得到的效果如图7-327所示。

50 使用【选择】工具框选所有图形，按住【Ctrl】+【G】组合键，群组图形。这样就完成了靴裤的绘制，整体效果如图7-328所示。

图7-327

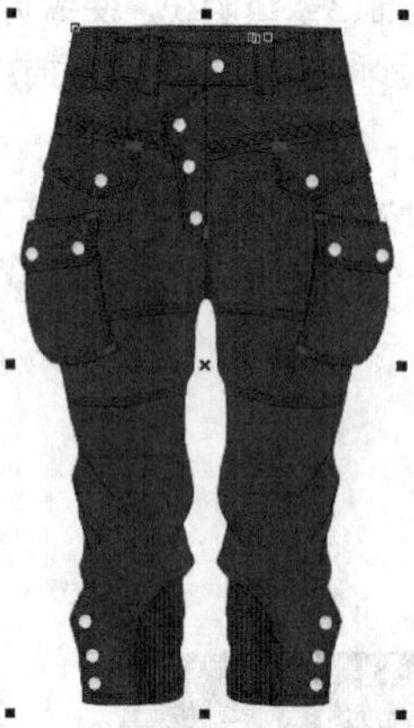

图7-328

7.6 哈伦裤款式设计

哈伦裤的整体效果如图7-329所示。

设计重点

造型设计、罗纹腰头、抽绳、鸡眼扣表现。

操作步骤

01 打开CorelDRAW软件，执行菜单栏中的【文件】/【新建】命令，或使用【Ctrl】+【N】组合键，打开【创建新

文档】对话框，文件命名为“哈伦裤”，设定纸张大小为A4，横向摆放，如图7-330所示。

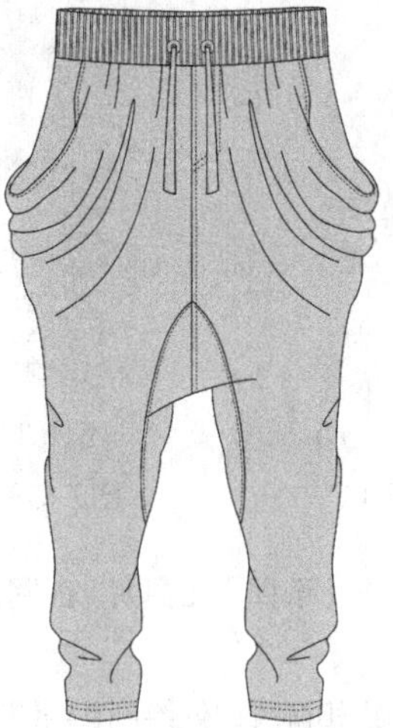

图7-329

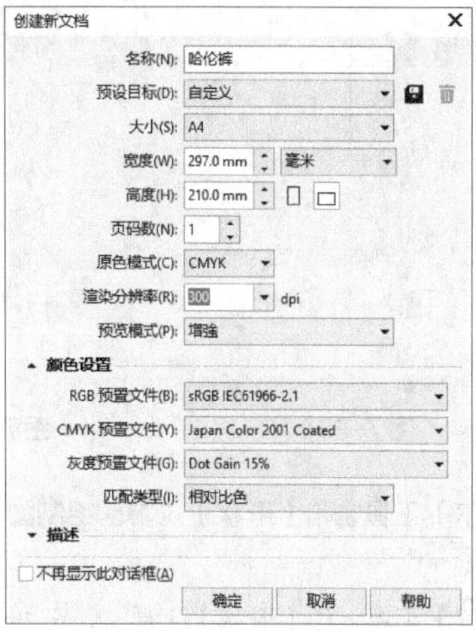

图7-330

02 从标尺栏向页面拖曳鼠标添加9条辅助线，确定裤长、裆深和脚口宽等，如图7-331所示。

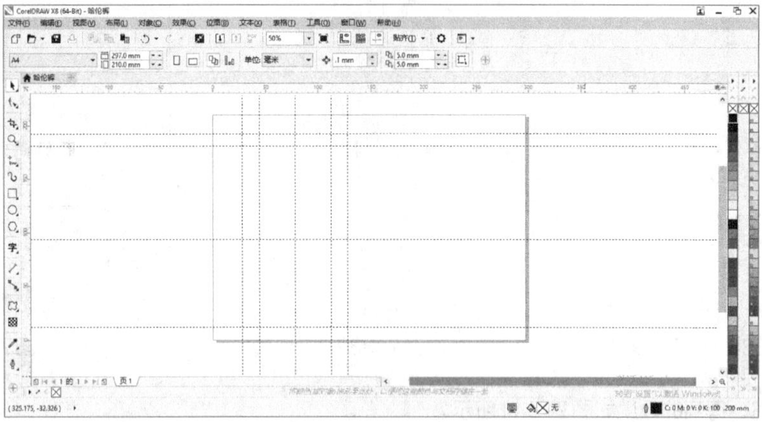

图7-331

03 使用【贝塞尔】工具和【形状】工具绘制图7-332所示的裤子造型（注意臀部堆积效果的处理及裤长的比例）。

04 单击【选择】工具，在属性栏中设置轮廓宽度，单击工具箱中的【交互式填充】工具，在属性栏中单击【均匀填充】按钮■给图形填充卡其色，其CMYK值为（11，20，28，0），得到的效果如图7-333所示。

05 使用【贝塞尔】工具和【形状】工具绘制图7-334所示的口袋线，单击【选择】工具，在属性栏中设置轮廓宽度。

06 执行菜单栏中的【编辑】/【全选】/【辅助线】命令，选择所有的辅助线，按【Delete】键删除，得到的效果如图7-335所示。

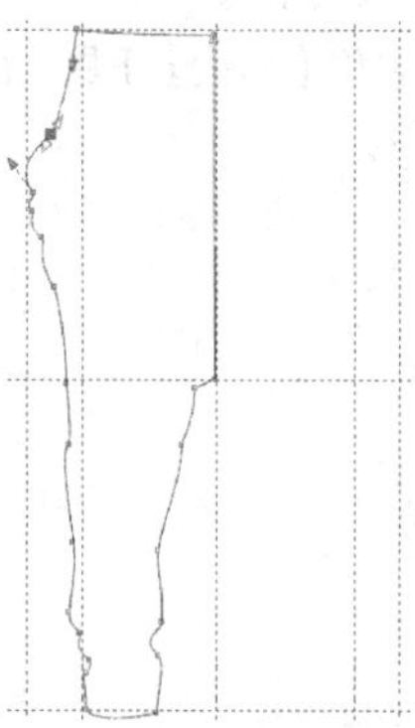

图7-332

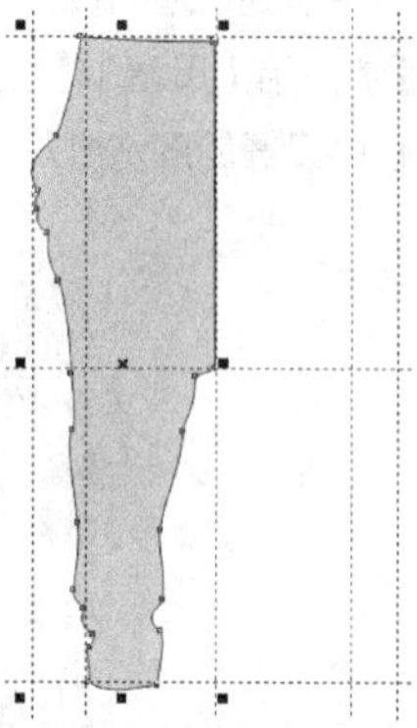

图7-333

07 使用【贝塞尔】工具和【形状】工具绘制腰臀部位的褶裥线，单击【选择】工具，在属性栏中设置轮廓宽度，如图7-336所示。

08 使用【贝塞尔】工具和【形状】工具在图7-337所示的膝关节和裤脚口处绘制5条裤褶，单击【选择】工具，在属性栏中设置轮廓宽度。

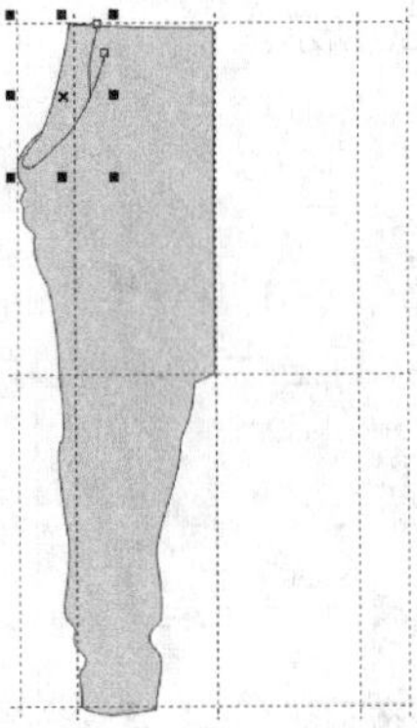
图7-334

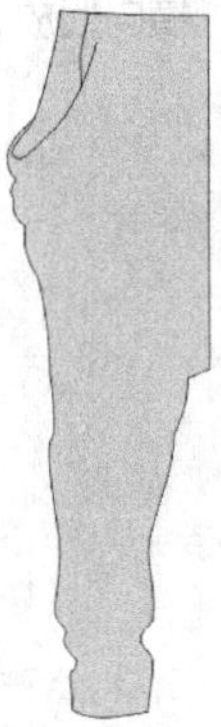
图7-335

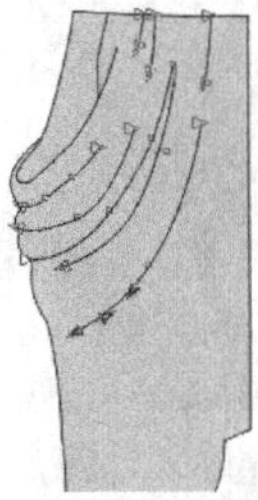
图7-336

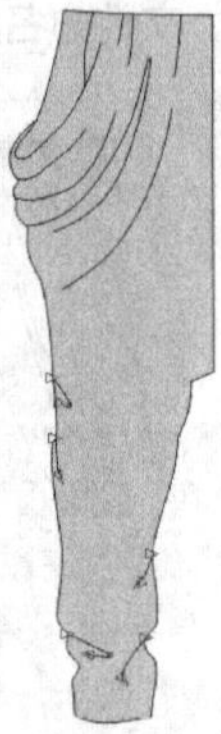
图7-337

09 使用【贝塞尔】工具和【形状】工具绘制图7-338所示的分割线，单击【选择】工具，在属性栏中设置轮廓宽度 .35 mm 。

10 选择【贝塞尔】工具和【形状】工具，在图7-339所示的口袋、分割线和裤脚口处绘制5条缉明线，使缉明线处于选择状态，按【F12】键，弹出【轮廓笔】对话框，选项及参数设置如图7-340所示。

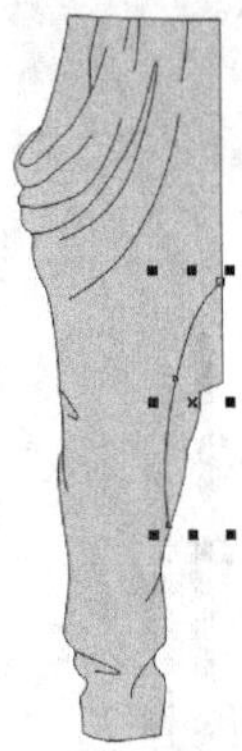
图7-338

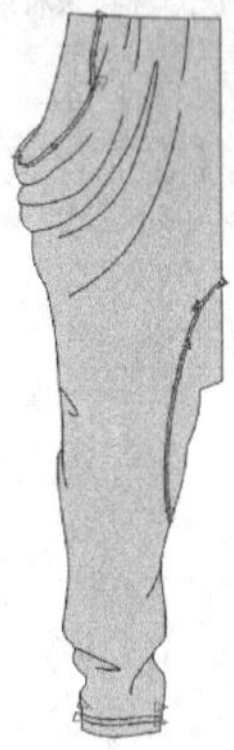
图7-339

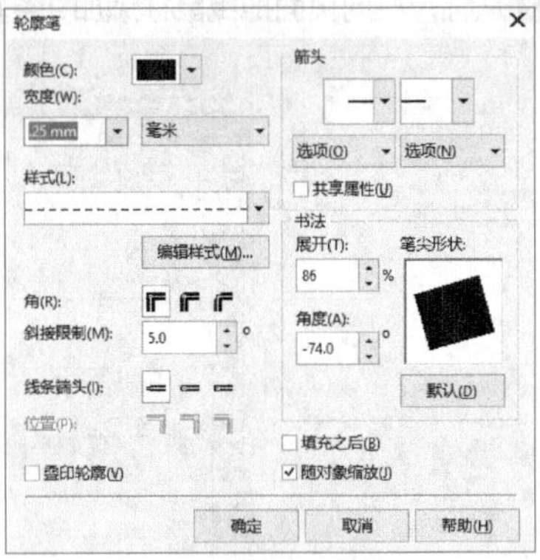

图7-340

11 单击【确定】按钮，得到的效果如图7-341所示。

12 使用【选择】工具框选绘制好的左边裤形，按【+】键复制，单击属性栏中的【水平镜像】按钮，并把图形向右平移到合适的位置，得到的效果如图7-342所示。

13 使用【贝塞尔】工具和【形状】工具在图7-343所示的裤裆处绘制一条裤褶线，单击【选择】工具，在属性栏中设置轮廓宽度 .35 mm 。

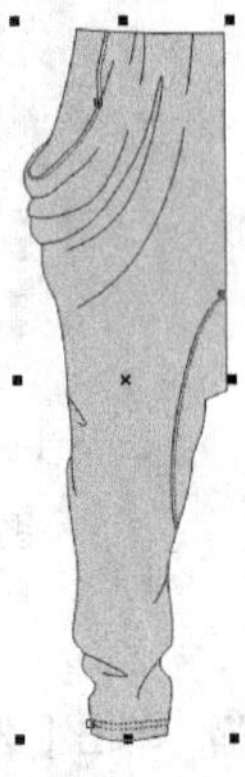
图7-341

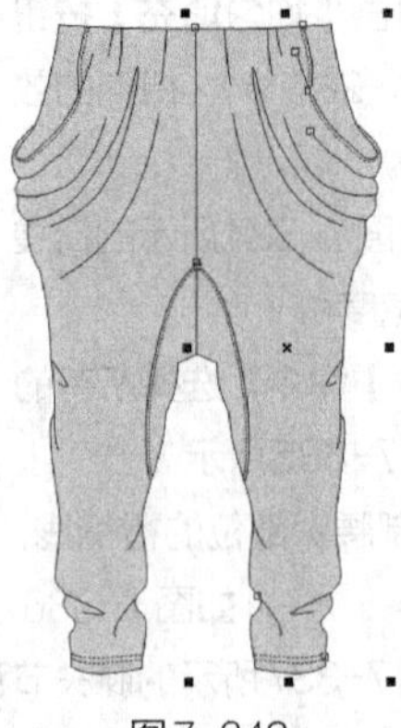
图7-342

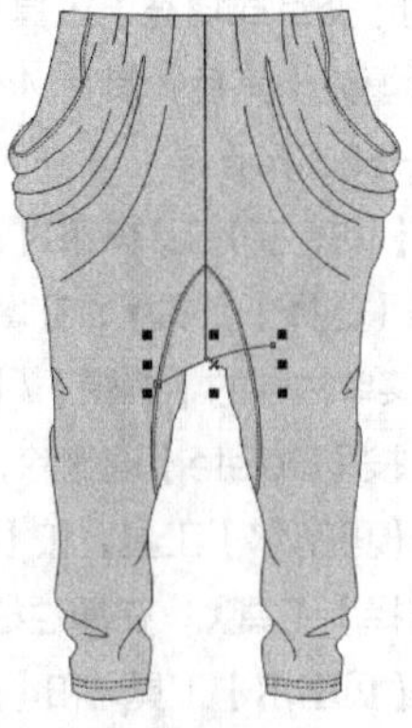
图7-343

14 使用【形状】工具单击右边裤型，选择图7-344所示的节点。

15 使用【形状】工具调整右边裤型，把节点往上移动，使其与裤褶线相贴合，得到的效果如图7-345所示。

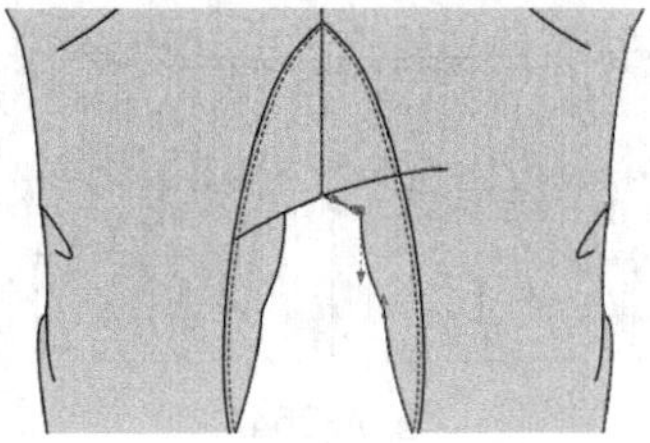
图7-344

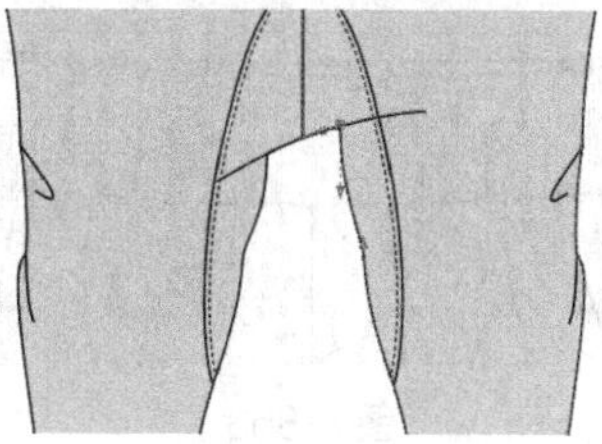
图7-345

16 使用【贝塞尔】工具和【形状】工具绘制前腰头部分，并填充卡其色，其CMYK值为（11，20，28，0），单击【选择】工具，在属性栏中设置轮廓宽度 .35mm，得到的效果如图7-346所示。

17 使用【贝塞尔】工具和【形状】工具绘制后腰头部分，并填充卡其色，其CMYK值为（11，20，28，0），单击【选择】工具，在属性栏中设置轮廓宽度 .35mm，得到的效果如图7-347所示。

18 执行菜单栏中的【对象】/【顺序】/【到页面背面】命令，得到的效果如图7-348所示。

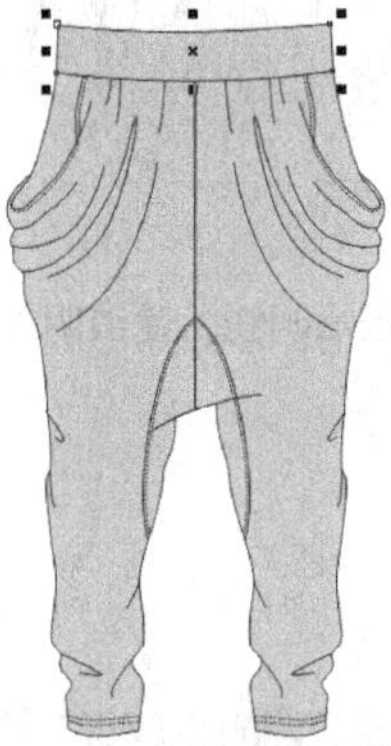
图7-346

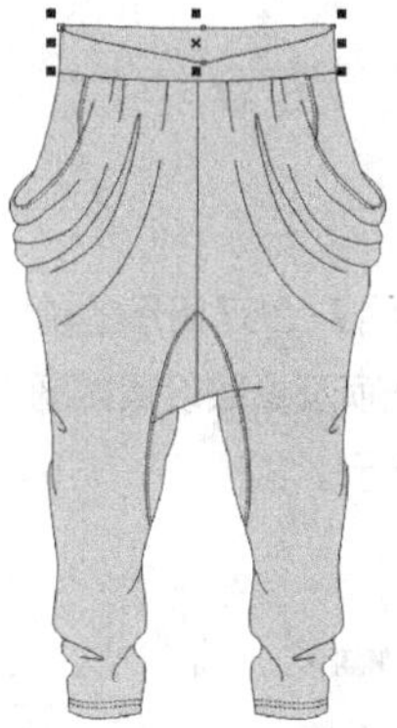
图7-347

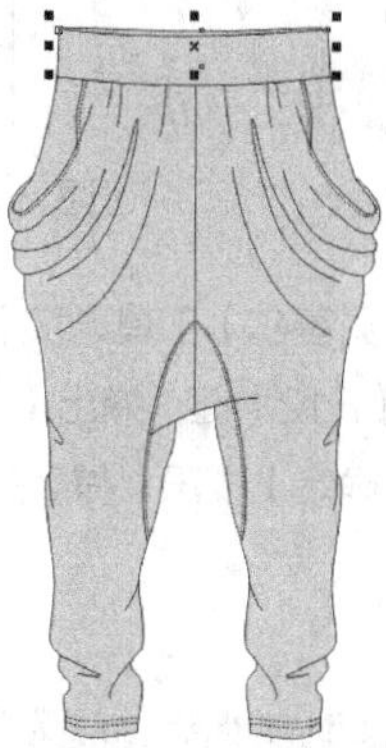
图7-348

19 使用【手绘】工具在腰头上绘制两条直线，在属性栏中设置轮廓宽度 .2mm，得到的效果如图7-349所示。

20 使用【选择】工具选择两条直线，单击属性栏中的【合并】按钮，得到的效果如图7-350所示。

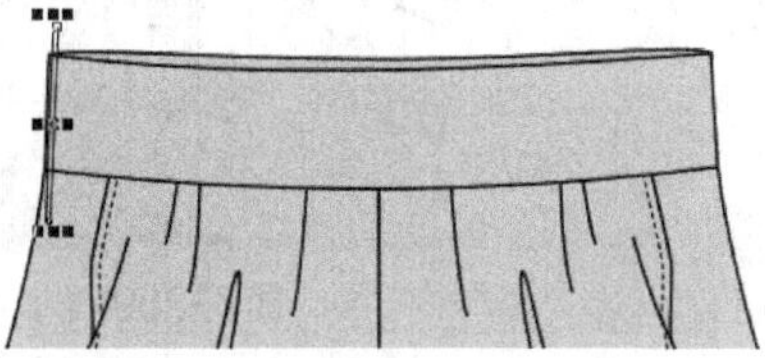
图7-349

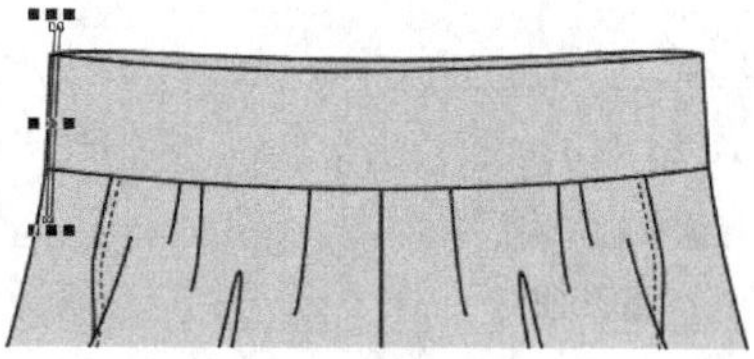
图7-350

21 按【+】键复制图形，按住【Ctrl】键把复制的图形往右移动到图7-351所示的位置。在属性栏中设置旋转角度 6.0 °，得到的效果如图7-352所示。

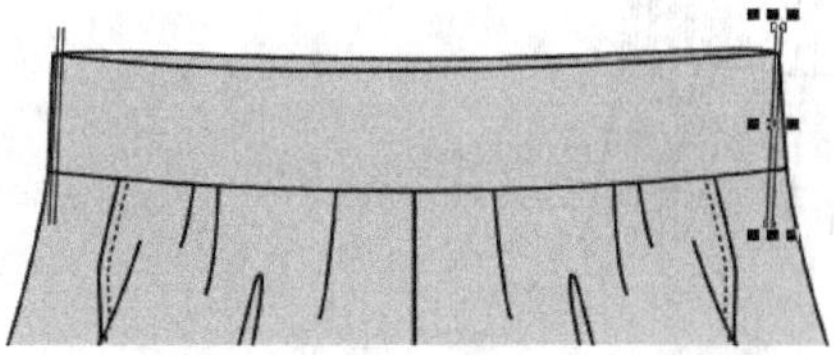
图7-351

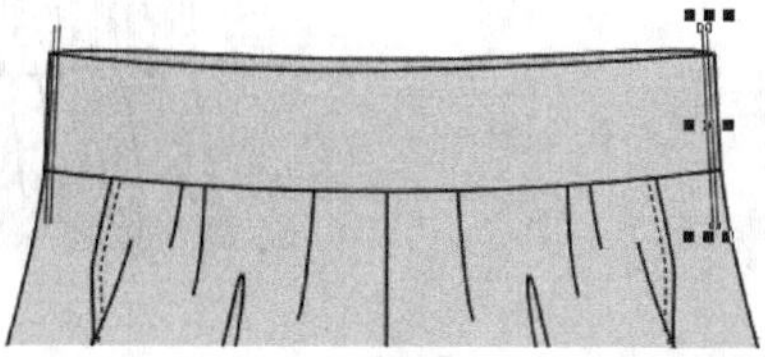
图7-352

22 选择工具箱中的【调和】工具，单击左边的直线往右拖曳鼠标至右边的图形执行调和功能，如图7-353所示。

23 在属性栏中设置调和的步数，得到的效果如图7-354所示。

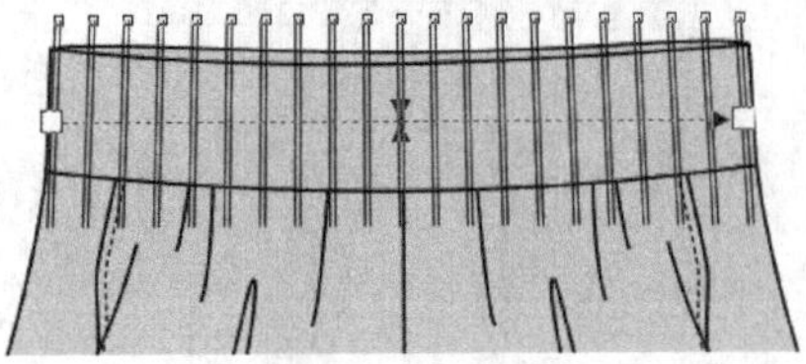

图7-353

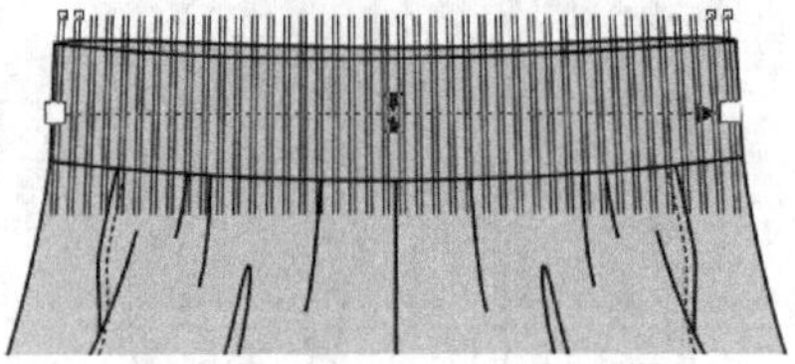

图7-354

24 单击【选择】工具，执行菜单栏中的【对象】/【PowerClip】/【放置在容器中】命令把图形放置在前腰头内，得到的效果如图7-355所示。

25 重复步骤19~24的操作绘制后腰头罗纹，得到的效果如图7-356所示。

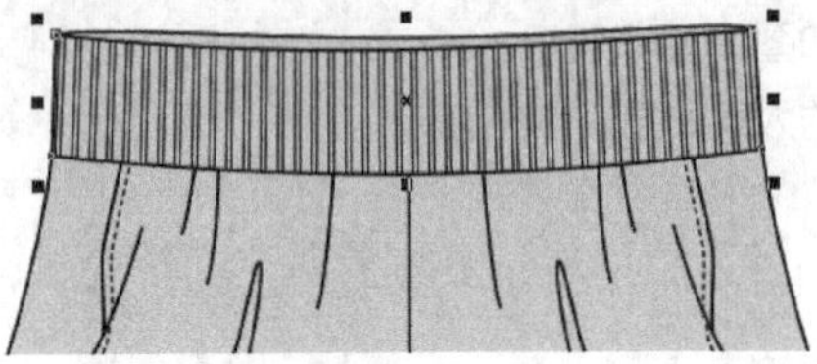

图7-355

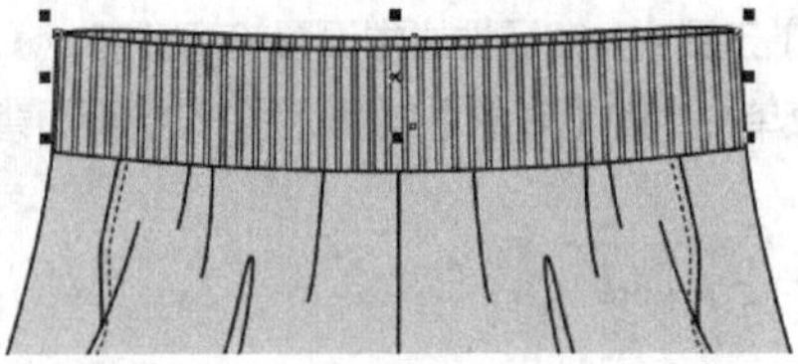

图7-356

26 选择【贝塞尔】工具和【形状】工具，在图7-357所示的前中线和门襟处绘制3条缉明线，使缉明线处于选择状态，按【F12】键，弹出【轮廓笔】对话框，选项及参数设置如图7-358所示。

27 单击【确定】按钮，得到的效果如图7-359所示。

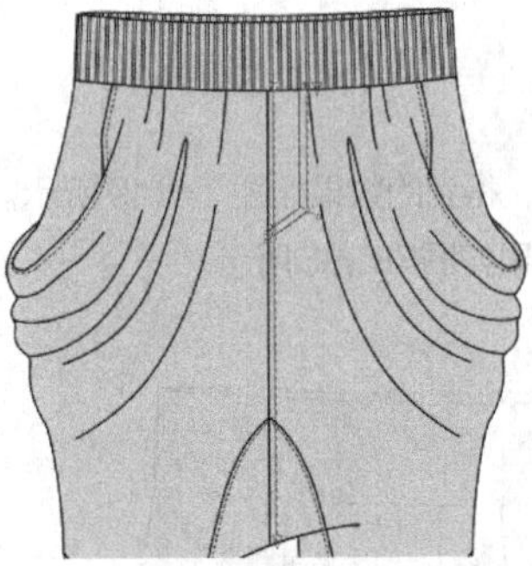

图7-357

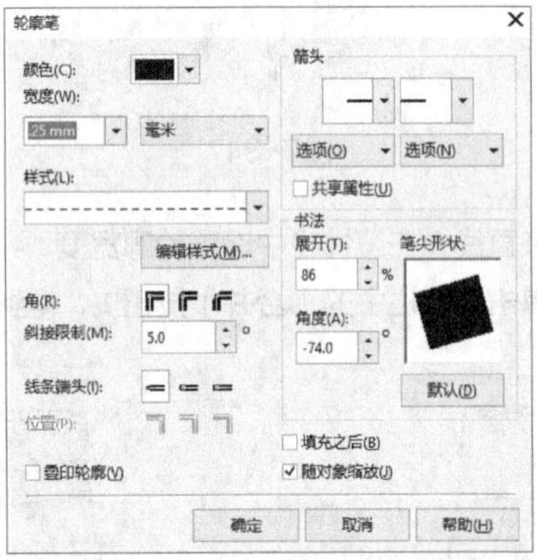

图7-358

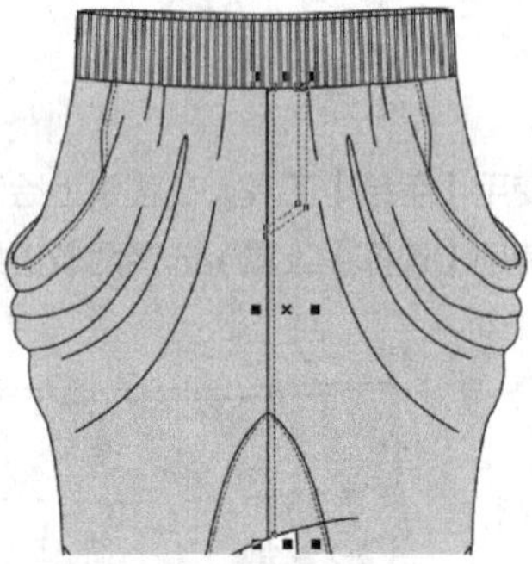

图7-359

28 选择【椭圆形】工具，按住【Ctrl】键在腰头上绘制一个圆形，在属性栏中设置轮廓宽度，并填充卡其色，其CMYK值为（11，20，28，0），如图7-360所示。

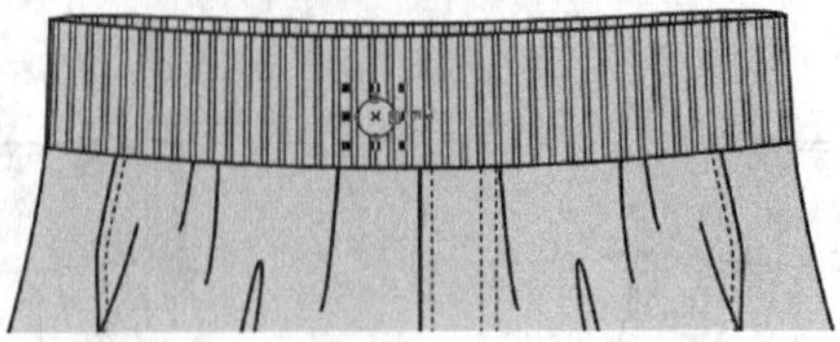

图7-360

29 按【+】键复制一个圆形，再按住【Shift】键等比例缩小图形，使用【选择】工具框选两个圆形，单击属性栏中的【合并】按钮，得到的效果如图7-361所示。

30 使用【贝塞尔】工具和【形状】工具绘制图7-362所示的腰头的抽绳。

31 单击【选择】工具，在属性栏中设置轮廓宽度，并填充卡其色，其CMYK值为（11，20，28，0），得到的效果如图7-363所示。

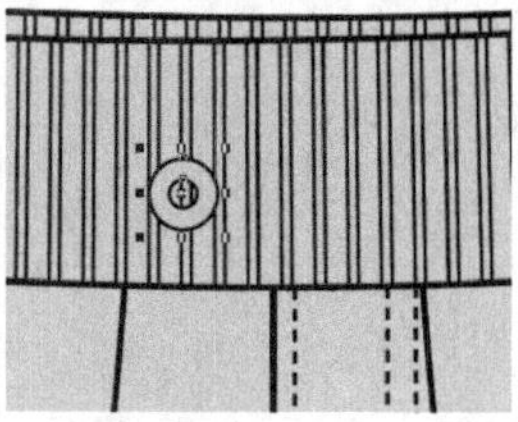

图7-361

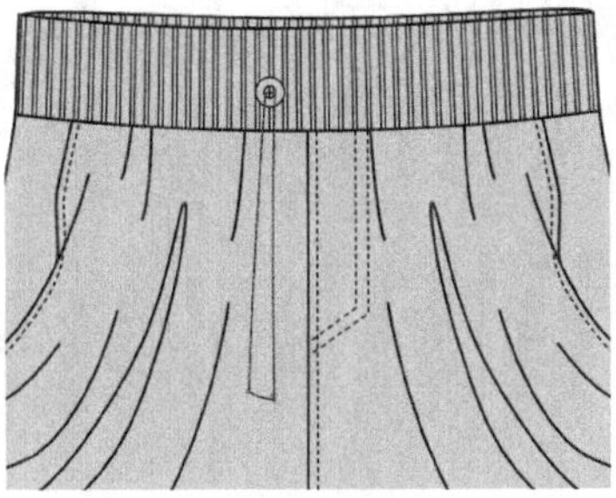

图7-362

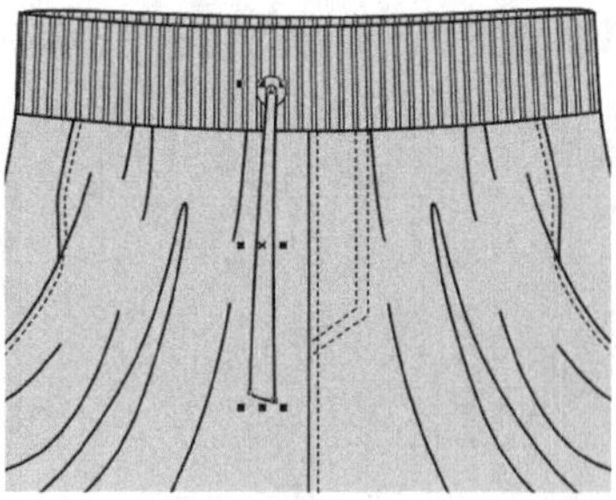

图7-363

32 使用【选择】工具框选绘制好的四合扣和抽绳，按【+】键复制，单击属性栏中的【水平镜像】按钮，并把图形向右平移到合适的位置，得到的效果如图7-364所示。

33 使用【选择】工具框选所有图形，按住【Ctrl】+【G】组合键，群组图形。这样就完成了哈伦裤的绘制，整体效果如图7-365所示。

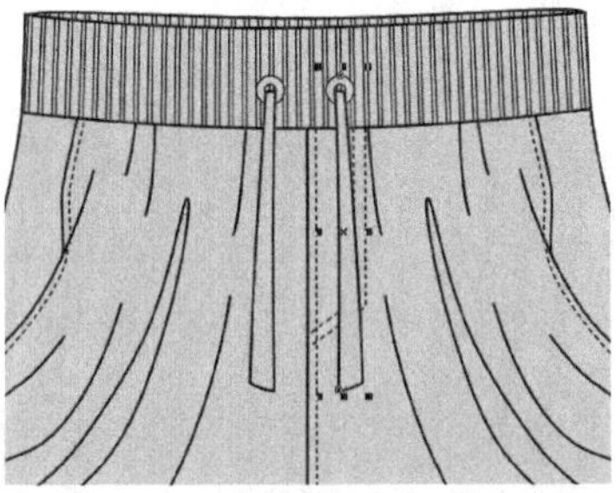

图7-364

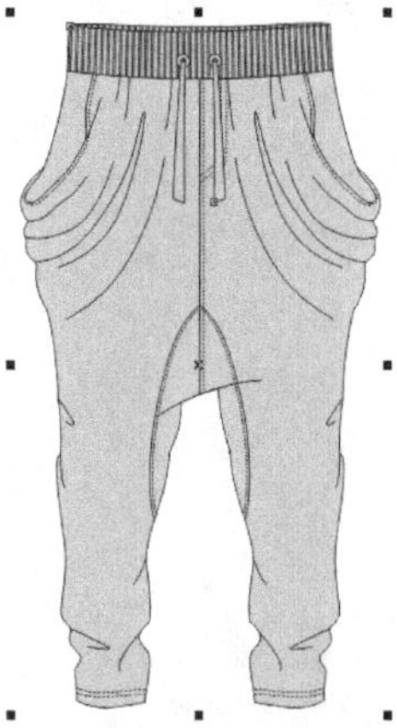

图7-365

第 08 章

针织毛衫款式设计

本章重点

- 用【贝塞尔】工具、【形状】工具绘制毛衫基本造型
- 用【调和】工具表现毛衫罗纹领口、袖口
- 针织雪花图案及扭花图案的表现
- 毛衫款式细节变化设计、色彩填充

毛衫是用毛纱或毛型化纤纱编织成的针织上衣，是所有的服饰中季节跨度最大的单品，具有穿着舒适、便利的特点。毛衫因其材料的特殊性，在款式设计上通常采用流畅的线条和简约造型强调其自然舒适性，结构分割线较少，具有整体性。色彩、图案是毛衫设计中的重要表现手段。毛衫一般都是以领型来命名的，例如圆领毛衫、V领毛衫和高领毛衫等，下面分别介绍各种毛衫的款式设计。

8.1 男式圆领毛衫款式设计

男式圆领毛衫的整体效果如图8-1所示。

设计重点

造型设计、罗纹领口、袖口表现、色彩填充、雪花针织图案表现。

图8-1

操作步骤

01 打开CorelDRAW软件，执行菜单栏中的【文件】/【新建】命令，或使用【Ctrl】+【N】组合键，打开【创建新文档】对话框，文件命名为“男式圆领毛衫”，设定纸张大小为A4，横向摆放，如图8-2所示。

02 从标尺栏向页面拖曳鼠标添加9条辅助线，确定衣长、袖窿深、领口、肩宽和袖长等，如图8-3所示。

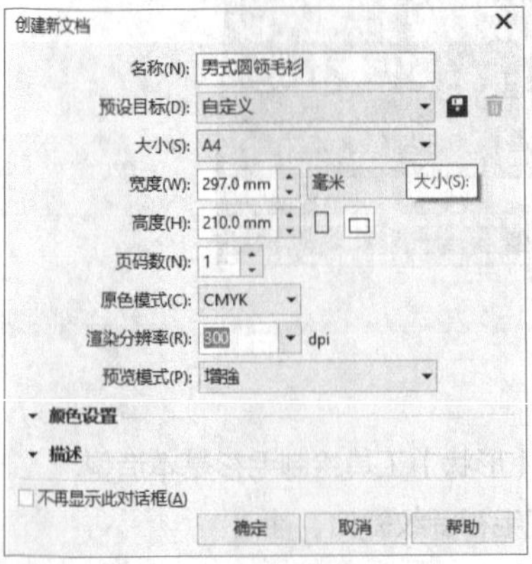

图8-2

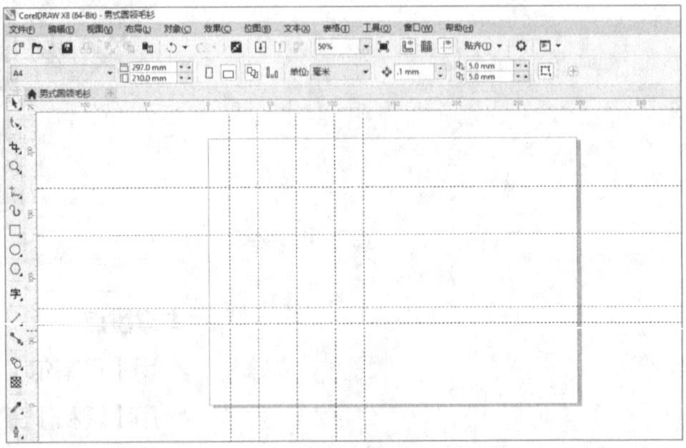

图8-3

03 使用【贝塞尔】工具和【形状】工具绘制图8-4所示的衣身后片，单击【选择】工具，在属性栏中设置轮廓宽度，并填充灰蓝色，其CMYK值为（99，87，70，57）。

专家提示

男装强调肩部造型，在绘制衣身时，要注意衣长和肩宽的比例。

04 使用【贝塞尔】工具和【形状】工具绘制图8-5所示的衣身前片，单击【选择】工具，在属性栏中设置轮廓宽度，并填充灰蓝色，其CMYK值为（99，87，70，57）。

05 使用【贝塞尔】工具和【形状】工具绘制图8-6所示的后领口，单击【选择】工具，在属性栏中设置轮廓宽度，并填充暗红色，其CMYK值为（40，100，100，7）。

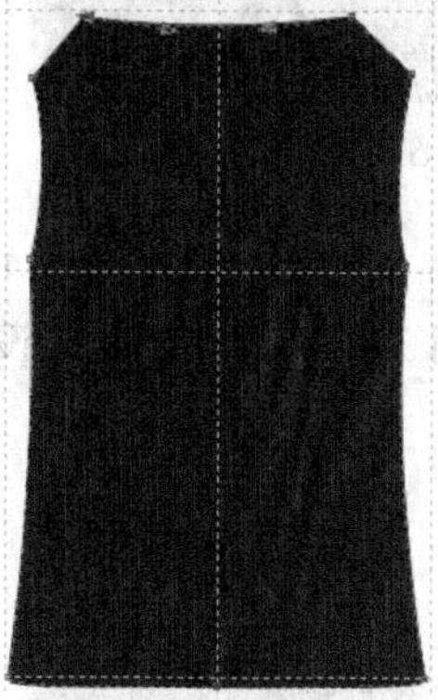
图8-4

图8-5

图8-6

06 使用【手绘】工具在后领口上绘制两条直线，在属性栏中设置轮廓宽度，如图8-7所示。

07 使用【选择】工具选择两条直线，单击属性栏中的【合并】按钮，得到的效果如图8-8所示。

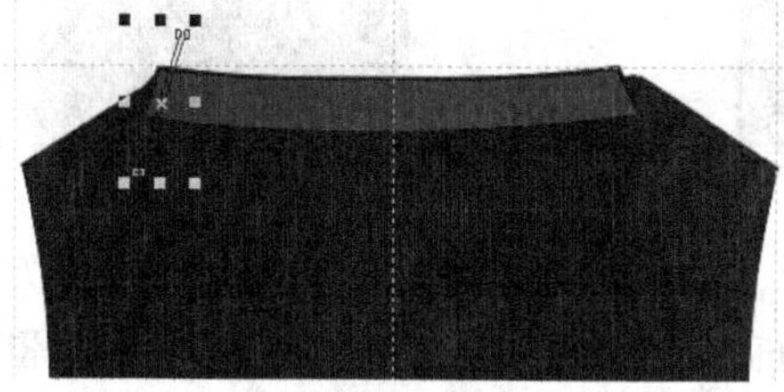
图8-7

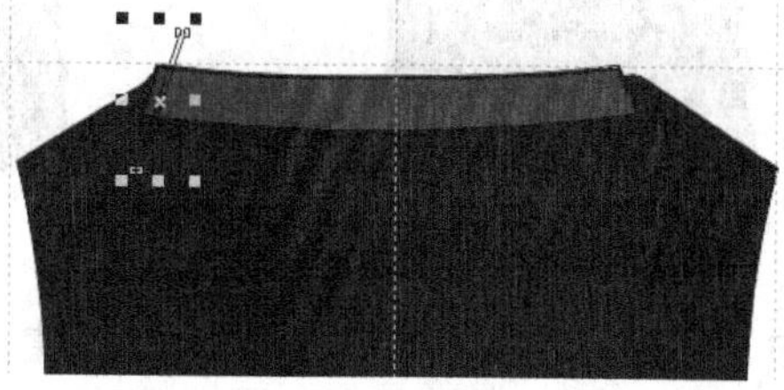
图8-8

08 按【+】键复制图形，按住【Ctrl】键把复制的图形往右平移到合适的位置，在属性栏中设置旋转角度°，得到的效果如图8-9所示。

09 选择工具箱中的【调和】工具，单击左边的直线往右拖曳鼠标至右边的图形执行调和功能，如图8-10所示。

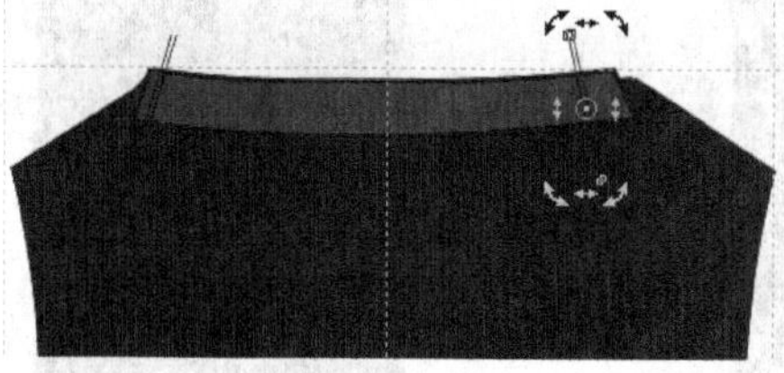
图8-9

图8-10

10 在属性栏中设置调和的步数，得到的效果如图8-11所示。

11 单击【选择】工具，执行菜单栏中的【对象】/【PowerClip】/【置于图文框内部】命令把图形放置在后领口中，这样就完成了后领口罗纹，效果如图8-12所示。

图8-11

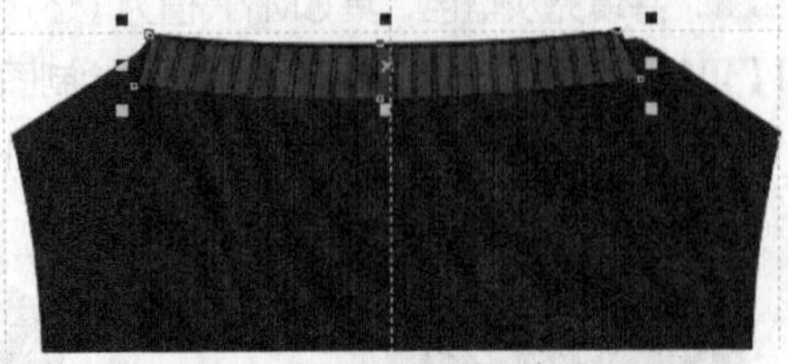

图8-12

12 执行菜单栏中的【对象】/【顺序】/【置于此对象后】命令，把它放置到衣身前片后面，得到的效果如图8-13所示。

13 使用【贝塞尔】工具和【形状】工具绘制图8-14所示的前领口，单击【选择】工具，在属性栏中设置轮廓宽度 .35 mm，并填充暗红色，其CMYK值为（40，100，100，7）。

14 重复步骤6~11绘制前领口的罗纹，得到的效果如图8-15所示。

图8-13

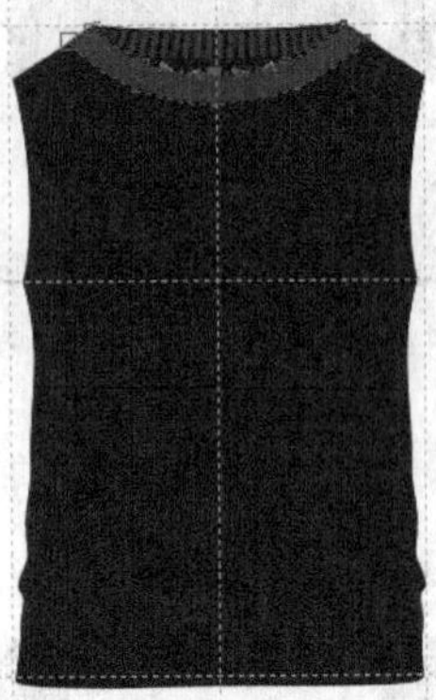

图8-14

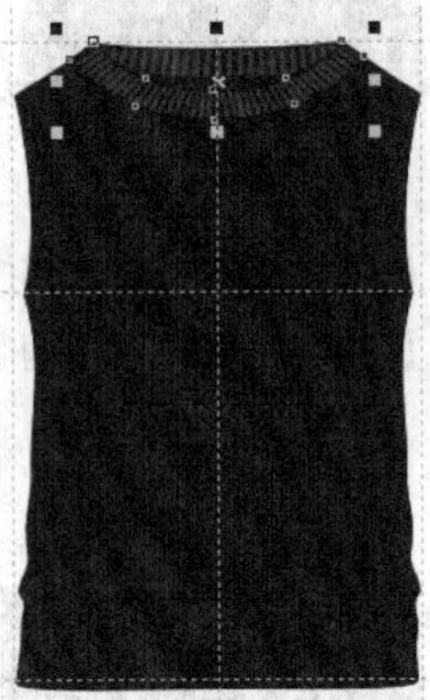

图8-15

15 使用【贝塞尔】工具和【形状】工具绘制图8-16所示的图形，单击【选择】工具，在属性栏中设置轮廓宽度 .35 mm，并填充暗红色，其CMYK值为（40，100，100，7）。

16 重复步骤6~11绘制下摆的罗纹，得到的效果如图8-17所示。

17 使用【贝塞尔】工具和【形状】工具绘制图8-18所示的图形，单击【选择】工具，在属性栏中设置轮廓宽度 .35 mm，并填充暗红色，其CMYK值为（40，100，100，7）。

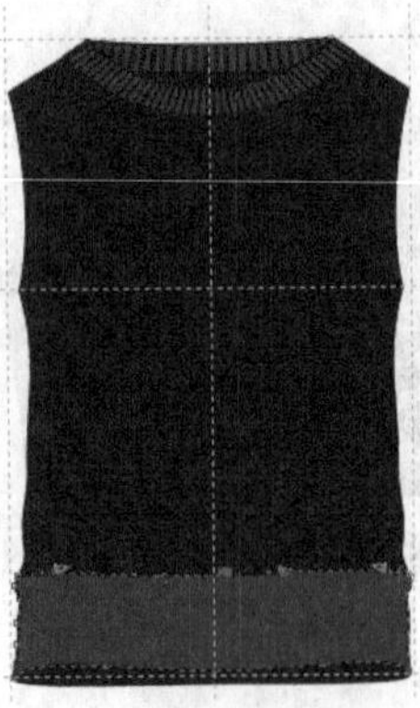

图8-16

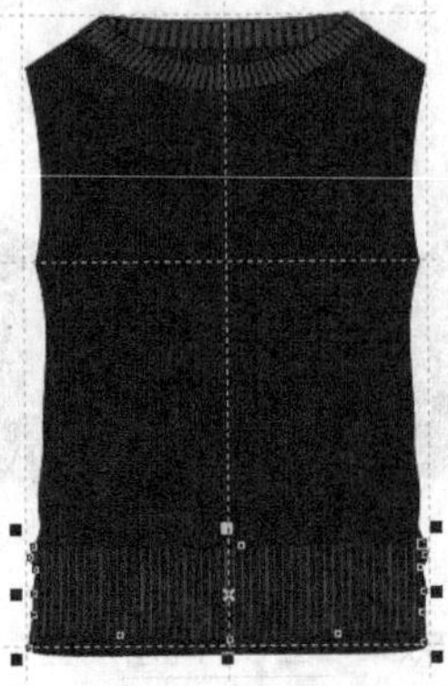

图8-17

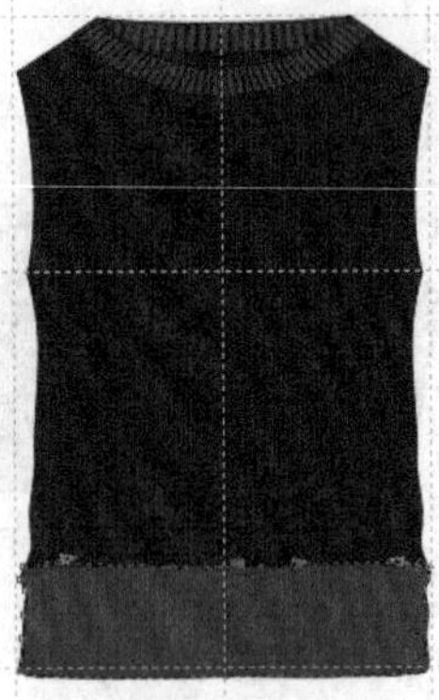

图8-18

18 重复步骤6~11绘制下摆的罗纹，得到的效果如图8-19所示。

19 执行菜单栏中的【对象】/【顺序】/【置于此对象后】命令，把它放置到衣身前片后面，得到的效果如图8-20所示。

20 使用【贝塞尔】工具和【形状】工具绘制图8-21所示的左袖，单击【选择】工具，在属性栏中设置轮廓宽度，并填充灰蓝色，其CMYK值为（99，87，70，57）。

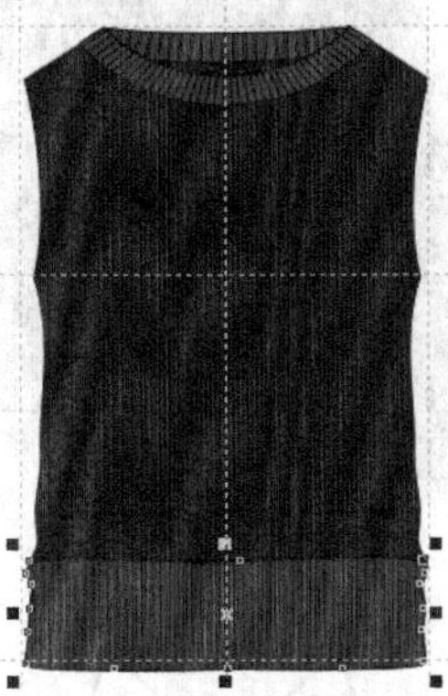

图8-19

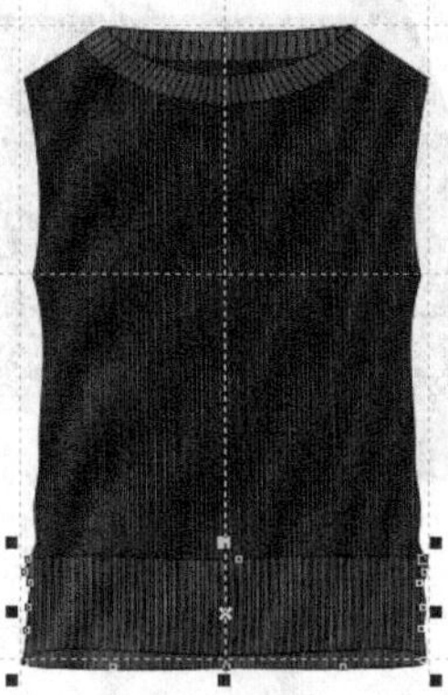

图8-20

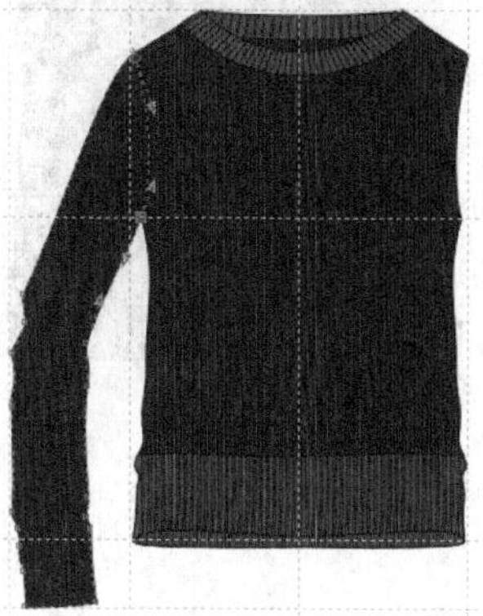

图8-21

专家提示

绘制袖子时，要注意袖长与衣长的比例。韩版男装毛衫，版型修身，袖长要超过衣身。

21 执行菜单栏中的【编辑】/【全选】/【辅助线】命令，选择所有的辅助线，按【Delete】键删除，得到的效果如图8-22所示。

22 执行菜单栏中的【对象】/【顺序】/【置于此对象后】命令，把它放置到衣身前片后面，得到的效果如图8-23所示。

23 使用【贝塞尔】工具和【形状】工具绘制图8-24所示的袖口，单击【选择】工具，在属性栏中设置轮廓宽度，并填充暗红色，其CMYK值为（40，100，100，7）。

图8-22

图8-23

图8-24

24 重复步骤6~11绘制袖口的罗纹，得到的效果如图8-25所示。

25 使用【矩形】工具在衣身上绘制一个矩形并填充白色，效果如图8-26所示。

26 执行菜单栏中的【对象】/【PowerClip】/【置于文本框内部】命令把矩形放置在衣身中，得到的效果如图8-27所示。

27 使用【贝塞尔】工具绘制图8-28所示的图形。

28 按【+】键复制图形，单击属性栏中的【水平镜像】按钮，并把图形向右平移到合适的位置，得到的效果如图8-29所示。

29 使用【选择】工具框选图形，按【+】键复制图形，单击属性栏中的【垂直镜像】按钮，并把图形向下垂直移动到合适的位置，得到的效果如图8-30所示。

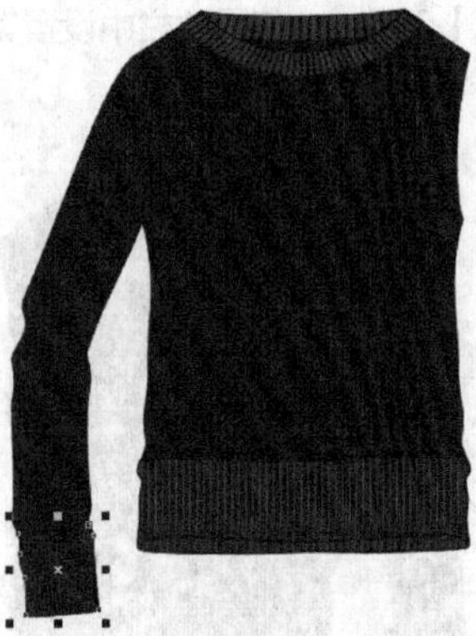

图8-25

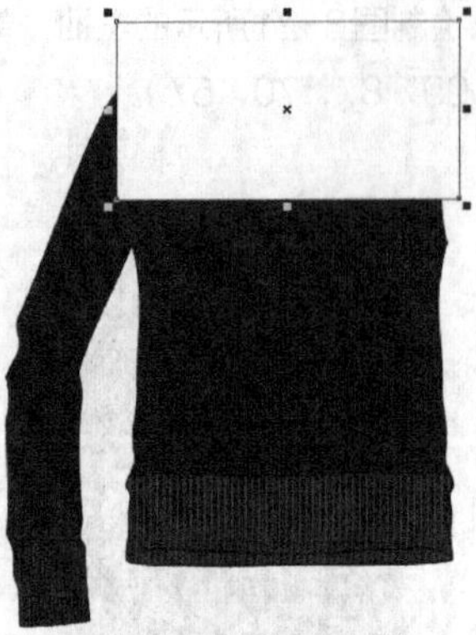

图8-26

图8-27

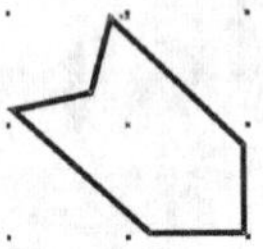

图8-28

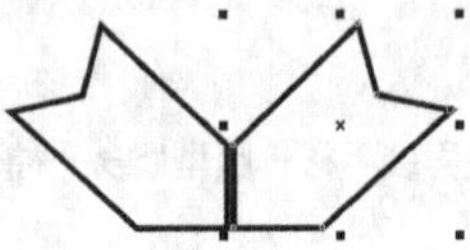

图8-29

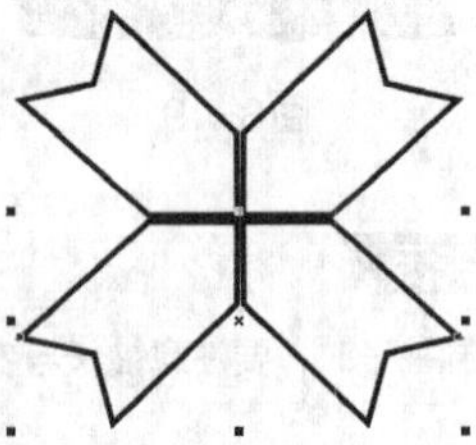

图8-30

30 选择【多边形】工具，在属性栏中设置边数，绘制一个菱形，如图8-31所示。

31 按住鼠标左键，分别从左侧标尺栏和上方标尺栏往右边和下边拖曳，添加两条辅助线，辅助线要对齐图案的中心位置，如图8-32所示。

32 选择绘制好的菱形，单击鼠标并把菱形的中心点向下平移到图8-33所示的中心位置。

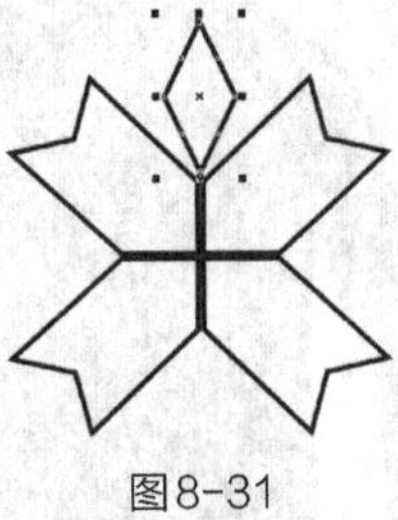

图8-31

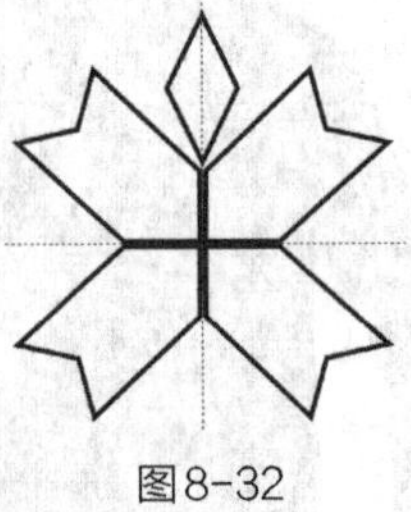

图8-32

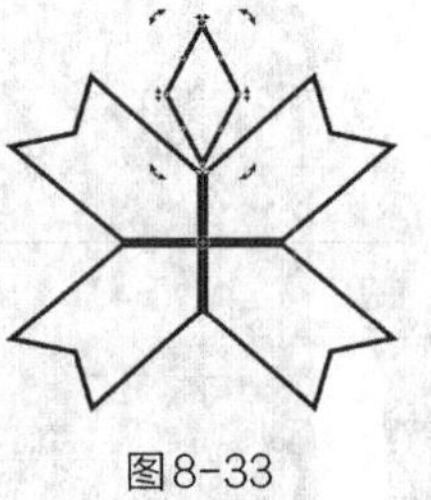

图8-33

33 按【+】键复制图案，在属性栏中设置旋转角度 90.0 °，按【Enter】键得到的效果如图8-34所示。

34 重复按两次【Ctrl】+【D】组合键，得到的效果如图8-35所示。

35 使用【选择】工具框选图形，单击属性栏中的【合并】按钮，得到的效果如图8-36所示。

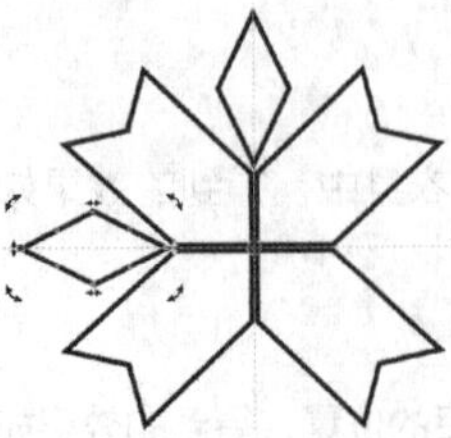

图8-34

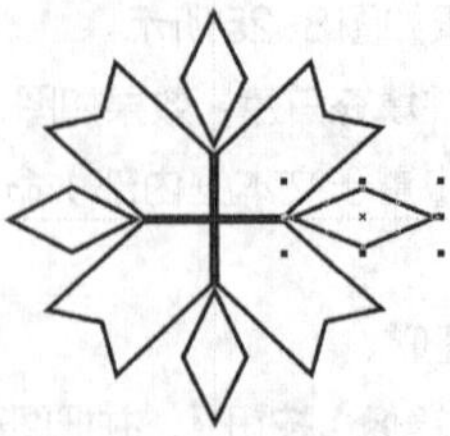

图8-35

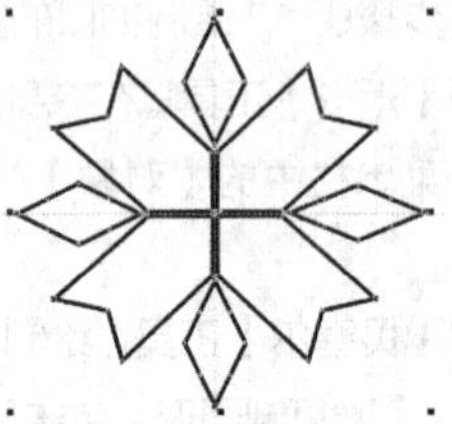

图8-36

36 使用【选择】工具把绘制好的图案摆放在图8-37所示的胸前位置，填充灰色，其CMYK值为（59,51,49,0）。

37 用鼠标右键单击调色板中的☒使图形无轮廓，得到的效果如图8-38所示。

图8-37

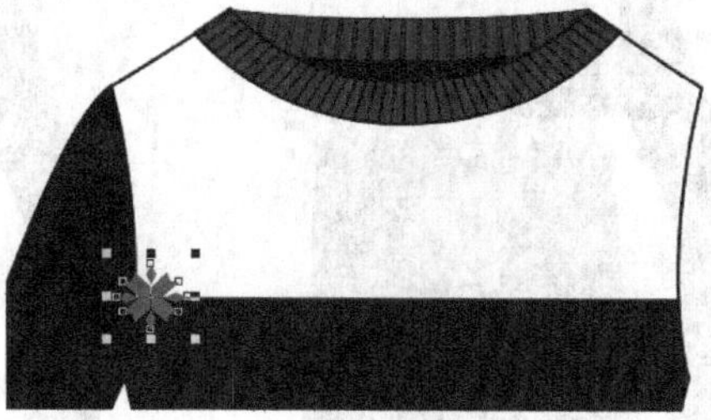
图8-38

38 按【+】键复制图案，按住【Ctrl】键把复制的图案往右平移到合适的位置，如图8-39所示。

39 选择工具箱中的【调和】工具，单击左边的图案往右拖曳鼠标至右边的图案执行调和功能，如图8-40所示。

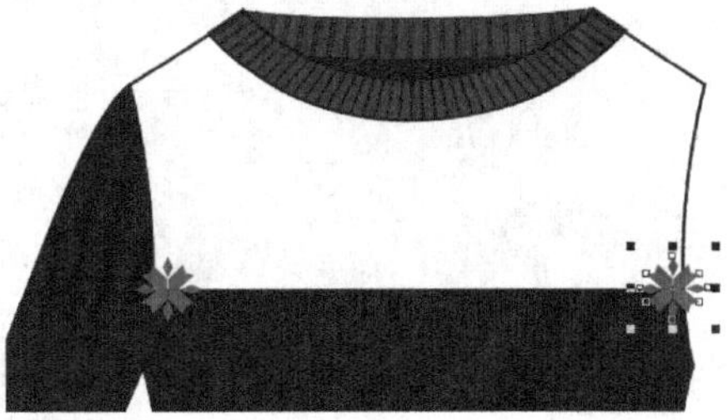
图8-39

图8-40

40 在属性栏中设置调和的步数，得到的效果如图8-41所示。

41 单击【选择】工具，按【+】键复制图案，并把复制的图案往下移动到合适的位置，如图8-42所示。

42 重复上一步操作，复制第3组图案，得到的效果如图8-43所示。

图8-41

图8-42

图8-43

43 单击工具箱中的【交互式填充】工具，在属性栏中单击【均匀填充】按钮■分别给第2组图案和第3组图案填充暗红色［CMYK值为（40，100，100，7）］和白色，得到的效果如图8-44所示。

44 使用【选择】工具框选3组图案，执行菜单栏中的【对象】/【PowerClip】/【置于图文框内部】命令把图案放置在衣身中，得到的效果如图8-45所示。

45 使用【属性滴管】工具选择衣身属性，鼠标转换成应用对象属性，然后单击左袖部分，把图案复制到衣袖中，得到的效果如图8-46所示。

图8-44

图8-45

图8-46

46 使用【选择】工具选择左袖，单击鼠标右键，在弹出菜单中选择【编辑PowerClip】命令，如图8-47所示，得到的效果如图8-48所示。

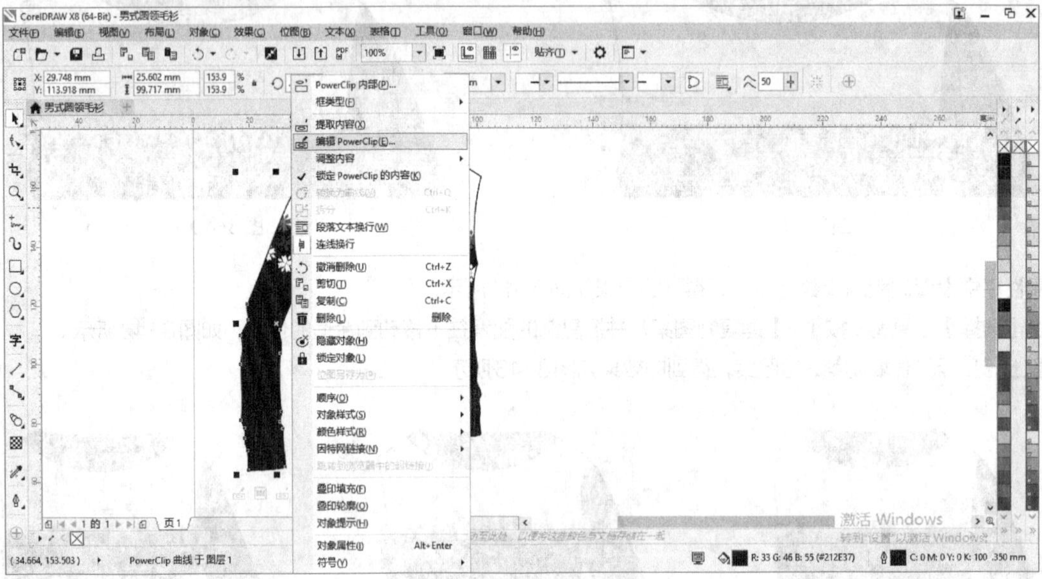

图8-47

47 使用【选择】工具框选图形，把图形向左移动并且在属性栏中设置旋转角度 330 °，得到的效果如图8-49所示。

图8-48

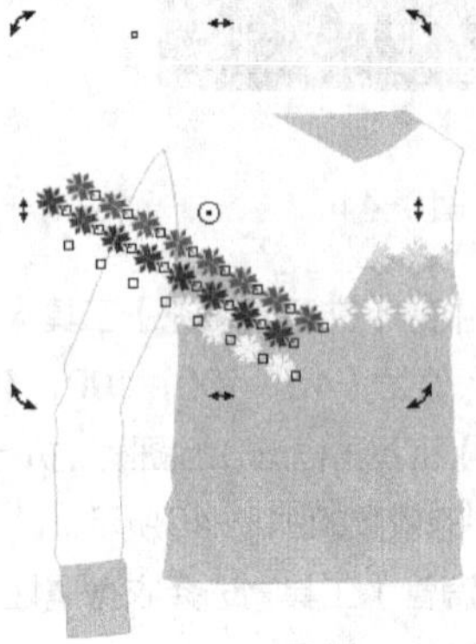
图8-49

专家提示

旋转袖子图案时，要注意此处衣袖图案要与衣身图案对齐，保持一致。

48 执行菜单栏中的【对象】/【PowerClip】/【结束编辑】命令，得到的效果如图8-50所示。

49 使用【贝塞尔】工具和【形状】工具在图8-51所示的左袖肘关节处绘制3条衣褶，单击【选择】工具，在属性栏中设置轮廓宽度.35 mm。

50 使用【选择】工具框选整个左袖，按【+】键复制，单击属性栏中的【水平镜像】按钮，并把图形向右平移到合适的位置，得到的效果如图8-52所示。

图8-50

图8-51

图8-52

51 执行菜单栏中的【对象】/【顺序】/【置于此对象后】命令，把它放置到衣身后面，得到的效果如图8-53所示。

52 使用【贝塞尔】工具和【形状】工具在图8-54所示的腋下绘制两条衣褶，在属性栏中设置轮廓宽度.35 mm。

53 使用【选择】工具框选所有图形，按住【Ctrl】+【G】组合键，群组图形。这样就完成了男式圆领毛衫的绘制，整体效果如图8-55所示。

图8-53

图8-54

图8-55

8.2 男式V领毛衫款式设计

男式V领毛衫的整体效果如图8-56所示。

设计重点

造型设计、V领罗纹领口、袖口表现、菱形针织图案表现。

操作步骤

01 打开CorelDRAW软件，执行菜单栏中的【文件】/【新建】命令，或使用【Ctrl】+【N】组合键，打开【创建新文档】对话框，文件命名为“男式V领毛衫”，设定纸张大小为A4，横向摆放，如图8-57所示。

图8-56

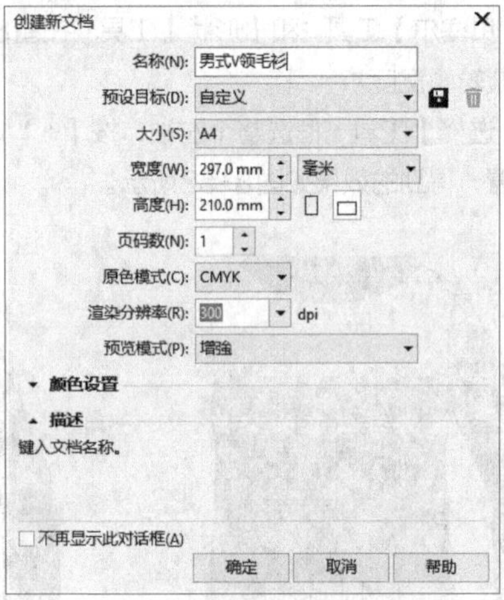

图8-57

02 从标尺栏向页面拖曳鼠标添加9条辅助线，确定衣长、袖窿深、领口、肩宽和袖长等，如图8-58所示。

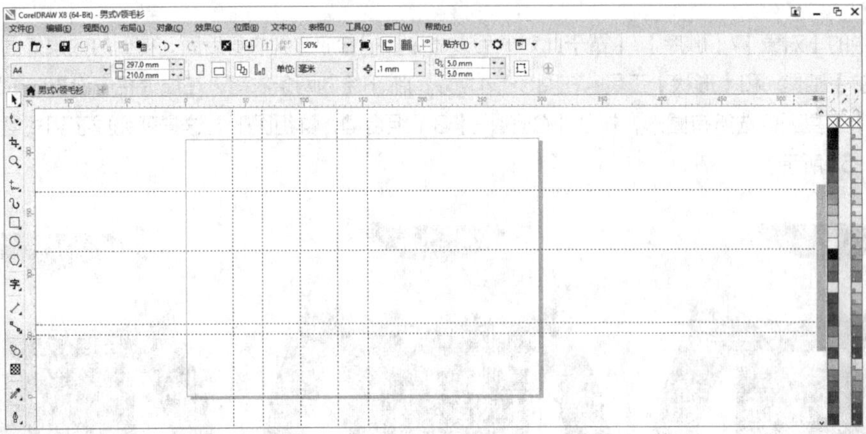

图8-58

03 使用【贝塞尔】工具和【形状】工具绘制图8-59所示的衣身后片，单击【选择】工具，在属性栏中设置轮廓宽度，并填充浅紫色，其CMYK值为（40，40，0，20）。在绘制衣身时，要注意衣长和肩宽的比例。

04 使用【贝塞尔】工具和【形状】工具绘制图8-60所示的衣身前片，单击【选择】工具，在属性栏中设置轮廓宽度，并填充浅紫色，其CMYK值为（40，40，0，20）。

05 使用【贝塞尔】工具和【形状】工具绘制图8-61所示的后领口，单击【选择】工具，在属性栏中设置轮廓宽度，并填充浅紫色，其CMYK值为（40，40，0，20）。

06 使用【手绘】工具在后领口上绘制两条直线，设置轮廓宽度，如图8-62所示。

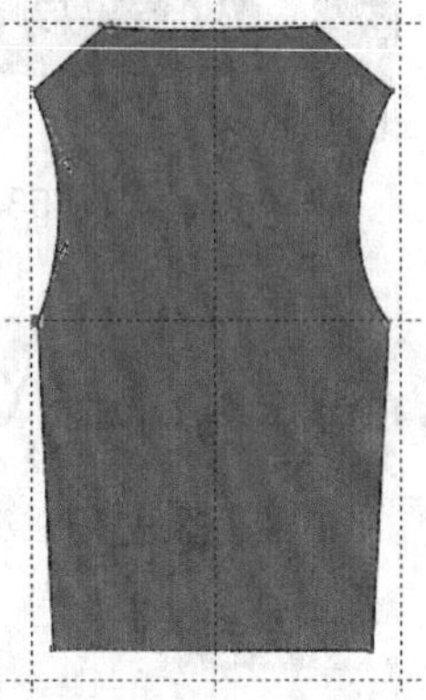

图8-59

图8-60

图8-61

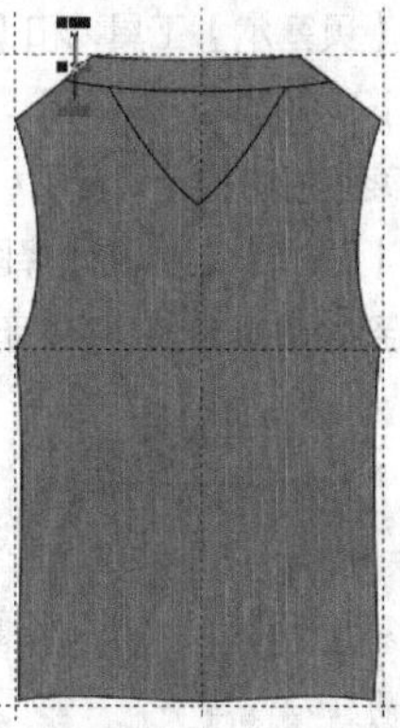
图8-62

07 使用【选择】工具选择两条直线，单击属性栏中的【合并】按钮，得到的效果如图8-63所示。

08 按【+】键复制图形，按住【Ctrl】键把复制的图形往右平移到合适的位置，得到的效果如图8-64所示。

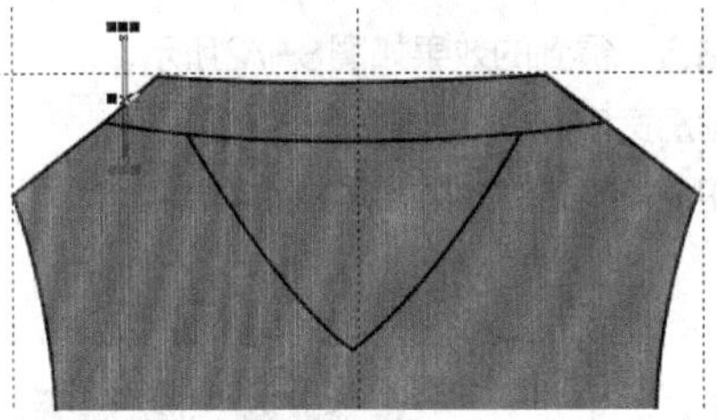
图8-63

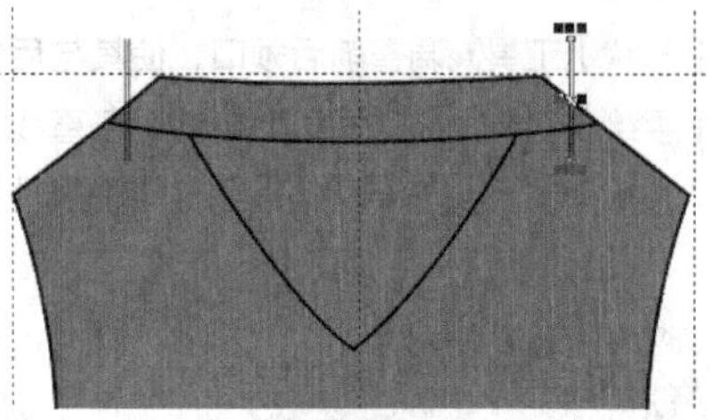
图8-64

09 选择工具箱中的【调和】工具，单击左边的直线往右拖曳鼠标至右边的图形执行调和效果，如图8-65所示。

10 在属性栏中设置调和的步数，得到的效果如图8-66所示。

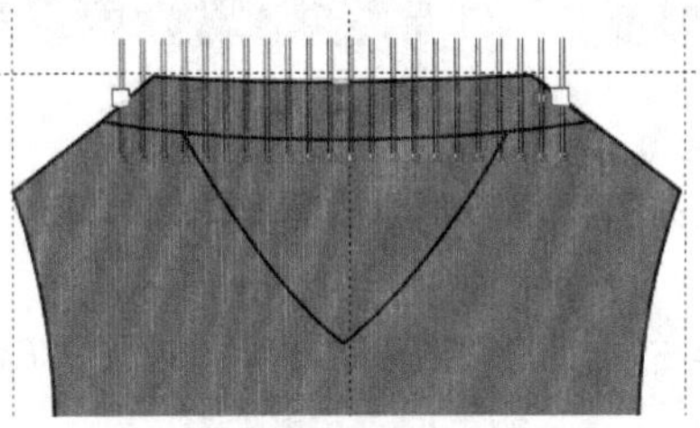
图8-65

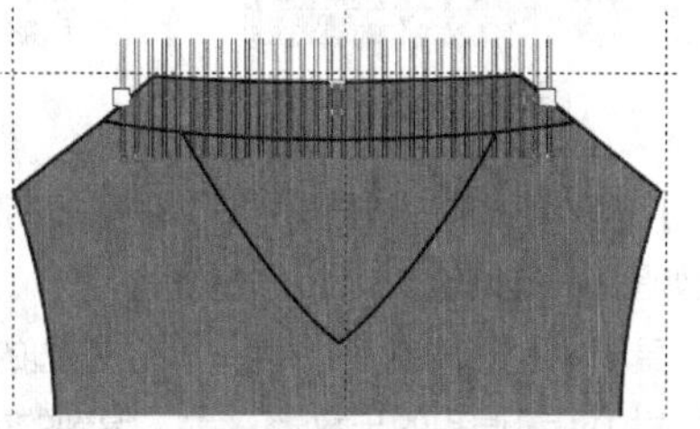
图8-66

11 单击【选择】工具，执行菜单栏中的【对象】/【PowerClip】/【置于图文框内部】命令把图形放置在后领口中，这样就完成了后领口罗纹，效果如图8-67所示。

12 执行菜单栏中的【对象】/【顺序】/【置于此对象后】命令，把它放置到衣身前片后面，得到的效果如图8-68所示。

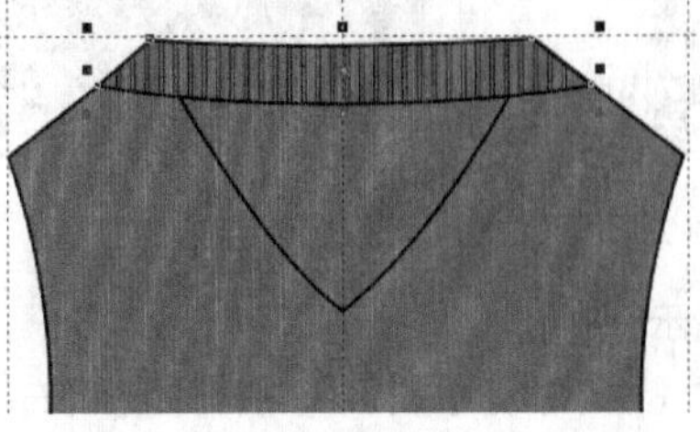
图8-67

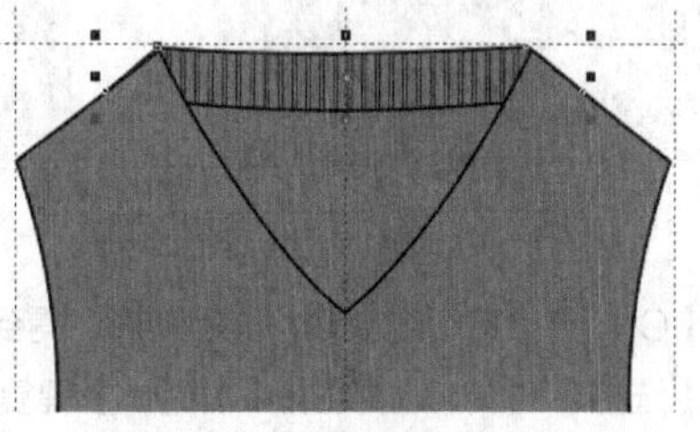
图8-68

13 使用【贝塞尔】工具和【形状】工具在V领口处绘制一条路径，单击【选择】工具，在属性栏中设置轮廓宽度 5.0 mm，如图8-69所示。

14 执行菜单栏中的【对象】/【将轮廓转换为对象】命令，把路径转换为图形得到的效果如图8-70所示。

15 使用【选择】工具选择图形，在属性栏中设置轮廓宽度 .35 mm，并填充浅紫色，其CMYK值为（40，40，0，20），得到的效果如图8-71所示。

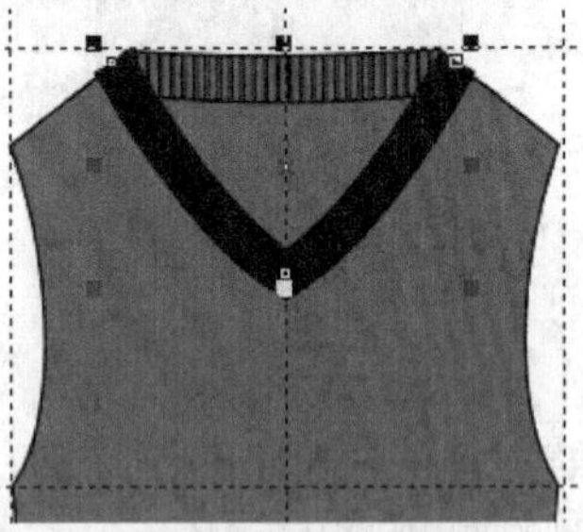
图8-69

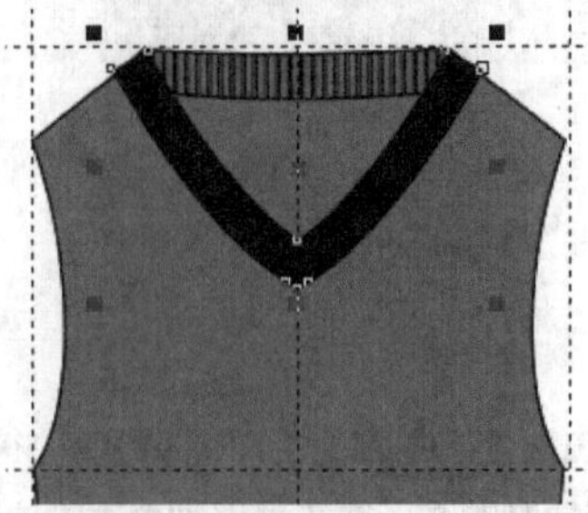
图8-70

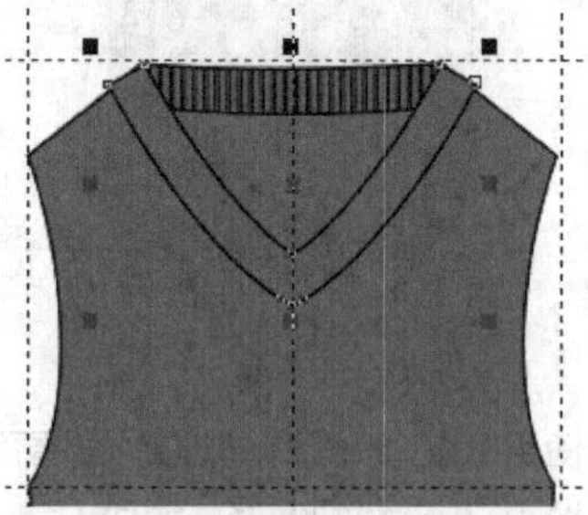
图8-71

16 使用【形状】工具调整前后领口，使其与后领口及肩部造型相贴合，得到的效果如图8-72所示。

17 使用【手绘】工具在前领口上绘制两条直线，在属性栏中设置轮廓宽度 .1 mm，如图8-73所示。

18 使用【选择】工具选择两条直线，单击属性栏中的【合并】按钮，得到的效果如图8-74所示。

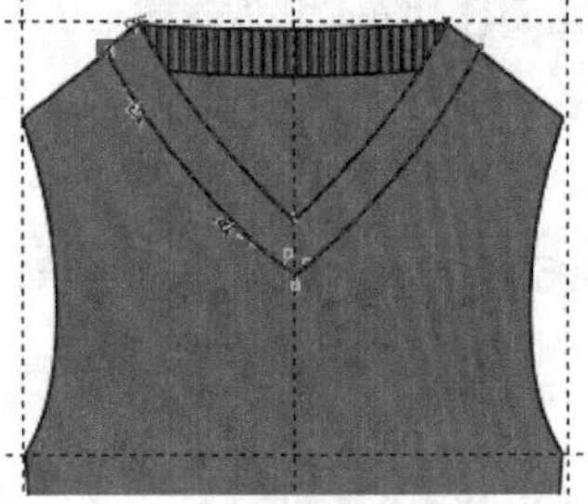
图8-72

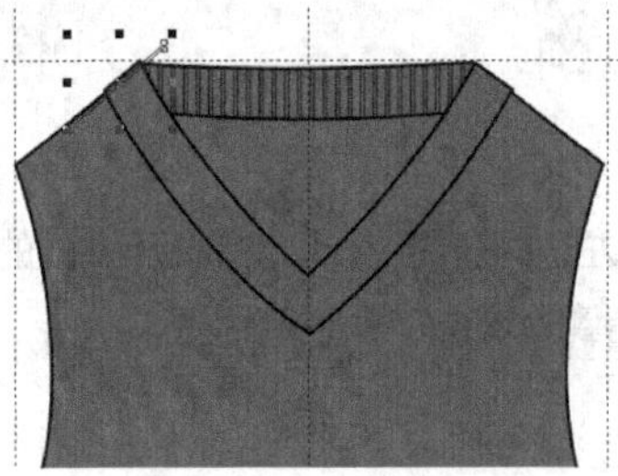
图8-73

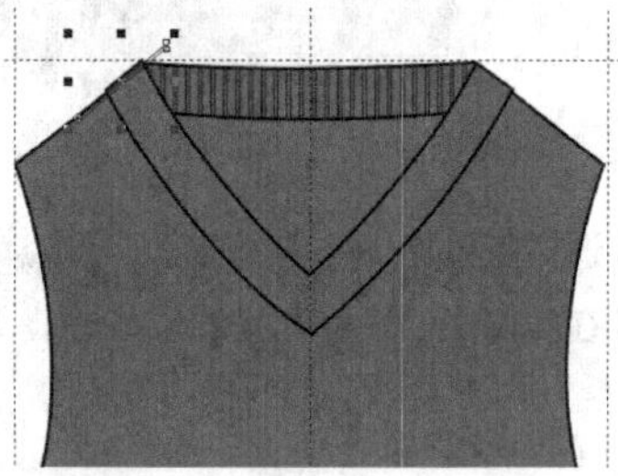
图8-74

19 按【+】键复制图形，按住【Ctrl】键把复制的图形往右移动到合适的位置，在属性栏中设置旋转角度 50.6 °，得到的效果如图8-75所示。

20 选择工具箱中的【调和】工具，单击左边的直线往右拖曳鼠标至右边的图形执行调和效果，如图8-76所示。

21 在属性栏中设置调和的步数 22 10.0 mm，得到的效果如图8-77所示。

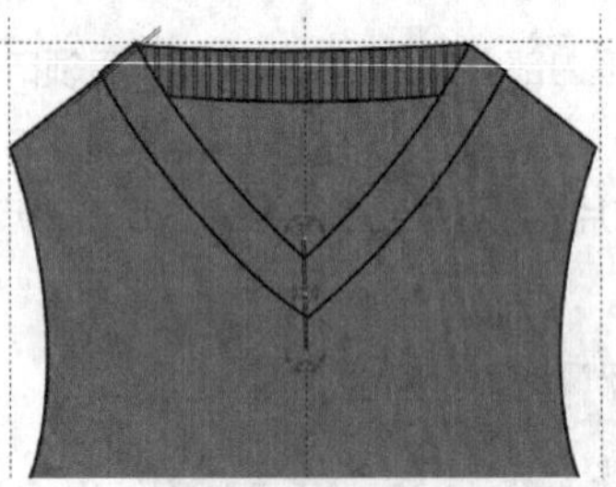
图8-75

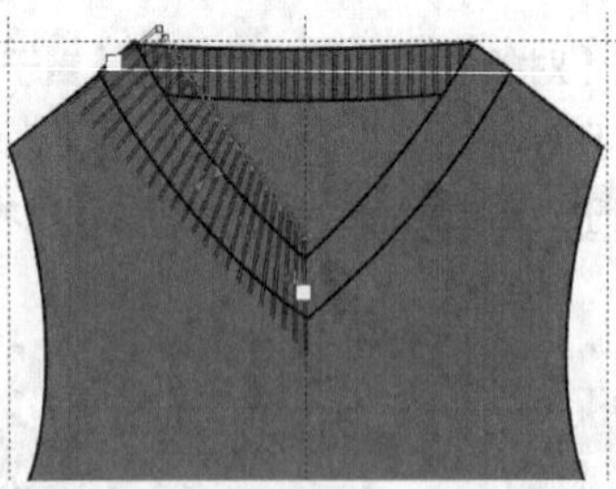
图8-76

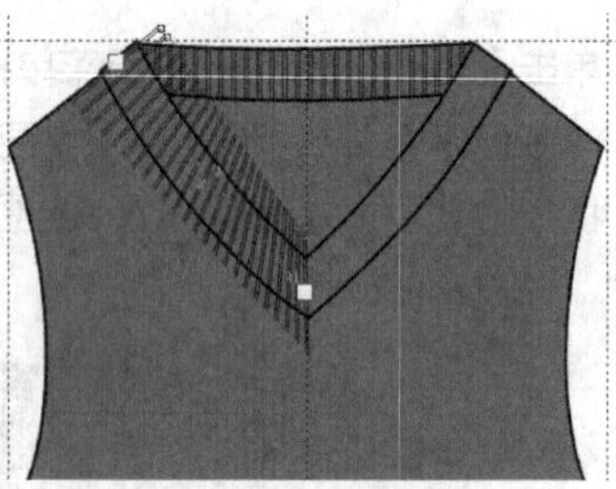
图8-77

22 按住【Ctrl】+【G】组合键，群组图形，得到的效果如图8-78所示。

23 单击【选择】工具选择图形，按【+】键复制，单击属性栏中的【水平镜像】按钮，并把图形向右平移到合适的位置，得到的效果如图8-79所示。

24 使用【选择】工具框选所有调和图形，执行菜单栏中的【对象】/【PowerClip】/【置于图文框内部】命令把图形放置在前领口中，得到的效果如图8-80所示。

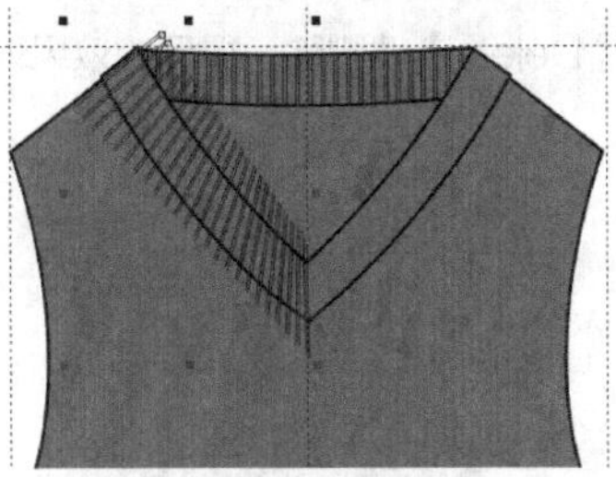

图8-78

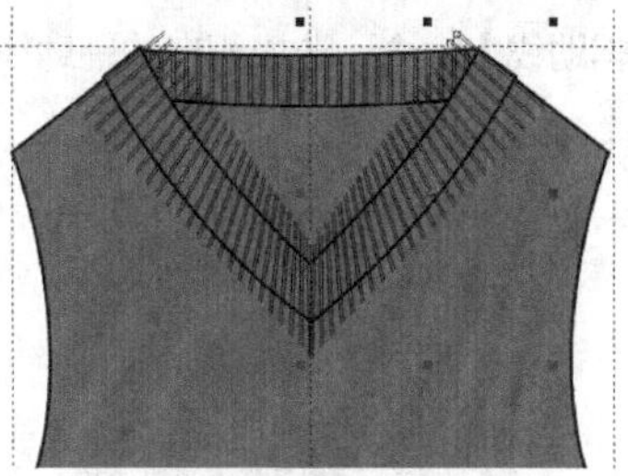

图8-79

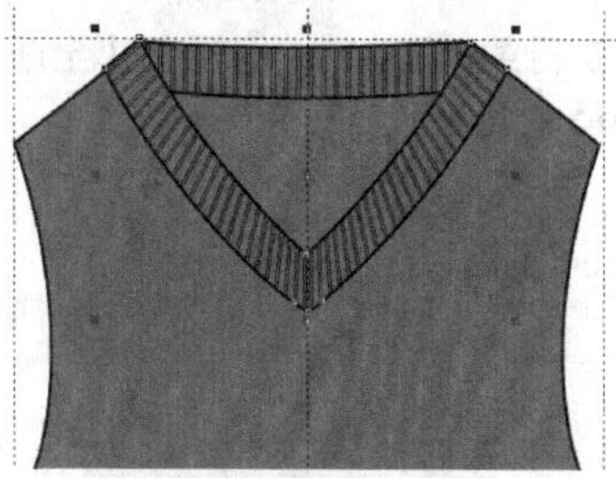

图8-80

25 使用【贝塞尔】工具和【形状】工具在衣身下摆处绘制图8-81所示的图形，单击【选择】工具，在属性栏中设置轮廓宽度，并填充浅紫色，其CMYK值为（40，40，0，20）。

26 重复步骤6~11绘制下摆的罗纹，得到的效果如图8-82所示。

27 使用【贝塞尔】工具和【形状】工具在衣身下摆处绘制图8-83所示的图形，单击【选择】工具，在属性栏中设置轮廓宽度，并填充浅紫色，其CMYK值为（40，40，0，20）。

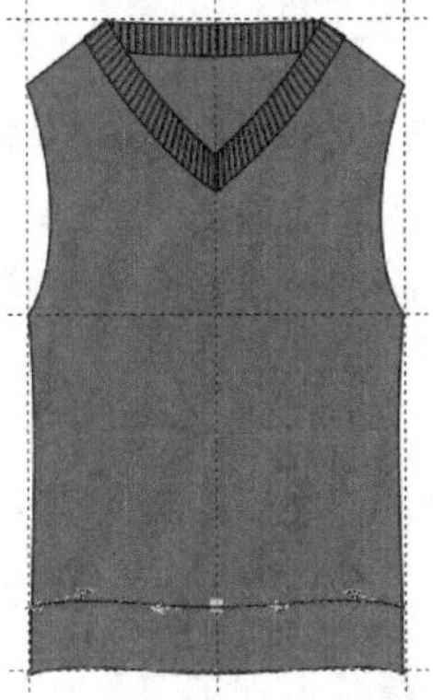

图8-81

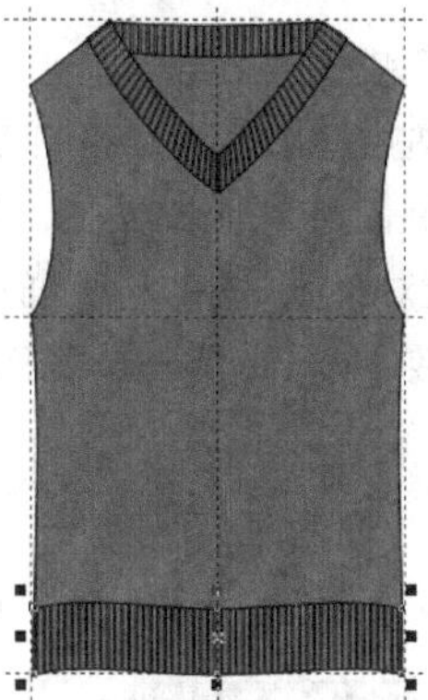

图8-82

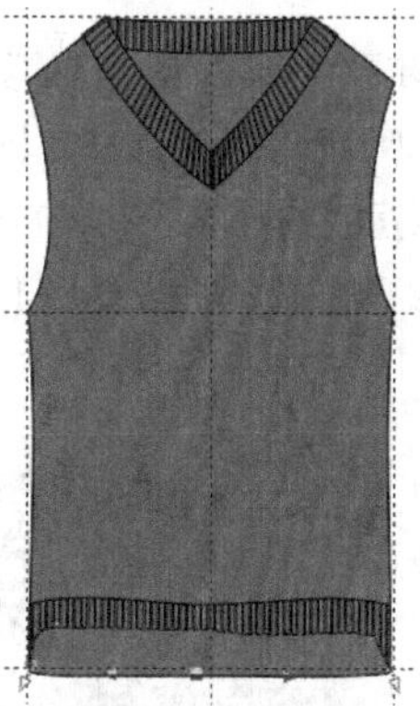

图8-83

28 重复步骤6~11绘制下摆的罗纹，得到的效果如图8-84所示。

29 执行菜单栏中的【对象】/【顺序】/【置于此对象后】命令，把它放置到衣身前片后面，得到的效果如图8-85所示。

30 使用【贝塞尔】工具和【形状】工具绘制图8-86所示的左袖，单击【选择】工具，在属性栏中设置轮廓宽度，并填充浅紫色，其CMYK值为（40，40，0，20）。

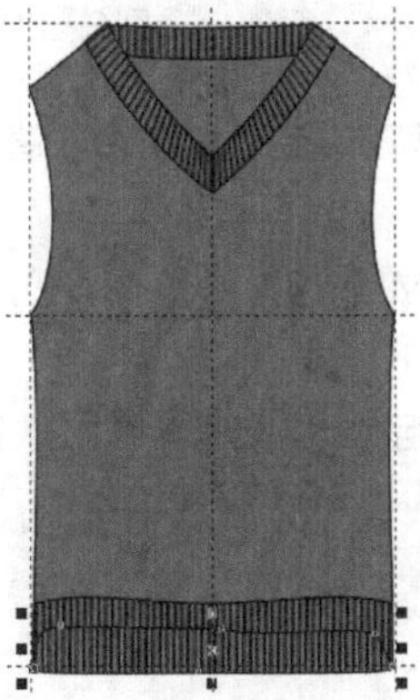

图8-84

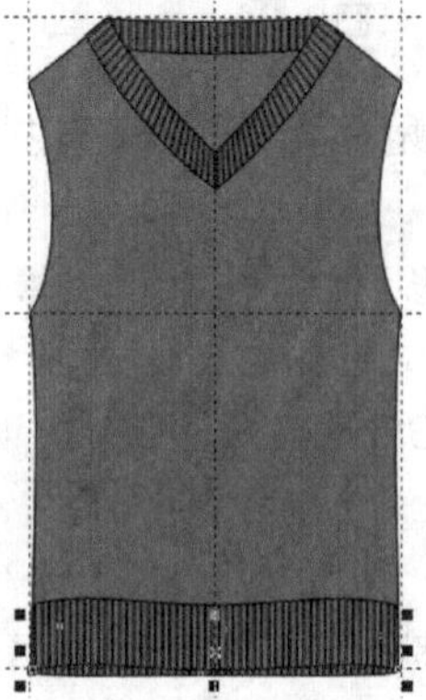

图8-85

图8-86

31 执行菜单栏中的【对象】/【顺序】/【置于此对象后】命令，把它放置到衣身前片后面，得到的效果如图8-87所示。

32 使用【贝塞尔】工具和【形状】工具绘制图8-88所示的左袖袖口，单击【选择】工具，在属性栏中设置轮廓宽度 .35 mm，并填充浅紫色，其CMYK值为（40，40，0，20）。

33 执行菜单栏中的【编辑】/【全选】/【辅助线】命令，选择所有的辅助线，按【Delete】键删除，得到的效果如图8-89所示。

图8-87

图8-88

图8-89

34 重复步骤6~11绘制袖口的罗纹，得到的效果如图8-90所示。

35 使用【贝塞尔】工具和【形状】工具在左袖袖口绘制图8-91所示的图形，单击【选择】工具，在属性栏中设置轮廓宽度 .35 mm，并填充浅紫色，其CMYK值为（40，40，0，20）。

36 执行菜单栏中的【对象】/【顺序】/【置于此对象后】命令，把它放置到左袖口后面，得到的效果如图8-92所示。

37 选择【多边形】工具，在属性栏中设置边数 4，绘制一个菱形，如图8-93所示。

图8-90

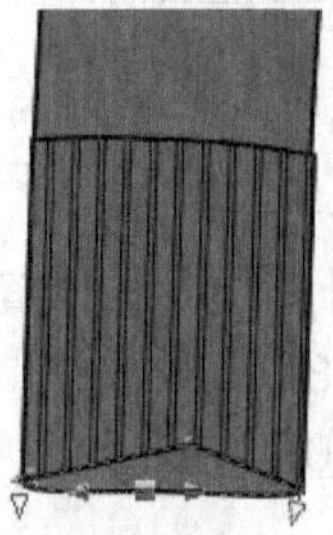
图8-91

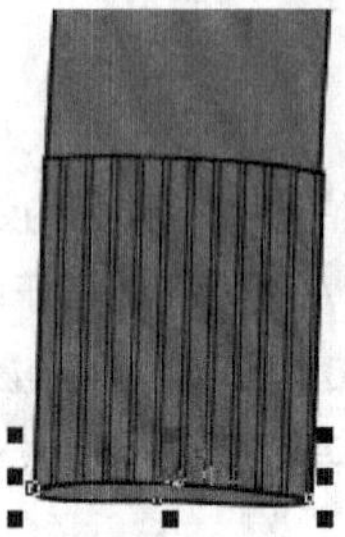
图8-92

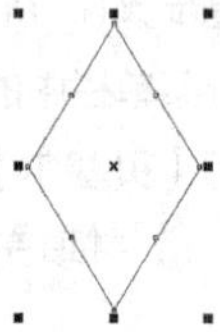
图8-93

38 单击工具箱中的【交互式填充】工具，在属性栏中单击【均匀填充】按钮■给菱形填充红色，其CMYK值为（18，100，100，0），得到的效果如图8-94所示。

39 按【+】键复制菱形，把复制的图形向下平移到合适的位置，并填充米白色，其CMYK值为（0，0，20，0），得到的效果如图8-95所示。

40 使用【选择】工具选择两个菱形，按住【Ctrl】+【G】组合键，群组图形。把群组后的图形摆放在衣身上，如图8-96所示。

41 用鼠标右键单击调色板中的☒使图形无轮廓，得到的效果如图8-97所示。

42 按【+】键复制菱形，把复制的图形向下平移到图8-98所示的位置。

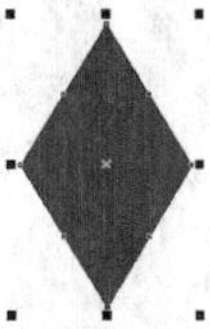

图8-94

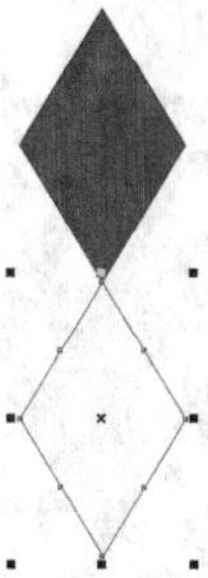

图8-95

图8-96

43 选择工具箱中的【调和】工具，单击上方的菱形往下拖曳鼠标至下方的图形执行调和功能，如图8-99所示。

图8-97

图8-98

图8-99

44 在属性栏中设置调和的步数，得到的效果如图8-100所示。

45 按住【Ctrl】+【G】组合键群组图形。按【+】键复制图形，把复制的图形向右移动到图8-101所示的位置。

46 使用【选择】工具框选两组菱形图案，按住【Ctrl】+【G】组合键群组图形。把图形摆放在图8-102所示的位置。

图8-100

图8-101

图8-102

47 按【+】键复制图形，把复制的图形向右平移到图8-103所示的位置。

48 重复按3次【Ctrl】+【D】组合键，得到的效果如图8-104所示。

49 使用【选择】工具框选所有菱形图案，执行菜单栏中的【对象】/【PowerClip】/【置于图文框内部】命令把图案放置在衣身中，得到的效果如图8-105所示。

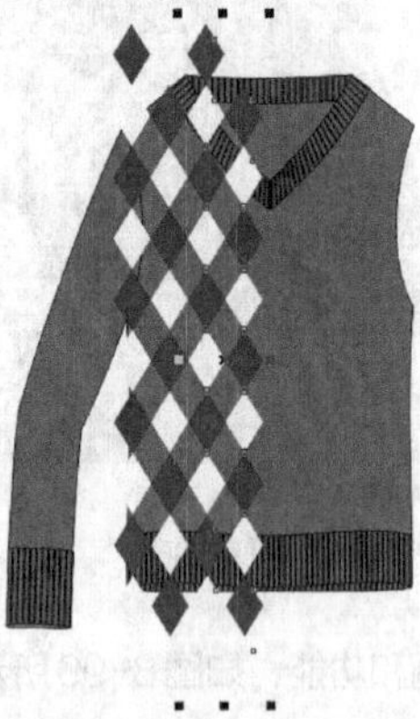

图8-103

图8-104

图8-105

50 使用【选择】工具选择衣身，单击鼠标右键，在弹出菜单中选择【编辑PowerClip】命令，如图8-106所示，得到的效果如图8-107所示。

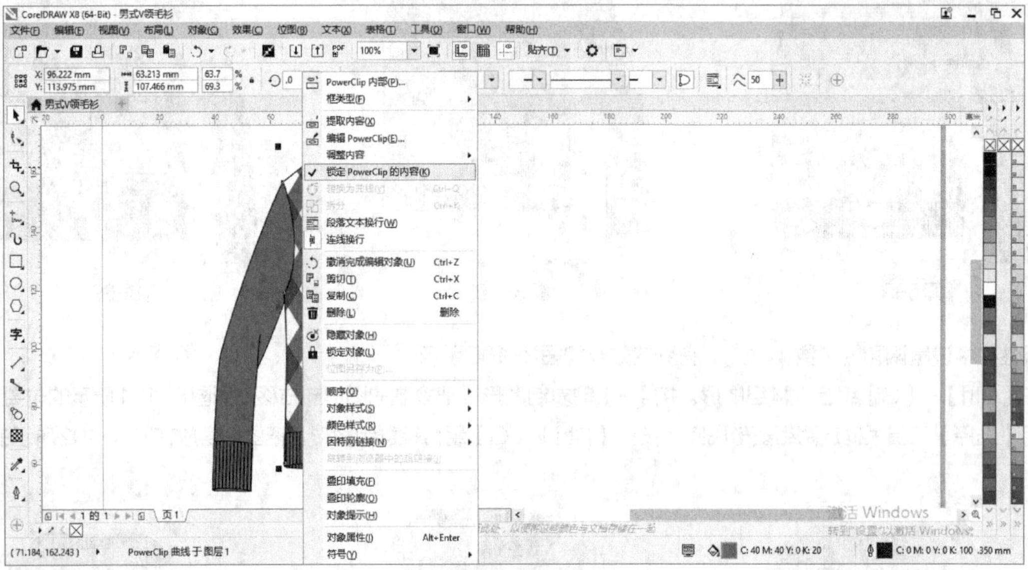

图8-106

51 使用【手绘】工具绘制一条直线，如图8-108所示。

52 单击【选择】工具，把直线移动到图8-109所示的位置。

53 按【+】键复制直线，把复制的图形向右上方平移到图8-110所示的位置。

54 选择工具箱中的【调和】工具，单击左下方的直线往上拖曳鼠标至右上方的图形执行调和功能，如图8-111所示。

55 在属性栏中设置调和的步数，得到的效果如图8-112所示。

图8-107

图8-108

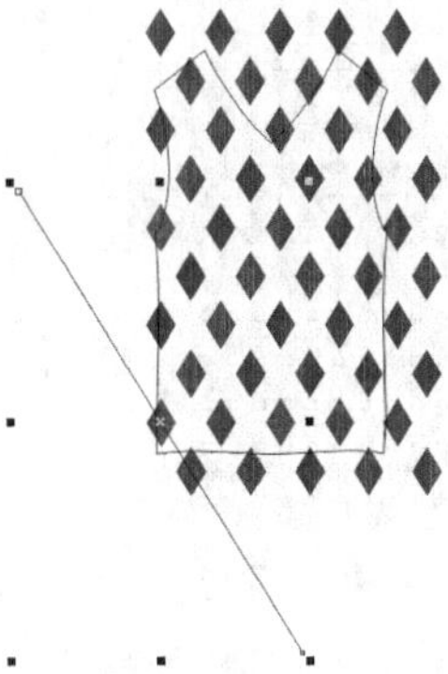
图8-109

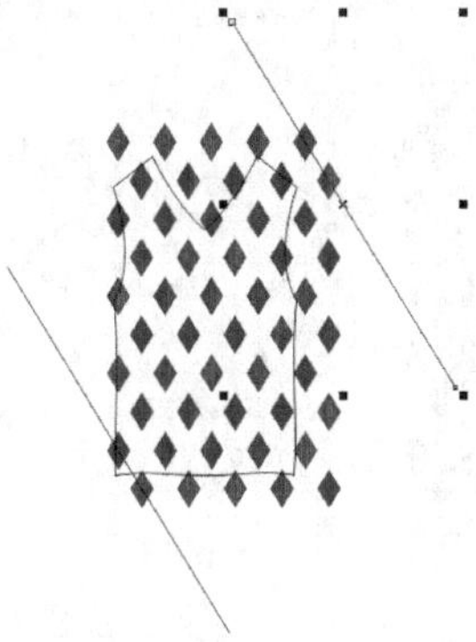
图8-110

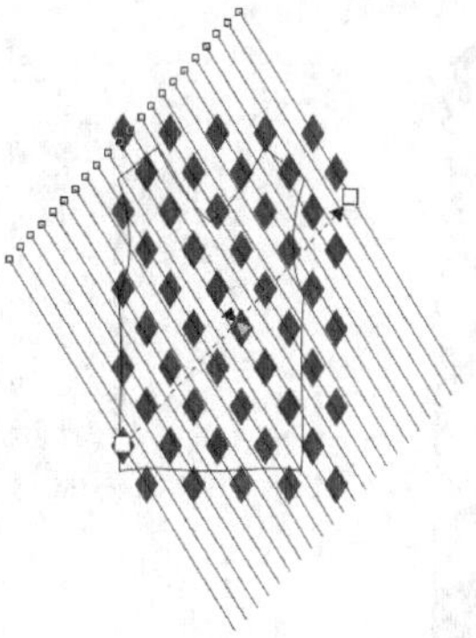
图8-111

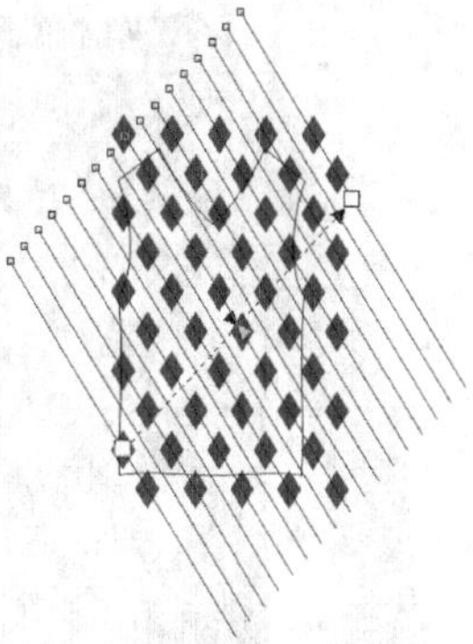
图8-112

56 按住【Ctrl】+【G】组合键群组图形。按【F12】键，弹出【轮廓笔】对话框，选项及参数设置如图8-113所示。

57 单击【确定】按钮，得到的效果如图8-114所示。

58 按【+】键复制图形，单击属性栏中的【水平镜像】按钮，得到的效果如图8-115所示。

59 单击鼠标右键，在弹出菜单中选择【结束编辑】命令，得到的效果如图8-116所示。

图8-113

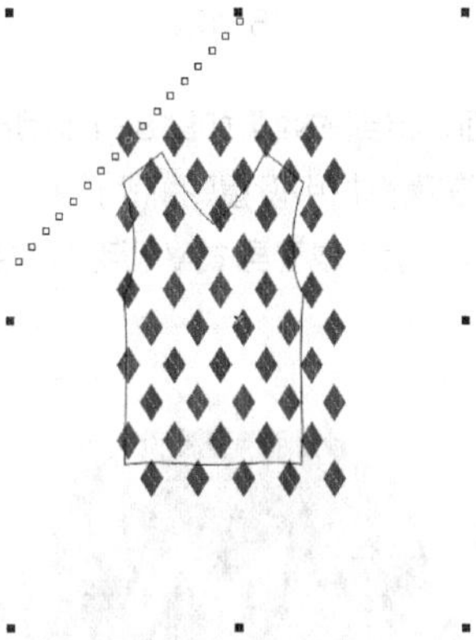
图8-114

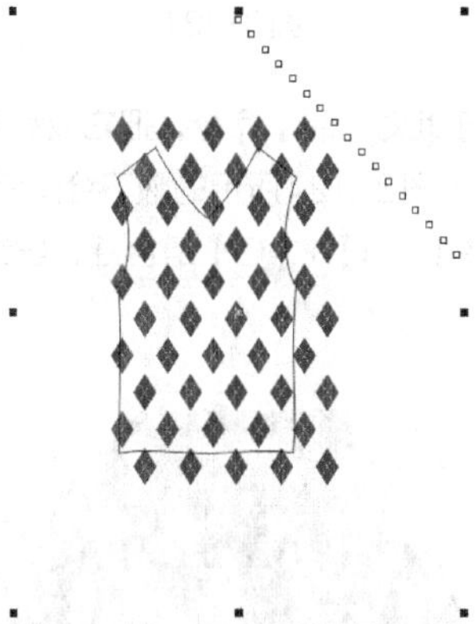
图8-115

图8-116

60 使用【属性滴管】工具选择衣身属性，鼠标转换成应用对象属性，然后单击左袖部分，把图案复制到衣袖中，得到的效果如图8-117所示。

61 使用【选择】工具选择左袖，单击鼠标右键，在弹出菜单中选择【编辑PowerClip】命令，得到的效果如图8-118所示。

62 使用【选择】工具框选图形，把图案移动到图8-119所示的位置。

63 单击鼠标右键，在弹出菜单中选择【结束编辑】命令，得到的效果如图8-120所示。

64 使用【贝塞尔】工具和【形状】工具在图8-121所示的左袖肘关节处绘制一条衣褶，单击【选择】工具，在属性栏中设置轮廓宽度 .35 mm 。

65 使用【选择】工具框选整个左袖，按【+】键复制，单击属性栏中的【水平镜像】按钮，并把图形向右平移到合适的位置，得到的效果如图8-122所示。

图8-117

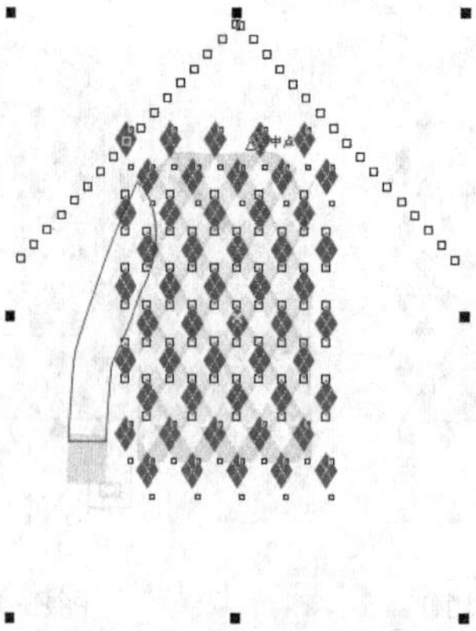

图8-118

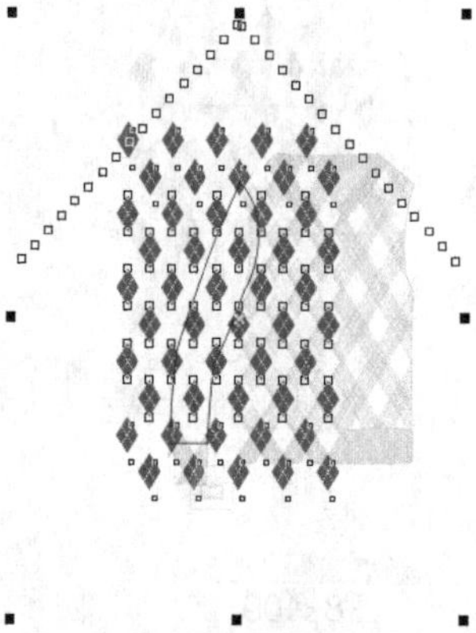

图8-119

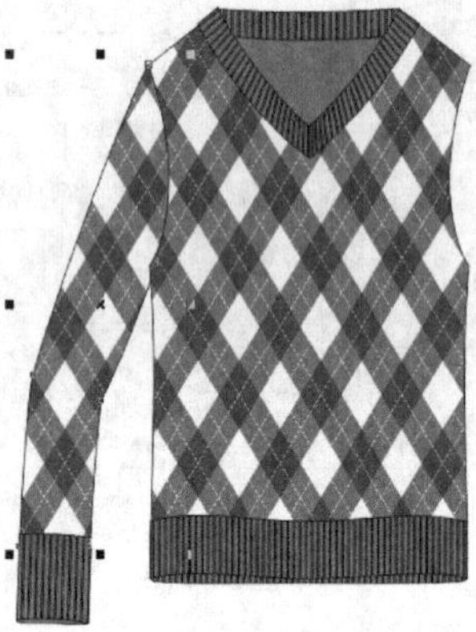

图8-120

图8-121

图8-122

66 执行菜单栏中的【对象】/【顺序】/【置于此对象后】命令，把它放置到衣身后面，得到的效果如图8-123所示。

67 使用【贝塞尔】工具和【形状】工具在图8-124所示的腋下绘制两条衣褶，在属性栏中设置轮廓宽度 .35 mm 。

68 使用【选择】工具框选所有图形，按住【Ctrl】+【G】组合键，群组图形。这样就完成了男式V领毛衫的绘制，整体效果如图8-125所示。

图8-123

图8-124

图8-125

专家提示

选择【属性滴管】工具，可以复制PowerClip、阴影效果和变形等内容，但必须在属性栏中勾选。

8.3 男式针织开衫款式设计

男式针织开衫的整体效果如图8-126所示。

设计重点

造型设计、罗纹领口、袖口表现、色彩填充、条纹图案表现。

操作步骤

01 打开CorelDRAW软件，执行菜单栏中的【文件】/【新建】命令，或使用【Ctrl】+【N】组合键，打开【创建新文档】对话框，文件命名为“男式针织开衫”，设定纸张大小为A4，横向摆放，如图8-127所示。

图8-126

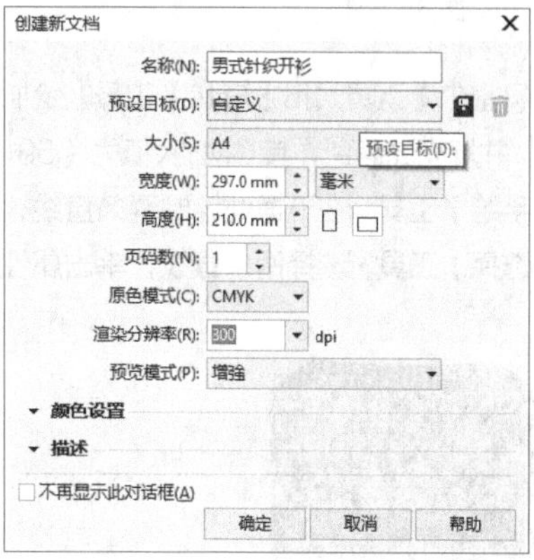

图8-127

02 从标尺栏向页面拖曳鼠标添加10条辅助线，确定衣长、袖窿深、领口位置、肩宽和袖长等，如图8-128所示。

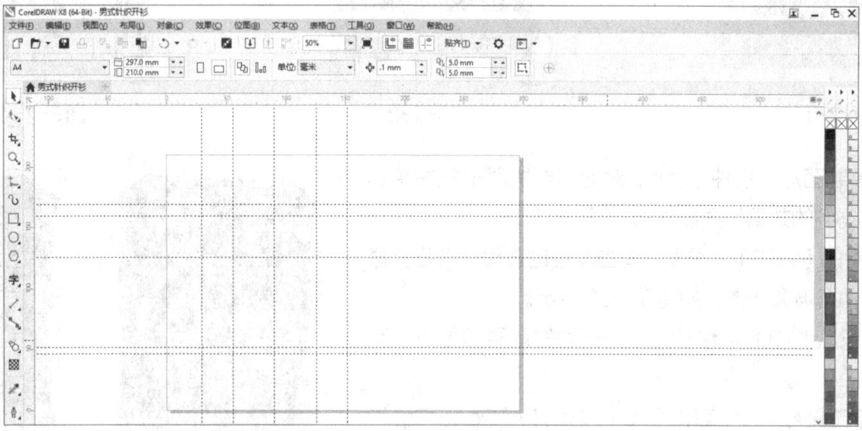

图8-128

03 使用【贝塞尔】工具和【形状】工具绘制图8-129所示的衣身后片，单击【选择】工具，在属性栏中设置轮廓宽度，并填充深蓝色，其CMYK值为（100，97，62，50）。在绘制衣身时，要注意衣长和肩宽的比例。

04 使用【贝塞尔】工具和【形状】工具绘制图8-130所示的衣身左前片，单击【选择】工具，在属性栏中设置轮廓宽度，并填充深蓝色，其CMYK值为（100，97，62，50）。

05 单击【选择】工具，按【+】键复制图形。单击属性栏中的【水平镜像】按钮，并把图形向右平移到合适的位置，得到的效果如图8-131所示。

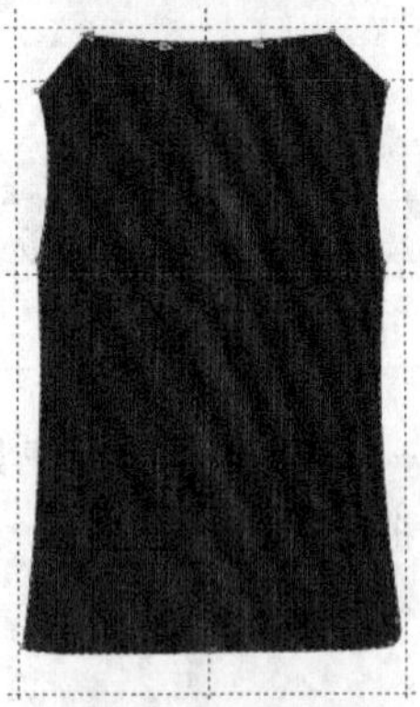
图8-129

图8-130

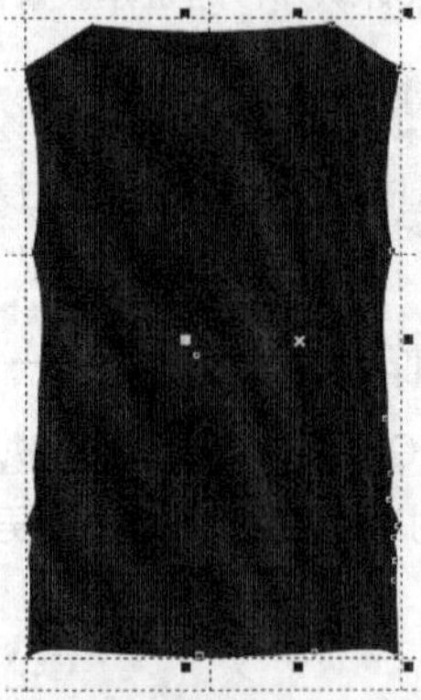
图8-131

06 使用【贝塞尔】工具和【形状】工具绘制图8-132所示的图形，单击【选择】工具，在属性栏中设置轮廓宽度，并填充浅蓝色，其CMYK值为（69，45，17，0）。

07 使用【手绘】工具在下摆处绘制两条直线，设置轮廓宽度，如图8-133所示。

08 使用【选择】工具选择两条直线，单击属性栏中的【合并】按钮，得到的效果如图8-134所示。

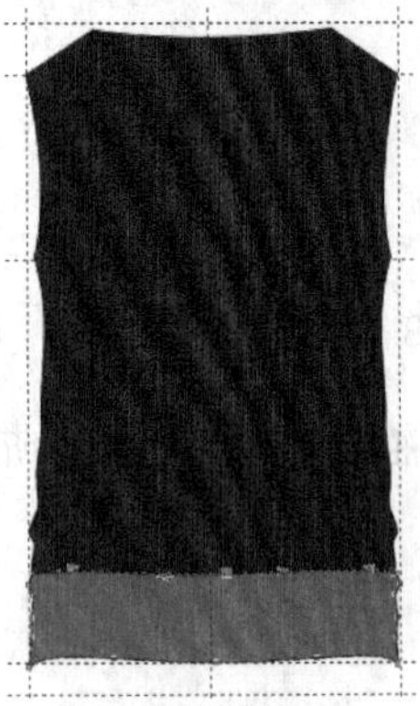
图8-132

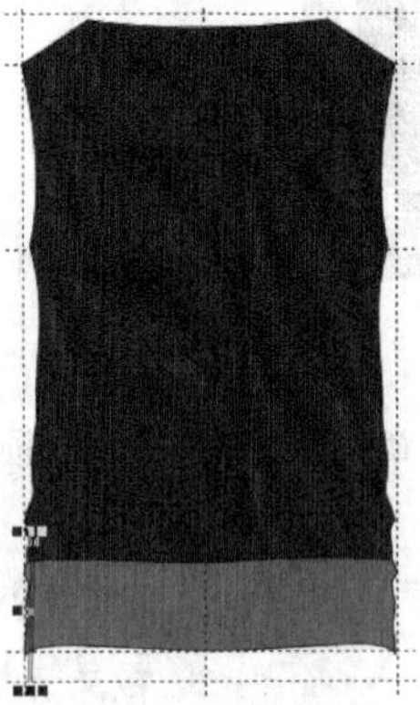
图8-133

图8-134

09 按【+】键复制图形，按住【Ctrl】键把复制的图形往右平移到合适的位置，得到的效果如图8-135所示。

10 选择工具箱中的【调和】工具，单击左边的直线往右拖曳鼠标至右边的图形执行调和功能，如图8-136所示。

11 在属性栏中设置调和的步数，得到的效果如图8-137所示。

12 单击【选择】工具，执行菜单栏中的【对象】/【PowerClip】/【置于图文框内部】命令把图形放置在下摆图形中，这样就完成了下摆的罗纹，效果如图8-138所示。

13 使用【贝塞尔】工具和【形状】工具在衣身下摆处绘制图8-139所示的图形，单击【选择】工具，在属性栏中设置轮廓宽度，并填充浅蓝色，其CMYK值为（69，45，17，0）。

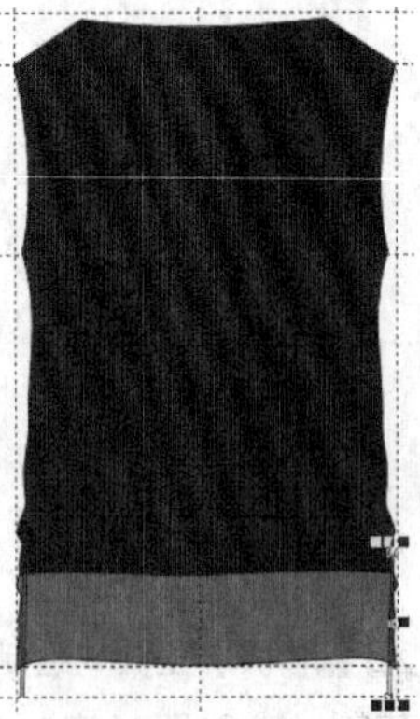
图8-135

图8-136

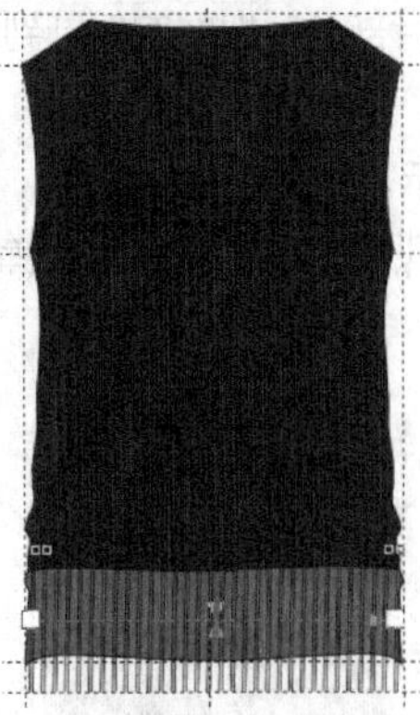

图8-137

图8-138

图8-139

14 重复步骤7~12绘制下摆的罗纹，得到的效果如图8-140所示。

15 执行菜单栏中的【对象】/【顺序】/【到页面后面】命令，把它放置到衣身前片后面，得到的效果如图8-141所示。

16 使用【矩形】工具□绘制两个长方形，如图8-142所示。

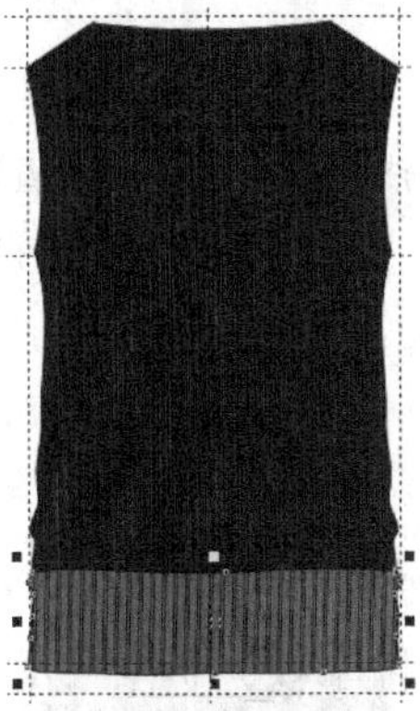

图8-140

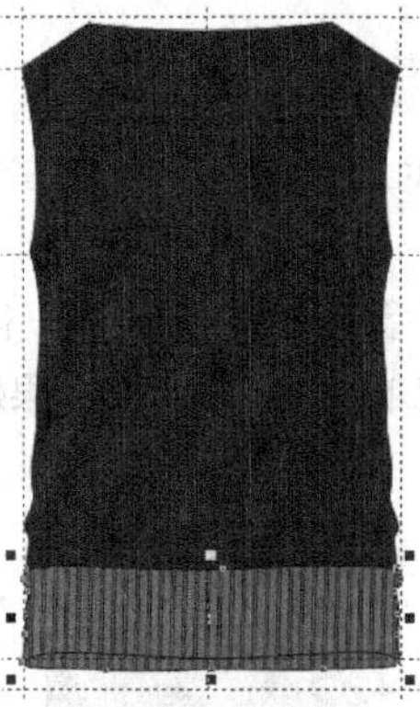

图8-141

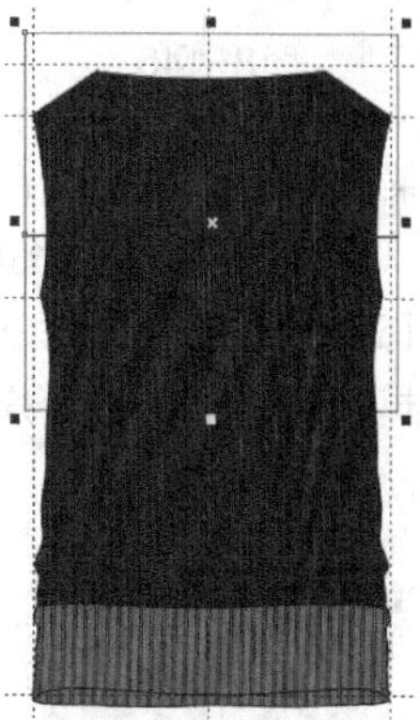

图8-142

17 单击工具箱中的【交互式填充】工具，在属性栏中单击【均匀填充】按钮■分别给两个矩形填充灰色［CMYK值为（40，32，30，0）］和浅蓝色［CMYK值为（69，45，17，0）］，得到的效果如图8-143所示。

18 用鼠标右键单击调色板中的☒使图形无轮廓，得到的效果如图8-144所示。

19 执行菜单栏中的【对象】/【PowerClip】/【置于图文框内部】命令把图形放置在衣身左前片中，得到的效果如图8-145所示。

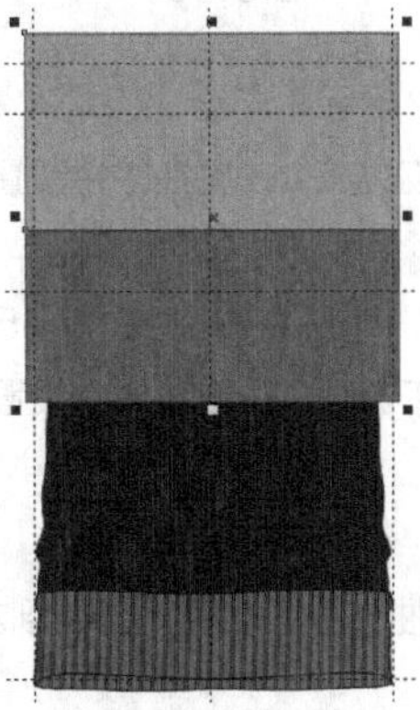

图8-143

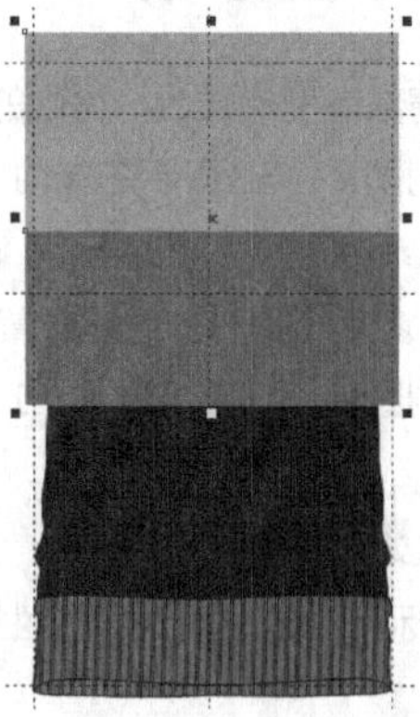

图8-144

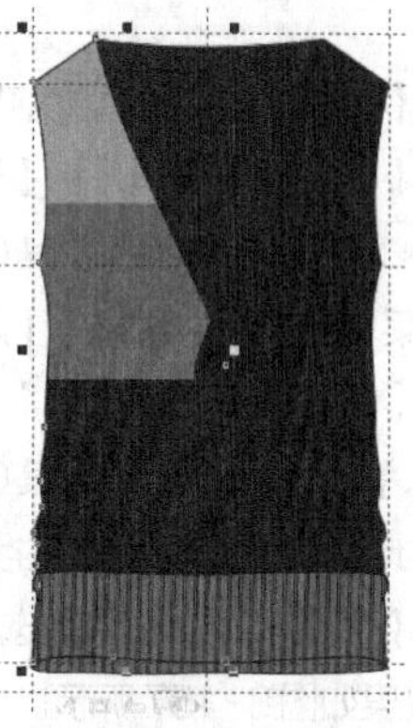

图8-145

20 使用【属性滴管】工具选择衣身属性，鼠标转换成应用对象属性，然后单击后片部分，把图案复制到后片中，得到的效果如图8-146所示。

21 重复步骤19和步骤20的操作，把图案复制到右前片中，得到的效果如图8-147所示。

22 使用【贝塞尔】工具和【形状】工具在后领口绘制一条路径，单击【选择】工具，在属性栏中设置轮廓宽度 .35 mm，如图8-148所示。

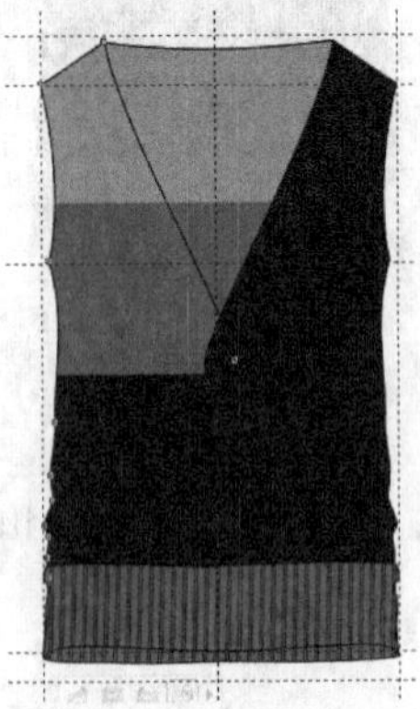

图8-146

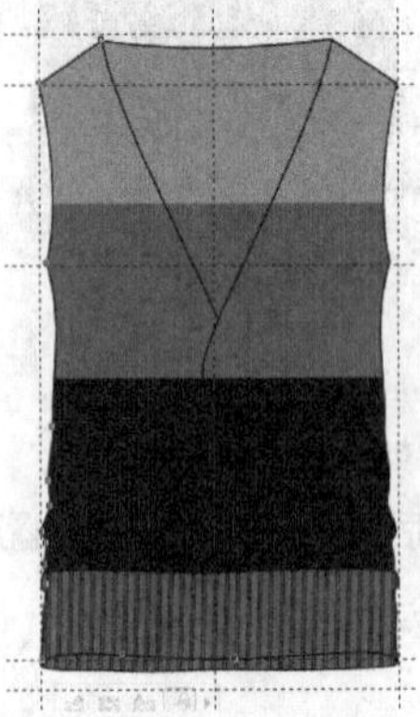

图8-147

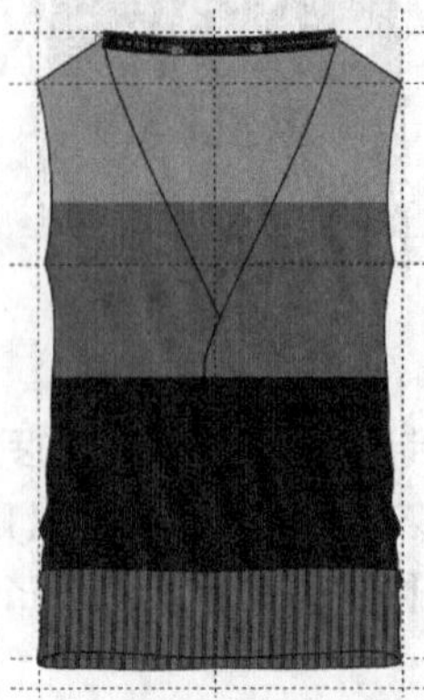

图8-148

23 执行菜单栏中的【对象】/【将轮廓转换为对象】命令，把路径转换为图形并填充浅蓝色，其CMYK值为（69，45，17，0），得到的效果如图8-149所示。

24 使用【选择】工具选择图形，在属性栏中设置轮廓宽度 .35 mm，得到的效果如图8-150所示。

25 重复步骤22~24的操作，分别绘制左右前领口和门襟，得到的效果如图8-151所示。

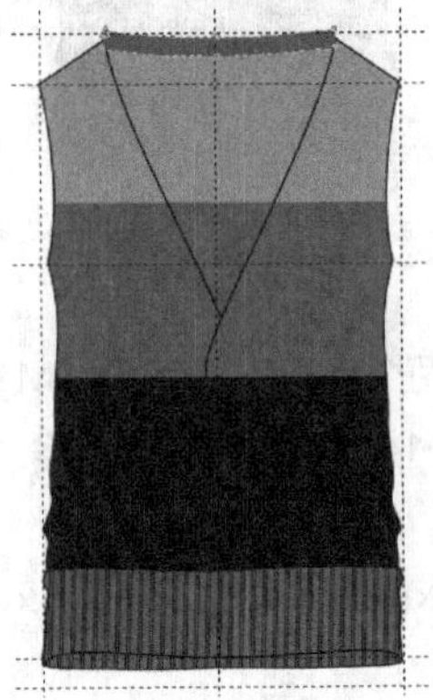

图8-149

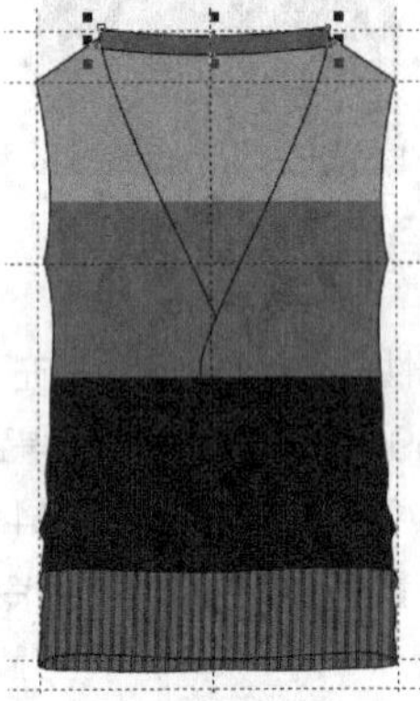

图8-150

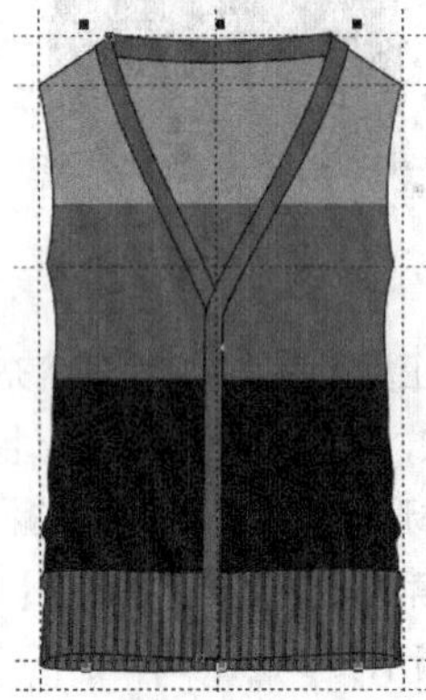

图8-151

26 使用【形状】工具调整前后领口，使其和肩部造型相贴合，得到的效果如图8-152所示。

27 使用【贝塞尔】工具和【形状】工具绘制图8-153所示的左袖，单击【选择】工具，在属性栏中设置轮廓宽度 .35 mm，并填充深蓝色，其CMYK值为（100，97，62，50）。

28 执行菜单栏中的【对象】/【顺序】/【置于此对象后】命令，把它放置到衣身前片后面，得到的效果如图8-154所示。

29 使用【贝塞尔】工具和【形状】工具绘制图8-155所示的袖口，单击【选择】工具，在属性栏中设置轮廓宽度 .35 mm，并填充浅蓝色，其CMYK值为（69，45，17，0）。

30 重复步骤7~12绘制袖口的罗纹，得到的效果如图8-156所示。

31 使用【属性滴管】工具选择衣身属性，鼠标转换成应用对象属性，然后单击左袖部分，把图案复制到左袖中，得到的效果如图8-157所示。

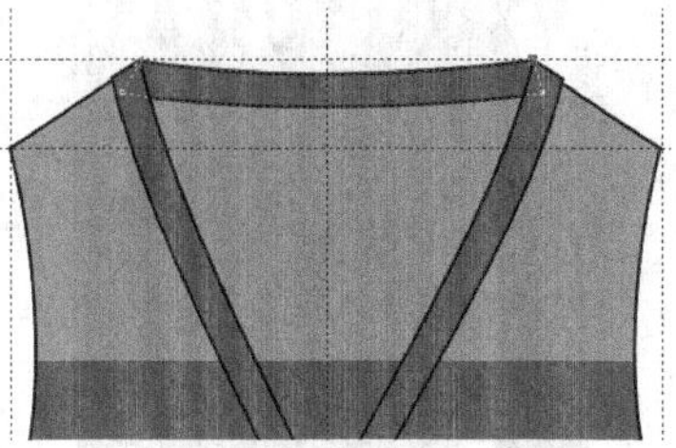

图8-152

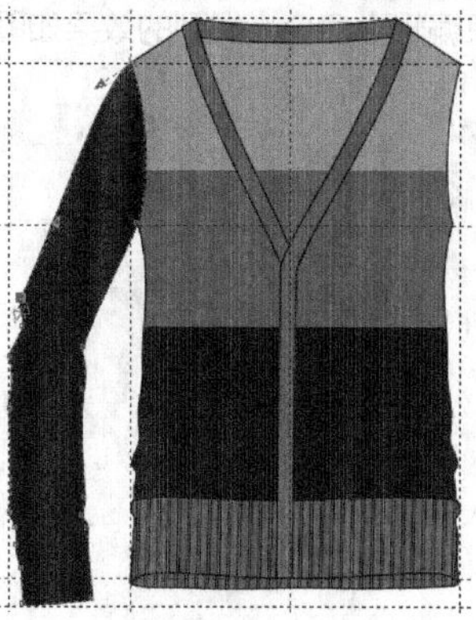

图8-153

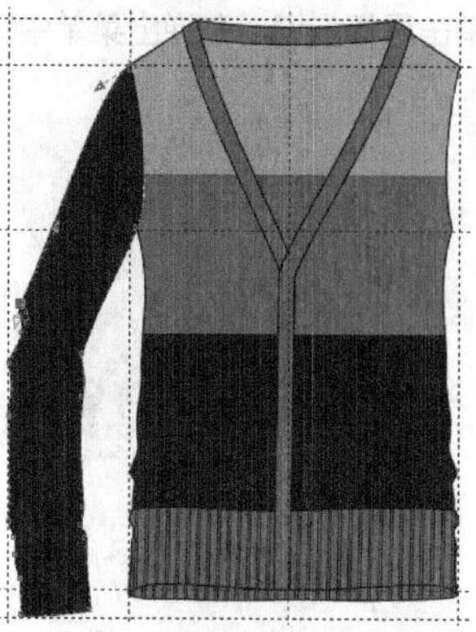

图8-154

图8-155

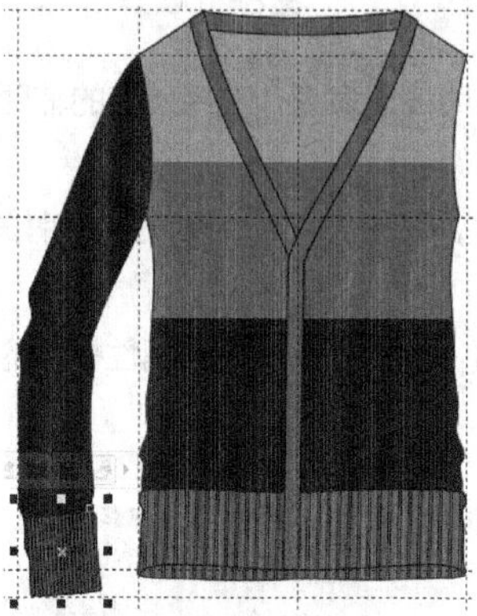

图8-156

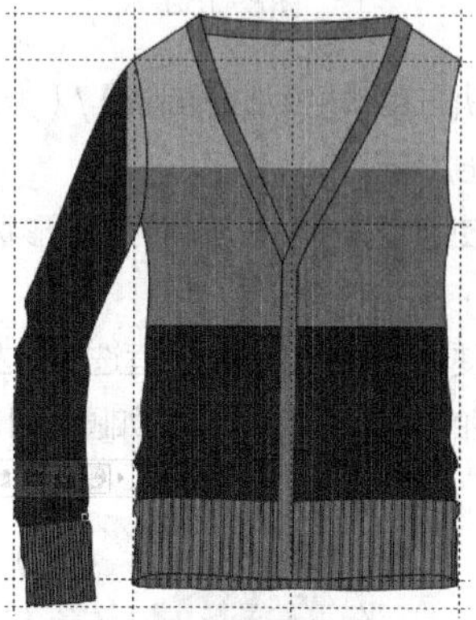

图8-157

32 使用【选择】工具选择左袖，单击鼠标右键，在弹出菜单中选择【编辑内容】命令，如图8-158所示，得到的效果如图8-159所示。

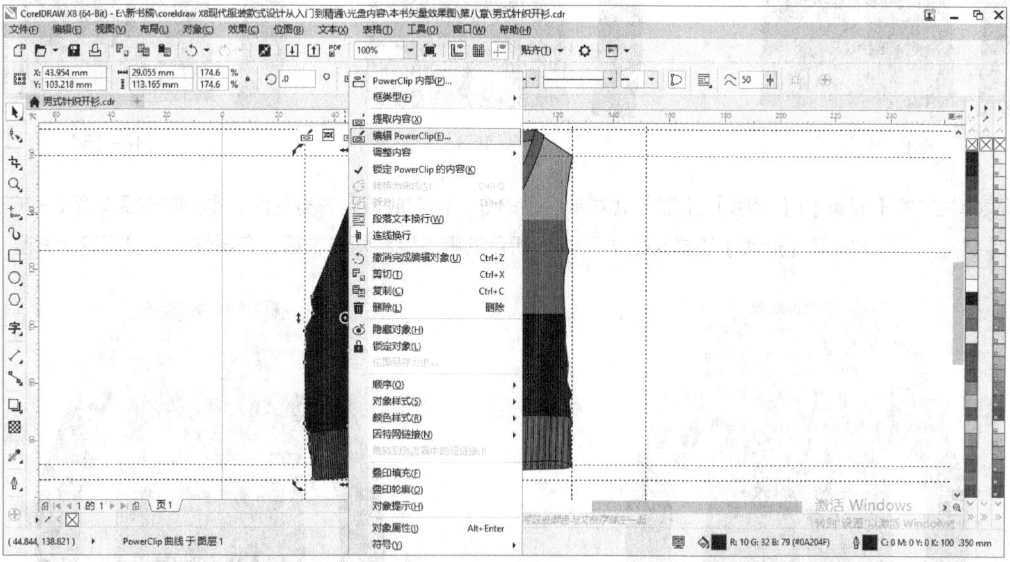

图8-158

33 使用【选择】工具框选图形，把图形向左移动并且在属性栏中设置旋转角度330.0°，得到的效果如图8-160所示（此处衣袖的图案要与衣身的图案对齐）。

34 单击鼠标右键，在弹出菜单中选择【结束编辑】命令，得到的效果如图8-161所示。

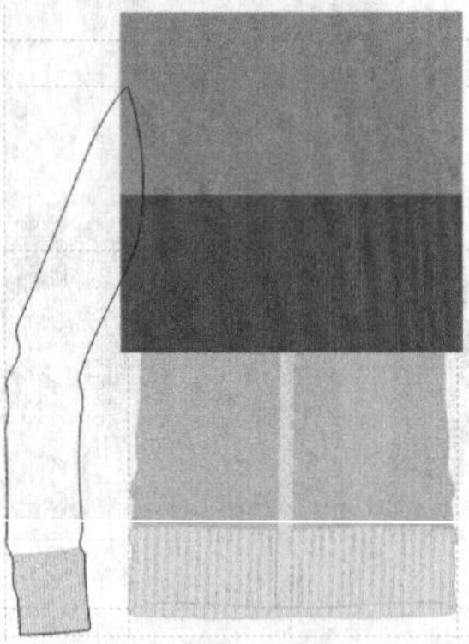

图8-159

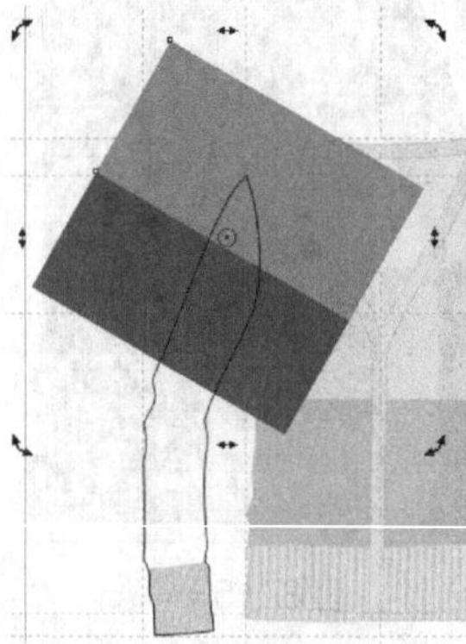

图8-160

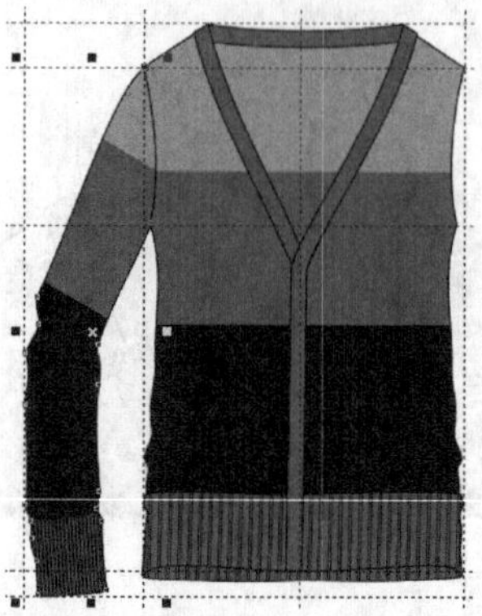

图8-161

35 执行菜单栏中的【编辑】/【全选】/【辅助线】命令，选择所有的辅助线，按【Delete】键删除，得到的效果如图8-162所示。

36 使用【贝塞尔】工具和【形状】工具，在图8-163所示的左袖肘关节处绘制3条衣褶，在属性栏中设置轮廓宽度。

37 使用【选择】工具框选整个左袖，按【+】键复制，单击属性栏中的【水平镜像】按钮，并把图形向右平移到合适的位置，得到的效果如图8-164所示。

图8-162

图8-163

图8-164

38 执行菜单栏中的【对象】/【顺序】/【置于此对象后】命令，把它放置到衣身后面，得到的效果如图8-165所示。

39 使用【贝塞尔】工具和【形状】工具在图8-166所示的腋下绘制两条衣褶，在属性栏中设置轮廓宽度。

图8-165

图8-166

40 选择【椭圆形】工具◯，按住【Ctrl】键在门襟上绘制一个圆形，如图8-167所示。

41 按【+】键复制圆形，再按住【Shift】键等比例缩小图形，得到的效果如图8-168所示。

42 使用【选择】工具框选两个图形，单击属性栏中的【合并】按钮，得到纽扣的效果如图8-169所示。

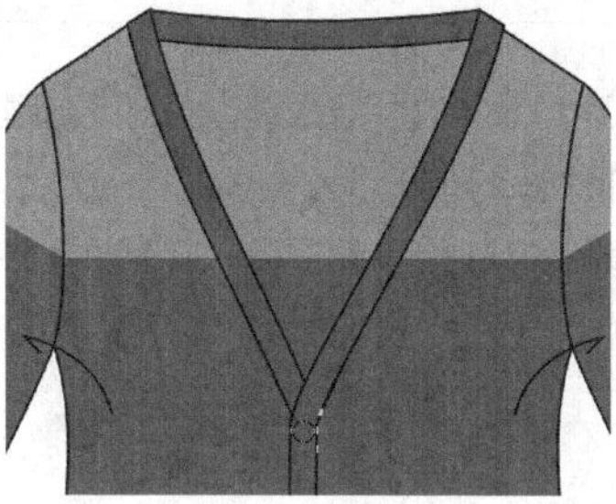
图8-167

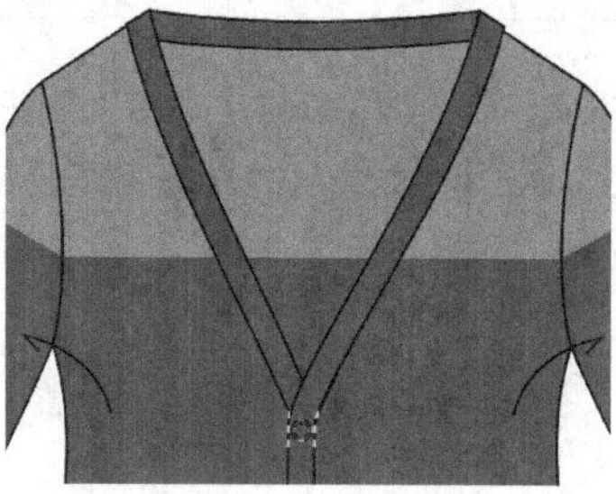
图8-168

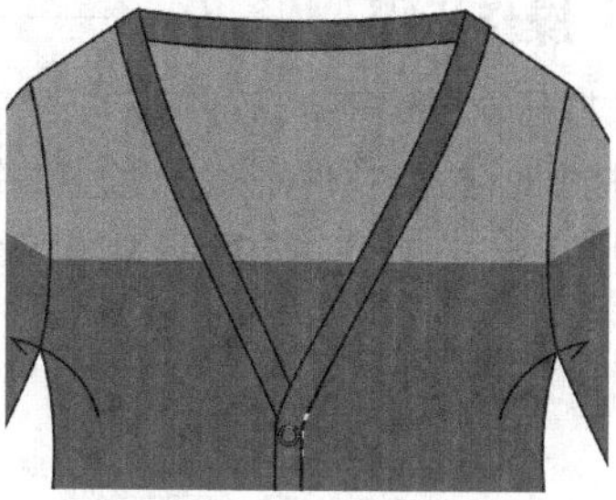
图8-169

43 按【+】键复制3粒纽扣，把复制的纽扣分别摆放在图8-170所示的位置。

44 使用【选择】工具框选所有图形，按住【Ctrl】+【G】组合键，群组图形。这样就完成了针织开衫的绘制，整体效果如图8-171所示。

图8-170

图8-171

8.4 女式高领插肩袖毛衫款式设计

女式高领插肩袖毛衫的整体效果如图8-172所示。

图8-172

设计重点

造型设计、色织条罗纹领口、袖口表现、色彩填充、针织扭花图案表现。

操作步骤

01 打开CorelDRAW软件，执行菜单栏中的【文件】/【新建】命令，或使用【Ctrl】+【N】组合键，打开【创建新文档】对话框，文件命名为“女式高领毛衫”，设定纸张大小为A4，横向摆放，如图8-173所示。

02 从标尺栏向页面拖曳鼠标添加10条辅助线，确定衣长、袖窿深、领口位置、肩宽和袖长等，如图8-174所示。

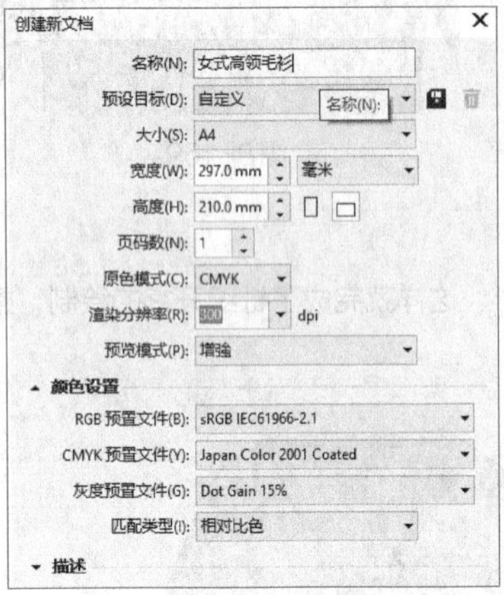

图8-173

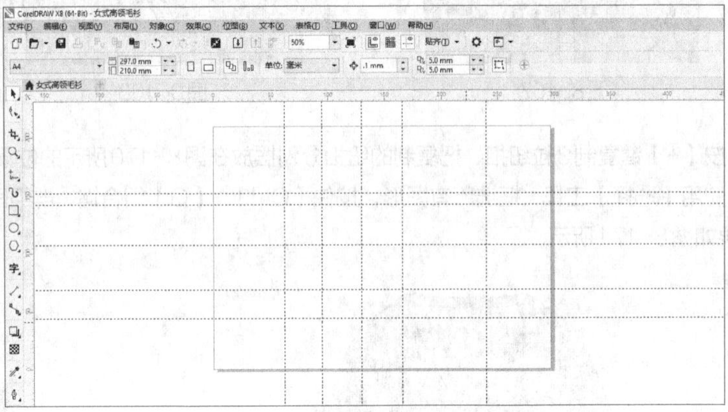

图8-174

03 使用【贝塞尔】工具和【形状】工具绘制图8-175所示的衣身，单击【选择】工具，在属性栏中设置轮廓宽度，并填充红色，其CMYK值为（33，100，100，3）。在绘制衣身时，要注意衣长和肩宽的比例。

04 使用【贝塞尔】工具和【形状】工具绘制右边的插肩袖，单击【选择】工具，在属性栏中设置轮廓宽度，并填充红色，其CMYK值为（33，100，100，3），如图8-176所示。

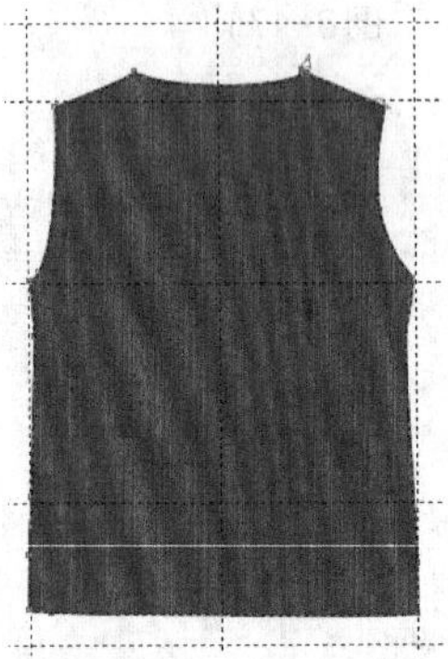

图8-175

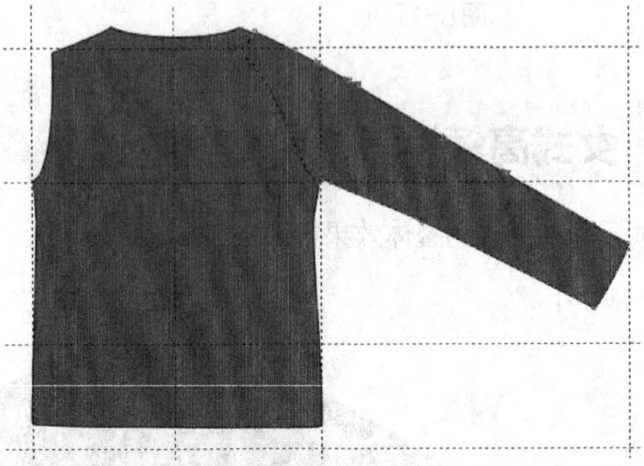

图8-176

专家提示

使用【贝塞尔】工具和【形状】工具绘制衣身前片造型时，要注意服装长度与肩宽的比例。绘制插肩袖时，要注意肩部造型圆顺处理。

05 使用【贝塞尔】工具和【形状】工具绘制左边的袖子，单击【选择】工具，在属性栏中设置轮廓宽度，并填充红色，其CMYK值为（33，100，100，3），如图8-177所示。

06 使用【贝塞尔】工具和【形状】工具，在左袖的基础上再绘制一个闭合路径，单击【选择】工具，在属性栏中设置轮廓宽度，并填充红色，其CMYK值为（33，100，100，3），如图8-178所示。

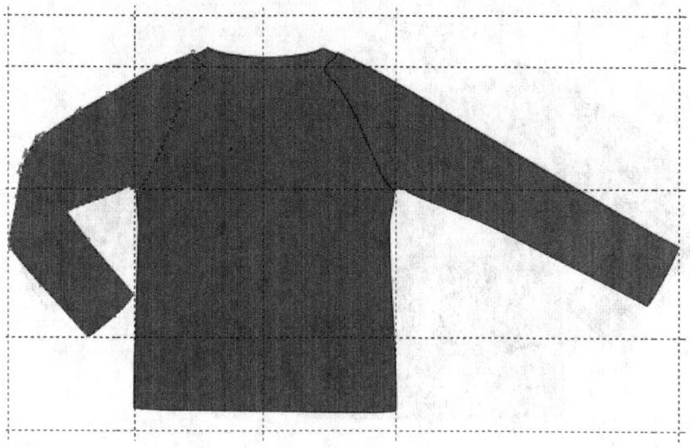

图8-177

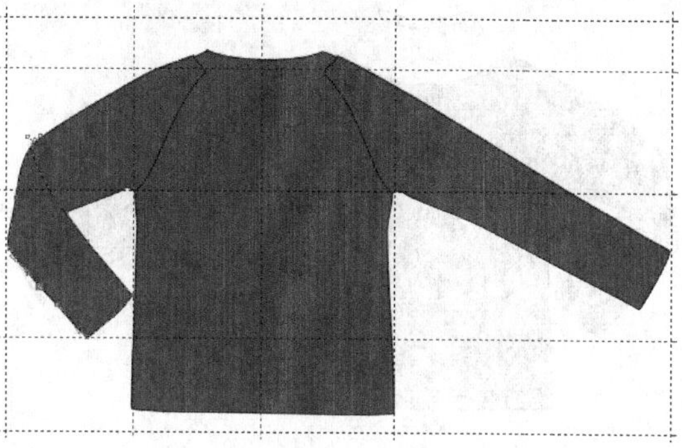

图8-178

专家提示

绘制翻折的袖子造型时，为了便于毛衣纹样的填充，要把袖子分为两个单独的闭合路径来表现。

07 使用【贝塞尔】工具和【形状】工具绘制衣领，单击【选择】工具，在属性栏中设置轮廓宽度，并填充白色，如图8-179所示。

08 执行菜单栏中的【编辑】/【全选】/【辅助线】命令，选择所有的辅助线，按【Delete】键删除，得到的效果如图8-180所示。

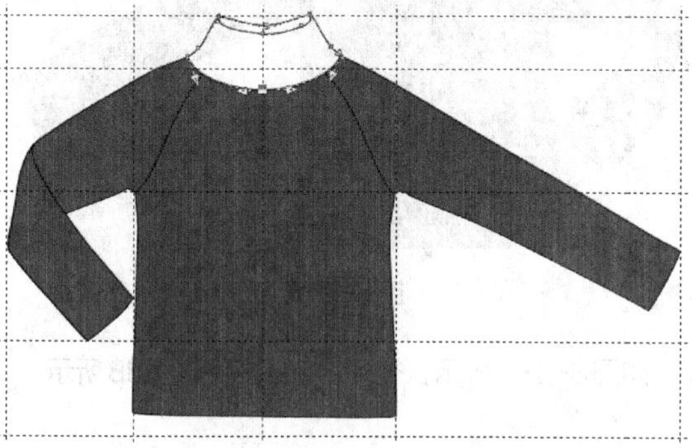

图8-179

图8-180

09 使用【贝塞尔】工具和【形状】工具绘制毛衣扭花，如图8-181所示。

10 使用【选择】工具框选图形，单击属性栏中的【合并】按钮结合图形，得到的效果如图8-182所示。

图8-181

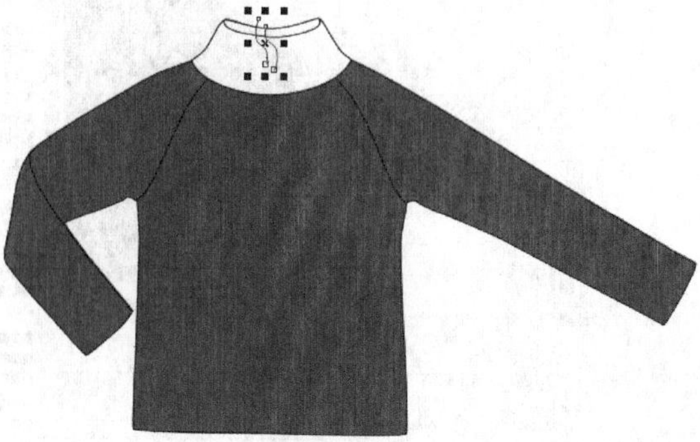

图8-182

11 按【+】键复制图形，并把复制的图形向下平移到合适的位置，如图8-183所示。

12 单击工具箱中的【调和】工具，单击上方的图形往下拖曳鼠标至下方图形处执行调和功能，如图8-184所示。

图8-183

图8-184

13 在属性栏中设置调和的步数，得到的效果如图8-185所示。

14 单击工具箱中的【选择】工具，执行菜单栏中的【对象】/【PowerClip】/【置于图文框内部】命令，把图形放置在衣身中，得到的效果如图8-186所示。

图8-185

图8-186

15 单击鼠标右键，在弹出菜单中选择【编辑PowerClip】命令，如图8-187所示，得到的效果如图8-188所示。

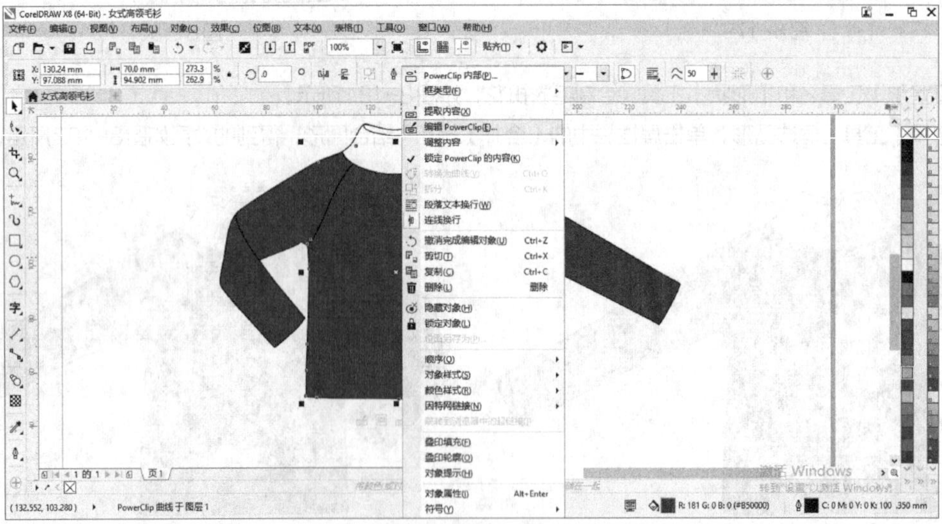

图8-187

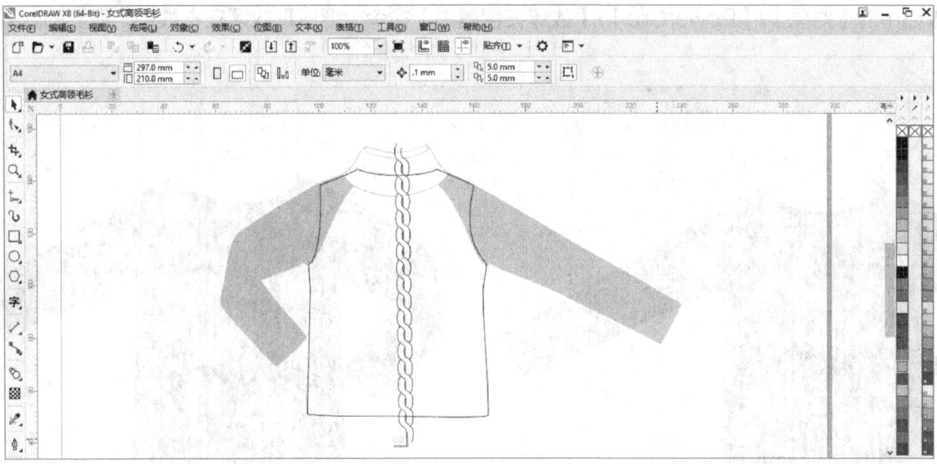

图8-188

16 选择图形，按两次【+】键复制毛衣的扭花纹，把复制的图形分别摆放在图8-189所示的位置。

17 使用【手绘】工具绘制两条直线，如图8-190所示。

18 使用【选择】工具框选两条直线，单击属性栏中的【合并】按钮，在属性栏中设置轮廓宽度 .2 mm，得到的效果如图8-191所示。

图8-189

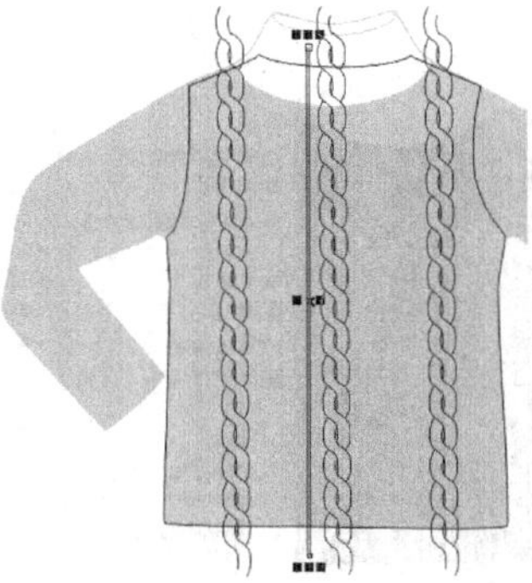

图8-190

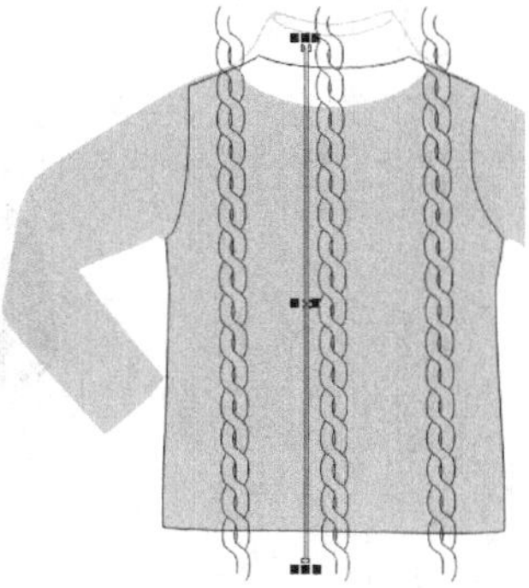

图8-191

19 按【+】键复制13组图形，并把复制的图形向左右平移到图8-192所示的位置。

20 单击鼠标右键，在弹出菜单中选择【结束编辑】命令，得到的效果如图8-193所示。

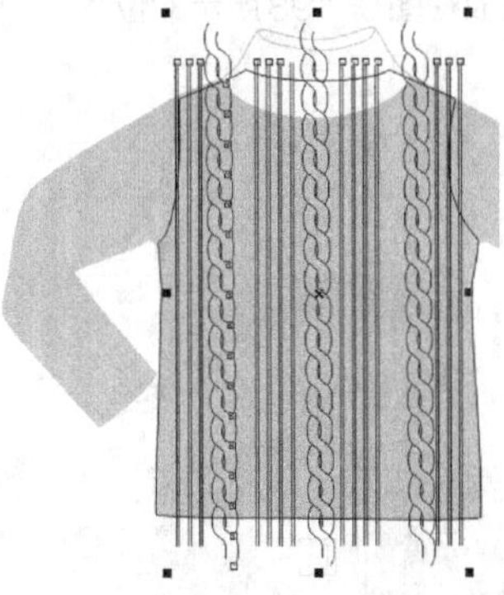

图8-192

图8-193

21 重复步骤9~13的操作，绘制右边袖子上的花纹，得到的效果如图8-194所示。

22 执行菜单栏中的【对象】/【PowerClip】/【放置在容器中】命令，把图形放置在右袖中，得到的效果如图8-195所示。

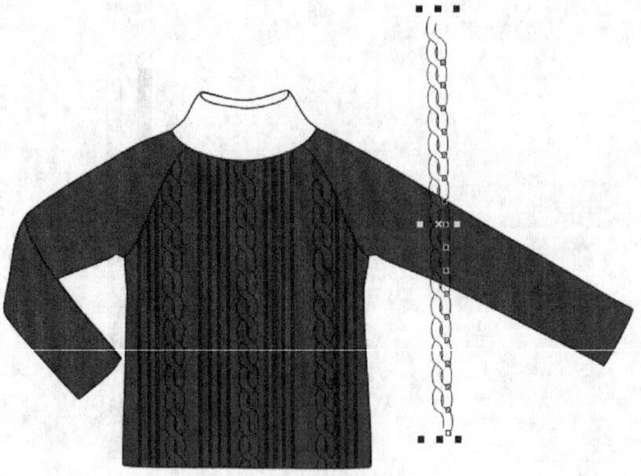

图8-194

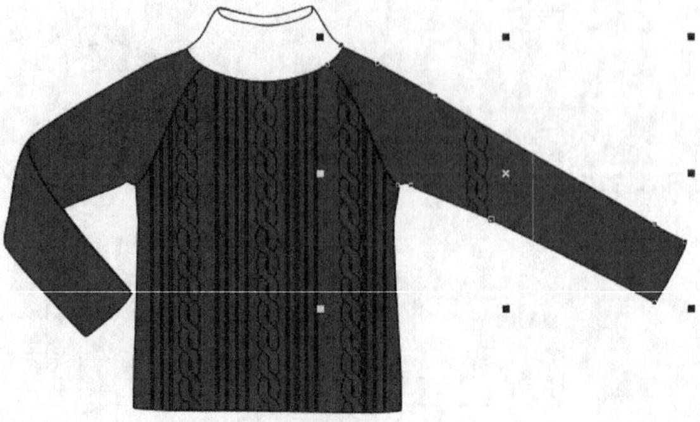

图8-195

23 单击鼠标右键，在弹出菜单中选择【编辑PowerClip】命令，如图8-196所示，得到的效果如图8-197所示。

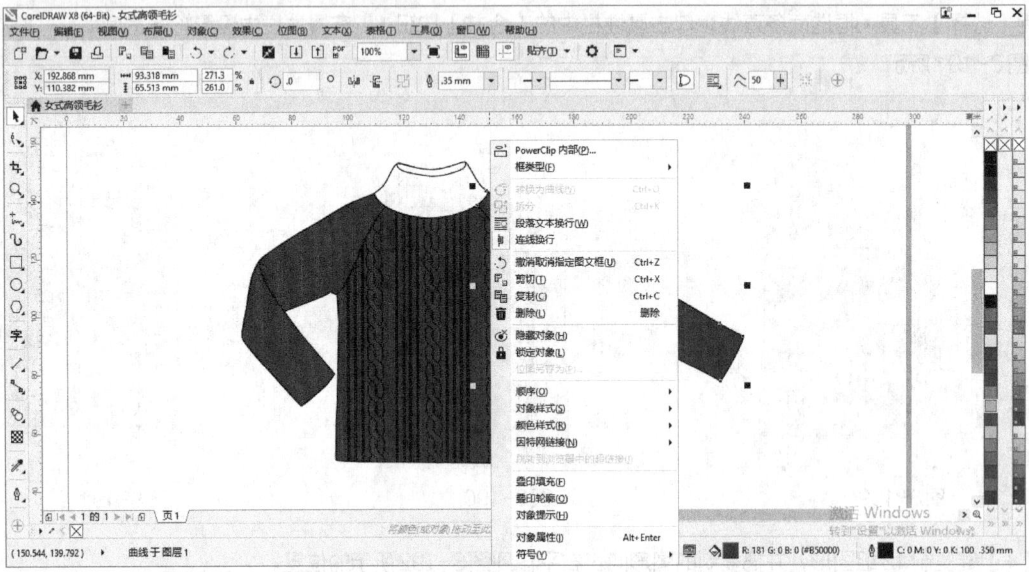

图8-196

24 使用【选择】工具选择图形，在属性栏中设置旋转角度60.0°，把图形摆放在图8-198所示的位置。

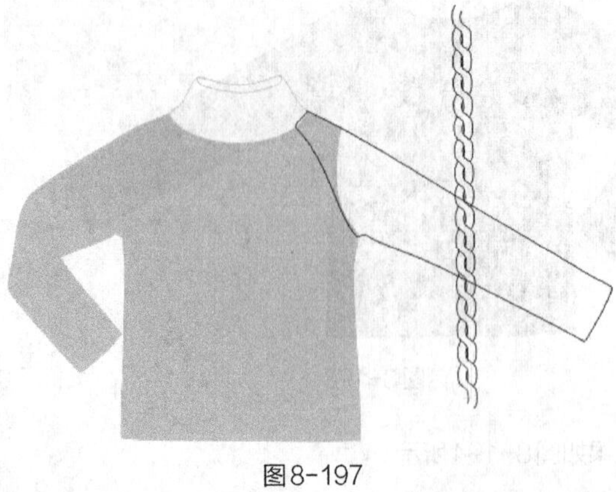

图8-197

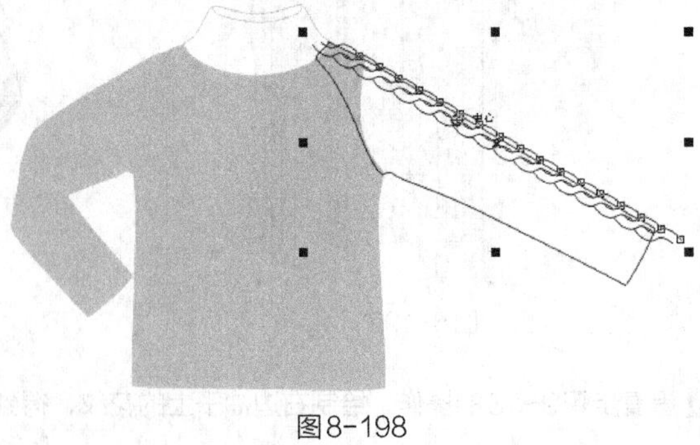

图8-198

25 按【+】键复制图形，并把复制的图形向下移动到图8-199所示的位置。

26 单击鼠标右键，在弹出菜单中选择【结束编辑】命令，得到的效果如图8-200所示。

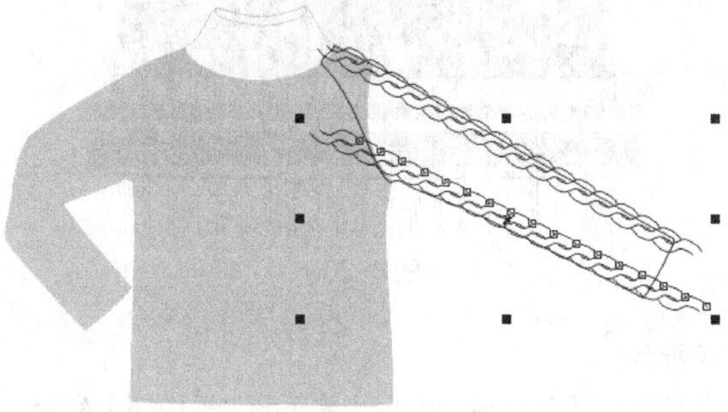
图8-199

图8-200

27 重复步骤21~26的操作，填充左边袖子上的花纹，要注意的是袖子的上下两部分需要分别填充纹样，得到的效果如图8-201所示。

28 使用【贝塞尔】工具和【形状】工具绘制毛衣下摆，单击【选择】工具，在属性栏中设置轮廓宽度 .35 mm ，并填充白色，得到的效果如图8-202所示。

图8-201

图8-202

29 使用【矩形】工具绘制两个矩形，在属性栏中设置无轮廓并填充红色，其CMYK值为（33，100，100，3），如图8-203所示。

30 使用【手绘】工具绘制两条直线，在属性栏中设置轮廓宽度 .2 mm ，得到的效果如图8-204所示。

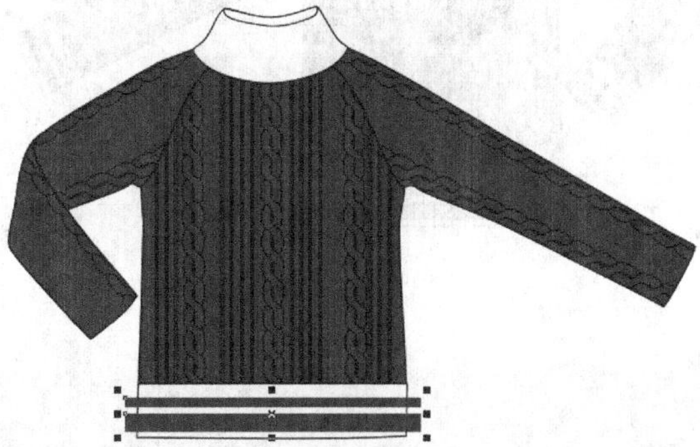
图8-203

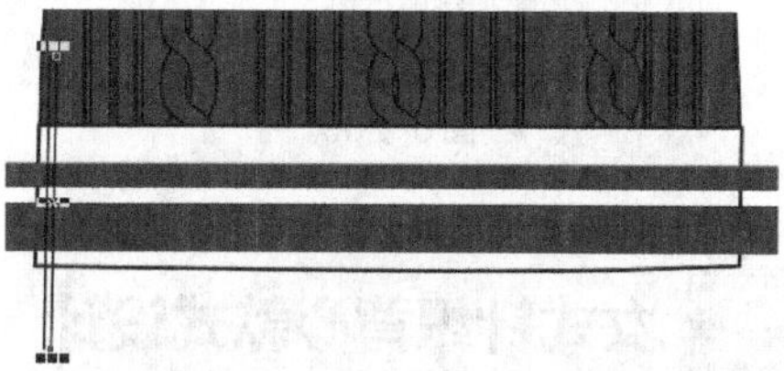
图8-204

31 使用【选择】工具框选两条直线，按住【Ctrl】+【G】组合键群组图形。按【+】键复制图形，并把复制的直线向右平移到合适的位置，如图8-205所示。

32 单击工具箱中的【调和】工具，单击左边的图形往右拖曳鼠标至右边图形处执行调和功能，如图8-206所示。

图8-205

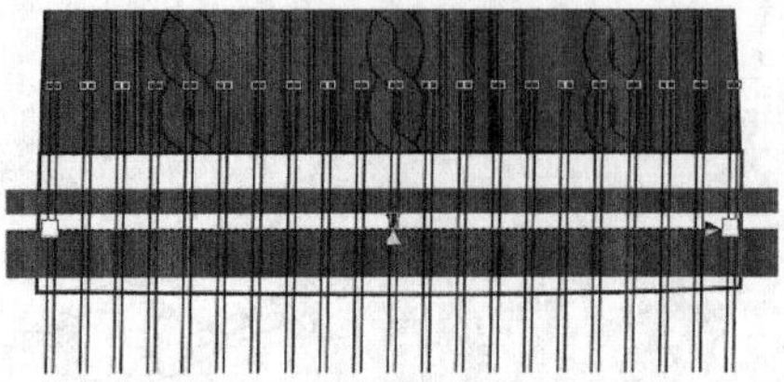

图8-206

33 在属性栏中设置调和的步数，得到的效果如图8-207所示。

34 使用【选择】工具框选矩形和直线组，执行菜单栏中的【对象】/【PowerClip】/【置于图文框内部】命令，把图形放置在衣摆中，得到的效果如图8-208所示，这样就完成了下摆的横机图案。

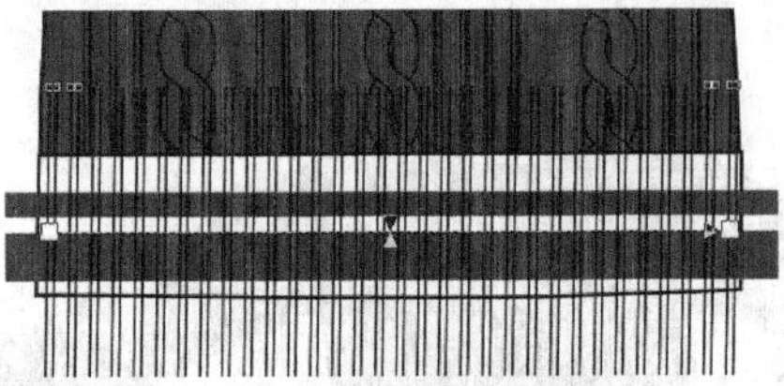

图8-207

图8-208

35 重复步骤29~34的操作，分别绘制领口及袖口部分的横机图案，得到的效果如图8-209所示。

36 使用【选择】工具框选图形，按住【Ctrl】+【G】组合键群组图形，这样就完成了高领插肩袖毛衫的绘制，整体效果如图8-210所示。

图8-209

图8-210

8.5 女式针织背心款式设计

女式针织背心的整体效果如图8-211所示。

设计重点

造型设计、罗纹领口、袖口表现、色彩填充、雪花、条纹针织图案表现、纽扣设计。

操作步骤

01 打开CorelDRAW软件，执行菜单栏中的【文件】/【新建】命令，或使用【Ctrl】+【N】组合键，打开【创建新文档】对话框，文件命名为“女式针织背心”，设定纸张大小为A4，横向摆放，如图8-212所示。

图8-211

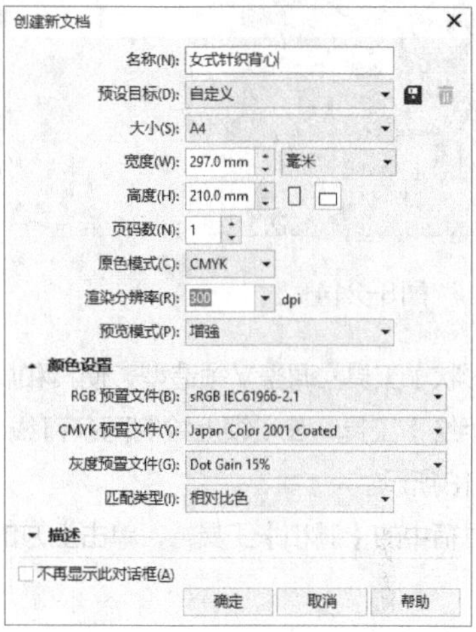

图8-212

02 从标尺栏向页面拖曳鼠标添加8条辅助线，确定衣长、袖窿深、领口位置、肩宽和口袋等，如图8-213所示。

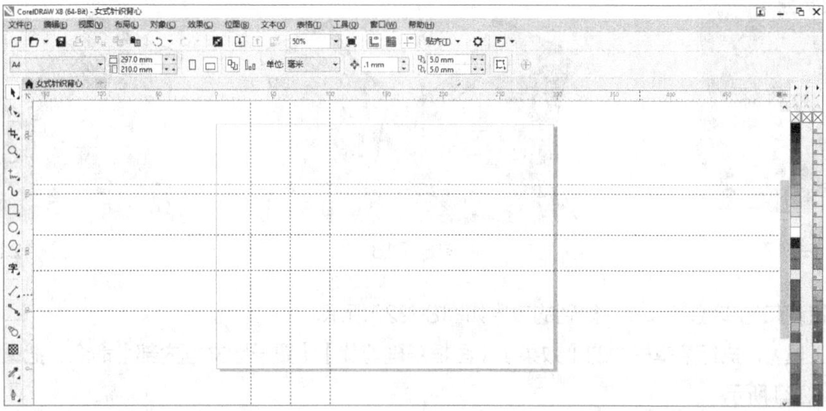

图8-213

03 使用【贝塞尔】工具和【形状】工具绘制图8-214所示的背心前片，在属性栏中设置轮廓宽度，并填充粉红色，其CMYK值为（0，77，37，0）。

04 使用【贝塞尔】工具和【形状】工具在领口处绘制一条路径，单击【选择】工具，在属性栏中设置轮廓宽度，如图8-215所示。

专家提示

使用【贝塞尔】工具和【形状】工具绘制衣身前片造型时要注意下摆罗纹收口，曲线自然往内弧，领口左右对称。

05 执行菜单栏中的【对象】/【将轮廓转换为对象】命令，把路径转换为图形并填充中粉色，其CMYK值为（0，77，37，0），设置轮廓宽度，得到的效果如图8-216所示。

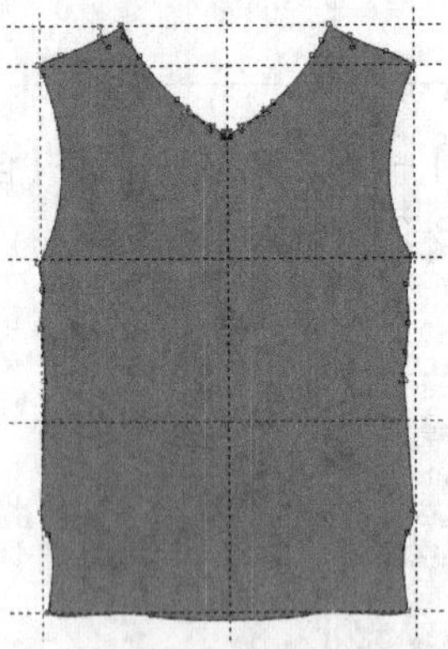
图8-214

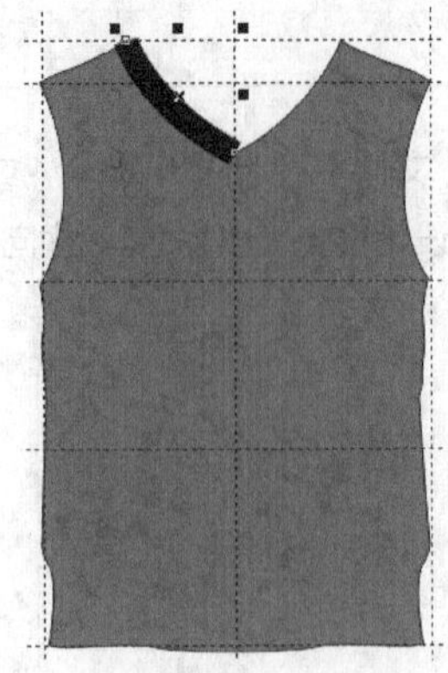
图8-215

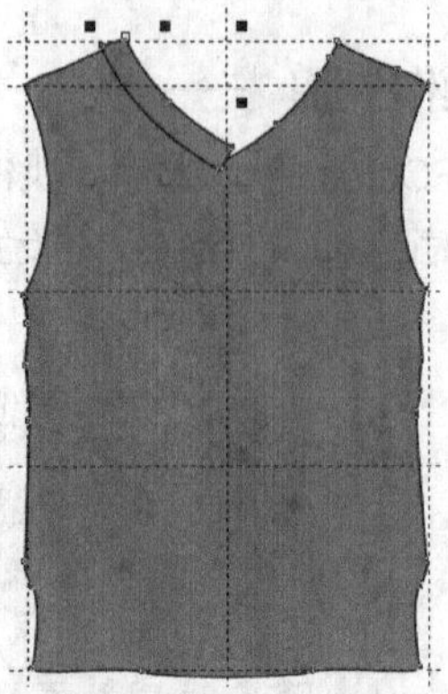
图8-216

06 使用【形状】工具调整V领造型，使其和肩部造型及辅助线相贴合，如图8-217所示。

07 使用【手绘】工具在V领上绘制两条直线，单击【选择】工具，在属性栏中设置轮廓宽度，得到的效果如图8-218所示。

08 选择工具箱中的【调和】工具，单击上方的直线往下拖曳鼠标至下边的直线处执行调和功能，如图8-219所示。

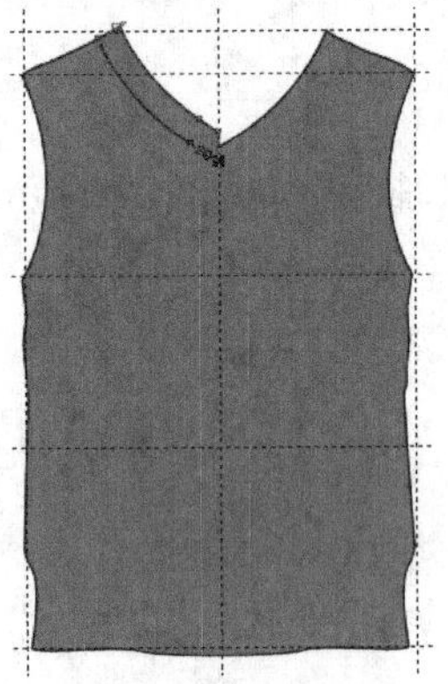
图8-217

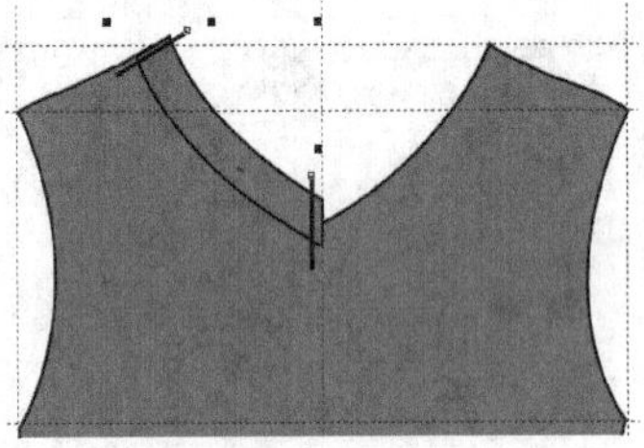
图8-218

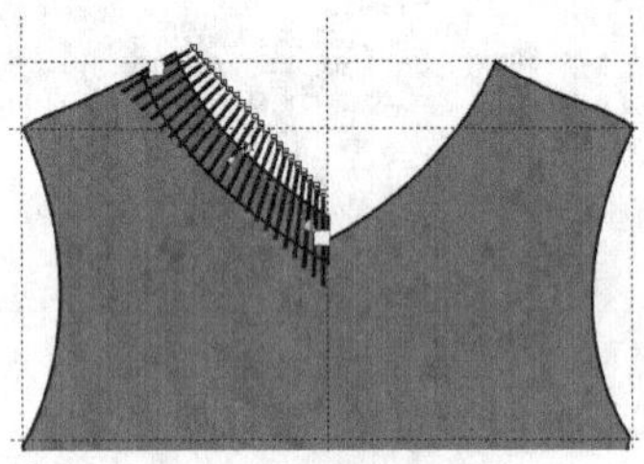
图8-219

09 在属性栏中设置调和的步数，得到的效果如图8-220所示。

10 单击【选择】工具，执行菜单栏中的【效果】/【图框精确剪裁】/【置于图文框内部】命令，把图形放置在V领中，得到的效果如图8-221所示。

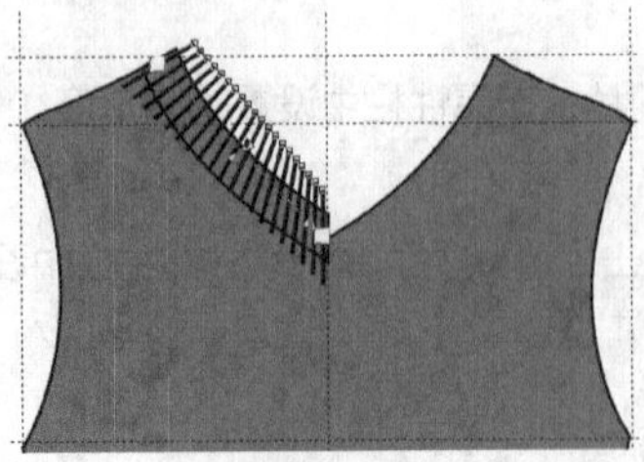
图8-220

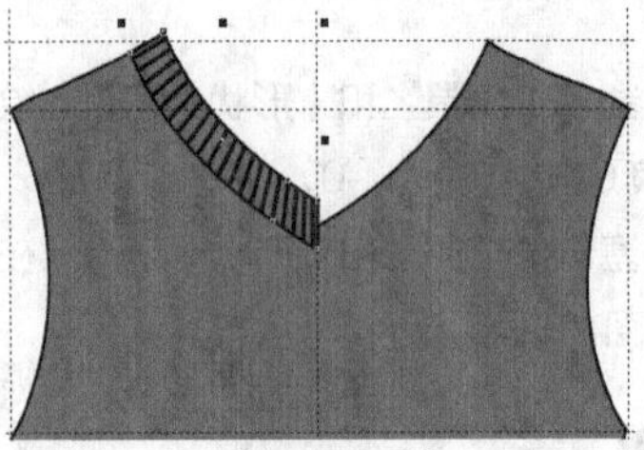
图8-221

11 单击【选择】工具，按小键盘上的【+】键复制图形，单击属性栏中的【水平镜像】按钮，然后把复制的领子向右平移到合适的位置，得到的效果如图8-222所示。

12 使用【贝塞尔】工具和【形状】工具在衣身下摆处绘制图8-223所示的图形。

13 重复步骤7~10的操作绘制下摆的罗纹，得到的效果如图8-224所示。

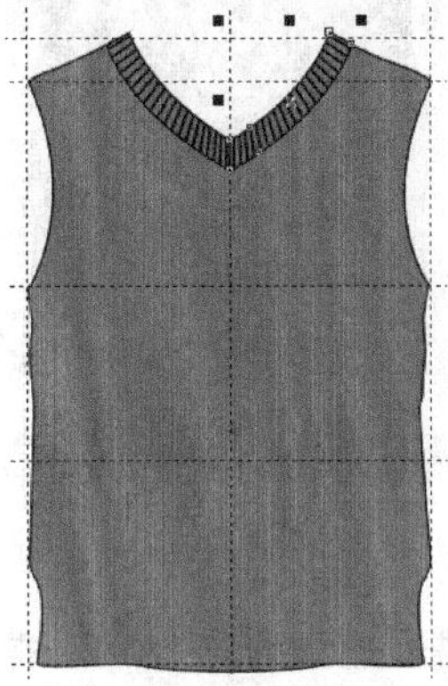
图8-222

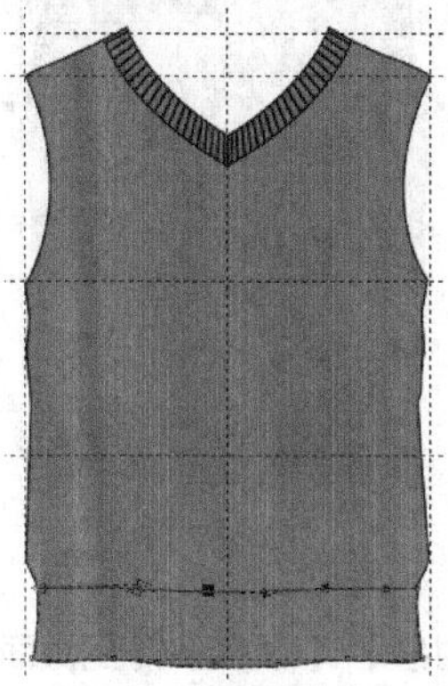
图8-223

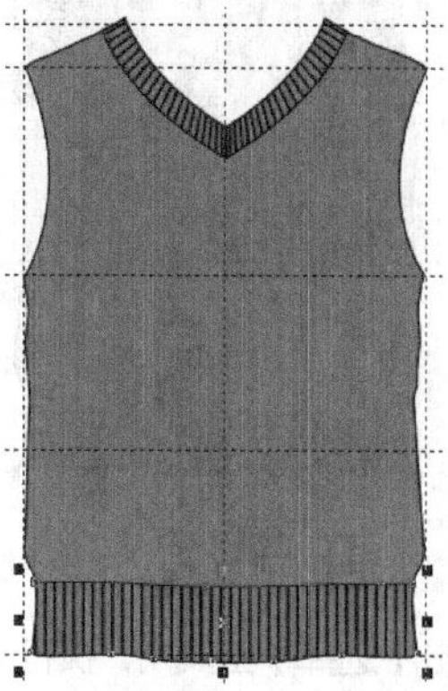
图8-224

14 用鼠标右键单击调色板中的☒去除边框，得到的效果如图8-225所示。

15 使用【贝塞尔】工具和【形状】工具在左袖口处绘制图8-226所示的图形。

16 重复步骤7~10的操作绘制左袖口的罗纹，得到的效果如图8-227所示。

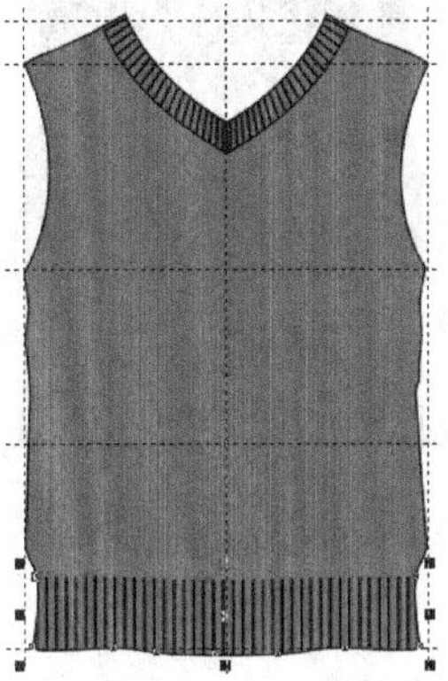
图8-225

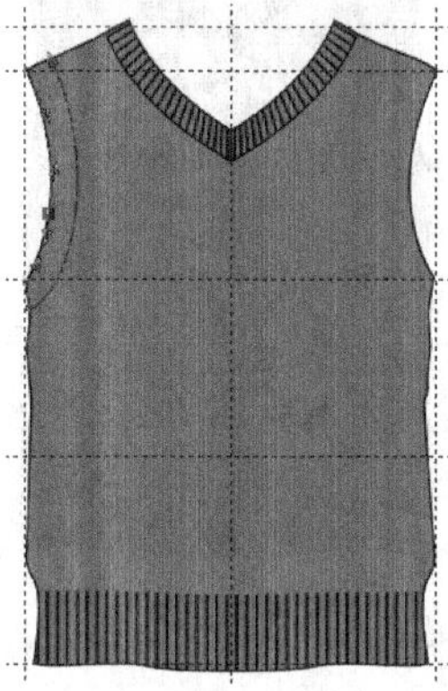
图8-226

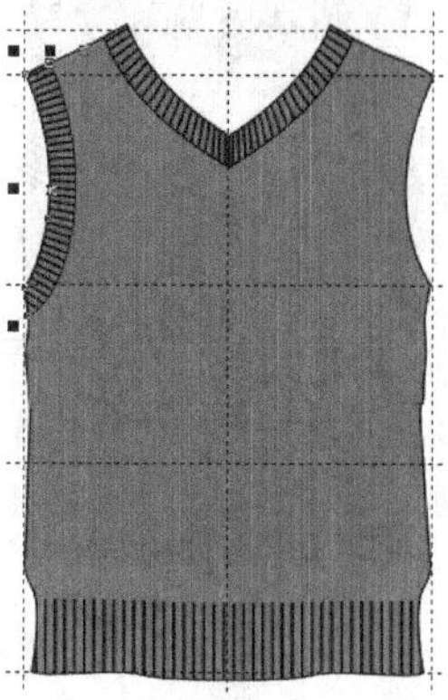
图8-227

17 用鼠标右键单击调色板中的☒去除边框，得到的效果如图8-228所示。

18 单击【选择】工具，按小键盘上的【+】键复制图形，单击属性栏中的【水平镜像】按钮，然后把复制的图形向右平移到合适的位置，得到的效果如图8-229所示。

19 使用【贝塞尔】工具和【形状】工具在左、右袖口处绘制图8-230所示的图形。

20 重复步骤7~10的操作绘制袖口的罗纹，得到的效果如图8-231所示。

21 重复步骤4~10的操作绘制后领口的罗纹，得到的效果如图8-232所示。

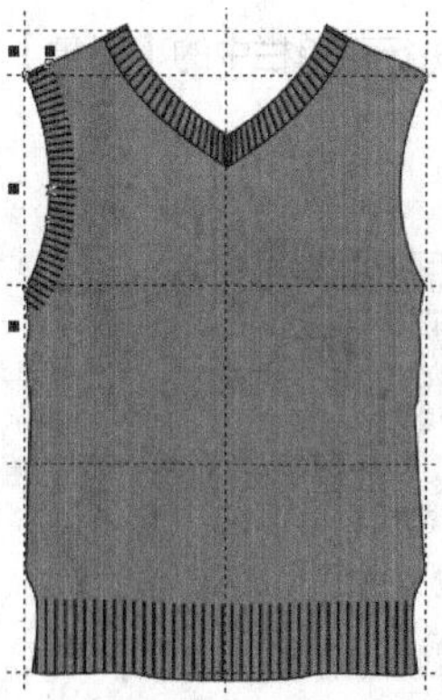
图8-228

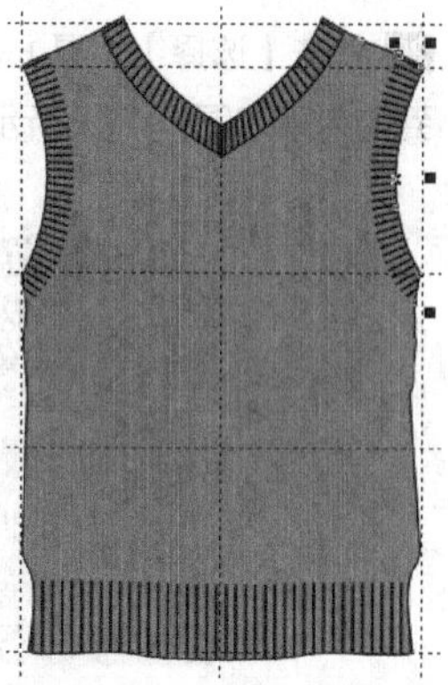
图8-229

22 使用【贝塞尔】工具和【形状】工具绘制图8-233所示的后片，在属性栏中设置轮廓宽度.35 mm，并填充粉红色，其CMYK值为（0，77，37，0）。

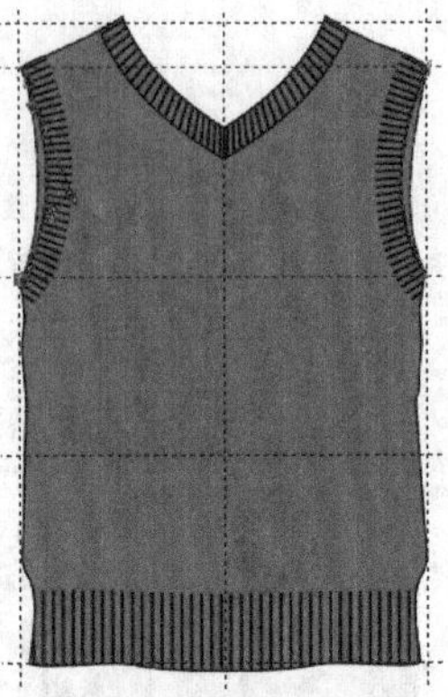

图8-230

图8-231

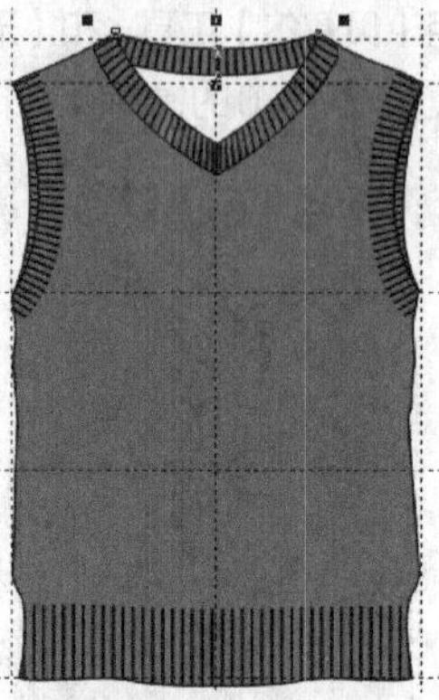

图8-232

23 单击【选择】工具，执行菜单栏中的【对象】/【顺序】/【到页面后面】命令，把它放置到前片后面，得到的效果如图8-234所示。

24 执行菜单栏中的【编辑】/【全选】/【辅助线】命令，选择所有的辅助线，按【Delete】键删除，得到的效果如图8-235所示。

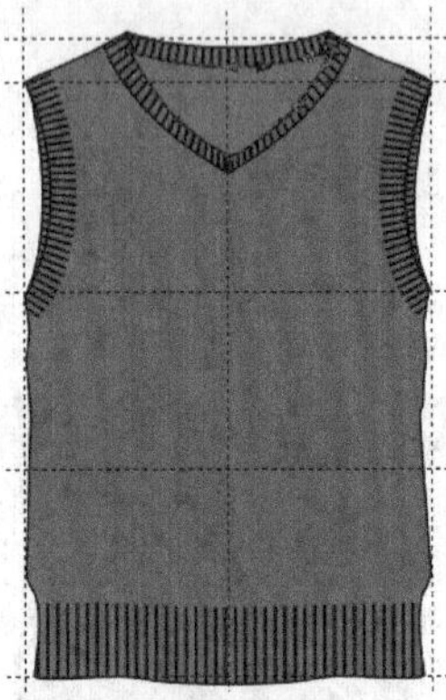

图8-233

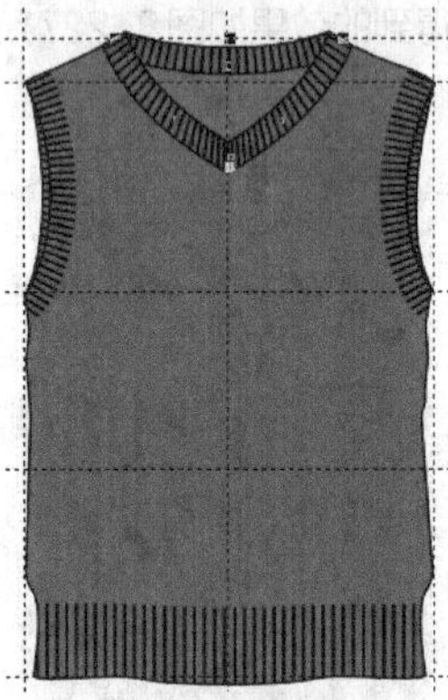

图8-234

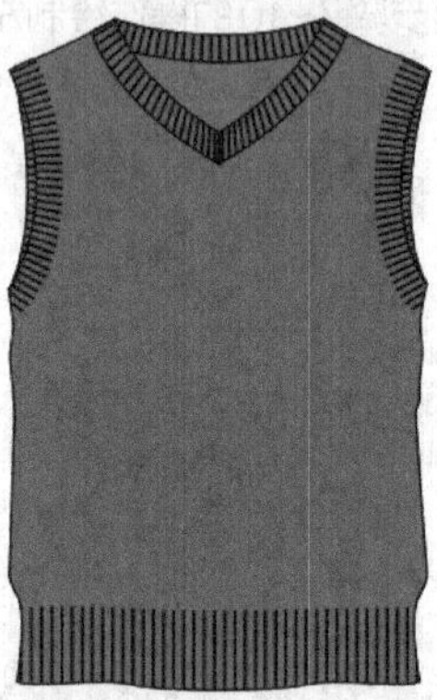

图8-235

25 使用【贝塞尔】工具和【形状】工具绘制图8-236所示的后领口织带，在属性栏中设置轮廓宽度，并填充黄色，其CMYK值为（18，7，62，0）。

26 单击【选择】工具，执行菜单栏中的【对象】/【顺序】/【置于此对象后】命令，把它放置到衣身前片后面，得到的效果如图8-237所示。

图8-236

图8-237

27 使用【贝塞尔】工具和【形状】工具绘制图8-238所示的针织纹样，在属性栏中设置无轮廓并填充黄色，其CMYK值为（18，7，62，0）。

28 使用【选择】工具框选图形，按住【Ctrl】+【G】组合键群组图形。把图形摆放在衣身上，位置如图8-239所示。

29 按【+】键复制图形，并把复制的图形向右平移到合适的位置，如图8-240所示。

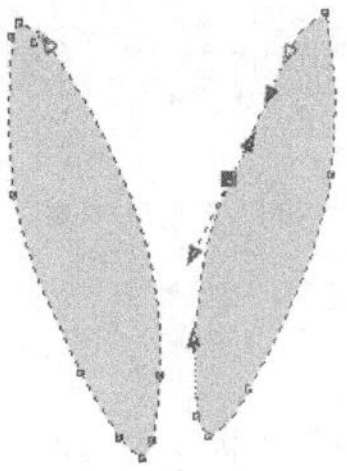

图8-238

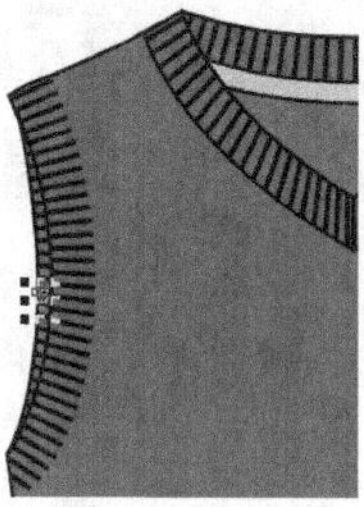

图8-239

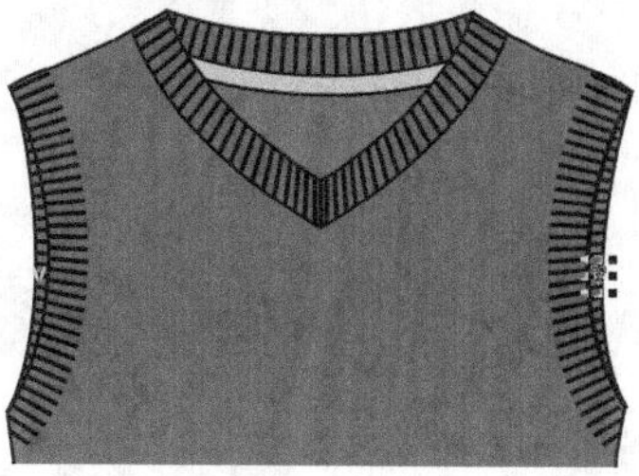

图8-240

30 选择工具箱中的【调和】工具，单击左边的直线往右拖曳鼠标至右边的图形处执行调和功能，如图8-241所示。

31 在属性栏中设置调和的步数，得到的效果如图8-242所示。

32 单击【选择】工具，按住【Ctrl】+【G】组合键群组图形。单击【选择】工具，执行菜单栏中的【对象】/【PowerClip】/【置于图文框内部】命令，把图形放置在衣身中，得到的效果如图8-243所示。

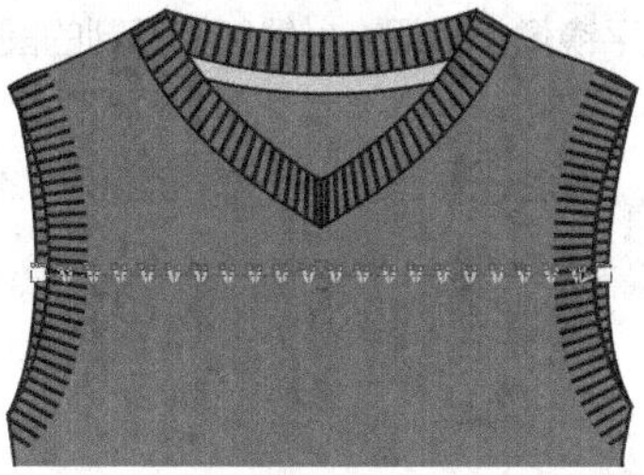

图8-241

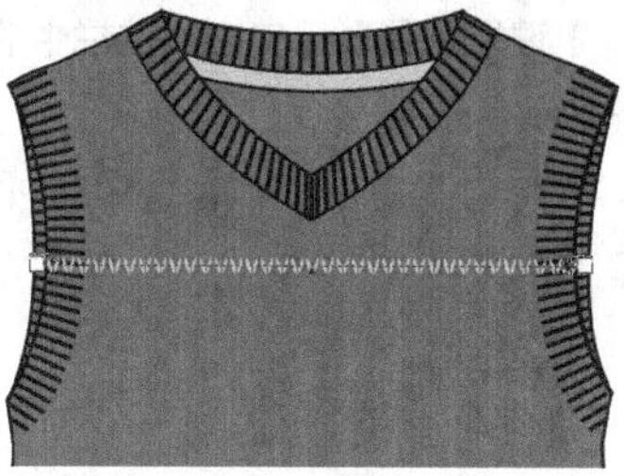

图8-242

图8-243

33 单击鼠标右键，在弹出菜单中选择【编辑PowerClip】命令，得到的效果如图8-244所示。

34 按3次【+】键复制图形，并把复制的图形分别向下垂直移动到图8-245所示的位置。

35 使用【选择】工具选择最上方的一组图形，按【+】键复制图形。单击工具箱中的【交互式填充】工具，在属性栏中单击【均匀填充】按钮■给图形填充卡其色，其CMYK值为（15，20，25，0），得到的效果如图8-246所示。

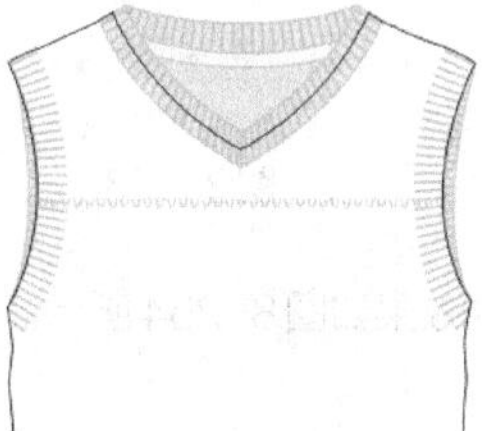

图8-244

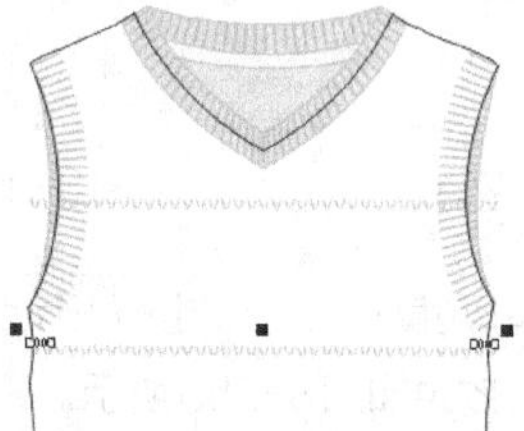

图8-245

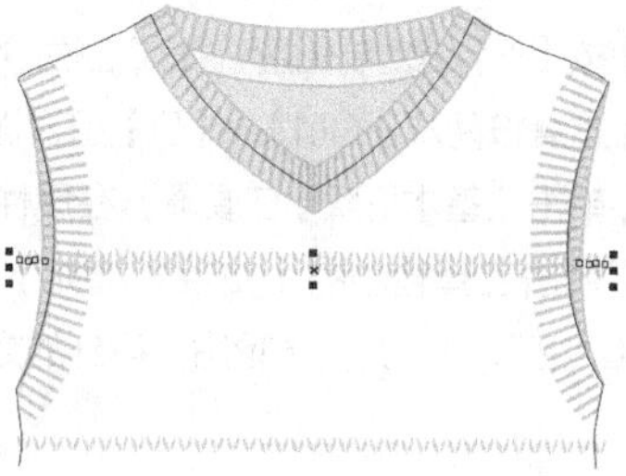

图8-246

36 按【+】键复制图形，并把复制的图形向下垂直移动到图8-247所示的位置。

37 按【+】键复制图形，并把复制的图形向下垂直移动。单击工具箱中的【交互式填充】工具，在属性栏中单击【均匀填充】按钮■给图形填充蓝色，其CMYK值为（60，27，0，0），得到的效果如图8-248所示。

38 使用【选择】工具选择卡其色组图形，按【+】键复制8组，并把复制的图形分别向下垂直移动，得到的效果如图8-249所示。

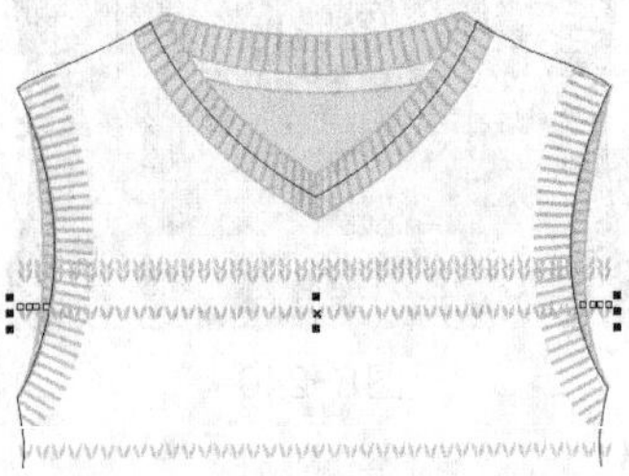

图8-247

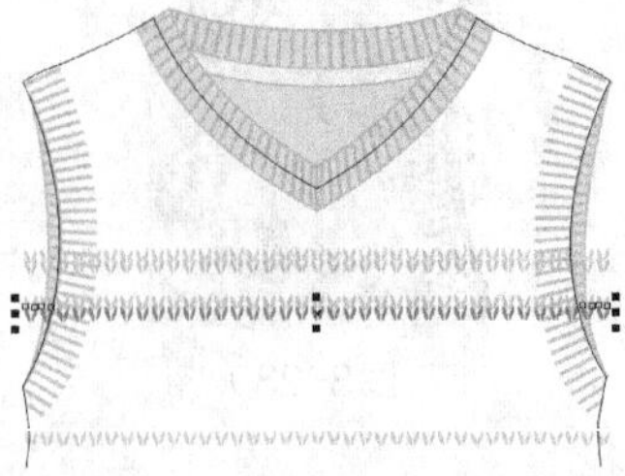

图8-248

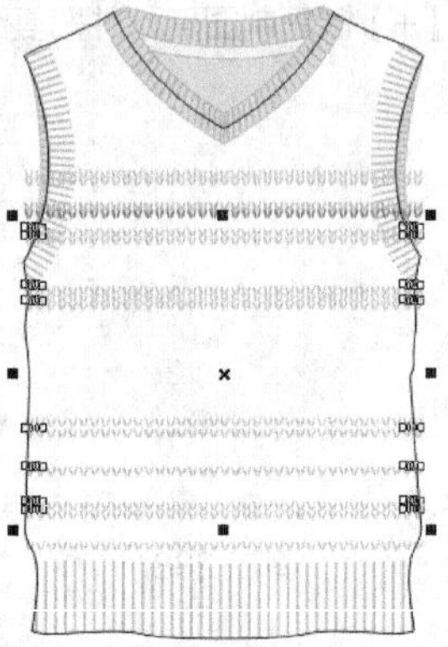

图8-249

39 使用【选择】工具选择蓝色组图形，按【+】键复制3组，并把复制的图形分别向下垂直移动，得到的效果如图8-250所示。

40 使用【贝塞尔】工具绘制图8-251所示的图形，在属性栏中设置无轮廓并填充黄色，其CMYK值为（18,7,62,0）。

41 单击【选择】工具，按小键盘上的【+】键复制图形，单击属性栏中的【水平镜像】按钮，然后把复制的图形向右平移到合适的位置，得到的效果如图8-252所示。

42 使用【选择】工具框选图形，按住【Ctrl】+【G】组合键群组图形。再单击【选择】工具，把旋转中心点移动到图8-253所示的位置。

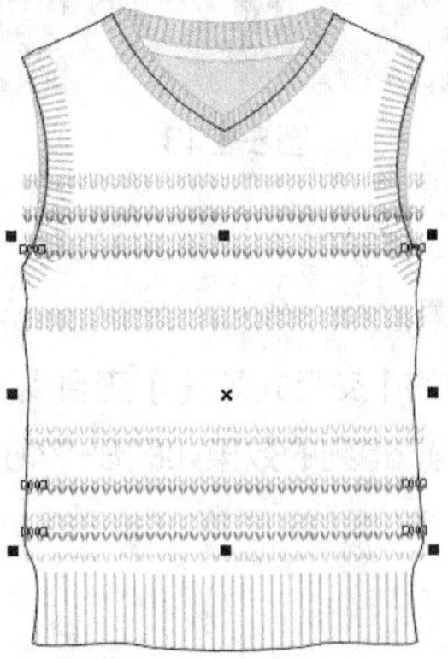

图8-250

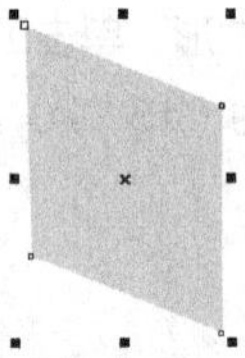

图8-251

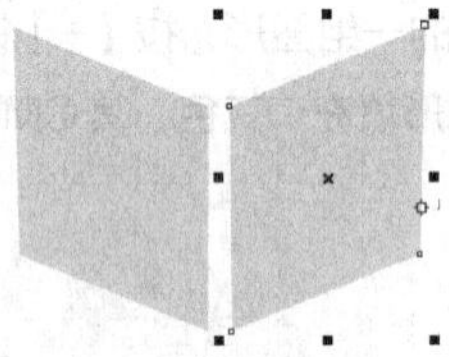

图8-252

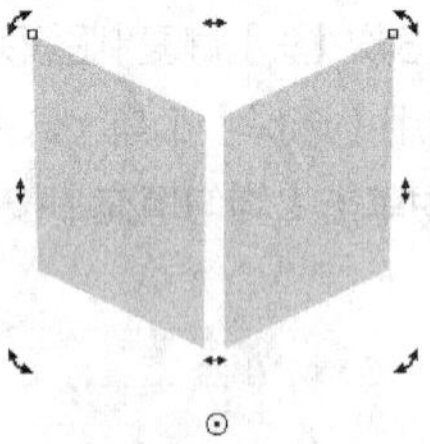

图8-253

43 按【+】键复制图形，在属性栏中设置的旋转角度 90 °，按【Enter】键，得到的效果如图8-254所示。

44 重复按两次【Ctrl】+【D】组合键，得到的效果如图8-255所示。

45 单击【基本形状】工具，在属性栏中单击【完美形状】按钮，在图8-256所示的位置绘制一个十字形。

46 单击工具箱中的【交互式填充】工具，在属性栏中单击【均匀填充】按钮■给图形填充蓝色，其CMYK值为（60，27，0，0），无轮廓，得到的效果如图8-257所示。

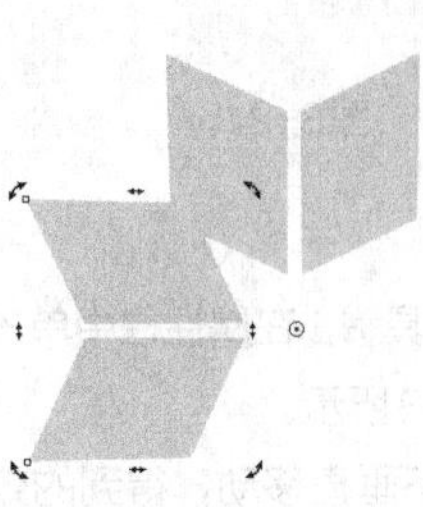

图8-254

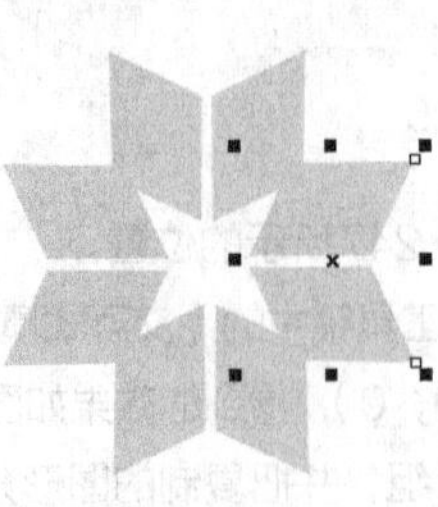

图8-255

图8-256

图8-257

47 使用【选择】工具框选图形，按住【Ctrl】+【G】组合键群组图形。把群组后的图形摆放到图8-258所示的位置。

48 按【+】键复制图形，把复制的图形向右平移到适合的位置，得到的效果如图8-259所示。

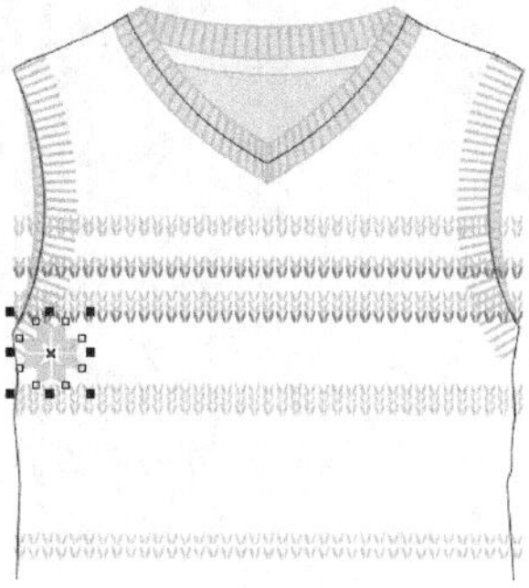

图8-258

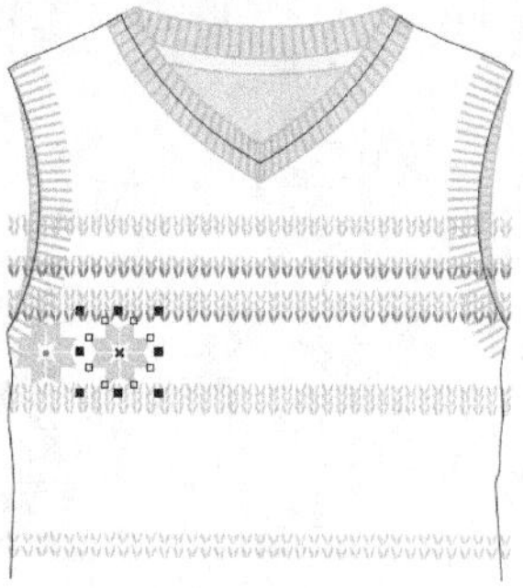

图8-259

49 重复按5次【Ctrl】+【D】组合键，得到的效果如图8-260所示。

50 执行菜单栏中的【对象】/【PowerClip】/【结束编辑】命令，得到的效果如图8-261所示。

51 使用【贝塞尔】工具和【形状】工具在辅衣身上绘制两条褶裥线，在属性栏中设置轮廓宽度，得到的效果如图8-262所示，这样就完成了针织背心的绘制。

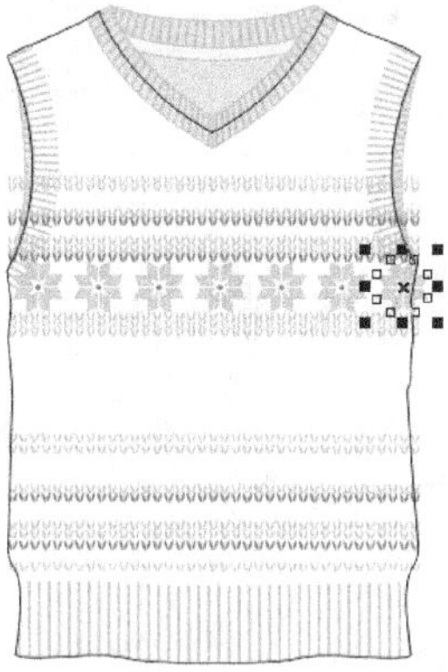

图8-260

图8-261

图8-262

第09章

卫衣款式设计

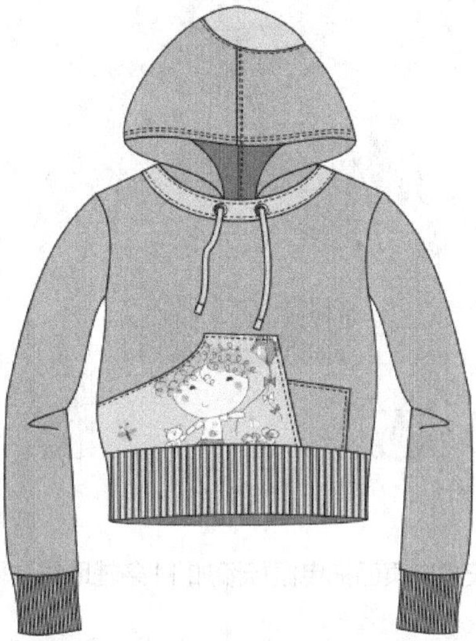

本章重点

- 用【贝塞尔】工具、【形状】工具绘制卫衣基本造型
- 用【图样填充】工具进行花型、图案填充
- 金属拉链及拉链头的表现
- 波点图案表现

卫衣，就是厚的针织运动服装、长袖运动休闲衫，料子一般比普通的长袖要厚。袖口紧缩有弹性，衣服下的边和袖口的料子是一样的。很少有服装品类能兼顾时尚性与功能性，卫衣是一个例外。卫衣兼具时尚性与功能性，融合了舒适与时尚，卫衣成为各年龄段运动者的首选装备。卫衣的图案设计彰显了年轻的个性。

9.1 女式连帽卫衣款式设计

女式连帽卫衣的整体效果如图9-1所示。

设计重点

帽子造型设计；罗纹、印花图案的表现。

操作步骤

01 打开CorelDRAW软件，执行菜单栏中的【文件】/【新建】命令，或使用【Ctrl】+【N】组合键，打开【创建新文档】对话框，文件命名为“女式连帽卫衣”，设定纸张大小为A4，横向摆放，如图9-2所示。

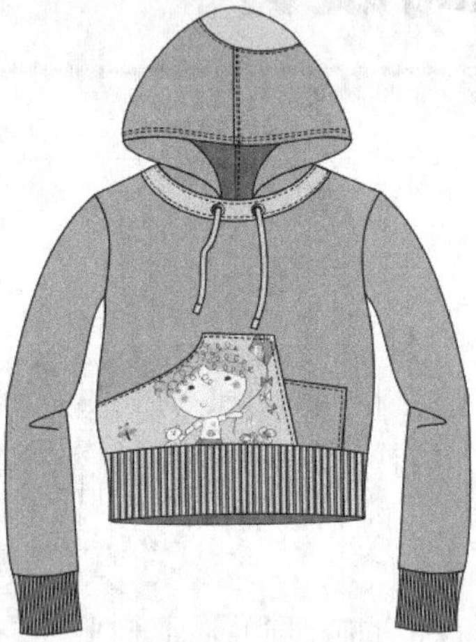

图9-1

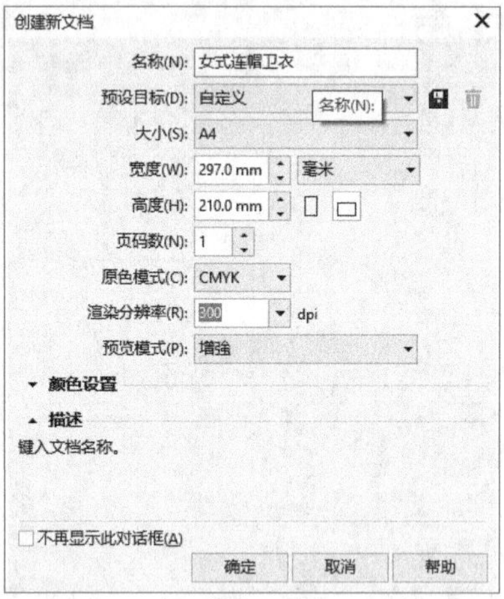

图9-2

02 从标尺栏向页面拖曳鼠标添加11条辅助线，确定衣长、帽高、领口位置、肩宽、袖长和袖肥等，如图9-3所示。

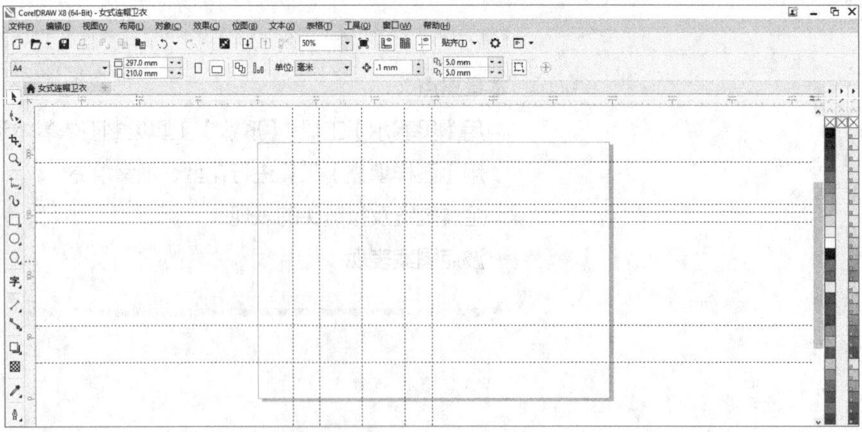

图9-3

03 使用【贝塞尔】工具和【形状】工具在辅助线的基础上绘制图9-4所示的衣身，单击【选择】工具，在属性栏中设置轮廓宽度，并填充粉红色，其CMYK值为（6，41，24，0）

04 使用【贝塞尔】工具和【形状】工具绘制图9-5所示的帽子造型，单击【选择】工具，在属性栏中设置轮廓宽度，并填充粉红色，其CMYK值为（6，41，24，0）。

05 使用【贝塞尔】工具和【形状】工具绘制帽子的翻折部分，单击【选择】工具，在属性栏中设置轮廓宽度，并填充粉红色，其CMYK值为（6，41，24，0），如图9-6所示。

06 单击【选择】工具，按【+】键复制图形，单击属性栏中的【水平镜像】按钮，并把图形向右平移到合适的位置，得到的效果如图9-7所示。

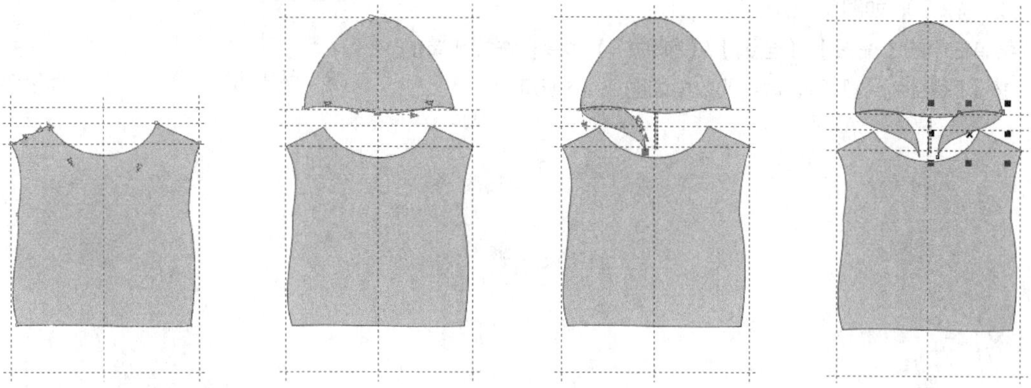

图9-4 图9-5 图9-6 图9-7

07 执行菜单栏中的【排列】/【顺序】/【到页面后面】的命令，得到的效果如图9-8所示。

专家提示

绘制帽子时要注意帽宽与肩宽的比例。此为短款卫衣，绘制衣身造型时要注意衣长与袖长的比例。

08 使用【贝塞尔】工具和【形状】工具绘制领口贴边，单击【选择】工具，在属性栏中设置轮廓宽度，并填充粉紫色，其CMYK值为（5，22，4，0），如图9-9所示。

09 使用【贝塞尔】工具和【形状】工具绘制帽子与衣身衔接的部分，如图9-10所示。单击【选择】工具，在属性栏中设置轮廓宽度，并填充粉红色，其CMYK值为（6，41，24，0）。

10 使用【贝塞尔】工具和【形状】工具绘制帽里部分，如图9-11所示。单击【选择】工具，在属性栏中设置轮廓宽度，并填充深灰色，其CMYK值为（51，49，44，0）。

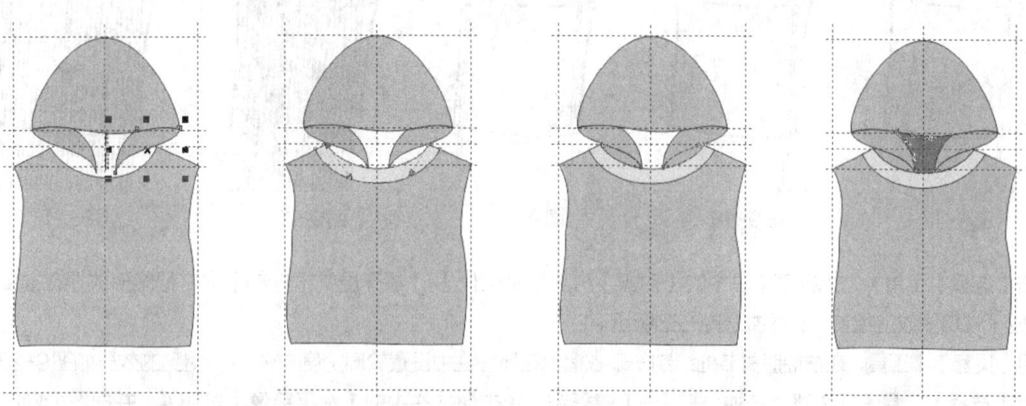

图9-8 图9-9 图9-10 图9-11

11 使用【贝塞尔】工具和【形状】工具绘制帽子的贴布，单击【选择】工具，在属性栏中设置轮廓宽度，并填充粉紫色，其CMYK值为（5，22，4，0），如图9-12所示。

12 使用【手绘】工具在帽子上绘制两条分割线，在属性栏中设置轮廓宽度，如图9-13所示。

13 使用【贝塞尔】工具和【形状】工具绘制左袖，单击【选择】工具，在属性栏中设置轮廓宽度，并填充粉红色，其CMYK值为（6，41，24，0），如图9-14所示。

14 使用【贝塞尔】工具和【形状】工具绘制袖口部分，单击【选择】工具，在属性栏中设置轮廓宽度，并填充粉紫色，其CMYK值为（5，22，4，0），如图9-15所示。

15 执行菜单栏中的【编辑】/【全选】/【辅助线】命令，选择所有的辅助线，按【Delete】键删除，得到的效果如图9-16所示。

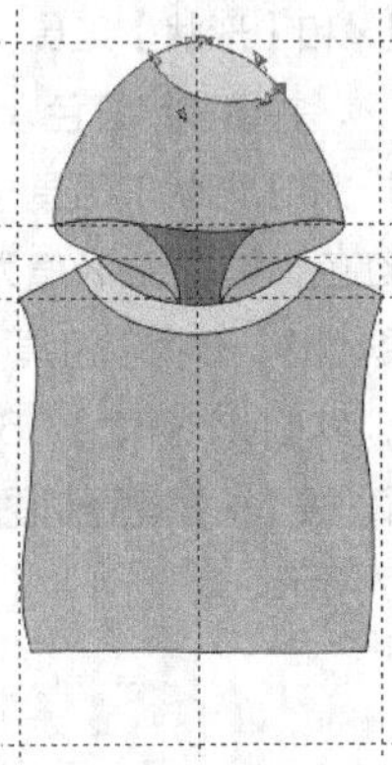

图9-12

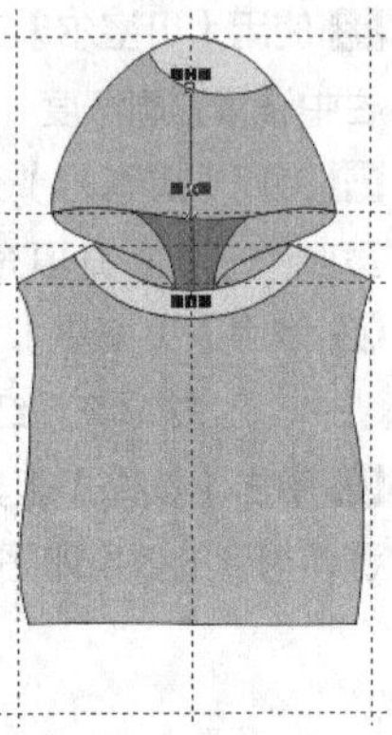

图9-13

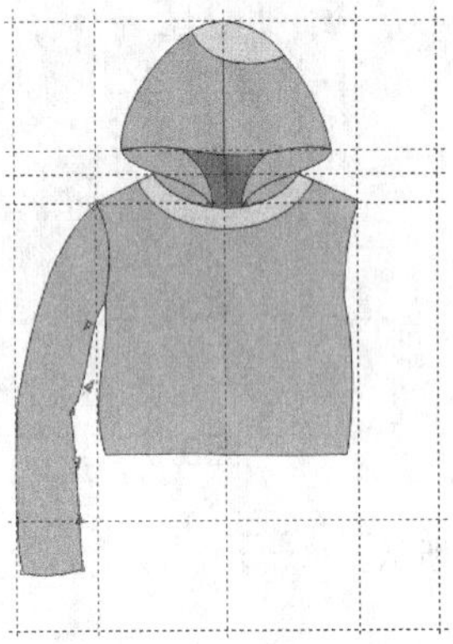

图9-14

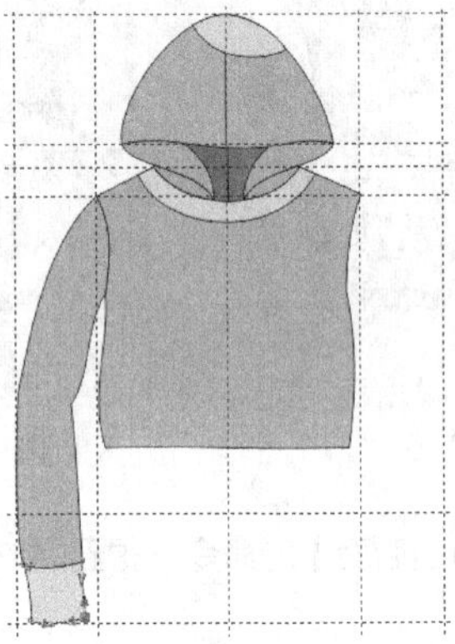

图9-15

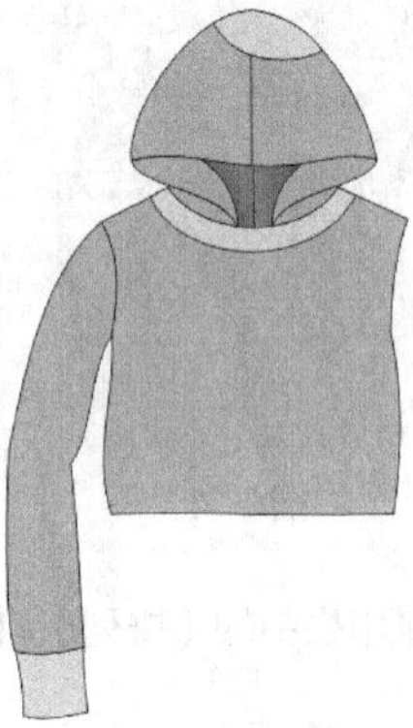

图9-16

16 使用【手绘】工具在袖口上绘制两条直线，设置轮廓宽度，如图9-17所示。

17 使用【选择】工具选择两条直线，单击属性栏中的【合并】按钮，得到的效果如图9-18所示。

18 按【+】键复制图形，按住【Ctrl】键把复制的图形往右平移到合适的位置，得到的效果如图9-19所示。

19 选择工具箱中的【调和】工具，单击左边的直线往右拖曳鼠标至右边的图形处执行调和功能，如图9-20所示。

20 在属性栏中设置调和的步数，得到的效果如图9-21所示。

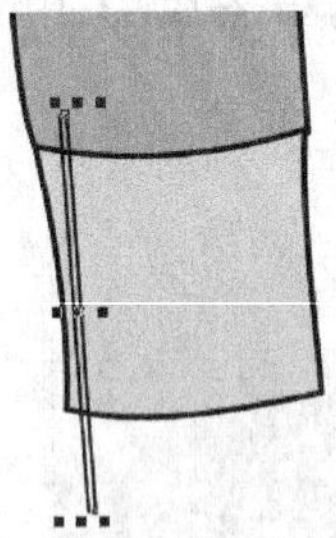

图9-17

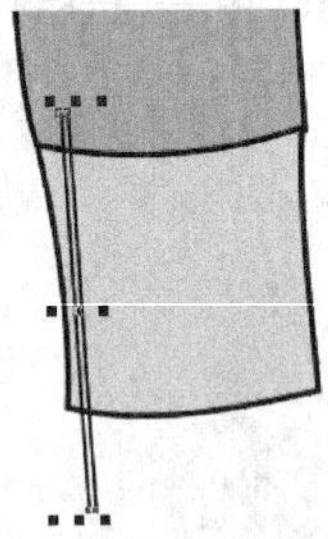

图9-18

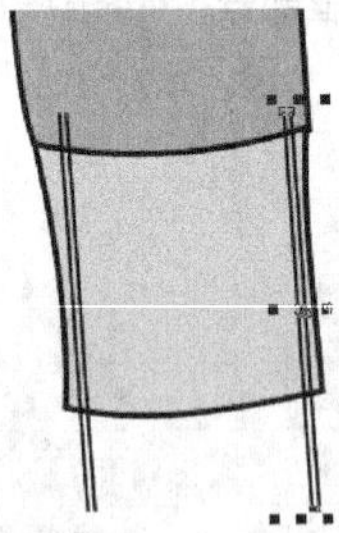

图9-19

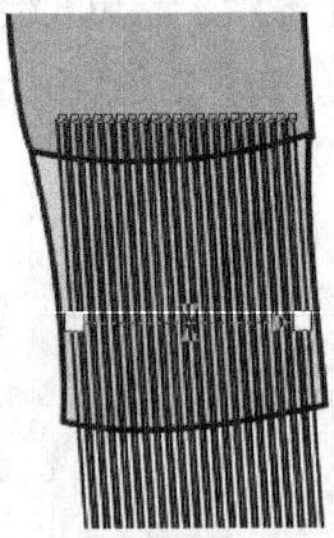

图9-20

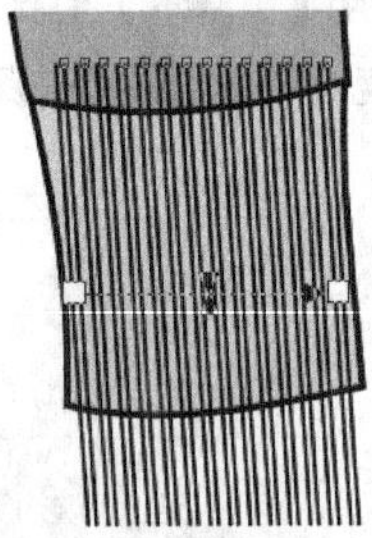

图9-21

21 单击【选择】工具，执行菜单栏中的【对象】/【PowerClip】/【置于图文框内部】命令把图形放置在袖口中，这样就完成了袖口罗纹的绘制，效果如图9-22所示。

22 使用【贝塞尔】工具在左袖肘关节处绘制一条衣褶，在属性栏中设置轮廓宽度，得到的效果如图9-23所示。

23 使用【选择】工具框选整个左袖，按【+】键复制，单击属性栏中的【水平镜像】按钮，并把图形向右平移到合适的位置，得到的效果如图9-24所示。

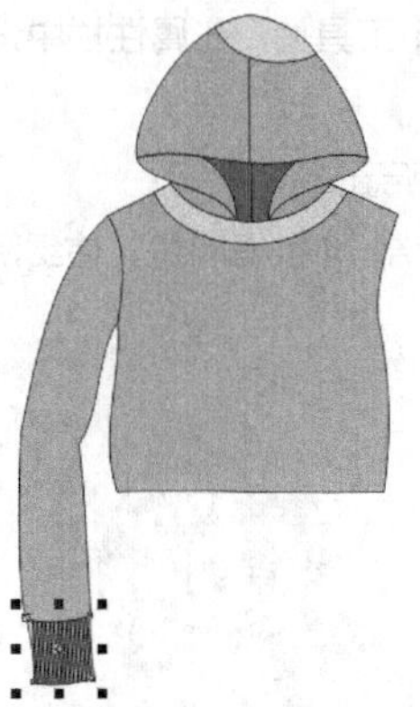

图9-22

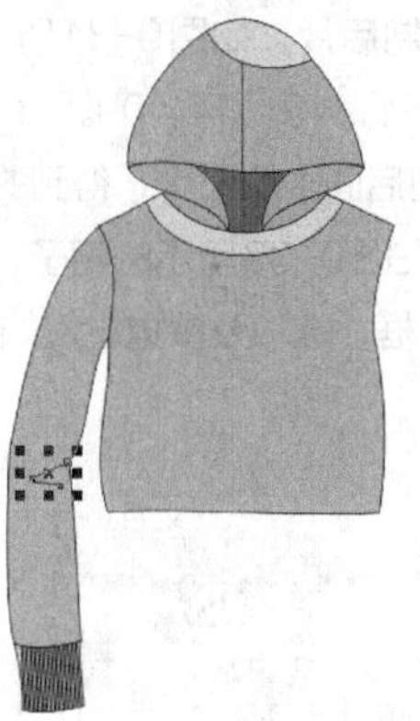

图9-23

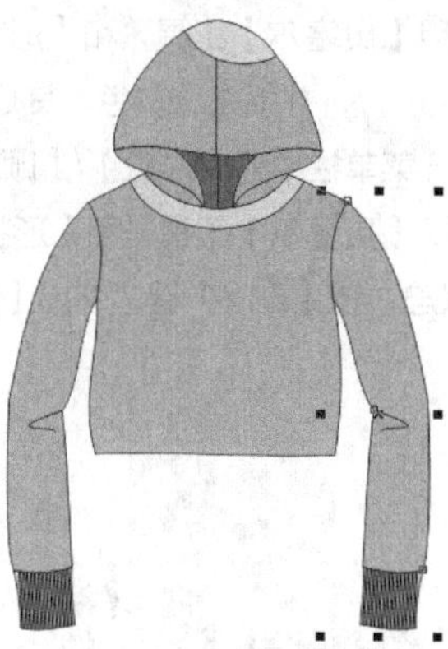

图9-24

24 使用【贝塞尔】工具和【形状】工具在衣身上绘制贴袋，单击【选择】工具，在属性栏中设置轮廓宽度，并填充粉紫色，其CMYK值为（5，22，4，0），如图9-25所示。

25 执行菜单栏中的【文件】/【导入】命令，导入图9-26所示的印花图案。

26 执行菜单栏中的【对象】/【PowerClip】/【置于图文框内部】命令，把印花图案放置在贴袋中，得到的效果如图9-27所示。

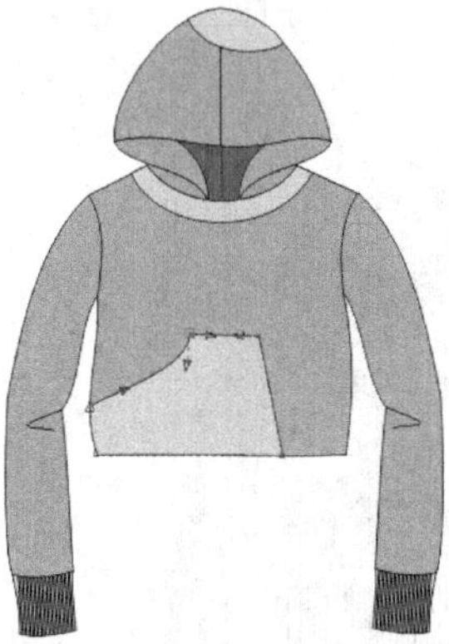

图9-25

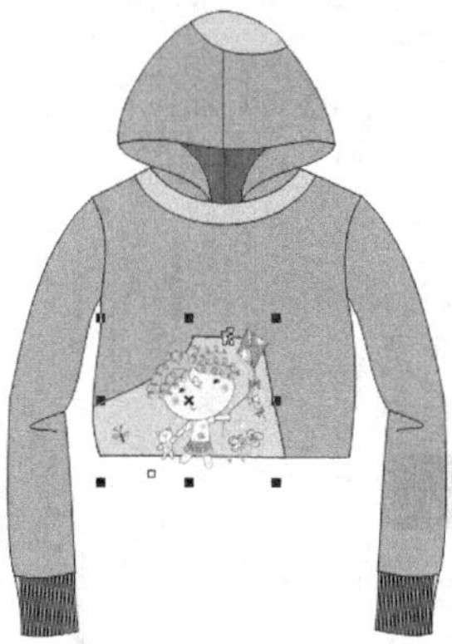

图9-26

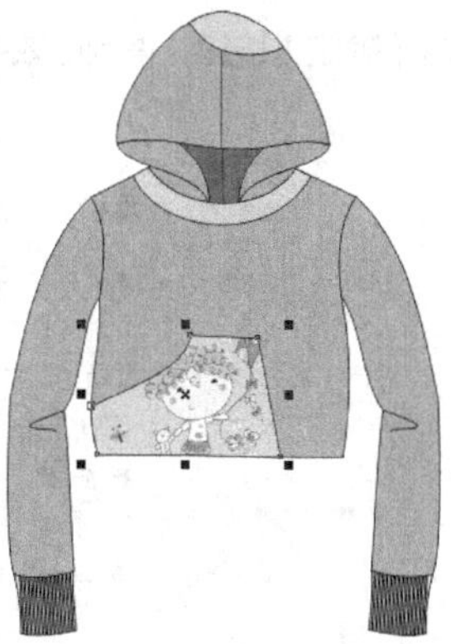

图9-27

27 使用【贝塞尔】工具绘制一条路径，在属性栏中设置轮廓宽度，如图9-28所示。

28 使用【贝塞尔】工具和【形状】工具绘制衣身下摆，单击【选择】工具，在属性栏中设置轮廓宽度，并填充粉紫色，其CMYK值为（5，22，4，0），如图9-29所示。

29 重复步骤16~21的操作绘制下摆的罗纹，得到的效果如图9-30所示。

图9-28

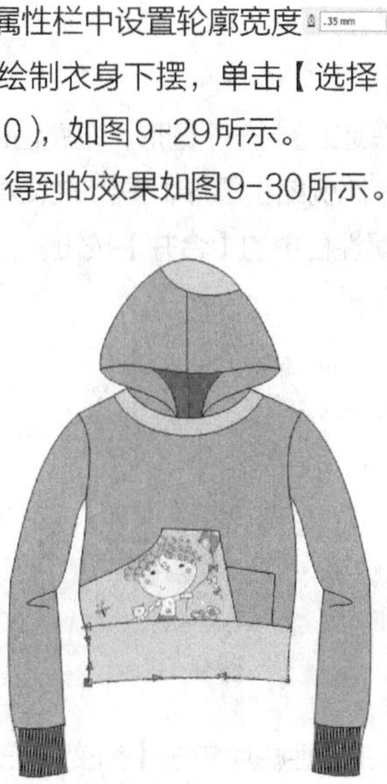

图9-29

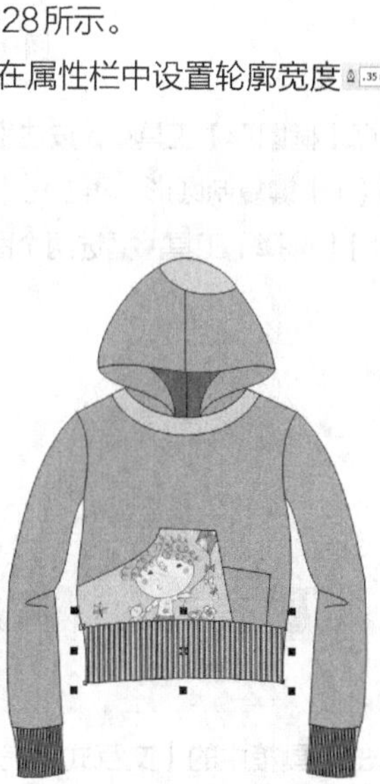

图9-30

30 使用【贝塞尔】工具和【形状】工具绘制后片，如图9-31所示。单击【选择】工具，在属性栏中设置轮廓宽度，并填充深灰色，其CMYK值为（51，49，44，0）。

31 执行菜单栏中的【对象】/【顺序】/【到页面后面】的命令，得到的效果如图9-32所示。

32 选择【贝塞尔】工具和【形状】工具，在图9-33所示的帽子、领口及贴袋处绘制11条缉明线，使缉明线处于选择状态，按【F12】键，弹出【轮廓笔】对话框，选项及参数设置如图9-34所示。

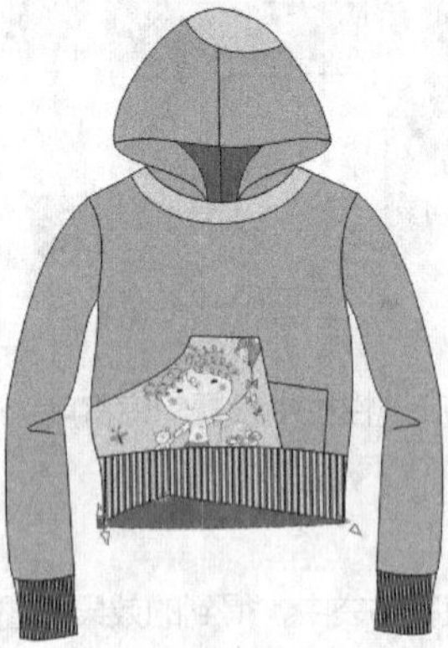

图9-31

图9-32

图9-33

33 单击【确定】按钮，得到的效果如图9-35所示。

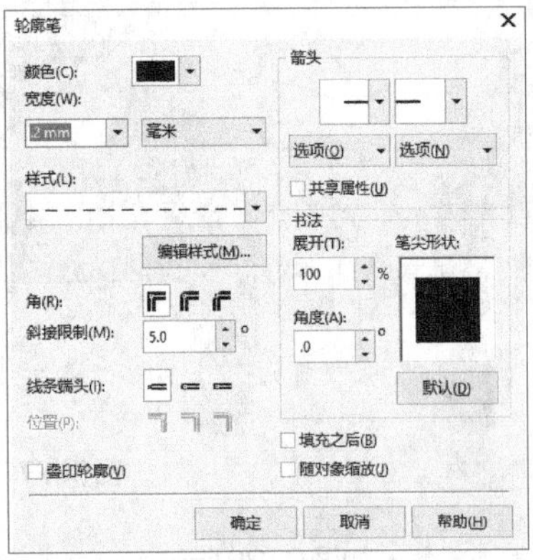

图9-34

图9-35

34 选择【椭圆形】工具，按住【Ctrl】键在领口绘制一个圆形，在属性栏中设置轮廓宽度，如图9-36所示。

35 按【+】键复制圆形，再按住【Shift】键等比例缩小图形，得到的效果如图9-37所示。

36 使用【选择】工具框选两个图形，单击属性栏中的【合并】按钮，得到的金属扣效果如图9-38所示。

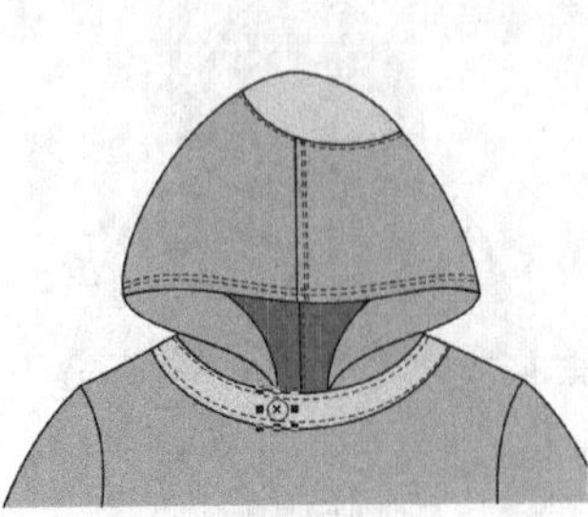

图9-36

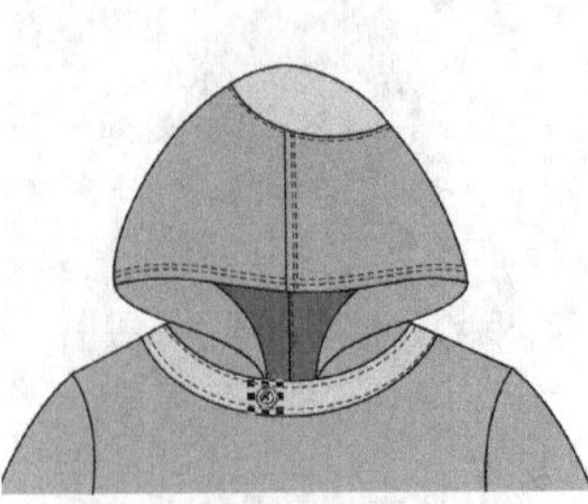

图9-37

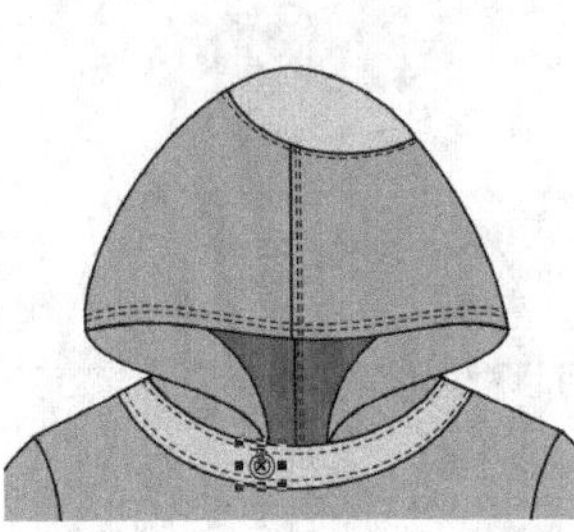

图9-38

37 单击工具箱中的【交互式填充】工具，在属性栏中单击【渐变填充】按钮/【线性渐变填充】按钮，再单击【编辑填充】按钮，弹出【编辑填充】对话框，设置黑色到白色的渐变，各项参数如图9-39所示。单击【确定】按钮，得到的效果如图9-40所示。

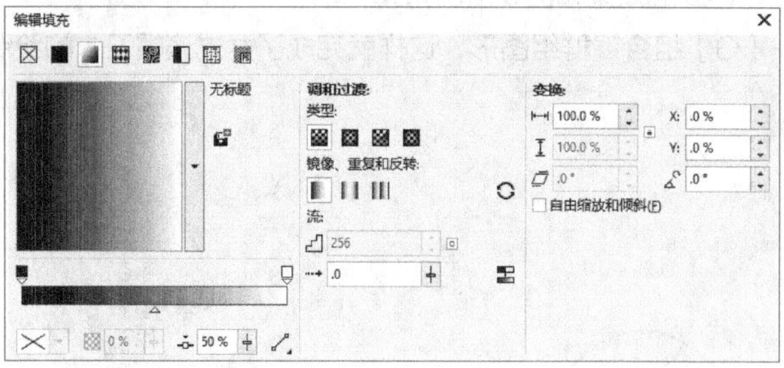

图9-39

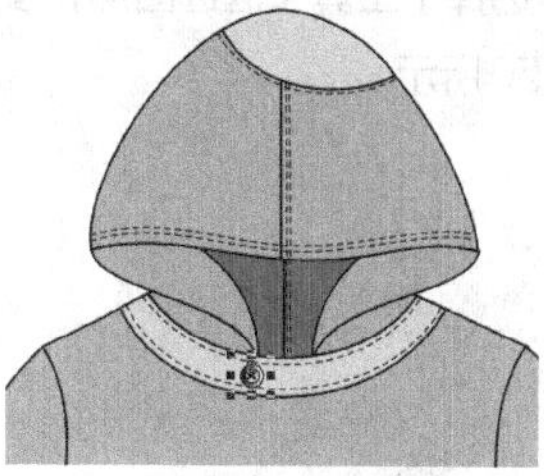

图9-40

38 按【+】键复制图形，把复制的图形摆放在图9-41所示的位置。

39 使用【贝塞尔】工具和【形状】工具绘制抽绳，单击【选择】工具，在属性栏中设置轮廓宽度 1.5 mm，如图9-42所示。

40 按【F12】键，弹出【轮廓笔】对话框，选项及参数设置如图9-43所示。

41 单击【确定】按钮，得到的效果如图9-44所示。

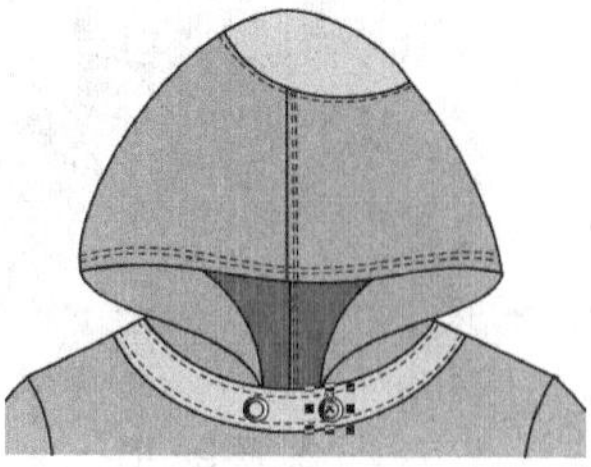

图9-41

图9-42

图9-43

图9-44

42 执行菜单栏中的【对象】/【将轮廓转换为对象】命令，把路径转换为图形并填充粉紫色，其CMYK值为（5，22，4，0），得到的效果如图9-45所示。

43 单击【选择】工具选择图形，在属性栏中设置轮廓宽度 .35 mm，得到的效果如图9-46所示。

44 使用【矩形】工具绘制一个矩形，在属性栏中设置轮廓宽度 .35 mm，并填充粉紫色，其CMYK值为（5，22，4，0），得到的效果如图9-47所示。

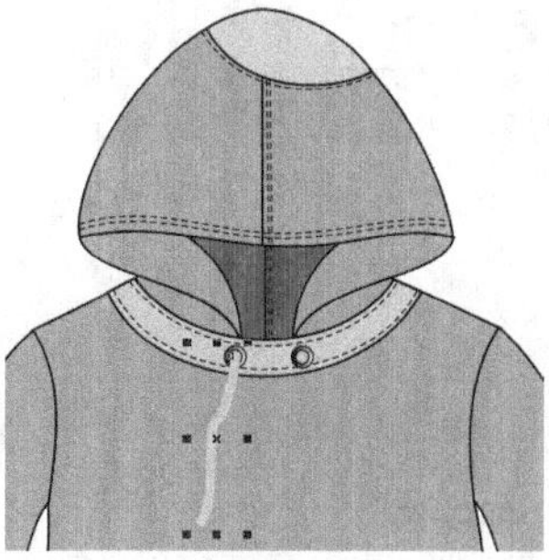

图9-45

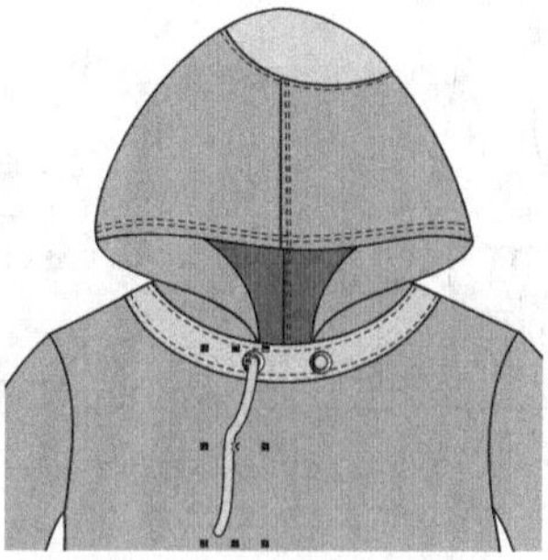

图9-46

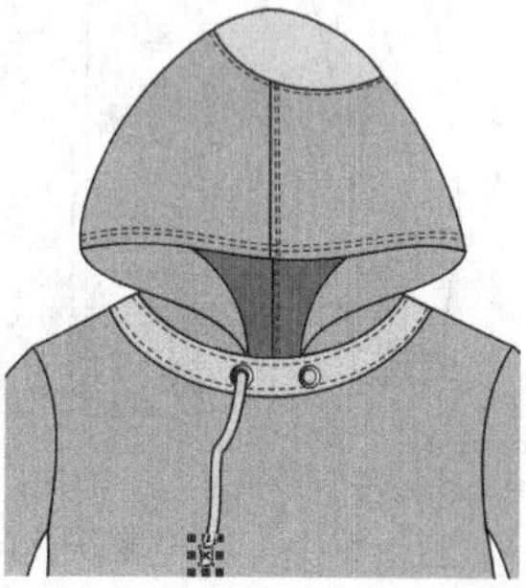

图9-47

45 在属性栏中设置旋转角度 340 °，并把矩形移动到图9-48所示的位置。

46 重复步骤39~45的操作绘制右边的抽绳和绳滴，得到的效果如图9-49所示。

47 使用【选择】工具框选图形，按住【Ctrl】+【G】组合键群组图形，这样就完成了女式连帽卫衣的绘制，整体效果如图9-50所示。

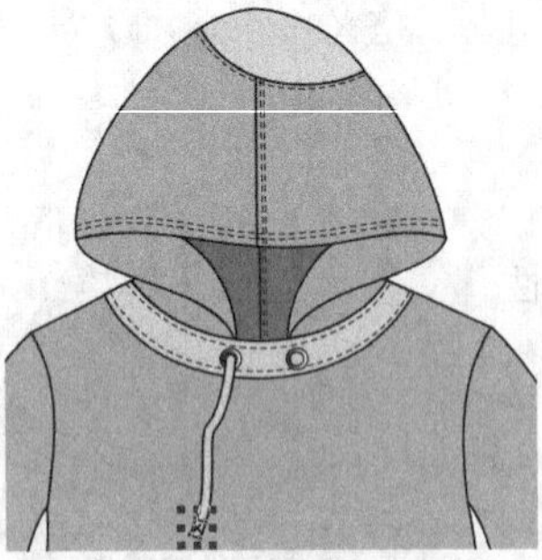

图9-48

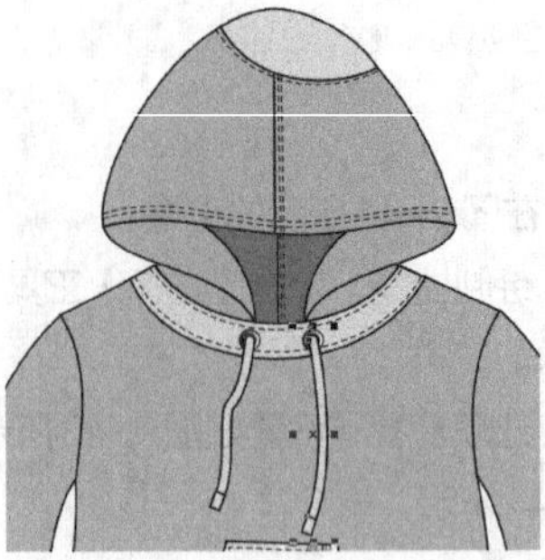

图9-49

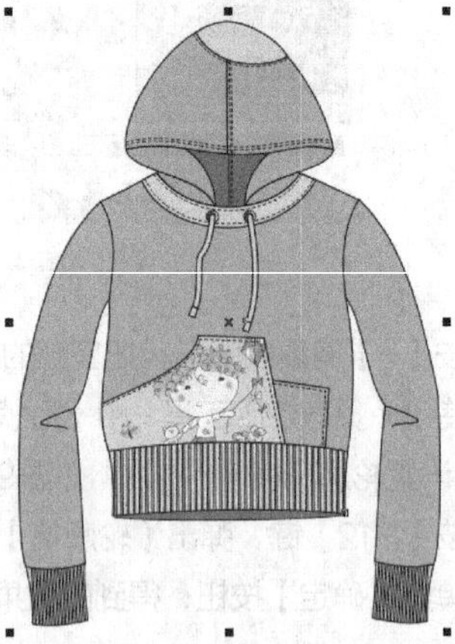

图9-50

9.2 女式拉链开衫卫衣款式设计

女式拉链开衫卫衣的整体效果如图9-51所示。

设计重点

造型设计、罗纹领口、图案填充、金属拉链绘制。

操作步骤

01 打开CorelDRAW软件，执行菜单栏中的【文件】/【新建】命令，或使用【Ctrl】+【N】组合键，打开【创建新文档】对话框，文件命名为“女式拉链开衫卫衣”，设定纸张大小为A4，横向摆放，如图9-52所示。

图9-51

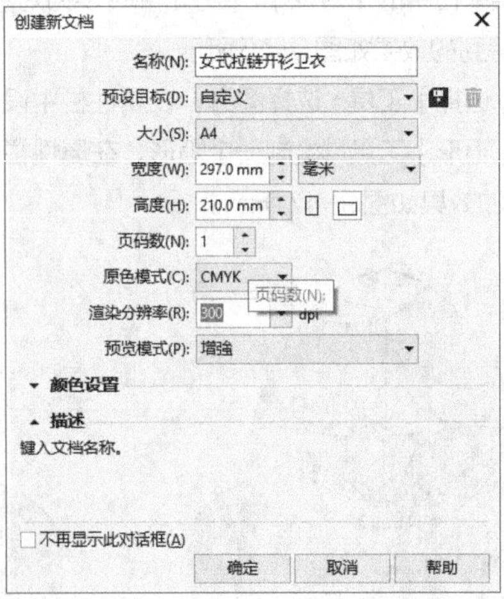

图9-52

02 从标尺栏向页面拖曳鼠标添加10条辅助线，确定衣长、袖窿深、领口位置、肩宽、袖长和袖肥等，如图9-53所示。

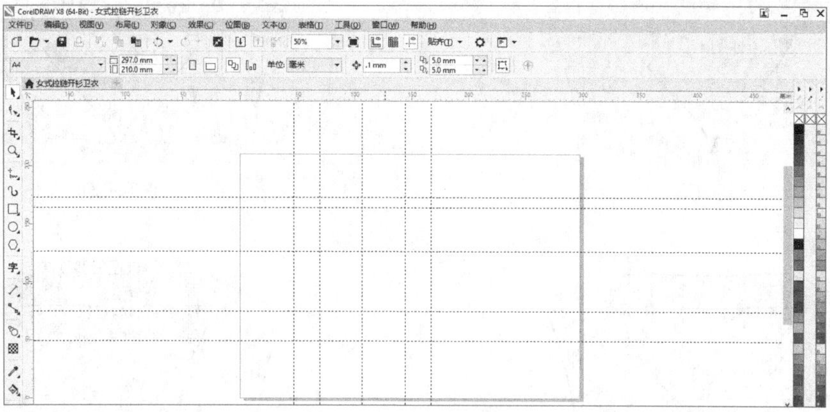

图9-53

03 使用【贝塞尔】工具和【形状】工具在辅助线的基础上绘制图9-54所示的衣身前片，单击【选择】工具，在属性栏中设置轮廓宽度.35 mm，并填充浅橘色，其CMYK值为（6，22，41，0）。

04 使用【贝塞尔】工具和【形状】工具绘制图9-55所示的衣身后片，单击【选择】工具，在属性栏中设置轮廓宽度.35 mm，并填充深橘色，其CMYK值为（15，36，63，0）。

专家提示

绘制衣身造型时，要注意衣长和肩宽的比例，领口左右对称。

05 执行菜单栏中的【对象】/【顺序】/【到页面后面】命令，得到的效果如图9-56所示。

06 使用【贝塞尔】工具和【形状】工具绘制图9-57所示的后领口，单击【选择】工具，在属性栏中设置轮廓宽度.35 mm，并填充浅橘色，其CMYK值为（6，22，41，0）。

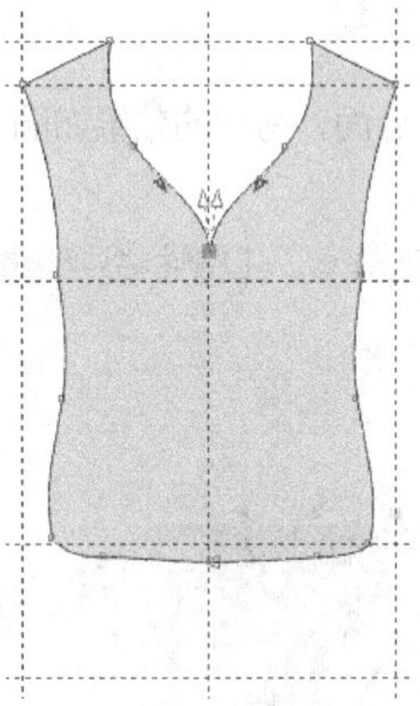

图9-54

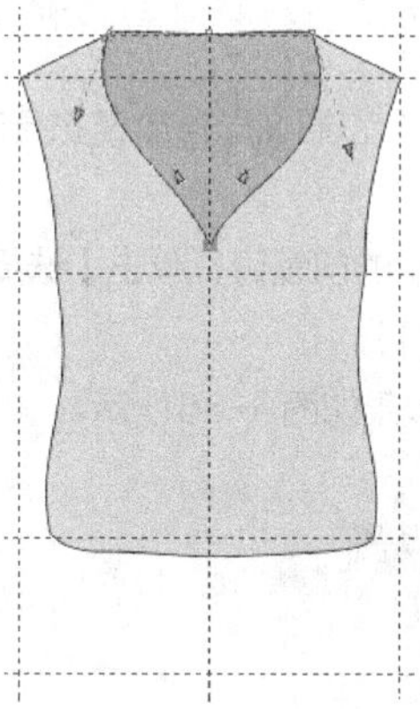

图9-55

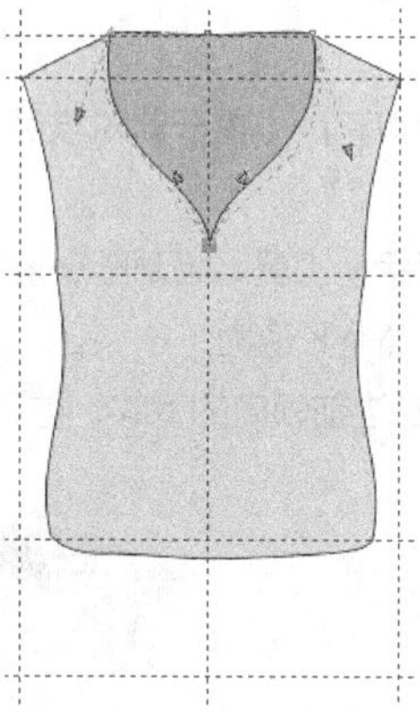

图9-56

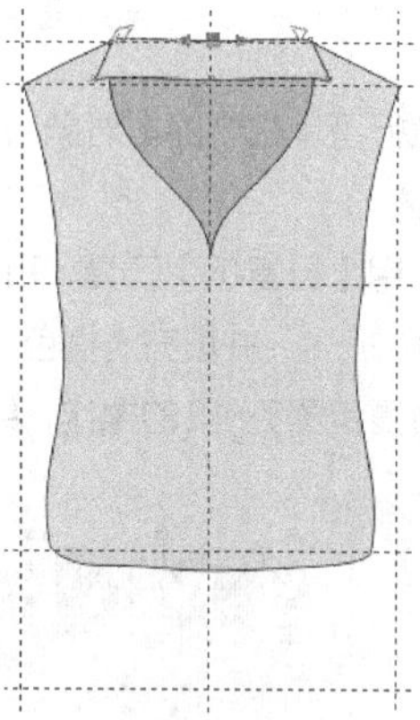

图9-57

07 使用【手绘】工具在袖口上绘制两条直线，设置轮廓宽度.2 mm，如图9-58所示。

08 使用【选择】工具选择两条直线，单击属性栏中的【合并】按钮，得到的效果如图9-59所示。

09 按【+】键复制图形，按住【Ctrl】键把复制的图形往右平移到合适的位置，在属性栏中设置旋转角度15°，得到的效果如图9-60所示。

10 选择工具箱中的【调和】工具，单击左边的直线往右拖曳鼠标至右边的图形处执行调和功能，如图9-61所示。

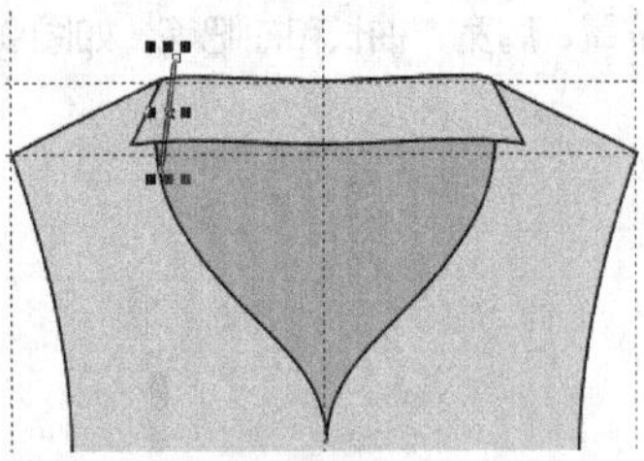

图9-58

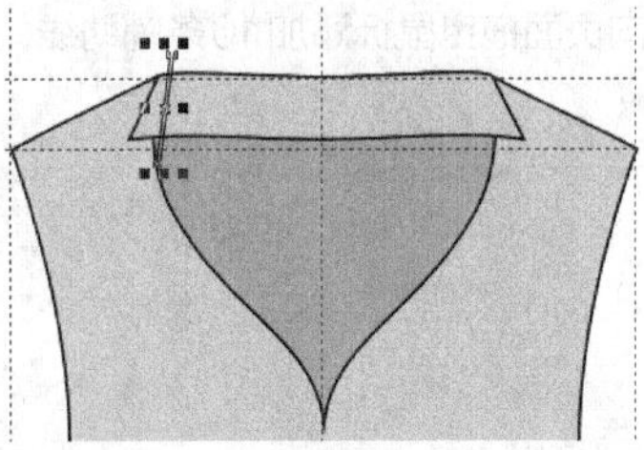

图9-59

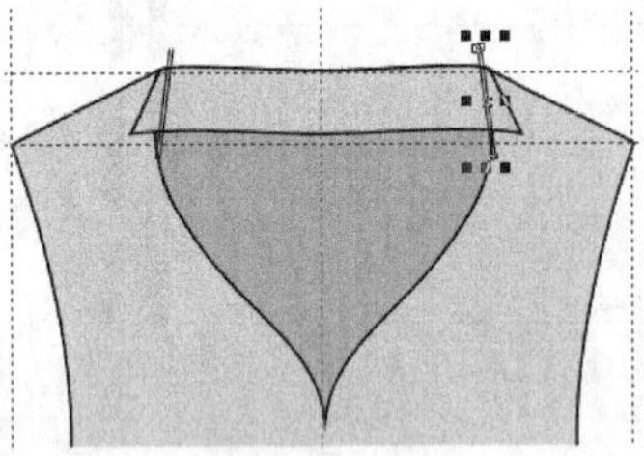

图9-60

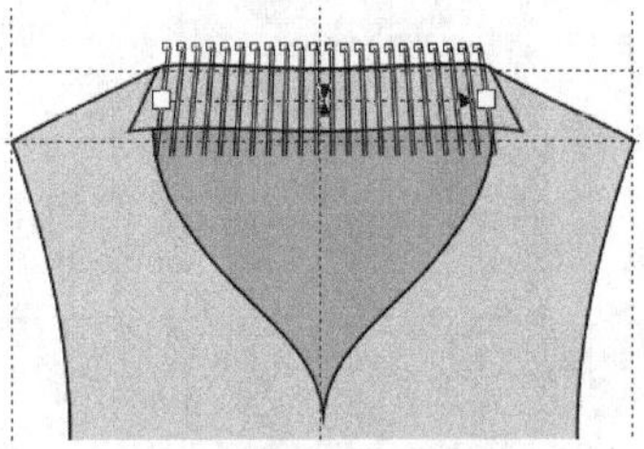

图9-61

11 在属性栏中设置调和的步数，得到的效果如图9-62所示。

12 单击【选择】工具，执行菜单栏中的【对象】/【PowerClip】/【置于图文框内部】命令把图形放置在领口中，这样就完成了后领口罗纹的绘制，效果如图9-63所示。

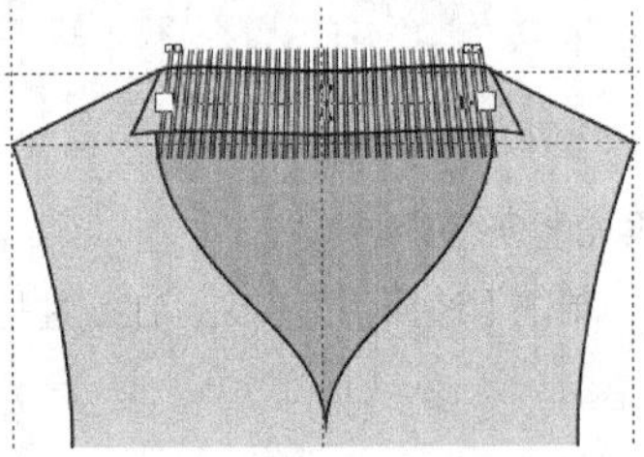

图9-62

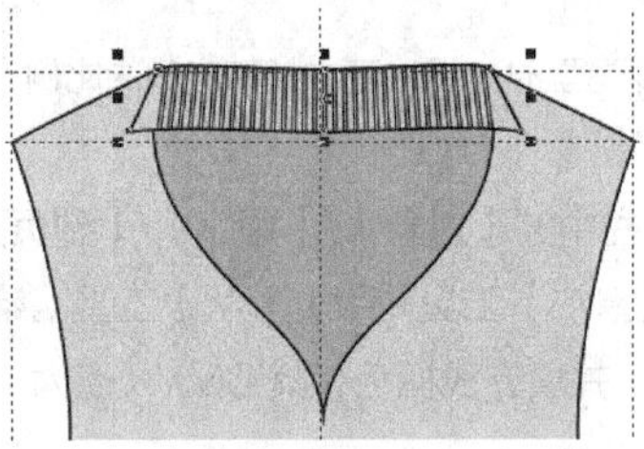

图9-63

13 执行菜单栏中的【对象 】/【顺序】/【置于此对象后】命令，把图形摆放在衣身前片后面，得到的效果如图9-64所示。

14 使用【贝塞尔】工具和【形状】工具绘制图9-65所示的前领口，单击【选择】工具，在属性栏中设置轮廓宽度，并填充浅橘色，其CMYK值为（6，22，41，0）。

15 重复步骤7~12的操作，绘制左边前领口的罗纹，得到的效果如图9-66所示。

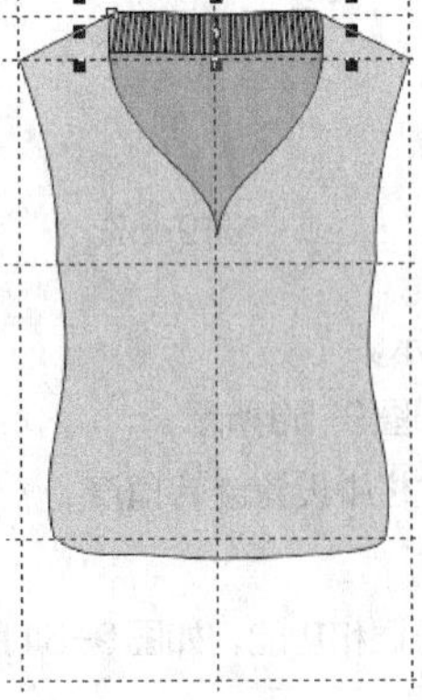

图9-64

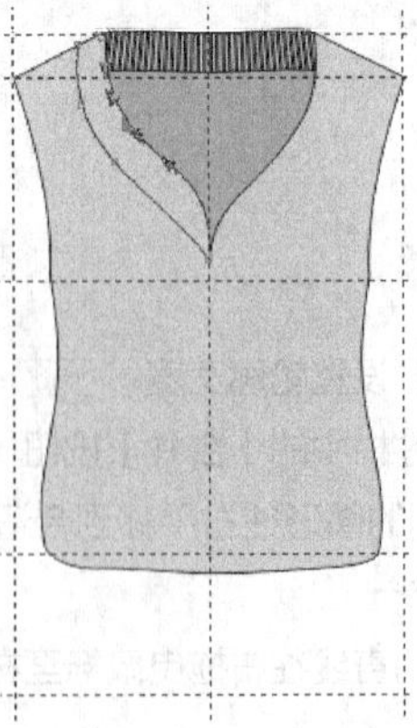

图9-65

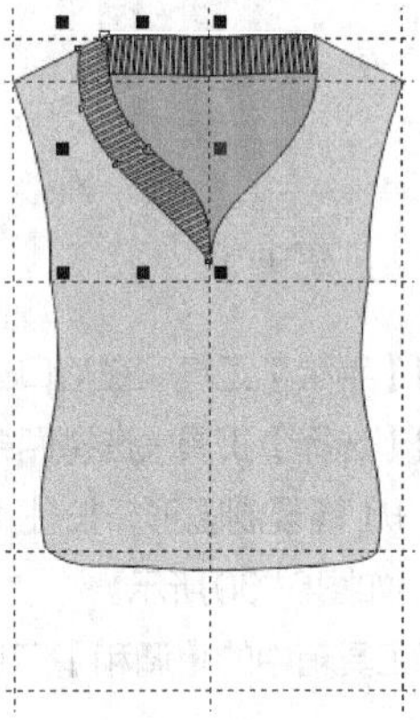

图9-66

16 按【+】键复制罗纹图形，单击属性栏中的【水平镜像】按钮，并把图形向右平移到合适的位置，得到的效果如图9-67所示。

17 使用【贝塞尔】工具和【形状】工具绘制图形，单击【选择】工具，在属性栏中设置轮廓宽度，如图9-68所示。

18 选择工具箱中的【交互式填充】工具，在属性栏中单击【向量图样填充】按钮，选项及参数设置如图9-69所示。再单击属性栏中的【编辑填充】按钮，弹出【编辑填充】对话框，设置各项参数如图9-70所示。

19 单击【确定】按钮，得到的效果如图9-71所示。

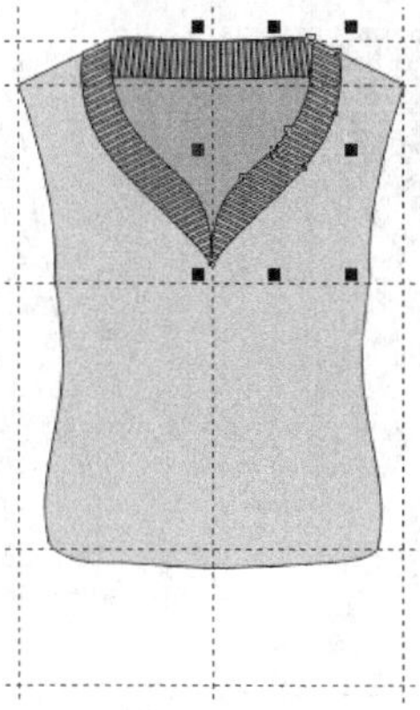

图9-67

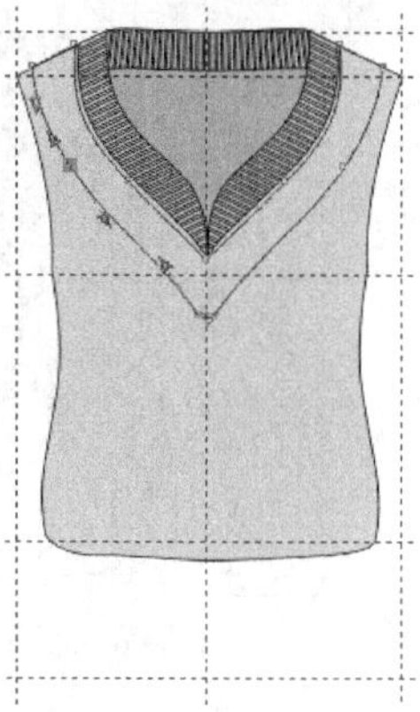

图9-68

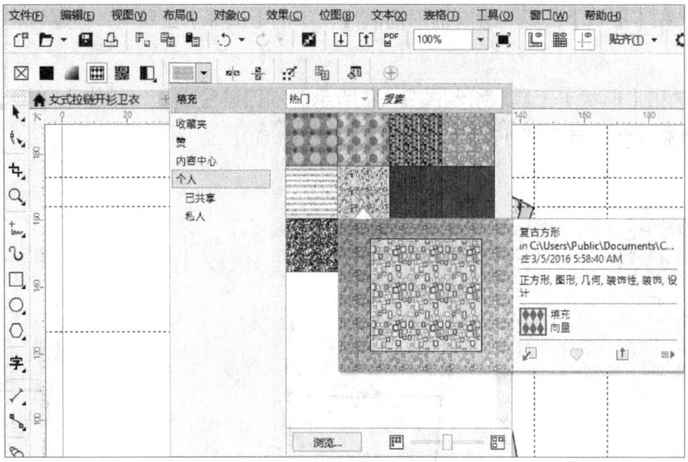

图9-69

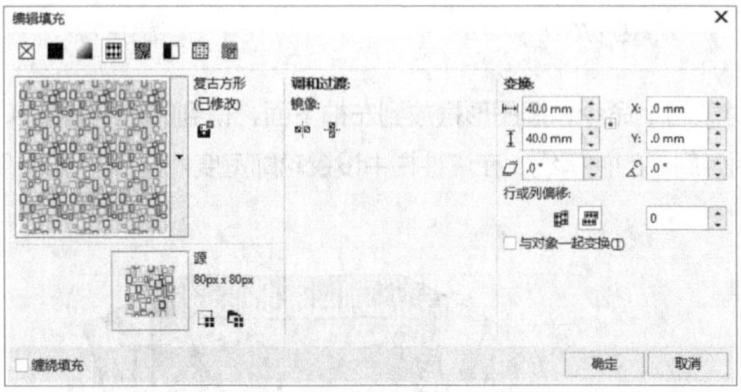

图9-70

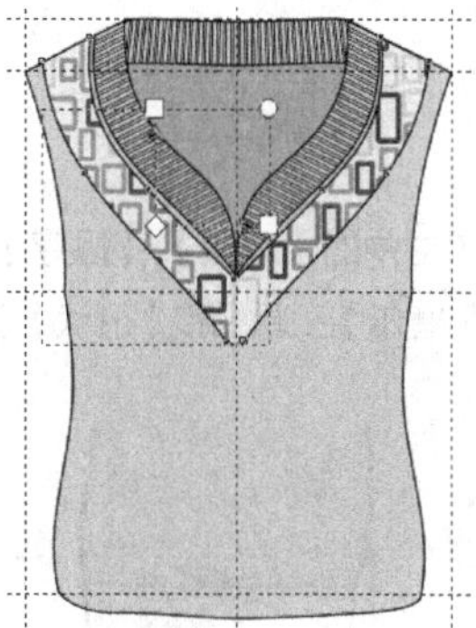

图9-71

20 使用【贝塞尔】工具和【形状】工具绘制图9-72所示的左袖，单击【选择】工具，在属性栏中设置轮廓宽度，并填充浅橘色，其CMYK值为（6，22，41，0）。

21 执行菜单栏中的【对象】/【顺序】/【到页面后面】命令，得到的效果如图9-73所示。

22 使用【贝塞尔】工具和【形状】工具绘制图9-74所示的袖口，单击【选择】工具，在属性栏中设置轮廓宽度，并填充浅橘色，其CMYK值为（6，22，41，0）。

23 执行菜单栏中的【排列】/【顺序】/【到页面后面】命令，得到的效果如图9-75所示。

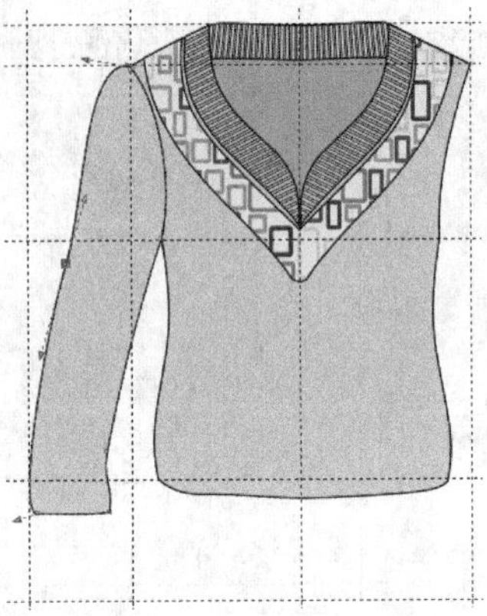

图9-72

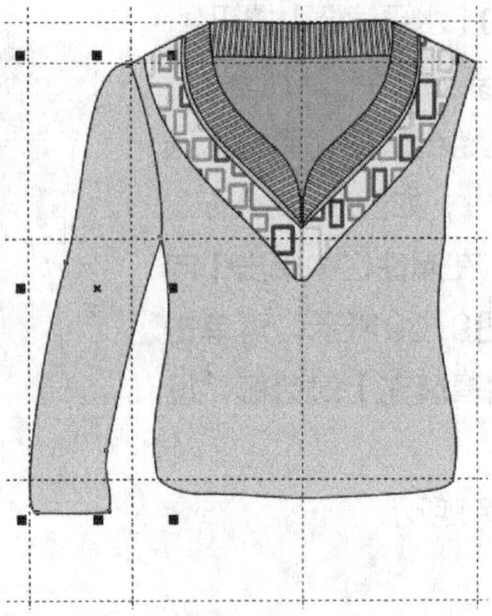

图9-73

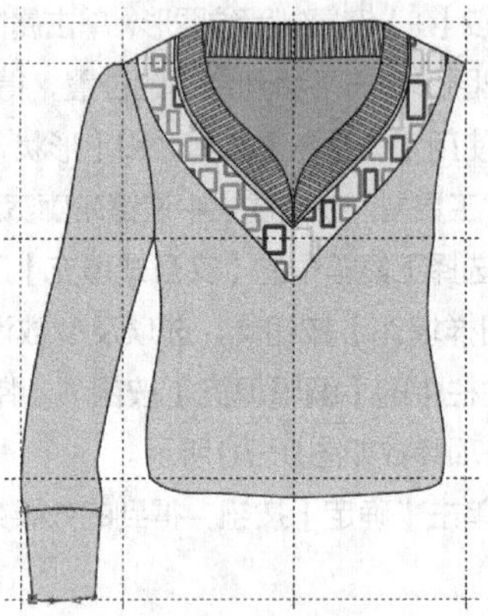

图9-74

24 使用【贝塞尔】工具和【形状】工具绘制袖口褶裥线，单击【选择】工具，在属性栏中设置轮廓宽度，如图9-76所示。

25 使用【贝塞尔】工具和【形状】工具绘制图9-77所示的袖口镂空造型，单击【选择】工具，在属性栏中设置轮廓宽度，并填充深色，其CMYK值为（15，36，63，0）。

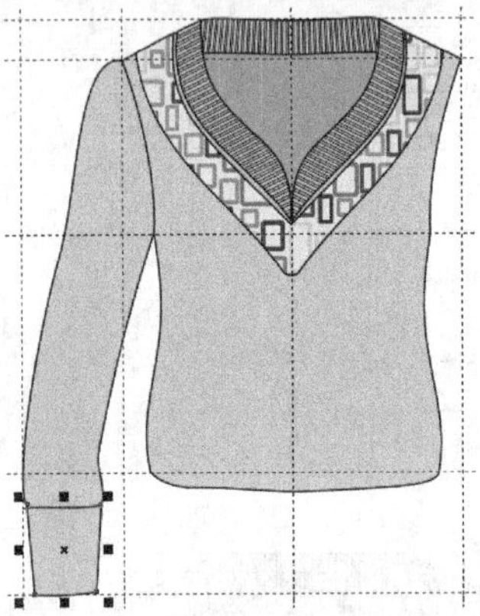

图9-75

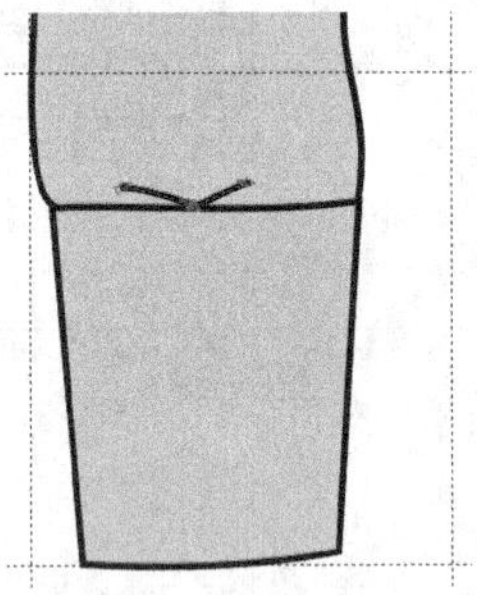

图9-76

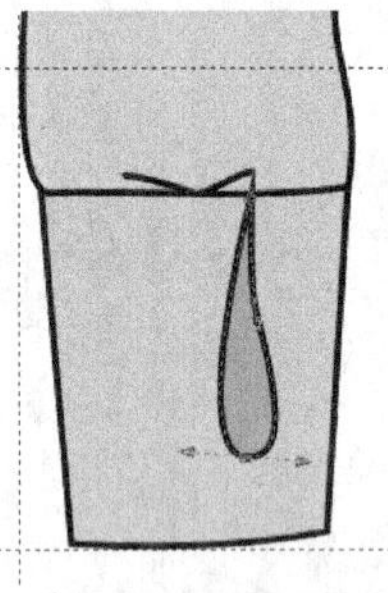

图9-77

26 执行菜单栏中的【对象】/【顺序】/【置于此对象后】命令，把图形摆放到左袖下面，得到的效果如图9-78所示。

27 使用【贝塞尔】工具和【形状】工具绘制两条肩部的抽褶线，在属性栏中设置轮廓宽度，如图9-79所示。

图9-78

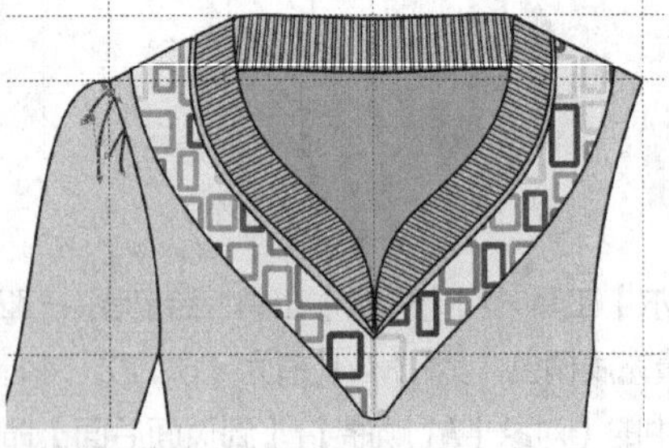

图9-79

28 使用【贝塞尔】工具和【形状】工具绘制衣褶，在属性栏中设置轮廓宽度，如图9-80所示。

29 使用【选择】工具框选整个左袖，按【+】键复制，单击属性栏中的【水平镜像】按钮，并把图形向右平移到合适的位置，得到的效果如图9-81所示。

30 执行菜单栏中的【对象】/【顺序】/【置于此对象后】命令，把袖子摆放到衣身下面，得到的效果如图9-82所示。

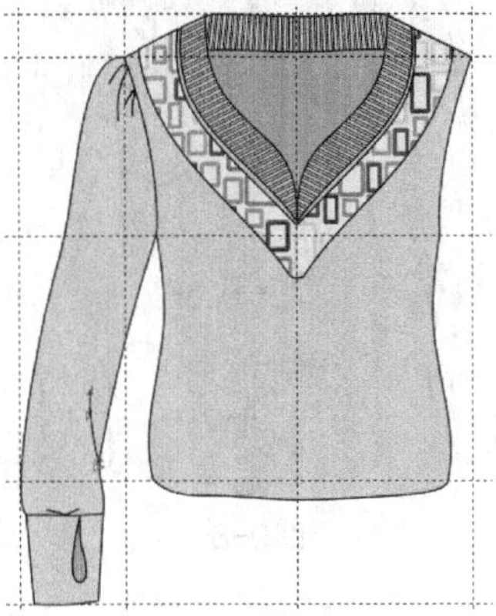

图9-80

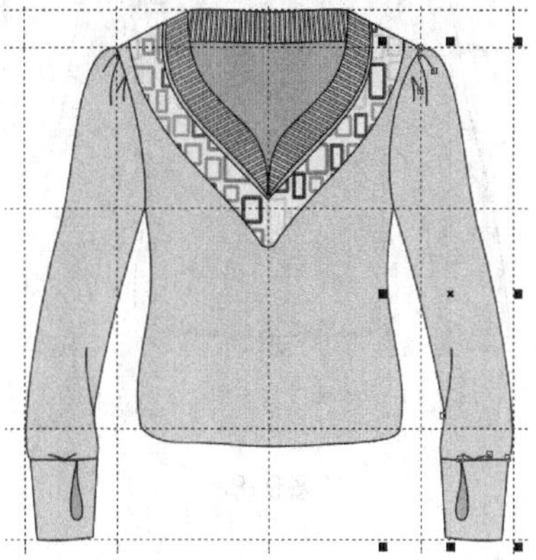

图9-81

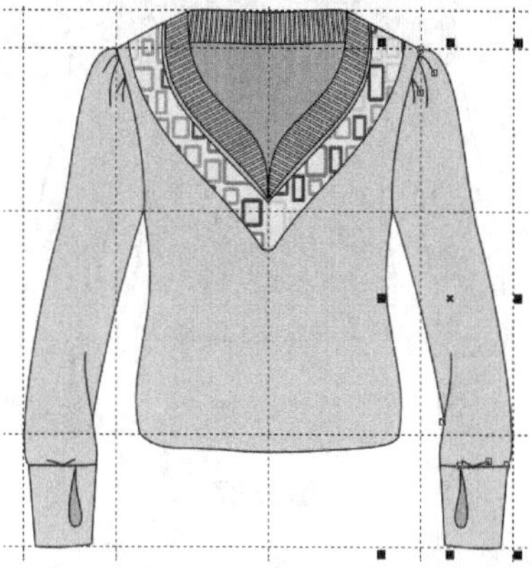

图9-82

31 使用【贝塞尔】工具和【形状】工具绘制衣服的下摆，单击【选择】工具，在属性栏中设置轮廓宽度，并填充浅橘色，其CMYK值为（6，22，41，0），如图9-83所示。

32 执行菜单栏中的【对象】/【顺序】/【置于此对象后】命令，把图形摆放到衣身下面，得到的效果如图9-84所示。

33 执行菜单栏中的【编辑】/【全选】/【辅助线】命令，选择所有的辅助线，按【Delete】键删除，得到的效果如图9-85所示。

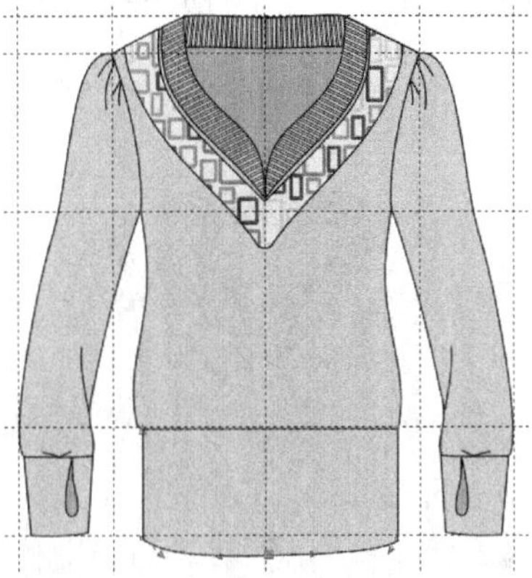

图9-83

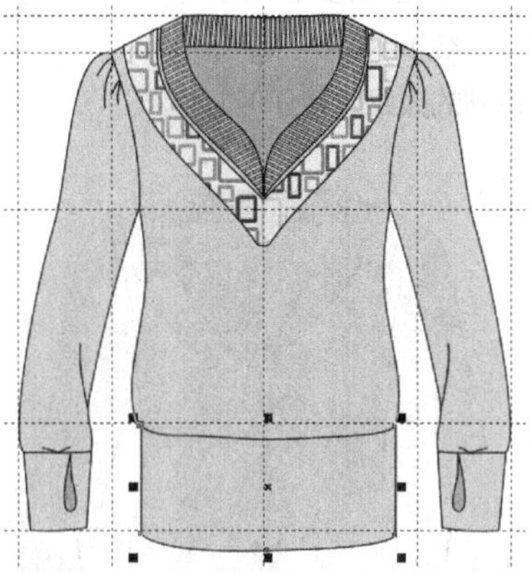

图9-84

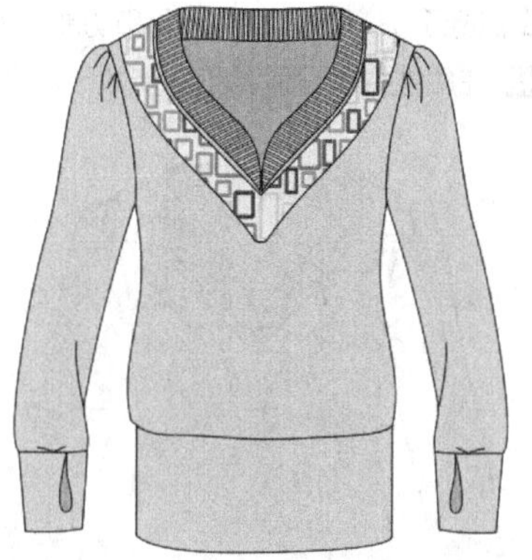

图9-85

34 使用【贝塞尔】工具和【形状】工具绘制4条衣褶线，在属性栏中设置轮廓宽度，如图9-86所示。

35 使用【贝塞尔】工具和【形状】工具绘制胸前的碎褶，在属性栏中设置轮廓宽度，如图9-87所示。

36 执行菜单栏中的【对象】/【顺序】/【置于此对象后】命令，把衣褶摆放到胸前装饰下面，得到的效果如图9-88所示。

37 使用【矩形】工具在衣身上绘制一个矩形，在属性栏中设置轮廓宽度，并填充浅橘色，其CMYK值为（6，22，41，0），如图9-89所示。

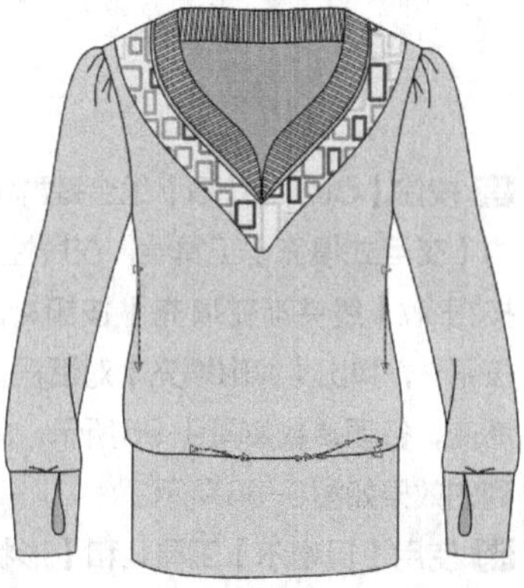

图9-86

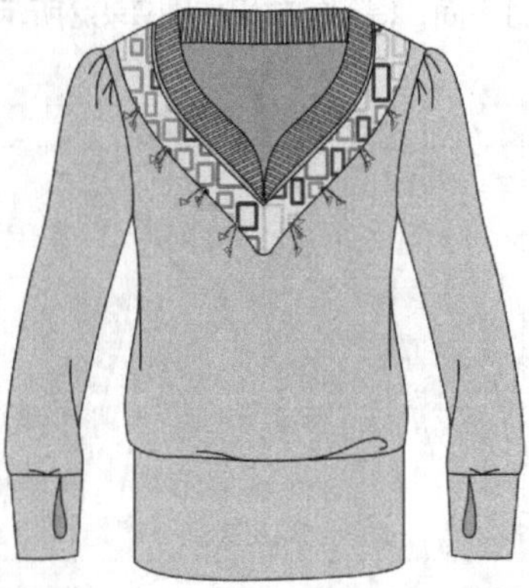
图9-87

图9-88

图9-89

38 使用【贝塞尔】工具和【形状】工具在矩形上绘制拉链齿造型，如图9-90所示。

39 按【+】键复制图形，单击属性栏中的【水平镜像】按钮，然后把复制的图形往下平移到合适的位置，再按住【Ctrl】+【G】组合键群组图形，如图9-91所示。

40 按【+】键复制图形，并把复制的图形向下平移到合适的位置，如图9-92所示。

41 单击工具箱中的【调和】工具，单击上边的图形往下拖曳鼠标至下方图形处执行调和功能，如图9-93所示。

42 在属性栏中设置调和的步数，得到的效果如图9-94所示。

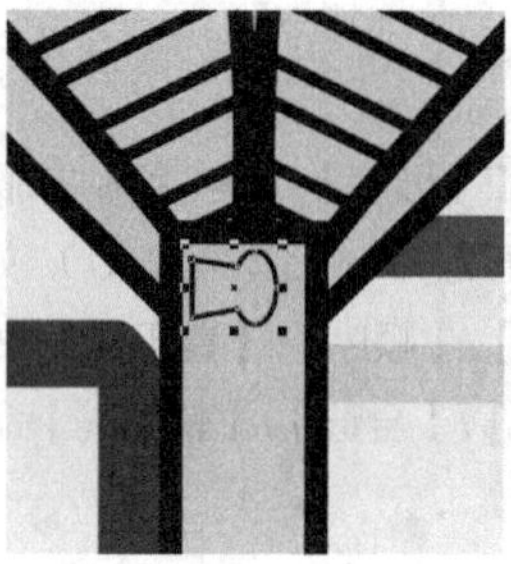
图9-90

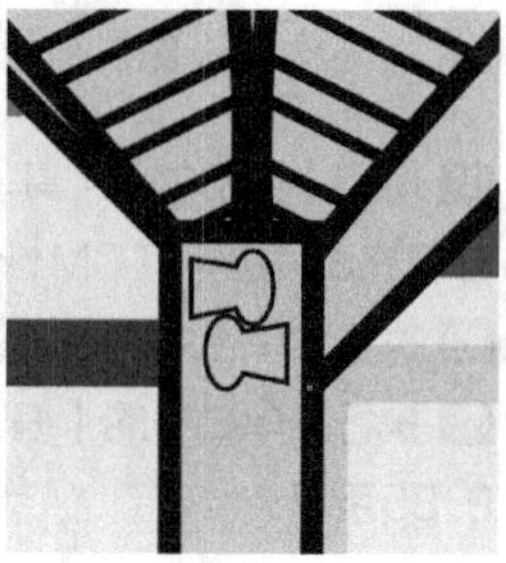
图9-91

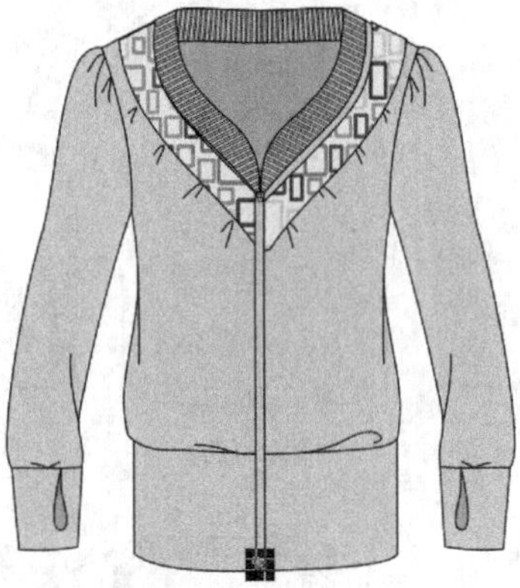
图9-92

图9-93

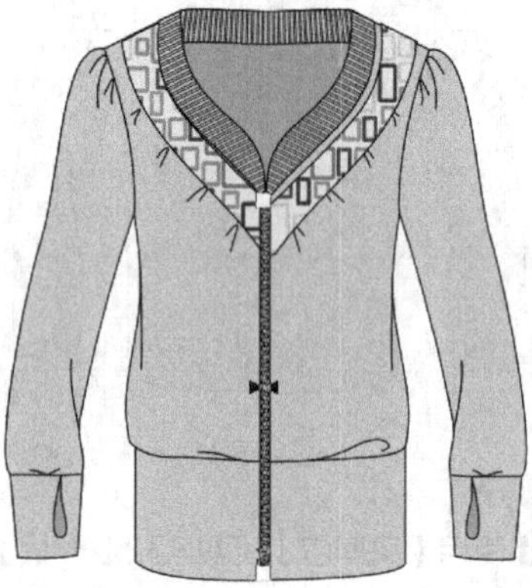
图9-94

43 按住【Ctrl】+【G】组合键群组图形，单击工具箱中的【交互式填充】工具，在属性栏中单击【渐变填充】按钮/【线性渐变填充】按钮，再单击【编辑填充】按钮，弹出【编辑填充】对话框，设置浅橘色到白色的渐变，各项参数如图9-95所示。单击【确定】按钮，得到的效果如图9-96所示。

44 使用【贝塞尔】工具和【形状】工具绘制拉链头造型，如图9-97所示。

45 重复步骤43的操作给拉链头填充渐变色，得到的效

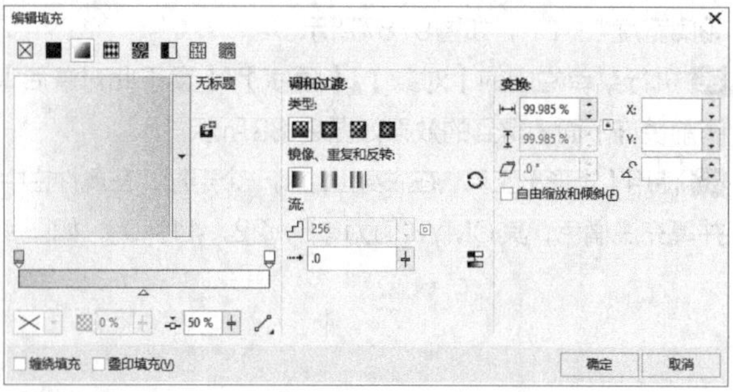

图9-95

果如图9-98所示。

图9-96

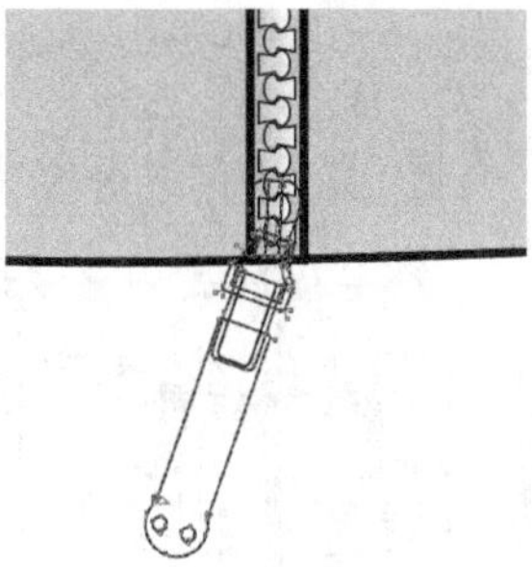

图9-97

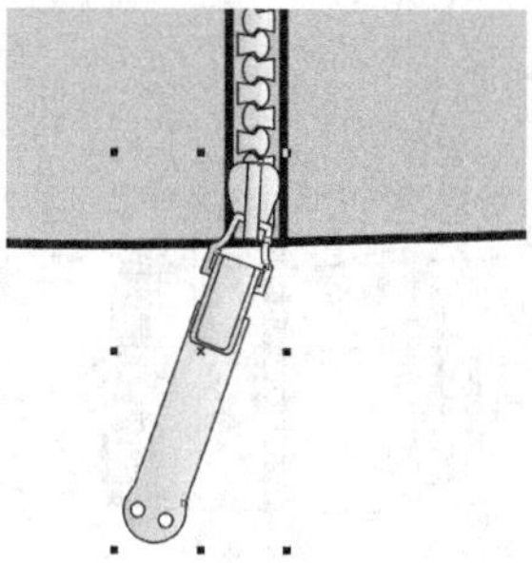

图9-98

46 按【+】键复制图形，单击属性栏中的【水平镜像】按钮，然后把复制的图形往上平移到领口的位置，得到的效果如图9-99所示。

47 使用【贝塞尔】工具和【形状】工具在衣服的下摆处绘制口袋，单击【选择】工具，在属性栏中设置轮廓宽度，并填充浅橘色，其CMYK值为（6，22，41，0），如图9-100所示。

48 重复步骤7~13的操作，绘制口袋的罗纹，得到的效果如图9-101所示。

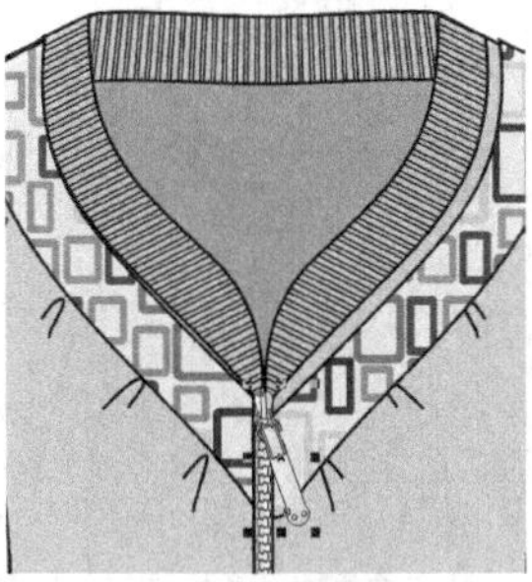

图9-99

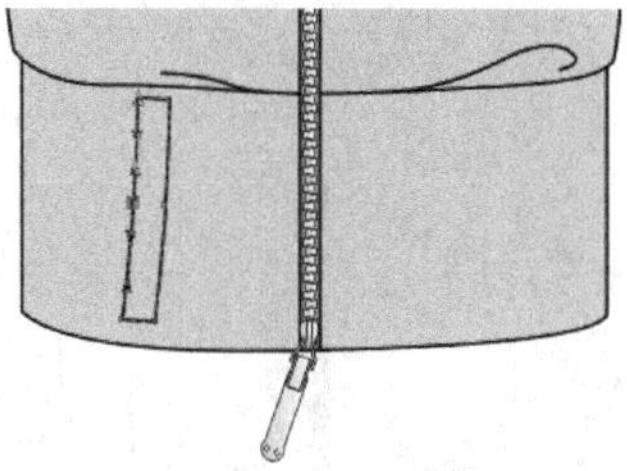

图9-100

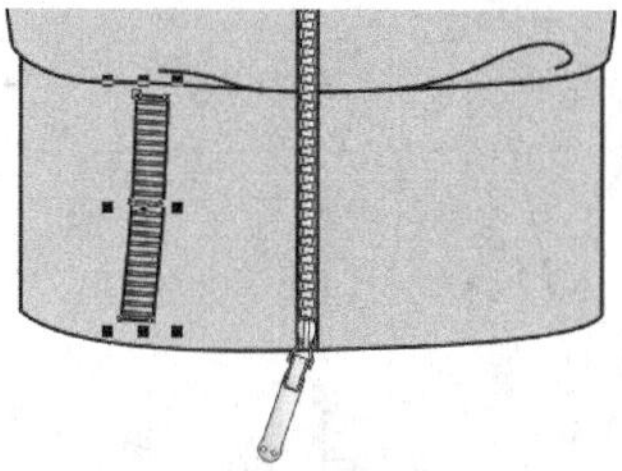

图9-101

49 使用【贝塞尔】工具在口袋边绘制一条路径，在属性栏中设置轮廓宽度，如图9-102所示。

50 使用【矩形】工具在口袋边绘制一个矩形，在属性栏中设置轮廓宽度，设置旋转角度 356 °，并填充浅橘色，其CMYK值为（6，22，41，0），如图9-103所示。

51 使用【椭圆形】工具并按住【Ctrl】键在矩形上绘制一个圆形，在属性栏中设置轮廓宽度，并填充白色，得到的效果如图9-104所示。

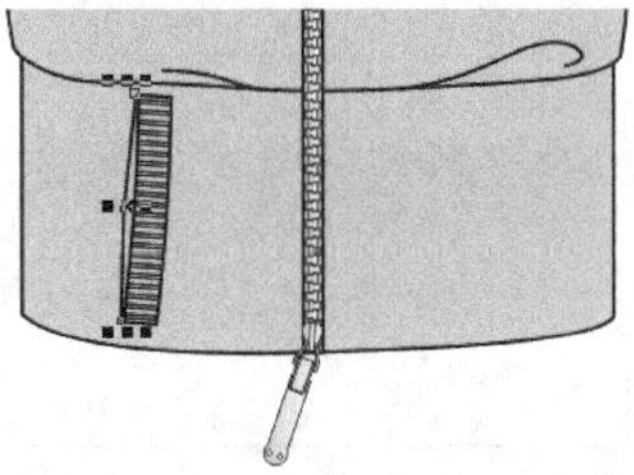

图9-102

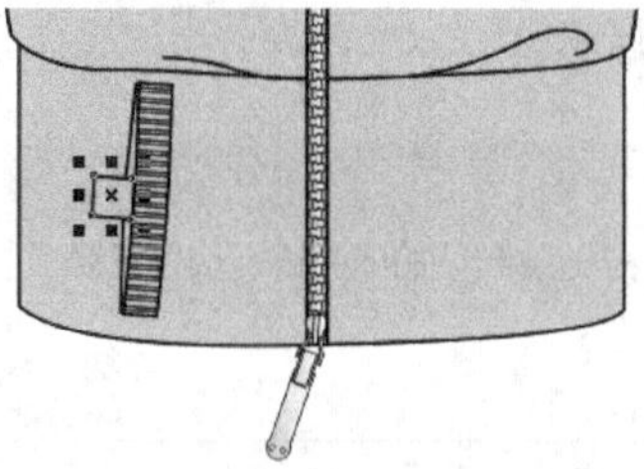

图9-103

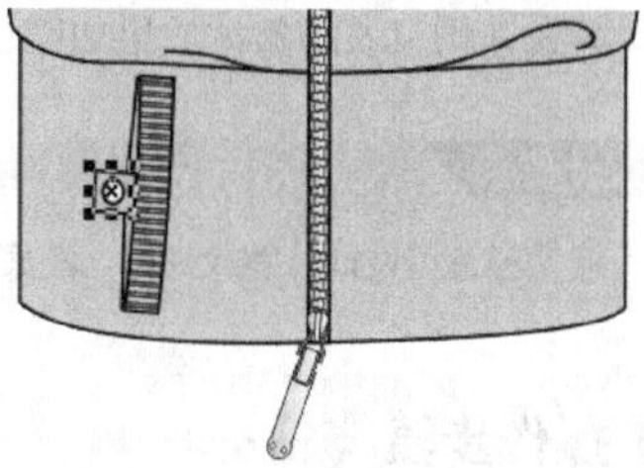

图9-104

52 使用【选择】工具框选整个口袋造型，按【+】键复制，单击属性栏中的【水平镜像】按钮，并把图形向右平移到合适的位置，得到的效果如图9-105所示。

53 选择【贝塞尔】工具和【形状】工具，在图9-106所示的门襟及袖口处绘制4条缉明线。使缉明线处于选择状态，按【F12】键，弹出【轮廓笔】对话框，选项及参数设置如图9-107所示。

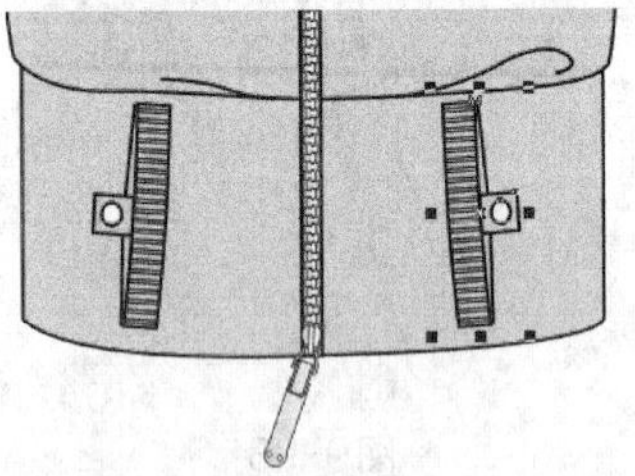
图9-105

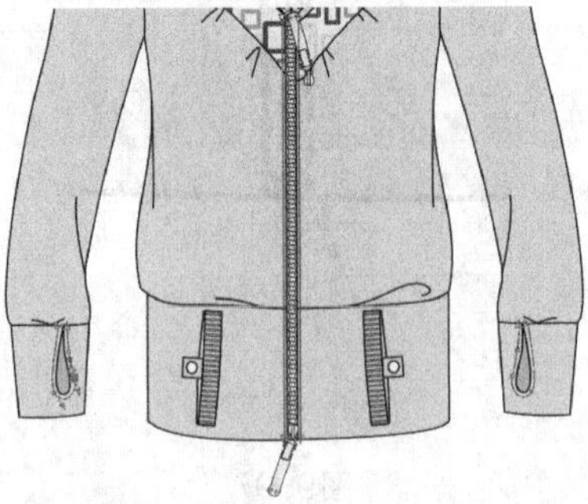
图9-106

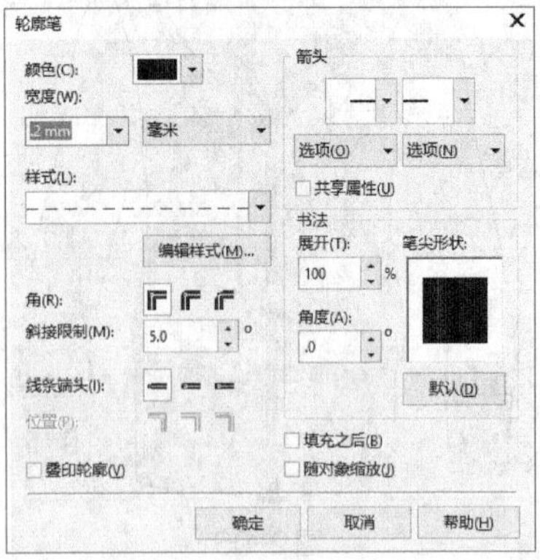

图9-107

54 单击【确定】按钮，得到的效果如图9-108所示。

55 执行菜单栏中的【对象】/【顺序】/【置于此对象后】命令，把缉明线摆放到拉链下面，得到的效果如图9-109所示。

56 使用【选择】工具框选所有图形，按住【Ctrl】+【G】组合键，群组图形。这样就完成了女式拉链开衫卫衣的绘制，整体效果如图9-110所示。

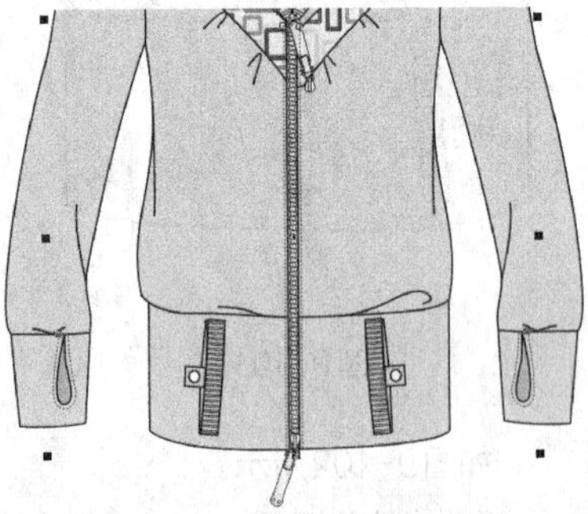
图9-108

图9-109

图9-110

9.3 男式连帽卫衣款式设计

男式连帽卫衣的整体效果如图9-111所示。

设计重点

连帽衫造型设计、罗纹袖口、图案填充、拉链绘制、抽绳装饰、口袋设计。

操作步骤

01 打开CorelDRAW软件，执行菜单栏中的【文件】/【新建】命令，或使用【Ctrl】+【N】组合键，打开【创建新文档】对话框，文件命名为“男式连帽卫衣”，设定纸张大小为A4，横向摆放，如图9-112所示。

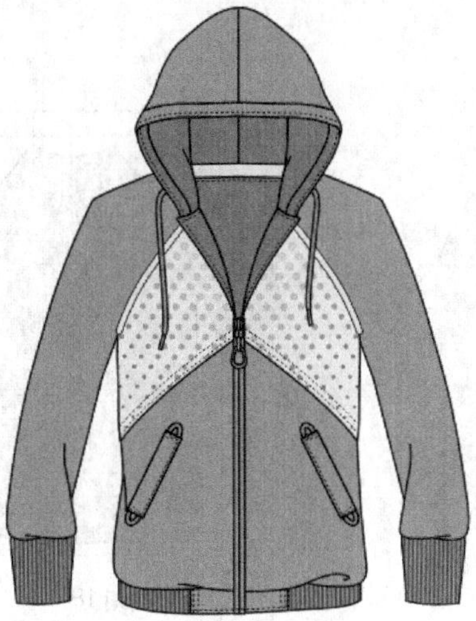

图9-111

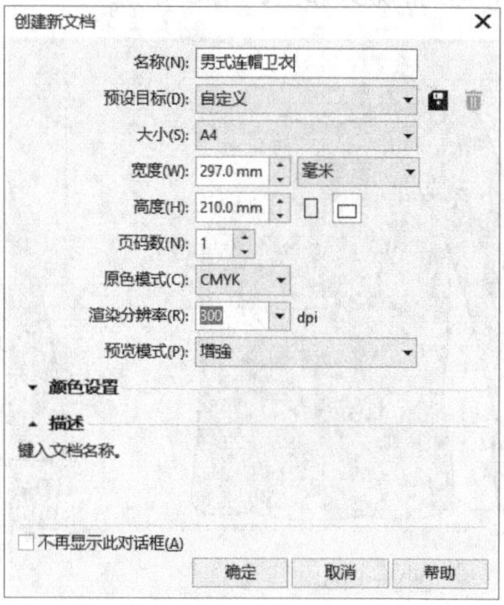

图9-112

02 从标尺栏向页面拖曳鼠标添加8条辅助线，确定衣长、帽高、领口位置、肩宽、袖长、袖窿深和袖肥等，如图9-113所示。

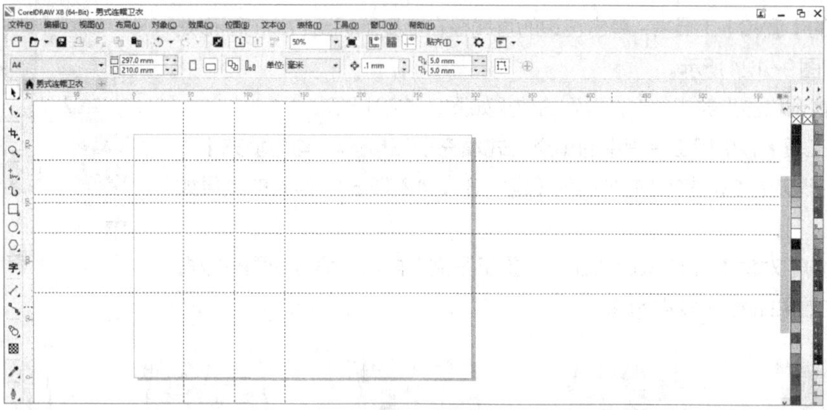

图9-113

03 使用【贝塞尔】工具和【形状】工具绘制图9-114所示的衣身造型，单击【选择】工具，在属性栏中设置轮廓宽度.35 mm，并填充灰绿色，其CMYK值为（40，15，30，10）。

04 使用【贝塞尔】工具和【形状】工具绘制图9-115所示的左边插肩袖造型，单击【选择】工具，在属性栏中设置轮廓宽度.35 mm，并填充灰绿色，其CMYK值为（40，15，30，10）。

05 使用【贝塞尔】工具和【形状】工具绘制左边袖口，单击【选择】工具，在属性栏中设置轮廓宽度.35 mm，并填充灰绿色，其CMYK值为（40，15，30，10），得到的效果如图9-116所示。

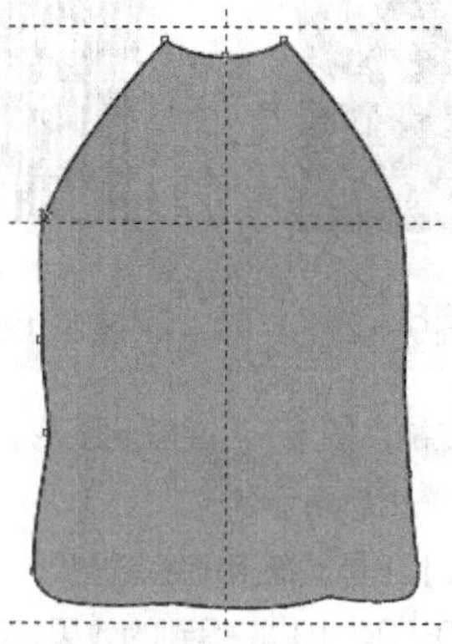

图9-114

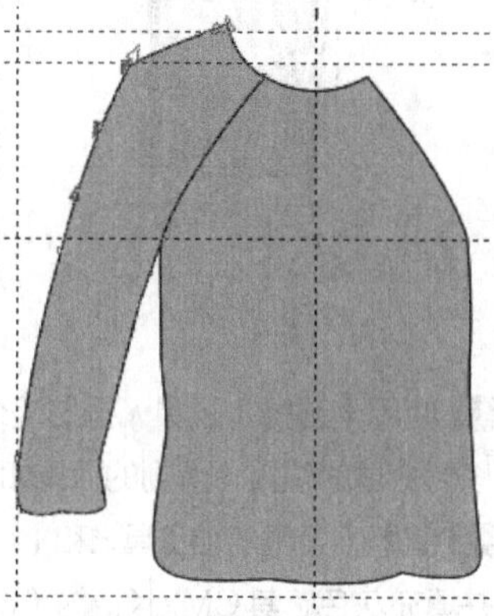

图9-115

06 执行菜单栏中的【对象】/【顺序】/【向后一层】命令，把它放置到插肩袖后面，得到的效果如图9-117所示。

07 使用【贝塞尔】工具和【形状】工具在袖身上绘制两条褶裥线，单击【选择】工具，在属性栏中设置轮廓宽度，得到的效果如图9-118所示。

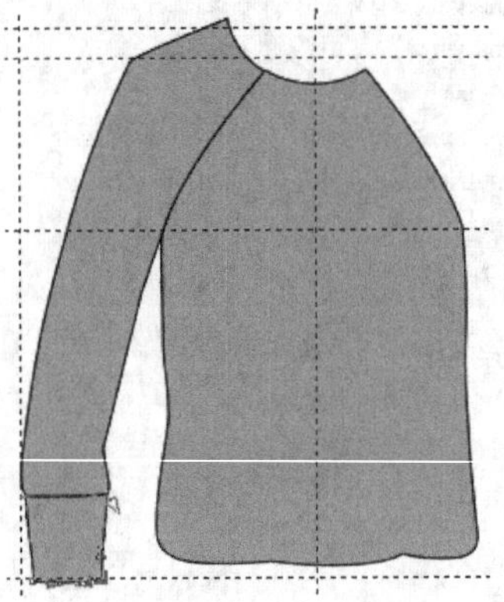
图9-116

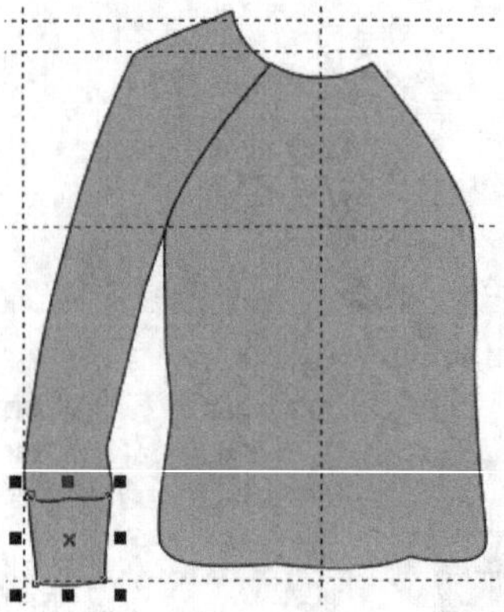
图9-117

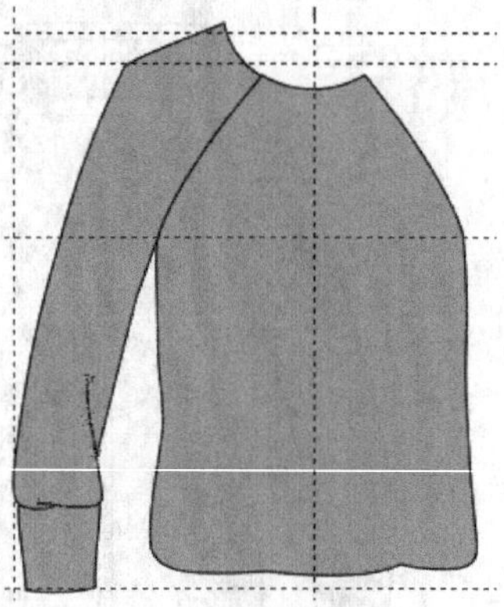
图9-118

08 使用【手绘】工具在袖口绘制一条直线，在属性栏中设置轮廓宽度，得到的效果如图9-119所示。

09 按【+】键复制直线，按住【Ctrl】键把复制的图形往右平移到合适的位置，如图9-120所示。

10 选择工具箱中的【调和】工具，单击左边的直线往右拖曳鼠标至右边的图形处执行调和效果，如图9-121所示。

11 在属性栏中设置调和的步数，得到的效果如图9-122所示。

12 单击【选择】工具，使用工具箱中的【交互式填充】工具/【均匀填充】工具给线条组填充深灰绿色，其CMYK值为（53，31，42，33），得到的效果如图9-123所示。

13 执行菜单栏中的【对象】/【PowerClip】/【置于图文框内部】命令把图形放置在袖口中，得到的效果如图9-124所示。

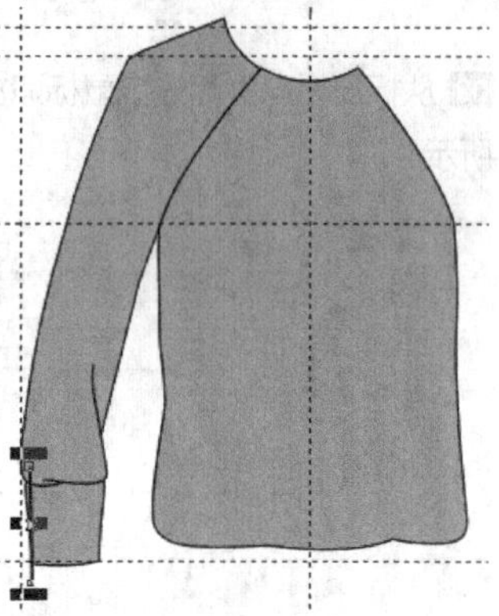
图9-119

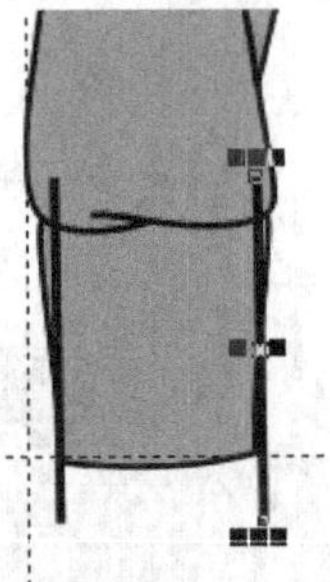
图9-120

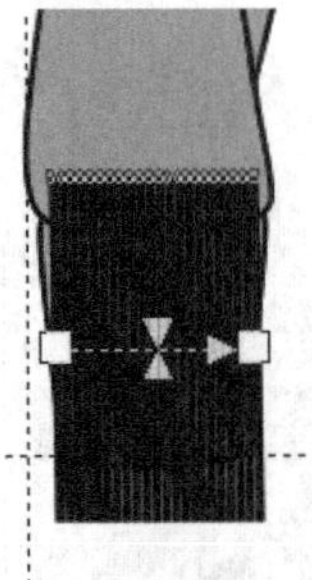
图9-121

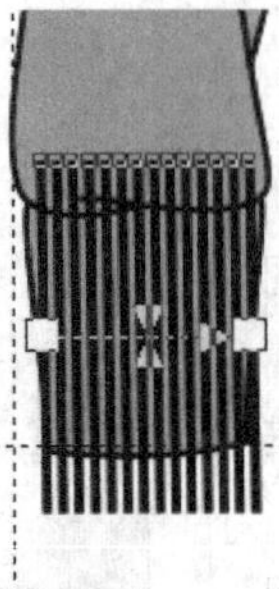
图9-122

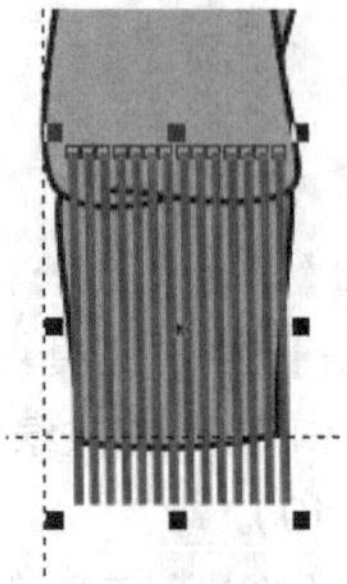
图9-123

图9-124

14 使用【选择】工具框选整个左袖，按【+】键复制图形，单击属性栏中的【水平镜像】按钮，并把图形向右平移到合适的位置，得到的效果如图9-125所示。

15 使用【贝塞尔】工具和【形状】工具在胸前绘制图形，单击【选择】工具，在属性栏中设置轮廓宽度，并填充灰色，其CMYK值为（0，0，0，10），得到的效果如图9-126所示。

16 使用【椭圆形】工具并按住【Ctrl】键在领口处绘制一个圆形，填充黄色，其CMYK值为（0，0，100，0），无轮廓，得到的效果如图9-127所示。

17 单击【选择】工具，按【+】键复制圆形。再按住【Shift】键等比例缩小圆形，把圆形摆放在图9-128所示的位置。

18 选择工具箱中的【调和】工具，单击上方的圆形往下拖曳鼠标至下方的圆形处执行调和功能，如图9-129所示。

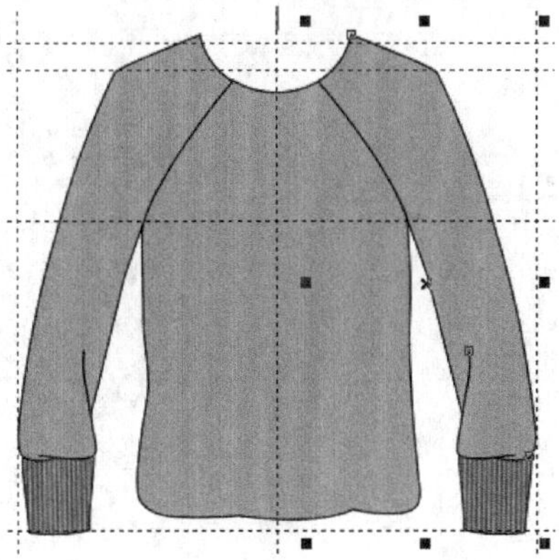

图9-125

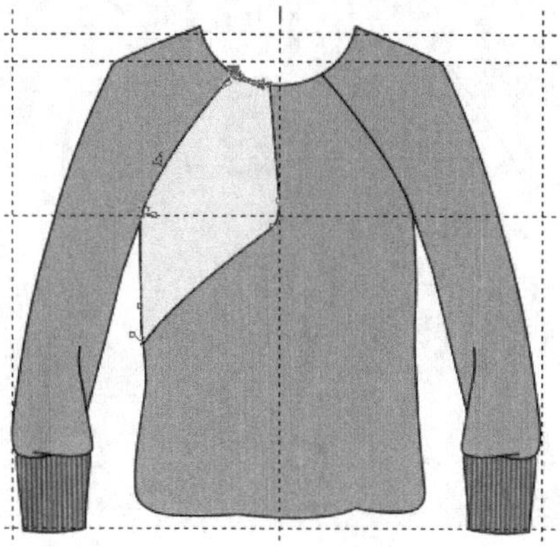

图9-126

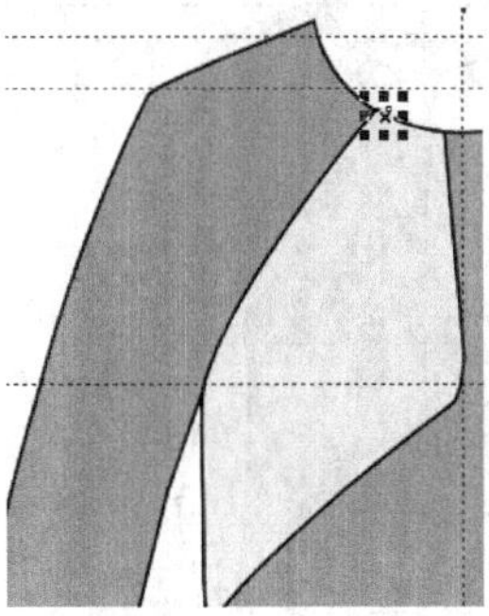

图9-127

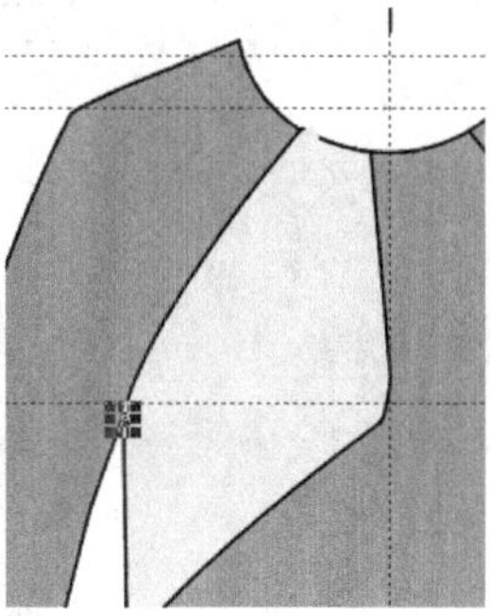

图9-128

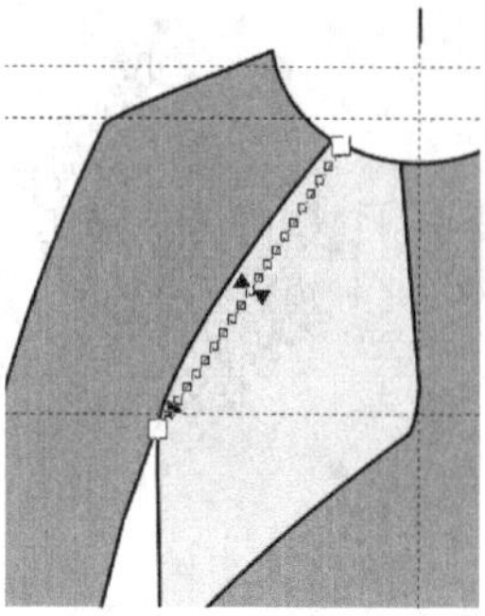

图9-129

19 在属性栏中设置调和的步数，得到的效果如图9-130所示。

20 使用【选择】工具选择下方的小圆形，填充蓝色，其CMYK值为（100，0，0，0），得到的效果如图9-131所示。

21 使用【选择】工具选择圆形组图，执行菜单栏中的【对象】/【PowerClip】/【置于图文框内部】命令把图形放置在衣身镶拼造型中，得到的效果如图9-132所示。

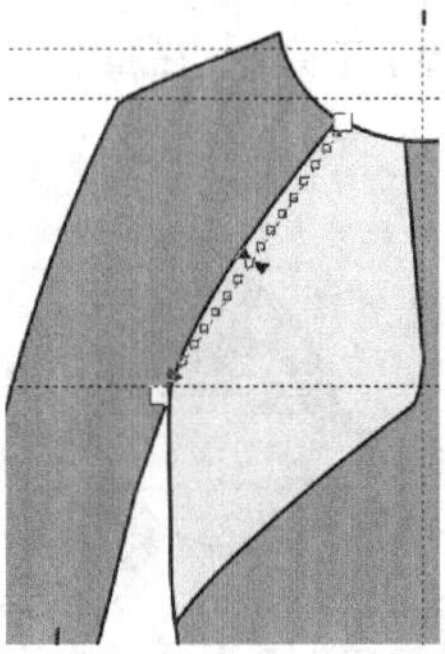

图9-130

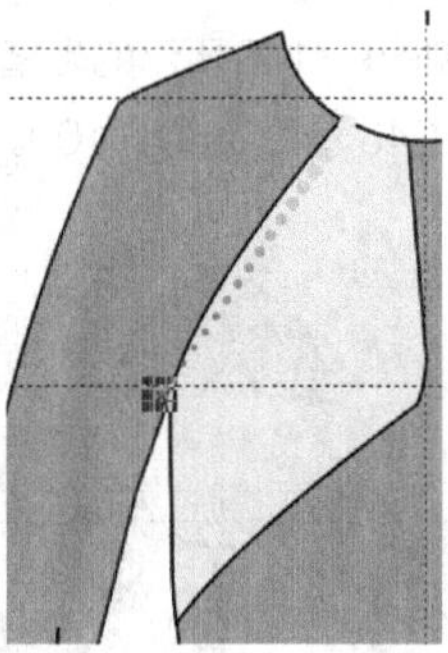

图9-131

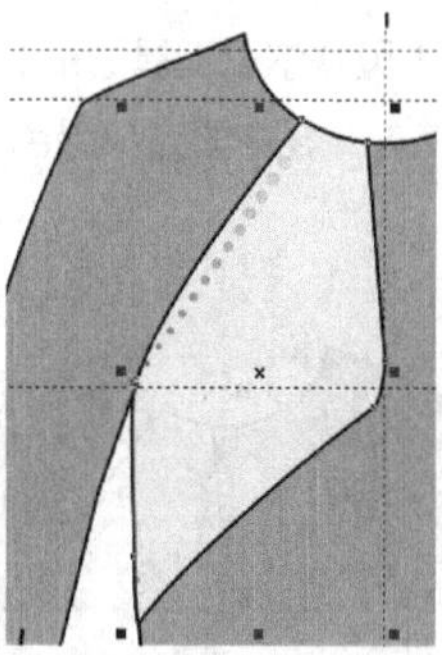

图9-132

22 单击鼠标右键，在弹出菜单中选择【编辑PowerClip】命令，得到的效果如图9-133所示。

23 使用【选择】工具框选所有圆形，按【+】键复制图形，把复制的图形向下移动到图9-134所示的位置。

24 按8次【Ctrl】+【D】组合键复制8组圆形，得到的效果如图9-135所示。

25 使用【选择】工具框选所有图形，按住【Shift】键等比例放大图形，得到的效果如图9-136所示。

26 按住【Ctrl】+【G】组合键，群组图形。单击鼠标右键，在弹出菜单中选择【结束编辑】命令，得到的效果如图9-137所示。

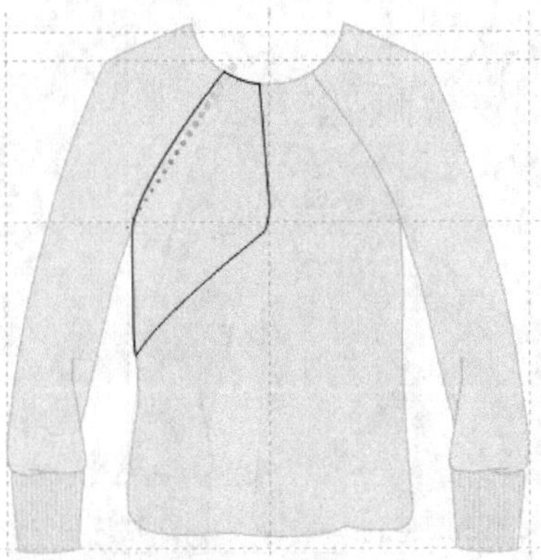

图9-133

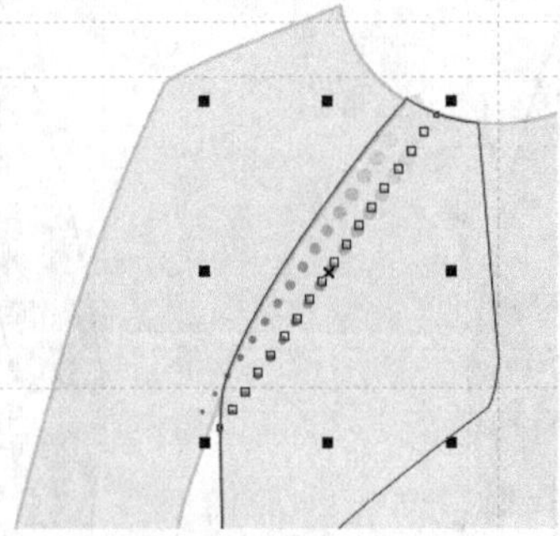

图9-134

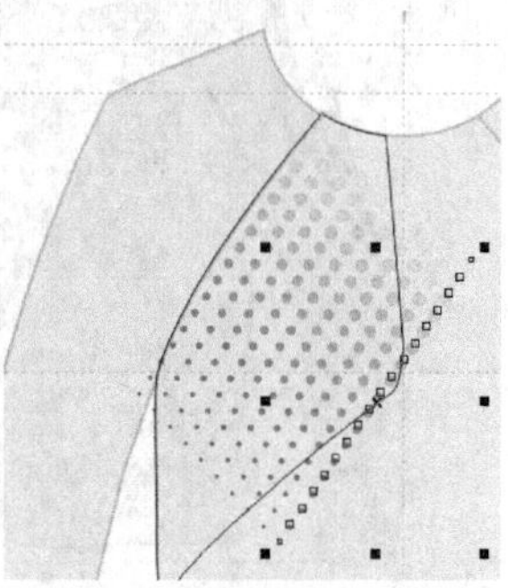

图9-135

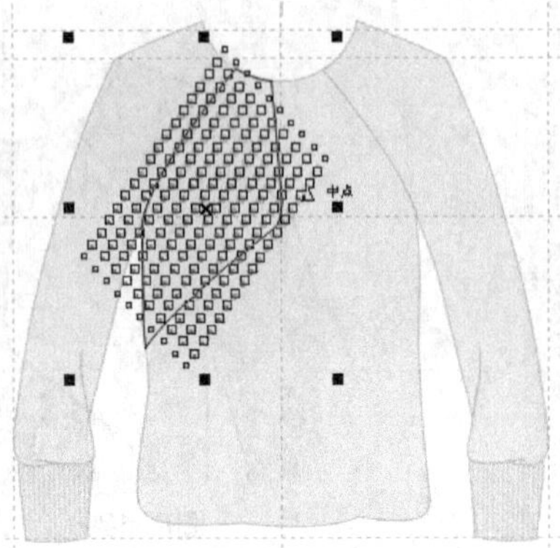

图9-136

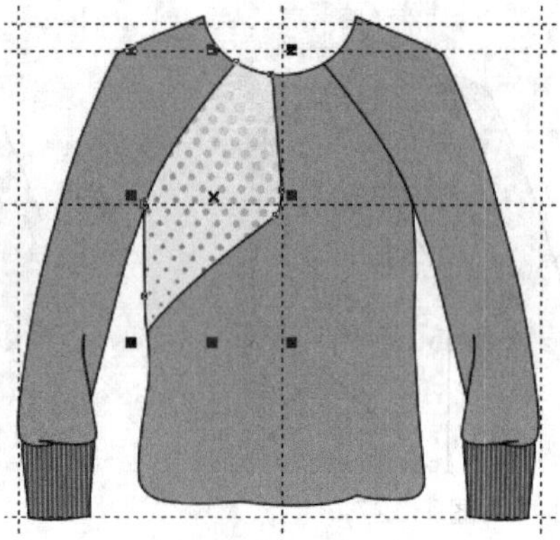

图9-137

27 按【+】键复制图形，单击属性栏中的【水平镜像】按钮，并把图形向右平移到合适的位置，得到的效果如图9-138所示。

28 使用【贝塞尔】工具和【形状】工具绘制图9-139所示的帽子的造型，单击【选择】工具，在属性栏中设置轮廓宽度，并填充灰绿色，其CMYK值为（40，15，30，10）。

29 使用【贝塞尔】工具和【形状】工具绘制图9-140所示的帽檐贴边，单击【选择】工具，在属性栏中设置轮廓宽度，并填充灰绿色，其CMYK值为（40，15，30，10）。

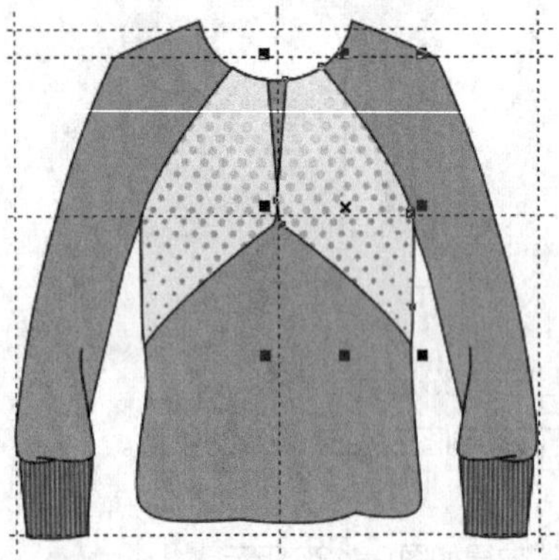

图9-138

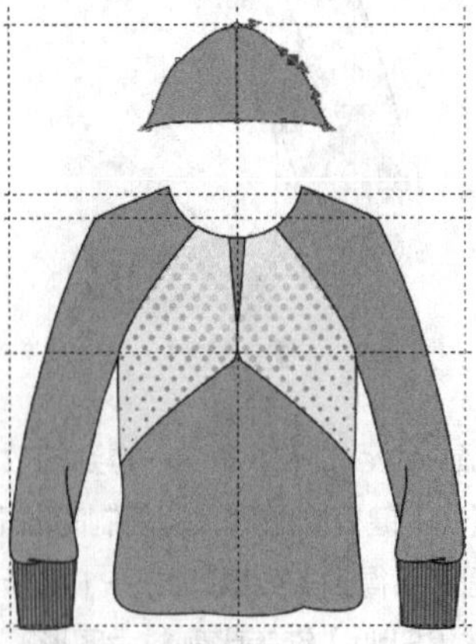

图9-139

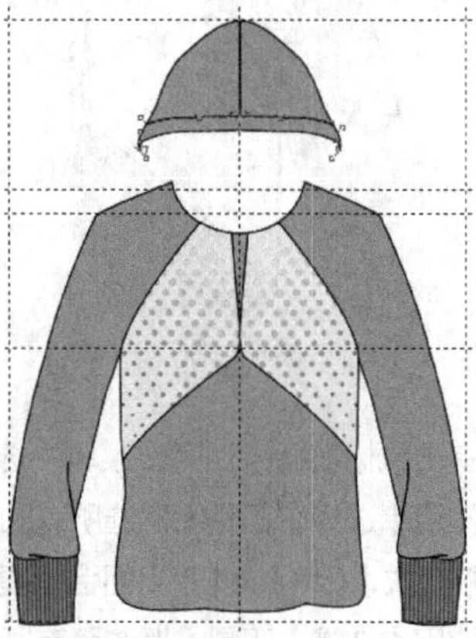

图9-140

30 使用【贝塞尔】工具和【形状】工具绘制帽里部分，如图9-141所示。单击【选择】工具，在属性栏中设置轮廓宽度，并填充深灰绿色，其CMYK值为（53，31，42，33）。

31 使用【贝塞尔】工具和【形状】工具绘制帽里翻折部分，如图9-142所示。单击【选择】工具，在属性栏中设置轮廓宽度，并填充深灰绿色，其CMYK值为（53，31，42，33）。

32 使用【贝塞尔】工具和【形状】工具在衣身上绘制一条曲线，如图9-143所示。

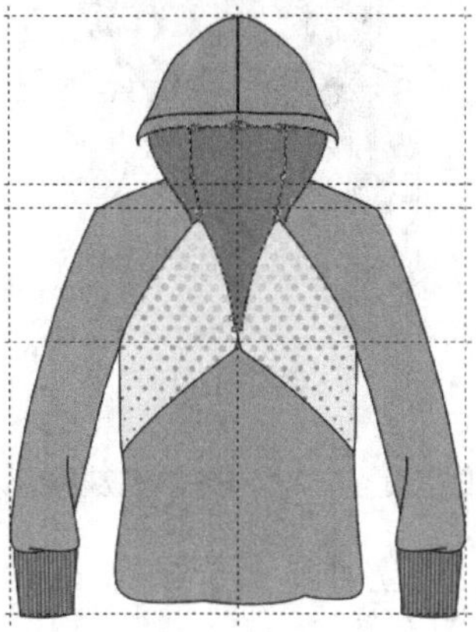

图9-141

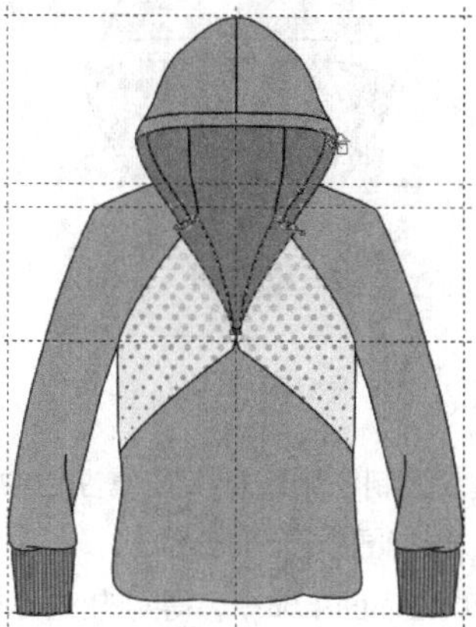

图9-142

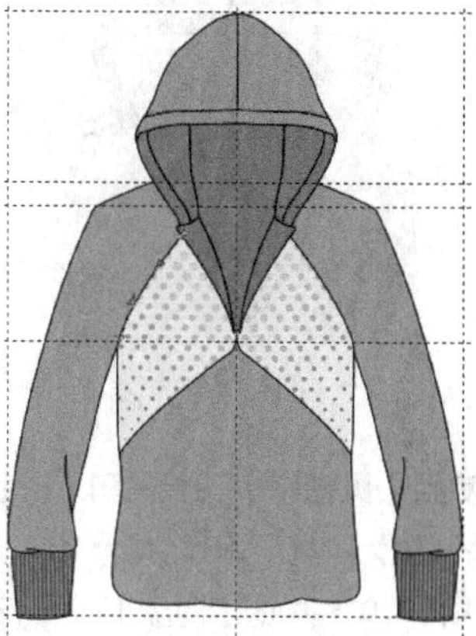

图9-143

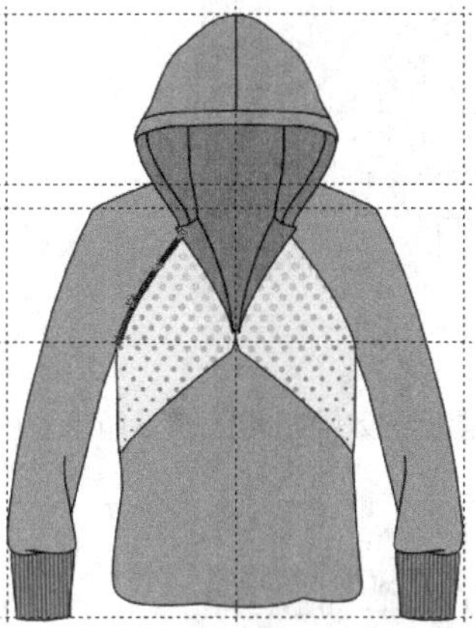

图9-144

33 按【F12】键，弹出【轮廓笔】对话框，设置各项参数如图9-144所示。

34 执行菜单栏中的【对象】/【将轮廓转换为对象】命令，单击【选择】工具，在属性栏中设置轮廓宽度，并填充黄色，其CMYK值为（0，0，100，0），得到的效果如图9-145所示。

35 执行菜单栏中的【对象】/【顺序】/【置于此对象后】命令，把图形置于帽子下方，得到的效果如图9-146所示。

36 按【+】键复制图形，单击属性栏中的【水平镜像】按钮，并把图形向右平移到合适的位置，得到的效果如图9-147所示。

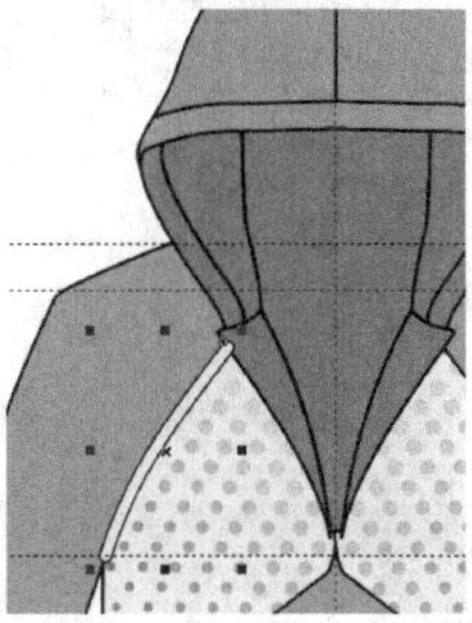

图9-145

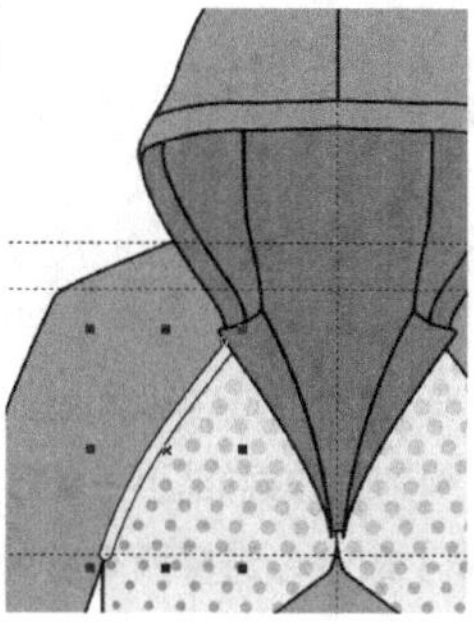

图9-146

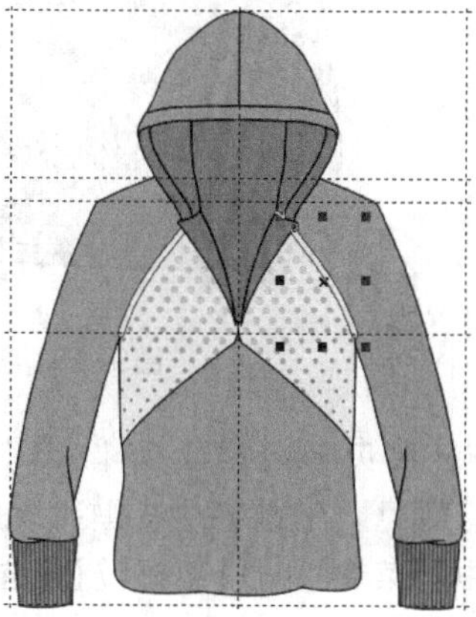

图9-147

37 使用【贝塞尔】工具和【形状】工具绘制帽里的分割线和褶裥线，在属性栏中设置轮廓宽度，得到的效果如图9-148所示。

38 使用【贝塞尔】工具和【形状】工具绘制帽里的织带，在属性栏中设置轮廓宽度，并填充黄色，其CMYK值为（0，0，100，0），得到的效果如图9-149所示。

39 使用【贝塞尔】工具和【形状】工具绘制帽子上的抽绳，在属性栏中设置轮廓宽度，并填充灰绿色，其CMYK值为（40，15，30，10），得到的效果如图9-150所示。

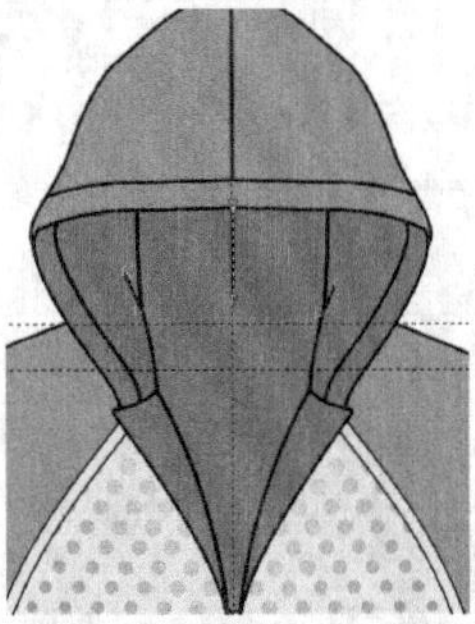
图9-148

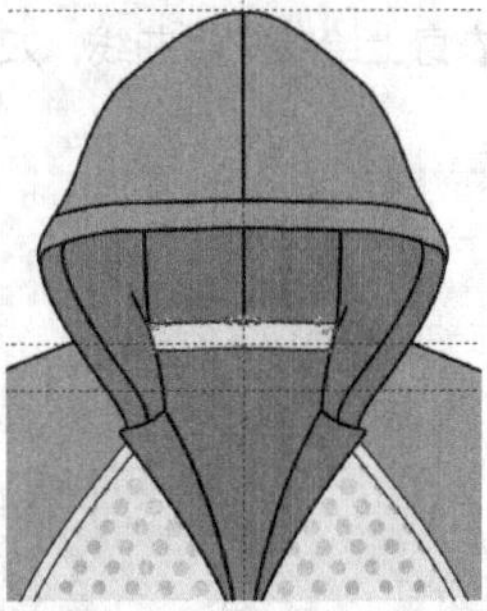
图9-149

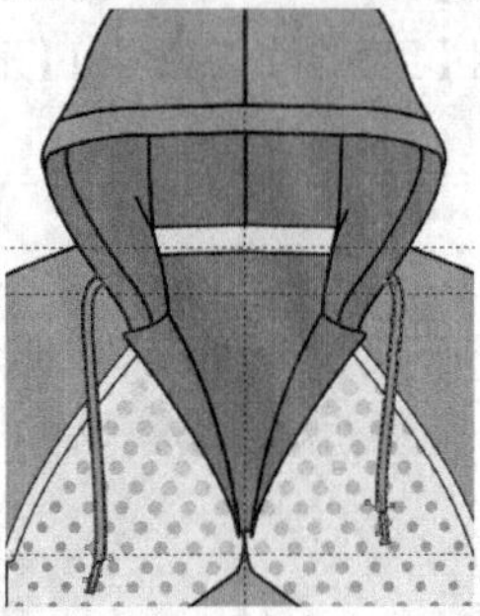
图9-150

40 使用【贝塞尔】工具和【形状】工具绘制衣服下摆，在属性栏中设置轮廓宽度，并填充灰绿色，其CMYK值为（40，15，30，10），得到的效果如图9-151所示。

41 执行菜单栏中的【对象】/【顺序】/【到页面后面】命令，得到的效果如图9-152所示。

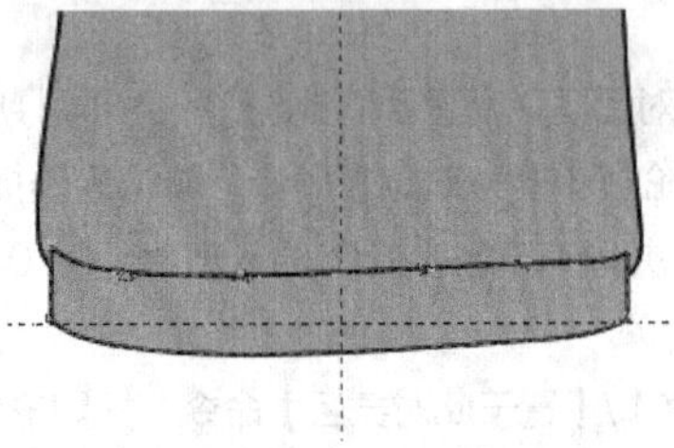
图9-151

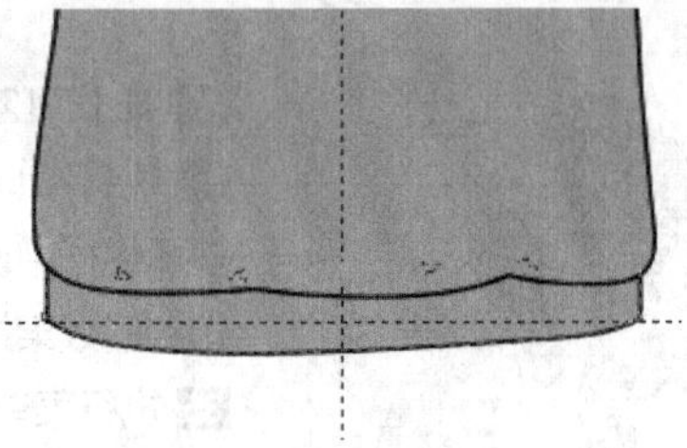
图9-152

42 使用【贝塞尔】工具在下摆绘制两条分割线，在属性栏中设置轮廓宽度，得到的效果如图9-153所示。

43 重复步骤8~13的操作，绘制下摆的罗纹，得到的效果如图9-154所示。

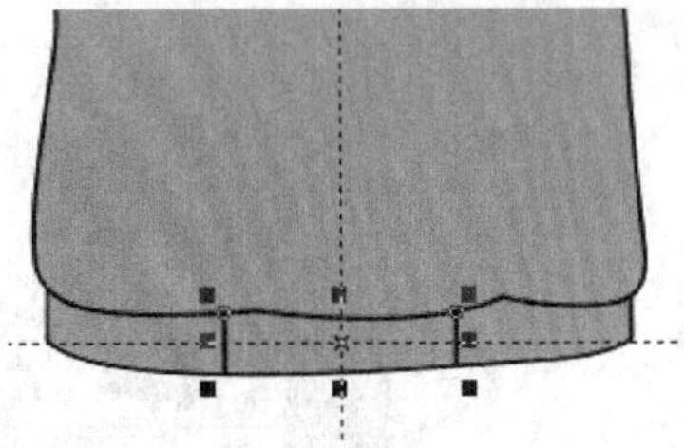
图9-153

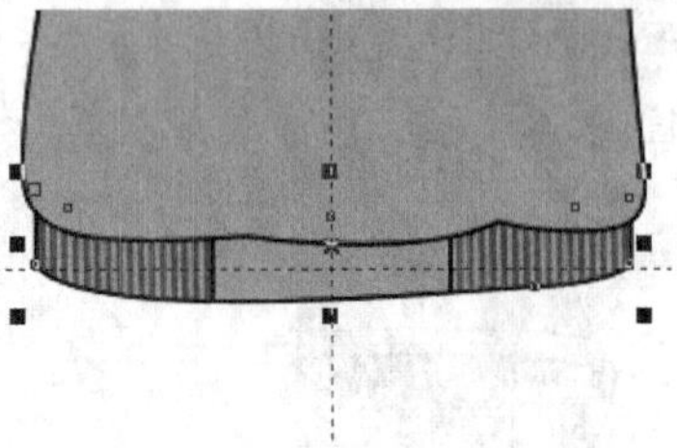
图9-154

44 使用【贝塞尔】工具和【形状】工具在衣身下摆绘制3条褶裥线，单击【选择】工具，在属性栏中设置轮廓宽度，得到的效果如图9-155所示。

45 执行菜单栏中的【编辑】/【全选】/【辅助线】命令，选择所有的辅助线，按【Delete】键删除，得到的效果如图9-156所示。

46 使用【矩形】工具在衣身上绘制拉链门襟，在属性栏中设置轮廓宽度，并填充灰绿色，其CMYK值为（40,15,30,10），得到的效果如图9-157所示。

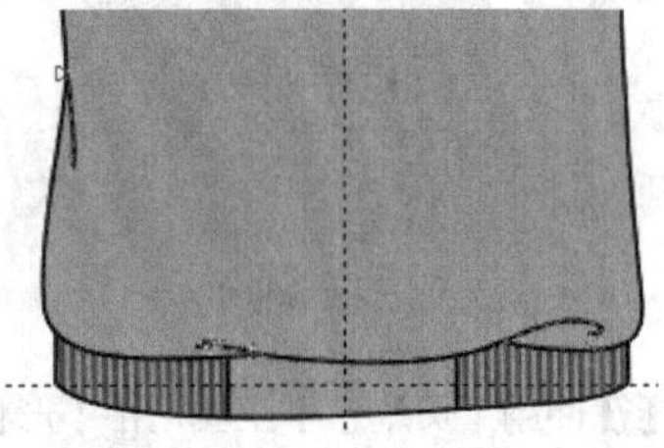
图9-155

47 使用【贝塞尔】工具和【形状】工具在门襟上绘制拉链头造型，在属性栏中设置轮廓宽度，并填充灰绿色，其CMYK值为（40，15，30，10），得到的效果如图9-158所示。

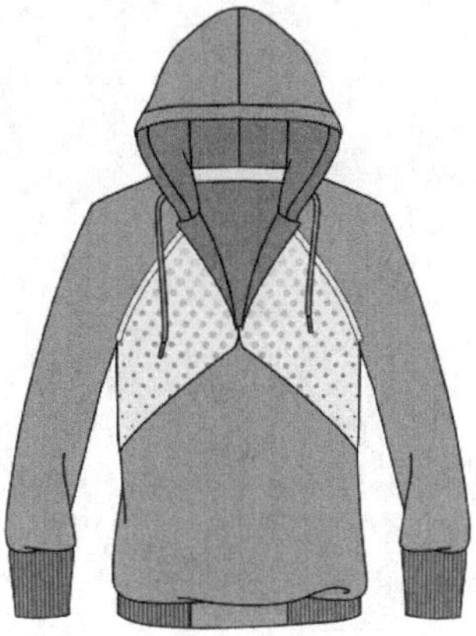

图9-156

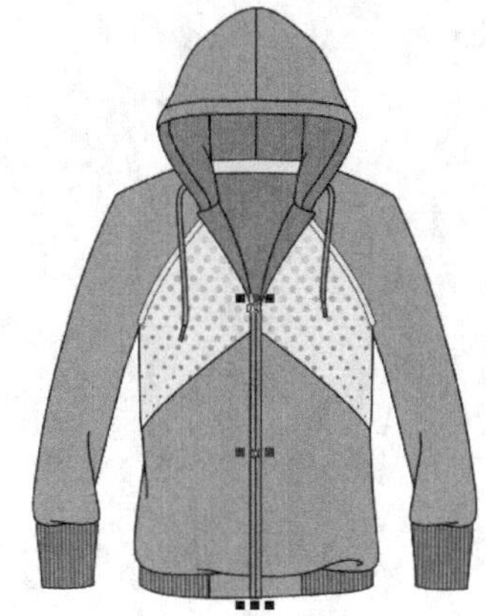

图9-157

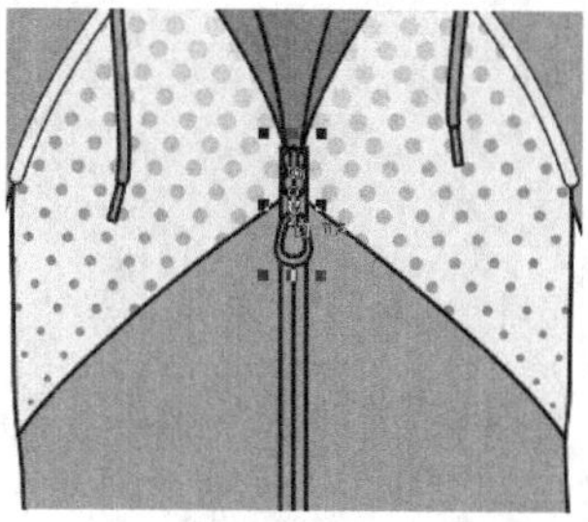

图9-158

48 使用【贝塞尔】工具和【形状】工具在衣身上绘制口袋造型，在属性栏中设置轮廓宽度 .35 mm，得到的效果如图9-159所示。

49 使用【选择】工具框选口袋造型，按【+】键复制图形，单击属性栏中的【水平镜像】按钮，并把图形向右平移到合适的位置，得到的效果如图9-160所示。

50 使用【贝塞尔】工具和【形状】工具在图9-161所示的帽檐、帽里、分割线、衣身下摆和口袋处绘制缉明线，按【F12】键，弹出【轮廓笔】对话框，选项及参数设置如图9-162所示。

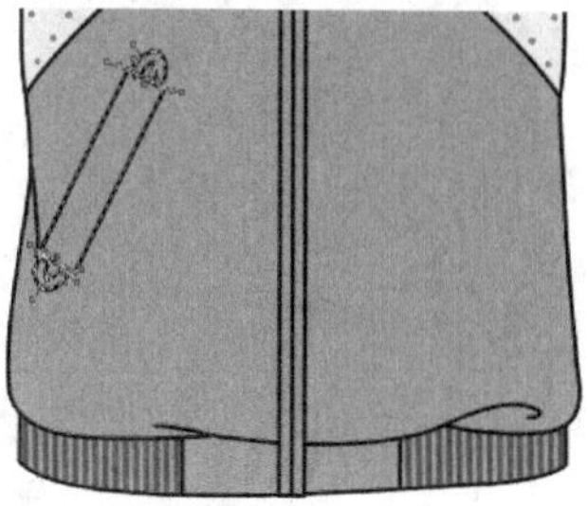

图9-159

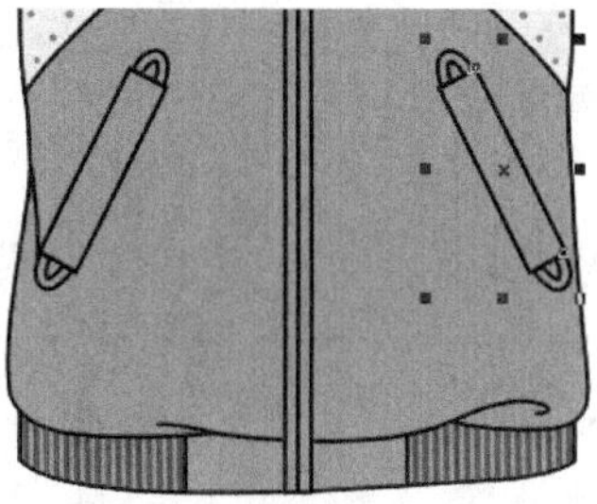

图9-160

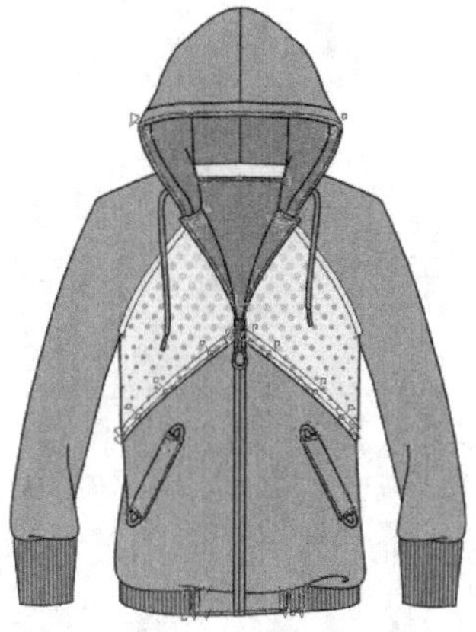

图9-161

图9-162

51 单击【确定】按钮得到的效果如图9-163所示。

52 使用【选择】工具框选所有图形，按【Ctrl】+【G】组合键群组图形。这样就完成了男式连帽卫衣的绘制，效果如图9-164所示。

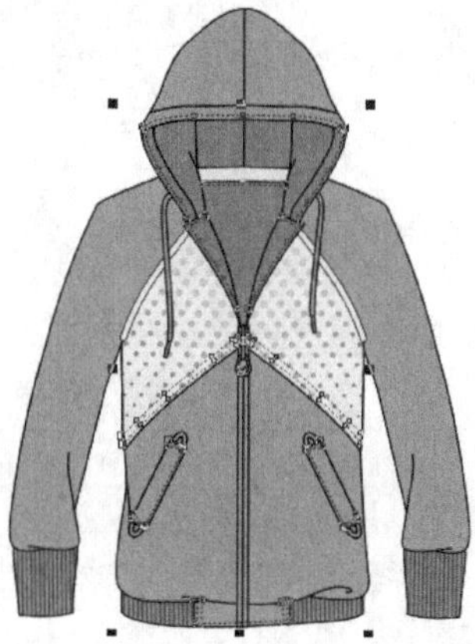

图9-163

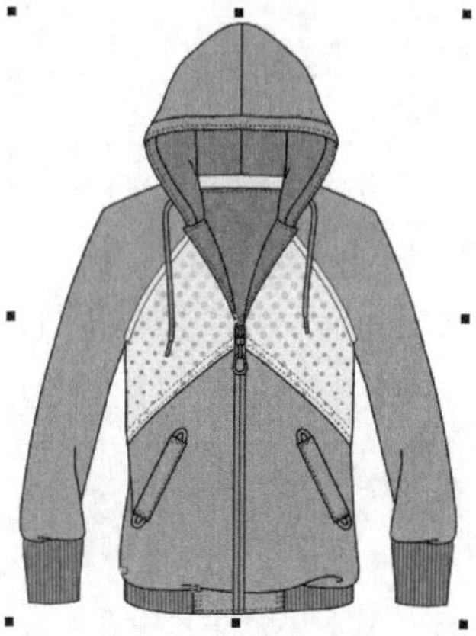

图9-164

第 10 章

西服、外套、羽绒服款式设计

本章重点

- 用【贝塞尔】工具、【形状】工具绘制西服、外套、羽绒服造型表现
- 纽扣设计、工艺细节表现
- 千鸟格图案表现
- 羽绒服绗缝工艺表现、弹簧扣设计

西服又称“西装”、“洋装”。西服是一种“舶来文化”，人们多把有翻领和驳头，3个衣兜，以及衣长在臀围线以下的上衣称作“西服”。按穿着者的性别和年龄，西服可分为男式西装、女式西装和儿童西装3类。按穿着场合，西服可以分为礼服和便服两种。西服也分正装和休闲类，基本上大多数的西服比较偏向于正装，有垫肩，版型好。但是休闲西服的设计比较随意，或者后面双开叉等，样式比较洋气，装饰多。下面分别介绍两款男、女西服的款式设计。

10.1 西服款式设计

10.1.1 男式西服款式设计

男式西服的整体效果如图10-1所示。

设计重点

造型设计、打枣工艺表现、四孔扣设计。

操作步骤

01 打开CorelDRAW软件，执行菜单栏中的【文件】/【新建】命令，或使用【Ctrl】+【N】组合键，打开【创建新文档】对话框，文件命名为“男西服”，设定纸张大小为A4，横向摆放，如图10-2所示。

图10-1

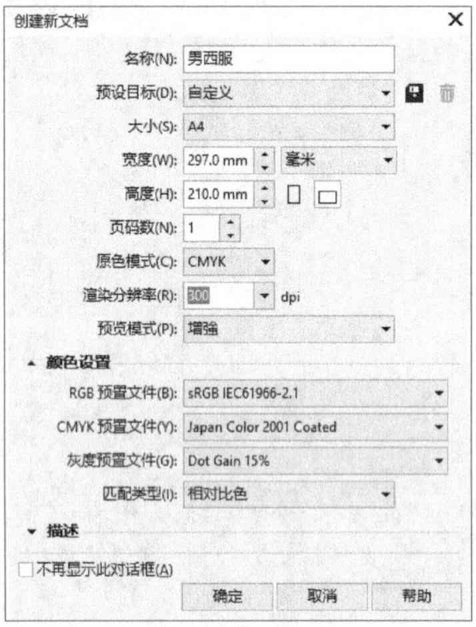

图10-2

02 从标尺栏向页面拖曳鼠标添加9条辅助线，确定衣长、袖长、领高、翻驳领长和袖肥等，如图10-3所示。

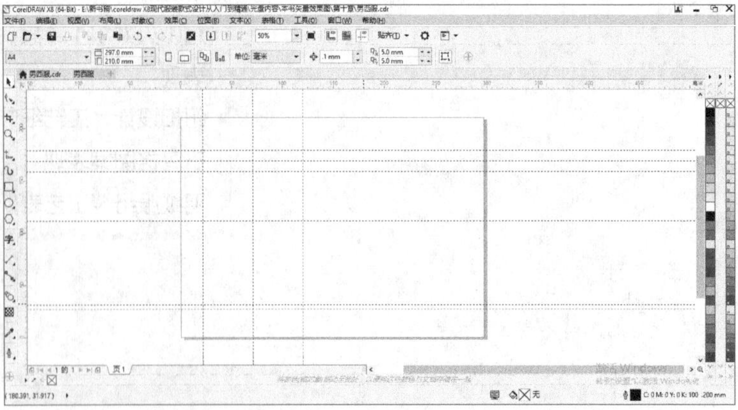

图10-3

03 使用【贝塞尔】工具和【形状】工具在绘制图10-4所示的衣身后片，在属性栏中设置轮廓宽度，并填充浅灰色，其CMYK值为（0，0，0，60）。

04 使用【贝塞尔】工具和【形状】工具绘制图10-5所示的后领口，单击【选择】工具，在属性栏中设置轮廓宽度，并填充深灰色，其CMYK值为（0，0，0，80）。

05 使用【贝塞尔】工具和【形状】工具绘制图10-6所示的左前片，单击【选择】工具，在属性栏中设置轮廓宽度，并填充深灰色，其CMYK值为（0，0，0，80）。

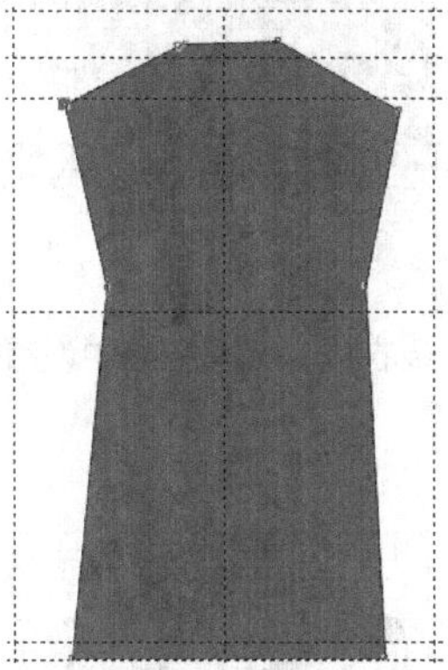
图10-4

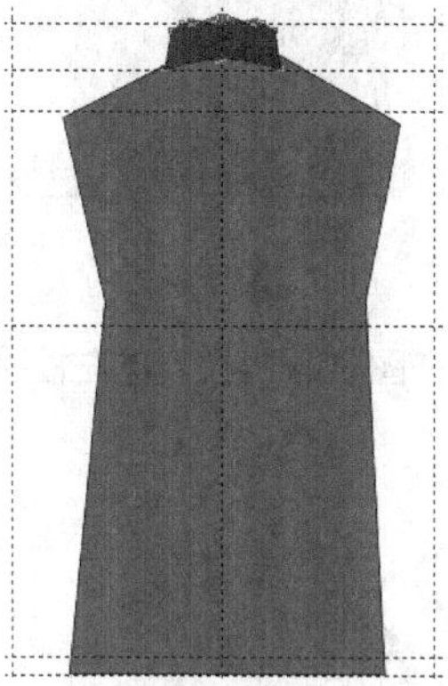
图10-5

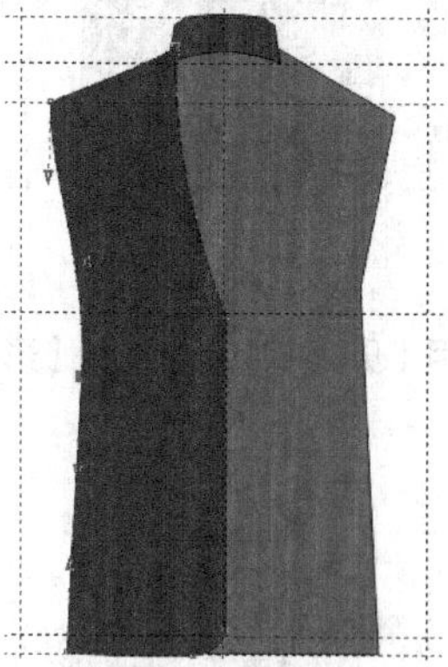
图10-6

06 使用【贝塞尔】工具和【形状】工具绘制图10-7所示的左前片镶拼部分，单击【选择】工具，在属性栏中设置轮廓宽度，并填充浅灰色，其CMYK值为（0，0，0，60）。

07 使用【贝塞尔】工具绘制肩部的分割线，在属性栏中设置轮廓宽度，如图10-8所示。

08 使用【贝塞尔】工具和【形状】工具绘制图10-9所示的分割线，在属性栏中设置轮廓宽度。

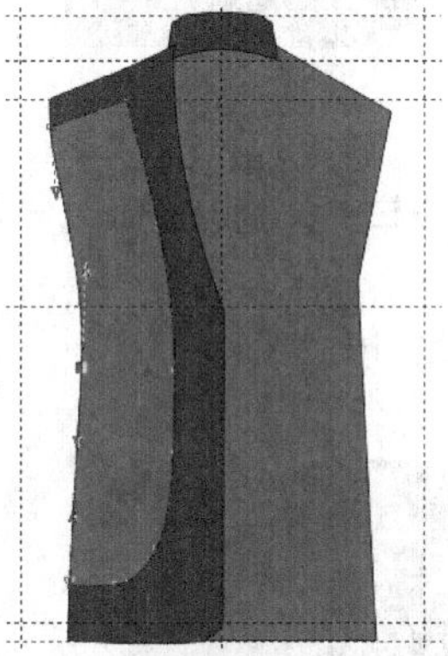
图10-7

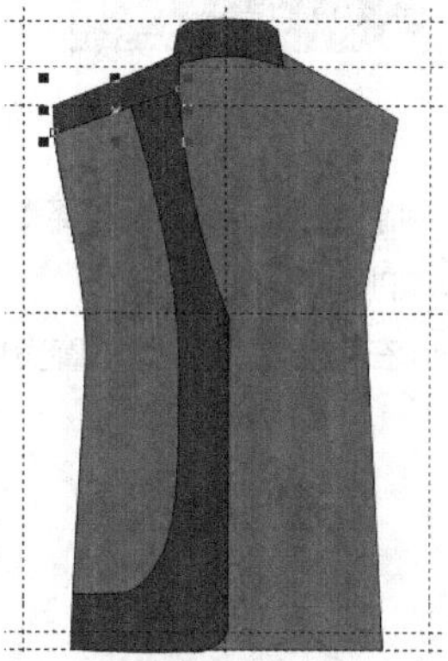
图10-8

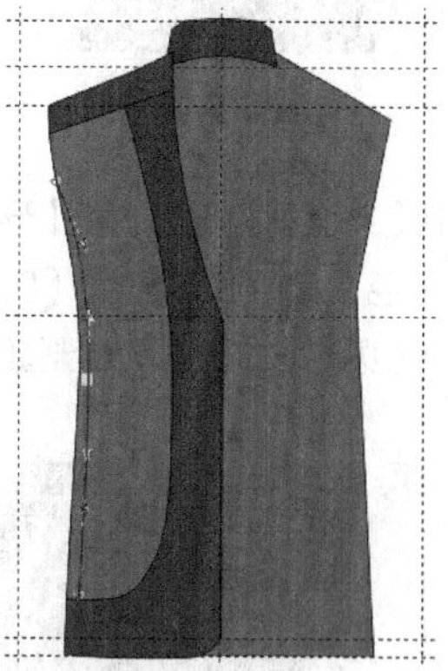
图10-9

09 使用【贝塞尔】工具和【形状】工具绘制腰省线，单击【选择】工具，在属性栏中设置轮廓宽度，如图10-10所示。

10 使用【贝塞尔】工具和【形状】工具绘制口袋，单击【选择】工具，在属性栏中设置轮廓宽度，并填充深灰色，其CMYK值为（0，0，0，80），如图10-11所示。

11 使用【贝塞尔】工具和【形状】工具绘制左袖，单击【选择】工具，在属性栏中设置轮廓宽度，并填充深灰色，其CMYK值为（0，0，0，80），如图10-12所示。

12 执行菜单栏中的【对象】/【顺序】/【置于此对象后】命令，把它放置到衣身后面，得到的效果如图10-13所示。

13 使用【贝塞尔】工具和【形状】工具绘制左袖口分割线，在属性栏中设置轮廓宽度，如图10-14所示。

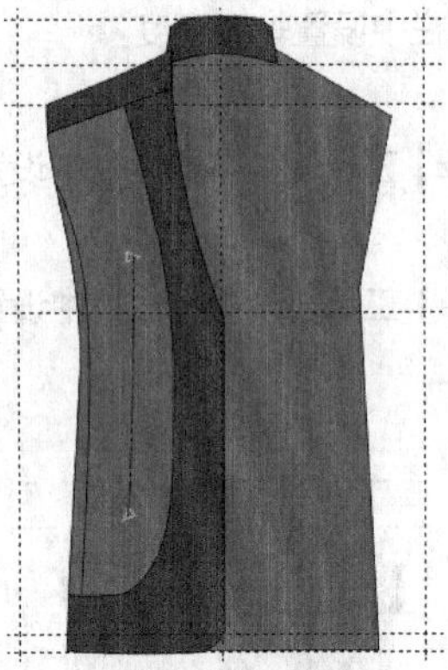
图10-10

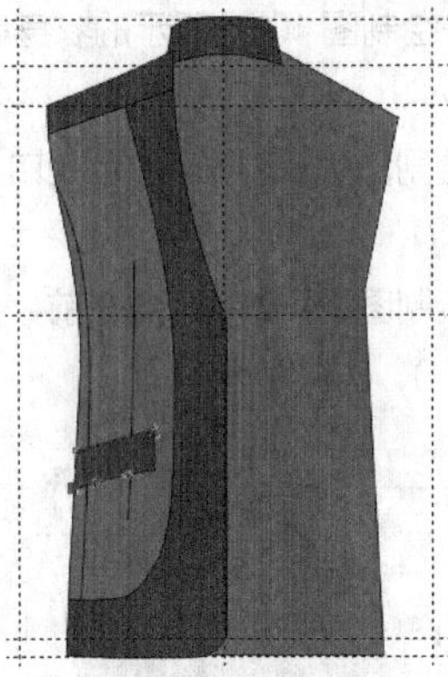
图10-11

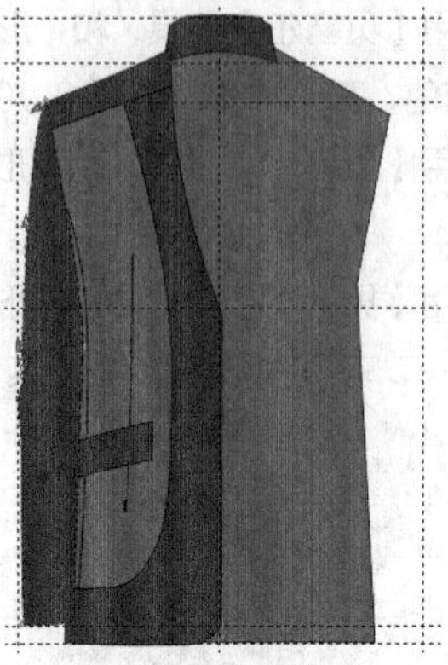
图10-12

14 使用【贝塞尔】工具和【形状】工具，在图10-15所示的左袖肘关节处绘制一条衣褶，在属性栏中设置轮廓宽度 .35 mm 。

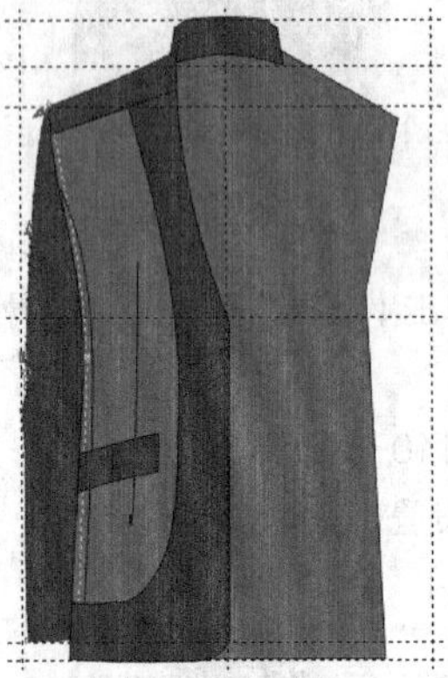
图10-13

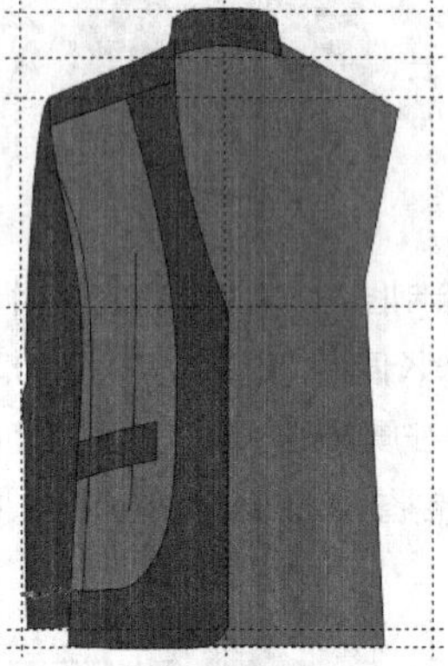
图10-14

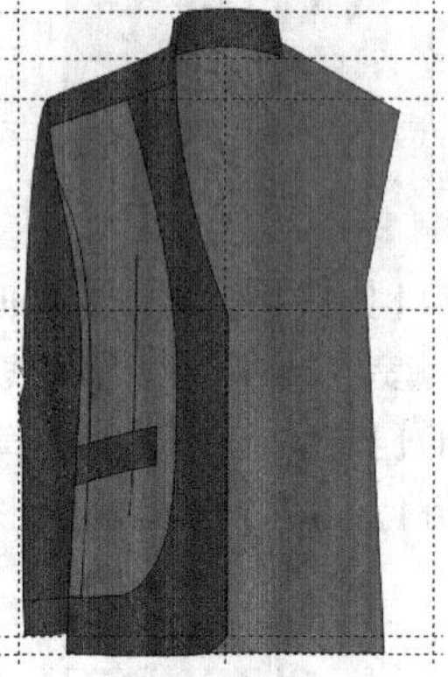
图10-15

15 使用【贝塞尔】工具和【形状】工具绘制翻驳领，单击【选择】工具，在属性栏中设置轮廓宽度 .35 mm ，并填充深灰色，其CMYK值为（0，0，0，80），如图10-16所示。

16 使用【贝塞尔】工具绘制翻驳领的分割线，在属性栏中设置轮廓宽度 .35 mm ，如图10-17所示。

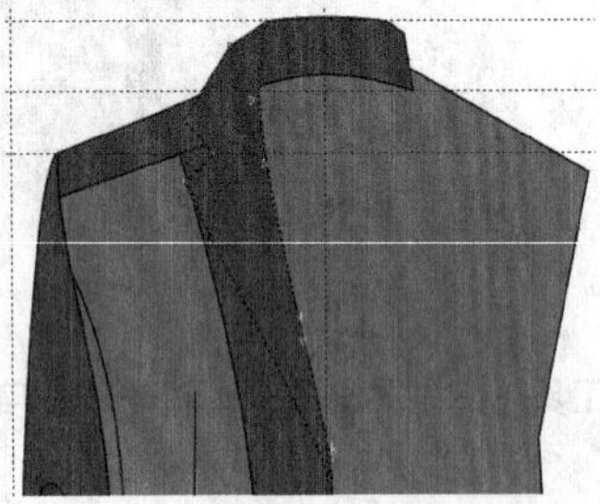
图10-16

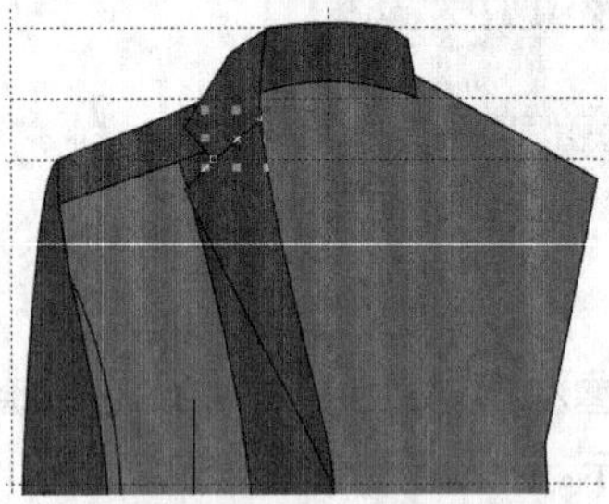
图10-17

17 执行菜单栏中的【编辑】/【全选】/【辅助线】命令，选择所有的辅助线，按【Delete】键删除，得到的效果如图10-18所示。

18 选择【贝塞尔】工具和【形状】工具，在图10-19所示的翻驳领、门襟、衣身、衣服下摆、口袋和袖口处绘制9条缉明线，使缉明线处于选择状态，按【F12】键，弹出【轮廓笔】对话框，选项及参数设置如图10-20所示。

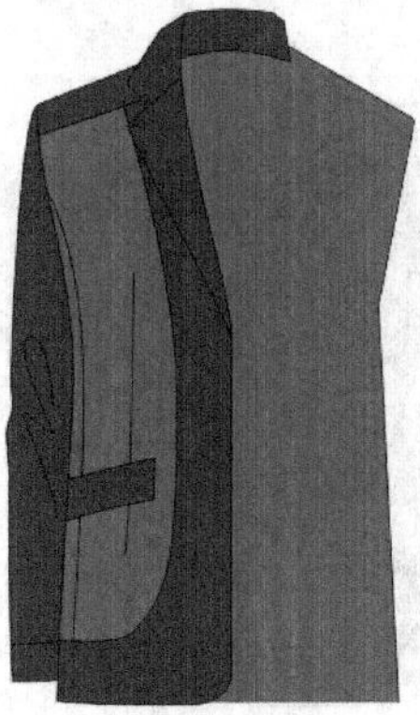

图10-18

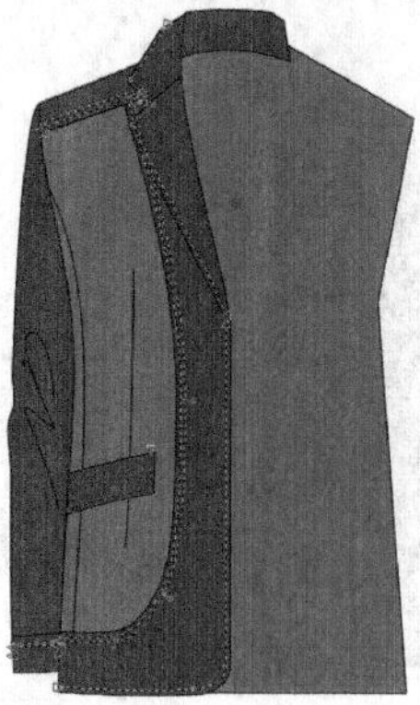

图10-19

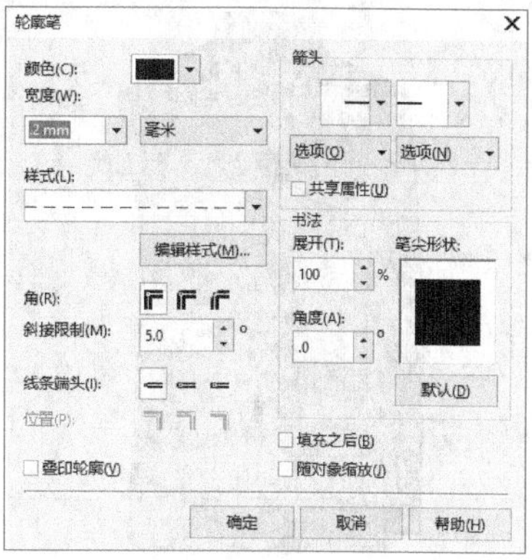

图10-20

19 单击【确定】按钮，得到的效果如图10-21所示。

20 使用【选择】工具选择衣身上的缉明线，执行菜单栏中的【对象】/【顺序】/【置于此对象后】命令，把缉明线放置到翻驳领后面，得到的效果如图10-22所示。

21 使用【贝塞尔】工具在腰省线上绘制一条线段，在属性栏中设置轮廓宽度 .35 mm，如图10-23所示。

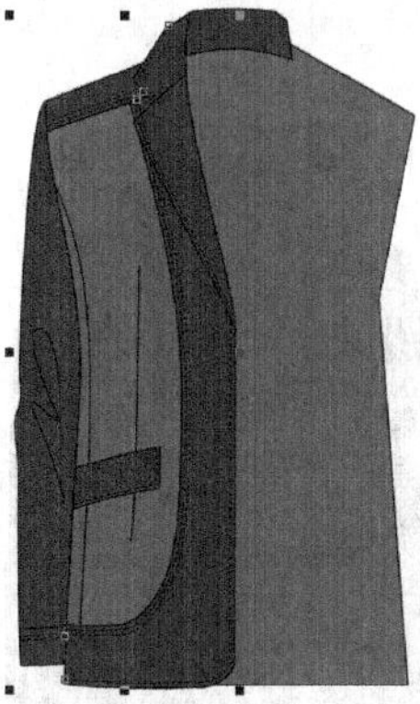

图10-21

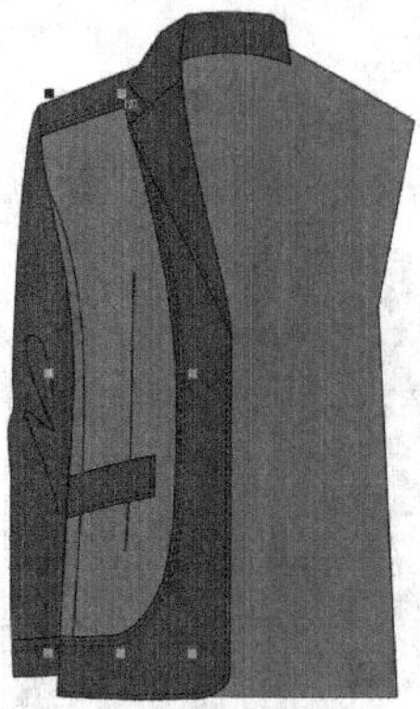

图10-22

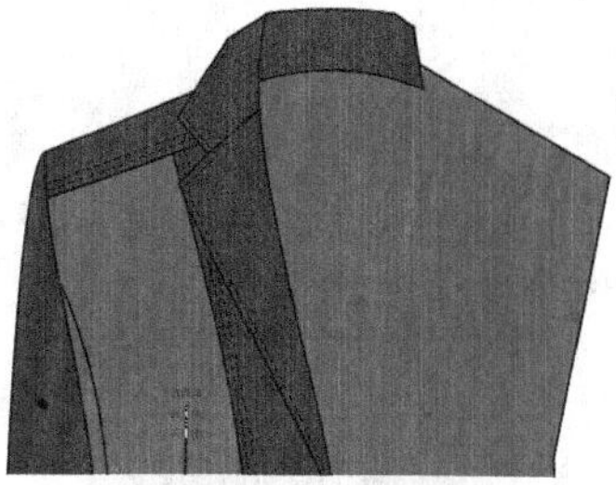

图10-23

22 选择【变形】工具，在属性栏中设置拉链变形的各项数值如图10-24所示，完成的打枣工艺效果如图10-25所示。

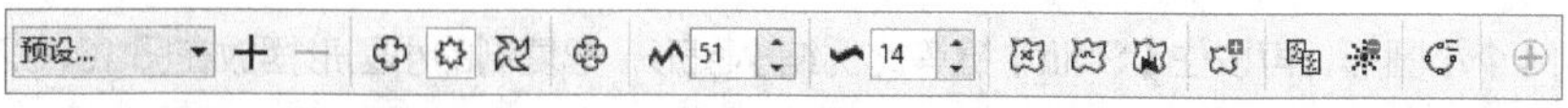

图10-24

图10-25

23 单击【选择】工具，按【+】键复制图形，把复制的图形摆放在图10-26所示的位置。

24 使用【选择】工具框选绘制好的左边衣形，按【+】键复制，单击属性栏中的【水平镜像】按钮，并把图形向右平移到合适的位置，得到的效果如图10-27所示。

25 使用【手绘】工具绘制后中分割线，在属性栏中设置轮廓宽度 .35 mm，如图10-28所示。

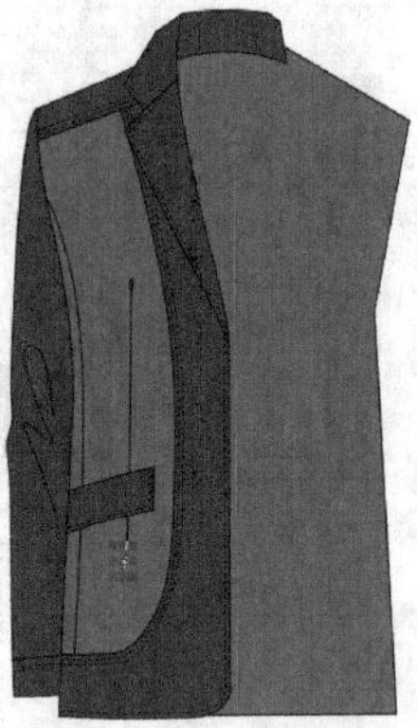

图10-26

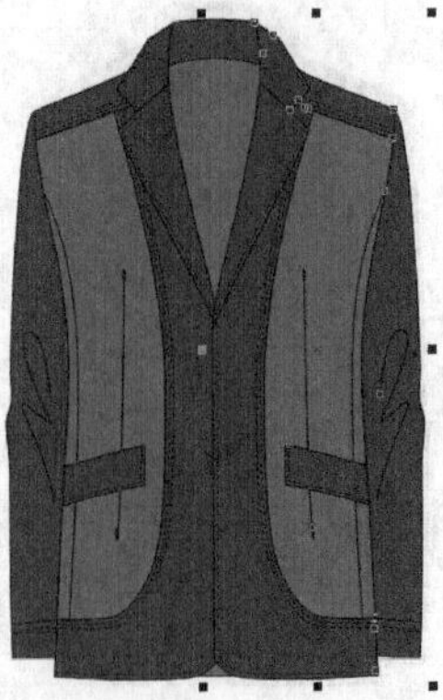

图10-27

图10-28

26 使用【贝塞尔】工具和【形状】工具绘制翻领上的花眼，单击【选择】工具，在属性栏中设置轮廓宽度，如图10-29所示。

27 使用【贝塞尔】工具和【形状】工具在图10-30所示的衣身上绘制扣眼，单击【选择】工具，在属性栏中设置轮廓宽度。

28 选择【椭圆形】工具，按住【Ctrl】键在门襟上绘制一个圆形，在属性栏中设置轮廓宽度并填充浅灰色，其CMYK值为（0，0，0，60），如图10-31所示。

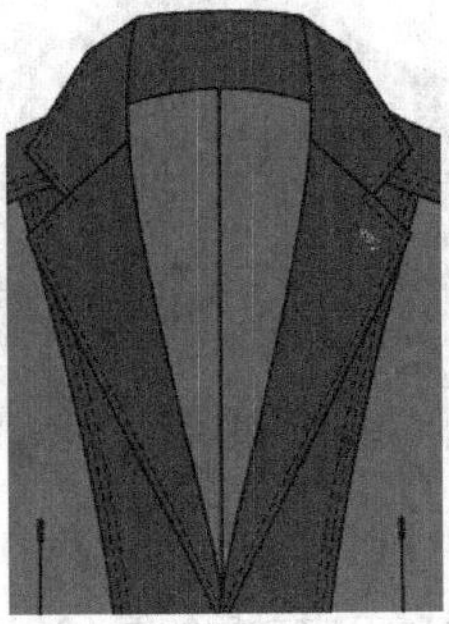

图10-29

图10-30

图10-31

29 按【+】键复制4个小圆形，再按住【Shift】键等比例缩小图形，把复制的小圆形摆放在图10-32所示的位置。

30 使用【选择】工具框选所有圆形，单击属性栏中的【合并】按钮，得到的效果如图10-33所示。

图10-32

图10-33

31 使用【选择】工具选择扣子和扣眼，按【+】键复制图形，把复制的图形摆放在图10-34所示的位置。

32 使用【选择】工具框选所有图形，按住【Ctrl】+【G】组合键，群组图形。这样就完成了男式西服的绘制，整体效果如图10-35所示。

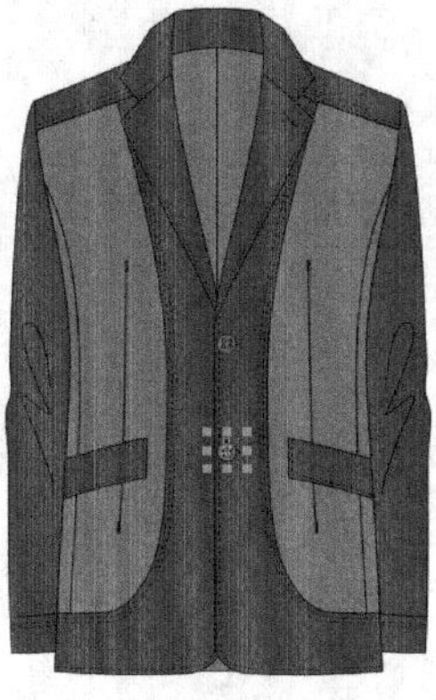

图10-34

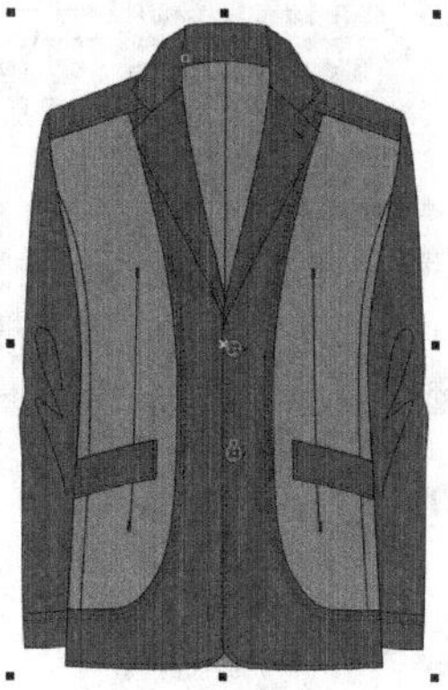

图10-35

10.1.2 女式西服款式设计

女式西服的整体效果如图10-36所示。

设计重点

造型设计、印花图案，捆条工艺的表现。

操作步骤

01 打开CorelDRAW软件，执行菜单栏中的【文件】/【新建】命令，或使用【Ctrl】+【N】组合键，打开【创建新文档】对话框，文件命名为“女式西服”，设定纸张大小为A4，横向摆放，如图10-37所示。

图10-36

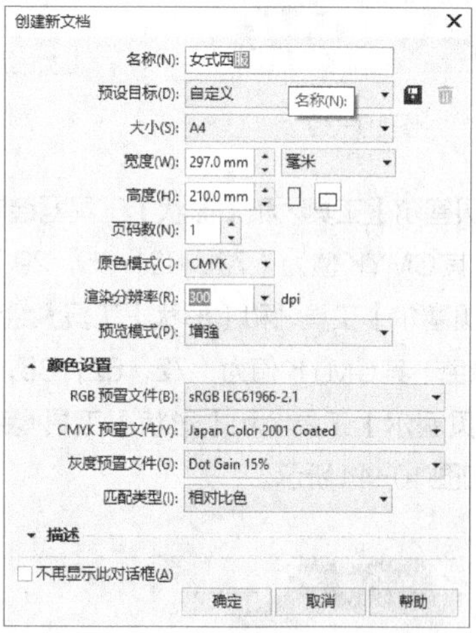

图10-37

02 从标尺栏向页面拖曳鼠标添加9条辅助线，确定衣长、袖长、领高、翻驳领长和袖肥等，如图10-38所示。

03 使用【贝塞尔】工具和【形状】工具绘制图10-39所示的衣身后片，单击【选择】工具，在属性栏中设置轮廓宽度 .35 mm，并填充橄榄绿色，其CMYK值为（33，28，66，0）。

04 使用【贝塞尔】工具和【形状】工具绘制图10-40所示的后领口，单击【选择】工具，在属性栏中设置轮廓宽度 .35 mm，并填充深绿色，其CMYK值为（72，62，85，29）。

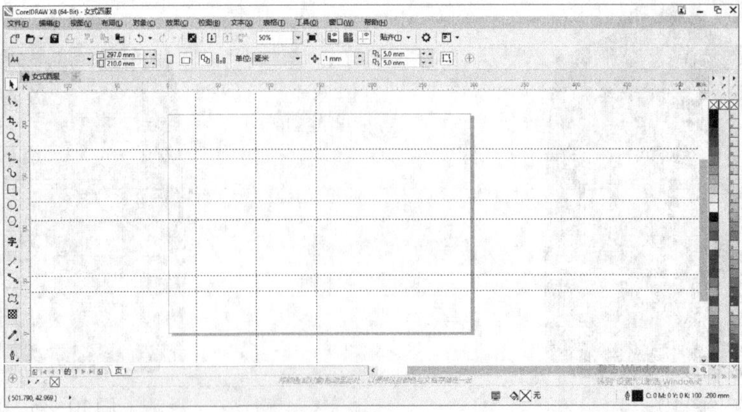

图10-38

05 使用【贝塞尔】工具和【形状】工具绘制图10-41所示的右前片，单击【选择】工具，在属性栏中设置轮廓宽度 .35 mm ，并填充深绿色，其CMYK值为（72，62，85，29）。

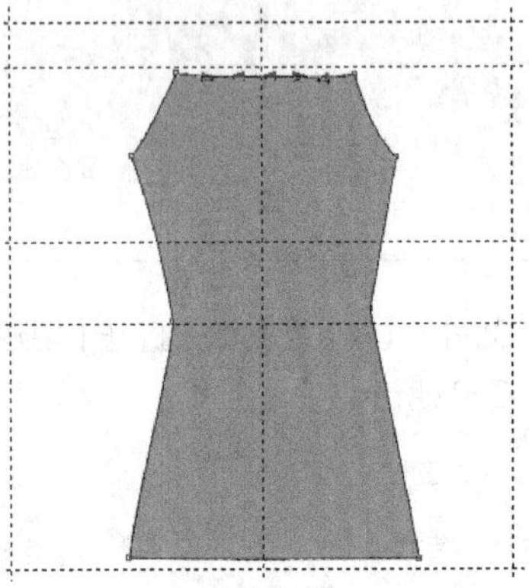

图10-39

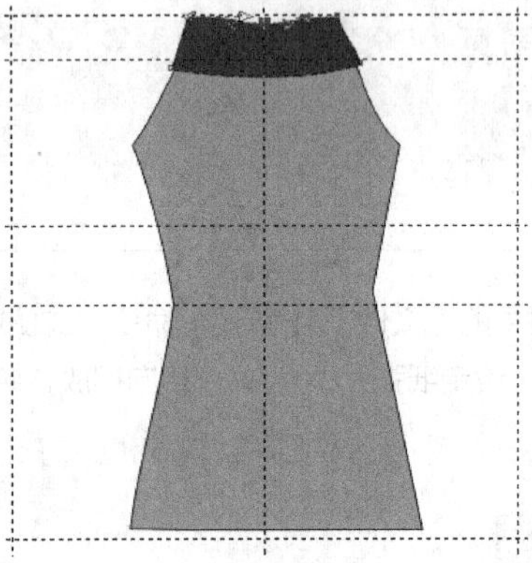

图10-40

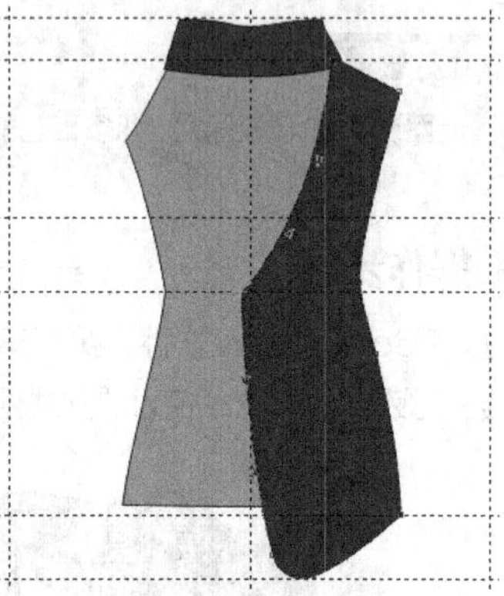

图10-41

06 使用【贝塞尔】工具和【形状】工具绘制右袖，单击【选择】工具，在属性栏中设置轮廓宽度 .35 mm ，并填充深绿色，其CMYK值为（72，62，85，29），如图10-42所示。

07 使用【贝塞尔】工具和【形状】工具绘制右肩造型，单击【选择】工具，在属性栏中设置轮廓宽度 .35 mm ，并填充深绿色，其CMYK值为（72，62，85，29），如图10-43所示。

08 使用【贝塞尔】工具和【形状】工具绘制肩部的分割线，单击【选择】工具，在属性栏中设置轮廓宽度 .35 mm ，如图10-44所示。

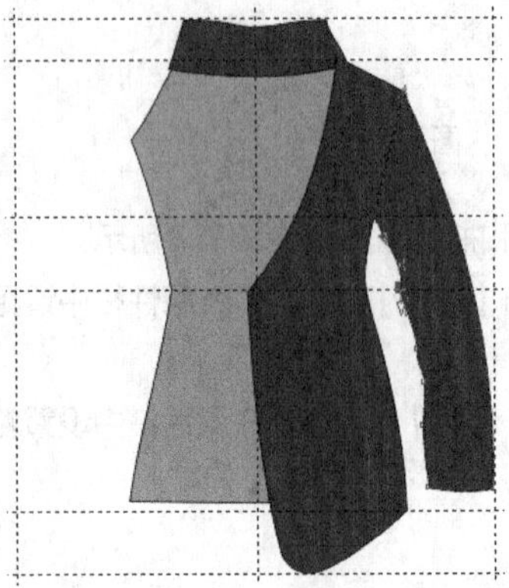

图10-42

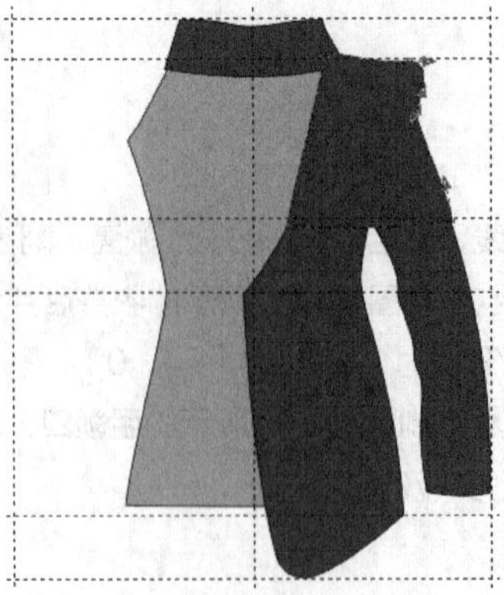

图10-43

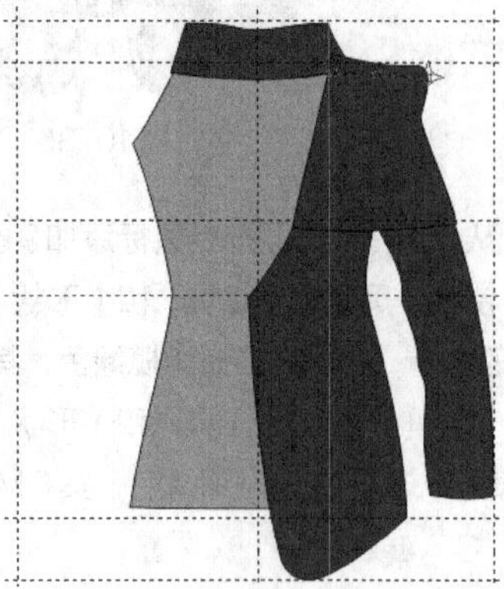

图10-44

09 使用【贝塞尔】工具和【形状】工具在图10-45所示的右袖肘关节处绘制3条衣褶，设置轮廓宽度.35 mm。

10 使用【贝塞尔】工具和【形状】工具绘制翻驳领，在属性栏中设置轮廓宽度.35 mm，并填充深绿色，其CMYK值为（72，62，85，29），如图10-46所示。

11 使用【贝塞尔】工具绘制翻驳领的分割线，在属性栏中设置轮廓宽度.35 mm，如图10-47所示。

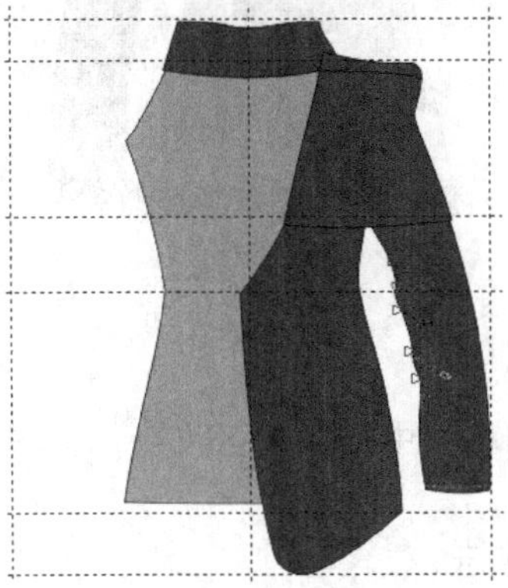
图10-45

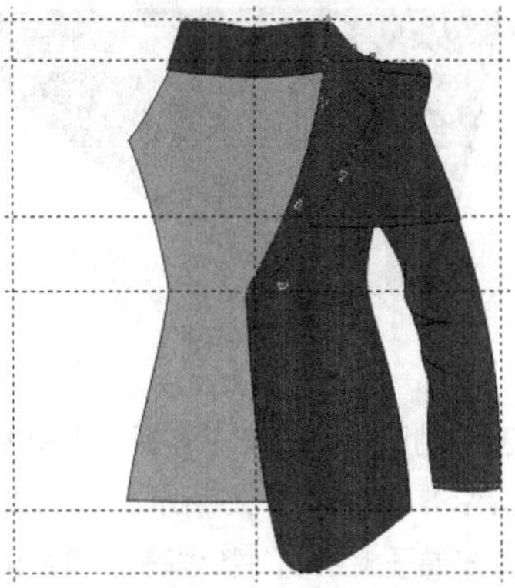
图10-46

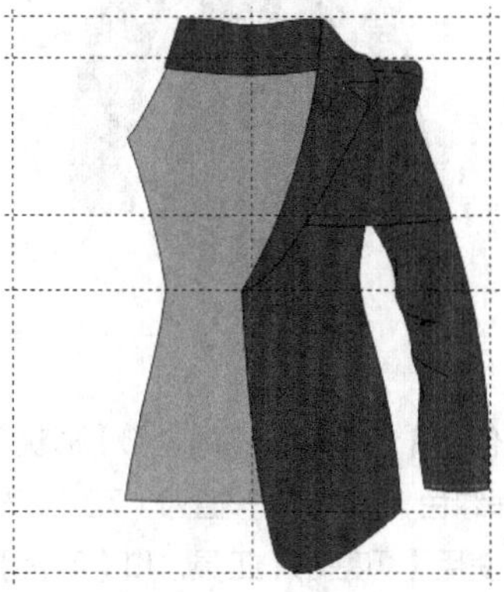
图10-47

12 使用【贝塞尔】工具和【形状】工具绘制后领口分割线，在属性栏中设置轮廓宽度.35 mm，如图10-48所示。

13 执行菜单栏中的【编辑】/【全选】/【辅助线】命令，选择所有的辅助线，按【Delete】键删除，得到的效果如图10-49所示。

14 使用【贝塞尔】工具和【形状】工具绘制图10-50所示的腰省分割线，单击【选择】工具，在属性栏中设置轮廓宽度1.5 mm。

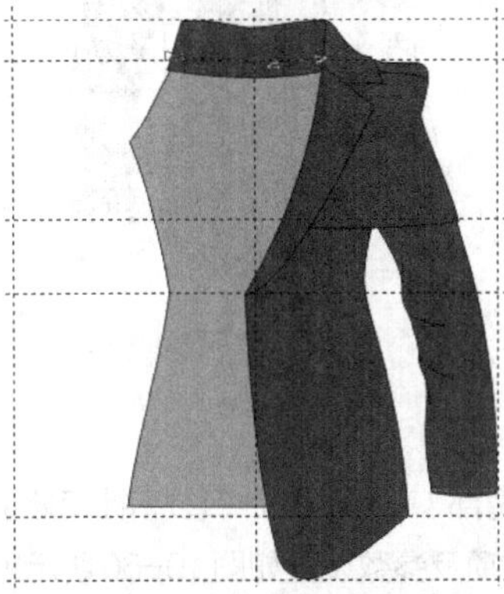
图10-48

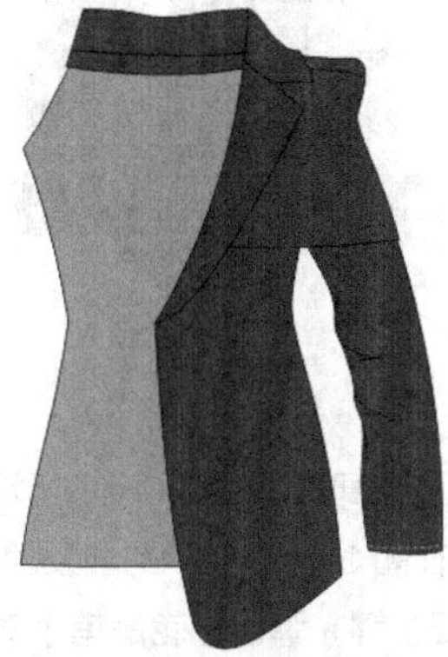
图10-49

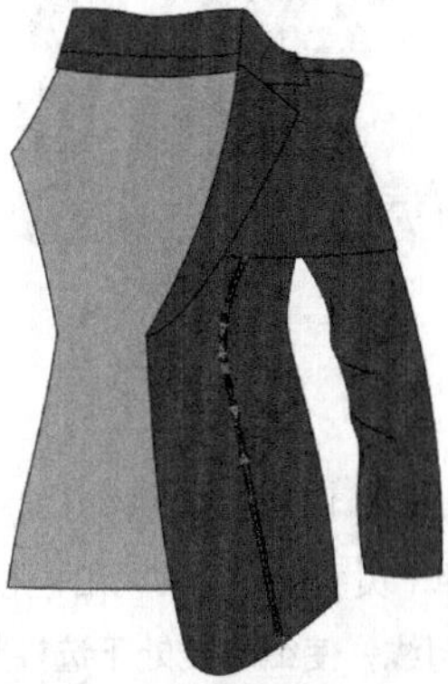
图10-50

15 执行菜单栏中的【对象】/【将轮廓转换为对象】命令，把路径转换为图形并填充深绿色，其CMYK值为（72，62，85，29），得到的效果如图10-51所示。

16 使用【选择】工具选择图形，在属性栏中设置轮廓宽度.5 mm，得到的效果如图10-52所示。

17 使用【形状】工具调整图形边缘，使其与衣服下摆造型相贴合，得到的效果如图10-53所示。

18 执行菜单栏中的【对象】/【顺序】/【置于此对象后】命令，把图形放置到肩部造型后面，得到的效果如图10-54所示。

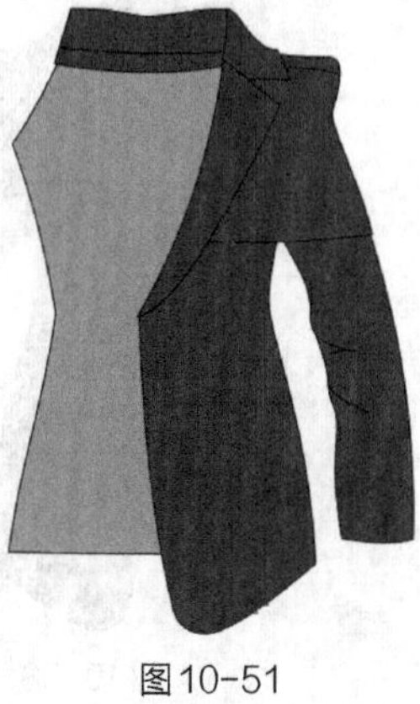
图10-51

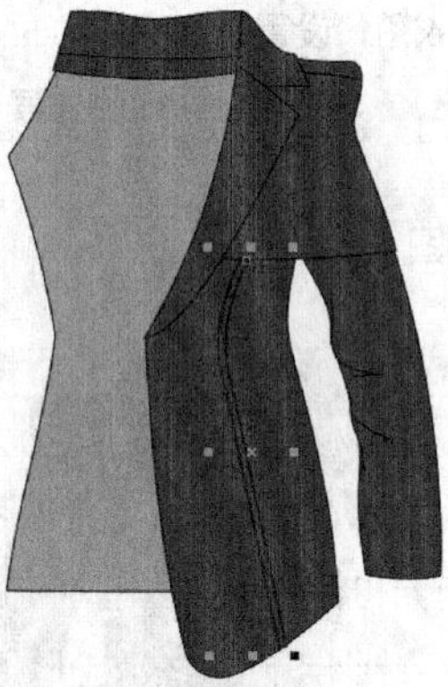
图10-52

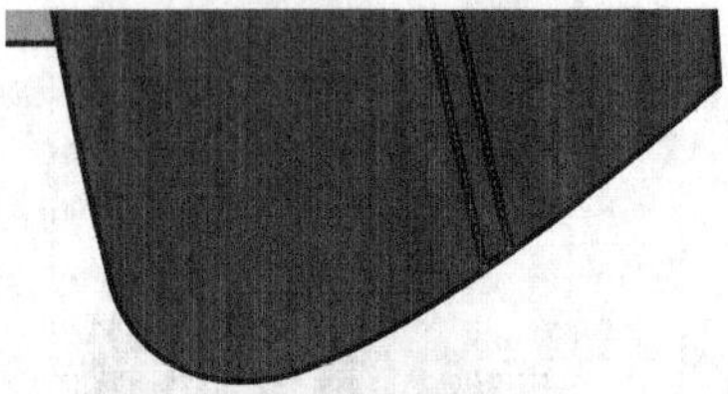
图10-53

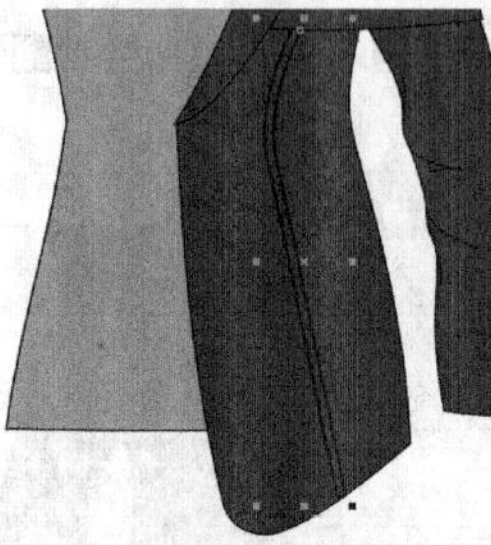
图10-54

19 使用【贝塞尔】工具和【形状】工具绘制口袋，单击【选择】工具，在属性栏中设置轮廓宽度，并填充深绿色，其CMYK值为（72，62，85，29），如图10-55所示。

20 使用【贝塞尔】工具和【形状】工具在袖子上绘制3条线段，如图10-56所示。

21 使用【选择】工具框选3条线段，单击属性栏中的【合并】按钮，然后在属性栏中设置轮廓宽度，得到的效果如图10-57所示。

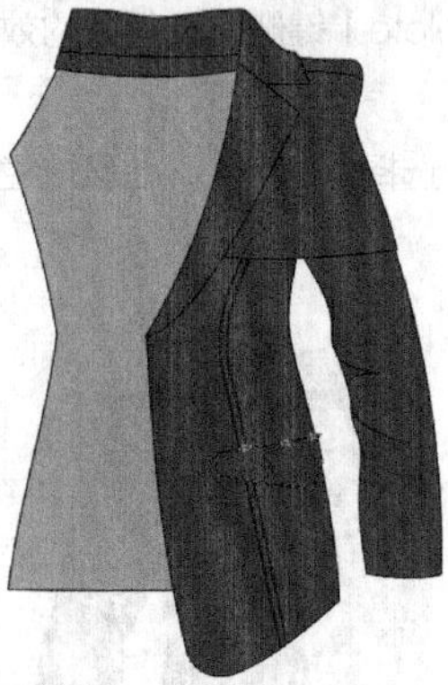
图10-55

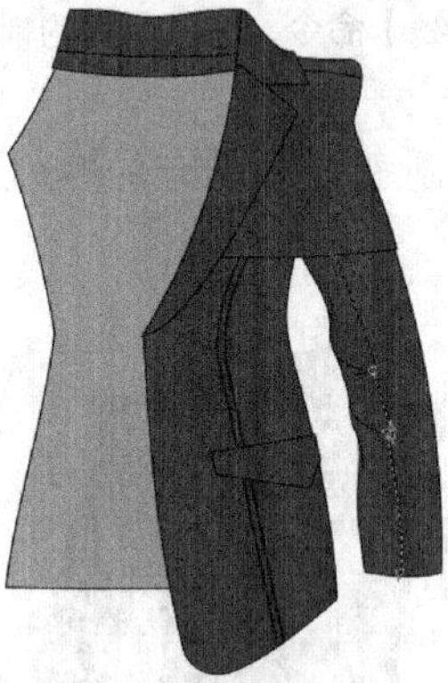
图10-56

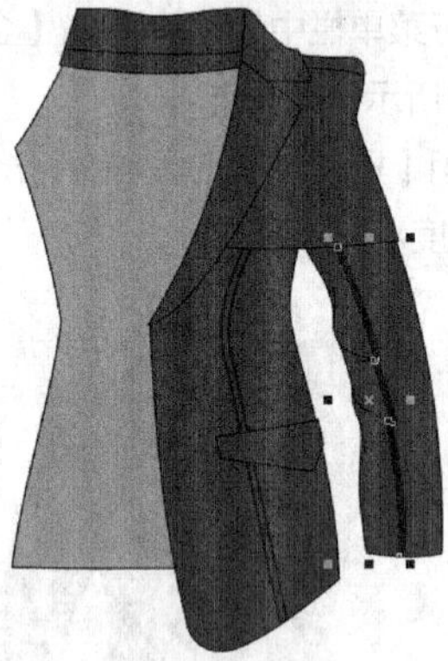
图10-57

22 重复步骤14~16的操作，完成袖子的捆条工艺表现，如图10-58所示。

23 选择【贝塞尔】工具和【形状】工具，在图10-59所示的翻驳领、门襟、肩部、衣服下摆、口袋和袖口处绘制8条缉明线，使缉明线处于选择状态，按【F12】键，弹出【轮廓笔】对话框，选项及参数设置如图10-60所示（轮廓填充橄榄绿色，其CMYK值为（33，28，66，0）。

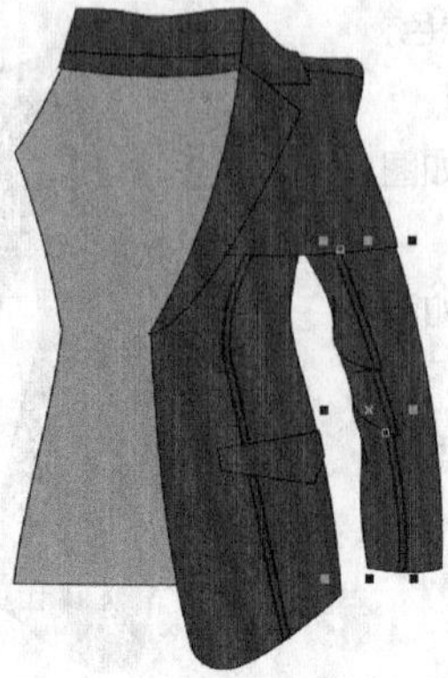
图10-58

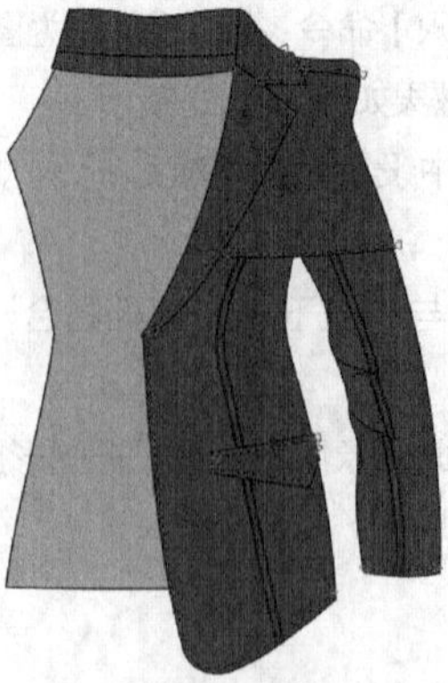
图10-59

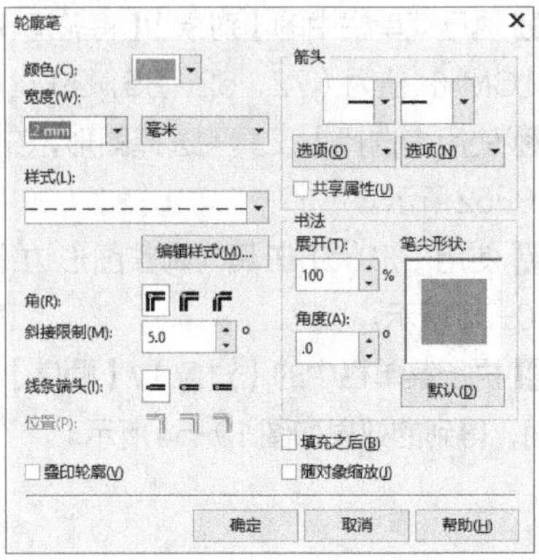

图10-60

24 单击【确定】按钮，得到的效果如图10-61所示。

25 使用【选择】工具框选绘制好的右边衣形，按【+】键复制，单击属性栏中的【水平镜像】按钮，并把图形向左平移到合适的位置，得到的效果如图10-62所示。

26 使用【手绘】工具绘制后中分割线，在属性栏中设置轮廓宽度.35 mm，如图10-63所示。

27 执行菜单栏中的【对象】/【顺序】/【置于此对象后】命令，把分割线放置到翻驳领后面，得到的效果如图10-64所示。

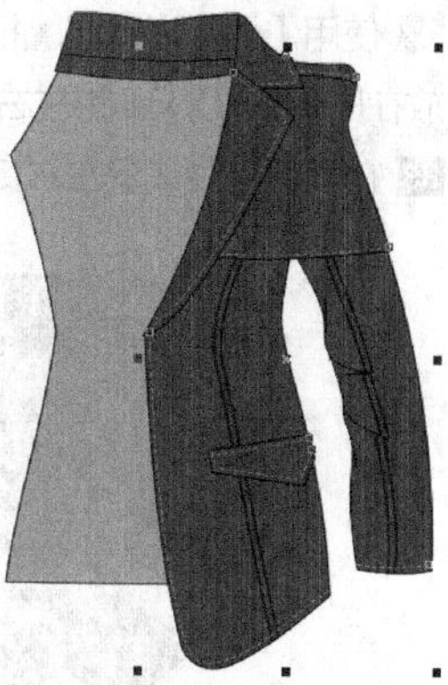

图10-61

图10-62

图10-63

图10-64

图10-65

28 使用【贝塞尔】工具和【形状】工具在衣身上绘制扣眼，单击【选择】工具，在属性栏中设置轮廓宽度.35 mm，如图10-65所示。

29 选择【变形】工具，在属性栏中设置拉链变形的各项数值如图10-66所示，得到的效果如图10-67所示。

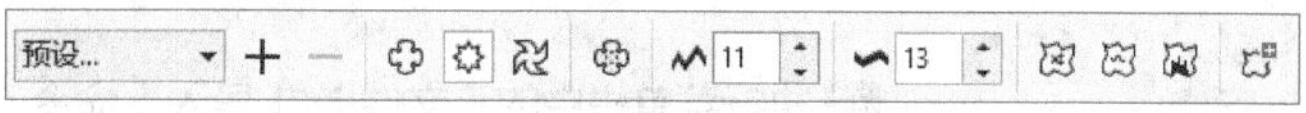

图10-66

30 选择【椭圆形】工具，按住【Ctrl】键在门襟上绘制一个圆形，在属性栏中设置轮廓宽度.35 mm，并填充深绿色，其CMYK值为（72，62，85，29），如图10-68所示。

31 按【+】键复制圆形，再按住【Shift】键等比例缩小图形，把复制的小圆形摆放在图10-69所示的位置，在属性栏中设置轮廓宽度.2 mm。

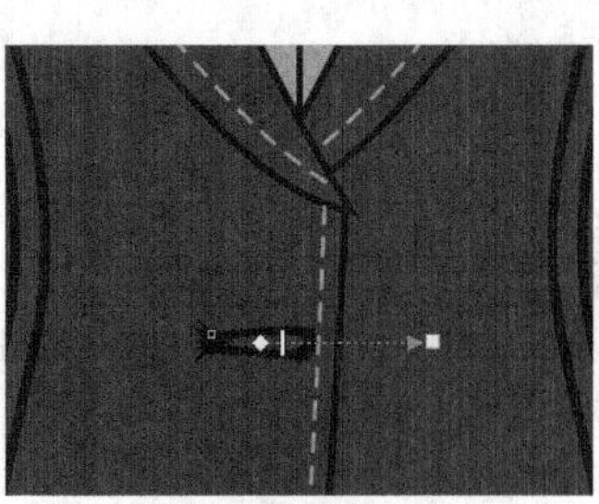

图10-67

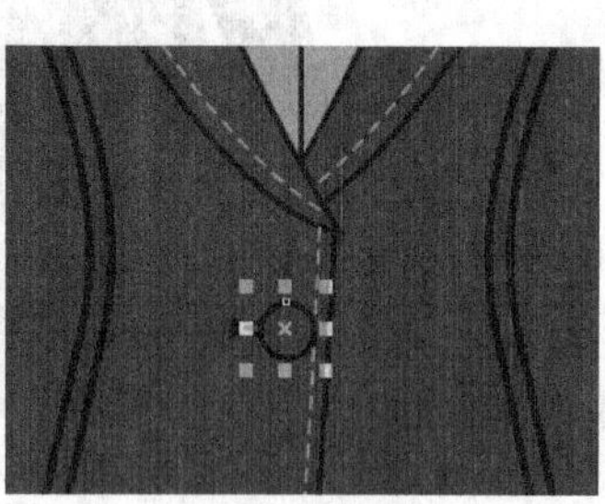

图10-68

图10-69

32 使用【选择】工具框选纽扣和扣眼，按住【Ctrl】+【G】组合键，群组图形。按【+】键复制两个图形，分别摆放在图10-70所示的左右口袋处。

33 在属性栏中设置左右口袋纽扣的旋转角度 249.5 °和 294.3 °，得到的效果如图10-71所示。

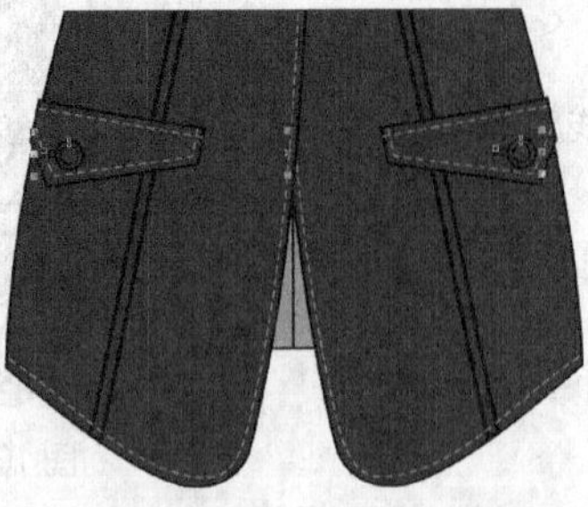
图10-70

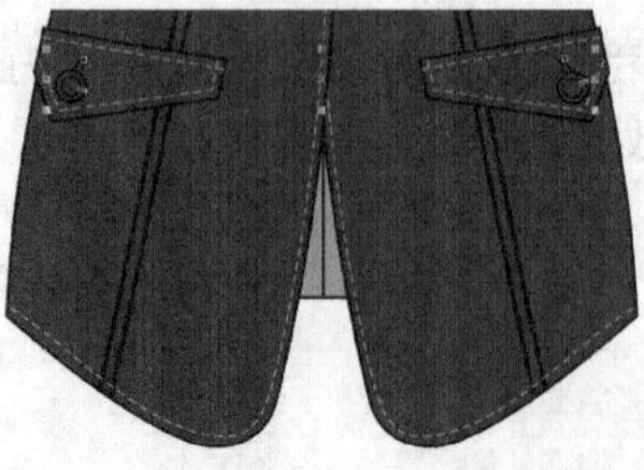
图10-71

34 使用【矩形】工具在衣服的下摆处绘制一个矩形，在属性栏中设置轮廓宽度 .35 mm ，并填充深绿色，其CMYK值为（72，62，85，29），如图10-72所示。

35 执行菜单栏中的【对象】/【顺序】/【置于此对象后】命令，把矩形放置到右前片后面，得到的效果如图10-73所示。

36 重复步骤21和步骤22的操作绘制后领口和下摆处的缉明线，得到的效果如图10-74所示。

图10-72

图10-73

图10-74

37 执行菜单栏中的【文件】/【导入】命令，导入图10-75所示的印花图案。

38 使用【选择】工具把图案摆放在图10-76所示的位置。

图10-75

图10-76

39 执行菜单栏中的【对象】/【PowerClip】/【置于图文框内部】命令，把印花图案放置在右肩造型中，得到的效果如图10-77所示。

40 使用【选择】工具框选所有图形，按住【Ctrl】+【G】组合键，群组图形。这样就完成了女式西服的绘制，整体效果如图10-78所示。

图10-77

图10-78

10.2 大衣款式设计

大衣是指衣长过臀的外穿服装。广义上也包括风衣、雨衣。按衣身长度分，有长、中、短3种。按用途分，有礼仪活动穿着的礼服大衣；以御风寒的连帽风雪大衣；两面均可穿用，兼具御寒、防雨作用的两用大衣。下面介绍经典的双排扣大衣款式设计。

10.2.1 男式双排扣大衣款式设计

男式双排扣大衣的整体效果如图10-79所示。

设计重点

造型设计、纽扣设计。

操作步骤

01 打开CorelDRAW软件，执行菜单栏中的【文件】/【新建】命令，或使用【Ctrl】+【N】组合键，打开【创建新文档】对话框，文件命名为“男式双排扣大衣”，设定纸张大小为A4，横向摆放，如图10-80所示。

图10-79

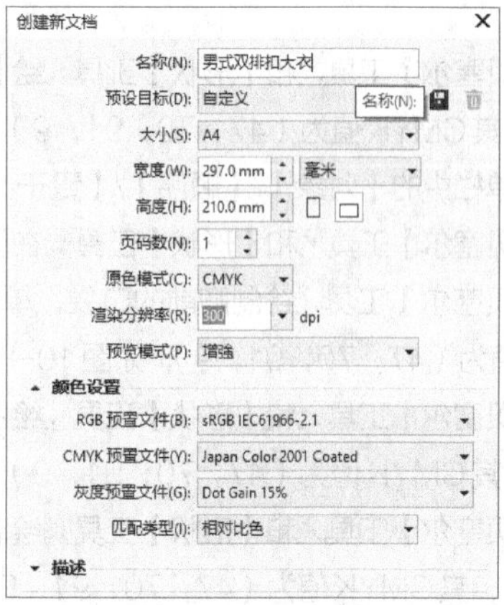

图10-80

02 从标尺栏向页面拖曳鼠标添加9条辅助线，确定衣长、袖长、袖窿深、翻驳领长和袖肥等，如图10-81所示。

03 使用【贝塞尔】工具绘制图10-82所示的衣身后片，单击【选择】工具，在属性栏中设置轮廓宽度 .35 mm，并填充褐色，其CMYK值为（56，72，93，24）。

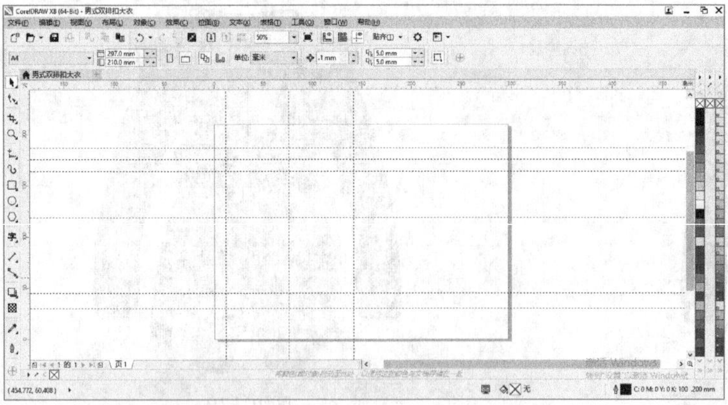

图10-81

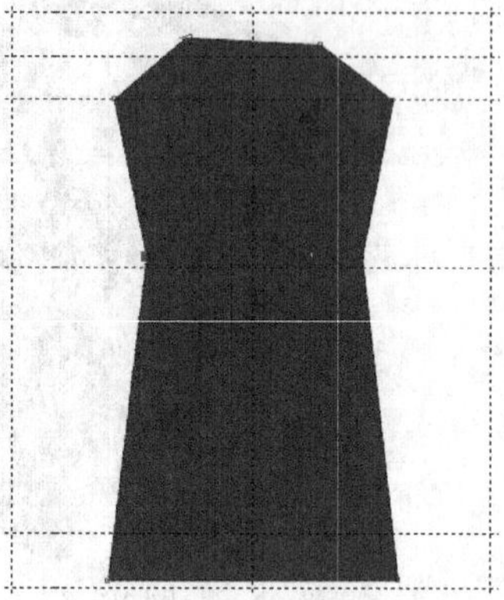

图10-82

04 使用【贝塞尔】工具和【形状】工具绘制图10-83所示的后领口，单击【选择】工具，在属性栏中设置轮廓宽度 .35 mm，并填充赭石色，其CMYK值为（47，70，91，9）。

05 使用【贝塞尔】工具和【形状】工具绘制图10-84所示的左前片，单击【选择】工具，在属性栏中设置轮廓宽度 .35 mm，并填充赭石色，其CMYK值为（47，70，91，9）。

06 使用【贝塞尔】工具绘制肩部的分割线，在属性栏中设置轮廓宽度 .35 mm，如图10-85所示。

图10-83

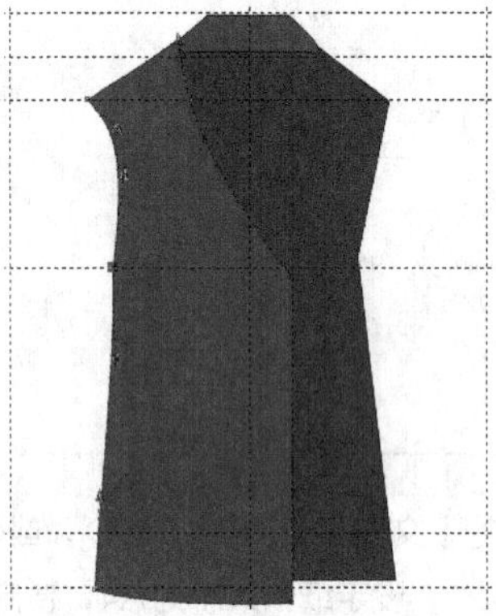

图10-84

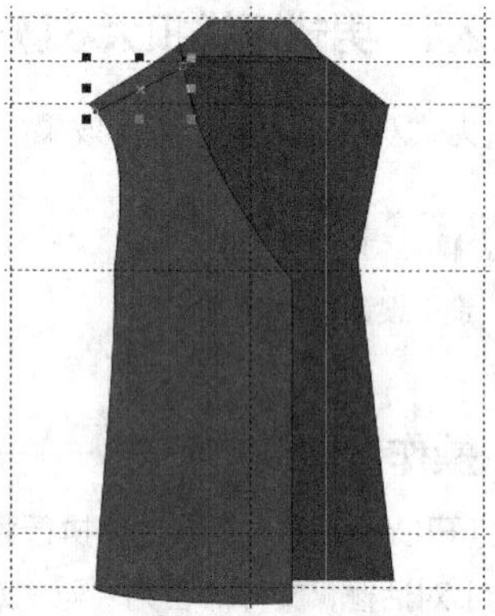

图10-85

07 使用【贝塞尔】工具和【形状】工具绘制左袖，单击【选择】工具，在属性栏中设置轮廓宽度 .35 mm，并填充赭石色，其CMYK值为（47，70，91，9），如图10-86所示。

08 执行菜单栏中的【对象】/【顺序】/【置于此对象后】命令，把它放置到衣身后面，得到的效果如图10-87所示。

09 使用【贝塞尔】工具和【形状】工具在图10-88所示的左袖上绘制4条衣褶，设置轮廓宽度 .35 mm。

10 使用【贝塞尔】工具绘制胸前的口袋，单击【选择】工具，在属性栏中设置轮廓宽度 .35 mm，并填充赭石色，其CMYK值为（47，70，91，9），如图10-89所示。

11 使用【贝塞尔】工具和【形状】工具绘制口袋，单击【选择】工具，在属性栏中设置轮廓宽度 .35 mm，并填充赭石色，其CMYK值为（47，70，91，9），如图10-90所示。

12 使用【贝塞尔】工具和【形状】工具绘制翻驳领，单击【选择】工具，在属性栏中设置轮廓宽度 .35 mm，并填充赭石色，其CMYK值为（47，70，91，9），如图10-91所示。

图10-86

图10-87

图10-88

图10-89

图10-90

图10-91

13 使用【贝塞尔】工具和【形状】工具绘制图10-92所示的分割线，在属性栏中设置轮廓宽度。

14 单击【选择】工具，执行菜单栏中的【对象】/【顺序】/【置于此对象后】命令，把分割线放置到翻驳领后面，得到的效果如图10-93所示。

15 执行菜单栏中的【编辑】/【全选】/【辅助线】命令，选择所有的辅助线，按【Delete】键删除，得到的效果如图10-94所示。

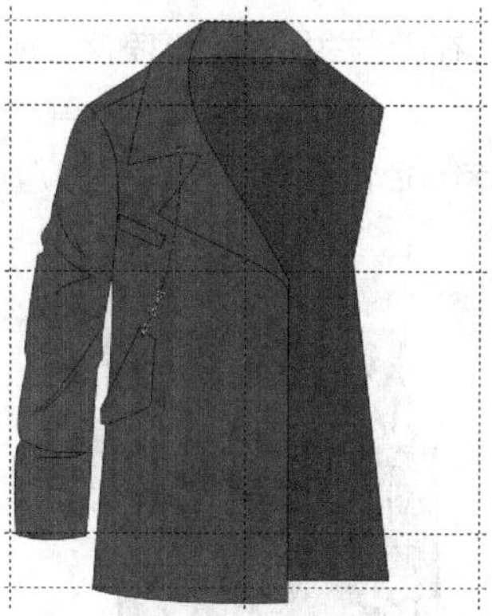
图10-92

图10-93

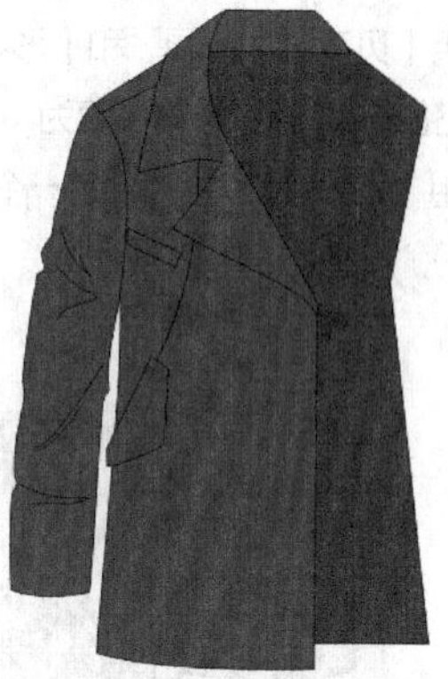
图10-94

16 使用【选择】工具选择分割线，按【+】键复制一条线段，在属性栏中设置各项参数如图10-95所示，并把复制的缉明线摆放在图10-96所示的位置。

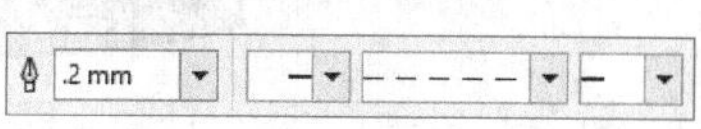

图10-95

17 执行菜单栏中的【对象】/【顺序】/【置于此对象后】命令，把缉明线放置到翻驳领后面，得到的效果如图10-97所示。

18 使用【贝塞尔】工具绘制翻驳领的分割线，在属性栏中设置轮廓宽度.35 mm，如图10-98所示。

图10-96

图10-97

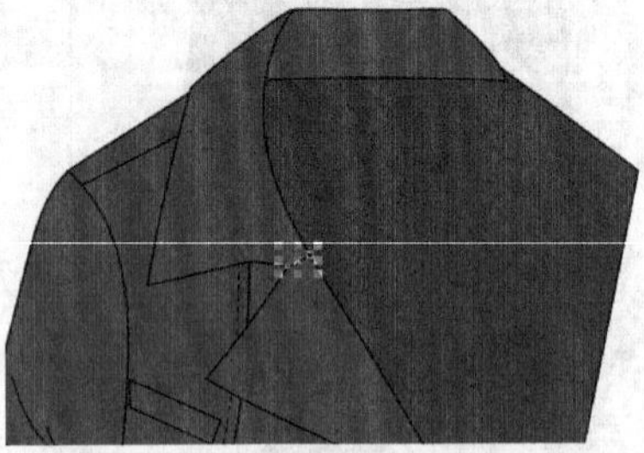
图10-98

19 选择【贝塞尔】工具和【形状】工具，在图10-99所示的翻驳领、门襟、衣身、肩部、衣服下摆、口袋和袖口处绘制7条缉明线，使缉明线处于选择状态，按【F12】键，弹出【轮廓笔】对话框，选项及参数设置如图10-100所示。

20 单击【确定】按钮，得到的效果如图10-101所示。

图10-99

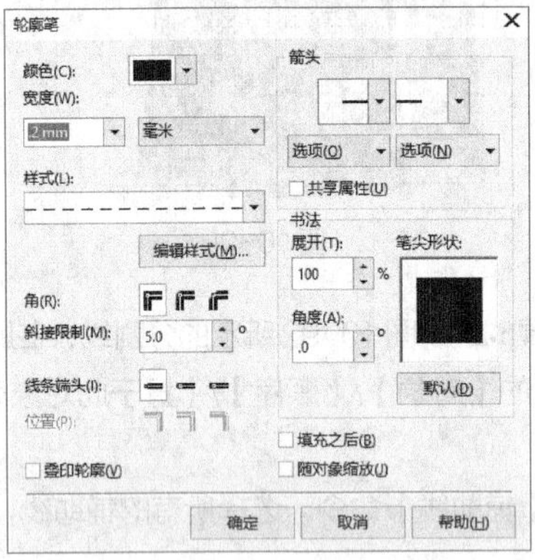

图10-100

图10-101

21 使用【贝塞尔】工具和【形状】工具在袖口处绘制图形，单击【选择】工具，在属性栏中设置轮廓宽度.35 mm，并填充赭石色，其CMYK值为（47，70，91，9），如图10-102所示。

22 使用【矩形】工具绘制一个矩形，在属性栏中设置轮廓宽度.35 mm，并填充赭石色，其CMYK值为（47，70，91，9），如图10-103所示。

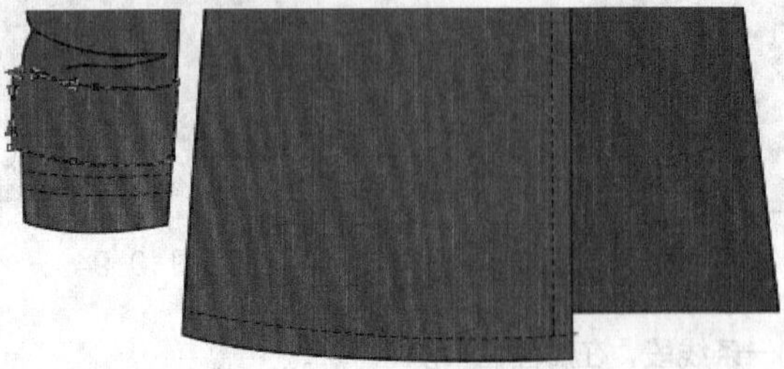
图10-102

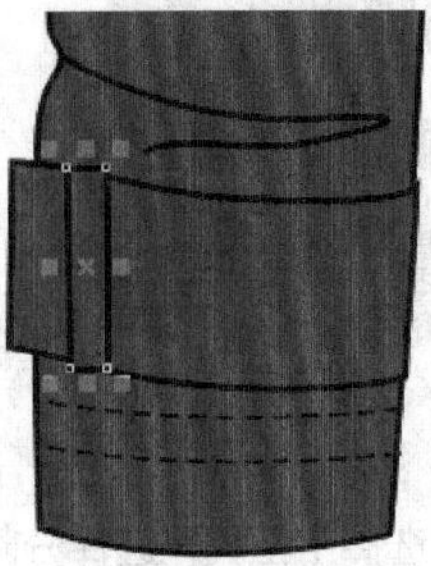
图10-103

23 选择【手绘】工具在矩形上绘制两条直线，在属性栏中设置各项参数，如图10-104所示，得到的效果如图10-105所示。

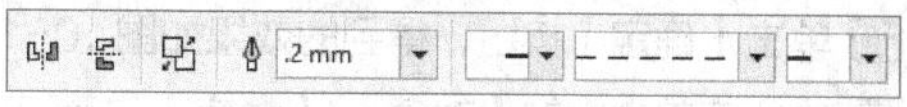

图10-104

24 单击【选择】工具框选图形，在属性栏中设置旋转角度352.2°，得到的效果如图10-106所示。

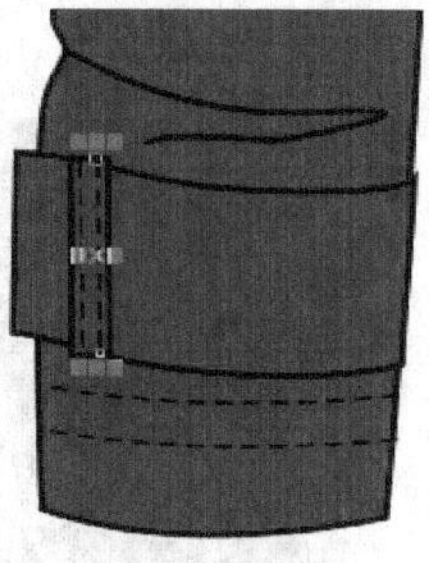
图10-105

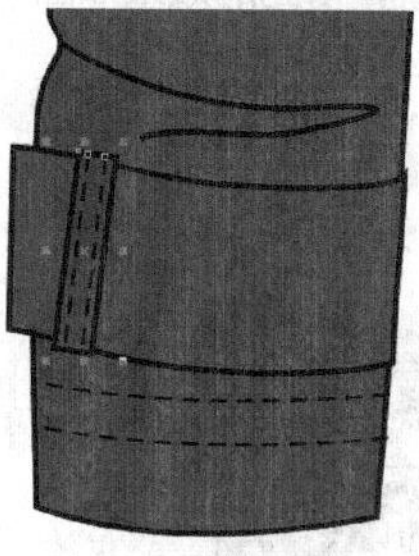
图10-106

25 使用【矩形】工具绘制一个矩形，在属性栏中对矩形进行各项参数设置，如图10-107所示。给矩形填充赭石色，其CMYK值为（47，70，91，9），得到的效果如图10-108所示。

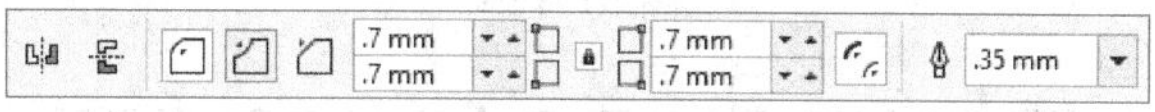

图10-107

26 按【+】键复制图形，再按住【Shift】键等比例缩小图形，得到的效果如图10-109所示。

27 使用【选择】工具框选两个矩形，单击属性栏中的【合并】按钮结合图形，得到的效果如图10-110所示。

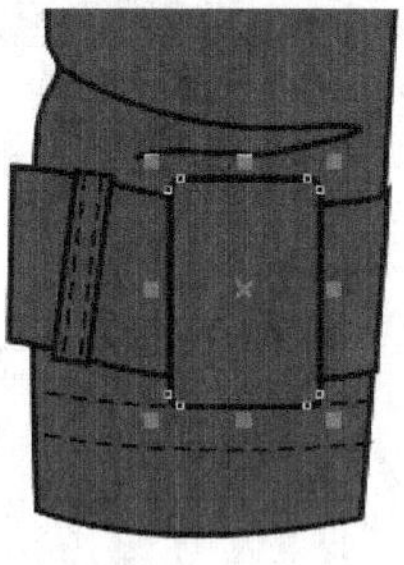
图10-108

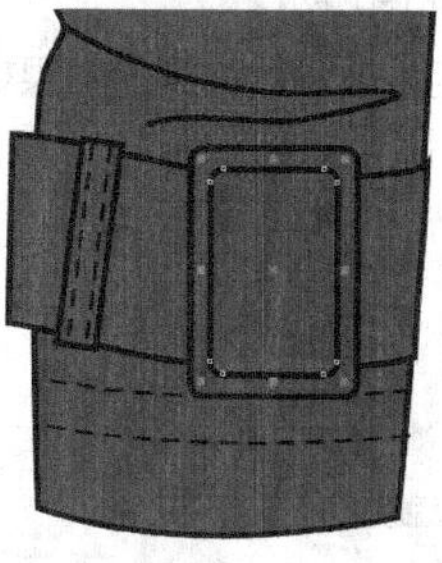
图10-109

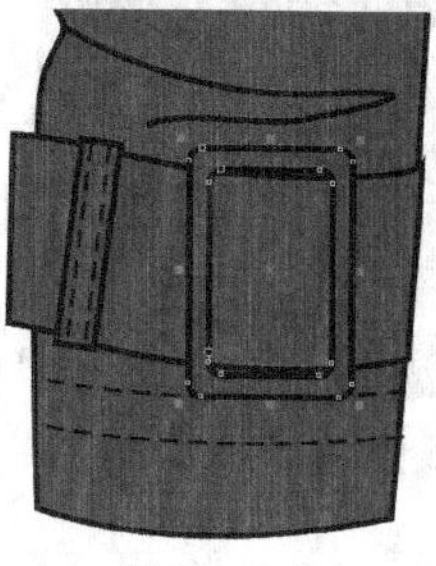
图10-110

28 单击【选择】工具，在属性栏中设置旋转角度357.5°，得到的效果如图10-111所示。

29 选择【贝塞尔】工具和【形状】工具，在图10-112所示的袖带上绘制两条缉明线，使缉明线处于选择状态，按【F12】键，弹出【轮廓笔】对话框，选项及参数设置如图10-113所示。

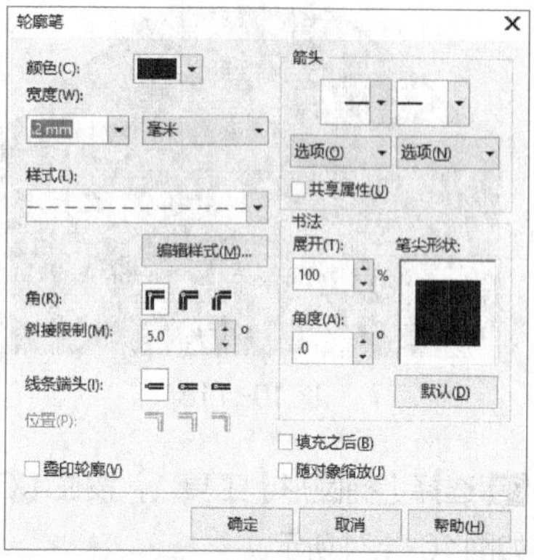

图10-113

图10-111

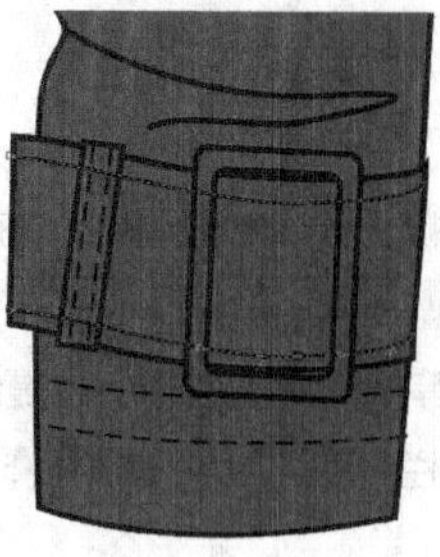
图10-112

30 单击【确定】按钮，得到的效果如图10-114所示。

31 执行菜单栏中的【对象】/【顺序】/【置于此对象后】命令，把缉明线放置到袖扣袢后面，得到的效果如图10-115所示。

32 使用【选择】工具框选绘制好的左边衣形，按【+】键复制，单击属性栏中的【水平镜像】按钮，并把图形向右平移到合适的位置，得到的效果如图10-116所示。

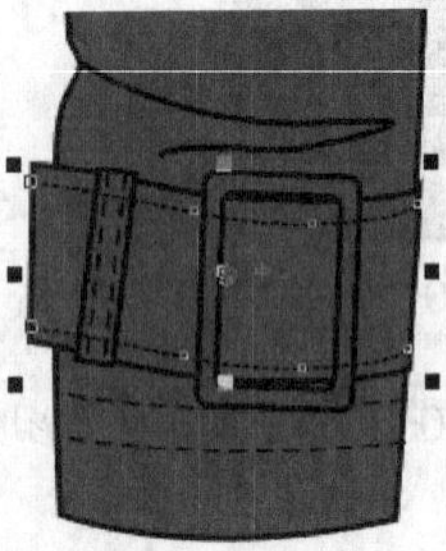
图10-114

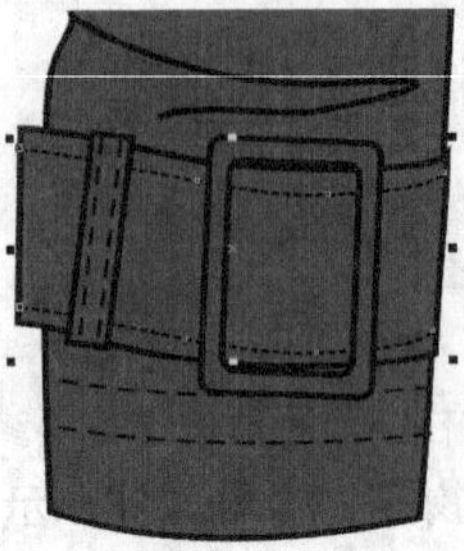
图10-115

图10-116

图10-117

33 使用【贝塞尔】工具和【形状】工具绘制后片的分割线，在属性栏中设置轮廓宽度 .35 mm，效果如图10-117所示。

34 选择【贝塞尔】工具和【形状】工具，在图10-118所示的位置绘制4条缉明线，使缉明线处于选择状态，按【F12】键，弹出【轮廓笔】对话框，选项及参数设置如图10-119所示。

35 单击【确定】按钮，得到的效果如图10-120所示。

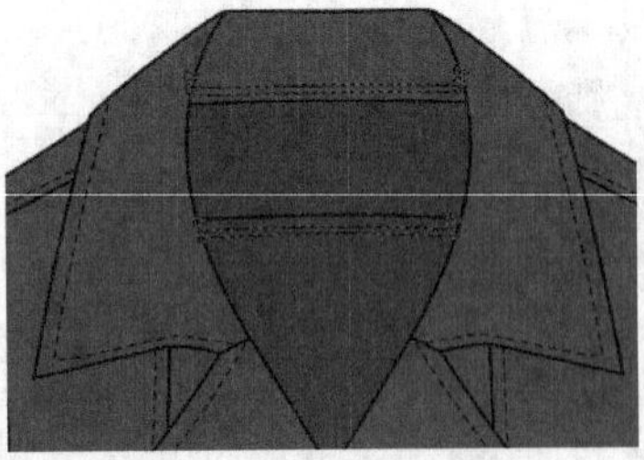
图10-118

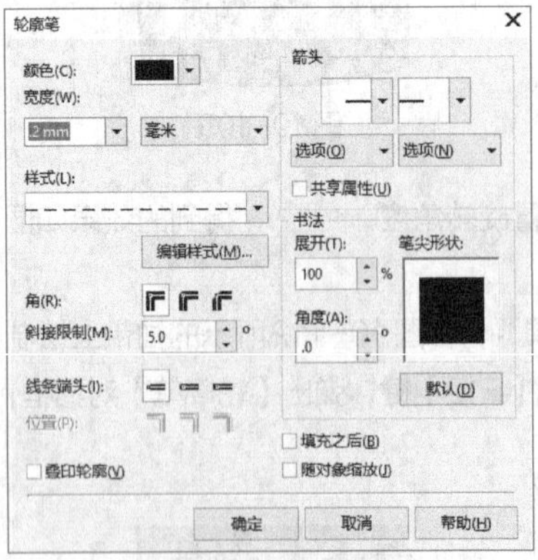

图10-119

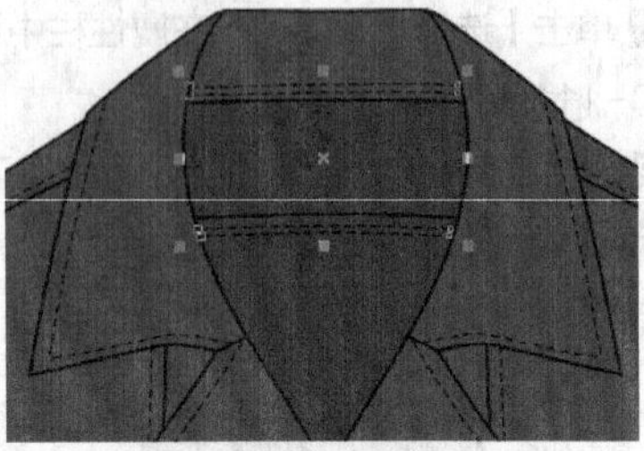
图10-120

36 选择【椭圆形】工具，按住【Ctrl】键在门襟上绘制一个圆形，在属性栏中设置轮廓宽度 .35 mm，并填充白色，如图10-121所示。

37 按【+】键复制4个圆形，再按住【Shift】键等比例缩小图形，把复制的小圆形摆放在图10-122所示的位置。

38 使用【选择】工具框选所有圆形，单击属性栏中的【合并】按钮，得到的效果如图10-123所示。

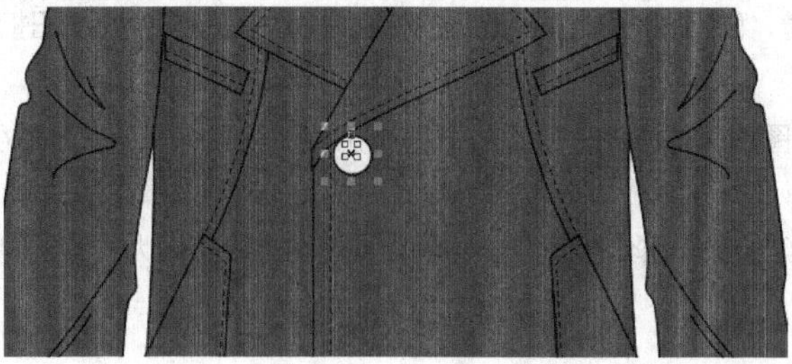

图10-121

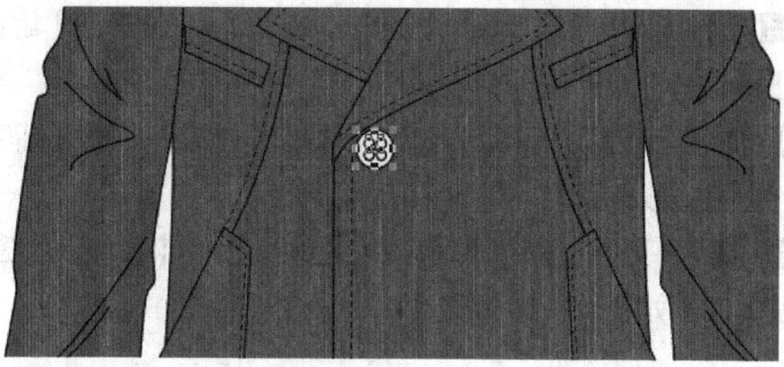

图10-122

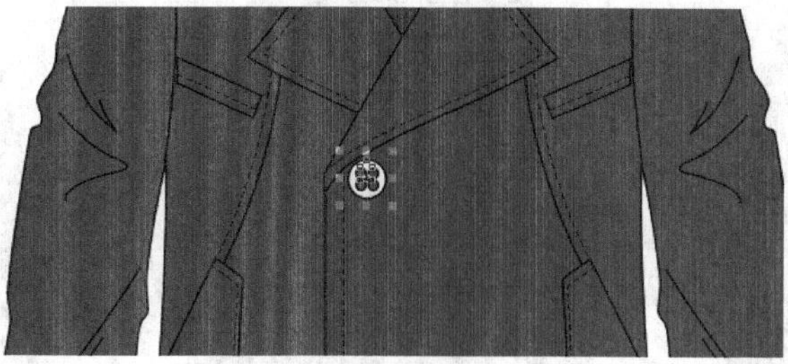

图10-123

39 使用【手绘】工具在扣子上绘制两条线段，如图10-124所示。

40 使用【选择】工具选择两条线段，按【F12】键，弹出【轮廓笔】对话框，各项参数的设置如图10-125所示。

图10-124

图10-125

41 单击【确定】按钮，得到的效果如图10-126所示。

42 执行菜单栏中的【对象】/【将轮廓转换为对象】命令，把路径转换为图形并填充白色，得到的效果如图10-127所示。

43 使用【选择】工具选择图形，在属性栏中设置轮廓宽度为 .2 mm，得到的效果如图10-128所示。

图10-126

图10-127

图10-128

44 使用【选择】工具框选图形，按住【Ctrl】+【G】组合键，群组图形，完成纽扣的绘制。按【+】键复制5个纽扣，把复制的纽扣分别摆放在图10-129所示的位置。

45 使用【选择】工具选择单个纽扣，按【+】键复制两个图形，再按住【Shift】键等比例缩小复制的图形，把缩小的纽扣摆放在图10-130所示的口袋上。

46 使用【选择】工具框选所有图形，按住【Ctrl】+【G】组合键，群组图形。这样就完成了男式双排扣大衣的绘制，整体效果如图10-131所示。

图10-129

图10-130

图10-131

10.2.2 女式大衣款式设计

女式大衣的整体效果如图10-132所示。

设计重点

造型设计、千鸟格图案，钻石纽扣表现。

操作步骤

01 打开CorelDRAW软件，执行菜单栏中的【文件】/【新建】命令，或使用【Ctrl】+【N】组合键，打开【创建新文档】对话框，文件命名为“女式单排扣大衣”，设定纸张大小为A4，横向摆放，如图10-133所示。

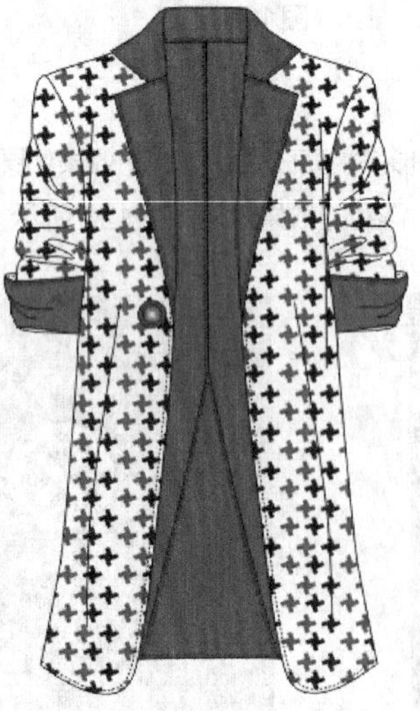
图10-132

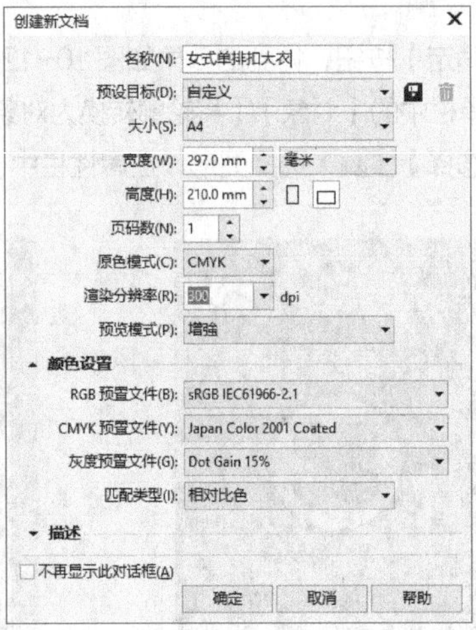

图10-133

02 从标尺栏向页面拖曳鼠标添加10条辅助线，确定衣长、袖长、翻驳领线、袖肥和下摆等，如图10-134所示。

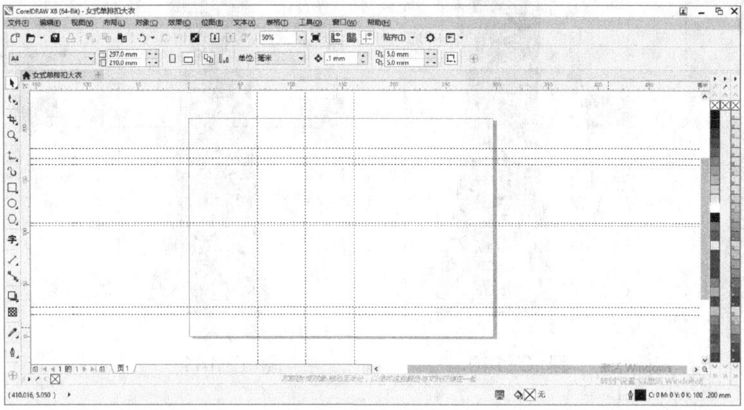

图10-134

03 使用【贝塞尔】工具和【形状】工具在绘制图10-135所示的衣身后片，在属性栏中设置轮廓宽度，并填充玫红色，其CMYK值为（2，100，5，0）。

04 使用【贝塞尔】工具和【形状】工具绘制图10-136所示的后领口，单击【选择】工具，在属性栏中设置轮廓宽度，并填充玫红色，其CMYK值为（2，100，5，0）。

05 使用【贝塞尔】工具和【形状】工具绘制图10-137所示的左前片，单击【选择】工具，在属性栏中设置轮廓宽度，并填充白色。

06 使用【贝塞尔】工具和【形状】工具绘制左袖，单击【选择】工具，在属性栏中设置轮廓宽度，并填充白色，如图10-138所示。

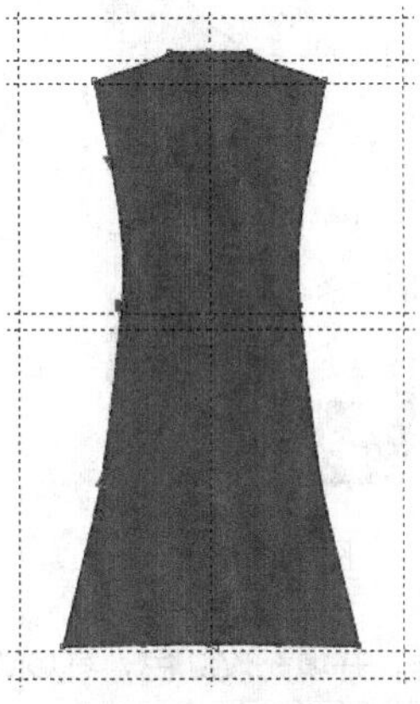

图10-135

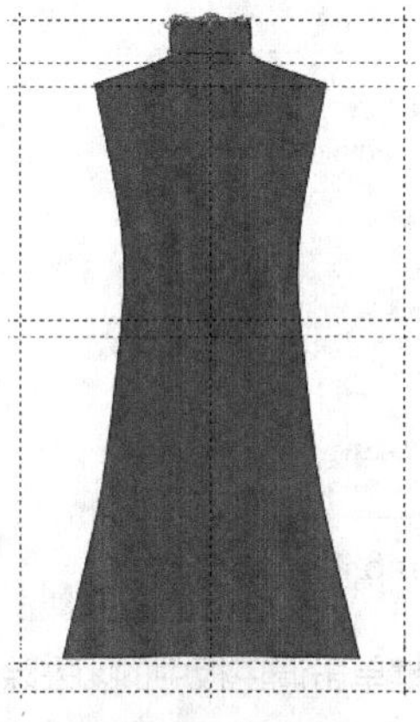

图10-136

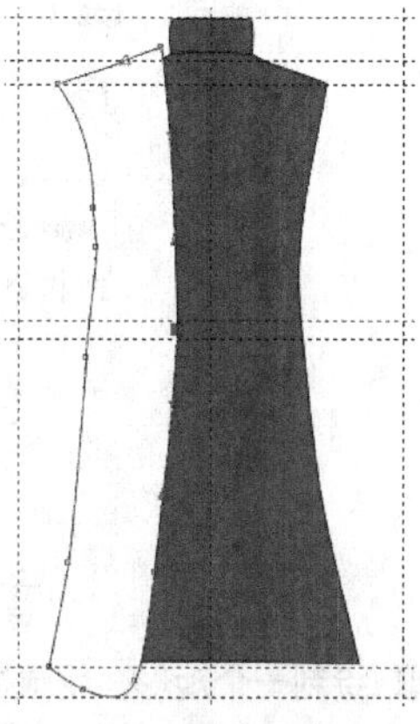

图10-137

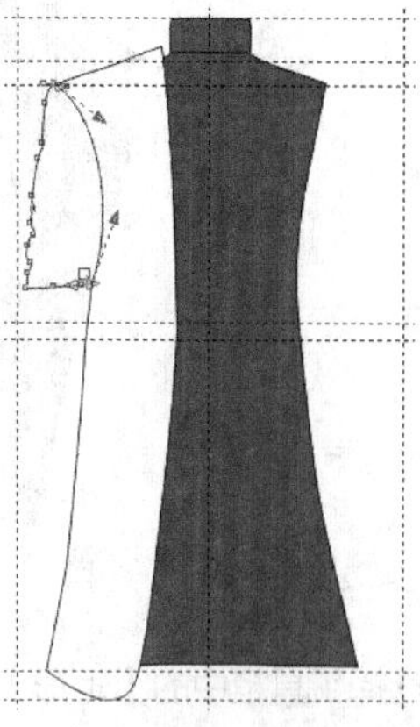

图10-138

07 使用【贝塞尔】工具和【形状】工具绘制图10-139所示的袖口翻折部分，单击【选择】工具，在属性栏中设置轮廓宽度，并填充玫红色，其CMYK值为（2，100，5，0）。

08 使用【贝塞尔】工具和【形状】工具在袖口绘制图10-140所示的造型，单击【选择】工具，在属性栏中设置轮廓宽度，并填充白色。

09 使用【贝塞尔】工具和【形状】工具在图10-141所示的左袖上绘制褶裥线，设置轮廓宽度。

10 单击【选择】工具框选整个左袖，执行菜单栏中的【对象】/【顺序】/【置于此对象后】命令，把它摆放在衣身后面，得到的效果如图10-142所示。

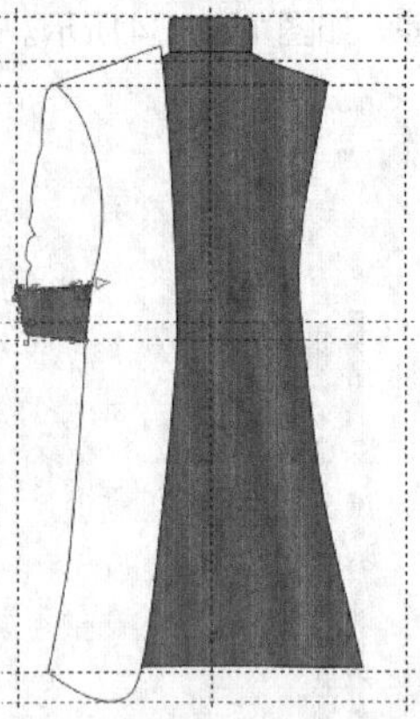
图10-139

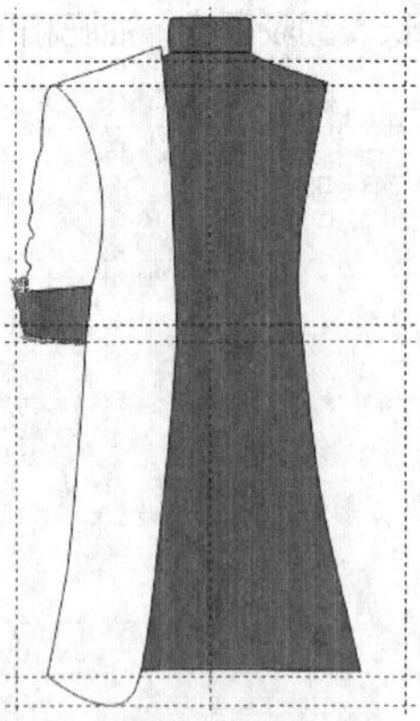
图10-140

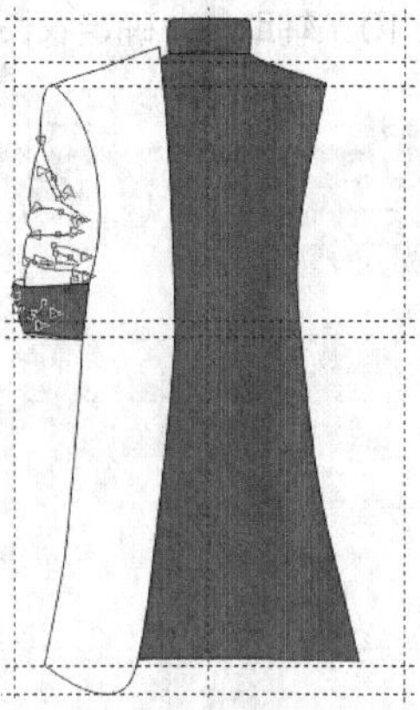
图10-141

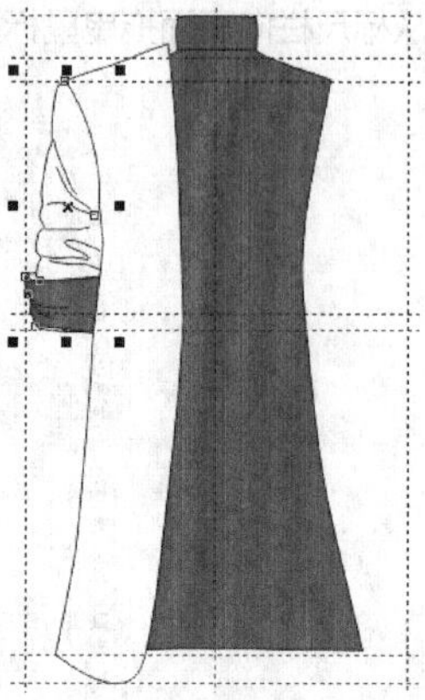
图10-142

11 使用【贝塞尔】工具和【形状】工具绘制图10-143所示的翻驳领，单击【选择】工具，在属性栏中设置轮廓宽度 .35 mm，并填充玫红色，其CMYK值为（2，100，5，0）。

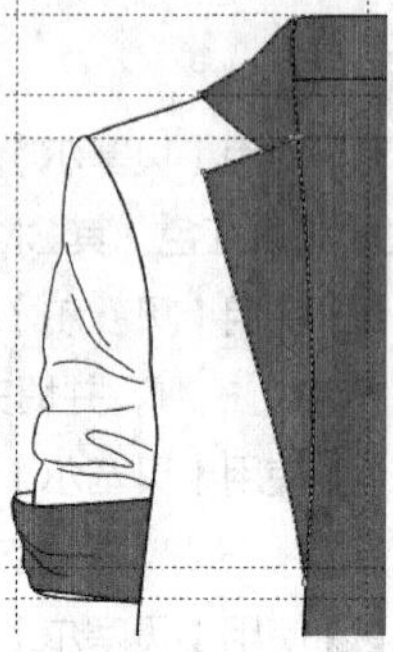
图10-143

专家提示

此处翻领和驳领可以分成两个闭合路径来绘制，便于填色。

12 选择【贝塞尔】工具和【形状】工具，在图10-144所示的翻驳领、袖口处绘制缉明线。使缉明线处于选择状态，按【F12】键，弹出【轮廓笔】对话框，选项及参数设置如图10-145所示。

13 单击【确定】按钮，得到的效果如图10-146所示。

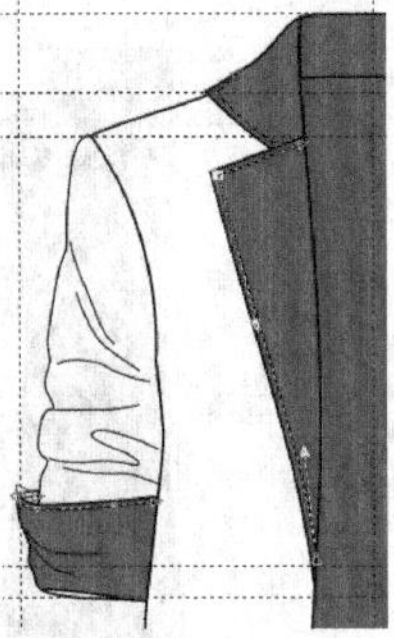
图10-144

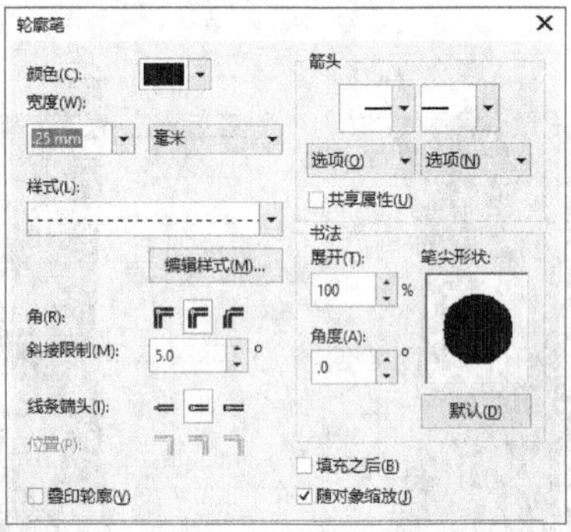

图10-145

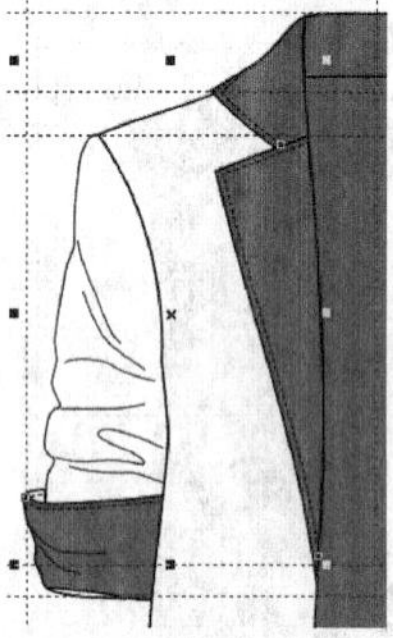
图10-146

14 选择工具箱中的【矩形】工具绘制一个矩形，用鼠标右键单击调色板中的☒去除边框，并填充玫红色，其CMYK值为（2，100，5，0），得到的效果如图10-147所示。

15 单击选中并把矩形的中心点向下移动到图10-148所示的右下角位置。

16 按【+】键复制矩形，在属性栏中设置旋转角度 90.0 °，按【Enter】键，得到的效果如图10-149所示。

17 重复按两次【Ctrl】+【D】组合键，得到的效果如图10-150所示。

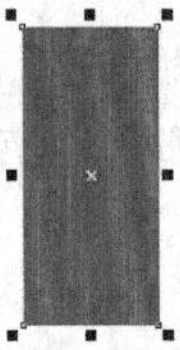
图10-147

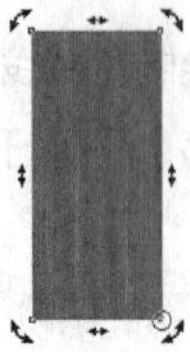
图10-148

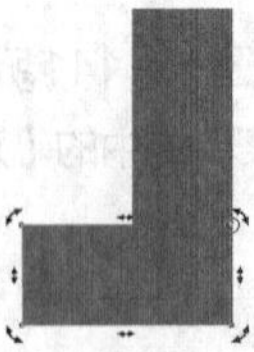
图10-149

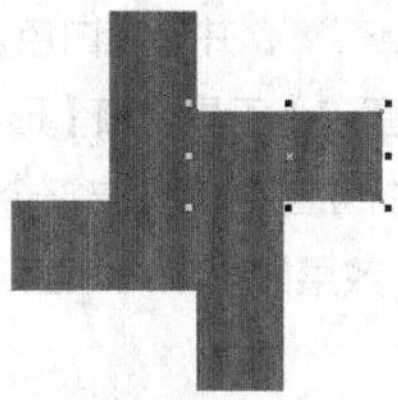
图10-150

18 使用【选择】工具框选4个矩形，单击属性栏中的【合并】按钮，得到的效果如图10-151所示。

19 单击【选择】工具，在属性栏中设置旋转角度20.1°，按【Enter】键，得到的效果如图10-152所示。

20 单击【选择】工具，按【+】键复制，为复制的图形填充黑色并向右平移到合适的位置，得到的效果如图10-153所示。

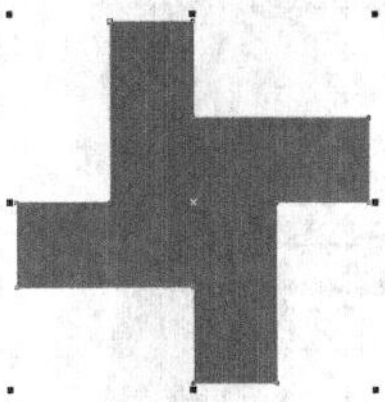

图10-151

图10-152

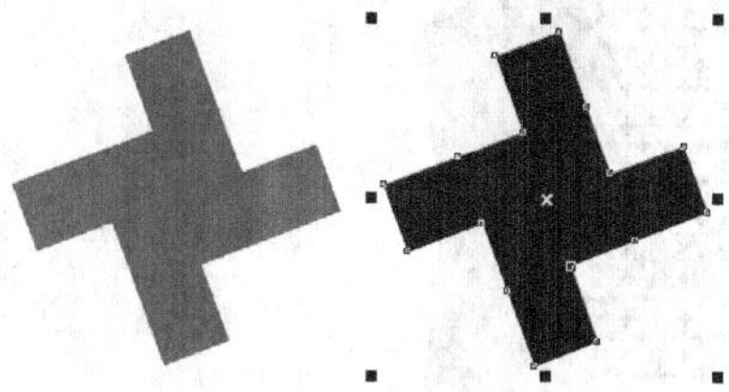

图10-153

21 使用【选择】工具框选两个图形，按【Ctrl】+【G】组合键群组图形。把图形摆放在图10-154所示的位置。

22 按【+】键复制图形，把复制的图形向右水平移动，得到的效果如图10-155所示。

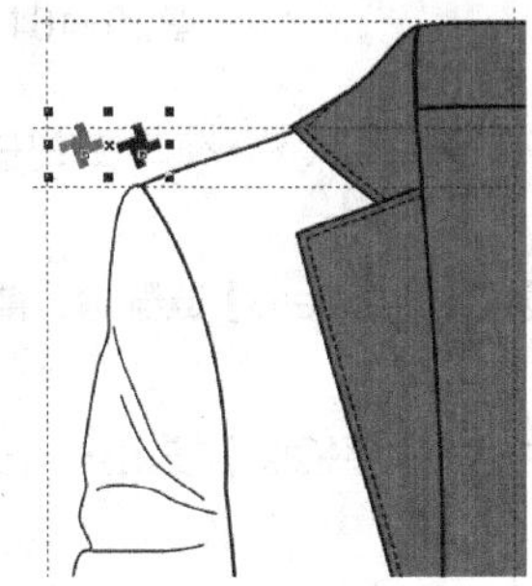

图10-154

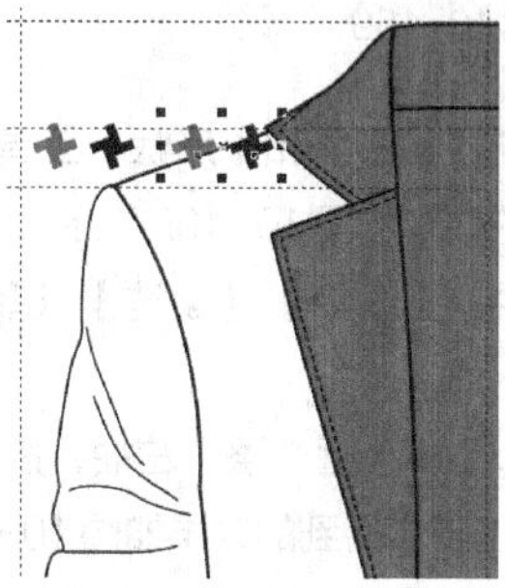

图10-155

23 按【Ctrl】+【D】组合键，得到的效果如图10-156所示。

24 使用【选择】工具框选一组图形，按【+】键复制并把复制的图形向下移动到图10-157所示的位置。

专家提示

图形移动时要注意图案的色彩搭配，要错落有致。

25 使用【选择】工具框选整组图形，按【Ctrl】+【G】组合键群组图形。按【+】键复制图形，把复制的图形向下移动，得到的效果如图10-158所示。

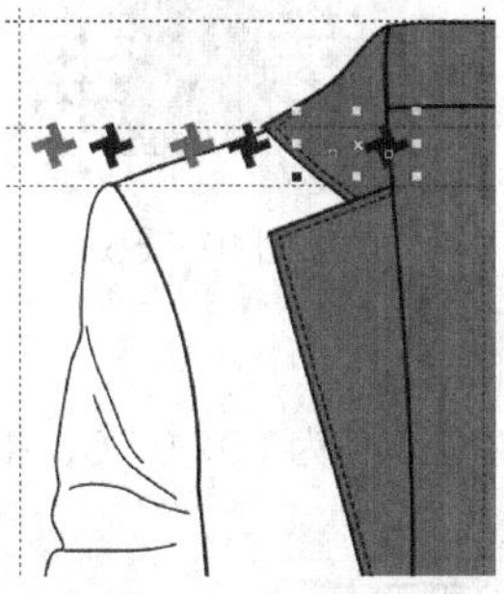

图10-156

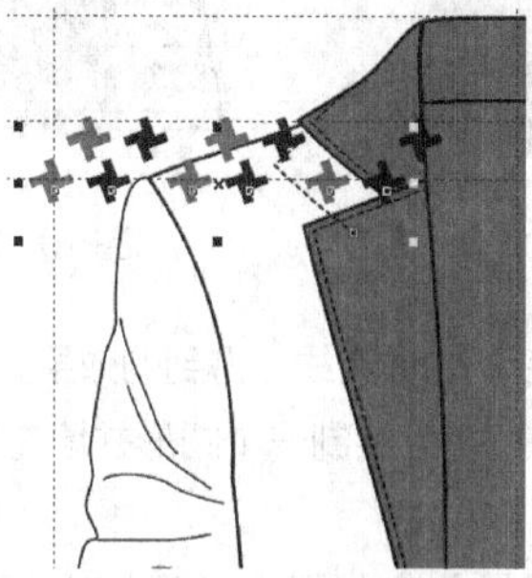

图10-157

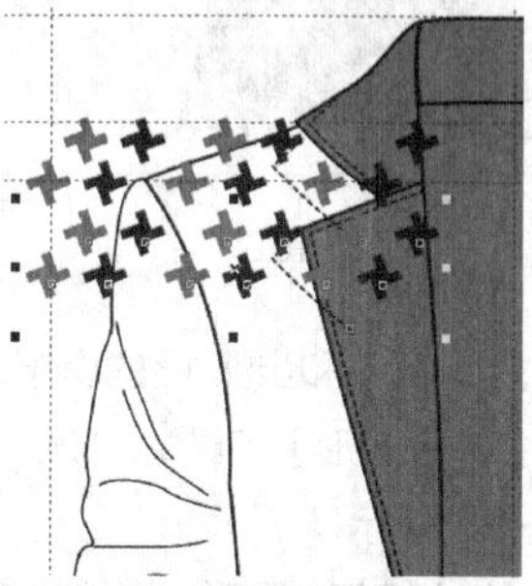

图10-158

26 重复按【Ctrl】+【D】组合键，直到图案把衣身填满，得到的效果如图10-159所示。

27 使用【选择】工具并按住【Shift】键，选择所有的图案，执行菜单栏中的【对象】/【PowerClip】/【置于图文框内部】命令把图形放置在衣身造型中，得到的效果如图10-160所示。

28 使用【属性滴管】工具选择衣身属性，鼠标转换成应用对象属性，然后单击左袖前面部分，把千鸟格图案复制到衣袖中，得到的效果如图10-161所示。

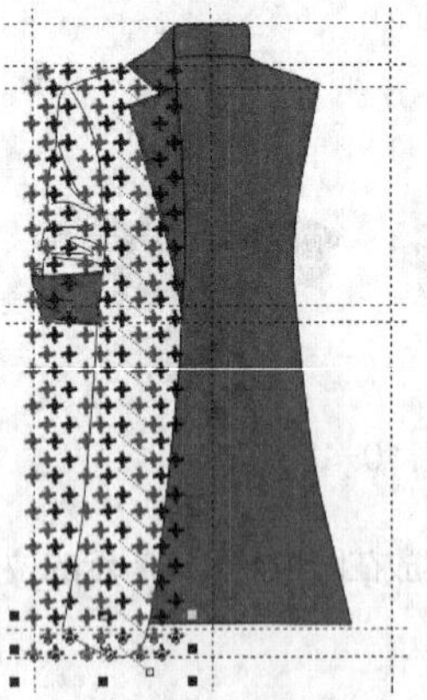
图10-159

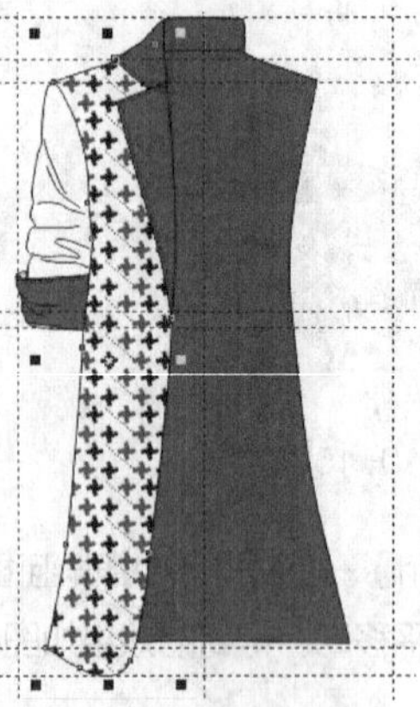
图10-160

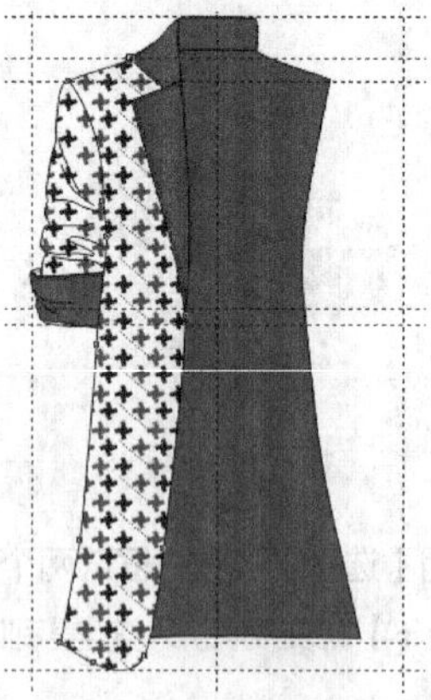
图10-161

29 使用【贝塞尔】工具和【形状】工具绘制衣身上的褶裥线。单击【选择】工具，在属性栏中设置轮廓宽度 .25 mm，得到的效果如图10-162所示。

30 执行菜单栏中的【编辑】/【全选】/【辅助线】命令，选择所有的辅助线，按【Delete】键删除，得到的效果如图10-163所示。

31 使用【选择】工具框选整个左袖，按【+】键复制图形，单击属性栏中的【水平镜像】按钮，把复制的图形向右平移到合适的位置，得到的效果如图10-164所示。

32 使用【贝塞尔】工具和【形状】工具在衣身后片绘制分割线，单击【选择】工具，在属性栏中设置轮廓宽度 .35 mm，得到的效果如图10-165所示。

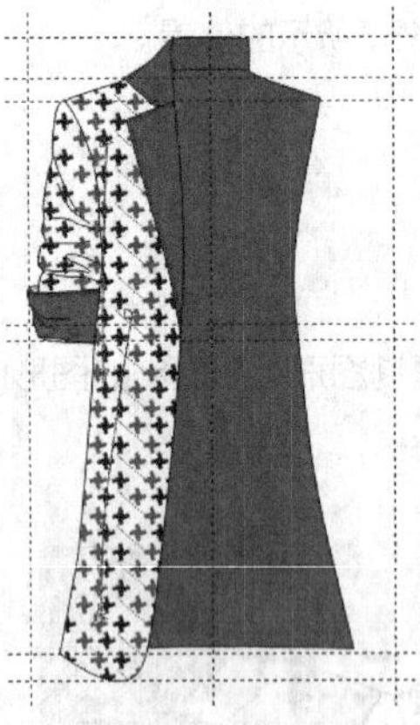
图10-162

图10-163

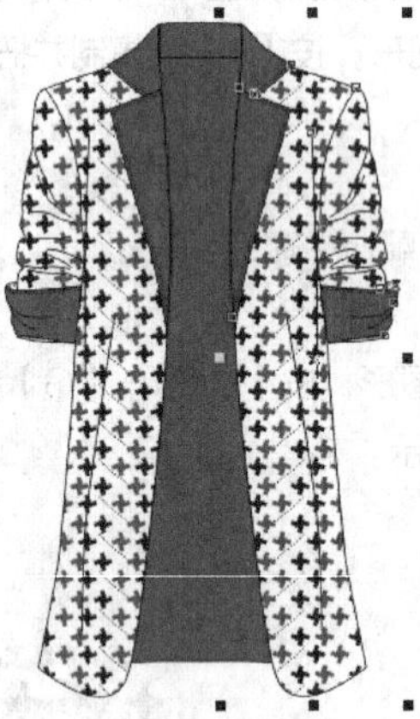
图10-164

图10-165

33 重复步骤12和步骤13的操作，绘制衣身后片的缉明线，得到的效果如图10-166所示。

34 选择【椭圆形】工具，按住【Ctrl】键在门襟上绘制一个圆形并填充玫红色，其CMYK值为（0，0，0，20），如图10-167所示。

35 按【+】键复制圆形，再按住【Shift】键等比例缩小圆形，得到的效果如图10-168所示。

36 单击工具箱中的【交互式填充】工具，在属性栏中单击【渐变填充】按钮，再单击【编辑填充】按钮，弹出【编辑填充】对话框，设置填充玫红色［CMYK值为（0，0，0，20）］到白色的渐变，各项参数如图10-169所示。单击【确定】按钮，得到的效果如图10-170所示。

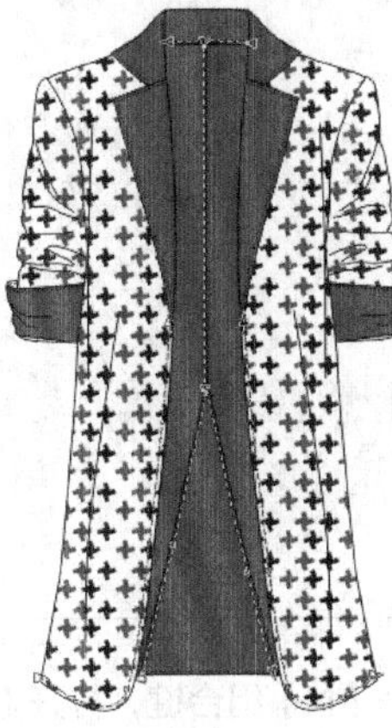
图10-166

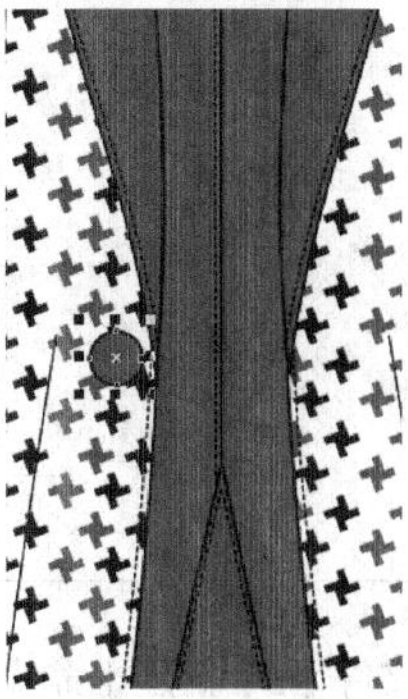
图10-167

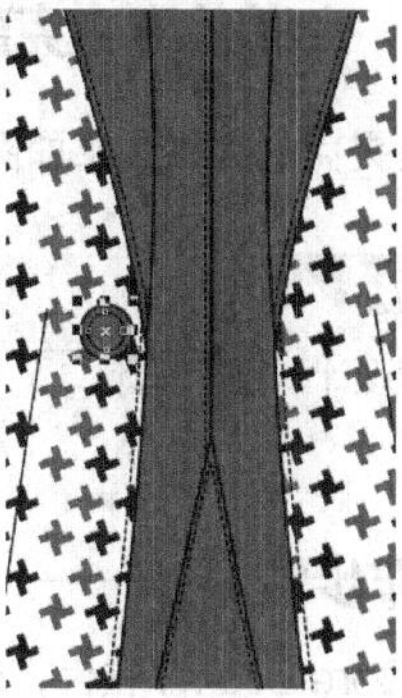
图10-168

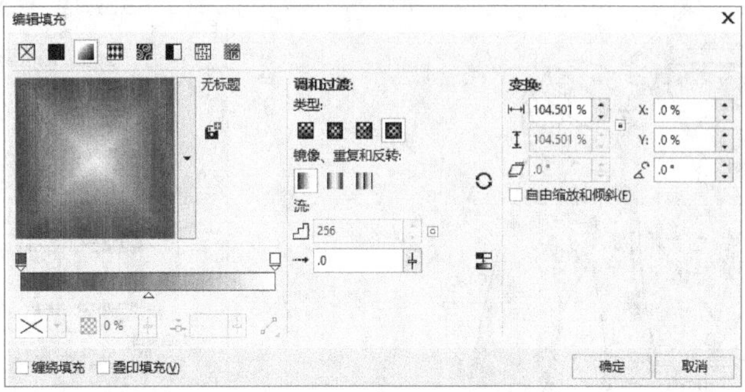

图10-169

37 使用【选择】工具框选所有图形，按【Ctrl】+【G】组合键群组图形。这样就完成了女式大衣的绘制，效果如图10-171所示。

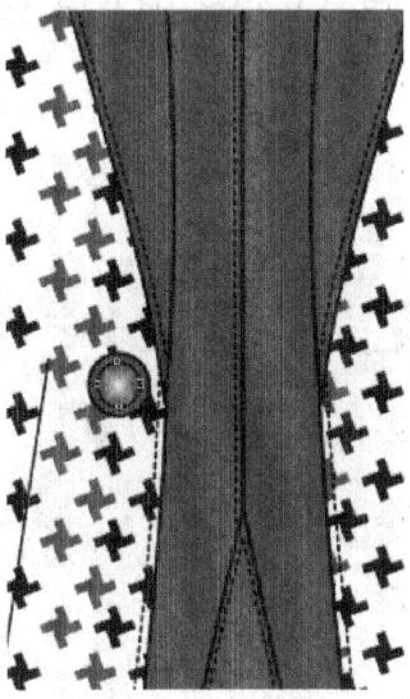
图10-170

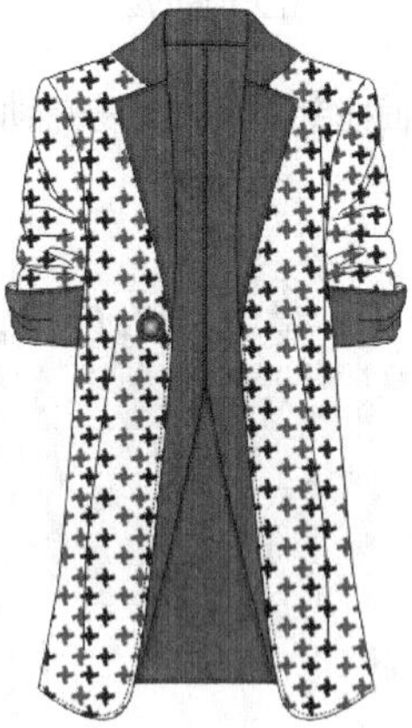
图10-171

10.3 夹克款式设计

夹克是英文Jacket的音译，指衣长较短、胸围宽松、紧袖口克夫、紧下摆克夫式样的上衣。它是男女都能穿的短上衣的总称。夹克衫是人们现代生活中较常见的一种服装，由于它造型轻便、活泼、富有朝气，因此为广大青少年所喜爱。夹克衫从其使用功能上来分，大致可归纳为3类：作为工作服的夹克衫、作为便装的夹克衫和作为礼服的夹克衫。下面分别介绍男、女夹克衫的款式设计。

10.3.1 女装耸肩夹克款式设计

女装夹克的整体效果如图10-172所示。

设计重点

造型设计、腰带设计。

操作步骤

01 打开CorelDRAW软件，执行菜单栏中的【文件】/【新建】命令，或使用【Ctrl】+【N】组合键，打开【创建新文档】对话框，文件命名为“耸肩女装夹克”，设定纸张大小为A4，横向摆放，如图10-173所示。

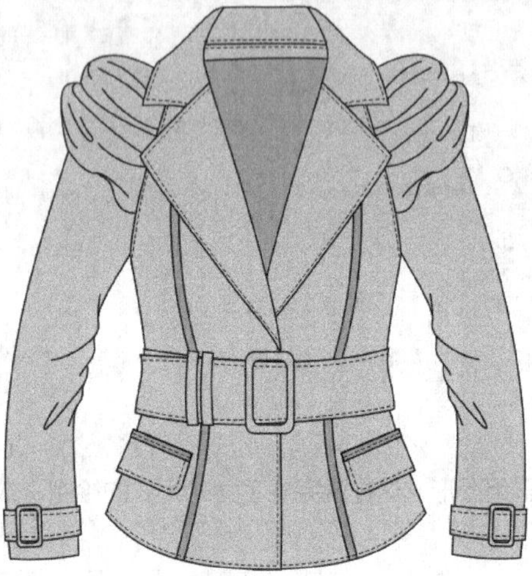

图10-172

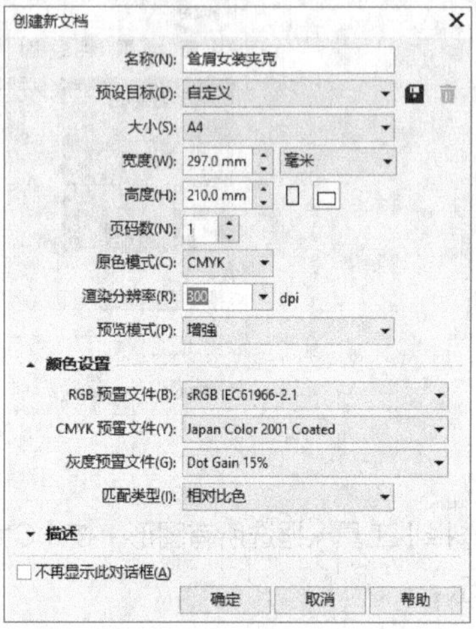

图10-173

02 从标尺栏向页面拖曳鼠标添加9条辅助线，确定衣长、袖长、袖肥、翻驳领、肩线、腰线和下摆位置等，如图10-174所示。

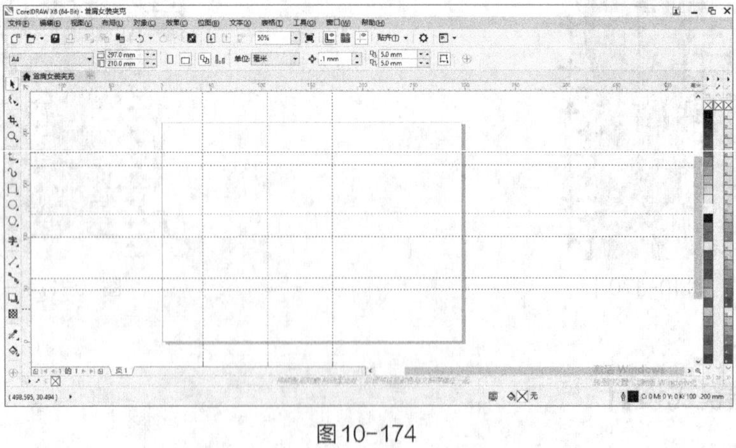

图10-174

03 使用【贝塞尔】工具绘制衣身后片，单击【选择】工具，在属性栏中设置轮廓宽度，并填充灰色，其CMYK值为（31，30，40，0），如图10-175所示。

04 使用【贝塞尔】工具和【形状】工具绘制后领口，单击【选择】工具，在属性栏中设置轮廓宽度 .35 mm，并填充浅灰色，其CMYK值为（18，18，33，0），如图10-176所示。

05 使用【贝塞尔】工具和【形状】工具绘制图10-177所示的右前片，单击【选择】工具，在属性栏中设置轮廓宽度 .35 mm，并填充浅灰色，其CMYK值为（18，18，33，0）。

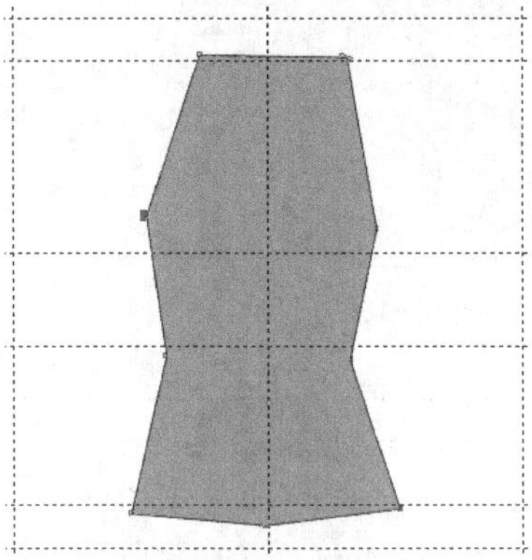
图10-175

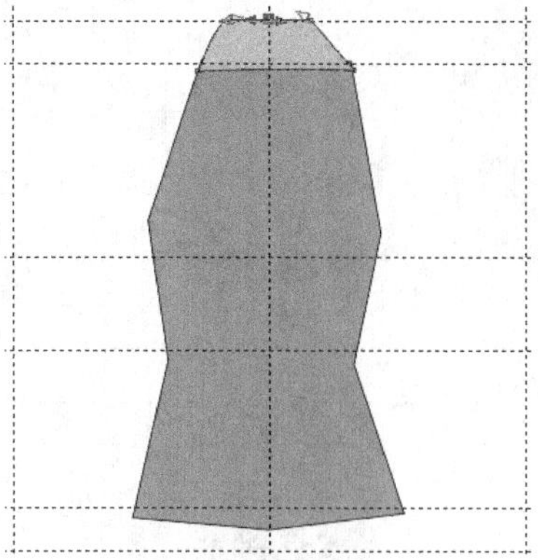
图10-176

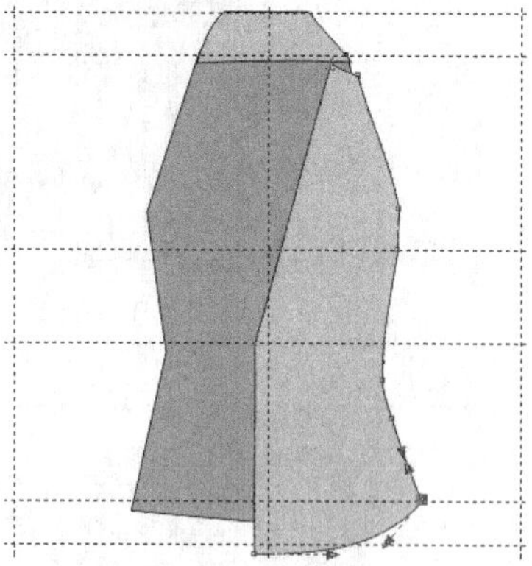
图10-177

06 使用【贝塞尔】工具和【形状】工具绘制右袖，单击【选择】工具，在属性栏中设置轮廓宽度 .35 mm，并填充浅灰色，其CMYK值为（18，18，33，0），如图10-178所示。

07 使用【贝塞尔】工具和【形状】工具绘制肩部的褶裥线来表现耸肩造型，单击【选择】工具，在属性栏中设置轮廓宽度 .35 mm，如图10-179所示。

08 使用【贝塞尔】工具和【形状】工具在图10-180所示的右袖肘关节处绘制4条衣褶，单击【选择】工具，在属性栏中设置轮廓宽度 .35 mm。

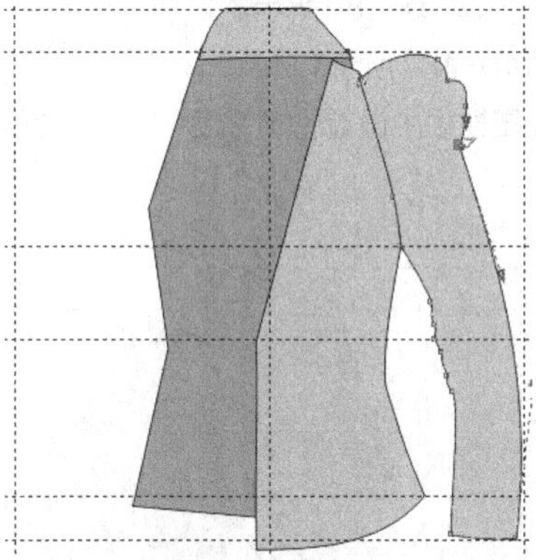
图10-178

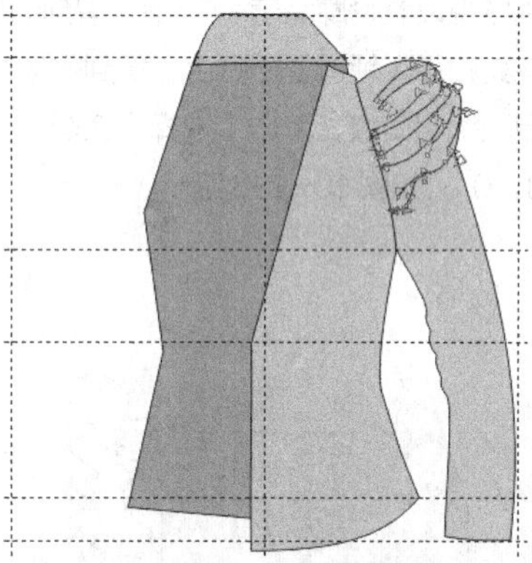
图10-179

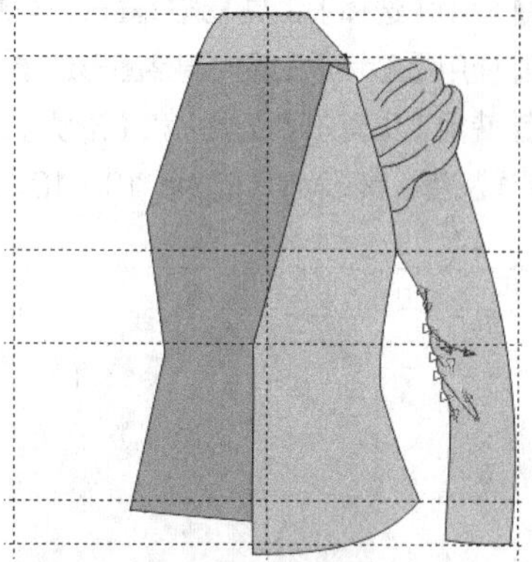
图10-180

09 使用【贝塞尔】工具和【形状】工具绘制翻驳领，单击【选择】工具，在属性栏中设置轮廓宽度 .35 mm，并填充浅灰色，其CMYK值为（18，18，33，0），如图10-181所示。

10 使用【贝塞尔】工具绘制图10-182所示的翻驳领分割线，单击【选择】工具，在属性栏中设置轮廓宽度 .35 mm。

11 使用【贝塞尔】工具和【形状】工具绘制图10-183所示的后领口分割线，单击【选择】工具，在属性栏中设置轮廓宽度 .35 mm。

12 使用【贝塞尔】工具和【形状】工具绘制图10-184所示的腰省分割线，单击【选择】工具，在属性栏中设置轮廓宽度 2.0 mm。

13 执行菜单栏中的【对象】/【将轮廓转换为对象】命令，把路径转换为图形并填充灰色，其CMYK值为（31，30，40，0），得到的效果如图10-185所示。

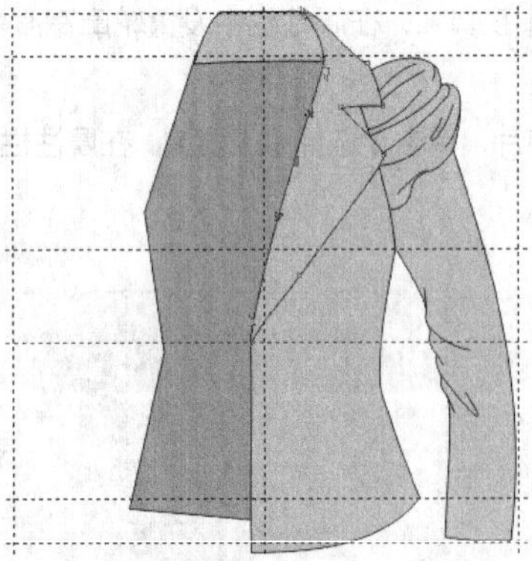
图10-181

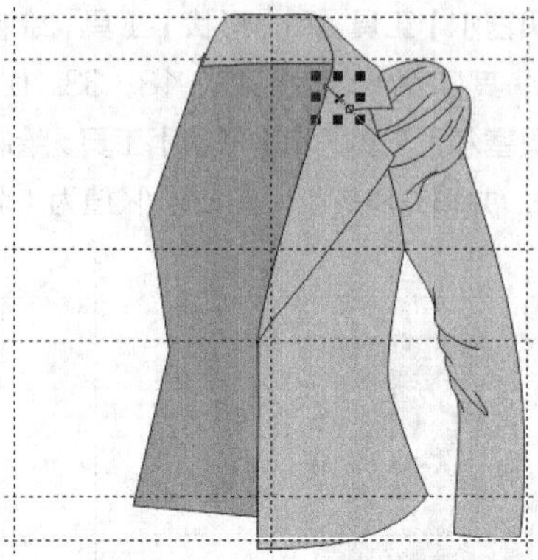
图10-182

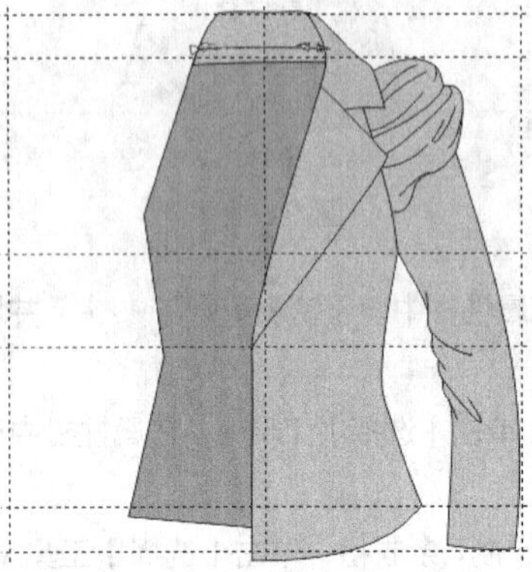
图10-183

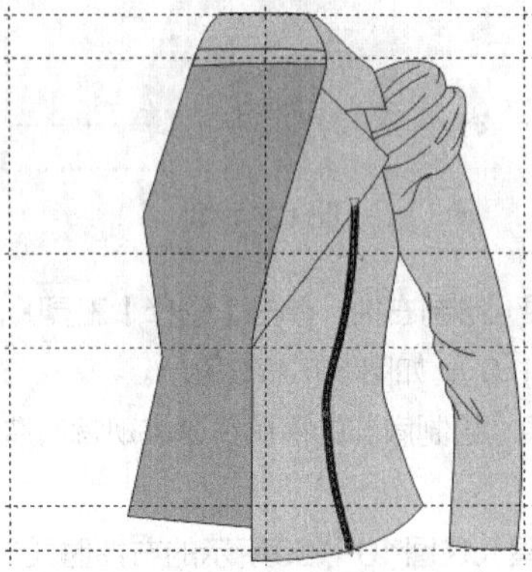
图10-184

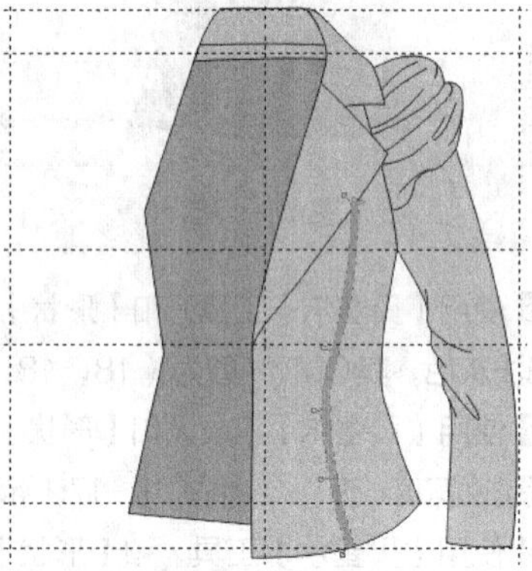
图10-185

14 使用【选择】工具选择图形，在属性栏中设置轮廓宽度，得到的效果如图10-186所示。

15 使用【形状】工具调整图形边缘，使其和翻驳领造型相贴合，得到效果如图10-187所示。

16 使用【贝塞尔】工具和【形状】工具绘制口袋，单击【选择】工具，在属性栏中设置轮廓宽度，并填充浅灰色，其CMYK值为（18，18，33，0），如图10-188所示。

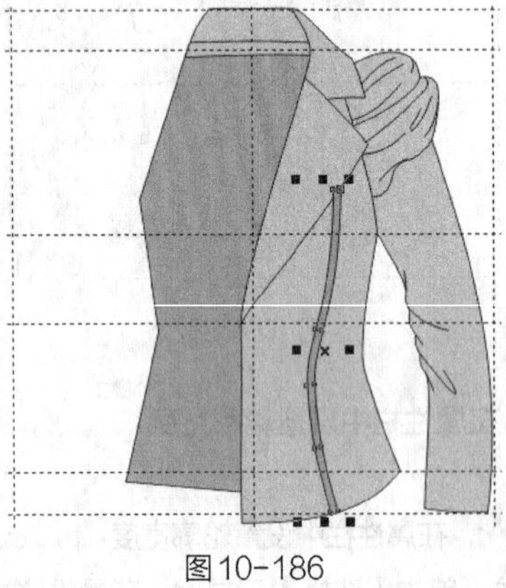
图10-186

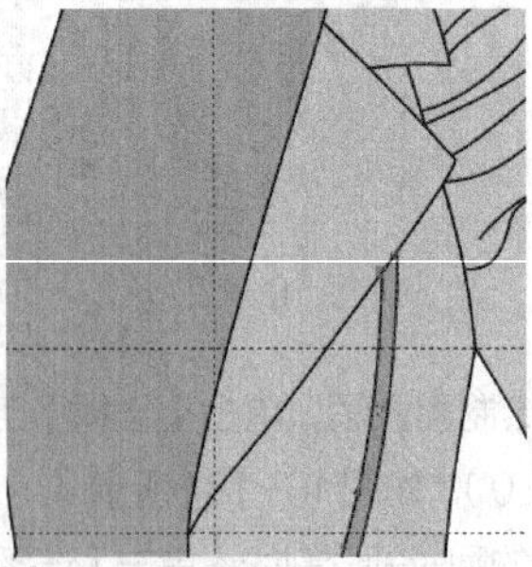
图10-187

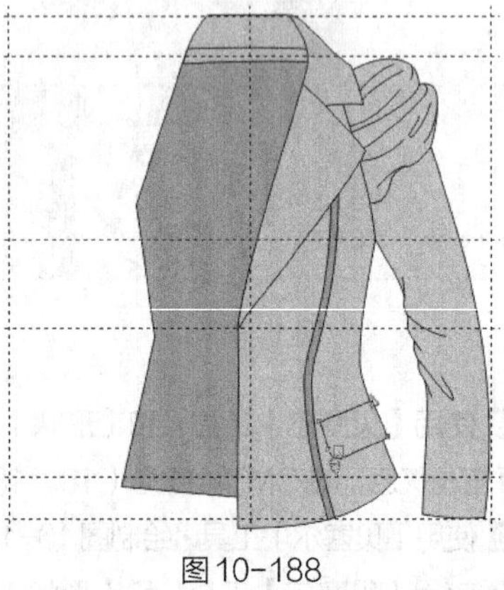
图10-188

17 使用【贝塞尔】工具绘制口袋贴边，单击【选择】工具，在属性栏中设置轮廓宽度，并填充灰色，其CMYK值为（31，30，40，0），如图10-189所示。

18 执行菜单栏中的【编辑】/【全选】/【辅助线】命令，选择所有的辅助线，按【Delete】键删除，得到的效果如图10-190所示。

19 使用【贝塞尔】工具和【形状】工具在袖口绘制图形，单击【选择】工具，在属性栏中设置轮廓宽度，并填充浅灰色，其CMYK值为（18，18，33，0），如图10-191所示。

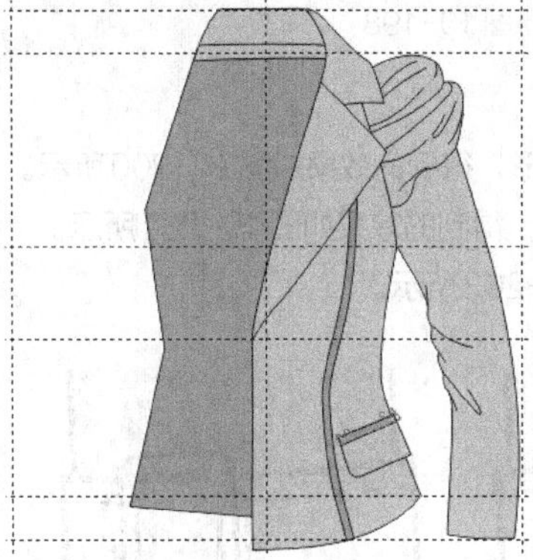

图10-189

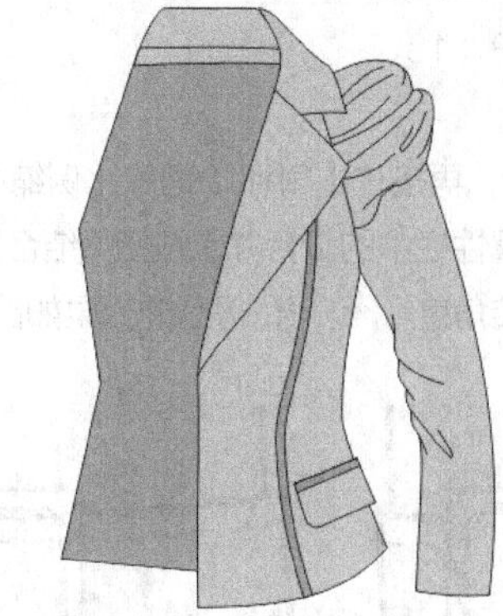

图10-190

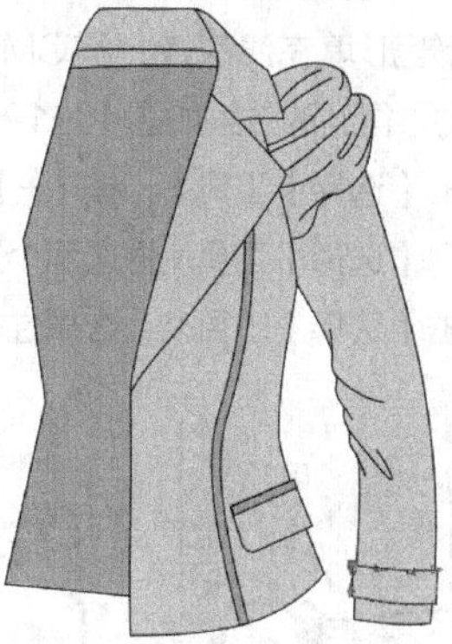

图10-191

20 使用【贝塞尔】工具和【形状】工具在袖窿处绘制一条缉明线，单击【选择】工具，在属性栏中设置轮廓样式与宽度，如图10-192所示，得到的效果如图10-193所示。

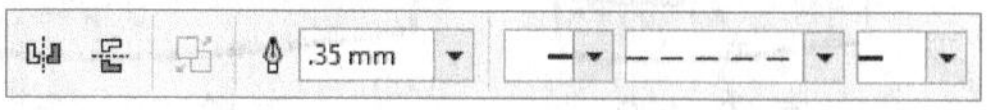

图10-192

21 执行菜单栏中的【对象】/【顺序】/【置于此对象后】命令，把缉明线放置到翻驳领后面，得到的效果如图10-194所示。

22 选择【贝塞尔】工具和【形状】工具，在图10-195所示的翻驳领、门襟、衣服下摆、口袋和袖口处绘制7条缉明线，使缉明线处于选择状态，按【F12】键，弹出【轮廓笔】对话框，选项及参数设置如图10-196所示。

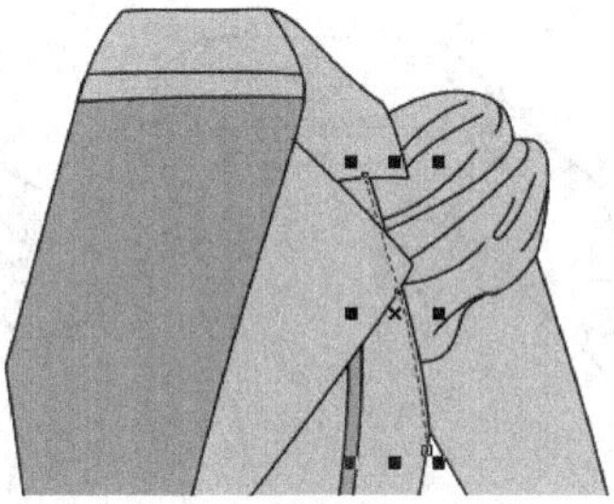

图10-193

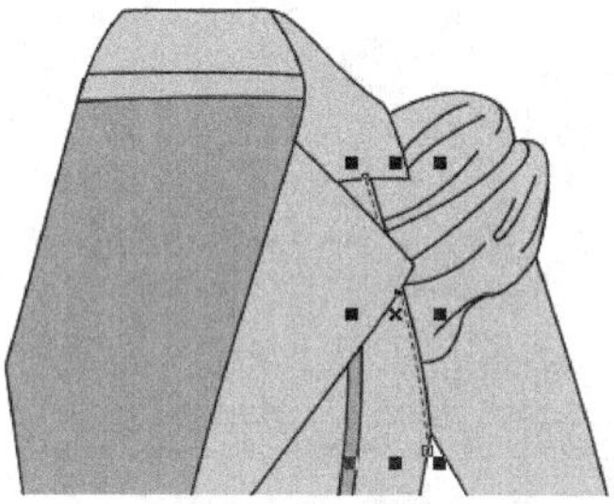

图10-194

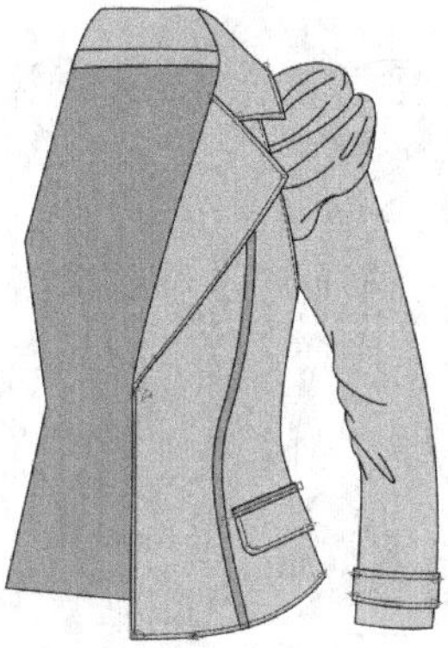

图10-195

23 单击【确定】按钮，得到的效果如图10-197所示。

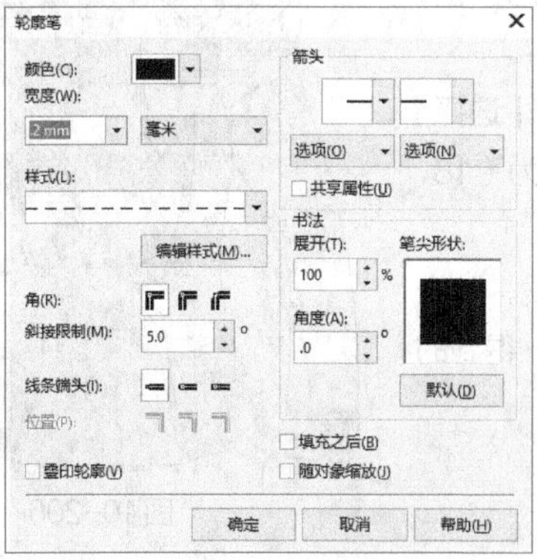

图10-196

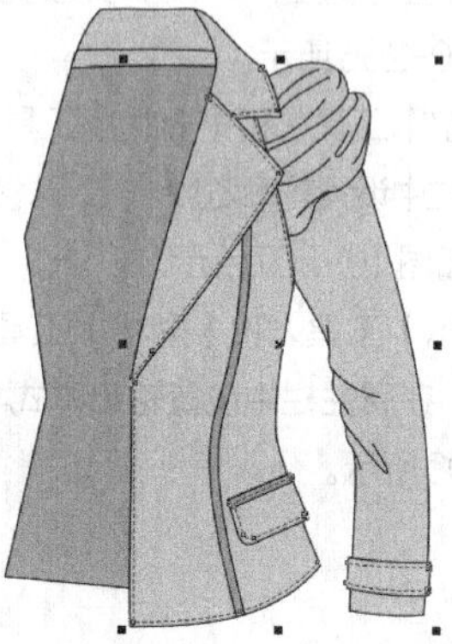

图10-197

24 选择【矩形】工具在袖带上绘制一个矩形，在属性栏中对矩形进行各项参数设置，如图10-198所示。给矩形填充浅灰色，其CMYK值为（18，18，33，0），得到的效果如图10-199所示。

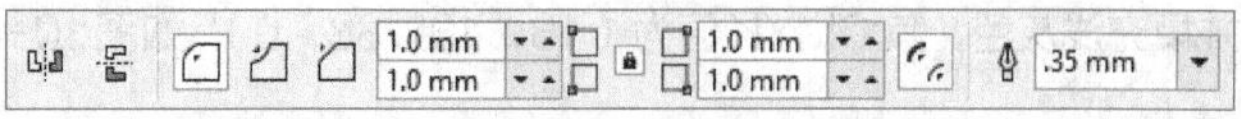

图10-198

25 单击【选择】工具，按【+】键复制图形，再按住【Shift】键等比例缩小图形，得到的效果如图10-200所示。

26 使用【选择】工具框选两个矩形，单击属性栏中的【合并】按钮结合图形，得到的效果如图10-201所示。

27 单击【选择】工具，在属性栏中设置旋转角度 358.1 °，得到的效果如图10-202所示。

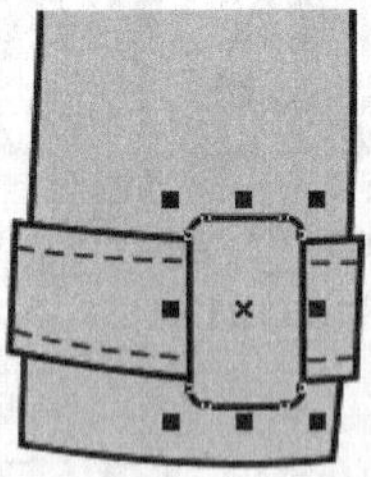
图10-199

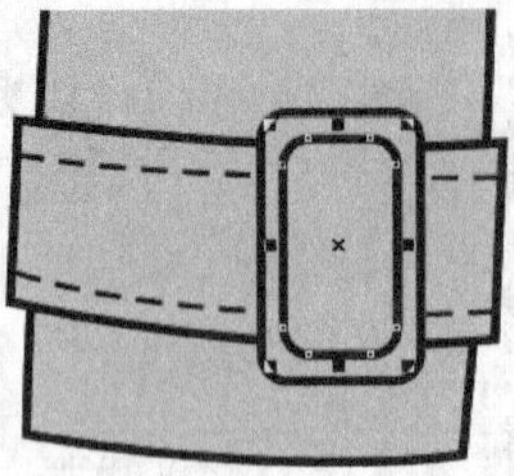
图10-200

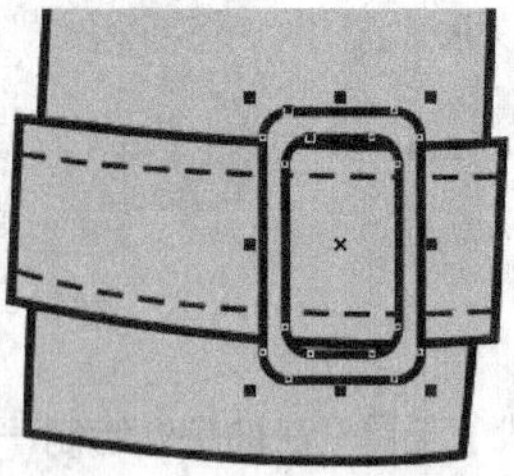
图10-201

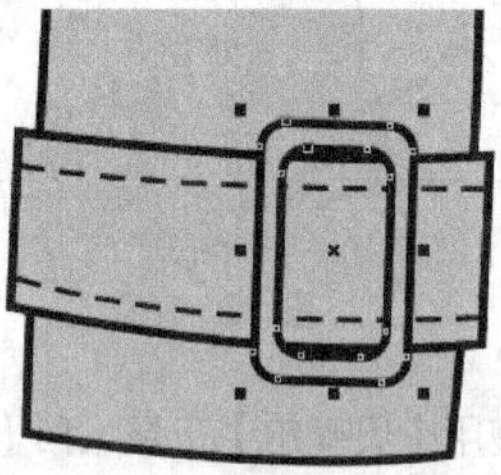
图10-202

28 使用【选择】工具框选绘制好的右边衣形，按【+】键复制，单击属性栏中的【水平镜像】按钮，并把图形向左平移到一定的位置，得到的效果如图10-203所示。

29 使用【贝塞尔】工具和【形状】工具在后领口绘制两条缉明线，单击【选择】工具，在属性栏中设置轮廓样式与宽度，如图10-204所示，得到的效果如图10-205所示。

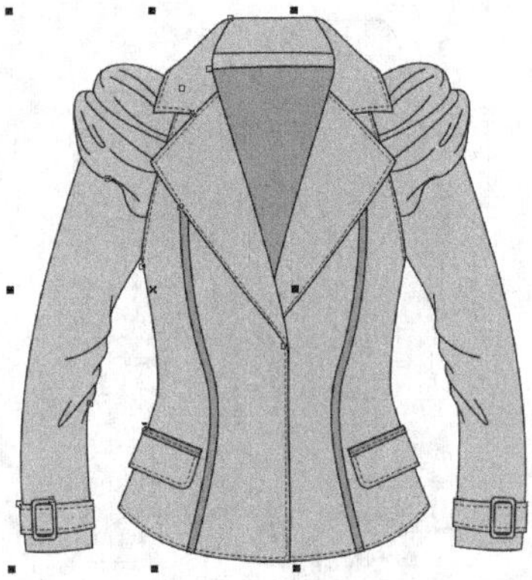
图10-203

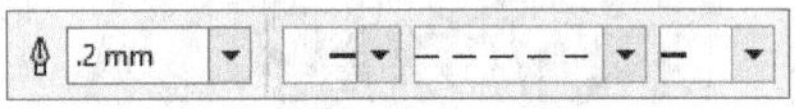

图10-204

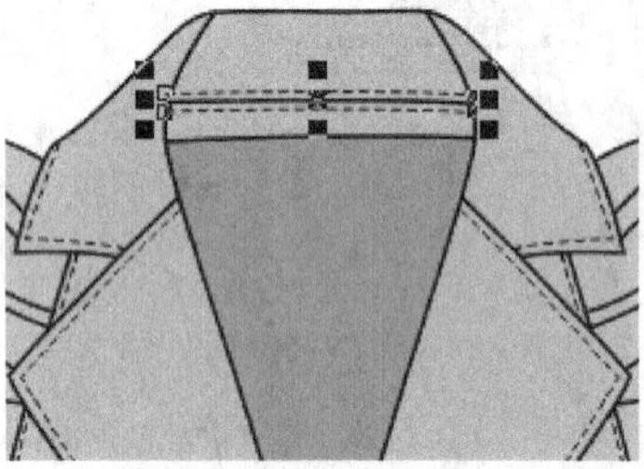
图10-205

30 使用【贝塞尔】工具和【形状】工具绘制腰带，单击【选择】工具，在属性栏中设置轮廓宽度 .35 mm，并填充浅灰色，其CMYK值为（18，18，33，0），如图10-206所示。

31 使用【贝塞尔】工具和【形状】工具在腰带上绘制图形，单击【选择】工具，在属性栏中设置轮廓宽度 .35 mm，并填充浅灰色，其CMYK值为（18，18，33，0），如图10-207所示。

32 使用【贝塞尔】工具和【形状】工具在腰带上绘制两条缉明线，单击【选择】工具，在属性栏中设置轮廓样式与宽度，如图10-208所示，得到的效果如图10-209所示。

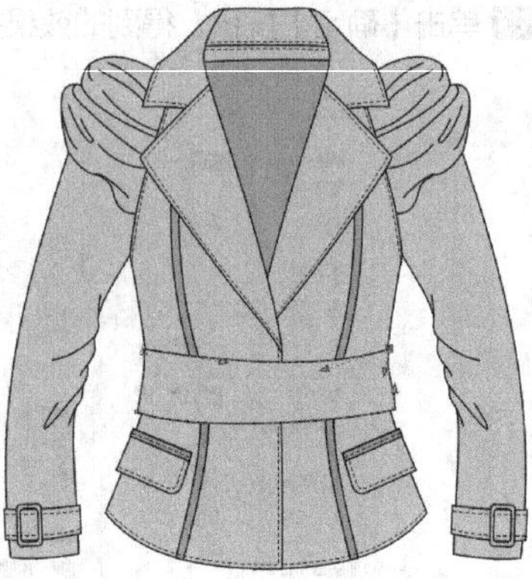
图10-206

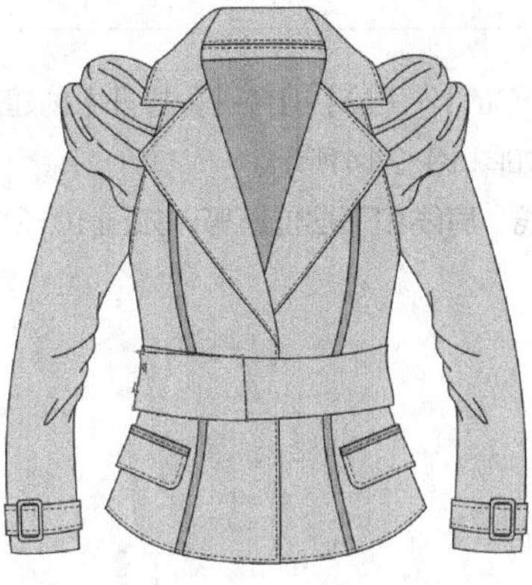

图10-207

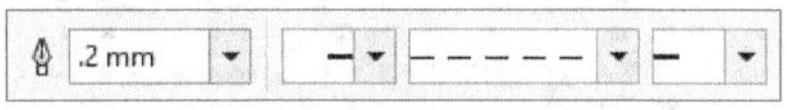

图10-208

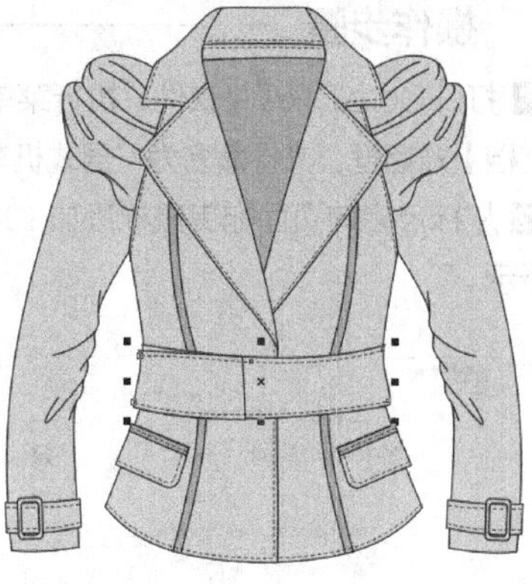

图10-209

33 重复步骤24和步骤25的操作绘制腰带金属扣，得到的效果如图10-210所示。

34 使用【贝塞尔】工具和【形状】工具在腰带上绘制两个腰带袢，单击【选择】工具，在属性栏中设置轮廓宽度，并填充浅灰色，其CMYK值为（18，18，33，0），如图10-211所示。

35 使用【选择】工具框选所有图形，按住【Ctrl】+【G】组合键，群组图形。这样就完成了女装耸肩夹克的绘制，整体效果如图10-212所示。

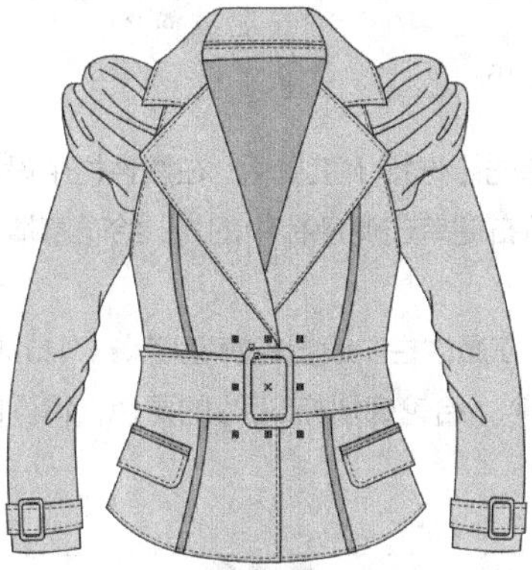

图10-210

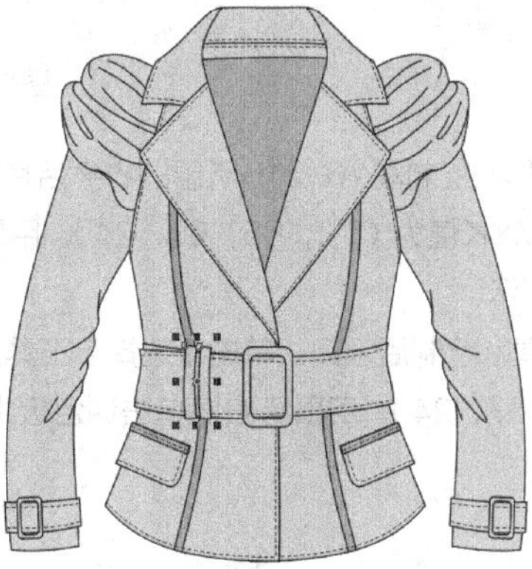

图10-211

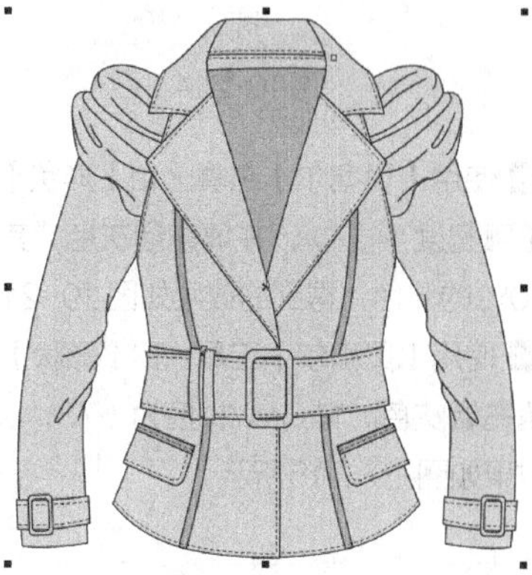

图10-212

10.3.2 男装机车夹克款式设计

男装机车夹克的整体效果如图10-213所示。

设计重点

造型设计；拉链设计、罗纹表现、口袋设计。

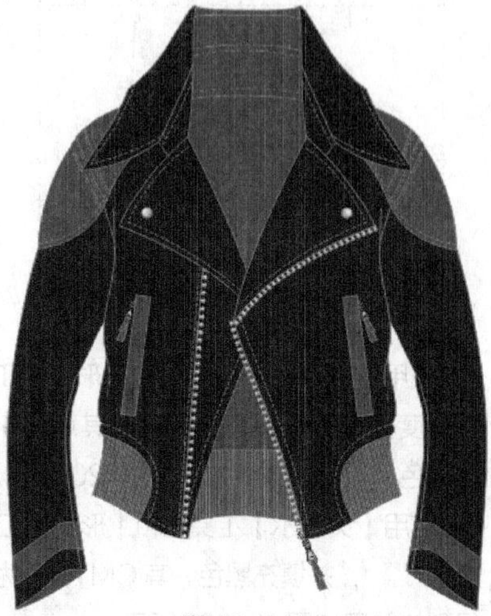

图10-213

操作步骤

01 打开CorelDRAW软件，执行菜单栏中的【文件】/【新建】命令，或使用【Ctrl】+【N】组合键，打开【创建新文档】对话框，文件命名为“男式机车夹克”，设定纸张大小为A4，横向摆放，如图10-214所示。

02 从标尺栏向页面拖曳鼠标添加10条辅助线，确定衣长、袖长、袖肥、翻领线、肩线和下摆位置等，如图10-215所示。

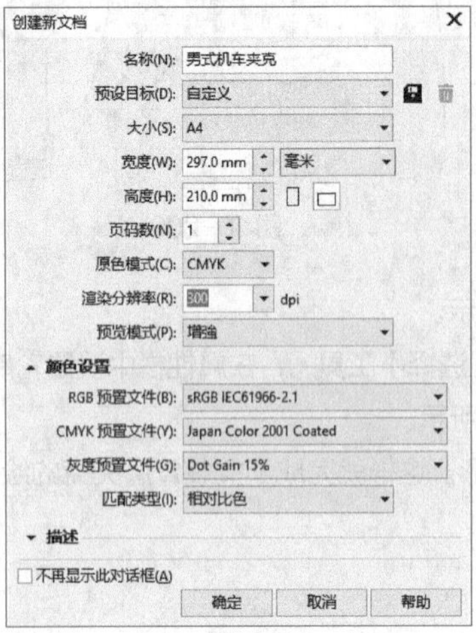

图10-214

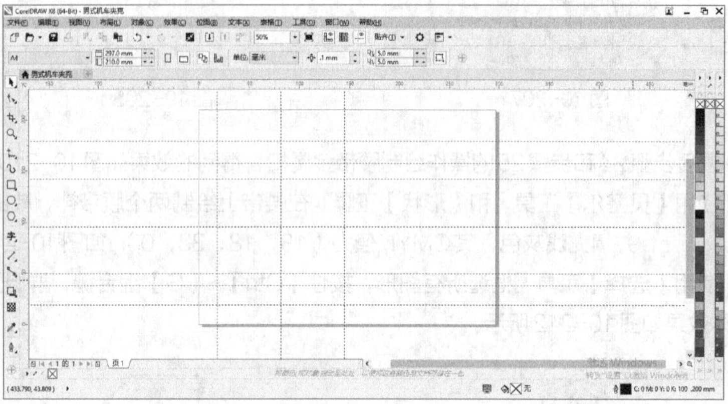

图10-215

03 使用【贝塞尔】工具和【形状】工具绘制图10-216所示的衣身后片。单击【选择】工具，在属性栏中设置轮廓宽度 .35 mm，并填充烟灰色，其CMYK值为（73，65，67，24），用鼠标右键单击调色板中的■，给轮廓填充60%的黑色，得到的效果如图10-217所示。

04 使用【贝塞尔】工具和【形状】工具绘制后领口。单击【选择】工具，在属性栏中设置轮廓宽度 .35 mm，并填充烟灰色，其CMYK值为（73，65，67，24），用鼠标右键单击调色板中的■，给轮廓填充60%的黑色，得到的效果如图10-218所示。

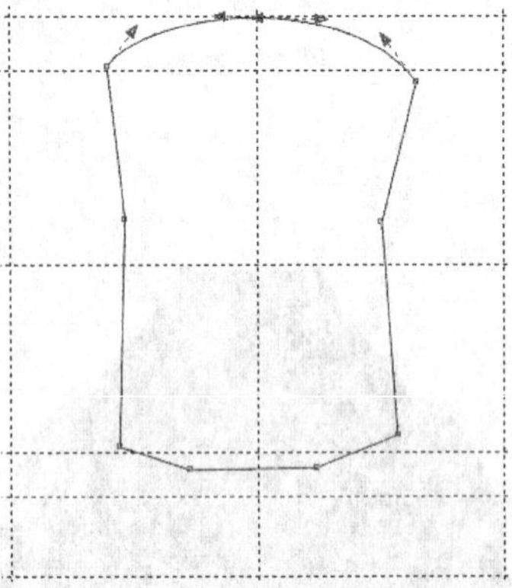

图10-216

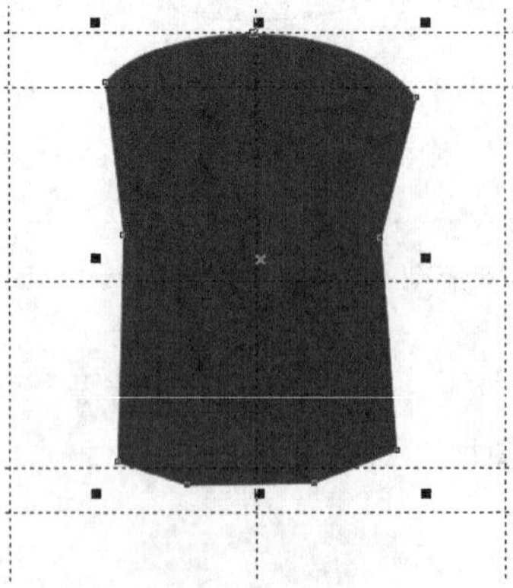

图10-217

图10-218

05 使用【贝塞尔】工具和【形状】工具绘制图10-219所示的左前片。单击【选择】工具，在属性栏中设置轮廓宽度 .35 mm，并填充黑色，其CMYK值为（90，86，91，78），用鼠标右键单击调色板中的■，给轮廓填充60%的黑色，得到的效果如图10-220所示。

06 使用【贝塞尔】工具和【形状】工具绘制图10-221所示的左袖。单击【选择】工具，在属性栏中设置轮廓宽度 .35 mm，并填充黑色，其CMYK值为（90，86，91，78），用鼠标右键单击调色板中的■，给轮廓填充60%的黑色，得到的效果如图10-222所示。

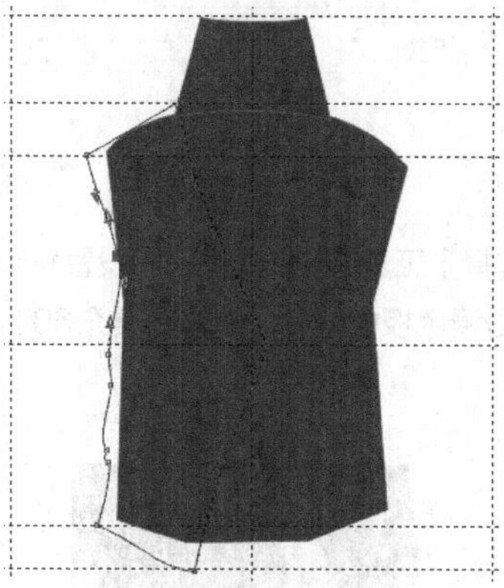
图10-219

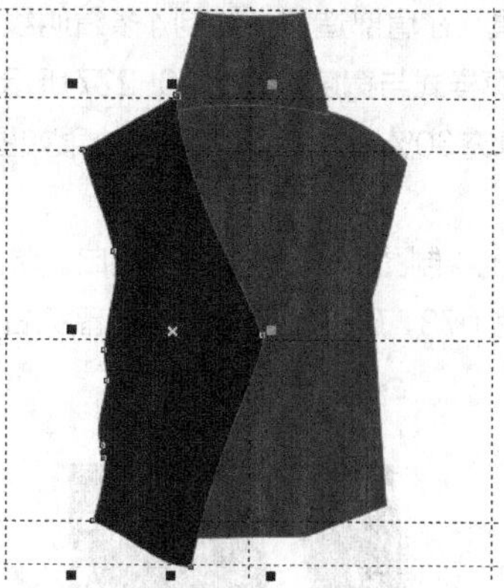
图10-220

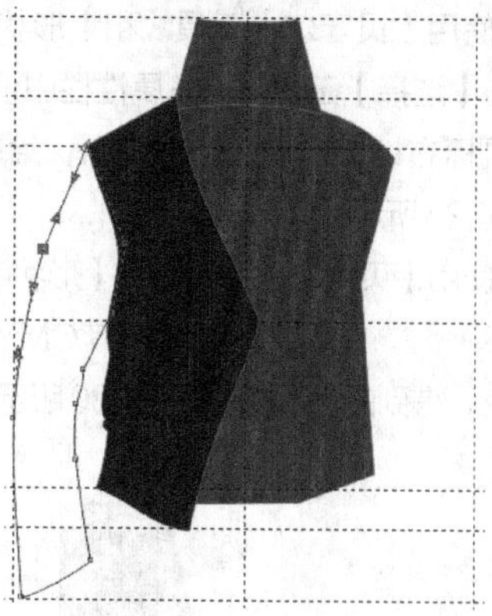
图10-221

07 执行菜单栏中的【对象】/【顺序】/【置于此对象后】命令，把它放置到衣身前片后面，得到的效果如图10-223所示。

08 使用【贝塞尔】工具和【形状】工具绘制图10-224所示的肩部造型。单击【选择】工具，在属性栏中设置轮廓宽度 .35 mm ，并填充烟灰色，其CMYK值为（73，65，67，24），用鼠标右键单击调色板中的■，给轮廓填充60%的黑色，得到的效果如图10-225所示。

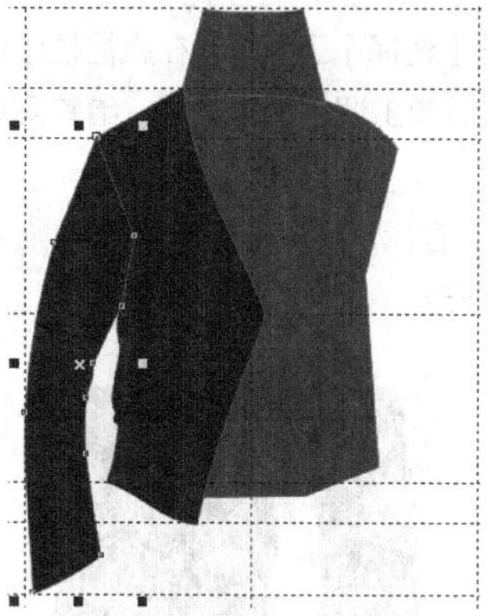
图10-222

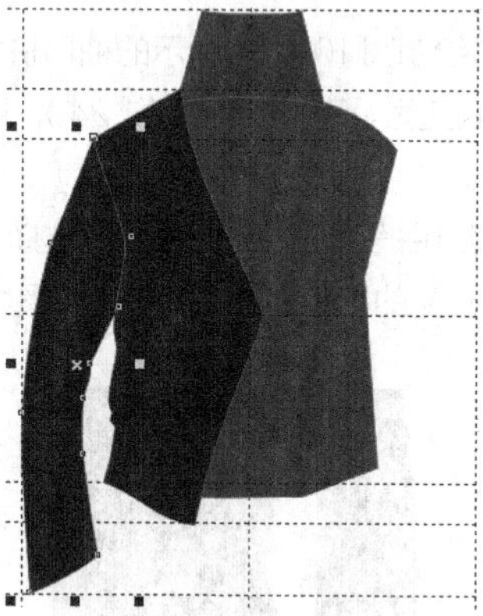
图10-223

图10-224

09 使用【贝塞尔】工具和【形状】工具绘制3条肩部的分割线，单击【选择】工具，在属性栏中设置轮廓宽度 .35 mm ，用鼠标右键单击调色板中的■，给轮廓填充60%的黑色，得到的效果如图10-226所示。

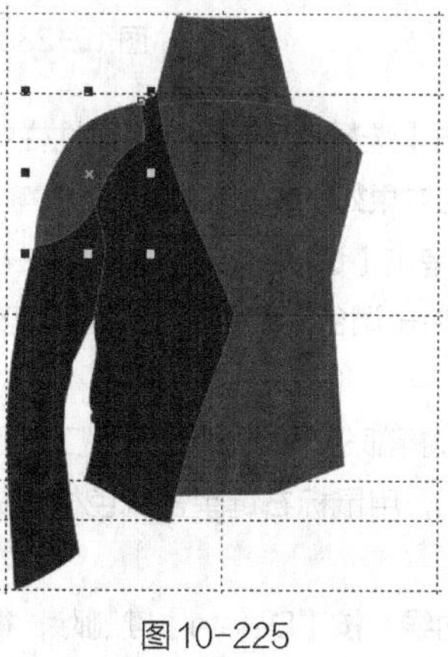
图10-225

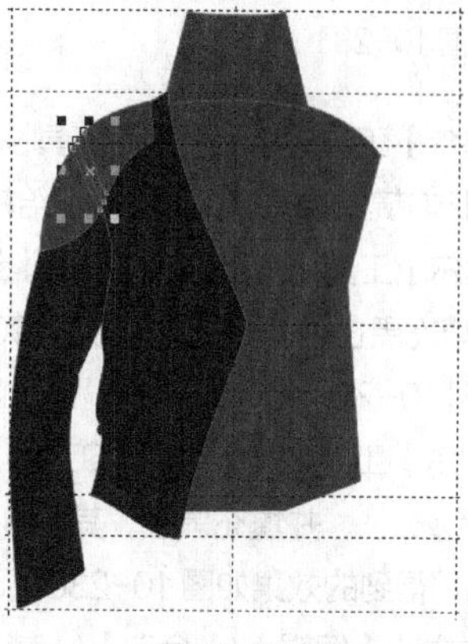
图10-226

10 使用【贝塞尔】工具和【形状】工具在肩部造型上绘制4条缉明线，单击【选择】工具，在属性栏中设置轮廓样式与宽度，如图10-227所示，用鼠标右键单击调色板中的■，给轮廓填充60%的黑色，得到的效果如图10-228所示。

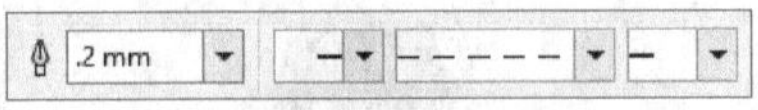

图10-227

11 使用【贝塞尔】工具和【形状】工具绘制图10-229所示的袖口。单击【选择】工具，在属性栏中设置轮廓宽度，并填充烟灰色，其CMYK值为（73，65，67，24），用鼠标右键单击调色板中的■，给轮廓填充60%的黑色，得到的效果如图10-230所示。

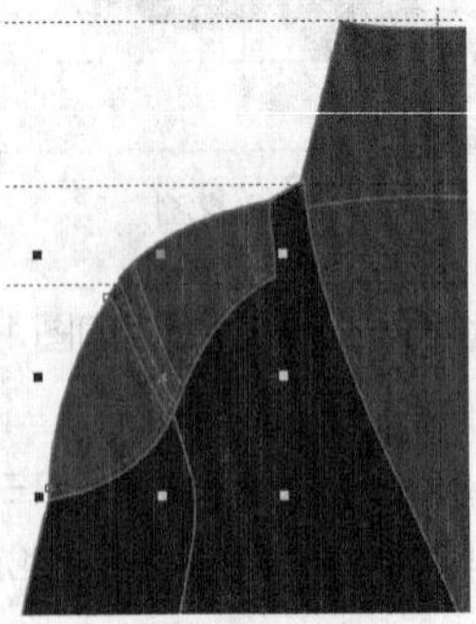

图10-228

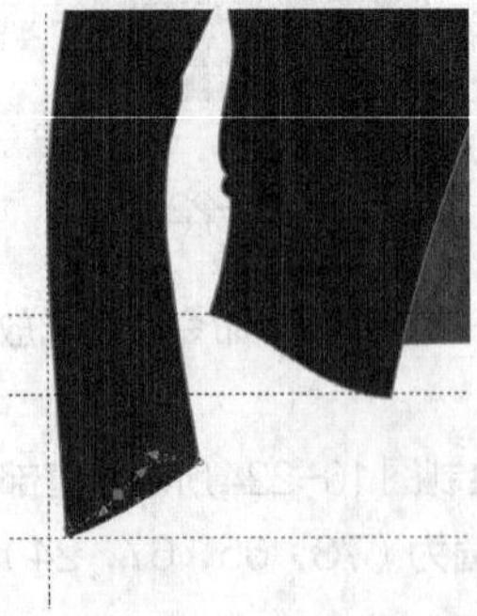

图10-229

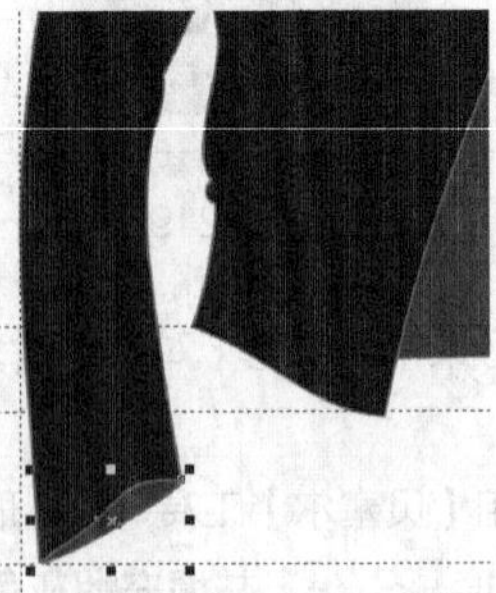

图10-230

12 使用【贝塞尔】工具和【形状】工具绘制图10-231所示的袖口拼条。单击【选择】工具，在属性栏中设置轮廓宽度，并填充烟灰色，其CMYK值为（73，65，67，24），用鼠标右键单击调色板中的■，给轮廓填充60%的黑色，得到的效果如图10-232所示。

13 使用【贝塞尔】工具和【形状】工具绘制袖子的分割线，单击【选择】工具，在属性栏中设置轮廓宽度，用鼠标右键单击调色板中的■，给轮廓填充60%的黑色，得到的效果如图10-233所示。

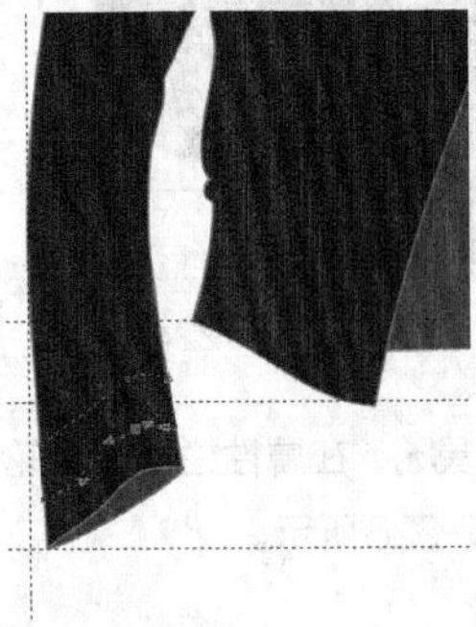

图10-231

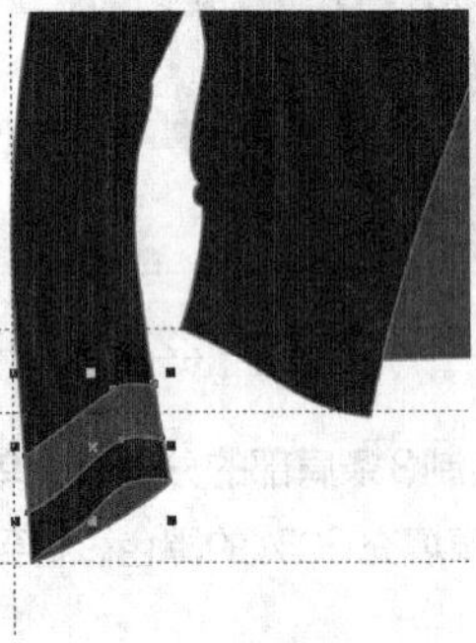

图10-232

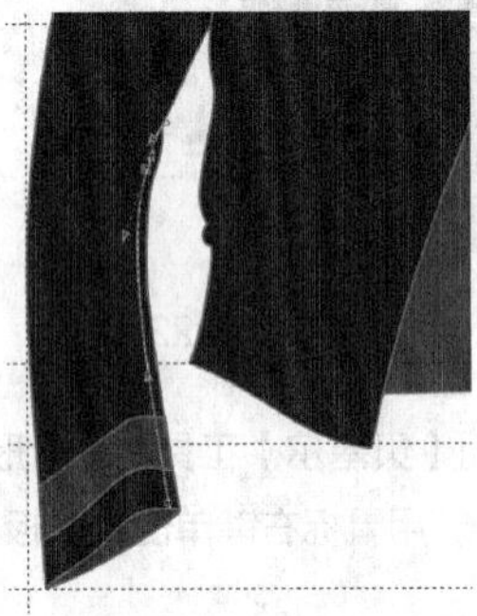

图10-233

14 使用【贝塞尔】工具和【形状】工具在衣身上绘制两条衣褶，单击【选择】工具，在属性栏中设置轮廓宽度，用鼠标右键单击调色板中的■，给轮廓填充60%的黑色，得到的效果如图10-234所示。

15 使用【贝塞尔】工具和【形状】工具绘制图10-235所示的翻领。单击【选择】工具，在属性栏中设置轮廓宽度，并填充黑色，其CMYK值为（90，86，91，78），用鼠标右键单击调色板中的■，给轮廓填充60%的黑色，得到的效果如图10-236所示。

16 使用【贝塞尔】工具和【形状】工具绘制图10-237所示的衣身翻折部分。单击【选择】工具，在属性栏中设置轮廓宽度，并填充黑色，其CMYK值为（90，86，91，78），用鼠标右键单击调色板中的■，给轮廓填充60%的黑色，得到的效果如图10-238所示。

17 执行菜单栏中的【编辑】/【全选】/【辅助线】命令，选择所有的辅助线，按【Delete】键删除，得到的效果如图10-239所示。

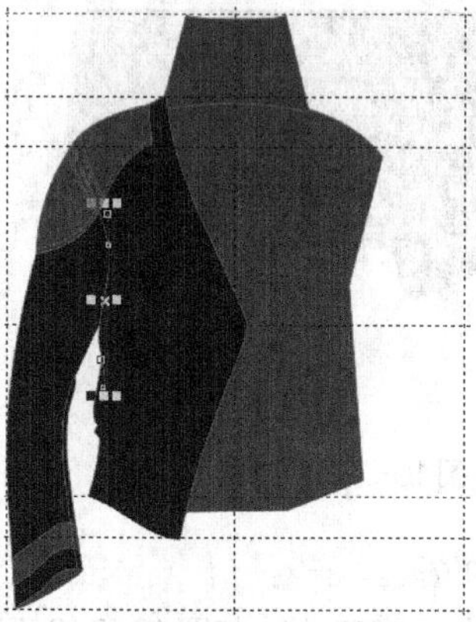

图10-234

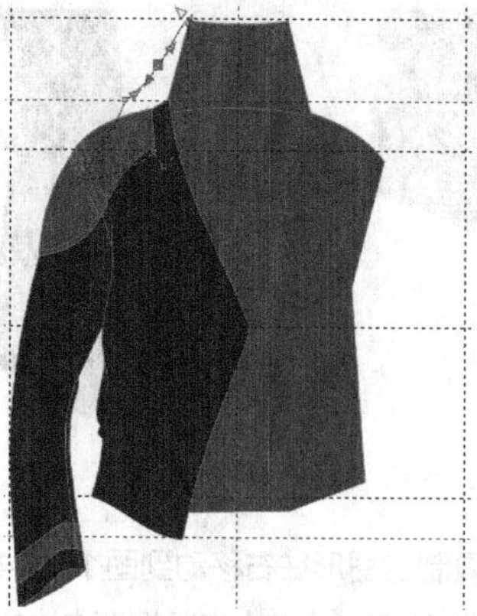

图10-235

图10-236

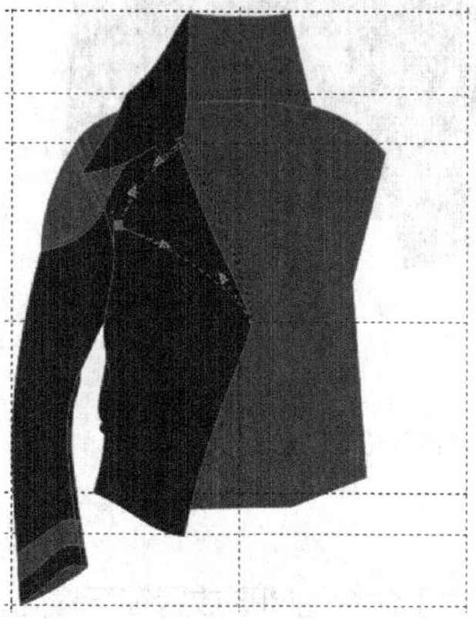

图10-237

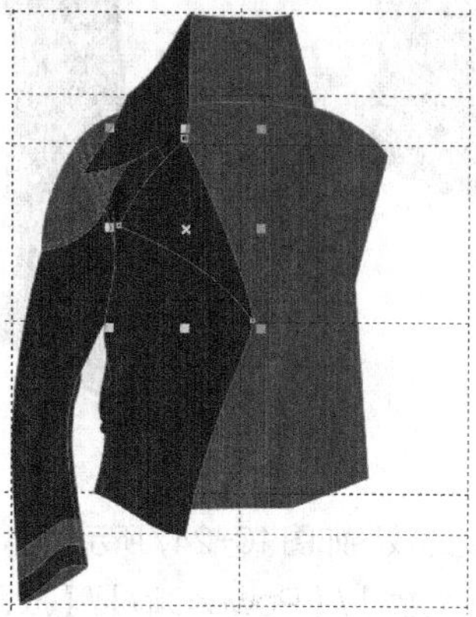

图10-238

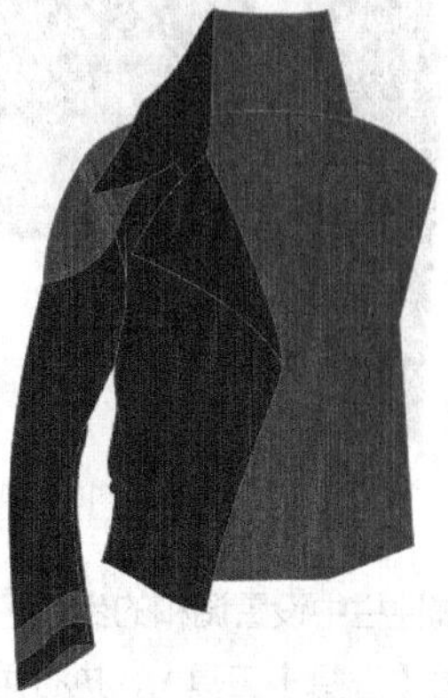

图10-239

18 使用【贝塞尔】工具和【形状】工具绘制翻领分割线，单击【选择】工具，在属性栏中设置轮廓宽度.35 mm，用鼠标右键单击调色板中的■，给轮廓填充60%的黑色，得到的效果如图10-240所示。

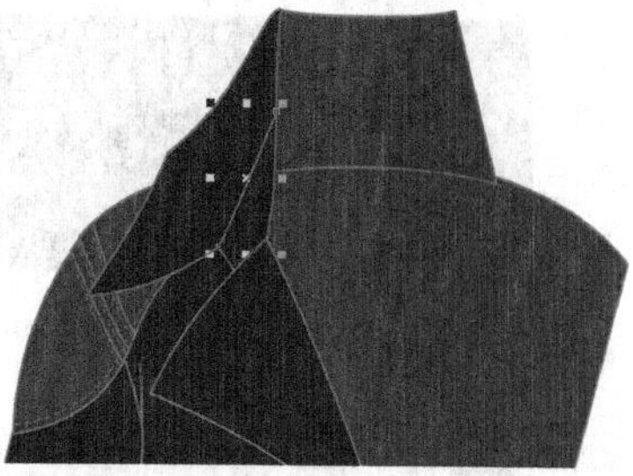

图10-240

19 使用【贝塞尔】工具和【形状】工具绘制图10-241所示的下摆罗纹。单击【选择】工具，在属性栏中设置轮廓宽度.35 mm，并填充烟灰色，其CMYK值为（73，65，67，24），用鼠标右键单击调色板中的■，给轮廓填充60%的黑色，得到的效果如图10-242所示。

20 使用【手绘】工具在下摆绘制两条直线，在属性栏中设置轮廓宽度.2 mm，用鼠标右键单击调色板中的■，给直线填充60%的黑色，得到的效果如图10-243所示。

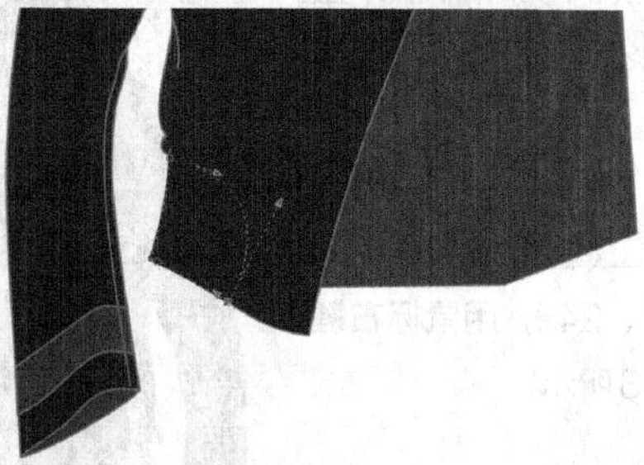

图10-241

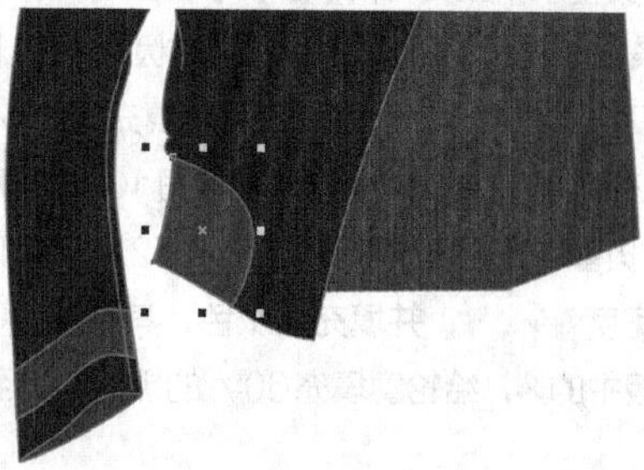

图10-242

21 使用【选择】工具选择两条直线，单击属性栏中的【合并】按钮，得到的效果如图10-244所示。

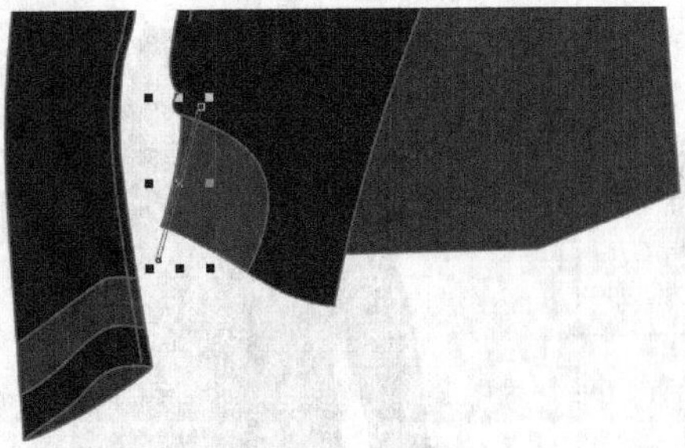

图10-243

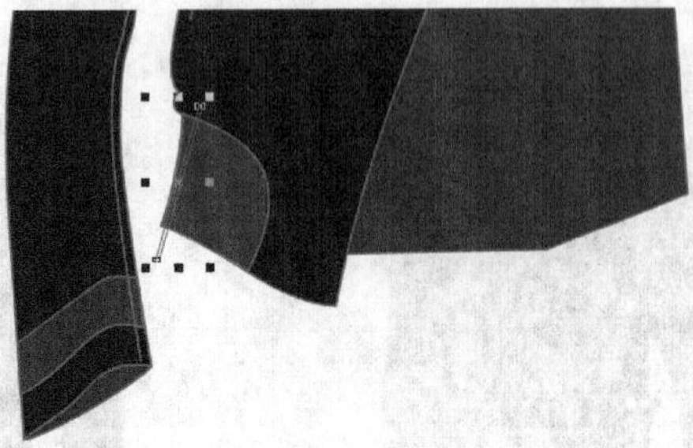

图10-244

22 按【+】键复制图形，按住【Ctrl】键把复制的图形往右移动到图10-245所示的位置。

23 选择工具箱中的【调和】工具，单击左边的直线往右拖曳鼠标至右边的图形处执行调和功能，如图10-246所示。

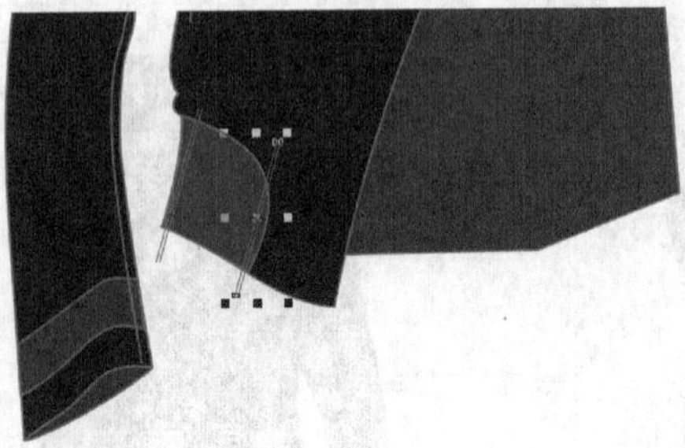

图10-245

图10-246

24 在属性栏中设置调和的步数，得到的效果如图10-247所示。

25 单击【选择】工具，执行菜单栏中的【对象】/【PowerClip】/【放置在容器中】命令把图形放置在下摆处，这样就完成了下摆罗纹的绘制，效果如图10-248所示。

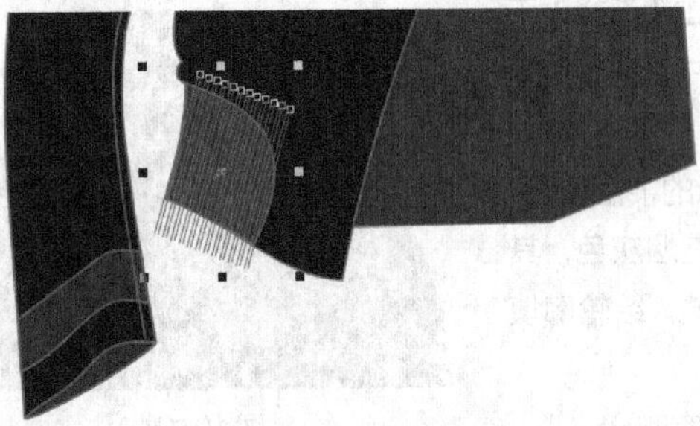

图10-247

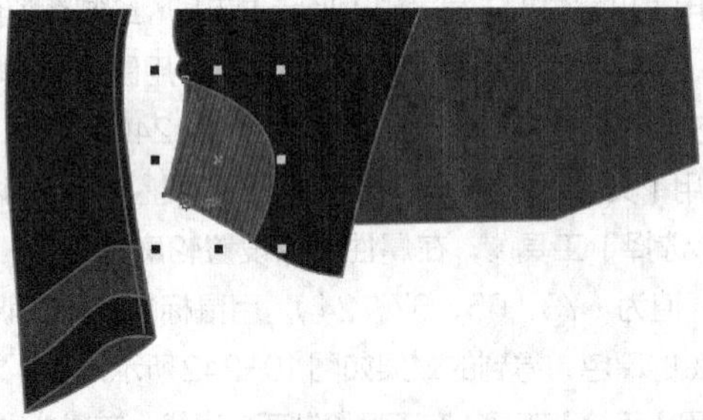

图10-248

26 选择【贝塞尔】工具和【形状】工具，在图10-249所示的翻领、门襟和衣服下摆处绘制4条缉明线，使缉明线处于选择状态，按【F12】键，弹出【轮廓笔】对话框，选项及参数设置如图10-250所示（轮廓填充填充60%的黑色）。

27 单击【确定】按钮，得到的效果如图10-251所示。

28 使用【贝塞尔】工具绘制图10-252所示的口袋。单击【选择】工具，在属性栏中设置轮廓宽度，并填充烟灰色，其CMYK值为（73，65，67，24），用鼠标右键单击调色板中的■，给轮廓填充60%的黑色，得到的效果如图10-253所示。

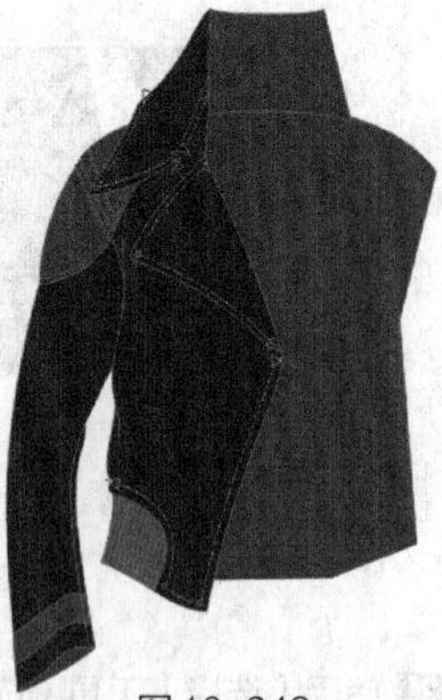

图10-249

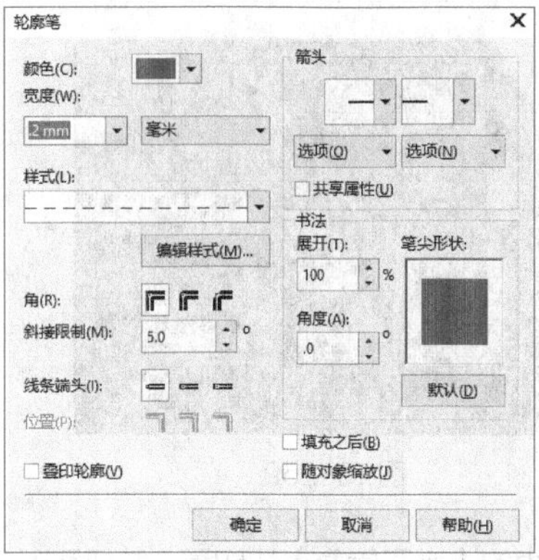

图10-250

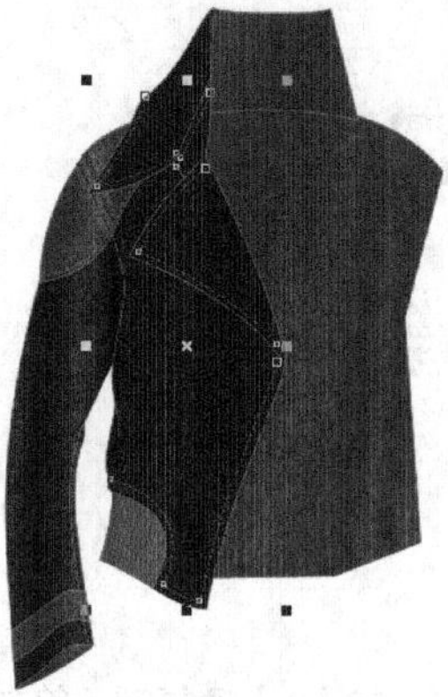

图10-251

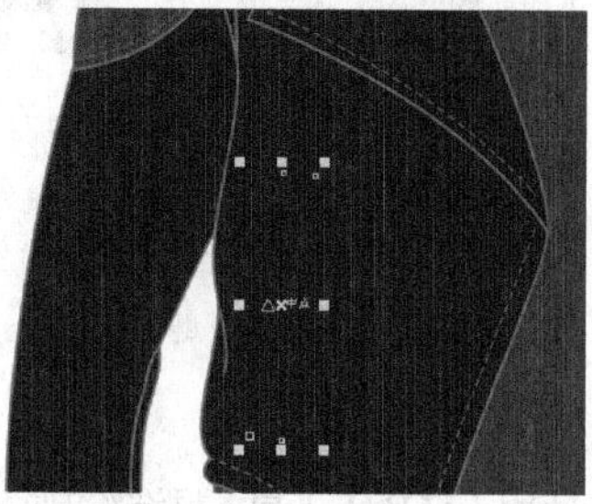

图10-252

29 执行菜单栏中的【文件】/【导入】命令，导入图10-254所示的拉链头。

30 使用【选择】工具把拉链头摆放在图10-255所示的位置。

图10-253

图10-254

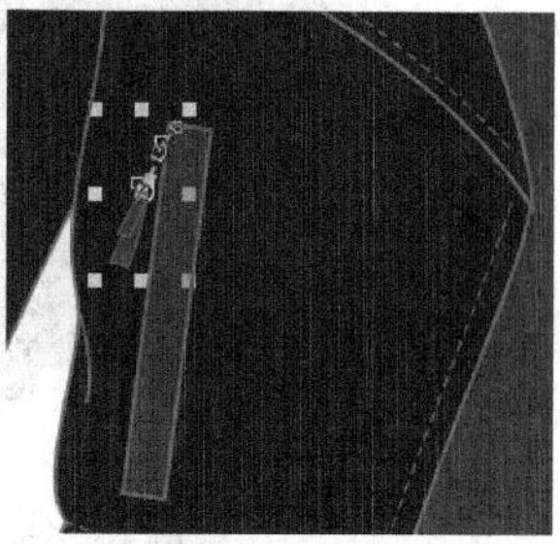

图10-255

31 执行菜单栏中的【对象】/【顺序】/【置于此对象后】命令，把拉链头放置到口袋后面，得到的效果如图10-256所示。

32 使用【椭圆形】工具并按住【Ctrl】键绘制一个圆形，在属性栏中设置轮廓宽度 2 mm，用鼠标右键单击调色板中的■，给轮廓填充60%的黑色，得到的效果如图10-257所示。

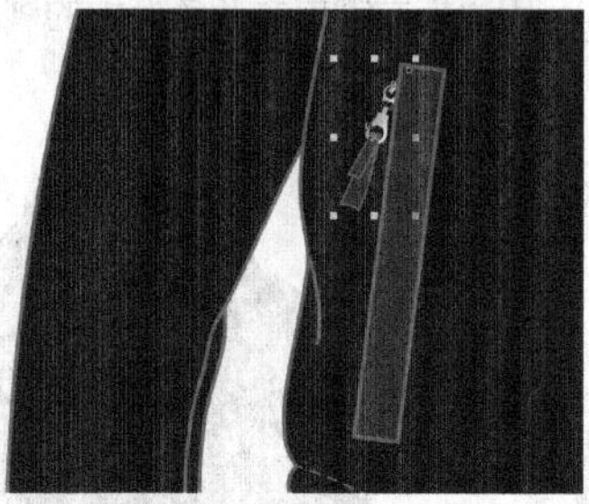

图10-256

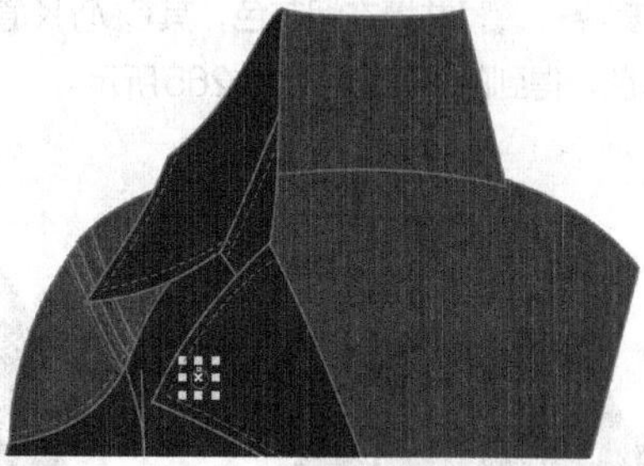

图10-257

33 单击工具箱中的【交互式填充】工具，在属性栏中单击【渐变填充】按钮，再单击【编辑填充】按钮，弹出【编辑填充】对话框，设置灰色［CMYK值为（0，0，0，60）］到白色的渐变，各项参数如图10-258示。单击【确定】按钮，完成的渐变效果如图10-259所示。

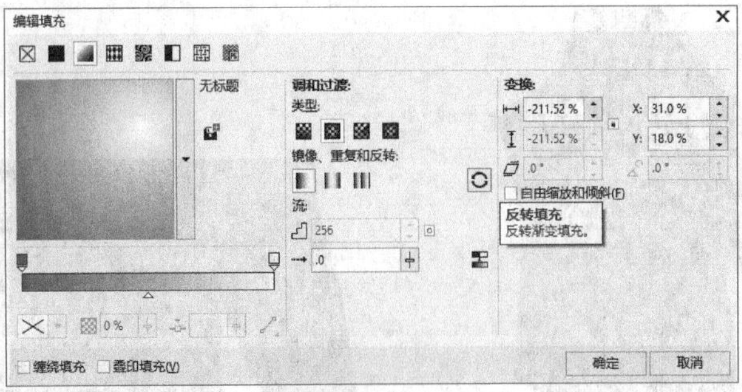

图10-258

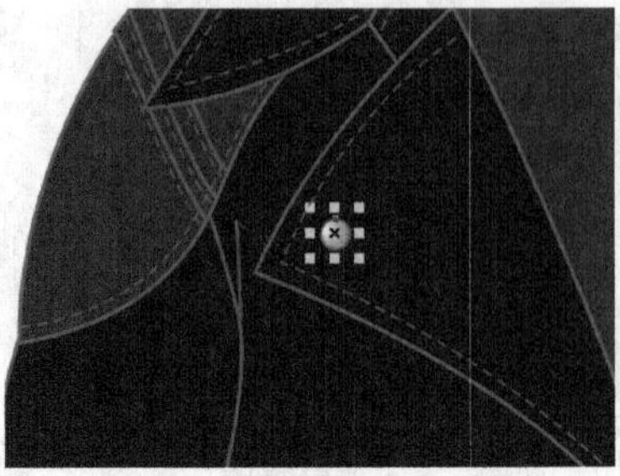

图10-259

34 使用【选择】工具框选绘制好的左边衣形，按【+】键复制，单击属性栏中的【水平镜像】按钮，并把图形向右平移到合适的位置，得到的效果如图10-260所示。

35 使用【贝塞尔】工具和【形状】工具绘制后领口的两条分割线，单击【选择】工具，在属性栏中设置轮廓宽度 .35 mm，用鼠标右键单击调色板中的■，给轮廓填充60%的黑色，得到的效果如图10-261所示。

图10-260

图10-261

36 使用【贝塞尔】工具和【形状】工具在后领口绘制两条缉明线，单击【选择】工具，在属性栏中设置轮廓样式与宽度，如图10-262所示，鼠标右键单击调色板中的■，给轮廓填充60%的黑色，得到的效果如图10-263所示。

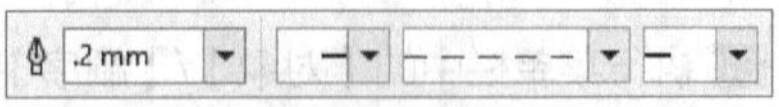

图10-262

37 使用【贝塞尔】工具和【形状】工具绘制图10-264所示的后片下摆罗纹。单击【选择】工具，在属性栏中设置轮廓宽度 .35 mm，并填充烟灰色，其CMYK值为（73，65，67，24），用鼠标右键单击调色板中的■，给轮廓填充60%的黑色，得到的效果如图10-265所示。

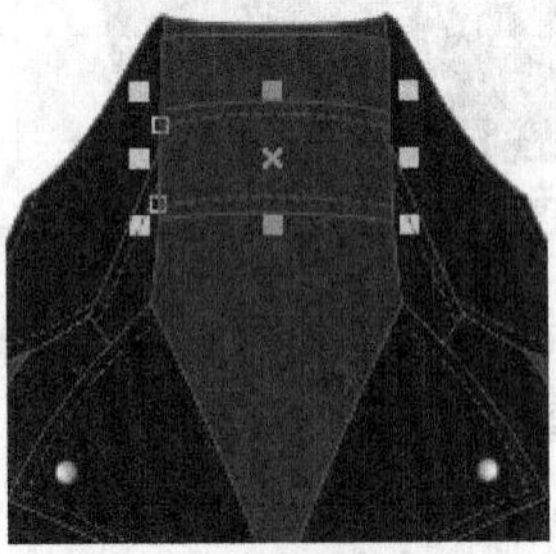

图10-263

图10-264

图10-265

38 执行菜单栏中的【对象】/【顺序】/【置于此对象后】命令，把图形放在衣身左前片之后，得到的效果如图10-266所示。

39 重复步骤18~23的操作绘制后片的罗纹，得到的效果如图10-267所示。

40 使用【贝塞尔】工具绘制衣身上的分割线，单击【选择】工具，在属性栏中设置轮廓宽度，用鼠标右键单击调色板中的■，给轮廓填充60%的黑色，得到的效果如图10-268所示。

图10-266

图10-267

图10-268

41 使用【贝塞尔】工具绘制衣身上的缉明线，单击【选择】工具，在属性栏中设置轮廓样式与宽度，如图10-269所示，用鼠标右键单击调色板中的■，给轮廓填充60%的黑色，得到的效果如图10-270所示。

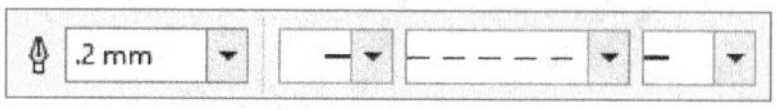

图10-269

42 使用【贝塞尔】工具和【形状】工具在分割线上绘制拉链齿造型，用鼠标右键单击调色板中的■，给轮廓填充60%的黑色，如图10-271所示。

43 按【+】键复制图形，然后把复制的图形往下平移到一定的位置，如图10-272所示。

图10-270

图10-271

图10-272

44 单击工具箱中的【调和】工具，单击上边的图形往下拖曳鼠标至下方图形处执行调和功能，如图10-273所示。

45 在属性栏中设置调和的步数，得到的效果如图10-274所示。

46 按住【Ctrl】+【G】组合键群组图形，单击工具箱中的【交互式填充】工具，在属性栏中单击【渐变填充】按钮，再单击属性栏中的【编辑填充】按钮，弹出【编辑填充】对话框，设置灰色［CMYK值为（0，0，0，40）］到白色的渐变，各项参数如图10-275所示。单击【确定】按钮，完成的渐变效果如图10-276所示。

图10-273

图10-274

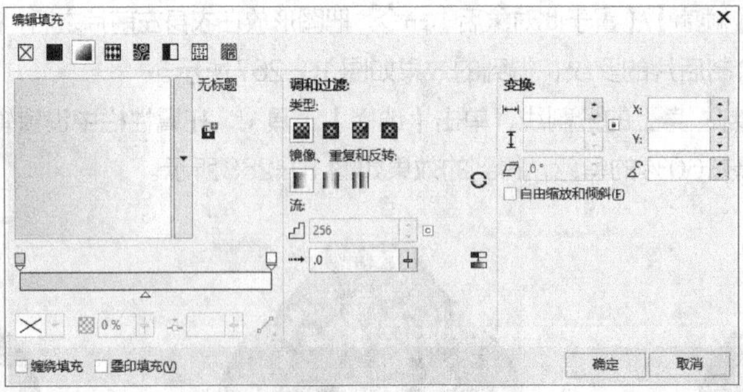

图10-275

图10-276

47 执行菜单栏中的【对象】/【顺序】/【置于此对象后】命令，把拉链放置到衣身翻折部分后面，得到的效果如图10-277所示。

48 重复步骤40~45的操作绘制右边的拉链，得到的效果如图10-278所示。

49 使用【选择】工具选择右边口袋的拉链头，按【+】键复制并把复制的拉链头摆放在图10-279所示的位置。

50 单击【选择】工具并按住【Shift】键等比例放大拉链头，得到的效果如图10-280所示。

图10-277

图10-278

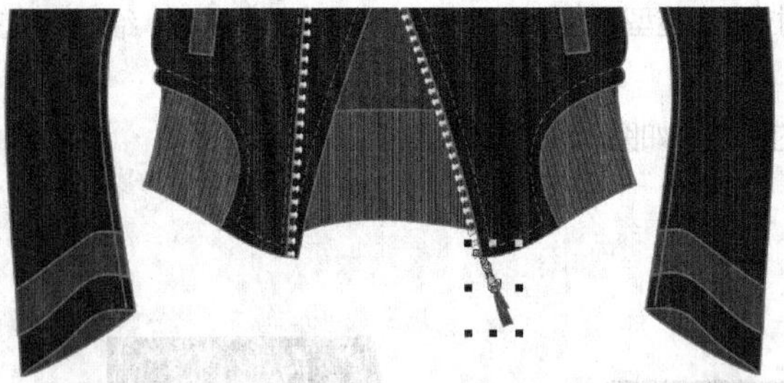

图10-279

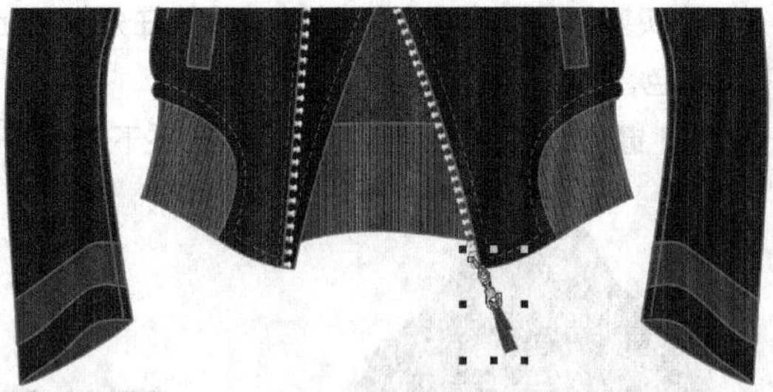

图10-280

51 使用【选择】工具框选所有图形，按住【Ctrl】+【G】组合键，群组图形。这样就完成了机车夹克的绘制，整体效果如图10-281所示。

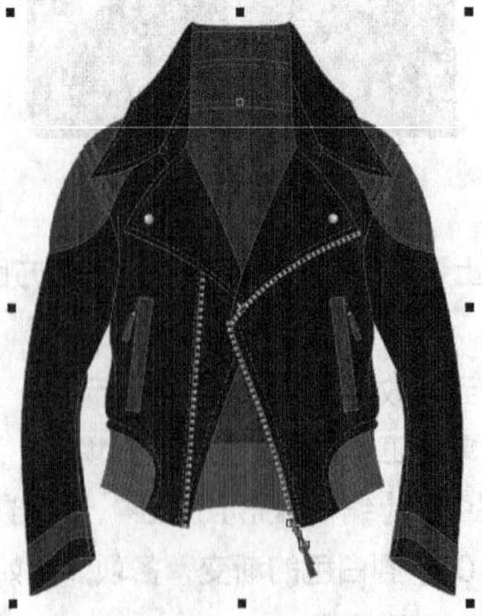

图10-281

10.4 羽绒服款式设计

羽绒服，是指内充羽绒填料的上衣，外形庞大圆润。羽绒服一般鸭绒量占一半以上，同时可以混杂一些细小的羽毛，将鸭绒清洗干净，经高温消毒之后填充在衣服中就是羽绒服了。羽绒服保暖性较好，人们多在寒冷的气候下穿着。羽绒服由于其制作材料的特殊性，设计重点在于色彩与绗缝工艺的表现。

女式羽绒服的整体效果如图10-282所示。

设计重点

造型设计、彩色条纹图案、绗缝工艺的表现，弹簧扣的设计。

操作步骤

01 打开CorelDRAW软件，执行菜单栏中的【文件】/【新建】命令，或使用【Ctrl】+【N】组合键，打开【创建新文档【对话框，文件命名为“女式羽绒服”，设定纸张大小为A4，横向摆放，如图10-283所示。

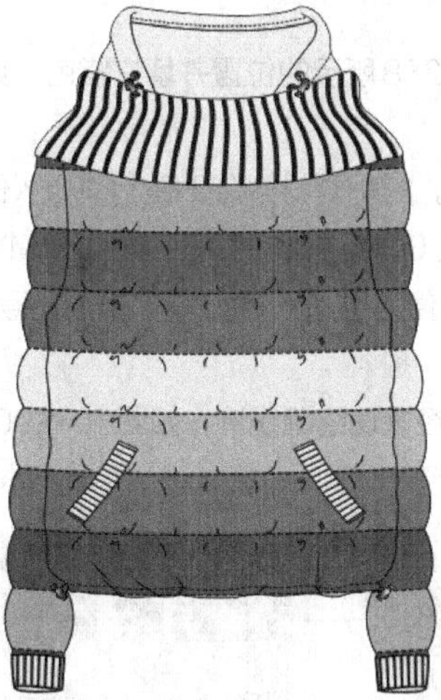

图10-282

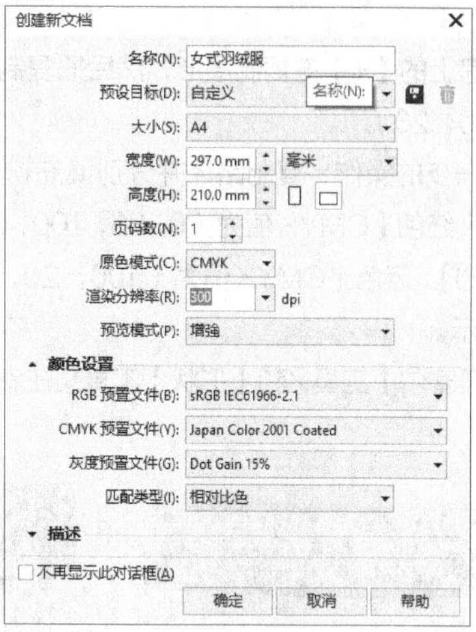

图10-283

02 从标尺栏向页面拖曳鼠标添加11条辅助线，确定衣长、袖长、肩线、袖肥和袖窿深等位置，如图10-284所示。

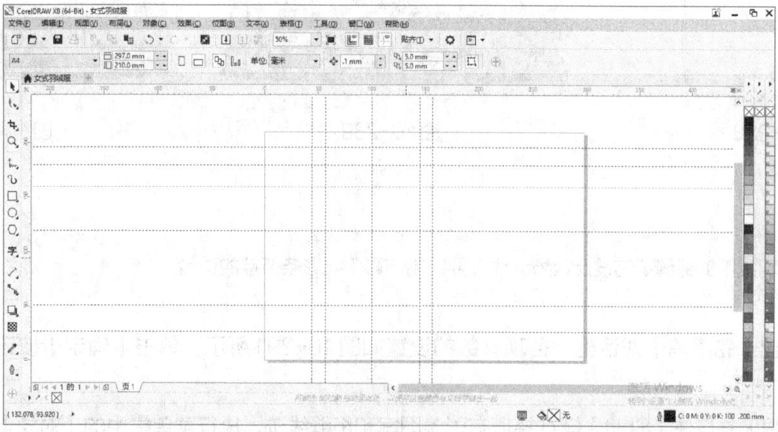

图10-284

03 使用【贝塞尔】工具和【形状】工具绘制图10-285所示的衣身造型，在属性栏中设置轮廓宽度 .35 mm。

04 使用【贝塞尔】工具和【形状】工具在衣身造型上绘制一条曲线，如图10-286所示。

05 单击【选择】工具，在属性栏中设置轮廓宽度 15.0 并给路径填充蓝色，其CMYK值为（100，20，0，0），得到的效果如图10-287所示。

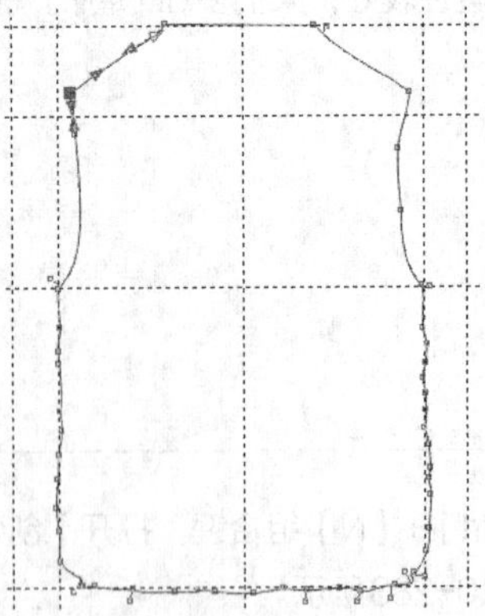
图10-285

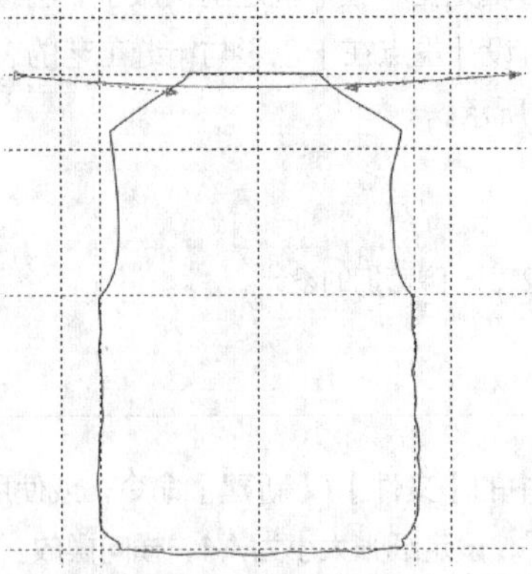
图10-286

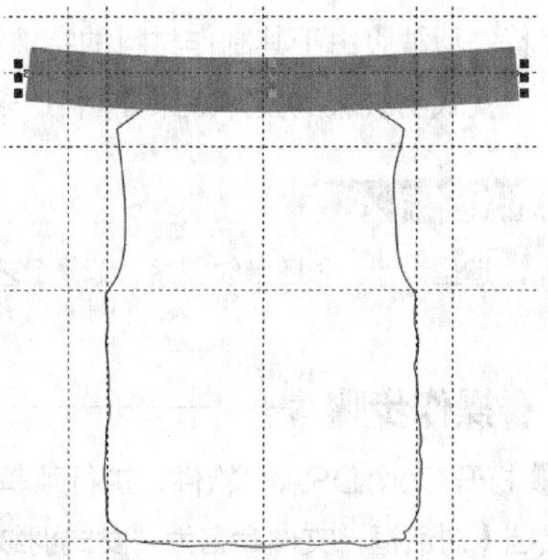
图10-287

06 按小键盘上的【+】键复制图形，然后把复制的条纹向下平移到图10-288所示的位置并填充紫色，其CMYK值为（20，80，0，20）。

07 重复上一步的操作，复制路径并分别填充粉色［CMYK值为（0，51，18，0）］、玫红色［CMYK值为（0，91，53，0）］、大红色［CMYK值为（0，86，100，0）］、黄色［CMYK值为（0，0，100，0）］、绿色［CMYK值为（40，0，100，0）］、蓝色［CMYK值为（100，20，0，0）］及紫色［CMYK值为（20，80，0，20）］，得到的效果如图10-289所示。

08 使用【贝塞尔】工具和【形状】工具在彩条图案上分别绘制8条路径表现绗缝线迹，如图10-290所示。

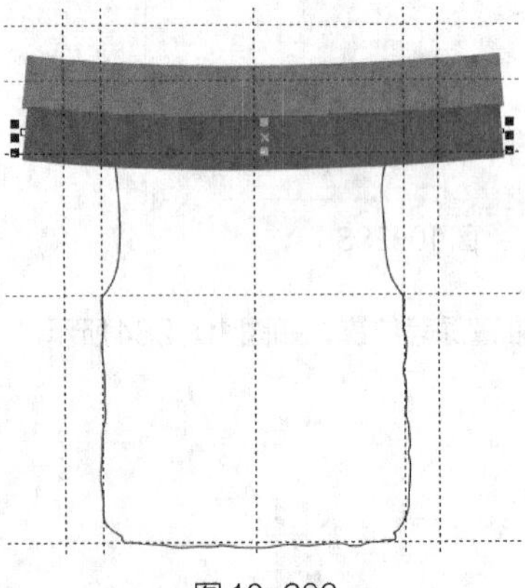
图10-288

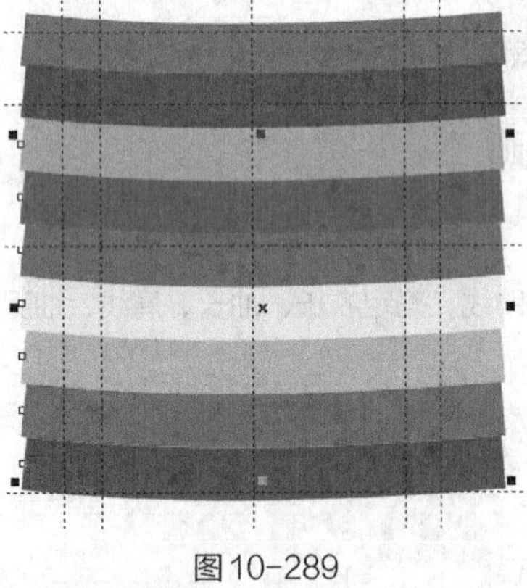
图10-289

图10-290

专家提示

为了更好地表现羽绒服的绗缝工艺设计，绗缝线迹要绘制在彩条与彩条衔接的位置。

09 按【F12】键弹出【轮廓笔】对话框，各项参数的设置如图10-291所示。单击【确定】按钮，得到的效果如图10-292所示。

10 使用【选择】工具并按住【Shift】键选择所有彩条图案和绗缝线迹，执行菜单栏中的【对象】/【PowerClip】/【置于图文框内部】命令把图形放置在衣身造型中，得到的效果如图10-293所示。

11 使用【贝塞尔】工具和【形状】工具绘制图10-294所示的左袖造型，在属性栏中设置轮廓宽度 .35 mm。

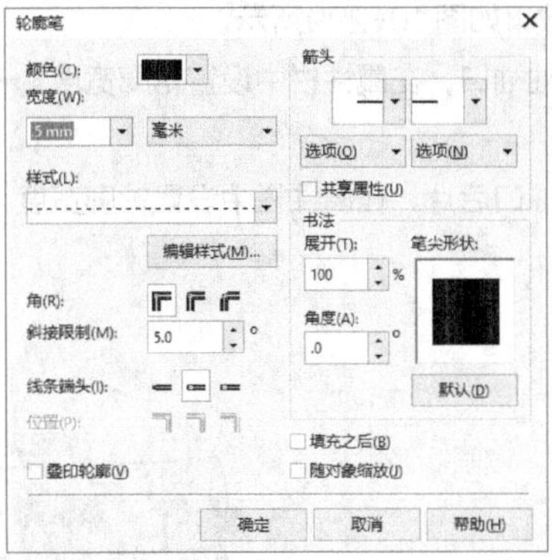

图10-291

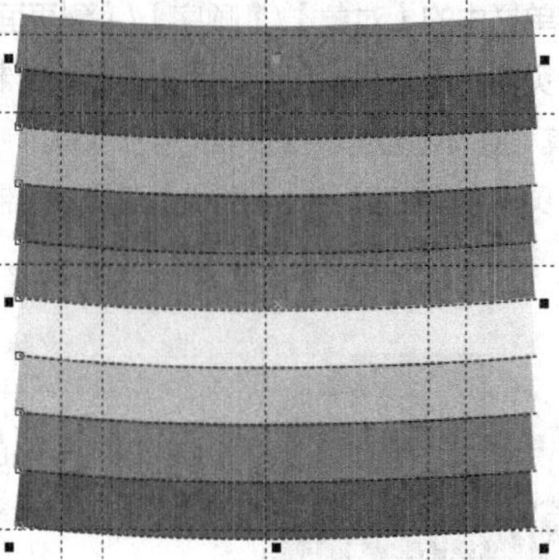

图10-292

专家提示

为了更好地表现羽绒服的蓬松效果，袖子造型要设计成一节一节的泡泡袖。

12 使用【属性滴管】工具选择衣身属性，鼠标转换成应用对象属性，然后单击左袖的前面部分，把条纹图案复制到衣袖中，得到的效果如图10-295所示。

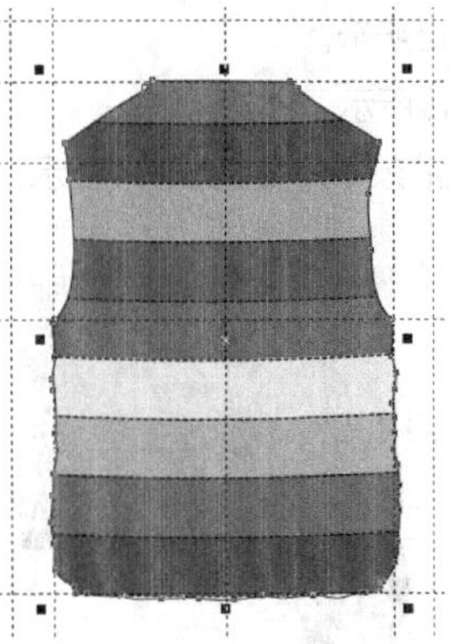

图10-293

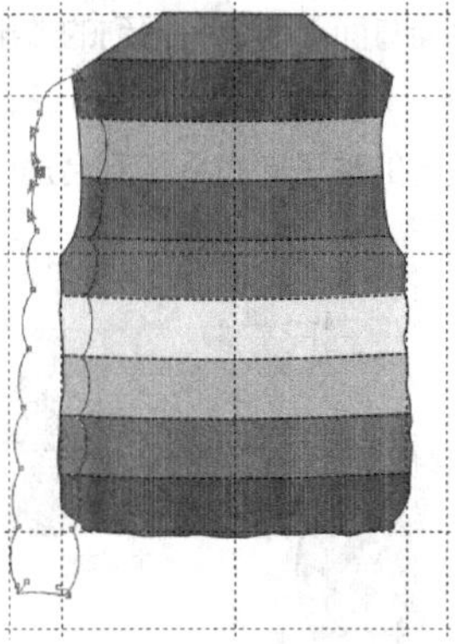

图10-294

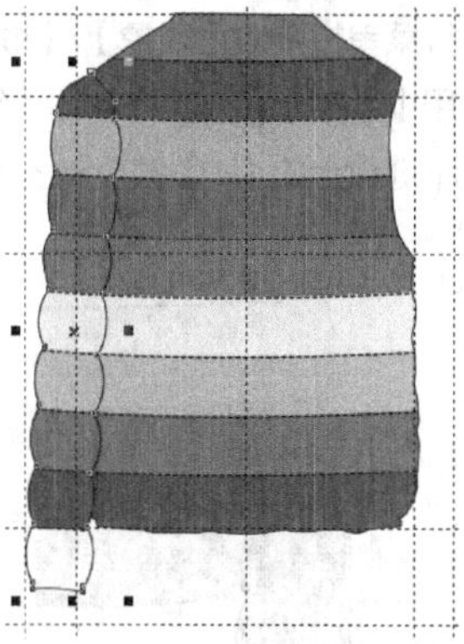

图10-295

13 使用【选择】工具选择左袖，单击鼠标右键，在弹出菜单中选择【编辑PowerClip】命令，得到的效果如图10-296所示。

14 使用【选择】工具选择图形，复制条纹图案移动到图10-297所示的位置。单击鼠标右键，在弹出菜单中选择【结束编辑】命令，得到的效果如图10-298所示。

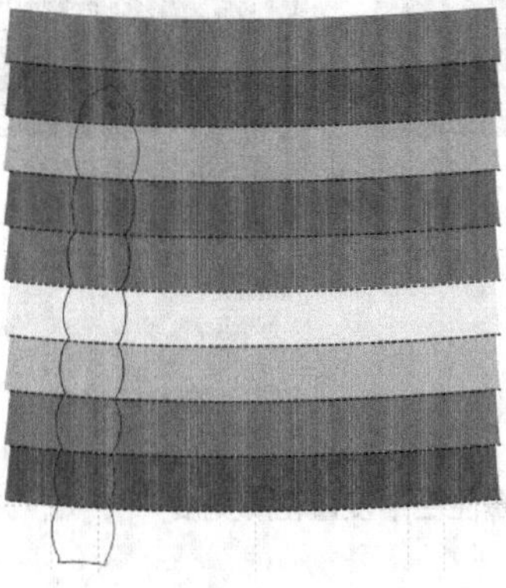

图10-296

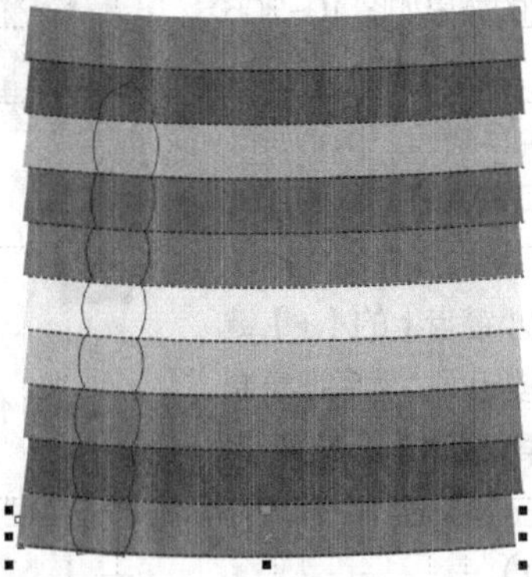

图10-297

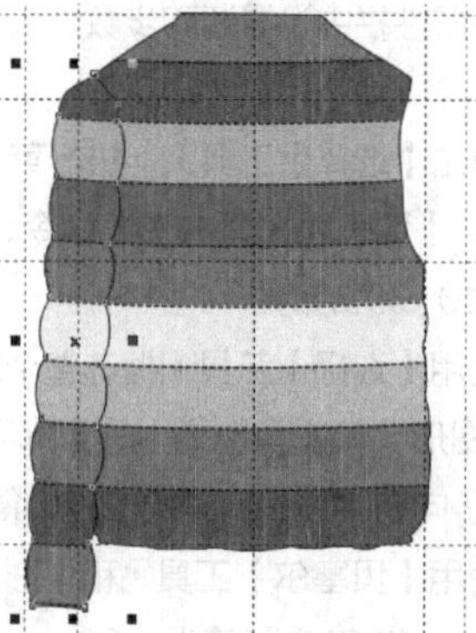

图10-298

15 执行菜单栏中的【对象】/【顺序】/【到页面背面】命令，得到的效果如图10-299所示。

16 使用【贝塞尔】工具和【形状】工具绘制图10-300所示的左袖袖口，在属性栏中设置轮廓宽度，并填充黄色，其CMYK值为（89，42，47，0）。

17 使用【贝塞尔】工具和【形状】工具绘制图10-301所示的左袖口后片，在属性栏中设置轮廓宽度，并填充黄色，其CMYK值为（89，42，47，0）。

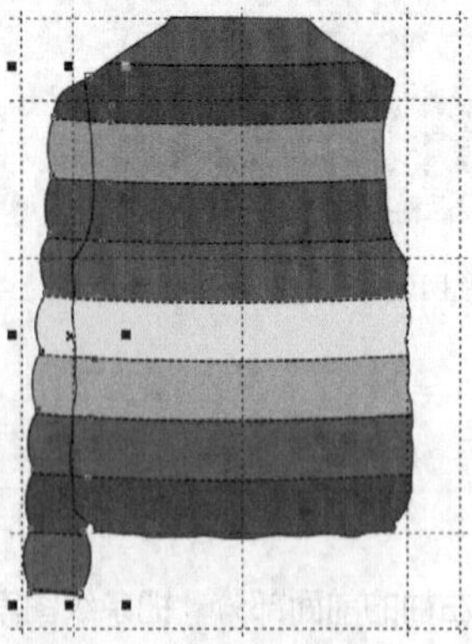
图10-299

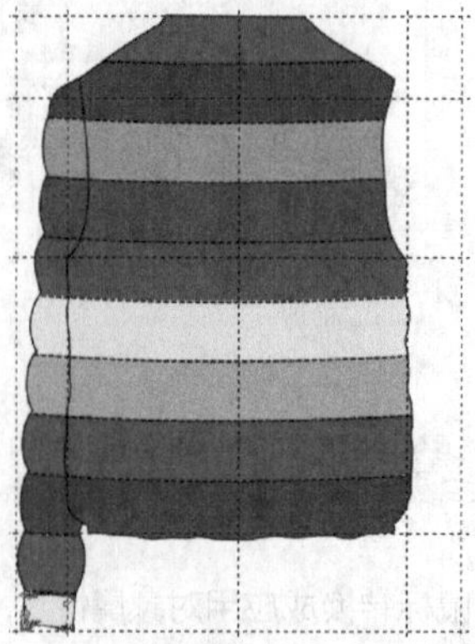
图10-300

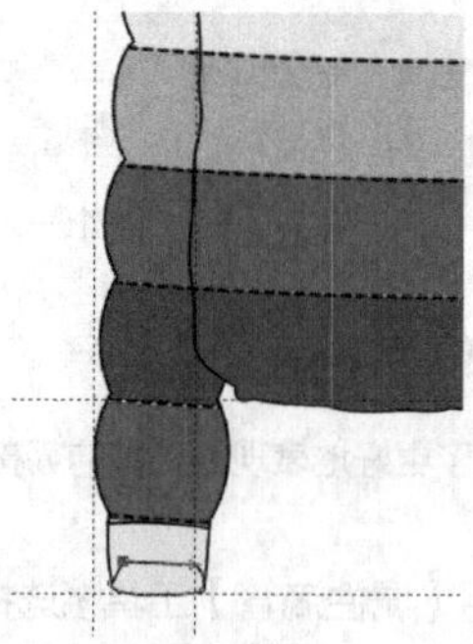
图10-301

18 执行菜单栏中的【对象】/【顺序】/【到页面背面】命令，得到的效果如图10-302所示。

19 使用【手绘】工具在袖口上绘制一条直线，设置轮廓宽度，如图10-303所示。

20 按小键盘上的【+】键复制图形，然后把复制的袖子向右平移到合适的位置，得到的效果如图10-304所示。

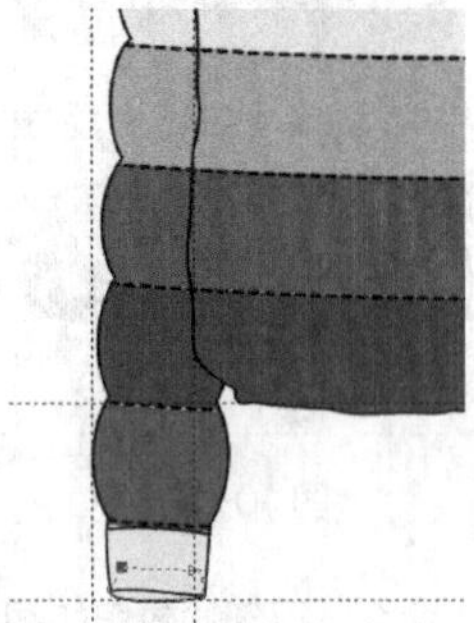
图10-302

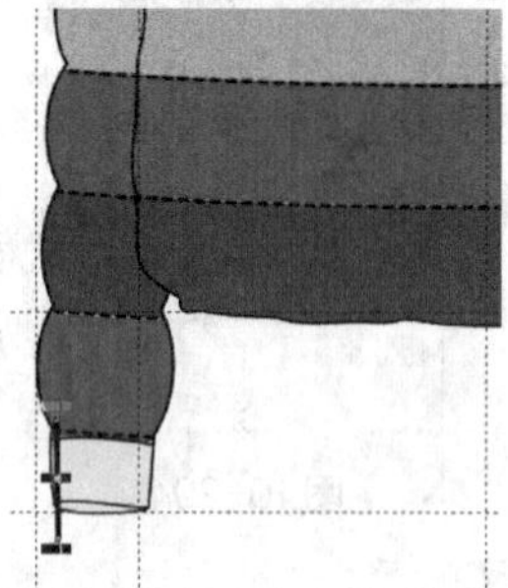
图10-303

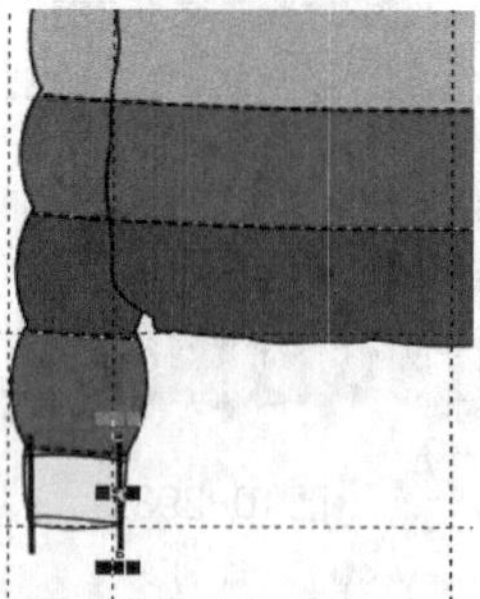
图10-304

21 选择工具箱中的【调和】工具，单击左边的直线往右拖曳鼠标至右边的直线处执行调和功能，如图10-305所示。

22 在属性栏中设置调和步数，得到的效果如图10-306所示。

23 单击【选择】工具，执行菜单栏中的【对象】/【PowerClip】/【置于图文框内部】命令，单击袖口前片，得到的效果如图10-307所示。

24 使用【选择】工具框选整个左袖，按小键盘上的【+】键复制图形，单击属性栏中的【水平镜像】按钮，然后把复制的袖子向右平移到合适的位置，得到的效果如图10-308所示。

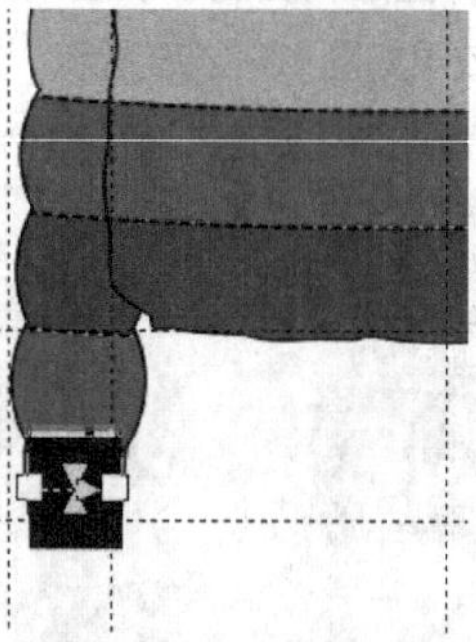
图10-305

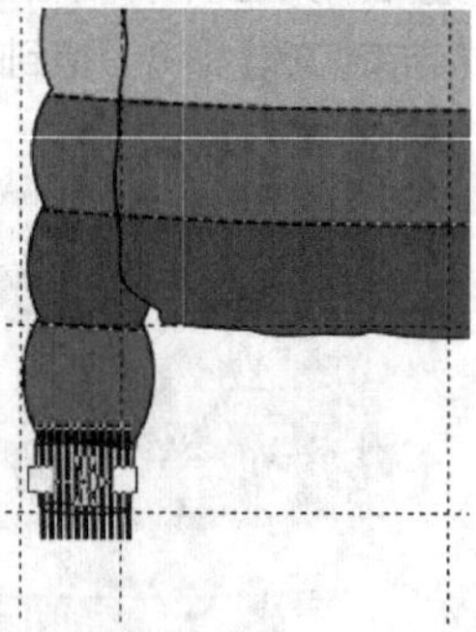
图10-306

25 使用【贝塞尔】工具和【形状】工具绘制图10-309所示的领子造型，在属性栏中设置轮廓宽度，并填充黄色，其CMYK值为（89，42，47，0）。

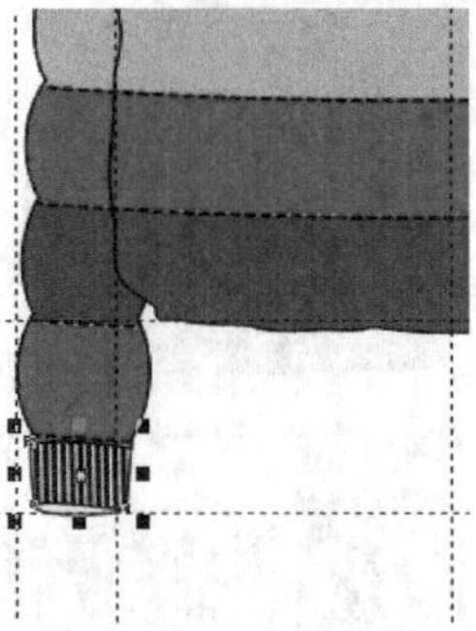

图10-307

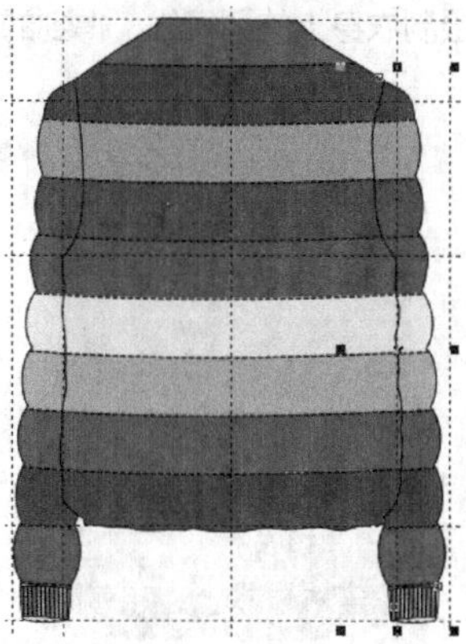

图10-308

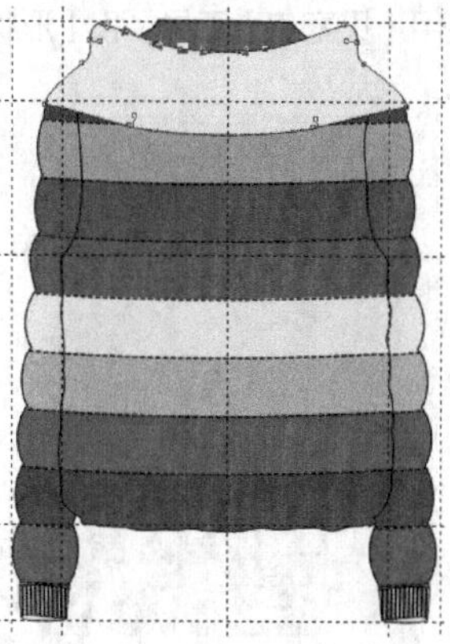

图10-309

26 使用【贝塞尔】工具和【形状】工具在领子上绘制两条路径，单击【选择】工具，在属性栏中设置轮廓宽度.75 mm，得到的效果如图10-310所示。

27 重复步骤21~23的操作，表现领子上的罗纹，得到的效果如图10-311所示。

28 使用【贝塞尔】工具和【形状】工具绘制图10-312所示的帽子造型，在属性栏中设置轮廓宽度.35 mm，并填充黄色，其CMYK值为（89,42,47,0）。

29 使用【贝塞尔】工具和【形状】工具绘制图10-313所示的帽里造型，在属性栏中设置轮廓宽度.35 mm，并填充黄色，其CMYK值为（89,42,47,0）。

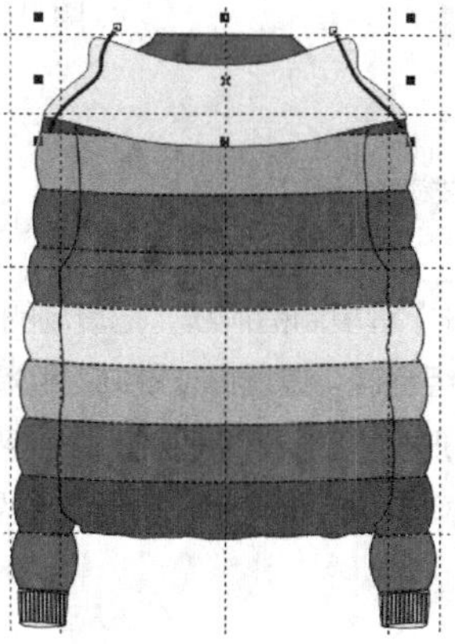

图10-310

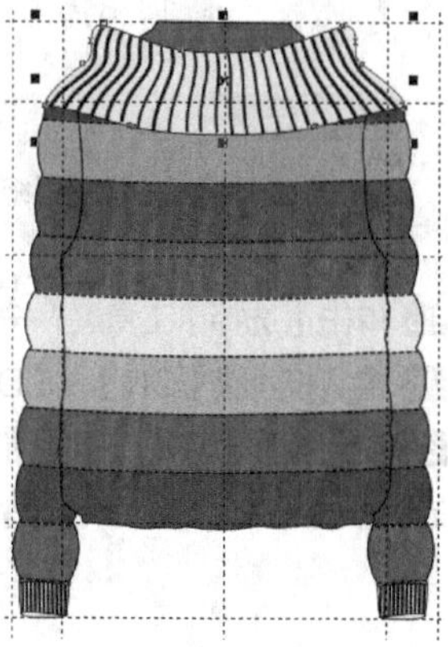

图10-311

30 使用【选择【工具选择帽子和帽里部分，执行菜单栏中的【对象】/【顺序】/【置于此对象后】命令，把图形摆放在领子造型后面，得到的效果如图10-314所示。

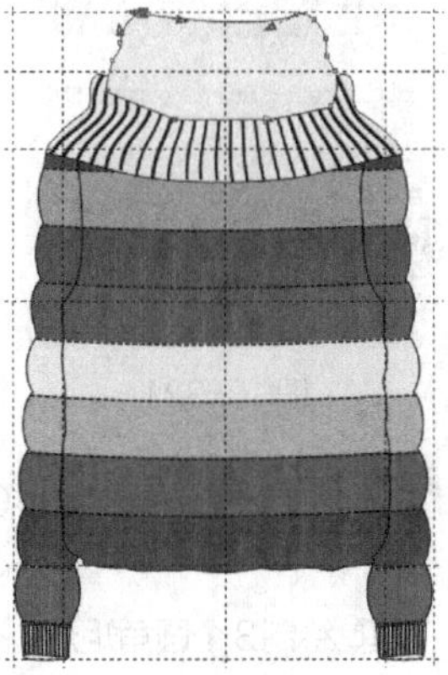

图10-312

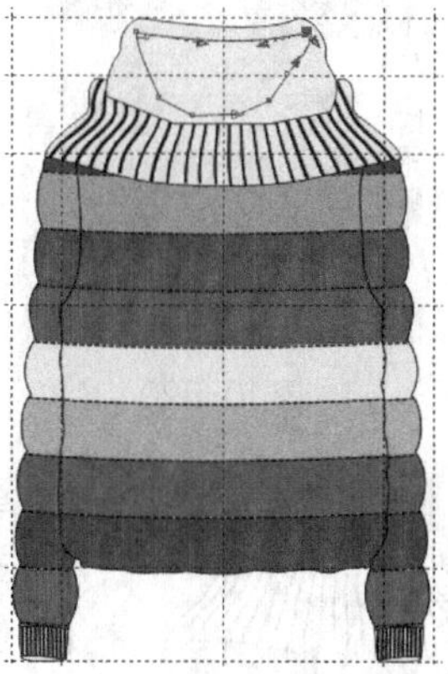

图10-313

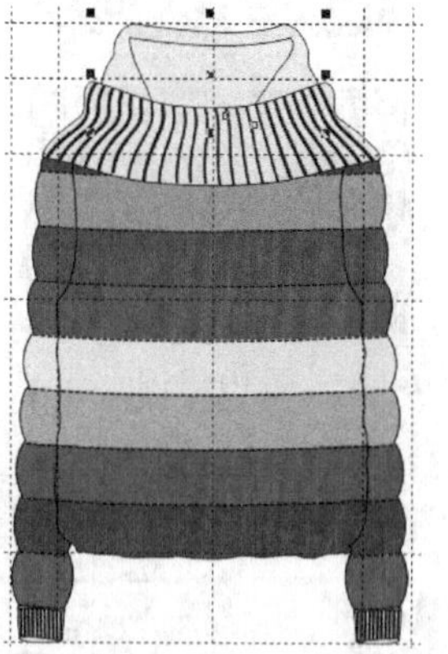

图10-314

31 使用【贝塞尔】工具和【形状】工具绘制羽绒服下摆的褶裥线，得到的效果如图10-315所示。

32 使用【贝塞尔】工具和【形状】工具绘制帽子上的褶裥线，得到的效果如图10-316所示。

33 执行菜单栏中的【编辑】/【全选】/【辅助线】命令，选择所有的辅助线，按【Delete】键删除，得到的效果如图10-317所示。

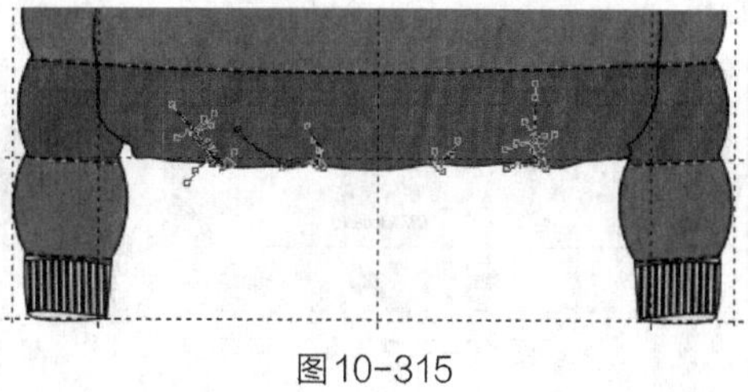

图10-315

34 使用【贝塞尔】工具和【形状】工具绘制衣身上的褶裥线，得到的效果如图10-318所示。

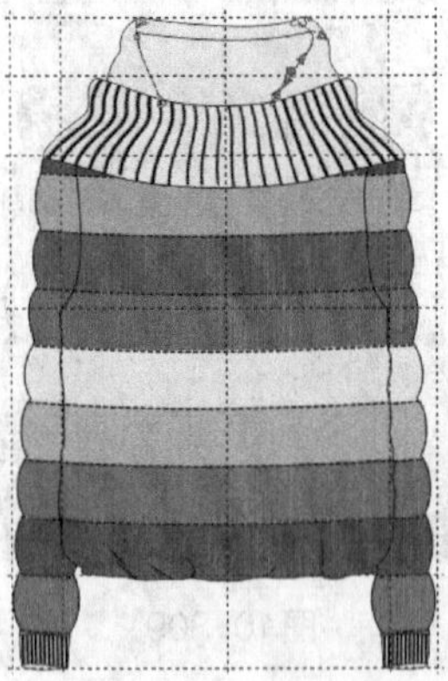
图10-316

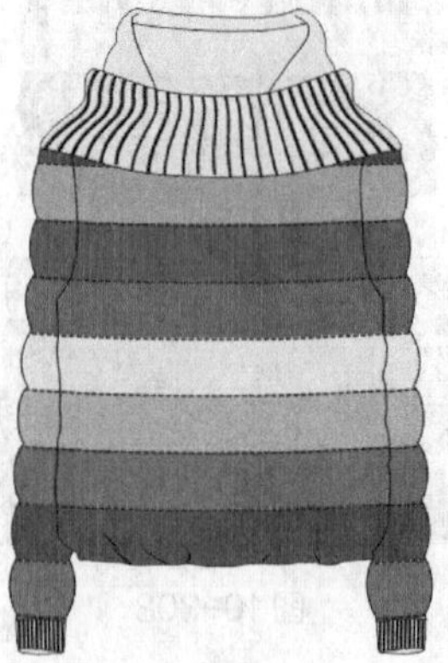
图10-317

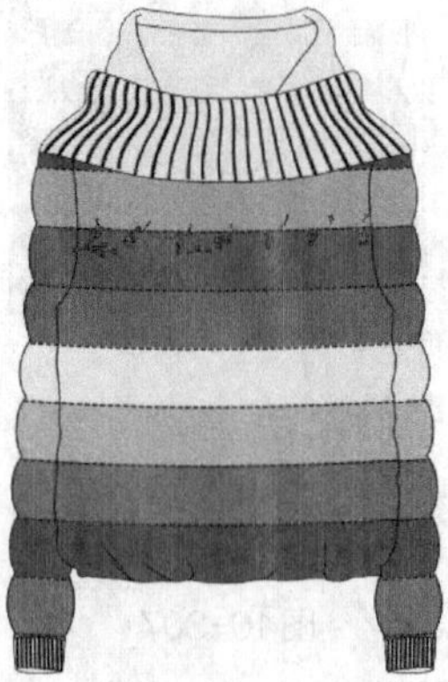
图10-318

专家提示

衣身上褶裥线的位置以绗缝线迹为标准。

35 单击【选择】工具，按【+】键复制褶裥线，把复制的褶裥线向下移到图10-319所示的位置。

36 重复按4次【Ctrl】+【D】组合键，重复操作复制4组褶裥线，得到的效果如图10-320所示。

37 使用【贝塞尔】工具和【形状】工具在图10-321所示的帽子和下摆处绘制4条缉明线。使缉明线处于选择状态，按【F12】键，弹出【轮廓笔】对话框，选项及参数设置如图10-322所示。

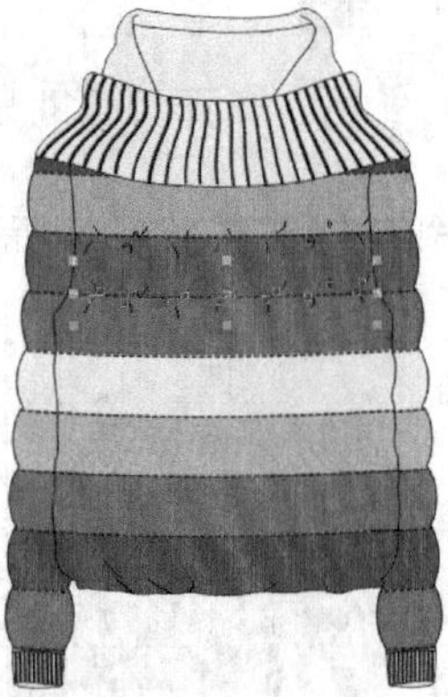
图10-319

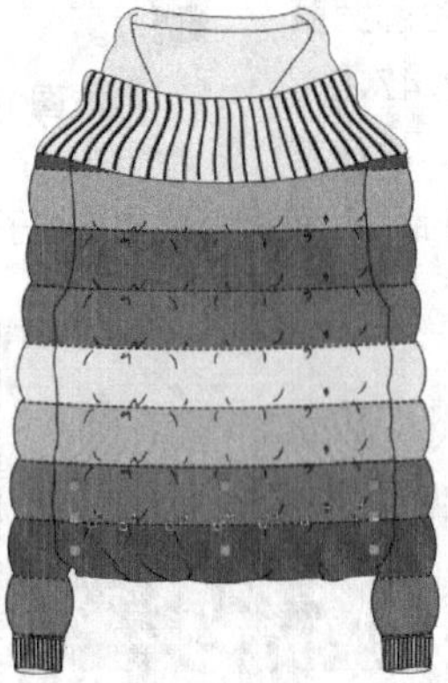
图10-320

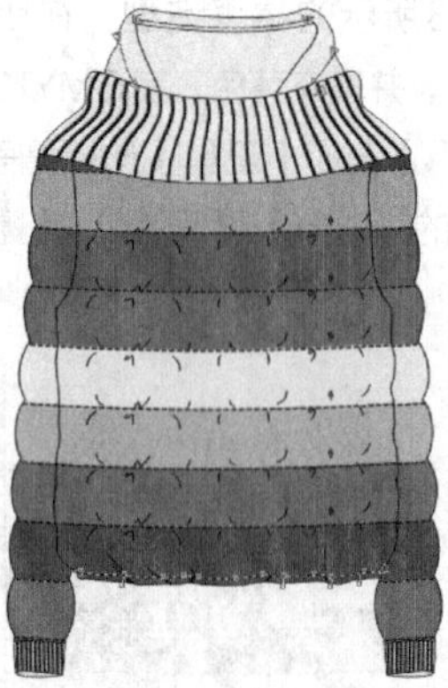
图10-321

图10-322

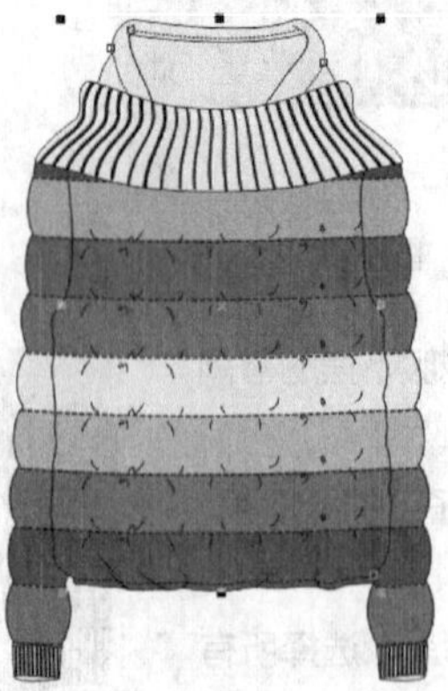
图10-323

38 单击【确定】按钮，得到的效果如图10-323所示。

39 使用【矩形】工具绘制3个圆角矩形，在属性栏中设置圆角度 .23 mm，设置轮廓宽度 .2 mm，得到的效果如图10-324所示。

图10-324

40 使用【选择】工具选择3个矩形。单击工具箱中的【交互式填充】工具，在属性栏中单击【渐变填充】按钮，再单击属性栏中的【编辑填充】按钮，弹出【编辑填充】对话框，设置黑色［CMYK值为（0，0，0，100）］到白色的渐变，各项参数如图10-325所示。单击【确定】按钮，完成的渐变效果如图10-326所示。

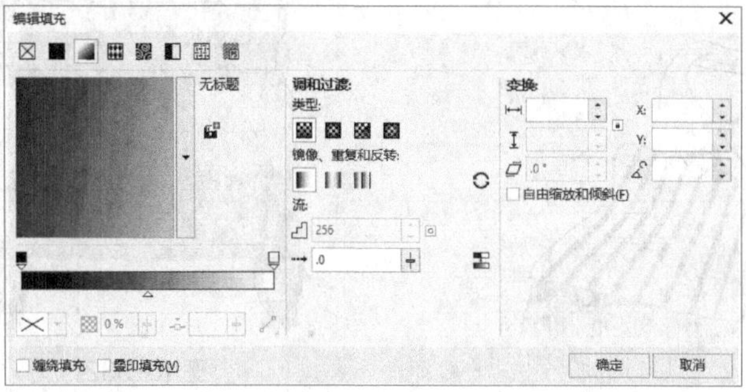

图10-325

图10-326

41 使用【选择】工具选择3个矩形，按【Ctrl】+【G】组合键群组图形。把绘制好的弹簧扣摆放在衣服下摆处，在属性栏中设置旋转角度44.9°，得到的效果如图10-327所示。

42 使用【贝塞尔】工具和【形状】工具绘制一条曲线，在属性栏中设置轮廓宽度.5 mm，得到的效果如图10-328所示。

43 单击【选择】工具，执行菜单栏中的【对象】/【顺序】/【置于此对象后】命令，把曲线摆放在弹簧扣后面，得到的效果如图10-329所示。

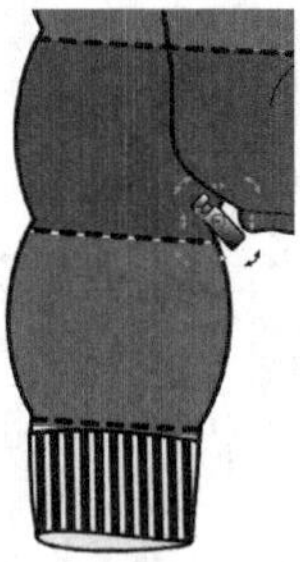
图10-327

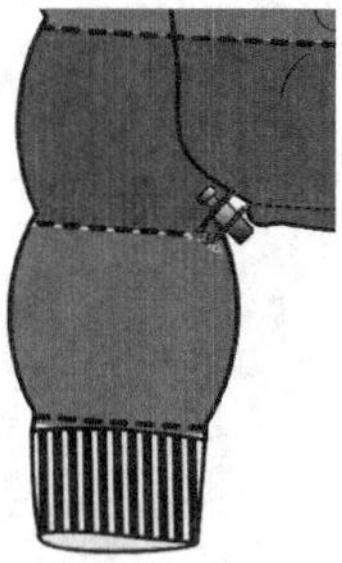
图10-328

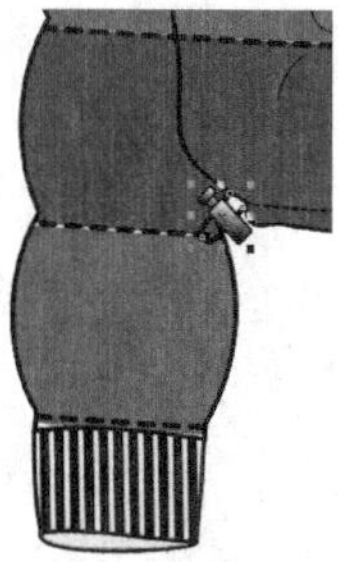
图10-329

44 使用【选择】工具框选曲线和弹簧扣，按【Ctrl】+【G】组合键群组图形。按【+】键复制图形，把复制的图形向右平移到图10-330所示的位置。

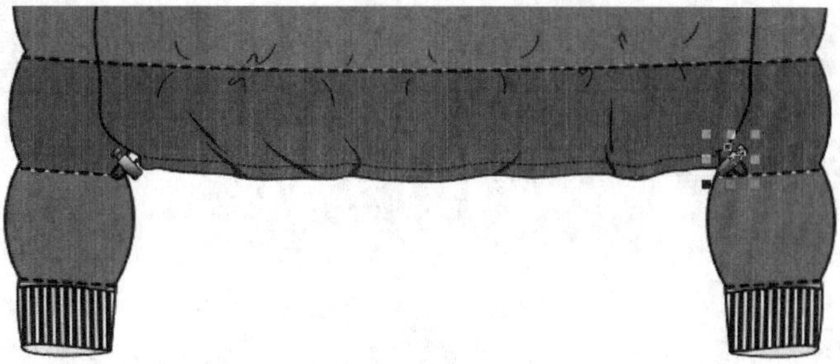
图10-330

45 重复上一步的操作，绘制两组弹簧扣，把它们摆放在帽子上，得到的效果如图10-331所示。

46 使用【选择】工具框选所有图形，按【Ctrl】+【G】组合键群组图形。这样就完成了女式羽绒服的绘制，效果如图10-332所示。

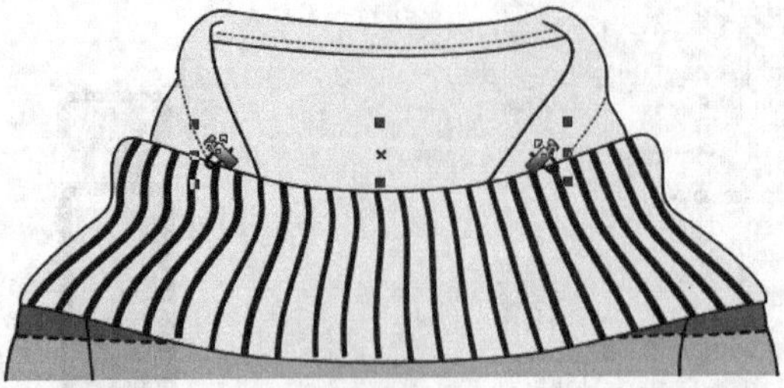

图10-331

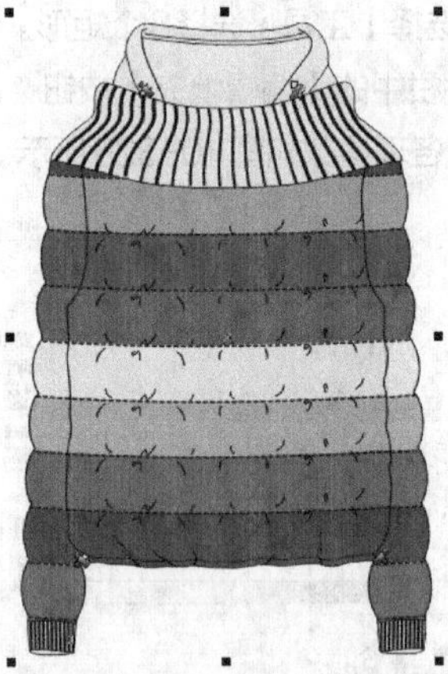

图10-332

第 11 章

礼服款式设计

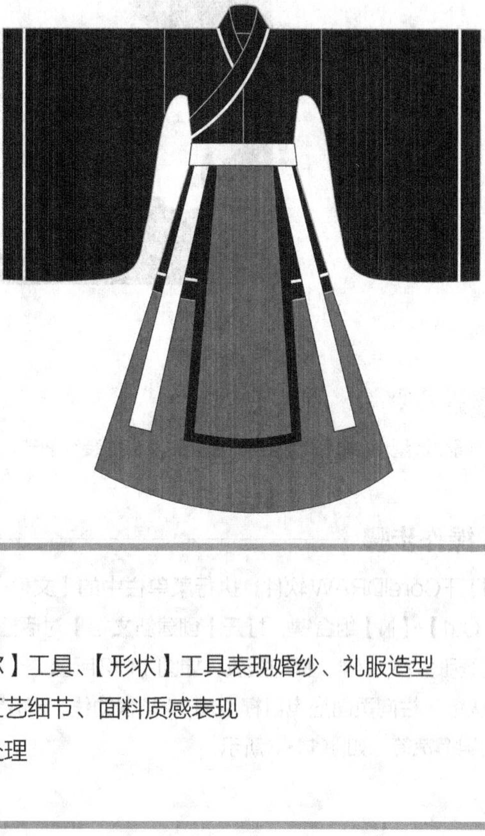

本章重点

- 用【贝塞尔】工具、【形状】工具表现婚纱、礼服造型
- 婚纱礼服工艺细节、面料质感表现
- 款式细节处理

礼服是指在某些重大场合上参与者所穿着的庄重而且正式的服装。礼服包括晚礼服、小礼服、裙套装礼服和婚纱礼服等。女式礼服设计更加注重细节的处理，肩部、领口及腰线的设计，镂空、刺绣和花朵等元素被广泛运用，诸如刺绣等的东方元素的运用使得西式的婚纱礼服更加符合东方女性的婉约气质。男式礼服种类有燕尾服、平口式礼服、晨礼服、西装礼服、英乔礼服和中式婚礼服等。玄端是中国古代的一种黑色礼服，是很规范的男子礼服，多做朝服和祭服用。

11.1 女式礼服款式设计

11.1.1 婚纱款式设计

婚纱的整体效果如图11-1所示。

图11-1

设计重点

婚纱造型设计、网纱面料、褶裥线及钉珠装饰细节。

操作步骤

01 打开CorelDRAW软件，执行菜单栏中的【文件】/【新建】命令，或使用【Ctrl】+【N】组合键，打开【创建新文档】对话框，文件命名为“婚纱”，设定纸张大小为A4，横向摆放，如图11-2所示。

02 从标尺栏向页面拖曳鼠标添加11条辅助线，确定肩线、胸线、腰线、裙长和裙摆宽等，如图11-3所示。

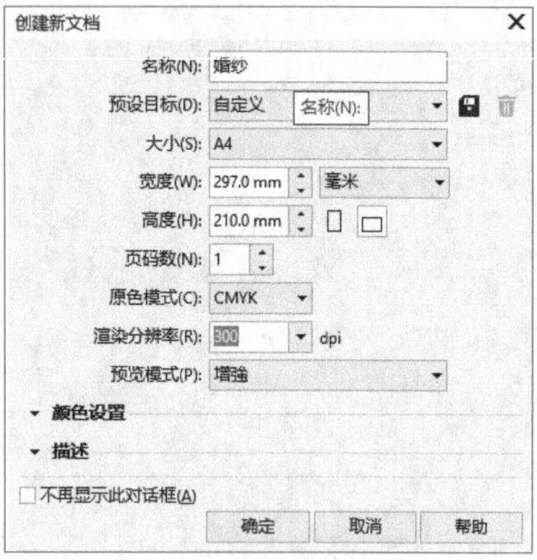

图11-2

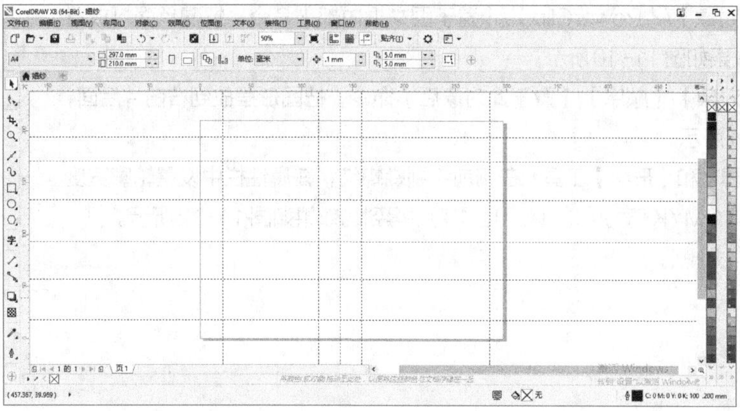

图11-3

03 使用【贝塞尔】工具和【形状】工具在辅助线的基础上绘制图11-4所示的路径，在属性栏中设置轮廓宽度，填充灰色，其CMYK值为（0，0，0，40）。

04 单击工具箱中的【交互式填充】工具，在属性栏中单击【渐变填充】按钮，再单击属性栏中的【编辑填充】按钮，弹出【编辑填充】对话框，设置灰色［CMYK值为（0，0，0，10）］到白色的渐变，各项参数如图11-5所示。单击【确定】按钮，得到的效果如图11-6所示。

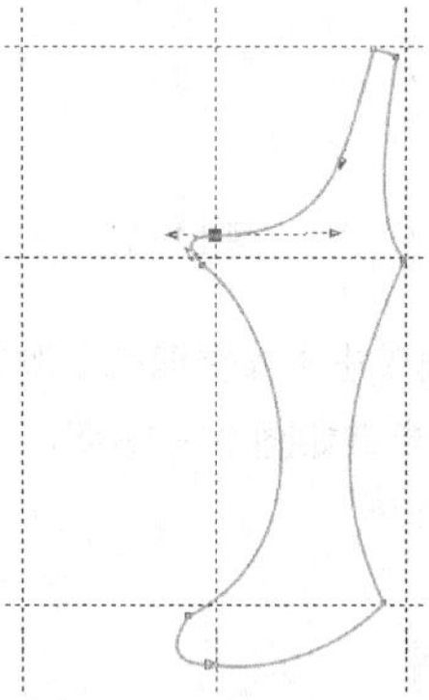

图11-4

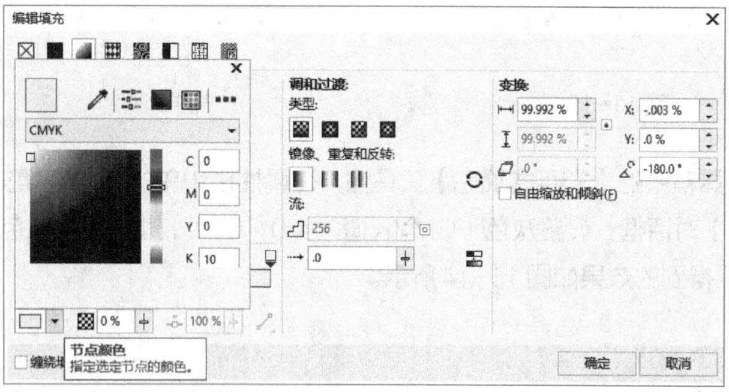

图11-5

05 采用步骤3和步骤4相同的操作方法绘制左前片，得到的效果如图11-7所示。

06 使用【矩形】工具在衣身上绘制一个长方形，如图11-8所示。

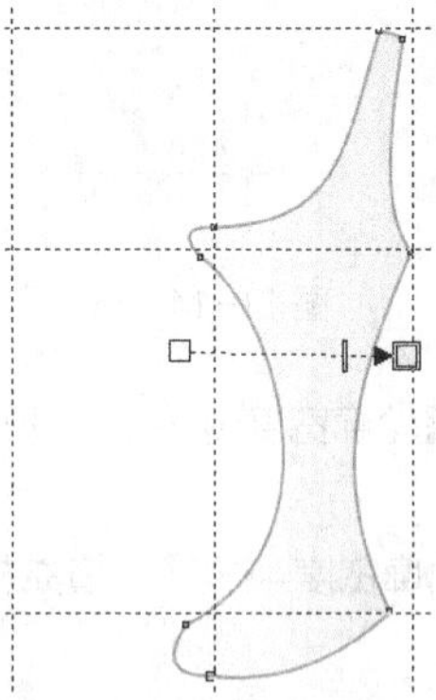

图11-6

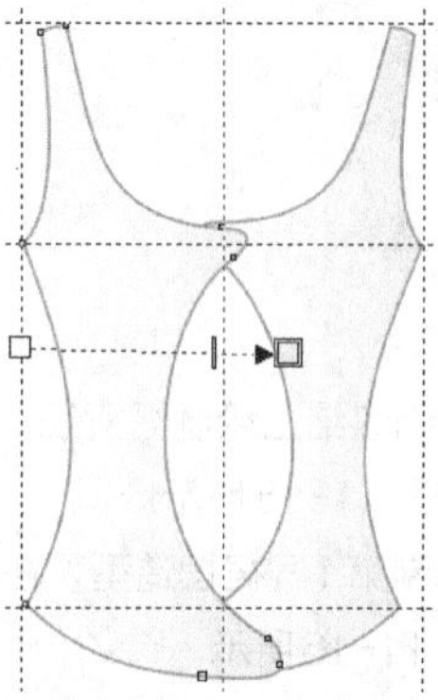

图11-7

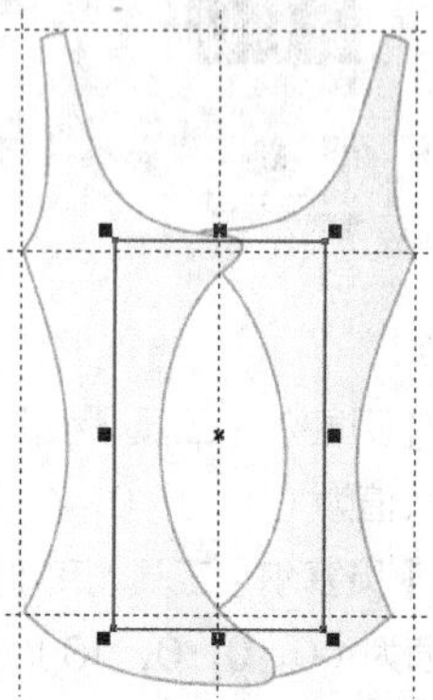

图11-8

07 执行菜单栏中的【文件】/【导入】命令，导入如图11-9所示的蕾丝面料。

08 执行菜单栏中的【对象】/【PowerClip】/【置于图文框内部】命令，把蕾丝面料放置在长方形中，得到的效果如图11-10所示。

09 执行菜单栏中的【对象】/【顺序】/【置于此对象后】命令，把图形摆放到右前片后面，得到的效果如图11-11所示。

10 使用【贝塞尔】工具和【形状】工具在胸前绘制蝴蝶结，在属性栏中设置轮廓宽度 .35 mm，填充灰色，其CMYK值为（0，0，0，10），得到的效果如图11-12所示。

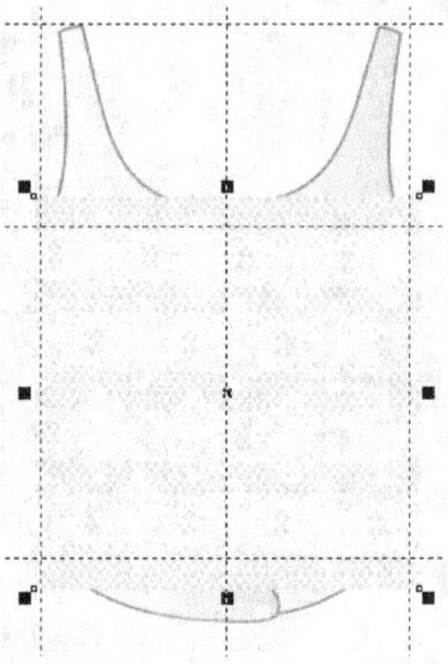

图11-9

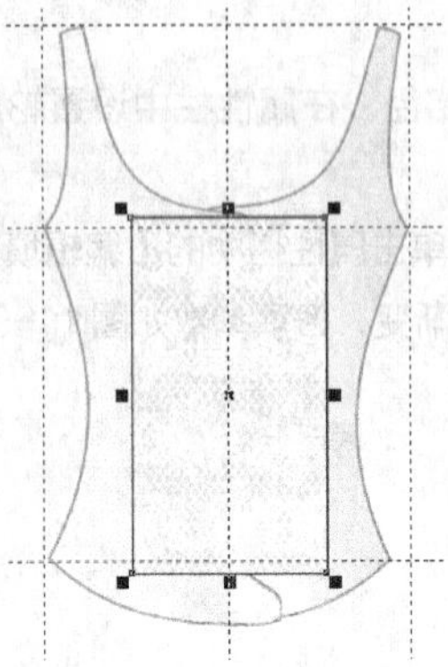

图11-10

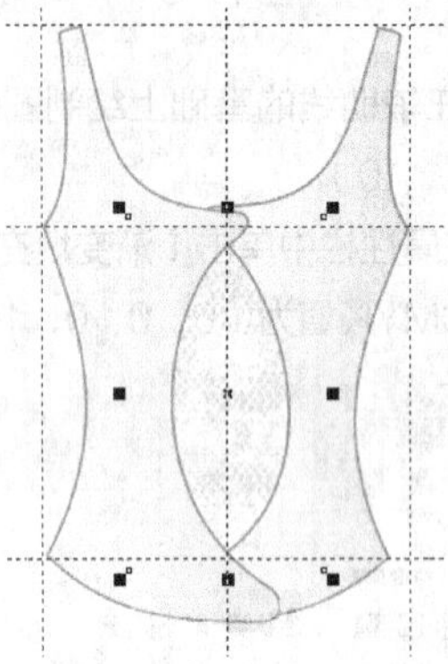

图11-11

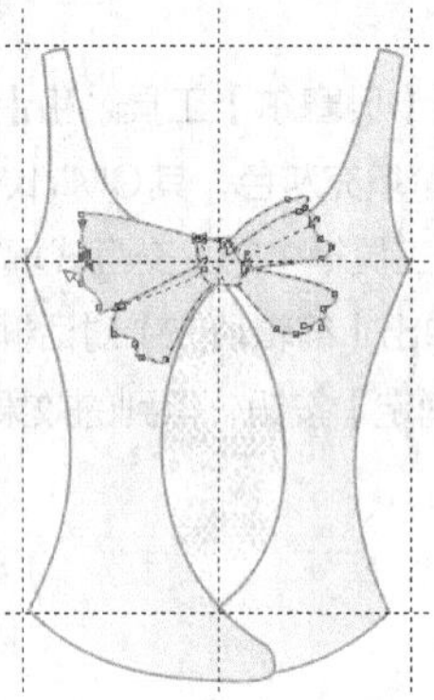

图11-12

11 单击工具箱中的【交互式填充】工具，在属性栏中单击【渐变填充】按钮，再单击【编辑填充】按钮，弹出【编辑填充】对话框，设置灰色［CMYK值为（0，0，0，10）］到白色的渐变，各项参数如图11-13所示。单击【确定】按钮，得到的效果如图11-14所示。

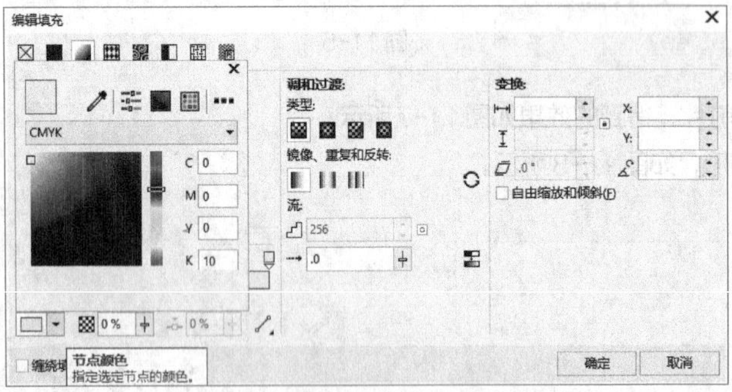

图11-13

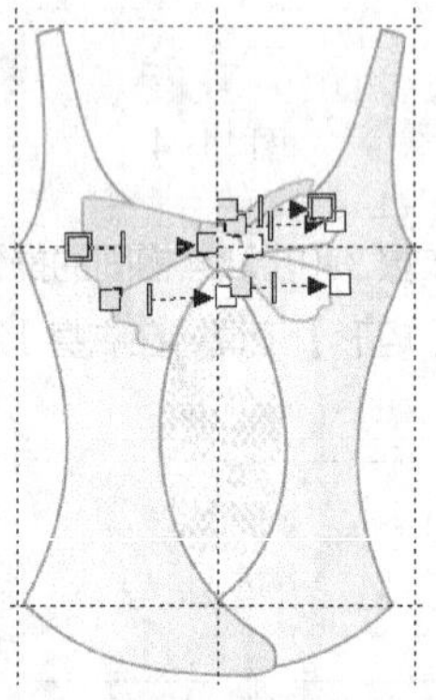

图11-14

12 使用【贝塞尔】工具和【形状】工具在蝴蝶结上绘制褶裥线，在属性栏中设置轮廓宽度 .18 mm，填充灰色，其CMYK值为（0，0，0，40），得到的效果如图11-15所示。

13 使用【贝塞尔】工具和【形状】工具绘制第1层裙摆造型，在属性栏中设置轮廓宽度 .35 mm，填充灰色，其CMYK值为（0，0，0，10），得到的效果如图11-16所示。

14 单击工具箱中的【交互式填充】工具，在属性栏中单击【渐变填充】按钮，再单击属性栏中的【编辑填充】按钮，弹出【编辑填充】对话框，设置灰色［CMYK值为（0，0，0，10）］到白色的渐变，各项参数如图11-17所示。单击【确定】按钮，得到的效果如图11-18所示。

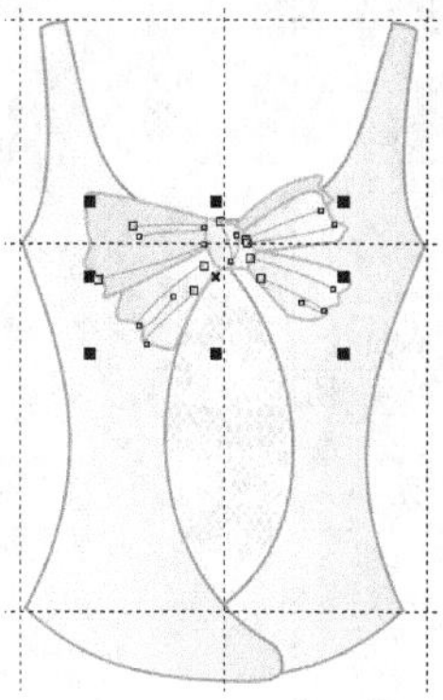

图11-15

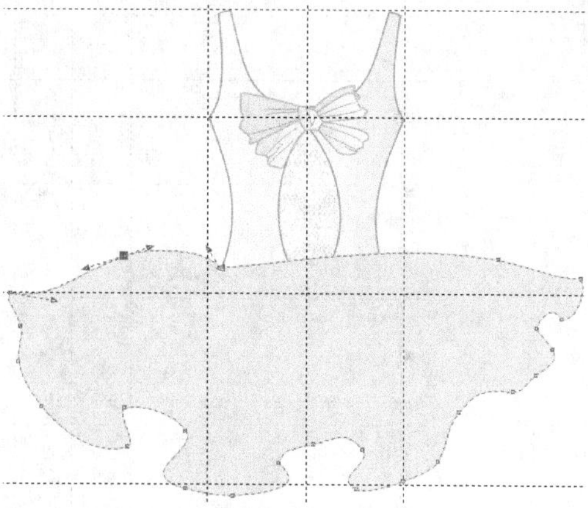

图11-16

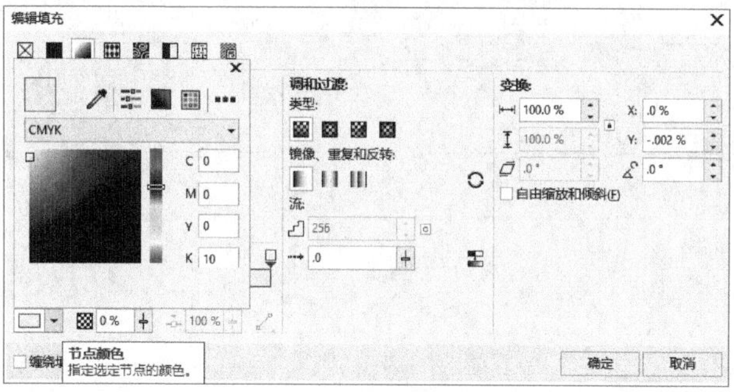

图11-17

15 执行菜单栏中的【对象】/【顺序】/【置于此对象后】命令，把图形摆放到蕾丝面料后面，得到的效果如图11-19所示。

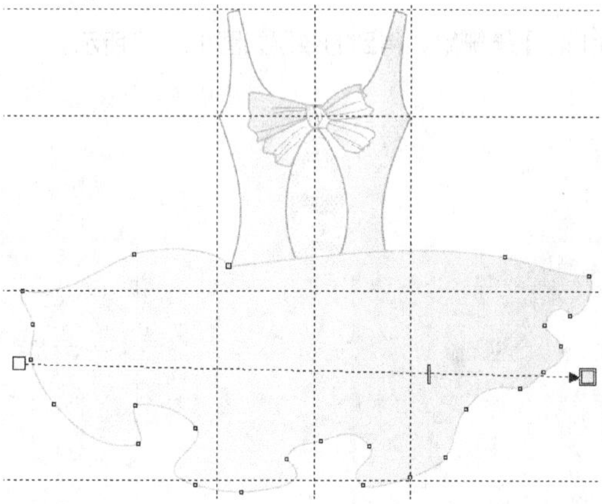

图11-18

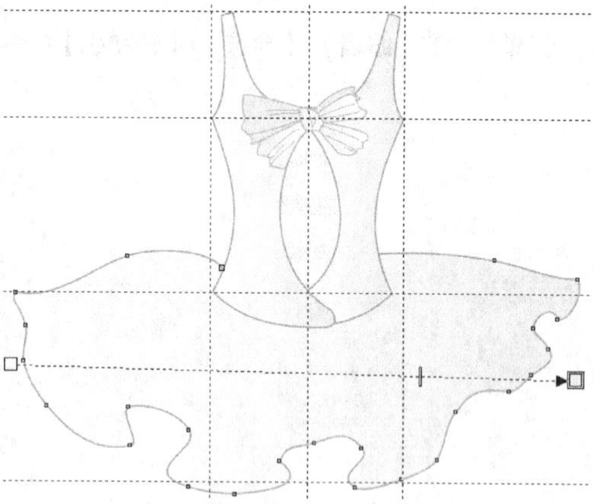

图11-19

16 采用与步骤13~15相同的操作，分别绘制第2层和第3层裙摆，得到的效果如图11-20所示。

17 使用【贝塞尔】工具和【形状】工具在第1层裙摆上绘制4个闭合路径，如图11-21所示。在属性栏中设置轮廓宽度 .35 mm ，填充灰色，其CMYK值为（0，0，0，40），图形填充浅灰色，其CMYK值为（0，0，0，10）。

18 执行菜单栏中的【对象】/【顺序】/【置于此对象后】命令，把图形摆放到第1层裙摆后面，得到的效果如图11-22所示。

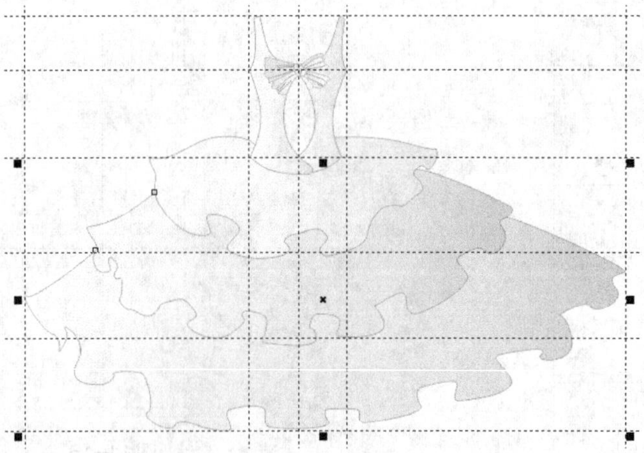

图11-20

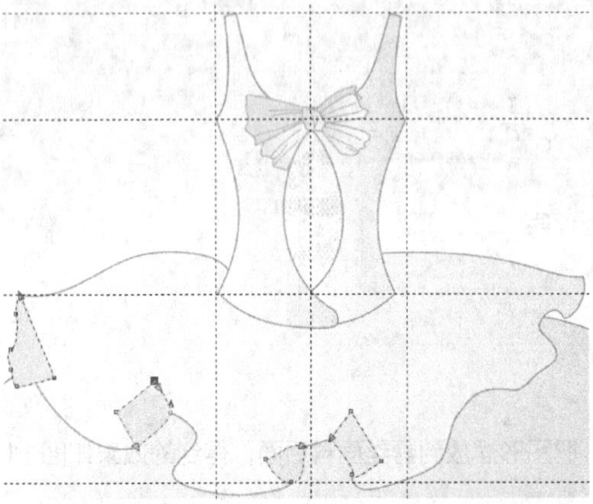

图11-21

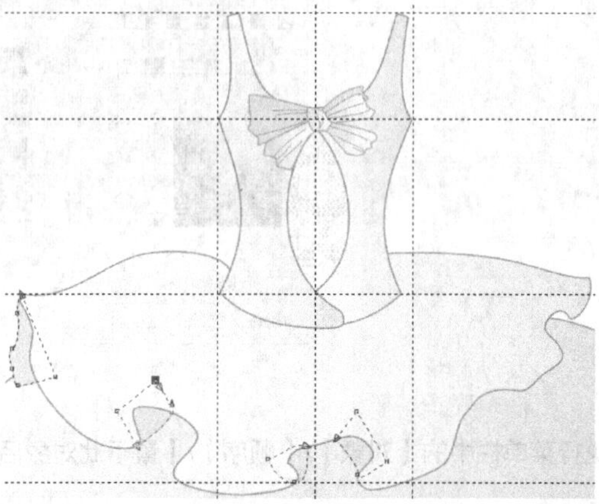

图11-22

19 执行菜单栏中的【编辑】/【全选】/【辅助线】命令，按【Delete】键删除，得到的效果如图11-23所示。

图11-23

20 使用【矩形】工具□绘制背景层，填充黑色排列到图层后面，得到的效果如图11-24所示。

21 使用【贝塞尔】工具和【形状】工具绘制第1层纱裙的闭合路径，无轮廓，并填充白色，得到的效果如图11-25所示。

图11-24

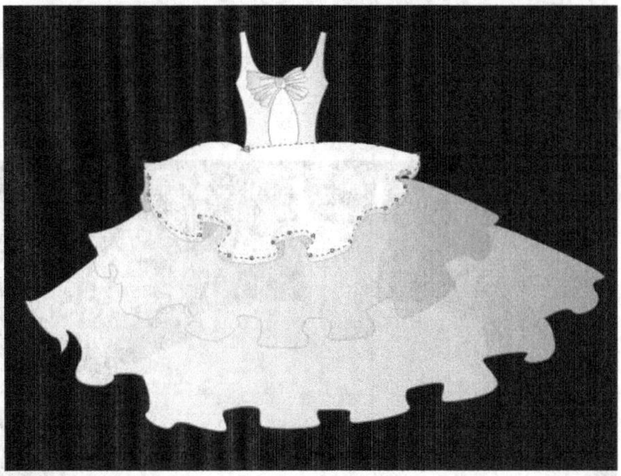

图11-25

22 单击【透明度】工具，在属性栏中设置各项参数，如图11-26所示，得到的效果如图11-27所示。

图11-26

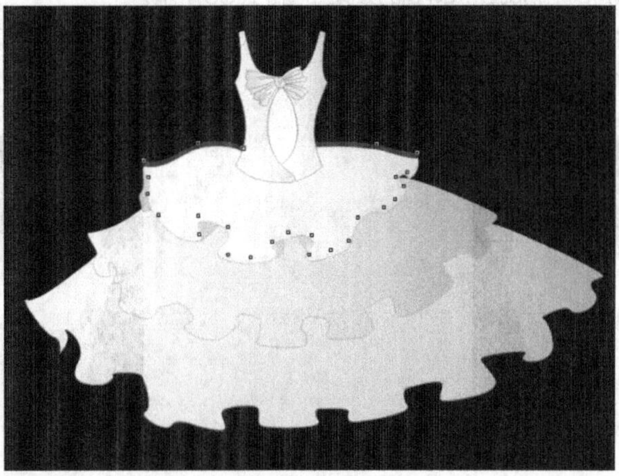

图11-27

23 采用与步骤21和步骤22相同的操作，分别绘制第2层和第3层纱裙，得到的效果如图11-28所示。

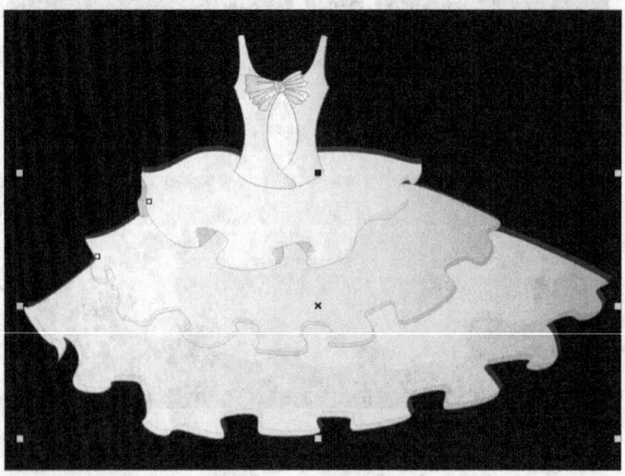

图11-28

24 使用【贝塞尔】工具和【形状】工具在裙摆上绘制褶裥线，在属性栏中设置轮廓宽度 .18 mm，填充灰色，其CMYK值为（0，0，0，40），得到的效果如图11-29所示。

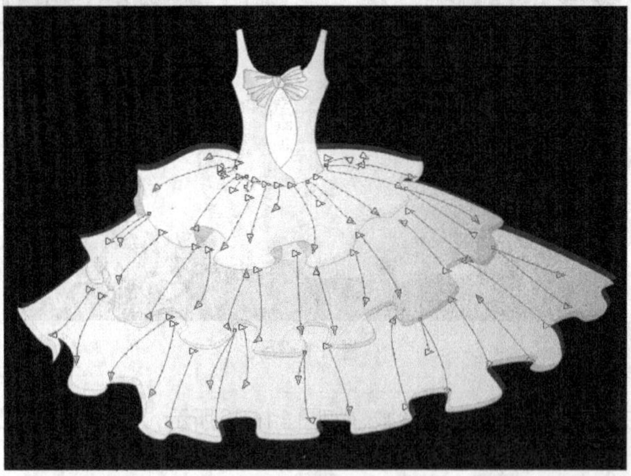

图11-29

25 使用【椭圆形】工具并按住【Ctrl】键在胸部和腰部绘制大小不同的圆形以表现第1层珠片的效果，填充灰色，其CMYK值为（0，0，0，40），无轮廓线，得到的效果如图11-30所示。

26 使用【椭圆形】工具并按住【Ctrl】键在胸部和腰部绘制大小不同的圆形以表现第2层珠片的效果，填充白色，无轮廓线，得到的效果如图11-31所示。

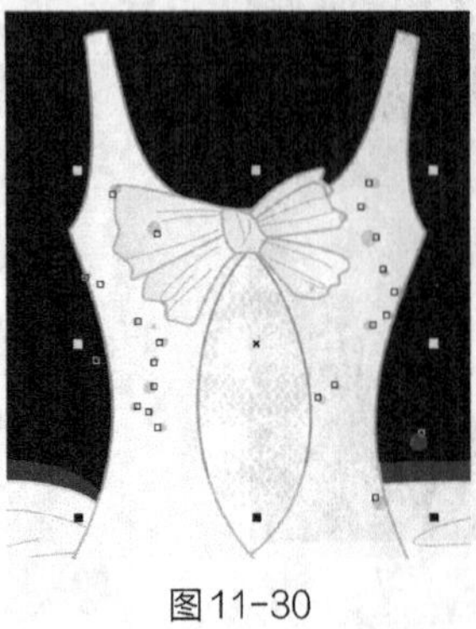

图11-30

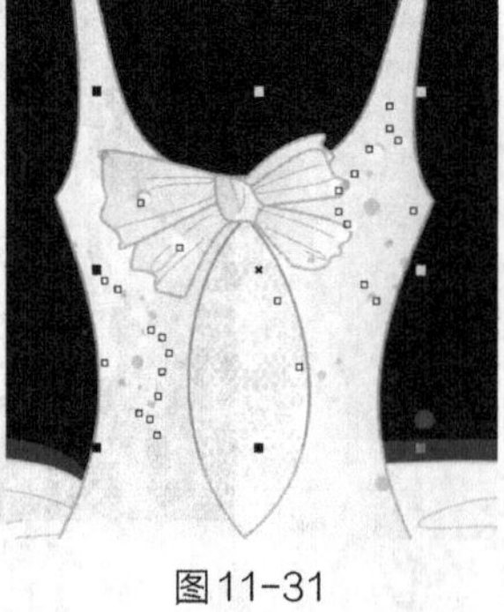

图11-31

27 使用【星形】工具，在属性栏中设置边数，在肩部绘制珠片闪光效果，填充白色，无轮廓线，得到的效果如图11-32所示。

28 使用【选择】工具框选所有图形，按【Ctrl】+【G】组合键群组图形，完成婚纱的最终效果如图11-33所示。

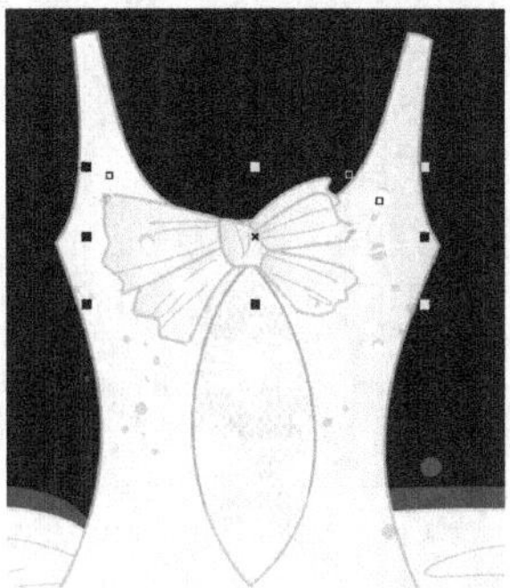
图11-32

图11-33

11.1.2 中式婚礼服款式设计

中式婚礼服的整体效果如图11-34所示。

图11-34

设计重点

中式婚礼服造型设计（注意上下装比例）、图案填充、装饰细节表现如云肩、流苏等。

操作步骤

01 打开CorelDRAW软件，执行菜单栏中的【文件】/【新建】命令，或使用【Ctrl】+【N】组合键，打开【创建新

文档】对话框，文件命名为“中式婚礼服”，设定纸张大小为A4，横向摆放，如图11-35所示。

02 从标尺栏向页面拖曳鼠标添加9条辅助线，确定领口、肩线、袖长、腰线、衣长和裙长等位置，如图11-36所示。

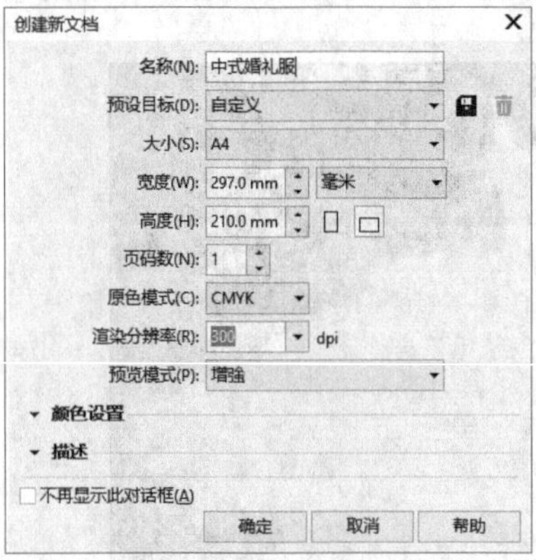

图11-35

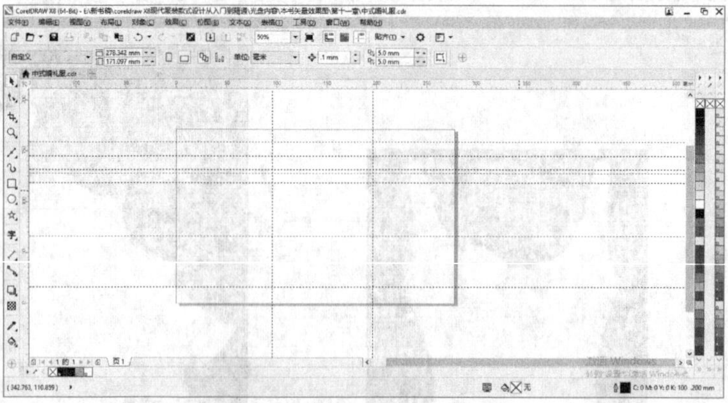

图11-36

03 使用【贝塞尔】工具和【形状】工具在辅助线的基础上绘制衣身，在属性栏中设置轮廓宽度，如图11-37所示。

04 单击工具箱中的【交互式填充】工具，在属性栏中单击【均匀填充】按钮，再单击【填充色】按钮，弹出【均匀填充】对话框，设置CMYK值为（3，95，82，0）的红色，如图11-38所示，按【Enter】键，得到的效果如图11-39所示。

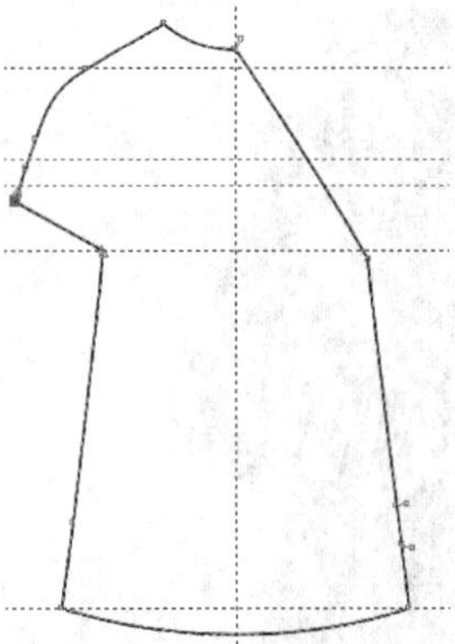

图11-37

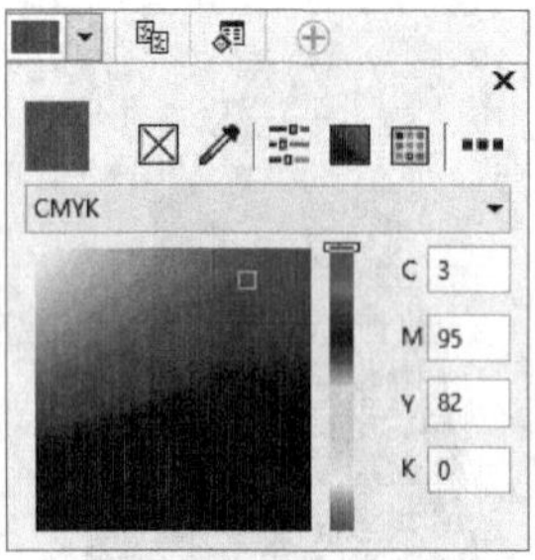

图11-38

图11-39

05 使用【贝塞尔】工具绘制第1层袖子，在属性栏中设置轮廓宽度，并填充红色，其CMYK值为（3，95，82，0），得到的效果如图11-40所示。

06 执行菜单栏中的【对象】/【顺序】/【向后一层】命令，得到的效果如图11-41所示。

07 重复上两步操作，绘制第2层袖子，得到的效果如图11-42所示。

08 使用【贝塞尔】工具绘制一条褶裥线，在属性栏中设置轮廓宽度，得到的效果如图11-43所示。

09 使用【选择】工具框选所有图形，按小键盘上的【+】键复制图形，单击属性栏中的【水平镜像】按钮，然后把复制的图形向右平移到合适的位置，得到的效果如图11-44所示。

10 执行菜单栏中的【文件】/【导入】命令，导入图11-45所示的“印花图案、面料素材/第11章/海水江崖纹”。

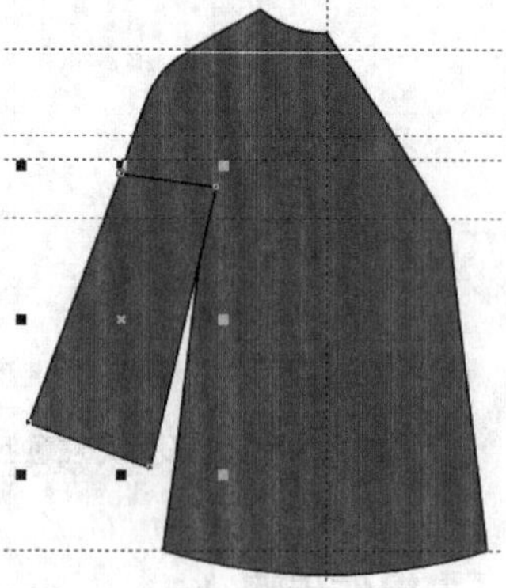

图11-40

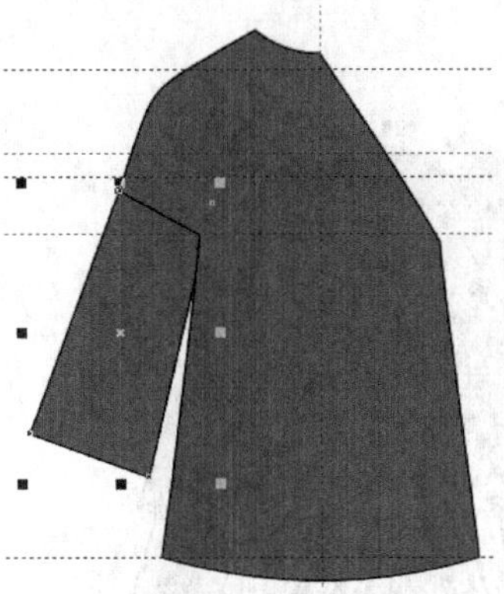

图11-41

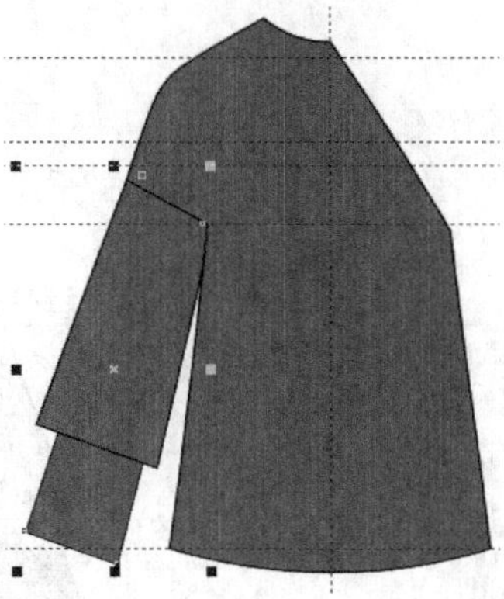

图11-42

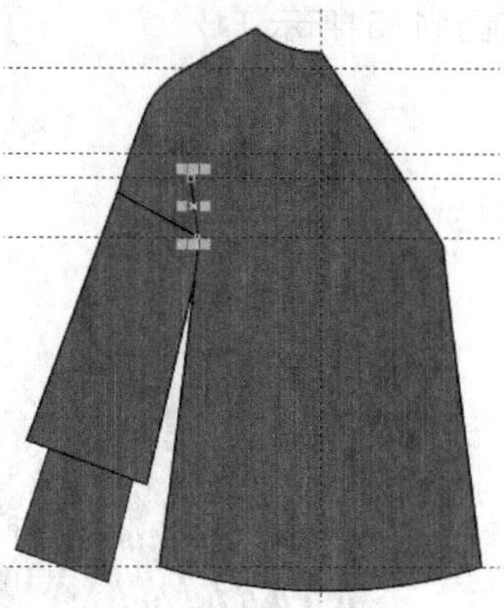

图11-43

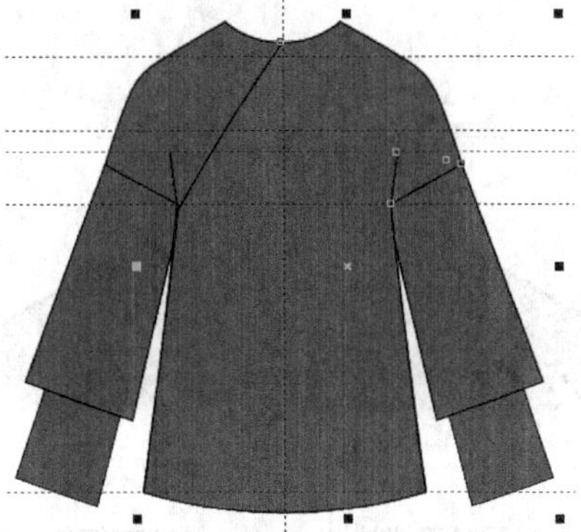

图11-44

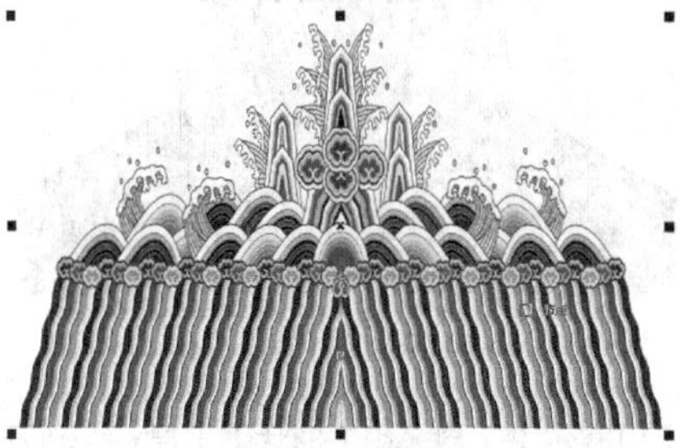

图11-45

11 执行菜单栏中的【对象】/【PowerClip】/【置于文本框内部】命令，单击衣身部分，得到的整体效果如图11-46所示。

12 执行菜单栏中的【对象】/【PowerClip】/【编辑PowerClip】命令，得到的效果如图11-47所示。

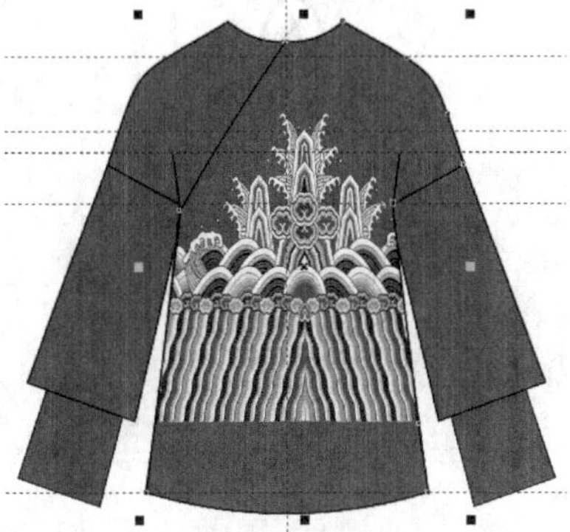

图11-46

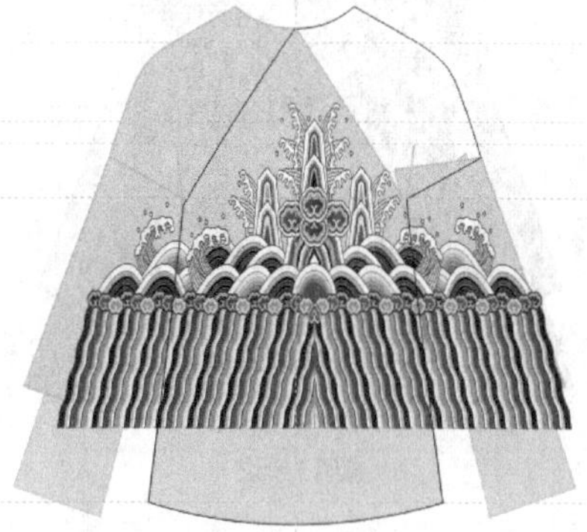

图11-47

13 使用【选择】工具把图案移动到图11-48所示的位置，执行菜单栏中的【对象】/【PowerClip】/【结束编辑】命令，得到的最终效果如图11-49所示。

14 使用【贝塞尔】工具和【形状】工具绘制立领，在属性栏中设置轮廓描边 .35mm ，并填充红色，其CMYK值为（3，95，82，0），得到的效果如图11-50所示。

15 单击【选择】工具，执行菜单栏中的【对象】/【顺序】/【向后一层】命令，把立领摆放在衣身下面，得到的效果如图11-51所示。

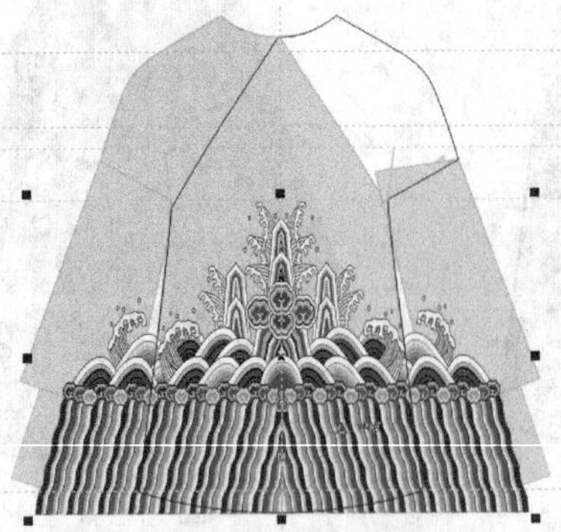

图11-48

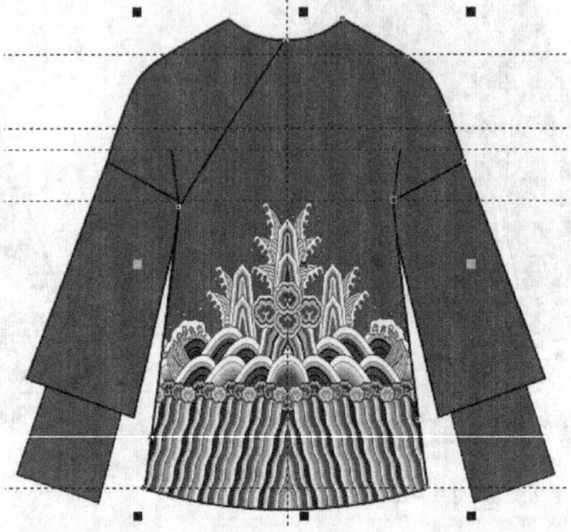

图11-49

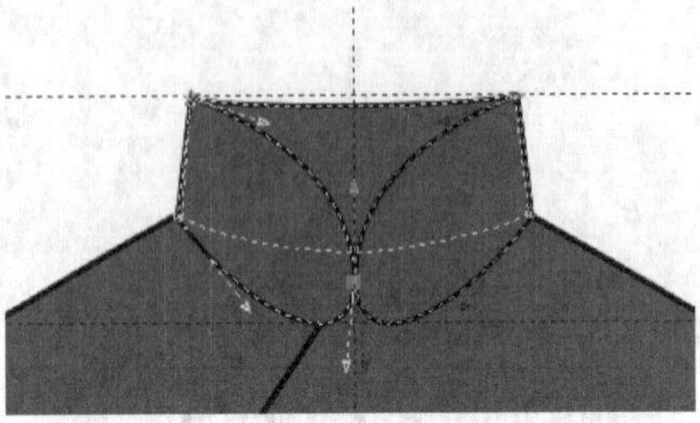

图11-50

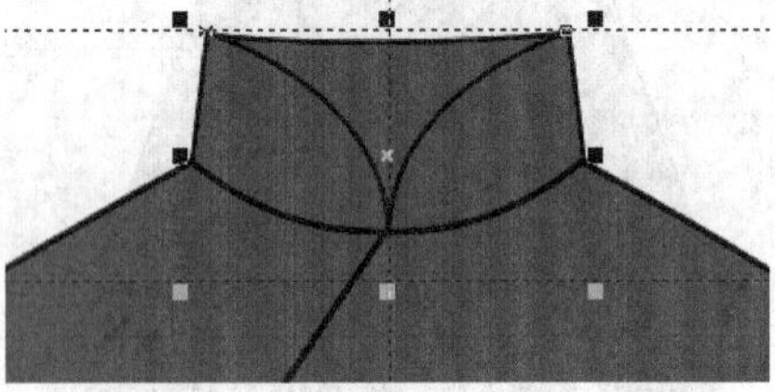

图11-51

16 使用【贝塞尔】工具和【形状】工具绘制云肩造型，在属性栏中设置轮廓描边，并填充红色，其CMYK值为（3，95，82，0），得到的效果如图11-52所示。

17 执行菜单栏中的【文件】/【导入】命令，导入图11-53所示的“印花图案、面料素材/第11章/云肩图案”。

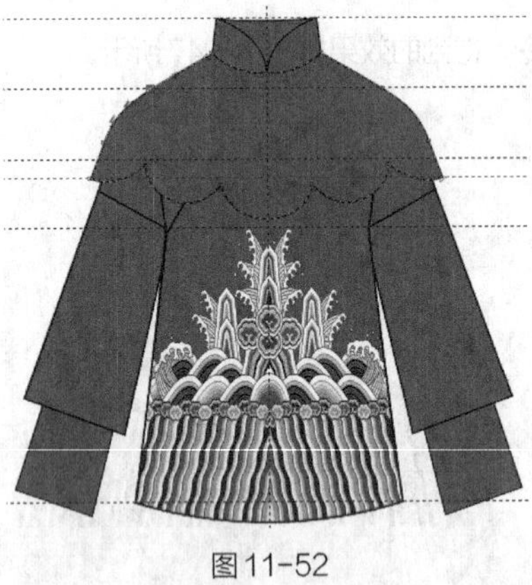

图11-52

图11-53

18 使用【选择】工具把图案摆放到图11-54所示的位置。

19 按小键盘上的【+】键复制图形，在属性栏中设置旋转角度，然后把复制的图形向右平移到图11-55所示的位置。

20 重复上一步的操作，3次复制图案，分别摆放在图11-56所示的位置。

21 使用【选择】工具按住【Shift】键选择5个图案，执行菜单栏中的【对象】/【PowerClip】/【置于文本框内部】命令，鼠标单击云肩部分，得到的整体效果如图11-57所示。

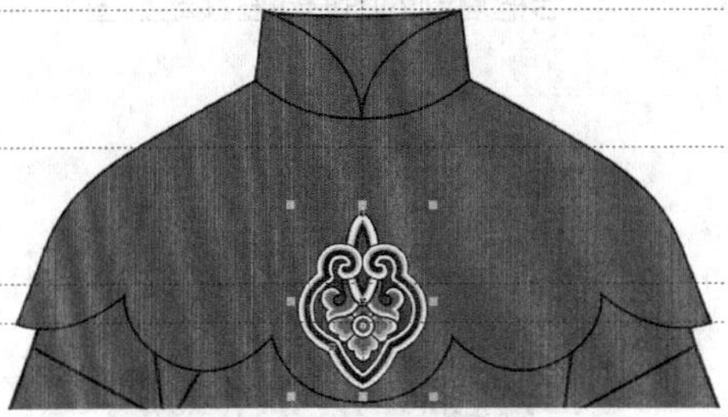
图11-54

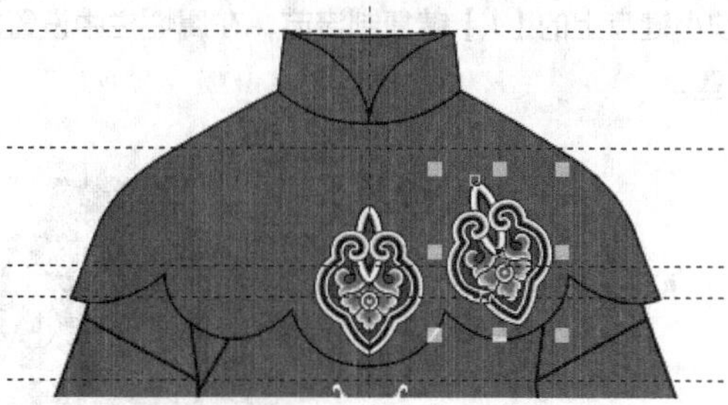
图11-55

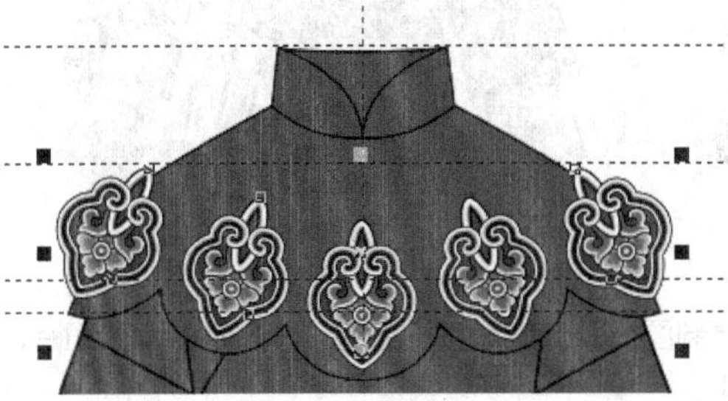
图11-56

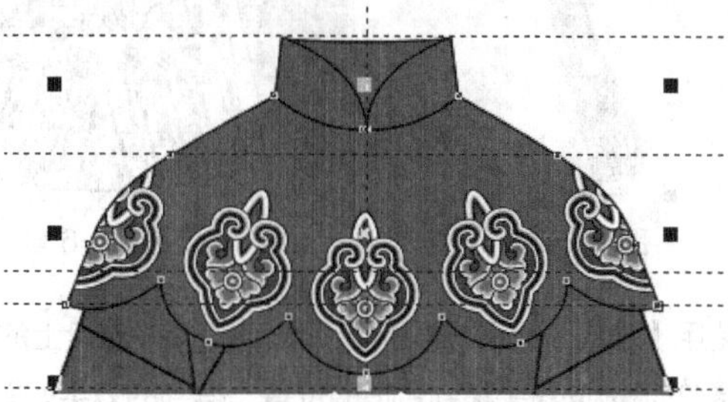
图11-57

22 使用【贝塞尔】工具和【形状】工具绘制云肩镶边，在属性栏中设置轮廓描边1.5 mm，轮廓填充金黄色，其CMYK值为（0，0，100，0），得到的效果如图11-58所示。

23 使用【贝塞尔】工具绘制一条分割线，在属性栏中设置轮廓宽度.35 mm，得到的效果如图11-59所示。

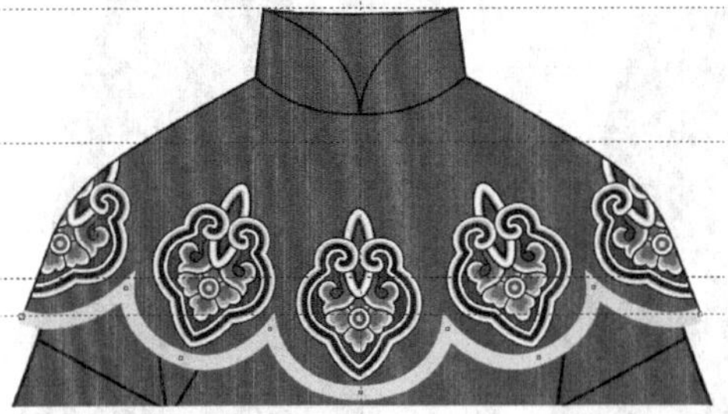
图11-58

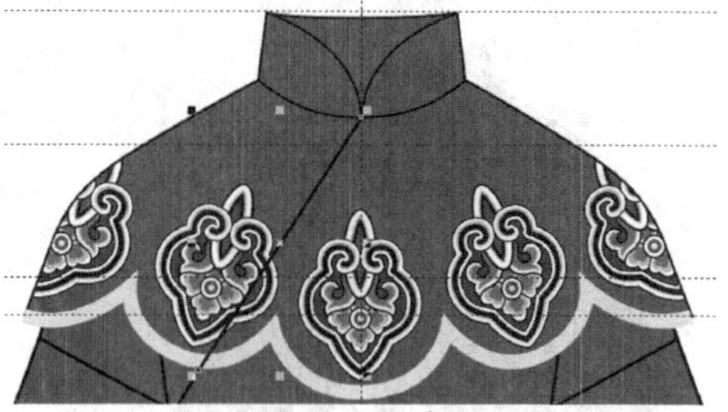
图11-59

24 执行菜单栏中的【文件】/【导入】命令，导入图11-60所示的"印花图案素材/第11章/金属扣"。

25 使用【选择】工具把金属扣摆放在图11-61所示的位置。

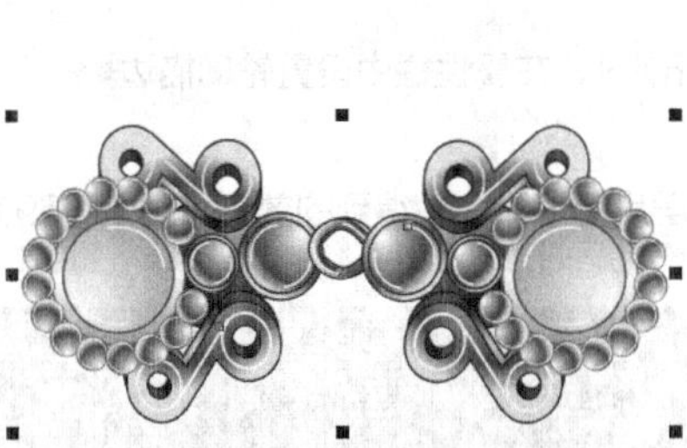
图11-60

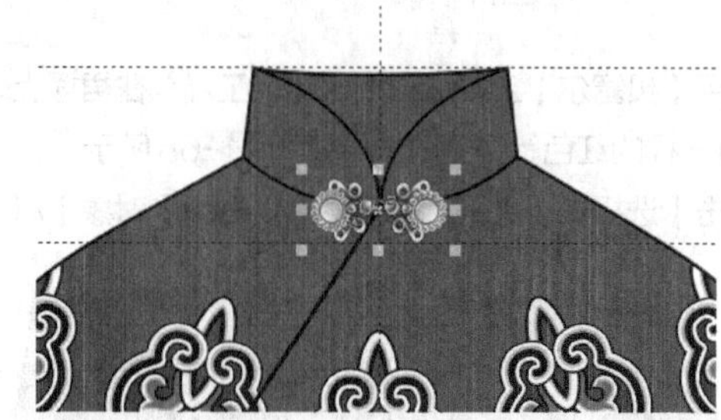
图11-61

26 执行菜单栏中的【文件】/【导入】命令，导入图11-62所示的"印花图案素材/第11章/流苏"。

27 使用【选择】工具把流苏摆放在图11-63所示的位置。

28 按小键盘上的【+】键复制流苏，在属性栏中设置旋转角度 355.0 °，然后把复制的图形向左移动到图11-64所示的位置。

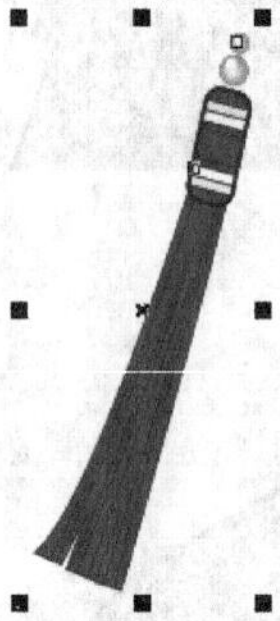
图11-62

图11-63

图11-64

29 使用【选择】工具框选两条流苏，按小键盘上的【+】键复制图形，单击属性栏中的【水平镜像】按钮，然后把复制的流苏向右平移到合适的位置，得到的效果如图11-65所示。

30 使用【贝塞尔】工具和【形状】工具在辅助线的基础上绘制裙身，在属性栏中设置轮廓描边 .35 mm，并填充红色，其CMYK值为（3，95，82，0），得到的效果如图11-66所示。

31 使用【贝塞尔】工具和【形状】工具绘制裙身上的褶裥线，在属性栏中设置轮廓描边 .25 mm，得到的效果如图11-67所示。

图11-65

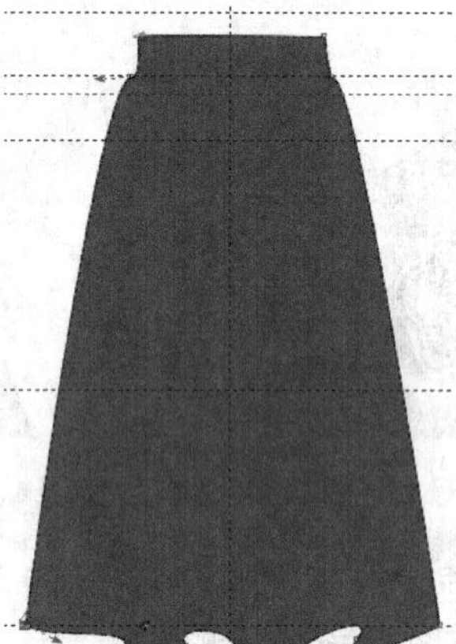
图11-66

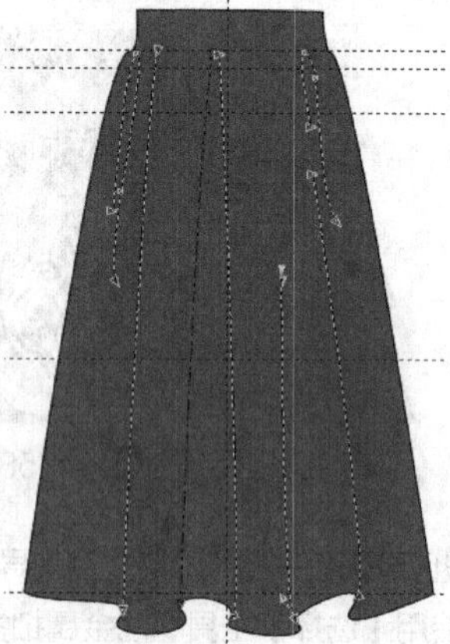
图11-67

32 使用【贝塞尔】工具和【形状】工具在裙摆上表现裙子的翻折部分，在属性栏中设置轮廓描边 .35 mm，并填充和裙身一样的红色，得到的效果如图11-68所示。

33 单击【选择】工具，执行菜单栏中的【对象】/【顺序】/【到图层后面】命令，得到的效果如图11-69所示。

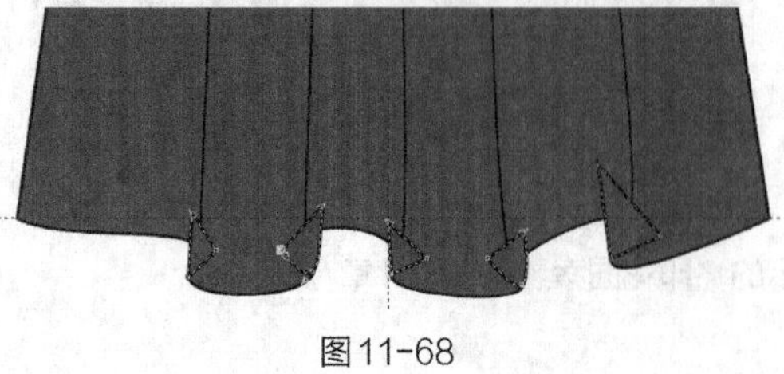
图11-68

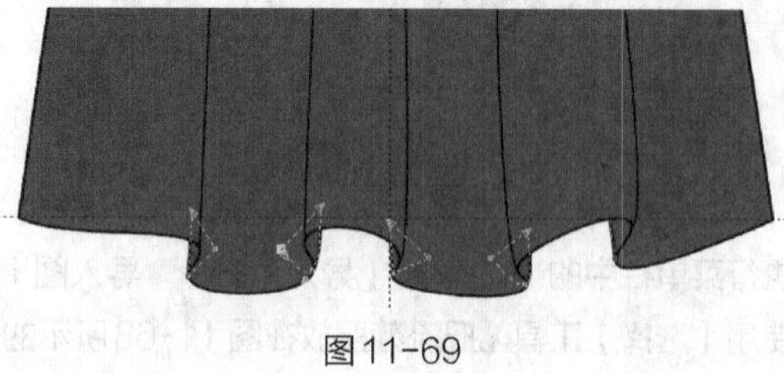
图11-69

34 使用【贝塞尔】工具和【形状】工具绘制蔽膝部分，在属性栏中设置轮廓描边，并填充和裙身一样的红色，得到的效果如图11-70所示。

35 再次执行菜单栏中的【文件】/【导入】命令，导入“印花图案、面料素材/第11章/海水江崖纹”图案，使用【选择】工具把导入的图案摆放在图11-71所示的位置。

36 执行菜单栏中的【对象】/【PowerClip】/【置于文本框内部】命令，单击蔽膝部分，得到的整体效果如图11-72所示。

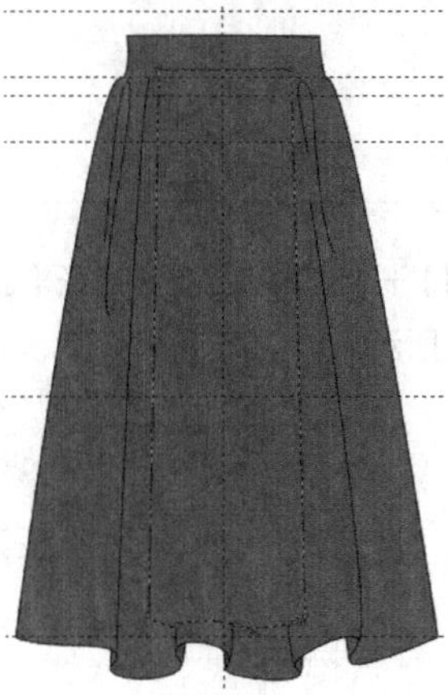

图11-70

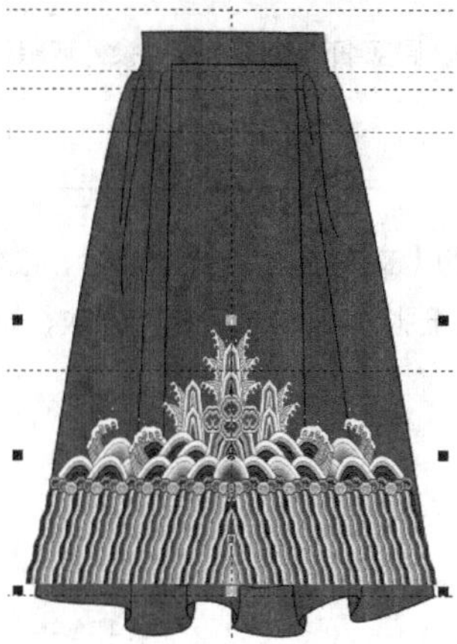

图11-71

图11-72

37 使用【贝塞尔】工具和【形状】工具绘制蔽膝镶边，在属性栏中设置轮廓描边，轮廓填充金黄色，其CMYK值为（0，0，100，0），得到的效果如图11-73所示。

38 使用【贝塞尔】工具和【形状】工具绘制腰头部分，在属性栏中设置轮廓描边，并填充和裙身一样的红色，得到的效果如图11-74所示。

39 执行菜单栏中的【编辑】/【全选】/【辅助线】命令，按【Delete】键删除。使用【选择】工具把绘制好的上衣摆放在图11-75所示的位置，这样就完成了中式婚礼服的绘制。

图11-73

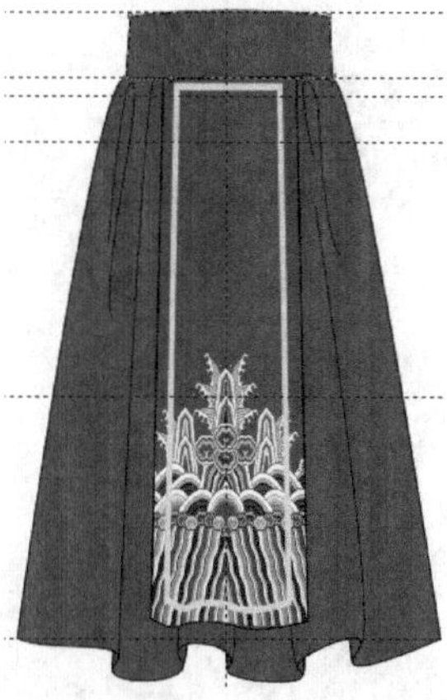

图11-74

图11-75

11.2 男式礼服款式设计

11.2.1 燕尾服款式设计

燕尾服的整体效果如图11-76所示。

设计重点

燕尾服造型设计（注意衣长与肩宽的比例）、局部细节表现如翻驳领、燕尾部分等。

操作步骤

01 打开CorelDRAW软件，执行菜单栏中的【文件】/【新建】命令，或使用【Ctrl】+【N】组合键，打开【创建新文档】对话框，文件命名为“燕尾服”，设定纸张大小为A4，横向摆放，如图11-77所示。

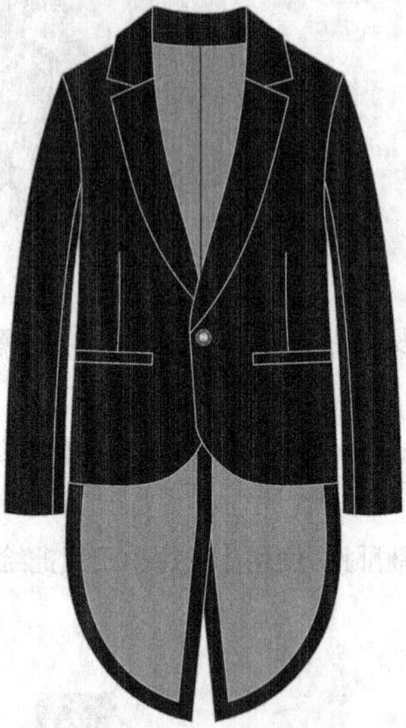

图11-76

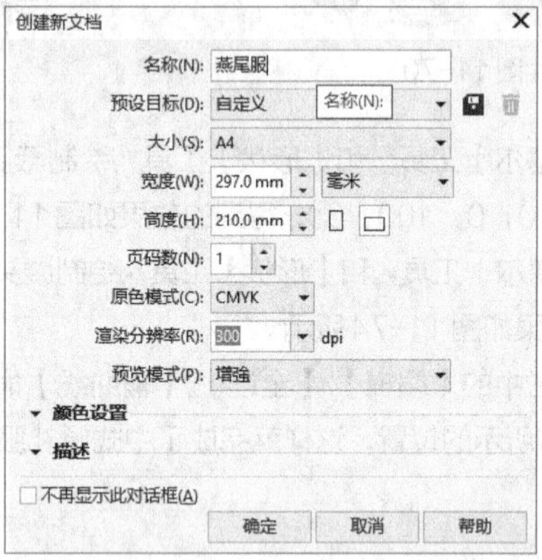

图11-77

02 从标尺栏向页面拖曳鼠标添加9条辅助线，确定领口、肩线、袖窿深、衣长、下摆、袖窿深和肩宽等，如图11-78所示。

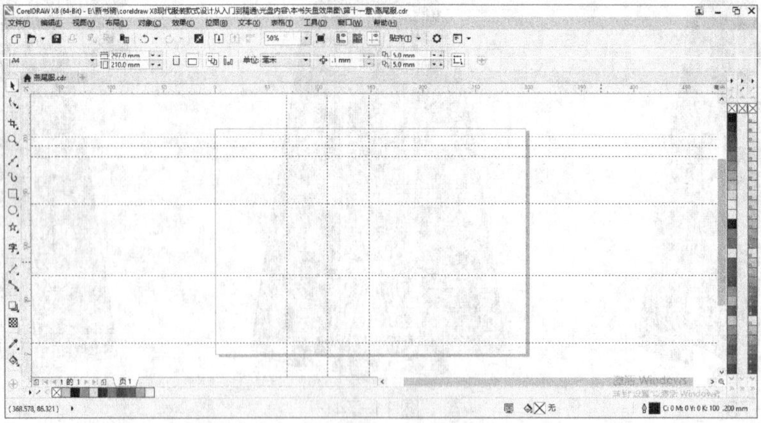

图11-78

03 使用【贝塞尔】工具和【形状】工具绘制图11-79所示的衣身左前片，在属性栏中设置轮廓宽度.35mm。

04 单击调色板中的黑色，其CMYK值为（0，0，0，100），用鼠标右键再单击灰色，其CMYK值为（0，0，0，30），填充轮廓色，得到的效果如图11-80所示。

05 使用【贝塞尔】工具和【形状】工具绘制左袖，在属性栏中设置轮廓宽度.35mm，如图11-81所示。

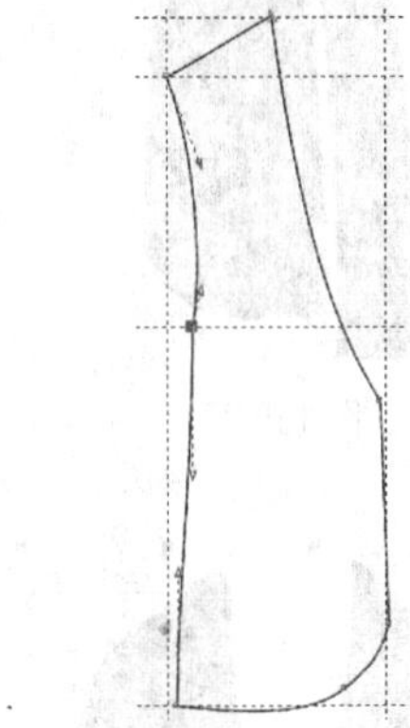
图11-79

图11-80

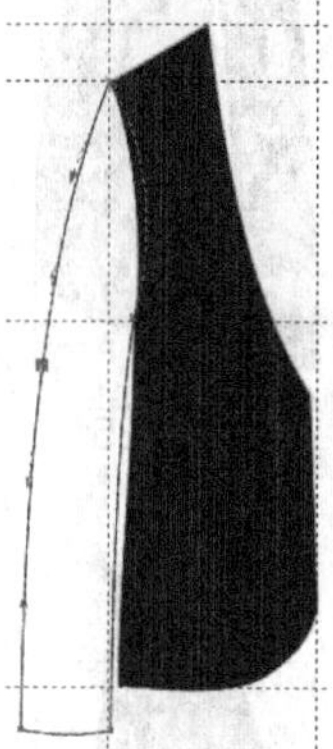
图11-81

06 选择【属性滴管】工具，单击衣身部分吸取填充色和轮廓色，再单击左袖填充颜色，得到的效果如图11-82所示。

07 执行菜单栏中的【对象】/【顺序】/【向后一层】命令，得到的效果如图11-83所示。

08 使用【贝塞尔】工具和【形状】工具绘制左袖分割线，在属性栏中设置轮廓宽度.35mm，并填充灰色，其CMYK值为（0，0，0，30），如图11-84所示。

图11-82

图11-83

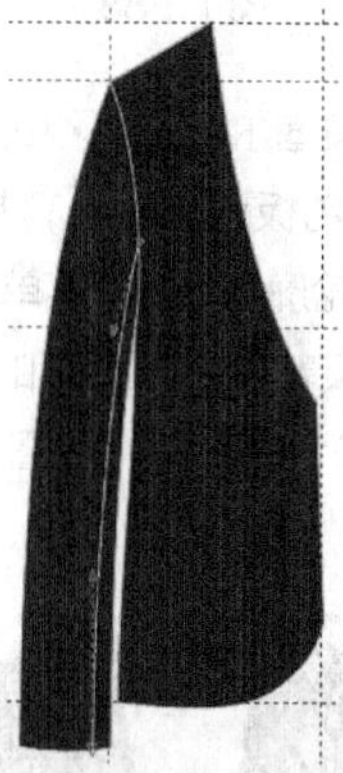
图11-84

09 使用【贝塞尔】工具和【形状】工具绘制翻驳领，在属性栏中设置轮廓宽度.35mm，如图11-85所示。

10 选择【属性滴管】工具，单击衣身部分吸取填充色和轮廓色，再单击翻驳领填充颜色，得到的效果如图11-86所示。

11 使用【贝塞尔】工具绘制翻驳领分割线，在属性栏中设置轮廓宽度.35mm，并填充灰色，其CMYK值为（0，0，0，30），如图11-87所示。

12 使用【贝塞尔】工具和【形状】工具绘制衣身省道线，在属性栏中设置轮廓宽度.35mm，并填充灰色，其CMYK值为（0，0，0，30），如图11-88所示。

13 使用【贝塞尔】工具和【形状】工具绘制口袋，在属性栏中设置轮廓宽度.35mm，并填充灰色，其CMYK值为（0，0，0，30），如图11-89所示。

14 使用【选择】工具框选所有图形，按小键盘上的【+】键复制图形，单击属性栏中的【水平镜像】按钮，然后把复制的图形向右平移到合适的位置，得到的效果如图11-90所示。

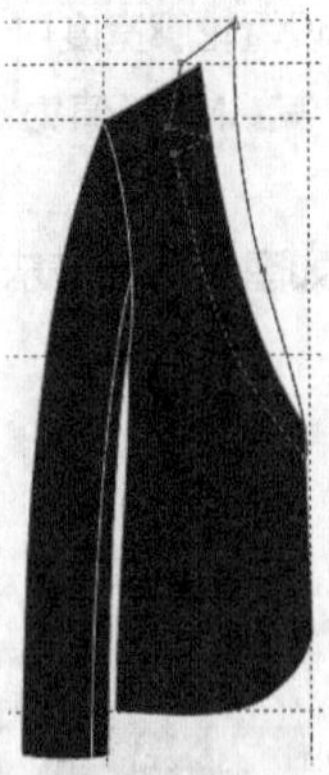
图11-85

图11-86

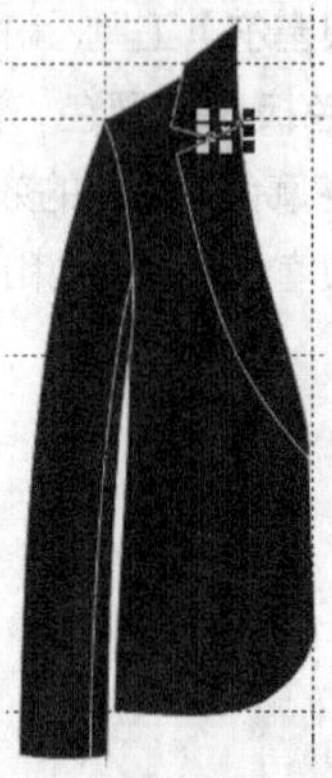
图11-87

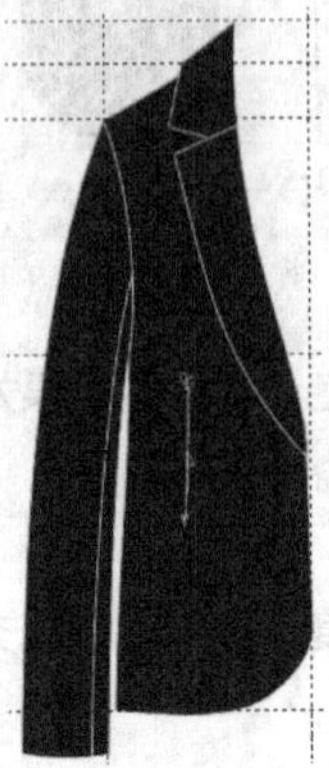
图11-88

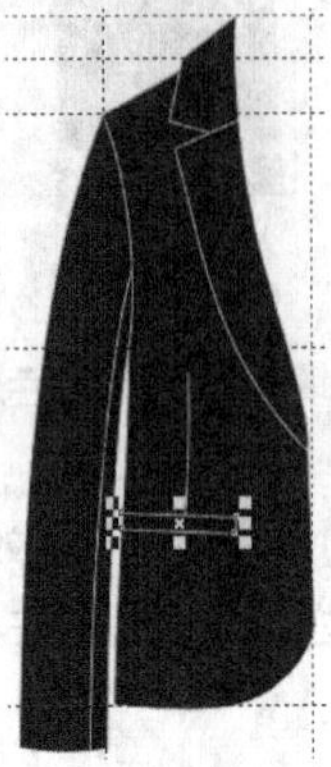
图11-89

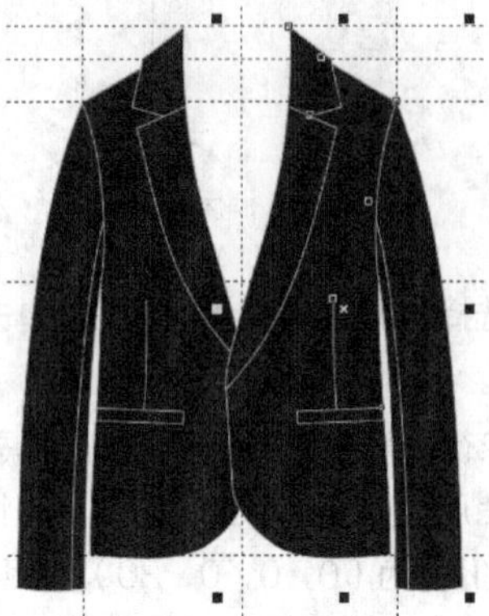
图11-90

15 使用【贝塞尔】工具和【形状】工具绘制图11-91所示的后领，在属性栏中设置轮廓宽度 .35 mm 。

16 单击调色板中的黑色，其CMYK值为（0，0，0，100），用鼠标右键再单击灰色，其CMYK值为（0，0，0，30），填充轮廓色，执行菜单栏中的【对象】/【顺序】/【到图层后面】命令，得到的效果如图11-92所示。

17 使用【贝塞尔】工具和【形状】工具绘制衣身后片，在属性栏中设置轮廓宽度 .35 mm ，并填充灰色，其CMYK值为（0，0，0，50），如图11-93所示。

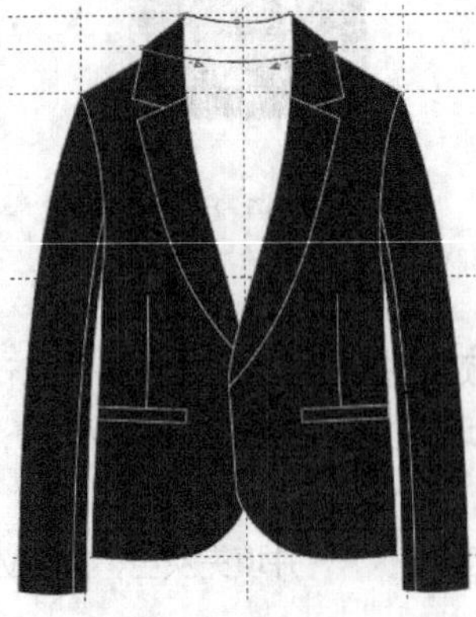
图11-91

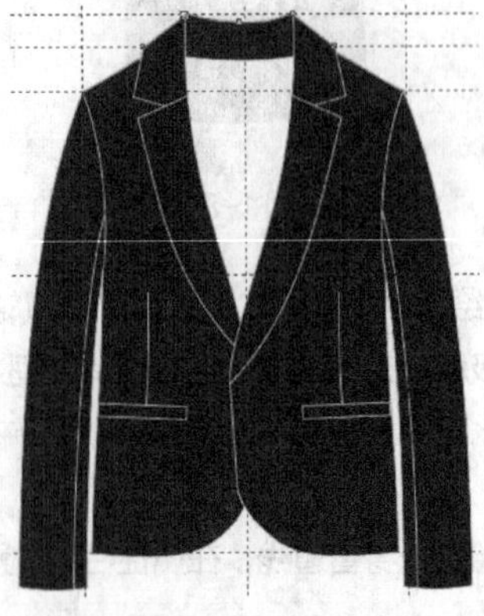
图11-92

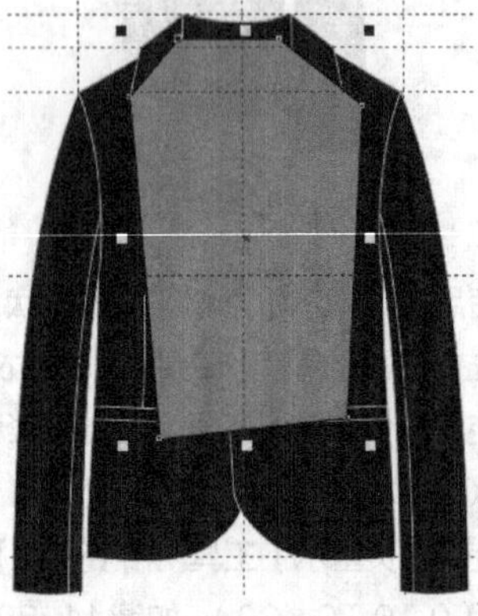
图11-93

18 执行菜单栏中的【对象】/【顺序】/【到图层后面】命令，得到的效果如图11-94所示。

19 使用【贝塞尔】工具绘制后中分割线，在属性栏中设置轮廓宽度 .35 mm ，如图11-95所示。

20 使用【贝塞尔】工具和【形状】工具绘制燕尾部分，在属性栏中设置轮廓宽度 .35 mm ，并填充灰色，其CMYK

值为（0，0，0，50），如图11-96所示。

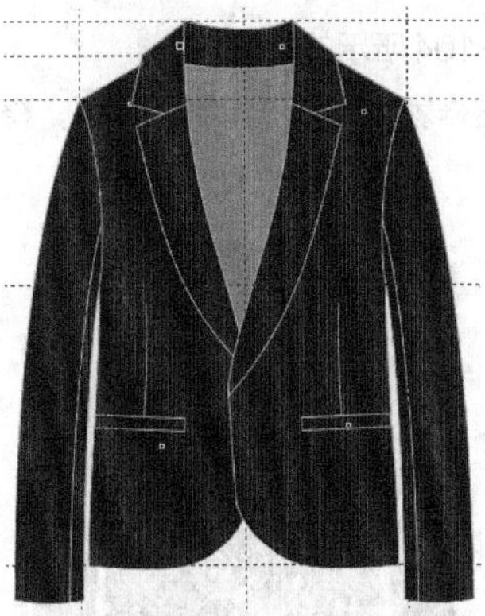

图11-94

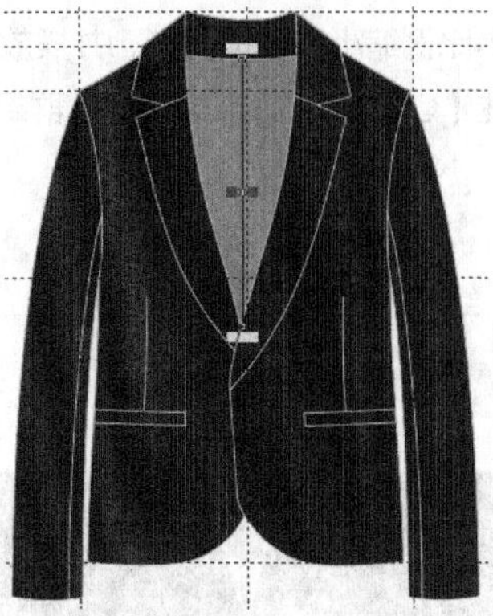

图11-95

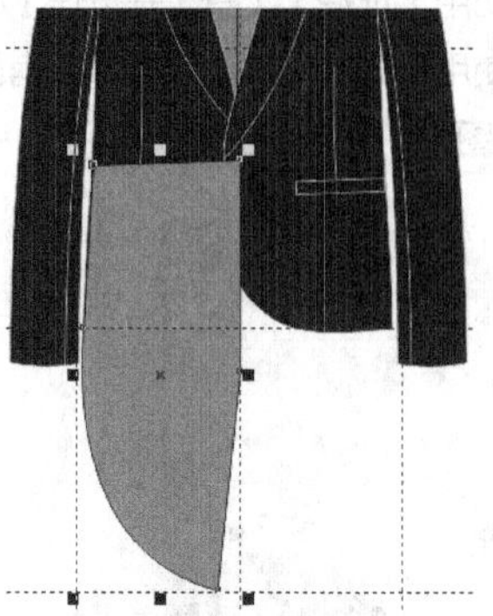

图11-96

21 使用【贝塞尔】工具和【形状】工具在与燕尾部分重合绘制一条曲线，在属性栏中设置轮廓描边 4.5 mm，得到的效果如图11-97所示。

22 执行菜单栏中的【对象】/【将轮廓转换为对象】命令，选择【属性滴管】工具，单击衣身部分吸取填充色和轮廓色，再单击燕尾镶边部分，得到的效果如图11-98所示。

23 使用【选择】工具框选图形，执行菜单栏中的【对象】/【顺序】/【到图层后面】命令，得到的效果如图11-99所示。

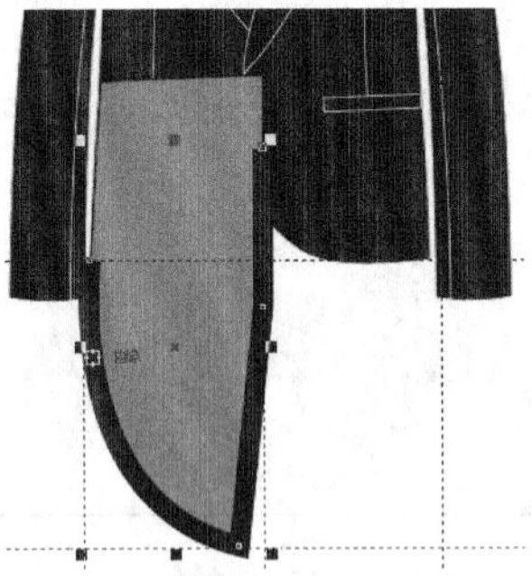

图11-97

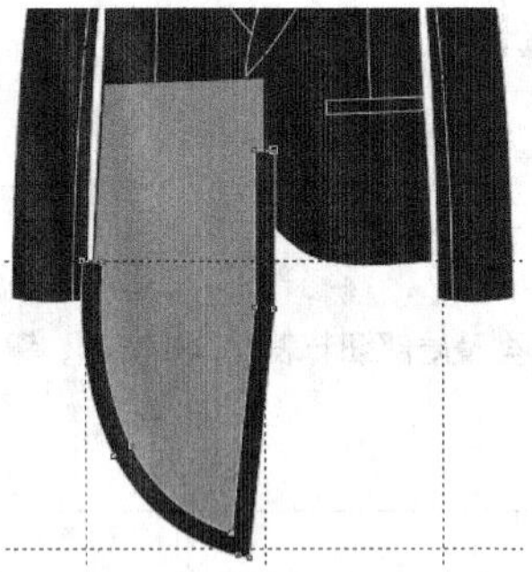

图11-98

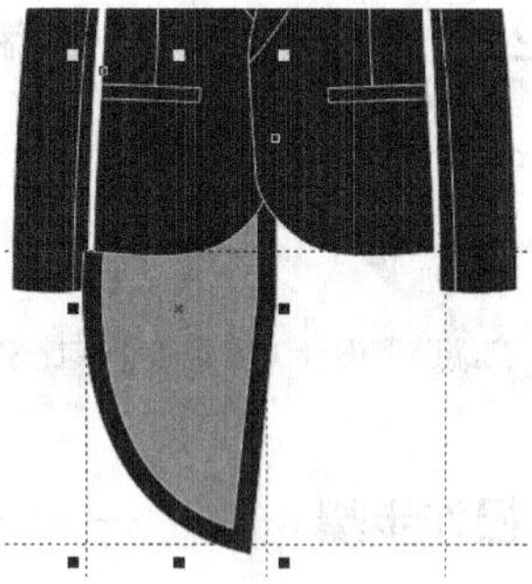

图11-99

24 使用【形状】工具调整镶边部分，使其和衣身边缘部分相贴合，得到效果如图11-100所示。

25 使用【选择】工具框选图形，按小键盘上的【+】键复制图形，单击属性栏中的【水平镜像】按钮，然后把复制的图形向右平移到合适的位置，得到的效果如图11-101所示。

26 执行菜单栏中的【对象】/【顺序】/【到图层后面】命令，得到的效果如图11-102所示。

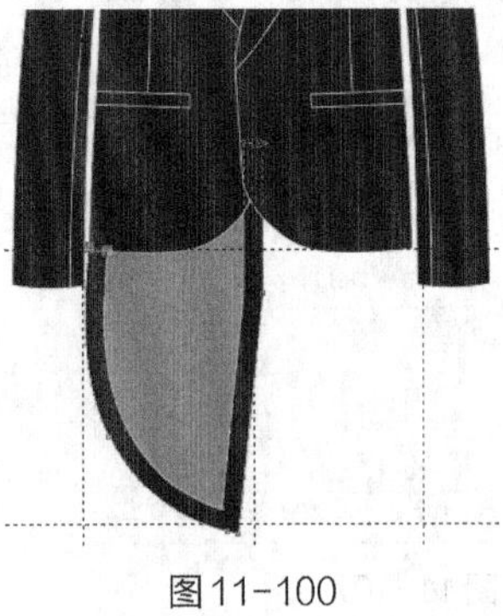

图11-100

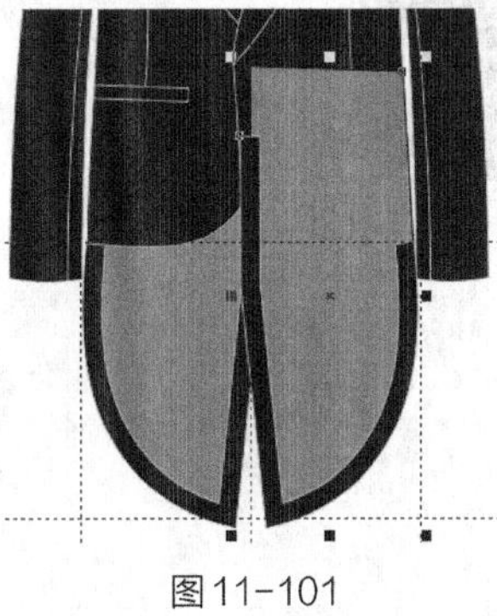

图11-101

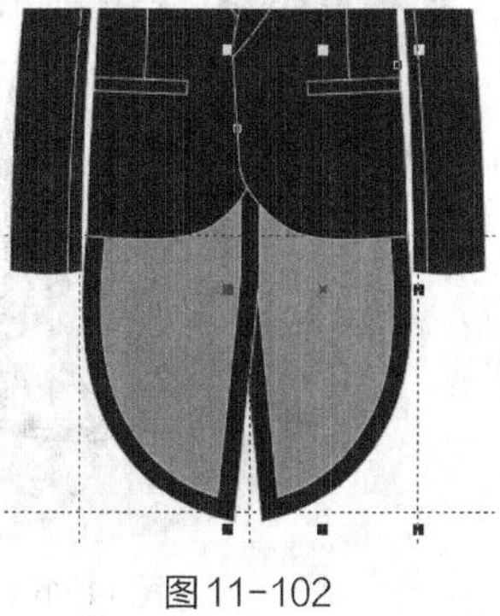

图11-102

27 执行菜单栏中的【编辑】/【全选】/【辅助线】命令，按【Delete】键删除。执行菜单栏中的【文件】/【导入】命令，导入“CorelDRAW服饰配件与图案/钻石扣”，如图11-103所示。

28 使用【选择】工具并按住【Shift】键等比例缩小钻石扣图形，并摆放在图11-104所示的位置。

29 使用【选择】工具框选所有图形，按住【Ctrl】+【G】组合键，群组图形。这样就完成了燕尾服的绘制，整体效果如图11-105所示。

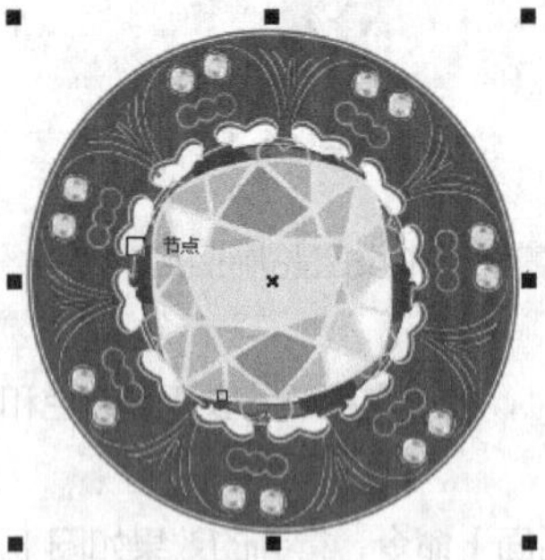

图11-103

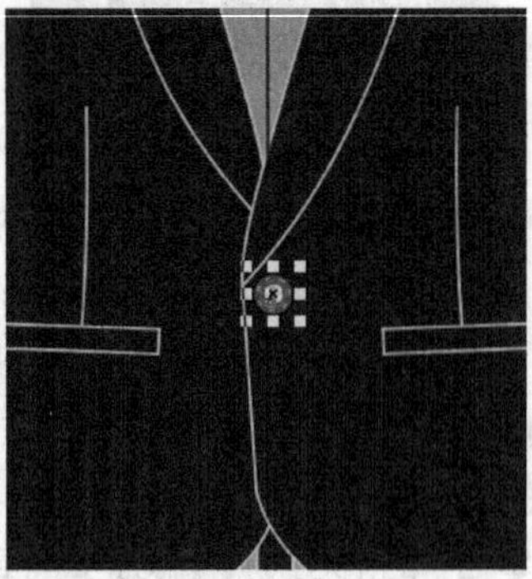
图11-104

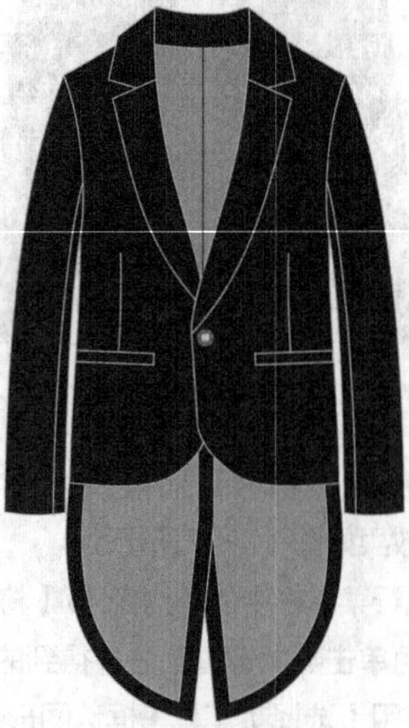
图11-105

11.2.2 中式礼服——玄端款式设计

玄端的整体效果如图11-106所示。

设计重点

玄端造型设计（注意上下装比例）、袖子造型及局部细节表现，如交领、镶边等。

操作步骤

01 打开CorelDRAW软件，执行菜单栏中的【文件】/【新建】命令，或使用【Ctrl】+【N】组合键，打开【创建新文档】对话框，文件命名为“中式礼服—玄端”，设定纸张大小为A4，横向摆放，如图11-107所示。

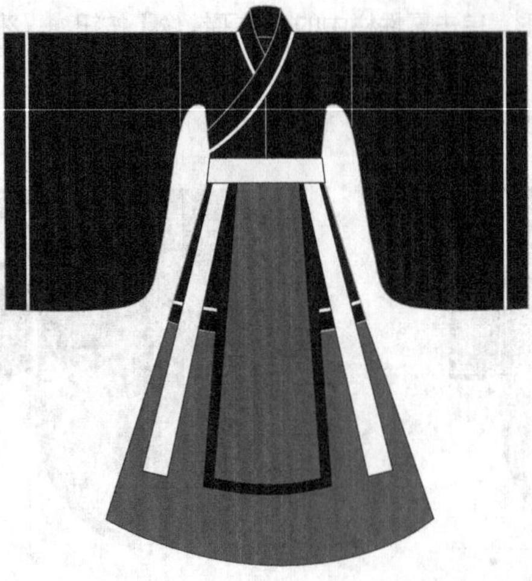
图11-106

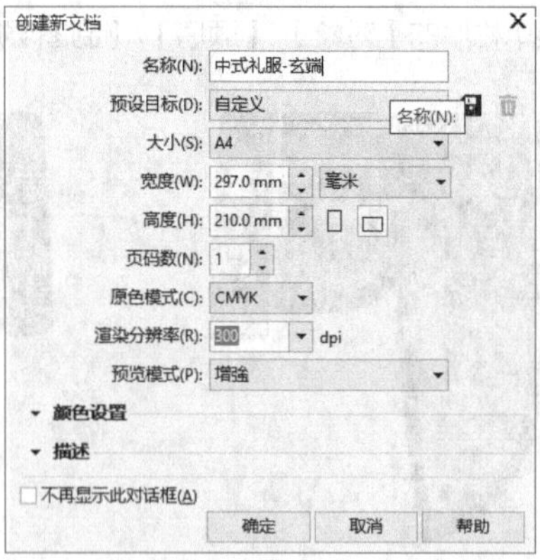

图11-107

02 从标尺栏向页面拖曳鼠标添加10条辅助线，确定衣长、领高、肩线、袖肥、腰线和裳长等，如图11-108所示。

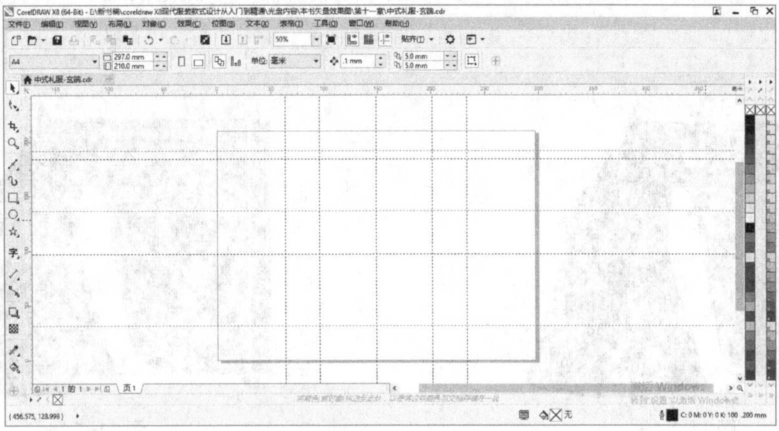

图11-108

03 使用【贝塞尔】工具和【形状】工具绘制图11-109所示的衣身造型，在属性栏中设置轮廓宽度 .35 mm 。

04 单击调色板中的黑色，其CMYK值为（0，0，0，100），用鼠标右键再单击灰色，其CMYK值为（0，0，0，30），填充轮廓色，得到的效果如图11-110所示。

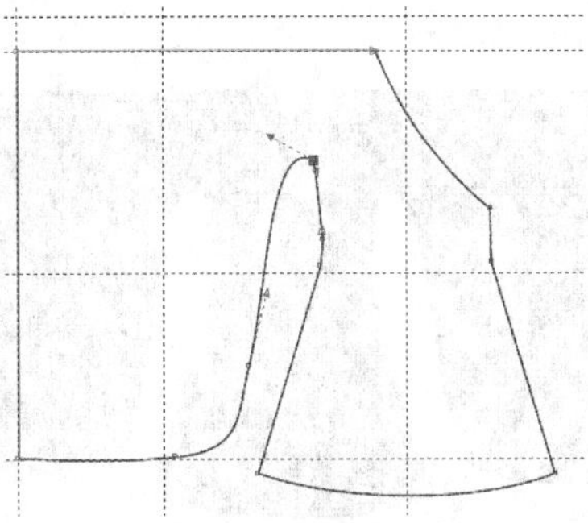

图11-109

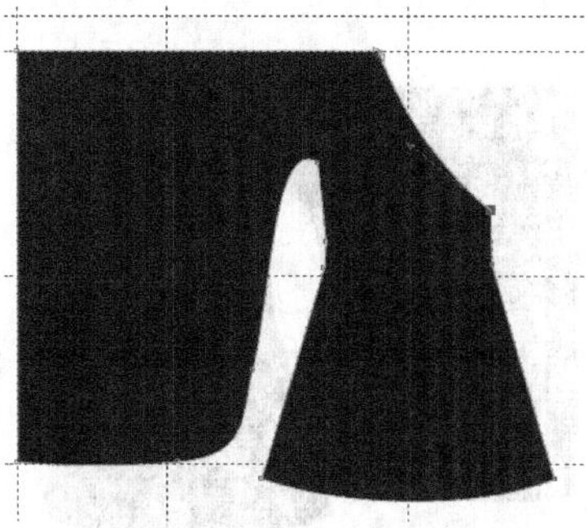

图11-110

05 使用【贝塞尔】工具和【形状】工具在辅助线和衣身的基础上绘制衣领造型，在属性栏中设置轮廓宽度 .35 mm ，如图11-111所示。

06 选择【属性滴管】工具，单击衣身部分吸取填充色和轮廓色，再单击衣领填充颜色，得到的效果如图11-112所示。

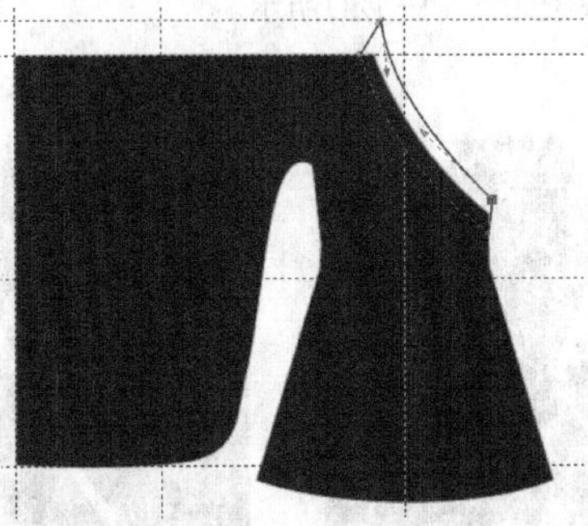

图11-111

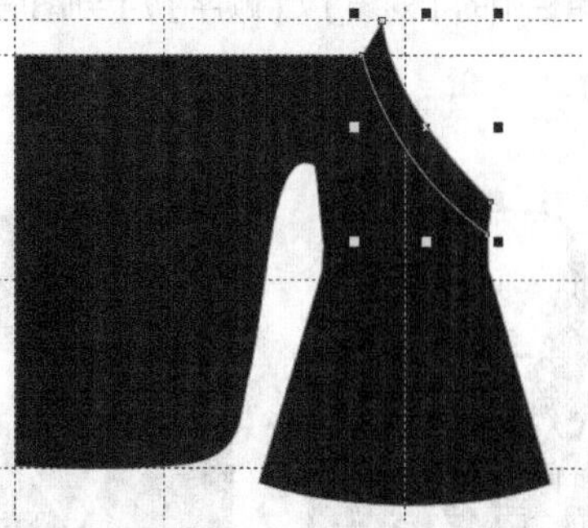

图11-112

07 使用【贝塞尔】工具绘制袖子的分割线，在属性栏中设置轮廓宽度 .35 mm ，并填充灰色，其CMYK值为（0，0，

0，30），如图11-113所示。

08 使用【手绘】工具并按住【Ctrl】键在袖口绘制一条直线。在属性栏中设置轮廓宽度 1.0 mm，并填充白色，如图11-114所示。

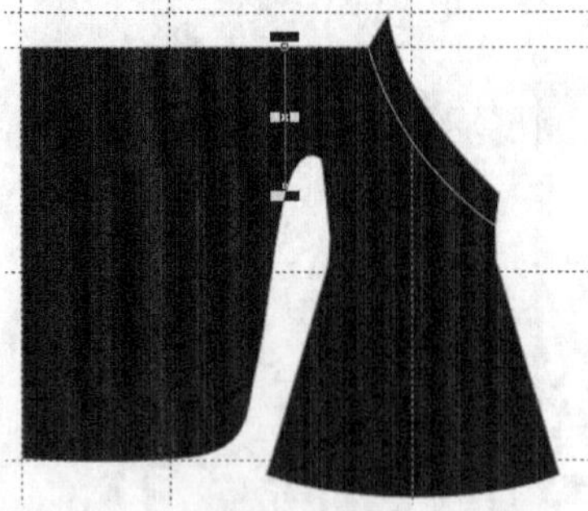

图11-113

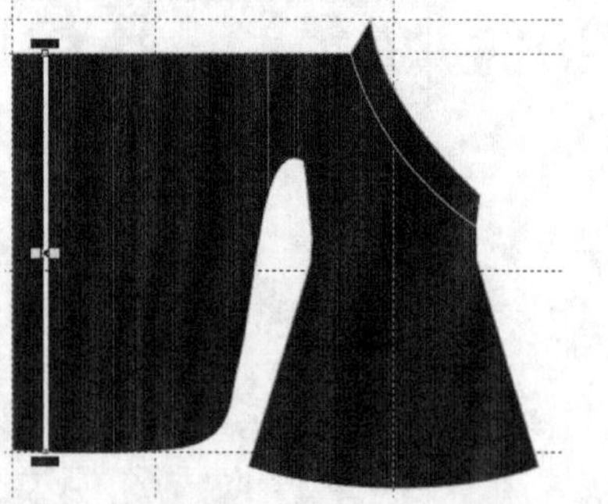

图11-114

09 使用【贝塞尔】工具和【形状】工具在领口绘制一条曲线，在属性栏中设置轮廓宽度 1.0 mm，并填充白色，如图11-115所示。

10 使用【选择】工具框选所有图形，按小键盘上的【+】键复制图形，单击属性栏中的【水平镜像】按钮，然后把复制的图形向右平移到合适的位置，得到的效果如图11-116所示。

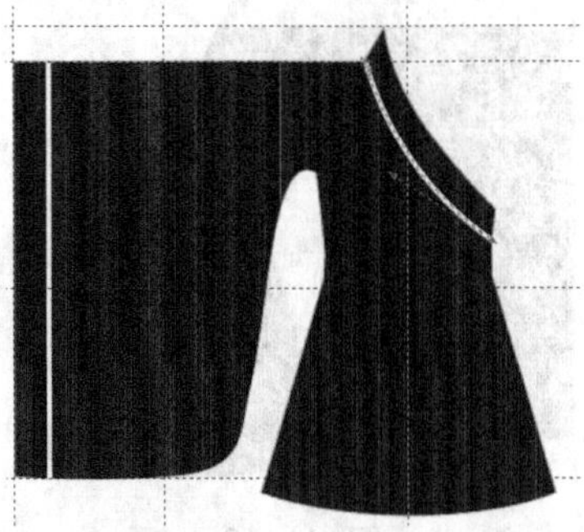

图11-115

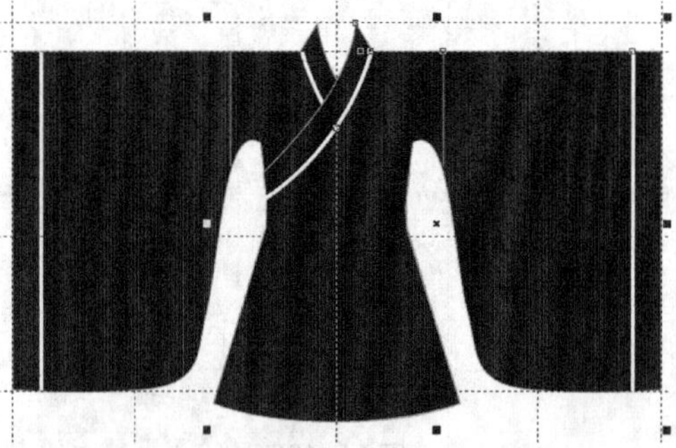

图11-116

11 使用【贝塞尔】工具和【形状】工具绘制图11-117所示的后领，在属性栏中设置轮廓宽度 .35 mm。

12 单击调色板中的黑色，其CMYK值为（0，0，0，100），用鼠标右键再单击灰色，其CMYK值为（0，0，0，30），填充轮廓色，执行菜单栏中的【对象】/【顺序】/【到图层后面】命令，得到的效果如图11-118所示。

13 使用【贝塞尔】工具绘制衣身后片，在属性栏中设置轮廓宽度 .35 mm，并填充黑色，得到的效果如图11-119所示。

14 执行菜单栏中的【对象】/【顺序】/【到图层后面】命令，得到的效果如图11-120所示。

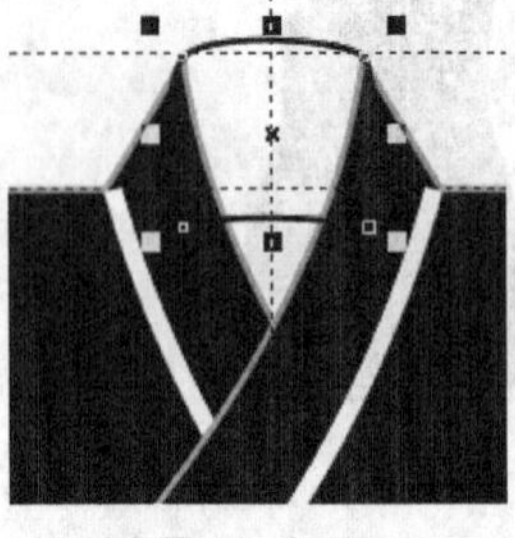

图11-117

图11-118

图11-119

图11-120

15 使用【贝塞尔】工具和【形状】工具在辅助线的基础上绘制衣裳造型，在属性栏中设置轮廓描边，并填充红色，其CMYK值为（0，100，100，0），得到的效果如图11-121所示。

16 执行菜单栏中的【对象】/【顺序】/【到图层后面】命令，得到的效果如图11-122所示。

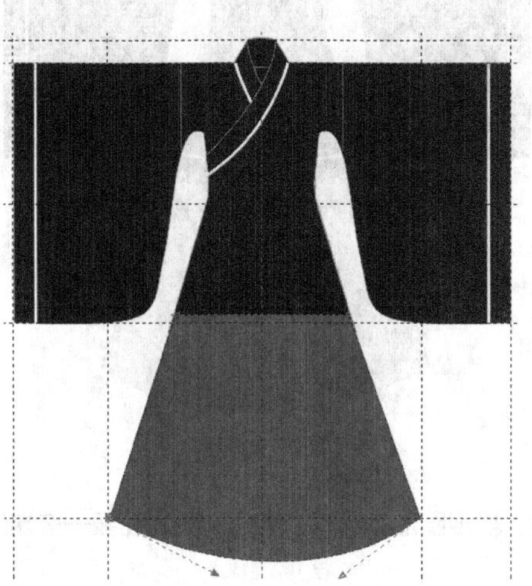

图11-121

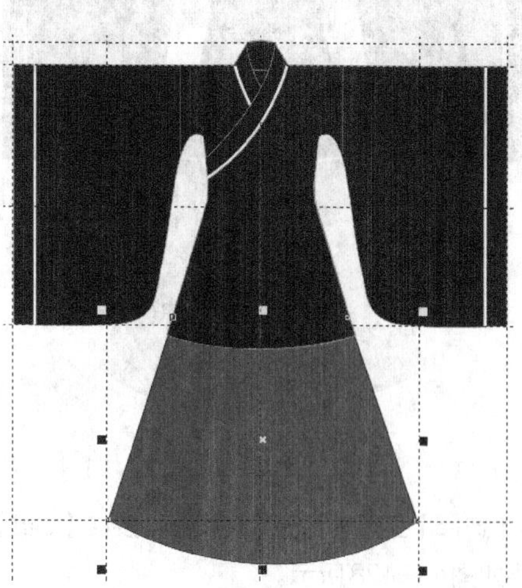

图11-122

17 执行菜单栏中的【编辑】/【全选】/【辅助线】命令，按【Delete】键删除。使用【贝塞尔】工具绘制袖子的分割线，在属性栏中设置轮廓宽度，并填充灰色，其CMYK值为（0，0，0，30），如图11-123所示。

18 使用【贝塞尔】工具和【形状】工具在衣身上绘制一条曲线，在属性栏中设置轮廓宽度，并填充白色，如图11-124所示。

图11-123

图11-124

19 使用【贝塞尔】工具和【形状】工具绘制蔽膝造型，在属性栏中设置轮廓描边，并填充红色，其CMYK值为（0，100，100，0），得到的效果如图11-125所示。

20 使用【贝塞尔】工具和【形状】工具沿着蔽膝造型绘制一条路径，在属性栏中设置轮廓描边，得到的效果如图11-126所示。

21 使用【贝塞尔】工具和【形状】工具绘制腰带和大带，在属性栏中设置轮廓描边，并填充白色，得到的效果如图11-127所示。

图11-125

图11-126

22 使用【选择】工具框选所有图形，按住【Ctrl】+【G】组合键，群组图形，这样就完成了中式礼服—玄端的绘制，整体效果如图11-128所示。

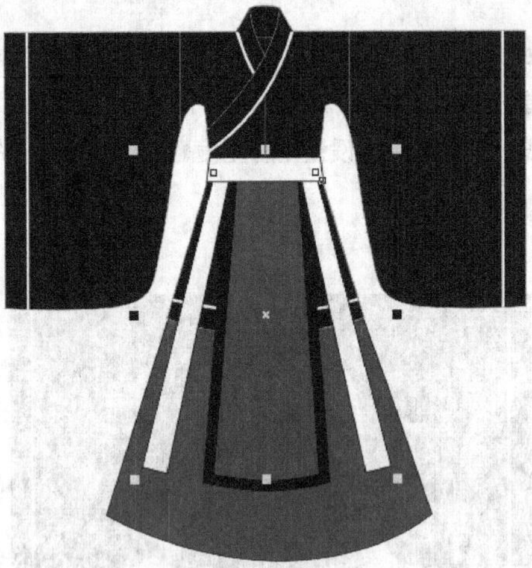

图11-127

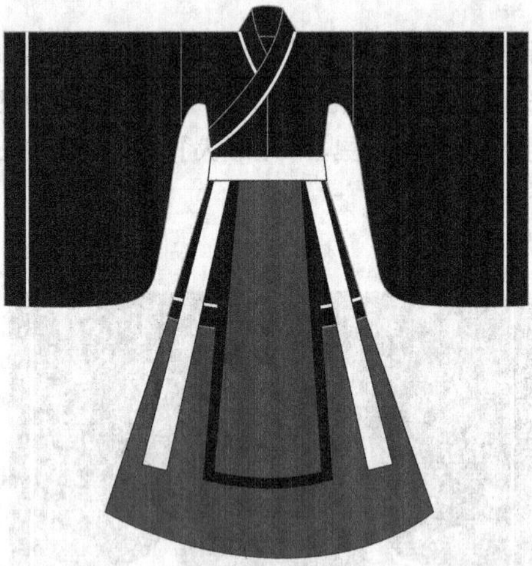

图11-128